HANDBUCH DER KÄLTETECHNIK

UNTER MITARBEIT
ZAHLREICHER FACHLEUTE

HERAUSGEGEBEN VON

RUDOLF PLANK
KARLSRUHE

ZWÖLFTER BAND

DIE ANWENDUNG DER KÄLTE IN DER VERFAHRENS- UND KLIMATECHNIK BIOLOGIE UND MEDIZIN SICHERHEITSVORSCHRIFTEN

SPRINGER-VERLAG BERLIN HEIDELBERG GMBH
1967

DIE ANWENDUNG DER KÄLTE IN DER VERFAHRENS- UND KLIMATECHNIK BIOLOGIE UND MEDIZIN

SICHERHEITSVORSCHRIFTEN

BEARBEITET VON

H. BAUR · W. FLECHTENMACHER
W. HÄUSSLER · E. KOLB · H. KUBLI · H. LAAKSO
E. LINSEL · W. MANDRY · E. RICHTER · TH. E. SCHMIDT
W. STÄNDER · K. STEPHAN W. TAMM · P. WEUTHEN

MIT 379 ABBILDUNGEN

SPRINGER-VERLAG BERLIN HEIDELBERG GMBH

1967

ISBN 978-3-662-11479-7 ISBN 978-3-662-11478-0 (eBook)
DOI 10.1007/978-3-662-11478-0

URSPRUNGLICH ERSCHIENEN BEI SPRINGER-VERLAG, BERLIN / HEIDELBERG 1967
SOFTCOVER REPRINT OF THE HARDCOVER 1ST EDITION 1967
LIBRARY OF CONGRESS CATALOG CARD NUMBER: 53-24194

Titel-Nr. 5558

Vorwort zum zwölften Band

In diesem Band werden zahlreiche Anwendungsgebiete der Kältetechnik behandelt mit Ausnahme der Lebensmittelindustrie, der Band X dieses Handbuches gewidmet war.

Professor Dr.-Ing. K. STEPHAN, der beim Mannesmann-Forschungsinstitut in Duisburg mehrere Jahre in verantwortlicher Stellung tätig war, und jetzt auf den Lehrstuhl für Thermodynamik an der Technischen Universität in Berlin berufen wurde, bearbeitet das umfangreiche Gebiet der Kälteanwendung in der thermischen Verfahrenstechnik und in einigen Sondergebieten.

Professor Dr.-Ing. TH. E. SCHMIDT, Direktor des Instituts für Wärmetechnik an der Technischen Hochschule Stuttgart hat zwei wichtige Aufgaben übernommen: 1. Die Anwendungen der Kälte in der mechanischen Fertigung und 2. die Anwendungen im Laboratorium. Er verfügt auf beiden Gebieten über besondere Erfahrungen, und diese Gebiete wurden bisher noch von keiner Seite zusammenfassend dargestellt, so daß hier eine wichtige Lücke ausgefüllt wird.

Herr Dipl.-Ing. ETH H. KUBLI, in leitender Stellung bei den Escher Wyss Werken in Zürich, hat das Gebiet der Kunsteisbahnen übernommen, auf dem seine Firma über besondere langjährige Erfahrungen verfügt.

Die bisher noch nicht zusammenhängend dargestellten modernen Wege des Gefrierverfahrens im Schacht-, Grund- und Tunnelbau behandelt Privatdozent Dr.-Ing. W. STÄNDER, Karlsruhe, der dieses Gebiet durch zahlreiche eigene Forschungen und praktische Untersuchungen wesentlich bereichert hat.

Das wichtige Gebiet der Betonkühlung beim Bau von Staumauern hat Regierungsbaumeister Dr.-Ing. W. MANDRY übernommen, der während seiner langjährigen Tätigkeit bei der Firma Hochtief, Frankfurt (M.) reiche Erfahrungen im In- und Ausland zu sammeln Gelegenheit hatte.

Das stark in den Vordergrund getretene Gebiet des Seetransportes von Flüssiggas behandelt Dipl.-Ing. W. FLECHTENMACHER, der während seiner Tätigkeit beim Bergedorfer Eisenwerk auf diesem Gebiet praktisch und schöpferisch tätig war.

Einen umfangreichen Abschnitt füllen in diesem Band die verschiedenartigen Anwendungen der Kälte in der Klimatechnik. Professor Dr.-Ing. W. HÄUSSLER von der Technischen Hochschule in Karl-Marx-Stadt hat die Aufgabe übernommen, einleitend die Grundlagen der Klimatechnik darzustellen — ein von ihm in Forschung und Lehre besonders gepflegtes Gebiet.

Anschließend behandelt Dr.-Ing. W. TAMM, der seit vielen Jahren als beratender Ingenieur in München tätig ist, die Klimatisierung gewerblicher Kühlräume.

Die Klimatisierung von Hochhäusern hat Dr. H. LAAKSO übernommen, der in der Ingenieurverwaltung und im Konstruktionsbüro der Farbenfabriken Bayer AG in Leverkusen bei der Erstellung der Klimaanlagen in drei Bürohochhäusern maßgeblich tätig war.

Das wichtige Gebiet der Klimatisierung von Eisenbahn-Personenwagen hat Bundesbahndirektor Dipl.-Ing. H. BAUR, München, übernommen, einer der anerkannt besten Kenner dieser Anwendung.

Für die Bearbeitung des noch in der Entwicklung befindlichen Gebietes der Klimatisierung von Bergwerken konnten Professor Dr.-Ing. E. LINSEL und Ingenieur P. Weuthen vom Steinkohlenbergbauverein, Forschungsstelle für Grubenbewetterung, Essen-Kray gewonnen werden.

Immer größere Bedeutung gewinnen die Anwendungen der Kälte in der Medizin und der Biologie. Auf diesem Grenzgebiet wurden schon bedeutende Erfolge erzielt, es brauchen nur der künstliche Winterschlaf, die Hypothermie, die therapeutische Behandlung mit Kälte und die kryogene Chirurgie erwähnt zu werden. Diesen Abschnitt hat Professor Dr. med. E. Kolb, Leiter der Anaesthesieabteilung der Medizinischen Fakultät der Freien Universität Berlin, Westendkrankenhaus, bearbeitet. Biologische Grundlagen im Bereich tiefer Temperaturen wurden auch schon im Band IX dieses Handbuches behandelt.

Den Abschluß dieses Bandes sollte die Darstellung umfassender sicherheitstechnischer Maßnahmen für den Bau, die Aufstellung und den Betrieb maschineller Kälteanlagen bilden. Dieses Gebiet betreut in Deutschland maßgebend Oberingenieur E. Richter bei der Firma A. Borsig in Berlin-Tegel. Es bestand Aussicht, daß die international geführten Verhandlungen auf diesem Gebiet so rasch zu einer Einigung führen würden, daß deren Ergebnisse in diesem Band Aufnahme finden könnten. Leider konnten die Beratungen des ausgearbeiteten Entwurfs noch nicht abgeschlossen werden, so daß sich der Verfasser dieses Abschnittes mit einer Darstellung der in der Deutschen Bundesrepublik geltenden Sicherheitsvorschriften begnügen mußte.

Der Herausgeber möchte allen Mitarbeitern für ihre sorgfältige und verständnisvolle Arbeit herzlich danken. Bei der großen Zahl verschiedenartiger Anwendungsgebiete der künstlichen Kälte mußten viele Fachleute zur Mitarbeit aufgefordert werden. Wenn trotzdem manche Sonderprobleme nur skizzenhaft behandelt wurden und andere sogar ganz unberücksichtigt bleiben mußten, so liegt das an der hier zwar bedauerlichen, sonst aber hoch erfreulichen Tatsache, daß die Kältetechnik in immer weitere Gebiete der Technik eindringt und zur Erweiterung der Horizonte beiträgt.

Der Dank gilt auch dem Verlag, der in großzügiger Weise auf alle Wünsche des Herausgebers eingegangen ist und auch diesem Band die gewohnt mustergültige Ausstattung verliehen hat.

Karlsruhe im Juli 1967

R. Plank

Inhaltsverzeichnis.

Erster Teil

DIE ANWENDUNG DER KÄLTE IN DER VERFAHRENSTECHNIK

Die Kälte in der chemischen Verfahrenstechnik.

Von Dr.-Ing. K. STEPHAN,

Professor an der Technischen Universität Berlin

Mit 41 Abbildungen

Die Kälte in der mechanischen Fertigung.

Von Professor Dr.-Ing. Th. E. Schmidt
Direktor des Instituts für Wärmetechnik der Technischen Hochschule Stuttgart

Mit 11 Abbildungen

Die Kälte im Laboratorium und in der naturwissenschaftlichen Forschung.

Von Professor Dr.-Ing. Th. E. Schmidt
Direktor des Instituts für Wärmetechnik der Technischen Hochschule Stuttgart

Mit 47 Abbildungen

Die Kunsteisbahnen.

Von Dipl.-Ing. H. Kubli
Escher Wyss AG., Zürich

Mit 32 Abbildungen

Das Gefrierverfahren im Schacht-, Grund- und Tunnelbau.

Von Dr.-Ing. W. Ständer
Privatdozent an der Technischen Hochschule Karlsruhe

Mit 34 Abbildungen

Kühlung von Beton bei Staumauern.

Von Regierungsbaumeister Dr.-Ing. W. Mandry, Tapah/Malaysia

Mit 15 Abbildungen

Seetransport von Flüssiggas.

Von Dipl.-Ing. W. Flechtenmacher, Bundesforschungsanstalt für Fischerei Hamburg-Altona

Mit 31 Abbildungen

Zweiter Teil

DIE ANWENDUNG DER KÄLTE IN DER KLIMATECHNIK

Entwurfsgrundlagen von Klimaanlagen.

Von Dr.-Ing. W. HÄUSSLER
Professor an der Technischen Hochschule für Maschinenbau, Institut für angew. Thermodynamik, Karl-Marx-Stadt

Mit 48 Abbildungen

Klimatisierung von Kühlräumen.

Von Dr.-Ing. W. TAMM, München

Mit 7 Abbildungen

Klimatisierung von Hochhäusern.

Von Dr. H. Laakso
Farbenfabriken Bayer, Leverkusen

Mit 40 Abbildungen

Klimaanlagen in Eisenbahn-Personenwagen.

Von Bundesbahndirektor Dipl.-Ing. H. Baur, München

Mit 32 Abbildungen

Klimatisierung von Bergwerken.

Von Professor Dr.-Ing. E. Linsel und Ing. P. Weuthen
Steinkohlenbergbauverein, Forschungsstelle für Grubenbewetterung, Essen-Kray

Mit 30 Abbildungen

Dritter Teil

Die Anwendung der Kälte in der Biologie und Medizin.

Von Professor Dr. med. E. Kolb
Leiter der Anaesthesieabteilung der Medizinischen Fakultät der Freien Universität Berlin, Westend-Krankenhaus

Mit 11 Abbildungen

Erster Teil

DIE ANWENDUNG DER KÄLTE IN DER VERFAHRENSTECHNIK

Die Kälte in der chemischen Verfahrenstechnik.*

Von

Dr.-Ing. **K. Stephan,**

Professor an der Technischen Universität Berlin

Mit 41 Abbildungen.

A. Einleitung.

Kälte- und Verfahrenstechnik sind in ihrer Entwicklung stark voneinander abhängig und haben sich stets gegenseitig befruchtet. Die chemische Industrie ist Herstellerin von Kältemitteln, und umgekehrt sind viele Prozesse in der chemischen Industrie ohne die Anwendung von Kälte undenkbar. Als Beispiele seien die Verflüssigung von Gasen und die Trennung von Gas- oder Flüssigkeitsgemischen erwähnt, die Erstarrung von Flüssigkeiten und Pasten, die Kristallisation von Salzen aus Laugen und die Regelung der Reaktionsgeschwindigkeit von chemischen Prozessen. Der Kältebedarf großer chemischer Fabriken beträgt stündlich mehrere Millionen Kilokalorien.

Diese Kälte wird nicht nur bei Temperaturen wenig unterhalb der Umgebungstemperatur, sondern über den ganzen Bereich der Temperaturskala benötigt bis hin zu Temperaturen, die nicht mehr weit vom absoluten Nullpunkt entfernt sind. Es sei hier z. B. an die Gewinnung von Deuterium erinnert, aus dem schweres Wasser hergestellt wird, welches als Moderator in Kernenergieanlagen dient, oder an die Heliumverflüssigung.

Die Entwicklung geht nach immer größeren Kälteleistungen und nach tieferen Temperaturen, und es ist zu erwarten, daß die Eigenschaften der Materie bei sehr tiefen Temperaturen, wie z. B. die Supraleitung, das Verschwinden der spezifischen Wärmekapazität im absoluten Nullpunkt, oder das Verhalten des flüssigen Heliums bei sehr tiefen Temperaturen in absehbarer Zeit auch bei industriellen Prozessen von Bedeutung sein werden. Die Entwicklung dieser neuen Gebiete ist noch so sehr in Fluß, daß man heute keineswegs alle künftigen Möglichkeiten der Anwendung von Kälte übersehen kann.

---

* Allgemeine Literatur S. 61.

Auch die bereits bekannten Verfahren ändern sich ständig. Das ist darauf zurückzuführen, daß der Kältetechniker, der eine Anlage berechnet und entwirft, nicht nur verfahrens- und kältetechnische, sondern darüber hinaus auch wirtschaftliche Gesichtspunkte zu berücksichtigen hat. Für einen bestimmten Prozeß bieten sich oft verschiedene kältetechnische Lösungen an. Die endgültige Wahl des optimalen Prozesses ist daher meistens ein Kompromiß aus den verschiedensten Gegebenheiten und erfordert stets eine sorgfältige Beachtung der Wirtschaftlichkeit des Prozesses. Diese Gesichtspunkte wechseln so häufig, daß es verständlich ist, wenn man innerhalb einer einzigen Fabrik selten zwei völlig identische Anlagen findet, auch wenn diese zur Erzeugung desselben Produktes dienen.

Wenn daher in den folgenden Kapiteln ein Überblick über die verschiedenen Prozesse der Kälteanwendung in der Verfahrenstechnik gegeben wird, so ist es völlig ausgeschlossen, alle vorhandenen Anlagen oder auch nur die Vielzahl der Anlagen für ein- und dasselbe Verfahren zu beschreiben. Man wird sich vielmehr darauf beschränken müssen zu zeigen, bei welchen Prozessen und in welcher Weise Kälte in der Verfahrenstechnik benötigt wird. Die geschilderten Anlagen können dabei nur als Beispiele gelten.

Zusammenfassende Darstellungen über verschiedene Gebiete der Verfahrenstechnik, in denen die Anwendung von Kälte von Bedeutung ist, sind mehrfach gegeben worden. Es sei auf das Literaturverzeichnis am Schluß dieser Arbeit (S. 61) verwiesen.

B. Abführen von Reaktions- und Lösungswärmen.

Bei vielen Prozessen in der chemischen Industrie sind Reaktions- oder auch Lösungswärmen abzuführen. Das Verfahren der Kühlung wird im wesentlichen bestimmt durch die Größe der abzuführenden Wärme, die Stoffeigenschaften der zu kühlenden Produkte und den Temperaturbereich, bei dem gekühlt werden soll. Am häufigsten werden folgende Kühlverfahren angewandt:

1. Die Tauchkühlung, bei der in das zu kühlende Medium ein Verdampfer oder der Solekühler eines Kältekreislaufes getaucht oder auch direkt Wasser- oder Trockeneis gegeben wird.
2. Die Rieselkühlung, bei der die betreffende Flüssigkeit über offene oder geschlossene Kühlapparate rieselt, und
3. die Kühlung des Mediums in geschlossenen Rohrleitungen oder Behältern, die von außen gekühlt werden.

I. Azofarben.

Farbenfabriken haben einen sehr großen Kältebedarf. Insbesondere bei der Herstellung von Azofarben sind große Wärmemengen abzuführen, die bei der Diazotierung frei werden. Im allgemeinen wird diese Wärme dadurch abgeführt, daß man die Reaktionsprodukte mit gemahlenem Wassereis mischt. Infolgedessen findet man in den Farbwerken der chemischen Industrie auch große Kunsteisfabriken.

Durch die Kühlung bei der Diazotierung wird nicht nur die Reaktionswärme abgeführt, sondern es wird gleichzeitig durch Zugabe einer entsprechenden Eismenge die Reaktionstemperatur so eingestellt, daß die Ausbeute möglichst groß wird und keine unerwünschten Nebenprodukte entstehen. Die Reaktionen laufen bei Temperaturen zwischen 1 und 10 °C ab. Der Kältebedarf ist entsprechend der großen Zahl verschiedener Azofarben sehr unterschiedlich. Im Mittel rechnet man mit etwa 4 t Eis je t Reaktionsprodukt[1].

[1] Siehe [19], S. 61.

II. Herstellung von Chemiefasern.

In der Kunstfaserindustrie ist Kälte aus mehreren Gründen erforderlich. Einmal ist es wichtig, ein bestimmtes Raumklima einzuhalten, um eine gleichmäßige Qualität der erzeugten Fasern zu garantieren[1, 2]. Zum anderen sind bei verschiedenen Teilprozessen der Kunstfaserherstellung erhebliche Reaktions- und Lösungswärmen abzuführen. Außerdem sind, wie bereits in Band I S. 141 dieses Handbuches erwähnt wurde, zur Herstellung von Kunststoffen, wozu auch Kunstfasern gehören, erhebliche Mengen an flüchtigen Stoffen wie Alkohol, Äther, Azeton u. a. erforderlich, die aus den Gemischen dieser Substanzen mit Luft durch fraktionierte Kondensation zurückgewonnen werden. Zu diesem Zweck werden ebenfalls Kälteanlagen benötigt. Ein Kältebedarf von 4 bis 6 Millionen kcal/h ist in Fabriken, welche Kunstfasern herstellen, keine Seltenheit[3].

Der Kältebedarf ist weitgehend davon abhängig, welche Faser hergestellt werden soll. Im wesentlichen werden heute nur noch Kunstseide und Zellwolle nach dem Viskose-, dem Kupfer- und dem Azetatverfahren sowie synthetische Garne hergestellt. Einen Überblick über den Kältebedarf zur Herstellung dieser Fasern hat G. Heinz[4] gegeben. Danach sind je kg Fertigprodukt etwa folgende Kälteleistungen aufzubringen:

Tabelle 1. *Kältebedarf zur Herstellung von Chemiefasern.*

Produkt	Kältebedarf in kcal/kg
Viskoseverfahren: Seide, Zellwolle	350
Kupferverfahren: Seide, Zellwolle	350
Azetatverfahren: Seide, Zellwolle	175
Synthetische Garne	3500

Bei diesen Zahlenangaben handelt es sich um Mittelwerte. Insbesondere stellt die Angabe über den Kältebedarf bei der Herstellung synthetischer Garne nur einen groben Anhaltswert dar. Der genaue Zahlenwert ist in diesem Fall stark von den Anforderungen abhängig, die man an die Fabrikation stellt und ebensosehr auch von der Fabrikationsdichte.

Bei der Erzeugung synthetischer Garne dient die Kälte ausschließlich der Klimatisierung der Fabrikationsräume, während bei der Herstellung der Viskose-, Kupfer- und Azetatfasern auch größere Reaktionswärmen abzuführen sind.

Zur Kälteerzeugung verwendet man vorwiegend Kompressionskältemaschinen, gelegentlich aber auch Absorptions- und Dampfstrahlkälteanlagen. Als Kältemittel werden hauptsächlich Ammoniak und R 12 eingesetzt. Zur Verflüssigung benutzt man meistens Verdunstungsapparate, um Kühlwasser einzusparen, oder auch Turmverflüssiger, da diese bekanntlich leicht zu reinigen sind.

Kältebedarf bei den Teilprozessen der Kunstseide- und Zellwolleherstellung.

Ausgangsstoff bei der Herstellung der Seide und Zellwolle ist die Zellulose. Diese soll für den weiteren Bearbeitungsprozeß eine gleichmäßige Feuchtigkeit

---

[1] Hoth, G.: Die Auswirkung des Raumklimas auf das Spinngut. Diss. Techn. Hochschule Aachen (1962).

[2] Blondel, P.: Bedeutung der Luftkonditionierung bei der Verarbeitung von Chemiefasern. Reyon Bd. 9 (1959) S. 645–648.

[3] Walter, J.: Klimaanlagen für die Textilindustrie und für polygraphische Betriebe. Vortrag gehalten auf der Fachtagung Klimatechnik in Karl-Marx-Stadt (1961). Referat in Kältetechnik Bd. 13 (1961) S. 33.

[4] Heinz, G.: Kälteanwendung bei der Herstellung und Verarbeitung synthetischer Fasern. Kältetechnik Bd. 7 (1955) S. 44–46.

besitzen und wird daher zuerst getrocknet. Zur Herstellung von Viskose wird die Zellulose anschließend mit Ätznatron getränkt, wodurch Alkalizellulose entsteht. Bei dem Kupferverfahren tränkt man die Zellulose mit Kupferhydroxyd, wobei Kupferhydroxydzellulose, sog. Blaumasse entsteht. Bei dem Azetatverfahren entsteht aus Zellulose und Essigsäure Zelluloseazetat.

Nachdem die so gebildete Zelluloseverbindung in Tauchpressen von der überflüssigen Lauge befreit ist, wird sie in Zerfaserern zu einer mehlartigen Masse zerkleinert. Während des Zerfaserns findet zwar keine chemische Reaktion statt, es entsteht aber eine beträchtliche Wärmeentwicklung infolge Reibungsarbeit der Masse an den Wänden und an den Schneideorganen des Zerfaserers. Die Temperatur soll dabei nicht über 25 °C ansteigen, weil bei höheren Temperaturen ein Abbau der Zellulose eintritt, zweckmäßig bleibt man aber bei Temperaturen von 19 bis 20 °C[1, 2]. Die Zerfaserer sind daher mit einem Kühlmantel umgeben, durch den Wasser oder Sole von höchstens etwa 5 °C geleitet wird. Höhere Temperaturen des Kühlmittels kann man wegen der kleinen Fläche, die für den Kühlmantel zur Verfügung steht, meistens nicht zulassen. Kunstseidefabriken arbeiten stets gleichzeitig mit mehreren Zerfaserern.

Nach Beendigung des Zerfaserns wird die Zellulose in sog. Reifekammern gebracht, die sich in klimatisierten Räumen befinden, deren Temperatur zwischen 19 und 25 °C liegt.

Während des Reifens depolymerisieren die Moleküle unter Abgabe von Reaktionswärme. Durch diesen Vorgang wird die Viskosität so weit herabgesetzt, daß die Zellulose versponnen werden kann. Die genaue Temperatur der Reifekammern ist je nach Erzeugnis und Ausgangsstoff verschieden. JOELSON und BONIN[1] empfehlen, bei der Berechnung der Kühler eine Temperatur von +15 °C zugrunde zu legen.

Die Alkalizellulose wird nach dem Reifen in die sog. Sulfidiertrommel gebracht, wo sie zunächst auf 18 bis 20 °C gekühlt wird. Anschließend wird unter ständigem Rühren Schwefelkohlenstoff zugesetzt, wodurch das sog. Xanthogenat entsteht. Die Reaktion verläuft exotherm, so daß im allgemeinen gekühlt werden muß. Die Temperatur im Innern der Sulfidiertrommel soll dabei etwa +20 bis +30 °C nicht übersteigen[3]. Anschließend wird dem Xanthogenat in einem Xanthatkneter unter ständigem Rühren der Knetflügel Wasser und Natronlauge zugefügt. Dabei entsteht eine zähe, dickflüssige Masse, die sog. Viskose. Während dieses Vorganges wird durch Kühlung eine Temperatur von etwa +15 °C eingehalten. Außer der Reaktionswärme ist hierbei auch die in Wärme umgewandelte Reibungsarbeit des Knet- und Rührprozesses abzuführen. Eine Untersuchung über den Kältebedarf von Xanthatknetern hat NIEBERGALL[4] durchgeführt. Auf Grund von Messungen an einem Xanthatkneter, der 1250 kg Trockenzellstoff enthielt, berechnete er einen Kältebedarf von etwa 280000 kcal. Diese Energie ist in etwa 2 Stunden abzuführen. Da die äußere Oberfläche des Xanthatkneters ziemlich klein ist, muß man mit großen Temperaturdifferenzen zwischen Sole und Kühlgut arbeiten. Große Temperaturunterschiede sind außerdem erforderlich, um eine möglichst rasche und intensive Kühlung zu erzielen. Im allgemeinen liegt die Soletemperatur

---

[1] JOELSON, E., u. M. BONIN: Kühlanlagen in Kunstseidefabriken. Die Kälteindustrie Bd. 29 (1932) S. 1–3 u. S. 16–18.

[2] NIEBERGALL, W.: Die Kältetechnik in der Kunstseide- und Zellwolle-Industrie. Z. VDI Bd. 84 (1940) S. 901–907.

[3] WEHRUNG, A.: Zur Viskoseherstellung: Vakuum-Xanthatmaschine. Chem. Apparatur Bd. 23 (1936) S. 157–159.

[4] NIEBERGALL, W.: Kältebedarf von Vakuum-Xanthatknetern. Chem. Ing. Techn. Bd. 23 (1951) S. 113–115.

im Kühlmantel bei −10 °C. Wie die Untersuchung von NIEBERGALL[1] zeigte, genügen auch Soletemperaturen von etwa −5 °C, wenn man die durchlaufende Solemenge erhöht und damit den Wärmeübergang zwischen Sole und Gefäßwand verbessert. Unter Umständen ist sogar eine Kühlung mit sehr kaltem Brunnenwasser möglich. Die Wärmedurchgangszahlen betragen je nach der durchfließenden Sole- oder Kühlwassermenge 200 bis 280 kcal/m^2 h °C[1].

Aus dem Xanthatkneter kommt die Viskose zur Nachreife in Vorratsbehälter, wo sie bei einer Temperatur von +12 bis +18 °C lagert und dabei die für den Spinnprozeß erforderliche Zusammensetzung und Viskosität erhält. Die Vorratsbehälter werden meistens in luftgekühlten Räumen aufgestellt.

III. Polymerisation von Butadiën.

Künstlicher Kautschuk ist dem Naturkautschuk in vielen Eigenschaften überlegen, z. B. hinsichtlich seiner Widerstandsfähigkeit gegen chemische Einflüsse und hinsichtlich seiner Wärmebeständigkeit[2]. Besonders gute Eigenschaften besitzt der bei niedriger Temperatur hergestellte sog. Kaltkautschuk, der in der Bundesrepublik Deutschland seit 1958 unter dem Namen Buna Hüls produziert wird[3].

Ausgangsprodukt bei der Kautschukpolymerisation ist das Butadiën, das, wie die folgende Übersicht zeigt, technisch in verschiedener Weise hergestellt werden kann[2]:

Acetylen	Acetylen	Äthylalkohol	n-Butylen
↓	↓	↓	↓
Acetaldehyd	Acetaldehyd	Butadiën	Butadiën
↓	↓		
Acetaldol	Äthylalkohol		
↓	↓		
Butylenglykol	Butadiën		
↓			
Butadiën			

n-Butan	Erdöldestillate
↓	↓
n-Butylen	Olefine, Diolefine
↓	Aromaten
Butadiën	Butadiën

In der Sowjetunion wird ein großer Teil des Butadiëns aus Alkohol hergestellt, während in der übrigen Welt die gesamte Erzeugung fast ausschließlich von Produkten der Erdölverarbeitung ausgeht.

Buna wird durch Polymerisation aus Butadiën hergestellt. Es werden auch zahlreiche Mischpolymerisate erzeugt, z. B. aus Butadiën und Styrol oder aus Butadiën und Akrylnitril. Schon frühzeitig hatte man erkannt, daß die technologischen Eigenschaften der Polymerisate erheblich verbessert werden können, wenn die Polymerisation bei Temperaturen von 0 °C oder unter 0 °C eintrat. Diese Erkenntnis konnte lange Zeit technisch nicht ausgewertet werden, weil sich bei diesen Temperaturen die Raum-Zeit-Ausbeute so stark verringerte, daß das Verfahren wirtschaftlich unrentabel wurde. Durch die Entdeckung der sog. Redox-

---

[1] Siehe Fußnote 4, S. 4.

[2] BREUERS, W., u. H. LUTTROP: Buna Herstellung, Prüfung, Eigenschaften. Berlin: VEB-Technik 1954.

[3] Siehe hierzu die Schrift der Bunawerke in Hüls: Buna, Chem. Werke Hüls.

polymerisation[1], bei welcher der störende Einfluß des Sauerstoffs auf die Polymerisation durch Reduktionsmittel aufgehoben wurde, konnte trotz Erniedrigung der Polymerisationstemperatur auf +5 °C die Raum-Zeit-Ausbeute erheblich gesteigert werden, und zwar auf etwa 15 bis 20 kg/h m³.

Die Ausgangsprodukte polymerisieren in Autoklaven. Durch Kühlung müssen dabei die Rührenergie und die Polymerisationswärme abgeführt werden. Diese beträgt bei der Polymerisation von flüssigem Butadiën 310 kcal je kg der entstehenden Kautschukmenge.

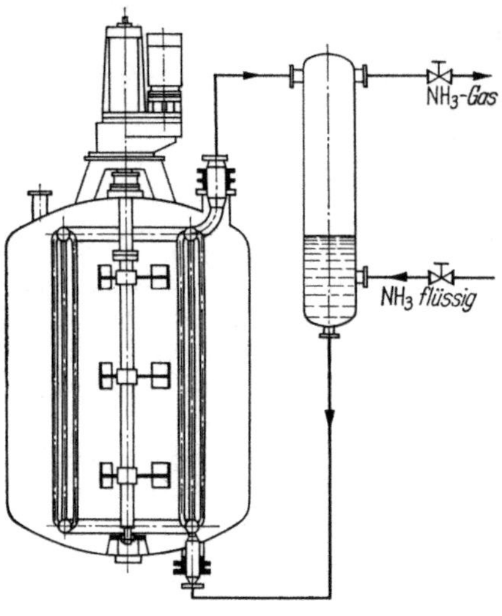

Abb. 1. Polymerisationskessel mit Steilrohrverdampfer.

Zum Abführen der Reaktionswärme kommen mehrere Kühlverfahren in Frage[2, 3]:

a) Kühlung des Reaktionskessels von außen mit Sole.
b) Kühlung durch Ammoniak, welches in Steilrohrverdampfern innerhalb des Kessels verdampft.
c) Kühlung durch Verdampfen eines Teiles des Kesselinhaltes, Kondensieren der Brüden in einem Kondensator und Rückleitung des Kondensates in den Kessel.

Diese Arten der Kühlung können durch Vorkühlen der in die Polymerisationsanlagen geschickten Komponenten unterstützt werden. Wegen der großen abzuführenden Wärmemengen werden häufig Steilrohrverdampfer in den Reaktionskesseln untergebracht. Jeder Kessel hat einen von der Temperatur gesteuerten Saugdruckregler, so daß die Polymerisationstemperatur genau geregelt werden kann.

Abb. 1 zeigt einen Polymerisationskessel mit Kühlkreislauf. Die Verdampfungstemperatur des Ammoniaks liegt etwa bei − 5 °C.

Da der Kältebedarf mittlerer und großer Werke mehrere Millionen kcal/h beträgt, empfiehlt es sich, Turbokompressoren zu verwenden. In den Bunawerken Hüls werden diese Kompressoren von Dampfturbinen angetrieben. Die hierfür benötigte Dampfmenge entspricht etwa dem Heizdampfbedarf des Werkes. Alle Anlagen der Kälteerzeugung sind zentral zusammengefaßt.

IV. Polymerisation von Isobutylen.

Isobutylen ist auf Grund seiner Doppelbindung und seines stark asymetrischen molekularen Aufbaus ein sehr polymerisationsfreudiger Stoff[4]. Mittels geeigneter Katalysatoren kann man aus Isobutylen eine polymer-homologe Reihe von Polyisobutylen aufbauen, deren Polymerisationsgrad von 2 beim Diisobutylen bis zu

---

[1] Monheim, J., u. H. Sönke: Patentanmeldung der I. G. Farbenindustrie A.G., Werk Hoechst. Patent Nr. I 68148 IV c/39 (1940). I 68944 IV c/39 (1941). I 72761 (1942). I 72994 (1942). I 76022 (1943).

[2] Orth, P.: Tieftemperaturkautschuk. Kautschuk u. Gummi Bd. 8 (1955) S. 9–12, 40–44, 69–75.

[3] Engel, F.: Problemstellung und Ergebnisse bei der Herstellung von Kaltkautschuk im Versuchsbetrieb. Kautschuk u. Gummi Bd. 6 (1958) S. 151–158.

[4] Güterbock, H.: Polyisobutylen und Isobutylen-Mischpolymerisate. In: Chemische Technologie der Kunststoffe in Einzeldarstellungen. Berlin, Göttingen, Heidelberg: Springer 1959. (Dort zahlreiche Literaturhinweise.)

etwa 80000 bei den größten Polyisobutylen-Molekülen reicht. In Deutschland wird Polyisobutylen von der Badischen Anilin- und Soda-Fabrik in Ludwigshafen hergestellt und unter dem Handelsnamen Oppanol B auf den Markt gebracht[1].

Außer Polyisobutylen werden noch zahlreiche Mischpolymerisate mit anderen ungesättigten Verbindungen hergestellt. Die Zahl der verschiedenen Verfahren und Produkte ist außerordentlich groß. Von besonderer Bedeutung ist die Mischpolymerisation von Isobutylen und Isopren zu Butylkautschuk. Hierüber gibt es eine große Anzahl von Patenten[2], in denen auch Angaben über die Kühleinrichtungen der Polymerisationsapparaturen enthalten sind. Als Regel gilt, daß der Polymerisationsgrad um so größer ist, je reiner die Ausgangsstoffe sind und je tiefer die Polymerisationstemperatur liegt. Er ist außerdem durch die Art des Katalysators beeinflußbar.

Bei der Tieftemperaturpolymerisation wird je nach Art des zu erzeugenden Produktes auf Temperaturen zwischen 0 °C und – 164 °C gekühlt. Es tritt eine große Polymerisationswärme auf, die etwa 10 bis 20 kcal je kmol Reaktionsprodukt beträgt. Die im allgemeinen sehr rasch ablaufende Reaktion muß häufig durch Zugabe von Lösungs- und Verdünnungsmitteln gemäßigt werden. Diese können gleichzeitig als Kühlmittel wirken. In den meisten Fällen ist jedoch zum Abführen der Reaktionswärme noch zusätzlich eine Kühlung erforderlich. Dazu wird entweder das Kühlmittel dem Isobutylen zugemischt oder das Reaktionsgefäß wird von außen gekühlt. Die Zahl der in Frage kommenden Lösungsmittel und auch die verschiedenen Arten der Kühlung sind außerordentlich groß, wie die der Monographie von GÜTERBOCK[2] entnommenen und in Tab. 2 wiedergegebenen Angaben zeigen.

Tabelle 2. *Lösungs- und Kühlmittel für die Herstellung von Polyisobutylen.*

Lösungs- und/oder Verdünnungsmittel	Kühlmittel
Pentan, Normalbutylen (n-Butylen)	Festes CO_2 zur Außen- und Innenkühlung*
Pentan, Butan, gesättigte Kohlenwasserstoffe, Normalbutylen	Festes CO_2 zur Außen- oder Innenkühlung
Propan, Butan, Pentan, Leichtbenzine, Normalbutylen	Äthan, Äthylen, Propan, Propylen, NH_3 SO_2, CH_3Cl, Mischung aus Alkohol und festem CO_2 zur Außenkühlung
Propan, Pentan, Naphtha, CCl_4, $CHCl_3$, $C_2H_4Cl_2$	Äthan, Propan, leichtflüchtige Kohlenwasserstoffe aus natürlichem Benzin, CH_3Cl, CF_2Cl_2 als Innenkühlung
Propan, Butan, Hexan, Normalbutylen	CO_2-Schnee als Außenkühlung
Propan, Hexan, Naphtha, inerte Kohlenwasserstoffe, Normalbutylen, Butane	Äthan, CO_2-Aceton-Gemisch als Außenkühlung
Äthylen	Äthylen als Innenkühlung
Isobutan, Normalbutylen	CO_2 fest, Äthylen flüssig als Innenkühlung
F-substituierte Kohlenwasserstoffe, z. B. CF_4, C_2F_6, C_3F_6, C_4F_{10}, CHF_3, $C_2H_2F_4$ u. a.	C_2H_4, C_2H_6, CO_2, C_3H_8, C_4H_{10}, SO_2, C_5H_{10}, CH_4 als Außenkühlung
Methyl-, Äthyl-, Amylnitrit	CO_2 als Innenkühlung, C_2H_6, C_2H_4 als Außenkühlung

* Innenkühlung = Kühlmittel ist mit Isobutylen gemischt.
Außenkühlung = Kühlmittel bleibt vom Isobutylen getrennt.

[1] GÜTERBOCK, H.: Oppanol B, ein Tieftemperaturpolymerisat. Die BASF Bd. 4 (1954) S. 116.

[2] Siehe Fußnote 4, S. 6.

Von den zahlreichen Verfahren zur Herstellung von Polyisobutylen sollen hier zwei charakteristische geschildert werden.

In Abb. 2 ist ein Verfahren der Badischen Anilin- und Sodafabrik zur Herstellung von Oppanol B 3 dargestellt[1]. Oppanol B 3 ist ein öliges Polyisobutylen.

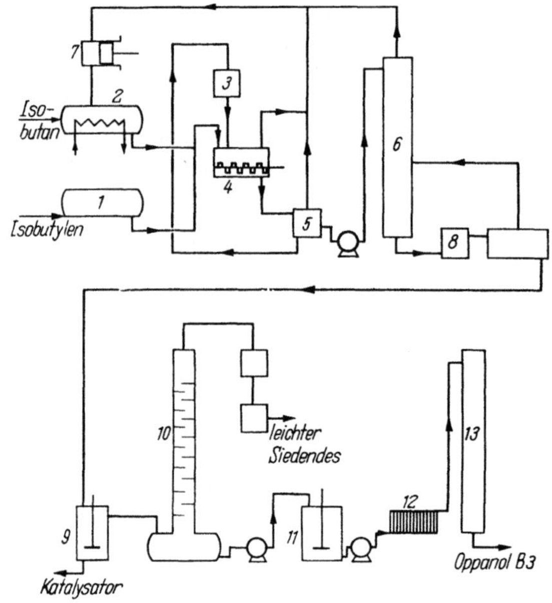

Abb. 2. Anlage zur Herstellung von Oppanol B 3.[1]
1 Behälter für Isobutylen; *2* Behälter für Isobutan; *3* Gefäß für Katalysator; *4* Reaktionsgefäß; *5* Abscheider; *6* Entgasungskolonne; *7* Kompressor; *8* Neutralisation des Isobutylens; *9* Wäsche; *10* Vakuumkolonne; *11* Bleiche; *12* Filter; *13* Trockner.

Flüssiges Isobutylen, dessen Siedepunkt − 6,9 °C, und flüssiges Isobutan, dessen Siedepunkt −11,7 °C bei einem Druck von 760 mm Hg betragen, fließen im Mengenverhältnis 1 : 2 bis 1 : 3 aus den Behältern (*1*) und (*2*) in ein Reaktionsgefäß (*4*), welchem in Methylalkohol gelöstes Borfluorid als Katalysator aus dem Gefäß (*3*) zugeführt wird. Das Isobutan dient lediglich als Innenkühlmittel und nimmt an der chemischen Reaktion nicht teil. Das Isobutylen polymerisiert beim Siedepunkt des Isobutans. Das Reaktionsgemisch fließt in einen Abscheider (*5*), in dem der Katalysator abgetrennt wird und in dem ein Teil des Isobutans verdampft. In einer Entgasungskolonne (*6*) wird dann das restliche Isobutan verdampft. Es kehrt über den Kompressor (*7*) wieder in den Behälter (*2*) zurück. Das neutralisierte (*8*) rohölartige Isobutylen wird anschließend zur Entfernung der Katalysatorreste gewaschen (*9*), in einer Vakuumkolonne (10) von leichter siedenden Anteilen befreit, gebleicht (*11*), gefiltert (*12*) und getrocknet (*13*).

In Abb. 3 ist ein anderes Verfahren der Badischen Anilin- und Sodafabrik zur Herstellung von Oppanol B skizziert[2–5].

Flüssiges Isobutylen (*1*) wird durch flüssiges Äthylen (*2*) von etwas weniger als −100 °C (Siedepunkt bei 760 mm Hg: −101 °C) tief gekühlt (*3*). Beide Stoffe fließen im Mengenverhältnis 1 : 1 auf ein trogartig geformtes Stahlband (*5*). In den Trog fließt außerdem aus dem Behälter (*4*) Äthylen, das 0,03% Borfluorid enthält, welches als Katalysator dient. Das Isobutylen polymerisiert in wenigen Sekunden. Die Reaktionswärme wird durch Verdampfen des Äthylens abgeführt. Das Äthylen wird anschließend über Kalziumchlorid (*6*) gereinigt und über ein Gasometer (*7*), den Kompressor (*8*) und den Kondensator (*9*) wieder zum Behälter (*2*) geführt. Zur Kondensation des gasförmigen Äthylens kann die Kondensations-

[1] Livingstone: Report on Oppau Works-I.G. Farben Oppau, Germany, P. B.-Report Bd. 1891 (1945) S. 6–7.

[2] Boundy u. Hasche: Technical Report on the Manufacture of Thermoplastics in Plants of the I. G. Farbenindustrie A.G., Germany, Miscellaneous Chemicals, PB-Report Bd. 1069 (1945) S. 71–72.

[3] Kern, Murray u. Sudhoff: I. G. Farbenindustrie A.G. Ludwigshafen and Oppau am Rhein, Miscellaneous Chemicals, P.B.-Report Bd. 485 (1945) S. 59.

[4] Raine: Polymeric Processes at I. G. Ludwigshafen, B.-Report Bd. 58250 (1945) S. 4.

[5] De Bell, Goggon u. Gloor: German Plastics Practice. Springfield (1946) S. 140–141.

wärme an verdampfendes Äthylen einer zweistufigen Kälteanlage, die mit Propan in der ersten und Äthylen in der zweiten Stufe arbeitet, abgeführt werden.

Die Anwendung der Polyisobutylene beruht auf ihren besonderen Eigenschaften. Hierzu gehören gute Kälte- und Wärmebeständigkeit, kautschuk-

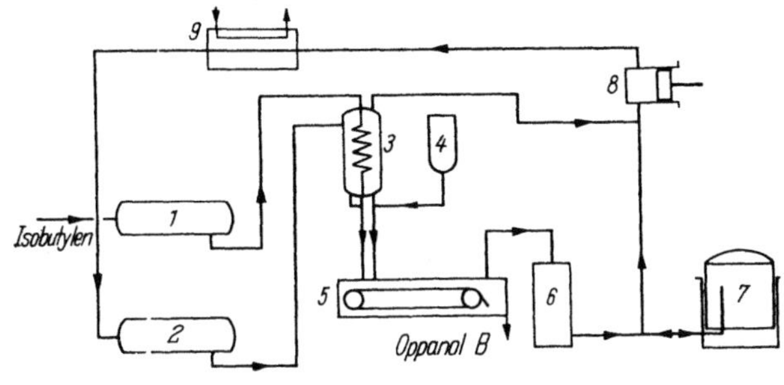

Abb. 3. Anlage zur Herstellung von Oppanol B.[1]

1 Behälter für flüssiges Isobutylen; *2* Behälter für flüssiges Äthylen; *3* Kühler; *4* Behälter für Äthylen und Borfluorid; *5* Stahlband; *6* Äthylenreinigung; *7* Gasometer; *8* Kompressor; *9* Kondensator.

elastisches Verhalten der hochmolekularen Verbindungen, gute Isolierfähigkeit, gute Alterungs- und Chemikalienbeständigkeit. Sie finden Verwendung als Dichtungs- und Isoliermittel, als Klebstoffe, als Oberflächenschutz und als Schmierstoffe.

V. Bildung von Ozon.

Ozon (O_3) ist bekanntlich ein starkes Oxydationsmittel. Es ist daher gut geeignet zur Reinigung der Luft in öffentlichen Gebäuden, zur Entkeimung von Stadt- und Trinkwasser und von Wasser in Schwimmbädern. Organische Farbstoffe werden durch Ozon gebleicht und Mikroorganismen vernichtet.

Ozon hat große Neigung, unter Sauerstoffbildung nach der Reaktion

$$O_3 \rightleftarrows 1{,}5\, O_2 + 34{,}5\,\text{cal} \tag{1}$$

zu zerfallen.

Man kann Ozon dadurch erzeugen, daß man Sauerstoffmoleküle durch Zufuhr thermischer Energie in Atome aufspaltet (Energie auf 1 Grammatom Sauerstoff bezogen):

$$59{,}1\,\text{kcal} + 1{,}5\, O_2 \rightleftarrows 3\, O\,. \tag{3}$$

Die Sauerstoffatome verbinden sich anschließend mit noch vorhandenen Sauerstoffmolekülen zu Ozon

$$O + O_2 \rightleftarrows O_3 + 24{,}6\,\text{kcal}\,. \tag{4}$$

Während die Aufspaltung der Sauerstoffmoleküle in Atome durch Zufuhr thermischer Energie erzwungen werden kann, wird durch erhöhte Temperatur die Ozonbildung nach Gl. (4) gleichzeitig gehemmt. Infolgedessen ist selbst bei hohen Temperaturen nur wenig Ozon im Sauerstoff vorhanden. Bei 2000 °C beträgt der Ozonanteil nur etwa 1 Vol-%[2]. Um eine möglichst hohe Ozonausbeute zu erzielen, ist es zweckmäßiger, die Sauerstoffatome nach Gl. (3) bei niedrigen Temperaturen durch Zufuhr thermischer Energie zu erzeugen[3,4]. Dann ist zwar

---

[1] Siehe Fußnote 3–5, S. 8.

[2] HOLLEMANN u. WIBERG: Anorganische Chemie 40. bis 46. Auflage, Berlin: de Gruyter 1958, S. 176.

[3] RÜHRWEIN, R. A., u. J. S. HASHMANN: Formation of Ozone from Atomic Oxygen at Low Temperatures. Journ. Chem. Phys. Bd. 30 (1959) S. 823–826.

[4] ANTHONARD, M.: L'Ozone dans l'Industrie du Froid. Rev. Prat. du Froid Bd. 14 (1961) Nr. 179 S. 19–23.

der Anteil an atomarem Sauerstoff geringer, andererseits wird aber auch der Ozonzerfall gehemmt.

Während bisher durch Kühlung maximale Ozonausbeuten von etwa 15 Vol.-% erzielt werden konnten, werden nach einem neuen Prozeß, der im National Bureau of Standards[1] entwickelt wurde, Ausbeuten von nahezu 100 Vol.-% erreicht. Dieser Prozeß ist in Abb. 4 schematisch dargestellt. Bei dem neuen Prozeß strömt Sauerstoff durch einen hochfrequenten elektrischen Entladungsbogen in ein U-Rohr, das in flüssigen Stickstoff hineinragt. Durch die elektrische Entladung dicht oberhalb des Stickstoffspiegels entsteht dissoziierter Sauerstoff. Die Dissoziationsprodukte kondensieren anschließend unter gleichzeitiger Bildung von Ozon, wenn sie in den stark gekühlten Teil des U-Rohres einströmen. Da der Siedepunkt von Ozon bei 760 mm Hg -112 °C beträgt und der des Stickstoffes $-195{,}81$ °C, kondensiert das gebildete Ozon wegen der großen Temperaturdifferenz bereits wenige Millimeter unterhalb der Glimmentladung und tropft in dem Rohr nach unten. Der nicht in Ozon umgewandelte Sauerstoff wird wieder abgepumpt. Die Ausbeute an Ozon hängt wesentlich von der durchströmenden Menge ab. Die geschilderte Versuchsanordnung lieferte die maximale Ausbeute bei einer mittleren Strömungsgeschwindigkeit von 4,3 cm/min im Eintrittsquerschnitt. Bei so geringen Geschwindigkeiten konnte fast der gesamte einströmende Sauerstoff umgewandelt werden, so daß praktisch kein Sauerstoff mehr abgepumpt werden mußte.

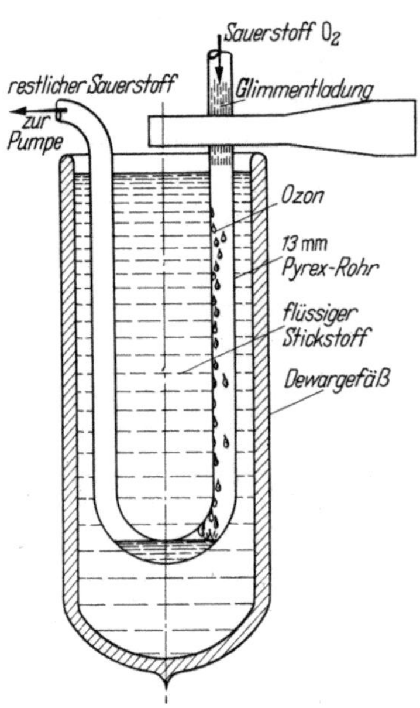

Abb. 4. Anlage zur Erzeugung von Ozon.[1]

VI. Umwandlung von Ortho- in Parawasserstoff.

Wasserstoff (H_2) von Zimmertemperatur besteht zu 75 Vol.-% aus Orthowasserstoff (o-H_2) und zu 25 Vol.-% aus Parawasserstoff (p-H_2). Beim Orthowasserstoff rotieren die beiden Atomkerne im gleichen, beim Parawasserstoff im entgegengesetzten Drehsinn, gemäß nebenstehender Skizze:

o $-$ H_2 p $-$ H_2

Da beim Parawasserstoff die magnetischen Spinmomente antiparallel gerichtet sind und sich kompensieren, ist das magnetische Kernmoment des Moleküls null. Beim Orthowasserstoff sind hingegen die Spinmomente parallel gerichtet, so daß ein magnetisches Kernmoment resultiert, das etwa dreimal so groß wie das eines Protons ist. Bei der Umwandlung des energiereicheren Ortho- in den energieärmeren Parawasserstoff wird daher eine Reaktionsenergie in Form von Wärme entbunden nach der Gleichung

$$\text{o}-H_2 \rightleftarrows \text{p}-H_2 + \text{Energie}\,. \tag{5}$$

[1] Anonym: New, Low-Temperature Production Method for the Efficient Conversion of Oxygen to Ozone. Modern Refrig. Bd. 62 (1959) S. 765–766.

Entsprechend dieser Gleichung ist bei fallender Temperatur das Gleichgewicht nach der rechten Seite verschoben. Wird normaler Wasserstoff mit 75 Vol.-% o—H_2 und 25 Vol.-% p—H_2 verflüssigt und anschließend in Dewar-Gefäßen aufbewahrt, so bildet sich ziemlich schnell in stärkerem Maße p—H_2. Die Reaktionsenthalpie wird an die Flüssigkeit abgeführt, so daß ein Teil des verflüssigten Wasserstoffes wieder verdampft.

Messungen[1–4] haben ergeben, daß die Verluste an Wasserstoff durch diesen Effekt beachtlich sind. Nach Untersuchungen von GRILLY und Mitarb.[5] verliert ein 25-Liter-Dewar-Gefäß, das frisch mit flüssigem Wasserstoff von 30 Vol.-% p—H_2 und 70 Vol.-% o—H_2 gefüllt ist, in den ersten 4 Tagen etwa 10 Liter Wasserstoff. Hingegen verdampfen aus dem gleichen Gefäß nur 4 Liter Wasserstoff in den ersten 4 Tagen, wenn es mit Wasserstoff von 68 Vol.-% p—H_2 und 32 Vol.-% o—H_2 gefüllt war.

Die Verluste können erheblich vermindert werden, wenn die Umwandlung von Ortho- in Parawasserstoff schon vor oder während der Verflüssigung stattfindet. Bei Gegenwart geeigneter Katalysatoren findet die Umwandlung von Ortho- in Parawasserstoff selbst bei tiefen Temperaturen in wenigen Minuten statt. In dem Wasserstoffverflüssiger von JONES, LARSEN und SIMON[5] wird die Umwandlung dadurch erreicht, daß eine der Vorkühlstufen des Verflüssigers Aktivkohle als Katalysator enthält. Das Hochdruckgas strömt dabei über Aktivkohle von —198 °C. Der ausströmende Wasserstoff enthält dann etwa 50 Vol.-% Ortho- und 50 Vol.-% Parawasserstoff. Neuerdings wird auch Eisenhydroxyd als Katalysator verwendet[6]. Vor der Entdeckung geeigneter Katalysatoren mußte man entweder die großen Verluste an Wasserstoff in Kauf nehmen oder man mußte die Transportbehälter mit Kälteanlagen ausstatten, so daß die Reaktionswärme bei der Umwandlung von Ortho- in Parawasserstoff an ein Kühlmittel abgeführt werden konnte.

VII. Kälte bei der Herstellung von Waschmitteln.

Bei einigen Prozessen der Waschmittelherstellung sind ebenfalls Reaktionswärmen abzuführen. Hierzu gehören die Herstellung von Fettalkoholsulfonsäure aus Laurylalkohol und Chlorsulfonsäure und die Herstellung von Fettalkohol-Natriumsulfonat aus Fettalkoholsulfonsäure und Natronlauge. Bei diesen Prozessen werden die Ausgangsprodukte in säurebeständige Rührwerkbehälter eingebracht und das Gefäß mit Wasser so gekühlt, daß die Temperatur 37 bis 47 °C nicht übersteigt[7].

Die billigen Waschmittel, die in großen Mengen für industrielle Zwecke, für die Hausreinigung und für das Waschen von Baumwolle verwendet werden, sind vielfach aus Rohölderivaten hergestellt. Dabei wird aus Petroleumderivat und Schwefeltrioxyd Alkylarylsulfonsäure erzeugt. Aus dieser entsteht in einem

---

[1] CREMER, E., u. M. POLANYI: Zeitschr. phys.-Chem. Abt. B Bd. 21 (1933) S. 459.

[2] SCOTT, R. B., F. B. BRICKWEDE, H. C. UREY u. M. H. WAHL: The Vapour Pressure and Derived Thermal Properties of Hydrogen and Deuterium. Journ. Chem. Phys. Bd. 2 (1934) S. 454–464.

[3] LARSEN, A., H. F. E. SIMON u. C. A. SWENSON: The Rate of Evaporation of Liquid Hydrogen Due to the Ortho-Parahydrogen Conversion. Rev. Sci. Instrum. Bd. 19 (1948) S. 266–269.

[4] GRILLY, A., H. LARSEN u. F. E. SIMON: Research Bd. 24 (1953) S. 1.

[5] JONES, A., H. LARSEN u. F. E. SIMON: Research Bd. 1 (1948) S. 420.

[6] Anonym: Catalyst for Parahydrogen Production Simplifies Liquid Hydrogen Storage Problem. Techn. News Bull. Nat. Bureau of Stand. Bd. 41 (1957) S. 154/157.

[7] RUPPRIGHT, S.: Vereinfachte Kälteanwendung in der amerikanischen Waschmittelindustrie. Kältetechnik Bd. 6 (1954) S. 97–99.

weiteren Prozeß unter Zugabe von Natronlauge Alkylarylnatriumsulfonat. Beide Prozesse sind stark exotherm. Die Reaktionswärme wird durch Verdampfungskühlung abgeführt, und zwar mischt man bei der Herstellung der Alkylarylsulfonsäure das Petroleumderivat und das Schwefeltrioxyd mit etwa der doppelten Menge Schwefeldioxyd, welches während der Reaktion verdampft. Im daran anschließenden Prozeß, der zur Herstellung von Alkyloxylnatriumsulfonat dient, wird die Reaktionswärme an das gleichzeitig entstehende Wasser abgeführt, das verdampft und von einem Strahlapparat abgesaugt wird.

C. Auskristallisieren von Salzen aus Lösungen.

Unter dem Auskristallisieren von Salzen aus Lösungen versteht man das Abscheiden eines gelösten Salzes aus der Lösung.

Hierfür kommen drei Verfahren in Betracht: Entweder kann man die Temperatur der gesättigten Lösung herabsetzen oder einen Teil des Lösungsmittels aus der Lösung entfernen oder beides zugleich vornehmen. Durch diese Maßnahmen wird das Phasengleichgewicht gestört und die Lösung übersättigt[1,2]. Ein Teil des gelösten Stoffes geht in die feste Phase über und bildet Kristalle von bestimmter Struktur.

Eine Lösung kann auch dadurch übersättigt werden, daß man das Lösungsmittel durch Zusatz von Salzen bindet, wobei die gelöste Substanz ausscheidet. Dieses Verfahren bezeichnet man als Aussalzen.

Mit der Kristallisation ist das Ausfrieren verwandt. Dabei wird eine wäßrige Lösung abgekühlt und Wasser als Eis ausgeschieden. Die Restlösung enthält dann die gelöste Substanz in stärkerer Konzentration als die Ausgangslösung. Von diesem Verfahren macht man Gebrauch bei der Konzentrierung von Pektinlösungen und bei der sog. Eindickung von Säften.

In allen Fällen, in denen die Löslichkeit mit sinkender Temperatur stark abnimmt, ist es vorteilhaft, die gelösten Salze dadurch auszukristallisieren, daß man die Lösung kühlt. Eines der ältesten Beispiele hierfür ist die Gewinnung von Glaubersalz aus den Abwässern der Kaliindustrie, worüber im folgenden Abschnitt berichtet wird.

I. Gewinnung von Glaubersalz.

Glaubersalz ($Na_2SO_4 \cdot 10$ aq) ist Ausgangsstoff bei der Glasfabrikation und der Wasserglaserzeugung. Es wird in großen Mengen von der Farbstoff-, der Textil- und der Papierindustrie benötigt. Die Glaubersalzfabrikation ist ein Nebenbetrieb der Kaliindustrie. Aus den Lösungsrückständen der Kaliindustrie wird mit Wasser eine konzentrierte, wäßrige Lösung von Steinsalz (NaCl) und Kieserit ($MgSO_4 \cdot 1$ aq) hergestellt. Diese Stoffe reagieren miteinander nach der Formel

$$MgSO_4 + 2NaCl \rightleftarrows Na_2SO_4 + MgCl_2 \,. \tag{6}$$

An das gebildete Natriumsulfat (Na_2SO_4) wird Wasser angelagert, so daß Glaubersalz entsteht. Der Temperaturkoeffizient der Löslichkeit von Magnesiumchlorid und Glaubersalz ist sehr verschieden. Während Magnesiumchlorid als sehr gut löslicher Stoff auch bei tiefen Temperaturen noch gelöst bleibt, scheidet sich bei einer Abkühlung unter 0 °C fast das ganze Glaubersalz in Kristallform aus.

---

[1] CALDWELL, H. B.: Modern Concepts of Crystallisation. Industr. and Engng. Chem. Bd. 53, Nr. 2 (1961) S. 115–118.

[2] FINDLAY, R. A., u. D. L. MCKAY: Separation by crystallisation. Chem. Engng. Progr. Symp. Series Bd. 55 (1950) Nr. 25.

Dieses wird von der Mutterlauge getrennt und vielfach sofort in ein wasserfreies Salz umgewandelt. Dazu wird das Glaubersalz in Kesseln unter Zusatz von festem, gemahlenem Steinsalz geschmolzen. Das Steinsalz entzieht dem Glaubersalz das Kristallwasser. In der entstehenden Steinsalzlauge ist das wasserfreie Glaubersalz unlöslich und kann abgezogen werden.

Die Ausbeute an Glaubersalz hängt von der Zusammensetzung der Rohlösung ab. Übliche Werte liegen zwischen 135 bis 300 kg Glaubersalz je m^3 Rohlösung. Früher war es vielfach üblich, nur während der Wintermonate Glaubersalz zu fabrizieren. Für einen kontinuierlichen Betrieb ist jedoch die Kühlung mit Hilfe von Kälteanlagen erforderlich. Zur Erzielung der größtmöglichen Ausbeute hat es sich als günstig erwiesen, die Lauge auf −4 bis −5 °C abzukühlen. Die Kristallbildung beginnt bereits bei +10 °C. Die Kristallisationswärme des Salzes beträgt 56 kcal/kg Glaubersalz und die spezifische Wärmekapazität der Lösung 0,7 kcal/kg °C[1]. Um den Kältebedarf möglichst gering zu halten, ist es zweckmäßig, die kalte Endlauge zur Vorkühlung der warmen Rohlösung oder zur Kühlung des Kältemittels zu verwenden. Für die Durchführung des Verfahrens sind in der Kaliindustrie Kälteanlagen mit etwa 10 Millionen kcal/h Kälteleistung in Betrieb[2].

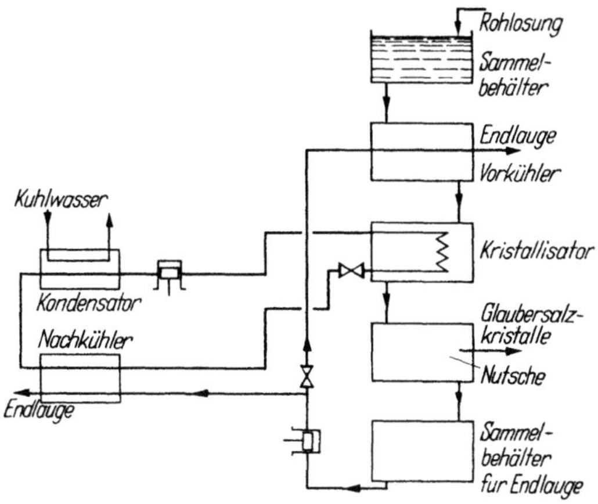

Abb. 5. Anlage zur Gewinnung von Glaubersalz.

Abb. 5 zeigt das Schema einer Anlage zur Glaubersalzgewinnung. Die Rohlösung fließt vom Sammelbehälter in einen Vorkühler, in welchem sie von einem Teil der kalten Endlauge auf etwa +12 °C abgekühlt wird. Anschließend wird die Rohlösung im Kristallisationsapparat von +12 auf −5 °C abgekühlt. Im Kristallisationsapparat liegt der Verdampfer einer Ammoniak-Kompressionskälteanlage. Das Ammoniak verdampft bei −10 °C. Die Verdampferrohre im Kristallisationsapparat müssen von Zeit zu Zeit abgetaut werden. Das Gemisch aus Lauge und ausgeschiedenen Kristallen wird in die Nutsche befördert, in welcher die Kristalle abgetrennt werden. Die konzentrierte kalte Endlauge fließt über einen Sammelbehälter und dient teilweise zur Vorkühlung der Rohlösung, teilweise zur Unterkühlung des aus dem Kondensator kommenden verflüssigten Ammoniaks.

Anlagen zur Gewinnung von Glaubersalz findet man nicht nur in der Kaliindustrie, sondern auch in Kupferhütten, wo bei der Verarbeitung von Schwefelkiesabbränden zunächst Glaubersalz auskristallisiert wird. Ferner wird Glaubersalz gewonnen im Zusammenhang mit der Fabrikation von Lithophone, Bariumsulfat und Zinksulfid.

II. Gewinnung von Paraxylen.

Ein anderes Beispiel für die Auskristallisation eines Salzes aus einer Lösung ist die Gewinnung von Paraxylen ($C_6H_4(CH_3)_2$). Paraxylen dient als Ausgangs-

[1] Pabst, R.: Die Kältemaschinen in der chemischen Industrie. Zeitschrift für die ges. Kälteind. Bd. 32 (1925) S. 81–87.

[2] Voigt, H.: Kompressoren für große Kälteleistungen. Zeitschr. Verein Deutsch. Ing. Bd. 33 (1927) S. 1145–1153.

stoff für die Erzeugung von Kunstseide. Es ist in Deutschland unter dem Namen Trevira und Diolen, in England als Terylen und in den USA als Dakron bekannt. Es wird aus Roh-Xylen gewonnen, das 15 bis 23 Gew.-% Paraxylen enthält und außerdem Metaxylen, Orthoxylen, Äthylbenzol sowie einige andere Kohlenwasserstoffe.

Da die Siedepunkte der Isomere nahe zusammen liegen, ist eine wirtschaftliche Trennung durch Destillation nicht möglich. Bei tiefen Temperaturen ist jedoch die Löslichkeit der einzelnen Komponenten stark verschieden, und zwar unterscheiden sich die Erstarrungspunkte der einzelnen Xylene bei tiefen Temperaturen um etwa 30 °C[1]. Es ist daher nicht schwierig, Paraxylen-Kristalle durch Kühlung aus der Ausgangslösung auszuscheiden.

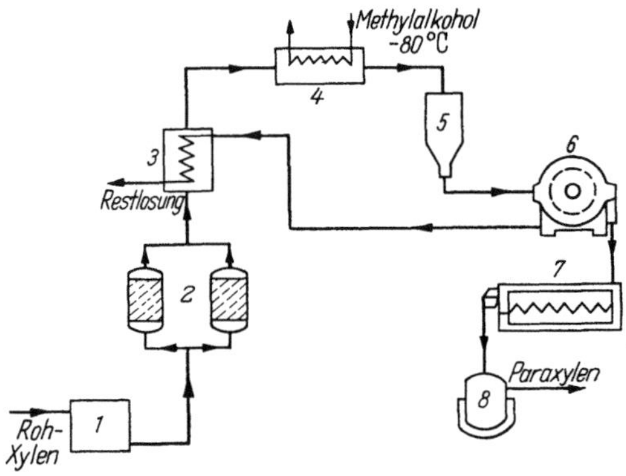

Abb. 6. Anlage zur Gewinnung von Paraxylen.[2]

1 Behälter für Rohxylen; *2* Adsorber; *3* Vorkühler; *4* Kratzkühler; *5* Behälter; *6* Filterpresse; *7* Presse; *8* Schmelzapparat.

Ein von dei Firma Krupp-Anlagenbau entwickeltes Verfahren[2] arbeitet nach dem folgenden Schema (Abb. 6). Das Rohxylen wird zunächst in einem Behälter (*1*), in welchem sich ein Rohrschlangenerhitzer befindet, erwärmt, wodurch Wasser verdampft. Das restliche Wasser wird in dem umschaltbaren Adsorber (*2*) an Aluminium- und Silikagel gebunden. Das annähernd wasserfreie Rohprodukt wird dann im Gegenstrom zu bereits kalter Lösung vorgekühlt (*3*) und strömt in einen Kratzkühler (*4*), wo es durch Methylalkohol auf etwa −80 °C gekühlt wird, wodurch der größte Teil des Paraxylens auskristallisiert. Lösung und ausgeschiedene Kristalle gelangen dann über einen Behälter (*5*) in eine Filterpresse (*6*), in der Kristalle und Flüssigkeit voneinander getrennt werden. Die kalte Restlösung dient zur Vorkühlung des Roh-Xylens im Vorkühler (*3*). In einer kontinuierlich arbeitenden Presse (*7*) wird anschließend die Paraxylen-Konzentration auf etwa 99% erhöht. Das feste Paraxylen wird dann geschmolzen (*8*) und dem weiteren Verarbeitungsprozeß zugeführt.

Der im Kratzkühler verwendete Methylalkohol wird durch verdampfendes R 13 gekühlt. Die Kälteanlage ist zweistufig und arbeitet in der unteren Stufe mit R 13, in der oberen mit R 22 als Kältemittel.

III. Auskristallisieren im Vakuum.

In der chemischen Industrie wird zur Auskristallisation von Salzen aus Lösungen häufig mit Hilfe von Dampfstrahlapparaten ein Vakuum erzeugt. Dabei kühlt sich die Lösung auf eine Temperatur ab, welche dem Dampfdruck über der Lösung entspricht. Es tritt also einmal eine Abkühlung der Lösung ein und außerdem wird ihr Lösungsmittel entzogen. Beides führt zu einer Verringerung der Löslichkeit, so daß das gelöste Salz ausfallen kann.

---

[1] HAINES, W., J. M. POWERS u. R. B. BENNET: P-Xylene from Petroleum. Ind. and Engng. Chem. Bd. 47 (1955) S. 1096–1103.

[2] HOFMANN, E.: L'Exploitation industrielle du paraxylène à l'aide d'un procédé d'élaboration à basses températures. Proceedings Xth Internat. Congress of Refrigeration, Kopenhagen Bd. 2 (1959), S. 425–430.

Das Schema einer einstufigen Vakuumkristallisationsanlage, wie sie von der Firma Wiegand Apparatebau GmbH., Karlsruhe, gebaut wird, zeigt Abb. 7. Die zu entsalzende Flüssigkeit wird in den Kristallisator (*1*) gefüllt und kühlt sich durch Teilverdampfung im Vakuum ab. An den Rührwerksbehältern ist ein Dampfstrahlapparat (*2*) angeschlossen, der den Treib- und Saugdampf in den Kondensator (*3*) fördert. Zum Absaugen von Luft und Dampf aus dem Kondensator dient ein zusätzliches dreistufiges Aggregat (*4*). Nach der Abkühlung und Kristallisation fließt das Gemisch aus Lösung und Kristallen in eine Zentrifuge (*5*), in der Kristalle und Lösung voneinander getrennt werden. Die Anlage arbeitet diskontinuierlich, kann aber auch für kontinuierlichen Betrieb gebaut werden.

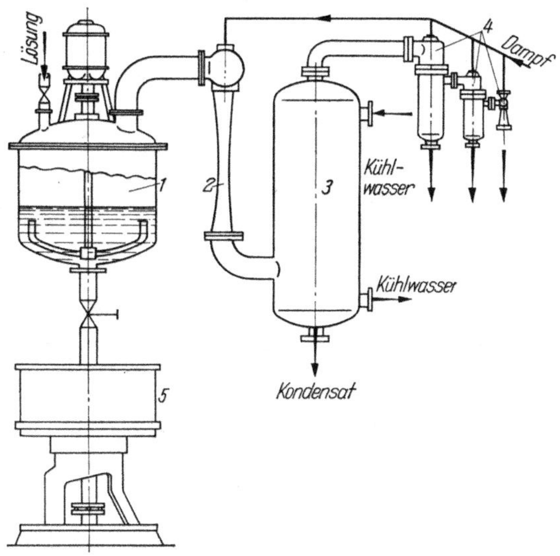

Abb. 7. Schema einer einstufigen Vakuum-Kristallisationsanlage der Firma Wiegand Apparatebau GmbH., Karlsruhe.

1 Kristallisator; *2* Dampfstrahlapparat; *3* Kondensator; *4* Dampfstrahlapparat; *5* Zentrifuge.

Der Energiebedarf solcher Vakuumkühlanlagen kann erheblich gesenkt werden, wenn die zu kühlende Lösung in hintereinandergeschalteten Kammern stufenweise auf die gewünschte Temperatur gekühlt wird. Gleichzeitig wird auch das Kühlwasser in mehreren Kondensatorkammern stufenweise erwärmt. Durch diese Maßnahmen können die Verluste durch Nichtumkehrbarkeiten vermindert werden. Dadurch sinkt auch der Dampfverbrauch zur Erzeugung einer bestimmten Kälteleistung. Die Abnahme des Dampfverbrauchs in Abhängigkeit von der Stufenzahl zeigt Abb. 8. Die dort dargestellte Kurve gilt für eine kontinuierlich betriebene Vakuumkühlanlage, in der gesättigte Na_2SO_4-Lösung von 25 °C auf 0 °C abgekühlt wird[1]. Mit abnehmendem Verbrauch an Arbeitsdampf sinkt auch der Kühlwasserbedarf. Bei Anlagen, die nur kurzzeitig betrieben werden, und auch bei Anlagen kleiner Leistung lohnt es sich allerdings meistens nicht, den Energiebedarf durch Anwendung vielstufiger Schaltungen auf das äußerste zu senken.

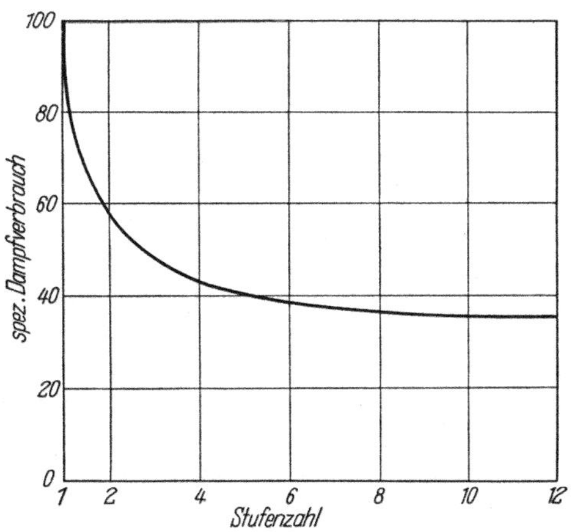

Abb. 8. Dampfverbrauch von Strahlapparaten in Abhängigkeit von der Stufenzahl.[1]

Der wesentliche Vorteil der einstufigen Vakuum-Kristallisationsanlagen gegenüber den Kompressions-Kälteanlagen liegt vor allem in den geringeren Anlage-

[1] Hammer, H., T. Messing u. H. Schunck: Dampfstrahl-Vakuumkühlungen für Kristallisierapparate. Chem. Ing. Techn. Bd. 23 (1951) S. 513–516.

kosten und der einfacheren Wartung. In mehrstufigen Anlagen kann darüber hinaus bis zu Temperaturen von -10 °C der Energieverbrauch geringer gehalten werden als der von Ammoniak-Kompressions-Kälteanlagen[1]. Ein weiterer Vorteil der Vakuumkühlung ist die direkte Kühlung der Lösung. Es ist also praktisch kein Temperaturgefälle wie bei wärmeaustauschenden Flächen erforderlich. Ein Nachteil ist der große Kühlwasserverbrauch, da sowohl Treib- als auch Saugdampf kondensiert werden müssen.

1. Zur Berechnung von Vakuum-Kristallisationsapparaten.

Die Berechnung der abgesaugten Dampf- und der abgeschiedenen Kristallmenge kann in einfacher Weise mit Hilfe des (i,ξ)-Diagrammes durchgeführt werden. Die Methoden der Berechnung gehen auf Arbeiten von BOŠNJAKOVIĆ[2], STEINBACH[3] und LINGE[4] zurück.

In den meisten Fällen steht aber ein (i,ξ)-Diagramm der betreffenden Lösung nicht zur Verfügung. Dann kann man die abgesaugte Dampf- und die abgeschiedene Kristallmenge ausgehend von folgender Überlegung berechnen:

In den Kristallisationsapparat sollen L kg gesättigte Lösung von der Konzentration ξ_1 und der Temperatur t_1 einströmen (Abb. 9). Es werden D kg Dampf angesaugt und K kg Kristalle ausgefällt. Infolgedessen verlassen den Apparat $L-D-K$ kg Lösung von der Konzentration ξ_2 und der Temperatur t_2. Die Mengenbilanz für das Salz ergibt daher

$$\xi_1 \cdot L = K + \xi_2 \cdot (L - D - K) . \tag{8}$$

Da dem Apparat dauernd Dampf entzogen wird, ändert sich auch die abgekühlte Flüssigkeitsmenge ständig. Zur Vereinfachung rechnen wir so, als ob die mittlere Menge $L-D/2$ abgekühlt würde. Bezeichnet man mit Q_K die Kristalli-

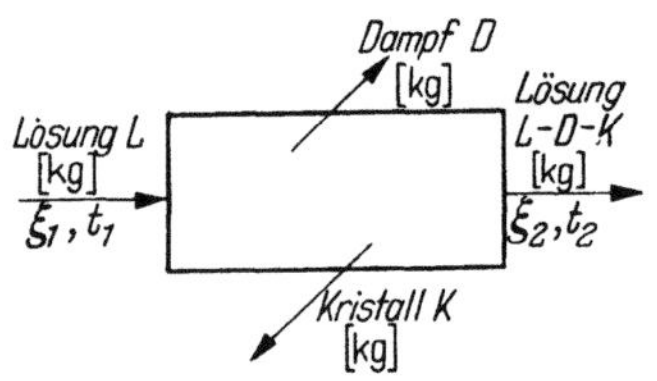

Abb. 9. Zur Mengenbilanz des Kristallisationsapparates.

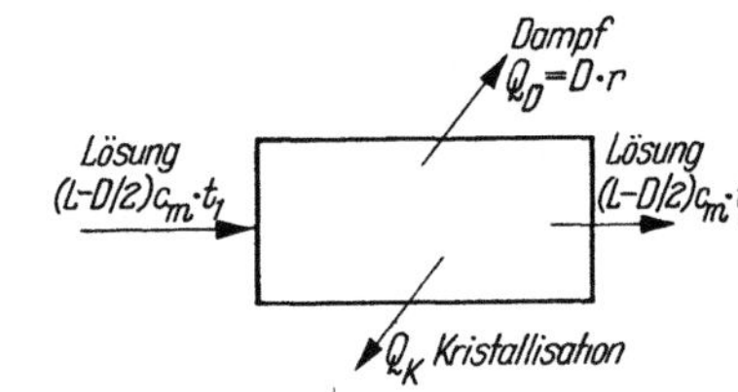

Abb. 10. Zur Energiebilanz des Kristallisationsapparates.

sationswärme, mit r die spezifische Verdampfungswärme und mit c_m die mittlere spezifische Wärmekapazität der Lösung zwischen den Temperaturen t_1 und t_2, so kann man demnach folgende Energiebilanz aufstellen (Abb. 10):

$$(L - D/2) \cdot c_m \cdot t_1 + Q_K = (L - D/2) \cdot c_m\, t_2 + D \cdot r . \tag{9}$$

Zur Berechnung der noch unbekannten Kristallisationswärme Q_K denken wir uns die Kristallbildung in zwei Schritten durchgeführt:

1. Der gesättigten eintretenden Lösung werden bei konstanter Temperatur t_1 D kg Dampf entzogen, wodurch K kg Kristall ausfallen. Dabei wird eine Kristallisationswärme $Q_{K1} = K \cdot q_K$ frei, wenn q_K die spezifische Kristallisationswärme ist.

[1] Siehe Fußnote 1, S. 15.

[2] BOŠNJAKOVIĆ, F.: Wärmeprozesse bei Salzlösungen. Zeitschr. für die ges. Kälteind. Bd. 39 (1932) S. 165–168, S. 181–185.

[3] STEINBACH, A.: Der Wärmeverbrauch beim Abkühlen von Salzlösungen. Forsch.Ing.Wes. Bd. 2 (1931) S. 105–108.

[4] LINGE, K.: Verschiedene Verfahren zur Verstärkung von Salzlösungen. Zeitschr. für die ges. Kälteind. Bd. 43 (1936) S. 62–66.

2. Die noch verbleibende Menge ($L-D-K$) kg an gesättigter Lösung wird von der Temperatur t_1 auf die Temperatur t_2 gekühlt. Dabei ändert sich die Konzentration der Lösung von ξ_1 auf ξ_2, und es fallen $(L-D-K)\cdot(\xi_1-\xi_2)$ kg Salz aus. Hierbei wird eine Kristallisationswärme $Q_{K2} = (L-D-K)\cdot(\xi_1-\xi_2)\cdot q_K$ frei.

Die gesamte Kristallisationswärme Q_K setzt sich aus den Anteilen Q_{K1} und Q_{K2} zusammen.

$$Q_K = Q_{K1} + Q_{K2} = K\cdot q_K + (L-D-K)\cdot(\xi_1-\xi_2)\cdot q_K\,. \tag{10}$$

Damit geht Gl. (9) über in

$$D\cdot r = (L-D/2)\cdot c_m\cdot(t_1-t_2) + K\cdot q_K + (L-D-K)\cdot(\xi_1-\xi_2)\cdot q_K\,. \tag{11}$$

Eliminiert man hierin die Größe K mit Hilfe der Mengenbilanz (*8*), so ergibt sich die abgesaugte Dampfmenge bezogen auf 1 kg der eintretenden Lösung

$$\frac{D}{L} = \frac{c_m\cdot(t_1-t_2)+(\xi_1-\xi_2)\cdot q_K}{r+\frac{1}{2}c_m\cdot(t_1-t_2)-\frac{\xi_1}{1-\xi_1}\cdot q_K(1-\xi_1+\xi_2)+(\xi_1-\xi_2)\,q_K}\,. \tag{12}$$

Die abgeschiedene Kristallmenge berechnet sich aus

$$\frac{K}{L} = \frac{D}{L}\,\frac{\xi_1}{1-\xi_1}\,. \tag{13}$$

Zahlenwerte für die Konzentrationen ξ_1, ξ_2 und die Kristallisationswärme q_K zahlreicher Lösungen entnimmt man dem Werk von LANDOLT-BÖRNSTEIN[1].

Hat man die Saugdampfmenge D nach Gl. (12) berechnet, so kann man nach den in Band II (S. 363f.) dieses Handbuches beschriebenen Methoden auch die erforderliche Treibdampfmenge ermitteln.

2. Anwendungsbeispiele.

Dampfstrahlapparate werden bei vielen Prozessen der Kristallisation eingesetzt. Als Beispiele seien die bereits erwähnte Gewinnung von Glaubersalz aus den Abwässern der Kaliindustrie genannt, die Kristallisation von Kaliumnitrat, Ferrosulfat, Magnesiumsulfat, Ammoniumchlorid, Ammoniumsulfat und anderen Salzen.

Als Beispiel ist in Abb. 11 eine Anlage für die Vakuumkristallisation von Eisensulfat ($FeSO_4\cdot 7\,aq$) vereinfacht dargestellt. Es handelt sich hierbei um eine Anlage der Firma Standard-Messo (Duisburg). Die Rohlösung fließt in die Vorkühlkammer (*1*). Um Treibdampf zu sparen, läßt man die Lösung zunächst auf die Temperatur abkühlen, welche dem Dampfdruck im Mischkondensator (*6*) entspricht. Von der Kammer (*1*) fließt die vorgekühlte Lösung in die Kammer (*2*), in der ein geringerer Druck als in Kammer (*1*) herrscht. Die Kondensatoren (*5*) und (*6*) sind so konstruiert, daß das Kondensat zwar von der oberen (*5*) in die untere Kondensatorkammer (*6*) fließen, der Dampf aber nicht in umgekehrter Richtung strömen kann. Dadurch ist es möglich, die Mischkondensatoren (*5*) und (*6*) bei verschiedenen Drücken zu betreiben.

Nachdem sich die Lösung in Kammer (*2*) auf die dem Dampfdruck des Mischkondensators (*5*) entsprechende Temperatur abgekühlt hat, fließt sie in die Kristallisationskammer (*3*), in welcher durch den Dampfstrahlapparat (4) ein geringeres Vakuum als in der Kammer (*2*) erzeugt wird. Kristalle und Lösung werden

[1] LANDOLT-BÖRNSTEIN: Physikalisch chemische Tabellen. 5. Aufl. (1935) 3. Erg.Bd. 1. Teil, Tab. 110, S. 411.

in einer Zentrifuge (*12*) voneinander getrennt. Der Dampfstrahlapparat (*4*) fördert gegen den Druck des Mischkondensators (*5*). Um das Vakuum im Kondensator (*5*) mit möglichst wenig Treibdampf erzeugen zu können, wird in mehreren Stufen (*7*), (*8*), (*9*) evakuiert und der Treib- und Saugdampf jeweils in den Kondensatoren (*10*) und (*11*) durch Mischen mit Kühlwasser wieder kondensiert.

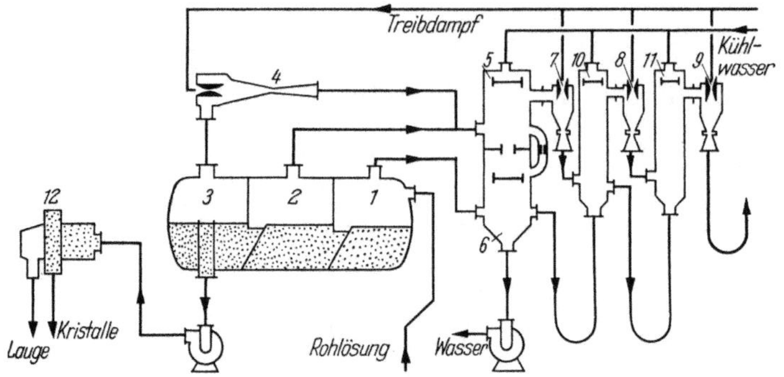

Abb. 11. Anlage der Firma Standard-Messo, Duisburg, zur Gewinnung von Eisensulfat durch Vakuum-Kristallisation.
1, 2 Vorkühlkammern; *3* Kristallisationskammern; *4* Dampfstrahlapparat; *5, 6* Kondensatoren; *7, 8, 9* Strahlapparate; *10, 11* Kondensatoren; *12* Zentrifuge.

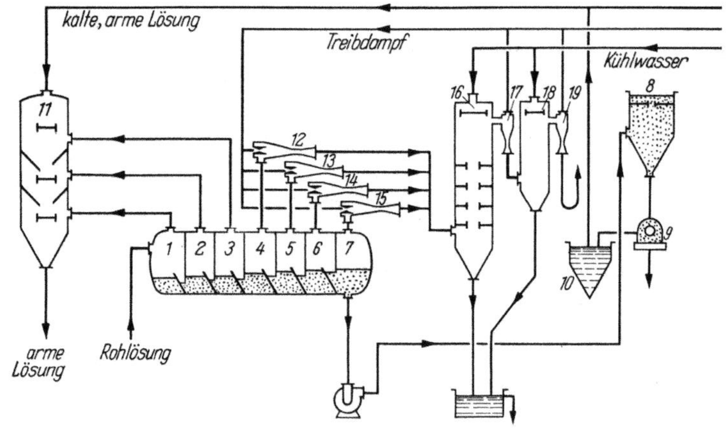

Abb. 12. Anlage zur Gewinnung von Glaubersalz durch Vakuumkristallisation.
1 bis *7* Kammern zur stufenweisen Kühlung der Rohlösung; *8* Behälter für Lösung und Kristalle; *9* Glaubersalzzentrifuge; *10* Behälter für arme Lösung; *11* Mischkondensator; *12* bis *15* Dampfstrahlapparat; *16* Mischkondensator; *17* Dampfstrahlapparat; *18* Mischkondensator; *19* Dampfstrahlapparat.

Das vereinfachte Schema einer Anlage zur Gewinnung von Glaubersalz durch Vakuumkristallisation zeigt Abb. 12. Die Rohlösung wird in Kammern *1* bis *7* stufenweise auf etwa -5 °C gekühlt. Das Gemisch aus Lösung und Kristallen wird anschließend über den Behälter (*8*) zur Glaubersalzzentrifuge (*9*) gepumpt. Die kalte, kristallarme Lösung strömt von dort zu dem Mischkondensator (*11*), in welchem der aus den Kristallisationskammern (*1*) bis (*3*) abgesaugte Dampf in drei voneinander getrennten Druckstufen kondensiert. Das Vakuum in den Kristallisationskammern (*4*) bis (*7*) wird durch die Dampfstrahlapparate (12) bis (*15*) erzeugt, die ihren Dampf in den Mischkondensator (*16*) fördern. Den Unterdruck in Mischkondensator (*16*) erzeugt ein Dampfstrahler (*17*). Die von diesem geförderten Dämpfe werden im Mischkondensator (*18*), in welchem durch den Strahlapparat (*19*) Unterdruck entsteht, verflüssigt.

IV. Gewinnung von Trink- und Brauchwasser aus Meerwasser.

Infolge der rasch fortschreitenden Industrialisierung und der stark zunehmenden Bevölkerung reichen die natürlichen Vorräte an Trink- und Brauchwasser in vielen Ländern nicht aus, um den Eigenbedarf zu decken. In anderen Ländern, die heute noch über genügend Reserven an Trink- und Brauchwasser verfügen, wird der Eigenbedarf in wenigen Jahren nicht mehr gedeckt werden können. Die zunehmende Bevölkerung der Erde zwingt gleichzeitig in immer stärkerem Maße dazu, Wüstengebiete zu bewässern und urbar zu machen. Da die natürlichen Wasservorräte nicht ausreichen, um diese Aufgaben zu lösen, ist es eine der wichtigsten Aufgaben der jetzt lebenden Generation, Verfahren zu ersinnen, wonach man in wirtschaftlicher Weise Trink- und Brauchwasser aus dem Meerwasser herstellen kann. Mit der Entwicklung solcher Verfahren befaßten sich in den letzten Jahrzehnten zahlreiche Forschergruppen. Die zu lösende Aufgabe besteht darin, den Salzgehalt des Meerwassers in möglichst wirtschaftlicher Weise von durchschnittlich 3 bis 6 Gew.-% auf höchstens 0,05 bis 0,02 Gew.-% zu verringern.

Zur großtechnischen Gewinnung von Trinkwasser aus Meerwasser haben sich im wesentlichen die folgenden Verfahren bewährt:

1. Verdampfung des reinen Wassers aus der Mutterlauge durch Wärmezufuhr und anschließende Kondensation des Dampfes.
2. Ausfrieren reiner Eiskristalle aus der Mutterlauge durch Kühlung und anschließend Trennung von Mutterlauge und Kristallen.
3. Elektrodialyse zur Trennung des Salzes aus der Lösung. Dabei werden Membranen, die nur für Kationen, und solche, die nur für Anionen durchlässig sind, in einem elektrischen Feld so angeordnet, daß dem Wasser alle Salzionen entzogen werden.
4. Osmose-Verfahren zur selektiven Entfernung des Wassers aus der Salzlösung mittels eines Diaphragmas. Hierbei wird reines Wasser durch ein Diaphragma aus der Salzlösung ausgetrieben.
5. Chemische Verfahren der Aufbereitung.

Zu jedem dieser Grundverfahren sind zahlreiche Varianten entwickelt worden, so daß heute eine Vielzahl von speziellen Prozessen zur Gewinnung von Trink- und Brauchwasser miteinander konkurrieren. In diesem Abschnitt werden zwar nur die Gefriermethoden behandelt; es ist jedoch zweckmäßig, der Besprechung der speziellen Prozesse einige allgemein thermodynamische Betrachtungen über die Energie zur Trennung von Salz und Mutterlauge voranzustellen.

Die Thermodynamik lehrt, daß zur Trennung der Komponenten einer Lösung, unabhängig von der Trennmethode, ein bestimmter Mindestaufwand an Energie erforderlich ist, der nicht unterschritten werden kann. Diese minimale Energie ist gleich der Arbeit zur reversiblen und isothermen Trennung der Komponenten[1]. Bezeichnet man mit ΔG die Änderung der freien Enthalpie, mit $\mathfrak{R}$ die universelle Gaskonstante, mit T die absolute Temperatur der Lösung, mit f_0 die Fugazität des Lösungsmittels und mit f die der Lösung, so ist bekanntlich[2] bei einer isothermen Zustandsänderung

$$\Delta G = \mathfrak{R} \cdot T \cdot \ln \frac{f_0}{f} \cdot \qquad (14)$$

Diese Änderung der freien Enthalpie ist gerade gleich der Arbeit zur reversiblen und isothermen Trennung von Salz und Meerwasser. Nach Messungen von

[1] Band II dieses Handbuches, S. 147.

[2] FUCHS, O.: Physikalische Chemie als Einführung in die chemische Technik, Aarau und Frankfurt/M.: Sauerländer 1957, S. 105.

MURPHY[1] hat Meerwasser mit einem Salzgehalt von 6 Gew.-% und einer Temperatur von 25 °C eine Fugazität von $f = 0{,}03158$ ata. Die Fugazität des reinen Wassers von 25 °C ist $f_0 = 0{,}03229$ ata. Mit diesen Werten berechnet man aus Gl. (14)

$$\Delta G = 0{,}75 \frac{\text{kWh}}{\text{m}^3}.$$

Diese Trennarbeit kann von keinem Prozeß unterboten werden, da alle Prozesse irreversibel ablaufen und eine isotherme Trennung praktisch kaum realisierbar ist. Die Verluste durch Nichtumkehrbarkeiten der verschiedenen Prozesse weichen teilweise erheblich voneinander ab, weswegen auch der Energiebedarf und die Kosten je m³ Trinkwasser voneinander verschieden sind. Nach dem heutigen Stand der Technik sind Verdampfungs- und Gefrierprozesse als besonders aussichtsreich für die großtechnische Gewinnung von Trinkwasser aus Meerwasser zu bezeichnen. Vergleicht man beide Prozesse miteinander, so müßten Gefrierprozesse den Verdampfungsverfahren überlegen sein, da die Schmelzwärme des Wassers nur etwa $^1/_7$ der Verdampfungswärme beträgt. Dieser Vergleich ist aber insofern noch nicht richtig, als die Schmelzwärme bei tiefer Temperatur abzuführen, die Verdampfungswärme hingegen bei hoher Temperatur zuzuführen ist. Um die Schmelzwärme q_s abführen zu können, muß der Lösung bei ihrer Erstarrungstemperatur T_s die Wärme q_s entzogen und auf das Niveau der Umgebungstemperatur T_u gehoben werden. Dazu ist eine Arbeit L erforderlich, die bei reversibler Prozeßführung

$$L_{\text{rev}} = q_s \cdot \frac{T_u - T_s}{T_s} \tag{15}$$

beträgt. Entsprechendes gilt für den Verdampfungsprozeß: Um die Verdampfungswärme r bei Siedetemperatur T_0 zuführen zu können, ist bei reversibler Prozeßführung die Arbeit

$$L_{\text{rev}} = r \cdot \frac{T_0 - T_u}{T_0} \tag{16}$$

aufzuwenden. Vergleicht man die beiden Arbeiten miteinander, so ergibt sich, daß zum Auskristallisieren des Wassers aus der Lösung nur etwa $^1/_{40}$ der Arbeit aufgewendet werden muß, die zum Verdampfen erforderlich ist. Infolgedessen müßten, rein thermodynamisch gesehen, die Gefrierverfahren den Verdampfungsprozessen weit überlegen sein. Die tatsächlichen Unterschiede zwischen Gefrier- und Verdampfungsmethode sind jedoch erheblich geringer, und bis vor kurzem waren sogar die Verdampfungsprozesse wegen ihrer geringeren Verluste durch Nichtumkehrbarkeiten den Gefrierprozessen überlegen. Erst neuerdings sind die Gefrierverfahren soweit verbessert worden, daß der Preis je m³ Trinkwasser bei beiden Verfahren etwa derselbe ist und nach Angaben von FISCHBECK[2] etwa bei 2,— DM je m³ Trinkwasser liegt. Es werden sogar Frischwasserkosten von 39 bis 50 Dpf/m³ angegeben[3].

Nach Untersuchungen von CURRAN[4] ist der tatsächliche Energiebedarf bei der Trinkwassergewinnung vom sog. Extraktionsverhältnis abhängig. Darunter hat man das Mengenverhältnis aus dem Süßwasser, welches dem Meerwasser als Eis entzogen wurde, und dem Wasser in der Ausgangslösung zu verstehen. Es ist

---

[1] MURPHY, G. W.: Saline Water Research and Development Progress Report Bd. 9 (1956) U.S. Dept. of the Interior, Washington.

[2] FISCHBECK, K.: Applications du Froid à l'Industrie Chimique. Annexe 1958–5 Suppl. Bull Inst. Internat. du Froid S. 21–32.

[3] HOULE, J. F.: Freeze Desalting of Seawater Goes into Operation. Chem. Engng. Bd. 71 (1964), S. 64–66.

[4] CURRAN, H. M.: The Extraction of Potable Water from Salt Water by the Refrigeration Method. Thesis, St. Edwards University, Austin, Texas (USA); derselbe: Is the Freezing Method the Best? Refrig. Engng. Bd. 63 (1955) S. 45–56.

physikalisch anschaulich einleuchtend, daß sowohl bei kleinen als auch bei großen Extraktionsgraden der Energiebedarf höher sein wird als bei mittleren Extraktionsgraden. Werden nämlich nur kleine Mengen von Süßwasser aus großen Meerwassermengen gewonnen, dann müssen diese großen Mengen gekühlt werden, was große Arbeitsverluste bedeutet. Wird andererseits das Wasser fast vollständig durch Gefrierprozesse vom Salz getrennt, so ist der Energieaufwand zur Trennung der gegen Ende des Prozesses stark angereicherten Lösung ebenfalls sehr groß. Wie CURRAN[1] nachweisen konnte, ergibt sich bei einem Extraktionsverhältnis von 0,5, also bei Entzug der Hälfte des im Meerwasser enthaltenen Süßwassers, ein flaches Minimum der aufzuwendenden Energie. Wird auf Grund dieses Ergebnisses etwa die Hälfte der Rohlösung als Eis auskristallisiert, so verdoppelt sich die Salzkonzentration und die Gefriertemperatur sinkt auf Werte, die man dem Löslichkeitsdiagramm von Natriumchlorid in Wasser (Abb. 13) entnehmen kann. Für den Entwurf der Kälteanlage ist diese Temperatur maßgebend, weil das Meerwasser soweit gekühlt werden muß.

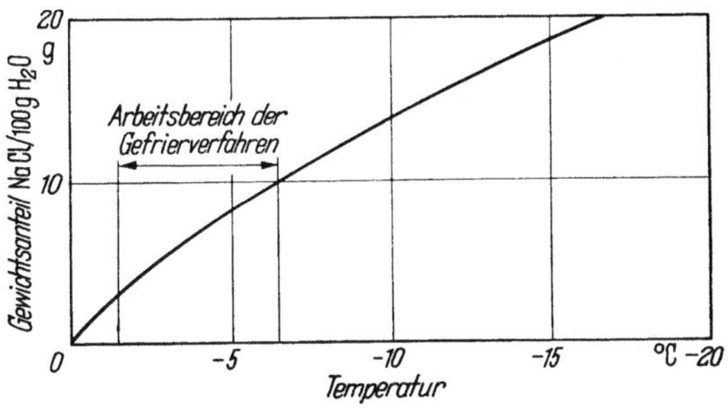

Abb. 13. Gleichgewichtskurve einer wäßrigen Kochsalzlösung.

Eine der wesentlichen Schwierigkeiten des Gefrierprozesses ergibt sich dadurch, daß beim Ausfrieren des Eises stets Salzkristalle mit eingeschlossen werden, die nachträglich unter Energieaufwand wieder entfernt werden müssen. Durch häufiges Waschen eines Teiles des gefilterten Eises kann man den Salzgehalt herabsetzen. Dadurch wird jedoch das Verfahren sehr aufwendig und kostspielig. Es sind daher zahlreiche Versuche unternommen worden, die Kristallbildung so zu beeinflussen, daß möglichst wenig Mutterlauge von den Kristallen eingeschlossen wird[2–5]. Die eingeschlossene Lauge kann in Filtern, Zentrifugen oder Pressen entfernt werden.

HENDRICKSON und MOULTON[6] haben durch Versuche gefunden, daß es am günstigsten ist, die Lauge in Pressen abzutrennen. Bei ihren Versuchen betrugen die Salzeinschlüsse etwa 30 Gew.-% des anfänglichen Salzgehaltes der Mutterlauge, das sind etwa 1,8 Gew.-% des ausgefrorenen Eises. Dieser Salzgehalt konnte durch einen Druck von etwa 100 kp/cm² auf etwa 0,05 Gew.-% vermindert werden. Der Energieaufwand betrug etwa 1 kWh je 1000 kg Eis. Neuerdings hat man ein anderes Verfahren zur Trennung der im Eis eingeschlossenen Lauge gefunden[7–10]. Man berieselt die aus der Flüssigkeit herausragenden feinkörnigen

---

[1] Siehe Fußnote 1, S. 20.

[2] HARTMANN, R.: Über die spontane Kristallisation des Eises aus wäßrigen Lösungen. Zeitschr. angew. Chem. Bd. 88 (1914) S. 128.

[3] TAMMANN, G.: Kristallisieren und Schmelzen, Leipzig 1913.

[4] TAMMANN, G.: Aggregatzustände, Leipzig 1922.

[5] KOST, W.: Vorgänge bei der Eisbildung. Abhandlung des Deutschen Kältetechn. Vereins, Karlsruhe: Müller 1953.

[6] HENDRICKSON, H. M., u. R. W. MOULTON: Saline Water Research and Development Progress Report Bd. 10 (1956).

[7] KARNOFSKY, G., u. P. H. STEINHOFF: Saline Water Research and Developm. Progr. Rep. Bd. 40 (1960).

[8] WIEGANDT, H. F.: Saline Water Conversion. Advance in Chemistry Bd. 27 (1960) S. 82.

[9] BOSWORTH, C. A., S. S. CARFAGNO, A. J. BARDUHN u. D. J. SANDELL: Saline Water Research and Development Progress Report Bd. 32 (1959).

[10] BOSWORTH, C. H., S. S. CARFAGNO u. D. J. SANDELL: Saline Water Research and Development Progress Report Bd. 23 (1959).

Eiskristalle mit einem kleinen Teil des gewonnenen Süßwassers. Dadurch reichert sich das Süßwasser mit Salz an, und es bleibt annähernd reines Eis zurück, das vom oberen Rand des Gefäßes kontinuierlich abgestrichen werden kann.

1. Verschiedene Gefrierverfahren.

Grundsätzlich gibt es zwei Möglichkeiten, dem auszufrierenden Wasser die Schmelzwärme zu entziehen. Entweder wird die Wärme durch die Behälterwand hindurch an das Kältemittel abgeführt und das Eis setzt sich als zusammenhängende Schicht an der Behälterwand ab, oder es wird der Lösung durch einen fortgesetzten Verdampfungsprozeß Wärme entzogen. Dabei kühlt sich die Lösung ab, und das Eis bildet sich in Form feiner Kristalle.

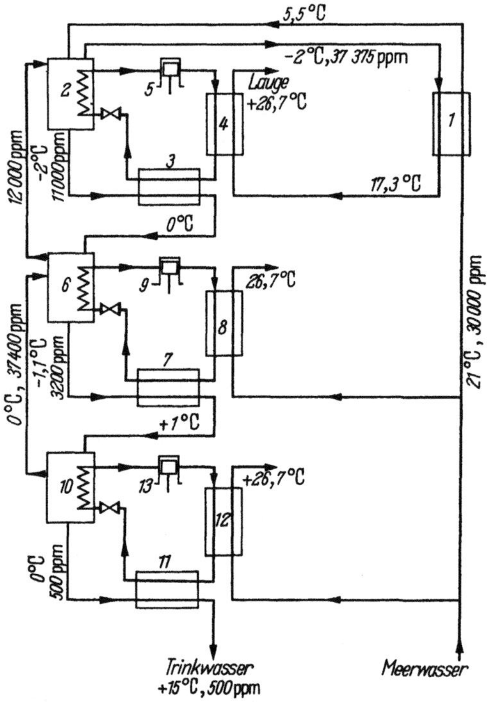

Abb. 14. Dreistufige Anlage zur Gewinnung von Trinkwasser aus Meerwasser.

1 Gegenströmer; *2* Kristallisationsapparat; *3* Kondensator; *4* Gegenströmer; *5* Kompressor; *6* Kristallisationsapparat; *7* Kondensator; *8* Vorkühler; *9* Kompressor; *10* Kristallisationsapparat; *11* Kondensator; *12* Vorkühler; *13* Kompressor.

Die Zahl der Prozesse, die bisher vorgeschlagen wurden, ist außerordentlich groß. Es sei auf die Literatur verwiesen[1]. Es sollen hier nur einige charakteristische Prozesse geschildert werden.

Abb. 14 zeigt schematisch ein dreistufiges Gefrierverfahren zur Erzeugung von Süßwasser aus Meerwasser[2].

Meerwasser von 21 °C und 3 Gew.-% Salz wird im Gegenströmer (*1*) durch kalte angereicherte Lauge auf 5,5 °C abgekühlt und anschließend im Kristallisierapparat (*2*) durch verdampfendes Ammoniak auf −2 °C gekühlt. In den Kristallisierapparat wird gleichzeitig Mutterlauge aus dem Kristallisierapparat (*6*) der folgenden Stufe eingeleitet, wovon ein Teil über den Gegenströmer (*1*) fließt und dann das im Kompressor (*5*) verdichtete Kältemittel kühlt (*4*), ehe es verflüssigt wird (*3*). In dem Kristallisierapparat wird Eis gebildet, das noch Einschlüsse von Mutterlauge enthält und im Kondensator (*3*) des Kältekreislaufes wieder geschmolzen wird. Der Vorgang in der nächsten Stufe, welche aus Kristallisierapparat (*6*), Kondensator (*7*), Vorkühler (*8*) und Kompressor (*9*) besteht, ähnelt dem der ersten Stufe: Im Kristallisator (*6*) bildet sich Eis, es wird wieder geschmolzen (*7*) und die Flüssigkeit dem Kristallisator der nächsten Stufe, welche ihrerseits aus Kristallisator (*10*), Kondensator (*11*), Kühler (*12*) und Kompressor (*13*) besteht, zugeleitet und wieder ausgefroren. In jeder Stufe ist daher die Mutterlauge salzärmer als in der vorhergehenden. Die gebildeten Eiskristalle werden zunächst wieder geschmolzen und dann der folgenden Stufe zugeleitet, während die Mutterlauge, die nach dem Ausfrieren im Kristallisator einer

[1] Dechema-Monographie Bd. 47 (1962). Dort zahlreiche weitere Literaturhinweise.
[2] Siehe Fußnote 6, S. 21.

Stufe enthalten ist, zum Kristallisator der vorhergehenden Stufe geleitet wird. In drei Stufen wird auf diese Weise ein Trinkwasser mit 0,05 Gew.-% Salz hergestellt.

Abb. 15 zeigt das Schema einer Anlage, in welcher Wasserdampf abgesaugt wird und ein Teil der Restlösung ausfriert[1].

Meerwasser wird im Gegenströmer (*1*) durch die ablaufenden Produkte von 21 °C auf 7 °C vorgekühlt und in dem Kristallisationsapparat (*2*), in welchem durch den Dampfstrahlapparat ein Vakuum von 2 Torr erzeugt wird, auf −6 °C gekühlt. Dabei bilden sich Eiskristalle, die von der Sole durch Filtern, Pressen oder Zentrifugieren (*4*) getrennt werden können. Die abgetrennten Eiskristalle werden im Schmelzraum (*5*) durch einen Teilstrom des Dampfes geschmolzen, wobei Kondensat von etwa 0 °C entsteht. Dieses dient ebenso wie die Lauge aus (*4*) zur Vorkühlung des frischen Meerwassers. Der überschüssige Dampf wird im Kühler (*6*) durch Meerwasser kondensiert.

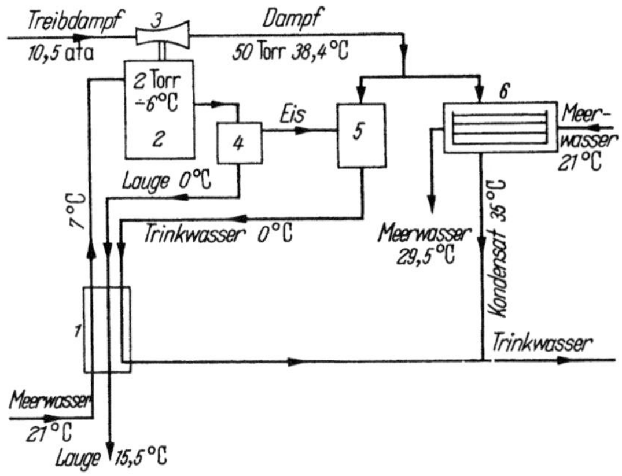

Abb. 15. Gewinnung von Trinkwasser aus Meerwasser; Kälteerzeugung durch Dampfstrahlapparate.
1 Gegenströmer; *2* Kristallisationsapparat; *3* Dampfstrahlapparat; *4* Filter, Presse oder Zentrifuge; *5* Schmelzraum; *6* Kühler.

Dieses Verfahren ist in mannigfacher Weise abgewandelt worden. Der Energiebedarf kann erheblich gesenkt werden, wenn die Kristallisation in mehreren Druckstufen durchgeführt wird. Da die Schmelzwärme des Eises bei Dampfstrahlanlagen häufig nicht ausreicht, um den Treibdampf und den abgesaugten Dampf zu kondensieren, müßte man einen Teil des Dampfes auf etwa 30 Torr komprimieren, damit die Kondensationswärme an die Umgebung abgeführt werden kann. Um das zu vermeiden, wird bei einigen Prozessen das Vakuum in der Kristallisationskammer durch Absorption des Wasserdampfes an ein stark hygroskopisches Medium erzeugt. Hierfür kommen wäßrige Lösungen von Lithiumbromid, Schwefelsäure oder Natriumhydroxyd in Frage, da diese Lösungen leicht regenerierbar sind.

Von der Carrier-Corporation[2] wurde ein solches Verfahren vorgeschlagen, das mit Lithiumbromid als Absorptionsmittel arbeitet. Der absorbierte Wasserdampf wird dabei durch zusätzliche Heizung wieder ausgetrieben. Ein etwas anderes Verfahren, in dem Natriumhydroxyd als Absorptionsmittel dient, hat Messing[2] empfohlen. Dieses Verfahren ist in Abb. 16 schematisch dargestellt.

Meerwasser wird im Gegenstrom (*1*) zur kalten Lauge und zu kaltem Trinkwasser gekühlt und erreicht anschließend im Kondensator (*2*) der Kältemaschine (*3*) eine Temperatur von etwa −2 °C. Das Meerwasser wird dann dem Kristallisationsapparat (*4*) zugeleitet. Der dort entstehende Wasserdampf wird im Kondensator (*6*) von Natronlauge absorbiert. Das Gemisch aus Eiskristallen und Lösung wird dann vom Kristallisationsapparat (*4*) in die Trennkolonne (*7*) gepumpt. Dort wird von oben ein kleiner Teil des gewonnenen Trinkwassers zugeführt, wodurch die Lauge zwischen den Eiskristallen ausgewaschen wird. Das Meerwasserkonzentrat wird durch den Kühler (*1*) weggepumpt, während die Eiskristalle im Schmelzer (*8*) dadurch geschmolzen werden, daß kaltes Wasser durch den Sumpf des

---

[1] Siehe Fußnote 6, S. 21.

[2] Messing, T.: Neue Methoden zur Gewinnung von Süßwasser aus Meerwasser durch Ausfrieren. Dechema-Monographie Bd. 47 (1962) S. 793–804.

Kondensators (*6*) gepumpt wird, wobei es sich erwärmt und anschließend seine Wärme im Schmelzer (*8*) an die Eiskristalle abgibt. Die Temperatur im Kondensator wird mit Hilfe der Kältemaschine (*3*) geregelt, der Druck durch den Dampfstrahlapparat (*9*), welcher Dampf in den Mischkondensator (*10*) fördert.

Wegen des großen spezifischen Volums von Wasserdampf müssen bei allen Verfahren, in denen Kälte durch Absaugen des Wasserdampfes erzeugt wird, erhebliche Dampfvolume gefördert werden. Um diesen Nachteil nicht in Kauf nehmen zu müssen, wird in einigen Prozessen dem Meerwasser eine nicht mischbare flüchtige Substanz zugesetzt, die ihrerseits im Kristallisationsapparat abgesaugt wird und dabei ihre Verdampfungswärme dem Meerwasser entzieht, wodurch dieses teilweise gefriert. Als besonders geeignete Substanz hat sich Butan erwiesen. Der bei etwa 0,84 ata abgesaugte Butandampf wird nach Kompression auf etwa 1,06 ata auf den abgetrennten Eismassen kondensiert, die infolge der frei werdenden Wärme schmelzen. Das flüssige Butan und Wasser sind nicht ineinander löslich, so daß Butan und Wasser zwei Schichten bilden. Das Wasser sammelt sich wegen seines höheren spezifischen Gewichts unten im Schmelzgefäß an und läuft als Produkt ab, während das Butan wieder dem Meerwasser zugemischt wird.

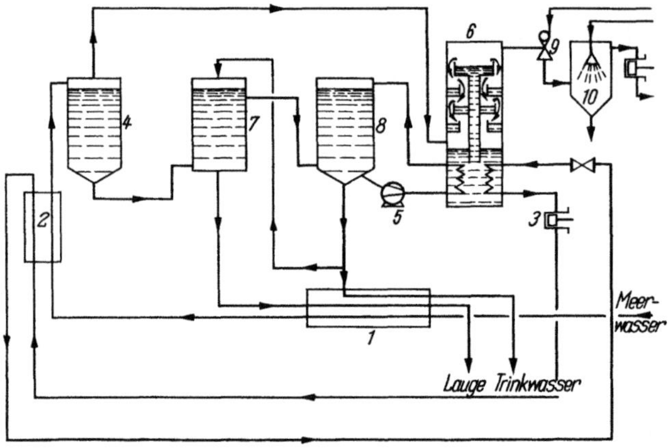

Abb. 16. Gewinnung von Trinkwasser aus Meerwasser. Kälteerzeugung durch absorptive Methoden.[1]

1 Gegenströmer; *2* Kondensator; *3* Kompressor; *4* Kristallisationsapparat; *5* Pumpe; *6* Kondensator; *7* Trennkolonne; *8* Schmelzapparat; *9* Dampfstrahlapparat; *10* Mischkondensator.

Eine technische Versuchsanlage, die nach dem oben geschilderten Verfahren arbeitet und die 57 m³ Trinkwasser je Tag erzeugt[2], ist in Abb. 17 dargestellt. In dieser Anlage sind auch schwierige Probleme, wie die Bildung von Kristallen, die keine Sole-Einschlüsse enthalten und gleichzeitig groß genug sind, um leicht von der Mutterlauge getrennt zu werden, in zahlreichen Vorversuchen erfolgreich gelöst worden.

Meerwasser von 21 °C wird in der Säule (*1*) bei einem Druck von 30 mm Hg entgast, wobei gelöste Luft und Kohlendioxyd entweichen. Das Meerwasser strömt durch die wechselweise betriebenen Kies-Sand-Filter (*2*) in einen Wärmeaustauscher (*3*), wo es in direktem Kontakt mit kaltem gasförmigen Butan auf 1,6 °C gekühlt wird. Das kalte Meerwasser fließt dann in den Kristallisationsapparat (*4*), dem gleichzeitig flüssiges Butan zugeführt wird. In dem Kristallisationsapparat herrscht ein Druck von 0,14 bis 0,35 ata. Bei diesem Druck verdampft das Butan, wodurch die Lösung auf −3,3 bis −3,9 °C gekühlt wird. Dadurch, daß das Butan erst im Kristallisationsapparat flüssig zugeführt wird, kann über die zugeführte und verdampfte Butanmenge die Temperatur der Lösung genau gesteuert werden.

Bekanntlich können sich Eiskristalle nur in einer unterkühlten Lösung bilden.

---

[1] Siehe Fußnote 2, S. 23.
[2] Siehe Fußnote 3, S. 20.

Bei starker Unterkühlung setzt eine spontane Kristallbildung ein. Die Kristalle bilden sich so rasch, daß sie nur schwer von der Lösung zu trennen sind. Um das zu vermeiden, steuert man die Temperatur der unterkühlten Flüssigkeit über die verdampfende Butanmenge so, daß eine spontane Kristallisation vermieden wird. Die gebildeten Kristalle sind hexagonal und etwa 1 mm groß.

Während das dampfförmige Butan vom Kompressor (*5*) angesaugt wird, fließt das Eis-Sole-Gemisch zu einer Zentrifuge (*6*), in welcher die Eiskristalle von der Sole getrennt werden. Die Sole hat eine Temperatur von −3,3 bis −3,9 °C und

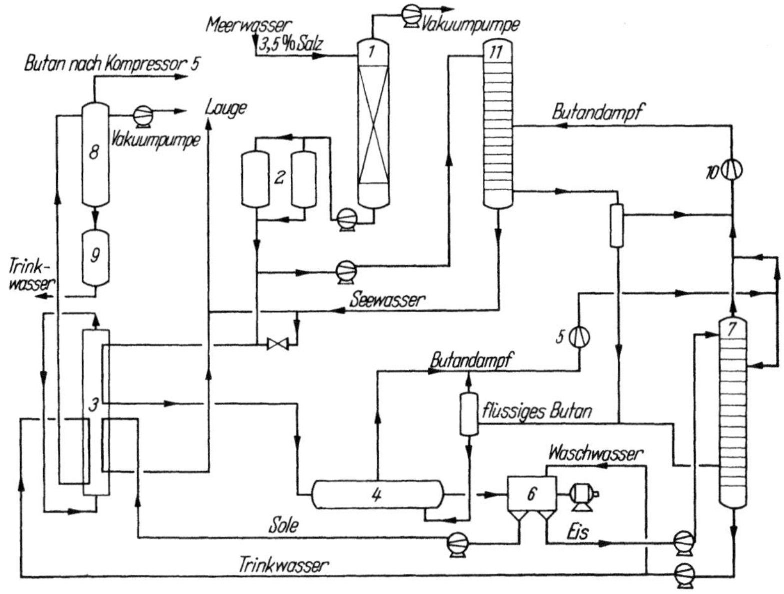

Abb. 17. Gewinnung von Trinkwasser aus Meerwasser[1].

1 Säule zur Entgasung; *2* Kies-Sand-Filter; *3* Wärmeaustauscher; *4* Kristallisationsapparat; *5* Kompressor; *6* Zentrifuge; *7* Schmelzapparat; *8* Säule zur Entgasung; *9* Aktivkohlefilter; *10* Hilfskompressor; *11* Hilfskondensator.

kühlt das im Wärmeaustauscher (*3*) aufsteigende Butan. Die Eiskristalle werden noch in der Zentrifuge mit einer kleinen Menge Trinkwasser gereinigt und dann im Schmelzer (*7*) in direktem Kontakt mit dampfförmigem Butan von 0,5 bis 0,7 ata geschmolzen, wobei das Butan seinerseits kondensiert. Im Sumpf des Schmelzers sammeln sich flüssiges Butan und Trinkwasser. Beide Flüssigkeiten sind voneinander in Schichten getrennt. Das leichtere flüssige Butan aus der oberen Schicht wird wieder in den Kristallisationsapparat (*4*) zurückgeleitet, während das schwerere Trinkwasser aus der unteren Schicht in den Wärmeaustauscher (*3*) geleitet wird und von dort über eine Entgasersäule (*8*), ein Aktivkohlefilter (*9*), in welchem Butanreste entfernt werden, zum Verbraucher strömt.

Da nicht die gesamte Butanmenge, die im Kristallisationsapparat (*4*) verdampft, im Schmelzer (*7*) wieder kondensiert werden kann, wird das dampfförmige Butan aus dem Schmelzer von einem Hilfskompressor (*10*) abgesaugt, in einen Hilfskondensator (*11*) gedrückt und dort durch einen Teil des entgasten Seewassers kondensiert. Das Seewasser wird dann der Ablauge zugeleitet, während das flüssige Butan zum Kristallisationsapparat (*4*) fließt.

[1] Siehe Fußnote 3, S. 20.

Auf Grund der Erfahrungen mit der Versuchsanlage hofft man, in Großanlagen Frischwasserkosten von 39 bis 50 Dpf je m^3 Trinkwasser erreichen zu können. Der Energiebedarf wird zu 7,3 kWh je m^3 Trinkwasser angegeben.

Zu den hier beschriebenen Prozessen gibt es noch zahlreiche weitere Varianten[1].

V. Entparaffinieren von Ölen.

Viele Rohöle enthalten mehr oder minder große Mengen hochmolekularer Paraffinkohlenwasserstoffe. Ihr Anteil kann bis zu 12% des Rohöls betragen. Da ein großer Teil der Paraffine einen Siedepunkt hat, der von gleicher Größe wie derjenige der Schmieröldestillate ist, verbleibt dieser Anteil bei einer destillativen Trennung in den Fraktionen der Schmieröldestillate. Diese enthalten daher gelegentlich bis zu 30% Paraffin. Dadurch wird der Stockpunkt der Öle stark erhöht. Er kann bei 40 °C oder sogar noch höheren Temperaturen liegen. Um den Stockpunkt herabzusetzen, wird das Paraffin aus den Destillaten entfernt.

Das abgetrennte Paraffin ist ein begehrter Rohstoff. Es wird für die Produktion von Kerzen, die Imprägnierung von Zündhölzern, zur Konservierung von Früchten und als Ausgangsprodukt für die Herstellung von Fettsäuren benutzt.

Das in den Schmieröldestillaten enthaltene Paraffin wird bei tiefen Temperaturen auskristallisiert. Dabei gilt als Erfahrungsregel, daß auf eine Temperatur gekühlt werden soll, die etwa 20 °C unterhalb des gewünschten Stockpunktes des Öles liegt.

Die zur Entparaffinierung erforderliche Kälteleistung ist im wesentlichen abhängig von der Zusammensetzung des Rohöls. Da diese sehr verschieden sein kann, schwankt auch der Kältebedarf innerhalb weiter Grenzen. Ein mittlerer Wert beträgt etwa 100000 kcal je Tonne Rohstoff. Die Kälteleistung großer Anlagen liegt bei mehreren Millionen kcal/h. Bei den meisten Ölsorten genügt es, auf Temperaturen von −10 bis −30 °C zu kühlen. Bei einigen speziellen Ölsorten, wie Transformatoren- oder Autoölen, muß jedoch stärker entparaffiniert werden. Das Öl wird dann bis zu Temperaturen von −60 °C abgekühlt.

---

[1] Von dem ziemlich umfangreichen Schrifttum seien außer den bereits zitierten Arbeiten noch die folgenden Veröffentlichungen angeführt, die eine gute Übersicht geben:

Sherwood, P. W.: Dessalage de l'eau de mer par réfrigération. Rev. Prat. du Froid Bd. 14 (1961) S. 53–54.

Othmer, D. F.: Desalting of Seawater. Chem. Engng. Bd. 70, Nr. 12 (1963) S. 205–20.

Spiegler, K. S.: Salt-Water Purification. Berlin-Göttingen-Heidelberg: Springer 1962.

Thompson, T. G., u. K. H. Nelson: Desalting Seawater by Freezing. Refrig. Engng. Bd. 62 (1954) S. 44–48.

Woolrich, W. R.: Potable Water from Saline Sources-A Refrigeration Opportunity. Refrig. Engng. Bd. 66 (1958) S. 52–53.

Kervran, L.: Le Déminéralisation des eaux par congélation. Rev. Gén. du Froid Bd. 33, Nr. 4 (1956) S. 417–424.

Himes, R. C., S. E. Miller, W. H. Mink u. H. L. Goering: Zone Freezing in Demineralizing Saline Waters. Industr. Engng. Chem. Bd. 51, No. 11 (1959) S. 1345–1349.

Fischbeck, K.: Le Dessalage de l'eau de mer. Chimie et Ind. Bd. 79 (1958) S. 563–578.

Hendrickson, H. M.: Saline Water Conversion by Freezing. Refrig. Engng. Bd. 66, Nr. 8 (1958) S. 31–37; S. 51.

Defay, R., u. A. Sanfeld: Chaleur de fusion de la glace en présence d'une solution aqueuse de sel. Bull. Soc. Chim. Belges Bd. 68 (1959) S. 295–302.

Steinbach, A.: Meerwasser-Entsalzen durch Gefrieren. Chem. Ing. Techn. Bd. 23 (1951) S. 296–298.

Gilliland, E. R.: Fresh Water for the Future. Ind. Engng. Chem. Bd. 47 (1955) S. 2410 bis 2422.

Rinne, W. W.: Desalting Sea Water by Refrigeration Processes. Proceedings XIth Internat. Congress of Refrig. München Bd. 2 (1963), S. 1449–1462.

Zur Kältegewinnung kommen mehrstufige Kälteanlagen in Frage. Gewöhnlich werden in den unteren Stufen der Kaskade Äthan und in den oberen Ammoniak als Kältemittel verwendet. Gelegentlich ist es sogar erforderlich, auf noch tiefere Temperaturen als −60 °C zu kühlen. Dann ist Äthan als Kältemittel nicht mehr empfehlenswert, weil der Druck im Verdampfer bei diesen tiefen Temperaturen unter Atmosphärendruck liegen würde. Dabei könnte Luft in die Kälteanlage eindringen und ein explosionsfähiges Äthan-Luft-Gemisch entstehen. Vielfach betreibt man in diesem Fall die untere Stufe der Kaskade mit Äthylen und die obere mit Propan als Kältemittel.

Abb. 18 zeigt das Schema einer Anlage zur Entparaffinierung von Schmierölen. Das zu entparaffinierende Öl wird aus dem Behälter (*1*) abgesaugt und mit der

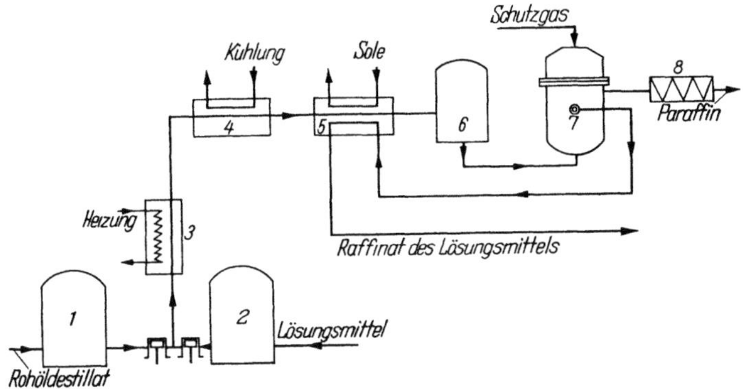

Abb. 18. Anlage zur Entparaffinierung von Öl.
1 Behälter für Rohöldestillat; *2* Behälter für Lösungsmittel; *3* beheizter Behälter; *4*, *5* Kühler; *6* Zwischenbehälter; *7* Filtration; *8* Schneckenpresse.

mehrfachen Menge eines geeigneten Lösungsmittels, welches aus dem Behälter (*2*) kommt, in dem beheizten Behälter (*3*) gemischt. Durch den Zusatz von Lösungsmittel bleibt das Öl während des späteren Kühlprozesses in Lösung und kann nicht ausgefällt werden. Geeignete Lösungsmittel sind Gemische aus Methyläthylketon und Benzol, aus Azeton und Benzol oder Mischungen von Äthylen oder Methylenchlorid mit Trichloräthylen[1].

In einem neueren Verfahren der Edeleanu Gesellschaft m.b.H.[2] wird als Lösungsmittel ein Gemisch von 1,2-Dichloräthan und Methylenchlorid verwendet. Wegen der hohen Löslichkeit von Ölen in diesem Lösungsmittel werden nur relativ geringe Mengen an Lösungsmittel gebraucht. Durch Kühlung des Öl-Lösungsmittel-Gemisches in den Kühlern (*4*) und (*5*) auf Endtemperaturen von −10 bis −30 °C wird der Hartparaffinanteil in kristalliner Form ausgeschieden, anschließend über den Zwischenbehälter (*6*) weitergeleitet und durch Filtration (*7*) vom Öl-Lösungsmittel-Gemisch getrennt. Die Filtration wird im allgemeinen unter Schutzgas durchgeführt, wodurch die Bildung explosionsfähiger Dampf-Luft-Gemische vermieden wird. Das kalte Öl-Lösungsmittel-Gemisch wird durch den Kühler (*5*) geleitet und anschließend einer Destillationsanlage zugeführt, in welcher Öl und Lösungsmittel voneinander getrennt werden. Das auskristallisierte Paraffin wird mit Hilfe einer Schneckenpresse (*8*) weggepumpt und in weiteren Prozessen von den noch anhaftenden Resten an Lösungsmittel befreit.

---

[1] Prinzler, H.: Einführung in die Technologie des Erdöls. VEB Deutscher Verlag für Grundstoffindustrie Leipzig 1961, S. 90–94.

[2] Schneider, N.: German Unit Gives Dewaxing Data. Petroleum Refiner Bd. 42 Nr. 12 (1963) S. 104–106.

Neuerdings wird zur Entparaffinierung von Schmierölen auch Propan als Kältemittel verwendet. Dabei wird Propan im Öl gelöst. Die Kühlung erfolgt dadurch, daß ein Teil des gelösten Propans infolge Druckminderung verdampft und dabei seine Verdampfungswärme dem Öl entzieht. Wegen seines niedrigeren Siedepunktes kann Propan leicht aus dem entparaffinierten Öl und auch aus dem Paraffinkristall wieder abgetrennt werden.

Das Schema einer solchen Anlage zur Entparaffinierung ist in Abb. 19 dargestellt. Das zu entparaffinierende Öl wird aus dem Behälter (*1*) abgesaugt, auf etwa 10 bis 15 ata komprimiert und mit dem etwa ein- bis dreifachen Volum an

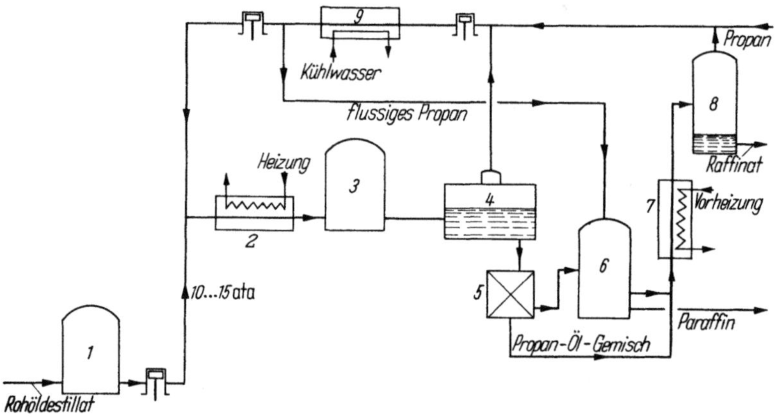

Abb. 19. Anlage zur Entparaffinierung von Öl. Kühlung durch verdampfendes Propan.
1 Behälter für Rohöldestillat; *2* Heizung; *3* Sammelbehälter; *4* Verdampfungskühler; *5* Drehfilter; *6* Propanabtreiber; *7* Heizung; *8* Kolonne; *9* Kondensator.

flüssigem Propan gemischt. Nach geringer Erwärmung im Behälter (*2*), wobei bereits ausgefallenes Paraffin wieder in Lösung gebracht wird, leitet man das Flüssigkeitsgemisch über den Sammelbehälter (*3*) in den Verdampfungskühler (*4*) In diesem herrscht ein geringerer Druck, so daß ein Teil des Propans verdampft und Paraffin auskristallisiert, das im Drehfilter (*5*) von der Lösung getrennt wird. Auf diese Weise erhält man Paraffin, dem noch geringe Reste von Öl anhaften, sowie Propan, in welchem größere Mengen Öl gelöst sind. Das Paraffin wird im Propanabtreiber (*6*) mit flüssigem Propan gewaschen und dadurch von den Ölresten befreit. Das Propan-Öl-Gemisch wird über den Vorheizer (*7*) in eine Kolonne (*8*) geleitet, in welcher das Propan ausgetrieben wird. Das ausgetriebene Propan wird dann im Kondensator (*9*) wieder verflüssigt und mit dem ankommenden Rohöldestillat gemischt, während das weitgehend paraffinfreie Öl unten an der Kolonne abgezogen wird.

Gelegentlich werden die Schmieröldestillate auch mit Harnstoff entparaffiniert. Dieser bildet mit Paraffin Verbindungen in Form von Kristallen, welche ohne Anwendung von Kälte von der Lösung getrennt werden können[1].

D. Trocknen und Verflüssigen von Gasen durch Kühlung.

In zahlreichen Industriezweigen, z. B. in der Hüttenindustrie, in der Kunstseide- und Papierindustrie, bei der Trennung von Gasgemischen durch Verflüssigung, in der Radio- und Elektrotechnik müssen Luft oder andere Gase bis zu sehr

[1] BENGEN, M. F.: Mein Weg zu den neuen Harnstoff-Einschluß-Verbindungen. Angew. Chem. Bd. 63 (1951) S. 207–208.

geringen Feuchtigkeitsgehalten getrocknet oder einzelne Gaskomponenten aus einem Gasgemisch gewonnen werden. Hierfür kommen im wesentlichen zwei Methoden in Frage, und zwar Trennung durch Absorption oder durch Kühlung. Absorptive Trennung ist besonders bei Gasen von hohem Druck wirtschaftlich. Darüber wird in Kapitel G berichtet. In diesem Abschnitt sollen diejenigen Verfahren behandelt werden, bei denen Gaskomponenten durch Kühlen aus einem Gemisch entfernt werden.

I. Trocknen von Luft.

Die beim Trocknen von Luft erforderliche Kälteleistung richtet sich im wesentlichen nach der Anfangs- und der vorgeschriebenen Endfeuchtigkeit. Formeln zur Berechnung des Feuchtigkeitsgehaltes der Luft bei Sättigung sind in

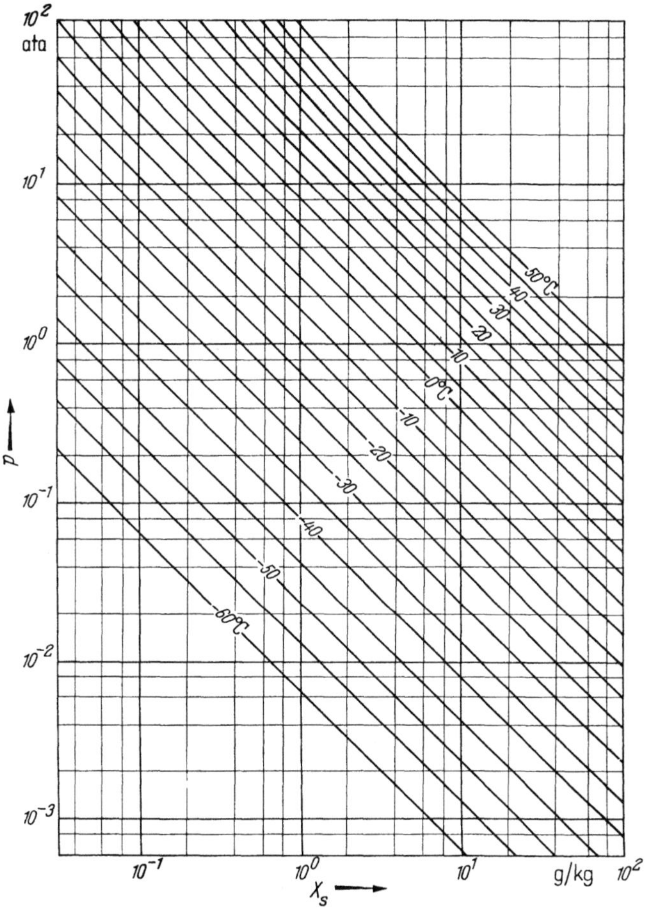

Abb. 20. Sättigungsfeuchtigkeit von Wasserdampf-Luft-Gemischen.

Band II dieses Handbuches[1] abgeleitet. Die Berechnung wird mit Hilfe von Abb. 20 erleichtert, in welcher die Sättigungsfeuchtigkeit x_s in Abhängigkeit vom Gesamtdruck des Wasserdampf-Luft-Gemisches und von der Temperatur dargestellt ist. Wird zum Beispiel in einem Trockner gesättigte Luft von 1 kp/cm²

[1] Siehe dort S. 278.

und +20 °C auf −20 °C isobar gekühlt, so entnimmt man, daß der Sättigungswert von $x_s = 15,25$ auf $x_s = 0,65$ g Wasserdampf/kg trockene Luft abnimmt. Mithin wurden 14,6 g Wasserdampf/kg trockene Luft ausgeschieden.

Zur Abkühlung kann die feuchte Luft entweder direkt über kaltes Wasser oder Sole hinweggeführt werden (direkte Kühlung), oder sie kann an der Oberfläche

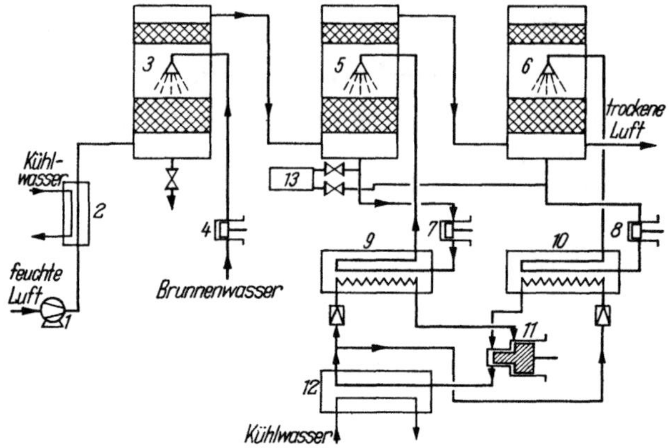

Abb. 21. Anlage zum Trocknen von Luft durch direkte Kühlung.
1 Kompressor; *2* Wärmeaustauscher; *3* Kühler; *4* Pumpe; *5*, *6* Kühler; *7*, *8* Pumpen; *9*, *10* Verdampfer; *11* Kompressor; *12* Kondensator; *13* Soleverdampfer.

eines Wärmeaustauschers gekühlt werden (indirekte Kühlung). Bei der indirekten Kühlung werden im allgemeinen zwei oder mehrere Kühler betrieben, in denen wechselweise Luft gekühlt und anschließend der Reifbelag oder das Kondensat entfernt werden. Bereifte Luftkühler können mit erwärmter Sole oder mit den heißen Druckgasen des Kompressors, durch elektrische Beheizung oder durch Berieselung mit heißer Flüssigkeit abgetaut werden.

In Abb. 21 ist eine Anlage dargestellt, die nach dem Prinzip der direkten Kühlung arbeitet. Die im Kompressor (*1*) verdichtete Luft wird im Wärmeaustauscher (*2*) vorgekühlt und dann im Kühler (*3*) durch kaltes, von der Pumpe (*4*) gefördertes Brunnenwasser gekühlt. Dieses rieselt der aufsteigenden Luft über eine Füllkörperschicht entgegen. In den Kühlern (*5*) und (*6*) wird die Luft durch Sole gekühlt. Die Sole wird von den Pumpen (*7*) und (*8*) umgepumpt und in den Verdampfern (*9*) und (*10*) einer zweistufigen Kälteanlage gekühlt. Zu dieser gehören außer den beiden Verdampfern noch der zweistufige Kompressor (*11*) und der Kondensator (*12*). Die Konzentration der Sole wird durch Eindampfen eines Teilstromes im Soleverdampfer (*13*) auf einem vorgegebenen Wert konstant gehalten.

Abb. 22 zeigt das Schema einer Anlage, die nach dem Prinzip der indirekten Kühlung arbeitet. Die feuchte Luft wird im Gegenstrom zur wegströmenden, kalten trockenen Luft im Wärmeaustauscher (*1*) vorgekühlt. Das dabei auskondensierende Wasser wird im Wasserabscheider (*2*) aufgefangen. Anschließend gelangt die Luft in einen der beiden Kühler (*3*) oder (*4*) und wird dort durch verdampfendes Kältemittel soweit gekühlt, daß sich der vorgeschriebene Sättigungswert x_s, den man Abb. 20 entnehmen kann, einstellt. Die kalte trockene Luft wird dann über den Wärmeaustauscher (*1*) zum Verbraucher geleitet. Während der eine der beiden Kühler die Luft abkühlt, wird der andere mittels der heißen Druckgase des Kältekompressors (*5*) aufgetaut. Das dabei verflüssigte Kältemittel sammelt sich im Behälter (*9*) und wird anschließend dem Kältekreislauf wieder zugeleitet. Dieser besteht aus Kompressor (*5*), Kondensator (*6*) mit Sammler (*7*) und Ölabscheider (*8*) und den Verdampferrohren in den Kühlern (*3*) und (*4*).

Die Luftkühler werden nach den allgemeinen Formeln der Wärmeübertragung berechnet[1]. In Apparaten, die bei Temperaturen unter 0 °C arbeiten, muß der höhere Wärmewiderstand durch den Reifüberzug mit berücksichtigt werden[2].

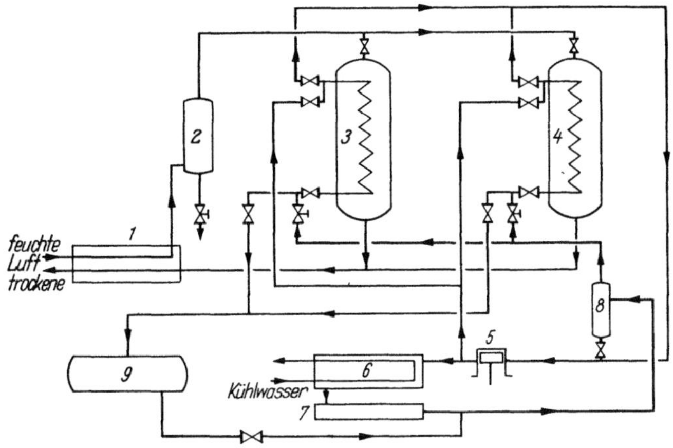

Abb. 22. Anlage zum Trocknen von Luft durch indirekte Kühlung.

1 Wärmeaustauscher; *2* Wasserabscheider; *3*, *4* Kühler; *5* Kompressor; *6* Kondensator; *7* Sammler; *8* Ölabscheider; *9* Sammelbehälter.

Bei der indirekten Kühlung verringert sich die Konzentration der Sole durch Aufnahme von Feuchtigkeit aus der Luft. Die Konzentration der Sole muß daher durch Zugabe von Salzen oder von konzentrierter Sole wieder erhöht werden. Ein anderes Verfahren zur Verstärkung des Salzgehaltes der Sole besteht darin, daß man einen Teil des Lösungsmittels verdampft[3].

II. Reinigung von Kokereigas.

Im Rohgas der Kokerei sind eine Reihe von Gasen und Dämpfen enthalten, wie Naphthalin, Benzol und Wasserdampf, die durch Kälteanwendung abgetrennt werden, bevor das Kokereigas dem Ferngasnetz zugeleitet wird. So müssen vor allem Naphthalin und Wasser entfernt werden. Naphthalin würde sich sonst in der Winterkälte ausscheiden und Leitungen und Ventilquerschnitte verstopfen, während Wasser zu einer beschleunigten Korrosion der Leitungen führen würde.

In Abb. 23 ist die Sättigungskonzentration einiger Bestandteile, die im Kokereigas enthalten sind, in Abhängigkeit von der Temperatur dargestellt. Wie man daraus erkennt, ist der Naphthalingehalt bei Temperaturen unter 0 °C außerordentlich gering. Er beträgt bei −5 °C nur noch etwa 0,025 g/Nm³ Kokereigas. Auch der Wasserdampfanteil kann durch Anwendung tiefer Temperaturen erheblich

[1] Siehe hierzu Bd. III dieses Handbuches, S. 304–308.

[2] Dibbern, D.: Reif- und Schneebildung beim Abkühlen von Gas-Dampfgemischen in Gegenstrom-Wärmeaustauschern. Abhandl. Nr. 17 d. Deutsch. Kältetechn. Ver , Karlsruhe: C. F. Müller 1964.

[3] Linge, K.: Verschiedene Verfahren zur Verstärkung von Lösungen. Zeitschr. ges. Kälteind. Bd. 43 (1936) S. 62–66.

herabgesetzt werden. Es ist daher naheliegend, besonders Naphthalin und Wasserdampf durch Kühlung auszuscheiden.

In älteren Anlagen wurde das Naphthalin nicht auskondensiert, sondern entsprechend einem Vorschlag von LENZE und RETTENMAIER[1] durch Ammoniakwasser von -2 bis -5 °C ausgewaschen. Dabei wird gleichzeitig das Wasser mit ausgewaschen. Dann wurde das Kokereigas in die Benzolfabrik zur Schwefelreinigung und zum Gasbehälter weitergeleitet. Ein Nachteil dieses Verfahrens bestand darin, daß das Gas in den der Ammoniakwäsche nachgeschalteten Apparaten wieder Feuchtigkeit aufnehmen konnte. Außerdem konnte das Waschverfahren nur auf der Niederdruckseite durchgeführt werden, weil sonst die beträchtlichen Mengen an Waschflüssigkeit gegen einen hohen Druck hätten gefördert werden müssen, was eine erhebliche Steigerung des Leistungsbedarfs zur Folge gehabt hätte. Andererseits mußten aber wegen des dadurch bedingten niederen Gasdruckes große Gasvolume umgepumpt und große Kühler gebaut werden.

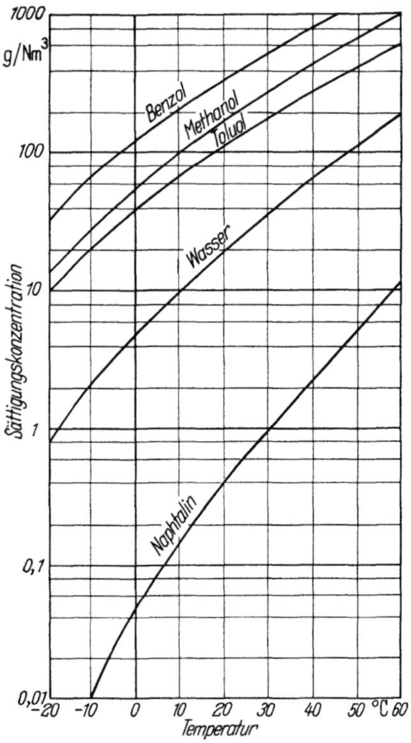

Abb. 23. Sättigungskonzentration einiger Bestandteile im Kokereigas.

Wegen dieser Nachteile ist man dazu übergegangen, die kondensierbaren Gasbestandteile durch Kühlung auf der Hochdruckseite auszuscheiden. Ein von den Firmen Borsig, Ruhrgas und Dr. Otto u. Co[2–6] entwickeltes Verfahren arbeitet nach folgendem Prinzip: Das Gas, welchem auf der Niederdruckseite die wichtigsten Kohlenwasserstoffe wie Benzol, Methanol und Toluol entzogen wurden, wird von Gaskompressoren auf den Netzdruck von 5 bis 12 atü komprimiert. Dabei wird Tetralin oder ein anderes geeignetes Schweröl dampfförmig zugesetzt, das seinerseits bei der anschließenden Abkühlung flüssig ausfällt und dabei als Lösungsmittel für Naphthalin dient. Naphthalin und Tetralin werden dann als flüssiges Gemisch gemeinsam mit dem niedergeschlagenen Wasser abgezogen. Wegen der guten Löslichkeit von Naphthalin in Tetralin sind bei diesem Verfahren nur Temperaturen von etwa $+5$ °C erforderlich. So beträgt beispielsweise der Naphthalingehalt in 100 Nm³ Kokereigas bei $+10$ °C etwa 15,4 g, während er bei Vorhandensein einer gesättigten Lösung von Naphthalin in Tetralin nur noch 2,6 g beträgt. Da man bei höheren Kondensationstemperaturen des Gemisches

[1] LENZE u. RETTENMAIER: Die Tiefkühlung zur Entfernung von Naphthalin, NH_3 und Wasserdampf aus Kohlendestillationsgasen. Das Gas- und Wasserfach Bd. 69 (1926) S. 689–691.

[2] NIEBERGALL, W.: Gaskühlanlagen, Z. VDI Bd. 82 (1938) S. 1423–1428.

[3] HEGNER: Die Kälteanwendung in der Kokereitechnik. Zeitschr. ges. Kälteind. Bd. 49 (1942) S. 53–61.

[4] GRAS, W.: Fortschritte und Erkenntnisse in der Verarbeitung des Destillationsgases der Kokerei. Glückauf Bd. 78 (1942) S. 57–61, 73–76.

[5] BERLINER, P.: Kälteanlagen in der chemischen Industrie. Die Kälte Bd. 5 (1952) S. 3–7.

[6] NIEBERGALL, W.: Kälteanlagen für Gasreinigung und Gasaufbereitung. Rheinmetall-Borsig-Mitteilungen 1940, Heft 12.

arbeiten kann, wird gleichzeitig die Kälteleistung verringert. In Abb. 24 ist das Verfahren schematisch dargestellt. Das in den Tauchapparat (*1*) eintretende und durch Kompression auf etwa 95 °C erwärmte Rohgas reichert sich mit Tetralin an und strömt dann durch einige teils mit Kühlwasser, teils mit verdampfendem Ammoniak beschickte Wärmeaustauscher. Über den Kühlern befindet sich ein Ammoniak-Flüssigkeitsabscheider (*2*) mit einem hier nicht eingezeichneten Schwimmerventil, das eine einwandfreie Überflutung der Ammoniakkühler gewährleistet. Das in den einzelnen Kühlern niedergeschlagene Kondensat wird seitlich abgezogen. Die Kälteanlage besteht weiterhin aus dem Ammoniakkompressor (*3*), dem Ölabscheider (*4*), dem Turmkondensator (*5*), dem Ammoniak-Sammler (*6*), dem Nachkühler (*7*) und dem Drosselventil (*8*).

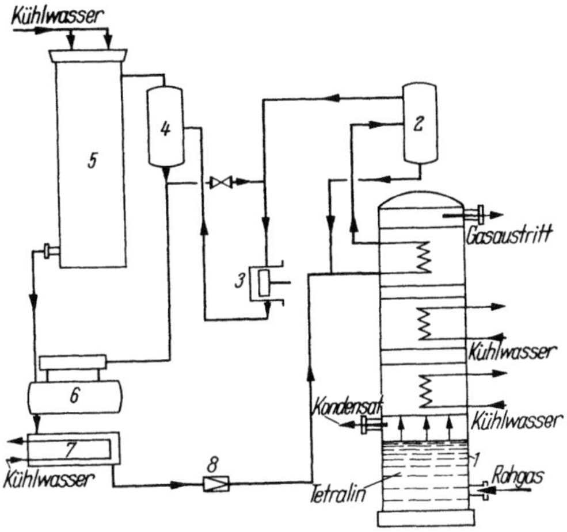

Abb. 24. Anlage zur Reinigung von Kokereigas nach dem Tetralinverfahren[1].

1 Tauchapparat; *2* Flüssigkeitsabscheider; *3* Kompressor; *4* Ölabscheider; *5* Turmkondensator; *6* Ammoniaksammler; *7* Nachkühler; *8* Drosselventil.

Da die Preise für Tetralin stark angestiegen sind, werden neuerdings nur noch selten Anlagen nach dem Tetralinverfahren gebaut. Da außerdem in den letzten Jahren große Gasmengen über sehr weite Strecken transportiert werden, muß das Gas wesentlich höher als bisher verdichtet werden. Damit sind gleichzeitig die Voraussetzungen für eine absorptive Entfernung des Naphthalins durch eine Druckwäsche geschaffen. Neuerdings wird es daher meistens durch Benzol im Kühler nach der letzten Verdichterstufe ausgewaschen. Dadurch wird das Naphthalin fast restlos aus dem Ferngas beseitigt. In der Kälteanlage wird dann nur noch der Wasserdampf aus dem Gas auskondensiert.

In Abb. 25 ist das Schaltbild einer Gaskühlanlage zum Abtrennen des Wasserdampfes dargestellt. Das Gas aus dem Kühler der letzten Kompressorstufe tritt mit einer Temperatur von +25 bis +35 °C in den Gegenströmer (*1*) ein, wird dort durch das aus dem Gaskühler (*2*) abströmende Gas auf etwa +15 bis +18 °C vorgekühlt und gelangt dann in den Kühler (*2*). Dort wird es auf etwa +5 °C abgekühlt, wobei sich Wasserdampf niederschlägt. Anschließend erwärmt sich das Gas im Gegenströmer (*1*) wieder auf +17 bis +27 °C und wird dem Ferngasnetz zugeleitet. Das im Kühler (*2*) verdampfte Ammoniak wird vom Kompressor (*3*) angesaugt und komprimiert. Es wird über den Ölabscheider (*4*) in den Kondensator (*5*) gedrückt, dort durch Kühlwasser verflüssigt, anschließend im

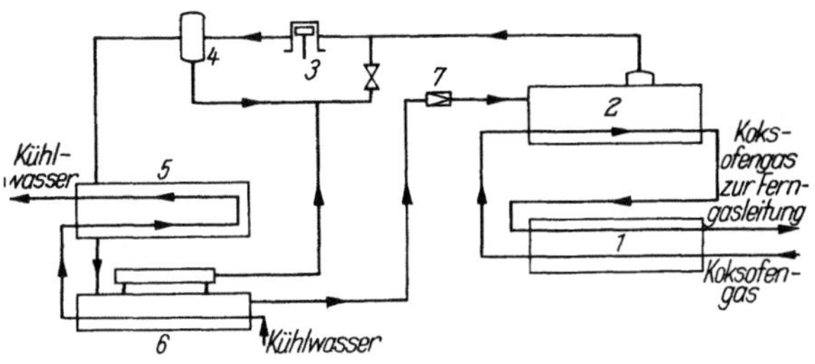

Abb. 25. Gaskühlanlage zum Entfernen von Wasserdampf.

1 Gegenströmer; *2* Gaskühler; *3* Kompressor; *4* Ölabscheider; *5* Kondensator; *6* Sammler; Drosselventil.

[1] Siehe Fußnoten 2–6, S. 32.

Sammler (*6*) unterkühlt und dann über das Drosselventil in den Kühler (*2*) eingespritzt.

Für die Kälteerzeugung kommen auch Absorptionskälteanlagen in Frage[1, 2].

Von großer Bedeutung ist es, eine möglichst stufenlose Leistungsregelung der Kälteanlage vorzunehmen, da trotz der zahlreichen Speicher im Hochdrucknetz auch die Kälteanlage noch einen Teil der Schwankungen im Verbrauch aufzunehmen hat. Die Anlage muß daher für die größte Gasmenge und den höchsten Betriebsdruck bemessen werden. Von der Kälteanlage wird verlangt, daß sie bis auf etwa 20% ihrer Leistung regelbar ist[3].

Die Kälteleistung großer Anlagen liegt bei mehreren Millionen kcal/h.

III. Gewinnung von Vinylchlorid.

Vinylchlorid (CH_2CHCl) ist Ausgangsprodukt bei der Herstellung von Polyvinylchlorid (PVC-Kunststoffe).

Es entsteht aus Äthylen (C_2H_4) und Chlor[4] nach der Reaktionsgleichung

$$C_2H_4 + Cl_2 \rightarrow CH_2Cl - CH_2Cl \rightarrow CH_2 = CHCl + HCl.$$

Vinylchlorid ist bei Umgebungstemperatur und Atmosphärendruck gasförmig. Um es bei Atmosphärendruck zu verflüssigen, muß es auf etwa $-12{,}2$ °C abgekühlt werden, während es bei einer Umgebungstemperatur von 26,5 °C erst unter einem Druck von 5,25 ata flüssig wird. Vinylchlorid kann daher bei tiefer Temperatur und Atmosphärendruck oder annähernd bei Umgebungs-Temperatur und höherem Druck aus dem bei der Reaktion entstehenden Gasgemisch durch Verflüssigung abgetrennt werden. Beide Verfahren sind gebräuchlich. Bei der Tieftemperaturverflüssigung werden die Kondensatoren zur Verflüssigung des Vinylchlorids durch verdampfendes Ammoniak auf etwa -40 °C in den ersten Stufen gekühlt, so daß Vinylchlorid aus dem Reaktionsgas flüssig ausfällt. Die letzten Stufen des Kondensators werden bis auf $-56{,}6$ °C gekühlt.

IV. Trocknen von Stadtgas.

Wenn feuchtes Stadtgas über größere Entfernungen gepumpt wird, so kann an Stellen tieferer Temperatur Wasserdampf auskondensieren. Dadurch wird die Korrosionsanfälligkeit der Rohrleitungen erhöht. Um diesen Nachteil zu vermeiden, werden neuerdings gelegentlich Anlagen errichtet, in denen man das Gas, bevor es in die Rohrleitungen gepumpt wird, so vorkühlt, daß der Wasserdampf weitgehend auskondensiert[5, 6]. Nach der Kompression wird dem Gas zunächst die Kompressionswärme in einem Kühler entzogen. Anschließend wird es in einem Bündelrohrwärmeaustauscher mit Hilfe von Sole auf $+3$ bis $+4$ °C gekühlt. Die Sole wird am Verdampfer einer Ammoniak-Kältemaschine auf etwa -1 bis $+2$ °C gekühlt. Das Kondensat wird einem Sammelbehälter zugeführt, aus dem es in regelmäßigen Abständen mit Hilfe des Hochdruckgases herausgedrückt wird.

---

[1] Richter, K. H.: Ausnutzung industrieller Abwärme zur Kälteerzeugung mittels Absorptions-Kälteanlagen. Kältetechn. Bd. 8 (1956) S. 150–155.

[2] Richter, K. H.: Mehrstufige Absorptions-Kälteanlagen. Die Kälte Bd. 6 (1953) S. 231–240; Bd. 7 (1954) S. 49–50.

[3] Richter, K. H.: Gaskühlverfahren. Die Kälte Bd. 6 (1953) S. 74–80.

[4] Houwink, R.: Grundriß der Technologie der synthetischen Hochmolekularen. Leipzig: Akad. Verlagsgesellsch. Geest u. Portig 1952 S. 112.

[5] Anonym: Gas Dehydration by Refrigeration. Modern Refrig. Bd. 64 (1961) S. 53.

[6] Leclére, P.: Le séchage dés gaz par le Froid. Rev. Gen. du Froid Bd. 36 (1959) S. 837 bis 843.

V. Rückgewinnung von Lösungsmitteln und flüchtigen Substanzen.

Neben den bisher behandelten Verfahren der Trocknung von Gasen gibt es in der chemischen Industrie eine große Anzahl von Prozessen, bei denen ein Lösungsmittel oder eine flüchtige Flüssigkeit aus einem Gas gewonnen werden. Als Beispiel sei die Gewinnung von Vinylchlorid aus den Reaktionsgasen von Polyvinylchlorid-Reaktoren erwähnt. Dazu werden die Reaktionsgase, die etwa 25 Vol.-% Stickstoff und etwa 75 Vol.-% Vinylchlorid enthalten, auf 3 ata verdichtet und anschließend auf etwa +4 °C gekühlt. Dabei kondensiert zunächst der größte Teil des in den Abgasen noch enthaltenen Wasserdampfes sowie ein geringer Anteil des Vinylchlorids.

Das Gas wird dann weiter auf −40 °C gekühlt, wobei der größte Teil des Vinylchlorides und auch der geringe Rest des noch vorhandenen Wasserdampfes auskondensieren. Während das Vinylchlorid flüssig abtropft und gesammelt werden kann, friert das Wasser zu einer Eisschicht, welche an den Rohren des Kühlers haftet und dessen Wirkung verringert. Nach einiger Zeit muß daher auf einen weiteren Kühler umgeschaltet werden, während der erste Kühler etwa durch die heißen Druckgase des Kältekompressors abgetaut wird.

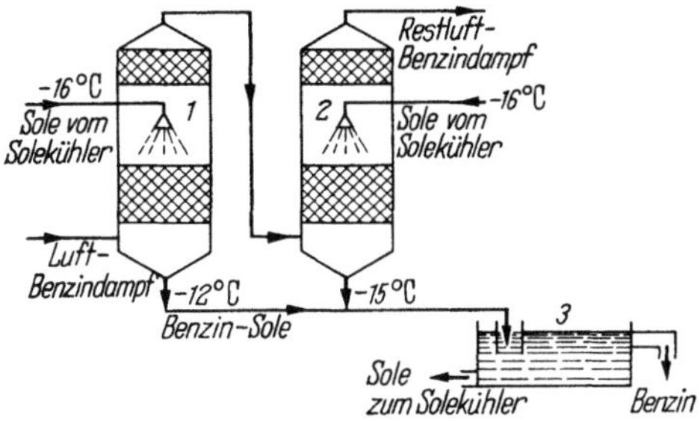

Abb. 26. Anlage zur Benzin-Rückgewinnung aus einem Benzindampf-Luft-Gemisch[1].
1, 2 Kühler; *3* Absetzbecken.

Ein weiteres Beispiel ist die Benzinrückgewinnung aus einem Luft-Benzindampf-Gemisch[1]. Das flüssige Benzin dient bei diesem Prozeß als Lösungsmittel zur Extraktion von Restöl aus Preßlingen. Es wird anschließend aus dem Extrakt abdestilliert. Aus dem abziehenden Luft-Benzindampf soll dann Benzin wiedergewonnen werden. Eine direkte Kühlung mit Wasser oder Sole zur Rückgewinnung des Benzins ist in diesem Fall gut möglich, weil sich Benzin nicht mit Wasser oder Sole mischt und weil es wegen seines im Vergleich zu Wasser oder Sole geringeren spezifischen Gewichts von 0,7 bis 0,85 kg/dm³ in einem Absetzbecken leicht abgetrennt werden kann.

Eine Skizze des Prozesses zeigt Abb. 26.

Das Luft-Benzindampf-Gemisch, dessen Temperatur +40 °C beträgt, wird von unten in einen Kühler (*1*) eingeleitet. In diesem befinden sich mehrere übereinander angeordnete Raschigringschichten, die über eine Verteilerbrause mit Sole von −16 °C berieselt werden. Hierbei wird das Benzin zum größten Teil aus dem Luftstrom auskondensiert. Das restliche Luft-Benzindampfgemisch wird dann in einem zweiten Kühler (*2*) weiter gekühlt. Der Restgehalt des Benzindampfes in der Luft entspricht etwa einem Sättigungsdruck bei −15 °C. Das auskondensierte Benzin wird dann in einem Absetzbecken (*3*) von der Sole getrennt.

Nach dem gleichen Verfahren wird vielfach auch Benzin aus Erdgas auskondensiert[2].

VI. Verflüssigung von Chlor.

Flüssiges Chlor wird in vielen Zweigen der chemischen Industrie verwendet. Es sei in diesem Zusammenhang an die Verwendung von Chlor als Bleichmittel in

[1] Bach, K.: Gaskühlung und Benzinrückgewinnung. Kältetechnik Bd. 7 (1950) S. 158 bis 161.

[2] The Refining Engineer Bd. 7 (1957) S. 25 u. 28–30.

der Textil- und Wäschereitechnik erinnert und an seine Verwendung als Desinfektionsmittel zur Reinigung von Trinkwasser. Große Mengen von Chlor werden in der Zellstoff-, Kunstfaser- und Farbenindustrie benötigt.

Zum größten Teil wird Chlor durch Elektrolyse von Natriumchlorid oder Kaliumchlorid gewonnen[1]. Das elektrolytisch erzeugte Rohgas enthält 92 bis 98 Vol.-% Chlor und außerdem Luft, Wasserstoff, Wasserdampf, Kohlenmonoxyd und Kohlendioxyd. Aus diesem Gasgemisch wird das Chlor bei tiefen Temperaturen auskondensiert. Vor der Kondensation des Chlors aus dem Rohgas müssen allerdings ein Teil der aus der Elektrolyse stammenden Verunreinigungen wie Kohlendioxyd, Wasserdampf und Luft weitgehend entfernt werden. Vor allem die Entfernung von Wasserdampf ist von großer Bedeutung, weil Chlor in Verbindung mit Wasser Eisen und andere Metalle stark angreift. Das Rohgas wird durch konzentrierte Schwefelsäure getrocknet, die dem aufsteigenden Rohgas in einem Trockenturm entgegenrieselt. Dadurch wird der Wasserdampf absorbiert. Von dem Rohgas mitgerissene Schwefelsäuretröpfchen werden in einem Schwefelsäureabscheider wieder entfernt.

Zum Abtrennen des Chlors aus dem Rohgas werden im wesentlichen folgende Verfahren[2–5] angewandt:

1. Das Rohgas wird bei einem Gesamtdruck von 1 ata gekühlt. Zur Verflüssigung des Chlors muß dann auf Temperaturen von -45 °C und tiefer gekühlt werden. Dazu sind im allgemeinen mehrstufige Kälteanlagen erforderlich.
2. Das Rohgas wird auf etwa 3 ata Gesamtdruck verdichtet. Die Verflüssigungstemperaturen liegen dann je nach Chlorgehalt zwischen -15 und -20 °C.
3. Das Rohgas wird mehrstufig auf 10 bis 12 ata Gesamtdruck verdichtet. Dann kann der Chlorverflüssiger durch Leitungswasser gekühlt werden. Eine Kälteanlage ist nicht erforderlich.

Neben diesen Verfahren gibt es noch eine Reihe anderer Möglichkeiten, Chlor zu verflüssigen, von denen aber gegenwärtig kaum noch Gebrauch gemacht wird. Besonders erwähnenswert ist ein Verfahren, das HEINZERLING bereits 1898 vorschlug[6].

Hierbei wurde das Rohgas durch kaltes Chlorgas vorgekühlt, anschließend auf 1,5 bis 3,5 ata verdichtet, dann durch Wasser gekühlt und durch Drosselung auf Atmosphärendruck entspannt. Dabei kühlt sich das Gas auf etwa -30 bis -50 °C ab, und ein Teil des Chlors wurde verflüssigt. Mit den kalten Restgasen wurde das Rohgas vorgekühlt.

Welchen Prozeß zur Chlorverflüssigung man zweckmäßig wählt, muß von Fall zu Fall entschieden werden. Die Auswahl des Verflüssigungsverfahrens wird entscheidend durch die Kosten für Strom und Kühlwasser bestimmt. Es sei in diesem Zusammenhang auf eine Studie von BÄCKSTRÖM[7] über die Wirtschaftlichkeit von Chlorverflüssigungsprozessen verwiesen.

---

[1] Einzelheiten hierzu in: BILLITER, J.: Die technische Elektrolyse der Nichtmetalle. Wien: Springer-Verlag 1954 S. 306.

[2] NIEBERGALL, W.: Tiefkühlanlagen für Chlorverflüssigung. Chem. Apparatur Bd. 29 (1942) S. 68 u. 81.

[3] NIEBERGALL, W.: Low-Temperature Absorption Refrigeration Systems in Chemical Process Engineering. Vortrag auf dem XI. Internat. Kältekongr. (1963) München Kom. VI B-4.

[4] EMBLIK, E.: Über die Verflüssigung von Chlor durch Kälte. Kältetechnik Bd. 9 (1957) S. 72–75.

[5] EMBLIK, E.: Refrigerating Plants with Oilfree Compressors in the Chemical Industry. Proceedings XIth Internat. Congr. of Refrig., München, Bd. 2 (1963), S. 1463–1468.

[6] HEINZERLING, C.: Über die Gewinnung von Benzol und anderen flüchtigen Körpern aus Coke-, Hochofen und anderen Gasen mittels Kälte. Zeitschr. für die ges. Kälte-Ind. Bd. 5 (1898) S. 157–162.

[7] BÄCKSTRÖM, M.: Kylteknisk Tidskrift, Stockholm Bd. 14 (1955) S. 67.

In Abb. 27 ist eine Chlorverflüssigungsanlage skizziert. Das von Wasserdampf und Kohlendioxyd befreite Rohgas wird im Vorkühler (*1*) durch verdampfendes Chlor abgekühlt, vom Kompressor (*2*) angesaugt und auf etwa 4 ata komprimiert. Wegen des Adiabatenexponenten $\varkappa = 1{,}40$ des zweiatomigen Chlorgases werden bei der Verdichtung von 1 auf 4 ata hohe Endtemperaturen erreicht. Würde man das Gas vor der Verdichtung nicht vorkühlen, so würde die Endtemperatur bei einstufiger, isentroper Verdichtung auf 140 °C ansteigen. Da das Gas auf eine Temperatur von etwa — 30 °C vorgekühlt ist, beträgt die Endtemperatur der Verdichtung nur etwa + 60 °C. Zur Verdichtung verwendet man entweder ölfreie Kompressoren[1–4], Membrankompressoren[4] oder Flüssigkeitsring-Kompressoren[5], in welchen das gasförmige Chlor durch einen Flüssigkeitsring aus konzentrierter Schwefeläure komprimiert wird. Gelegentlich werden auch Kolbenkompressoren mit selbstschmierenden Kolbenringen aus graphithaltigem Material eingesetzt[6]. Das komprimierte Gas wird im Kühler (*3*) vorgekühlt und gelangt anschließend in den Chlorkondensator (*4*), von wo das flüssige Chlor in den Sammelbehälter (*5*) weitergeleitet wird. Ein Teil des verflüssigten Chlors strömt über das Drosselventil (*6*) in den Vorkühler (*1*), wo es verdampft und das Rohgas abkühlt. Wie sich aus dem Mollier-(i, log p)-Diagramm für Chlor[7] ergibt, genügen etwa 10% des verflüssigten Chlors zur Kühlung des Rohgases von 1 ata und + 20 °C auf die Sättigungstemperatur von — 45 °C. Das im Vorkühler verdampfende flüssige Chlor wird zusammen mit dem Rohgas vom Kompressor angesaugt. Wegen der starken Abkühlung im Vorkühler ist trotz der größeren Menge, welche zum Kompressor strömt, das Ansaugvolum nur unerheblich vom Rohgasvolum verschieden.

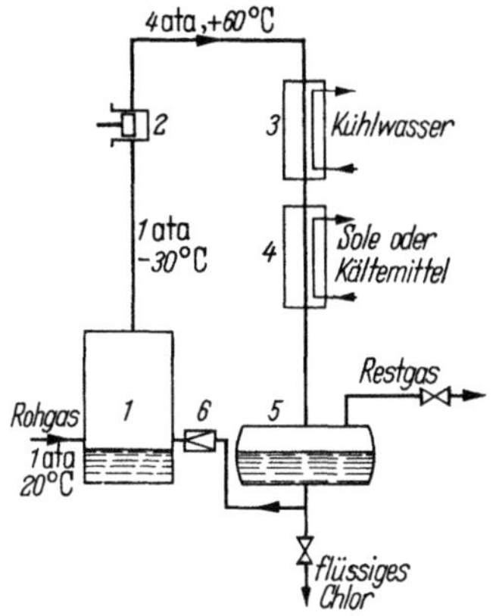

Abb. 27. Anlage zur Verflüssigung von Chlor.

1 Vorkühler; *2* Kompressor; *3* Kühler; *4* Chlorkondensator; *5* Sammelbehälter; *6* Drosselventil.

Zur Berechnung des Kältebedarfs empfiehlt es sich, das von ZIEGLER[8] entworfene Mollier-(i, log p)-Diagramm zu verwenden. Der theoretische Kältebedarf zur Chlorverflüssigung umfaßt die Überhitzungs- und Verflüssigungswärme, sowie die Abkühlungswärme für nicht verflüssigte Inertgase. Dazu kommen noch zusätzlich abzuführende Wärmeströme infolge Wärmeeinfall aus der Umgebung. Man rechnet mit etwa 100 bis 120 kcal Kälteleistung je kg verflüssigtes Chlor.

Während man früher als Kältemittel in Chlorverflüssigungsanlagen häufig Ammoniak verwandte, arbeiten neuere Anlagen meistens mit R 12. Bei Ammoniakanlagen besteht stets Gefahr, daß durch geringe Undichtigkeiten im Chlorkondensator Ammoniak und Chlor Stickstoffchloride bilden, die stark explosiv sind.

---

[1] Siehe Fußnote 5, S. 36.

[2] WALTI, F. O.: The Oil-free Reciprocating Compressor. Engineering Bd. 177 (1954) S. 533.

[3] WALTI, F. O.: Der ölfreie Kolbenkompressor. Schweizer Bauzeitung Bd. 70 (1952) S. 222.

[4] FEUILLEBOIS, M.: Le compresseur à membrane Corblin dans ses multiples applications. Rev. Gên. du Froid Bd. 32 (1955) S. 555–566.

[5] FONTANEL, CH.: Applications du Froid á la liquéfaction des gaz et a leur stockage. Un example pratique: La liquéfaction du chlore et l'utilisation des compresseur a anneaux liquides. Suppl. au Bull. de l'Inst. Internat. du Froid Annexe 1958–5, S. 67–84.

[6] KUNZER, W., u. K. VOGEL: Bascodur, ein Konstruktionswerkstoff für die chemische Technik. Chem. Ing. Techn. Bd. 26 (1954) S. 555–561.

[7] ZIEGLER, L.: Thermische Eigenschaften von Chlor. Chem. Ing. Techn. Bd. 22 (1950) S. 229–235.

Zur Ermittlung der Ausbeute an flüssigem Chlor hat EMBLIK[1] ein Nomogramm entworfen, das auf Grund der von ZIEGLER[2] angegebenen Dampfdrucktafel berechnet wurde. In Abb. 28 ist dieses Nomogramm wiedergegeben. Im rechten Teil des Nomogramms ist der Druck des Rohgases im Chlor-Verflüssiger eingezeichnet. Mit t_s ist die Sättigungstemperatur des Rohgases bezeichnet. Die Größe φ_2 bezeichnet den Volumanteil Chlor im Restgas und φ_1 den im Rohgas. Die Ausbeute A ist definiert als auskondensierte Chlormenge bezogen auf die im

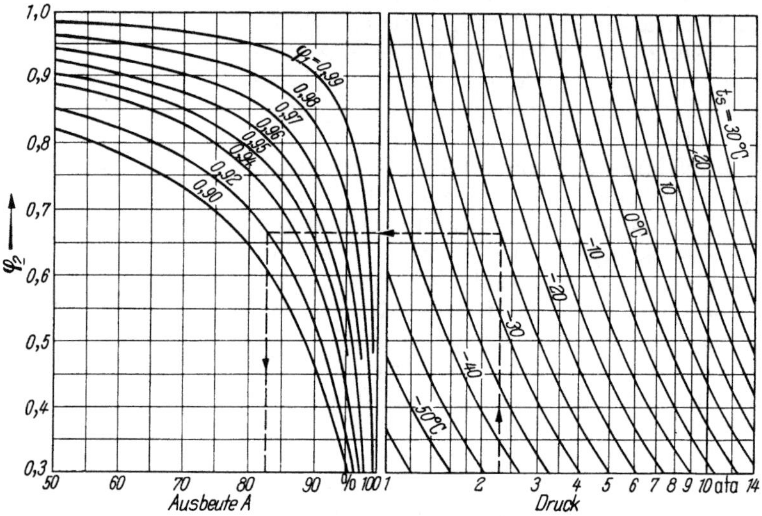

Abb. 28. Nomogramm nach EMBLIK[1] zur Berechnung der Ausbeute bei der Chlorverflüssigung. Als Druck ist der Gesamtdruck des Rohgases einzusetzen.

t_s = Sättigungstemperatur des Rohgases; φ_1 = Volumanteil des Chlors im Rohgas; φ_2 = Volumanteil des Chlors im Restgas; A = auskondensierte Chlormenge bezogen auf die im Rohgas vorhandene Chlormenge.

Rohgas vorhandene Chlormenge. Ein ähnliches Diagramm, das auf Grund älterer Angaben über den Dampfdruck von Chlor ausgearbeitet wurde, hat früher bereits KJELLGREN[3] berechnet.

In das Nomogramm (Abb. 28) ist folgendes Zahlenbeispiel eingetragen: Der Gesamtdruck des Gas-Dampfgemisches beträgt 2,25 ata, der Volumanteil φ_1 des Chlors im Rohgas 92% und die Sättigungstemperatur $t_s = -25$ °C. Gesucht sind der Volumanteil φ_2 des Chlors im Restgas und die Ausbeute A.

Wie man aus dem Nomogramm abliest, betragen der Chlorgehalt des Restgases $\varphi_2 = 67\%$ und die Ausbeute $A = 82{,}5\%$.

Aus dem Nomogramm erkennt man, daß man eine größere Ausbeute erzielen kann, wenn das Rohgas höher verdichtet wird oder wenn es bei tieferer Temperatur kondensiert. Ein höherer Enddruck der Verdichtung erfordert allerdings einen höheren Energieaufwand — unter Umständen muß sogar mehrstufig verdichtet werden —, während bei tieferer Kondensationstemperatur des Rohgases die Kälteerzeugung kostspieliger wird. Ob es sich lohnt, zur Erhöhung der Ausbeute eine der beiden Maßnahmen oder beide zugleich durchzuführen, läßt sich nur auf Grund von Wirtschaftlichkeitsberechnungen entscheiden.

---

[1] Siehe Fußnote 4, S. 36.

[2] Siehe Fußnote 7, S. 37.

[3] KJELLGREN, S.: Teknisk Tidskrift, Stockholm (1930); vgl. auch: Ax, B. und Mitarb.: Handbok i kylteknik. Stockholm Bokförlag, Stockholm 1954, S. 632.

VII. Verflüssigung von Kohlendioxyd und Herstellung von Trockeneis.

Kohlendioxyd (CO_2) kann u. a. aus den Gärgasen in Brauereien und Alkoholfabriken, aus Nebenprodukten der chemischen Industrie und aus Rauch- oder Koksofengasen gewonnen werden. Am einfachsten ist die Gewinnung aus kohlendioxydreichen Quellen. Da diese meistens ein stark kohlendioxydhaltiges Gasgemisch liefern, muß das Kohlendioxyd durch chemische Prozesse, durch Kühlung, durch Absorption oder durch eine Kombination dieser Verfahren abgetrennt werden.

Große Verbreitung gefunden hat die Gewinnung von Kohlendioxyd durch Absorption aus dem Rauchgas mittels Pottaschelauge. Bei diesem Prozeß kann allerdings das Kohlendioxyd nicht vollständig aus dem Rohgas entfernt werden. Das Abgas aus dem letzten Absorptionsturm enthält immer noch 4 bis 5% Kohlendioxyd. Eine wesentlich bessere Absorption erzielt man bei Verwendung eines Alkazids als Lösungsmittel[1], da die Löslichkeit von Kohlendioxyd in Alkazidlauge außerordentlich hoch ist. Das Kohlendioxyd kann in einem einzigen Waschturm absorbiert werden. Die Reinheit des nach diesem Verfahren gewonnenen Kohlendioxyds beträgt etwa 99,98 Vol.-% Kohlendioxyd; der Rest ist Sauerstoff und Stickstoff.

Das gasförmige reine Kohlendioxyd wird anschließend verflüssigt. Da der kritische Punkt des Kohlendioxyds bei 31 °C und 75 ata liegt, muß also auf eine niedrigere Temperatur als 31 °C gekühlt werden. Zur Verflüssigung kommen folgende Verfahren in Frage:

1. Steht kaltes Wasser von 10 bis etwa 15 °C zur Verfügung, so kann das Gas unter Druck bei Temperaturen von etwa 18 bis 25 °C verflüssigt werden.

2. Hat das Kühlwasser höhere Temperaturen, z. B. 20 °C, so muß für die Verflüssigung eine Kältemaschine eingesetzt werden. Der Kohlendioxyd-Kondensator kann dann entweder direkt durch verdampfendes Kältemittel oder indirekt durch Sole gekühlt werden.

Wie in einer Untersuchung von Nürmberger und Kubli[1] nachgewiesen wurde, ist der Gesamtenergiebedarf der Kälteanlage weitgehend unabhängig von der Verflüssigungstemperatur.

Wird Kohlendioxyd aus einem Gasgemisch, das noch Inertgase enthält, abgetrennt, so muß die Verflüssigungstemperatur unterhalb der zum Partialdruck der Kohlensäure gehörenden Sättigungstemperatur liegen. Bezeichnet man wie im vorigen Abschnitt mit A die Ausbeute, die als auskondensierte Kohlendioxydmenge bezogen auf die anfänglich im Rohgas vorhandene Menge definiert ist, ferner mit φ_1 den Volumanteil des Kohlendioxyds im Rohgas, mit φ_2 den im Restgas und mit t_s die Verflüssigungstemperatur, so ergibt sich die Ausbeute A aus dem in Abb. 29 dargestellten Nomogramm, das von Nürmberger und Kubli berechnet wurde und das für ein Gemisch von Kohlendioxyd mit beliebigen Inertgasen gilt. Aus den abgelesenen Werten berechnet man den Volumanteil φ_2 von Kohlendioxyd am Austritt des Verflüssigers nach der Formel

$$\varphi_2 = \varphi_1 \frac{1 - A}{1 - A \cdot \varphi_1}. \tag{17}$$

Andere Verfahren zur Gewinnung von Kohlendioxyd sind die sog. Druckwasserwäschen, über welche in Band VIII dieses Handbuches, S. 218 und S. 221 ausführlich berichtet wurde.

---

[1] Nürmberger, K., u. H. Kubli: Gewinnung von Kohlensäure und Trockeneis. Escher Wyss Mitteilungen Bd. 32 (1959) S. 16–27.

Anlagen zur Erzeugung von *Trockeneis* arbeiten häufig beim Druck des Tripelpunktes von 5,28 ata. Als Beispiel sei eine Anlage der Firma Escher Wyss in Abb. 30 gezeigt[1].

Gasförmiges Kohlendioxyd wird vom Gasbehälter (*1*) angesaugt, in einem mehrstufigen Kompressor (*2*) auf etwa 70 ata komprimiert und verflüssigt (*3*). Das

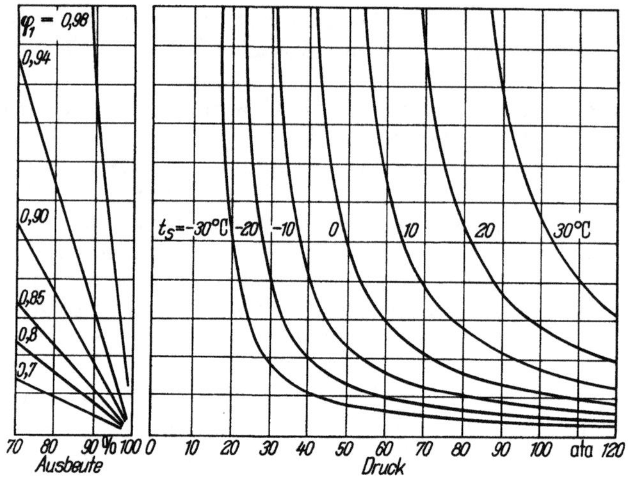

Abb. 29. Nomogramm zur Berechnung der Ausbeute bei der Verflüssigung von Kohlendioxyd.[1] Als Druck ist der Gesamtdruck des Rohgases einzusetzen.

t_s = Sättigungstemperatur des Rohgases; φ = Volumanteil des Kohlendioxyds im Rohgas; A = auskondensierte Menge an Kohlendioxyd bezogen auf die im Rohgas vorhandene Menge.

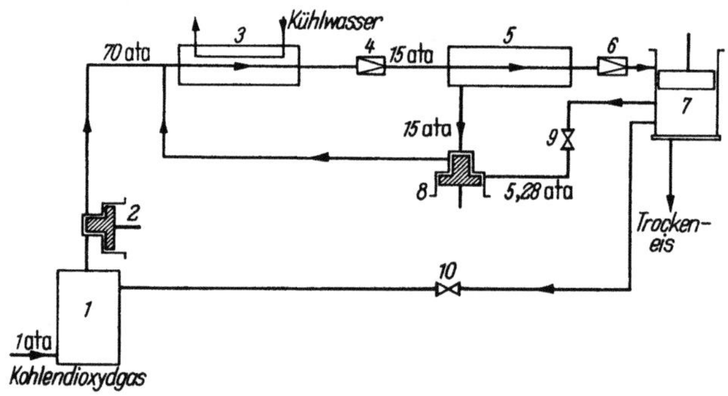

Abb. 30. Anlage zur Herstellung von Trockeneis.[1]

1 Gasbehälter; *2* Kompressor; *3* Kondensator; *4* Expansionsventil; *5* Vorexpansionsbehälter; *6* Expansionsventil; *7* Trockeneispresse; *8* Kompressor; *9*, *10* Ventile.

flüssige Kohlendioxyd wird dann über ein Expansionsventil (*4*) in einem Vorexpansionsbehälter (*5*) auf etwa 15 ata entspannt, wobei es sich auf eine Temperatur von etwa −28 °C abkühlt. Der flüssige Anteil wird im Expansionsventil (*6*) noch einmal entspannt, und zwar auf den Druck des Tripelpunktes und gelangt in die Trockeneispresse (*7*). Diese füllt sich mit einem Gemisch aus festem und flüssigem Kohlendioxyd. Den dampfförmigen Anteil aus der Trockenpresse (*7*) und dem Vorexpansionsbehälter (*5*) saugt ein zweistufiger Kompressor (*8*) ab und fördert ihn in den Kondensator (*3*) zurück. Sobald die Presse mit einem Gemisch aus

[1] Siehe Fußnote 1, S. 39.

festem und flüssigem Kohlendioxyd gefüllt ist, wird die Kohlendioxydzufuhr abgesperrt. Der Druck in der Presse wird auf Atmosphärendruck gesenkt, was durch eine Verbindungsleitung zwischen Presse und Gasometer geschehen kann, und gleichzeitig der Inhalt der Presse hydraulisch zu einem Block von der Dichte 1,56 kg/dm³ gepreßt.

Andere Anlagen zur Herstellung von Trockeneis haben K. RICHTER[1], G. MAIURI[2] und W. NIEBERGALL[3] beschrieben. Ein weiteres Verfahren hat neuerdings L. VÀHL[4] angegeben. Bei diesem Verfahren wird das gasförmige Kohlendioxyd bei Atmosphärendruck auf tief gekühlten Platten ausgefroren. Das ausgefrorene Eis ist durchsichtig und klar. Der Energiebedarf wird mit 380 kWh je Tonne Kohlendioxydeis angegeben, während er bei dem zuvor geschilderten Verfahren etwa 322 kWh je Tonne Trockeneis beträgt. Die Anlagekosten des von VÀHL beschriebenen Verfahrens sollen allerdings geringer sein als bei den anderen Verfahren.

Einen Überblick über die Vielzahl der verschiedenen Anlagen und Methoden zur Herstellung festen Kohlendioxyds hat KUPRIANOFF[5] gegeben.

VIII. Verflüssigung von Schwefeldioxyd.

Von den zahlreichen weiteren Prozessen der Trocknung und Verflüssigung von Gasen und Gasgemischen sei noch die Reindarstellung von Schwefeldioxyd erwähnt. Hierbei wird das schwefeldioxydhaltige Rohgas zunächst auf 5,5 ata verdichtet und anschließend auf -40 °C abgekühlt. Dabei scheiden sich 30 bis 50 Vol.-% des ursprünglichen Schwefeldioxydgehaltes flüssig ab. Anschließend wird das Gas auf 1 ata adiabat expandiert. Dabei sinkt die Gastemperatur auf -65 °C, und das restliche Schwefeldioxyd scheidet sich ebenfalls in Form von Flüssigkeitstropfen aus.

Häufig wird auch Schwefeldioxyd aus Röstgasen abgetrennt[6]. Dazu wird das wasserfreie Röstgas in Regeneratoren gekühlt, und zwar auf eine solche Temperatur, daß der Partialdruck des Schwefeldioxyds im Röstgas der geforderten Reinheit entspricht[7]. In der sog. Entlade- oder Warmperiode des Regenerators wird der Druck im Regenerator gesenkt, so daß das kondensierte Schwefeldioxyd wieder verdampfen kann. Nach diesem Verfahren werden auch andere Gase aus Gemischen auskondensiert, z. B. Äthylen aus Koksofengas, Kohlendioxyd aus Verbrennungsgasen, oder es werden Lösungsmittel aus Gasgemischen zurückgewonnen. Der Regenerator wird um so größer, je größer die Menge der auszukondensierenden Gase ist, wodurch gleichzeitig die Kosten des Verfahrens steigen.

---

[1] RICHTER, K.: Mehrstufige Absorptionskälteanlagen. Die Kälte Bd. 6 (1953), S. 231–240 und Bd. 7 (1954) S. 49–56.

[2] MAIURI, G.: Low Temperature Refrigeration. The Cold Storage and Production Review. Bd. 9 (1938) S. 310.

[3] NIEBERGALL, W.: Herstellungsverfahren für Trockeneis unter besonderer Berücksichtigung des Maiuri-Absorptionsverfahrens. Kältetechnik Bd. 2 (1950) S. 236–267 und S. 300 bis 307.

[4] VÀHL, L.: Une nouvelle méthode pour la production de glace carbonique. Annexe au Bull. de l'I.I.F. (1958–5) S. 33–40.

[5] KUPRIANOFF, J.: Die feste Kohlensäure. Stuttgart: Enke 1953.

[6] BECKER, L.: Anwendung von Regeneratoren in der Tieftemperaturtechnik, besonders zur Anreicherung von Äthylen aus Koksofengas. Linde-Berichte Bd. 3 (1958) S. 25–32.

[7] Thermische Daten von Schwefeldioxyd findet man in Band IV, dieses Handbuches, S. 273–291.

IX. Verflüssigung von Luft, Stickstoff, Wasserstoff und Sauerstoff und von Edelgasen.

Verflüssigte Gase wie Luft, Stickstoff, Wasserstoff, Sauerstoff und die Edelgase werden in vielen Zweigen der Industrie für die verschiedensten Prozesse und Verfahren verwendet.

Die Prozesse der Verflüssigung und die Anwendungen der verflüssigten Gase sind in Band VIII dieses Handbuches ausführlich behandelt worden, so daß sich eine Darstellung in dem vorliegenden Abschnitt erübrigt.

E. Zerlegung von Gasgemischen durch Destillation und Rektifikation.

Zur Trennung von Gasgemischen sind die fraktionierte Kondensation, die Rückflußkondensation, die Rektifikation und die Waschprozesse besonders gut geeignet. Da hierfür meistens tiefe Temperaturen erforderlich sind, wurden sowohl die einzelnen Trennmethoden als auch ihre Anwendungen ausführlich in Band VIII dieses Handbuches behandelt. Deshalb sollen an dieser Stelle nur diejenigen Verfahren beschrieben werden, welche erst in letzter Zeit in stärkerem Maße in der Industrie Bedeutung erlangt haben, so daß sie in Band VIII noch nicht ausführlich dargestellt werden konnten. Hierzu gehört vor allem die Gewinnung von Deuterium und schwerem Wasser.

Gewinnung von Deuterium und schwerem Wasser.

Einige physikalischen Eigenschaften von schwerem und gewöhnlichem Wasser sind in folgender Tabelle aufgeführt:

Tabelle 3. *Eigenschaften von schwerem und von gewöhnlichem Wasser.*

	schweres Wasser	gewöhnliches Wasser
Molekulargewicht in kg/kmol	20,03	18,016
Dichte in kg/dm³	1,107	1,000
Siedepunkt in °C bei 760 Torr	101,4	100
Verdampfungsenthalpie in $\frac{\text{kcal}}{\text{kg}}$ bei 760 Torr	495,2	538,9
Gefrierpunkt in °C	3,81	0
kritische Temperatur in °C	371,5	374,2
maximale Dichte bei einer Temperatur von °C	11,2	3,98

Obwohl sich schweres Wasser in seinen physikalischen Eigenschaften nur wenig von normalem Wasser unterscheidet, ist es im Gegensatz zu diesem vorzüglich als Moderator in Kernenergieanlagen geeignet[1]. Es bremst die Neutronen, adsorbiert aber etwa 500mal weniger Neutronen als gewöhnliches Wasser. Als Folge der raschen Entwicklung der Kernenergietechnik hat daher auch die Gewinnung von schwerem Wasser erhebliche Bedeutung erlangt. Es sind in den letzten Jahren mehrere Verfahren zur Gewinnung von schwerem Wasser entwickelt worden. Als Ausgangspunkt für die Schwerwassererzeugung dienen im allgemeinen Gemische von Wasserstoffdeuterid (HD) mit Wasserstoff (H_2) oder mit Ammoniak (NH_3) oder von Wasserstoffdeuterid mit Wasser. Im gasförmigen

[1] Vgl. hierzu auch Band VIII dieses Handbuches, S. 371.

Wasserstoff sind stets geringe Mengen von Wasserstoffdeuterid enthalten. Die Konzentration beträgt etwa 300 ppm Wasserstoffdeuterid im Gemisch. Wegen der geringen Konzentration müssen in den Trennanlagen sehr große Mengen umlaufen; gleichzeitig sind sehr gute Trennmethoden erforderlich, weil man für die Verwendung in Kernreaktoren schweres Wasser mit einer Reinheit von mindestens 99,8% benötigt. Um das Trennverfahren wirtschaftlich zu gestalten, ist es wichtig, die Schwerwassergewinnung mit anderen Fabrikationsbetrieben zu kombinieren, welche die in großer Menge anfallenden Nebenprodukte der Schwerwasseranlage verarbeiten. So kann die Schwerwasseranlage etwa einer Anlage für die Ammoniak- oder Benzinsynthese vorgeschaltet werden.

Deuterium wird durch Rektifikation bei tiefen Temperaturen gewonnen. Wegen der tiefen Verflüssigungstemperatur des Wasserstoffs ist zur Kälteerzeugung zwangsläufig ein hoher Energieaufwand erforderlich. Die verschiedenen bisher entwickelten Verfahren unterscheiden sich im wesentlichen durch die Art der Kälteerzeugung.

Nach einem von der Gesellschaft für Lindes Eismaschinen entwickelten Verfahren[1, 2] wird der aus Ammoniak-Synthesegas oder in anderer Weise gewonnene Wasserstoff unter einem Druck von 20 ata zunächst durch Adsorption und dann durch Kondensation in Regeneratoren von Verunreinigungen befreit und schließlich einer dreistufigen Rektifiziersäule und einer Feinrektifiziersäule zugeführt. Dadurch erhält man Wasserstoffdeuterid mit einer Reinheit von 99,7%. Dieses wird durch Katalyse in Wasserstoff (H_2) und Deuterium (D_2) umgesetzt. In einer weiteren Rektifiziersäule werden dann diese voneinander getrennt. Der schwere Wasserstoff wird anschließend zu schwerem Wasser verbrannt. Zur Kälteerzeugung dienen Entspannungsturbinen sowie ein Stickstoff- und ein Wasserstoffkreislauf.

Eine Reihe weiterer Trennmethoden sind in der Literatur beschrieben[3–6].

Besonderes Interesse verdient eine Anlage, die J. Hänny beschrieben hat[7]. Sie unterscheidet sich von anderen Verfahren hauptsächlich dadurch, daß zur Verflüssigung des Wasserstoffs nur Expansionsturbinen benötigt werden und auf eine Vorkühlung durch andere Kältekreisläufe wie etwa Ammoniak- oder Stickstoffkreisläufe verzichtet wird. Meistens wird bei der Wasserstoffverflüssigung Kälte hauptsächlich durch Verdampfen von flüssigem Stickstoff erzeugt, so daß man zusätzlich noch eine Anlage für flüssigen Stickstoff benötigt. Alle Wärmeaustauscher, Turbinen und Regelorgane der von Hänny geschilderten Anlage sind durch Hochvakuum von 10^{-6} Torr isoliert. Diese Art der Isolation ist besonders

---

[1] Lehmer, W., W. Baldus u. A. Sellmaier: Schwerwasserstoffgewinnung in einer großtechnischen Rektifikationsanlage. Linde-Berichte Bd. 5 (1959) S. 3–14.

[2] Schlatterer, R.: Deuterium-Erzeugung durch Destillation von Wasserstoff. Referat in Chem. Ing. Techn. Bd. 31 (1959) S. 213.

[3] Malkov, M. P., A. B. Tradkov u. I. B. Danilov: The Separation of Deuterium by Means of Low Temperature Distillation of Liquid Hydrogen. Kislorod USSR Bd. 12 (1959) Nr. 6 S. 1–13. Referat in Bull. Inst. Internat. du Froid (1960) S. 954.

[4] Kranish, A.: Nuclear Refrigeration. Bull. Inst. Internat. du Froid, Internat. Congr. Refrig. Bd. 2 (1959) S. 222–228.

[5] La société l'Air Liquide: Etude de colonne à garnissage type dixon pour l'extraction de deutérium à haute pureté, 99,98% par distillation d'hydrogène. Bull. Inst. Internat. du Froid Annexe 1960-1 S. 65–72.

[6] Barr, F. T., u. W. P. Drews: The Future for Cheap Heavy Water. Chem. Engng. Progr. Bd. 56 (1960) S. 49–56.

[7] Hänny, J.: Eine Tieftemperaturanlage zur Gewinnung von schwerem Wasser. Die Kälte Bd. 13 (1960) S. 598–603 ebenso in Kältetechnik Bd. 12 (1960) S. 158–169 ebenso in: Techn. Rundschau Sulzer, Winterthur Bd. 12 (1960) S. 9–23. – Derselbe: Une installation industrielle de séparation du deutérium par rectification de l'hydrogène liquide. Bull. Inst. Internat. du Froid 1960-1 S. 29–50.

vorteilhaft, weil ein großer Teil der Anlage bei Temperaturen arbeitet, die unterhalb der Temperatur der flüssigen Luft liegen. In diesen Anlageteilen würde bei Verwendung eines gewöhnlichen Isoliermaterials Luft in der Isolierung kondensieren, was zu erhöhten Wärmeverlusten führen würde. Bei Hochvakuumisolation kann die Anlage außerdem sehr kompakt gebaut werden. Beim Anfahren der Anlage muß kein Isolationsmaterial mitgekühlt werden, wodurch die Anfahrzeit erheblich verkürzt wird.

Das Schema der Anlage ist in Abb. 31 dargestellt. Als Ausgangsprodukt dient natürliches Wasser, das in drei Stufen elektrolytisch (*1*) in Sauerstoff und Wasser-

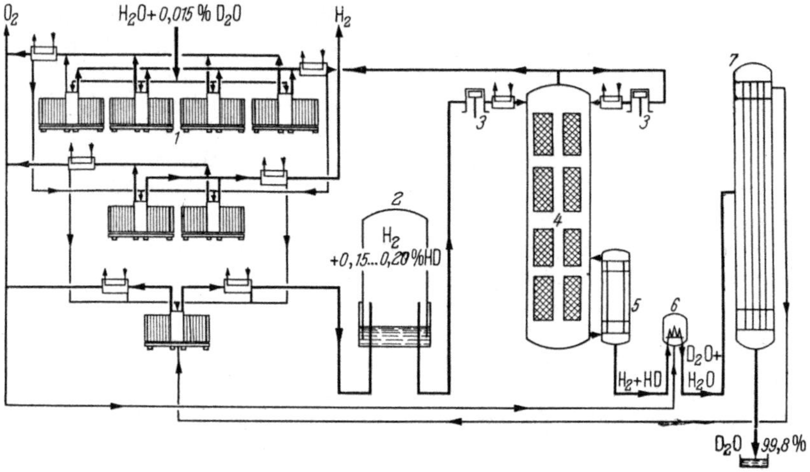

Abb. 31. Anlage zur Erzeugung von schwerem Wasser.[1]

1 Elektrolytische Vorkonzentration; *2* Gasometer; *3* Kompressor; *4* Verflüssigung; *5* H_2 + HD-Rektifikation; *6* Verbrennung; *7* D_2O-Rektifikation.

stoff zerlegt wird. Bei der Zerlegung entweichen Sauerstoff und Wasserstoff gasförmig, und die restliche Flüssigkeit reichert sich dadurch mit schwerem Wasser an. Das angereicherte Wasser einer Stufe wird der nächsten zugeführt und in der letzten Stufe vollständig in Wasserstoff und Sauerstoff zerlegt. Das Endprodukt, welches die letzte Elektrolyseurstufe verläßt, enthält eine etwa siebenfach größere Menge an Deuterium als das Ausgangsprodukt. Der angereicherte Wasserstoff wird in ein Zwischengasometer (*2*) geleitet, anschließend bei etwa −250 °C verflüssigt (*4*) und dann in der Tieftemperatur-Kolonne (*5*) rektifiziert. Der Kolonne entnimmt man ein Gemisch von Wasserstoffdeuterid und Wasserstoff, welches in einem Knallgasbrenner (*6*) mit Sauerstoff zu natürlichem und zu schwerem Wasser verbrennt. Das Gemisch von natürlichem und schwerem Wasser wird in der Kolonne (*7*) unter Vakuum und bei einer Temperatur von etwa +60 °C rektifiziert. Das Endprodukt D_2O besitzt eine Reinheit von 99,8%.

Die Tieftemperaturanlage zur Verflüssigung und zur Rektifikation des flüssigen Wasserstoffs — siehe Kolonnen 4 und 5 in Abb. 31 — ist in Abb. 32 ausführlicher dargestellt. Die Anlage besteht im wesentlichen aus den gestrichelt umrandeten Kälte- und Wasserstoffkreisläufen und der Rektifiziersäule (*10*). Der Kältekreislauf liefert die zum Abkühlen der Rektifiziersäule und zur Verflüssigung des Wasserstoffs notwendige Kälte.

In einem ölfreien dreistufigen Kolbenkompressor (*2*) wird das Wasserstoffgas auf 14 ata verdichtet und anschließend in Gegenströmern (*3*, *5*, *7*, *9*) und Expan-

[1] Siehe Fußnote 7, S. 43.

sionsturbinen (*4*, *6*, *8*) bis zur Verflüssigungstemperatur des Wasserstoffes abgekühlt. Der Wasserdampf kondensiert unter Wärmeabgabe im unteren Teil der Rektifiziersäule (*10*). Die Flüssigkeit wird abgezogen, in einem weiteren Wärmeaustauscher unterkühlt und nach Entspannung auf einen geringeren Druck am Kopf der Kolonne (*10*) wieder zugeführt. Von dort rieselt die Flüssigkeit nach unten und reichert sich dabei im Austausch zu dem aufsteigenden Dampf mit Deuterium an. Der oben an der Säule abziehende Dampf strömt dann durch alle Wärmeaustauscher des Kältekreislaufes zurück, kühlt dabei das ankommende Gas und wird schließlich wieder auf der Saugseite dem Kompressor zugeführt.

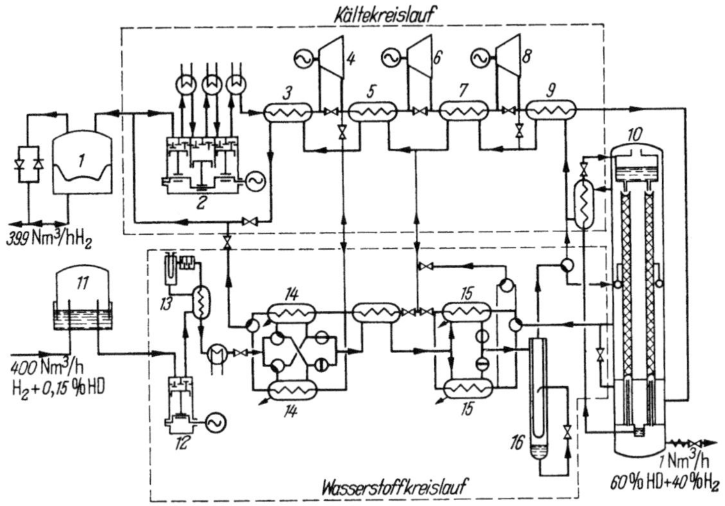

Abb. 32. Tieftemperaturanlage zur Verflüssigung und Rektifikation des Wasserstoffes.[1]

1 Trockengasometer; *2* Kompressor; *3* Gegenströmer; *4* Expansionsturbine; *5* Gegenströmer; *6* Expansionsturbine; *7* Gegenströmer; *8* Expansionsturbine; *9* Gegenströmer; *10* Rektifiziersäule; *11* Gasometer; *12* Kompressor; *13* Kontaktofen; *14*, *15* Kühler; *16* Verflüssigung.

In der Mitte der Rektifiziersäule (*10*) wird der angereicherte Wasserstoff aus der Elektrolyseanlage zugeführt. Vor dem Eintritt in die Rektifiziersäule muß jedoch der Wasserstoff gekühlt und gereinigt werden. Dazu dient der Wasserstoffkreislauf. Der dem Gasometer (*11*) entnommene Wasserstoff wird zunächst auf etwa 3,7 ata verdichtet (*12*) und dann einem Kontaktofen (*13*) zugeführt, wo der im Gas noch enthaltene Sauerstoff mit Wasserstoff Wasser bildet. Anschließend wird der Wasserstoff in zwei wechselweise betriebenen Kühlern (*14*) auf etwa -100 °C gekühlt, so daß alles Wasser ausfriert. Das Gas wird dann auf -200 °C abgekühlt und zwei umschaltbaren Kühlern (*15*) zugeführt, in welchen der im Gas enthaltene Stickstoff auskondensiert. In einer letzten Reinigungsstufe (*16*) wird das Gas verflüssigt und wieder verdampft und dann der Rektifiziersäule (*10*) zugeführt. Dem unteren Teil der Säule wird gasförmig Wasserstoff entnommen, der durch die Wärmeaustauscher des Wasserstoffkreislaufs wieder zurückströmt und sich mit dem Wasserstoff des Kältekreislaufs vereinigt. Der Wasserstoff wird über das Gasometer (*1*) einer Ammoniaksynthese zugeführt. Das der Rektifiziersäule unten entnommene Gemisch aus Wasserstoff und Wasserstoffdeuterid wird dann in dem in Abb. 31 skizzierten Kontaktofen (*6*) zu schwerem und zu natürlichem Wasser verbrannt, die anschließend durch Rektifikation wieder getrennt werden.

[1] Siehe Fußnote 7, S. 43.

F. Trennung von Gemischen durch Extraktion.

Unter Extrahieren versteht man bekanntlich die vollständige oder teilweise Trennung eines Stoffgemisches, dessen Komponenten in verschiedenen Lösungsmitteln verschieden stark löslich sind[1]. Bei der Extraktion wird ähnlich wie bei der Rektifikation in einer Säule ein aufsteigendes Gas- oder Flüssigkeitsgemisch einer herabrieselnden Flüssigkeit entgegengeführt. Im Unterschied zur Rektifikation ist jedoch die Temperatur in der Säule so gewählt, daß ein Verdampfen oder Kondensieren einzelner Komponenten nicht möglich ist. Von der herabrieselnden Waschflüssigkeit werden allerdings bestimmte Komponenten des aufsteigenden Gemisches bevorzugt absorbiert. Dadurch nimmt die Menge der auszuwaschenden Komponenten in der Säule von oben nach unten zu, und die des Gemisches infolgedessen ab. Am Kopf der Säule kann dann ein von den löslichen Bestandteilen mehr oder weniger stark befreites Produkt entnommen werden[2]. In der Kältetechnik werden praktisch immer einzelne Komponenten eines Gasgemisches von einer Flüssigkeit absorbiert oder ausgewaschen, weswegen man auch häufig von Tieftemperaturwäschen spricht.

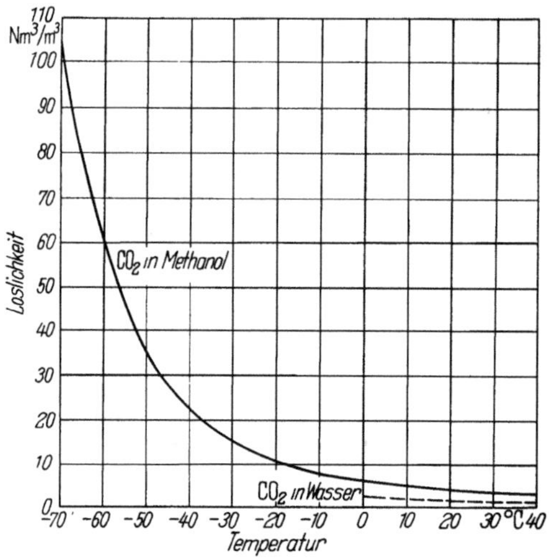

Abb. 33. Löslichkeit von Kohlendioxyd in Methanol und in Wasser.

Um solche Extraktionsprozesse wirtschaftlich durchführen zu können, sind an das Waschmittel folgende Forderungen zu stellen: Geringer Dampfdruck, gute chemische Beständigkeit, hohes Lösungsvermögen und niedriger Preis. Die ersten beiden Forderungen nach geringem Dampfdruck und guter chemischer Beständigkeit sind bei tiefer Temperatur des Waschmittels leichter zu erfüllen als bei hoher. Auch das Lösungsvermögen kann durch Anwendung tiefer Temperaturen beachtlich verbessert werden. Diese Tatsache geht besonders deutlich aus Abb. 33 hervor, welche die Löslichkeit von Kohlendioxyd in Methanol bei verschiedenen Temperaturen zeigt. Wie man daraus erkennt, ist die Löslichkeit bei tiefen Temperaturen um ein Vielfaches größer als bei hohen Temperaturen oder in Wasser. Bei Anwendung tiefer Temperaturen kann daher der Methanolumlauf zum Entfernen von Kohlendioxyd aus einem Gasgemisch erheblich verringert werden. Die hierdurch erzielte Energieersparnis kann größer sein als der zusätzliche Energieaufwand zur Kälteerzeugung, so daß die Extraktion bei tiefen Temperaturen wirtschaftlich durchgeführt werden kann.

Nach dem Waschvorgang wird das Lösungsmittel im allgemeinen wiedergewonnen. Dies kann durch Erwärmen, Destillieren oder Verdampfen des Lösungsmittels geschehen. Um den Energieaufwand zum Regenerieren des Lösungsmittels möglichst gering zu halten, werden Gasgemische, welche Verunreinigungen in größerer Menge enthalten, in mehreren Stufen ausgewaschen. Dabei braucht nur

[1] Vgl. hierzu etwa: KASSATKIN, A. G.: Chemische Verfahrenstechnik Band II, S. 231. VEB Deutscher Verlag für die Grundstoffindustrie. Leipzig 1960.

[2] Bezüglich der physikalischen Grundlagen sei auch auf Band VIII dieses Handbuches S. 121–122 verwiesen.

ein kleiner Teil der Waschflüssigkeit sorgfältig regeneriert zu werden. Er dient zur Feinreinigung des Gases in den letzten Stufen der Waschsäule. Die Hauptmenge des Waschmittels wird nur mäßig regeneriert und zur Vorreinigung in die ersten Stufen der Waschsäule eingespeist. Bei hohem Partialdruck der abzutrennenden Komponente wird diese häufig schon vor der Waschsäule durch Verflüssigung teilweise abgetrennt.

In der Tieftemperaturtechnik werden Waschprozesse vielfach zur Vorreinigung von Rohgasen eingesetzt. Als Beispiel sei auf die Druckwasserwäschen zur Ausscheidung von Kohlendioxyd aus Konverter- und Koksofengas verwiesen[1]. Zwei andere wichtige Verfahren sind der sog. Rektisolprozeß[2], der in den letzten Jahren eine Reihe neuer Anwendungsbereiche gefunden hat, und das im folgenden Abschnitt behandelte Edeleanu-Verfahren.

I. Das Edeleanu-Verfahren.

Die verschiedenen Fraktionen des Erdöls enthalten in verschiedener Menge Nebenprodukte, welche durch Raffinationsprozesse entfernt werden müssen. Die heute angewandten Verfahren der Selektiv-Extraktion gehen auf ein von EDELEANU erfundenes Verfahren zurück[3–10]. Dieses war ursprünglich für die Raffination von Leuchtpetroleum (Kerosen) entwickelt worden, ist aber dann auch zur Behandlung von leichteren Destillaten wie Benzin und von schweren Ölen wie Gas- und Schmieröl angewandt worden.

Wie EDELEANU fand, wird Schwefeldioxyd von Erdöldestillaten zunächst vollkommen absorbiert bis Sättigung eintritt. Sobald die Sättigungsgrenze überschritten wird, belädt sich Schwefeldioxyd mit Kohlenwasserstoffen und sinkt wegen seiner größeren Dichte in der Lösung nach unten.

Die Löslichkeit verschiedener Kohlenwasserstoffe in Schwefeldioxyd ist stark temperaturabhängig. Während die aromatischen und die ungesättigten Kohlenwasserstoffe bei verschiedener Temperatur beliebig löslich sind, können gesättigte Kohlenwasserstoffe bei Raumtemperatur nur schwach und bei Temperaturen von -10 °C praktisch überhaupt nicht mehr gelöst werden. Die Löslichkeit der naphthenbasischen Kohlenwasserstoffe ist bei -10 °C nur gering, nimmt aber mit steigender Temperatur rascher zu als die der gesättigten Kohlenwasserstoffe. Demnach können durch Anwendung tiefer Temperaturen die gesättigten und naphthenbasischen Kohlenwasserstoffe von den aromatischen und ungesättigten Kohlenwasserstoffen getrennt werden. Eine solche Trennung ist besonders bei der Rein-

---

[1] Vgl. hierzu Band VIII dieses Handbuches S. 218, 221 u. 294.

[2] Vgl. hierzu auch Band VIII dieses Handbuches S. 223–224 dort weitere Literaturhinweise.

[3] Einen historischen Überblick findet man in Band I dieses Handbuchs, S. 139–141.

[4] EDELEANU, L.: Verfahren zur Reinigung von rohem und vorbehandeltem Erdöl und seinen Destillaten. DRP 216459 (1908).

[5] EDELEANU, L.: Die Raffination des Erdöls mit verflüssigter schwefeliger Säure. Petroleum Bd. 19, Nr. 34 (1923) S. 1–23.

[6] JODEK, P.: Das Edeleanu-Verfahren zur Verarbeitung von Erdölprodukten und anderen Mineralölen. Zeitschr. f. d. ges. Kälteind. Bd. 20 (1913) S. 161–166.

[7] PLANK, R.: Die Raffination des Petroleums nach dem Edeleanu-Verfahren. Z. VDI Bd. 72 (1928) Nr. 45 S. 1613–1618.

[8] CATTANEO, G.: Technik und Ökonomie des Edeleanu-Verfahrens zur Raffination von Mineralölen. Zeitschr. f. d. ges. Kälteind. Bd. 35 (1928) S. 173–180.

[9] ROSENBERG, J.: Darstellung des Edeleanu-Verfahrens. Festschrift. Berlin: v. Holten 1928.

[10] TERRES, E., K. FISCHER u. E. SASSE: Zur Kenntnis der Entparaffinierung von Mineralölen mit selektiven Lösungsmitteln. Brennstoff-Chemie Bd. 30 (1949) S. 285–299.

darstellung von Kerosen und Benzin erforderlich. Dort werden daher Temperaturen von -10 °C und weniger erzeugt. Hingegen werden Gasöle bei etwa 0 °C und Schmieröle bei Raum- oder noch höheren Temperaturen extrahiert. Bei Temperaturen bis zu -60 °C kann durch Extraktion mit Schwefeldioxyd aus Benzinschnitten ein Konzentrat aus Benzol, Toluol und Xylol hergestellt werden.

Die Extraktion mit Schwefeldioxyd bietet gegenüber anderen Lösungsmitteln eine Reihe von Vorteilen. Abgesehen von seinem hohen selektiven Lösungsvermögen und seinem geringen Preis kann Schwefeldioxyd in einem weiten Tempe-

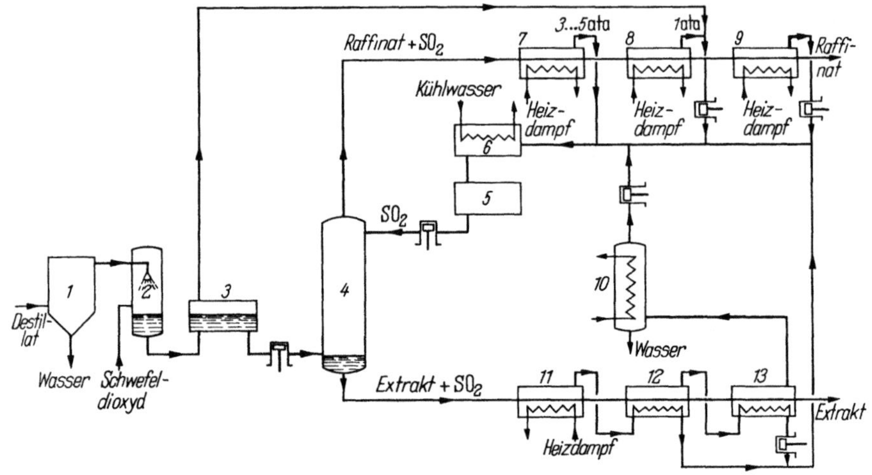

Abb. 34. Anlage zur Extraktion von Erdöldestillaten mit Schwefeldioxyd.

1 Trockner; *2* Absorptionsturm; *3* Verdampfer; *4* Extraktionsturm; *5* Sammelbehälter; *6* Kondensator; *7, 8, 9* Verdampfer; *10* Trockner; *11, 12, 13* Verdampfer.

raturbereich, und zwar zwischen -60 °C und $+80$ °C, als Extraktionsmittel verwendet werden. Hinzu kommt, daß bei Verwendung von wasserfreiem Schwefeldioxyd die Extraktionsanlage aus normalem Kohlenstoffstahl gebaut werden kann. Lediglich diejenigen Anlagenteile, in denen das Wasser aus dem Lösungsmittel entfernt wird, müssen aus legierten Stählen hergestellt werden. Außerdem kann Schwefeldioxyd nicht nur als Lösungs-, sondern auch als Kältemittel dienen[1]. Besondere Kälteanlagen sind daher nicht unbedingt erforderlich. Die für den Extraktionsprozeß gewünschte tiefe Temperatur kann auch durch Verdampfung eines Teiles des Schwefeldioxyds aus der Lösung erzeugt werden.

Als Beispiel ist in Abb. 34 das vereinfachte Schaltschema einer Anlage dargestellt, in welcher Erdöldestillate mit Schwefeldioxyd extrahiert werden. Das Destillat wird in einem Trockner (*1*) auf einen Wassergehalt von weniger als 0,005 Gew.-% getrocknet. Kerosen und leichte Gasöle werden über Steinsalz getrocknet, schwere Gasöle und Schmieröle in einer Vakuumkolonne. Das getrocknete Destillat wird anschließend im Absorptionsturm (*2*) mit Schwefeldioxyd beladen. Durch Verdampfen eines Teils des Schwefeldioxyds im Verdampfer (*3*) kühlt sich das Gemisch auf die Temperatur der Extraktion ab. Das kalte Destillat wird unten in den Extraktionsturm (*4*) gepumpt, dem oben flüssiges Schwefeldioxyd von gleicher Temperatur zugeführt wird. Das Schwefeldioxyd absorbiert den größten Teil der ungesättigten Kohlenwasserstoffe, der Aromate, Olefine und

[1] Über die Eigenschaften von Schwefeldioxyd als Kältemittel siehe Band IV dieses Handbuches, S. 273–291.

der Schwefelverbindungen und sammelt sich im Sumpf der Kolonne. Das leichtere Raffinat befindet sich oberhalb der Sumpfprodukte. Sumpf- und Kopfprodukte werden durch mehrstufige Verdampfungsprozesse von Schwefeldioxyd befreit. Die Schwefeldioxyddämpfe aus der ersten Verdampferstufe (*7*) werden direkt dem Kondensator (*6*) zugeführt, der entsprechend der Kühlwassertemperatur bei einem Druck von 4 bis 5 ata arbeitet. Das kondensierte Schwefeldioxyd gelangt dann über den Sammelbehälter (*5*) wieder zur Extraktionskolonne zurück. Im Verdampfer der zweiten Stufe (*8*) wird das Schwefeldioxyd etwa bei Atmosphärendruck und in der dritten Stufe (*9*) bei Vakuum verdampft. Es wird dann mit Hilfe eines Kompressors aus Verdampfer (*8*) und mit Hilfe einer Vakuumpumpe aus Verdampfer (*9*) abgesaugt und zum Kondensator (*6*) geleitet.

Im Extrakt sind so große Mengen an Schwefeldioxyd enthalten, daß man das in der ersten Verdampferstufe (*11*) ausgetriebene Schwefeldioxyd zur Heizung der zweiten Stufe (*12*) und das in der zweiten Stufe ausgetriebene Schwefeldioxyd zur Heizung der dritten Stufe (*13*) verwenden kann. Das gasförmige Schwefeldioxyd der beiden ersten Stufen wird in den Kondensator (*6*) gedrückt, während das Schwefeldioxyd der dritten Stufe erst über einen Trockner (*10*) geleitet wird, wodurch der Wasserdampfgehalt des Lösungsmittels möglichst gering gehalten werden kann.

Der Kältebedarf von Kerosen-Anlagen, in denen bei einer Temperatur von −10 °C extrahiert wird, liegt zwischen 12000 bis 15000 kcal je Tonne Destillat. Nach Angaben von Sprenger und Scholten[1] werden je Tonne Kerosen außerdem benötigt: 0,189 Tonnen Heizdampf, 6,3 kWh elektrische Energie zum Antrieb von Pumpen und Verdichtern und 19,3 m³ Kühlwasser.

II. Rektisolprozeß.

Der Rektisolprozeß dient zur Reinigung von unter Druck stehenden Gasen durch Berieselung mit einer Flüssigkeit. Das vereinfachte Schema des Prozesses zeigt Abb. 35. Das unter einem Druck von 25 ata stehende Rohgas wird in einem Kühler (*1*) im Gegenstrom zu kaltem Reingas auf etwa −3 °C gekühlt. Dabei kondensieren die im Rohgas in flüchtiger Form enthaltenen Leichtöle, während der Wasserdampf ausfriert. Das Rohgas wird anschließend im Wärmeaustauscher (*2*) auf etwa −40 °C gekühlt und der Waschsäule (*3*) unten zugeführt. Dem aufsteigenden Gas rieselt Methanol entgegen, das Kohlendioxyd, Schwefelwasserstoff, Blausäure, Harzbildner und Schwefel absorbiert. Das Methanol im unteren Teil der Säule wird nur wenig regeneriert, während man im oberen Teil der Waschsäule ein sorgfältig regeneriertes Methanol zugibt. Das aus der Waschsäule abziehende Restgas wird schließlich in einer Feinwäsche (*4*) von restlichen Verunreinigungen

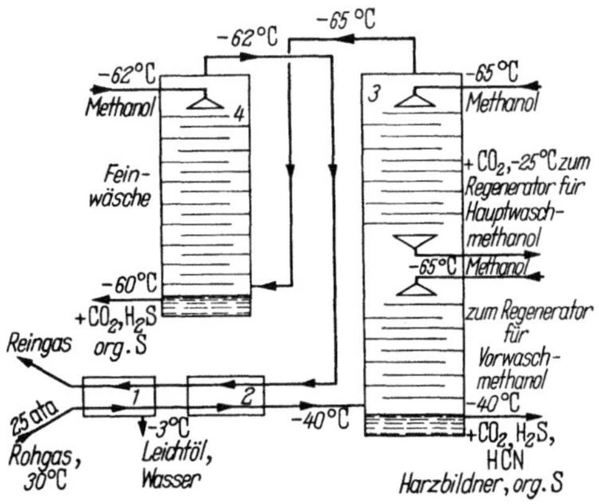

Abb. 35. Schema des Rektisolprozesses.
1, 2 Gegenströmer; *3* Waschsäule; *4* Feinwäsche.

---

[1] Sprenger, H., u. G. Scholten: Eine kombinierte Anlage zur SO_2-Selektiv-Extraktion von Kerosen, Gasöl, und Schmieröldestillaten in der Sacor-Raffinerie in Lissabon. Erdöl und Kohle Bd. 12 (1959) S. 895–897.

befreit und dann über die Wärmeaustauscher (*2*) und (*1*) zum Sammelbehälter weitergeleitet. Das Waschmittel wird zum Teil durch Entspannen auf einen Druck von 0,2 ata, zum Teil durch Destillieren regeneriert und dann wieder den einzelnen Waschsäulen zugeführt. Das zur Reinigung benutzte Methanol wird in einer Rektifiziersäule regeneriert.

Die Kosten zur Reinigung des Rohgases nach dem Rektisolverfahren sind geringer als die der üblichen Druckwasserwäschen. Wie Kohrt[1] und Herbert[2] mitteilten, ist das Rektisolverfahren besonders gut zur Reinigung von Gasen für die Fischer-Tropsch-Synthese geeignet. Es ist ein besonderer Vorteil des Verfahrens, daß alle aus dem Synthesegas zu entfernenden Bestandteile von einem einzigen Waschmittel absorbiert werden können, während bei anderen Trennverfahren die Gasbestandteile in mehreren Prozessen entfernt werden müssen.

III. Auswaschen von Azetylen aus Äthylen-Äthan-Gemischen.

Nach einem ähnlichen Verfahren kann auch Azetylen, das in Rohgasen für die Äthylengewinnung in mehr oder minder großen Mengen enthalten ist, entfernt werden. Bekanntlich wird Äthylen aus dem verflüssigten Rohgas durch Rektifikation gewonnen[3]. Hierbei entsteht auch eine Fraktion, welche die Kohlenwasserstoffe Äthylen, Äthan und Azetylen enthält. Um hieraus Reinäthylen zu gewinnen, muß das Gasgemisch kondensiert und rektifiziert werden. Die Trennung wird jedoch dadurch erschwert, daß Azetylen-Äthan-Gemische einen azeotropen Punkt besitzen, der bei 44 Vol.-% Azetylen liegt. Man findet daher bei der Rektifikation das Azetylen nicht restlos im Sumpf der Säule, nämlich im Äthan, sondern ganz oder teilweise im Äthylen, und kann infolgedessen durch Rektifikation kein azetylenfreies Äthylen gewinnen.

Zur Trennung des Dreistoffgemisches sind mehrere Verfahren entwickelt worden[4], unter anderem auch eine Tiefkühlwäsche. Als Waschflüssigkeit dient Azeton, das sich wegen seines geringen Dampfdrucks und wegen seines hohen selektiven Lösungsvermögens besonders gut als Waschflüssigkeit für Azetylen eignet. Dadurch ist es leicht möglich, das Azetylen bis auf weniger als 5 ppm aus dem Gemisch zu entfernen.

Das Schaltschema einer solchen Anlage ist in Abb. 36 dargestellt. Aus dem Sumpf der Methansäule (*1*) wird das gasförmige azetylenhaltige Gemisch in die Waschsäule (*2*) geleitet. Dem aufsteigenden Gasgemisch rieselt Azeton entgegen, das sich mit Azetylen belädt. Im Kondensator (*3*) wird ein Teil des gewaschenen Gases verflüssigt. Die Flüssigkeit rieselt über einige Böden nach unten bis zum obersten Azetonboden. Dadurch werden Azetondämpfe aus dem aufsteigenden Gas ausgewaschen. Das beladene Azeton wird dem Sumpf der Waschsäule entnommen und in den Wärmeaustauschern (*4*) und (*6*) im Gegenstrom zu frischem Azeton aus der Regeneriersäule (*7*) erwärmt. Dabei entweicht ein Teil des gelösten Äthylens, welches durch die Leitung (*5*) der Waschsäule wieder zugeführt wird. Das den Wärmeaustauscher (*6*) verlassende Azeton enthält hauptsächlich gelöstes Azetylen. Es wird in der Regeneriersäule (*7*) auf einen Druck von 1 ata entspannt

---

[1] Kohrt, H. U.: Gas Purification by the Rectisol-Process. Bull. Inst. Internat. du Froid. Annexe 1958-5, S. 9–19.

[2] Herbert, W.: Das Rektisolverfahren zur Reinigung von Druckgasen. Zeitschr. Erdöl und Kohle Bd. 9 (1956) S. 77–81. Derselbe: Ein neues Verfahren zur Reinigung von Druckgasen. Z. VDI Bd. 98 (1956) S. 1647–1649.

[3] Vgl. hierzu Band VIII, S. 224–226. Dort weitere Literaturhinweise.

[4] Rottmayr, F., u. R. Becker: Die Verfahren zum Entfernen kleiner Mengen Azetylen aus Äthylen-Äthan-Gemischen bei der Reindarstellung des Äthylens durch Tieftemperatur-Rektifikation. Linde-Berichte aus Techn. u. Wissensch. Nr. 11 (1961) S. 32–39.

und gleichzeitig erwärmt. Das regenerierte Azeton wird am Boden der Säule (*7*) entnommen, ein Teilstrom wird im Wärmeaustauscher (*8*) mit Wasser gekühlt, ein anderer gibt seine Wärme an das kalte beladene Azeton im Wärmeaustauscher (*6*) ab. Beide Teilströme werden dann gemeinsam über den Wärmeaustauscher (*4*) wieder in die Waschsäule (*2*) zurückgeführt. Das Abgas am Kopf der Regeneriersäule enthält noch beträchtliche Mengen Azetondampf, wovon nur ein Teil am Kopf der Säule durch Wasserkühlung verflüssigt wird. Der abziehende Azetondampf wird in den Gegenströmern (*9*) und (*10*) weitgehend verflüssigt und der

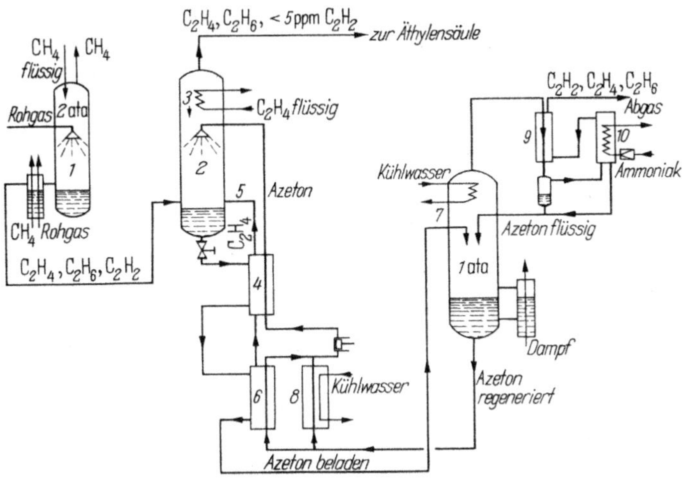

Abb. 36. Azetonwäsche zum Entfernen von Azetylen.

1 Methansäule; *2* Waschsäule; *3* Kondensator; *4* Wärmeaustauscher; *5* Leitung zur Waschsäule; *6* Wärmeaustauscher; *7* Regeneriersäule; *8, 9, 10* Wärmeaustauscher.

Regeneriersäule wieder zugeleitet. Geringe Mengen an Azetondampf, die in dem gewaschenen Gas noch enthalten sind, werden in der anschließenden Äthylenwäsche vollständig abgetrennt.

Die Hauptbestandteile des Abgases sind Azetylen und Äthylen. Das Azetylen kann in chlorierte Kohlenwasserstoffe umgewandelt oder zu Äthylen hydriert werden. Die Azetonwäsche hat weiterhin den Vorteil, daß nicht nur Azetylen, sondern gleichzeitig auch noch eine Reihe anderer unerwünschter Bestandteile ausgewaschen werden, z. B. Schwefelverbindungen, Kohlensäure, Ammoniak und C_3-Kohlenwasserstoffe.

IV. Auswaschen von Kohlendioxyd aus Rauchgasen.

Bei einigen technischen Prozessen, z. B. bei der Harnstoffsynthese oder beim Frischen von Stahl mit Gemischen aus Sauerstoff und Kohlendioxyd[1–3] ist der Bedarf an Kohlendioxyd so groß, daß es nicht mehr wirtschaftlich ist, in ortsfremden Fabrikationsanlagen Kohlendioxyd zu erzeugen und zum Verbraucher zu transportieren. Es empfiehlt sich dann, das Kohlendioxyd im eigenen Betrieb zu

[1] Karwat, E.: Verfahren zum Erzeugen stickstoffarmen Stahls, DRP 951007 (1942).

[2] Warnant, R. E.: Procédé et installation pour l'élaboration de l'acier. Belg. Pat. 471142 (1947), Franz. Pat. 960034 (1948). Derselbe: Verfahren zur Verbesserung des Thomasstahls. Stahl u. Eisen Bd. 70 (1950) S. 1077.

[3] Hoglund, T. R.: Method of Producing Bessemer Steel. US Pat. 2529387 (1947).

produzieren. Als Quelle für die Herstellung von Kohlendioxyd sind in Hüttenwerken große Mengen an verbranntem Gichtgas verfügbar.

Gichtgas hat etwa folgende Zusammensetzung

Kohlendioxyd	22,5	Vol-%
Stickstoff	75,5	Vol.-%
Sauerstoff	2	Vol.-%
Stickoxyde	50—100	ppm

Nach Untersuchungen von KARWAT und KRUIS[1] ist die Gewinnung von Kohlendioxyd aus einem solchen Gasgemisch mit Hilfe einer Tiefkühlwäsche besonders wirtschaftlich durchzuführen.

In einer von der Gesellschaft für Lindes Eismaschinen gebauten Anlage[1] wird als Waschmittel Methanol verwendet. Dieses wird durch Entspannen auf niedere

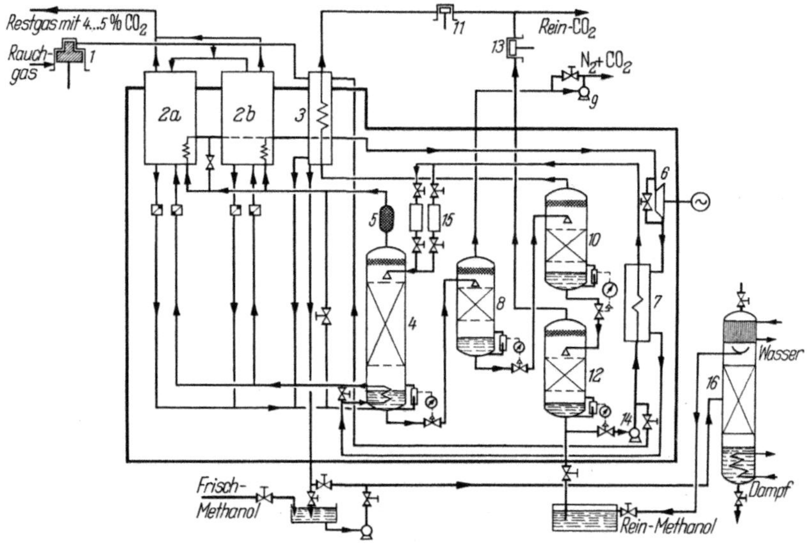

Abb. 37. Anlage zum Auswaschen von Kohlendioxyd aus Rauchgasen.[1]

1 Kompressor; *2a*, *2b*, *3* Regeneratoren; *4* Waschsäule; *5* Absorber; *6* Expansionsturbine; *7* Methanolkühler; *8* Füllkörpersäule; *9* Sauggebläse; *10* Säule für CO_2-Entgasung; *11* Vakuumpumpe; *12* Säule für CO_2-Entgasung; *13* Vakuumpumpe; *14* Pumpe; *15* Filter; *16* Methanolsäule.

Drücke wieder regeneriert. Die Energie zur Kälteerzeugung wird durch Entspannen des Gases in Expansionsturbinen gewonnen. Abb. 37 zeigt das Schema der Anlage. Das verbrannte Gichtgas, welches 20 bis 23 Vol.-% Kohlendioxyd enthält, wird im Kompressor (*1*) von Atmosphärendruck auf etwa 3,5 ata verdichtet. Das verdichtete Gas wird dann zum größten Teil in den Regeneratoren (*2a*) und (*2b*) und zum geringeren Teil, und zwar zu etwa 10 Vol.-%, im Regenerator (*3*) von etwa +30 auf −67 °C gekühlt und dabei gleichzeitig getrocknet. Die auf −67 °C gekühlten Rohgasströme werden der Waschsäule (*4*) zugeführt und in dieser mit kaltem Methanol gewaschen. Das Methanol tritt mit −78 °C in die Waschsäule ein und erwärmt sich bis zum Sumpf der Säule auf −67 °C. Das gereinigte Gas verläßt die Waschsäule. Es enthält noch 4 bis 5 Vol.-% Kohlendioxyd und wird im Absorber (*5*) von mitgeführtem Methanoldampf befreit. Anschließend erwärmt

[1] KARWAT, E., u. A. KRUIS: Tiefkühlwäschen zur Gaszerlegung: I. Gewinnung reiner Kohlensäure aus Rauchgasen. Linde-Berichte aus Technik und Wissensch. Nr. 3 (1958) S. 33–41.

es sich in den Rohrschlangen im unteren Teil der Regeneratoren um etwas mehr als 10 °C und wird dann in der Turbine (*6*) unter Arbeitsleistung entspannt. Dabei kühlt sich das Gas auf −95 °C ab und kühlt dann im Methanolkühler (*7*) das regenerierte, zur Waschsäule (*4*) zurückkehrende Methanol. Anschließend erwärmt sich das gereinigte Gas auf seinem Weg durch den Sumpf der Waschsäule (*4*) und den Regenerator (*2a*) bzw. (*2b*) bis annähernd auf Umgebungstemperatur. Die Regeneratoren (*2a*) und (*2b*) sind so bemessen, daß sie von dem rückströmenden kalten Gas gekühlt werden können und daß gleichzeitig das ausgefrorene Wasser bei geringerem Druck als in der Warmperiode wieder verdampfen kann.

Das in der Waschsäule (*4*) beladene Methanol wird am Boden der Waschsäule abgezogen, auf Atmosphärendruck entspannt und in die Füllkörpersäule (*8*) geleitet, in welcher die aufgenommenen Inertgase mit einem geringen Teil des Kohlendioxyds weitgehend entweichen. Der Druck in der Füllkörpersäule (*8*) kann mittels des Sauggebläses (*9*) noch weiter erniedrigt werden, so daß das beladene Methanol stärker entgast. Das Kohlendioxyd entgast weitgehend in den Säulen (*10*) und (*12*). Säule (*10*) wird durch die Vakuumpumpe (*11*) auf einen Druck von etwa 0,2 ata und Säule (*12*) durch die Vakuumpumpe (*13*) auf einen Druck von 0,1 ata evakuiert. Die Pumpe (*14*) fördert das regenerierte Methanol durch den Kühler (*7*) und die Filter (*15*) wieder zum Waschturm (*4*) zurück.

Im Austauscher (*3*) wird das Rauchgas durch das aus der Säule (*10*) rückströmende kalte Kohlendioxyd gekühlt. Zum Entfernen des ausgeschiedenen Wassers wird in den Austauscher (*3*) Methanol eingespeist, das in der Methanolsäule (*16*) wieder rektifiziert wird.

Das durch Tiefkühlwäschen gewonnene Kohlendioxyd enthält weniger Verunreinigungen, als wenn es in Druckwasserwäschen oder in Regeneratoren gewonnen würde. Nach KARWAT und KRUIS[1] werden je Nm^3CO_2 benötigt: 0,48 kWh an Energie, 50 ltr Kühlwasser und 0,05 kg Dampf von 2 ata. Demgegenüber rechnet man bei einer Pottaschewäsche mit 0,22 kWh und mit 5 kg Dampf je Nm^3CO_2. Nach den Untersuchungen von KARWAT und KRUIS[1] sind Tiefkühlwäschen zur Gewinnung von Kohlendioxyd stets dann wirtschaftlich, wenn kohlendioxydreiche Rauchgase zur Verfügung stehen und wenn im Abgas noch 4 bis 5 Vol.-% Kohlendioxyd enthalten sein dürfen.

Für metallurgische Zwecke, z. B. zum Frischen im Konverter oder im Siemens-Martin-Ofen wird meistens ein Gemisch von Kohlendioxyd und Sauerstoff angewandt. Solche Gemische lassen sich in wirtschaftlicher Weise direkt durch Tiefkühlwäschen herstellen, wenn man reinen Sauerstoff als Hilfsgas zum Ausgasen der Kohlensäure aus dem Waschmittel benutzt[2]. Als Waschmittel kann man dann allerdings nicht das brennbare Methanol verwenden. An dessen Stelle benutzt man das nicht brennbare Trichloräthylen. Dadurch wird der erforderliche Waschmittelumlauf etwa fünfmal so groß wie bei Verwendung von Methanol als Waschmittel.

V. Einige andere Tiefkühlwäschen.

Ein bekanntes Verfahren ist das Auswaschen von Kohlenmonoxyd aus Gasgemischen mit Hilfe von flüssigem Stickstoff[3].

Wie Abb. 38 zeigt, tritt das auf −190 °C gekühlte Gas in die Absorptionskolonne (*1*) ein und gibt auf dem Weg durch die Böden seinen Anteil an Kohlenmonoxyd an den flüssigen Stickstoff ab, der ständig am Kopf der Kolonnen zugeführt wird.

[1] Siehe Fußnote 1, S. 52.

[2] KARWAT, E.: Verfahren zum Herstellen von Sauerstoff-Kohlensäure-Gemischen für das Frischen von Roheisen im Konverter DBP 825696 (1949).

[3] STORK, K.: Neue Adsorptionsverfahren für die Tieftemperaturtechnik. Kältetechnik Bd. 14 (1962) S. 274–276.

Da die Abtrennung von Stickstoff aus dem Sumpfprodukt wesentlich teurer sein würde als die Herstellung von reinem Stickstoff aus Luft, wird das Sumpfprodukt nicht gereinigt, sondern über den Wärmeaustauscher (*2*) weggeleitet.

Zur Reinigung von Wasserstoff dienen ebenfalls häufig Tiefkühlwäschen. Bekanntlich wird reiner Wasserstoff bei vielen chemischen Prozessen benötigt. Als Beispiel sei die Fetthärtung genannt. Es ist meistens nicht möglich, die mit dem Wasserstoff gemischten Gase durch Kondensation vollständig zu entfernen, weil die auskondensierten oder ausgefrorenen Bestandteile häufig einen so hohen Dampfdruck haben, daß die erzielbare Wasserstoffreinheit selten 98 bis 99 Vol.-% übersteigt. Beliebig hohe Reinheit ist durch Tiefkühlwäschen erreichbar.

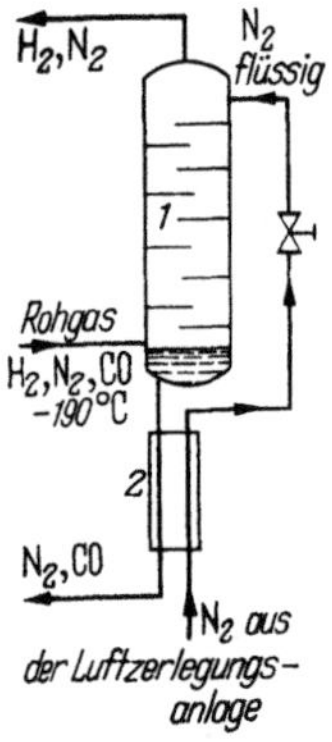

Abb. 38. Auswaschen von Kohlenmonoxyd mit flüssigem Stickstoff.

1 Absorptionskolonne; *2* Wärmeaustauscher.

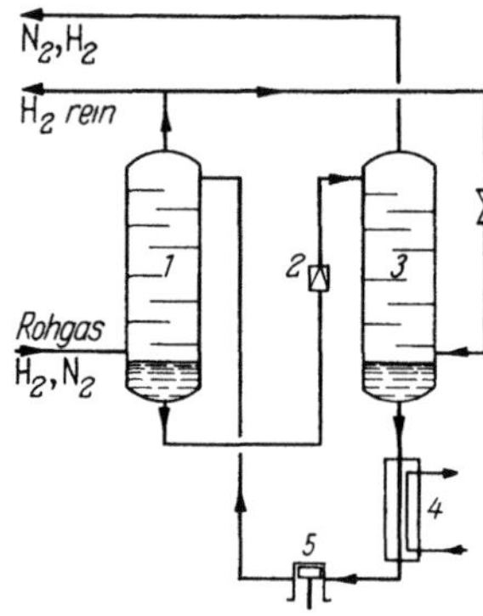

Abb. 39. Reinigen von Wasserstoff in einer Tiefkühlwäsche.

1 Absorptionssäule; *2* Drosselventil; *3* Desorptionssäule; *4* Kühler; *5* Pumpe.

In Abb. 39 ist ein solcher Prozeß, bei dem Stickstoff aus einem Stickstoff-Wasserstoff-Gemisch entfernt wird, schematisch dargestellt[1]. Das Ausgangsprodukt enthält 97 bis 98 Vol.-% Wasserstoff. Es wird in Säule (*1*) eingespeist, welche unter einem Druck von 20 bis 30 ata steht. Dem aufsteigenden Gas rieselt die Waschflüssigkeit entgegen. Als Waschflüssigkeit dient in diesem Fall Trichlormonofluormethan (R 11), welches dem aufsteigenden Gasgemisch den Stickstoff annähernd vollständig entzieht. Die beladene Flüssigkeit wird am Drosselventil (*2*) auf Atmosphärendruck entspannt und der Desorptionssäule (*3*) oben zugeführt. In dieser entweicht der aufgenommene Stickstoff teilweise infolge des geringeren Druckes. Die Waschflüssigkeit wird außerdem durch einen Teil des aufsteigenden gereinigten Gases regeneriert. Sie wird dann über den Kühler (*4*) mit einer Pumpe (*5*) wieder der Absorptionssäule zugeführt.

In Raffinerien fällt häufig ein Gasgemisch an, das Methan, Wasserstoff und geringe Mengen Kohlenmonoxyd enthält. Im allgemeinen wird aus diesem Gasgemisch das Kohlenmonoxyd durch sog. Methanisieren nach der Reaktion

$$CO + 3\,H_2 \rightleftharpoons CH_4 + H_2O \tag{17}$$

unschädlich gemacht. Beträgt der Kohlenmonoxydanteil jedoch mehr als 2 Vol.-%, so wird vielfach das Kohlenmonoxyd in einer Tieftemperaturwäsche entfernt[1].

Wie Abb. 40 zeigt, wird dazu das Gasgemisch, welches aus Wasserstoff, Methan und Kohlenmonoxyd besteht, zunächst im Sumpf der Desorptionssäule (*1*)

---

[1] Siehe Fußnote 3, S. 53.

auf $-155\ ^\circ C$ abgekühlt, wobei hauptsächlich das Methan verflüssigt wird. Das Flüssigkeit-Dampf-Gemisch wird der Absorptionssäule (*2*) zugeführt, die unter einem Druck von 20 bis 30 ata steht. Dem in der Säule aufsteigenden Gas rieselt flüssiges Methan entgegen, welches Kohlenmonoxyd so stark absorbiert, daß im abziehenden Produkt weniger als 5 ppm Kohlenmonoxyd enthalten sind. Die mit Kohlenmonoxyd beladene Sumpfflüssigkeit wird dann im Drosselventil (*3*) entspannt und der Desorptionssäule (*1*) zugeführt, in der die beladene Waschflüssigkeit im Gegenstrom zu dem Dampf, welcher sich im Sumpf der Säule bildet, nach unten rieselt und dabei regeneriert wird. Das Rohgas muß demnach soviel Methan enthalten, daß die bei der Kondensation freiwerdende Wärme zur Erzeugung der notwendigen aufsteigenden Dampfmenge ausreicht. Wie Rechnungen und Versuche zeigten, muß die Methankonzentration mindestens 30 Vol.-% betragen[1]. Die regenerierte Waschflüssigkeit wird von der Pumpe (*4*) wieder der Absorptionssäule (*2*) zugeführt.

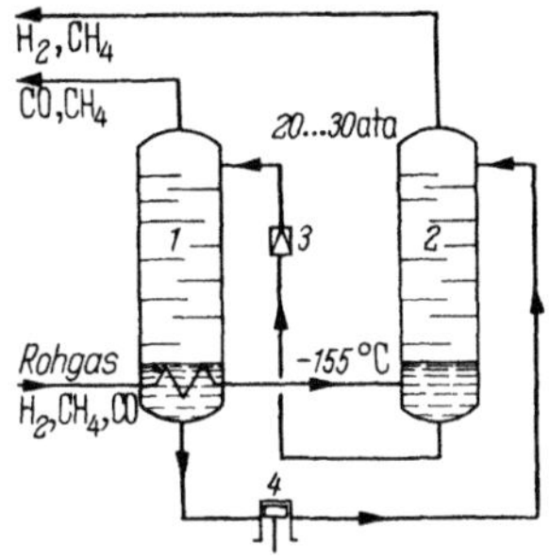

Abb. 40. Tieftemperaturwäsche zum Entfernen von Kohlenmonoxyd.[1]
1 Desorptionssäule; *2* Absorptionssäule; *3* Drosselventil; *4* Pumpe.

G. Trennung von Gasgemischen durch Adsorption.

In vielen Prozessen der Verfahrenstechnik werden Gasgemische durch Adsorptionsmethoden getrennt. Darunter versteht man die ohne Verflüssigung stattfindende Anreicherung eines Gases an der Oberfläche eines festen Stoffes[2]. Adsorptionsmethoden werden meistens dann angewandt, wenn geringe Mengen von Verunreinigungen aus einem Gemisch entfernt werden sollen. Hierzu gehören bei Tieftemperaturprozessen häufig Gasbestandteile, die sich bei Abkühlung in fester Form abscheiden und Ventile und Regelorgane verstopfen würden, also z. B. Kohlendioxyd, Wasser und auch Kohlenwasserstoffe in Luftzerlegungsanlagen[3]. Als Adsorptionsmittel dienen Silikagel, Tonerdegel oder auch Aktivkohle[4].

Meist werden zwei oder mehrere Adsorber wechselweise betrieben; während ein Teil der Adsorber Gasbestandteile aufnimmt, werden die übrigen Adsorber regeneriert[5].

Anwendungsbeispiele für die Verwendung von Adsorbern sind:

Trocknung der Hochdruckluft für die Luftzerlegung[6],

Entfernung von Kohlendioxyd bei tiefen Temperaturen in Linde-Fränkl-Anlagen[7],

Entfernung von Azetylen aus unreinem flüssigen Sauerstoff bei der Luftzerlegung[8],

Nachtrocknen des Rohgases bei der Zerlegung von Koksgas und bei der Äthylengewinnung[9],

---

[1] Siehe Fußnote 3, S. 53.
[2] Vgl. hierzu auch die Ausführung in Band VIII dieses Handbuches S. 295–297.
[3] Vgl. hierzu auch Band VIII dieses Handbuches, S. 179 u. S. 188.
[4] Ullmanns Enzyklopädie der technischen Chemie. München-Berlin: Urban & Schwarzenberg 1951. 3. Aufl. Bd. 1 S. 333–358.
[5] Kahle, H.: Die „reversible“ Adsorption als Mittel zur Vorreinigung und Zerlegung von Gasgemischen. Chem. Ing. Techn. Bd. 25 (1953) S. 144–148.
[6] Vgl. hierzu Band VIII dieses Handbuches, S. 179.
[7] Vgl. hierzu Band VIII dieses Handbuches, S. 188.
[8] Vgl. hierzu Band VIII dieses Handbuches, S. 198.
[9] Vgl. hierzu Band VIII dieses Handbuches, S. 224.

und die Trennung und Gewinnung von Edelgasen[1, 2] durch Adsorptionsmethoden.

Entsprechend der Adsorptionsisothermen werden die einzelnen Komponenten eines Gasgemisches in verschiedener Menge adsorbiert und verschieden stark festgehalten. Wird z. B. Silikagel zur Adsorption verwendet, so ist die Reihenfolge der adsorbierten Stoffe: Methan, Äthan, Äthylen, Propan, Azetylen, Propylen. Jeder dieser Kohlenwasserstoffe wird stärker adsorbiert als der vorhergehende.

Als Beispiel ist in Abb. 41 das Schema einer Luftzerlegungsanlage dargestellt, in der Kohlendioxyd und andere Kohlenwasserstoffe durch Adsorption entfernt

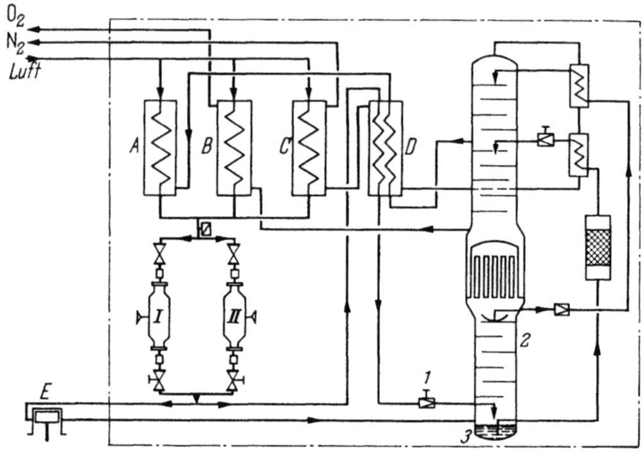

Abb. 41. Luftzerlegungsanlage mit adsorptiver Entfernung von Kohlendioxyd und anderen Kohlenwasserstoffen[3].
A, B, C, D Wärmeaustauscher; *I, II* Silikagel-Adsorber; *E* Expansionsmaschine; *1* Drosselventil; *2* Rektifiziersäule; *3* Sumpf der Rektifiziersäule.

werden[3]. Die auf 10 bis 13 ata komprimierte und getrocknete Luft wird in den Wärmeaustauschern *A*, *B*, *C* im Gegenstrom zu unreinem Stickstoff und reinem Sauerstoff bis in die Nähe des Taupunktes von Kohlendioxyd gekühlt und anschließend in den umschaltbaren Silikagel-Adsorbern I und II von Kohlendioxyd und Kohlenwasserstoffen befreit. Ein Teil der gereinigten Luft wird in der Expansionsmaschine *E* unter Arbeitsleistung entspannt, der Rest wird im Gegenströmer *D* im Wärmeaustausch mit kaltem, von der Zerlegung kommenden reinen und unreinen Stickstoff verflüssigt, im Drosselventil (*1*) entspannt und der Drucksäule (*2*) zugeführt. Am unteren Ende der Drucksäule tritt außerdem das Gas aus der Expansionsmaschine ein. Die Zerlegung der Luft durch zweistufige Rektifikation und die Wiedererwärmung der Zerlegungsprodukte geschieht nach dem klassischen Verfahren der Luftzerlegung[4].

Die Adsorber müssen von Zeit zu Zeit auf etwa 100 °C erhitzt werden, damit etwa eingedrungenes oder adsorbiertes Wasser verdunsten kann. In den Adsorbern werden Kohlendioxyd, Kohlenwasserstoffe und insbesondere Azetylen bis auf einen kleinen Bruchteil ihres Anfangswertes festgehalten. Azetylen ist zwar imstande, Kohlendioxyd aus dem Gel zu verdrängen, sind jedoch die Adsorber

[1] Vgl. hierzu Band VIII dieses Handbuches, S. 212 u. S. 230.
[2] GNAUCK, G.: Die Reindarstellung von Edelgasen unter Anwendung tiefer Temperaturen. Die Technik Bd. 13 (1958) S. 57–60.
[3] KARWAT, E.: Luftzerlegung mit adsorptiver Entfernung des Kohlendioxyds. Linde-Berichte aus Technik und Wissenschaft Nr. 2 (1958) S. 30–31.
[4] Vgl. hierzu Band VIII dieses Handbuches, S. 171.

groß genug bemessen, so können sie sich wegen der geringen Azetylenmengen nur schwach mit Azetylen beladen. Sie sind infolgedessen immer noch sehr wirksam zur Adsorption von Kohlendioxyd.

Ein anderes Beispiel für die Anwendung von Adsorbern ist folgendes: In Linde-Fränkl-Anlagen wird die Luft in Regeneratoren bis zu ihrem Taupunkt gekühlt[1] und dabei von Feuchtigkeit und Kohlendioxyd befreit. Bei diesem Prozeß werden allerdings die Kohlenwasserstoffe nicht genügend ausgeschieden. Sie werden daher in Adsorbern hinter den Regeneratoren entfernt[2]. Bis vor kurzem war es noch üblich, die Luft erst zu verflüssigen und sie dann zwischen beiden Drucksäulen durch Adsorber zu schicken. Dabei wurden lediglich Azetylen und Propylen adsorbiert, während bei der Adsorption aus der Gasphase auch gesättigte Kohlenwasserstoffe wie Propan und Butan entfernt werden.

Andere Anwendungen für Adsorber haben sich neuerdings bei der Deuteriumherstellung ergeben, wo Spuren von Stickstoff und Sauerstoff durch Adsorption aus dem gasförmigen Wasserstoff entfernt werden. In ähnlicher Weise werden auch Adsorber benutzt zur Entfernung von Stickstoff in Helium-Verflüssigungsanlagen.

In einigen Kern-Energie-Anlagen, in denen Helium als Schutzgas benutzt wird, strömt das Helium durch Tieftemperatur-Adsorber zur Entfernung von Kohlenmonoxyd, Kohlendioxyd, Krypton und Xenon.

In Luftzerlegungsanlagen werden neuerdings sogar in die Regeneratoren Gelschichten eingeführt[2], welche Kohlenwasserstoffe aus der Luft adsorbieren. Während sich die Luft in den Regeneratoren abkühlt, werden gleichzeitig die Kohlenwasserstoffe adsorbiert und in der anschließenden Periode durch den kalten Stickstoff wieder desorbiert und aus der Anlage entfernt.

H. Weitere Anwendungsgebiete.

I. Aushärten von Wachsen und Pasten.

Vorbereitung von Foto-Filmen.

Plastische Massen, wie z. B. paraffinhaltige Zäpfchen oder Emulsionen, werden vielfach durch überstreichende kalte Luft gekühlt und zum Erstarren gebracht. Dazu wird das Kühlgut auf einem Band durch einen Tunnel gefördert, während gleichzeitig kalte Luft über das Gut hinwegstreicht. Die Luft wird von einem Gebläse umgewälzt und an dem Verdampfer einer Kälteanlage gekühlt. Der Kältebedarf solcher Anlagen wird in starkem Maße durch die Güte der Abdichtungen an den Ein- und Austrittsöffnungen für das Transportband mitbestimmt. Bei schlechter Abdichtung entweicht Kaltluft, und es kann Warmluft in den Tunnel eintreten, so daß die Kälteverluste erheblich größer sein können als die abzuführende Erstarrungswärme.

Bei der Fertigung von Foto-Filmen ist Kälte zur Vorbereitung des Filmmaterials und der Emulsionsschicht erforderlich. Außerdem werden Kälteanlagen benötigt, um Luft zu entfeuchten, mit der die Filme getrocknet werden[3]. Die Emulsion, die auf das Filmmaterial aufgetragen wird, muß je nach ihrer Zusammensetzung auf etwa $+5°$ bis 1 °C gekühlt werden, damit sie die zum gleichmäßigen Auftragen günstigsten physikalischen Eigenschaften erhält. Sie wird in großen Schalen gekühlt, welche ihrerseits in dem geschlossenen Verdampfer einer Kälteanlage stehen. Als Kältemittel verwendet man vielfach Äthylenglykol.

[1] Vgl. hierzu Band VIII dieses Handbuches, S. 188.

[2] KLEIN, G.: Adsorption at Low Temperatures. Proceedings XIth Internat. Congress of Refrig. München (1963) Bd. 2, S. 1441.

[3] Modern Refrig. Bd. 64, Nr. 756 (1961) S. 281.

Der Kältebedarf in der Fotofilmindustrie schwankt innerhalb weiter Bereiche und ist stark von der Produktion abhängig. Im Mittel werden zur Herstellung eines 1000 m langen und 35 mm breiten Farbfilmes etwa 100000 kcal benötigt und zur Herstellung eines Schwarz-Weiß-Filmes der gleichen Größe etwa 35000 kcal.

II. Konservierung von Radikalen.

Bekanntlich bezeichnet man Atome oder Atomgruppen mit einer oder mehreren freien Valenzen, wie z. B. —H, —N, —OH, —COOH, $-CH_3$ als Radikale. Bei der Herstellung freier Radikale sind große Energien aufzuwenden. Als Beispiel sei die Reaktion

$$H_2 + 117 \frac{\text{kcal}}{\text{mol}} \rightleftarrows 2\,H \tag{18}$$

genannt. Eine solche Reaktion hat die charakteristischen Eigenschaften eines chemischen Systems im dynamischen Gleichgewicht. Der Anteil der dissoziierten Wasserstoffatome ist also eine Funktion der Temperatur und des Druckes. Wegen der hohen Energie zur Erzeugung freier Radikale sind diese nur kurzzeitig beständig. Ihre Lebensdauer beträgt, z. B. in heißen reagierenden Gasen nur wenige Millisekunden. Außerdem ist die Konzentration der freien Radikale in einem reagierenden Gas außerordentlich gering. Durch Versuche im National Bureau of Standards[1] gelang es jedoch, freie Radikale in nennenswerter Konzentration zu erzeugen und über längere Zeit aufzubewahren. Dazu wurden die Radikale unmittelbar nach ihrer Entstehung in einem elektrischen Lichtbogen auf einer Fläche niedergeschlagen, welche durch flüssiges Helium auf eine Temperatur von 4 °K gekühlt war. Die Lebensdauer der so gewonnenen Radikale betrug mehrere Stunden, so daß auf diese Weise eine Vielzahl physikalischer und chemischer Eigenschaften untersucht werden konnte. Gleichzeitig bot sich damit ein Weg, zwei wichtige technische Anwendungen zu verwirklichen[2], nämlich die Synthese chemischer Verbindungen, die bisher noch nicht hergestellt werden konnten, und die Speicherung großer Energien in kleinen Massen. Die zweite Möglichkeit ist besonders für den Antrieb von Raketen interessant. So übertrifft z. B. Wasserstoff, der nur 10 Molprozent freie Wasserstoffradikale enthält, die besten bisher bekannten Treibstoffe. Bisher ist es allerdings noch nicht gelungen, freie Radikale in höheren Konzentrationen als etwa 1 Mol.-% zu konservieren. Über Eigenschaften und Herstellung freier Radikale wird in zahlreichen Arbeiten berichtet[3-9].

---

[1] MICKLE, A. E., W. W. CLAUSON u. G. C. SZEGO: Free Radicals as High Energy Propellants. Interim Report. 33-008-ORD-1596 (1958) u. Final Report 33-008-ORD-1596 (1958).

[2] Vgl. hierzu auch: GRASSMANN, P.: Tieftemperaturtechnik. Kältetechnik Bd. 10 (1958) S. 301–305.

[3] TROTMAN-DICKENSON, A. F.: Free Radicals. An Introduction. London: Methuen 1959.

[4] Anonym: Storage of Free Radicals at Low Temperature. Engineer, London, Bd. 202, Nr. 5263 (1956) S. 8294.

[5] Anonym: Trapped Radicals at Low Temperatures. Modern Refrig. Nr. 12 (1960) S. 1281 bis 1282.

[6] SZEGO, G. C.: Free Radical Fuels. Chem. Engng. Progr. Bd. 56 Nr. 4 (1960) S. 60–62.

[7] FRANKLIN, J. L.: Status of Free Radicals. Chem. Engng. Progr. Bd. 56 Nr. 4 (1960) S. 63–67.

[8] MINKOFF, G. J.: Frozen Free Radicals. Interscience Publ. Inc. New York 1960.

[9] SZEGO, G. C., u. A. E. MICKLE: A Look at Free Radicals. Astronautics Bd. 3 (1958) S. 36–38.

III. Kälte in der Parfumindustrie

In der Parfumindustrie ist bei zahlreichen Teilprozessen die Anwendung von Kälte erforderlich[1]. Um die Duftstoffe zu gewinnen, werden bestimmte Pflanzen wie Lavendel, Thymian, Rosmarin, Minze zunächst zerfasert und anschließend die flüchtigen Substanzen ausgetrieben. Dies kann je nach Art der Pflanzen und des zu erzeugenden Parfums durch Destillation oder Extraktion erfolgen. Bei der Destillation wird das zerfaserte Produkt in einer Destillierblase erhitzt, wodurch Wasser und flüchtige Substanzen verdampfen. Durch fraktionierte Kondensation werden anschließend die flüchtigen Substanzen gewonnen. Bei den Extraktionsprozessen werden die zerfaserten und schwach erwärmten Rohprodukte zunächst mit Öl oder Fett gemischt, wobei die Duftstoffe absorbiert werden. Das Gemisch wird anschließend mit Alkohol versetzt, aus dem sich das Fett oder Öl durch Kühlung auf Temperaturen bis zu -35 °C als feste Masse ausscheidet. Der parfumierte Alkohol wird anschließend durch Filtern und Destillieren auf die gewünschte Konzentration gebracht.

IV. Kälte bei elektrolytischen Prozessen.

Bei zahlreichen elektrolytischen Prozessen, z. B. beim Eloxieren, galvanischen Plattieren und elektrolytischen Polieren ist das behandelte Material nur dann von gleichmäßiger Qualität, wenn sich während des Vorganges die Temperatur des Elektrolyts nicht ändert. Diese liegt bei einigen Prozessen unterhalb der Umgebungstemperatur, so daß gekühlt werden muß. Beim Eloxieren werden auf Aluminium- und anderen Leichtmetalloberflächen dünne schützende Oxydschichten durch anodische Behandlung in einer geeigneten Lösung erzeugt. Die zu oxydierenden Teile werden dazu in den Elektrolyt getaucht und bilden den positiven Pol (Anode) eines Stromkreises, während der Elektrolyt den negativen Pol (Kathode) bildet. An der Anode scheidet sich Sauerstoff ab, wodurch die Metalloberfläche oxydiert wird. Als Elektrolyt verwendet man hauptsächlich Chrom- oder Schwefelsäure. Besonders beim Eloxieren in Schwefelsäurebädern soll die Lösungstemperatur unterhalb der Umgebungstemperatur liegen. Die angelegte Spannung U liegt zwischen 10 und 16 Volt und die Stromdichte j zwischen 1,1 und 3,2 A/s je cm^2 Oberfläche. Bezeichnet man mit τ die Zeit und mit F die zu eloxierende Oberfläche, so ist die durch Kühlung abzuführende Wärme

$$Q = U \cdot j \cdot F \cdot \tau . \tag{19}$$

Die Wärme wird meistens an Kühlwasser abgeführt, das durch Bleirohre an den Behälterwänden fließt. Die Badtemperaturen sollen 21 bis 26 °C nicht übersteigen. Wegen der geringen Wärmeleitfähigkeit der Bleirohre müssen dazu die Kühlwassertemperaturen zwischen 4,5 bis 10 °C liegen. Sofern man diese Temperaturen nicht mit gewöhnlichem Leitungs- oder Brunnenwasser erreichen kann, muß das Wasser in Kälteanlagen gekühlt werden. Ein Zahlenbeispiel über die Berechnung des Kältebedarfs von Eloxieranlagen findet man in einer Arbeit von VEITH[2].

Beim Galvanisieren wird eine Metallschicht auf die Oberfläche eines anderen Materials aufgebracht. Das aufzutragende Material wird in Plattenform in die Lösung getaucht und bildet den positiven Pol (Anode), während die zu plattieren-

---

[1] BROUQUET, J. P.: Le Froid dans l'industrie des parfums. Rev. Prat. du Froid Bd. 13, Nr. 177 (1960) S. 47–48, S. 58.

[2] VEITH, H.: Die Kühlung bei elektrochemischen Prozessen. Die Kälte Bd. 14 (1961) S. 659–661.

den Teile den negativen Pol (Kathode) bilden. Legt man zwischen Anode und Kathode eine Spannung an, so wird gelöstes Metall zur Oberfläche der zu galvanisierenden Teile transportiert. Die Qualität der Plattierung hängt in starkem Maße von der Temperatur des Elektrolyts ab. Nach Angaben von VEITH[1] empfiehlt es sich, nebenstehende Badtemperaturen einzuhalten.

Elektrolyt	Badtemperatur in °C
Kadmiumzyanid	16 bis 32
Chromsäure	38 bis 49
Kupfersäure	16 bis 49
Kupferzyanid	43 bis 60
Nickelsäure	21 bis 38
Silberzyanid	21 bis 27
Zinnsäure	20
Zinksäure	über 16
Zinkzyanid	32 bis 38

Die entstehende Wärme wird an Kühlwasser von 16 bis 18 °C abgeführt, welches durch Kühlrohre an den Seiten des Behälters strömt.

Bei der Messing-, Kadmium-, Kupfer- und Zinkgalvanisierung werden häufig Zyanidbäder verwendet. Während des Galvanisierens zersetzt sich ein Teil des Zyanids. Es entsteht Natriumkarbonat mit dem sich das Bad anreichert. Konzentrationen bis zu 50 g je Liter Elektrolyt sieht man als zulässig an[2], ohne daß eine Erneuerung des Bades erforderlich ist. Erreicht die Konzentration diesen Wert, so wird die Lösung in einen besonderen Behälter gepumpt und auf etwa −4 °C gekühlt. Dadurch wird das gebildete Natriumkarbonat wieder weitgehend auskristallisiert. Die Kühlbehälter sind meistens aus Flußstahl hergestellt. An den Wänden befindet sich der Verdampfer der Kälteanlage. Die Anfangstemperatur der Lösung hängt von dem Galvanisierprozeß ab. Nach VEITH[1] gelten nebenstehende Werte.

Art der Plattierung	Temperatur des Elektrolyts in °C
Messing	35 bis 40,5
Kadmium	15,5 bis 32
Kupfer	43 bis 60
Zink	32 bis 38

V. Kälte beim Merzerisieren von Baumwolle.

Im Jahre 1844 beobachtete JOHN MERCER, daß eine kurze Behandlung von Baumwolle mit konzentrierter Natronlauge zu einer Verbesserung der physikalischen und chemischen Beständigkeit des Gewebes führt. Um zu verhindern, daß sich das Gewebe verkürzt, wird es unter Spannung mit Lauge behandelt. Diesen Vorgang bezeichnet man als Merzerisieren. Das Gewebe erhält dabei einen seidigen Glanz, kann leichter gefärbt werden und besitzt eine höhere Bruchfestigkeit. Die Eigenschaften des Gewebes sind weitgehend von der Konzentration und Temperatur der Lauge abhängig. Die besten Eigenschaften erzielt man dann, wenn man mit schwach konzentrierten Laugen von 26 bis 30 °Bé und bei Temperaturen zwischen +5 und +10 °C merzerisiert[3]. Um diese Temperatur zu erreichen, wird die Lauge in einem Wärmeaustauscher gekühlt und anschließend in die Behälter gepumpt, in denen die Merzerisierung stattfindet. Der Wärmeaustauscher ist im allgemeinen gleichzeitig Verdampfer einer Kälteanlage.

[1] Siehe Fußnote 2, S. 59.

[2] BESSON, M.: Application du Froid en Galvanoplastie. La Rev. Gen. du Froid Bd. 37 (1960) S. 947–950.

[3] Anonym: L'emploi du Froid pour le mercerissage du coton. Rev. Pratique du Froid Bd. 17 (1964) S. 23–24.

Allgemeine Literatur

[1] Perry, E. J.: Refrigeration as Applied to the Chemical Industry. The Journal of Refrig. Bd. 5, Nr. 3 (1962) S. 59–63.
[2] Elliot, D. M.: Refrigeration in the Chemical Industry. The Journal of Refrig. Bd. 5, 3 (1962) S. 33, 36.
[3] Elliot, D. M.: Some Factors Affecting the Selection of Refrigerating Systems in the Chemical Industry. The Journal of Refrig. Bd. 5, Nr. 2 (1962) S. 33–36.
[4] Plank, R.: Beziehungen zwischen der Kältetechnik und der chemischen Industrie. Zeitschrift für die ges. Kälteindustrie Bd. 37 (1930) S. 209–211. Siehe auch: Chemische Fabrik Bd. 41 (1930) S. 397–399.
[5] Niebergall, W.: Utilisation des machines frigorifiques dans des procédés technologiques. Internat. Congress of Refrig. Bd. 1 (1959) S. 581–586.
[6] Berliner, P.: Kälteanlagen in der chemischen Industrie. Die Kälte Bd. 5 (1952) S. 117 bis 122.
[7] Collins, S. C.: Recent Growth of Low Temperature Applications. Ned. Ver. v. Koeltechn. Meded., Netherl., Bd. 51, Nr. 4 (1958) S. 116–121.
[8] Gomonet, E.: Les applications industrielles de très basses températures. Revue Gén. du Froid Bd. 34 (1957) S. 269–275.
[9] Gorter, C. J.: L'intérêt de très basses températures. Revue Gén. du Froid Bd. 32 (1955) S. 1011–1014.
[10] Eder, F. X.: Fortschritte in der Physik der tiefsten Temperaturen. Die Technik Bd. 11 (1956) S. 127–129.
[11] Jungnickel, H.: Anwendungen und Probleme der Tieftemperaturtechnik. Die Technik Bd. 11 (1956) S. 130–135.
[12] Bewilogua, L.: Anwendungsmöglichkeiten sehr tiefer Temperaturen. Die Technik Bd. 11 (1961) S. 429–434.
[13] Hausen, H.: Rektifikation bei tiefen Temperaturen, in: Fortschritte der Verfahrenstechnik Bd. 5 (1960/61) S. 436–452. Weinheim/Bergstraße: Verlag Chemie.
[14] Stephan, K.: Kälteanwendung in der Verfahrenstechnik. Kältetechnik Bd. 11 (1959) S. 404–407.
[15] Stephan, K.: The Use of Artificial Cold in Industry. Trends, German Engineering Bd. 16 (1960) S. 1212–1214.
[16] Stephan, K.: Die Anwendung der Kältetechnik nimmt ständig zu. VDI-Nachrichten Bd. 16, Nr. 40 (1962).
[17] Siedler, Ph., R. Schlatterer u. H. Baldus: Verflüssigung und Trennung von Gasen. In: Winnacker-Küchler: Chemische Technologie, Bd. I, Anorganische Technologie I. München: Hanser 1958 S. 335–434.
[18] Fontanel, Ch.: Développement et progrès dans les applications du froid à la liquéfaction des gaz dans l'industrie chimique. Bull. de l'Inst. Internat. du Froid, Annexe 1958-5, S. 53–66.
[19] Schnell, H.: Recent developments in the application of cold in the chemical industry. Bull. de l'Inst. Internat. du Froid, Annexe 1958-5, S. 97–105.
[20] Schilling, Ph.: Die Kälteerzeugung in der chemischen Industrie. Chemiker-Zeitg. Bd. 75 (1951) S. 430–432.

Die Kälte in der mechanischen Fertigung.

Von

Professor Dr.-Ing. **Th. E. Schmidt**

Direktor des Instituts für Wärmetechnik der Technischen Hochschule Stuttgart.

Mit 11 Abbildungen.

Vorbemerkung.

Die Abhängigkeit der Stoffeigenschaften des Werkstücks und der Werkzeuge von der Temperatur hat dazu geführt, daß tiefe Temperaturen in verschiedenen Stadien der Fertigung und bei recht unterschiedlichen Fertigungsverfahren Anwendung finden. Da die Erzeugung tiefer Temperaturen grundsätzlich kostspieliger ist als die Erzeugung hoher Temperaturen, wird die Kühlung nur dort eingesetzt, wo die erwünschten Stoffeigenschaften nur bei tiefen Temperaturen zu erreichen sind oder wo die dabei erzielbaren Verbesserungen oder Ersparnisse es rechtfertigen.

Die Änderung der Stoffeigenschaften von Eisen, Metallen und Kunststoffen sind bereits in Bd. I, S. 410 bis 548 ausführlich behandelt. Soweit erforderlich, werden in den nachfolgenden Abschnitten zusätzlich Angaben gemacht.

A. Beeinflussen des Gefüges durch Tiefkühlung.

I. Stahl.

Das Gefüge von Stahl bei Raumtemperatur hängt von der vorangegangenen Wärmebehandlung ab. Wird beim Abkühlen der Schmelze die Soliduslinie unterschritten, so bilden untereutektische Legierungen Austenit; austenitische Stähle haben eine hohe Dehnung und Zähigkeit. Das austenitische Gefüge verwandelt sich bei niedrigeren Temperaturen wieder unter Kristallabscheidung. Beim Abschrecken von Stahl z. B. zerfällt der Austenit in Martensit, der ein sehr hartes Gefüge hat. Martensit bildet sich bei härtbaren Stählen stets, wenn eine bestimmte Temperatur t_M unterschritten wird. Diese Temperatur ist rund[1]

$$t_M = 538 - 360\,\mathrm{C} - 39\,\mathrm{Mn} - 39\,\mathrm{Cr} - 28\,\mathrm{Mo} - 19\,\mathrm{Ni}. \tag{1}$$

Hierbei bezeichnen die Symbole für Kohlenstoff, Mangan, Chrom, Molybdän und Nickel die prozentualen Anteile. Der in Martensit umgewandelte Teil des Austenits ist um so größer, je mehr die Temperatur unter t_M gesenkt wird[2]. Es gibt aber auch eine untere Grenztemperatur, bei deren Unterschreitung eine weitere

[1] Grange, R. A., u. H. M. Stewart: AIME Trans. Bd. 167 (1946) S. 467.

[2] ASHRAE-Guide and Data Book 1962, Applications, New York 1962 S. 660.

Umwandlung in Martensit nicht mehr eintritt. Diese untere Grenztemperatur liegt 180 bis 263 °C tiefer. Sie ist nicht genau feststellbar, da die Umwandlung bereits bei höherer Temperatur fast vollständig ist, Abb. 42.

Der Restgehalt an nicht umwandelbarem Austenit ist um so kleiner, je rascher der Abkühlungsprozeß abläuft. Auch durch wiederholtes Anwärmen und Abkühlen kann der Restgehalt an Austenit gemindert werden. Es hängt demnach von der Wärmebehandlung ab, wie groß der Gehalt an Austenit bei einem Stahl ist. Wird Stahl beim Härten nur bis auf Umgebungstemperatur abgekühlt, so bleibt ein erheblicher Teil des Gefüges im austenitischen Zustand. Besonders Chromstähle enthalten nach dem Härten noch hohe Anteile an Restaustenit. Eine weitere Umwandlung in Martensit vollzieht sich trotzdem, aber bei Raumtemperatur nur sehr langsam. Dieser Prozeß wird als Altern des Stahls bezeichnet. Da die Dichte von Martensit kleiner ist als die des Austenits, ändert der Stahl dabei ständig seine Form, so daß genau maßhaltige Teile erst nach Abschluß der Umwandlung hergestellt werden können.

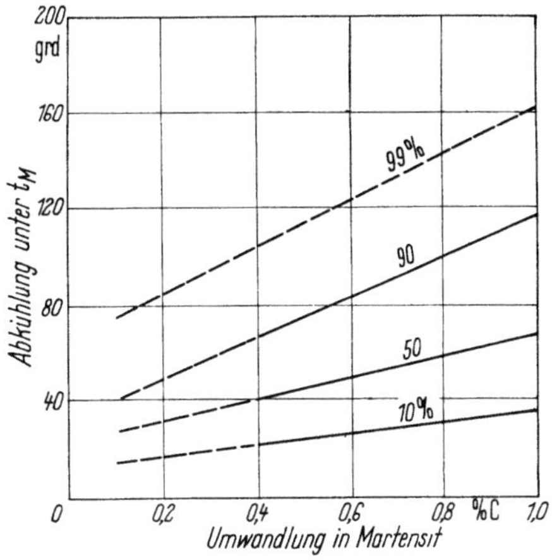

Abb. 42. Grenzen der Umwandlung von Austenit in Martensit bei Abkühlung unter die obere Umwandlungstemperatur[1].

Durch Abkühlen auf tiefe Temperatur kann das Gefüge des Stahls in kurzer Zeit auf den erstrebten, stabilen Endzustand gebracht werden. Bei Schnellstählen z. B. ist eine fast vollkommene Umwandlung bei —110 °C möglich. Aus Gründen der Wirtschaftlichkeit wird bei der Kältebehandlung, der künstlichen Alterung durch Tiefkühlung, eine Temperatur von —100 °C selten unterschritten, andererseits muß die Temperatur von —80 °C erreicht werden.

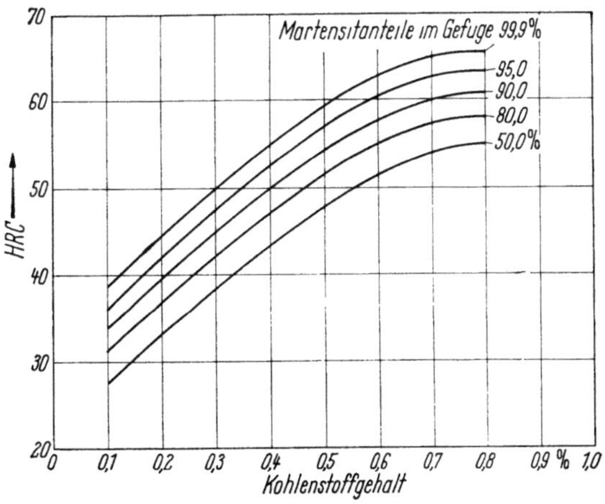

Abb. 43. Härte von Stählen, abhängig vom C-Gehalt und Martensit-Anteil[2].

Bei der Umwandlung in Martensit erhöhen sich Härte und Zähigkeit, bei Schnellstählen nimmt die Rockwellhärte um 3 bis 10 °HRC zu.

Die Vorschriften zur Härtung von Stahl durch Tiefkühlen sind für die verschiedenen Stähle etwas unterschiedlich. Nach diesen Vorschriften wird der Stahl auf 100 bis 150 °C erwärmt und danach, nach Abkühlen an der Luft oder in Flüssigkeit, auf eine Temperatur von —80 °C oder tiefer gekühlt. Dieser Vorgang wird mehrmals wiederholt.

[1] Siehe Fußnote 2, S. 62.

[2] Wellinger, K., u. P. Gimmel: Werkstoff-Tabellen der Metalle, 6. Aufl. (1963). Stuttgart: Körner, S. 234.

Die Alterungsverfahren für Stahl vollziehen sich prinzipiell in gleicher Weise: Der Werkstoff wird mehrere Male auf tiefe Temperaturen gebracht, die den Gehalt an Restaustenit in der beschriebenen Weise so weit als möglich senken. Beim Altern werden die Temperaturen, denen der Stahl später ausgesetzt ist, in beiden Richtungen über- bzw. unterschritten.

Die künstliche Alterung in der beschriebenen Weise ist besonders geeignet zur Stabilisierung von Stählen mit hohem Kohlenstoff- und Chromgehalt.

Da auch der thermische Ausdehnungskoeffizient mit dem Gehalt an Austenit ansteigt, ist bei Teilen, für die hohe Maßtreue gefordert wird, die Kältebehandlung von besonderem Vorteil. Außerdem werden hierbei auch Spannungen abgebaut, so daß nicht nur das Gefüge, sondern auch, durch Abbau der Spannungen, die Form stabilisiert wird.

Das künstliche Altern wird deshalb bei Gleitbahnen von Werkzeugmaschinen, Anreißplatten und ähnlichen Teilen angewandt. Kurbelwellen werden in Flüssigkeitsbädern auf -70 bis -85 °C abgekühlt und anschließend auf Raumtemperatur gebracht. Dadurch wird ein Verziehen nach der Bearbeitung verhindert und außerdem wird die Bearbeitung erleichtert[1]. Die Fertigung von Endmaßen verlangt besonders sorgfältiges Altern. Während dieses bei normaler Temperatur mindestens 100 Stunden in Anspruch nimmt, kann die Zeit bei zweimaliger Abkühlung auf -100 °C auf etwa 8 Stunden verkürzt werden[2].

Die Güte von Permanentmagneten hängt weitgehend vom Restgehalt an Austenit ab. Man altert deshalb auch diese künstlich in der beschriebenen Weise.

Teile von Flugzeugen, die starkem Temperaturwechsel ausgesetzt sind, werden künstlich gealtert. Hierdurch konnte die Zahl der Ausfälle stark gemindert werden.

Auch Transistoren werden auf diese Weise stabilisiert.

II. Guß.

Gußeisen kann durch Kühlen auf -100 °C in etwa einer Stunde gealtert werden.

Aluminium- und Magnesiumguß werden vor der Bearbeitung auf 100 °C erwärmt und anschließend für die Dauer von einigen Stunden auf -85 °C gekühlt. Dieser Vorgang wird, je nach Größe des Werkstücks, mehrmals wiederholt[3]. So behandelte Gußstücke sind spannungsfrei und verziehen sich beim Bearbeiten nicht mehr. Sofern die Bearbeitungstoleranzen in engen Grenzen liegen, ist man bei nicht gealterten Gußstücken zur absatzweisen Bearbeitung mit Pausen von einem Tag gezwungen. Dieses verteuert die Bearbeitung mehr als der Alterungsprozeß.

III. Kalthärtende Aluminium-Legierungen.

Die Löslichkeit der Legierungszusätze von Aluminium nimmt mit der Temperatur ab. Aluminiumlegierungen neigen deshalb besonders stark zur Ausscheidungshärtung. Um diese Legierungen kalt verarbeitbar zu machen, müssen sie durch Glühen rekristallisiert werden; bei der Kaltverformung steigt die Festigkeit dann wieder an. Die Härte nimmt nach dem Glühen um so langsamer wieder zu, je tiefer die Temperatur ist. Durch Tiefkühlung kann man deshalb Aluminiumlegierungen länger in einem kalt zu verarbeitenden Zustand erhalten.

Nieten aus Aluminiumlegierungen werden z. B. bei 510 bis 540 °C geglüht. Bei Normaltemperatur sind diese Nieten nach etwa 4 Tagen vollkommen aus-

---

[1] JAMISON, R. S.: Machinery Bd. 85 (1954), Nr. 2183, S. 603/606.

[2] DICKINSON, TH. A.: Industr. Refr. Bd. 130 (1956) Nr. 4, S. 20.

[3] Siehe Fußnote 2, S. 63.

gehärtet. Bei 0 °C setzt die Härtung erst nach 16 Stunden, bei −40 °C nach 100 Stunden ein. Bei −40 °C kann man Nieten bis zu 10 Tagen in verarbeitungsfähigem Zustand aufbewahren. Die Endhärte so gelagerter Nieten ist um so größer, je tiefer die Lagertemperatur gewesen ist[1].

B. Zusammenfügen durch Schrumpfen.

Bei der Herstellung von Schrumpfverbindungen muß das einzuschrumpfende Teil eine tiefere Temperatur haben, was durch Erwärmung des aufzuschrumpfenden oder durch Abkühlen des einzuschrumpfenden oder durch beides zugleich erreicht wird.

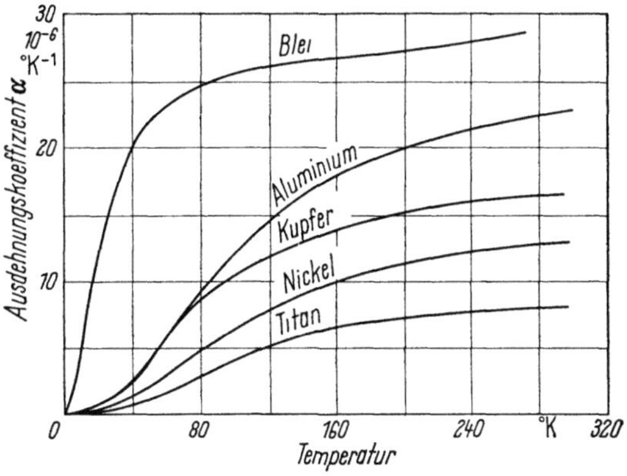

Abb. 44. Linearer Ausdehnungskoeffizient α von Metallen[3].

Preßpaßverbindungen zylindrischer Paßteile wirken dadurch, daß die im aufgeschrumpften Teil erzeugte Spannung eine Haftkraft verursacht, die größer ist als die zum Lösen der Verbindung erforderliche. Schrumpfverbindungen sind oft leichter herzustellen als Preßsitze, auch die Gefahr der Beschädigung der Teile ist geringer. Preßpaßverbindungen sind ferner unempfindlicher gegen Temperaturschwankungen.

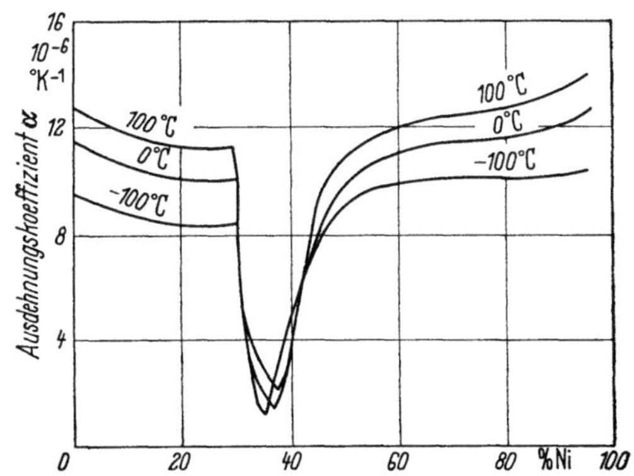

Abb. 45. Linearer Ausdehnungskoeffizient von Eisen-Nickel-Legierungen[4].

Die Passungstoleranz des einzuschrumpfenden Teils richtet sich nach den thermischen Ausdehnungskoeffizienten[2] und nach der Oberflächengüte. Beim Kaltschrumpfen hat das eingeschrumpfte Teil Übermaß in der Größenordnung von 0,05 bis 0,4%. Die thermischen Ausdehnungskoeffizienten sind bei tiefer Temperatur um 10 bis 20% kleiner als bei hoher. Da man beim Kaltschrumpfen außerdem mit geringeren Temperaturunterschieden auskommen möchte als beim Warmschrumpfen, ist genaue Kenntnis der Ausdehnungskoeffizienten wichtig. Diese sind nicht nur von der Materialart, sondern auch vom Gefügeaufbau und von der Temperatur abhängig (Abb. 44).

Legierungszusätze können sich auf den Ausdehnungskoeffizienten erheblich auswirken. Ein Beispiel hierfür gibt Abb. 45.

---

[1] Barth, A.: Proc. IX. Intern. Congr. of Refrigeration Bd. 1 (1965) S. 173/176.

[2] DIN 7190: Berechnungen einfacher Preßpassungen; Beiblatt: Schaubilder zum Auffinden geeigneter ISA-Preßpassungen.

[3] Corruccini, R. J.: Chem. Engng. Progr. Bd. 53 (1957) S. 262/267, 342/346, 397/402; vgl. Referat in Kältetechnik Bd. 10 (1958) S. 312/315.

[4] Führer, L.: TZ f. prakt. Metallbearbeitung Bd. 56 (1962) S. 584/591.

Der mittlere Ausdehnungskoeffizient von Kupfer-Nickel-Legierungen ist im Bereich tiefer Temperaturen genügend genau wiederzugeben durch die Beziehung (vgl. Bd. I, S. 520):

$$\alpha = \alpha_0 - c \cdot \mathrm{Ni}\,[\mathrm{grd}^{-1}]. \tag{2}$$

Es ist dabei im Temperaturbereich

$$+10 \text{ bis } -183\,°\mathrm{C}\colon \alpha_0 = 14{,}2 \cdot 10^{-6};\ c = 4 \cdot 10^{-8}$$

$$+10 \text{ bis } -253\,°\mathrm{C}\colon \alpha_0 = 11{,}8 \cdot 10^{-6};\ c = 3{,}6 \cdot 10^{-8}$$

und der Nickelgehalt in Gewichtsprozenten einzusetzen.

Ausführliche Angaben über die thermische Ausdehnung von Stahl und Metallen im Bereich von +20° bis −253 °C findet man bei ARP und Mitarb[1].

Tabelle 1. *Mittlere Ausdehnungskoeffizienten beim Tiefkühlen, nach DIN 7190.*

Werkstoff	Linearer Ausdehnungskoeffizient $\alpha \cdot 10^6$ [grd⁻¹]
Stahl und Stahlguß	8,5
Gußeisen, Temperguß	8
Kupfer	14
Rotguß	15
Messing	16
Aluminium und Al-Legierungen	18
Magnesium und Mg-Legierungen	21

Für Schrumpfverbindungen durch Tiefkühlen empfiehlt DIN 7190 mit den in Tab. 1 angeführten Werten zu rechnen[2].

Die Schrumpfspannung im aufgeschrumpften Teil darf die Streckgrenze nicht überschreiten[3]. Bei kleinen Abmessungen genügt es mitunter nicht, nur das Innenteil abzukühlen, man vergrößert in solchen Fällen den Temperaturunterschied durch zusätzliches Erwärmen des Außenteils. Richtwerte für Schrumpfverbindungen gibt BALDINGER[4] an.

Das Kaltschrumpfen vermeidet die beim Warmschrumpfen mögliche Zunderbildung, sowie das Verziehen der Teile und Änderungen des Gefüges. Insbesondere reißen große Gußstücke mitunter beim Erwärmen infolge von örtlichen Wärmespannungen. Das Kaltschrumpfen ist stets überlegen, wenn kleine Teile in große einzuschrumpfen sind, wie z. B. Ventilsitze oder Lagerbüchsen in große Gehäuse. Ein Nacharbeiten ist beim Kaltschrumpfen nicht notwendig, so daß das Kaltschrumpfen z. B. beim Einsetzen von Mehrstofflagerbüchsen großen Vorteil bietet. Das Einsetzen von Metallteilen in Kunststoffe und in Legierungen mit niedrigem Schmelzpunkt mit Preßpassung ist ein anderes Anwendungsgebiet[5].

Einzelstücke kühlt man zum Einschrumpfen mit Trockeneis direkt oder in einem damit tiefgekühlten Flüssigkeitsbad und erzielt dabei etwa −70 °C und damit, bei Eisen und Stahl, eine lineare Verkürzung um rd. 0,1%. Weitere Anwendungsfälle beschreibt KUPRIANOFF[6]. Für tiefere Temperaturen wird flüssiger Stickstoff benutzt, der wegen seiner geringeren Gefährlichkeit der flüssigen Luft vorgezogen wird[7, 8]. Die starke Abkühlung um rund 200 °C bewirkt auch bei Kleinteilen eine meist ausreichende Schrumpfung. Eine automatische Maschine zum

[1] ARP, V., J. H. WILSON, L. WINRICH u. P. SIKORA: Cyogenics Bd. 2 (1962) S. 231/235.
[2] Siehe Fußnote 2 S. 65.
[3] BÜHLER, H., u. W. SCHREIBER: Werkst. u. Betr. Bd. 91 (1958) S. 85/93.
[4] BALDINGER, O.: Technica Bd. 9 (1960) S. 1461/1468.
[5] HUFSCHMID, M.: Kälte-Ind. Bd. 38 (1941) S. 31.
[6] KUPRIANOFF, I.: Die feste Kohlensäure. Stuttgart: Enke 1953.
[7] KIENZLE, O., u. A. HEISS: Werkstattst. u. Werksleiter Bd. 32 (1938) S. 468.
[8] KIENZLE, O.: Werkstattst. u. Werksleiter Bd. 32 (1938) S. 552.

Kaltschrumpfen von Kleinteilen mittels flüssigen Stickstoffes beschreiben GAGE und LOVEDAY[1].

Stickstoff verdampft bei —196 °C. Zur Abkühlung des Schrumpfteils kann die Verdampfungswärme $r = 48$ kcal/kg als Nutzkälteleistung angesehen werden (vgl. Bd. VIII, S. 20). Richtwerte für den Verbrauch von flüssigem Stickstoff enthält Tab. 2.

Tabelle 2. *Verbrauch von flüssigem Stickstoff zum Abkühlen auf —190 °C beim Kaltschrumpfen.*

Werkstoff	Schrumpfung %	Verbrauch [kg/kg] n. Zorner[2]	n. Gage[1]
Aluminium, Al-Legierungen	0,38	0,92	0,71
Kohlenstoffstahl, legierter Stahl	0,18···0,27	0,48	0,35
Kupfer, Bronze, Messing	0,28	0,39	0,34

Der Verbrauch erhöht sich durch Kälteverluste um etwa 20 bis 100%.

Bei ständiger Anwendung der Methode sind Einrichtungen mit maschineller Tiefkühlung wirtschaftlicher, wie sie in Abschn. D beschrieben sind.

C. Kühlen bei der maschinellen Bearbeitung.

I. Zerspanen.

Bei der spanabhebenden Bearbeitung entsteht Wärme in erheblichem Umfang. Diese Wärme wird durch das Werkstück, das Werkzeug und den Span, ferner zusätzlich durch Kühlmittel abgeführt. Etwa 60 bis 80% der aufgewendeten Energie dient beim Drehen von Stahl der Zerspanung, der Rest wird durch Reibung des Spans am Meißel aufgezehrt. Maßgeblich für die aufzuwendende Arbeit sind die Schubspannung in der Scherebene, die Schnittgeschwindigkeit, der Spanquerschnitt und seine Dicke. Etwa $^2/_3$ der entstandenen Wärme, mitunter auch mehr, wird mit den Spänen abgeführt, rund 5 bis 15% gehen in das Werkstück und erhöhen dessen Temperatur[3], nur etwa 2% in das Werkzeug[4]. Trotzdem kann die Schneide des Meißels eine sehr hohe Temperatur erreichen[5–8], die aber unter der Anlaßtemperatur bleiben soll. Die höchstzulässige Temperatur an der Schneide nach VIEREGGE[9] ist in Tab. 3 angegeben; umfassende Angaben enthalten die Werkstoffblätter[10].

Tabelle 3. *Höchstzulässige Schneidentemperaturen nach*[9]

Werkzeugstahl	Höchsttemperatur (°C)
Kohlenstoffstahl SS 3	240
Schnellstahl Kob II	620
Stellit	~800
Hartmetall G 1	1100 bis 1200

[1] GAGE, R. M., u. P. E. LOVEDAY: Refr. Engng. Bd. 65 (1957) 3, S. 60/63.
[2] ZORNER, P.: Werkstatt u. Betrieb, Bd. 91 (1958) S. 621/624.
[3] VIEREGGE, G.: Werkstatt u. Betrieb, Bd. 88 (1955) S. 227/230.
[4] PALITZSCH, G.: Kältetechnik Bd. 3 (1951) S. 242/248.
[5] KÜSTERS, K.: Das Temperaturfeld im Drehmeißel, Giradet 1954.
[6] LANG, M.: Prüfen der Zerspanbarkeit durch Messung der Schnitt-Temperatur. München: Hanser 1949.
[7] OPITZ, H.: Werkstattst. u. Masch.bau Bd. 46 (1956), S. 210/217.
[8] PALITSCH, G.: Z. VDI Bd. 88 (1944) S. 363.
[9] VIEREGGE, G.: Industrie-Anz. Nr. 45, 7. Juni 1955, S. 615/619.
[10] Werkstoffblätter d. Ver. deutsch. Eisenh.Leute W 150, 200, 250 u. 320.

Sofern die in Tab. 3 angegebenen Temperaturen überschritten werden, hat der Stahl nicht mehr die erforderliche Härte.

Das Temperaturmaximum tritt am Werkzeug bei geringer Trennleistung an der Schneide, bei großer Schnittgeschwindigkeit in der Reibungszone der Spanfläche auf und wandert mit zunehmender Trennleistung wieder zur Schneide[1]. Höhere Zerspanungsleistungen und Standzeiten des Werkzeugs erzielt man deshalb durch Verminderung der Kerbzähigkeit des zu bearbeitenden Werkstoffs durch Tiefkühlen. Dies erlaubt gleichzeitig eine Erhöhung der Schnittgeschwindigkeit[2].

1. Tiefkühlen des Werkstoffs.

Das Tiefkühlen des Werkstoffs vor der Bearbeitung hat nur in einigen Sonderfällen Bedeutung erlangen können. Beim Sägen von Chrom-Molybdän-Stahl und von Titan-Legierungen konnte die Trennzeit durch Tiefkühlen des Werkstoffs auf die Hälfte verkürzt und die Standzeit der Säge verdreifacht werden[3]. Beim Drehen und Fräsen steigt die Oberflächentemperatur so rasch, daß man mit der Tiefkühlung des Werkstücks allein nicht auskommt.

2. Naßkühlung.

Verminderung der Reibungswärme und rasche Wärmeabfuhr sind die üblichen Methoden zur Erhöhung der Zerspanungsleistung. Die vorteilhafte Wirkung von Schneidölen beruht sowohl auf der Minderung der Reibung zwischen Span und Werkzeug, wie auch auf der gegenüber dem Trockenschnitt besseren Wärmeabfuhr. Bei der Naßkühlung geben Werkzeug, Werkstück und Span Wärme an die Flüssigkeit ab. Je höher die Schneidentemperatur ist, um so erheblicher ist der Erfolg, der sich in erhöhter Schnittgeschwindigkeit, erhöhter Schnittleistung und längerer Standzeit des Werkzeugs auswirkt.

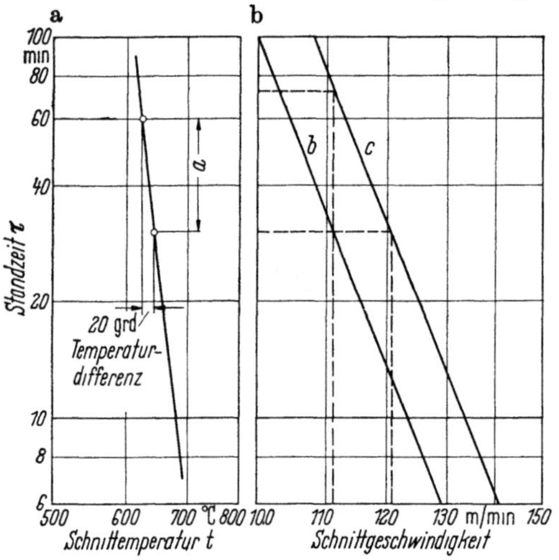

Abb. 46. Einfluß der Flüssigkeitstemperatur auf Standzeit und Schnittgeschwindigkeit[4].

a) Erhöhung der Standzeit durch Erniedrigung der Temperatur der Kühlflüssigkeit. b) Abnahme der Standzeit mit Zunahme der Schnittgeschwindigkeit bei verschiedenen Kühlmitteltemperaturen.

Die direkte Wärmeabfuhr ist bei Naßkühlung an den am höchsten beanspruchten Stellen, d. h. beim Drehen an der Schneide und am Kolk der Spanfläche, wegen des hohen Anpressungsdrucks nicht möglich. Die Wärme wird von den hochbeanspruchten Stellen durch Leitung im Material zu den der Kühlung zugänglichen Stellen und dort an die Flüssigkeit abgeführt. Deshalb ist eine noch bessere Wärmeabfuhr, lediglich durch Steigerung des Flüssigkeitsstroms, von einer bestimmten Menge an nicht mehr möglich. Eine weitere Steigerung kann dann nur die Erniedrigung der Temperatur der Kühlflüssigkeit bringen.

[1] Siehe Fußnote 3 S. 67.
[2] Preger, K. Th.: Werkstatt u. Betrieb Bd. 93 (1960) S. 479/482.
[3] Arundel, L. L.: Engineering 7. 2. 1961, S. 266/67.
[4] Siehe Fußnote 4 S. 67.

Die hier angegebenen grundsätzlichen Zusammenhänge sind in hohem Maße von den Werkstoffen des Werkstücks und des Werkzeugs, dessen Art und Schneidengeometrie, der Schnittleistung und einer Reihe anderer Faktoren abhängig, die den Wärmetransport beeinflussen.

Was die Kühlflüssigkeit anbetrifft, so sind Schneidflüssigkeiten als Emulsionen aus Wasser und 2 bis 10% Mineralöl (sog. Bohröle) am günstigsten, da der Wasserzusatz die spezifische Wärme und die Wärmeleitzahl erhöht. Schneidflüssigkeiten werden beim Drehen, Bohren, Schleifen und Sägen verwendet.

Schneidöle haben thermisch weniger günstige Eigenschaften und nehmen wesentlich höhere Temperaturen an. Bei ihnen fällt jedoch die Verringerung der Reibung und damit der Wärmebildung stark ins Gewicht. Der Temperaturerhöhung wird durch Kühlung der Schneidöle begegnet.

Die Wirksamkeit der Naßkühlung ist, vom Bearbeitungsverfahren her gesehen, bei ununterbrochenem Schnitt und schlechter Spanabfuhr, was z. B. für das Tieflochbohren typisch ist, am größten. Durch Tiefkühlen des Schneidöls wird die Schmierfähigkeit des Öls noch verbessert. Außerdem sinkt die Kerbschlagzähigkeit des Werkstoffs bei manchen Legierungen in der Nähe von 0 °C bereits stark ab. All dieses trägt dazu bei, daß der gesamte Wärmeanfall bei Verwendung gekühlter Schneidöle kleiner ist und damit schon geringe Temperaturerniedrigungen des Schneidöls erhebliche Verbesserungen bringen können.

Der Temperaturerniedrigung sind bei Schneidflüssigkeiten und Schneidölen Grenzen gesetzt. Die üblichen Schneidöle werden durch Temperaturen unter 0 °C geschädigt, so daß man ein Unterschreiten des Gefrierpunkts vermeidet. Die Gewinne an Standzeit durch Kühlen des Schneidöls auf 2 bis 12 °C liegen, nach Vergleichsmessungen mit Schnellstählen bei Drehautomaten, je nach dem Werkstück, zwischen 20 bis über 100%[1]; sehr große Verbesserungen erzielt man, wie oben erläutert, beim Tieflochbohren.

Um tiefere Temperaturen anwenden zu können, wird von Trichloräthylen Gebrauch gemacht, das mit schmierenden Zusätzen versetzt ist. Diese Flüssigkeit kommt mit —40 bis —60 °C zur Anwendung.

Eine Bearbeitung von hochfesten Werkstoffen in der üblichen Weise führt, trotz niedriger Schnittgeschwindigkeit, zur Versprödung, Kaltverfestigung und zu Oxydationserscheinungen am Werkstück und am Werkzeug, mit all ihren mißlichen Folgen. Titan und Titanlegierungen, die zunehmende Bedeutung erlangen, sind hier besonders zu nennen, da sie zusätzlich bei starker Reibung zum Fressen neigen und schlecht wärmeleitend sind.

Beim Fräsen ist vollends eine Beeinflussung der Temperatur an der Abtragungsstelle über die Späne kaum möglich. Fräser erreichen an den Schneiden deshalb besonders hohe Temperaturen. Infolge des kurzzeitigen Eingriffs mit hoher Beanspruchung bei gleichzeitig niederer Schnittgeschwindigkeit sind die Schneiden ständig starken periodischen Temperaturschwankungen unterworfen, so daß ihre Standzeit äußerst kurz ist.

Hochfeste Werkstoffe, die Chrom, Nickel, Mangan, Molybdän, Vanadium und Titan enthalten, werden vor dem Fräsen auf —70 °C gekühlt, der Fräser während der Bearbeitung mit Kühlmittel von mindestens —50 °C. Ein vierschneidiger Hartmetall-Fingerfräser von 16 mm ⌀ kann Titanlegierungen mit einem Vorschub von 910 mm/min. bei 3400 und 7000 U/min. bearbeiten[2].

3. Kühlen mit Gasen.

Die mit der Naßkühlung bei tiefen Temperaturen verbundenen Nachteile begünstigten Versuche, mit kalten Gasen (vorzugsweise mit Luft) zu kühlen. Wegen

[1] Siehe Fußnote 4, S. 67. — [2] Iron Age Bd. 127 (1963) 11., S. 84.

der wesentlich schlechteren thermischen Eigenschaften muß der Gasstrom beim Bearbeiten mit erheblicher Geschwindigkeit aus einer Düse, möglichst nahe bei der Schneide und genau auf die Schneide gerichtet, austreten. Der Luftstrahl reißt Umgebungsluft mit und mischt sich mit dieser, so daß die Temperatur des Strahls rasch ansteigt. Die Anwendbarkeit des Verfahrens ist deshalb sehr beschränkt und die erzielbare Wirkung wenig befriedigend[1].

4. Verdampfungskühlung mit Kohlendioxyd.

Beim Entspannen von flüssigem Kohlendioxyd auf Normaldruck verwandelt sich $^1/_4$ bis $^1/_3$ in festes CO_2 (vgl. Bd. II, S. 235), das beim Sublimieren in Luft eine Temperatur von rd. -80 °C hat und 137 kcal/kg zu binden vermag. Kohlendioxyd eignet sich also in thermischer Hinsicht weit besser zur Tiefkühlung beim Zerspanen als Luft.

Flüssiges Kohlendioxyd wird beim Drehen durch eine Kapillare an der Unterseite des Meißels einer Düse zugeführt, durch diese tritt sie in einem feinen, gegen die Meißelschneide gerichteten Strahl von unten her in den Raum zwischen Werkstück und Freifläche. Die Angaben über den CO_2-Verbrauch liegen zwischen 7 kg/h[4] und 0,4 kg/min[2]. Bei einer Entfernung zwischen Düse und Schneide von etwa 8 mm wurden kurz vor der Schneide Temperaturen von rd. -74 °C gemessen[3]. Bei sehr harten und hochzähen Werkstoffen erzielte man mit diesem Verfahren beachtliche Verbesserungen. Bei Chrom-Molybdän-Stählen, Chrom-Nickel- und Titan-Legierungen konnte die Schnittgeschwindigkeit von 105 auf 330 m/min. gesteigert und gleichzeitig die Standzeit des Werkzeugs auf das 9fache erhöht werden[4].

Abb. 47 CO_2-Kühleinrichtung an einer Gewindewirbelmaschine[5].

a Sprühdüsen für CO_2; *b*, *c*, *d* Werkzeuge; *e* Spanentferner (Druckluft).

Die Berichte über die erzielten Ergebnisse lassen erkennen, daß diese von vielen, z. T. noch ungenügend bekannten Faktoren abhängig sind. Auch umfangreiche systematische Untersuchungen auf breiter Basis vermochten keine endgültige Klärung zu bringen[2].

Beim Schleifen treten in der Abtragungsebene örtlich besonders hohe Temperaturspitzen auf; man schätzt diese auf 1000° bis 1200 °C. Die Wärme geht zum überwiegenden Teil in das Werkstück über. Die rasche Temperatursteigerung und die starken örtlichen Temperaturunterschiede begünstigen Risse als Folge der so verursachten Wärmespannungen, außerdem sinkt die Härte und es leidet die Bearbeitungsgenauigkeit.

Auch in diesem Fall bringt gerade die Verdampfungskühlung mit Kohlendioxyd erhebliche Verbesserungen. Das flüssige Kohlendioxyd tritt durch mehrere feine Düsen etwa 2 mm vor der Schleifstelle über ein fächerartiges Mundstück aus[6].

Beim Schleifen mit CO_2-Kühlung werden besondere Schleifscheiben mit großem

---

[1] Vgl. Fußnote 4, S. 67.

[2] MONAHAN, F. A.: American Machinist, Spec. Report Nr. 489 (1960). New York: McGraw Hill.

[3] Siehe Fußnote 2, S. 69.

[4] Vgl. Fußnote 3, S. 68. — [5] REICHEL, W.: Z. VDI Bd. 98 (1956) S. 963/967.

[6] CERNE, P. S., u. C. O. PARRAT: Iron Age Bd. 116 (1952) 8, S. 126/128.

Porenraum und offenem Gefüge verwendet, die durch Eigenventilation ein Festfrieren von Spänen an der Schleifscheibe unmöglich machen.

Nach amerikanischen Berichten erweist sich dieses Verfahren beim Schleifen von Kohlenstoffstahl trotz der hohen Kühlkosten als wirtschaftlich[1]. In der laufenden Fertigung wurde eine mittlere Zeitersparnis beim Schleifen von Karbiden von 58% erzielt[2].

II. Kühlen zur Erhöhung der Bearbeitungsgenauigkeit.

Beim Arbeiten mit gekühlten Schneidölen ist die Oberflächenbeschaffenheit der bearbeiteten Fläche ganz allgemein eine wesentlich bessere, auch können engere Toleranzen eingehalten werden. Die tiefere Werkstücktemperatur muß beim Festlegen der Arbeitstoleranz berücksichtigt werden, wobei es meist genügt, daß man sich mehr der unteren Toleranzgrenze nähert.

Sind hohe Anforderungen an die Genauigkeit gestellt, so muß den Einflüssen von Temperaturänderungen während der Bearbeitung auf das Werkstück und auf die Werkzeugmaschine Beachtung geschenkt werden. Ein kleines Lagerspiel der Spindeln usw. ist nur bei gekühlten Lagern zu verwirklichen. Bei Drehautomaten z. B. wird den Temperaturänderungen, die Außermittigkeiten verursachen können, durch Kühlen des Steueröls auf eine vorgeschriebene Betriebstemperatur begegnet (vgl. DIN 8605). Im allgemeinen begnügt man sich damit, die Öltemperatur in der Höhe der mittleren Umgebungstemperatur konstant zu halten. Um dieses zu erreichen, sind u. U. Erniedrigungen der Öltemperatur um 17 bis 22 °C notwendig[3]. In Werkstätten mit außergewöhnlich hoher Temperatur kann durch Kühlen des Schneidöls erreicht werden, daß an den für die Genauigkeit und die Toleranzen wichtigen Stellen der Werkzeugmaschine und am Werkstück trotzdem Normaltemperaturen herrschen, womit eine Korrektur der vorgeschriebenen Toleranzen umgangen wird.

Die bei Stahl durch Alterung bei tiefen Temperaturen erzielbare höhere Genauigkeit und deren Gründe, wurden bereits beschrieben (vgl. A, I). Genauigkeit und Oberflächengüte sind beim Schleifen durch Kühlung besonders zu verbessern[4].

Die Eigenschaften des Stahls, bei Umwandlung des Austenits in Martensit sich auszudehnen, kann dazu benutzt werden, Teile, die beim Bearbeiten auf Untermaß gekommen sind, durch Tiefkühlung wieder auf das vorgeschriebene Maß zu bringen. Hiervon wird gerade bei Teilen mit sehr engen Toleranzmaßen zunehmend Gebrauch gemacht[5].

III. Bearbeitung von Kunststoffen.

Elastische Kunststoffe zeigen bei Temperaturen unter −20 bis −30 °C eine Abnahme der Plastizität (vgl. Bd. I, S. 529). Hier bietet die Tiefkühlung die Möglichkeit, elastische Stoffe so zu verhärten, daß sie, ohne zu schmieren, zerkleinert und bearbeitet werden können. Die Abkühlgeschwindigkeit muß dem Material angepaßt sein, damit es nicht durch Spannungen beschädigt wird.

Diese Methode findet Anwendung bei Gummi, Schaumstoff, weichen Kunststoffen, filzartigen Stoffen u. ä. Gefrorener Gummi kann wie Stahl bearbeitet werden[6].

---

[1] Kwolek, I.: Iron Age Bd. 166 (1952) 8, S. 124/125.
[2] Siehe Fußnote 6, S. 70.
[3] Bassal, I.: TZ f. prakt. Metallbearbeitung, Bd. 56 (1962) 9, S. 472/474.
[4] Klein, W. E.: Machinery, Okt. 1957, S. 154/156.
[5] Mod. Refrig. Bd. 61 (1958) H. 729, S. 1188 (vgl. Referat in Kältet. Bd. 11 (1959) S. 133).
[6] Siehe Fußnote 3, S. 68.

Die Bearbeitung von Schichtkunststoffen verursacht bei normaler Temperatur hohen Werkzeugverschleiß. Werden diese Stoffe jedoch mit Schneidflüssigkeit auf −40 bis −45 °C gekühlt, so können sie mit hohen Schnittgeschwindigkeiten bearbeitet werden und die Standzeit des Werkzeugs ist trotzdem ein Vielfaches. Außerdem erzielt man so vollkommen glatte und gratfreie Schnittflächen, wobei jede Nacharbeit entfällt[1].

Zum Entgraten von Teilen aus Weichgummi oder von in der Kälte versprödenden Kunststoffen werden diese auf −60 bis −70 °C gekühlt und anschließend in isolierten Drehtrommeln, unter Einhaltung dieser Temperatur durch zusätzliche Kühlung, etwa durch Zugabe von Trockeneis, getrommelt. Dieses Verfahren ist sehr rationell, da eine Entfernung des Grats bei normaler Temperatur nur in Handarbeit möglich ist. Bei kleinen Dichtungsringen sinkt die Bearbeitungszeit beim Trommeln auf 0,4% der Handzeit[2].

Die maßhaltige Anfertigung von Teilen aus porösem oder schwammigem Stoff, dessen Struktur sich bei Wasseraufnahme nicht ändert, wie z. B. Zellstoff, wird durch Gefrieren des Werkstoffs ermöglicht. Hierbei muß eine Temperatur von wenigstens −57 °C angewandt werden. Nach der Bearbeitung wird das Eis bei empfindlichen Teilen unter Hochvakuum durch Sublimation entfernt[3].

Viele Kunststoffe, die ihre Struktur bei Normaltemperatur verändern und dabei hart und spröde werden, so daß sie nicht mehr zu verarbeiten sind, lagert man im Rohzustand bei erniedrigten Temperaturen. Es genügt jedoch, wenn die Temperatur unter 20 °C gehalten wird.

IV. Elektrodenkühlung.

Die Standzeit der Elektroden von Punktschweißmaschinen ist ebenfalls sehr von der Temperatur der Elektroden abhängig. Zur guten Wärmeabfuhr werden die Elektroden mit Flüssigkeit gekühlt, wobei eine Senkung der Flüssigkeitstemperatur von 12° auf −2 °C eine Verdoppelung der Standzeit der Elektroden im Gefolge hat[4]. Derart gekühlte Elektroden können mit niedrigerer Spannung betrieben werden, wodurch die anfallende Wärme zusätzlich vermindert wird. Besonders beim Schweißen von Aluminium erlaubt die Elektrodenkühlung mit tiefgekühlter Flüssigkeit beachtliche Verbesserungen.

V. Kühlen bei der spanlosen Formgebung.

1. Kaltrecken.

Die unter A, I. behandelten Gefügeänderungen durch Anwendung tiefer Temperaturen können auch das Tiefziehen von Blechen erleichtern. Beim Tiefziehen gekühlter Bleche wurde festgestellt, daß insbesondere Bleche aus austenitischen Chrom-Nickel-Stählen und Chrom-Mangan-Stählen sowie Titan-Legierungen größere Ziehverhältnisse zulassen[5]. Außerdem ist die anfallende Nacharbeit geringer, so daß das Tiefkühlen der Bleche als wirtschaftlich erachtet wird[1].

Das „Adeform"-Verfahren nutzt diese günstigen Eigenschaften bei der Herstellung von Hohlkörpern, Halbschalen, Kugelkappen u. ä. aus hochfesten Stählen aus. Zunächst wird aus dem Material ein geschlossener Behälter in der üblichen Weise durch Rollen und Schweißen angefertigt, der jedoch einen kleineren

[1] DELANEY, R. J.: Machinery Bd. 91 (1957) S. 548/551.
[2] Siehe Fußnote 5, S. 71.
[3] Air Cond. Refr. News Bd. 55 (1948) 4, S. 26.
[4] Vgl. Fußnote 8, S. 67.
[5] MATHIEU, K.: Arch. Eisenhüttenw. Bd. 19 (1948) S. 169/173.

Durchmesser als das gewünschte Fertigmaß hat. Dieser Behälter wird mit einem Anschluß versehen, durch den er unter Druck gesetzt werden kann. Zur Verformung wird der Behälter nun in ein innen genau bearbeitetes Formwerkzeug eingesetzt. Mit Hilfe von flüssigem Stickstoff werden der Behälter und das Formwerkzeug auf —160 °C gekühlt. Dann wird der Behälter durch Druckanstieg des Stickstoffs im Innern des Behälters kalt gereckt, wobei er sich an die Innenwand des Formwerkzeugs anschmiegt. Die erzielbare Durchmesservergrößerung wird mit 13% angegeben. Gleichzeitig wird, durch die beim Tiefkühlen eintretende Gefügeänderung, das Gefüge verbessert und die Festigkeit gesteigert. Das Verfahren wird angewandt, wenn hohe Forderungen an die Maßgenauigkeit gestellt werden. Durch den Wegfall jeglicher Nacharbeit für Richten und Vergüten soll es wirtschaftlicher sein als eine Warmverformung[1].

2. Gefrorene Gießform-Modelle.

Beim Ausschmelzverfahren zur Herstellung nicht geteilter Gießformen für Feinguß sind Modell und Kerne aus einem Material, das aus der fertigen Form durch Schmelzen entfernt werden kann. Im allgemeinen wird hierfür Wachs benutzt; das „Mercast"-Verfahren[2–4] verwendet jedoch Modelle aus gefrorenem Quecksilber. Dieses zeichnet sich durch geringere Volumabnahme beim Gefrieren aus, verglichen mit der Volumänderung von Wachs beim Erstarren. Die Volumabnahme beträgt bei Quecksilber nur 3,47% gegenüber 9,6% bei Wachs. Die große Dichte des Quecksilbers erlaubt die Herstellung von wesentlich größeren und komplizierteren Modellen, insbesondere von solchen mit sehr unterschiedlichen Wandstärken. Gefrorenes Quecksilber verhält sich ähnlich wie Blei bei Normaltemperatur, es ist verformbar und mit einem Messer leicht zu bearbeiten. Teile aus gefrorenem Quecksilber können lediglich durch leichtes Zusammendrücken fest miteinander verbunden werden. Dadurch ist es sehr einfach, komplizierte Modelle aus Einzelteilen sehr genau herzustellen.

Das Quecksilber wird in sauber bearbeiteten Stahlformen, von unten her beginnend, bei —65° bis —85 °C gefroren. Die einzelnen Teile eines Modells werden dann in der beschriebenen Weise zusammengefügt und notfalls von Hand nachgearbeitet. Das fertige Modell wird dann in Keramik-Schlämmen verschiedener Zusammensetzung, die auf —63 °C gekühlt sind, wiederholt eingetaucht. Hierbei setzen sich auf dem Modell Schichten mit unterschiedlichen Eigenschaften übereinander ab. Das Verfahren wird so lange fortgesetzt, bis die Form die erforderliche Wandstärke hat. Durch Erwärmen der fertigen Form wird das Quecksilber verlustlos wiedergewonnen. Die fertiggebrannte Form wird zur Herstellung von Teilen aus Druckguß, Vakuumguß oder Schleuderguß benutzt. Man stellt Teile mit Stückgewichten bis etwa 150 kg her. Die Gußteile haben eine hohe Oberflächengüte, so daß Nacharbeiten entfallen. Das Verfahren ist bei großen Stückzahlen wirtschaftlich, besonders bei hochwertigen, komplizierten Teilen aus schwer bearbeitbarem Material.

VI. Gefrierspannen.

Werkstücke, die wegen ihrer Form oder wegen der Materialeigenschaften beim Bearbeiten nicht mit herkömmlichen Mitteln auf den normalen Spannplatten der Werkzeugmaschinen aufgespannt werden können, befestigt man durch Fest-

---

[1] Chem. Engng. Bd. 68 (1961) S. 70, auch VDI-Nachrichten, 3. 4. 1963, Nr. 14, S. 2.
[2] Kramer, I. R.: Foundry Trade Journal, London Bd. 98 (1955) 2014, S. 373/75.
[3] Chaso, H., u. L. T. Schakenbach: Materials and Methods Bd. 29 (1949) S. 52.
[4] Neimeyer, I.: Iron Age Bd. 163 (1949) 11, S. 94.

frieren auf Spezialspannplatten. Diese werden mit Sole von —15 °C gekühlt, die durch Kanäle in der Spannplatte geleitet wird. Damit kann man Metalle, Kunststoffe, Gummi, Filz und Gewebe in wenigen Minuten festfrieren.

In der optischen Industrie werden die Linsen zum Schleifen und Polieren auf einem Träger festgekittet und auf diese Weise während der Bearbeitung festgehalten. Die fertige Linse wird dann von dem Träger dadurch abgesprengt, daß dieser in eine tiefgekühlte Flüssigkeit von etwa —20 °C getaucht wird.

D. Kältetechnische Einrichtungen der mechanischen Fertigung.

I. Kühlen mit Kohlendioxyd.

Die Verwendung von Trockeneis zur Tiefkühlung ist aus wirtschaftlichen Gründen nur dann vertretbar, wenn von der Tiefkühlung nur selten Gebrauch gemacht wird. Bei ständigem Verbrauch von Kohlendioxyd zur Tiefkühlung in der laufenden Fertigung und an verschiedenen Bearbeitungsplätzen haben sich zentrale Versorgungsanlagen für flüssiges Kohlendioxyd als zweckmäßig erwiesen.

Das flüssige Kohlendioxyd wird in einem großen isolierten Behälter, der im Freien aufgestellt ist, bei —18 °C gespeichert. Diese Temperatur wird durch eine Kältemaschine, die den Behälter kühlt, aufrechterhalten. Eine Förderpumpe drückt das flüssige Kohlendioxyd durch ein Leitungssystem, in dem auch Ausgleichsbehälter vorgesehen sind, zu den Werkzeugmaschinen. Dampfbildung in der Rohrleitung wird dadurch vermieden, daß in dem Leitungssystem mit Hilfe der Pumpe ein Druck von 63 at gehalten wird. Dies hat auch den Vorteil, daß das flüssige Kohlendioxyd an den Düsen mit einem so hohen Druck austritt, daß diese nicht zufrieren[1]. Derartige Zentralanlagen sind wirtschaftlich wegen des geringen Verbrauchs, der niedrigen Wartungs-, Instandhaltungs- und Transportkosten und der ständigen Betriebsbereitschaft.

II. Maschinelle Kühlung.

1. Schneidöle.

Zur Kühlung von Schneidöl werden Kleinkältemaschinen jeweils mit Durchflußverdampfer, Umwälzpumpe und Behälter für das Schneidöl platzsparend zu einer transportablen Einheit zusammengebaut. Der Schneidölbehälter ist gleichzeitig Absetzbehälter. Falls die Temperatur des Schneidöls nicht sehr stark erniedrigt wird, ist der erforderliche Aufwand in jeder Hinsicht unerheblich.

Zentrale Kühlung kann wegen der Raumersparnis an der Werkzeugmaschine, den meist niedrigereren Betriebskosten und den Vorteilen einer zentralen Reinigung des Schneidöls Vorteile bieten. Eine Zentralanlage für Aufbereitung und Kühlung von Schneidöl zeigt Abb. 48.

Die schematisch dargestellte Anlage ist mit Separatoren ausgerüstet, die das Öl auf einen dem Neuöl gleichwertigen Reinheitsgrad bringen. Das Schneidöl muß vor Eintritt in den Separator auf 80 bis 90 °C erwärmt werden; im Gegenstrom zum Schmutzöl wird es nach der Reinigung wieder um 45 bis 50 °C abgekühlt und dann durch zusätzliche Kühlung auf die gewünschte Temperatur gebracht[2].

Eine thermostatisch von der Schneidöltemperatur gesteuerte Kältemaschine kühlt das Schneidöl in Röhrenkühlern oder im Tank mittels Plattenverdampfern

---

[1] Siehe Fußnote 6, S. 70.

[2] FLECHTENMACHER, W.: Kälte Bd. 15 (1962) S. 490/493.

durch direkte Verdampfung. Auch indirekte Kühlung mit Wasser als Kälteträger wird benutzt, insbesondere bei Verwendung von Plattenwärmeaustauschern, die leichter zu reinigen sind, was im Hinblick auf die unvermeidlichen Ablagerungen von Metallspänen und Schleifstaub für die Aufrechterhaltung von Leistung und Betriebssicherheit unerläßlich ist. Separatoren werden nur bei größeren Anlagen wirtschaftlich.

Mit dem Schneidöl-Umlauf kann auch eine Kühlung des Ölkreislaufs der Maschine gekoppelt sein.

Solche Zentralanlagen sind insbesonders dann vorteilhaft, wenn zahlreiche Maschinen in ständigem Betrieb sind und mit Schneidöl von nicht zu tiefer Temperatur zu versorgen sind. Maschinelle Kühlung erweist sich dann als wirtschaftlich, denn der Energiebedarf der Kältemaschinen und die Kältekosten sind vergleichsweise gering, verglichen mit den Vorteilen, die eine sehr konstante Temperatureinhaltung bietet.

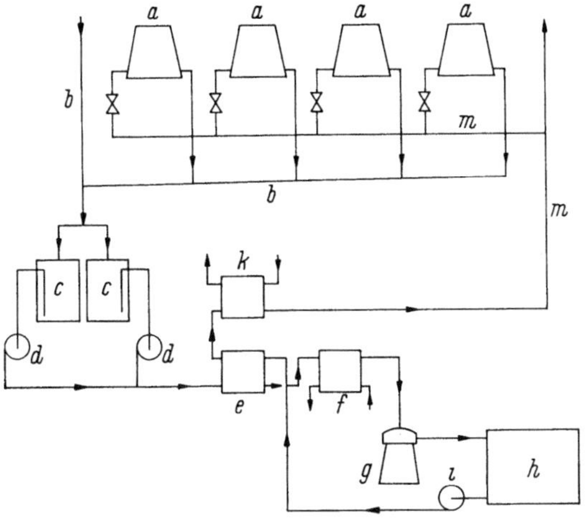

Abb. 48. Zentralanlage zur Aufbereitung und Kühlung von Schneidöl.

a Werkzeugmaschine; *b* Schmutzölablauf; *c* Sammelbehälter; *d* Schmutzöl-Pumpen; *e* Wärmeaustauscher; *f* Ölerhitzer; *g* Separator; *h* Behälter für reines Öl; *i* Reinölpumpe; *k* Ölkühler; *m* Reinöl-Zulaufleitung.

Zentralanlagen für Schneidöle, die auf Temperaturen von —40 °C und tiefer zu halten sind, werden sich kaum lohnen.

2. Tiefkühltruhen zum Altern und Härten.

Zum Tiefkühlen von Teilen aller Art benutzt man vorzugsweise Behältnisse in Form von Tiefkühltruhen, die von oben zugänglich sind. Bauform und Ausstattung richten sich nach dem Verwendungszweck, es gibt aber auch Standardtypen, die vielseitig einsetzbar sind.

Die Truhen sind in der Regel für Tiefkühlung eingerichtet und haben einen starken, verzinkten, wasserdichten Einsatz aus Stahlblech, der durch eine auf der Außenseite des Einsatzes befestigten Verdampferschlange gekühlt wird. Der Einsatz sitzt möglichst ohne Wärmebrücken im Außengehäuse, der Zwischenraum wird mit hochwertiger, wasserdampfdichter Isolierung ausgefüllt. Hierfür eignen sich vorzugsweise die Schaumkunststoffe, die in den Zwischenraum eingeschäumt werden. Die Isolierstärken für Truhen von —60 bis —100 °C betragen dann 240 bis 300 mm.

Abb. 49. Tiefkühltruhe für —60 bis —100 °C mit 80 bis 200 l Nutzinhalt der Firma Linde's Eismaschinen, Sürth.

Besonders sorgfältige Durchbildung erfordert der Deckel. Er soll die Truhe dicht abschließen, im Innern darf aber bei der Abkühlung kein Unterdruck entstehen. Ein Festfrieren des Deckels und Schwitzwasserbildung auf der Außenseite muß vermieden werden. Man versieht deshalb häufig den Deckelrahmen mit einer elektrischen Niederspannungsheizung.

Die Kältemaschine wird meist seitlich in einem Maschinenabteil untergebracht, das teilweise auch isoliert ist. Im isolierten Teil sind die bei tiefer Temperatur arbeitenden Apparate und Regelgeräte untergebracht.

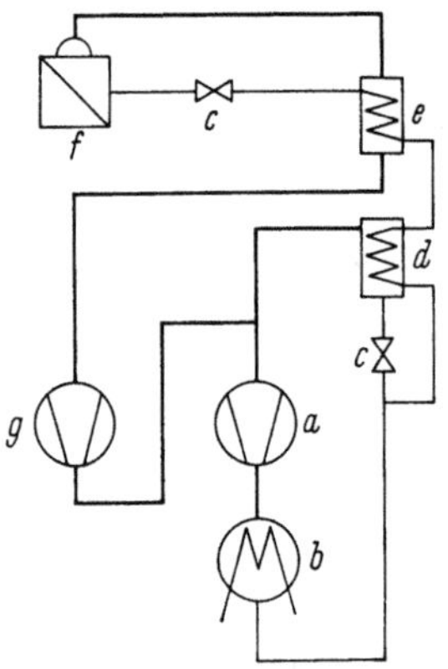

Abb. 50. Schema einer zweistufigen Kältemaschine für Temperaturen bis —80 °C.

a Hochdruckkompressor; *b* Verflüssiger; *c* Drosselventil; *d* Unterkühler; *e* Überhitzer; *f* Verdampfer; *g* Niederdruckkompressor.

Die Ausführung der Kältemaschinen richtet sich vorzugsweise nach der Verdampfungstemperatur, die 3 bis 7 °C tiefer als die in der Truhe gewünschte Temperatur liegt. Das Schema einer automatischen zweistufigen Kälteanlage für Verdampfungstemperaturen bis etwa — 80 °C zeigt Abb. 50.

Das flüssige Kältemittel der Hochdruckstufe wird bei dieser Anordnung durch Verdampfen eines sofort zum Hochdruckkompressor zurückgeführten Teils im Unterkühler bei Mitteldruck auf etwa — 10 bis — 15 °C und anschließend in einem zweiten Wärmeaustauscher, dem Überhitzer, im Gegenstrom zum Kaltdampf der Niederdruckstufe, auf —17 bis — 20 °C unterkühlt, bevor es im Drosselventil auf Verdampferdruck entspannt wird. Durch die starke Unterkühlung wird die volumetrische Kälteleistung erheblich angehoben, wie später mit Gl. (5) erläutert wird. Der vom Niederdruckkompressor auf Mitteldruck gebrachte Dampf wird mit dem wesentlich kälteren, aus dem Unterkühler kommenden, gemischt, so daß der Hochdruckkompressor nur mäßig überhitzten Dampf ansaugt. Als Kältemittel für diese Ausführung eignen sich z. B. R 22 und R 13 B 1.

Bei Verdampfungstemperaturen zwischen — 60 und etwa — 110 °C benutzt man häufig Kompressionskältemaschinen mit einfacher und doppelter Kaskadenschaltung. Auch eine einfache Kaskade, mit einer zweistufigen Kältemaschine nach Abb. 50 in der unteren Stufe, erlaubt Temperaturen unter — 100 °C zu erreichen. Die Förderleistungen der Kompressoren in den beiden Kreisläufen, die Verdampfungs- und Verflüssigungstemperaturen in Vor- und Hauptstufe müssen gut aufeinander abgestimmt werden[1]. Im Vordergrund steht hierbei die Wahl der Kältemittel. In der Hauptstufe bieten Kältemittel Vorteile, deren Druck p_0 bei der tiefsten Verdampfungstemperatur (T_0) nicht sehr vom Normaldruck abweicht, deren Siedetemperatur T_s also in der Nähe dieser Verdampfungstemperatur liegt. Andererseits sollte der Druck bei der Verflüssigungstemperatur der Hauptstufe, die in der Regel zwischen — 30 und — 45 °C liegt, in dem bei Kleinkältemaschinen üblichen Druckgebiet liegen. Bei der Beurteilung sind auch die kritische Temperatur und der kritische Druck von Bedeutung. Die kritische Temperatur soll aus thermischen Gründen wesentlich höher sein als die Verflüssigungstemperatur. Der kritische Druck soll niedrig sein, denn nach ihm richtet sich im wesentlichen der Druck, der sich bei stillstehender Maschine einstellt, besonders bei den Kältemitteln, deren kritische Temperatur unter der Umgebungstemperatur liegt.

Für den Liefergrad des Kompressors ist das Druckverhältnis p/p_0 entscheidend,

[1] SCHMIDT, H.: Kältetechnik Bd. 17 (1965) S. 151/155.

das nach der vereinfachten Dampfdruckgleichung

$$\log p = A - \frac{b}{T} \tag{3}$$

darzustellen ist durch

$$\log\left(\frac{p}{p_0}\right) = b\left(\frac{1}{T_0} - \frac{1}{T}\right). \tag{4}$$

Auch die erzielbare volumetrische Kälteleistung q_0 eines Kältemittels ist weitgehend vom Druck p_0 abhängig. Sie ist mit der spezifischen Wärme c' des flüssigen Kältemittels:

$$q_0 = \frac{r_0}{v_0''}\left[1 - \frac{c'}{r_0}(t_u - t_0)\right], \tag{5}$$

wobei das Verhältnis der Verdampfungswärme r_0 bei der absoluten Temperatur T_0 zum spezifischen Volum des trockengesättigten Dampfes v_0''

$$\frac{r_0}{v_0''} = K_T \cdot p_0 \cdot \frac{T_s}{T_0} \tag{6}$$

gesetzt werden kann. Der Faktor K_T ist der Troutonschen Konstanten proportional (vgl. dieses Handbuch Bd. II, S. 131 und Bd. IV S. 16) und ist in geringem Maß von der Temperatur abhängig.

Beurteilt man nach diesen Gesichtspunkten die Kältemittel, so erweist sich für zweistufige Anlagen nach Abb. 50 das Kältemittel R 22 als brauchbar. Es wird aber übertroffen von R 13 B1, das auch zunehmend bevorzugt wird[1, 2]. Das azeotrope Kältemittel R 502 hat ebenfalls günstigere Eigenschaften als R 22.

Für die Hauptstufe von Kältekaskaden erweist sich R 13 bei Temperaturen unter —80 °C als das am besten geeignete der bisher benutzten Kältemittel. Ähnliche Verhältnisse liegen offenbar bei dem noch nicht genau untersuchten Kältemittel R 23 vor. Bei Verdampfungstemperaturen unter —100 °C könnte R 14 (CF_4) als Kältemittel der Hauptstufe einer Doppelkaskade vorteilhaft sein, denn sein Siedepunkt liegt bei —128 °C und die kritische Temperatur bei —45,5 °C.

Neben den thermischen und kalorischen Eigenschaften der Kältemittel erfordert ihr Verhalten gegenüber den Schmiermitteln der Kältemaschine und deren Baustoffen Beachtung (vgl. hierzu Bd. IV dieses Handbuches).

Eine Kälteanlage in Kaskadenschaltung für Temperaturen bis —100 °C zeigt Abb. 51. Die (wärmere) Vorstufe arbeitet mit R 22 und hat einen wassergekühlten Verflüssiger, die Hauptstufe mit R 13[3].

Der Kreislauf der Hauptstufe ist mit einem Zusatzbehälter versehen, der so groß ist, daß sich die gesamte Füllung des Kreislaufs bei hoher Temperatur, wie sie im Stillstand auftritt, im Dampfzustand darin befindet. Auf diese Weise wird ein unzulässiger Druckanstieg in der Hauptstufe verhindert.

Wenn die Kältemaschine bei warmem Verdampfer eingeschaltet wird, arbeitet zunächst nur der Kompressor der Vorstufe. Dieser kühlt den Verflüssiger der Hauptstufe ab; der Kompressor der Hauptstufe läuft erst an, wenn auf diese Weise der Druck in der Hauptstufe auf den durch einen Pressostaten kontrollierten Wert abgesunken ist. Das thermische Expansionsventil der Hauptstufe öffnet erst bei —65 °C. Ein druckgesteuertes Überströmventil zwischen Druck- und Saugseite der Hauptstufe gestattet es, die Umlaufmenge bei zu hohem Druck zu vermindern. Auf diese Weise ist dafür gesorgt, daß der Druck weder im Verflüssiger der Haupt-

[1] Plank, R.: Kältetechnik Bd. 4 (1952) S. 302.
[2] Rombusch, U. K.: Kältetechnik Bd. 16 (1964) S. 69/76.
[3] Kältetechnik Bd. 7 (1955) S. 388.

stufe noch in dem der Vorstufe unzulässig ansteigt. Zusätzlich sind Überdruckschalter vorgesehen.

Mit einfacher Kaskade, aber zweistufiger Verdichtung in der Hauptstufe werden Verdampftemperaturen von etwa —110 °C erzielt. Noch tiefer kommt man

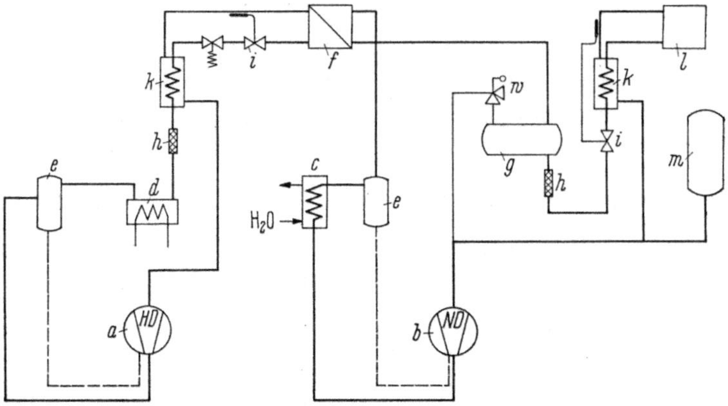

Abb. 51. Einfache Kältekaskade für —100 °C.

a Kompressor der Vorstufe; *b* Kompressor der Hauptstufe; *c* wassergekühlter Vorkühler; *d* Verflüssiger der Vorstufe; *e* Ölabscheider; *f* Verflüssiger-Verdampfer-Kombination; *g* Kältemittel-Sammler; *h* Filter, Trockner; *i* therm. gesteuertes Drosselventil; *k* Überhitzer; *l* Verdampfer der Hauptstufe; *m* Zusatzbehälter; *n* Überströmventil; *o* Magnetventil.

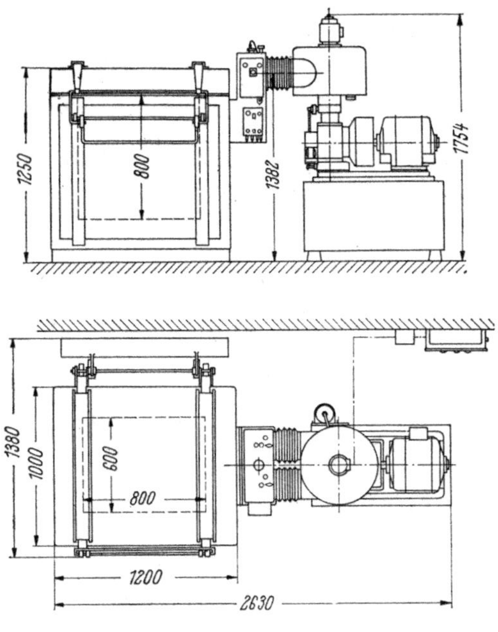

Abb. 52. Tiefkühltruhe mit Gaskältemaschine nach Philips.

mit doppelter Kaskadenschaltung, die jedoch selten ausgeführt wird.

Bereits für Temperaturen unter —80 °C, vorzugsweise für Temperaturen von —100 °C und tiefer werden Gaskältemaschinen benutzt[1–3]. Bei der Philips-Gaskältemaschine wird die Luft eines isolierten Behälters mit Hilfe eines Gebläses über den Kühlkopf der Kältemaschine und wieder zur Truhe zurückgefördert.

Für Fabrikanlagen wird von ROSENFELD und KOSCHKIN eine Kaltgasanlage in Vorschlag gebracht, bei der Preßluft benutzt wird, die in Fertigungsbetrieben meist reichlich zur Verfügung steht[4]. Die Preßluft wird mit Hilfe eines Regenerators tiefgekühlt und dann in einer Expansionsturbine auf Normaldruck entspannt. Die Luft erreicht dabei Temperaturen unter —100 °C und wird der Kältekammer direkt zugeleitet. Die aus

[1] GLASER, H.: Kältetechnik Bd. 1 (1949) S. 143–147.
[2] KÖHLER, J. W. L., u. C. O. JONKERS: Philips techn. Rundschr. Bd. 15 (1953/54) S. 305 u. 345.
[3] Dieses Handbuch Bd V, S. 1.
[4] ROSENFELD, L., u. N. KOSCHKIN: Cholod. Technika Bd. 30 (1953) 2, S. 315/19, vgl. Referat in Kältetechnik Bd. 6 (1954) S. 292.

dieser abströmende Luft erwärmt sich im Regenerator, kühlt diesen also ab. Bei einer Versuchsausführung wurde mit Preßluft von 5 ata eine Brutto-Kälteleistung von rd. 2000 kcal/h bei −100 °C mit einem Luftverbrauch von 676 kg/h erzielt. Die Nutzkälteleistung betrug jedoch nur $^1/_5$ bis $^1/_3$ der Bruttokälteleistung, ist aber wohl noch zu steigern. Vollkommenere Schaltungen wurden neuerdings von DUBINSKY, MARTINOWSKY, und UMANSKY vorgeschlagen[1].

Um bei Kompressionskältemaschinen Verdampfungstemperaturen von −100 °C und tiefer bei Verwendung eines einzigen Kältemittels zu erreichen, schlägt BADYLKES eine Vorverdichtung mit Dampfstrahlkompressor vor. Dieser soll das bei Unterdruck verdampfte Kältemittel so hoch verdichten, daß die anschließende zweistufige Verdichtung bis auf Kondensatordruck mit einem Kolbenkompressor bei annehmbaren Wirkungsgraden möglich ist. Der Dampfstrahlkompressor wird mit Kältemitteldampf von Kondensatordruck betrieben. Der Kolbenkompressor hat also den Kaltdampf und den Treibdampf von Ansaugdruck auf Enddruck zu verdichten[2]. Mit dieser Anordnung werden zwar nicht die bei Kaskadenschaltung erzielbaren Wirkungsgrade erreicht, der Aufbau des Kältekreislaufes wäre jedoch einfacher.

---

[1] Referat in Kältetechnik u. Klimatis. Bd. 18 (1966) S. 428.

[2] BADYLKES, I.: Cholodilnaja Technika Bd. 33 (1956), 1. S. 14.

Die Kälte im Laboratorium und in der naturwissenschaftlichen Forschung.

Von

Professor Dr.-Ing. **Th. E. Schmidt.**

Direktor des Instituts für Wärmetechnik der Technischen Hochschule Stuttgart.

Mit 47 Abbildungen.

A. Kältetechnik in Laboratorien.

Die Anwendung künstlicher Kälte als Hilfsmittel von Forschung und Entwicklung hat in größerem Umfang zunächst in den chemischen Laboratorien Eingang gefunden, wobei die Abhängigkeit des Reaktionsablaufs von der Temperatur und dessen Beeinflussung durch Kühlung im Vordergrund stand. Die petrochemische Verfahrenstechnik führte zur Anwendung immer tieferer Temperaturen, die Verwirklichung in großtechnischen Apparaten befruchtete die Forschung auf dem Gebiet der Werkstoffe und der Meß- und Regeltechnik, die wieder zu einer vermehrten Anwendung von kältetechnischen Einrichtungen in den Laboratorien und Prüffeldern führte.

In der Forschung über den Bau der Moleküle und Atome erwuchs der Wunsch im Bereich tiefer Temperaturen experimentieren zu können, wobei sich sehr bald die mit flüssiger Luft erreichbaren Temperaturen als unzureichend erwiesen. Rascher als in früheren Jahrzehnten wurden die wissenschaftlichen Ergebnisse zu Grundlagen vielversprechender technischer Entwicklungen, wodurch wiederum die technische Durchbildung neuer Verfahren zur Erzeugung von Kälte im Tiefst-Temperaturbereich bis in die Nähe des absoluten Nullpunkts gefördert wurde.

Der Bau von Maschinen und Apparaten für tiefe und tiefste Temperaturen verlangt die Feststellung des thermo-physikalischen und mechanischen Verhaltens der Baustoffe als Grundlage der Konstruktion. Nicht minder bedeutsam ist die Messung thermodynamischer Zustandsgrößen von festen Stoffen, Fluiden und Gasen, sowohl die der reinen Stoffe wie die von Gemischen, die Untersuchung der Reaktionskinetik, des Wärme- und Stofftransports usw. als Grundlagen der Verfahrenstechnik bei tiefen Temperaturen.

Spezielle Gebiete, wie z. B. die Weltraumforschung, haben diese Entwicklung in besonderem Maße verstärkt.

Daneben verlangen die an Konstruktion und Fertigung gestellten Anforderungen in zunehmendem Maße das Einschalten von Zwischen- und Endkontrollen für Baustoffe, Halbfabrikate, Einzelteile, Baugruppen und Endprodukte unter bestimmten Umgebungsbedingungen, welche ihre Haltbarkeit oder Funktion beeinflussen können. Hierzu zählen die klimatisch bedingten Beanspruchungen, verursacht durch hohe oder tiefe Temperatur, hohe oder tiefe Feuchtigkeit und unterschiedliche Kombinationen dieser Faktoren. Es ist erwiesen, daß derartige Einrichtungen, welche eine Erprobung im Laboratorium ermöglichen, für Entwicklung und Kontrolle, trotz der oft beträchtlichen Aufwendungen, größere Vorteile bieten und weniger kosten als andere Testverfahren.

Auch im Bereich des organischen Lebens bedient sich die Forschung kältetechnischer Einrichtungen zur künstlichen Herstellung von Umweltbedingungen, da dies eine systematische Forschung erleichtert.

Die von den kältetechnischen Einrichtungen zu erfüllenden Bedingungen sind recht verschieden. Bei ihrer Gruppierung kann man von den Temperaturbereichen ausgehen, nach denen sich auch die Technik der Kälteerzeugung richtet. Mitunter ist es gelungen, innerhalb solcher Bereiche zu spezifischen Grundformen der technischen Ausführung zu kommen, die durch geringe Änderungen oder zusätzliche Einrichtungen recht unterschiedlichen Forderungen angepaßt werden können. In solchen Fällen sind die Vorteile auszunutzen, welche durch serienmäßige Anfertigung der Geräte erzielt werden. In dem Maße, wie die Kältetechnik zunehmend Eingang in die Laboratorien findet, ist man gerade an Lösungen dieser Art interessiert. Selbst im Bereich der tiefsten Temperaturen sind bereits beachtliche Lösungen in dieser Richtung zu verzeichnen.

Die geforderten Kälteleistungen sind sehr unterschiedlich. Für Meßgeräte und Prüfeinrichtungen genügen meist sehr kleine Leistungen, für die man u. U. trotzdem eine Kältemaschine benützt. Andererseits sind, z. B. für Flugzeuguntersuchungen, Prüfeinrichtungen erstellt worden, bei welchen die größten Kältemaschinen Anwendung gefunden haben. Die Größe der Kälteleistung ist auch im Laboratorium und Prüffeld mit maßgeblich für die zweckmäßigste Technik der Kälteerzeugung.

Ein weiterer Gesichtspunkt für die Gestaltung der kältetechnischen Einrichtung sind die hinsichtlich der Temperaturkonstanz oder eines programmierten Temperaturverlaufs gestellten Forderungen, wobei die Temperaturgrenzen noch besondere Beachtung verlangen. Eine häufige, zusätzliche Bedingung ist das Einhalten eines bestimmten oder programmierten Drucks oder einer bestimmten Luftfeuchtigkeit. Zu den kältetechnisch nicht einfachen Lösungen treten so noch die Erschwernisse des Messens und Regelns unter meist extremen Bedingungen hinzu.

Diese Gesichtspunkte waren für die Gliederung der folgenden Abschnitte maßgeblich. In diesen können anhand typischer Beispiele noch einige weitere Gesichtspunkte Erwähnung finden.

I. Messen thermischer Eigenschaften.

Die Ermittlung der thermischen Eigenschaften von Gasen, Flüssigkeiten, Gemischen und Feststoffen bis zu den tiefsten Temperaturen wird in vielen Laboratorien betrieben. Eine Apparatur zur Messung von Zustandsgrößen ist in Abb. 53 dargestellt.

Sie liefern die Unterlagen zur Aufstellung von Zustandsgleichungen im Bereich tiefer Temperaturen.

So wurde die Abhängigkeit der spezifischen Wärme vom Verhältnis der absoluten Temperatur T zur Debye-Temperatur θ für viele Stoffe, insbesondere in der Nähe von 1 °K, bestimmt.

Die Wärmeleitung ist in diesem Temperaturbereich sehr viel größer als bei normaler Temperatur; sie erreicht beim Verhältnis $T/\theta \sim 0{,}05$ einen Höchstwert, der bei elektrisch nichtleitenden Stoffen und Halbleitern besonders groß ist.

Eine Übersicht über die Ergebnisse neuer Messungen von Wärmeleitzahlen von metallischen Werkstoffen, Kunststoffen, verflüssigten und gefrorenen Gasen im Bereich tiefer Temperaturen gibt Abb. 54, weitere Angaben enthält der Abschnitt 3b[1].

Die elektrische Leitfähigkeit steigt mit sinkender Temperatur bei reinen Metallen monoton, während sie bei Halbleitern abnimmt. Supraleitende Stoffe

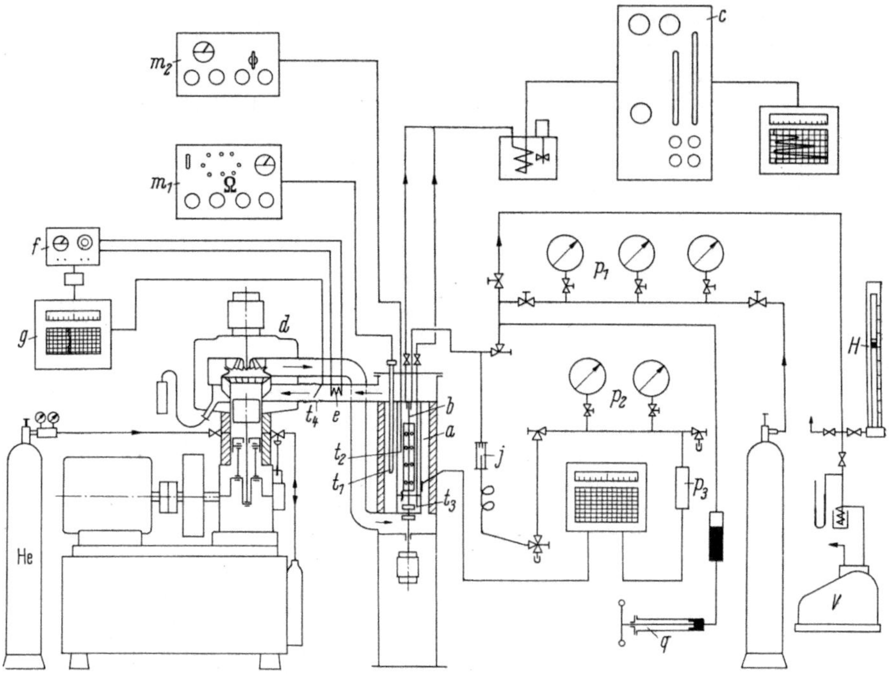

Abb. 53. Messung thermischer Eigenschaften von Gasen und Gemischen[2].

a Meßraum; *b* Meßzelle; *c* Gaschromatograph mit Schreiber; *d* Kühlkopf mit Ventilator der Kältemaschine; *e* Heizung im Gasstrom; *f* Heizungsregler mit Relais; *g* Kompensationsschreiber mit Steuerpotentiometer; m_1 Widerstandsmeßbrücke; m_2 Kompensator; t_1 bis t_4 Temperatur-Meßstellen; p_1, p_2 Manometer; p_3 Druckdose mit Dehnungsstreifen; *j* Schauglas aus Plexiglas; *q* Quecksilberpresse; *V* Vakuumpumpe; *H* Hubvolumeter.

haben bei Unterschreitung der Sprungtemperatur keinen Ohmschen Widerstand mehr (vgl. S. 125).

Hinzu kommen die Messungen der Viskositäten, der Elektrizitätskonstanten, der Schallgeschwindigkeiten, um nur einige Größen zu nennen.

Zur Untersuchung dienen Spezialeinrichtungen, die in der Regel so konstruiert sind, daß sie im Innern eines Kryostaten Platz finden.

1. Prüfung von metallischen Werkstoffen.

Die Forschung auf dem Gebiet der Metallphysik gewinnt aus den Untersuchungen bei tiefen Temperaturen Erkenntnisse über den Aufbau des Gitters, der Moleküle und der Elektronenhülle. Diese bestimmen die chemischen und mechanischen Eigenschaften.

Das Festigkeitsverhalten metallischer Werkstoffe ist eingehend im Handbuch Bd. I behandelt. Stähle mit ferritisch-perlitischem Gefüge zeigen bei sinkender Temperatur eine Zunahme des Elastizitätsmoduls, der Zugfestigkeit, Streck-

[1] Vgl. auch Bull. Inst. Int. du Froid Bd. 45 (1965), Annexe 2.
[2] KLING, G.: Kältetechn. Bd. 17 (1965) S. 174–180.

grenze, Härte und Wechselfestigkeit. Hingegen nehmen Dehnung, Einschnürung und Kerbschlagzähigkeit stark ab, die letztere bis zur Entstehung eines verformungsfreien Sprödbruchs, also in einem solchen Umfang, daß diese Stähle bei tiefen Temperaturen nicht mehr brauchbar sind. Auch Tantal und Molybdän sind aus diesem Grund dann nicht mehr geeignet.

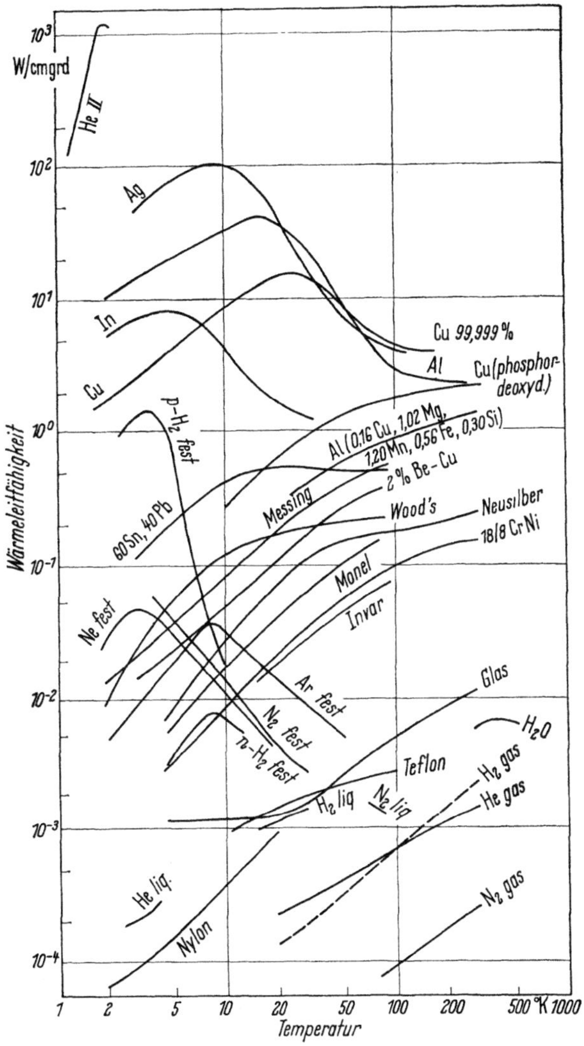

Abb. 54. Wärmeleitfähigkeit bei tiefen Temperaturen[1].

Austenitische Stähle, legiert mit Chrom, Nickel und Mangan zeigen eine wesentlich geringere Abnahme der Kerbschlagzähigkeit und sind deshalb Konstruktionsstähle für tiefe Temperaturen. Dies gilt auch für austenitisches Gußeisen mit hohem Nickelgehalt. Die Eigenschaften der Stähle sind von der vorausgegangenen Verarbeitung und Warmbehandlung sehr abhängig (vgl. Abb. 58).

Von den Metallen eignen sich für Tieftemperaturen Kupfer, Nickel, Silber,

[1] KLIPPING, G.: Chemie-Ing.-Technik Bd. 36 (1964) 5, S. 430–441.

Aluminium, Blei und ihre Legierungen[1, 2]. Das verschiedene Verhalten findet, wie erwähnt, seine Erklärung im unterschiedlichen Gitteraufbau.

Systeme mit kubisch-flächenzentriertem Gitter (z. B. austenitische Stähle) zeigen ein günstiges Kälteverhalten, ein ungünstiges hingegen solche mit kubisch-raumzentriertem (ferritische Stähle) oder mit hexagonalem Gitter (z. B. Zink)[3]. So erklärt sich auch der große Einfluß von Legierungszusätzen[4]. Die Prüfungen bei tiefen Temperaturen erstrecken sich auf die mechanische Festigkeit bei Zug, Biegung, Torsion und Kerbschlag. Letztere wird als Maß für das plastische Formänderungsvermögen bei plötzlicher Beanspruchung bzw. für die Neigung zum Sprödbruch angesehen. Stähle können sowohl eine geringe, wie auch eine hohe Kerbschlagzähigkeit aufweisen; diese ist in mehr oder weniger ausgeprägter Weise eine temperaturabhängige Werkstoffeigenschaft. Die beiden Bereiche sind allerdings nicht immer scharf gegeneinander abgegrenzt und die Meßwerte streuen in einem breiten Übergangsgebiet. Die Untersuchung wird nach oder in Anlehnung an DIN 50115 ausgeführt, wobei man verschiedene Kerbtiefen anwendet[5].

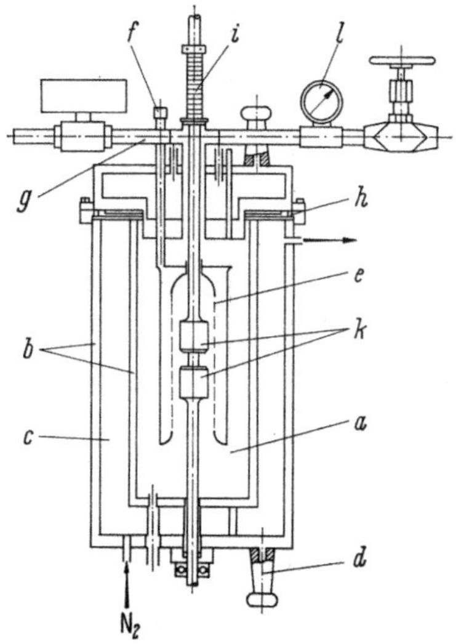

Abb. 55. Kühlung eines Probestabs mittels Helium zur Messung der Zugfestigkeit bei tiefen Temperaturen[7].

a Geteilte Kammer; *b* Vakuummäntel; *c* Mantel mit flüssigem Stickstoff; *d* Anschluß der Vakuumpumpe; *e* Heliumgekühlter Mantel, perforiert; *f* Eintritt des Heliums; *g* Austritt des Heliums; *h* dichtender Verschluß; *i* Federrohr-Dichtung; *k* Einspannköpfe der Maschine; *l* Manometer.

Zur Messung der Kerbschlagzähigkeit kann man mit nicht gekühltem Meßwerk arbeiten, wenn das Einsetzen der Probe und der Versuch nur wenige Sekunden beanspruchen[6]. Die Probe wird auf die gewünschte Temperatur gebracht, sie erwärmt sich nach dem Herausnehmen aus dem Kryostaten bei -185 °C um rd. 1 grd/s.

Untersuchungen mit der Zerreißmaschine verlangen eine ständige Kühlung während des Versuchs. Bis etwa -40 °C kann man Materialuntersuchungen noch in gekühlten Räumen durchführen, in denen die gesamte Prüfeinrichtung steht. Voraussetzung ist, daß die Meßgeräte bei dieser Temperatur geeicht und ihre meist gegenüber normalen Temperaturen veränderten Toleranzen und Empfindlichkeiten bekannt sind. Bei tieferen Temperaturen sind die Schwierigkeiten dieser Methoden meist derart, daß man zu anderen greift. In Abb. 55 ist die Kühlung eines Probestabs in einer Zerreißmaschine dargestellt[7]. Als Kühlmittel werden tiefgekühlte Flüssigkeiten im Durchlauf[6], z. B. Alkohol bis -78 °C oder Penthan bis -130 °C benutzt. Zunehmend bevorzugt werden flüssige Gase (vgl. A. II. 2), insbesondere Stickstoff und Helium.

Der Prüfstab wird, sofern die Temperatur höher sein soll als Siedetemperatur, mit verdampftem Stickstoff gekühlt, der durch den perforierten Mantel eintritt,

---

[1] BARTH, H. A.: Proc. XI. Int. Congr. of Refrig. Progr. in Refr. Bd. I (1965) S. 173–176.
[2] LISMER, R. E.: Welding and Metal Fabr. Jan. 1962, S. 19–27 u. Febr. 1962, S. 75–85. Vgl. Referat Kältetechnik Bd. 14 (1962) S. 296–297.
[3] WELLINGER, K., u. A. HOFMANN: Z. Metallkunde Bd. 39 (1948) S. 233.
[4] HICKEL, F.: Werkstoffe u. Korrosion Bd. 13 (1962) S. 83–91.
[5] GREIN, W.: Chemie-Ing.-Technik Bd. 33 (1961) S. 739–743.
[6] POMP, A., A. KRISCH u. G. HAUPT: Mitt. K.-Wilh.-Inst. Eisenforschg. Bd. 21 (1939) S. 219–241.
[7] WESSEL, E. T.: Refrig. Engng. Bd. 65 (1957) 10, S. 37–45.

bei tieferer Temperatur durch flüssigen Stickstoff. Das austretende Gas kühlt den Mantelraum und die obere Zugstange, indem es durch den Ringspalt längs der Stange in die obere Leitung abströmt. Während der Vorkühlung ist das Handventil geöffnet, während des Versuchs wird der Druck und damit die Temperatur durch Öffnen und Schließen des Magnetventiles in der Austrittsleitung geregelt. Die Abkühlung der Probe dauert 7 bis 18 Minuten, der gesamte Versuch rund eine Stunde. Bei Heliumkühlung wird mit flüssigem Stickstoff vorgekühlt. Die Temperatur wird im Innern mit einem Thermoelement gemessen, das Signal muß verstärkt werden. Die Temperatur kann auf etwa ± 1 °C genau eingehalten werden. Eine Untersuchung bei 4,2 °K beansprucht 10 l Stickstoff zur Vorkühlung und 2 l Helium zur Einhaltung der Versuchs-Temperatur.

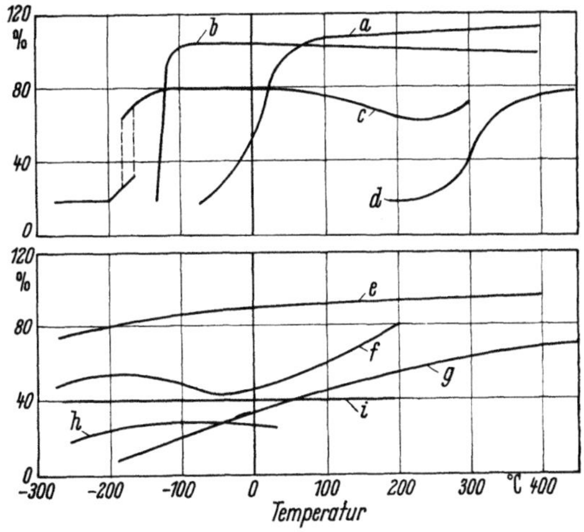

Abb. 56. Einschnürung bei tiefen Temperaturen[2] von *a* Molybdän; *b* Niob; *c* austenitischer Stahl; *d* Wolfram; *e* Nickel; *f* Zirkon; *g* Titan; *h* Aluminium; *i* Kupfer.

So ermittelte Werte der Festigkeit, Einschnürung und Kerbschlagzähigkeit metallischer Werkstoffe bei tiefen Temperaturen geben Abb. 56, 57 und 58.

Kugeldruckversuche werden an Proben durchgeführt, die im Kältebad liegen, wobei der Druckstempel in das Bad hineinragt[1].

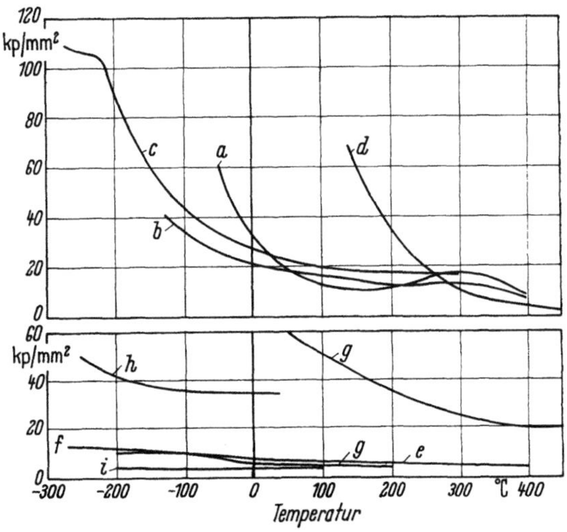

Abb. 57. Streckgrenze bei tiefen Temperaturen[2]. *a* bis *i* wie bei Abb. 56.

Des weiteren ist die Dauerfestigkeit bei Lastwechsel, die Wechsel- oder Ermüdungsfestigkeit, bei tiefen Temperaturen wichtig. Zu ihrer Untersuchung bei Zug-Druckwechsel bis zur Temperatur des flüssigen Heliums dient das in Abb. 59 angegebene System.

Die Resonanzfrequenz, z. B. 500 Hz, wird genau eingehalten, da hierbei die Energiezufuhr, also auch der Kältebedarf, am kleinsten ist. Die Spannung im Stab wird über die mittels Tauchspule elektrisch gemessene Dehnung des Stabs bestimmt. Bei ferritischem Stahl wurde eine monotone Zunahme der Wechselfestigkeit festgestellt, die bei der Temperatur des flüssigen Heliums etwa doppelt so groß ist wie bei Zimmertemperatur. Austenitischer Stahl verhält sich anders, denn bei tiefsten Temperaturen ist die Wechselfestigkeit sogar etwas niedriger.

Hinsichtlich des Verhaltens metallischer Werkstoffe bei niedrigen Tempe-

[1] Siehe Fußnote 6, S. 84.
[2] Siehe Fußnote 7, S. 84.

raturen sei verwiesen auf S. 65/66 Schrumpfverbindungen, mit den Abb. 44 und 45 über die Ausdehnungskoeffizienten von Metallen und Nickel-Stählen, sowie auf Abb. 54 über die Wärmeleitfähigkeit.

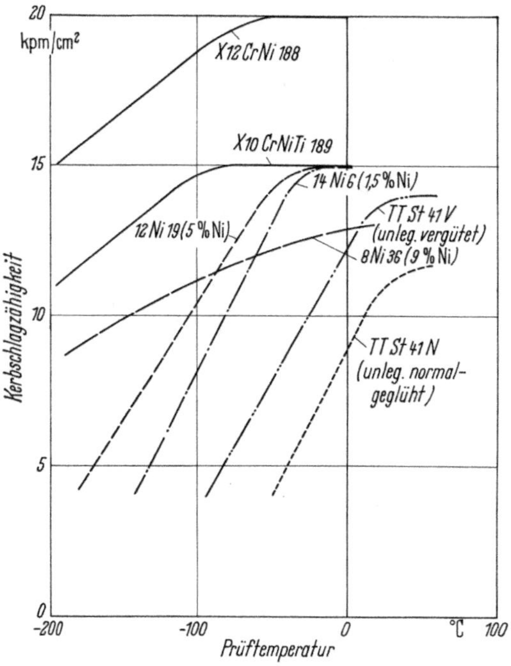

Abb. 58. Kerbschlagzähigkeit von kaltzähen Stählen[4].

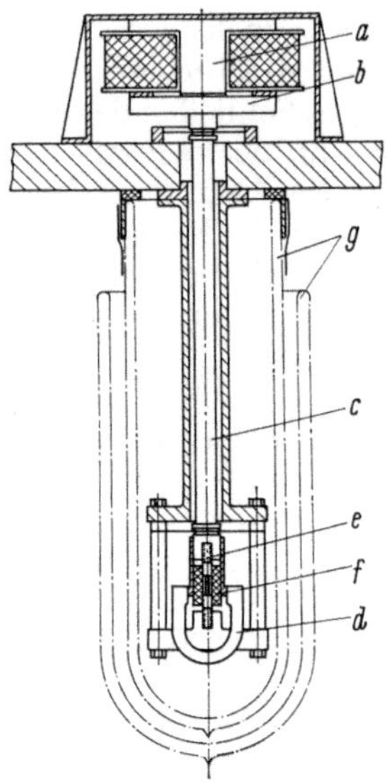

Abb. 59. Schema eines Resonanzschwingers zur Messung der Wechselfestigkeit[1].

a Erregerspule; *b* Joch; *c* Stange des Schwingers; *d* Dauermagnet; *e* Eingespannte Probe; *f* Meßspule; *g* Dewargefäße.

2. Kälteprüfungen von Kunststoffen.

a) Festigkeitsmessungen. Die Mannigfaltigkeit der Kunststoffe wirkt sich auch in unterschiedlichem Verhalten bei tiefen Temperaturen aus[2]. Die für die Eigenschaften von Metallen kennzeichnenden Festigkeitswerte sind für Kunststoffe nicht von so großer Bedeutung.

Die genormten Prüfverfahren sind für

Biegebeanspruchung	DIN 53452
Kerbschlagzähigkeit	DIN 53453
Druckfestigkeit	DIN 53454
Streckgrenze und Dehnung	DIN 53455

Zugfestigkeit bzw. Bruchfestigkeit oder Reißfestigkeit, Biege- und Druckfestigkeit, Elastizitätsmodul und Gleitmodul steigen mit fallender Temperatur[3], die Dehnung und häufig auch Kerbschlagzähigkeit nehmen hingegen ab. Gerade in dieser Hinsicht unterscheiden sich Duroplaste, Thermoplaste und Elastomere ganz erheblich.

Bei Kunststoffen stehen andere, kennzeichnende Eigenschaften im Vordergrund, für die es meist noch keine einheitlichen Meßmethoden gibt.

---

[1] HILDESHEIMER, H.: Schweizer Archiv f. angew. Wissensch. u. Technik Bd. 25 (1959) S. 187–200.

[2] NASON, H. K., T. S. CARSWELL u. C. H. ADAMS: Modern Plastics, Bd. 29 (Dez. 1951) S. 127–140, 198–203.

[3] WINTERGERST, S.: Fortschritt-Ber. VDI-Z. (1964) R. 5, Nr. 1, S. 1–33.

[4] STRASSBURG, F. W.: Kältetechnik Bd. 14 (1962) S. 280–286.

Die Kaltsprödigkeit wird durch die Kältebruchtemperatur gekennzeichnet, die üblicherweise durch Schlagversuche ermittelt wird. Genormte Abmessungen der Proben gibt es z. B. für Kunststoff-Folien. Aber auch Fertigteile aus Kunststoffen werden der Schlagprobe unterzogen. Festgestellt wird, bei stufenweiser Abkühlung, die Temperatur, bei der die Schlagbeanspruchung zum Bruch führt[1]. Bei Folien wird auch die mögliche Knickbeanspruchung einer Schlaufe bestimmt, indem eine aus der Folie gebildete Schlaufe bestimmter Abmessungen durch einen Spalt gezogen wird, der 4- bis 5mal so groß ist wie die Foliendicke. Die Schlaufe ragt in eine Kältekammer, in welcher die gewünschte Prüftemperatur herrscht[1].

Zur Messung der Kaltsprödigkeit bei Wechselbeanspruchung wird die Probe abwechselnd durch Biegung oder Knickung belastet; die Beanspruchung steht in einer bestimmten Relation zur Reißfestigkeit. Man bestimmt die Zahl der Lastwechsel in Abhängigkeit von der Untersuchungstemperatur und interpoliert die Kältebruchtemperatur bei Wechselbeanspruchung für eine bestimmte Lastwechselzahl. Die Übergangstemperaturen vom plastischen zum spröden Bereich liegen bei den Kunststoffen etwa zwischen −10 und −40 °C. Die Kältebruchtemperatur ist nicht nur von der Form der Proben, sondern auch von der Beanspruchungsart und der Beanspruchungsgeschwindigkeit abhängig.

Bei Elastomeren ist ihre Dämpfungsfähigkeit bei tiefen Temperaturen wichtig. Diese nimmt mit sinkender Temperatur ab und strebt einem konstanten Wert zu. Bei Druckbelastung stellt man im Tieftemperaturbereich eine bleibende Formänderung fest, schnelle Zugbelastung kann Risse verursachen[2].

Zur Untersuchung des Kälteverhaltens kann man Kühltruhen oder -schränke verwenden, die maschinell auf die erforderliche Temperatur gekühlt werden. In diese werden die recht verschiedenartigen Vorrichtungen zur Durchführung der Untersuchung eingebaut. Häufig sind sie von außen bedienbar (vgl. Abschn. A. III) und enthalten zur Reihenuntersuchung mehrere Proben gleicher Art[3].

b) Thermische Messungen. Unter den thermischen Eigenschaften ist die große Wärmeausdehnung der Kunststoffe von besonderer Bedeutung (Tab. 1).

Tabelle 1. *Wärmeausdehnungskoeffizient geformter Kunststoffe bei Normaltemperatur*[4].

Stoff	Ausdehnungs-koeff. $\alpha \cdot 10^6$ [grd^{-1}]
Polyvinylidenchlorid	190
Polyaethylen	180
Polyamid	103
Polystyrol	75
Zelluloseazetat	142
Phenolharz	31
Melaminharz	27

Die Ausdehnungskoeffizienten sinken mit abnehmender Temperatur, bei Polyäthylen z. B. um rd. 1,5% je Grad[4].

Eine Einrichtung zum Messen der Längenänderung von Gießharzen ist der in Abb. 67 dargestellte Thermostat.

Die Wärmeleitfähigkeit ist bei amorphen Kunststoffen im allgemeinen am niedrigsten und sinkt mit abnehmender Temperatur. Bei Hochdruck-Polyäthylen erreicht sie bei −100 °C einen Höchstwert, bei Niederdruck-Polyäthylen nimmt sie mit sinkender Temperatur zu[5] (vgl. auch Abb. 54 und A. I. 3b, Isolierstoffe).

3. Kälteprüfungen von Baustoffen.

a) Natur- und Kunststeine. Baustoffe werden auf ihr Verhalten unter wechselnden klimatischen Bedingungen geprüft. Bei Natursteinen z. B. mißt man nach

[1] Schulz, G., u. K. Mehnert: Kunststoffe Bd. 39 (1949) S. 157–180.
[2] Brown, R.: Rubber Age Bd. 78 (1955/56) S. 245–247.
[3] Schmidt, Th. E.: Z. ges. Kälteind. Bd. 49 (1942) S. 26–29.
[4] v. Meysenburg, C. M.: Kunststoffe Bd. 44 (1954) S. 13–15.
[5] Eiermann, K., K. H. Hellwege u. W. Knappe: Kolloid-Z. Bd. 174 (1961) S. 134–142.

DIN 52113 ihre Wasseraufnahme, die als kennzeichnend für die Frostbeständigkeit gilt. Es ist aber auch wichtig zu wissen, wie oft ein Baustoff den Wechsel von Gefrieren und Auftauen aushält. Bei einer solchen Untersuchung werden die Proben innerhalb weniger Stunden gefroren und anschließend wieder schnell auf die Ausgangstemperatur gebracht[1]. Bei -17 °C ist praktisch alles Wasser gefroren. Bleibende Schäden treten in der Regel beim Auftauen auf.

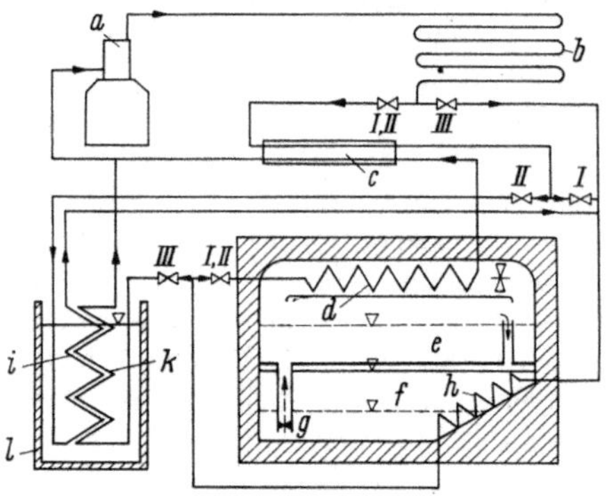

Abb. 60. Schema eines Apparates zur Prüfung von Baustoffen[1].

a Kompressor; *b* Kondensator; *c* Wärmeaustauscher; *d* 1. Verdampfer (Luftkühler); *e* Prüfkammer; *f* Wassertank; *g* Umwälzpumpe; *h* Kondensator und Unterkühler; *i* Unterkühler; *k* 2. Verdampfer (Solekühler); *l* Solebehälter.
I, *II* und *III*: Solenoidventile, die bei den Phasen *I* bis *III* gleichzeitig geöffnet sind.

In der Prüfkammer (Abb. 60) werden die Proben in der Periode I innerhalb von 2 Stunden bei -29 °C Verdampfungstemperatur abgekühlt. In der Periode II wird die Verdampfungstemperatur auf -45 °C gesenkt, wobei die zuvor in dem Solebehälter gespeicherte Kälte zur starken Unterkühlung und damit Leistungssteigerung des Luftkühlers benutzt wird. In der Periode III wird die Prüfkammer mit Wasser von $+4$ °C überflutet. Dabei läuft die Kältemaschine als Wärmepumpe und führt dem Wasser die Kondensationswärme zu, gleichzeitig wird der Speicher durch Abkühlen der Sole aufgeladen.

b) Isolierstoffe. Die als Kälteisolierungen geeigneten, mechanisch widerstandsfähigen Feststoffe sind in erster Linie die Schaumstoffe aus Polystyrol und Polyuräthan, sowie aus Gummi und Glas[2]. Von ihnen erwartet man gute Raumbeständigkeit und eine möglichst hohe Druckfestigkeit. Auch bei großen Temperaturgradienten sollen keine Spannungsrisse auftreten[3, 4].

Die Festigkeitseigenschaften wie Elastizitätsmodul, Bruchdehnung, Zusammendrückbarkeit und Schlagzähigkeit sind von der Struktur abhängig; diese richtet sich nach dem Herstellungsverfahren und der Dichte des Schaumstoffes[5]. Kunststoffschäume mit geringer Dichte sind meist nicht ausreichend reißfest.

Bei hochwertigen Isolierungen, zu denen alle Schaumstoffe zählen, ist die Wärmeleitzahl nicht mehr direkt vom Raumgewicht abhängig, sondern von der Größe und räumlichen Verteilung der Hohlräume im Schaumstoff sowie von dem in diesen befindlichen Gas[6, 7]. Auch bei Schaumkunststoffen mit geschlossenen Gasräumen kann eine Diffusion nicht vollkommen verhindert werden, so daß sich die Wärmeleitzahl allmählich ändern kann[8–10].

Bei Prüfeinrichtungen sind Veränderungen des Isolierwerts oft sehr störend.

---

[1] TENNEY, D., u. J. L. YOUNG: Refr. Engng. Bd. 58 (1950) 8, S. 768 (vgl. Referat in Kältetechnik Bd. 4 (1952) S. 247).
[2] CAMMERER, J. S.: Der Wärme- und Kälteschutz in der Industrie. Berlin/Göttingen/Heidelberg: Springer 1962.
[3] COOPER, A.: Proc. of the X. Int. Congr. of Refr., Bd. I (1960) S. 251–260.
[4] VAHL, L.: Proc. of the X. Int. Congr. of Refr., Bd. I (1960) S. 267–273.
[5] SCHMIDT, W.: Kunststoffe, Bd. 53 (1963) S. 413–420.
[6] SCHMIDT, TH. E.: Kältetechn. Bd. 4 (1952) S. 283.
[7] SCHMIDT, TH. E.: Forsch. Ing. Wes. Bd. 27 (1961) S. 10–14.
[8] HOCKING, C. S.: Allg. Wärmetechnik Bd. 11 (1962) S. 186–190.
[9] GLASER H.: Kältetechn. Bd. 10 (1958) S. 86–91, S. 174–179, S. 358–364 u. 386–390. Kältetechnik Bd. 11 (1959) S. 214–218 u. S. 345–349.
[10] DÜRHAMMER, W., u. A. ORT: Kältetechn. Bd. 10 (1958) S. 179–181.

Für tiefere Temperaturen werden Pulverisolierungen wegen ihrer niedrigeren Wärmeleitzahl bevorzugt, wie geblähtes Silicagel (Aerogel) oder vulkanisches Gestein (Perlit)[1, 2]. Sehr hochwertige Isolierungen sind Kombinationen aus Feststoff- oder Pulver-Isolierungen[3] (vgl. S. 106–107).

Zur Untersuchung der Wärmeleitung in Isolierstoffen bei tiefen Temperaturen kann man die im Innern einer isolierten Kugel bei bekanntem Druck verdampfende Kältemittelmenge messen[4], oder auch, nach NUSSELT[5], die Heizenergie, die einer isolierten, innen elektrisch beheizten Kugel in verdampfender Flüssigkeit zugeführt wird[6].

Der Plattenapparat nach PÖNSGEN eignet sich auch zur Messung der Wärmeleitkoeffizienten bei tiefen Temperaturen.

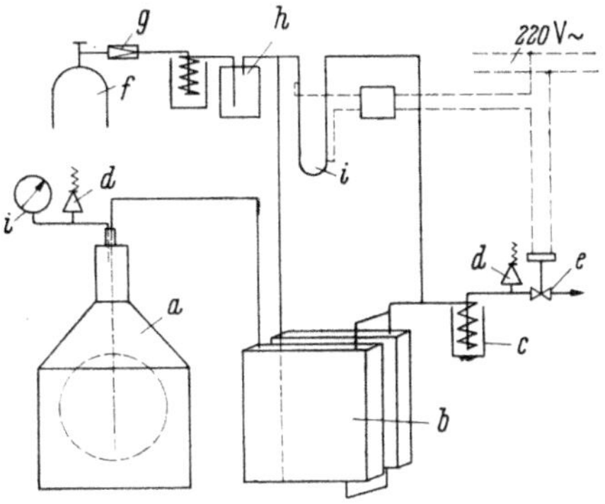

Abb. 61. Messen der Wärmeleitkoeffizienten im Plattenapparat[7].

a Vorratsbehälter für verflüssigtes Gas; *b* Plattenapparat; *c* Wärmeaustauscher; *d* Sicherheitsventile; *e* Elektrisch gesteuertes Auslaßventil; *f* Preßluft; *g* Reduzierventil; *h* Blasenzähler; *i* Manometer.

Bei der Apparatur nach Abb. 61 wird die Füllung der Platten mit dem kühlenden, verflüssigten Gas dadurch konstant gehalten, daß das Abblaseventil in Abhängigkeit vom gemessenen Überdruck geöffnet oder geschlossen wird, welcher der Flüssigkeitssäule der Plattenfüllung proportional ist. Eisbildung am Abblaseventil wird durch Anwärmen des austretenden Gases in einen Wärmeaustauscher verhindert. Zur Messung im Bereich sehr tiefer Temperaturen sind Spezialapparaturen entwickelt worden[8].

4. Kälteprüfung von Schmiermitteln.

Für das Kälteverhalten von Ölen sind in erster Linie der Stockpunkt (DIN 51583), die Ölviskosität (DIN 51503) und das Fließvermögen des Öles[9] nach (DIN 51568) kennzeichnend, für Fette die Penetration (DIN 51804). Die zur Messung gebräuchlichen Apparate können mit Hilfe der unter II. 1 beschriebenen Geräte gekühlt werden.

Häufig reichen jedoch diese Angaben nicht dazu aus, zuverlässige Aussagen über die Auswirkungen des Kälteverhaltens auf die Betriebseigenschaften von Maschinen, Apparaten usw. zu machen. In solchen Fällen sind Geräte zur möglichst schnellen wirklichkeitsnahen Prüfung mit reproduzierbarem Ergebnis erwünscht.

Ein solches Spezialgerät zur Untersuchung des Kälteverhaltens von Lagerschmierstoffen ist das Rotationsviskosimeter nach SCHWAIGER[10], Abb. 62.

Das Prüflager besteht aus einem Prüfzylinder mit vertikaler Achse, in dem sich, unter der Wirkung eines konstanten Drehmomentes, ein zweiter zylindrischer

---

[1] BLACK, J. A., u. P. E. GLASER: Adv. in Cryogenic Engineering Bd. 6 (1961) S. 32.
[2] BLACK, J., P. DOHERTY, P. GLASER u. M. MELLNER: Proc. of the XI. Int. Congr. of Refr., Bd. I (1965) S. 283–292.
[3] GLASER, P. E., u. J. A. BLACK: Bullet. Inst. Int. du Froid Bd. 40 (1960) Annexe 2, S. 79–90.
[4] Siehe Fußnote 6, S. 88.
[5] NUSSELT, W.: Forsch. Arb. Ingen. Wesens (1909) H. 63–64.
[6] CAMMERER, W. F.: Kältetechn. Bd. 12 (1960) S. 107–110.
[7] ACHTZIGER, J.: Kältetechn. Bd. 12 (1960) S. 372–375.
[8] COCKETT, A. H., u. W. MOLNAR: Cryogenics Bd. 1 (1961) H. 1.
[9] HENNENHÖFER: Erdöl u. Kohle Bd. 2 (1949) S. 450.
[10] SCHMIDT, TH. E.: Z. ges. Kälteind. Bd. 45 (1938) S. 145–149.

Körper dreht. Beide haben, zum raschen Temperaturausgleich und aus Gründen der Formtreue, hohe Radialrippen. Die doppelte Verdampferschlange, die das Prüflager umgibt, und der eingebaute Ventilator für Luftumwälzung sorgen für eine gleichmäßige Temperatur. Gemessen wird die Zeitdauer einer Umdrehung in Abhängigkeit von der Lagertemperatur. Diese Messungen gestatten z. B. eine

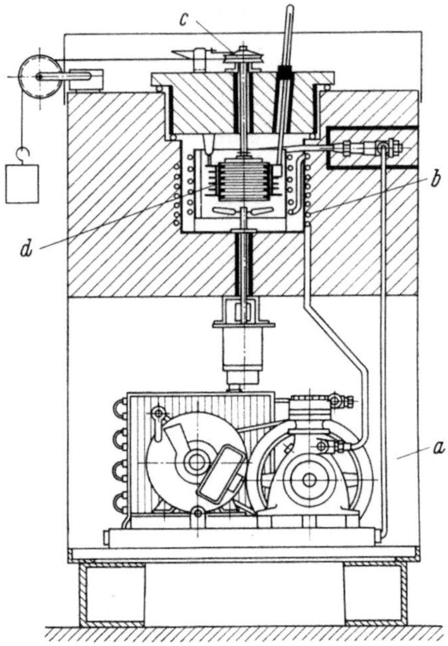

Abb. 62. Kälteviskosimeter[1] (A. Teves, Frankfurt/Main).
a Kältemaschine; *b* Verdampferschlange; *c* Drehzylinder mit Antrieb; *d* Feststehende Lagerschale.

Berechnung der Anlaufwiderstände und des Losbrechmomentes beim Ingangsetzen ausgekühlter Maschinen bei unterschiedlichen Schmiermitteln.

Das Verhalten von Kältemittel-Ölgemischen im Bereich tiefer Temperaturen ist von besonderer Bedeutung für das Betreiben von Kompressionskältemaschinen in diesem Bereich und wurde deshalb eingehend untersucht[2-4].

II. Kühlverfahren und Kryostate.

1. Solekühler und Flüssigkeitsthermostate.

Für den Temperaturbereich von etwa + 70 bis − 70 °C haben sich in den Laboratorien, bei nicht zu hohem Wärmeumsatz, vielseitig verwendbare Geräte mit eingebauten Kompressionskältemaschinen als geeignet erwiesen. Zu ihnen gehören vor allem die fahrbaren und stationären Flüssigkeitskühler, die es gestatten, ein Flüssigkeitsbad durch Heizung und Kühlung auf einer bestimmten Temperatur zu halten. Sie sind meist noch mit Vorrichtungen zum Anschließen einer Apparatur und zu deren Temperierung mit umlaufender Badflüssigkeit versehen. Die genaue Regelung der Badtemperatur oder, bei Flüssigkeitsumlauf, der Eintrittstempera-

[1] Siehe Fußnote 10, S. 89.
[2] LÖFFLER, H. J.: Kältetechn. Bd. 12 (1960), S. 71–75.
[3] STEINLE, H.: Kältetechn. Bd. 12 (1960) S. 334–339.
[4] THELEN, A.: Kältetechn. Bd. 11 (1959) S. 341–344.

tur in den Apparat, mit geringen Temperaturschwankungen auch bei wechselndem Kältebedarf, leichte Einstellbarkeit der Temperatur im gesamten Betriebsbereich und vollautomatischer Betrieb sind in der Regel verlangt.

Der fahrbare Solekühler in Abb. 63 hat eine Kältemaschine mit R 12 als Kältemittel, die bei -10 °C Verdampfungstemperatur 6800 kcal/h leistet. Sie arbeitet über ein thermisch gesteuertes Expansionsventil auf einen Schlangenverdampfer

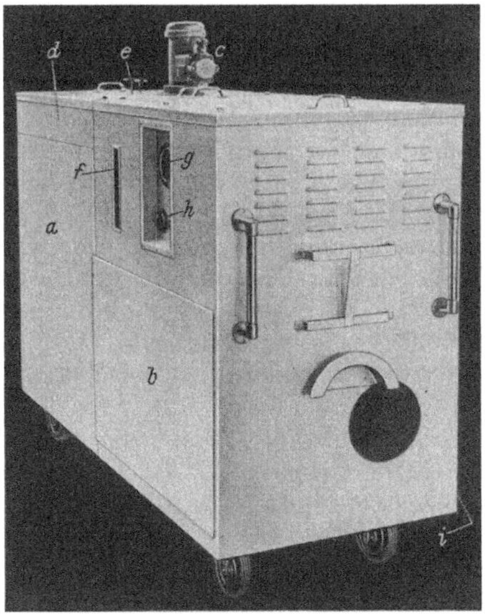

Abb. 63. Fahrbarer Solekühler (Linde, Sürth)

a Solebad mit Verdampfer; *b* Maschinenraum mit wassergekühlter Kältemaschine; *c* Tauchpumpe 120 W; *d* Anschlüsse für Flüssigkeitskreislauf; *e* Absperrventile; *f* Solestandanzeiger; *g* EinstellbaresKontaktthermometer; *h* Schalter für Maschine und Pumpe; *i* Kühlwasseranschlüsse.

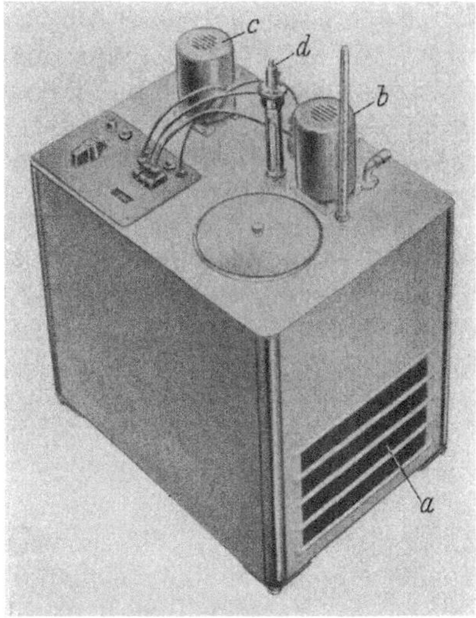

Abb. 64. Thermostat für Heizung und Kühlung (Gebr. Haake, Berlin).

a Maschinenabteil; *b* Druckpumpe; *c* Regelpumpe; *d* Kontaktthermometer.

im Solebehälter mit mehrfachem Durchgang. Die Sole kann bis auf -30 °C gekühlt werden. Der Soleinhalt darf, bei Anschluß eines Apparates, um rd. 26 l abnehmen.

Zur genauen Temperatureinhaltung kann man in einem besonderen Abteil des Behälters Sole auf tieferer Temperatur als erforderlich halten und diese mittels Pumpe der genau zu regelnden Sole in einer Mischkammer, die noch zusätzlich ein elektrisch beheiztes Element hat, im anderen Teil geregelt zuführen. Mit Hilfe eines genau arbeitenden Thermostaten wird auf diese Weise, sofern die Badflüssigkeit auch im geregelten Abteil umgewälzt wird, eine hohe Temperaturkonstanz erzielt.

Abb. 64 zeigt einen derartigen Solekühler mit eingebauter Kältemaschine von $^1/_3$ PS, ausgerüstet mit zwei elektrischen Heizstufen, temperaturgesteuerter Regelpumpe und Umwälzpumpe, verwendbar im Bereich von -30 bis $+100$ °C, mit Temperatureinhaltung auf $\pm 0{,}02$ °C.

Bis zu etwa -70 °C kühlt man mit zweistufiger Verdichtung oder mit einfacher Kaskadenkälteanlage (vgl. S. 76). Die Kältemaschine wird im allgemeinen nicht zur Temperaturregelung aus- und eingeschaltet, man verringert die Leistung lieber durch Rückführen von Kältemitteldampf von der Druck- auf die Saugseite über ein in Abhängigkeit von der Badtemperatur gesteuertes Ventil. Stets wird die Flüssigkeit mittels Rührwerk oder Pumpe umgewälzt, um die Badtemperatur gleichmäßig zu halten. Messungen an einem Solekühler im Temperaturbereich von – 30 bis – 75 °C mit 8 l Badinhalt, der bei – 30 °C eine Nutzkälteleistung von 100 W hat, ergaben eine Abkühlgeschwindigkeit bei 0 °C von 0,5 °C/min; sie sinkt etwa linear bis auf 0,1 °C/min. Die Nutzkälteleistungen sinken im angegebenen Bereich linear um etwa 2,2% je Grad[1].

2. Verdampfungskryostate.

Die Erzeugung tiefer Temperaturen durch Verdampfung verflüssigter Gase ist bis zu den tiefsten Temperaturen eine dem Laboratoriumsbetrieb besonders entsprechende Methode. Als vorteilhaft gilt die Verdampfung bei Normaldruck oder geringem Überdruck, so daß die erzielbare tiefste Temperatur also nahe bei dem Siedepunkt liegt. Die Apparatur wird damit von der Verflüssigungseinrichtung unabhängig, u. U. wird sogar auf die Wiedergewinnung des verdampften Mediums verzichtet (Verschleißprozeß, vgl. Handb. Bd. III, S. 1–4).

Als Kältemittel ist in erster Linie Trockeneis zu erwähnen, das, mit einer Dichte von rd. 1,4, relativ billig erhältlich ist. Seine bequeme Handhabung und relative Ungefährlichkeit sind zusätzliche günstige Eigenschaften. Bei der Sublimation werden rd. 137 kcal/kg bei – 78,9 °C gebunden[2] (vgl. auch Handb. Bd. IV, S. 456). Bei der Sublimation in einer Gasatmosphäre erzielt man eine, dem geringeren Teildruck entsprechende, tiefere Temperatur.

Trockeneis wird auch zur indirekten Kühlung benutzt, indem man in der als Kälteträger dienenden Flüssigkeit Trockeneis verdampfen läßt, oder indem man die umlaufende Flüssigkeit über eine Wärmeaustauschfläche, z. B. in einer Rohrschlange, mit Hilfe des Trockeneises kühlt. Unter Verzicht auf Temperaturgefälle erreicht man dabei eine gleichmäßigere und leichter regelbare Kühlung.

Von der Verschleißkühlung durch Verdampfung von Stoffen mit niedrigem Siedepunkt, die bei normaler Temperatur in Druckbehältern flüssig aufbewahrt werden (Kältemitteln), wird nur selten Gebrauch gemacht. Für Temperaturen unter – 80 °C benutzt man vorzugsweise verflüssigte Gase. Die Eigenschaften der wichtigsten hierfür in Betracht kommenden Gase sind in Tab. 2 zusammengestellt (vgl. auch Bd. VIII, S. 369). Unterhalb des Siedepunkts der flüssigen Luft oder des flüssigen Stickstoffs liegt das eigentliche Tieftemperaturgebiet, der Bereich der Kryotechnik.

Tabelle 2. *Eigenschaften verflüssigter Gase.*

	Mol-Masse [kg/kmol]	T_s* [°K]	T_k [°K]	p_k [kp/cm²]	T_{Tr} [°K]	p_{Tr} [torr]	Dichte d. Flüssigk. [kg/dm³]	Verdampfungswärme	
								[kcal/kg]	[kcal/dm³]
N_2	28,016	77,4	126,1	34,6	63,2	94	0,805	48	38,6
Ne	20,183	27,17	44,5	27,8	24,6	325	1,204	21,2	25,6
H_2	2,016	20,4	33,2	13,4	14,0	54	0,0705	107	7,55
^4He	4,003	4,21	5,2	2,34	—	—	0,125	5,15	6,45

* bei 760 torr.

Stickstoff ist das in Kryostaten wohl am häufigsten benutzte Kühlmittel, der die flüssige Luft verdängt hat, teils wegen der mit dieser verbundenen Gefahren, teils wegen der gleitenden Siedetemperatur des Stickstoff-Sauerstoff-Gemisches. Bei längerem Betrieb von Kryostaten mit flüssigem Stickstoff kann sich aber auch eine Anreicherung des Stickstoffs mit Sauerstoff einstellen, der im Stickstoff als Verunreinigung vorhanden ist.

---

[1] WEBER, W.: Kältetechn. Bd. 9 (1957) S. 35–37.

[2] Kältemaschinen-Regeln, 5. Aufl., Karlsruhe: Müller.

Mit Neon erreicht man einen Temperaturbereich, der für viele Zwecke von besonderer Bedeutung ist (vgl. Abschn. B). Trotz verhältnismäßig kleiner Verdampfungswärme ist seine auf das Gasvolum bezogene Kälteleistung rd. dreimal so groß wie die von Wasserstoff. Die Verluste während der Bevorratung von flüssigem Neon sind deshalb relativ klein. Außerdem zeichnet sich Neon durch seine Ungefährlichkeit aus. Ein gewisser Nachteil ist, daß die kritische Temperatur der Siedepunkt und der Tripelpunkt recht benachbart sind[1]. Trotzdem kann man durch Abpumpen des Dampfes bei $p = 6$ Torr festes Neon sublimieren und dabei 17,8 °K erreichen.

Die Verwendung von flüssigem Wasserstoff bedingt Maßnahmen, welche die Bildung explosionsfähiger Gemische oder die Reaktion mit Untersuchungsmaterial in der Apparatur verhindern. Wegen der sehr geringen elektrischen Leitfähigkeit des flüssigen Wasserstoffs sind elektrostatische Aufladungen möglich. Bei zweiphasiger Strömung können diese bis zu 10 V/cm betragen, so daß die Leitungen geerdet sein müssen. Die Trennung in Ortho- und Parawasserstoff, die bei längerer Lagerung eintritt, ist mitunter störend.

Helium wird zur Kühlung von Kryostaten in zunehmendem Umfang benutzt. Die USA hatten zunächst wegen der technisch gut auszubeutenden Helium-Vorkommen in Texas eine Monopolstellung, die durch Funde in Kanada aufgehoben wurde. Der Preis des Heliums wird durch lange Transportwege wesentlich gesteigert, so daß er z. B. in Europa das 3- bis 4fache beträgt. Während gegenwärtig noch Helium in Stahlflaschen mit hoher Tara transportiert wird, kommt mit Zunahme der transportierten Menge der Versand von flüssigem Helium in Leichtmetallbehältern großen Fassungsvermögens bei gleichzeitiger Verringerung der Transportdauer durch Luftfracht zum Zug. Diese Entwicklung wird gefördert durch die stetigen Fortschritte beim Transport und der Lagerung anderer verflüssigter Gase bei tiefen Temperaturen[2].

Um Temperaturen abweichend vom Siedepunkt zu erzielen, wird bei der Verdampfung der Druck geändert. Die Druckänderungen beschränken sich üblicherweise auf das Gebiet von etwa 50 bis 1500 Torr. Dies genügt nicht, die Spanne der gerade im Tieftemperaturbereich relativ weit auseinanderliegenden Siedepunkte der Gase lückenlos zu überbrücken. Deshalb wird bei Kühlung mit flüssigem Wasserstoff z. B. Neon als flüssiger Kälteträger eingeschaltet. Dabei darf der Tripelpunkt des Neon nicht unterschritten werden (vgl. Tab. 2), womit die praktisch erreichbare tiefste Temperatur festliegt. Bei Helium werden durch Verdampfung bei Unterdruck 1,9 °K erzielt, über eine längere Zeit hinweg werden so äußerstens 2,5 °K aufrecht erhalten. Zur Druckerniedrigung dienen Vakuumpumpen, seltener macht man von der Möglichkeit Gebrauch, in eine Gasatmosphäre hinein zu verdampfen, wobei der Partialdruck, welcher der Konzentration entspricht, die Verdampfungstemperatur bestimmt.

Hingegen ist es recht gebräuchlich, bei leichtem Überdruck zu verdampfen, besonders weil so, lediglich durch Regelung des Druckes, eine sehr gute Temperaturkonstanz zu verwirklichen ist.

Der Kryostat ist mit einem Vorratsbehälter, der das verflüssigte Gas enthält, durch eine Heberleitung verbunden, die durch einen Vakuummantel isoliert ist. In dem geschlossenen Vorratsgefäß erzeugt bereits die Verdampfung durch Wärmeeinfall einen gewissen Überdruck, der meist ausreicht, die Flüssigkeit zum Kryostaten zu drücken (Abb. 65).

Das Vorratsgefäß enthält flüssiges Helium oder flüssigen Wasserstoff und ist

---

[1] Bewilogua, L.: Kältetechn. Bd. 17 (1965) S. 185–187.
[2] Streich, M.: Kältetechn. Bd. 17 (1965) S. 187–193.

zur Verringerung der Kälteverluste eingebettet in ein Mantelgefäß mit flüssigem Stickstoff. Das Helium im Kryostaten ist ebenfalls durch einen Kälteschirm im Vakuummantel geschützt. Als Kälteschirm dient auch eine das Flüssigkeitsgefäß umgebende Rohrwendel, die von dem kalten, aus dem Gefäß austretenden Gas durchströmt ist[1].

In Abb. 65 wird der Zufluß bzw. der Flüssigkeitsstand im Kryostaten durch ein Handventil geregelt. Zur automatischen Regelung benutzt man gesteuerte Absperrventile[2,3], die den Druck im Vorratsbehälter regeln in Abhängigkeit vom

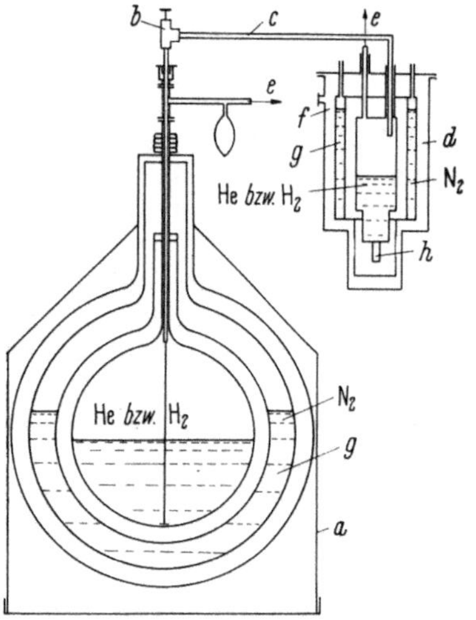

Abb. 65. Kryostat mit Vorratsbehälter[1].
a Vorratsgefäß; *b* Ventil; *c* Heberleitung; *d* Kryostat; *e* Gasaustritt; *f* Vakuummantel; *g* Schutzmantel mit Stickstoff-Verdampfung; *h* Probe.

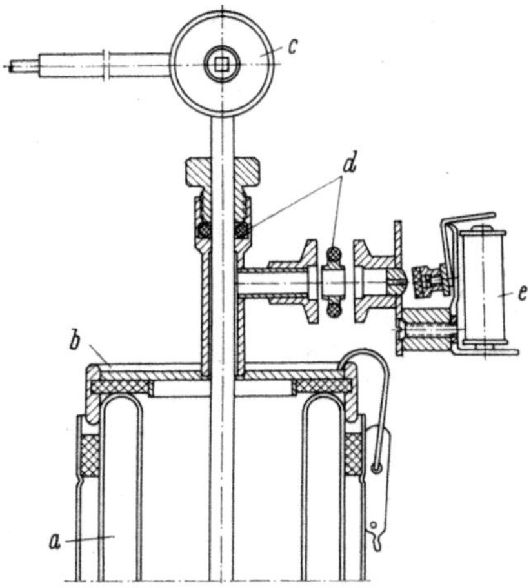

Abb. 66. Elektrisch durch Widerstandsthermometer gesteuertes Druckablaßventil[3].
a Vorratsgefäß; *b* Verschlußdeckel; *c* Heberleitung mit Regelventil; *d* Ringdichtungen; *e* Magnetventil.

Flüssigkeitsstand im Kryostaten. Zur Steuerung kann man an der Meßstelle des Steuergeräts vom unterschiedlichen Wärmeübergang der flüssigen und dampfförmigen Phase Gebrauch machen[4,5].

Die Kältemittelzufuhr soll möglichst wenig unterbrochen werden, weil dann die Kältemittelverluste am geringsten und die Temperaturschwankungen am kleinsten sind. Die Regelventile werden deshalb gerne als Beipaßventile ausgebildet, die eine sehr genaue Einstellung erlauben.

Bei geringem Kältebedarf kann man mit Gaskühlung arbeiten, wobei man durch geregelte elektrische Erwärmung des durch Verdampfen entstandenen Gases jede Temperatur oberhalb des Siedepunktes sehr genau und mit den geringsten Temperaturschwankungen ΔT einzuhalten vermag. Man erzielt so $\frac{\Delta T}{T} = 2 \cdot 10^{-4}$ im Bereich von 293 bis 4,2 °K[1].

Beim radioaktiven Zerfall von Tritium entsteht das Isotop ^{3}He (Siedepunkt 3,2 °K). Mit diesem können bei Unterdruck Temperaturen unter 1 °K erreicht werden, da nicht, wie bei ^{4}He, Superfluidität eintritt. Stickstoff und ^{4}He werden zur Vorkühlung des Kryostaten benutzt. Das ^{3}He durchläuft einen geschlossenen

[1] Siehe Fußnote 1 S. 83.
[2] ROIZEN, L. I., u. V. K. GANNUS: Cryogenics Bd. 2 (1962) S. 145.
[3] KLIPPING, G., u. H. W. FOCK: Kältetechn. Bd. 12 (1960) S. 377–378.
[4] KLIPPING, G., u. R. C. RASS: Kältetechn. Bd. 13 (1961) S. 283–285.
[5] THIELE, K.: Kältetechn. Bd. 15 (1963) S. 290–294.

Kältemaschinenkreislauf, wobei es mechanisch von 0,12 Torr auf 80 Torr verdichtet wird; es kondensiert bei der Vorkühlung. Man erreicht mit einer solchen Kältemaschine 0,5 °K und eine Kälteleistung von etwa 10^{-5} W. Der Preis von ^{3}He ist jedoch außerordentlich hoch[1].

3. Kryostate mit thermoelektrischer Kühlung.

Sofern es sich darum handelt, kleine Kälteleistungen bei mäßig tiefen, konstanten Temperaturen zu erzeugen, kann man mit Peltier-Elementen zu guten Lösungen kommen. Ein Vorteil dieser Geräte ist, daß sie lediglich durch Umschalten kühlen oder heizen, erschütterungsfrei arbeiten und an der gekühlten Fläche hohe Wärmestromdichten zu erreichen gestatten. Außerdem sind sie leicht auf konstante Temperatur zu regeln, da der beim Abschalten sich umkehrende Wärmestrom als Gegenheizung wirkt.

Die Peltier-Elemente sind meist Mantelflächen des Kryostaten, sie können auch berippt sein. Eine Anordnung zur Temperierung kleiner Proben zeigt Abb. 67.

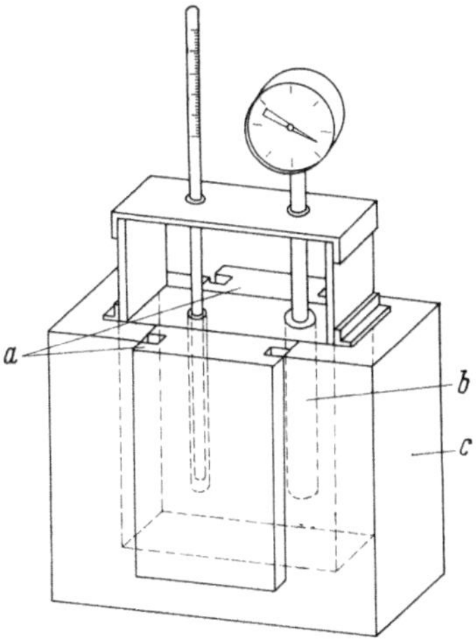

Abb. 67. Thermostat mit Peltier-Kühlung zur Untersuchung von Gießharzen[2]. *a* Peltier-Elemente; *b* Aluminium-Block mit Bohrungen; *c* Isolierung.

In der Bohrung des Aluminiumblocks wird eine sehr gleichmäßige Temperatur eingehalten. Ähnliche Ausführungen dienen als Null-Stellen in Temperaturmeßbrücken mit Thermoelementen[3]. Hierbei wird mit einer Peltier-Batterie Wasser in einem geschlossenen Behälter teilweise gefroren, die Volumzunahme bewirkt, daß ein Steuergerät den Strom abschaltet. Beim Schmelzen der Eisschicht wird das ursprüngliche Volum wieder hergestellt und die Kühlung eingeschaltet. So bleibt das Wasser stets genau auf Null Grad.

Die Konstruktion der Geräte wird weitgehend durch die Wärmeabgabe auf der warmen Seite bestimmt. Während die Wärmestromdichte an der Lötstelle etwa 1 W/cm² (8600 kcal/m²h) beträgt, ist die bei freier Konvektion an Luft übertragbare Wärme etwa 1% dieses Wertes. Dies fällt besonders auf der warmen Seite ins Gewicht, da dort die abzugebende Wärme rd. das 3- bis 5fache der aufgenommenen ist[4, 5]. Zur Verbesserung der Wärmeübertagung sieht man Rippenflächen vor, mitunter zusätzlich einen Ventilator. Durch Zwischenschalten eines verdampfenden und kondensierenden Mediums als Wärmeübertragungsmittel gelingt es, allerdings bei wesentlich vergrößerten Abmessungen des Geräts, die Wärme auch bei hohen Wärmestromdichten an den Elementen mit üblichen Wärmeaustauschern zu übertragen. Anordnungen dieser Art können so konstruiert werden, daß der Wärmefluß bei stromlosen Elementen weitgehend unterdrückt ist[5].

Wirkungsweise und Berechnung der Peltier-Elemente sind in Handb. Bd. III, S. 52 ausführlich behandelt. Die Güte eines Peltier-Elementes wird meist durch die thermoelektrische Effektivität Z gekennzeichnet. Eine Effektivität $Z = 3 \cdot 10^{-3}$

---

[1] Hilsch, R., u. G. v. Minnigerorde: Kältetechn. Bd. 14 (1962) S. 394–396.
[2] Böke, K., u. L. Grimm: Chemie-Ing.-Technik Bd. 37 (1965) S. 156.
[3] Danielson, W. R.: Refr. Eng. Bd. 67 (1959) H. 2, S. 30–33.
[4] Birkholz, U.: Kältetechn. Bd. 13 (1961) S. 335–339.
[5] Müller, H.: Kältetechn. Bd. 15 (1963) S. 137–143.

[grd^{-1}] gilt heute, vom Material her gesehen, als erreichbar[1]. Desto mehr fallen die Einbußen ins Gewicht, die bei der Fertigung der Elemente entstehen[2, 3].

Von besonderer Bedeutung ist auch die Verringerung der Effektivität mit abnehmender Temperatur, die den Einsatzbereich von Peltier-Elementen sehr einschränkt, denn Z nimmt, in erster Annäherung, mit sinkender Temperatur der kalten Seite linear ab[2–5]. Ein übersichtliches Diagramm über die mit handelsüblichen Peltier-Elementen erzielbaren Temperaturen und Leistungen ist bei[2] angegeben.

Um tiefere Temperaturen zu erreichen, werden Peltier-Elemente in Form von mehrstufigen Kaskaden geschaltet. Die Auslegung der einzelnen Stufen und die Technologie bieten nicht unerhebliche Schwierigkeiten. Neuartige Schaltungen von Thermoelementen, die manche Vorzüge bieten, hat ELFVING vorgeschlagen[6].

4. Kryostate mit Gaskältemaschinen.

Im Temperaturbereich unter −100 °C gewinnen Gaskältemaschinen zunehmend an Bedeutung, zumal mit ihnen der gesamte Temperaturbereich bis zur Temperatur des flüssigen Heliums sicher, auch über lange Zeiträume, beherrscht wird. Die Entwicklung war auf diesem Gebiet besonders erfolgreich. Hinsichtlich der Kälteleistung erstreckt sich der Bereich von Bruchteilen eines Watt bis zu Großanlagen, die 700 l/h Helium verflüssigen. Von besonderer Bedeutung für Laboratorien sind Gaskältemaschinen zur Verflüssigung von Luft, Wasserstoff, Neon und Helium, die sich, serienmäßig gebaut, durch gute Betriebssicherheit und geringe Ansprüche an Bedienung und Wartung auszeichnen. Anlagen dieser Art dienen entweder zur Rückverflüssigung der Gase oder auch, als Kältemaschinen mit geschlossenem Kreislauf, zur direkten Kühlung.

Gaskältemaschinen sind zunächst allgemein im Temperaturgebiet unter −150 °C im Vorteil, sodann auch bei höheren Temperaturen, wenn von hoher auf tiefe Temperatur gekühlt werden muß und wenn hohe und tiefe Temperatur einander ablösen. Bei den meisten Gasen ist außerdem die mit dem Ausströmen des Arbeitsstoffes verbundene Gefahr geringer. Die bei Kaltdampfmaschinen im Stillstand durch Wärmeaufnahme verursachte Drucksteigerung tritt in Gaskältemaschinen nicht ein. Sofern Stoffströme im Gegenstrom zu dem sich erwärmenden Arbeitsmittel in der Kaltgasmaschine abgekühlt werden, ist die für die Leistungszahl maßgebliche thermodynamische Bezugstemperatur das logaritmische Mittel der Anfangs- und Endtemperatur des arbeitenden Gases[7], die höher ist als die tiefste Temperatur. So wird die Gaskältemaschine auch in wirtschaftlicher Hinsicht, trotz kleinerer spezifischer Kälteleistung, bereits bei Temperaturen unter −100 °C interessant. Gerade für die Kühlung in Laboratorien, wo zudem noch wirtschaftliche Gesichtspunkte gegenüber den anderen, eingangs erwähnten zurückzutreten pflegen, finden deshalb Gaskältemaschinen auch bereits im Bereich über −100 °C zunehmend Anwendung.

a) Gaskältemaschinen mit Temperaturerniedrigung durch Drosselung und durch Expansion. Die Gaskältemaschinen sind im Handb. in Bd. III, V und VIII ausführlich behandelt. Hiernach sind bei Maschinen mit Temperaturerniedrigung

---

[1] HAACKE, G.: Kältetechn. Bd. 14 (1962) S. 66–69.
[2] HÄNLEIN, W.: Kältetechn. Bd. 16 (1964) S. 388–395.
[3] JUSTI, E.: Kältetechn. Bd. 12 (1960) S. 126–136.
[4] VOIGT, H.: Proc. of the X. Int. Congr. of Refr. Bd. I (1960) S. 110–114.
[5] POGANSKI, S.: Kältetechn. Bd. 13 (1961) S. 245–249.
[6] US Patent 3196620 vom 27. 7. 1965; vgl. Referat in Kältetechn. Bd. 18 (1966) S. 19–21.
[7] NESSELMANN, K.: Kältetechn. Bd. 8 (1956) S. 73–75.

durch Drosselung (Linde-Prozeß) erst bei hohen Drücken gute Leistungsziffern zu erzielen. Da man einstufig nicht über $p/p_0 = 5$ hinausgehen wird, ist z. B. bei einer oberen Temperatur von $T = 300$ °K und der tiefsten Temperatur $T_0 = 140$ bis 150 °K theoretisch im günstigsten Fall eine Leistungsziffer $\varepsilon_{\max} = 0{,}222$ erreichbar, wobei niederdruckseitig $p_0 = 47$, hochdruckseitig $p = 235$ at einzuhalten sind (vgl. Handb. Bd. VIII, S. 66). Man kann diesen Prozeß deswegen nur in Erwähnung ziehen, wenn die durch die hohen Drücke bedingten hohen Kosten einer solchen Anlage nicht ins Gewicht fallen, d. h. bei großen Leistungen.

Der theoretisch günstigere Kreisprozeß mit Entspannung des Gases unter Arbeitsleistung (vgl. Handb. Bd. II, S. 67—70 und 77—80, Bd. III, S. 6—13) erzielt die Leistungsziffer $\varepsilon = \frac{T_0}{T}$, wenn auf Rückgewinnung der bei niedrigen Temperaturen T_0 nur geringfügigen Expansionsarbeit verzichtet wird. Kompressionsarbeit und Kälteleistung nehmen mit dem Druckverhältnis in gleichem Umfang zu.

Die Abweichungen des wahren Prozesses vom theoretischen, insbesondere der große Einfluß der Maschinenwirkungsgrade und der Gütegrade der Gegenströmer auf den Gütegrad des Prozesses, sowie dessen Abhängigkeit von den Temperaturen, innerhalb deren der Prozeß abläuft, wurde eingehend untersucht[1, 2]. Eine wesentliche Steigerung erfährt der Prozeßwirkungsgrad durch mehrstufige Entspannung, die sich in gleichem Maße auswirkt wie eine Steigerung des Gütegrads des Wärmeaustauschers.

Die besten Prozeßgütegrade erreicht die Kaltgasmaschine mit einer einzigen Expansionsstufe in der Gegend von —170 °C; wegen des großen Einflusses der Maschinenwirkungsgrade, die bei großen Anlagen besser zu sein pflegen, verschiebt sich diese Temperatur mit größer werdender Anlage nach unten.

Bei größeren Anlagen finden zunehmend Expansionsturbinen Anwendung, die auch bei sehr kleinen Abmessungen gute Wirkungsgrade erreichen[3, 4].

Expansion in zwei Stufen erlaubt es, bei der Helium-Verflüssigung die früher übliche Kühlung im Gegenströmer mit flüssigem Wasserstoff wegfallen zu lassen[5].

Helium-Verflüssigungsanlagen arbeiten meist gleichzeitig mit Expansion und Drosselung in der Weise, daß auf die unterste Expansionsstufe die Abkühlung eines Teiles des Hochdruckgases in einer Drosselstufe folgt.

Das verdichtete Helium wird nach Abb. 68 zunächst mit Kühlwasser und anschließend durch inneren Wärmeaustausch im Gegenströmer abgekühlt. Zusätzliche Kühlung mit verdampfendem Stickstoff, wodurch die Verflüssigungsleistung der Anlage fast verdreifacht wird, bringt die Temperatur des Heliums im Hochdruckteil auf etwa 80 °K. Mit rd. 40 °K tritt der erste Teilstrom in die erste Expansionsturbine ein, und kühlt sich (theoretisch isentrop) auf 24 °K ab. Der zweite Teilstrom wird mit 17,5 °K der zweiten Expansionsmaschine zugeführt und erreicht theoretisch 8 °K. Mit 5 °K tritt das Helium in das Drosselventil und wird auf $p_0 \sim 1$ at entspannt. Mit Hilfe der zwei Expansionsstufen gelingt es also, den zu verflüssigenden Teilstrom auf eine Temperatur vorzukühlen, der bei Drosselung auf p_0 zu Naßdampf wird. Insgesamt fallen rd. 9% des Heliums flüssig an[6]. Die Inversionstemperatur von Helium, die bekanntlich unterschritten werden muß, wenn eine Temperatursenkung durch Drosselung eintreten soll, liegt bei rd. 40 °K.

---

[1] GLASER, H.: Kältetechn. Bd. 1 (1949) S. 143–147.
[2] STEPHAN, K.: Kältetechn. Bd. 9 (1957) S. 314–318.
[3] STRASS, W.: Kältetechn. Bd. 11 (1959) S. 136–144.
[4] PLANK, R.: Kältetechn. Bd. 14 (1962) S. 269.
[5] MEISSNER, W.: Phys. Zeitschr. Bd. 43 (1942) S. 241–274.
[6] ROBINSON, G. Y.: Kältetechn. Bd. 16 (1964) S. 236–238.

Auch für diesen Prozeß gibt es optimale Betriebsbedingungen. Bei zusätzlicher Beachtung wirtschaftlicher und betrieblicher Gesichtspunkte kommt man zu Betriebsdaten, die nicht unwesentlich von den theoretischen Bestwerten abweichen.

Helium-Verflüssigungsanlagen kleiner und mittlerer Leistung benützen Kolbenexpansionsmaschinen, die für hohe Drücke und Druckverhältnisse besser geeignet sind als Expansionsturbinen, aber größere mechanische Schwierigkeiten bieten. Sie wurden ursprünglich mit gesteuerten Ventilen gebaut[1, 2], wodurch ihre Drehzahl auf etwa $n = 400$ U/min begrenzt war. Wesentlich höhere Drehzahlen wurden zulässig, als, anstelle der Ventile, vom Kolben selbst gesteuerte Schlitze vorgesehen wurden[3]. Der Kolben gleitet ohne Schmierung mit enger Passung im Zylinder. Nur bei geringen Spaltverlusten sind gute Wirkungsgrade erzielbar. Der beste, bei kleinen Maschinen erreichte Wirkungsgrad, beträgt 0,81. Die Temperaturerniedrigung ist abhängig vom Volumverhältnis vor und nach der Expansion und von den Wandungsverlusten im Zylinder.

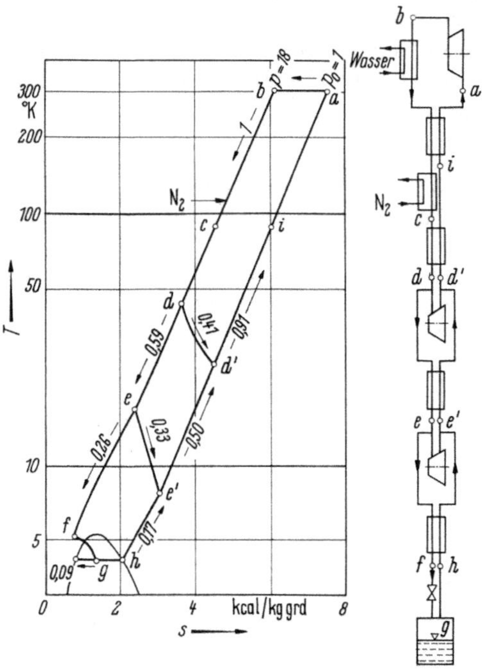

Abb. 68. Gaskälteanlagen mit Helium-Verflüssigung.

a—b dreistufige Verdichtung; *b—c* Abkühlung durch inneren Wärmeaustausch und Verdampfung von flüssigem Stickstoff; *c—d* Abkühlung durch inneren Wärmeaustausch; *d—d'* Expansion des ersten Teilstroms; *d—e* Abkühlung durch inneren Wärmeaustausch; *e—e'* Expansion des zweiten Teilstroms; *e—f* Abkühlung durch inneren Wärmeaustausch; *f—g* Drosselung; *d—a* Erwärmung des rückströmenden Heliums.

Besonders sorgfältig werden die Apparate für den inneren Wärmeaustausch durchgebildet, damit sie einen hohen Gütegrad bei kleinem mittlerem Temperaturabstand und geringem Druckverlust erreichen, wenig Raum einnehmen und nicht störanfällig sind (vgl. Handb. Bd. VIII, S. 91, S. 232—254 und S. 210 bis 316). Zu den aus Rohren bestehenden Kreuzgegenströmern sind die raumsparenden Kanalplatten-Wärmeaustauscher gekommen, die es gestatten, den Wärmeaustausch zwischen mehreren Strömen in einem Apparat unterzubringen und die Austauschfläche sowie die Strömungs-Querschnitte gut anzupassen, Abb. 69.

Die Gegenströmer werden, zusammen mit Expansionsmaschine und Sammler für das verflüssigte Gas, in einem Kessel untergebracht, der auf 10^{-4} Torr evakuiert wird. Bei kleineren Einheiten werden die Wärmeaustauscher und Expansionsmaschinen in metallischen Dewargefäßen montiert. Zusätzlich wird ein mit flüssiger Luft- oder Stickstoff gekühlter Kälteschirm eingebaut.

Höchste Reinheit des Heliums ist für den Dauerbetrieb unerläßlich. Zwei adsorptive, mit flüssiger Luft gekühlte Reiniger sorgen für die Entfernung von Wasserdampf, Öl und eingedrungener Luft.

---

[1] Siehe Fußnote 5 S. 97. – [2] COLLINS, S. C.: Rev. Sci. Instr. Bd. 18 (1947) S. 157.
[3] DOLL, R., u. F. X. EDER: Kältetechn. Bd. 16 (1964) S. 5–11.

Das Helium wird 3- oder 4stufig in luftgekühlten Hochdruckkompressoren verdichtet. Zwei Gasbehälter von je 1 m³ Inhalt sind mit den Kompressoren bzw.

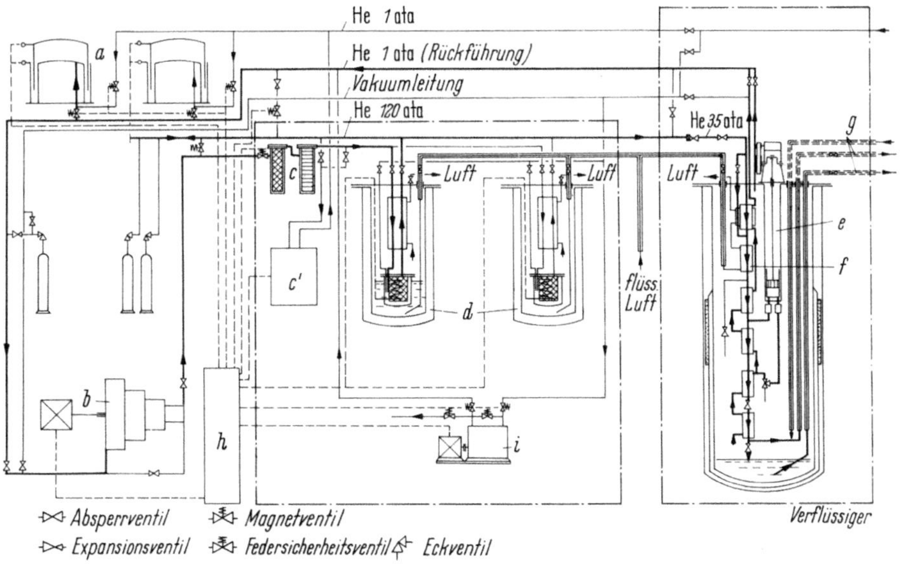

Abb. 69. Schema einer Linde-Meißner-Helium-Verflüssigungs-Anlage (Linde, Höllriegelskreuth).

a Gasbehälter; *b* Kompressor mit Antrieb; *c* Ölabscheider und Trockner; *d* Reiniger; *e* Expansionsmaschine; *f* Gegenströmer; *g* Anschlüsse für He-Kreislauf; *h* Schaltschrank; *i* Vakuumpumpe.

den Speichergefäßen verbunden. Die Kompressoren sind so bemessen, daß das Helium auch in Flaschen abgefüllt werden kann. Die wichtigsten Betriebsdaten gibt Tab. 3:

Tabelle 3. *Betriebsdaten der Linde-Meißner-Helium-Verflüssigungsanlagen.*

Type	VR4	VR8
Leistungsbedarf im stationären Betrieb	9	18 kW
Platzbedarf	20	24 m²
Umlaufende He-Menge..........................	2	3 Nm³
Kaltfahrzeit	50	100 min
Verflüssigungsleistung im stationären Betrieb	4	8 l/h
Kälteleistung bei Kreislaufbetrieb (T = 4,4 °K)	15	30 W

Eine Anlage mit einer Kälteleistung von 350 W bei 4,5 °K, mit Expansionsturbinen zeigt Abb. 70[1, 2].

Sofern der Anlage kein Helium entnommen wird, ist der Gasbehälter entbehrlich.

Eine Kaskadenschaltung kann betriebliche Vorteile bringen[3, 4]. In der Vorstufe (Abb. 71) wird das Helium von etwa 3 auf 9 at verdichtet, in der ersten Turbine von etwa 55 °K durch Entspannung auf 5 at auf 49 °K gebracht, in der

[1] Sellmaier, A., u. W. Strass: Linde-Berichte aus Technik u. Wissensch. H. 17 (1964) S. 7–14.

[2] Baldus, W., u. A. Sellmaier: Int. Advances in Cryogenic Engineering Bd. 10 (1965) S. 13–21, Plenum Press, New York.

[3] Liem, T. H.: Techn. Rundschau Sulzer Bd. 45 (1964) Heft 3, S. 1–5.

[4] Ergenc, S., U. Giger u. Ch. Trepp: Kältetechn. Bd. 16 (1964) S. 296–301.

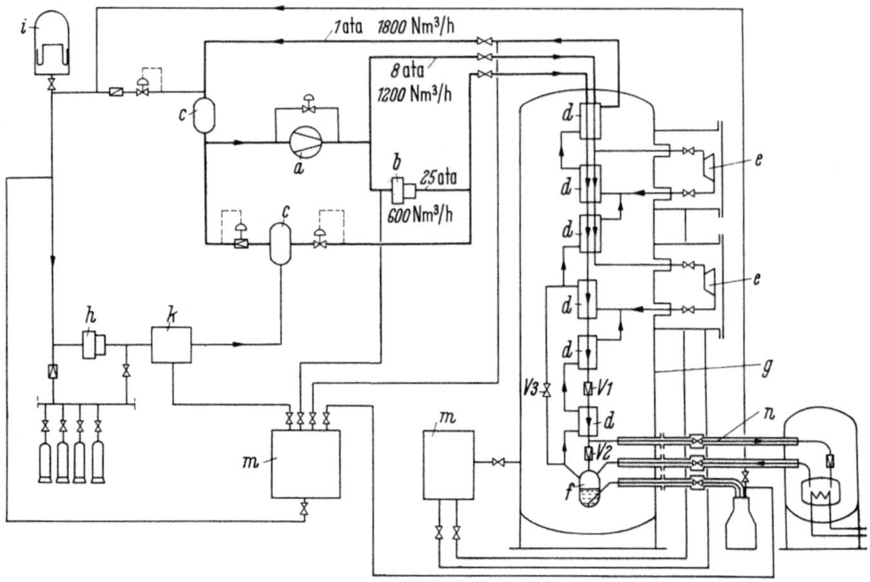

Abb. 70. Schema einer Linde-Helium-Verflüssigungsanlage mit 2stufiger Entspannung.

a Schraubenkompressor 1,800 Nm³/h; *b* Trockenlauf-Kolbenkompressor 600 Nm³/h; *c* Pufferbehälter; *d* Wärmeaustauscher; *e* Expansionsturbine.
f Sammelbehälter für verflüssigtes Helium; *g* Vakuummantel; *h* Hochdruckverdichter 50 Nm³/h; *i* Gasbehälter 15 m³; *k* Reiniger; *m* Vakuumpumpen; *n* Anschluß zum Kältekreislauf.

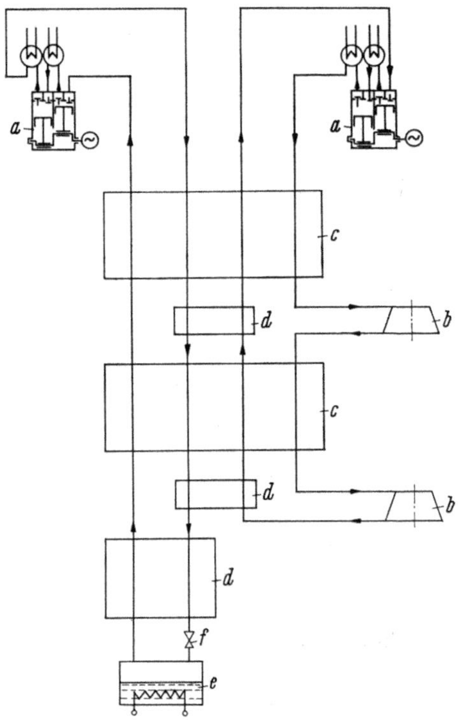

zweiten von etwa 21 auf 19 °K. Das Helium im Hauptkreislauf wird von 1 auf 15 at verdichtet und gelangt, durch die Vorstufe gekühlt, mit 6 °K zum Drosselventil. Im Verdampfer erzielt man 4,2 °K. Durch die Trennung der Stufen kann die Anlage ohne Einspeisung von Helium in Betrieb gehen, außerdem können die Betriebsbedingungen dem Bedarf gut angepaßt werden.

b) Gaskältemaschinen mit isochoren Zustandsänderungen. Die von PHILIPS entwickelte Gaskältemaschine (vgl. Handb. Bd. II, S. 70—75 u. Bd. VIII, S. 96 bis 100) arbeitet ebenfalls mit Expansion unter Arbeitsleistung, bei gleichzeitiger Wärmeaufnahme (Kälteleistung) und mit annähernd isochorem innerem Wärmeaustausch. An die Stelle des Ge-

Abb. 71. Schema einer Helium-Kälteanlage in Kaskadenschaltung mit 2stufiger Entspannung (Sulzer, Winterthur).

a Ölfreie Labyrinth-Kolbenkompressoren; *b* Expansionsturbinen; *c* 4-Strom-Kanalplatten-Wärmeaustauscher; *d* 2-Strom-Rohrwärmeaustauscher; *e* Verdampfer; *f* Drosselventil.

genströmers tritt ein Regenerator. Bei der von PHILIPS entwickelten Konstruktion sind Maschine und Regenerator vereinigt; Kompression und Expansion laufen in demselben Zylinder nacheinander ab. Das Arbeitsgas durchläuft einen geschlossenen Kreislauf.

Die Leistungsziffer des theoretischen Prozesses entspricht dem des Carnot-Prozesses. Die Kälteleistung sinkt etwa linear mit der tiefsten erzielten Temperatur, während der Leistungsbedarf der Maschine, ebenfalls linear, ansteigt (vgl. Bd. VIII, S. 100, Abb. 69). Die einstufige Gaskältemaschine erreicht die besten Gütegrade im Bereich zwischen −120 und −150 °C. Die kompakte Bauform, die Gefahrlosigkeit des Betriebs, die rasche Betriebsbereitschaft und die geringen Ansprüche in der Wartung sind Eigenschaften, die gerade im Laboratorium sehr willkommen sind. Als vorteilhaft wird die vergleichsweise einfache Regelung einer auf ±0,1° konstanten Temperatur durch Leistungsregelung der Kältemaschine und elektrische Gegenheizung des Umlaufgases hervorgehoben.

Tabelle 4.
Technische Daten einer Philips-Einzylindermaschine.

Zylinderdurchmesser	80 mm
Kolbenhub	52 mm
Drehzahl	1450 U/min
Arbeitsdruck (maximal)	25 kp/cm²
Gasfüllung	15 g Wasserstoff
oder	30 g Helium
Antriebsmotor	11 kW
Gewicht mit Motor	325 kg
Leistung:	
Kälteleistung (−100 °C)	2200 W
(−194 °C)	930 W
Verbrauch:	
Motor (−100 °C)	5 kW
(−194 °C)	9 kW
Kühlwasser	0,75 m³/h

Eine Apparatur zur Messung thermischer Eigenschaften von Gasen und Gasgemischen, wobei die Philips-Gaskältemaschine einen Kryostaten in geschlossenem Kreislauf kühlt, zeigt Abb. 53 (S. 82).

Zweistufige Philips-Gaskältemaschinen, mit zwei Regeneratoren arbeiten

Abb. 72. Zweistufige Philips-Gaskältemaschine mit Apparateflansch (Philips, Eindhoven).

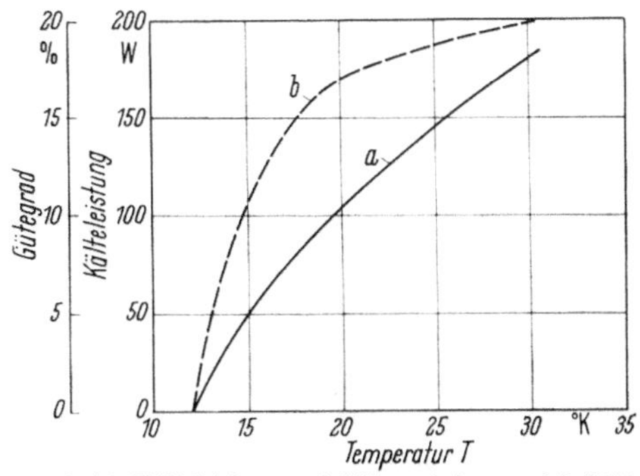

Abb. 73. Kälteleistung und Gütegrad einer zweistufigen Philips-Gaskältemaschine (3-Raum-Maschine)[1, 2].
a Kälteleistung; *b* Gütegrad.

mit Helium als Arbeitsmittel. So konnte die untere Grenze der mit solchen Maschinen erreichbaren Temperatur bis etwa 12 °K vorgeschoben werden[1, 2]. Der Kopf der Maschine kann so ausgebildet werden, daß eine Meßanordnung zur direkten

[1] PRAST, G.: Philips Techn. Rundsch. Bd. 26 (1965) 1, S. 1–11.
[2] PRAST, G., u. G. I. HAARHUIS: Kältetechn. Bd. 16 (1964) S. 232–235.

Kühlung auf den Zylinderkopf aufgesetzt und mit diesem durch gut wärmeleitende Flansche verbunden ist. Auch ein Rückverflüssiger kann an dieser Stelle angeordnet werden.

Die nutzbare Kälteleistung in Abhängigkeit von der tiefsten Temperatur einer zweistufigen Philips-Gaskältemaschine und den auf den Carnot-Prozeß bezogenen Gütegrad gibt Abb. 73 wieder.

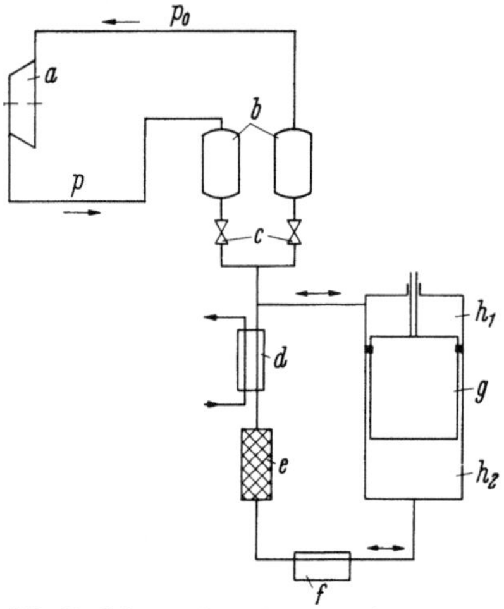

Abb. 74. Schema einer einstufigen Cryodyne-Gaskältemaschine.

a Mehrstufiger Kompressor; *b* Ausgleichbehälter; *c* Gesteuerte Ein- und Auslaßventile; *d* Wassergekühlter Wärmeaustauscher; *e* Regenerator; *f* Kühler; *g* Verdrängerkolben; h_1, h_2 Arbeitsräume; *p* Druckleitung; p_0 Saugleitung.

Der Regenerator begrenzt die Anwendbarkeit des Prinzips, da der Regeneratorverlust bei sinkender Temperatur schließlich so groß ist wie die gesamte Kälteleistung.

Bei den mit isochoren Zustandsänderungen arbeitenden Prozessen macht das Arbeitsmittel in einem abgeschlossenen Raum nacheinander gegenläufige Zustandsänderungen durch, wobei sich die Bewegungsrichtung des Gases umkehrt. Im Idealfall haben die während der isochoren Zustandsänderungen aufgenommene und die abgegebene Wärmemenge gleiche Größe. Die Kinematik des Antriebs der Philips-Gaskältemaschine erlaubt es, den Verdichtungskolben und den Verdrängerkolben im gleichen Zylinder laufen zu lassen.

Die „Cryodyne"-Gaskältemaschinen von A. D. Little haben zwei getrennte Maschinen. Nach GIFFORD-MCMAHON[1–3] wird das Arbeitsmittel, z. B. Helium, bei normalen Temperaturen in einer besonderen Maschine verdichtet. Der Verdrängerkolben und der Zylinder, in dem er hin- und herbewegt wird, bildet zusammen mit dem Regenerator und den Rekuperatoren ein gesondertes System. Dieses steht über zwei Ventile mit der Hochdruck- und der Niederdruckseite des Kompressors abwechselnd in Verbindung (Abb. 74).

Die Räume h_1 und h_2 des Verdrängers stehen, wenn man von den Druckverlusten absieht, immer unter dem gleichen Druck. Expansionsarbeit wird demnach nach außen nicht abgegeben. Die in dem Wärmeaustauscher *d* abgegebene Wärme ist genauso groß wie die im Kühler *f* aufgenommene. Die Kälte entsteht durch die Entspannung im Raum h_2, die Wärme durch Verdichtung im Raum h_1. Mit einer einstufigen Anlage dieser Art kommt man bis auf 35 °K[4].

Die Helium-Kompressoren (Abb. 75) arbeiten 3- oder 4stufig mit Zwischenkühlung und Nachkühlung. Die Maschinen haben Druckölschmierung, die größeren Typen Ölabscheider nach jeder Stufe.

Der Regenerator ist ein Rohr aus Nickelstahl, mit aufeinandergeschichteten feinmaschigen Sieben. In ihm werden Öl und Wasserdampf auskondensiert, so daß dieses System recht unempfindlich gegen Verunreinigungen ist. Die Umschaltventile werden mechanisch betätigt. Betriebsdaten einer einstufigen Anlage gibt Tabelle 5.

[1] GIFFORD, W. E., u. H. O. MCMAHON: Proc. Xth Int. Congr. of Refr. Bd. I (1960), S. 105–109.

[2] MCMAHON, O. H., u. W. E. GIFFORD: Bull. Inst. Int. du Froid Bd. 40 (1960) Annexe 1, S. 15–17.

[3] MCMAHON, O. H., u. W. E. GIFFORD: Proc. of Cryogenic Engng. Conference, Berkeley, Sept. 1959, Adv. in Cryogenic Engng. Bd. 5 (1960) S. 354 (Plenum Press, N.Y.).

[4] COLLINS, S. C.: Bull. Inst. Intern. du Froid Bd. 38 (1958) Annexe 1, S. 15–20.

Um tiefere Temperaturen zu erzeugen, benutzt man ein System mit mehreren Verdrängern. Eine dreistufige Gaskältemaschine nach diesem Prinzip erreicht in der ersten Stufe 80 °K, in der zweiten 35 °K und in der dritten 15 °K[1].

Die Gaskältemaschinen sind teuer, obwohl es bereits zahlreiche serienmäßig hergestellte Typen gibt. Die Einführung von Anlagen kleiner und mittlerer Lei-

Abb. 75. Helium-Kompressor von A. D. Little, Cambridge.

Tabelle 5. *Abmessungen und Betriebsdaten einer einstufigen Gaskältemaschine von A. D. Little.*

Verdränger:	
Kolbendurchmesser	60 mm
Kolbenlänge	178 mm
Zylinderlänge	203 mm
Kolbenhub	25,4 mm
Regenerator:	
Rohrdurchmesser	41,5 mm
Rohrlänge	43 mm
Siebdraht-Durchmesser	0,07 mm
Drahtzahl/cm	59
Betriebsdaten:	
Periodenzahl	88 min^{-1}
Einlaßdruck	15 kp/cm^2
Auslaßdruck	1 kp/cm^2
Einlaßtemperatur	300 °K
Auslaßtemperatur	80 °K
Theor. Kälteleistung	120 W
Effekt. Kälteleistung	82 W

stungen, wie sie gerade für Laboratoriumszwecke häufig in Betracht kommen, wird durch die hohen Anschaffungskosten erschwert, die sich oft von denen einer Anlage mit einer mehrfach größeren Leistung kaum unterscheiden[2].

c) Kühlung mit Hilfe des Wirbelrohrs. Auch das Wirbelrohr ist als Teil einer Gaskältemaschine anzusprechen, da in ihm ein an anderer Stelle auf hohen Druck gebrachtes Gas in einem durch das Zentrifugalfeld fixierten Temperaturfeld expandiert und dabei seine Temperatur erniedrigt (vgl. Handb. Bd. III, S. 18—23). Wegen seiner bestechenden Einfachheit erscheint das Wirbelrohr gerade für die Anwendung im Laboratorium besonders geeignet, wenn auch sein Gütegrad schlecht ist.

---

[1] HARVELL, I. T., u. W. H. HOGAN: Kältetechn. Bd. 17 (1965) S. 180–185.

[2] Siehe Fußnote 1 S. 83.

Eine Verbesserung ist durch Verringern der Energieverluste möglich. Man kann die abziehende Kaltluft zur Vorkühlung des in das Wirbelrohr eintretenden Luftstroms verwenden und die mit dem warmen Strom abziehende Energie zum Betreiben eines Ejektors. Mit ihm wird die Kaltluft abgesaugt und damit das Expansionsverhältnis auf der kalten Seite vergrößert. Das kalte Rohrende wird außerdem zur Energieersparnis als Diffusor ausgebildet[1].

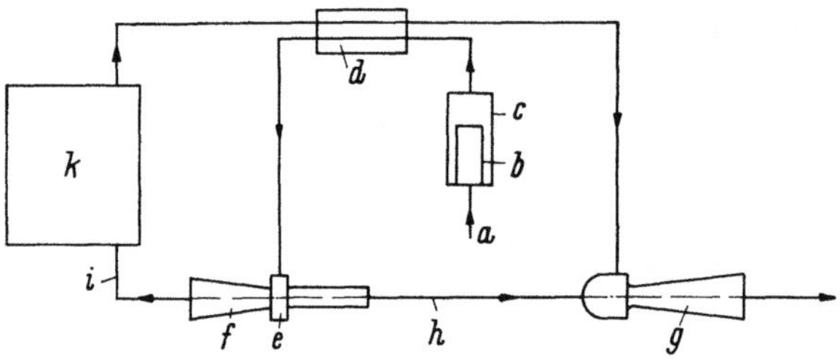

Abb. 76. Schema einer Kühlung mittels Wirbelrohr[1].

a Eintritt der verdichteten Luft; *b* Filter; *c* Trockner; *d* Wärmeaustauscher; *e* Wirbelrohr; *f* Diffusor; *g* Ejektor; *h* Warme Luft; *i* Kalte Luft; *k* Gekühlter Raum.

Ein isolierter Behälter von 10 l Inhalt konnte nach dem in Abb. 76 angegebenen Schema bei einem Luftverbrauch von 2,2 Nm³ auf — 70 °C gekühlt werden; die Leistungsziffer wird mit diesen Verbesserungen wesentlich gehoben.

Mit Luft, die mit — 30 °C eintretend im Wärmeaustausch mit der abziehenden Luft auf — 40 °C gekühlt wurde, konnte mit einem Wirbelrohr als tiefste Temperatur — 90 °C erzielt werden[2].

III. Kühlgeräte und Kammern für unterschiedliche klimatische Bedingungen.

Untersuchungen über die Auswirkung klimatischer Faktoren erstrecken sich auf Werkstoffe, Werkstoff-Kombinationen, Bauelemente, Maschinen und Geräte. Viele Veränderungen sind nur in Langzeitversuchen erfaßbar, die an die Prüftechnik im Laboratorium höhere Anforderungen stellen und die deshalb, sofern überhaupt möglich, durch Kurzzeitversuche ersetzt werden.

Die klimatischen Bedingungen solcher Untersuchungen sind meist Extremwerte von Temperatur und Feuchtigkeit, die gleichbleibend (DIN 50015, Konstantklima) oder in einem bestimmten Wechsel (DIN 50016, Wechselklima) auf das Prüfobjekt einwirken[3]. Oberster Grundsatz ist, daß die Prüfmethode die tatsächlichen Beanspruchungen, wenn auch selektiv, nachahmen soll und daß die Meßergebnisse reproduzierbar sind (DIN 50010, Klimabeanspruchung). Zusätzliche Klimakomponenten sind Sonnenstrahlung, u. U. auch andere Strahlungsarten, Regen, Hagel, Schnee, Rauhreif- und Eisbildung. Chemische Beanspruchungen, wie sie z. B. durch Rauchgase oder Meeresluft verursacht werden, sind meist Gegenstand besonderer Prüfeinrichtungen und hier nicht von Interesse.

Unter diesen klimatischen Verhältnissen prüft man die „Klimabeständigkeit", z. B. das Korrosionsverhalten von Werkstoffen aller Art, die Wirksamkeit von chemischen oder metallischen Schutzüberzügen, Lacken, Beschichtungen usw.

Einen breiten Raum nimmt die Prüfung des elektrischen Verhaltens von Werkstoffen und Geräten ein (DIN 40040).

Die Untersuchung fertiger Geräte läßt summarisch in einfacher Weise Schwachstellen erkennen. Hierzu gehört z. B. die Feststellung der Folgen unterschiedlicher Ausdehnungskoeffizienten, die bei ungeeigneten Paarungen von Werkstoffen oder falsch bemessenen Toleranzen zu Funktionsstörungen oder zu Zerstörungen

---

[1] MERKULOV, A. P.: Proc. of the X. Int. Congr. of Refr. Bd. II, (1960) S. 120–126.

[2] PARULEIKAR, B. B., u. W. S. MARTINOWSKI: Cholod. Technika Bd. 37 (1960) 1 S. 3, vgl. Referat in Kältetechn. Bd. 12 (1960) S. 276/277.

[3] BURCHARD, H.: Metall Bd. 13 (1959) S. 526–536.

führen können. Die elektrolytische Korrosion, eine häufige Folge ungeeigneter Materialpaarung, tritt in feuchter Luft und bei Temperaturwechsel verstärkt auf. Die mit dem Temperaturwechsel verbundenen Änderungen des Dampfdrucks können, insbesondere bei Kunststoffen und Lacken, Gasabgabe und Feuchtigkeitsaufnahme im Gefolge haben. Bei manchen Preßstoffen tritt z. B. unter diesen Bedingungen Ammoniak aus, wodurch Messingteile angegriffen werden, aus Gummi wird Schwefel frei usw. Die meisten Kunststoffe nehmen Wasser auf, quellen und erleiden bei tiefen Temperaturen Schaden durch Gefrieren.

Zusätzliche Beanspruchungen können durch Erniedrigung des Umgebungsdruckes hervorgerufen werden, etwa wenn sich hierdurch in abgeschlossenen Räumen des Prüflings ein Überdruck ergibt, der z. B. Isolierstoffe mit geschlossenen Zellen sprengt, oder der bei Geräten zusätzliche mechanische Beanspruchungen, Deformationen usw. verursacht. Bei Unterdruck verringern sich außerdem die elektrische Spannungsfestigkeit und die Wärmeabfuhr.

So kann man die Folgen des Zusammenwirkens vieler Faktoren bei Untersuchung unter klimatischen Extrembedingungen, insbesondere bei raschem Wechsel dieser Bedingungen, feststellen[1].

1. Schränke und Truhen.

Schon seit langem gibt es maschinell gekühlte Geräte, in denen bedienungsfrei und vollautomatisch sehr unterschiedliche klimatische Bedingungen einzustellen sind[2]. Der Bedarf an Prüfgeräten dieser Art hat einen solchen Umfang angenommen, daß sie serienmäßig hergestellt werden.

Prüftemperaturen nach DIN 50013, Temperaturstufen, sind:

− 65°,	− 55°,	− 40°,				mit einer Toleranz von ± 3°
− 25°,	− 10°,	+ 5°,	+ 20°,	+ 30°		mit einer Toleranz von ± 2°
+ 40°,	+ 55°,	+ 70°,	+180°,	+ 90°,	+105°	mit einer Toleranz von ± 2°
+120°,	+140°,	+160°,	+180°,	+200°,		mit einer Toleranz von ± 3°

Sofern die tiefste verlangte Temperatur höher ist als −90 °C, benutzt man Kompressionskältemaschinen, die einstufig, zweistufig oder in Kältekaskade geschaltet arbeiten. Selten werden gleichzeitig Extremwerte nach oben und unten verlangt, da diese Forderung die technische Ausführung erheblich erschwert.

Häufig ist noch eine bestimmte Feuchtigkeit im Prüfraum vorgeschrieben, auch kann eine Prüfung bei vermindertem Druck verlangt sein.

Zu unterscheiden ist zwischen Geräten für Dauerprüfung und solchen für Kurzzeitprüfung, da diese Forderung die Auslegung der Maschinen und Apparate maßgeblich beeinflußt. Hinsichtlich des Luftzustands im Gerät ist die einfachste Vorschrift, daß ein bestimmter Zustand im Rahmen vorgeschriebener Toleranzen gleichzuhalten ist. Sollen konstante Zustände in verschiedenen Temperatur- und Feuchtigkeitsbereichen einstellbar sein, so beeinflußt dies nicht nur die Meß- und Regelausrüstung, sondern auch die gesamte maschinelle Anlage erheblich. Sollen bestimmte unterschiedliche Zustände nach einem Programm einander folgen, so wirkt sich dies zusätzlich vor allem bei der meß- und regeltechnischen Ausrüstung aus.

Standardgeräte für derartige Untersuchungen sind, bis etwa 1 m^3 Inhalt, Kühlschränke oder Kühltruhen. Letztere werden z. B. dann bevorzugt, wenn die Prüfgüter infolge hohen Gewichts mit Kran von oben eingesetzt werden, oder wenn die Bodenbelastung groß ist. Außerdem sind Truhen im Vorteil, wenn die

[1] Röber, E.: Elektrotechn.-Z. Bd. 15 (1963) S. 2–5.
[2] Schmidt, Th. E.: VDI-Zeitschr. Bd. 83 (1939) S. 60.

Prüfstücke häufig entnommen werden müssen, da die Kälteverluste hierbei geringer sind (vgl. Abb. 49 und 52).

Für die meisten Untersuchungen werden Schränke bevorzugt. Sie haben Inneneinsätze, meist luftdicht gegen die Isolierung abgeschlossen, aus Aluminium oder nichtrostendem Stahl. Sofern Unterdruck verlangt ist, wählt man möglichst eine zylindrische Form. Die Inneneinrichtung wird dem Prüfling und der Meßmethode angepaßt. Die Tür ist meist mehrfach verglast. Um ein Beschlagen der Scheiben zu vermeiden, wird der Raum zwischen den Scheiben elektrisch beheizt; manchmal wird ein Scheibenwischer vorgesehen. Auch der Türstock kann elektrisch beheizt sein, z. B. um ein Festfrieren zu verhindern. Sofern die Tür bei tiefer Temperatur geöffnet werden soll, muß für Druckausgleich gesorgt werden.

Auch die Außenhaut soll weitgehend luft- und dampfdicht sein. Besondere Sorgfalt erfordern die Durchführungen der kältemittelführenden Rohre und sonstiger Leitungen, wie z. B. Preßluftzufuhr, elektrische Kabel für unterschiedliche Spannungen, Antriebswellen, Meßleitungen usw. Elektrische Leitungen großen Querschnitts werden, um den Wärmefluß zu mindern, eine lange Strecke in der Isolierung parallel zur Schrankwand in isothermen Ebenen geführt. Wellendurchführungen müssen u. U. elektrisch beheizt werden.

Bei der Wahl der Isolierung spielt es eine Rolle, ob rasche Temperaturänderungen im Prüfraum erzielt werden sollen, da hierbei die Wärmekapazität der Isolierung und ihre Temperaturleitzahl $a = \frac{\lambda}{c \cdot \varrho}$ von Einfluß sind.

Tabelle 6. *Eigenschaften von Kälteisolierstoffen*[1].

Material	Wärmeleitzahl λ [kcal/m h grd]	Dichte ϱ [kg/m³]	spez. Wärme c [kcal/kg grd]	Temp. Leitz. $a \cdot 10^4$ [m²/h]	rel. Kälte Bedarf [%]
Kork	0,036	156	0,42	5,5	100
Glasfasern	0,024	60	0,20	20	31
Silica-Aerogel	0,017	122	0,25	5,5	43
Ebonit-Schaum	0,030	121	0,34	7,3	64
Polystyrol-Schaum	0,026	33	0,24	29	31
Alu.-Folie	0,03	—	—	12,7	48

Je kleiner a, desto mehr weicht der Temperaturverlauf in der Isolierung während der Abkühlung vom stationären Temperaturverlauf ab, desto länger muß Speicherwärme noch nach der Abkühlung bei der tiefsten Temperatur abgeführt werden.

Experimentell wurde der Kältebedarf von Kammern gleicher Art, jedoch jeweils verschieden isoliert mit einem der in Tab. 6 angeführten Isolierstoffe, bei Abkühlung von -20 auf -100 °C in zwei Stunden bestimmt, bei einheitlicher Wandstärke von 200 mm. Der relative Kältebedarf ist in Tab. 6 angegeben, bezogen auf den Kältebedarf bei Kork. Der höhere Kältebedarf von Stoffen größerer Dichte wird durch langsameren Temperaturabfall während der Abkühlzeit stark gedämpft. Obwohl der Kältebedarf während der Abkühlperiode bei Aluminiumfolie deshalb nicht der kleinste ist, wird diese doch den kleinsten Gesamtkältebedarf haben. Zu berücksichtigen ist dabei, daß man in Wirklichkeit die Isolierstärke der Stoffe mit kleinerer Wärmeleitzahl geringer wählen und damit den gesamten Kältebedarf verringern wird.

Die bei programmierten Innenzuständen verlangten Abkühlzeiten sind sehr verschieden; sie bewegen sich in der Regel zwischen $^1/_2$ und 3 Stunden.

[1] NAGAOKA, J.: Proc. of the X. Int. Congr. of Refr. Bd. I (1960) S. 261–267.

Regelgeräte, Kontroll- und Schreibgeräte sowie Bedienungselemente werden meist übersichtlich auf einer Schalttafel am Schrankgehäuse oder auch in einem gesonderten Steuerpult vereinigt.

Die Innentemperatur wird mit Flüssigkeits- oder Tensionsthermometer mit verstellbarem Maximum-Minimumkontakt bis etwa —40 °C geregelt, sofern die Temperatur nicht genauer als auf etwa 2 °C eingehalten werden muß. Bei tieferen Temperaturen und bei Temperaturwechsel sind mechanische Organe zu unzuverlässig, auch eingebaute elektrische Schaltgeräte können infolge Eisbildung an den Kontakten versagen. Elektrische Widerstandsthermometer, in Verbindung mit Fallbügelreglern, photoelektrische und elektronische Regler, häufig verbunden mit Punktschreibern, erlauben eine gute Regelung. Zur Feuchteregelung benutzt man ein trockenes und ein feuchtes Widerstandsthermometer, womit man etwa bis 95% Feuchtigkeit eine befriedigende Regelung erzielt.

Zur Befeuchtung der Luft wird Wasserdampf eingeblasen, der in kleinsten Mengen in einem besonderen, kleinen, elektrisch beheizten Druckbehälter erzeugt wird. In diesem befindet sich z. B. eine elektrisch beheizte Platte, auf die über ein vom feuchten Thermometer gesteuertes elektrisches Ventil Wasser in einzelnen Tropfen fällt, die sofort verdampfen. Der Dampferzeuger muß gegen Überdruck gesichert und leicht zu reinigen sein.

Zur Minderung von Temperaturschwankungen im Prüfraum kann die Kälteleistung der Maschine dem jeweiligen Bedarf durch Leistungsminderung angepaßt werden.

Die Verdampfer sind meistens Lamellen-Verdampfer mit Ventilatoren. Hierdurch wird auch eine Temperaturschichtung im Innenraum wirksam unterbunden und die Ansprechempfindlichkeit der Steuergeräte erhöht. Dem gegenüber bietet die Wandkühlung mit einer auf der isolierten Seite liegenden Rohrschlange oder die Verwendung von Preßverdampfern als Schrankeinsatz den Vorteil, daß der Innenraum keine Kältemittel führenden Rohre hat. Man kann durch geeignete Rohrführung zwar unterschiedliche Wandtemperaturen weitgehend unterdrücken, jedoch ist eine Temperaturschichtung im Innern nur durch Luftumwälzung mittels Ventilator zu vermeiden. Die Temperaturschwankungen, die durch das Schaltspiel der Kältemaschine eintreten, werden so ebenfalls stark verringert[1]. Diese sind bei Mantelkühlung stärker als bei einem Lamellen-Verdampfer. Diese Ventilatoren müssen besonders sorgfältig für den Betrieb bei hohen und tiefen Temperaturen durchgebildet sein. Mitunter sitzt der Motor außerhalb, was dann eine sorgfältige Durchbildung des Ventilatorantriebs verlangt. Die Welle muß insbesondere so konstruiert sein, daß Vereisungen der Lager nicht zu befürchten sind. Wird der Motor eingebaut, was bei druckfesten Geräten stets notwendig ist, so muß der Temperaturdehnung von Lagerschale und Welle bei Temperaturwechseln Rechnung getragen werden. Bewährt haben sich geteilte Graphitlager bei Temperaturen bis —100 °C[1].

Die Kältemaschinen für Tiefkühltruhen und Schränke wurden bereits früher behandelt (vgl. S. 76—78).

Bei stark unterschiedlichen Betriebstemperaturen bereitet die Wahl des Öls für die Kältemaschine Schwierigkeiten. Stets ist man bestrebt, das Öl möglichst gut auf der Hochdruckseite hinter dem Kompressor abzuscheiden. Eine wirksame Ölabscheidung wird durch Rektifikation des Kältemitteldampfes im Ölabscheider mit flüssigem Kältemittel erzielt, wozu ein Teilstrom in einer Verdampferschlange im oberen Teil der Füllkörperschicht im Abscheider verdampft wird, so daß sich an ihr Kondensat bildet[1].

---

[1] Bock, H., W. Hänel u. W. Pütz: Linde-Berichte aus Technik u. Wissenschaft 1958, 2, S. 32–40.

Zum Ausgleich von Belastungsschwankungen und bei wechselnden Betriebsbedingungen werden Nachverdampfer vorgesehen. Schwierig ist die richtige Einstellung des Expansionsventils bei breitem Arbeitsbereich. Besonders empfindliche, thermisch gesteuerte Ventile wurden hierfür entwickelt; mitunter sieht man auch mehrere Ventile vor, die je nach dem Druckbereich in Tätigkeit sind.

Die Abkühlkurve einer Tiefkühltruhe mit einfacher Kältekaskade (vgl. hierzu Bild 51, S. 78) gibt Abb. 77 wieder.

Häufig vorgesehene zusätzliche Einrichtungen sind stufenlos regelbare elektrische Innenheizungen, die gegen Temperaturüberschreitung gesichert sind, Innenbeleuchtung und Bestrahlungseinrichtungen.

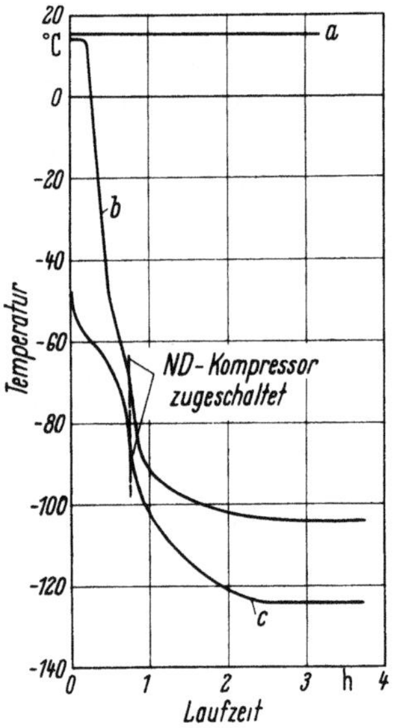

Abb. 77. Abkühlkurve einer Tiefkühltruhe mit einfacher Kältekaskade[1].

a Umgebungstemperatur; *b* Kühlfachtemperatur; *c* Verdampfungstemperatur.

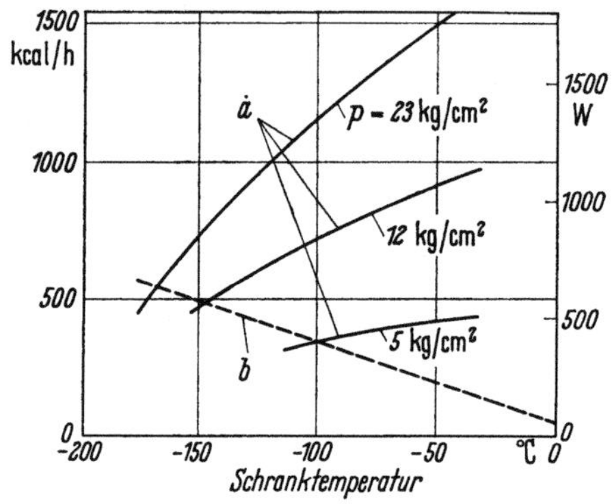

Abb. 78. Kälteleistung und Wärmeverluste einer Philips-Tiefkühltruhe bei verschiedenen Drücken des Arbeitsgases[3].

a Kälteleistung der Maschine; *b* Kälteverlust der Truhe.

Soll die Temperatur sehr schnell, etwa innerhalb weniger Minuten, z. B. auf — 100 °C erniedrigt werden, so rüstet man Schränke der beschriebenen Art so aus, daß flüssiger Stickstoff geregelt eingeblasen werden kann.

Für Temperaturen unter — 80 °C verwendet man auch bereits Gaskältemaschinen. Eine der ersten Kammern mit Luftkältemaschine, die mit Drosselung und einstufigem Hochdruckkreislauf arbeitet, wurde von GLASER verwirklicht[2]. Die schon früher erwähnte Tiefkühltruhe mit Philips-Gaskältemaschine (vgl. Abb. 52, S. 78) ist geeignet für Innentemperaturen bis — 160 °C. Bei einem Nutzinhalt von 0,38 m³ wird die in Abb. 78 wiedergegebene Kälteleistung erzielt.

Die Truhe wird mit fast 10fachem Luftumlauf je Minute betrieben. Da die Kälteleistung vom Systemdruck abhängig ist, kann sie leicht dem Bedarf durch Regelung des Drucks angepaßt werden, wodurch man Temperaturschwankungen in der Truhe weitgehend vermeiden kann.

Je tiefer die gewünschten Temperaturen sind, desto mehr Sorgfalt verlangt die Isolierung. Die Kombination von Vakuum-Isolierung mit den bereits genannten Feststoff- oder Pulverisolierungen ergeben brauchbare Lösungen[4,5]. Man vermeidet so ein extrem hohes Vakuum, das schwer herzustellen und aufrecht-

---

[1] Siehe Fußnote 1 S. 107. — [2] Siehe Fußnote 1 S. 97.

[3] DROS, A. A., u. K. ROOZENDAAL: Proc. of the X. Int. Congr. of Refr. Bd. I (1960) S. 595–601.

[4] Siehe Fußnote 7 S. 88. — [5] Siehe Fußnote 3 S. 89.

zuerhalten ist. Bei Raumdichten von 30 bis 80 kg/m³ erzielt man, bei einer auf 10^{-4} Torr evakuierten Füllung, die Wärmeleitfähigkeiten:

Perlit	0,0055 bis 0,012 kcal/m h grd,
Pulverisolierungen	0,00025 bis 0,0004 kcal/m h grd.

Als Superisolierung wird eine Mehrschichtenisolierung bezeichnet, bestehend aus Aluminium- oder Kupferfolie oder aluminiertem Polyesterfilm mit Zwischenlagen aus Glasfaserpapier, mit einer Packungsdichte von etwa 20 Lagen/cm. Bei einem Vakuum von 10^{-4} Torr ist die Wärmestromdichte, sofern die Isolierstärke 25 mm beträgt, bei einem Temperaturgefälle von Umgebungstemperatur gegen 20 °K, nur 0,5 W/m², was einer Wärmedurchgangszahl von $k \sim 0{,}015$ kcal/m² h grd und einer Wärmeleitfähigkeit von $\lambda \sim 4 \cdot 10^{-5}$ kcal/m h grd entspricht. Bestimmend werden bei so isolierten Objekten für den Kältebedarf die konstruktiv nicht vermeidlichen Wärmebrücken z. B. in Form von Rohren, die in Richtung des Wärmeflusses laufen. Insbesondere muß der Kontakt dieser Wärmebrücken mit den Metallfolien verhindert werden. Durchführungen werden deshalb ihrerseits innerhalb der Superisolierung isoliert verlegt.

2. Kälte- und Klimakammern.

Sofern Schränke und Truhen zur Untersuchung zu klein oder ungeeignet sind, muß man auf Kammern übergehen.

In Prüfkammern für arktisches Klima verlangt man Temperaturen von −40 bis −80 °C. Schnee wird durch Zerstäuben von Wasser im kalten Luftstrom nachgeahmt, wobei sich kleine Eiskristalle bilden. In Kammern für den Bereich des gemäßigten Klimas werden Temperatur, Feuchtigkeit und Luftbewegung variiert. Tropenklima verlangt Heizung, Regelung der Feuchtigkeit, sowie Regeneinrichtungen und regelbaren Luftumlauf. In den Kammern müssen sich häufig auch Personen aufhalten, was besondere Einrichtungen zur Überwachung, Verständigung und Sicherung erforderlich macht.

Alle Sondereinrichtungen, die bereits unter A. III. 1. erwähnt wurden, können auch bei diesen Kammern verlangt sein, ebenso nach Programm gesteuerte Luftzustände usw.

Kammern dieser Art dienen vorzugsweise zur Untersuchung des Betriebsverhaltens von Maschinen, z. B. von Verbrennungsmotoren, wobei das gesamte Zubehör, einschließlich Kraftstoff, in der Kammer auf die gewünschte Temperatur gebracht wird. Die Meßwerte werden nach außen übertragen oder sind von außen ablesbar, ebenso sind die Betriebs- und Umgebungsbedingungen von außen zu regeln. Die Kammern arbeiten meistens mit Umluft, damit der Temperaturausgleich in der Kammer gut ist und die Prüflinge rasch abgekühlt werden können.

Wichtig ist bei Verbrennungsmotoren die Vorbehandlung der Verbrennungsluft. Bei Kälteversuchen z. B. kann diese aus der Kältekammer entnommen und durch Frischluft ersetzt werden, die über den Luftkühler in die Kammer eintritt. Häufig wird die Frischluft aber auch für sich behandelt, um jeden gewünschten Luftzustand einstellen zu können[1].

3. Kammern mit Unter- und Überdruck.

a) Kammersysteme. Besonders erschwerend ist für die Konstruktion, wenn der Druck in der Kammer niedriger oder höher sein soll als in ihrer Umgebung. Nach Möglichkeit baut man diese Kammern aus Festigkeitsgründen als zylindrische

[1] Groth, K., u. H. Kruse: Kältetechn. Bd. 10 (1958) S. 391–394.

Behälter mit Kreisquerschnitt. Eine Großraumprüfkammer, in Montagesystem errichtet, mit rechteckigem Querschnitt zeigt Abb. 79.

In Unterdruckkammern, die als Höhenprüfkammern bezeichnet werden, müssen meist Temperatur und Luftdruck innerhalb einer vorgegebenen Zeit eine bestimmte Änderung erfahren. Zur Flugerprobung z. B. wird die Flughöhe in der Kammer simuliert durch Einstellen der Temperaturen und Drücke, die dieser Höhe entsprechen[1].

Abb. 79. Großraum-Prüfkammer (Tenney-DWM, Berlin).

Die Kammern sollen eine möglichst kleine Wärmekapazität haben. Die Isolierung wird deshalb in das Innere der Kammer verlegt.

Die Kälteanlagen haben mehrere, meist mehrstufige Kompressoren mit Leistungs- und Drehzahlregelung, auch Kaskadenanlagen sind sehr gebräuchlich. Maßgeblich für die Konstruktion der Anlage ist in erster Linie die Betriebsweise, zum anderen der Kältebedarf. Bei Höhenprüfkammern sinkt mit dem Druck die Wärmeübertragung am Kühler, dem kann durch erhöhte Strömungsgeschwindigkeit der Luft im Kühler begegnet werden. Luftbedarf der Kammer und Versuchsdauer sind maßgeblich dafür, ob die Kühler während des Versuchs abgetaut werden müssen. Wechselweise eingeschaltete Kühler bieten Vorteile, weil man sich dabei auch besser dem veränderten Druck anpassen kann.

Die hierdurch bedingten konstruktiven Maßnahmen lassen sich am besten verwirklichen, wenn die Luftbehandlung außerhalb der Kammer vorgenommen wird. Sofern sich in der Kammer Personen aufhalten, ist nur indirekte Kühlung zulässig. Dies empfiehlt sich auch dann, wenn kurzzeitig große Leistungen zur Verfügung stehen müssen, so daß man mit gespeicherter Kälte wirtschaftlicher arbeiten kann.

Eine Höhenprüfkammer mit 60 m³ Nutzraum, die in 15 min von +15 °C auf −70 °C bei gleichzeitiger Senkung des Drucks auf etwa 100 Torr gekühlt werden kann, ist bei NEUENSCHWANDER[2] ausführlich beschrieben. Die Anlage arbeitet mit Kältespeicherung bei −80 °C.

Der Kältebedarf ist besonders dann groß, wenn hohe Luftgeschwindigkeiten und gleichzeitig tiefe Temperaturen verlangt werden. Eine Unterdruckkammer von 700 m³ Inhalt z. B., gebaut für Luftgeschwindigkeiten bis 30 m/s, Unterdrücke bis etwa 8 Torr und Temperaturen bis −50 °C benötigt Kühlelemente mit rd. 1900 m² Kühlfläche, zwei Ventilatoren, mit 110 kW Antriebsleistung und eine Kälteanlage, die 185000 kcal/h leistet[3].

Kammern dieser Art weisen schon viele Merkmale von Windkanälen auf.

In der in Abb. 80 wiedergegebenen Anlage werden die durch Rauhreifbildung auf elektrischen Freileitungen verursachten Koronaverluste untersucht. In der vakuumdichten Prüfkammer, die mittels Sole auf Temperaturen zwischen +40

---

[1] Air Conditioning Refrigerating Data Book, 5. Aufl. (1955) Am. Soc. of Refr. Engineers S. 57-01/11.

[2] NEUENSCHWANDER, A.: Proc. IX. Int. Congr. of Refrig. Paris Bd. II, (1955) S. 6126–6136.

[3] Anonym: Modern Refrig. Bd. 50 (1947) S. 242–244.

und —30 °C gebracht werden kann, wird Luft mit 20 bis 100% Feuchtigkeit mit maximal 10 m/s umgewälzt. Der Druck in der Kammer kann auf 70 Torr gesenkt werden. Eine Beregnungseinrichtung ist vorhanden. Die elektrische Leitung ist ein Hohlleiter, der mit Öl gekühlt wird[1].

b) Kanalsysteme. Die Prüfkammer, in der die Untersuchung durchgeführt wird, schrumpft mitunter zu einem kleinen Teil eines Umluftkanals zusammen, so daß man von Klimakanälen sprechen könnte.

Als Beispiel des Einsatzes solcher Einrichtungen in der geophysikalischen Forschung sei die des Schnee- und Lawinenforschungsinstituts Weißfluhjoch, Davos, erwähnt. In diesem Klimakanal wird Luft in geschlossenem Kreislauf geführt. Durch Einspritzen von Dampf oder Wasser und Zugabe von Eisbildungskernen werden bei Lufttemperaturen bis —40 °C künstlich Hagelkörner erzeugt. Die Strömungsgeschwindigkeit kann von 1 bis 28 m/s verändert werden. Rasche Temperaturänderungen erzielt man durch Tiefkühlung mit anschließender elektrischer Beheizung. Die Kälteanlage erreicht —60 °C am Luftkühler mit einer zweistufigen Ammoniak-Kälteanlage[2].

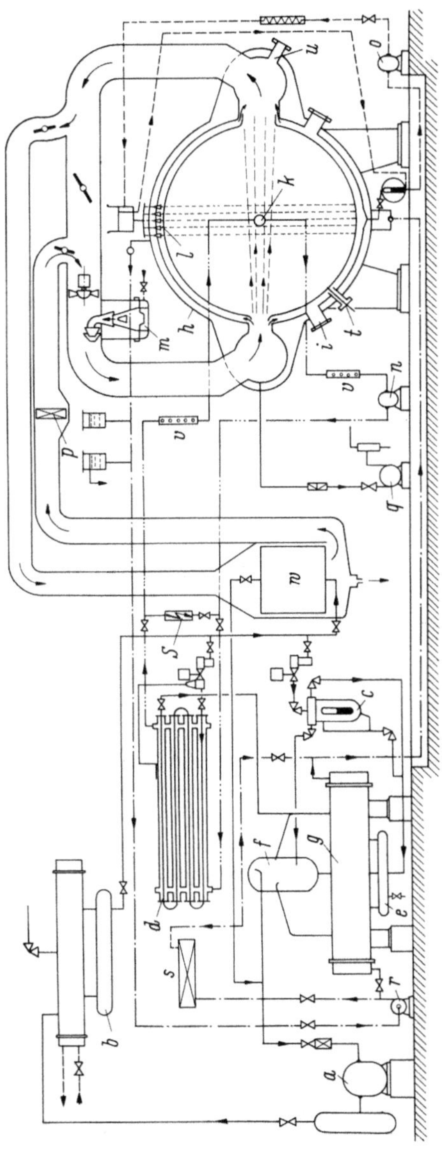

Abb. 80. Prüfkammer zur Messung der Koronaverluste[4].

a Kompressor; *b* Sammelbehälter; *c* Hochdruckregler; *d* Ölkühler; *e* Ölsammler; *f* Abscheider; *g* Verdampfer; *h* Kühlmantel; *i* Schaugläser; *k* Elektr. Leiter; *l* Regenvorrichtung; *m* Luftbefeuchter; *n* Ölpumpe; *o* Wasserpumpe; *p* Elektr. Lufterhitzer; *q* Vakuumpumpe; *r* Solepumpe; *s* Soleerwärmer; *t* Elektr. Meßleitung; *u* Meßstutzen; *v* Hochspannungsisolierung; *w* Luftkühler; *S* Ölwärmer.

Die Untersuchung von Turboflugtriebwerken in Meßkammern, die es gestatten, auch die Umgebung des Triebwerks auf die gewünschten Bedingungen zu bringen, sind sehr kostspielig[3]. Die Verbrennungsluft kann nicht mehr der Prüfkammer entnommen werden, diese wird getrennt aufbereitet[4]. Bei großen Triebwerken verzichtet man auf die Einstellung der Luftzustände in der Umgebung des Triebwerks und begnügt sich damit, nur am Ein- und Ausgang die jeweils gewünschten Untersuchungsbedingungen zu verwirklichen. Wich-

[1] Kornfehl, A.: Schweiz. Techn. Zeitschr. Bd. 48 (1951) S. 410–413.
[2] List, R.: Techn. Rundschau Sulzer Bd. 43 (1961) 1, S. 3–7.
[3] Anonym: Refr. Engng. Bd. 59 (1951) S. 343. — [4] Siehe Fußnote 1 S. 112.

tige energieverbrauchende Meßeinrichtungen arbeiten dann bei Normalbedingung, sind leichter zugänglich und die Kosten des Prüfstands und der Kältebedarf sind viel geringer.

Der Höhenprüfstand für Turboflugtriebwerke an der Technischen Hochschule Stuttgart, der nach diesem Prinzip gebaut ist, erlaubt die Untersuchung vollständiger Turbo- und Propeller-Triebwerke bis 80 kg/s Durchsatz und von Kompressoren bis 30000 kW Kupplungsleistung bei Normaldruck (Abb. 81).

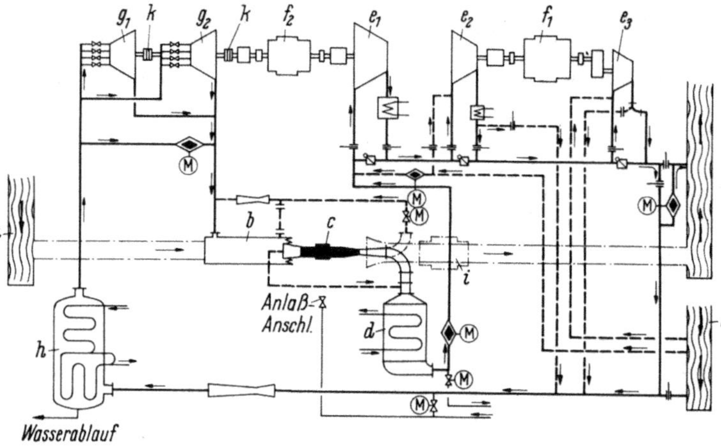

Abb. 81. Prüfstand für Flugtriebwerke[1].

a Frischluftzufuhr (wahlweise); *b* Mischkammer; *c* Triebwerk; *d* Abgaskühler; e_1, e_2, e_3 Kompressoren; f_1,f_2 Motore; g_1, g_2 Expansionsturbinen; *h* Solekühler; *i* Pendelmaschine; *k* Überholkupplungen; M gesteuerte Ventile.

Die Verbrennungsluft für das Triebwerk wird als Frischluft angesaugt und in einem Solekühler auf −20 °C gebracht. Ein Teil der Luft expandiert in 2 Expansionsturbinen bis auf −80 °C und wird dem anderen Teilstrom beigemischt. Andererseits kann auch ein Teilstrom, bis auf 200 °C erwärmt, zugegeben werden. So ist es möglich, die in das Triebwerk eintretende Verbrennungsluft auf Temperaturen zwischen −60 und +200 °C einzustellen. Die Teilströme werden in einer Mischkammer gemischt; kleinere Triebwerke können vollständig in diese eingebaut werden. Die Abgasenergie wird in einem Diffusor teilweise zurückgewonnen. Im anschließenden Kühler werden die Abgase mit Umlaufwasser gekühlt. In einem zweiten Wärmeaustauscher kann mit ihnen auch noch die Verbrennungsluft vorgewärmt werden. Sodann werden die Abgase dreistufig etwas über Normaldruck verdichtet und treten über einen Schalldämpfer ins Freie. Bei Turbinen-Propeller-Triebwerken wird die Wellenleistung zum Antrieb eines Pendelgenerators benutzt, der als Synchronmaschine mit Schleifringläufer gebaut ist. Über Wahlgetriebe können Drehzahlen von rd. 4000 bis 27000 U/min eingestellt werden. Bei der Untersuchung von Kompressoren mit Kupplungsleistungen bis 30000 kW bei Normaldruck wird die geförderte Luft im Abgaskühler mit Wasser, anschließend mit Sole gekühlt und dann in den Expansionsturbinen entspannt. Der Luftkreislauf ist bei der Untersuchung geschlossen. Die Pendelmaschine dient in diesem Fall zum Antrieb; sie hat eine Antriebsleistung von 3500 kW.

Die Turbokompressoren des Prüfstands benötigen Motoren mit 3500 bzw. 5400 kW, die beiden Expansionsturbinen geben maximal 1600 kW ab. Eine Am-

---

[1] Senger, U.: Höhenprüfstand für Turboflugtriebwerke, Denkschrift des Inst. f. Turboflugtriebwerke der Techn. Hochschule Stuttgart, November 1964.

moniak-Kältemaschine arbeitet auf einen Solespeicher, der so groß ist, daß die Temperatur von -20 °C in der Sole beim Versuchsbetrieb mehrere Stunden eingehalten werden kann.

4. Phytotron für Pflanzenforschung.

Für systematische Untersuchungen des Pflanzenwachstums sind Gewächshäuser besser geeignet als Freigelände. In ihnen werden die Pflanzen bei bestimmten, reproduzierbaren Umgebungsbedingungen kultiviert und der Einfluß von Temperatur, Feuchtigkeit, Luftbewegung und Strahlung, als der wichtigsten Umweltfaktoren, auf das Wachstum ermittelt. Strahlungsintensität und Strah-

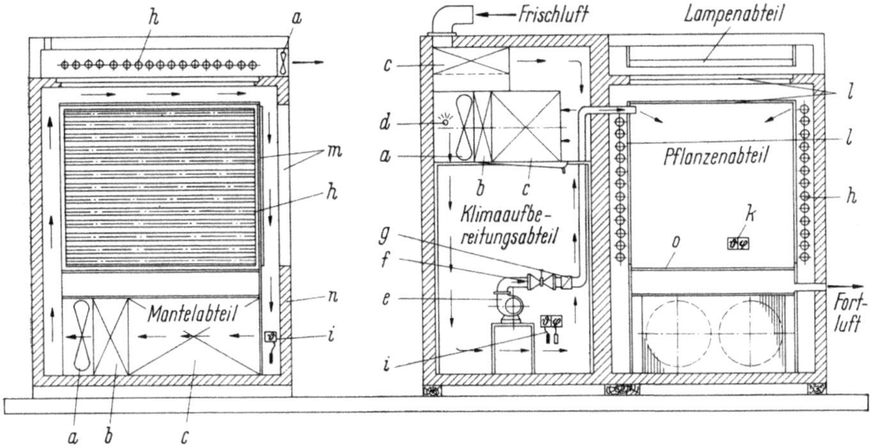

Abb. 82. Klimafertiger[2] (BBC, Mannheim).

a Lüfter; *b* Heizregister; *c* Verdampfer; *d* Befeuchtungseinrichtung; *e* Gebläse; *f* Regelschieber; *g* Mengenmessung; *h* Leuchtstofflampen; *i* Meßwertgeber für die Regelung; *k* Meßwertgeber für Registriergerät; *l* Verglasung; *m* Türen; *n* Gehäuse; *o* Verstellbarer Tisch.

lungsdauer beeinflussen die Photosynthese, Temperatur und Feuchtigkeit das Wachstum der Pflanzen. Es gibt sowohl optimale Tagestemperaturen und Lichtstärken für die Zuckerbildung wie auch optimale Nachttemperaturen und Feuchtigkeiten für das Wachstum und die Fruchtbildung. Endziel ist genaue Kenntnis des vegetativen Ablaufs vom Samen bis zur Frucht, so daß es möglich wird, künstlich nach Programm optimale Bedingungen zu verwirklichen, unabhängig von Klima und Boden[1].

In dem Klimafertiger System Reichart (Abb. 82) werden Frischluft und Umluft getrennt gekühlt. Im Zusammenwirken mit einer elektrischen Heizung und einer Befeuchtungseinrichtung wird der gewünschte Luftzustand eingestellt. Ein Teil der Luft geht durch die Prüfkammer, ein anderer umspült die Kammer und führt die Wärme von den Leuchtstoffröhren ab. Die oben liegenden Lampen werden gesondert mit Außenluft gekühlt.

Stationäre Anlagen für umfangreichere Untersuchungsprogramme bestehen aus mehreren Kammern, die so eingerichtet werden, daß sich die in ihnen zu erzielenden Zustände sinnvoll ergänzen. Anlagen dieser Art nennt man Phytotrone.

Die Temperaturen sind im Bereich von $+2$ bis $+40$ °C einstellbar. Bei Untersuchungen über die Frostresistenz werden auch tiefere Temperaturen verlangt[3]. Die Feuchtigkeit wird durch Kühlen und Beheizen der Umluft sowie durch Feuch-

---

[1] Ruthner, O.: VDI-Nachr. Bd. 20 (1966) Nr. 5, S. 1–2.

[2] Plapper, H.: BBC-Nachr. Bd. 48 (1966) 2, S. 91–98.

[3] Bretschneider, H. B.: VDI-Nachrichten Bd. 19 (1965) Nr. 40, S. 7–8.

tigkeitszusatz eingestellt. Befeuchtung mit Dampf wird wegen der geringeren Feuchtigkeitsschwankungen bei der Regelung, verglichen mit der durch Wasser,

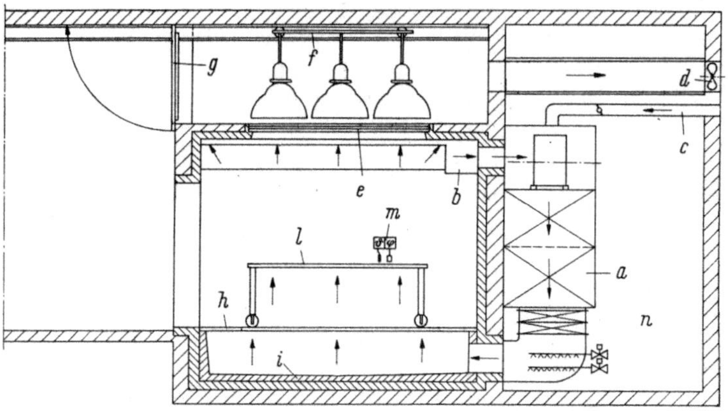

Abb. 83. Schema einer Phytotronkammer[1] (BBC, Mannheim).

a Klimagerät; *b* Rückluftkanal; *c* Frischluftkanal; *d* Lampenraum mit Entlüftung; *e* Mehrfachverglasung; *f* Lampenwagen; *g* Klappe zum Lampenraum; *h* Lochboden; *i* Betonwanne; *l* Tisch; *m* Meßwertgeber für Temperatur und Feuchtigkeit; *n* Maschinenraum.

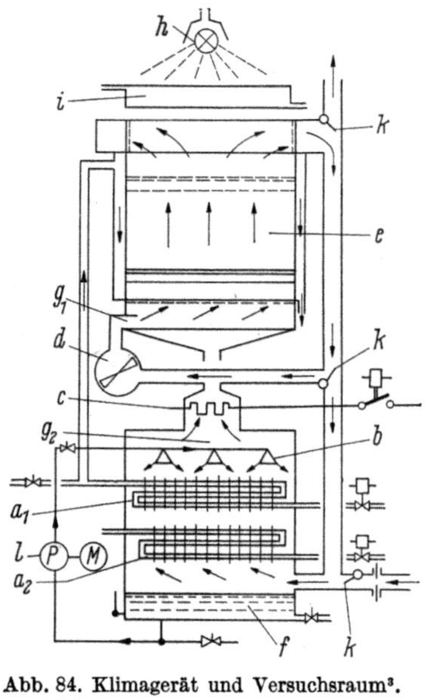

Abb. 84. Klimagerät und Versuchsraum[3].
a_1 Kühler; a_2 Erwärmer; *b* Sprühdüsen; *c* Nachheizung; *d* Ventilator; *e* Kammer; *f* Wasserbecken; g_1 Meßstelle Lufttemperatur trocken; g_2 Meßstelle Lufttemperatur feucht; *h* Lampen; *i* Wasserküvette; *k* Regelklappen.

bevorzugt. Man kann 95% relative Feuchtigkeit erzielen. Bei Taupunkten unter 4 °C sieht man zur Kühlung zwei getrennte Verdampfer vor, die abwechselnd in Betrieb sind; der ausgeschaltete Verdampfer wird jeweils abgetaut[1].

Die Luft im Prüfraum wird zwei- bis dreimal in der Minute erneuert. In ihm können zusätzlich Ventilatoren zur Luftbewegung angeordnet sein. Man führt die Luft der Kammer von unten durch einen Lochboden zu, die Pflanzen stehen auf Tischen mit Gitterböden, so daß sie allseitig gut von der Luft umspült werden. Die Luft kehrt durch seitliche Kanäle in das Klimagerät zurück; Frischluft wird diesem geregelt von außen zugeführt.

Maßgebend für den Aufbau der Kammer sind die Beleuchtungseinrichtungen. Die Strahlungswärme erschwert die Regelung des Luftzustands erheblich. Bestrahlung von oben und von den Seiten, Tiefstrahler und Breitstrahler sollen Licht von einem bestimmten Spektrum mit einer Strahlungsdichte am Objekt von etwa 20000 lux abgeben, so daß die Wärmeentwicklung der Lampen erheblich ist. Die Verlustwärme wird von der Kammer dadurch weitgehend ferngehalten, daß die Lampen außerhalb in einem besonders belüfteten Lampenraum angeordnet werden. Auch wassergekühlte Reflektoren werden benutzt[2].

---

[1] Siehe Fußnote 2, S. 113.
[2] MECKLER, G.: ASHRAE-Journal (1961) Heft 12, S. 53–63.
[3] BRINTZINGER, W., u. K. STEINER: Kältetechn. Bd. 11 (1959) S. 12–14.

Während man früher Kammern mit unterschiedlichen, aber konstanten Zuständen benützte und die Prüfobjekte auf den fahrbaren Tischen zur Nachahmung des Tagesablaufs in die entsprechende Kammer schob, rüstet man heute jede Kammer so aus, daß in ihr ein Programm, automatisch gesteuert, ablaufen kann. Krasse Übergänge werden dabei vermieden[1].

Die Kammer nach Abb. 83 zeigt diese Anordnung; sie ist isoliert und innen und außen mit Dampfsperren sorgfältig gedichtet. Zusätzlich sind gekühlte und klimatisierte Räume zur Lagerung von Samen und Keimlingen sowie ein Aufbereitungsraum vorgesehen. Die gesamte Kälteleistung ist auf mehrere Maschinen verteilt, alle Maschinen sind in einem gemeinsamen Raum untergebracht.

Falls der Luftzustand über lange Zeiträume, z. B. über mehrere Wochen, mit enger Toleranz eingehalten werden muß, empfiehlt es sich, die Luft im Klimagerät zuerst auf den gewünschten Taupunkt zu bringen und anschließend bis auf die gewünschte Temperatur zu erwärmen. Das Klimagerät nach Abb. 84 hat z. B. durch Sole gekühlte (oder erwärmte) Wärmeaustauscher, die reichlich mit Umlaufwasser berieselt sind. Die Temperatur des Umlaufwassers wird auf der gewünschten Taupunktstemperatur gehalten. Die Luft verläßt diesen Teil des Geräts fast voll gesättigt und wird anschließend elektrisch erwärmt. In den Prüfkammern wird zusätzlich die Wandtemperatur nahe der gewünschten Lufttemperatur mit Hilfe eines besonderen Flüssigkeitskreislaufes in einem die Kammer umgebenden Mantelraum gehalten.

Außerdem wird der Luftumlauf geregelt. So gelingt es, in dem Bereich von etwa 0 bis +40 °C die Temperatur auf ±0,1 °C und die Feuchtigkeit von 60 bis über 90% auf ±2% konstant zu halten[2].

IV. Prüfstände für besondere Zwecke.

1. Windkanäle für Fahrzeuge.

Untersuchungen der Betriebseigenschaften von Fahrzeugen aller Art unter verschiedenen und wechselnden klimatischen Bedingungen werden zunehmend im Laboratorium durchgeführt, wenn es darum geht, bestimmte Einflüsse meßtechnisch genau reproduzierbar zu erfassen. Trotz der hohen Kosten der erforderlichen Einrichtungen haben sich die Gesamtkosten der Laboratoriumsuntersuchungen, gemessen an den erzielten Ergebnissen, als wesentlich geringer erwiesen, als die von Untersuchungen im Fahrbetrieb, außerdem stehen diese rascher zur Verfügung.

a) Geschlossene Windkanäle. Bei stehendem Fahrzeug wird die Luft in den geschlossenen Windkanälen mittels Gebläse umgewälzt. Am Fahrzeug stellt sich dann zunächst quer zur Strömung ein anderes Geschwindigkeitsprofil und damit auch eine andere Druckverteilung ein als im Freien. Dies kann die Ergebnisse erheblich beeinflussen, z. B. den durch Undichtheiten der Wagenhaut bedingten Luftaustausch[3-5], auch entspricht die aus dem Strömungsquerschnitt und der Luftmenge errechnete Geschwindigkeit im Versuchskanal nicht der Fahrgeschwindigkeit im Freien. Durch Fahrtmessungen muß deshalb zunächst die Druckverteilung am Wagenkörper und ihre Zuordnung zur Fahrgeschwindigkeit ermittelt werden. Zur Anpassung der Strömung im Kanal an die Verhältnisse im Freien wird dieser

---

[1] Hogg, F. G.: Australian Refrig. Air Condit. and Heating Bd. 17 (1963) 1, S. 16–22.
[2] Siehe Fußnote 3, S. 114.
[3] Bachmaier, W., u. A. Bornschlegel: Proc. XI. Int. Congr. of Refr. Bd. III, (1965) S. 1649–1657.
[4] Veil, W.: VDI-Berichte, Bd. 34 (1959) S. 39/45,
[5] Ledinegg, M., L. Putz u. H. Schausberger: Kältetechn. Bd. 14 (1962) S. 206–212.

in Strömungsrichtung so erweitert, daß der statische Druck am Anfang und Ende des Fahrzeugs etwa derselbe ist, zusätzlich wird der Querschnitt und damit die Druckverteilung durch Drosselkörper oder Leitflächen verändert[1, 2].

Die Gebläse sind regelbar; sie sollen stets mit möglichst hohem Wirkungsgrad arbeiten. Größere Kanäle haben deswegen Gebläse mit verstellbaren Schaufeln. Die Regelung der Drehzahl ist bei hydraulischem Antrieb verhältnismäßig einfach[1].

Die Lufttemperatur im Kanal soll meist innerhalb bestimmter Grenzen einstellbar sein. Dieser Bereich liegt im allgemeinen zwischen -40 und $+60$ °C, die Kanäle sind deshalb isoliert. Der Einfluß der Isolierung auf die Abkühlgeschwindigkeit wurde bereits behandelt (S. 106); bei Bauwerken dieser Größe bereitet der Schutz der Isolierung gegen Durchfeuchtung erhebliche Schwierigkeiten, zumal wenn der Kanal sowohl bei hohen wie auch bei tiefen Lufttemperaturen betrieben wird.

Die erforderliche Kälteleistung richtet sich im wesentlichen nach der Gebläseleistung, also nach der gewünschten Fahrgeschwindigkeit, dem freien Strömungsquerschnitt des Versuchskanals und dem Druckverlust, sodann nach der tiefsten Temperatur. Wie oben ausgeführt, werden die Verhältnisse im Kanal denen im Freien um so unähnlicher, je kleiner der Zwischenraum zwischen Fahrzeug und den Kanalwänden ist. Mit Rücksicht auf die Energiefrage wird man diesen Abstand andererseits so klein halten, wie es die Versuchsgenauigkeit noch zuläßt.

Der Druckverlust hängt stark vom Widerstand des Luftkühlers ab, strömungsgünstige Kühler bringen erhebliche Verbesserungen[3]. Bei tiefen Temperaturen begnügt man sich im Hinblick auf den Aufwand deshalb auch mit geringeren Fahrgeschwindigkeiten und paßt sich so dem Leistungsabfall der Kältemaschine an.

Eine der größten Anlagen dieser Art ist die Versuchsanlage für Eisenbahnfahrzeuge Wien-Arsenal, bestimmt für Untersuchungen bei -40 °C und einer Fahrgeschwindigkeit von rd. 28 km/h bzw. -15 °C bei 150 km/h[2, 4]. Fahrzeuge bis 27 m Länge können dort geprüft werden. Zusätzliche Einrichtungen erlauben Nachahmung von Sonnenstrahlung, Regen und Schnee. Rund $^2/_3$ des Kältebedarfs entstehen, bei höchster Geschwindigkeit, durch den Energiebedarf des Luftkreislaufs. Die maximale Förderleistung des Gebläses beträgt $935 \cdot 10^3$ m³/h.

b) Windkanäle mit offenem Kreislauf. Zur Untersuchung des Fahrverhaltens von Straßenfahrzeugen benutzt man Luftkreisläufe, bei denen der Kanal an der Prüfstrecke unterbrochen ist. Der Prüfling kann dann auch, z. B. auf einer Drehscheibe, in einen Winkel zum Luftstrom gedreht werden und die Verhältnisse im Luftstrom sind denen im Freien ähnlicher. Hierdurch wird der Energiebedarf für das Gebläse natürlich vergrößert. Außerdem wird mit laufendem Antriebsmotor des Fahrzeugs untersucht, so daß die Verbrennungsluft zu ergänzen und die Abgase abzuführen sind. Fahrgeschwindigkeiten bis etwa 250 km/h sollen dabei nachgeahmt werden. Auch hier werden Temperaturen bis -40 °C verlangt.

Zur Verringerung der Strömungsverluste muß insbesondere die Auffangdüse hinter der Prüfstrecke sorgfältig durchgebildet sein[5]. Zur Erzielung eines kleinen Turbulenzgrades, insbesondere von kleinen Schwankungsgeschwindigkeiten in Strömungsrichtung, sind energieverzehrende Einbauten nicht zu umgehen[3].

---

[1] Siehe Fußnote 5, S. 115.
[2] Siehe Fußnote 6, S. 115.
[3] MALLET, J. A.: Bull. Inst. Int. du Froid Bd. 45 (1965), Annexe 4, S. 283–302.
[4] LEDINEGG, M., L. PUTZ u. H. SCHAUSBERGER: Allg. Wärmetechn. Bd. 10 (1961) S. 25 bis 35.
[5] RIEKERT, P., u. R. BARTH: Allg. Wärmetechn. Bd. 8 (1957) S. 161–165.

Der Düsenquerschnitt beträgt bei der Anlage nach Abb. 85 rd. 35 m^2, die Geschwindigkeit kann bis auf 46,7 m/s ansteigen. Das Gebläse hat eine Antriebsleistung von maximal 4800 kW, im Diffusor wird die Geschwindigkeit, mit einem

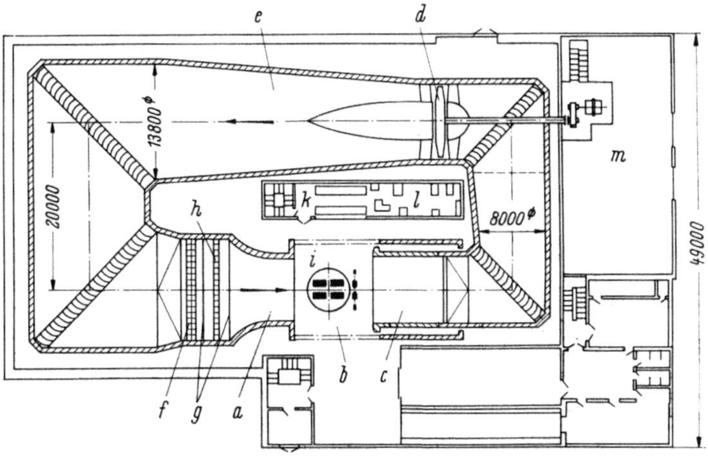

Abb. 85. Windkanal zur Prüfung von Kraftfahrzeugen[1] (Volkswagenwerk, Wolfsburg).
a Austrittsdüse; *b* Prüfstrecke; *c* Fangdüse; *d* Gebläse; *e* Diffusor; *f* Kühler; *g* Turbulenzsiebe; *h* Gleichrichter u. Filter; *i* Momenten-Waage und Rollenprüfstand; *k* Steuerstand; *l* Datenverarbeitung; *m* Kältemaschinenraum.

Wirkungsgrad von etwa 90%, so stark verringert, daß sie vor dem Kühler noch 12 m/s beträgt. Turbulenzgitter und Filter sowie Gleichrichter befinden sich ebenfalls an der Stelle kleinster Geschwindigkeit. In Vorversuchen wurde diese Anordnung als besonders günstig in energetischer Hinsicht ermittelt. Der Luftkühler überträgt $4{,}6 \cdot 10^6$ kcal/h und wird mit Trichloräthylen als Kälteträger beschickt, das in einer Kälteanlage mit vierstufigem Turboverdichter gekühlt wird. Bei −40 °C kann noch eine Fahrgeschwindigkeit von 10 km/h nachgeahmt werden, bei Temperaturen über −20 °C bereits die Höchstgeschwindigkeit. Die Frischluft (bis 2000 m^3/h) wird besonders aufbereitet. Der Kanal ist mit Glaswolle isoliert; bei tiefen Temperaturen wird die Prüfstrecke durch verschiebbare isolierte Wände gegen die Umgebung abgeschlossen.

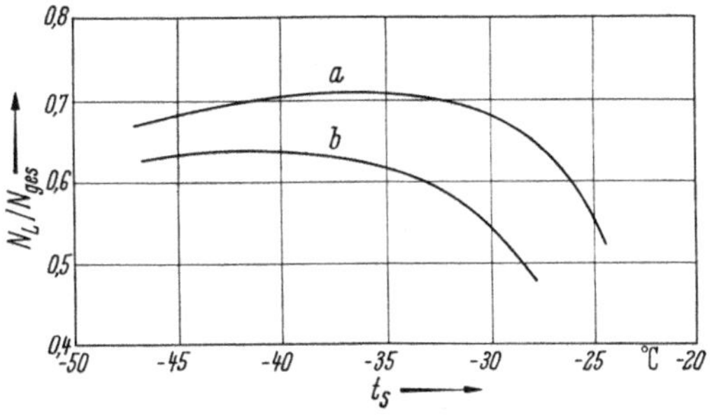

Abb. 86. Energetischer Wirkungsgrad des Kanals nach Abb. 85 für eine Lufttemperatur von —20 °C, bei Höchstgeschwindigkeit[2].
a Optimal bemessener Rippenrohrkühler; *b* Optimal bemessener Lamellenkühler mit elliptischen Rohren.

Zusätzlichen Kältebedarf verursachen die Motorwärme (max. 220 kW), die Beleuchtung, die Solepumpen und (gegebenenfalls) die Bestrahlungseinrichtungen, aber 80% des gesamten Energiebedarfs entfallen auf das Gebläse.

In Abb. 86 ist der energetische Wirkungsgrad des Kanals, als das Verhältnis der kinetischen Energie der Strömung beim Austritt aus der Düse N_L zum gesamten Energiebedarf der Anlage N_{ges} aufgetragen. Man erkennt, wie sehr dieser Quotient von den Temperaturen der Sole t_s und der Art des Kühlsystems abhängig ist.

[1] Jorissen, H. D.: VDI-Nachr. Bd. 20 (1966) Nr. 3, S. 5.
[2] Siehe Fußnote 3, S. 116.

2. Windkanäle für die Luftfahrt.

Windkanäle für die Luftfahrt dienen in erster Linie der Untersuchung aerodynamischer Eigenschaften von Körpern im freien Raum bei Fluggeschwindigkeit, vorzugsweise von Modellen. Die Entwicklung hat aber dazu geführt, daß immer größere Modelle, schließlich Flugzeuge und Flugzeugteile in Originalgröße zu prüfen waren. Hierfür wurde eine neue Art von Windkanälen entwickelt, bei denen zum Teil auch kältetechnische Einrichtungen Anwendung finden.

Die, verglichen mit Kanälen für Fahrzeuge, viel größere Strömungsgeschwindigkeit wird auch hier durch Gebläse erzeugt; da deren Energiebedarf etwa mit dem Quadrat des Strahldurchmessers und mit der dritten Potenz der Geschwindigkeit wächst, ist er hier um ein bis zwei Größenordnungen größer als bei den ersteren. Der Energiebedarf von Hochgeschwindigkeitskanälen, in denen Fluggeschwindigkeiten bis fast $Ma = 1$ simuliert werden, hat die 100000 kW-Grenze überschritten.

Der Kanal ist an der Prüfstrecke auch in diesem Fall meist offen und mit der Umgebung in Verbindung. Versuche bei Unterdruck oder tiefen Temperaturen werden aber in vollkommen geschlossenen Windkanälen durchgeführt.

Von den Bedingungen und der Größe des Kanals hängt es ab, ob der Wärmeanfall infolge der Energieverluste im Kanal usw. durch Lufterneuerung beseitigt werden kann, ob mit einer Wasserkühlung der Kanalwände und der hohlen Umlenkprofile auszukommen ist, oder ob man Kühlsysteme und maschinelle Kühlung anwenden muß. Häufig ist im letzteren Fall auch noch eine besondere Anlage zur Aufbereitung der Frischluft für den Kanal vorzusehen. Die Antriebsleistungen der Kälteanlagen der großen Windkanäle sind von der selben Größenordnung wie die Antriebsleistung des Gebläses.

Der Windkanal in Wrightfield in Dayton (Ohio) z. B. hat einen Düsendurchmesser von 6 m und erlaubt Geschwindigkeiten nahe der Schallgeschwindigkeit. Der Druck im Kanal kann zwischen 0,1 und 2 at eingestellt, die Temperatur bis auf -55 °C gesenkt werden.

Das Gebläse benötigt eine Antriebsleistung von max. 30000 kW. Die größte Versuchsdauer bei Vollast beträgt eine Stunde. Zur Kühlung dient Sole, die in zwei Behältern von 375 m^3 Inhalt tiefgekühlt in Vorrat gehalten wird. Das Abkühlen dieser Solebehälter dauert 14 Stunden. Die Kälteanlage hat 14 Turbokompressoren mit je 1100 kW Antriebsleistung und 6 Maschinen zur Kühlung und Entfeuchtung der Frischluft für den Kanal mit je 220 kW Antriebsleistung[1, 2]. Je 3 Turbokompressoren können hintereinander geschaltet werden und man erreicht so in dem Solespeicher eine Temperatur von -87 °C.

Überschall-Windkanäle benötigen im allgemeinen keine Kühlung, es sei denn zur Luftvorbehandlung. Die Erzeugung von Überschallgeschwindigkeit mit Kryopumpen wird in Abschn. B IV, 2 behandelt.

V. Untersuchungen bei Weltraumbedingungen.

Die Entwicklung von Geräten für den Flug im Weltraum und deren Prüfung ist nur dadurch möglich, daß Untersuchungen bei Weltraumbedingungen in Simulationskammern an Werkstoffen, allen Einzelteilen und den fertigen Geräten durchgeführt werden. Hierdurch entstehen zwar hohe Kosten, sie sind jedoch relativ klein, verglichen mit den Kosten für Bau und Entwicklung eines Raumflugkörpers und den Verlusten durch einen mißglückten Start. Bei den großen Raumflugkörpern, die aus einigen zehntausend Einzelteilen bestehen, sind die Weltraumsimulatoren bestimmend für das Entwicklungstempo.

[1] Siehe Fußnote 1, S. 110. – [2] Anonym: Refr. Engng. Bd. 59 (1951) S. 343.

1. Simulationskammern für Flugkörper und Einzelteile.

Nicht alle im Weltraum vorkommenden, von den irdischen Verhältnissen abweichenden Bedingungen müssen gleichzeitig oder überhaupt simuliert werden. Am weitesten nähert man sich den Weltraumbedingungen bei der Werkstoffprüfung, zumal da diese in kleinen Kammern durchführbar ist. Sehr vielseitigen Erprobungen werden auch Einzelteile unterworfen, insbesondere die elektronischen Geräte. Die Prüfung fertiger Raumflugkörper, die nur in sehr großen Kammern durchgeführt werden kann, beschränkt sich im allgemeinen auf thermische Fragen.

Zu den wesentlichen Forderungen der Simulation gehört das Einstellen eines hohen Vakuums in der Kammer. Innerhalb des Solarsystems ist der Druck im Weltraum 10^{-13} bis 10^{-14} Torr. Dieser niedrige Druck ist zwar erreichbar, man begnügt sich aber meist mit 10^{-6} bis 10^{-7} Torr.

Der Flugkörper ist der Sonnenstrahlung, der Erdstrahlung und der von Erde und Mond reflektierten Sonnenstrahlung (Albedo) ausgesetzt. Diese werden bei der Simulation nachgeahmt. Hingegen ist es bei energetischen Betrachtungen nicht erforderlich, die elektromagnetische und die Teilchenstrahlung zu berücksichtigen. Die Gleichgewichtstemperatur eines „passiven" Flugkörpers im Weltraum wird mit 3 °K angenommen[1]. Der Kältehintergrund des Weltalls wird aber genügend genau bei einer Temperatur von 70 bis 100 °K simuliert. Simulationskammern sollen andererseits ausheizbar sein, so daß der zu beherrschende Temperaturbereich rund von +200 °C und darüber bis −200 °C reicht.

Auch bei Simulationskammern werden zusätzliche Einrichtungen für elektrische und mechanische Prüfungen, für Beobachtungen und Messungen gefordert. Einen erheblichen Aufwand verursachen Sicherheitsanforderungen, die beim Aufenthalt von Personen in den Kammern oder Objekten während der Untersuchungen einzuhalten sind.

Der Kältebedarf einer Simulationskammer richtet sich zunächst nach der Belastung durch Strahlung. Die Intensitäten betragen:

Direkte Sonnenstrahlung	1400 W/m²
Von der Erde reflektierte Sonnenstrahlung max.	550 W/m²
Erdstrahlung max.	210 W/m²

Bis zu 3000 W/m² wurden schon verwirklicht.

Die durch Strahlung austauschbare Wärme ist

$$Q_{\mathrm{Str}} \sim \left[1 - \left(\frac{T_0}{T}\right)^4\right],$$

wobei T_0 die Strahlungstemperatur der Kammer, T die des Objektes ist. Diese Temperatur kann man mit $T = 300$ °K ansetzen. Mit $T_0 = 3$ °K wird der Wert des Klammerausdrucks also etwa eins. Läßt man bei der Simulation eine nur um 1% geringere übertragene Strahlungswärme zu, so genügt nach dieser Beziehung der Klammerwert 0,99, der bereits bei $T_0 = 95$ °K mit flüssigem Stickstoff erreichbar ist. Der Energieaufwand für die Kühlung ist nur etwa 2 bis 3% desjenigen bei 3 °K.

Die Wände der Kammer aus poliertem rostfreiem Stahl geben etwa 35 W/m² ab[2]. Hinzu kommt die Wärmeabgabe des Prüfobjekts, wobei der Abstrahlung von Verlustwärme, verursacht durch Energieverbrauch im Satelliten, besondere Bedeutung zukommt. Der Strahlungsaustausch im Weltraum ist natürlich sehr von der Lage der Flächen zu den Strahlungsquellen abhängig, was bei den Untersuchungen eine erhebliche Rolle spielt[2].

[1] MUNDAY, R. G. T.: Raumfahrtforschung (1964) S. 68–73.
[2] WUTZ, W.: Vakuumtechnik Bd. 14 (1965) S. 34–40.

Der Weltraum ist eine ideale Wärmesenke. In der Simulationskammer wird die Wärme von Strahlungsschirmen aufgenommen, die mit flüssigem Stickstoff gekühlt werden. Die Flächen sind vorzugsweise aus Aluminium und zur Erhöhung der Absorptionsfähigkeit, z. B. anodisch, geschwärzt. Sie sind so angeordnet, daß sie das Absaugen der Gase aus der Kammer möglichst wenig behindern, aber die Strahlung zwischen Prüfobjekt und Kammerwand möglichst vollständig unterbinden. Ihre Eigenstrahlung liegt unter 3 W/m².

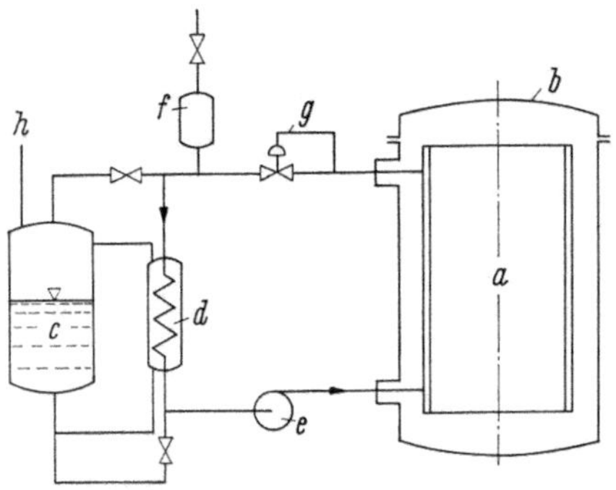

Abb. 87. Schema einer Simulationskammer mit Kreislauf für flüssigen Stickstoff.

a Kälteschirm; *b* Kammer; *c* Vorratsbehälter mit flüssigem Stickstoff; *d* Wärmeaustauscher; *e* Umwälzpumpe; *f* Ausgleichsgefäß; *g* Regel-ventil; *h* Abblaseleitung.

Bei der in Abb. 87 dargestellten Anordnung hat der flüssige Stickstoff einen Druck von etwa 10 at und eine Temperatur von etwa 79 °K und wird auf mehrere parallel geschaltete Schlangen im Kälteschirm verteilt. Er wird in einem geschlossenen Kreislauf umgepumpt und kommt nicht zum Verdampfen, sondern erwärmt sich um 10 bis 20 °C. Der flüssig bleibende Stickstoff wird in einem Wärmeaustauscher dadurch rückgekühlt, daß Stickstoff aus dem Vorratsbehälter bei normalem Druck verdampft. Dieses Verfahren vermeidet Temperaturunterschiede am Kälteschirm als Folge von Dampfansammlungen, wie sie bei direkter Verdampfung auftreten können.

Abb. 88. Simulationskammer (Heraeus, Hanau).

a Kammer; *b* Vakuumpumpen; *c* Stickstoffbehälter; *d* Schalttafel mit Meßgeräten.

Die Kammer für Einzelteile und Werkstoffe nach Abb. 88 hat 0,7 m Durchmesser und 0,48 m³ Inhalt.

In ihr kann der Druck auf 10^{-8} Torr in 4 Stunden gesenkt werden. Sie ist mit Kälteschirmen für flüssigen Stickstoff und mit Infrarotstrahlern ausgerüstet.

Einzelteile und Instrumente beanspruchen oft Kammern mit 1 bis 3 m Durchmesser, zur Erprobung von Satelliten gibt es Kammern mit mehr als 100 m³ Nutzraum. Eine derartige Kammer mit 9,5 m Durchmesser und 16 m Höhe verbraucht zur Kühlung der Kälteschirme 680 l/min flüssigen Stickstoff, der in einem vakuumisolierten Tank mit 75 m³ Inhalt in Vorrat gehalten wird. Der verdampfende Stickstoff wird rückverflüssigt.

2. Triebwerke für Raumfahrt.

Unter den Antrieben von Raumfahrzeugen im Weltraum sind die Ionentriebwerke von besonderer Bedeutung. Simulationskammern zur Untersuchung dieser Triebwerke sind so aufgebaut, daß der Ionenstrahl sich mehrere Meter unbehindert im Vakuum ausbilden kann. Die Triebwerke arbeiten vorzugsweise mit Cäsium, dessen Dampfdruck $p = 10^{-6}$ Torr bei $T = 298$ °K beträgt. Der Teildruck der Restgase soll deshalb in der Kammer kleiner als 10^{-7} Torr sein. Das dampfförmige Cäsium wird mittels Kryopumpflächen kondensiert, die mit Stickstoff gekühlt werden (vgl. B IV). Der Strahlteil der Simulationskammer muß zur Beseitigung der Kondensate auf den Kühlflächen leicht zugänglich sein[1, 2], er ist meist als Schleuse ausgebildet.

Die Schubkraft eines Raketentriebwerks ist der Quadratwurzel der Molmasse umgekehrt proportional, bei Wasserstoff ergeben sich also die günstigsten Verhältnisse. Nur bei Benutzung von Wasserstoff in flüssiger Form haben die Treibstoffbehälter der Rakete das erforderliche niedrige Gewicht. Der Schub ist andererseits der Quadratwurzel der absoluten Temperatur proportional, so daß der Wasserstoff vor Eintritt in den Strahlapparat auf die höchst zulässige Temperatur, etwa 2500 °K gebracht werden soll. Diese Wärme soll ein Kernreaktor liefern.

Raumfahrttriebwerke, die mit flüssigem Wasserstoff arbeiten und einen Kernreaktor haben, befinden sich im wissenschaftlichen Laboratorium in Los Alamos in der Entwicklung und Erprobung[3]. Die kältetechnische Einrichtung des Versuchsgeländes umfaßt u. a. zwei Kugelbehälter mit jeweils 190 m³ Inhalt zur Lagerung des flüssigen Wasserstoffs. Die Behälter sind 90 cm stark isoliert, womit der tägliche Verdampfungsverlust auf 0,3% gehalten wird. Durch lange, vakuumisolierte Rohrleitungen mit 200 und 250 mm lichter Weite werden 3 Prüfstände mit flüssigem Wasserstoff versorgt. Eine Axialpumpe fördert 37 kg/s Wasserstoff gegen 30 at.

B. Kältetechnik im Bereich der naturwissenschaftlichen Forschung.

Die Forschung im Bereich tiefer Temperaturen über die Eigenschaften von verflüssigten Gasen und von Festkörpern hat die atomistischen Kenntnisse entscheidend gefördert.

Die fortschreitende Erkenntnis verlangte immer stärkere Annäherung an den absoluten Nullpunkt, da es erst in diesem Temperaturbereich möglich ist, gewisse Eigenschaften der Materie, wie z. B. die Schwingungsenergie im Gitter, so zu verringern, daß andere Energie, z. B. die von Ladungsträgern, gut meßbar wird.

I. Kernphysikalische Forschung.

1. Bestrahlungsanlagen.

Unter dem Einfluß der Bestrahlung erleiden die Baustoffe durch Elektronen, Deuteronen und Neutronen Veränderungen, die als Strahlungsschäden bezeichnet werden (Frenkel-Defekte). Bei Metallen beobachtet man als Folge davon Änderung der mechanischen, thermischen und elektrischen Eigenschaften. Insbesondere sind es die energiereichen Neutronen, die erhebliche Gitterstörungen hervorrufen.

Für die Forschung sind diese Erscheinungen ein wertvolles Hilfsmittel, jedoch müssen die Defekte zur Untersuchung fixiert werden. Dies gelingt durch Anwendung tiefer Temperaturen.

Die Proben werden auch bei tiefer Temperatur bestrahlt, so daß die bei derartigen Untersuchungen abzuführende Energie verhältnismäßig hoch ist. Durch-

---

[1] Wössner, H.: Z. VDI Bd. 106 (1964) S. 1389–1392.

[2] Steinerz, H. A.: Handbook of Vacuum Engineering, Reinhold Publ. Corp., New York 1963.

[3] Edeskuty, F. J., u. E. F. Hammel: Cryogenics, Bd. 2 (1962) S. 193–203.

schnittlich beträgt diese 0,2 W/g[1, 2], wobei nicht nur die Masse der Probe, sondern auch die des Versuchsbehälters, soweit diese Strahlung aufnimmt, zu berücksichtigen ist.

In einer derartigen Untersuchungseinrichtung mit einer Kälteleistung von 100 W läuft flüssiger Wasserstoff mit 20 °K im Kreislauf um[1]. Die bestrahlte Probe befindet sich in einem besonderen Reaktionsgefäß, das mit flüssigem Neon halb gefüllt ist. Dieses führt die Wärme von der bestrahlten Probe durch Verdampfung ab und wird an der Wand des Reaktionsgefäßes durch den Wasserstoff rückverflüssigt.

In einer Bestrahlungsanlage, die mit flüssigem Helium die Temperatur von 5 °K erreicht, kann die Probe direkt durch verdampfendes Helium in geschlossenem Kreislauf gekühlt werden, da Helium durch die Strahlung nicht aktiviert wird. Die erforderliche Kälteleistung ist 170 W bei 4,7 °K, was einer Verdampfung von 270 l Helium entspricht[2]. Die kalten Teile der Anlage sind in drei unter Vakuum stehenden Behältern eingebaut. Alle Leitungen sind durch Superisolierung (vgl. S. 109) geschützt. Der Kompressor hat eine Antriebsleistung von 200 kW. Zusätzlich ist ein Meßkryostat zur Untersuchung der bestrahlten Proben vorgesehen. Die Anlage kann ohne Unterbrechung viele Tage bei hohen Strahlungsdichten arbeiten.

Als „kalte Neutronenquelle" bezeichnet man eine Anlage, in der Neutronen mit Hilfe von flüssigem Wasserstoff als Moderator auf etwa 10^{-3} eV gebremst werden („thermische Neutronen"). Bei einem Flüssigkeitsinhalt des Moderators von 400 cm³ verdampfen z. B. 5 l/h Wasserstoff[3]. Der flüssige Wasserstoff (oder Deuterium) durchläuft einen geschlossenen Kreislauf.

Eine Neutronenquelle, bei der der Wasserstoff des Moderators über eine eingebaute Kühlschlange gekühlt ist, wird durch eine Helium-Kältemaschine mit 400 W bei 16 °K gekühlt[4, 5].

Abb. 89. Diffusionsnebelkammer (Linde, Sürth)[6].

Mit Hilfe der hier beschriebenen Anordnungen lassen sich viele Fragen der Festkörperphysik behandeln.

2. Nebelkammern.

In der von C. T. R. WILSON angegebenen Expansionsnebelkammer werden die Bahnen elektrisch geladener Elementarteilchen in übersättigtem Dampf als Kondensatstreifen sichtbar gemacht.

Die Diffusionsnebelkammer nach LANGSDORF ist eine Abwandlung dieses Prinzips. In einem Glaskasten mit horizontalem, gekühltem Boden und geheizter Decke wird ein Temperaturgefälle von 60 bis 80° in einem Gemisch von Luft und Alkoholdampf aufrecht erhalten. Letzterer wird von oben ständig in die Kammer eingegeben, sinkt langsam zum gekühlten Boden und

[1] BOCHIROL, L., J. DOULAT, A. LACACE u. L. WEIL: Proc. of the XI. Congr. of Refr. (1965) Bd. I, S. 151–157.

[2] DOLL, R., H. MEISSNER, N. RIEHL, W. SCHILLING u. F. SCHMEISSNER: Z. angew. Physik Bd. 17 (1964) S. 321–328.

[3] JACROT, B., A. LACACE u. L. WEIL: Proc. of the X. Int. Congr. of Refr. Bd. I (1960) S. 214–217.

[4] BALDUS, W.: Proc. XI. Int. Congr. of Refrig., Progr. in Refr. (1965) Bd. I, S. 115–119.

[5] NÄBAUER, M., u. F. SCHMEISSNER: Z. angew. Physik Bd. 12 (1960) S. 133–142.

[6] KLUMB, H.: Linde-Berichte aus Technik und Wissenschaft (1960) Heft 8, S. 3–8.

kondensiert. Dabei stellt sich ein sich ständig erneuerndes Übersättigungsgebiet ein, in dem die oben beschriebenen Erscheinungen eintreten und kontinuierlich zu beobachten sind.

Die Bodenplatte kann durch eine Kältemaschine gekühlt werden und mit dieser zu einer transportablen, steckerfertigen Einheit zusammengefaßt sein[1] (Abb. 89). Eine wassergekühlte Kältemaschine erzeugt an der Platte eine Temperatur von —50 °C mittels einer angelöteten Verdampferschlange. Der kondensierte Methylalkohol wird durch eine Pumpe in eine Verteilerrinne gefördert, wo er unter dem elektrisch geheizten Deckenglas verdampft.

3. Blasenkammern.

Die Blasenkammer nach D. A. Glaser[2] macht die Bahnen elektrisch geladener Elementarteilchen oder Atomkerne dadurch sichtbar, daß sie beim Eintritt in überhitzte Flüssigkeit bei genügend hoher Energie längs ihrer Bahn Dampfbildung verursachen. Die Überhitzung wird durch plötzliche Drucksenkung erzielt.

In der Blasenkammer sind die Wechselwirkungen mit den Atomen der Flüssigkeit infolge der größeren Dichte gegenüber der Nebelkammer um Größenordnungen verstärkt.

Eine hohe Druckwechselfrequenz verlangt genaue Einhaltung des thermischen Gleichgewichtszustandes. Dies ist um so leichter möglich, je kleiner die Verdampfungswärme ist. Mit flüssigem Wasserstoff und flüssigem Helium sind hohe Wechselfrequenzen zu verwirklichen. Für die Verwendung von Wasserstoff und Helium spricht außerdem der einfache atomare Aufbau.

Die erste Blasenkammer mit 500 l Wasserstoff wurde an der Universität von Kalifornien in Berkeley in Betrieb genommen[3, 4].

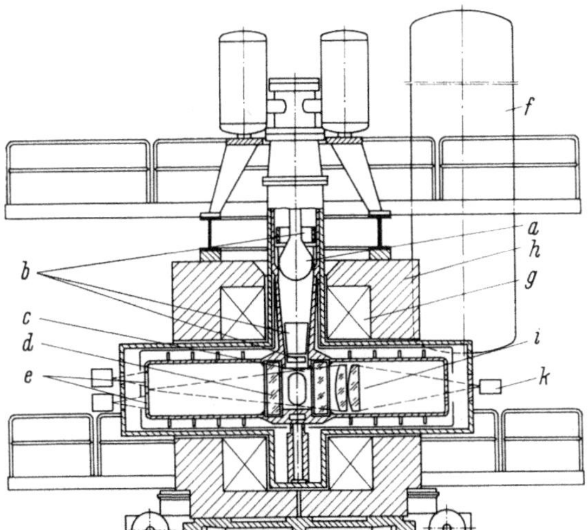

Abb. 90. Blasenkammer der CERN[6] (Gebr. Sulzer, Winterthur). *a* Expansionskolben; *b* Kühlschlangen; *c* Blasenkammer; *d* Eintritt des Teilchenstrahls; *e* Fenster für die Kamera; *f* Kälteanlage; *g* Magnetspulen; *h* Magneteisen; *i* Beleuchtungsoptik; *k* Blitzlichtgerät.

Kammern mit Wasserstoff- oder Heliumfüllung arbeiten bei Normaldruck oder Unterdruck. Die Blasenkammer sitzt zwischen Kälteschirmen in einem evakuierten Behälter. Ihre Konstruktion und Ausführung, wobei unmagnetisches Material verwendet werden muß, insbesondere die Dichtungen an den Beobachtungsfenstern, die Kühlung und Regelung, bereiten erhebliche Schwierigkeiten[5].

[1] Siehe Fußnote 6, S. 122.
[2] Glaser, D. A.: Phys. Rev. Bd. 87 (1952) S. 665.
[3] Hernandez, H. P.: Advances in Crygenic Engineering Bd. 5 (1960) S. 38.
[4] Chelton, D. B., D. B. Mann u. B. W. Birmingham: Bull. IIF Bd. 40 (1960) Annexe 1, S. 73–81.
[5] Budde, R.: Kerntechnik Bd. 5 (1963) S. 241–247.
[6] Siehe Fußnoten 3 und 4, S. 124.

Die Flüssigkeit in der Meßkammer kann indirekt über Kühlschlagen gekühlt werden, oder auch in den Kreislauf der Gaskältemaschine eingeschaltet sein[1]. Zur Inbetriebnahme werden die Kammern langsam abgekühlt, damit Wärmespannungen vermieden werden, z. B. mit Kühlschlangen in der Kammer, mit deren Hilfe die noch leere Kammer allmählich gleichmäßig auf die tiefe Temperatur gebracht wird, bevor flüssiger Wasserstoff eingelassen wird. Bei indirekter Kühlung steht die Flüssigkeit in der Kühlschlange unter einem geringeren Druck. Der Dampf wird auf den Ansaugdruck der Kältemaschine mit einer Vorstufe verdichtet.

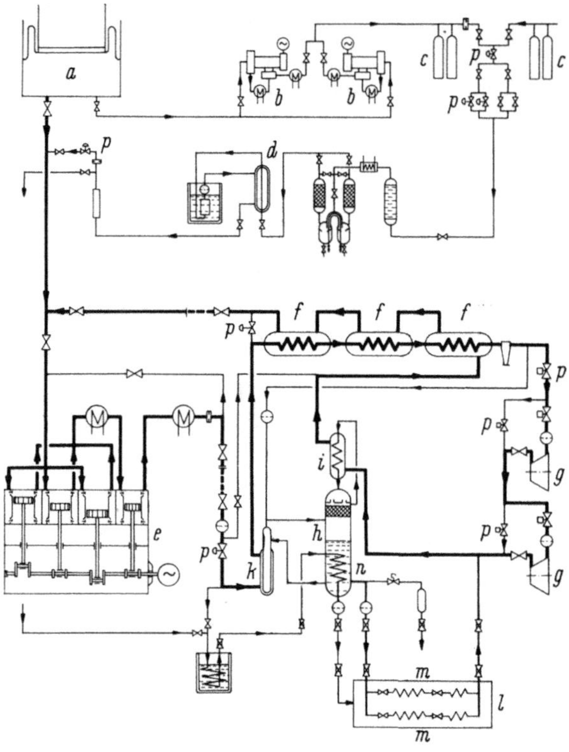

Abb. 91. Wasserstoff-Kälteanlage der Blasenkammer[3].

a Gasometer; *b* Membrankompressor; *c* Vorratsflaschen für Wasserstoff; *d* Aufbereitungsanlage; *e* Ölfreier Labyrinthkompressor; *f* Wärmeaustauscher; *g* Expansionsturbinen; *h* Sammler für flüssigen Wasserstoff; *i* Verflüssiger; *k* Verdampfer; *l* Blasenkammer; *m* Kühlschlangen; *n* Vorkühler für die Kammerfüllung; *p* Regelorgane.

Eine Blasenkammer mit 3 l Inhalt ist bei FAIRBANK u. a.[2] beschrieben. In ihr verdampfen 0,6 l/h Helium. Blasenkammern mit Wasserstoff und mit Helium, für direkte und indirekte Kühlung verschiedener Größen sind bei BALDUS[1] behandelt.

Die Kammer nach Abb. 90 ist eine der größten; sie hat eine nutzbare Länge von 2 m und enthält über 1000 l flüssigen Wasserstoff. Der flüssige Wasserstoff steht unter einem Druck von 6 bis 7 at, der durch Anheben des Expansionskolbens auf 3 at gesenkt wird. Die Wärmebelastung durch Leitung und Strahlung beträgt 1500 bis 2000 W; von etwa gleicher Größenordnung ist die durch die Pulsation verursachte Wärme. Im Normalbetrieb ist die Kälteleistung der Anlage 4000 W bei 23 °K, 45 kg/h flüssiger Wasserstoff sind im Umlauf (Abb. 91).

Die Anlage soll einen Monat ohne Unterbrechung betrieben werden können und sich selbst regeln. Druck und Temperatur werden genau eingehalten. Zu diesem Zweck steht der flüssig der Kammer zuströmende Wasserstoff in direktem Kontakt mit dem aus der Kammer austretenden überhitzten Dampf, wo er in einer Schüttung aus Raschig-Ringen genau Sattdampftemperatur annimmt. Der Druck des Wasserstoffs wird durch Beipass im Umlauf geregelt, überschüssige Kälteleistung durch Teilverdampfung von flüssigem Wasserstoff vernichtet.

---

[1] Siehe Fußnote 4 S. 122.

[2] FAIRBANK, W. M., J. LEITNER, M. M. BLOCK u. E. M. HARTH: Bull. Inst. Intern. du Froid, Bd. 38 (1958) Annexe 1, S. 155–164.

[3] TREPP, CH.: Sulzer Techn. Rundschr. Bd. 45 (1963) 3, S. 1–10.

[4] SCHMEISSNER, F., u. J. HÄNNY: Sulzer Techn. Rundsch. Bd. 43 (1961) 2, S. 1–5.

II. Supraleitung.

Trotz der großen Fortschritte auf dem Gebiet der Supraleitung (vgl. Handb. Bd. VIII, S. 363–367) ist die Anwendung supraleitender Spulen weitgehend auf Laboratorien und kleine Spulenabmessungen beschränkt. Eine technische Bedeutung beginnen Kryomagnete zu erhalten, wenn mäßige Feldstärken verlangt werden, die wesentlich unter der kritischen liegen[1]. Obwohl man im allgemeinen supraleitende Magnete erst bei Feldstärken über 25 kOe für technisch bedeutsam erachtet, sind doch schon erfolgversprechende Anwendungen in Fällen zu verzeichnen, bei denen dieser Bedingung nicht so große Bedeutung zukommt, z. B. bei Geräten und Meßeinrichtungen, bei denen die Kosten nicht ausschlaggebend sind, oder die für die Supraleitung einzuhaltenden tiefen Temperaturen aus anderen Gründen verlangt werden. Im folgenden können hierfür einige Beispiele gegeben werden.

1. Elektrische Maschinen.

Transformatoren mit supraleitenden Wicklungen haben wegen der Hysterese auch im supraleitenden Zustand Wicklungsverluste. Hierdurch wird der Kältebedarf wesentlich höher als bei Kryomagneten. Auch der Wechselstrom-Hystereseverlust ist abhängig von der kritischen Feldstärke, die nicht überschritten werden darf.

Eine bemerkenswerte Anwendung sind supraleitende Spulen in einem dreiphasigen Elektromotor, der bei 4 °K läuft und eine Heliumpumpe antreibt. Der Motor leistet 16 W bei 1800 U/min und erreicht einen Wirkungsgrad von 0,975[2].

Auch eine reibungsfreie Lagerung der Welle des oben erwähnten Elektromotors ist mit supraleitenden Spulen geglückt. Ein flanschförmiger Ring auf der Welle wird von je 2 die Welle umschließende Spulen in ihrem Magnetfeld zentriert in Schwebe gehalten.

Ein Permanentmagnet oder eine supraleitende Spule können ebenso über einer supraleitenden Fläche in Schwebe gehalten werden. Es ist vorgeschlagen worden, auf diese Weise einen vollkommen reibungsfreien Kreiselkompaß zu konstruieren, der es gestatten würde, weit höhere Genauigkeiten als heute möglich zu erreichen[3].

2. Adiabate Entmagnetisierung.

Das Erzeugen von Temperaturen unter 1 °K hat zur serienmäßigen Herstellung von Laboratoriumseinrichtungen geführt, die sich hierzu der adiabaten Entmagnetisierung bedienen (vgl. Handb. Bd. III, S. 81ff.). Die Magnetfelder werden mit supraleitenden Spulen hergestellt, die sich hierfür nicht nur bevorzugt eignen, sondern sogar eine Verbilligung erlauben.

Paramagnetisches Salz (Eisen-Ammoniumalaun oder Gadoliniumsulfat) ist, in einer Mylarfolie verpackt, in einem Kupferrohr von 100 mm Länge und 40 mm Durchmesser untergebracht[4]. Auf diesem Rohr sitzen die supraleitenden Spulen. Die Hauptspule hat 10000 Windungen aus Niobiumdraht, 0,125 mm stark, in 30 Lagen, die, mit Mylarfolie als Zwischenlage, im Wechsel mit isoliertem Kupferdraht, gewickelt ist. Die Kupferdrahtwindungen sind über einen Widerstand kurzgeschlossen und wirken als Überlastungsschutz. Zu beiden Seiten dieser Spule sitzen zwei kürzere mit je 2300 Windungen, die die Magnetfelder für die magne-

---

[1] GRASSMANN, P.: Technische Rundschau Sulzer, Bd. 45 (1963) S. 183–186.
[2] BUCHHOLD, T. A.: Cryogenics Bd. 5 (1965) H. 4, S. 216–219.
[3] MENDELSSOHN, N. K.: Bull. Inst. Int. du Froid Bd. 40 (1960), Annexe 1, S. 179–189.
[4] PLANK, R.: Kältetechn. Bd. 8 (1956) S. 266–268.

tischen Ventile (vgl. S. 135) erzeugen. In der Hauptspule kann, mit 7 A Belastung, ein Feld von 7,5 kOe erzeugt werden, die Ventilspulen sind nur mit 2 A belastet. Um die Spulen ist ein geteilter Weicheisenzylinder gelegt. Die gesamte Apparatur hat dann einen Durchmesser von 67 mm. Das leere, untere Ende des Rohres ist der Experimentierraum. Die gesamte Einrichtung ist in einem Dewargefäß untergebracht, in das flüssiges Helium von unten eintritt. Mit einer Vakuumpumpe wird der Druck so weit erniedrigt, daß das Helium bei 1 °K verdampft.

Die drei kryomagnetischen Spulen werden getrennt gesteuert, Anfang und Dauer des Stromflusses sind verschieden. Es erzeugen die Hauptspule etwa 12 Sekunden lang ein Feld von 5,5 kOe, die Ventilspulen nur ein solches von 1 kOe. Der Gesamtzyklus richtet sich nach der thermischen Belastung, seine Dauer liegt bei rd. 100 Sek.[1]. Man erreicht mit dieser Einrichtung

$0{,}178 \pm 0{,}013$ °K bei 0 W, (Grenztemperatur)
$0{,}257 \pm 0{,}029$ °K bei 10^{-4} W.

Weitere Anwendungsbeispiele kryomagnetischer Spulen enthält Abschn. B V.

III. Kälteanwendung bei chemischen Untersuchungen.

Als Beispiele für die Kälteanwendung in speziellen Fällen seien hier noch, in Ergänzung der Ausführungen in A I und II, die Wärmeabfuhr bei der Elektrophorese und das neue Gebiet der Kryochemie angeführt.

1. Kühlung bei der Elektrophorese.

Bei der Trägerelektrophorese nutzt man die Wanderung von Ionen im elektrischen Feld zur Trennung von Substanzen aus. Die Substanzen werden auf Papierstreifen aufgetragen, die mit einer Pufferlösung getränkt sind und an einer elektrischen Spannung liegen. Die Trennung ist um so besser, je höher diese Spannung ist, die Wärmeentwicklung legt hierfür die obere Grenze fest. Durch Kühlung wird die Temperatur so weit erniedrigt, daß ein Potentialfeld von 10 V/cm erzielt werden kann. Hiermit wird das Verfahren außerdem für temperaturempfindliche Stoffe anwendbar.

Ein solches Gerät hat als Träger des 40 cm breiten Papierstreifens eine Glasplatte, die von unten durch ein Methanolbad auf 0 bis 5 °C gekühlt ist. Das Bad wird mit einer Kältemaschine, die in den Apparat eingebaut ist, über einer Verdampferschlange gekühlt. Das Gerät ist in besonderem Maße geeignet zur Bestimmung von Fermenten, Hormonen, Vitaminen, Viren usw.[2].

2. Kryochemie der Radikale.

Die Reaktionsgeschwindigkeit sinkt bekanntlich mit abnehmender Temperatur und die Aktivierungsenergie ist etwa $T^{5/3}$ proportional. Erst bei tiefen Temperaturen ist es möglich, den Reaktionsablauf so zu verlangsamen, daß die Umwandlungsphasen erkennbar werden. Die Zwischenprodukte sind Molekülfragmente mit nicht abgesättigten Valenzen, die freien Radikale.

Die Aufgabe der Kryochemie ist es zunächst, die freien Radikale zu fixieren. Gasförmige Radikale werden durch Festfrieren an tiefgekühlten Flächen in einem Kryostaten festgehalten und können dann auf verschiedene Weise spektroskopisch identifiziert und längere Zeit konserviert werden. Radikale verschiedener Art

---

[1] ZIMMERMANN, J. E., J. D. MCNUTT u. H. v. BOHM: Cryogenics Bd. 2 (1962) S. 153–158.
[2] WILK, M.: Linde-Berichte aus Technik und Wissenschaft (1960) 8, S. 3–8.

werden sodann nacheinander, durch Festfrieren auf derselben Fläche, übereinandergeschichtet und man kann so den gebremsten Reaktionsablauf verfolgen.

Ein solcher Kryostat besteht z. B. aus einem isolierten Gefäß mit eingebautem Kälteschirm, der mit flüssigem Stickstoff gekühlt wird, und einer in ihm rotierenden Trommel[1]. Diese enthält flüssiges Helium, das die Trommel durch Verdampfung auf ~4 °K kühlt. Sie rotiert mit einer Umfangsgeschwindigkeit von 20 bis 25 m/s und auf ihr werden die Reaktionspartner festgefroren, die der Oberfläche von außen her durch getrennte Rohre zugeleitet werden. Der Druck im Kryostaten wird auf 10^{-5} Torr gehalten. Durch seitliche Fenster kann die gebildete Schicht beobachtet, gemessen und bestrahlt werden.

IV. Kälteanwendung bei der Vakuum-Erzeugung.

1. Kühlfallen.

Der beim Evakuieren eines Behälters erreichbare niedrigste Druck hängt davon ab, wie groß der von der Pumpenseite, infolge der Teildruckunterschiede zwischen Pumpen- und Behältergas, in den Behälter diffundierende Dampfstrom ist. Der Dampfdruck der Treibmittel von Diffusionspumpen soll deswegen gering sein und soll durch gute Kühlung bei der Kondensation niedrig gehalten werden.

Der in den evakuierten Behälter diffundierende Strom (die „Rückströmung" des Treibdampfes) wird wirksam durch Dampfsperren (Baffles) und Kühlfallen abgefangen. Dampfsperren können, bei richtiger Anordnung, das Vakuum um rd. vier Größenordnungen verbessern[2, 3].

Maßgeblich für die Wirksamkeit von Kühlfallen ist die Temperatur der gekühlten Fläche und ihre Fähigkeit, Dampfmoleküle festzuhalten (Akkommodationskoeffizient). Schon mit Temperaturen, die wenig unter 0° liegen, erreicht man wesentlich bessere Ergebnisse als z. B. bei Wasserkühlung.

Eine thermoelektrisch gekühlte Dampfsperre z. B. mit 12 Peltier-Elementen nimmt 15 A bei 1 V auf und erzielt, wassergekühlt, eine Kälteleistung von 3 W bei 40° Differenz zwischen Kühlwasser- und Kühltemperatur.

Das Grenzvakuum einer Diffusionspumpe mit Silikonöl als Treibmittel kann von 10^{-9} Torr mit einer thermoelektrisch gekühlten Dampfsperre auf $6 \cdot 10^{-10}$ verbessert werden. Die hierzu erforderlichen Peltier-Elemente geben 75 W über Rippenflächen an die Umgebung ab[4]. Mit wassergekühlten Peltier-Elementen kann man auf noch wesentlich tiefere Temperaturen kommen[5, 6] und das Grenzvakuum um rd. eine Größenordnung erniedrigen.

Öldiffusionspumpen mit einem Grenzvakuum von 10^{-9} Torr haben tiefgekühlte Dampfsperren mit Oberflächentemperaturen von etwa −40 °C. Zur Kühlung genügt eine Kleinkältemaschine, deren Verdampferschlange ein Teil der Dampfsperre ist. Dampfsperren von Quecksilber-Diffusionspumpen sollen aber auf wenigstens −70 °C gekühlt werden. Bei sehr großen Leistungen, wie sie z. B. Diffusionspumpen von Teilchenbeschleunigern aufweisen, kann man mehrstufige Kältemaschinen vorsehen, deren Verdampfer Kältefallen bis −80 °C kühlen[7]. Im Laboratorium wird diese Temperatur auch mittels Trockeneis erzeugt, mit dem eine umgepumpte Alkoholmischung auf −70 °C gebracht wird.

---

[1] Thomas, A.: Trans. Faraday Soc. Bd. 57 (1961), 10, Nr. 466, S. 1679–1685.
[2] Kienel, G.: Vakuumtechn. Bd. 11 (1962) S. 204–206.
[3] Diels, K., u. R. Jaeckel: Leybold-Vakuum-Taschenbuch: Springer.
[4] Crawley, D. J.: Le Vide, Bd. 109 (1964) S. 641–646.
[5] Crawley, D. J. u. J. M. Miller; Vakuum Bd. 15 (1965), S. 183/185
[6] Bach, K.: VDI-Z. Bd. 102 (1960) S. 899.
[7] Känel, A.: Schweiz. Bauztg. Bd. 83 (1965) S. 712–714.

Einen Enddruck von 3 bis $4 \cdot 10^{-10}$ Torr erzielt man mit zusätzlicher, durch flüssigen Stickstoff gekühlter Kühlfalle.

Zur Beseitigung der Kondensate werden Dampfsperren aufgeheizt. Bei Kältemaschinen kann zu diesem Zweck der Kreislauf umgekehrt werden (Wärmepumpe), wodurch man das erwünschte schnelle Abtauen bei Temperaturen erzielt, die noch nicht zur Zersetzung etwa niedergeschlagenen Öls führen. Peltierelemente werden durch Stromumkehr abgetaut. Anlagen für Ultrahochvakuum, die mit Flüssiggas gekühlte Dampfsperren haben, werden auf einige 100 °C aufgeheizt.

2. Kryopumpen.

Sofern, bei niedrigen Drücken, die Gefäßabmessungen kleiner sind als die mittlere freie Weglänge der Gase, gelten die Gesetzmäßigkeiten der Molekularströmung; bei den üblichen Abmessungen ist dies etwa unterhalb von 10^{-3} Torr der Fall. Die Moleküle geben dann Energie nur noch durch Wandstöße ab, und zwar können sie um so mehr kinetische Energie an die Wand abgeben, je kälter die Wand ist. Meist wird jedoch auch in diesem Fall ein Teil der Moleküle wieder in den Raum zurückgestoßen. Man kennzeichnet dies durch Koeffizienten, die im wesentlichen das Verhältnis der an der Wand festgehaltenen zu der Zahl der insgesamt auftreffenden Moleküle sind (Kondensationskoeffizient, Akkomodationskoeffizient, Haftfähigkeit).

Mit dem Kondensationskoeffizienten α ist die an der kalten Wand bei der Temperatur T des Gases mit der Molmasse μ haftende Gasmenge anzugeben durch:

$$s = \alpha \cdot C \cdot \sqrt{\frac{T}{\mu}} \,.$$

Man nennt s das „spez. Saugvermögen der Kryopumpe", mit der kalten Fläche als Bezugsgröße, in Analogie zum spezifischen Saugvermögen einer Vakuumpumpe, das auf den Querschnitt der Ansaugöffnung bezogen wird. Die Konstante C ist von den gewählten Einheiten abhängig; sie ist 36,4, falls s in $\left[\frac{\text{m}^3}{\text{m}^2 s}\right]$ erhalten wird.

Ist die Temperatur der Kryofläche niedriger als die Kondensationstemperatur des Dampfes, so wird den Dampfmolekülen beim Auftreffen auf die kalte Wand zunächst die Kondensationswärme entzogen; ist die Wandtemperatur sogar niedriger als die Tripelpunktstemperatur, so kommt noch die Erstarrungswärme hinzu. Die Abnahme des Dampfdrucks je Grad ist beim Übergang in den festen Aggregatzustand besonders groß. Zwischen dem Teildruck des Dampfes im Behälter p_{gl} und dem Dampfdruck p_0, welcher der Oberflächentemperatur T_0 der Kryofläche entspricht, besteht die Beziehung

$$p_{gl} = p_0 \left(\frac{T_B}{T_0}\right)^{1/2} .$$

Die Temperatur T_B ist die Temperatur einer warmen Fläche im Behälter. Bei vollkommenem Temperaturausgleich wird der Temperaturquotient 1 und nur in diesem Fall stellt sich im Behälter der Partialdruck des Dampfes ein, welcher der Oberflächentemperatur der Kryofläche entspricht.

Beim Haftvorgang spielen die van der Waals'schen Kräfte die Hauptrolle, so daß der Koeffizient α abhängig ist von der absoluten Temperatur, der Beschaffenheit und dem Werkstoff der Fläche. Ist die Fläche mit Kondensat bedeckt, so verändert sich auch der Koeffizient: er ist am kleinsten im Gleichgewichtszustand und am größten bei Übersättigung. Der Koeffizient ist bei allen Gasen bzw.

Dämpfen bei hoher Sättigung $\alpha = 1$, ausgenommen bei Wasserstoff und Deuterium[1].

Die starke Abhängigkeit des Koeffizienten von der Kühlflächentemperatur ist aus Abb. 92 ersichtlich. Die Kurven für konstante Oberflächentemperatur beginnen bei Übersättigung mit $\alpha = 1$ und sinken bis auf die Werte α_g, die sich beim Sättigungsdruck einstellen; diese Werte sind die extrapolierten Gleichgewichtswerte.

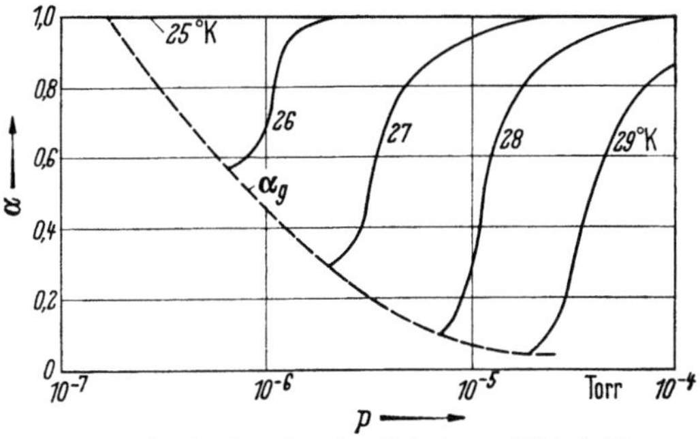

Abb. 92. Kondensationskoeffizient von Stickstoff[2].

Andererseits wird der Koeffizient u. U. durch einen Belag verbessert, z. B. von fester Kohlensäure oder festem Stickstoff[3], wobei sogar Moleküle bei Temperaturen oberhalb des Teildruckgleichgewichtes durch Adsorption festgehalten werden.

Beim Kühlen mit Stickstoff werden alle Kohlenwasserstoffe, Wasserdampf und Kohlendioxyd festgehalten. Der normale Anteil von Wasser in Luft kann um 92%, der von Kohlendioxyd um 60% gesenkt werden.

Bei 20 °K erfaßt man praktisch alle in der Normalatmosphäre vorkommenden Gase, außer Wasserstoff, Neon, Krypton, Xenon und Helium, die in dieser nur mit rd. 0,002% enthalten sind. In Vakuumkammern ist vor allem Wasserdampf zu entfernen, insbesondere wenn die Kammer nicht ausgeheizt werden kann. In solchen Fällen sind Kryopumpen, mit Wasserstoff gekühlt, besonders geeignet.

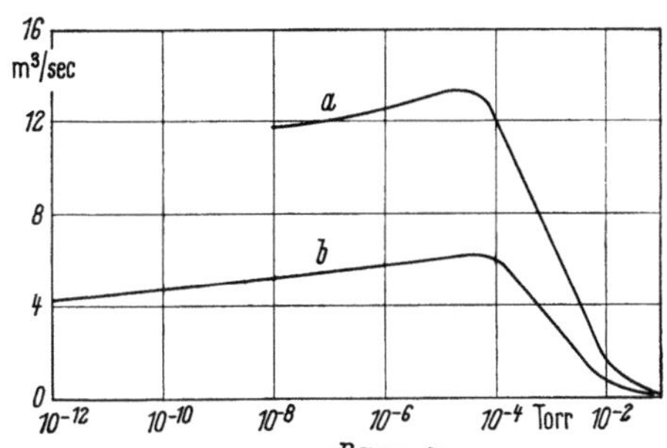

Abb. 93. Saugvermögen einer Kryopumpe für Stickstoff mit dem Kältemittelverbrauch von 1 l/h Flüssiggas[1].
a bei verdampfendem Wasserstoff;
b bei verdampfendem Helium.

Das Ausfrieren von Wasserstoff erfordert Drücke unter 10^{-4} Torr und Oberflächentemperaturen unter 4,2 °K, also Verdampfung von Helium im Vakuum, wobei man etwa 2,5 °K einhält.

Bei hohem Vakuum muß auch die Metallentgasung beachtet werden. Die Metalle geben vorzugsweise Stickstoff ab, der Anteil von Wasserstoff und tiefer siedender Gase ist nur 0,01%.

Das spez. Saugvermögen von Kryopumpen ist am besten in dem Bereich

$$0{,}01 < \frac{p_{gl}}{p_0} < 0{,}1 .$$

In Abb. 93 ist für den Kondensationskoeffizienten $\alpha = 1$ das maximale Saugvermögen einer Kryopumpe angegeben, die 1 l/h Flüssiggas verdampft und Stickstoff ausfriert.

Die Werte verschlechtern sich vor allem mit zunehmender Belegung der Fläche. Man erkennt, daß Kryopumpen ihre volle Leistung erst unterhalb 10^{-4} Torr erreichen. Durch vorgeschaltete mechanische und Diffusionspumpen wird deshalb

[1] Klipping, G., u. W. Mascher: Vacuumtechnik Bd. 11 (1962) S. 81–85.
[2] Klipping, G., u. W. Mascher: Z. angew. Physik Bd. 16 (1964) S. 471–476.
[3] Hengevoss, J., u. E. A. Trendelenburg: Z. Naturforschung Bd. 18a (1963) S. 481 bis 489.

der Druck auf 10^{-4} Torr oder tiefer erniedrigt. Die Diffusionspumpen arbeiten dabei nicht nur in üblicher Weise mit Öl oder Quecksilber, sondern auch mit Kohlendioxyd oder Ammoniak als Treibdampf, da diese im Behälter mit der Kryopumpe leichter abgefangen und aus dem Behälter entfernt werden können.

Auch Kryopumpen werden gegen Strahlung durch Kälteschilde abgeschirmt. Eine durch flüssiges Helium gekühlte Kryopumpfläche wird z. B. durch Wände abgeschirmt, in denen Stickstoff oder Wasserstoff verdampft. Diese wirken ihrerseits als Kryopumpflächen für Wasser, Kohlendioxyd usw. und entlasten somit

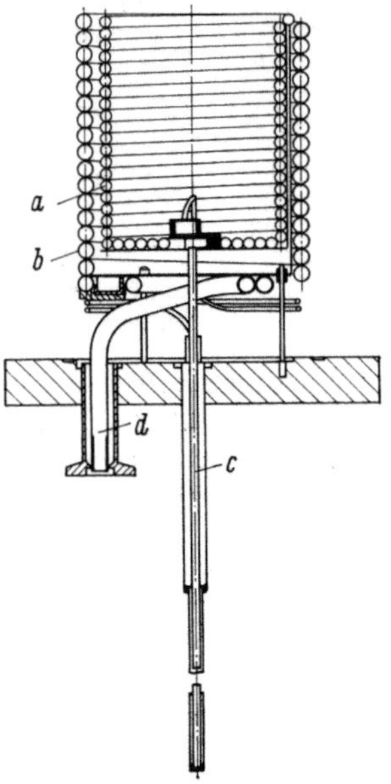

Abb. 94. Kryopumpfläche mit Kälteschirm[1].

a Kondensationsfläche, Rohrschlange in Topfform; *b* Kälteschirm; *c* Zuleitung, flüssiges Gas; *d* Ableitung, Dampf.

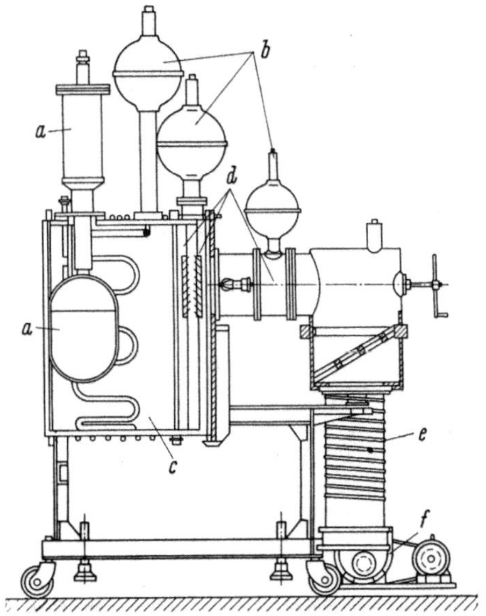

Abb. 95. Kryopumpe für Laborzwecke[3].

a Behälter mit flüssigem Wasserstoff; *b* Behälter mit flüssigem Stickstoff; *c* Kälteschirme; *d* gekühlte Dampfsperren; *e* Diffusionspumpe; *f* Vakuumpumpe.

den Heliumverdampfer, an dem Stickstoff, Neon usw. ausfrieren. Außerdem wird hierdurch der Kondensationskoeffizient verbessert, da die thermische Energie der Moleküle schon an den Kälteschirmen erheblich verringert wird.

Abb. 94 zeigt eine Kryopumpfläche in Topfform mit einer als Kälteschirm wirkenden äußeren Schlange, die durch den gebildeten Dampf gekühlt wird[1].

Mit Kryopumpen ist erst der Bau großer Simulationskammern möglich geworden. Die Größe der Kryoflächen ist etwa $^1/_{10}$ der Kammerflächen[2]. Sie werden thermisch möglichst gut abgeschirmt, um ihren Kältebedarf kleinzuhalten. Hierdurch wird allerdings der Strömungswiderstand für die Gase erhöht, so daß jeweils günstige Kompromißlösungen gesucht werden müssen.

Die fahrbare Kryopumpe nach Abb. 95 arbeitet mit Wasserstoff bis auf 10^{-9} Torr. Die Vakuumkammer enthält den Wasserstoffbehälter, der zugleich Kryopumpfläche ist. Die umgebenden Wände sind, ebenso wie die Dampfsperren, mit Stickstoff gekühlt.

---

[1] FORTH, J. H.: Soc. Royale Belge des Ingenieurs et des Industriels, Bd. 11 (1963) S. 464 bis 468.

[2] DAWSON, J. P., u. J. D. HAYGOOD: Cryogenics Bd. 5 (1965) S. 57–67.

[3] SIMONET, G.: Le Vide, Bd. 105 (1963) S. 311–317.

Um Ultrahochvakuum zu erzeugen, wird zusätzlich die Adsorptionsfähigkeit von Aktivkohle, Zeolithen (Molekularsieben) usw. ausgenutzt. Die Adsorptionsfähigkeit ist ebenfalls von der Temperatur abhängig; es werden auch Permanentgase festgehalten. Die verschiedenen Adsorptionsstoffe erzielen etwa den gleichen Enddruck, aber ihre Beladungsfähigkeit ist hinsichtlich der Gasart unterschiedlich. Die Adsorptionsmasse wird in dünner Schicht auf eine Helium-gekühlte, durch Kälteschirme geschützte Fläche aufgebracht (Abb. 96).

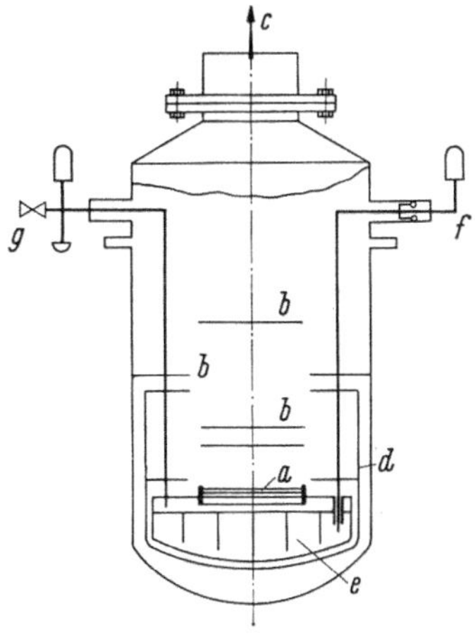

Abb. 96. Kryosorptionspumpe.[1]
a Kryosorptionsfläche; *b* Dampfsperren; *c* Sauganschluß der Pumpe; *d* Kälteschirm; *e* He-Behälter; *f* He-Zuleitung; *g* He-Ableitung.

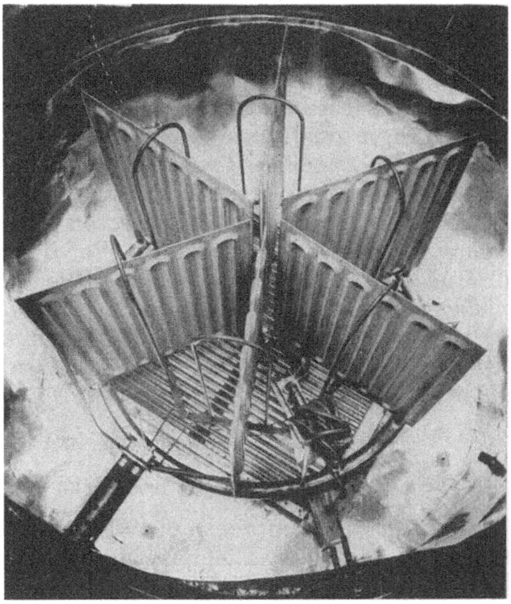

Abb. 97. Anordnung der Flächen einer Kryopumpe in einem Windkanal[3] (A. D. Little, Cambridge).

Man kann so ein Endvakuum von 10^{-13} oder auch 10^{-14} Torr erreichen. Bei diesen Angaben ist zu beachten, daß die Druckmessungen in diesem Bereich unsicher sind.

Das große Saugvermögen von Kryopumpen bei hohem Vakuum wird zu Untersuchungen bei Weltraumbedingungen in Simulationskammern ausgenutzt, bei denen hohe Geschwindigkeiten erzeugt werden oder große Gasmengen abzuführen sind[2]. Die Leistungsgrenze solcher Kanäle, die bei reiner Molekularströmung arbeiten, wird durch den Strömungswiderstand im Kanal festgelegt. Die erzielbare Strömungsgeschwindigkeit ist, für einen bestimmten Druckverlust, zunächst der relativen Kanallänge L/d und der halben Potenz der Dichte des Gases umgekehrt proportional.

Hinzu kommt der Druckverlust durch den Strömungswiderstand, den die Kälteschirme verursachen. Diese verringern das Saugvermögen bei üblichen Anordnungen z. B. auf rd. die Hälfte. Günstige Verhältnisse erzielt man, wenn man in diesem Fall die Kryoflächen in Strömungsrichtung anordnet, vgl. Abb. 97.

Die mit Wasserdampf von 20 °K gekühlten Kryoflächen sitzen genau in der

---

[1] Pitlor, J. R., u. J. P. Simson: SCP and Solide State Technol. Dez. 1964, S. 29–33.
[2] Le Mignon, M.: Technique et Science aeronautiques et speciales, Nr. 6, Nov./Dez. 1963, S. 451–461.
[3] Chuan, R., D. A. Wallace, K. Rogers u. J. G. Everton: 2 Amer. Sympos. on Space Vacuum Simulation, Juni 1961.

Mitte des Kessels[1]. Die Kammer wird mit reinem Stickstoff betrieben; man erreicht an den Kryoflächen Wärmestromdichten von 2700 bis 14000 kcal/m²h und ein Saugvermögen von 1000 m³/s bei 10^{-5} Torr. Die Wärmedurchgangszahl liegt bei 790 kcal/m²h grd. Bei Bedeckung der Fläche mit Stickstoff wurde eine Wärmeleitzahl dieser Schicht von 0,143 kcal/m h grd ermittelt. Diese Werte wurden gefunden bei 20 °K und einer Kälteleistung von 300 W.

Besonders leistungsfähige Kryopumpen werden zur Prüfung von Antriebssystemen für Raumflugkörper bei Weltraumbedingungen gebraucht, denn hier müssen erhebliche Mengen hochkorrosiven Gases im Hochvakuum abgepumpt werden. Eine solche Prüfstrecke weist im wesentlichen die bereits behandelten Einrichtungen auf[2]. Das Triebwerk sitzt in einer Prüfkammer mit stickstoffgekühlten Kälteschirmen und heliumgekühlten Kryoflächen, die bis auf 15 °K gekühlt werden und eine Kälteleistung von rd. 1 kW erzielen. An das Triebwerk angeschlossen ist ein mittels Stickstoff auf 77 °K gekühlter Diffusor, als Kryopumpe für die Verbrennungsgase. Vor dem Zünden wird die Kammer in etwa 30 Stunden auf 10^{-6} Torr gebracht. Die Brenndauer beträgt vier Minuten. Die mittlere Wandtemperatur des Diffusors steigt gegen Ende bis auf 140 °K und erreicht am Anfang des Diffusors fast Raumtemperatur, denn die Wärmebelastung liegt bei rd. 100 kW/m², so daß im Stickstoff, trotz Zwangsumlauf, Filmsieden eintritt.

V. Kühlung in der Elektronik.

1. Thermoelektrische Kühlung.

Die Eigenschaften der Halbleiter, die über ihre Verwendbarkeit als Transistoren entscheiden, sind temperaturabhängig.

In Erwägung gezogen wird die Anwendung der thermoelektrischen Kühlung von Transistoren oder anderer elektronischer Elemente, zur Einhaltung einer bestimmten Temperatur in Nähe der Umgebungstemperatur. So wurde z. B. vorgeschlagen, einen Quarzkristalloszillator, den man heute in einem auf 70 °C gehaltenen Thermostaten stabilisiert, bei Umgebungstemperatur zu betreiben und eine konstante Temperatur mittels umschaltbarer Peltier-Elemente einzuhalten, die wärmen oder kühlen[3].

Ein Peltier-Element ist Bestandteil eines Taupunkthygrometers, dessen verspiegelte Fläche die kalte Lötstelle des Elementes ist. Ein Lichtstrahl wird von dem Spiegel zu einer Fotozelle reflektiert, womit das Beschlagen der Oberfläche festgestellt wird. Die Temperatur der Spiegelfläche wird in einfacher Weise durch Ändern der Stromstärke verändert[4].

In diesem Zusammenhang ist auch auf die bereits unter A II. 3 beschriebenen thermoelektrisch gekühlten Thermostaten hinzuweisen, die als Nullstellen dienen[5].

2. Tieftemperatur-Elektronik.

a) Infrarot-Detektoren. Man kann Infrarot-Strahlung mit Hilfe von Halbleitern nachweisen, wenn man deren Gitterschwingungen durch Kühlen so sehr verringert, daß die Energiezufuhr durch die aufgefangene Strahlung meßbar ist.

---

[1] BAILEY, B. M., u. R. L. CHUAN: V. Int. Sympos. Vacuum Technol. Transact. 1958, S. 262–267, Pergamon Press.

[2] ANSLEY, S. P.: Arnold Engineering Development Center, Januar 1963.

[3] GOLDSMID, H. J., u. R. A. HILBOURNE: Brit. Communications and Electronics, Bd. 7 (1960) S. 26–30.

[4] HÄNLEIN, W.: Kältetechnik Bd. 14 (1962) S. 81–85.

[5] HÄNLEIN, W.: Kältetechnik Bd. 12 (1960) S. 137–143.

Auf je tiefere Temperatur gekühlt wird, desto größer ist die Empfindlichkeit des Detektors. Infrarot-Detektoren mit thermoelektrischer Kühlung sind wohl die einfachsten Ausführungen. Mit einer dreistufigen Peltierelement-Kaskade werden −65 °C erzielt. Bei einer zugeführten Energie von 1 W ist die Kälteleistung 15 mW. Mit einer vierstufigen Kaskade wurde −78 °C und die gleiche Kälteleistung bei 12 W Aufnahme erreicht[1].

Hohe Empfindlichkeit verlangt jedoch Kühlung auf Temperaturen unter 200 °K. Das beste Ergebnis wurde mit einem supraleitenden, mit flüssigem Helium gekühlten Bolometer erzielt[2]. Die Temperatur wird dabei aus mehreren Gründen

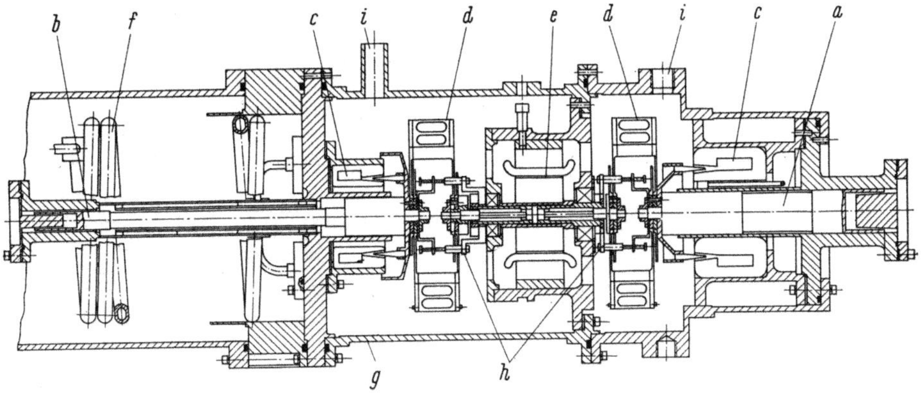

Abb. 98. Heliumgaskältemaschine zur Kühlung eines Infrarot-Detektors nach D. Little, Cambridge[3].
a Kompressionszylinder; *b* Expansionszylinder; *c* Magnetsysteme; *d* Blattfeder-Schwingsysteme; *e* Synchronmotor; *f* Gegenströmer; *g* Gehäuse; *h* Kupplung; *i* Gasanschlüsse.

sehr genau eingehalten. Zunächst wird das flüssige Helium auf $\pm 10^{-3}$ °K konstant gehalten, darüber hinaus die Temperatur des Bolometers durch elektrische Gegenheizung auf $\pm 10^{-5}$ °K. Dieses Bolometer erlaubt, noch Strahlungen mit einer Energie von 10^{-12} W zu messen.

Eine Gaskältemaschine mit geschlossenem Helium-Kreislauf zur Kühlung eines Infrarot-Detektors, die in Satelliten wartungsfrei mehrere Jahre arbeiten muß, zeigt Abb. 98.

Die beiden Kolben im Kompressions- und Expansionszylinder schwingen gegenläufig mit 60 Hz; sie werden durch ein Magnetsystem in oszillierender Bewegung gehalten. Die Kolben sind über Federsysteme gekoppelt. Der Antriebsmagnet nimmt 68 W auf und gibt 50 W als Antriebsleistung ab, der als Generator geschaltete Magnet am Expansionszylinder 8 W. Die Maschine verdichtet 0,17 kg/h Helium von 1 auf 3 at. Der Expansionsverlauf wird durch den Kolben und durch Schlitze im Expansionszylinder gesteuert. Die Maschine kann ohne Zylinderschmierung arbeiten, denn der Synchronmotor (Leistung 3 W) zwischen den beiden Federsystemen versetzt die Kolben mit 1800 U/min in Rotation, wodurch das Helium in den Zylindern einen tragfähigen Gasfilm aufbaut, so daß die Kolben gasgelagert laufen. Der Motor selbst hat Kugellager.

Der Gegenströmer aus Aluminiumrohr ist im Gehäuse mit eingebaut. Dieses ist so unterteilt, daß der den Gegenströmer und der den Expansionszylinder ent-

---

[1] Elfving, Th.: Proc. XI. Int. Congr. of Refrig. Bd. I (1965), S. 23–38.
[2] Martin, D. H., u. D. Bloor: Cryogenics Bd. 1 (1961) H. 3, S. 159–165.
[3] Schulte, C. A., A. A. Fowle, T. P. Heuchling u. R. E. Kronauer: A cryogenic refrigerator for long life applications in satellites, A. D. Little Inc., Cambridge, Mass.

haltende Teil unter Hochvakuum steht, das Maschinenabteil jedoch unter Normaldruck. Die Wärme wird von einem besonderen Austauscher durch Strahlung abgegeben.

Die Kälteleistung der Maschine beträgt 2 W bei 77 °K.

Einrichtungen zur Steuerung von Raketen mit Hilfe eines Infrarot-Detektors benützen zur Kühlung flüssigen Stickstoff[1]. Dieser wird der ummantelten Infrarotzelle bei gleichbleibendem Überdruck zugeführt, wozu die elektrische Heizung und die Drucksteuerung dienen (Abb. 99).

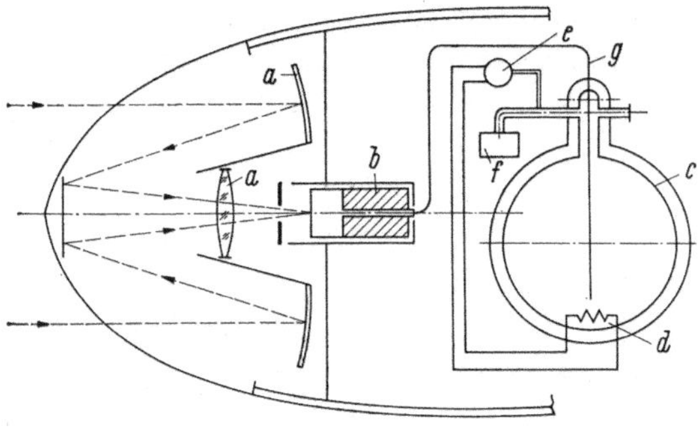

Abb. 99. Infrarot-Detektor für Raketensteuerung[1].
a optisches System; *b* Infrarotzelle; *c* Stickstoffbehälter; *d* Heizwiderstand; *e* Druckschalter; *f* Überdruckventil.

b) Mikrowellen-Verstärker. Der Empfang schwacher elektromagnetischer Wellen mit gerichteten Radioteleskopen bei der Nachrichtenübermittlung mit Satelliten und bei der Radioastronomie verlangt eine Vorverstärkung der Eingangssignale in der Weise, daß der unvermeidliche Rauschpegel infolge Weltraum- und atmosphärischer Strahlung möglichst wenig durch das Eigenrauschen des Verstärkers angehoben wird. Das Eingangsrauschen ist am geringsten in dem Bereich von etwa 10^9 bis 10^{10} Hz; die Rauschleistung wird durch Abschirmen möglichst niedrig gehalten. Bei den mit nur 10^{-12} bis 10^{-15} W empfangenen Signalen muß aber auch das thermische Rauschen des Verstärkers und der Abschirmung verringert werden. Dieses wird durch die thermische Bewegung der Elektronen und durch Gitterschwingungen hervorgerufen, kann also durch Temperaturerniedrigung verringert werden. Dabei nimmt gleichzeitig die Verstärkerleistung zu.

Festkörperverstärker (Maser) bestehen im wesentlichen aus einem synthetischen Rubin bestimmter Gitterstruktur, in dem durch ein elektromagnetisches Feld Resonanzschwingungen erzeugt werden. Die dem Maser eingegebenen Signale bestimmter Frequenz werden bei tiefen Temperaturen rauschfrei verstärkt. Der Maser wird deshalb z. B. durch flüssiges Helium in direkter Berührung auf 4,2 bis 1,5 °K gekühlt. Anstelle der früher zur Erzeugung des Magnetfelds benutzten Permanentmagnete sieht man heute supraleitende Magnetspulen vor. Bei maschineller Kühlung ist der Maser mit der kalten Stelle einer Kryodyne-Gaskältemaschine verbunden (vgl. S. 102) und wird durch Wärmeableitung auf etwa 5 °K gebracht. Gleichzeitig wird die Abschirmung auf etwa 70 °K gekühlt. Die Kältemaschine mit dem Maser wird direkt im Fokus der Antenne eingebaut, so daß sie während des Betriebs nicht zugänglich ist[2]. Sie ist mit dem Helium-Kompressor der Bodenstation durch flexible, gasförmiges Helium führende Leitungen verbunden.

Parametrische Verstärker benutzen die Eigenschaften von Halbleiter-Dioden zur Mikrowellen-Verstärkung. Ihr Anwendungsbereich unterliegt jedoch nicht, hinsichtlich ihrer Funktionsfähigkeit, der für den Maser bestehenden Beschränkung auf tiefe Temperatur. Sofern jedoch das thermisch bedingte Rauschen unterdrückt werden muß, ist Kühlung nicht zu umgehen. Je nach den Erfordernissen wird die tiefste Temperatur gewählt, hochwertige Verstärker werden z. B. mit

[1] Sittig, M.: Cryogenics Research and Applications, D. van Nostrand Co., Princetown 1963.

[2] Daglish, H. N.: ASHRAE-Journal, Bd. 8 (1966) Nr. 4, S. 63–66.

flüssigem Stickstoff auf 77 °K gekühlt. Parametrische Verstärker haben, verglichen mit dem Maser, eine größere nutzbare Bandbreite, sind einfacher im Aufbau und kompakter. Eine möglichst genaue Einhaltung der Temperatur ist bei beiden Systemen notwendig.

Auch Gleichstromverstärker höchster Empfindlichkeit können bei 4 °K verwirklicht werden. Das Eingangssignal wird moduliert mit Hilfe eines durch flüssiges Helium gekühlten supraleitenden Modulators[1]. Bei einer Eingangsimpedanz von 10^{-4} Ohm ist die Empfindlichkeit dieses Verstärkers 10^{-10} V.

Festkörperverstärker im Bereich des infraroten, sichtbaren und ultravioletten Lichts (Laser) werden ebenfalls bei möglichst tiefen Temperaturen betrieben. Ein Indiumphosphit-Induktionslaser z. B. arbeitet bei Temperaturen unter 77 °K stetig und liefert kohärentes Licht mit einer Wellenlänge von rd. $9 \cdot 10^{-5}$ cm. Bei 77 °K muß der Laser aber mit mindestens 6000 A/cm² betrieben werden, bei 4,2 °K genügt jedoch eine Stromdichte von 1000 A/cm² zur Anregung[2].

c) Das Kryotron. In der Schwachstromtechnik hat die Supraleitung eine vielversprechende Anwendung gefunden.

Der Widerstand weicher Supraleiter ändert sich bei der Sprungtemperatur um wenigstens 10 Größenordnungen, die dazu erforderliche Temperaturänderung liegt zwischen $^1/_{1000}$ und $^1/_{100}$°. Dieser rasche Übergang vom supraleitenden in den leitenden Zustand kann z. B. für genaue Temperaturmessungen nutzbar gemacht werden.

Da die Supraleitung in diesem Fall schon durch ein schwaches Magnetfeld zerstört wird, kann ein solcher Supraleiter aber auch als Schaltelement benutzt werden. Dieses besteht z. B. aus einem nur wenige mm langen Tantaldraht als Kern und einer Spule aus isoliertem Niobiumdraht. Bei 9 °K sind beide supraleitend, jedoch verliert der Tantaldraht als weicher Supraleiter diese Eigenschaft im Magnetfeld schneller als der Niobiumdraht. Durch Stromfluß in der Spule kann somit die Supraleitung im Tantaldraht zum Verschwinden gebracht und damit der Stromfluß in diesem unterbrochen werden, ohne daß die Spule selbst ihre Eigenschaften ändert. Solche Elemente können deshalb wie Transistoren in elektronischen Rechnern als Schalter benutzt werden.

Die erzielbare Schaltgeschwindigkeit hängt vorzugsweise von der Masse und der Ausführung des Elementes ab. Mit extrem dünnen Filmen, die durch Aufdampfen von supraleitendem Material auf Nichtleiter gebildet werden, wurden Schaltzeiten von 10^{-8} bis $5 \cdot 10^{-9}$ s erreicht, wodurch diese, verglichen mit denen eines Tantaldrahts, um rd. sechs Größenordnungen verkürzt wurden[3]. Solche Elemente sind auch als Speicher einzusetzen, so daß sich das Kryotron wesentlich von anderen Schaltelementen unterscheidet. Speicher mit 10^7 bis 10^9 Bits werden für ausführbar erachtet[4, 5]. Die Angaben über den Raumbedarf dieser Speicher sind nicht einheitlich.

Für die weitere Entwicklung entscheidend wird die erzielbare Betriebssicherheit sein, da der Speicherinhalt ja verloren wäre, wenn die Temperatur über die Sprungtemperatur ansteigen würde.

---

[1] Kachinskij, V. N.: Cryogenics Bd. 5 (1965) H. 1, S. 34–36.
[2] VDI-Nachr. Bd. 17 (1963) H. 40, S. 2.
[3] Young, D. R.: Bull. Inst. Int. du Froid Bd. 40 (1960), Annexe 1, S. 179–189.
[4] Buckingham, M. J.: Bull. IIF, Bd. 38 (1958), Annexe 1, S. 237–246.
[5] Grassmann, P.: Kältetechn. Bd. 12 (1960) S. 38–43.

Die Kunsteisbahnen*

Von

Dipl.-Ing. **H. Kubli.**

Escher Wyss AG., Zürich.

Mit 32 Abbildungen.

A. Einleitung.

Die erste Kunsteisbahn wurde im Jahre 1876 in Chelsea (England) gebaut [1]. Sie bestand aus einem System kupferner Röhren von elliptischem Querschnitt (76×22 mm), durch welche eine Glyzerinlösung zirkulierte. Als Kälteanlage diente eine SO_2-Maschine von PICTET.

Im Jahre 1881 folgte in Frankfurt a. M., von der Firma Linde gebaut, die erste Bahn auf europäischem Festland. Sie bestand aus normalen Stahlrohren, hatte Solezirkulation und war mit einer NH_3-Kälteanlage ausgerüstet. Wenn auch bei dieser Bahn die Rohre noch direkt in einem Wasserbad lagen, wies sie doch schon alle Merkmale der während Jahrzehnten vorherrschenden und auch heute noch gebauten Solebahnen auf.

Interessant ist, daß bereits im Jahr 1896 in Washington die erste Bahn mit direkter Kältemittelverdampfung gebaut wurde [2] und daß 1904 in Adelaide und 1906 in Melbourne weitere solche Bahnen folgten. In Europa dauerte es bis 1949 bis mit der Bahn im Hallenstadion in Zürich-Oerlikon die erste Kunsteisbahn mit direkter Verdampfung entstand [3]. Diese von Escher Wyss gebaute Bahn erwies sich trotz anfänglicher zum Teil scharfer Ablehnung als eigentlicher Ausgangspunkt für den Bau moderner Kunsteisbahnen in Europa.

Die ersten Kunsteisbahnen waren durchweg Hallenbahnen. Besonders in den Jahren um 1900 und zum Teil bis 1920 wurden eigentliche Sportpaläste errichtet, die aber infolge zu hoher finanzieller Belastungen nicht bestehen konnten.

Die erste Freilufteisbahn mit einer Fläche von 1100 m² wurde im Jahre 1909 von ENGELMANN in Wien gebaut.

Richtig Fuß gefaßt haben aber die Kunsteisbahnen in Europa wohl erst um das Jahr 1930. In diesem Jahr wurden die erste schwedische und im Dolder in Zürich die erste schweizerische Bahn gebaut, während 1933 mit der Anlage Friedrichshain in Berlin die erste Freiluftbahn Deutschlands folgte. In den letzten Jahren hat die Zahl der Kunsteisbahnen in einzelnen Ländern geradezu sprunghaft zugenommen, so z. B. in der *Schweiz*, wo bis 1949 nur 5 Bahnen bestanden, Ende 1965 aber über 50 Bahnen mit einer Gesamtfläche von etwa 135000 m² erbaut waren. Alle seit 1950 in der Schweiz neu errichteten Bahnen arbeiten mit direkter Verdampfung. *Schweden* besaß Ende 1965 über 100 Kunsteisbahnen mit einer gesamten Fläche von annähernd 300000 m² (davon mehrere Bandybahnen

* Literatur S. 170.

von 65×110 m). Seit 1955 werden auch dort die neuen Bahnen zum größten Teil mit direkter Verdampfung gebaut [4].

Deutschland verfügte Ende 1965 über mehr als 30 Kunsteisbahnen mit einer totalen Pistenfläche von über 70000 m². Die *Tschechoslowakei* besaß im Jahre 1960 insgesamt 32 Bahnen, davon ebenfalls die meisten mit direkter Verdampfung [5].

Besonders intensiv ist die Eisbahndichte in *Kanada,* wo fast jede Stadt eine Bahn hat und Toronto allein 30 Kunsteisbahnen besitzt [6].

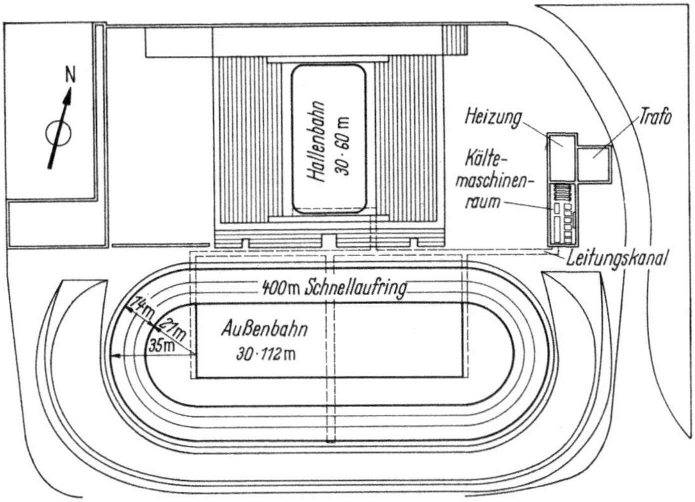

Abb. 100. Olympia Kunsteisstadion in Innsbruck, 1964. Schnellaufbahn von 400 × 14 m, bestehend aus 2 je 5 m breiten Bahnen und einer Warmlaufbahn von 4 m. — Außenbahn von 30 × 112 m, im Innern des Schnellaufovales gelegen für allgemeine Veranstaltungen und für Trainingszwecke. — Hallenbahn von 30 × 60 m. (Gebr. Sulzer AG Winterhur)

Interessant ist in diesem Zusammenhange auch eine Gegenüberstellung der für die Olympiaden der neueren Zeit gebauten Kunsteisbahnen. Währenddem in Garmisch-Partenkirchen im Jahr 1936 noch eine Bahn von 3600 m² genügte, war in Cortina d'Ampezzo 1956 bereits eine Pistenfläche von 4230 m² vorhanden und für die Olympiade in Innsbruck wurden im Jahre 1964 total 10760 m² vorgesehen, davon ein 400-m-Schnellaufring von 14 m Breite ([56] und Abb. 100).

In vielen Ländern gehören die Kunsteisbahnen heute sicher zu den bekanntesten und nach außen sichtbarsten Anwendungen der Großkälte. Wenn auch viele Probleme als gelöst betrachtet werden können, gibt es auch hier noch neue Aufgaben, so z. B. die Anwendung neuer Materialien und Konstruktionselemente für den Bau billiger transportabler Bahnen und die Ausführung der Pistenoberfläche derart, daß sie auch für einen Sommersport (z. B. Tennis) benützt werden kann.

B. Prinzip der Kühlung.

Abgesehen von Spezialkonstruktionen, die später behandelt werden, besteht eine moderne Kunsteisbahn aus einem in Sand oder Beton verlegten System von Rohren, durch welche Sole zirkuliert oder in welchen ein Kältemittel, gewöhnlich NH_3 verdampft. Die Temperatur in den Rohren beträgt, je nach Kälteleistung und Bauart, etwa -5 bis -15 °C.

Abb. 101 zeigt das prinzipielle Schema einer Kunsteisbahn mit Solekühlung. Um trotz Temperaturdifferenz zwischen Soleeintritt und Soleaustritt eine gleichmäßige Eisqualität zu erreichen, muß entweder die zirkulierende Solemenge sehr groß sein, oder es muß eine periodische Umkehrung der Solezirkulation vorgenommen werden.

Eine Speicherung von Kälte ist bei Solebahnen möglich durch Kühlung der Sole auf tiefere Temperaturen als in der Piste nötig und nachträgliche Zuspeisung dieser gekühlten Sole in den Kreislauf.

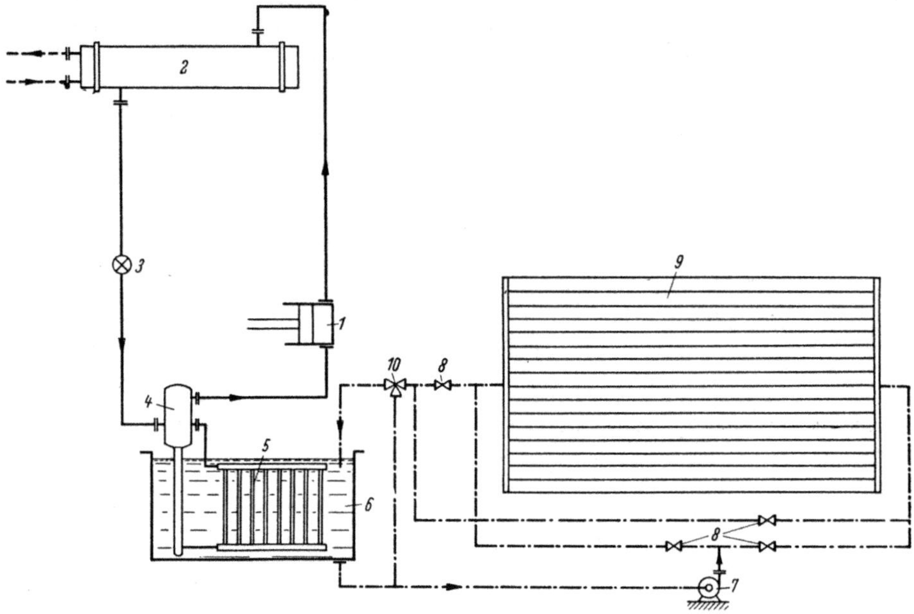

Abb. 101. Prinzipschema einer Solebahn mit Kältespeicherung und Umkehrung der Solezirkulation.
1 Kompressor; *2* Kondensator; *3* Entspannungsventil; *4* Flüssigkeitsabscheider; *5* Verdampfer; *6* Solebehälter; *7* Solepumpe; *8* Sole — Abschließungen; *9* Pistenberohrung (Sole); *10* Dreiwegventil zur Umkehrung der Solezirkulation.

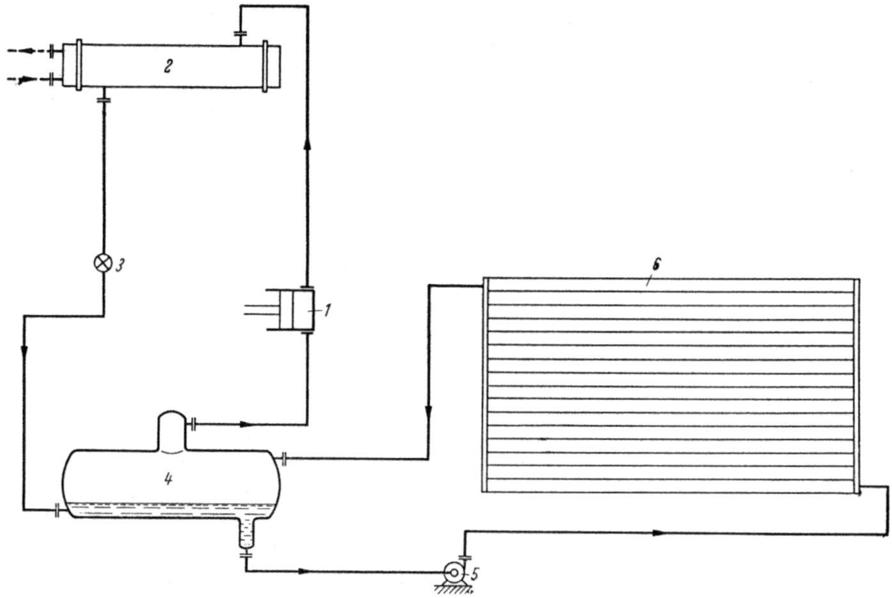

Abb. 102. Prinzipschema einer Bahn mit direkter Verdampfung. Die Kältemittelpumpe fördert ein Mehrfaches der in der Piste verdampfenden Menge.
1 Kompressor; *2* Kondensator; *3* Entspannungsventil; *4* Kältemittelbehälter; *5* Kältemittelpumpe; *6* Pistenberohrung (Kältemittelverdampfer).

Bei der direkten Verdampfung (Abb. 102) wird flüssiges Kältemittel im Überschuß in die Rohre gebracht. Dadurch daß auch am Ende aller Pistenrohre noch verdampfende Flüssigkeit vorhanden ist, wird eine gleichmäßige Temperatur über die gesamte Piste erreicht. Der Kältemittelbehälter wird im allgemeinen so groß dimensioniert, daß er nicht nur als Abscheider für das von der Piste zurückkehrende Dampf-Flüssigkeitsgemisch dient, sondern auch die gesamte Kältemittelfüllung der Anlage aufnehmen kann.

C. Der Kältebedarf einer Kunsteisbahn.

I. Berechnung.

Zu unterscheiden ist zwischen dem Kältebedarf für die Herstellung des Eises und dem Kältebedarf für die Erhaltung der Eisfläche. Bei transportablen Bahnen ist es wichtig, die Eisfläche in kürzester Zeit herstellen zu können; für die Berechnung des Kältebedarfs einer solchen Bahn ist deshalb die für die Eisherstellung gewünschte oder zur Verfügung stehende Zeit maßgebend.

Demgegenüber spielt bei stationären Bahnen der Zeitbedarf für die Eisherstellung eine nur untergeordnete Rolle. Bei diesen Bahnen ist deshalb vorwiegend der Kältebedarf für die Erhaltung der Eisfläche zu berücksichtigen.

Nachfolgend werden die Verhältnisse für die Erhaltung der Eisfläche näher untersucht. Nach Koeniger [7] hat die Kälteanlage in diesem Falle die gesamten Verluste infolge Wärmeeinfall zu decken, nämlich

Wärmeaufnahme aus dem Erdboden durch Leitung,

Wärmeaufnahme aus der Luft durch Konvektion und Wasserdampfkondensation,

Wärmeaufnahme aus der Atmosphäre durch Strahlung,

Wärmeaufnahme durch Regen.

1. Die Wärmeaufnahme aus dem Erdboden durch Leitung.

Diese Wärmeaufnahme ist zu Beginn der Saison, wenn der Erdboden noch warm ist, größer als am Saisonende, wenn dann die 0°-Isotherme in einer gewissen Tiefe im Boden ist. Eine genaue Berechnung ist schwierig. Da aber der Anteil der Wärmeleitung, verglichen mit Konvektion und Strahlung nur gering ist, genügt eine grobe Abschätzung.

Nach Koeniger beträgt die Wärmedurchgangszahl des Erdreiches bei einer Tiefe des Grundwassers von etwa 5 m

1. Ohne Isolierung $k = 0{,}4$ kcal/m²h °C,
2. mit 4 cm Korkisolierung $k = 0{,}29$ kcal/m²h °C.

Nimmt man eine Grundwassertemperatur von $+10$ °C und eine Temperatur von -8 °C in den Pistenrohren der Eisbahn an, so beträgt die Wärmezufuhr aus dem Erdreich

1. Ohne Isolierung $q = 7{,}2$ kcal/m²h,
2. mit 4 cm Kork $q = 5{,}2$ kcal/m²h.

Nach Kollmar [8] werden bei einem trockenen Boden während einer sechsmonatigen Betriebszeit total 14700 kcal/m² aus dem Boden aufgenommen. Dies entspricht einem mittleren Kälteverlust von 3,4 kcal/m²h.

Pabst [9] berechnet Kälteverluste nach dem Boden von 9 kcal/m²h bei einer Rohrtemperatur von -5 °C und 11,2 kcal/m²h bei -10 °C in den Rohren.

2. Die Wärmeaufnahme aus der Luft durch Konvektion und Wasserdampfkondensation.

Für den Wärmeübergang trockener Luft an eine ebene Wand bei turbulenter Strömung gilt, sofern Re > 500000, die Formel von Jürges und Merkel [10]

$$Nu = 0{,}057 \cdot Re^{0,78} \cdot Pr^{0,78}\,.$$

Dabei bedeuten:

$$Nu = \frac{\alpha \cdot L}{\lambda}\,,$$

$$Re = \frac{w \cdot L}{\nu}\,,$$

$$Pr = 0{,}71 \text{ für Luft}\,.$$

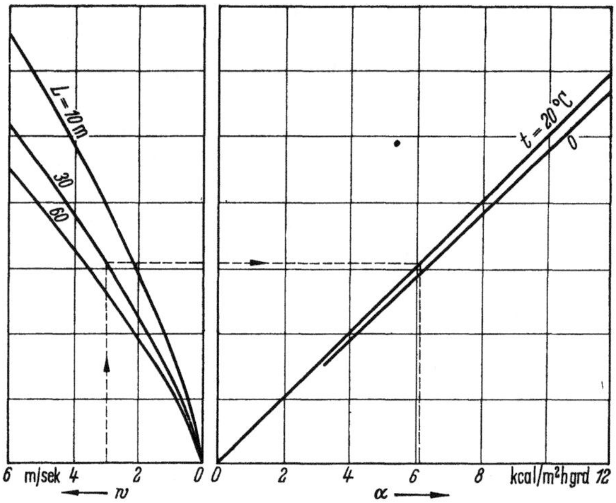

Abb. 103. Wärmeübergang von Luft bei turbulenter Strömung längs einer ebenen Wand. Das Diagramm ist eine graphische Darstellung der Formel

$Nu = 0{,}057 \cdot Re^{0,78} \cdot Pr^{0,78}$
(gültig für Re > 500000).

L Plattenlänge in Strömungsrichtung (m); *w* Luftgeschwindigkeit (m/s); *t* Lufttemperatur (°C).

L ist die Plattenlänge in Strömungsrichtung in m. Für Re = 500000 wird bei Luft von +20° und $L = 30$ m die Geschwindigkeit $w = 0{,}26$ m/sec. Die oben angegebene Formel ist also gültig für Luftgeschwindigkeiten von $w = 0{,}26$ m/sec und mehr.

Nach α aufgelöst erhalten wir für den uns interessierenden Fall strömender Luft (Abb. 103):

$$\alpha = c \cdot w^{0,78} \cdot L^{-0,22}\,,$$

$$t = 0° \quad c = 5{,}69\,,$$

$$t = +20° \quad c = 5{,}43\,.$$

Für $L = 30$ m, $w = 3$ m/sec und $t = +20$ °C wird also z. B.

$$\alpha \sim 6 \text{ kcal/m}^2\text{h °C}.$$

Infolge der Luftfeuchtigkeit findet an der kalten Eisoberfläche eine Wasserdampfkondensation, beziehungsweise eine Reifbildung statt. Die daraus resultierende Erhöhung des Wärmeüberganges läßt sich als scheinbare Wärmeübergangszahl α' berechnen.

α' ist nach MERKEL [11]

$$\alpha' = \alpha \frac{[(i - i_w'') - (x - x_w'') \cdot i_w)] \cdot 4{,}15}{(t - t_w)}$$

dabei bedeuten:

α Wärmeübergangszahl der trockenen Luft, (kcal/m²h °C)
i Enthalpie der Luft (kcal/kg),
i_w'' Enthalpie gesättigter Luft bei t_w (kcal/kg),
x Wassergehalt der Luft (kg/kg),
x_w'' Wassergehalt gesättigter Luft bei t_w (kg/kg),
i_w Enthalpie des ausgeschiedenen Wassers oder Reifes (kcal/kg),
t Temperatur der Luft (°C),
t_w Temperatur der Eisoberfläche (°C).

Abb. 104 gibt $\frac{\alpha'}{\alpha}$ in Abhängigkeit von der Lufttemperatur t und der relativen Luftfeuchtigkeit φ.

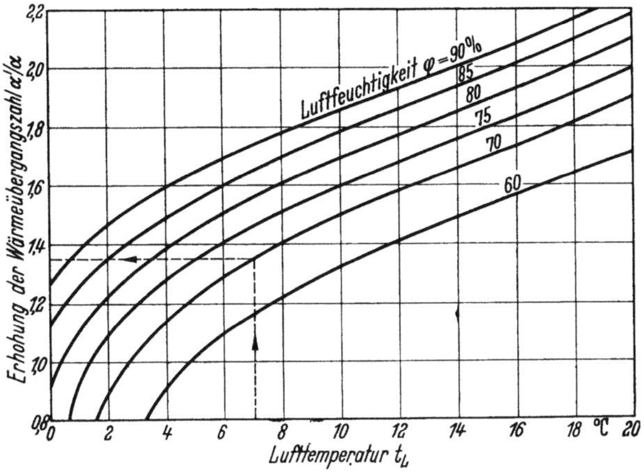

Abb. 104. Erhöhung des Wärmeüberganges bei feuchter Luft gegenüber trockener Luft durch Kondensation und ausfrieren von Wasserdampf.

Das Diagramm ist eine graphische Darstellung der Formel von MERKEL.

α Wärmeübergangszahl bei trockener Luft; α' scheinbare Wärmeübergangszahl bei feuchter Luft; φ relative Feuchtigkeit der Luft.

3. Die Wärmeaufnahme aus der Atmosphäre durch Strahlung.

Die theoretisch maximale Wärmeaufnahme ist gegeben durch die sog. Solarkonstante, das heißt durch die Wärmemenge, die eine zur Sonnenstrahlung senkrechte Ebene an der Grenze der wirksamen Atmosphäre erhält.

Die Solarkonstante beträgt etwa 1200 kcal/m²h.

Von diesem Wert wird jedoch nur ein Teil von der Eisfläche aufgenommen. Der Unterschied zwischen der Solarkonstanten und der effektiven Wärmeaufnahme der Eisfläche ist bedingt:

a) durch diffuse Reflexion oder Dispersion an den Gasmolekülen der Luft und den Staubteilen. Ungefähr die Hälfte dieser zerstreuten Strahlung geht in den Weltenraum und ist somit für die Erde verloren. Die andere Hälfte gelangt als diffuses Himmelslicht (Himmelsstrahlung) zur Erde;

b) durch Absorption durch Wasserdampf. Der Wasserdampfgehalt ist je nach Jahreszeit verschieden. Bei gleicher Sonnenhöhe kann deshalb auch die eingestrahlte Wärmemenge je nach Jahreszeit verschieden sein;

c) durch Umrechnung auf die horizontale Fläche. Die Strahlungsenergie auf eine horizontale Fläche E_H berechnet sich aus der Strahlungsenergie auf eine Fläche senkrecht zur Strahlung E_N nach der Formel:

$$E_H = E_N \cdot \sin h \quad \text{wobei } h = \text{Sonnenhöhe};$$

d) durch Reflektion der Eispiste selbst. Von der total eingestrahlten Wärmemenge wird nur ein Teil von der Eisfläche aufgenommen, der Rest wird reflektiert.

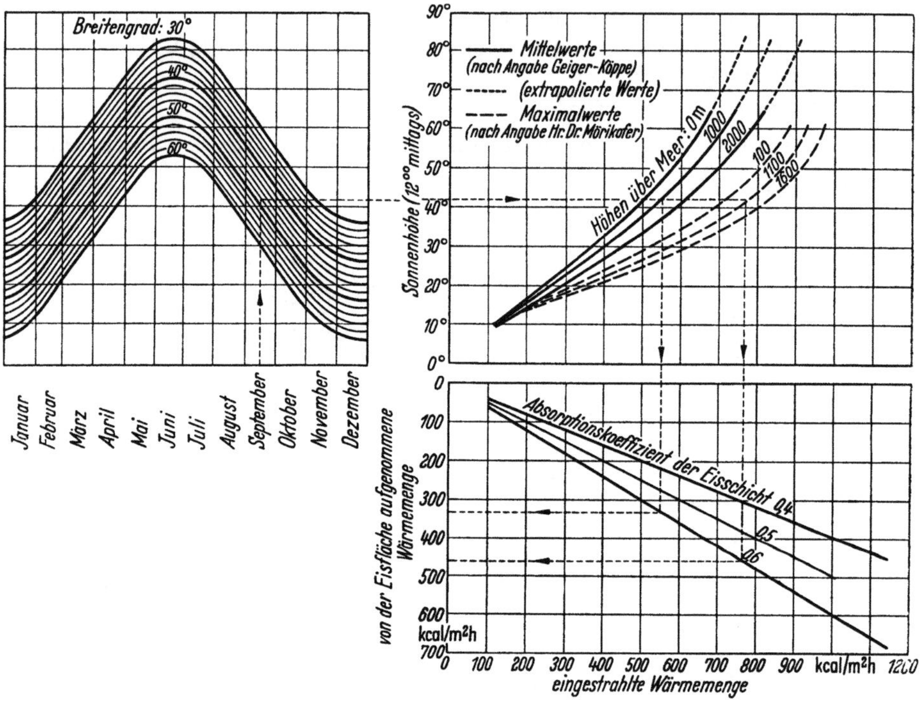

Abb. 105. Wärmeaufnahme einer horizontalen Eisfläche durch Sonnenstrahlung in Abhängigkeit von Jahreszeit, Breitegrad und Höhe über dem Meer. Das Diagramm gibt nur die täglichen Spitzenwerte um 12 Uhr mittags. Für Kunsteisbahnen kann ein mittlerer Absorptionskoeffizient von 0,5 angenommen werden.

Die aufgeführten Einflüsse sind noch so wenig geklärt, daß eine allgemeine theoretische Berechnung nicht möglich ist. Dagegen liegen Meßwerte verschiedener Orte vor über die Globalstrahlung, d. h. die totale Einstrahlung von Sonne und Himmel auf eine horizontale Fläche.

Die Globalstrahlung verändert sich natürlich im Laufe eines Tages je nach der Sonnenhöhe. Da aber für die Dimensionierung der Kälteanlage in erster Linie die maximale Kälteleistung interessiert, sind vor allem die Globalstrahlungen mittags um 12 Uhr d. h. die maximalen Werte zu berücksichtigen.

Die von der Eisfläche effektiv aufgenommene Wärmemenge erhält man schließlich durch Multiplikation der Globalstrahlungswerte mit dem Absorptionskoeffizienten der Eisschicht. Genaue quantitative Angaben über den Absorptionskoeffizienten bei Kunsteisbahnen sind in der Literatur nicht zu finden. Ein Mittelwert von 0,5 dürfte etwa richtig sein, wobei bei tiefem Sonnenstand und spiegelglatter Oberfläche kleinere, bei hohem Sonnenstand und abgefahrener Piste höhere Werte auftreten werden.

Von der total eingestrahlten Wärme wird also nur etwa die Hälfte von der Eisfläche aufgenommen.

Abb. 105 gibt die von der Eisfläche aufgenommene Wärmemenge in Abhängigkeit von Breitengrad, Jahreszeit, Höhe über dem Meer und vom Absorptionskoeffizienten.

4. Die Wärmeaufnahme der Eispiste infolge Regen.

Für einen normalen ,,Dauerlandregen" rechnet man eine stündliche Regenhöhe von 2 mm, das entspricht einer Wassermenge von 2 kg/m²h. Nimmt man an, daß diese gesamte Wassermenge gefriert, so müßten zusätzlich etwa 180 kcal/m²h abgeführt werden.

Bei Platzregen, bei denen die 5- bis 10fache Regenmenge fallen kann, ist an ein Anfrieren der gesamten Wassermenge natürlich nicht zu denken.

5. Die Wärmeabgabe durch nächtliche Ausstrahlung.

Der Vollständigkeit halber sei auch noch die mögliche nächtliche Ausstrahlung erwähnt, die eine Abkühlung der Eisfläche, also einen Gewinn an Kälteleistung gibt.

Da der maximale Kältebedarf aber jeweils um die Mittagstunden eintritt, hat diese nächtliche Ausstrahlung auf die Berechnung des maximalen Kältebedarfes keinen Einfluß.

6. Schlußfolgerungen.

Die obigen Ausführungen zeigen, daß der Kältebedarf einer Kunsteisbahn im wesentlichen bestimmt wird durch Konvektion und Strahlung. Die Konvektionswärme läßt sich klein halten durch Aufstellung der Bahn an einem windgeschützten Ort sowie durch günstige Anordnung von Tribüne und Rampen, d. h. durch Maßnahmen, welche die Luftgeschwindigkeit über dem Eis herabsetzen. — Die Strahlungswärme läßt sich bei normalen Winterbahnen zum Teil weitgehend eliminieren durch eine Anordnung der Piste an einem schattigen Ort.

Bei Sommerbahnen mit hohem Sonnenstand ist dies allgemein nicht mehr möglich. Die im Diagramm angegebenen hohen Werte der Strahlung würden deshalb bei Sommerbahnen voll zur Geltung kommen. Da dies zu untragbar großen Kälteleistungen führen würde, wird bei diesen Bahnen die Sonneneinstrahlung mittels spezieller Beschattungsanlagen weitgehend aufgehoben.

II. Praktische Werte für den Kältebedarf von Kunsteisbahnen.

Für normale Winter-Freiluftbahnen werden in der Praxis Kälteleistungen von etwa 150 bis 350 kcal/m²h installiert.

Die niedrigen Werte sind anwendbar bei besonders geschützten, schattigen Lagen und kurzer Betriebszeit, die höheren Werte müssen vorgesehen werden bei Eisbahnen mit stärkerer Sonneneinstrahlung und Betriebszeiten von Anfang Oktober bis April (für Aufstellung in Mitteleuropa).

Nach Schlenk [12] genügt eine installierte Kälteleistung von 250 kcal/m²h bei einer Windgeschwindigkeit von 1,5 m/sec bis zu einer Außentemperatur von +12,5 °C. Holmer [4] erwähnt, daß in Mittelschweden der Kältebedarf etwa 190 kcal/m²h beträgt.

Die effektiven Laufzeiten der Kältekompressoren hängen natürlich stark von der Benützung der Bahn ab. Bei günstigen Verhältnissen kann bei einer spezifischen Kälteleistung von etwa 170 kcal/m²h und einer Betriebszeit von Mitte Oktober bis Mitte März mit einer mittleren täglichen Laufzeit des Kompressors von etwa 8 h gerechnet werden. Dabei ist die tägliche Laufzeit, bei gleichen klimatischen Bedingungen, zu Beginn der Saison wenn die Eispiste aufgebaut werden muß, bedeutend größer als am Saisonende.

Für Sommereisbahnen treten natürlich höhere Werte auf. Die installierten Kälteleistungen bewegen sich für solche Bahnen um 500 kcal/m²h °C und mehr [13, 14].

Sehr detaillierte Angaben über den Kältebedarf von Kunsteisbahnen wurden von BENGLE [15] gemacht (vgl. Abb. 106).

		Temperatur des feuchten Thermometers °C				
		1,67	4,44	7,22	10,0	12,78
Schattige Außenpiste	*Breitengrad*					
Eisdicke: 32 mm	40–41	88	148	224	325	433
	42–43	81	130	210	250	310
	44–46	76	116	163	203	241
Hallenbahn für Publikumslauf	*Benützung*					
Eisdicke: 32 mm	stark	41	70	109	155	217
	mittel	37	63	99	141	192
	schwach	34	58	90	130	180
Sporthalle	Zeit f. d.					
Eisdicke: 19 mm	Bildung d.					
	Eisfläche					
	10–12 h	110	186	283	283	542
	7–9 h	163	271	407	592	813
Hallenbahn für Eishockey Eisdicke: 19 mm		34	57	90	128	176
Hallenbahn für Curling Eisdicke: 25,4 mm		27	47	74	112	155

Abb. 106. Kältebedarf von Kunsteisbahnen in kcal/m²h nach Angaben von C. V. BENGLE [15].

Beim Vergleich der praktischen Kälteleistungen mit den theoretisch berechneten Werten ist die Speicherwirkung der Bahnen zu berücksichtigen. KOENIGER [7] macht darüber eingehende Angaben und zeigt, um welchen Betrag die berechneten Mittagspitzenwerte dank der Kältespeicherung reduziert werden können. Als Beispiel sei angeführt, daß eine Betonplatte von 10 cm Dicke etwa 46 kcal/m² speichern kann. Bei feuchtem gefrorenem Sand können die Werte noch höher sein. — Nach EMBLIK [16] ist der gefrorene Boden ein sehr guter Kältespeicher. Selbst bei nur 5% Wassergehalt kann er 7000 kcal/m³ aufnehmen.

D. Die Temperaturen in einer Kunsteisbahn.

Für die Dimensionierung der Kälteanlage einer Kunsteisbahn interessiert in erster Linie die Verdampfungstemperatur. Diese Temperatur ist außer vom Aufbau der Piste, der Art der Kühlung (Sole oder direkte Verdampfung) und der zu übertragenden Kälteleistung wesentlich von der gewünschten Eistemperatur abhängig. Es soll deshalb zunächst untersucht werden, welche Eistemperaturen bei Kunsteisbahnen auftreten. Nach KOENIGER [7] soll die Oberflächentemperatur des Eises −1 bis −2 °C betragen. Bei diesen Temperaturen entsteht beim Befahren Flüssigkeitsreibung, d. h. das Eis verflüssigt sich unter dem Flächendruck des Schlittschuhs, während nach Aufhebung des Druckes wieder Erstarrung eintritt (die

Schmelzpunkterniedrigung des Eises beträgt 0,76 °C pro 100 at). Bei höheren Temperaturen wird die Eisoberfläche naß, bei tieferen Temperaturen wird das Eis hart und spröde, so daß es beim Laufen splittert.

In der neueren Literatur sind für die Eistemperaturen zum Teil tiefere Werte zu finden, die den effektiven Verhältnissen wohl eher entsprechen. ZSCHIEDRICH [17] rechnet bei einer Eisdicke von 6 cm mit Eistemperaturen von −6 bis −8 °C. In Skandinavien [18] werden für Curling und Eishockey Temperaturen von −2 bis −6 °C empfohlen. BENGLE [15] rechnet für Publikumslauf bei einer Eisdicke von 3 cm mit einer Oberflächentemperatur von −1,1 °C; für Eishockey dagegen mit −3,9 °C bei einer Eisdicke von etwa 1,5 cm. STENCEL [19] erwähnt Eistemperaturen von −2,2 bis −3,3 °C. SMITH [57] schließlich unterscheidet die in nachstehender Tabelle angegebenen Werte, die für eine Feuchttemperatur der Umgebung von +7,2 °C gültig sind. (Für höhere Umgebungstemperaturen sind tiefere Eistemperaturen nötig um die gleiche Eisbeschaffenheit zu erhalten.)

	Eistemperatur		Soletemperatur		Eisbeschaffenheit
	°C	°F	°C	°F	
Hockey	−3,3	(26)	−8,9	(16)	hart
Kunstlauf	−2,8	(27)	−8,3	(17)	trocken
Allgemeiner Eislauf	−2,2	(28)	−7,8	(18)	feucht
Curling	−2,2	(28)	−6,7	(20)	„pebbled“

Ausgehend von der Eistemperatur läßt sich nun je nach der vorhandenen Piste (Sand oder Beton, Abstand der Rohre von der Eisoberfläche) die Temperatur in den Rohren bestimmen. Im allgemeinen treten Rohrtemperaturen von −8 bis −10 °C auf. Nach BENGLE [15] beträgt die Soletemperatur etwa −8 °C für den Publikumslauf und etwa −9 °C für Hockey (entsprechende Verdampfungstemperatur etwa −15 °C). Etwas tiefere Temperaturen sind nötig bei Bahnen, die mit Plastikrohren ausgerüstet sind. Wegen der schlechteren Wärmeleitung muß in diesem Fall die Soletemperatur in den Rohren 1 bis 1,5 °C tiefer sein als bei Stahlrohren. In Ausnahmefällen sind noch tiefere Temperaturen erforderlich, so z. B. Soletemperaturen von −18 °C im Stockholmer Stadion, wo die Eisbahnrohre direkt unter den Grünflächen verlegt sind.

Bei einer Eisbahn mit direkter Verdampfung ist die Rohrtemperatur gleichzeitig auch Verdampfungstemperatur der Kälteanlage, während bei Solebahnen die Verdampfungstemperatur etwa 5 °C tiefer liegt als die Rohrtemperatur.

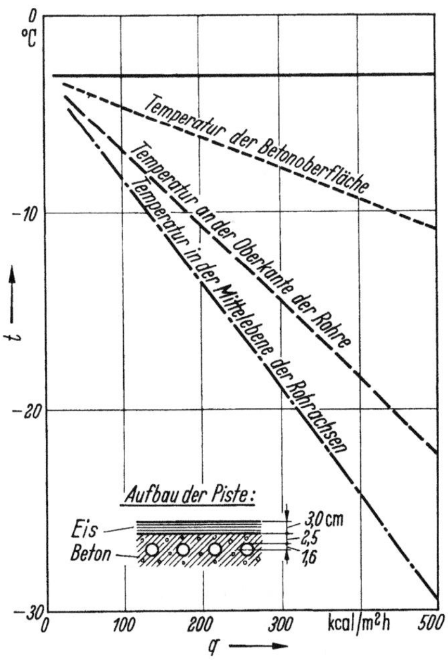

Abb. 107. Temperaturen in der Betonpiste einer Kunsteisbahn in Abhängigkeit von der Flächenbelastung q (kcal/m²,h).

Für die Berechnung wurde angenommen

Temperatur der Eisoberfläche:	−3 °C
Eisdicke:	3 cm
Betondicke über den Rohren:	2,5 cm
Rohrdurchmesser (außen):	3,2 cm
Wärmeleitzahl des Betons:	1,1 kcal/m h °C
Wärmeleitzahl des Eises:	1,9 kcal/m h °C

Das Diagramm gibt lediglich die Wärmeleitung durch Eis und Beton ohne die effektiven Verhältnisse durch die eingebauten Rohre zu berücksichtigen.

Die Rohrtemperatur und damit auch die Verdampfungstemperatur der Kälteanlagen haben für eine bestimmte Bahn nicht einen konstanten Wert, sondern variieren mit der Eistemperatur und der zu übertragenden Kälteleistung. Soltner [2] empfiehlt z. B. die folgenden Rohrtemperaturen:

Außentemperatur +5 bis 0 °C	Rohrtemperatur −7 bis −5 °C,
Außentemperatur +10 °C	Rohrtemperatur −10 °C,
Außentemperatur höher als +10 °C	Rohrtemperatur ebensoviel °C unter − 10° wie Außentemp. über +10 °C.

In Abb. 107 sind die Rohrtemperaturen in Abhängigkeit von der Flächenbelastung für eine Betonpiste dargestellt.

Für die Berechnung wurde angenommen, daß die gesamte Kälteleistung nach oben wirkt und daß innerhalb einer horizontalen Schicht keine Temperaturdifferenzen auftreten. Die räumlichen Abmessungen der Rohre sind also nicht berücksichtigt und die Berechnung ist so durchgeführt, wie wenn nur Beton vorhanden wäre. Die Verdampfungstemperatur wird in einem konkreten Fall zwischen der „Temperatur an der Oberkante der Rohre" und der „Temperatur in der Mittelebene der Rohrachsen" liegen.

E. Das Rohrsystem.

I. Material.

Gewöhnlich werden sowohl für Bahnen mit Solekühlung wie auch für Bahnen mit direkter Verdampfung *Stahlrohre* mit kreisförmigem Querschnitt angewandt. Bengle [15] empfiehlt für in Beton verlegte Solerohre die Anwendung von normalem Baustahl (black steel), für Sole-Sandbahnen dagegen die Anwendung von Qualitätsrohren (black wrought iron). Auch galvanisierte und verzinkte Rohre werden bei Solebahnen angewendet. — Für direkte Verdampfung kommen selbstverständlich nur Qualitätsrohre (nahtlos oder längsgeschweißt) in Frage, die gewöhnlich aus Sicherheitsgründen mit sehr hohen Drücken abgepreßt werden.

Neben Stahlrohren wurden vereinzelt auch *Kupferrohre* angewendet. Besonders die ersten Schweizer Bahnen waren mit Kupferrohren ausgerüstet [20, 21], um einen besseren Korrosionsschutz gegen Sole zu erreichen. Aber auch bei einer im Jahre 1940 in New Orleans gebauten Hallenbahn mit direkter Verdampfung von Freon 12 wurden Kupferrohre mit $^5/_8''$ Durchmesser eingebaut [22].

Kunststoffrohre für Eisbahnen werden vor allem in den USA und in Kanada angewendet. Im Jahre 1956 bestanden dort bereits etwa 50 Bahnen mit Plastikrohren, dabei die Mehrzahl für transportable Bahnen [23]. Bei der Anwendung von Plastikrohren in Kunsteisbahnen müssen die folgenden Punkte beachtet werden:

Plastikrohre haben eine etwa 150mal schlechtere Wärmeleitzahl als Stahlrohre. Die Soletemperatur muß deshalb bei gleicher Eisqualität 1 bis 1,5 °C tiefer sein als bei Stahlrohren. Dies führt zu einer um den gleichen Betrag tieferen Verdampfungstemperatur der Kälteanlage und damit zu einem Mehrbedarf an elektrischer Energie.

Die Wärmeausdehnungszahl ist etwa 16mal größer als bei Stahlrohren. Bei einer Rohrlänge von 60 m bewirkt deshalb eine Temperaturdifferenz von 40 °C eine Längenänderung von etwa 520 mm. Der entsprechende Platz für diese Längenänderung muß vorhanden sein.

Plastikrohre haben eine geringe mechanische Festigkeit. Die Rohre müssen deshalb gut geschützt werden vor einer evtl. möglichen Verletzung durch Schlittschuhe oder durch Eishobel. Häufig werden deshalb die Rohre oben mit einem

Metallschutz versehen. Ein spezieller Schutz der Rohre vor Beschädigung ist auch nötig bei demontierbaren Bahnen in der Zeit, in der die Bahn nicht in Betrieb ist.

Wegen der geringen Festigkeit kann direkte Verdampfung mit Plastikrohren nicht angewendet werden.

Die Erfahrung zeigt, daß Plastikrohre unbedingt auf eine harte Unterlage gelegt werden müssen und daß die Ausnivellierung gleich gut sein muß wie bei Stahlrohren.

Bei einer Verlegung in Beton ist darauf zu achten, daß die bei Stahlrohren sonst automatisch erreichte Armierung wegfällt und daß dann evtl. eine besondere Armierung nötig ist.

Plastikrohre sind leichter als Stahlrohre und korrodieren nicht, haben also Eigenschaften, die vor allem bei transportablen Solebahnen vorteilhaft sind, dagegen bei stationären Bahnen mit direkter Verdampfung nicht ins Gewicht fallen. Über eine Verlegung von Plastikrohren in Beton liegen denn auch noch sehr wenig Erfahrungen vor.

Curlingbahnen mit Plastikrohren sind in der neuesten Zeit auch in England [24], der Schweiz [25] und Schweden gebaut worden, doch scheinen die Erfahrungen nicht überall positiv zu sein [2, 4].

II. Durchmesser und Teilung.

Die Rohrdurchmesser variieren zwischen etwa $^5/_8''$ und max. $1^1/_2''$. (Bei Plastikrohren beträgt der Außendurchmesser etwa 32 mm, die Wandstärke etwa 2,5 mm).

Rohre mit nicht kreisförmigem Querschnitt wurden früher hie und da verwendet, sind aber heute praktisch nicht mehr anzutreffen.

In neuerer Zeit ist vorgeschlagen worden, für Kunsteisbahnen rechteckige Kanäle aus Kunststoff zu verwenden [25].

Die Rohrteilung, d. h. der Abstand von Rohrmitte zu Rohrmitte schwankt bei bestehenden Anlagen von 62,5 mm [9] bis 137 mm [26]. Deublein [27] hat den günstigsten Abstand der Rohre in einer Kunsteisbahn unter den Voraussetzungen untersucht, daß keine Wärme aus dem Erdboden kommt, daß die Rohre sich direkt im Eis befinden und daß an Stelle der Rohre mit dünnen Drähten gerechnet werden darf. Er findet ein Minimum von Betriebs- und Amortisationskosten bei einem Rohrabstand von 90 bis 100 mm.

Emblik [16] führt seine Berechnung für eine Betonpiste durch und berücksichtigt dabei auch den effektiven Rohrdurchmesser.

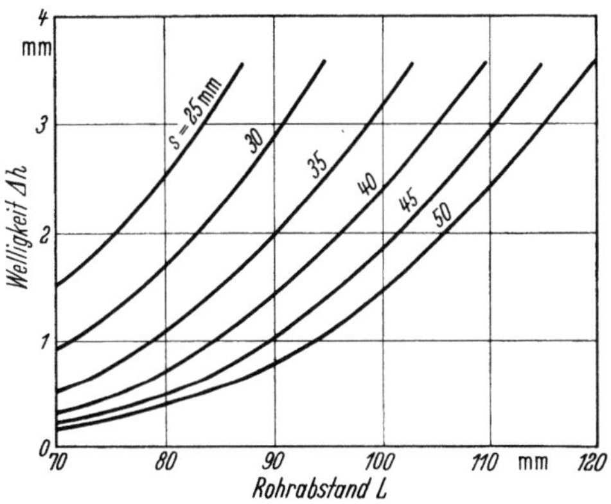

Abb. 108. Berechnete Welligkeit der Eisoberfläche für $\varkappa = 10$ in Abhängigkeit des Rohrabstandes für verschiedene Schichtdicken (nach Emblik).

Δh Welligkeit in mm, d. h. Differenz zwischen der Eisdicke direkt oberhalb einer Rohrachse und der Eisdicke in der Mitte zwischen 2 Rohren.
L Abstand von Rohrachse zu Rohrachse in mm.
s Schichtdicke oberhalb der Rohre in mm, d. h. Abstand von Oberkante Rohr bis zur Eisoberfläche (Beton + Eis)

$\varkappa = \frac{\alpha}{\lambda_m}$ wobei

α Wärmeübergangszahl zwischen Außenluft und Eisoberfläche (kcal/m²h °C),
λ_m mittlere Wärmeleitzahl von Betonplatte und Eis (kcal/mh °C).

Die Ergebnisse seiner Berechnung sind in Abb. 108 dargestellt. Aus der Abbildung geht klar hervor, daß die Welligkeit um so größer ist, je größer der Rohrabstand und je kleiner die Schichtdicke.

Um der von den Banden zurückgeworfenen Strahlung Rechnung zu tragen, wird die Rohrteilung entlang den Banden oft kleiner gewählt als in der Feldmitte [15, 28].

Eine ganz spezielle Berohrung wurde beim Sommerfeld der Anlage Cortina d'Ampezzo ausgeführt [13]. Wegen der großen in den Sommermonaten nötigen Kälteleistung wurde dort die Piste doppelt berohrt mit einem Abstand von Rohrachse zu Rohrachse in der senkrechten Richtung von etwa 38 mm bei Rohrdurchmessern von 32 mm, womit eine Rohroberfläche von etwa 2,2 m² pro m² Lauffläche erzielt wird.

III. Solebahnen.

Bei Solebahnen ist eine gute Entlüftung sehr wichtig. Die Rohre werden deshalb normalerweise mit einem Gefälle von 1 bis 2⁰/₀₀ verlegt, und zwar so, daß der Austritt höher liegt als der Eintritt. Eine gleichmäßige Beschickung aller Rohre

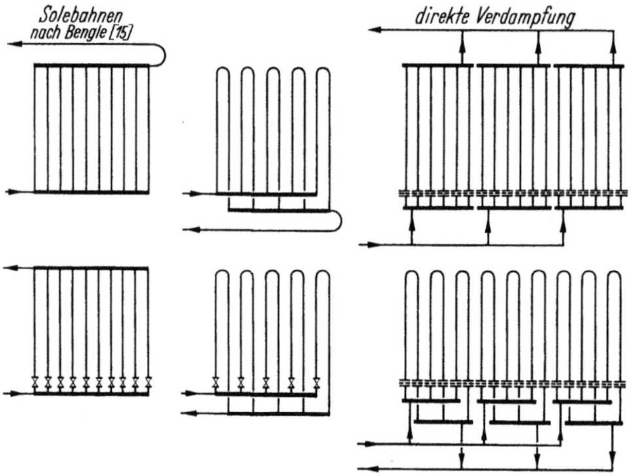

Abb. 109. Verschiedene Schaltungen von Pistenrohren für Solebahnen (nach BENGLE [15]) und für Bahnen mit direkter Verdampfung. Bei Bahnen mit direkter Verdampfung wird eine gleichmäßige Verteilung des flüssigen Kältemittels auf die vielen parallelen Rohre gewöhnlich durch Einbau von Blenden in jedem einzelnen Rohr erreicht.

wird häufig durch besondere Formgebung und Anordnung der Kollektoren erreicht (Abb. 109). In Einzelfällen wurde auch schon in jedes der Pistenrohre ein Regelventil eingebaut [57].

IV. Direkte Verdampfung.

Bei Bahnen mit direkter Verdampfung ist eine Verlegung der Rohre mit Gefälle dann möglich, wenn der Kältemitteleintritt sich nicht auf der gleichen Seite der Piste wie der Kältemittelaustritt befindet. Das flüssige Kältemittel fließt dann im Stillstand ohne weiteres in den meist tiefer gelegenen Behälter zurück und die Kältemittelfüllung ist relativ gering. Bei Haarnadelanordnung (2 oder mehr Rohre in Serie) müssen die Rohre natürlich genau horizontal verlegt werden; die Kältemittelfüllung ist dann größer.

Je größer die in Serie geschaltete Rohrlänge, um so größer der Druckverlust und um so ungleichmäßiger die Verdampfungstemperatur und damit auch die Oberflächentemperatur und schließlich die Eisqualität. Rohrlängen über 120 m werden deshalb nur selten angewendet.

Abb. 110. Fertig verlegte Rohrpiste der Hallenbahn „Les Vernets“, Genf. Bei einer Abmessung der Piste von 70 × 39 m sind Rohre mit einer Gesamtlänge von etwa 30 km verlegt. Auf dem Bild deutlich zu sehen sind die Rohrhalter aus Beton (Escher Wyss AG Zürich).

Abb. 111. Unter der Eisfläche angeordneter Rohrkanal mit den NH_3-Verteil- und Sammelleitungen (Borsig Berlin).

Um eine gleichmäßige Verteilung des flüssigen Kältemittels auf die zum Teil mehr als 300 parallelen Rohre sicherzustellen, sind Blenden eingebaut. Oft wird der Eintrittskollektor in einzelne Stücke aufgeteilt, die mit Abschließungen versehen sind. Eine nur teilweise Kühlung der Eisbahn ist dann auf einfachste Art und Weise möglich.

Bei der Montage werden die Rohre in aus Eisen oder Beton hergestellte Distanzhalter hineingelegt. Das Rohrsystem wird im allgemeinen auf etwa 3 mm genau ausgerichtet.

In Abb. 109 sind einige mögliche Schaltungen von Pistenrohren dargestellt. Abb. 110 zeigt die fertig verlegte Rohrpiste der Halleneisbahn „Les Vernets", Genf, mit einer totalen Rohrlänge von etwa 30000 m. Schließlich ist in Abb. 111 als Detail der Rohrkanal mit den Kollektoren einer mit direkter Verdampfung arbeitenden Bahn zu sehen.

F. Die Lauffläche und die Fundamentierung von Kunsteisbahnen.

Die bei Kunsteisbahnen auftretenden baulichen Probleme können in drei Gruppen unterteilt werden:

I. die Laufplatte, d. h. die um die Rohre verlegte Schicht, welche die Rohre vom Eis trennt (Sand oder Beton);

II. die Gleitschicht, d. h. die konstruktive Maßnahme, welche bei Betonbahnen eine Längenänderung der Platte (hervorgerufen durch Temperaturänderungen) gestattet;

III. die Isolierung der Bahn gegen den Boden und die Verhinderung von schädlichen Auswirkungen des Bodenfrostes.

Abb. 112 zeigt einen möglichen Unterbau einer Betonbahn.

I. Die Laufplatte.

Bei der einfachsten Form einer Kunsteisbahn wird das Wasser direkt auf den Rohren gefroren. Bei Stahlrohren ist diese Konstruktion früher hie und da angewendet worden, zuletzt wohl bei der im Jahre 1925 gebauten Hallenbahn in Berlin mit einer Oberfläche von 2250 m² [2]. In neuerer Zeit werden Stahlrohre nicht mehr direkt in Wasser gelegt, doch scheint diese Bauweise bei Kunststoffrohren wieder aufzukommen [25]. Meistens werden die Rohre in eine Schicht so verlegt, daß sie mit dem Eis nicht in direkten Kontakt kommen. Bei stationären Bahnen unterscheidet man 2 Haupttypen: das Verlegen der Rohre im Sand und das Verlegen in Beton. Da bei direkter Verdampfung im Rohrinnern praktisch keine Korrosion vorhanden ist, lohnt es sich, das Rohr auch von außen gut zu schützen. Bei Solebahnen muß dagegen mit Korrosion im Innern auf jeden Fall gerechnet werden,

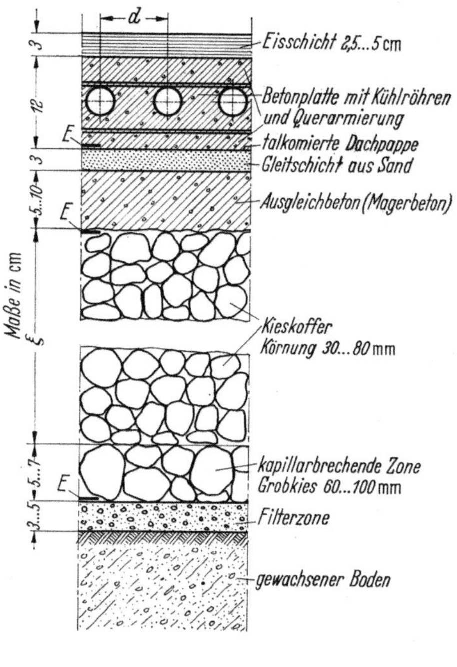

Abb. 112. Schnitt durch die Piste und die Fundation einer modernen Kunsteisbahn mit Kieskoffer und Gleitschicht. *E* Elektrische Fernmelde-Thermometer (nach Bendel).

so daß ein Angriff von außen eher zugelassen werden kann. Man trifft deshalb gewöhnlich direkte Verdampfung zusammen mit Betonbahnen, Solezirkulation dagegen mit Sandbahnen.

In Skandinavien werden die Rohre häufig auf Sand gelegt und die Zwischenräume bis zur Oberkante der Rohre mit Steinmehl ausgefüllt. Steinmehl eignet sich besonders gut, da es sehr kompakt ist und die Wärme gut leitet [18]. Noch andere Ausführungen können bei transportablen Eisbahnen vorkommen und werden dort behandelt (s. S. 162).

Sandbahnen [7, 15, 17, 18] sind wohl am verbreitetsten in Kanada [29] und Schweden, während auf dem europäischen Kontinent vor allem in den letzten Jahren die Betonbahn stark bevorzugt wird.

Liegt der Sand direkt auf einer Kiesunterlage, besteht die Gefahr, daß bei Regenfällen die Feinsandschicht in die Kiesschicht hineingespült wird. Die so eingespülte Sandschicht hält Kapillarwasser fest, das bei längerer Betriebsdauer gefriert und Frostschäden verursachen kann. — Die gleichen Schäden können auftreten bei einer nur kurzen Außerbetriebsetzung der Anlage, dadurch, daß das beim Abtauen gebildete Wasser im noch kalten Untergrund gefriert.

Es sind auch Ausführungsbeispiele von Sandbahnen bekannt, bei welchen der Sand auf einer Betonplatte liegt.

Um die durch Strahlung einfallende Wärme möglichst klein zu halten, kann die Oberfläche der Sandschicht mit weißem Marmorsand bestreut werden.

Betonplatten haben eine Dicke von 10 bis 14 cm, wobei die Betonschicht über den Rohren etwa 2,5 cm beträgt. Angewendet wird normalerweise eine Betonqualität P 300 (d. h. 300 kg Zement pro m^3 Beton). Infolge der großen Temperaturänderungen zwischen Sommer und Winter muß die Platte in der Lage sein, relativ große Längsdehnungen rissefrei aufzunehmen.

Nach Ismaier und Prandner [30] können Zugspannungen von etwa 22 kp/cm^2 auftreten. Hat der verwendete Beton eine geringere Zugfestigkeit, ist eine akute Rißgefahr vorhanden. die unbedingt vermieden werden muß, da eine Reparatur von Betonrissen praktisch unmöglich ist.

Zschiedrich [17] ist der Ansicht, daß eine Rißbildung nur dann mit Sicherheit verhindert werden kann,

1. wenn die Platte aus Einzelteilen zusammengesetzt und mit besonderen elastischen fugenlosen Belägen versehen ist;

2. wenn vorgespannter Beton verwendet wird (die Vorspannung bewirkt eine Ausschaltung der schädlichen Zugspannungen durch künstlich erzeugte Druckspannungen).

Nach Bendel [31] ist es jedoch möglich, rissefreie Platten bis zu einer Größe von 2000 m^2 und mehr einteilig ohne Vorspannung herzustellen, sofern folgende Bedingungen erfüllt sind:

1. Herstellung der Platte in einem ununterbrochenen Arbeitsgang;
2. Verwendung von Qualitätsbeton;
3. Einbau von Armierungen quer unterhalb und quer oberhalb der Rohre (diese Armierung erlaubt der Betonplatte nicht nur die Bewegungen infolge der Temperaturunterschiede ohne Schaden zu ertragen, sondern verbessert gleichzeitig die Wärmeleitung im Beton).

Die Erfahrungen in der Schweiz zeigen, daß eine Vorspannung bei Platten, die nur dem Eisbahnsport dienen, nicht nötig ist. So wurde z. B. die neue Kunsteisbahn Dolder bei Zürich mit einer fugenlosen Betonplatte von 60×100 m Abmessung ohne Vorspannung ausgeführt. Bei deutschen Bahnen wurde die Vorspannung mindestens in der zu den Rohrachsen senkrechten Richtung zum Teil denn speziell angewendet, wenn die Platte im Sommer zum Rollschuhfahren benützt wird.

Bei der Eisbahn Frankfurt/M. wurde eine Vorspannung in beiden Richtungen vorgenommen, und zwar in Längsrichtung 27,8 t und in Querrichtung 21,9 t je 1 m Plattenbreite (vgl. Abb. 113).

Spannungs- und Dehnungsmessungen an vorgespannten Platten [17, 32] ergaben den Nachweis, daß die Vorspannung auch in der Plattenmitte noch wirksam ist.

Beim Betonieren der Platte werden je nach Außentemperatur sowohl Abbindeverzögerer wie auch -beschleuniger angewendet.

Bei reinem Eisbahnbetrieb erfährt die Betonoberfläche keine spezielle Behandlung mehr. Sie wird lediglich mit einer hellen Farbe angestrichen, um die Strah-

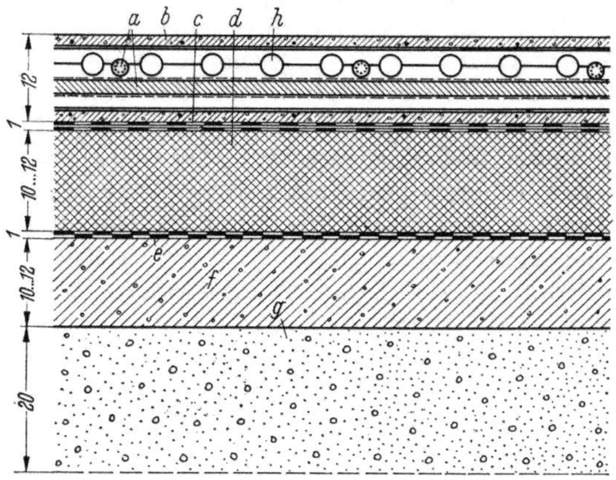

Abb. 113. Schnitt durch die Spannbetonplatte der Eisbahn Frankfurt/M. Die Betonplatte ist in beiden Richtungen vorgespannt, und zwar in Längsrichtung mit 27,8 t/m und in Querrichtung mit 21,9 t/m. Durch Anbringung einer Korkisolierung konnte der Kieskoffer sehr klein gehalten werden (nach ISMAIERR u. PRANDNER).

lungsabsorption möglichst klein zu halten. Bei Verwendung auch für Rollschuhlauf kann eine Vakuumbehandlung in Frage kommen. Die Planheit der fertig betonierten Fläche soll etwa 3 mm betragen. Häufig erhält die Oberfläche ein geringes Gefälle um das Ablaufen von Wasser zu ermöglichen.

II. Die Gleitschicht.

Die Gleitschicht muß eine Bewegung der mit den Rohren versehenen Betonplatte auf dem Ausgleichsbeton ermöglichen. Infolge der großen Temperaturunterschiede zwischen Sommer und Winter handelt es sich um relativ große Bewegungen. So wurde z. B. an einer schweizerischen 30×60-m-Bahn eine totale Längenänderung von 2×7 mm gemessen [31].

Als Gleitschichten wurden bisher verwendet:

1. *Quarzsand* mit darüberliegender wasserundurchlässiger Dachpappenschicht. (Es ist unbedingt Quarzsand, d. h. Sand, der nicht verwittert, anzuwenden.)

(Die Befürchtungen von ZSCHIEDRICH [17], daß wegen der großen Wärmeleitfähigkeit von Sand vor allem bei Beginn und Beendigung der Kühlung in der Platte Biegemomente als Folge der Temperaturunterschiede zwischen Ober- und Unterseite entstehen, werden durch die guten Erfahrungen an Bahnen mit Sand als Gleitschicht widerlegt.)

2. *Dachpappe*, einseitig geölt, evtl. in Verbindung mit einer auf dem Ausgleichbeton angebrachten, einige mm starken Graphitschicht. ZSCHIEDRICH [17] empfiehlt z. B. folgende auf einem Unterbeton mit möglichst glatter, ebener Ober-

fläche aufgebrachte Schicht: 0,1 bis 0,3 mm Kolloidgraphit, 10 mm Hartschaumplatte auf Polystyrolbasis (die Hartschaumplatte soll starke Temperaturunterschiede zwischen Ober- und Unterseite der Betonplatte verhindern).

Bei der Kunsteisbahn Frankfurt/M. [30] besteht die Gleitschicht von unten nach oben aus:

Dachpappe unten besandet, oben mit Talkum bestrichen.

Schmierschicht aus Öl und Graphit.

Bitumenpappe, untere Schicht talkumiert, obere Schicht besandet.

Betonplatte.

Messungen ergaben einen Reibungsbeiwert der Gleitschicht von 1,0 bis 1,1.

Bei der neuen Kunsteisbahn Dolder (Zürich) dient als Gleitschicht ein Gemisch aus Altöl und Naturgraphit, das unten und oben von Polyäthylenfolien und dicht verklebten Dachpappenbahnen eingeschlossen ist [58].

3. *Bitumenpapier*, kombiniert mit Polyäthylenfolien.

Bei einer in Pittsburgh gebauten Hallenbahn wurde die folgende über dem Unterbeton aufgebaute Gleitschicht angewendet [33]:

5 cm Foamglas-Isolierung,
Bitumenpapier in Pech verlegt
1. Polyäthylenfolie Oberfläche mit Talkumpuder bestäubt.
2. Polyäthylenfolie wesentlich stärker bestäubt.
3. Polyäthylenfolie.

4. *Steatitkugeln*. Eine besonders interessante Gleitschicht wurde bei der Freiluftkunsteisbahn im Stadion Neukölln in Berlin angewendet [2] (Abb. 114).

Die obere Betonplatte mit den eingegossenen Rohren und der doppelten Armierung ruht auf Steatitkugeln von 2 cm Durchmesser. Die totale Platte ist aufgeteilt in 1,5 m² große Einzelplatten, von denen jede auf 4 Punkten gelagert ist, nämlich einem Festpunkt und 3 Kugellagern mit je 3 Kugeln. Die einzelnen Betonplatten wurden nach der Montage durch Vergießen mit Zement zu einer großen Betonplatte verbunden. Bei 4400 m² Bahnfläche ergeben sich rund 3000 Fertigbetonplatten (mit je 1,5 m²) und rund 21 000 Gleitplatten, auf denen die Kugeln (bzw. die Festpunkte oben) aufliegen. Da sich unter jeder Platte neun Kugeln befinden, lagert die Oberbetonplatte auf 27000 Kugeln in 27 000 Porzellanringen, die die Kugeln während der Montage fixieren.

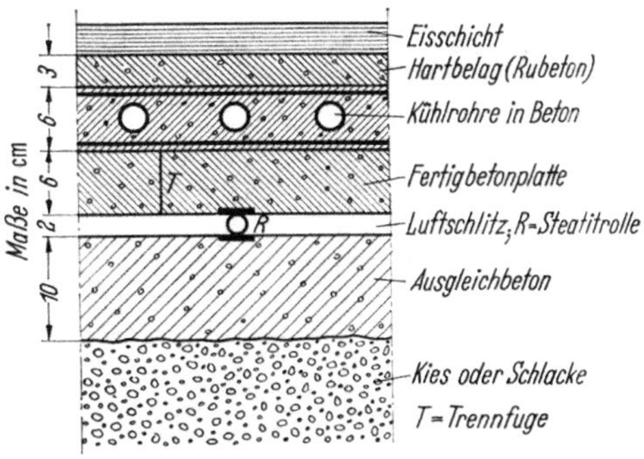

Abb. 114. Schnitt durch die Piste der Eisbahn Stadion Neukölln-Berlin. Interessant ist bei dieser Bahn die Ausführung der Gleitschicht. Zwischen Fertigbetonplatte und Ausgleichbeton befinden sich insgesamt 27000 Steatitkugeln (nach BENDEL).

III. Unterbau einer Kunsteisbahn

(Kieskoffer, Isolierung)

Die in den Rohren einer Kunsteisbahn erzeugte Kälteleistung dient nicht nur zur Erzeugung und Erhaltung der Eisschicht, sondern geht zu einem Teil infolge Wärmeleitung in den unter der Piste gelegenen Boden. Sie führt dort zu einem allmählichen Durchfrieren der unter der Piste liegenden Bodenteile. Am Ende einer Eisbahnsaison ist die 0°-Isotherme bis in eine Tiefe von 1,5 m und mehr vorgedrungen. Befinden sich nun in dieser Zone wasserhaltige Schichten, so kann dies zu Terrainhebungen und damit zu schweren Schäden an der Betonplatte führen. — Es stellen sich somit für den Unterbau einer Kunsteisbahn die folgenden Hauptprobleme:

1. Berechnung der Eindringtiefe der 0°-Isotherme,
2. Beurteilung der Frostgefährlichkeit des Bodens,
3. Maßnahmen zur Verhinderung von Frostschäden.

1. Berechnung der Eindringtiefe der 0°-Isotherme.

Für die Berechnung der Eindringtiefe der 0°-Isotherme bestehen verschiedene Formeln. NEUMANN [34] macht den Ansatz

$$x_0 = p \cdot \sqrt{t}\,,$$

wobei x_0 Abstand der 0°-Isotherme von der Oberfläche in m,
t Betriebszeit in h,
p Proportionalitätsfaktor abhängig vom spez. Gewicht γ, der Wärmeleitzahl λ und der spezifischen Wärme c des gefrorenen und des nicht gefrorenen Bodens. p ist eine komplizierte transzendente Funktion und nur mit großem Zeitaufwand zu lösen.

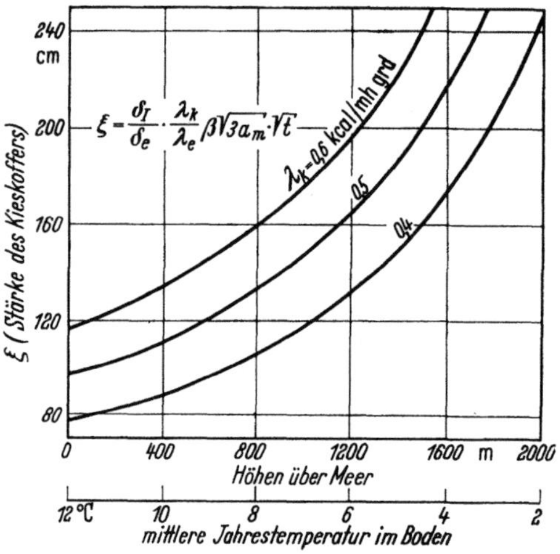

Abb. 115. Notwendige Kieskofferstärke in Abhängigkeit der mittleren Jahrestemperatur bzw. der Meereshöhe für verschiedene Wärmeleitzahlen des Koffermaterials bei einer Temperatur im Kühlröhrensystem von —8 °C und einer Temperaturleitzahl von 0,0020 m²/h, einer Wärmeleitzahl des Bodens von 1,2 kcal/mh °C und einer Betriebsdauer von 3600 Stunden (nach BENDEL).

EMBLIK [35] schlägt vor, für γ, λ und c Mittelwerte, gebildet aus den Werten für gefrorenen und nicht gefrorenen Boden einzusetzen; p läßt sich dann relativ einfach berechnen. (In [35] ist für die Berechnung ein einfaches Nomogramm enthalten.)

BENDEL [31] folgt der Annahme von RUCKLI [36], daß die Kurve des Temperaturverlaufes im Erdboden eine Parabel ist. Unter Gleichsetzung der Temperaturleitzahlen a für nicht gefrorenen und gefrorenen Boden findet er die folgende einfache Beziehung für p:

$$p = \frac{\vartheta_I}{\vartheta_e} \cdot \frac{\lambda_k}{\lambda_e} \cdot \beta \sqrt{3a}\,.$$

Es bedeuten:

ϑ_I Temperatur an der Unterfläche der Betonplatte in °C.
ϑ_e Mittlere Jahrestemperatur im Boden (ϑ_e ist 1 bis 2 °C höher als die mittlere Jahreslufttemperatur in °C).
λ_k Wärmeleitzahl der gefrorenen Schicht (Isolationsschicht).
λ_e Wärmeleitzahl des nicht gefrorenen Bodens.
β $\sqrt{\frac{\vartheta_e}{\vartheta_e - \vartheta_I}}$
$a = \lambda/c\,\gamma$ Mittlere Temperaturleitzahl (Mittelwert zwischen gefrorenem und nicht gefrorenem Boden.

BENDEL [31] zeigt, daß die nach dieser Formel berechneten Werte mit den Resultaten der genauen Formel ziemlich gut übereinstimmen. Abb. 115 gibt die berechneten Eindringtiefen der 0°-Isotherme für verschiedene Bodenverhältnisse bei einer Betriebsdauer von 3600 Stunden, d. h. 150 Tagen an.

Abb. 116 zeigt gemessene Bodentemperaturen.

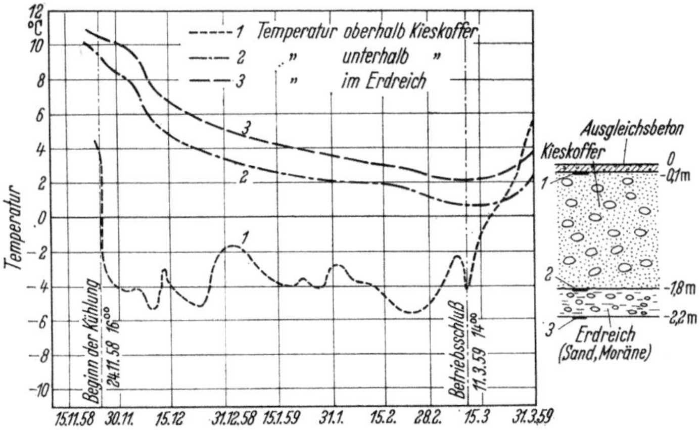

Abb. 116. Gemessene Werte der Bodentemperaturen in Abhängigkeit von der Betriebszeit für eine Freiluftbahn der normalen Abmessung 30 × 60 m (Escher Wyss AG Zürich).

(Eine Zusammenstellung der Eindringtiefe der 0°-Isotherme in Abhängigkeit von der Betriebszeit für verschiedene Bodenarten ist auch in [37] enthalten. Ferner ist in [58] der Temperaturverlauf in der Eisbahn Dolder (Zürich) für 2 Betriebsperioden angegeben.)

2. Beurteilung der Frostgefährlichkeit des Bodens.

Vor dem Bau einer Kunsteisbahn muß die Beschaffenheit des Bodens genau untersucht werden. Rammsondierungen und Bohrungen zur Entnahme von Bodenproben haben über die Tragfähigkeit und die Frostgefährlichkeit des Bodens Aufschluß zu geben. Zur Beurteilung der Frostgefährlichkeit gibt es verschiedene Kriterien [36].

Als frostgefährlich gilt ein Boden, wenn er von ungleichmäßiger Zusammensetzung ist und mehr als 3 Gew.-% der Körnung unter 0,02 mm aufweist.

Besonders frostgefährlich ist ein Boden mit starker Saugkraft und großem Wassernachschub.

Ein Boden ist sicher frostgefährlich, wenn man z. B. einen Bodenklumpen schwer oder überhaupt nicht zerdrücken kann, oder wenn beim Schütteln der Bodenprobe die Oberfläche glänzend wird.

3. Maßnahmen zur Verhinderung von Frostschäden.

Ist nach Berechnung ein Vordringen des Frostes bis zu wasserführenden Schichten zu erwarten, gibt es prinzipiell drei Möglichkeiten zur Verhinderung von Frostschäden:

Durch Einbau einer Isolierung (z. B. Kork) wird die in den Boden geleitete Kältemenge so weit reduziert, daß die 0°-Isotherme die wasserführenden Schichten nicht mehr erreicht.

Bauliche Ausbildung des Untergrundes derart, daß ein Gefrieren des Bodens keinen Schaden verursachen kann.

Aufstellen der gesamten Eispiste oberhalb des Bodens (Tischkonstruktion), so daß die nach unten strömende Verlustleistung von der Außenluft aufgenommen werden kann und nicht in den Boden eintritt.

Wird die Eispiste direkt auf dem Boden aufgestellt, so ist der Einbau von Thermometern im Boden unter der Piste zu empfehlen. Diese Thermometer geben über eine eventuelle Gefriergefahr jederzeit Aufschluß.

Isolierschichten (z. B. Kork) unter Eispisten wurden früher häufig angewendet. Es zeigte sich aber, daß es sehr schwierig ist, eine Durchfeuchtung der Isolierschicht zu verhindern. Auch das Zwischenlegen von wasserdichten Membranen bringt nicht immer Erfolg, da diese Membranen infolge temperaturbedingter Bewegungen der Platte Risse bekommen, durch die der Wasserdampf eindringen kann. Eine für Eisbahnen anwendbare Isolierung sollte nach SCHÄFER [37] absolut feuchtigkeitsabweisend, diffusionsdicht, genügend druckfest und abriebfest sein. Aus diesen Gründen findet man heute Isolierschichten nur vereinzelt, und zwar vor allem bei Bahnen, die wegen anderweitiger Verwendung oft aufgetaut werden müssen.

Als Ausnahme von dieser Regel wurde die moderne stationäre Kunsteisbahn in Frankfurt/M. mit Isolierung ausgeführt. Zum Schutze gegen Eindringen von Wasser ist die 10 bis 12 cm dicke Korkschicht allseitig mit Al-Folie umkleidet. Diese Bahn hat unter dem Magerbeton lediglich eine 20 cm dicke kapillarbrechende Kiesschicht [30].

Bei einer in Pittsburgh gebauten Hallenbahn wurde eine 5 cm dicke Isolierung aus Foamglas angewendet [33].

Bei der heute am meisten angewendeten Bauart wird der Untergrund unter der Piste so ausgebildet, daß ein Gefrieren keinen Schaden verursachen kann. Zu diesem Zwecke wird die vorhandene Erde zunächst weggeschafft und durch einen *Kieskoffer* ersetzt. Die Korngröße des Kieses beträgt 5 bis 17 cm, das spez. Gewicht 1600 bis 1800 kg/m³. Die Mächtigkeit des Kieskoffers richtet sich nach der Betriebszeit der Bahn und soll gleich der Eindringtiefe der 0°-Isotherme gewählt werden. Die Berechnung der Eindringtiefe ist auf S. 154 angegeben. BENDEL [31] gibt für die Wärmeleitzahlen und Temperaturleitzahlen die folgenden Richtwerte:

Wärmeleitzahl des Kieskoffers für

gefrorenen, porenreichen, groben Kies	$\lambda_k = 0{,}3$ bis $0{,}4$ kcal/mh°C
gefrorenen, mittelgroben Kies	$\lambda_k = 0{,}35$ bis $0{,}55$ kcal/mh°C
gefrorenen, sandigen Kies	$\lambda_k = 0{,}5$ bis $1{,}0$ kcal/mh°C

Wärmeleitzahl des gewachsenen Bodens (stark abhängig vom Wassergehalt): $\lambda_e = 0{,}6$ bis $2{,}4$.

Temperaturleitzahl: $a = 2$ bis $3{,}3 \cdot 10^{-3}$ m²/h.

Nach CAMMERER [38] beträgt die Wärmeleitzahl eines Eisbahnuntergrundes bei einem Porengehalt von etwa 30 Vol.-% und einem Wassergehalt von 10 Vol.-% etwa 0,8 bis 2,0 kcal/mh°C.

An Stelle von Kies kann auch Schlacke verwendet werden, wobei aber darauf zu achten ist, daß die Schlacke aus schwefelarmer Kohle stammt.

Das Aufstellen der gesamten Eispiste oberhalb des Bodens als „Tischkonstruktion“ ist schon einige Male ausgeführt worden. Zum Beispiel ist die Olympiabahn Cortina d'Ampezzo so gebaut. Auch in der Schweiz bestehen neuerdings oberhalb des Erdbodens aufgestellte Bahnen. Der Platz unter der Piste wird oft als Parkplatz und in einem Fall sogar zum Aufstellen von Kegelbahnen benützt (vgl. Abb. 117).

Zweckmäßig ist die Erzeugung eines eigentlichen Luftstromes unter der Platte mit Hilfe von Lüftungsklappen und Saug- oder Druckventilatoren.

Eine spezielle Konstruktion dieser Art zeigt Abb. 118. Die Eisbahn ist hier auf Pfählen über dem Bootshafen eines Sees aufgestellt.

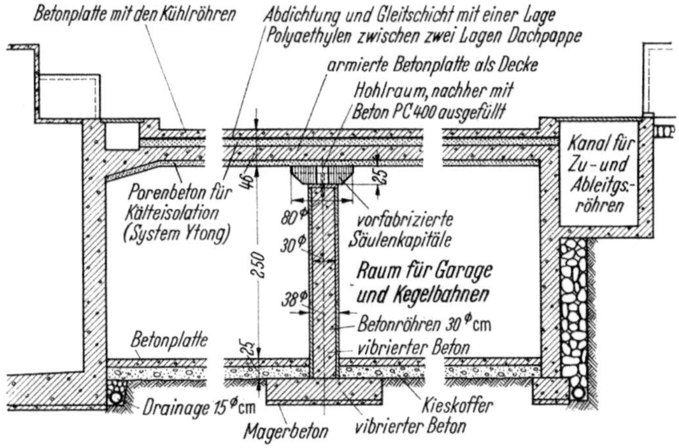

Abb. 117. Schnitt durch die Piste einer Eisbahn mit „Tischkonstruktion" (Villars). Unter der Laufplatte befindet sich Platz für Garagen und Kegelbahnen (nach BENDEL).

Abb. 118. Eisbahn Rapperswil, auf Pfählen über dem Zürichsee errichtet. Der Platz unterhalb der Piste dient als Bootshafen (Gebr. Sulzer AG Winterthur).

G. Konstruktion und Betrieb von stationären Kunsteisbahnen.

I. Allgemeines.

Die meisten Kunsteisbahnen haben eine Größe von 30×60 m, da diese Abmessungen den Anforderungen des Eishockeysportes entsprechen. Für das Curlingspiel sind minimal 4,6×42,7 m nötig, doch wird auch häufig eine Länge von 46 m ausgeführt, um von beiden Seiten spielen zu können. In neuester Zeit werden auch Kunsteisbahnen für den Eis-Schnellauf gebaut. Die ovalförmigen Bahnen von 400 m Länge haben eine Breite von 11 bis 14 m [39, 56] und S. 137.

Bei der Wahl des Aufstellungsortes sind nicht nur Wind- und Sonneneinfluß zu berücksichtigen, sondern auch die Verkehrslage. Eine Aufstellung unmittelbar in einer Wohngegend ist wegen Lärmbelästigung (Lautsprecher) wenig ratsam. Häufig werden Eisbahnen in Waldnähe errichtet. Nadelwald ist dabei wesentlich günstiger als Laubwald, da es nicht einfach ist, die Eisfläche von Laub freizuhalten.

Die immer stärker werdende Wasserknappheit zwingt auch bei Kunsteisbahnen zum Einsatz von Kühltürmen. Die Wasserrückkühlung kann aber bei Eisbahnen vielfach noch einfacher vorgenommen werden, nämlich dann, wenn unmittelbar neben der Eispiste eine Wasserfläche, z. B. ein Schwimmbad, vorhanden ist. Die vom Kondensator kommende Wassermenge wird dann über dem Schwimmbassin versprüht (es genügen dazu normale, mit Löchern versehene Rohre), wodurch die gewünschte Rückkühlung erreicht wird. Bei der Eisbahn Dolder in Zürich wird mit dieser Anordnung z. B. eine Kondensatorleistung von insgesamt etwa $1{,}85 \cdot 10^6$ kcal/h abgeführt [58].

II. Solebahnen.

Bei Solebahnen wird normalerweise $CaCl_2$-Sole mit einem spezifischen Gewicht von etwa 1,23 kg/l verwendet.

Die Korrosion der Pistenrohre, Soleleitungen und des Verdampfers ist beträchtlich. SCHLENK [12] berichtet, daß bei der alten Freiluftbahn in Wien mit längsgeschweißten Rohren von rechteckigem Querschnitt infolge Korrosion eine Rohrerneuerung alle 6 Jahre nötig war. Durch Zusatz korrosionshemmender Mittel, z. B. Na-bichromat, wird versucht, die Verhältnisse zu verbessern.

Die durch die Piste zirkulierende Solemenge muß so groß sein, daß die Temperaturdifferenz zwischen Eintritt und Austritt nicht zu einem untragbar großen Unterschied in der Eisqualität führt. Im allgemeinen wird $\Delta t = 1{,}0$ bis $1{,}5°$ gewählt, wobei über 1,0 °C eine periodische Umkehrung der Solezirkulation zweckmäßig wird. Man rechnet mit Solemengen von 0,11 bis 0,14 m^3/h und m^2 Eisfläche [37] oder mit 38 bis 45 l/min und Rohr, was einer Geschwindigkeit von 0,65 bis 0,8 m/sec entspricht [15].

Zur Solekühlung wurde früher fast ausschließlich der Steilrohrverdampfer verwendet, der direkt in einem Solebassin aufgestellt wurde (vgl. Abb. 101). Das Solebassin diente als Speicher und erlaubte ein Vorkühlen der Solefüllung z. B. während der Nacht. Das Arbeiten mit Solespeicher ist wegen der tiefen Verdampfungstemperaturen energetisch ungünstig und kann höchstens interessant werden, wenn billiger Nachtstrom zur Verfügung steht. In neuerer Zeit sind zahlreiche Solebahnen ohne Speicher gebaut worden. Die Solekühlung kann dann in normalen Bündelverdampfern erfolgen [15].

III. Direkte Verdampfung.

Als Kältemittel wird normalerweise NH_3 gewählt, doch sind auch Ausführungen mit R 12 bekannt, so z. B. eine im Jahre 1940 gebaute Hallenbahn in New Orleans, ebenso die Bahn im „Lido“ in Paris und neuerdings die Freilufteisbahn im Europa Center in Berlin.

Um das Kältemittel auf die vielen parallelen Pistenrohre gleichmäßig verteilen zu können und um den gewünschten Überschuß an flüssigem Kältemittel zu erreichen, wird das Kältemittel gemäß Abb. 102 mit einer Pumpe umgewälzt. Das Verhältnis zwischen gefördertem und verdampftem Kältemittelgewicht beträgt etwa 5.

Der Füllungsgrad der Piste hängt davon ab, ob die Rohre genau horizontal oder mit Gefälle verlegt werden. Im Mittel beträgt er bei Rohrdurchmessern von 27 mm 30 bis 40%, so daß sich für eine normale 30×60-m-Bahn eine NH_3-Füllung von 2500 bis 3000 kg ergibt.

Wie in Abb. 102 gezeigt, wird der Behälter gewöhnlich tiefer aufgestellt als die Piste, so daß sich die Pistenrohre im Stillstand von selbst entleeren. Ein Druckanstieg infolge starker Erwärmung der Pistenoberfläche kann in diesem Fall nicht eintreten. In neuerer Zeit sind auch Bahnen mit höherliegenden Behältern gebaut worden. Neben baulichen Vorteilen (es ist keine Baugrube im Maschinenraum nötig) hat diese Anordnung den Nachteil, daß sich die Piste nicht von selbst entleert und daß auch die NH_3-Füllung größer ist. Um die totale Pistenfüllung aufnehmen zu können, ist für eine normale 30×60-m-Bahn bei Rohrdurchmessern von 27 mm ein Behältervolum von etwa 7 m³ erforderlich. Abb. 119 zeigt den Kältemittelbehälter und die Pumpe der Anlage Cortina d'Ampezzo. Das Behältervolum beträgt in diesem Fall etwa 25 m³. — Die in Wien gebaute Hallenbahn hat relativ hoch liegende Abscheider von kleinem Volum, die lange nicht ausreichen, um die gesamte Kältemittelfüllung aufzunehmen. Es sind deshalb noch zusätzliche Behälter vorhanden, um ein Entleeren der Piste zu ermöglichen [40].

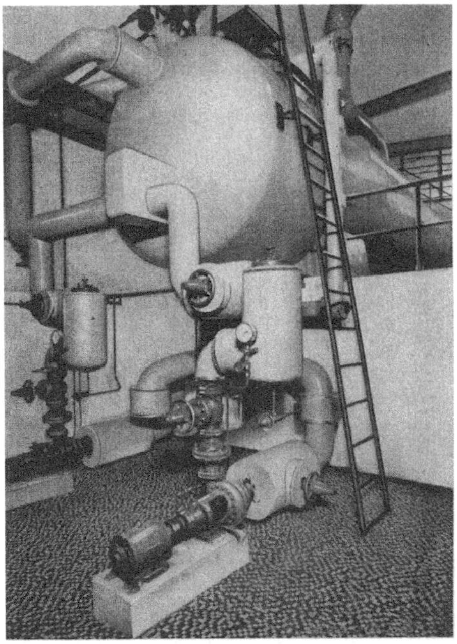

Abb. 119. Kältemittelbehälter und NH_3-Pumpe der Olympiabahn Cortina d'Ampezzo. Das Behältervolumen beträgt etwa 25 m³ (Escher Wyss AG Zürich).

Zum raschen Abtauen der Eisfläche bei Hallenbahnen wird bei Anlagen mit direkter Verdampfung den Pistenrohren warmes flüssiges oder dampfförmiges Kältemittel zugeführt. Zu diesem Zwecke kann zwischen Pumpe und Piste eine elektrische Heizung angebracht werden, oder das flüssige Kältemittel kann wie im Hallenstadion in Zürich beim Abtauen der Piste durch den mit warmem Wasser beschickten Kondensator geleitet werden.

Es ist auch möglich, den Kältekreislauf für das Abtauen umzuschalten. In der Stadthalle Wien wird der dort vorhandene Klimakühler mit Warmwasser beschickt, um die Pistenrohre als Kondensator benützen zu können.

IV. Gegenüberstellung Sole — NH_3-Sicherheitsbestimmungen.

Die direkte Verdampfung hat gegenüber der Solebahn die folgenden Vorteile:

Kein korrosiver Angriff,

die höhere Verdampfungstemperatur ergibt einen um etwa 25 bis 30% geringeren Energiebedarf des Kompressors,

geringerer Energiebedarf der NH_3-Pumpe gegenüber der Solepumpe,

vollständig gleichmäßige Temperatur über der gesamten Pistenoberfläche,

Wegfall des Solekühlers.

Als Nachteil der direkten Verdampfung gegenüber der Solebahn sind aufzuführen, daß für die Piste Qualitätsrohre verwendet werden müssen.

Die Vorteile der direkten Verdampfung überwiegen eindeutig, so daß vor allem in Europa die nach dem 2. Weltkrieg gebauten Bahnen meist mit direkter Verdampfung arbeiten.

Während für Freilufteisbahnen im allgemeinen keine einschränkenden Vorschriften bestehen, ist die Anwendung der direkten Verdampfung bei Hallenbahnen (vor allem wenn Ammoniak als Kältemittel verwendet wird) zum Teil überhaupt verboten, zum Teil nur mit einschränkenden Vorschriften erlaubt [41 bis 43]. Kein grundsätzliches Verbot besteht z. B. in der Schweiz, in Frankreich, in Österreich, und bestand bis vor kurzem auch in Schweden. Man findet

Abb. 120. Hallenbahn „Les Vernets" Genf. Die Bahn arbeitet mit direkter NH_3-Verdampfung. Die Piste hat eine Fläche von 2730 m^2 und das gesamte Volum der Halle beträgt etwa 115000 m^3. Auf dem Bilde gut sichtbar sind die aus Plexiglas bestehenden Banden (Escher Wyss AG Zürich).

deshalb in Europa Hallenbahnen mit direkter Verdampfung in diesen Ländern [56, 59, 60 und Abb. 120]. Zum Teil wurden bei diesen Bahnen erhebliche Sicherheitsmaßnahmen vorgesehen. So sind z. B. bei der Bahn in der Wiener Stadthalle (NH_3-Füllung 13 t) im Vorlauf und Rücklauf elektrisch betätigte Schnellschlußventile eingebaut. Ferner sind die NH_3-Leitungen vom Maschinenraum zu den Pisten in allseits geschlossene Betongänge verlegt [40].

Nach dem 1965 herausgegebenen 3. Vorschlag der ISO TC 86/SC1 für Sicherheitsbestimmungen an Kälteanlagen soll die direkte Verdampfung bei Eisbahnen in Hallen mit NH_3 dann gestattet werden, wenn die Berohrung fest einbetoniert, und eine ausreichende Stahl-Beton-Überdeckung der Rohre vorhanden ist; ferner sollen alle Kältemittel-Verbindungsleitungen in Kellerräumen bzw. Kanälen so untergebracht sein, daß keine Verbindung mit der Halle besteht [44].

V. Automatik.

Die Automatik in Solebahnen beschränkt sich im allgemeinen darauf, die Soletemperatur am Eintritt der Piste konstant zu halten, wobei die gewünschte Temperatur in gewissen Grenzen variiert werden kann. Zum Teil sind sogar Heizungen eingebaut, um die Sole bei sehr tiefen Außentemperaturen aufzuwärmen [39]. Bei Bahnen mit direkter Verdampfung wird im allgemeinen der Verdampferdruck konstant gehalten, wobei auch hier eine Einstellmöglichkeit in gewissen Grenzen vorhanden ist.

Es sind aber auch Schaltungen bekannt, bei denen die Eistemperatur konstant gehalten wird, wobei vielfach in der Außenluft noch Kompensationsthermostate angebracht sind, um Pendelungen zu verhindern und um das System schnellen Witterungsänderungen anzupassen. Alle diese Spezialschaltungen sind wohl recht interessant, in der Praxis aber nicht immer ausreichend, da sie nicht vorausdenken können. Ein tüchtiger Eismeister soll daher in der Lage sein, auf Grund des zu erwartenden Wetters und der zu erwartenden Beanspruchung der Bahn das zweckmäßigste Programm für den automatischen Betrieb der Kälteanlage aufzustellen.

Wichtig ist, daß bei der Solebahn der Thermostat, bei der Bahn mit direkter Verdampfung der Pressostat, gut zugänglich und leicht verstellbar ist. Nach Abb. 107 gehört zu jeder Flächenbelastung eine andere Rohrtemperatur. Gerade bei großen Bahnen mit einer Aufteilung der gesamten Kälteleistung auf mehrere Kompressoren ist deshalb eine Variation der Rohrtemperatur unbedingt nötig. Als sehr zweckmäßig hat sich ferner der Einbau von Fernthermometern in die Betonplatte erwiesen. Mit den damit gemessenen Temperaturen ist der Eismeister jederzeit in der Lage, die in der Platte gespeicherte Kälteleistung zu beurteilen und seine Automatik entsprechend einzustellen.

VI. Betriebszeit und Energieverbrauch.

Eine Freilufteisbahn ist im allgemeinen von Mitte Oktober bis Mitte März, d. h. 5 Monate in Betrieb. Eine Verlängerung bis in den April hinein wäre technisch vielfach möglich, ist aber wirtschaftlich nicht interessant, da der Besuch im Frühling gewöhnlich stark zurückgeht.

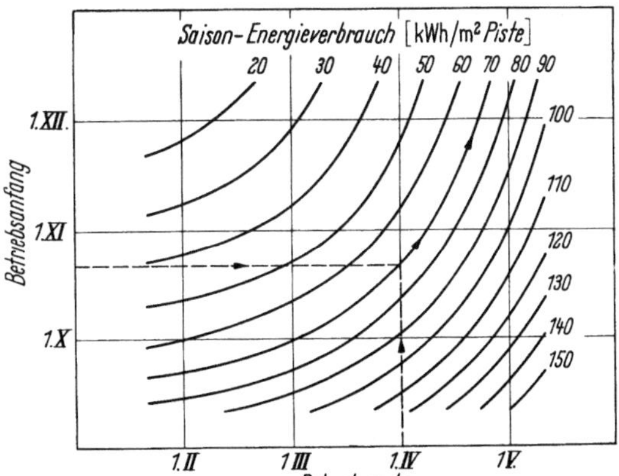

Abb. 121. Mittlerer spezifischer Energieverbrauch in kWh/m² und Saison einiger Freiluftbahnen in Mitteleuropa in Abhängigkeit von der Betriebsdauer. (Alle zur Aufstellung des Diagramms benützten Energieverbrauchszahlen stammen von Bahnen mit direkter Verdampfung.) Je nach Sonnenlage, Eispflege und Benützung kann der spezifische Energieverbrauch von den hier dargestellten Kurven erheblich abweichen. *Beispiel*: Betriebsanfang 20. X. Betriebsende 1. IV. Saison-Energieverbrauch vom 20. X.—1. IV. = 70 kWh/m² Piste.

Der Energieverbrauch ist abhängig von der Betriebsdauer. Der mittlere spezifische kWh-Verbrauch einiger ausgeführter Freiluftbahnen mit direkter Verdampfung ist in Abb. 121 zusammengestellt. Es zeigt sich, daß die früher von KOENIGER [7] für Solebahnen gemachte Aussage, nach welcher eine Erhöhung der Betriebszeit um 40% eine Erhöhung des kWh-Verbrauchs um 100% zur Folge hat, auch heute noch weitgehend zutrifft.

Der Anteil der Beleuchtung am gesamten Energiebedarf ist recht beträchtlich.

SOLTNER [2] erwähnt für die Freiluftbahn im Stadion Neukölln für eine Saison einen totalen Energiebedarf für die Maschinenanlage von 253000 kWh und für Licht und Hilfsbetriebe von 69000 kWh.

Für eine 30×60-m-Bahn beträgt der elektrische Anschlußwert für die Beleuchtung mit Tiefstrahlern im allgemeinen etwa 18 bis 30 kW. Es kommen aber auch weit höhere Werte vor, wie z. B. bei der Freiluftbahn in Frankfurt, die sowohl als

Sportbahn wie auch für Schaulaufen und Veranstaltungen benützt wird. In dieser Bahn ist eine Flutlichtanlage eingebaut, bei der auf 4 Masten je 30 Lampen mit einem Gesamtanschlußwert von 120 kW installiert sind. Die totale Lichtstärke beträgt 580 Lux [30].

Detaillierte Angaben über die Güte der Beleuchtung sowie über die Anordnung der Leuchten werden in den Leitsätzen für Eisfeldbeleuchtung des Schweizerischen Elektrotechnischen Vereins gemacht [61, 62].

VII. Pflege der Eisfläche.

Die beste Kälteanlage sichert noch keine einwandfreie Eisoberfläche, wenn nicht auch eine gute Pflege der Eisfläche garantiert ist. Der Eismeister ist deshalb ein sehr wichtiger Mann bei einer Kunsteisbahn.

Eine gute gleichmäßige Bewässerung ist sehr wichtig. Bei Sandbahnen können Unebenheiten der Oberflächen durch die Eisschicht ausgeglichen werden. Zur Erreichung einer glatten gleichmäßigen Eisoberfläche wird gewöhnlich heißes Wasser von 80 °C angewendet, wobei der Wasserverbrauch für einen Glättvorgang bei einer glatt gehobelten 30×60-m-Bahn 200 l und bei einer rauheren Bahn 400 l beträgt.

Um ein zu starkes Anwachsen der Eisschicht zu verhindern, muß das Eis periodisch gehobelt werden. 1 cm Zunahme in der Eisdicke bedeutet etwa 2% Energiezunahme für den Kompressor. Ein Abhobeln ist auch nötig, um die Eisdicke über der ganzen Piste wieder auszugleichen, da vor allem beim normalen Publikumslauf die Eisfläche ungleichmäßig abgefahren wird.

Es gibt heute kombinierte Eisbearbeitungsmaschinen, welche hobeln, das abgehobelte Eis wegnehmen, mit kaltem Wasser waschen und beeisen oder mit warmem Wasser glätten.

Bei einer gut besuchten Eisbahn werden beträchtliche Mengen an Eis abgefahren. Dieses Eis wird in die neben der Piste gelegene Schneegrube gebracht, wo es gewöhnlich von dem im Kondensator erwärmten Wasser geschmolzen wird. Bei Kühlturmbetrieb ist dafür zusätzliches Frischwasser nötig.

Bei Freiluftbahnen in Wintersportzentren bringt der Schneefall zusätzliche Probleme.

H. Transportable Kunsteisbahnen.

Transportable Eisbahnen werden vor allem für Eisrevuen gebaut, die damit ihre Vorstellungen auch an Orten zeigen können, wo keine permanente Bahn vorhanden ist. Diese Bahnen sind durchweg als Solebahnen gebaut. Als Rohre werden verzinkte Stahlrohre, Kupferrohre und neuerdings immer mehr Plastikrohre verwendet. Bei einzelnen Bahnen, wie z. B. bei der bekannten Eisrevue ,,Holiday on Ice“ ist das gesamte Rohrnetz ($^3/_4''$ Rohre) doppelt vorhanden [45]. Man hat damit die Möglichkeit, die Anlage an einem Ort neu aufzubauen, währenddem am alten Ort noch Vorstellungen stattfinden.

Eine möglichst schnelle Montage und Demontage ist bei diesen Bahnen natürlich von großer Wichtigkeit. Eine amerikanische Bahn von 18×21 m läßt sich nach FISCHER [46] in $4^1/_2$ bis 6 Stunden montieren. Das Leerpumpen der Rohrschlangen, das Abmontieren und die Verladung auf die Wagen erfordern 6 bis 7 Stunden. Bei dieser Bahn ist eine Kühlung der Sole während des Transportes möglich, so daß bei Ankunft am neuen Ort sofort Sole von −10 bis −12 °C zur Verfügung steht. Bei fast allen Bahnen besteht eine Einrichtung zum Aufwärmen der Sole (zum Teil durch Umstellung des Kältekreislaufes), um damit das Eis von den Rohren rasch abtauen und wegschaffen zu können.

Die Abmessungen der Pistenflächen der bekannten Bahnen schwanken von 10×14 [47] bis zu 17×43 m [45]. Bei allen Bahnen kann die Größe verändert und damit den Verhältnissen an Ort und Stelle angepaßt werden.

Besonders interessant ist bei diesen Bahnen der Aufbau der Piste. Gewöhnlich wird die Bahn direkt auf eine bestehende Bühne oder einen bestehenden Saalboden

Abb. 122. Fertig montierte transportable Bahn, die speziell für das Weltmeisterpaar BAIER gebaut wurde. Die einzelnen Rohre, zum Teil unter dem Eis noch sichtbar, sind soledurchflossen (BBC Mannheim).

aufgebaut, doch sind auch Konstruktionen bekannt, bei denen die Eispiste über dem Orchesterraum eines Theaters mit Hilfe einer Stahlgerüstkonstruktion errichtet wurde [48].

Auf den Boden werden zunächst Korkplatten oder auch nur eine einfache Lage Teerpappe [45] verlegt, die entweder durch einen Holzrahmen [9] oder ein Eisengerüst [47] eingefaßt werden. Über diese Isolierschicht wird dann eine wasserdichte Zeltplane gelegt und darauf die Rohre mit Hilfe von Holzschablonen montiert. Zwischen die Rohre wird fein gemahlenes Eis oder Sägemehl [45] fest eingestampft. Erst wenn das Rohrsystem die gewünschte tiefe Temperatur erreicht hat, wird Wasser aufgespritzt. Bei Anwendung von Kunststoffrohren wird Sand zwischen die Rohre gefüllt und die Rohre selbst werden oben mit galvanisiertem Blech geschützt.

Abb. 123. Maschinenwagen der transportablen Eisbahn für die Wiener Eisrevue (Linde Wiesbaden).

Besondere Beachtung muß bei transportablen Bahnen dem Antriebsmotor geschenkt werden, da er allen vorkommenden Stromverhältnissen zu genügen hat.

Die Kälteleistung kann auch bei transportablen Bahnen ganz beträchtliche Werte annehmen. So hat die von Linde für das Weltmeisterpaar Baier gebaute Bahn eine Kälteleistung von 120000 kcal/h, d. h. 860 kcal/m²h. Diese große Leistung wurde gewählt, um den Betrieb auch in subtropischem Klima zu ermöglichen [37] (Abb. 122).

Abb. 123 zeigt den Maschinenwagen der transportablen Bahn für die Wiener Eisrevue.

J. Benützung von Kälteanlage und Piste im Sommer.

Normale Freiluftkunsteisbahnen sind lediglich während 4 bis max. 5 Monaten in Betrieb. Die übrige Zeit wird häufig weder die Kälteanlage noch die Piste gebraucht, so daß eine übliche Amortisation der Anlage erschwert wird. Eine Verbesserung der Wirtschaftlichkeit kann erreicht werden:

1. durch Benützung der Eisbahn auch im Sommer,
2. durch Benützung der Kälteanlage im Sommer für andere Kühlzwecke,
3. durch Benützung der Piste im Sommer für andere Sportarten.

I. Sommerbetrieb von Eisbahnen.

Ein beschränkter Sommerbetrieb läßt sich bei normal dimensionierten Kunsteisbahnen dadurch erreichen, daß die gesamte Kälteleistung nur auf einen Teil der Piste geschaltet wird. Bei der Wiener Freiluftbahn war es dadurch möglich, im Sommer wenigstens Abendveranstaltungen durchzuführen [12]. Eigentliche Sommerbahnen sind aber erst seit einigen Jahren verwirklicht worden, in Europa

Abb. 124. Olympiabahn Cortina d'Ampezzo, mit direkter NH_3-Verdampfung. Gesamte Pistenfläche 4300 m^2, davon etwa die Hälfte für Sommerbetrieb (Escher Wyss AG Zürich).

in größerem Umfange zum erstenmal bei der Olympiabahn in Cortina d'Ampezzo (Abb. 124). Die Erfahrungen mit dieser Bahn zeigten, daß die dort angewendete Doppelberohrung der Piste nicht nötig war, daß aber die Anordnung einer Beschattungsanlage zu empfehlen ist. Als Beschattungsanlagen wurden schon die verschiedensten Konstruktionen von einem festen Dach bis zu einem provisorisch installierten Zelt ausgeführt. Cortina besitzt z. B. Storen aus grünem Polyvinylchlorid, Davos ein dunkles Nylonnetz (Abb. 125).

Es ist eine interessante architektonische und bauliche Aufgabe, für Sommer-Kunsteisbahnen eine Dach- und Schattenkonstruktion zu finden, die neben der nötigen Sonnenabschirmung wenn möglich auch als Regenschutz dient und trotzdem den Charakter der Freiluftbahn behält.

Abb. 125. Kunsteisbahn Davos im Sommerbetrieb. Bemerkenswert ist das luftige Nylonnetz als Sonnenschutz. (Gebr. Sulzer AG Winterhur).

II. Benützung der Kälteanlage im Sommer für andere Kühlzwecke.

Da eine Kunsteisbahn Kälte normalerweise nur in den Wintermonaten benötigt, ein Kühlhaus dagegen einen maximalen Kältebedarf im Sommer aufweist, ist der Gedanke einer Kombination naheliegend. Es sind allerdings nur wenige Ausführungen bekannt, bei denen die Kälteanlage neben der Eiserzeugung noch eine weitere Kühlaufgabe hat. Soltner [2] erwähnt die Seelenbinderhalle in Berlin, die mit Sole arbeitet, welche von der zentralen Kühlanlage für die Kühlhäuser der Fleisch-Großmarkthalle geliefert wird. Eine weitere Kombination von Kunsteisbahn und Kühlhaus wurde in Ceské Budejovice in der Tschechoslowakei ausgeführt [49]. Das Maschinenhaus ist bei dieser Anlage von der Eislauffläche und vom Kühlhaus gleich weit entfernt. — Bei der Eisbahn in Langendorf (Schweiz) wird die bestehende Kälteanlage einer Klimaanlage im Winter zur Kühlung der Eispiste verwendet [50].

Ferner ist eine in Atlantic City gebaute Kunsteisbahn von 12×30 m zu erwähnen, bei welcher die Kälteanlage im Sommer zur Klimatisierung eines Hotels verwendet wird [51].

Schließlich ist bei der im Jahre 1953 in Lyon gebauten Hallenbahn Platz für ein später zu errichtendes und mit der gleichen Kälteanlage zu bedienendes Kühlhaus bereits vorgesehen [52]. Es sind hier auch die Wärmepumpen-Kombinationen zu nennen, die im Zusammenhang mit Kunsteisbahnen schon ausgeführt wurden. Es kann sich dabei um eine Ausnützung der Kondensatorwärme während des normalen Eisbahnbetriebes handeln, wie z. B. im Hallenstadion in Zürich, wo das in den Kondensatoren erwärmte Wasser zum Heizen der Halle mitbenutzt wird oder in der Olympiabahn in Cortina d'Ampezzo, wo die so gewonnene Leistung zum Heizen der Eisbahnlokalitäten dient. Oder es kann die Kälteanlage im Sommer als Wärmepumpe arbeiten, wie z. B. in den Anlagen La Chaux de Fonds und Le

Locle, wo das jeweilige Trinkwasser der Gemeinden sowie zum Teil auch die nicht beeiste Piste als Wärmequelle benützt werden und das Wasser von Schwimmbädern in den Kondensatoren aufgeheizt wird. (Beide Ortschaften liegen etwa 1000 m über dem Meer und haben dank der Wärmepumpen-Heizung eine längere Badesaison erhalten, Abb. 126.)

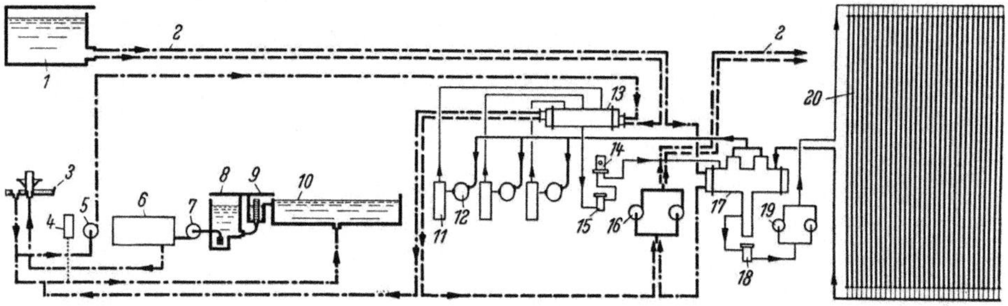

Abb. 126. Prinzipschema der kombinierten Kälte- und Wärme-Pumpen-Anlage für Kunsteisbahn und Schwimmbad La Chaux de Fonds. Wärmequelle für den Wärmepumpenbetrieb ist die Stadtwasser-Hauptleitung. Das Wasser wird dabei lediglich gekühlt, ohne daß ein Wasserverbrauch damit verbunden ist (Escher Wyss AG Zürich).

—·—·— Sommerbetrieb — Wasserleitungen; -------- Winterbetrieb — Wasserleitungen;
———— Ammoniak-Rohrleitungen; .... Chlorierungsleitung.

1 Wasserreservoir; *2* Stadtwasser-Hauptleitung; *3* Kaskadenbrunnen; *4* Chlorierungsapparat; *5* Zentrifugalpumpe; *6* Badwasser-Filter; *7* Umwälzpumpe; *8* Zwischenbehälter; *9* Haarfilter; *10* Freibad-Bassin; *11* Ölabscheider; *12* Rotasco-Kompressor; *13* Bündelkondensator; *14* HD-Regler: *15* Ammoniakfilter; *16* Wasserpumpe; *17* Ammoniakbehälter und Verdampfer; *18* Ammoniakfilter; *19* Ammoniakpumpe; 20 Freiluft-Kunsteisbahn.

Eine noch andere Kombination ist bei der Kunsteisbahn in der Wiener Stadthalle verwirklicht. Dort dient das in den Kondensatoren erwärmte Wasser als Wärmequelle für eine Wärmepumpe zur Aufwärmung von Bade- und Duschwasser auf +40 °C.

III. Benützung der Piste im Sommer für andere Sportarten.

Betonpisten werden im Sommer am häufigsten zum Rollschuhlaufen benützt. Um die dafür nötige glatte, rißfreie Oberfläche zu erhalten, empfehlen ISMAIER und PRANDNER die Anwendung von vorgespanntem Beton, verbunden mit einer speziellen Oberflächenbehandlung [30]. Häufig werden aber normal gebaute Betonpisten einfach abgeschliffen, oder es wird wie bei der Freiluftbahn Neukölln die oberste Schicht der Betonplatte aus Rubeton ausgeführt [2].

Betonplatten werden ferner auch benützt für Basketball, Tanz und „Shuffleboard“. Tennisspiel kommt nur dann in Frage, wenn im Sommer auf die Betonplatte eine Sandschicht aufgebracht wird, was aber wegen dem ungenügenden Wasserablauf kaum zu empfehlen ist.

Bei der im Jahre 1934 in Bern erstellten Freiluftbahn ist die Betonpiste gleichzeitig Boden eines Planschbeckens [21].

Eine sehr weitgehende *Anpassung der Eisbahn an eine bestehende Sportanlage* wurde in Schweden ausgeführt, wo im Stockholmer Stadion etwa 20 km Rohre direkt unter dem Rasen verlegt sind [18]. Die Rohre sind galvanisiert und mit einer dünnen Schicht Beton bedeckt. Sie haben sich während 20 Jahren gut gehalten. Eine Soletemperatur von −18 °C ist nötig zur Eiserzeugung, so daß die Bahn sehr unwirtschaftlich arbeitet. Gewisse Schwierigkeiten bestehen im Frühling, wenn die Bahn aufgetaut wird, um wieder dem Fußballspiel zu dienen.

Zahlreiche Ausführungen sind bekannt, bei denen die *Rohrpiste im Sommer demontiert* wird. So wurde z. B. in Schweden eine Kunsteisbahn mit Kunststoffberohrung für Soledurchfluß gebaut, bei der im Sommer die Kühlrohre entfernt werden, um die Bahnfläche als Fußballplatz benützen zu können [4]. Infolge der geringen Wärmeleitzahl der Kunststoffrohre sind jedoch die Erfahrungen mit dieser Bahn nicht die besten.

In anderen Fällen werden im Sommer die Rohre entfernt, um die Bahn für das Tennisspiel benützen zu können. Zu diesem Zweck wird dann auf den Unterbeton eine Sandschicht aufgebracht.

In Lausanne im Jahre 1937 und in Chicago im Jahre 1955 wurden Kunsteisbahnen gebaut, die während der kälteren Jahreszeit über einem Schwimmbecken zur Aufstellung kommen. In Chicago wird das Schwimmbecken dazu mit 25 mm starken Holzbohlen, welche mit Nut und Feder versehen sind, bedeckt. Über diese Holzabdeckung kommt ein Dachpappenbelag, auf welchem sich das Eis bildet. Die Bahn hat eine Fläche von 26×58 m und das Kühlsystem besteht aus Plastikrohren. Diese Rohre werden zusammen mit der Abdeckung während der Sommermonate entfernt. Für den Auf- bzw. Abbau der Eisbahn werden jeweils 12 Arbeitstage benötigt [53].

Felix [25] beschreibt eine in der Schweiz ausgeführte Curlingbahn, die direkt auf Tennisplätze aufgebaut werden kann. Als Isolierung dienen Polystyrolplatten, auf die eine PVC-Wanne gestellt wird. Die Rohre aus Weichpolyäthylen liegen direkt im Wasser und es sind keinerlei Kältebrücken aus Sand oder Steinmehl erforderlich. Ein Gitter dient dazu, die Kühlrohre in einem gleichmäßigen Abstand voneinander zu halten und gleichzeitig vor mechanischen Schäden zu schützen.

K. Spezialkonstruktionen.

Die *gedeckte Curlingbahn*, die hier zuerst erwähnt werden soll, wurde in den letzten Jahren auch in Europa so häufig ausgeführt, daß sie heute eigentlich nicht mehr als Spezialkonstruktion bezeichnet werden kann. Die Notwendigkeit für eine Bedachung ergab sich aus den Anforderungen an die Oberflächenbeschaffenheit des Eises, die im Gegensatz zum normalen Eislauf beim Curlingspiel so groß sind, daß ohne Bedachung die Benützungsdauer stark eingeschränkt würde. — Zwei Hauptprobleme stellen sich bei diesen Bahnen vor allem zu Beginn und Ende der Saison bei relativ warmem feuchten Wetter:

Reifbildung auf der Piste und

Tropfenbildung an der Dachkonstruktion.

Beide Störungsquellen lassen sich, nach Özvegyi und Bollinger [63], weitgehend vermeiden, wenn beim Bau der Halle die folgenden Richtlinien befolgt werden:

a) Die Dachhaut soll möglichst hoch über der Eisfläche angeordnet werden.

b) Die Dachneigung ist quer zur Piste zu wählen.

c) Glattes, wasserabstoßendes Material ist für das Dach zu vermeiden. Geeignet ist z. B. Welleternit mit matter Oberfläche auf der Unterseite. Grundsätzlich sollte die Unterseite eine gewisse hygroskopische Wirkung aufweisen, so daß sie Feuchtigkeit aufnehmen und nachher wieder abgeben kann, ohne daß sich Tropfen bilden.

d) Massive Träger sind über der Dachhaut anzuordnen. Man wird somit die Dachhaut an einem Trägersystem aufhängen.

e) Lampen, Uhren, Tafeln sind außerhalb des Eisfeld-Grundrisses anzubringen.

(In Kanada, wo viele gedeckte Curlingbahnen gebaut werden, kommt man zu analogen Ergebnissen, wobei aber dort das Problem der sehr tiefen Außentemperaturen noch zusätzlich zu berücksichtigen ist [64].)

Die Dachkonstruktion der Curlingbahn Dolder in Zürich (Abb. 127) ist nach diesen Richtlinien gebaut worden und hat sich sehr gut bewährt. Insbesondere haben sich keine Tropfen gebildet, die die Eisoberfläche beeinträchtigt hätten. Zur Beleuchtung werden Fluoreszenz-Röhren verwendet, die auf den beiden Längsseiten außerhalb des Eisfeldes angeordnet sind und eine angenehme, durchaus genügende Erhellung der Halle ergeben.

Selbstverständlich lassen sich bei Curlingbahnen *provisorische* Bedachungsanlagen auch mit viel einfacheren Mitteln verwirklichen, Abb. 128 gibt dafür ein Beispiel.

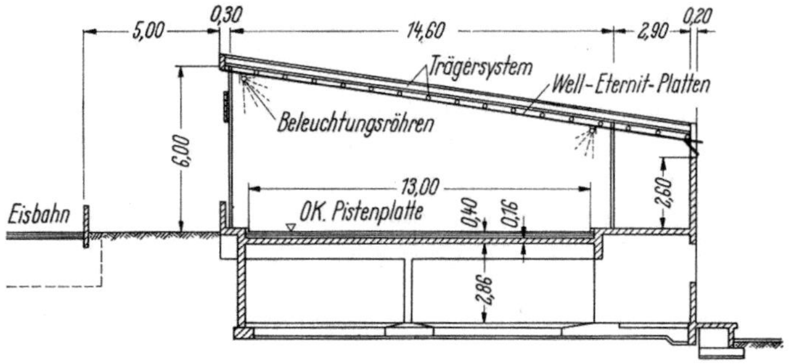

Abb. 127. Querschnitt durch die Curling-Eisbahn, Dolder Sportanlagen in Zürich (nach Bollinger).

Abb. 128. Auf einem Tennisplatz aufgebaute demontierbare Curlingbahn. Die soledurchflossenen Kunststoffrohre liegen direkt im Wasser. Besondere Beachtung verdient das verschiebbare Dach (nach Felix).

Als eigentliche Spezialkonstruktion soll dann die im „*Le Lido*“ *in Paris* aufgestellte Eisbahn von 5×10 m erwähnt werden, die mit direkter Verdampfung von R 12 arbeitet, wobei die Kältemittelzuführung mit thermischen Einspritzventilen erfolgt. Das Rohrsystem ist in einer aus Flußstahl bestehenden Wanne angeordnet, deren Boden und Seiten mit 5 cm starken Korkplatten isoliert sind. Die Wanne und die Kältemaschinensätze sind auf einem gemeinsamen Wagen montiert. Für die Vorstellung wird die Eisbahnfläche durch einen Schlitz in der Trennwand der Bühne über die Tanzfläche des Saales ausgefahren. Die Maschinenaggregate befinden sich dann unmittelbar hinter der Bühnenrückwand (Abb. 129 und 130).

Immer wieder wurden bei Kunsteisbahnen Konstruktionen gesucht, bei denen *die Kälte nicht durch Rohre übertragen* wird:

Von historischem Interesse ist hier zunächst die im Jahre 1896 gebaute Bahn in Nürnberg, bei der die Piste aus einem doppelwandigen Trog mit Kühlsole in der Doppelwandung bestand.

Schäfer [37] beschreibt eine transportable Bahn, bei der 16 Solekühlplatten der Abmessung $1 \times 3{,}5$ m so nebeneinander gelegt sind, daß eine ebene Fläche ohne Zwischenräume entsteht (Abb. 131). Es ist wichtig, daß die Platten genau horizontal ausgerichtet sind, damit keine Luftblasen den Wärmedurchgang hindern. Die

Abb. 129. Im „Lido" in Paris aufgestellte Eisbahn. Die Piste ist auf einem verschiebbaren Wagen montiert und wird vor der Vorstellung über die Tanzfläche des Saales freitragend ausgefahren. (Auf dem Bild ist die ausgefahrene Piste dargestellt) (BBC Mannheim).

Abb. 130. Unter der Piste angeordneter Maschinensatz der Anlage „Lido" (Abb. 30). Die Anlage arbeitet mit direkter Verdampfung von R 12. Der Maschinensatz ist mit der Piste fest verbunden, bewegt sich also mit ihr, wenn sie in den Saal ausgefahren wird (BBC Mannheim).

in einem Zirkus benützte Bahn konnte auf einem eigenen Fahruntersatz in die Arena eingefahren werden und innerhalb von 15 Minuten entstand bereits eine Eisschicht von 1 bis 2,5 cm. Die Dauer der Benützung betrug jeweils nur 10 bis 25 Minuten, so daß von einer wirtschaftlichen Arbeitsweise natürlich nicht gesprochen werden kann.

Mit dieser Plattenbauweise ist es auch möglich, eine eutektische Sole anzuwenden, die Platten in einem kalten Luftstrom zu kühlen und nachher während kurzer Zeit ohne weitere Kühlung Eis herzustellen. Um nicht zu sprödes Eis zu erhalten, ist es nötig, daß die eutektische Temperatur nicht zu tief ist.

Eine im Sommer 1951 in Moskau erstellte Versuchs-Freilufteisbahn von 10×12 m weist an Stelle der üblichen Berohrung sogenannte „Akkumulationsplatten" auf, d. h. flache, mit einer eutektischen Lösung gefüllte Gefäße, die innen mit berippten Verdampferrohren (NH_3-Verd.) ausgestattet sind. Die Gefriertemperaturen des eutektischen Eises (KCl) beträgt −11,1 °C, die Schmelzwärme 72 kcal/kg. Auf Grund der Versuchsresultate soll eine 30×60-m-Bahn nach dem gleichen Verfahren gebaut werden.

Abb. 131. Spezialkonstruktion einer transportablen Bahn. Die Piste besteht aus 16 Solekühlplatten der Abmessung 1×3,5 m (Linde Wiesbaden).

Vorgesehen sind 126 Platten mit einem totalen Metallgewicht von 150 t, die NH_3-Füllung beträgt 6 t, das Füllgewicht der eutektischen Sole 134 t. An Kälteleistung sind 400 kcal/m²h vorgesehen, die total installierte elektrische Leistung soll 483 kW betragen [54].

Literatur

[1] Plank, R.: Handbuch der Kältetechnik Bd. 1 S. 106.
[2] Soltner, M.: Die Freiluftkunsteisbahn im Stadion Neukölln in Berlin. Gesundheits-Ingenieur Bd. 79 (1958) H. 9, S. 257.
[3] Mettler, D., u. R. Lüthy: 52 Jahre Kunsteisbahnen Escher Wyss. Escher Wyss Mitteilungen Bd. 23/24 (1950/51).
[4] Holmer, B.: Künstliche Eisbahnen in Schweden. Kylteknisk Tidskrift Bd. 16 (1957) Nr. 4, S. 193. Referat in Kältetechnik Bd. 10 (1958) S. 52.
[5] Chlumsky, V.: Die Kältetechnik in der Tschechoslowakei. Kältetechn. Bd. 12 (1960) S. 291.
[6] Indoor u Outdoor Ice Skating Rinks: Bulletin Nr. 198 – G der Frick Company.
[7] Koeniger, W.: Die Künstliche Freilufteisbahn. Zeitschrift f. d. ges. Kälteindustrie Bd. 41 (1934) S. 109.
[8] Kollmar, A.: Berechnung des Kältebedarfs einer Kunsteisbahn. Gesundheits-Ingenieur 79. Jg. (1958) Heft 9, S. 266.
[9] Pabst, R.: Stationäre und transportable Kunsteisbahnen für Eis-Revuen. Kältetechn. Bd. 2 (1950) S. 241.
[10] VDI Wärmeatlas 1953.
[11] Merkel: Der Wärmeübergang an Luftkühlern. Zeitschrift für die gesamte Kälte-Industrie Bd. 34 (1927) S. 117.
[12] Schlenk, R.: Erfahrungen beim Betrieb einer Freiluft-Kunsteisbahn. Kältetechn. Bd. 5 (1953) S. 345.
[13] Trechsel, M.: Escher Wyss Kunsteisbahnen. Escher Wyss Mitteilungen Bd. 29 (1956) Nr. 1.
[14] Widmer, H.: Sulzer-Kunsteisbahnen in Graubünden: Sonderdruck aus „Terra Grischuna Bündnerland" Chur Heft 5/1960.

[15] Bengle, V.: Design of Ice Skating rinks. Air Cond. Heating and Ventilating Magazine october 1956.
[16] Emblik, E.: Der Einfluß der Berohrung von Kunsteisbahnen auf die Beschaffenheit der Eisoberfläche. Kältetechnik Bd. 14 (1962) S. 2.
[17] Zschiedrich, E.: Neuere Bauarten von Kunsteislaufbahnen. Beton- und Stahlbetonbau Bd. 52 (1957) S. 25.
[18] Danfoss Journal: Künstliche Eisbahnen. Bd. 3 (1959).
[19] Stencel, R.: Skating Rinks. Refr. Eng. Vol 60 (1952) Nr. 5, p. 467.
[20] Mettler, D.: Die Erweiterung der Freiluft-Kunsteisbahn Dolder in Zürich. Escher Wyss Mitteilungen Bd. 5 (1932) Nr. 1/2.
[21] Mettler, D.: Die Freiluft-Kunsteisbahn und Wellenbadanlage in Bern. Escher Wyss Mitteilungen Bd. 7 (1934) Nr. 3.
[22] Taylor, W.: Direct Expansion Freezing for ice skating in New Orleans. Ref. Eng. Vol 40 (1940) No. 4, p. 211.
[23] Stencel, R.: Plastic Piping – Js it practical for Ice Rinks. Refrig. Eng. Vol 64 (1956) No. 2, p. 54.
[24] Plastic tubing used for new ice rink. Modern Refrigeration January 1962.
[25] Felix, E.: Nichtstationäre Kunsteisbahnanlagen. Kältetechn. Bd. 14 (1962) S. 18.
[26] Miller, R. E.: Liquid ammonia piping system freezes ice at Curling-Clup. Heating, Piping and Air Conditioning Bd. 21 (1949) S. 75. Referat in Kältetechn. Bd .1 (1949) S. 166.
[27] Deublein, O.: Der Abstand der Kühlrohre in einer künstlichen Eisbahn. Kältetechn. Bd. 1 (1949) S. 7.
[28] DBP Nr. 1055564 der Firma Gebr. Sulzer A.G. Winterthur (Schweiz).
[29] Untersuchungen an Eisbahnen. Industrial Refrigeration Bd. 128 (1955) H. 1, S. 27. Referat in Kältetechn. Bd. 8 (1956) S. 51.
[30] Ismaier u. Prandner: Die Kunsteisbahn im Waldstadion der Stadt Frankfurt/M. Kältetechn. Bd. 14 (1962) S. 5.
[30a] Deyle, W.: Der Bau von Kunsteisbahnen Kältetech. Bd. 14 (1962) S. 10.
[31] Bendel, L.: Die Fundation von Kunsteisbahnen. Schweiz. Bauzeitung Bd. 79 (1961) S. 293.
[32] Hemmleb, R.: Dehnungsmessungen an der vorgespannten Platte des Eisstadions Zweibrücken. Beton- und Stahlbetonbau Bd. 52 (1957) S. 31.
[33] Neuartige Ausführungen der Gleitschicht für eine Eisbahn. Kältetechn. Bd. 14 (1962) S. 36.
[34] Gröber, H., u. S. Erk: Die Grundgesetze der Wärmeübertragung. Berlin: Springer 1933.
[35] Emblik, E.: Das Temperaturfeld unter der Fahrbahnplatte von Kunsteisbahnen. Techn. Rundsch. Sulzer Bd. 3 (1957) S. 27.
[36] Ruckli: Der Frost im Baugrund. Wien: Springer 1950.
[37] Schäfer, H.: Fortschritte im Bau von Kunsteisbahnen. Linde Berichte Bd. 4 (1958) S. 11.
[38] Cammerer, J. S.: Der Wärme- und Kälteschutz in der Industrie. 3. Aufl. Berlin/Göttingen/Heidelberg: Springer 1951.
[39] Brandin, T.: Die erste Schnellauf-Kunsteisbahn der Welt. Kyltetenisk Tidskrift Bd. 18 (1959) Nr. 2, S. 31–34. Referat in Kältetechn. Bd. 11 (1959) S. 271.
[40] Swaty, F.: Die Kälteanlage der Wiener Stadthalle. Kältetechn. Bd. 13 (1961) Heft 10, S. 326.
[41] DIN 8975: Kälteanlagen (Sicherheitstechnische Grundsätze für Bau, Ausrüstung und Aufstellung).
[42] American Standart Safety code for mechanical refrigeration.
[43] Söldner, O.: Sicherheit bei Halleneisbahnen mit direkter NH_3-Verdampfung. Arbeitsschutz 1959, S. 151.
[44] ISO/TC 86/SC 1. Recommendations for safety regulations of refrigeration plants (proposal 1965).
[45] Sörensen, G.: Transportable Kunsteisbahnen. Kältetechn. Bd. 14 (1962) S. 23.
[46] Fischer, Chr.: Bewegliche Eisbahngefrieranlagen. Z. f. d. ges. Kälte-Industrie Bd. 46 (1939) Heft 9, S. 161.
[47] Wolf, P.: Kunsteisbahn in transportabler Ausführung. Kältetechn. Bd. 4 (1952) S. 57.
[48] Europe's largest portable Ice Rink. Modern Refrigeration Januar 1953.
[49] Broz, J.: Kunstlaufbahnen. Die Technik Bd. 12 (1957) S. 525.
[50] Emblik, E., u. W. Gysin: Sulzer Kunsteisbahnen. Indirekte und direkte Kühlung. Sonderdruck aus „Elektrizitätsverwertung" Zürich Heft 9 (1957).
[51] Chillers refrigerate ice skating rink and cool Empress motel in Atlantic City. Air Condit. Refrig. News, Detroit, Bd. 87 (1959) S. 1573.
[52] Girod, M.: Palais de la glace, Lyon. La revue générale du froid Bd. 31 (1954) S. 1005.

[53] Eislaufbahn über Schwimmbecken. Industrial Refrigeration Bd. 33 (1957) H. 3, S. 17–18. Referat in Kältetechn. Bd. 10 (1958) S. 199.
[54] Gindlin, J.: Freilufteisbahn für Sommerbetrieb in Moskau. Cholodilnaja Technika Bd. 29, Nr. 3. Referat in Kältetechn. Bd. 5 (1953) S. 347.
[55] Eisbahn nach dem Verfahren von Koopman. Z. f. d. ges. Kälte-Industrie Bd. 43 (1936) Heft 4. S. 88.
[56] Widmer, H.: Olympia-Eisstadion Innsbruck. Die Kälte Bd. 16 (1963) Heft 8, S. 407.
[57] Smith, E. M.: How to design, install Ice Skating Rinks/Heating, Piping and Air Conditioning, November 1963, p. 129.
[58] Trechsel, M. A.: Die neue Kunsteisbahn Dolder. Schweiz. Bauztg. Bd. 83, (1965) Heft 40.
[59] Scherer, H.-R.: Die neue Kunsteisbahn „aux Vernets“ in Genf. Aluminium Suisse Nr. 4 (1959).
[60] La Patinoire de Grenoble. Sports-eaux-soleil No. 5 (1964).
[61] Leitsätze für Eisfeldbeleuchtung. Schweizerischer Elektrotechnischer Verein SEV 0218, 1958.
[62] Anhang zu den Leitsätzen für Eisfeldbeleuchtung. Die Beleuchtung von Curlingbahnen. Bulletin SEV Bd. 54 (1963) S. 20, 5. Oktober.
[63] Özvegyi, F., u. R. Bollinger: Die Überdachung von Kunsteisbahnen. Schweiz. Bauzeitung Bd. 82 (1964) Heft 45.
[64] Handegord and Crocker: Control of Condensation in Curling Rinks. Canadian Building Digest CBD 35, Ottawa Nov. 1962.

Das Gefrierverfahren im Schacht-, Grund- und Tunnelbau.

Von

Dr.-Ing. **W. Ständer**

Privatdozent an der Technischen Hochschule Karlsruhe.

Mit 34 Abbildungen

A. Wesen und Anwendung des Verfahrens.

I. Allgemeines.

Eine bedeutende Anwendung der Kältetechnik stellt im Bauwesen das Gefrierverfahren dar. Es wurde von POETSCH im Jahr 1883 erfunden und bereits ein Jahr später zum erstenmal praktisch erprobt. Die Anregung zu seiner Erfindung erhielt er durch seine Tätigkeit als Markscheider beim Schachtbau. Hier hatte man oft ohne Erfolg versucht, mit den verschiedensten Methoden (z. B. Grundwasserabsenkung) Schwimmsandschichten zu durchfahren. Der Patentanspruch von POETSCH enthält die wesentlichen Merkmale des Verfahrens und lautet folgendermaßen[1]:

„Eine Methode, um Bohrlöcher, Schächte und Ausschachtungen im Wasser oder im schwimmenden Gebirge leicht, schnell und lothrecht abzuteufen und alte Schächte nachzuführen, charakterisirt durch die Anwendung einer in sich geschlossenen Mauer aus Eis oder gefrorenem schwimmendem Gebirge, welche genügend stark ist, um allem Seitendruck und Sohlendruck zu widerstehen, und wobei diese Eis- oder Frostmauer mit Hülfe einer Anzahl Röhren, welche in passender Entfernung niedergebracht sind und in denen tief erkaltete Luft oder tief erkaltete Flüssigkeit circulirt, hergestellt wird.“

In seiner Grundkonzeption wurde das von POETSCH entwickelte Verfahren bis heute nicht wesentlich verändert. Bei manchen Schachtbauvorhaben ist das Gefrierverfahren die einzig mögliche und sichere Abteufmethode. Hier betragen die Gefrierteufen meist einige 100 Meter. Es wird vorzugsweise dann angewandt, wenn andere Bauweisen wie z. B. das Senkschachtverfahren für weiche oder das Schachtbohren für härtere Schichten versagen. So wurden bereits während der ersten achtzehn Jahre nach der Erfindung 87 Gefrierschächte fertiggestellt oder begonnen.

Inzwischen wurde das Verfahren, bedingt durch bedeutende Fortschritte in der Bohrtechnik, z. B. Spülen, durch rationellere Arbeitsweise und vor allem durch wissenschaftliche Untersuchungen der Probleme soweit verbessert, daß es heute in vielen Fällen auch mit anderen Verfahren konkurrieren kann. Während

---

[1] HOFFMANN, D.: Acht Jahrzehnte Gefrierverfahren nach POETSCH. Essen 1962, S. 143.

im Schachtbau schon beste Erfahrungen vorliegen, hat das Gefrierverfahren für mitteltiefe Gründungen (60 m) noch nicht die zu erwartende Anwendung gefunden. In Zukunft wird aber insbesondere für die Untertunnelung von Verkehrswegen der Großstädte auch das Gefrierverfahren als Bauweise von Bedeutung sein. Die Nachteile lagen bisher einerseits in den hohen Kosten und andererseits in der langen Gefrierzeit. Der zeitliche Verlauf des Gefrierens kann aber neuerdings mit großer Sicherheit vorausgesagt werden (s. Abschn. B).

Vergleicht man jedoch die Gefriermethode mit anderen Bauweisen, dann zeigen sich in mancherlei Hinsicht große technische Vorteile[1]:

1. Gegenüber der *Grundwasserabsenkung*: Der Grundwasserspiegel wird nicht beeinflußt, da das Wasser nicht entzogen wird. Damit bleibt die Lagerung des Baugrundes ungestört erhalten und es entstehen keine Setzungen.

2. Gegenüber der *Spundwand*: Belästigungen der Anlieger durch Lärm und Erschütterungen entfallen weitgehend. Die Frostwand läßt sich ohne erhebliche Steigerung des Kostenaufwandes tiefer gründen (z. B. bis zur ersten wasserundurchlässigen Schicht). Sie ist vollkommen dicht, so daß eine Wasserhaltung entfällt. Bei entsprechender Frostwandstärke können höhere Seitendrücke aufgenommen werden.

3. Gegenüber dem *Druckluftverfahren*: Das Gefrierverfahren ist nur dann im Nachteil, wenn extrem große Grundwasserströmungen vorliegen. Selbst im Vergleich zum Schildvortrieb, also bei horizontaler Durchörterung, kann sich die Gefriermethode als vorteilhaft erweisen.

4. Gegenüber dem *Injizieren*: Auch im Vergleich zum Injizieren hat die Gefriermethode den Vorteil absoluter Wasserdichtigkeit. In Amerika, wo man das Gefrierverfahren bisher wenig anwandte, geht man in jüngster Zeit immer mehr dazu über, selbst bei standfestem Gebirge das Gefrieren dem Injizieren vorzuziehen, sofern es sich um Schutz gegen Wasserandrang handelt.

Hingegen sind als Nachteile zu nennen:

1. Gegenüber dem *Senkverfahren*: Mit dem Brunnenabsenk- bzw. Senkschachtverfahren, sofern diese Techniken anwendbar sind, kann das Gefrierverfahren in den meisten Fällen weder technisch noch wirtschaftlich konkurrieren.

2. Gegenüber dem *Vakuumverfahren*: Das Vakuumverfahren ist dem Gefrierverfahren zwar nicht technisch, in vielen Fällen jedoch wirtschaftlich überlegen, vor allem, wenn es sich nicht um allzu tiefe Gründungen (bis etwa 10 m) handelt. Der Aufwand beim Vakuumverfahren vergrößert sich mit wachsender Gründungstiefe, da die Kosten für das Abböschen dann stark zunehmen. Bei einer bestimmten Gründungstiefe sind die Kosten für Gefrier- und Vakuumverfahren im Gleichgewicht. Allerdings sei hier noch erwähnt, daß das Vakuumverfahren nur bei Böden bestimmter Durchlässigkeit ($k = 1 \cdot 10^{-3}$ bis $1 \cdot 10^{-5}$ cm/sec) anwendbar ist, im Gegensatz zum Gefrierverfahren, das hiervon unabhängig ist.

II. Grundzüge der technischen Durchführung des Verfahrens.

Im folgenden sollen technische Einzelheiten am Beispiel eines Gefrierschachtes beschrieben werden.

In diesem Fall werden die Bohrungen für die Gefrierrohre auf einem Kreis um den Schachtmittelpunkt bei einem gleichmäßigen Abstand von etwa 1 bis 2 m lotrecht angeordnet. Dieser sog. Gefrierrohrkreis hat einen Durchmesser, der um einige Meter größer als der Aushubdurchmesser ist. Die Bohrungen sind sehr sorgfältig auszuführen, da große Bohrlochabweichungen ein Schließen des Frost-

[1] STÄNDER, W.: Vorträge der Baugrundtagung 1962, Essen 1962, S. 187.

körpers verzögern oder ganz in Frage stellen können. Sie müssen in der Regel bis in eine wasserundurchlässige Schicht geführt werden, so daß der Frostkörper in diese Schicht eingebunden werden kann und ein Wasserzufluß an der Sohle (Gefahr des hydraulischen Grundbruchs) vermieden wird. Man erreicht dadurch außerdem, daß der Frostkörper nicht unter Auftrieb steht. In die Bohrlöcher werden die unten geschlossenen Gefrierrohre eingebracht. Diese nahtlosen Rohre haben nach DIN 4930 folgende Abmessungen: Außendurchmesser: 139 mm; Wandstärke: 7,5 mm. In die Gefrierrohre werden Fallrohre eingehängt, die unten offen sind.

Im Teil B, III, 1 sind Formeln zur Berechnung der günstigsten Abmessungen des Fallrohrs auf Grund von strömungstechnischen und thermischen Überlegungen angegeben.

Die Gefrierrohrabmessungen sollten aber besser über eine Wirtschaftlichkeitsberechnung unter Berücksichtigung der Energie- und Anlagekosten in Abhängigkeit von folgenden Einflußgrößen: Energiepreis, Teufdauer und Wiederverwendbarkeit der Fallrohre, bestimmt werden. Welche Rechenschritte hierfür erforderlich sind, wird ausführlich an Beispielen in der Literatur angegeben[1].

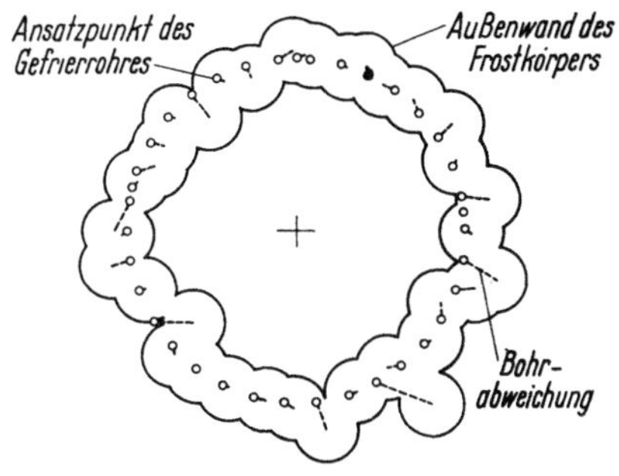

Abb. 132. Verlauf der Bohrungen eines Gefrierschachtes.

Nach dem Einbau der Gefrierrohre werden die Bohrabweichungen in einem Zeitplan festgehalten. Abb. 132 zeigt als Beispiel den Verlauf der Bohrungen für den Gefrierschacht Auguste Victoria 7.

Außerdem müssen die Rohrverbindungen noch vor dem Beschicken mit Kühlsole einer Druckprobe unterzogen werden, da ein Ausfließen der Flüssigkeit während des Gefrierprozesses eine Gefrierpunktserniedrigung des Grundwassers bewirken würde. Dadurch könnte der Frostkörper die erforderliche Festigkeit bzw. Wasserdichtigkeit verlieren.

Als Gefrieranlagen dienen üblicherweise Kompressionskältemaschinen, wobei als Kältemittel vielfach Ammoniak und als Kälteträger Chloridsolen verwendet werden. In anderen Ländern, insbesondere in den USA, bevorzugt man als Kältemittel Frigen. Bei einstufiger Verdichtung erreicht man eine Abkühlung des Kälteträgers bis etwa -25 °C.

Dieser Wert kann aber nur erreicht werden, wenn Kühlwasser mit entsprechend niedriger Temperatur zur Verfügung steht. Im Kalibergbau bzw. bei salzhaltigem Grundwasser muß man wegen der Gefrierpunktserniedrigung mit einer tieferen Temperatur arbeiten, um das Grundwasser zum Gefrieren zu bringen. In diesem Fall werden zweistufige Kälteanlagen benötigt, um eine Temperatur von -40 °C und darunter zu erreichen.

Über die Frostausbreitung und die Berechnung der Schließzeit der Frostkörper wird im nächsten Kapitel ausführlich berichtet.

Bemerkt sei an dieser Stelle noch, daß neben den Gefrierlochbohrungen auch Kontrollbohrlöcher für Messungen innerhalb und außerhalb des Gefrierrohrkreises vorzusehen sind. Durch Temperaturmessungen in diesen Bohrlöchern kann die Bildung des Frostkörpers überwacht werden. Das Schließen des Frostkörpers läßt sich eindeutig durch das Ansteigen des Grundwasserspiegels in den innenliegenden Kontrollbohrlöchern feststellen. Das Ansteigen des Wasserspiegels ist dadurch

[1] STÄNDER, W.: Glückauf 1964, Heft 9, S. 507–510.

bedingt, daß einerseits durch die Volumvergrößerung des Wassers beim Gefrieren eine Wasserverdrängung bewirkt wird und andererseits nach dem Schließen das Wasser des ungefrorenen Kerns nicht mehr nach außen entweichen kann.

Zu diesem Zeitpunkt kann mit den Abteufarbeiten unterhalb des Grundwasserspiegels begonnen werden[1]. Da nun mit zunehmender Teufe die Belastung des Frostkörpers in Form von Wasser- und Erddruck ansteigt, muß das weitere Wachstum des Frostkörpers mit Hilfe der Temperatur der Kühlsole so gesteuert werden, daß beim Durchteufen die Frostwand jeweils die erforderliche Mindestdicke erreicht hat, d. h. der Gefrierprozeß und die Abteufarbeiten müssen zeitlich aufeinander abgestimmt werden, wobei schon an dieser Stelle darauf hingewiesen sei, daß die Festigkeit des gefrorenen Gebirges u. a. von der Temperatur abhängt. Näheres über die erforderliche Frostwanddicke ist aus dem Teil C zu entnehmen.

Gleichlaufend mit dem Abteufen werden meist die Ausbauarbeiten begonnen. Vielfach wird satzweise an die Frostwand anbetoniert, wobei ein Satz, welcher der freien Standhöhe der Frostwand entspricht, meist 25 bis 35 m hoch ist.

Zweck des Außenbetonmantels ist der Schutz des gefrorenen Gebirgsstoßes während der Abteufarbeiten.

Die Art des Schachtausbaus richtet sich im wesentlichen nach den Gebirgsverhältnissen. Man unterscheidet zwischen lockerem und standfestem Gebirge. Die ersten Gefrierschächte wurden zunächst mit Holz oder Mauerwerk ausgebaut, doch verlor diese Bauweise rasch an Bedeutung als die gußeisernen Tübbinge aufkamen, die bei vielen Schächten in lockerem Gebirge verwendet wurden. In dem Bestreben, auch in unmittelbarer Nähe des Schachtes Abbau betreiben zu können, wurde in jüngerer Zeit der gleitende Schachtausbau entwickelt. Zwischen den Außenbetonmantel und die tragende Schachtsäule wird eine druckverteilende Flüssigkeit (z. B. Bitumen, Wasser) eingebracht. In diesem Fall verzichtet man auf den starren gußeisernen Tübbing und wählt eine einfache oder doppelte Stahlsäule mit Zwischenbeton. Im übrigen wird hier von einer genauen Beschreibung und Berechnung der verschiedenen Ausbauarten abgesehen; es sei in diesem Zusammenhang auf die Fachliteratur verwiesen[2].

Wenn das Abteufziel erreicht ist, kann nach der Fertigstellung der Ausbauarbeiten die Kälteanlage stillgesetzt werden. Das Auftauen des Frostkörpers erfolgt entweder auf natürliche Weise von der Außen- und Innenfläche her, oder, wenn man den Auftauprozeß beschleunigen will, durch Zirkulation erwärmter Sole auch von den Gefrierrohren aus. Mit fortschreitendem Auftauen muß der Schachtausbau den Gebirgs- und Wasserdruck aufnehmen. Während dieser Zeit treten manchmal Undichtigkeiten der Schachtsäule auf, die meist aber, entweder durch Verstemmen der Tübbingfugen mit Blei bzw. Nachziehen der Schrauben oder durch Zementieren des Hinterfüllbetons, beseitigt werden können. Schließlich gewinnt man durch Ziehen die Fallrohre wieder, während man die Gefrierrohre, obwohl sie einen erheblichen Wert darstellen, insbesondere bei lockeren Schichten oft im Gebirge beläßt, da ein Nachsinken des Gebirges u. U. eine Änderung der Gebirgsspannungen herbeiführen kann. Die dadurch entstehenden einseitig wirkenden Zusatzbelastungen können den Schachtausbau gefährden.

---

[1] STÄNDER, W.: Die Frostausbreitungsvorgänge bei Gefriergründungen insbesondere im Hinblick auf den Schachtbau. Veröffentl. d. Instituts für Bodenmechanik und Grundbau der TH Karlsruhe, Heft 3, 1960.

[2] LINK, H.: Entwicklung und gegenwärtiger Stand der Schachtausbauberechnung für lockeres, wasserführendes Gebirge. Vortrag auf d. 2. Internat. Arbeitstagung über Spezialprobleme der Schachtbautechnik, Sept. 1965 in Freiberg/Sa. (Kammer der Technik).

III. Anwendungsbeispiele.

Bereits im Jahr 1883 hatte Poetsch die Möglichkeit, seine Erfindung zu erproben. Der geplante Schacht IX der Grube Archibald in der Provinz Sachsen mußte wegen Wasserschwierigkeiten in 34 m Teufe aufgegeben werden. Es galt eine Schwimmsandschicht von 4 bis 5 m zu durchfahren, um damit die darunterliegenden Kohlevorkommen zugänglich zu machen. Poetsch wählte für den rechteckigen Querschnitt 10 Gefrierrohre hart am Stoß und weitere 13 für die Schachtscheibe. Auf Grund dieser ungünstig angelegten Gefrierrohranordnung war es nur möglich, nachdem das Gebirge innerhalb von 23 Tagen auf −19 °C abgekühlt worden war, 83 Tage nach Gefrierbeginn über einen kleinen Vorschacht das Kohleflöz zu erreichen. Der Schacht wurde aber wieder aufgegeben, nachdem man die Gefrierrohre gezogen hatte und eine Vergrößerung des Querschnitts mit Hilfe einer Entwässerung mißlang. Trotzdem war damit der Beweis für die erfolg-

Tabelle 1.

Baujahr	Schachtbezeichnung und Standort	Schachtform	Größe (m)	Gefriertiefe	Bemerkung
1883	Grube Archibald	rechteckig	4,7 × 3,1	5 m	1. Gefrierschacht
1884	Grube Centrum	rechteckig	4 × 2,5	33 m	
1884	Maxgrube	rechteckig	7 × 7	5 m	
1884	Gefrierschacht I der Grube Emilie	rund	⌀ 3,2	31,7 m	
1885	Gefrierschacht II der Grube Emilie	ellipsenförmig	Hauptachsen 3,10/4,30	35 m	
1885	Houssu VIII (Belgien)	rund	⌀ 4,5	22 m	1. Gefrierschacht in Belgien
1886	Jessenitz	rund	⌀ 5	75 m	1. Gefrierschacht im Kalibergbau
1888	Schacht der Chapin Mining Company (USA)	rechteckig	4,5 × 5,0	30 m	1. Gefrierschacht in USA
1901	Harchies (Belgien)			235 m	
Bis 1905 wurden insgesamt 87 Gefrierschächte fertiggestellt oder begonnen (40 davon in Frankreich)					
1906	Kalischacht Niedersachsen			120 m	Wasserabschluß in einer 20 m tiefen Steinsalzschicht 1. Anwendung sehr tiefer Temperaturen (−41,5 °C)
1907	Lohberg I und II			415 m	
1911	Zolderschächte I/II Campine (Belgien)			620 m	
1914	Bis zum 1. Weltkrieg wurden insgesamt 155 Gefrierschächte hergestellt.				
Von den sechs großen deutschen Schachtbauunternehmen wurden in den Jahren 1912/1957 552 Schächte neu abgeteuft, davon 158, d. h. rund 28% mit Hilfe des Gefrierverfahrens.					
1958	Schacht der Potash Company of America, Saskatoon (Kanada)			915 m	

reiche Anwendung des Verfahrens von POETSCH erbracht. In rascher Folge wurde dann eine Vielzahl von Schächten mit Hilfe des Gefrierverfahrens abgeteuft, wobei allerdings ein Teil davon nach Fertigstellung wieder aufgegeben wurde. Man wagte nicht, vom Schacht aus das Gebirge anzufahren, da starke Wasserzuflüsse des anstehenden gespannten Grundwassers zu befürchten waren.

Die Tab. 1 enthält eine Zusammenstellung der besonders interessanten Gefrierschächte. Sie zeigt die rasche zeitliche Entwicklung und Verbreitung des Gefrierverfahrens in verschiedenen Ländern. Außerdem sei besonders auf das stetige Anwachsen der Gefriertiefe hingewiesen.

Schon frühzeitig wurde die Gefriermethode auch im Grund- und Stollenbau angewendet. Auf diesen Gebieten hat sich allerdings das Gefrierverfahren im Vergleich mit anderen Bauweisen hauptsächlich aus wirtschaftlichen Gründen nicht durchgesetzt, sondern blieb auf einzelne, technisch kaum anders lösbare Probleme beschränkt. Ein weiterer Grund hierfür ist allerdings auch die Unkenntnis über das Festigkeitsverhalten gefrorener Erdstoffe. So war z. B. das Problem der Biegefestigkeit dieser Stoffe bisher nicht so akut, weil man im Schachtbau runde Frostkörperformen hat, bei denen in der Regel nur Druckspannungen auftreten. Im Grundbau wird meist die eckige Gründungsform bevorzugt.

Die folgenden charakteristischen Beispiele sollen zeigen, daß die Gefriermethode auch im *Grundbau* bereits für Baugrubenumschließungen und die zeitweilige Stabilisierung von Böschungen erfolgreich angewendet wurde.

Haus Hertzog, Berlin (1905) (Abb. 133)[1]. Hier sollte ein Maschinenkeller in 11,7 m Tiefe gegründet werden, wobei der Grundwasserspiegel sich bei 4,8 m unter der Geländeoberfläche befand. Die Baugrube war 15 m breit und 27,4 m lang. Wegen des Auftriebes war eine starke Betonsohlenplatte von 3 m Stärke vorgesehen, so daß um dieses Maß tiefer zu gründen war. Zunächst hatte man versucht, mit einer Pfahlspundwand die Baugrube zu umschließen. Wegen der Abweichung der Pfähle entstanden Lücken in der Wand, so daß beim Ausheben der Sand in die Baugrube zu fließen begann. Da dadurch die benachbarten Häuser gefährdet waren, griff man nach langem Zögern zum Gefrierverfahren und umschloß mit 120 Gefrierrohren bei 17 m Tiefe die Baugrube. Nachdem die Frostwand von 1,5 bis 2 m Dicke fertiggestellt war, konnte man mühelos den Boden unter Wasser ausbaggern. Es ergaben sich zwar noch Schwierigkeiten durch Unterspülen bzw. unterläufiges Auswaschen der Frostwand, die jedoch durch nachträgliches Dichten von Tauchern behoben werden konnten. Bei einer Vergrößerung der Gefriertiefe um nur wenige Meter wären diese Schwierigkeiten nicht aufgetreten.

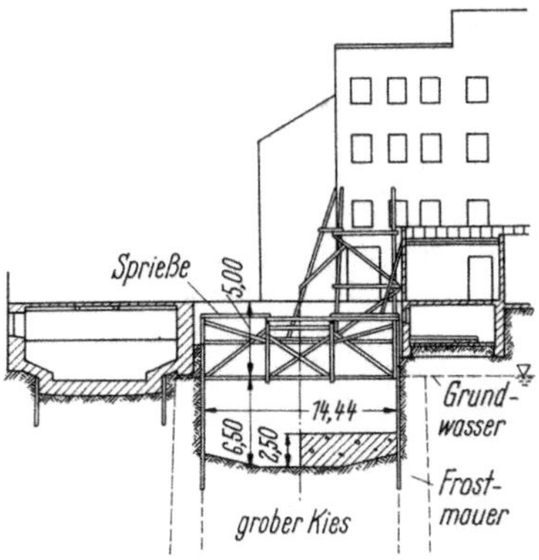

Abb. 133. Haus Hertzog: Querschnitt der Baugrube.

Hochhaus in Moskau (1952)[2]. Im Stadtzentrum von Moskau wurde das Gefrierverfahren zum Abteufen einer tiefen Baugrube im Schwimmsand angewendet. Die Gefrierwände wurden als provisorische Tragkonstruktion benutzt, so daß sich eine Zimmerung erübrigte. Es wurden insgesamt 230 Gefrierbohrlöcher niedergebracht. Die mittlere Temperatur der Frostwand betrug -15 bis -17 °C.

[1] Dtsche Bauztg. (1908) S. 36.

[2] DORMAN, J.: Cholodilnaja Technika Bd. 29 (1952) S. 5.

Durch das Fehlen der Zimmerung wurde die Verwendung von Baumaschinen für die umfangreichen Arbeiten innerhalb der Baugrube ermöglicht. In der UdSSR erobert sich diese Baumethode ein immer breiter werdendes Arbeitsgebiet. Anscheinend ist man dort in der statischen Berechnung von Frostwänden schon viel weiter als bei uns in Deutschland.

Grand-Coulee-Damm, Amerika (1936) (Abb. 134)[1]. Im Zusammenhang mit einem der größten Energie- und Wasserversorgungsprojekte der USA wurde für eine Talsperre das Gefrierverfahren beim Bau des Grand-Coulee-Dammes angewendet. Beim Aushub der Baugrube für den östlichen Kämpfer der Bogenmauer stellte sich heraus, daß die Gründungssohle von einer tiefen Erosionsrinne durchquert wurde. Mit fortschreitendem Aushub begann das bergseitig anstehende Material (glazialer Schluff mit etwa 25% tonigen Beimengungen) durch die Erosionsrinne in die Baugrube zu rutschen. Nachdem auch ein mehrmaliges Abböschen die Rutschungsgefahr nicht beseitigt hatte und eine vorgesetzte Betonmauer mit Steinschüttung und Holzverbau ein weiteres Rutschen nicht aufhalten konnte, entschloß man sich, die Rinne durch eine gewölbte Frostmauer zu verschließen, in deren Schutz der Aushub fortgeführt werden konnte. Anscheinend spielte hier die Wirtschaftlichkeit keine Rolle, denn man wählte sehr enge Rohrabstände (75 cm) und überdimensionierte die Frostmauer sehr stark. Bemerkenswert ist, daß man hier wegen der geringen Gefriertiefe von etwa 15 m die Gefrierrohre nicht gebohrt, sondern gerammt hat. Dadurch konnte man ein Rohr innerhalb einer Stunde niederbringen. Das Gefrierverfahren bewährte sich zur vollen Zufriedenheit.

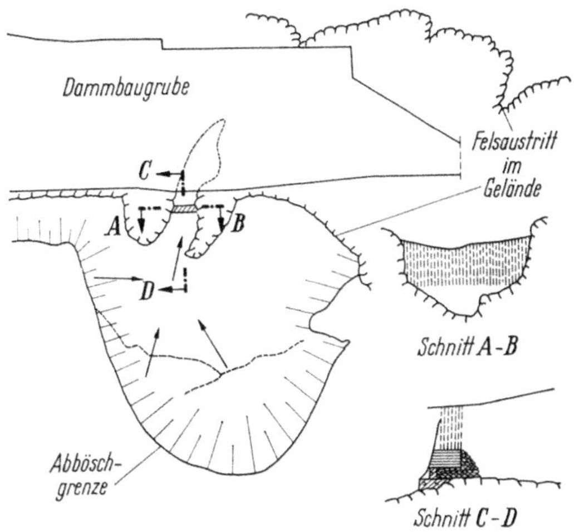

Abb. 134. Grand-Coulee-Damm.

Die Zahl der aufgeführten Beispiele ließe sich noch vergrößern. Zum Beispiel hat man das Verfahren schon zur Dichtung eines Loches in einem Fangedamm verwendet, sowie zur Erhaltung von Ausgrabungen in der Archäologie und zur Entnahme von Bodenproben in größerem Stil. Für die Schiffshebewerke Rothensee, Hohenwarthe und Henrichenburg baute man die Schwimmerschächte mit Hilfe des Gefrierverfahrens.

Im *Tunnel- und Stollenbau* verwendet man das Verfahren einerseits für die Zugangsschächte und andererseits für den eigentlichen Tunnel mit vertikal oder auch horizontal eingebrachten Gefrierrohren. Als markante Beispiele seien hier angeführt:

Scheldetunnel, Antwerpen (1932)[2]. Beim Bau eines Straßentunnels unter der Schelde wurde zu beiden Seiten des Flußufers je ein Lüftungsschacht mit 20,5 m Ausbruchdurchmesser bis in 28 m unter Gelände abgeteuft. Hierbei wurden insgesamt 116 Gefrierrohre auf 2 Rohrkreisen angeordnet, wobei der äußere einen Durchmesser von 26 m und der innere einen von 23,8 m hatte. Der Rohrabstand

[1] Gordon, G.: Eng. News-Rec. Vol. 118 (1937) S. 211.
[2] Bautechn.-Arch. Heft 9, Berlin 1953.

betrug innen 1,30 m und außen 1,40 m. Bei einem Fußgängertunnel unter der Schelde, der fast gleichzeitig mit dem obigen Straßentunnel gebaut wurde, hat man die Gründung der Zugangsschächte und Rolltreppenstollen ebenfalls im Schutze von gefrorenem Erdreich ausgeführt.

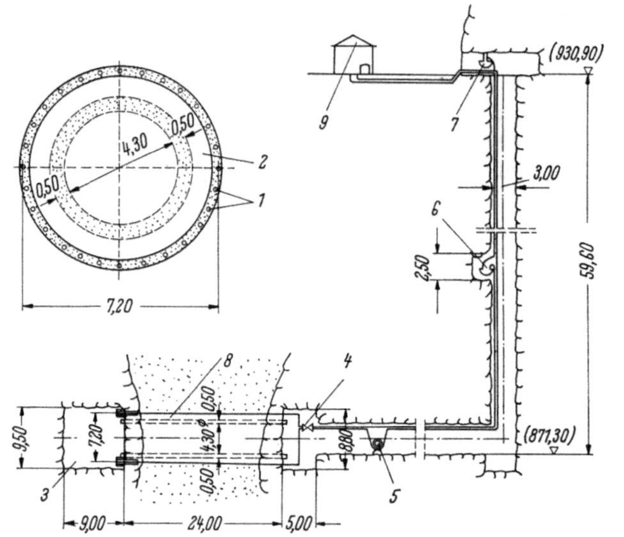

Abb. 135. Längsschnitt und Querschnitt durch den Stollen.

1 Gefrierrohre; *2* Stollenquerschnitt; *3* Kammer; *4* Soleverteiler; *5* Soleumlaufpumpe; *6*, *7* Überlaufgefäße; *8* Frostwand; *9* Kältemaschine.

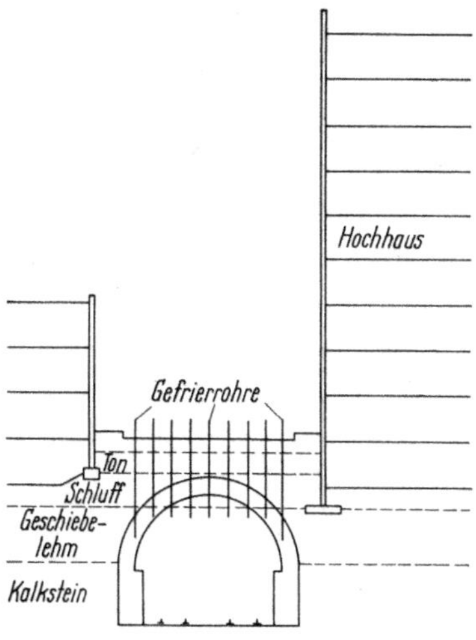

Abb. 136. Eisenbahntunnel unter einer Straße.

U-Bahn-Tunnel, Moskau (1936)[1]. Beim Bau der Untergrundbahn in Moskau teufte man 20 Schächte zwischen 15 und 40 m nach dem Gefrierverfahren ab, nachdem man zuvor mit Spunden und dem Druckluftverfahren schlechte Erfahrungen gemacht hatte. Man teufte hier deshalb soviele Schächte ab, um möglichst viele Angriffspunkte für die Herstellung des Tieftunnels zu haben. Wenngleich diese Bauweise nichts Neues darstellt, so ist es doch notwendig, wegen ähnlicher bevorstehender Projekte in Deutschland darauf hinzuweisen. Das technisch Bemerkenswerte an jenem Projekt sind die Zu- und Abgangsschächte, die in sog. schräger Schachtbauweise hergestellt wurden. Die schrägliegenden Gefrierrohre wurden mit Hilfe besonderer Stoßmaschinen nach dem System Turka-Armstrong bzw. mittels Drehbohrmaschinen nach dem System Krelius niedergebracht.

Herstellung eines Druckstollens unter einem Flußbett (Abb. 135)[2]. Beim Bau eines Druckstollens in 60 m Tiefe für ein Kraftwerk mußte eine wasserführende, allu-

[1] GOERTZ: Die Bautechn. Bd. 12 (1934) S. 423.
[2] SCHMIDT, TH. E.: Kältetechn. Bd. 5 (1953) S. 20.

viale Schicht von etwa 20 m durchörtert werden, die zwischen Kalkfelsen eingebettet lag. Dies war nur mittels des Gefrierverfahrens möglich. Der Stollen sollte einen Ausbruchdurchmesser von 5,3 m haben. Man wählte einen horizontalen Gefrierrohrkreisdurchmesser von 7,2 m bei einem Rohrabstand von 80 cm. Zur Verlegung der Gefrierrohre wurden zunächst die Rohre von einer besonderen, im Felsen liegenden Kammer aus mittels Preßluft vorgetriebenen, und zwar bis in eine zweite Kammer auf der gegenüberliegenden Felsenseite. Die 4-Zoll-Rohre sollten die eigentlichen 3-Zoll-Rohre beim Einbau schützen. Sie wurden nach der Verlegung der 3-Zoll-Rohre wieder entfernt.

Eisenbahntunnel in Montreal, Kanada (1960) (Abb. 136)[1]. In Montreal war zwischen zwei Hochhäusern unter einer Straße ein Tunnel zu bauen. Um die Häuser vor Setzungsschäden und Rutschungen zu schützen, entschloß man sich für das Gefrierverfahren. Man bohrte von der Straße aus Gefrierlöcher bis in 7 bis 9 m Tiefe und fror die ganze Straße zwischen den Häusern ein. Der gefrorene Erdkörper diente als provisorische Tragkonstruktion, unter deren Schutz der Tunnel gebaut werden konnte. Zu den Häusern hin wurde tiefer als in der Mitte gefroren, und zwar bis zur ersten standfesten, tragenden Schicht des Untergrundes.

IV. Schwierigkeiten und Mißerfolge beim Abteufen von Schächten.

Die anfänglichen Mißerfolge beim Gefrierverfahren (das Abteufen an sich gelang, die Schächte konnten aber dem Verwendungszweck nicht dienen) waren darauf zurückzuführen, daß bei Erreichen der Gefrierendteufe Wasser einbrach, das nicht oder nur mit größter Mühe weggepumpt werden konnte. Der Grund lag darin, daß die Gefrierrohre nicht genügend tief in die dichtende Schicht eingebunden wurden.

Die Schwierigkeiten, mit denen man bei den ersten Gefrierschächten zu kämpfen hatte, hemmten die Verbreitung des Gefrierverfahrens in Deutschland, obwohl sie mit dem Verfahren an sich nichts zu tun hatten. Im Gegensatz dazu stand die Entwicklung in Frankreich, wo das Gefrierverfahren begeistert aufgegriffen wurde und sich infolge der guten geologischen Bedingungen schnell verbreitete.

Mit Wassereinbrüchen hatte man beim Gefrierverfahren oft zu kämpfen, wird es doch hauptsächlich bei schwierigen Wasserverhältnissen angewendet. Ein Hauptgrund für Wassereinbruch lag im Leckwerden der Kühlrohre. Die Frostwände wurden geschwächt und das Wasser brach infolge seines hohen Druckes an einzelnen Stellen ein. In einigen Fällen führte dies lediglich zum Ersaufen des Schachtes, bei anderen wurden derartige Sandmengen mitgerissen, daß der Schacht praktisch wertlos wurde.

Es ist nun nicht so, daß jedes Leck zur Katastrophe führt. Bei kleinen Lecks, von denen aus sich die Sole nur durch Diffusion ausbreiten kann, geschieht die Lösung des Eises so langsam, daß sie praktisch belanglos ist. Sind jedoch die Lecks größer, so daß durch Konvektion ständig konzentrierte Sole an den Frostkörper herangeführt wird, so geht die Zerstörung rascher vor sich, wobei durch das Mitreißen von Erdstoffteilchen Hohlräume geschaffen werden, die das Vordringen der konzentrierten Sole begünstigen.

Daß die Art der Kühlflüssigkeit, vom wirtschaftlichen und thermischen Standpunkt abgesehen, nicht beliebig ist, zeigte sich jüngst beim tiefsten Gefrierschacht der Welt (bei Saskatoon/Kanada). Ein Gefrierrohr befand sich durch Verlaufen der Bohrung zu nahe an der Schachtinnenwand und wurde im Verlauf der Abteufarbeiten angeschlagen, die Kühlflüssigkeit rann in den Schacht. Während üblicher-

[1] Proc. Am. Soc. Civ. Eng. (J. Constr. Div.) Vol. 86 (1960) Nr. C03.

weise unbrennbare Flüssigkeiten verwendet werden, benutzte man hier Petroleum. Die Folge war eine Explosion auf der Schachtsohle.

Ähnlich wie Kühlsole wirkt sich fließendes Wasser aus. Ist die Grundwasserströmung bekannt, so läßt sich durch gutes Dimensionieren die Frostwand dichten. Es können jedoch unterirdische Strömungen oder Quellen vorhanden sein, die sich nicht, oder nur sehr schwer, von Tage aus feststellen lassen. Plötzliche Wassereinbrüche können dann die Folge sein.

Da die meisten Schachtausbaue mit Beton hinterfüllt werden, Beton jedoch bei zu tiefen Temperaturen schwer oder gar nicht abbindet, ist hierauf zu achten. Bei Schacht Borth II war der Ausbau infolge Nichtabbindens des Betons so undicht, daß große Wassermengen eindrangen. Der Schacht mußte für das Einbringen eines zweiten dichten Ausbaus nochmals gefroren werden.

Bei frostschiebenden Böden ist zu befürchten, daß beim Weiterfrieren große Drücke auf die Schachtwand wirken. Man hat dies kaum beachtet; es ist aber anzunehmen, daß Frostschiebungen, falls nicht der Ausbau an sich zu schwach war, der eigentliche Grund für Beschädigungen und Zerstörungen vieler Gefrierschächte gewesen sein mag (s. a. Abschn. B I/6b).

B. Die rechnerische und verfahrenstechnische Behandlung des Gefrierverfahrens.

I. Die Berechnung der Frostausbreitung.

1. Allgemeiner Gedankengang der Berechnung[1].

Während der Entstehung des Frostkörpers sind zwei Zeitabschnitte zu unterscheiden. Zunächst bildet sich um jedes einzelne Gefrierrohr ein Frostmantel, der schließlich die Frostmäntel der Nachbarrohre berührt und mit ihnen zusammenwächst. Dieses Zusammenwachsen wird als Schließen bezeichnet, weil von hier ab ein zusammenhängender, geschlossener Frostkörper vorhanden ist. Die Zeit, die vom Gefrierbeginn bis zum Schließen verstreicht, ist die Schließzeit.

Im ersten Gefrierabschnitt bis zum Schließen ist der Frostfortschritt an einem einzelnen Rohr zu betrachten. Dabei wird vom Einfluß der benachbarten Gefrierrohre zunächst abgesehen, d. h. der Gefriervorgang wird so behandelt, als befinde sich ein einzelnes Gefrierrohr in unbegrenzter Umgebung, die von einem homogenen, isotropen Stoff erfüllt sei. Unter sonst gleichen Bedingungen (Stoffeigenschaften und Temperaturen) breitet sich der Frost an einem einzelnen Rohr langsamer aus als an einem Rohr innerhalb eines Rohrverbands, also einer Gruppe von Gefrierrohren, die alle am Wärmeentzug beteiligt sind.

Nachdem eine Lösung für das Gefrieren mit einem einzelnen Rohr gefunden ist, kann das beschleunigte Frostwachstum im Rohrverband dadurch berücksichtigt werden, daß die Eingangswerte der Lösungsgleichung in geeigneter Weise verändert werden. Damit gestattet die Lösung für die Frostausbreitung an einem einzelnen Gefrierrohr die Bestimmung der Schließzeit für beliebige Rohranordnungen.

Die Berechnung des Frostfortschritts nach dem Schließen ist für jede Rohranordnung getrennt durchzuführen. Hier werden die beiden wichtigen Fälle, nämlich Anordnung der Rohre längs einer geraden Reihe und auf einem Kreis, wobei der entstehende Frostkörper eine ebene Wand bzw. einen Hohlzylinder bildet, behandelt.

---

[1] Ständer, W.: Die Verbesserung der Gefriertechnik auf wissenschaftlicher Grundlage. VDI-Z. Bd. 108 (1966) Nr. 4, S. 117–121 u. Nr. 5, S. 171–175.

Für das Gefrieren vor einer ebenen, unbegrenzten Kühlwand existiert eine exakte analytische Lösung, die für die Berechnung der Frostausbreitung an einer geraden Rohrreihe herangezogen wird. Dabei besteht die Hauptschwierigkeit darin, die sowohl zeitlich als auch örtlich veränderlichen Temperaturen an einer Rohrreihe durch eine Beziehung auszudrücken, welche die Anwendung dieser Lösung ermöglicht.

Die Lösung für die ebene Frostausbreitung kann mit Vorteil auch zur Verbesserung der Näherungsbeziehungen für den Gefrierrohrkreis benutzt werden.

Wichtigste Anordnungsform von Gefrierrohren ist neben der geraden Reihe der Kreis, bei dem die Rohrachsen auf der Mantelfläche eines Zylinders, in seltenen Fällen auch auf einem Kegelmantel liegen. Hierbei ist die Zahl der den Frostfortschritt beeinflussenden Faktoren so groß, daß eine analytische Lösung zunächst nur durch grobe Vereinfachungen zu erreichen ist. Außerdem müssen das Innere des Rohrkreises und die äußere Umgebung getrennt untersucht werden. In erster Näherung wird jeweils das Fortschreiten des Frostes unter Vernachlässigung der Abkühlungswärme des gefrorenen und ungefrorenen Gebiets ermittelt. Dadurch ergibt sich allerdings eine zu hohe Frostausbreitungsgeschwindigkeit, wobei die Abweichung von der Wirklichkeit um so größer wird, je höher die Temperatur der Umgebung bei Gefrierbeginn liegt. Die Berechnung bedarf also einer Korrektur, die aus einem Vergleich mit der Lösung des ebenen Problems gewonnen wird. Hier läßt sich nämlich der Einfluß der Abkühlungswärmen auf den Frostfortschritt leicht angeben. Allerdings ist zu berücksichtigen, daß beim Rohrkreis die Abkühlungswärmen des Ungefrorenen einerseits aus einem begrenzten Innenraum mit endlichem Wärmeinhalt (Enthalpie) und andererseits aus einer unbegrenzten, äußeren Umgebung stammen. Dieser Umstand wird durch eine zweite Korrektur berücksichtigt, wonach die endgültigen Näherungsbeziehungen für die Frostausbreitung in den Innen- und Außenraum des Gefrierrohrkreises gefunden werden.

Die für das Gefrieren an einer geraden Rohrreihe und am Rohrkreis angegebenen Berechnungsverfahren erlauben die Bestimmung des Frostfortschritts für alle gebräuchlichen Rohranordnungen. Diese lassen sich nämlich immer auf die beiden beschriebenen Grundtypen zurückführen und sind in schwierigen Fällen Kombinationen aus beiden, wie z. B. rechteckige Baugrubenumschließungen, die einerseits aus geraden Rohrreihen zusammengesetzt sind, andererseits aber wie ein Rohrkreis einen begrenzten Innenraum und eine unendliche Umgebung aufweisen. Bei Anordnung der Gefrierrohre auf einem Kegelmantel sind mehrere zur Kegelachse normale Schnitte zu betrachten, die wie Zylinderquerschnitte behandelt werden. Selbstverständlich sind bei solchen Rohranordnungen größere Fehler in Kauf zu nehmen, als bei der geraden Rohrreihe oder dem Rohrkreis. Um so wichtiger wird angesichts dieser Tatsache, daß die Berechnungsverfahren für die beiden einfachen Fälle sehr genaue Ergebnisse liefern.

Die Anwendung des Gefrierverfahrens in strömendem Grundwasser kommt seltener vor, weil die ständige Zufuhr beträchtlicher Wärmemengen durch die Strömung die Wirtschaftlichkeit des Verfahrens herabsetzt. Die Ermittlung des Frostfortschritts ist wesentlich schwieriger als in ruhendem Grundwasser, weil ein Teil der Symmetrie verlorengeht. Außerdem überlagert sich dem Wärmeleitvorgang eine Wärmeströmung, die nur mit Hilfe von Vereinfachungen mathematisch erfaßt werden kann. Schließlich ändert sich die Wärmeleitfähigkeit des ungefrorenen Bodens quer zur Strömungsrichtung in Abhängigkeit von der Strömungsgeschwindigkeit, was einer Anisotropie des Bodens gleichkommt. Deshalb ist man bis heute noch darauf angewiesen, die Berechnung des Frostfortschritts auf ruhendes Grundwasser zu beziehen und die Ergebnisse mit Hilfe empirischer Korrekturfaktoren den wirklichen Verhältnissen anzunähern.

2. Frostfortschritt um ein einzelnes Gefrierrohr in unbegrenzter Umgebung.

a) Aufgabenstellung. Die Fouriersche Differentialgleichung, die allgemein zur Beschreibung von Wärmeleitvorgängen dient, muß für das gefrorene und das ungefrorene Gebiet getrennt integriert werden, da in den beiden Gebieten verschiedene Stoffeigenschaften vorliegen. Die Trennfläche zwischen dem Gefrorenen und dem Ungefrorenen wird als Frostgrenze bezeichnet. Ihr ist die Temperatur null zugeordnet, d. h. alle vorkommenden Temperaturen t sind als Temperaturdifferenzen, bezogen auf den Gefrierpunkt des Grundwassers zu verstehen. In den meisten Fällen stimmt die so definierte Temperaturskala mit der Celsiusskala überein. Zur Unterscheidung werden die Größen des gefrorenen Gebiets mit dem Index 1, die des Ungefrorenen mit dem Index 2 versehen. Die Zeit wird mit dem Symbol τ, die Temperaturleitzahl mit $a = \frac{\lambda}{c\varrho}$ bezeichnet, worin λ die Wärmeleitzahl, c die spezifische Wärme und ϱ die Dichte bedeuten.

Für das Gefrieren an einem einzelnen, unendlich langen Rohr in unbegrenzter Umgebung gilt die Fouriersche Wärmeleitungsgleichung für den gefrorenen Teil $r_0 \leq r \leq R$ in der Form

$$\frac{\partial t_1}{\partial \tau} = a_1 \left(\frac{\partial^2 t_1}{\partial r^2} + \frac{1}{r} \frac{\partial t_1}{\partial r} \right). \tag{1}$$

Darin bedeutet die Ortskoordinate r den Abstand von der Gefrierrohrachse. Bei $r = r_0$ liegt die Außenwand des Gefrierrohrs, bei $r = R$ die Frostgrenze.

Für das Ungefrorene $R \leq r < \infty$ gilt analog Gl. (1):

$$\frac{\partial t_2}{\partial \tau} = a_2 \left(\frac{\partial^2 t_2}{\partial r^2} + \frac{1}{r} \frac{\partial t_2}{\partial r} \right). \tag{2}$$

Gl. (1) und Gl. (2) werden verknüpft durch folgende Wärmebilanz an der Frostgrenze:

$$\lambda_1 \left(\frac{\partial t_1}{\partial r} \right)_{R-} = \lambda_2 \left(\frac{\partial t_2}{\partial r} \right)_{R+} + \varrho\, q_s \frac{d R}{d \tau}. \tag{3}$$

Hierin bedeuten $(\partial t_2/\partial r)_{R+}$ die Temperatursteigung des Ungefrorenen unmittelbar an der Frostgrenze, $(\partial t_1/\partial r)_{R-}$ die Temperatursteigung der gefrorenen Zone an derselben Stelle, $\varrho\, q_s$ die volumbezogene Erstarrungswärme des Erdreichs und λ_1 bzw. λ_2 die Wärmeleitzahlen. Physikalisch bedeutet Gl. (3), daß sich an der Frostgrenze zu der von außen nach innen fließenden Abkühlungswärme des ungefrorenen Gebiets noch die Kristallisationswärme addiert, die dem Vorrücken der Frostgrenze entspricht; die Summe der beiden Wärmen wird von der Frostgrenze aus nach innen abgeführt. Hier hat also die Temperaturkurve für das Gesamtgebiet einen Knick.

Außer Gln. (1) bis (3) sind noch einige Anfangs- und Randbedingungen zu erfüllen. Zur Zeit $\tau = 0$ gilt die Anfangsbedingung

$$t_2 = t_{\mathrm{II}} > 0 \tag{4}$$

im Bereich $r > r_0$. Die Umgebung des Gefrierrohrs ist also vor Gefrierbeginn auf einer einheitlichen Temperatur, der Bodenanfangstemperatur t_{II}.

Nach Gefrierbeginn, d. h. für $\tau > 0$, gelten die Randbedingungen

$$t_1 = t_{\mathrm{I}} = \text{konst} \tag{5}$$

oder

$$t_1 = t_{\mathrm{I}} = f(\tau) \tag{6}$$

für die Rohrwand $r = r_0$, sowie

$$t_2 = t_{\mathrm{II}} = \text{konst} \tag{7}$$

für $r \to \infty$.

Darüber hinaus ist die bereits erwähnte Bedingung

$$t_1 = t_2 = 0 \tag{8}$$

für die Frostgrenze $r = R$ zu beachten.

b) Analytische Näherungslösung[1]. Das durch die Gln. (1) bis (8) beschriebene Problem ist mathematisch nicht exakt lösbar. Man gelangt jedoch zu einer sehr guten Näherungslösung, wenn man zunächst eine etwas andere Aufgabe, die Frostausbreitung um ein Rohr mit dem Radius $r = 0$, das einen zeitlich konstanten Wärmefluß $\dot{Q}$ aufnimmt, betrachtet. Für diesen Gefriervorgang an einer fadenförmigen Wärmesenke existiert eine analytische Lösung von der Form

$$R = 2\,k\,\sqrt{a_1\,\tau}\,, \tag{9}$$

worin der Faktor k folgender Gleichung genügt[2]:

$$\frac{\dot{Q}}{4\pi}\exp(-k^2) + \frac{\lambda_2\,t_{\mathrm{II}}}{Ei\left(-\frac{a_1}{a_2}k^2\right)}\exp\left(-\frac{a_1}{a_2}k^2\right) = k^2 a_1\,\varrho\,q_s\,. \tag{10}$$

Aus dieser Beziehung geht hervor, daß k zeitunabhängig und nur eine Funktion der physikalischen Daten des Bodens ist, denn weder die Zeit τ noch der zeitabhängige Frostradius R treten darin auf, während der Wärmestrom $\dot{Q}$ als konstant vorausgesetzt wurde. Für die Temperaturen selbst gilt die Partikulärlösung der Fourierschen Differentialgleichung:

$$t = k_{\mathrm{I}} + k_{\mathrm{II}}\,Ei\left(-\frac{r^2}{4\,a\,\tau}\right). \tag{11}$$

Dabei ist das Exponentialintegral $Ei\left(-\frac{r^2}{4\,a\,\tau}\right)$ definiert durch die Beziehung

$$Ei(-x) = \int_{-\infty}^{-x}\frac{e^\xi}{\xi}\,d\xi\,. \tag{12}$$

Durch Einführen der Rand- und Anfangsbedingungen in Gl. (11) ergeben sich die Gleichungen für den Temperaturverlauf im gefrorenen und ungefrorenen Gebiet:

$$t_1 = \frac{\dot{Q}}{4\pi\lambda_1}\left[Ei\left(-\frac{r^2}{4\,a_1\,\tau}\right) - Ei\left(-\frac{R^2}{4\,a_1\,\tau}\right)\right] \tag{13}$$

$$t_2 = t_{\mathrm{II}}\left[1 - \frac{Ei\left(-\frac{r^2}{4\,a_2\,\tau}\right)}{Ei\left(-\frac{R^2}{4\,a_2\,\tau}\right)}\right]. \tag{14}$$

Dabei ist zu beachten, daß die hierzu gehörenden Rand- und Anfangsbedingungen nicht mit den Gln. (4) bis (8) identisch sind, da für die fadenförmige Wärmesenke stets $r_0 = 0$ ist und an die Stelle der vorgeschriebenen Rohrwandtemperatur die Bedingung $\dot{Q} =$ konst tritt.

Die obige Lösung kann als Grundlage für die Behandlung der ähnlichen, durch die Gln. (1) bis (8) beschriebenen Aufgabe verwendet werden.

Zunächst sei angenommen, an der Wand $r = r_0$ des Gefrierrohrs herrsche die konstante Temperatur t_{I} gemäß der Randbedingung Gl. (5). Nach der Fourierschen

[1] Ständer, W.: Mathematische Ansätze zur Berechnung der Frostausbreitung in ruhendem Grundwasser im Vergleich zu Modelluntersuchungen für verschiedene Gefrierrohranordnungen im Schacht- und Grundbau. Veröffentlichungen des Instituts für Bodenmechanik und Felsmechanik der TH Karlsruhe, Heft 28, 1967.

[2] Carslaw, H. S., u. J. C. Jaeger: Conduction of Heat in Solids, Oxford: Clarendon Press 1959, S. 282ff.

Wärmeleitungsgleichung für den stationären Fall hängt der Wärmestrom linear vom Temperaturgefälle ab. Deshalb besteht die Möglichkeit, aus der Lösung für konstanten Wärmefluß eine Lösung für konstante Rohrwandtemperatur herzuleiten.

Zuerst bestimmt man die Frostgrenze für das idealisierte Problem nach Gl. (9) bis zu einem Zeitpunkt τ_i. Praktisch wird die gleiche Frostgrenze erreicht, wenn der Frost um ein Einzelrohr mit konstanter Wandtemperatur fortschreitet, die gleich dem zeitlichen Mittelwert der im Falle konstanten Wärmeflusses herrschenden, veränderlichen Rohrwandtemperatur ist. Für den Gefriervorgang spielt es also keine Rolle, ob an der Rohrwand eine gleichbleibende oder veränderliche Temperatur herrscht, sofern nur der zeitliche Mittelwert der Temperaturen übereinstimmt. Dies läßt sich für ein vereinfachtes Gefrierproblem, bei dem nur die Erstarrungswärme berücksichtig wird, nachweisen. Für diesen Fall erhält man sowohl mit $t_{\mathrm{I}} = \text{konst}$, als auch mit $\dot{Q} = \text{konst}$ die einfache Beziehung für die Gefrierdauer:

$$\tau = -\frac{\varrho\, q_s}{2\,\lambda_1\, t_{\mathrm{I}}}\left(R^2 \ln\frac{R}{r_0} - \frac{R^2 - r_0^2}{2}\right). \tag{15}$$

Beachtet man nun, daß die Zeit τ bei der fadenförmigen Wärmesenke vom Beginn des Wärmeflusses an zählt, während die Rohrwand erst nach einer bestimmten Zeit τ_0 die Gefriertemperatur erreicht, so muß man als Gefrierzeit am Einzelrohr nur den Zeitraum $\tau_g = \tau_i - \tau_0$ berücksichtigen. Aus dem gleichen Grund wird der Mittelwert der Rohrwandtemperatur zwischen den Grenzen τ_0 und τ_i bestimmt. Dieses Verfahren birgt insofern einen Fehler, als die Umgebung des Rohres zum Zeitpunkt τ_0 bereits vorgekühlt ist, was jedoch in der Anfangsbedingung nicht berücksichtigt wird. Der so entstehende Fehler bleibt aber aus folgenden Gründen klein:

1. Der Einfluß der Vorkühlungswärme des ungefrorenen Gebiets ist meist geringer als der der Erstarrungswärme.

2. Der Einflußbereich der Abkühlung ist zum Zeitpunkt τ_0 wegen des kleinen Rohrhalbmessers eng begrenzt.

3. Die Zeit bis zum Abkühlen der Rohrwand auf die Temperatur $t = 0$ ist klein gegenüber der gesamten Gefrierdauer.

Der Temperaturmittelwert bestimmt sich aus der Beziehung

$$t_m = \frac{1}{\tau_i - \tau_0}\int_{\tau_0}^{\tau_i} t_1(\tau)\, d\tau\,. \tag{16}$$

Die Funktion $t_1(\tau)$ ist dabei mit Gl. (13) identisch. Für die Rohrwandtemperatur $t_{\mathrm{I}} = t_m(r = r_0)$ ergibt sich daraus

$$t_{\mathrm{I}} = \frac{1}{\tau_g}\,\frac{\dot{Q}}{4\,\pi\,\lambda_1}\int_{\tau_0}^{\tau_i}\left[E\,i\left(-\frac{r_0^2}{4\,a_1\,\tau}\right) - E\,i\,(-k^2)\right] d\tau\,. \tag{17}$$

Hieraus folgt nach Integration unter Verwendung der Gln. (9) und (10) und zweckmäßiger Umformung:

$$-\frac{\lambda_2\, t_{\mathrm{II}}}{\lambda_1\, t_{\mathrm{I}}} = \frac{E\,i\left(-\frac{a_1}{a_2}\,k^2\right)\exp\left(\frac{a_1}{a_2}\,k^2\right)}{\frac{\exp(k^2)\,R^2}{R^2 - r_0^2}\left\{\exp\left(-\frac{r_0^2}{R^2}\,k^2\right) - \frac{r_0^2}{R^2}\exp(-k^2) + \left(1 + \frac{r_0^2}{R^2}\,k^2\right)\left[E\,i\left(-\frac{r_0^2}{R^2}\,k^2\right) - E\,i\,(-k^2)\right]\right\}}$$

$$- \frac{a_1\,\varrho\, q_s}{\lambda_1\, t_{\mathrm{I}}}\,k^2\, E\,i\left(-\frac{a_1}{a_2}\,k^2\right)\exp\left(\frac{a_1}{a_2}\,k^2\right). \tag{18}$$

Die damit gefundene Näherungslösung für den wirklichen Gefriervorgang hat eine sehr unübersichtliche Form und ist umständlich zu handhaben, sofern man alle vorkommenden Größen einzeln einsetzt. Es ist deshalb zweckmäßig, mit Hilfe von Modellgesetzen die einzelnen Einflußgrößen zu dimensionslosen Kenngrößen zusammenzufassen. Diese Kenngrößen lauten:

$$U = -\frac{\lambda_1 t_I}{\lambda_2 t_{II}}, \tag{19}$$

$$V = -\frac{\lambda_1 t_I}{a_1 \varrho q_s} = -\frac{c_1 \varrho_1 t_I}{\varrho q_s}, \tag{20}$$

$$W = \frac{R^2 - r_0^2}{4 a_1 \tau_g}, \tag{21}$$

$$Z = \frac{R^2}{r_0^2}, \tag{22}$$

$$\beta = \frac{a_1}{a_2}. \tag{23}$$

Hierbei ersetzt die Größe W die Konstante k des idealisierten Problems. Gl. (18) erhält nun die Form:

$$\frac{1}{U} = \frac{E i(-\beta W) e^{\beta W}}{e^{\beta W} \frac{Z}{Z-1}\left\{e^{-W/Z} - \frac{1}{Z} e^{-W} + \left(1 + \frac{W}{Z}\right)\left[E i\left(-\frac{W}{Z}\right) - E i(-W)\right]\right\}} + \frac{W E i(-\beta W) e^{\beta W}}{V}. \tag{24}$$

Die rechnerische Auswertung dieser Gleichung mit fünf Veränderlichen stößt auf erhebliche Schwierigkeiten. Hält man jedoch eine der dimensionslosen Größen, beispielsweise β, konstant, so bleiben vier Veränderliche übrig, deren gegenseitige Abhängigkeit in einem Nomogramm dargestellt werden kann. Mit $\beta = \text{konst}$ lautet Gl. (24) in allgemeiner Form:

$$\frac{1}{U} = \frac{1}{V} f(W) + g(Z, W). \tag{25}$$

Gl. (25) läßt sich mit Hilfe von zwei senkrecht aufeinanderstehenden Leitern U und V und zwei Kurvenscharen, von denen eine in ein Geradenbüschel ausartet, darstellen. Jeder Wert der dimensionslosen Größe β erfordert also ein eigenes Nomogramm. Dies ist jedoch kein erheblicher Nachteil, denn erfahrungsgemäß schwankt β für natürlich vorkommende Erdstoffe nur wenig. Außerdem besteht die Möglichkeit, aus zwei oder drei Nomogrammen zu interpolieren. Abb. 137 zeigt ein Nomogramm für $\beta = 3{,}0$. Das Lösungsverfahren geht aus der Nebenfigur hervor. Zweckmäßigerweise gibt man den Halbmesser R der Frostgrenze vor, weil er in zwei Größen vorkommt. Kennt man die Stoffkonstanten und die Temperaturen, so ist nur noch die Größe W unbekannt. Man sucht den Schnittpunkt der durch die U- und V-Werte gekennzeichneten Geraden a mit der entsprechenden Z-Kurve. Eine Hilfsgerade b vom Ursprung des Nomogramms durch diesen Schnittpunkt liefert auf der W-Leiter den gesuchten Wert, aus dem die Gefrierzeit τ_g mittels Gl. (21) berechnet werden kann.

Wie aus dem Lösungsweg ersichtlich ist, hängt die Genauigkeit dieser Näherungslösung im wesentlichen vom Verhältnis der Gefrierdauer τ_g zur Vorkühlzeit τ_0, d. h. vom Wert der Größe Z ab. Ein merklicher Fehler, der die Zeichenungenauigkeiten bei der Auswertung eines der Nomogramme deutlich übersteigt, entsteht nur für kurze Gefrierzeiten, nämlich solange $R/r_0 < 2$ bzw. $Z < 4$. Für große

Werte von Z liegt der theoretische Fehler in den Grenzen der Zeichenungenauigkeiten.

c) Lösung mit Hilfe eines Differenzenverfahrens[1]. Eine große Zahl von Wärmeleitproblemen kann nur mittels numerischer Verfahren gelöst werden. Deshalb liegt es nahe, sich auch zur Lösung der durch die Gln. (1) bis (8) beschriebenen Aufgabe eines solchen Verfahrens zu bedienen. Zunächst steht die Randbedingung im Unendlichen, Gl. (7), der Anwendung eines Differenzenverfahrens im Wege. Mit

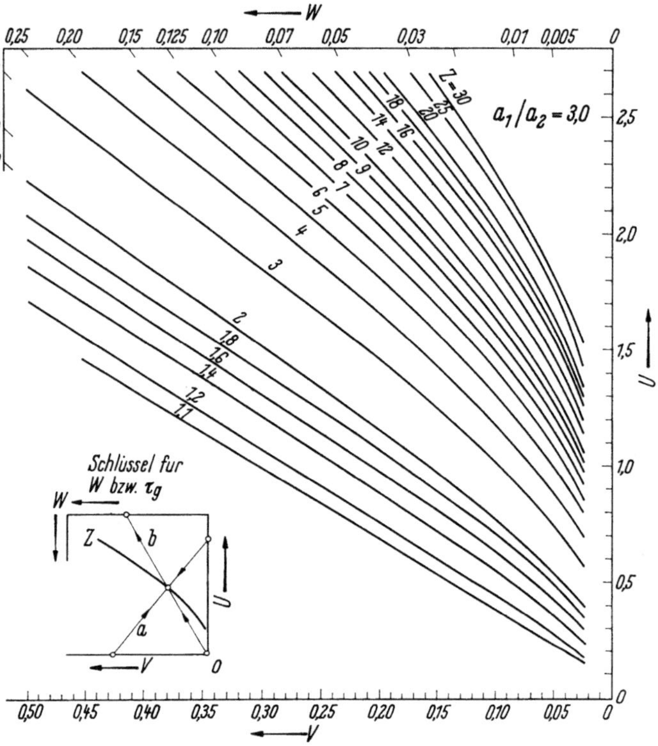

Abb. 137. Nomogramm zur Bestimmung des Frostfortschritts am Einzelrohr (vgl. Fußnote 1, S. 185).

Hilfe einer neuartigen Transformation der Gl. (2) für das ungefrorene Gebiet läßt sich jedoch eine Lösung finden. Eine ausführliche Darstellung des Lösungsweges findet sich bei STÄNDER und LENHARD[1].

Für die Berechnung des Frostfortschritts um ein einzelnes Gefrierrohr in unbegrenzter Umgebung stehen also zwei Lösungen zur Verfügung. Die analytische Näherungslösung ist jedoch so genau, daß man ihr in der Regel den Vorzug gibt. Sie ist aber nur anwendbar, wenn die Stoffgrößen für das Gefrorene und das Ungefrorene konstant sind. Im Gegensatz dazu führt das Differenzenverfahren auch dann zum Ziel, wenn die Stoffgrößen Funktionen der Temperatur oder des Ortes sind. Insbesondere ist es also bei frostschiebenden Böden anwendbar. Die Genauigkeit des Verfahrens wird um so besser, je kleiner die Schrittweiten gewählt werden, d. h. je größer der Rechenaufwand wird. Allerdings darf nicht übersehen werden, daß die numerische Rechnung mit steigender Gefrierzeit ungenauer wird, weil sie vor dem letzten Intervall des ungefrorenen Gebiets abbricht und die da-

[1] STÄNDER, W., u. M. LENHARD: Eindimensionale Wärmeleitvorgänge bei Änderung des Aggregatzustands. VDI-Z. Bd. 108 (1966) Nr. 15, S. 667–672, und Nr. 16, S. 709–711.

durch vernachlässigte Wärmemenge mit der Zeit zunimmt. Auch hierin steht das Differenzenverfahren im Gegensatz zur analytischen Näherungslösung, die mit wachsender Gefrierzeit genauer wird.

3. Übertragung der Lösungen für das Einzelrohr auf das Gefrieren mit mehreren Rohren[1].

Hat man zum Gefrieren eines Bodens eine Anordnung mit mehreren Rohren, so spricht man von einem Rohrverband. Wichtigste Anordnungsformen für das Gefrieren sind der Rohrkeis und das Rohrrechteck, dessen Elemente gerade Rohrreihen sind.

Der Gefriervorgang um ein Rohr eines Rohrverbandes unterscheidet sich bis zum Schließen von der Frostausbreitung um ein einzelnes Gefrierrohr dadurch, daß die Abkühlungswärme des ungefrorenen Gebiets nicht von einem einzigen, sondern teilweise auch von den benachbarten Rohren abgeführt wird. Bei einem Rohrkreis und beim mittleren Teil einer geraden Rohrreihe führen jeweils alle Rohre, sofern die Rohrabstände gleich sind, dieselbe Wärmemenge ab. Auf diesen für die Praxis wichtigsten Fall beschränkt sich die nachfolgende Betrachtung. Der Frostmantel um die einzelnen Rohre wächst unter sonst gleichen Bedingungen im Rohrverband schneller als an einem Einzelrohr. Der Unterschied wird um so größer, je höher die Bodenanfangstemperatur t_{II} liegt und je größer die Wärmeeindringzahl $b = \sqrt{c\,\varrho\,\lambda}$ des Bodens, d. h. die Abkühlungswärme Q_a ist[2]. Hat der Boden bereits zu Beginn des Gefrierens die Gefriertemperatur $t = 0$, so besteht kein Unterschied mehr. Die

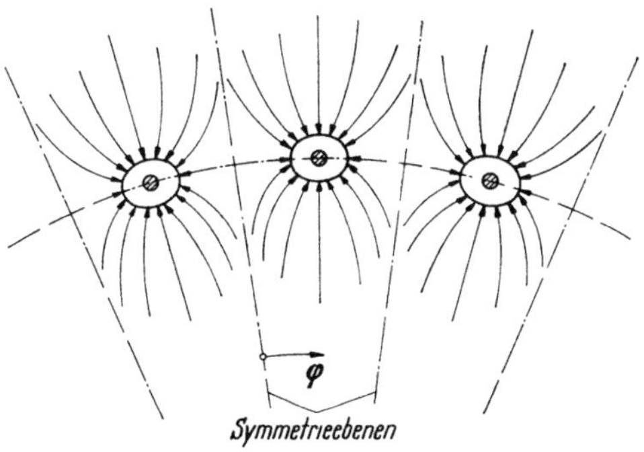

Abb. 138. Wärmestromlinien bei Anordnung der Gefrierrohre auf einem Kreis (schematisch).

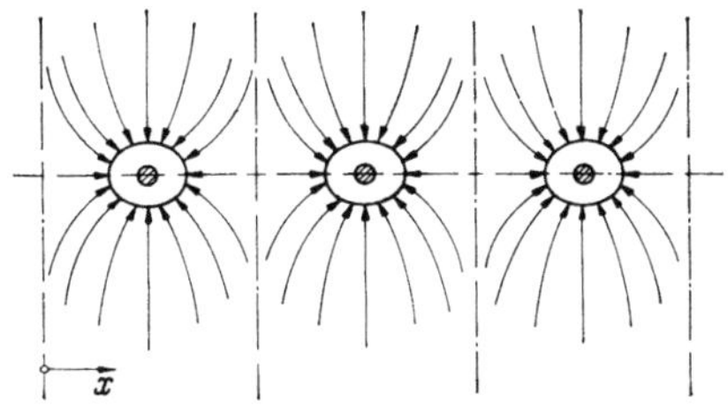

Abb. 139. Wärmestromlinien bei Anordnung der Gefrierrohre in einer Reihe nebeneinander (schematisch).

abzuführenden Wärmen (Erstarrungswärme und innere Abkühlungswärme) sind dann beim Rohr eines Rohrverbandes gleich denen beim Einzelrohr, und der entstehende Frostmantel hat bis zum Zeitpunkt des Schließens immer kreisförmigen Querschnitt.

Liegt die Bodenanfangstemperatur über dem Gefrierpunkt, so erhält der Frostkörper ellipsenähnliche Gestalt, weil der Frost in Richtung der Nachbarrohre schneller fortschreitet als senkrecht dazu. Der gegenüber dem Gefrieren mit einem Rohr veränderte Wärmestrom wird deutlich, wenn man das Einflußgebiet des einzelnen Gefrierrohrs durch Symmetrieebenen abgrenzt, in welchen der Temperaturgradient null wird[3]. Man kann sich die in Abb. 138 und 139 gezeichneten Symmetrieebenen als ideal isolierende dünne Platten vorstellen, durch die keine

---

[1] Ständer, W.: vgl. Fußnote 1, S. 185. – [2] Vgl. dieses Handbuch, Bd. III, S. 136.
[3] Ständer, W.: vgl. Fußnote 1, S. 176.

Wärme hindurchtritt. Der Wärmefluß aus dem ungefrorenen Gebiet ist also auf den Bereich innerhalb eines Sektors begrenzt und kleiner als beim Einzelrohr.

Zur Ermittlung der Schließzeit in einem Rohrverband genügt die Kenntnis des Frostfortschritts in Richtung der Nachbarrohre. Die Berechnung fußt auf den Lösungen für das Einzelrohr, wobei die im Rohrverband geringere äußere Abkühlungswärme dadurch berücksichtigt wird, daß statt der wirklichen Bodenanfangstemperatur t_{II} eine niedrigere Temperatur t_{II}^* angenommen wird, mit der die Frostausbreitung um ein Einzelrohr ebenso schnell vor sich geht wie unter den tatsächlichen Bedingungen im Rohrverband.

Die als wirksame Bodenanfangstemperatur bezeichnete Rechengröße t_{II}^* ist durch die Gleichung

$$t_{II}^* = f_s t_{II} \tag{26}$$

definiert. Der Schließzeitfaktor f_s gilt nur für die Berechnung der Schließzeit τ_s. Die Ermittlung einer beliebigen Frostgrenze vor dem Schließen ist damit nicht möglich, denn der Faktor f_s ist streng genommen der zeitliche Mittelwert einer veränderlichen Größe für den Zeitabschnitt von $\tau = 0$ bis $\tau = \tau_s$. Ferner ist zu berücksichtigen, daß die Frostgrenze in Richtung der Nachbarrohre schneller als in jeder anderen Richtung vorrückt. Die Anwendung des Faktors f_s muß also auf die Schließzeitberechnung beschränkt bleiben.

Die Größe des so definierten Schließzeitfaktors kann nur experimentell bestimmt werden, indem man bei vorgegebenem Rohrabstand die Schließzeit τ_s mißt. Anschließend wird jene Bodenanfangstemperatur t_{II}^* bestimmt, welche unter sonst gleichen Bedingungen beim Gefrieren um ein Einzelrohr hätte herrschen müssen, um in der gleichen Zeit τ_s den gleichen Frostgrenzradius R_s, der dem halben Rohrabstand entspricht, zu erhalten. Damit ist die Aufgabe auf das Einzelrohrproblem zurückgeführt.

Aus Modellversuchen, in denen Rohranordnung, Rohrabstand, Bodenanfangstemperatur und Rohrwandtemperatur variiert wurden, ergab sich als Mittelwert aller Messungen der Faktor $f_s = 0{,}3$. Eine Abhängigkeit des Schließzeitfaktors von den genannten Größen war nicht nachzuweisen.

Die Schließzeit τ_s wird also bei gegebenem Rohrabstand $2R_s$ und bekannten Bodendaten bestimmt, indem man die vorhandene Bodenanfangstemperatur t_{II} mit $f_s = 0{,}3$ multipliziert und mit der so gewonnenen wirksamen Bodenanfangstemperatur t_{II}^* nach den Beziehungen für das Einzelrohr den Zeitpunkt $\tau_g = \tau_s$ ermittelt, zu dem gerade der Frostgrenzradius $R = R_s$ ist.

4. Frostausbreitung vor einer ebenen unbegrenzten Gefrierwand.

a) Aufgabenstellung. Das Gefrieren an einer ebenen, unendlich ausgedehnten Wand, deren Temperatur überall gleich und tiefer als der Gefrierpunkt des angrenzenden Mediums ist, stellt ein analoges Problem zu dem zuvor behandelten zylindersymmetrischen Fall dar. In beiden Fällen ist die Temperatur nur von einer Ortskoordinate und der Zeit abhängig. Die Gln. (1) bis (3) werden nun zweckmäßig in kartesischen Koordinaten angegeben, wobei die Ortskoordinate x den Abstand von der Gefrierwand angibt. Dann lauten die Wärmeleitungsgleichungen für das gefrorene und ungefrorene Gebiet

$$\frac{\partial t_1}{\partial \tau} = a_1 \frac{\partial^2 t_1}{\partial x^2} \tag{27}$$

und

$$\frac{\partial t_2}{\partial \tau} = a_2 \frac{\partial^2 t_2}{\partial x^2}. \tag{28}$$

Gl. (3) bleibt formal unverändert, wobei lediglich x an die Stelle von r tritt. Die Koordinate der Frostgrenze sei weiterhin mit R bezeichnet. Auch die Rand- und Anfangsbedingungen bleiben sinngemäß unverändert. Dabei ist nur zu beachten, daß der innere Rand des gefrorenen Gebiets bei $x = 0$ liegt und die Temperatur der Kühlwand mit t_E bezeichnet wird.

b) Die exakte Lösung von F. Neumann. Die einzige bekannte exakte Lösung für den ebenen Fall wurde von F. NEUMANN für konstante Gefrierwandtemperatur, d. h. die Randbedingung Gl. (5) angegeben[1]. Danach ist der Frostfortschritt gegeben durch die Gleichung

$$R = p\sqrt{\tau}\,. \tag{29}$$

Der Proportionalitätsfaktor p ist durch folgende Beziehung implizit ausgedrückt:

$$-\sqrt{\pi}\,\frac{\varrho\, q_s\, a_1}{t_E\,\lambda_1} = \frac{\exp(-p^2/4\,a_1)}{\dfrac{p}{\sqrt{4\,a_1}}\operatorname{erf}\left(\dfrac{p}{\sqrt{4\,a_1}}\right)} + \frac{\sqrt{c_2\,\varrho_2\,\lambda_2}\,t_{II}\exp(-p^2/4\,a_2)}{\sqrt{c_1\,\varrho_1\,\lambda_1}\,t_E\,\dfrac{p}{\sqrt{4\,a_1}}\left[1-\operatorname{erf}\left(\dfrac{p}{\sqrt{4\,a_2}}\right)\right]}\,. \tag{30}$$

Diese Gleichung besagt, daß der Faktor p zeitunabhängig ist, denn weder die Zeit noch die zeitabhängige Frostwanddicke treten darin auf. Im ebenen Fall rückt also die Frostgrenze proportional der Wurzel aus der Zeit vor.

Die Temperaturfunktionen im Gefrorenen und Ungefrorenen lauten:

$$t_1 = t_E\left[1-\frac{\operatorname{erf}\left(\dfrac{x}{\sqrt{4\,a_1\,\tau}}\right)}{\operatorname{erf}\left(\dfrac{R}{\sqrt{4\,a_1\,\tau}}\right)}\right], \tag{31}$$

$$t_2 = t_{II}\left[1-\frac{1-\operatorname{erf}\left(\dfrac{x}{\sqrt{4\,a_2\,\tau}}\right)}{1-\operatorname{erf}\left(\dfrac{R}{\sqrt{4\,a_2\,\tau}}\right)}\right]. \tag{32}$$

Hierin bezeichnet $\operatorname{erf}\left(\dfrac{x}{\sqrt{4a\tau}}\right)$ die Gauß-Funktion:

$$\operatorname{erf}\left(\frac{x}{\sqrt{4\,a\,\tau}}\right) = \frac{2}{\sqrt{\pi}}\int\limits_0^{x/\sqrt{4\,a\,\tau}} e^{-\xi^2}\,d\,\xi\,. \tag{33}$$

Damit ist die Lösung von F. NEUMANN vollständig angegeben. Sie ist auch für veränderliche Gefriertemperaturen anwendbar, wenn der wahre Temperaturverlauf wie beim zylindrischen Problem durch den zeitlichen Mittelwert der Wandtemperatur, bezogen auf die gesamte Gefrierdauer bis zum betrachteten Zeitpunkt, ersetzt wird.

Gl. (30) läßt sich nicht nach p auflösen. Durch Reihenentwicklung der Exponentialfunktion und der Gauß-Funktion erhält man jedoch für p eine explizite Näherungsbeziehung[2]:

$$p = \frac{\sqrt{\left(\dfrac{1}{\sqrt{\pi}}\,b_2\,t_{II}\right)^2 - 2\,\lambda_1\,t_E\left(\varrho\,q_s - \dfrac{1}{3}\,c_1\,\varrho_1\,t_E + \dfrac{2}{\pi}\,c_2\,\varrho_2\,t_{II}\right)} - \dfrac{1}{\sqrt{\pi}}\,b_2\,t_{II}}{\varrho\,q_s - \dfrac{1}{3}\,c_1\,\varrho_1\,t_E + \dfrac{2}{\pi}\,c_2\,\varrho_2\,t_{II}}\,. \tag{34}$$

Darin bezeichnet $b_2 = \sqrt{c_2\varrho_2\,\lambda_2}$ die Wärmeeindringzahl des Ungefrorenen.

---

[1] CARSLAW, H. S., u. J. C. JAEGER: Vgl. Fußnote 2, S. 185. GRÖBER, ERK u. GRIGULL: Die Grundgesetze der Wärmeübertragung. 3. Aufl., Berlin/Göttingen/Heidelberg: Springer 1955.

[2] STÄNDER, W.: Vgl. Fußnote 1, S. 185.

Eine weitere Lösungsmöglichkeit für Gl. (30) ist die Darstellung in einem Nomogramm, ähnlich dem des zylindersymmetrischen Falls[1]. Gl. (30) läßt sich zurückführen auf eine Funktion von vier dimensionslosen Veränderlichen u, v, w und β, die mit den entsprechenden Größen des Einzelrohrproblems wie folgt zusammenhängen:

$$u = \frac{1}{U}\sqrt{\frac{a_1}{a_2}} = -\frac{t_{II}\lambda_2\sqrt{a_1}}{t_E\,\lambda_1\sqrt{a_2}}\,, \tag{35}$$

$$v = \frac{1}{V} = -\frac{a_1\,\varrho\,q_s}{\lambda_1\,t_E}\,, \tag{36}$$

$$w = \frac{p^2}{4a_1} = \frac{R^2}{4a_1\,\tau}\,, \text{ entsprechend } W = \frac{R^2 - r_0^2}{4a_1\,\tau}\,, \tag{37}$$

$$\beta = \frac{a_1}{a_2}\,. \tag{38}$$

Da beim ebenen Frostfortschritt nur vier Kenngrößen auftreten, genügt ein einziges Nomogramm, um alle Veränderlichen zu erfassen (Abb. 140). Die Anwen-

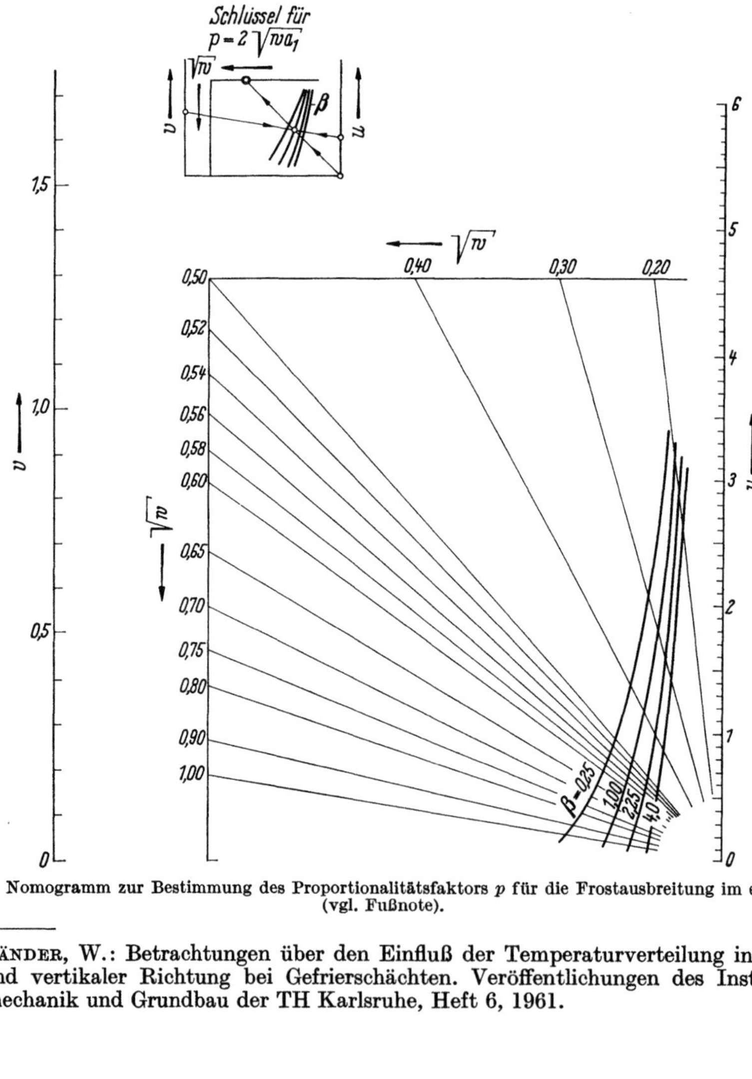

Abb. 140. Nomogramm zur Bestimmung des Proportionalitätsfaktors p für die Frostausbreitung im ebenen Fall (vgl. Fußnote).

[1] Ständer, W.: Betrachtungen über den Einfluß der Temperaturverteilung in horizontaler und vertikaler Richtung bei Gefrierschächten. Veröffentlichungen des Instituts für Bodenmechanik und Grundbau der TH Karlsruhe, Heft 6, 1961.

dung des Nomogramms geht aus der Nebenfigur in Abb. 140 hervor. Sind alle Bodendaten gegeben, so kennt man die Werte u und v, deren Verbindungsgerade die β-Kurven schneidet. Eine Hilfsgerade vom Punkt $u = 0$ des Nomogramms durch den Schnittpunkt auf der maßgeblichen β-Kurve schneidet auf der w-Leiter einen Funktionswert ab, der mit Hilfe der Gl. (37) die Lösung in Form einer geschlossenen Funktion liefert.

c) Numerische Lösung des ebenen Problems[1, 2]**.** Die numerische Lösung, die für den eindimensionalen Wärmefluß mit Zylindersymmetrie bereits beschrieben wurde, läßt sich auch auf den ebenen Fall anwenden. Sie ist wesentlich umständlicher als die Lösung von F. NEUMANN, kann jedoch, wie schon erwähnt, im Gegensatz zu dieser auch dann angewendet werden, wenn die Stoffgrößen des gefrierenden Mediums vom Ort oder von der Temperatur abhängen.

5. Frostfortschritt beim Gefrieren mit mehreren Rohren nach Entstehen eines einheitlichen Frostkörpers[2].

a) Anwendung der Lösung für die ebene Gefrierwand auf das Gefrieren mit in gerader Reihe angeordneten Rohren. Bei der geraden Rohrreihe liegen die Achsen der Gefrierrohre parallel äquidistant in einer Ebene. Haben sich die gefrorenen Zonen um die einzelnen Rohre so weit ausgedehnt, daß sie einander berühren, so entsteht ein zusammenhängender, geschlossener Frostkörper. Vom Zeitpunkt des Schließens an wird die Rohranordnung als Ganzes betrachtet. Die Berechnung des Frostfortschritts fußt auf der Lösung von F. NEUMANN. Die Voraussetzung für diese Lösung, eine ebene, unbegrenzte Kühlwand mit konstanter Temperatur bewirke das Gefrieren, wird von der Rohrreihe nicht erfüllt. Die Temperatur in der Mittelebene der Rohrreihe ist unmittelbar an den Rohrwänden am tiefsten und in der Mitte zwischen zwei Rohren am höchsten. Man könnte nun annehmen, daß die Dicke der Frostwand nach dem Schließen in Höhe der Rohre am schnellsten und längs der Symmetrieebene zwischen zwei Rohren am langsamsten zunimmt. Aus Modellversuchen geht jedoch das Gegenteil hervor. Die Dickenunterschiede innerhalb der Frostwand gleichen sich nach dem Schließen ziemlich schnell aus, d. h. die Frostbegrenzungen werden eben, obwohl an der Rohrreihe selbst örtlich verschiedene Temperaturen herrschen. Um die Lösung für den ebenen, eindimensionalen Fall anwenden zu können, muß diese Temperaturverteilung durch eine konstante, mittlere Temperatur ersetzt werden.

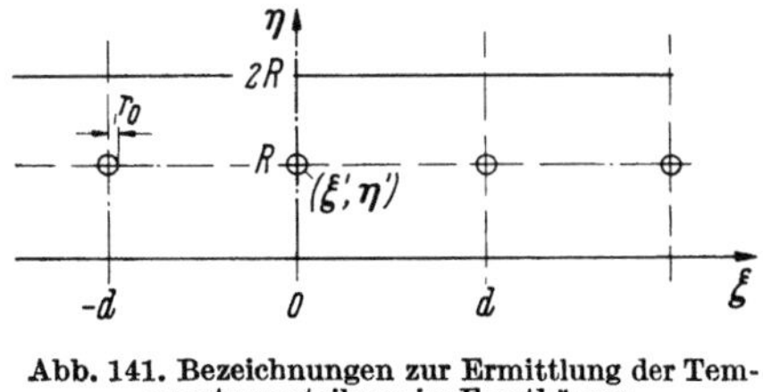

Abb. 141. Bezeichnungen zur Ermittlung der Temperaturverteilung im Frostkörper.

Bei Annahme stationärer Temperaturverteilung und ebener Frostgrenzen läßt sich das Temperaturfeld innerhalb des Frostkörpers berechnen. Zunächst wird nur ein Gefrierrohr berücksichtigt, in dessen Achse die Temperatur theoretisch gegen minus unendlich gehen würde (singuläre Stelle). Die gesuchte Temperaturfunktion muß die LAPLACE-Differentialgleichung

$$\frac{\partial^2 t}{\partial \xi^2} + \frac{\partial^2 t}{\partial \eta^2} = 0 \qquad (39)$$

und die Randbedingung $t = 0$ für $\eta = 0$ und $\eta = 2R$ sowie $t \to -\infty$ an der Rohrachse (ξ', η') erfüllen, Abb. 141. Die Temperaturfelder der benachbarten Rohre, deren Abstand d ist, werden überlagert. Betrachtet man nun die Rohrebene $\eta = R$

---

[1] STÄNDER, W., u. M. LENHARD: Vgl. Fußnote 1, S. 188.
[2] STÄNDER, W.: Vgl. Fußnote 1, S. 185.

und normiert die Temperaturen durch Bezug auf die Rohrwandtemperatur t_I, so gilt bei Anordnung unendlich vieler Singularitäten an den Stellen $\xi = nd$ mit $n = 0, \pm 1, \pm 2, \ldots$

$$t(\xi, R) = \frac{\sum\limits_{n=-\infty}^{+\infty} \ln \dfrac{\cosh\left[\dfrac{\pi}{2R}(\xi - nd)\right] - 1}{\cosh\left[\dfrac{\pi}{2R}(\xi - nd)\right] + 1}}{\sum\limits_{n=-\infty}^{+\infty} \ln \dfrac{\cosh\left[\dfrac{\pi}{2R}(r_0 - nd)\right] - 1}{\cosh\left[\dfrac{\pi}{2R}(r_0 - nd)\right] + 1}} \tag{40}$$

Integriert man nur zwischen den beiden Rohren $n = 0$ und $n = 1$, vernachlässigt also den Einfluß der Nachbarrohre, so erhält man die mittlere Temperatur t_E der Rohrebene in der dimensionslosen Form

$$E = \frac{t_E}{t_I} = \frac{1}{R}\int\limits_{\xi=0}^{\xi=\frac{d}{2}} t(\xi, R)\, d\xi = \frac{2}{d}\left[r_0 + \int\limits_{r_0}^{\frac{d}{2}} t(\xi, R)\, d\xi\right]. \tag{41}$$

Gl. (41) ist in Abb. 142 für verschiedene bezogene Rohrabstände r_0/d dargestellt. Wie leicht einzusehen ist, nähert sich der Faktor E mit fortschreitender Frostdicke

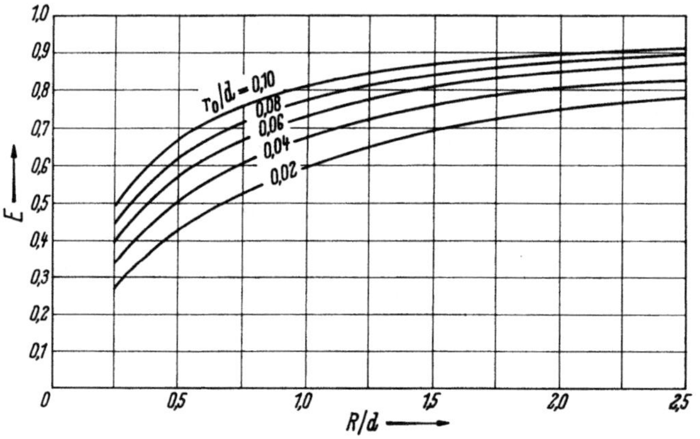

Abb. 142. Verhältnis E der mittleren Temperatur auf der Rohrebene zur Rohrwandtemperatur in Abhängigkeit von der Frostdicke R.

asymptotisch dem Wert $E = 1$. Die E-Kurven beginnen bei der zum Schließzeitpunkt vorhandenen mittleren Frostwanddicke R_s, die einseitig von der Rohrebene nach außen gemessen wird.

Falls die Bodenanfangstemperatur $t_{II} = 0$ ist, sind die Frostzonen um die einzelnen Gefrierrohre kreisförmig und die mittlere Frostwanddicke, die man erhält, wenn man die in Wirklichkeit wellenförmige Frostgrenze bei unverändertem Volum des Gefrorenen durch eine Ebene ersetzt, ergibt sich aus der Beziehung:

$$R_{s0} = \frac{\pi d}{8}. \tag{42}$$

Ist $t_{II} > 0$, so werden die einzelnen Frostzonen oval, weil der Frost in Richtung der Nachbarrohre schneller als in den übrigen Richtungen vordringt, d. h. R_s wird kleiner als nach Gl. (42). Der verlangsamte Frostfortschritt läßt sich mit guter Näherung mittels der Lösung von F. Neumann berücksichtigen. Bezeichnet man den Proportionalitätsfaktor p der Gl. (29) bei vernachlässigter äußerer Abkühlungswärme mit p_i, bei Berücksichtigung aller Wärmen mit p_v, so verhalten sich für gleiche Gefrierzeiten die Frostdicken

$$\frac{R\,(t_{II} > 0)}{R\,(t_{II} = 0)} = \frac{p_v}{p_i}. \tag{43}$$

Führt man dieses Verhältnis in Gl. (42) ein, so wird die mittlere Frostwanddicke zum Schließzeitpunkt

$$R_s = \frac{p_v}{p_i} R_{s\,0} = \frac{p_v}{p_i} \frac{\pi d}{8}. \tag{44}$$

Damit sind die Voraussetzungen für die Berechnung des Frostfortschritts nach dem Schließen gegeben. Sind Schließzeit und zugehörige mittlere Frostwanddicke R_s bekannt, so ergibt sich die Gefrierdauer τ_g bis zum Erreichen der Frostgrenze R_g aus einer Umformung der Gl. (29):

$$\tau_g = \left(\frac{R_g - R_s}{p} + \sqrt{\tau_s}\right)^2. \tag{45}$$

Da die normierte Temperatur E der Rohrebene nur in Abhängigkeit von der Frostwanddicke R bekannt ist, muß man bei der Berechnung des Frostfortschritts stets R_g vorgeben und die zugehörige Gefrierzeit aus Gl. (45) bestimmen. Allerdings darf der zu R_g gehörende E-Wert aus Abb. 142 nicht unmittelbar in die Rechnung eingeführt werden, weil die Temperatur der Rohrebene nicht konstant ist, sondern über die Frostwanddicke R von der Zeit abhängt. Für den Frostfortschritt ist aber der zeitliche Mittelwert der Rohrebenentemperatur und nicht der Endwert bei $R = R_g$ maßgebend. Dieser Mittelwert kann nicht exakt berechnet werden, weil dies die Kenntnis der gesuchten Abhängigkeit zwischen R_g und τ_g schon voraussetzen würde. Man kann sich aber helfen, indem man unter Berücksichtigung des bekannten Wertepaares (R_s, τ_s) die Abszisse der Abb. 142 gemäß Gl. (29) quadratisch verzerrt. Der verhältnismäßig flache Verlauf der E-Kurven im wichtigsten Bereich erlaubt jedoch ohne weiteres, die unmittelbar aus Abb. 142 durch graphische Integration gebildeten Temperaturmittelwerte als zeitliche Mittelwerte zu betrachten. Für den allgemeinen Fall, daß die Rohrwandtemperatur t_I nicht konstant ist, sondern im Verlauf des Gefrierens tiefer sinkt, ist die quadratische Verzerrung nicht mehr zulässig. Dann bleibt die letztgenannte Näherung die einzig mögliche.

Aus dem Integralmittelwert E_m der E-Kurve zwischen den Zeitgrenzen $\tau = 0$ und $\tau = \tau_g$ ergibt sich die Temperatur t_E der Rohrebene

$$t_E = E_m\, t_I. \tag{46}$$

Dazu müssen die E-Kurven bis zum Nullpunkt des Diagramms verlängert werden. Nun kann der Faktor p mit Hilfe von Gl. (34) oder dem Nomogramm Abb. 140 bestimmt werden und liefert gemäß Gl. (45) die gesuchte Gefrierzeit.

Hängt die Rohrwandtemperatur von der Zeit ab, so ist eine Lösung nur durch Iteration möglich. Die Temperaturfunktion $t_I = f(\tau)$ muß dabei bekannt sein. Der Rechengang umfaßt dann folgende Schritte:

Zuerst wird auf die bekannte Weise die Schließzeit τ_s mit einer geschätzten mittleren Rohrwandtemperatur t_I berechnet. Aus der Funktion $t_I = f(\tau)$ wird nun die zu τ_s gehörende Mitteltemperatur abgelesen und mit dem geschätzten Wert verglichen. Weichen die beiden Temperaturen voneinander ab, so liegt der wahre Wert stets zwischen ihnen, d. h. das Verfahren konvergiert und der Rechenaufwand richtet sich nur nach den Genauigkeitsansprüchen. Nachdem der Mittelwert der Rohrwandtemperatur bis zum Schließen bekannt ist, lassen sich die Faktoren

p_v und p_i ermitteln, wobei in Gl. (34) oder in den Kenngrößen des Nomogramms t_I an die Stelle von t_E tritt. Nun liefert Gl. (44) die mittlere Frostwanddicke R_s.

Der weitere Frostfortschritt ist zunächst zu schätzen, was mit Hilfe des bekannten Wertepaares (R_s, τ_s), das in ein R,τ-Diagramm eingetragen wird, verhältnismäßig gut gelingt. Dazu wird für eine gegebene Frostgrenze R_g die Gefrierdauer τ_g angenommen, wonach erneut ein zeitlicher Mittelwert für die Rohrwandtemperatur aus der Funktion $t_\mathrm{I}(\tau)$ abzulesen ist. Auch die normierte Rohrebenentemperatur muß erneut zwischen $\tau = 0$ und $\tau = \tau_g$ gemittelt werden. Das weitere Vorgehen entspricht der Beschreibung für $t_\mathrm{I} =$ konst. Das Ergebnis τ_g wird mit dem geschätzten Wert verglichen, der daraufhin gegebenenfalls für einen neuen Rechengang verbessert wird, bis die gewünschte Genauigkeit erreicht ist. Das Verfahren ist wiederum konvergent. Wird jedoch τ_g vorgegeben und die Frostgrenze geschätzt, so führt die Iteration nicht zum Ziel.

b) Das Gefrieren mit kreisförmig angeordneten Rohren. Wie bei der Rohrreihe wird die kreisförmige Anordnung der Rohre nach dem Schließen als Ganzes be-

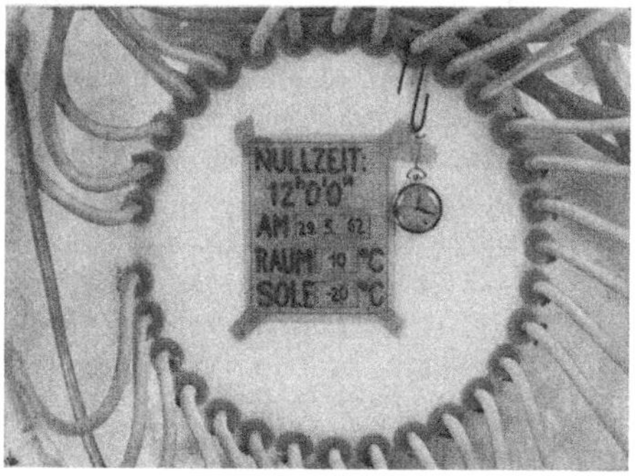

a

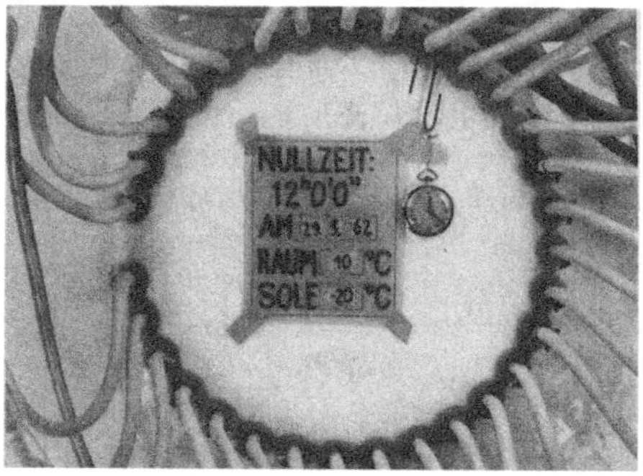

b

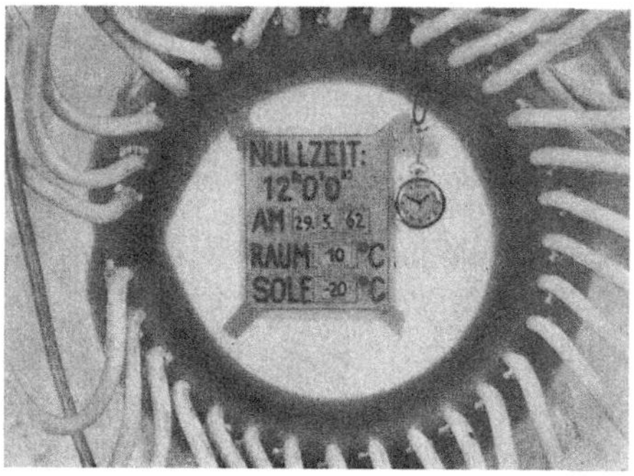

c

Abb. 143a—c. Frostausbreitung am Rohrkreis im Modellversuch.

trachtet. Im Grundriß liegen die Rohrachsen alle auf einem Kreis, der als Gefrierrohrkreis bezeichnet wird. Die Temperatur längs dieses Rohrkreises tritt nun an die Stelle der Rohrwandtemperatur. Ähnlich wie beim ebenen Frostfortschritt wird die in Wirklichkeit vom Zentriwinkel φ abhängige Temperatur auf dem Rohrkreis durch eine konstante Mitteltemperatur ersetzt. Dieses Vorgehen ist berechtigt, weil die Frostgrenzen so fortschreiten, als werde die Wärme von einer zylindrischen Wand von überall gleicher Temperatur abgeführt, d. h. die unmittelbar nach dem Schließen wellenförmigen Frostgrenzen werden allmählich kreisförmig, wie die Abb. 143a—c, die im Verlauf eines Modellversuches aufgenommen wurden, bestätigen[1]. Die zugehörigen Zeiten sind an den Uhren im Bild abzulesen. Hier erscheint der Frostkörper als dunkle, das Ungefrorene als helle Fläche. Die Frostlücke links in den Bildern diente dem Studium des praktisch wichtigen Falls, daß einzelne Rohre infolge Verlaufens der Gefrier-

[1] Ständer, W.: Vgl. Fußnote 1, S. 182.

rohrbohrungen zu weit auseinanderstehen. Die Lücke schließt sich wesentlich später als der übrige Frostmantel und beeinflußt dadurch maßgebend die gesamte Gefrierdauer. In einem solchen Fall ist es unter Umständen günstiger, ein zusätzliches Gefrierrohr in die Lücke einzubringen.

Analog zum ebenen Fall werden für die Berechnung der Temperaturverteilung feststehende Frostgrenzen mit den Achsabständen R_a und R_i vom Rohrkreismittelpunkt und der Temperatur $t = 0$ angenommen. Die Achsen der Gefrierrohre sind wiederum singuläre Stellen der Temperaturverteilung mit den Koordinaten (r_R, φ_ν). Durch Lösen der LAPLACE-Differentialgleichung mit Hilfe der GREENschen Funktion für den Kreisring erhält man zunächst das Temperaturfeld für ein einzelnes Rohr, woraus durch Superposition der benachbarten Felder die gesuchte Temperaturverteilung gefunden wird. Werden die Temperaturen auf die Rohrwandtemperatur t_I bezogen, so ist

$$t = 1 \text{ für } \begin{cases} r = r_R \\ \varphi = \dfrac{2\pi\nu}{n} \pm 2 \arcsin \dfrac{r_0}{2 r_R}, \end{cases} \tag{47}$$

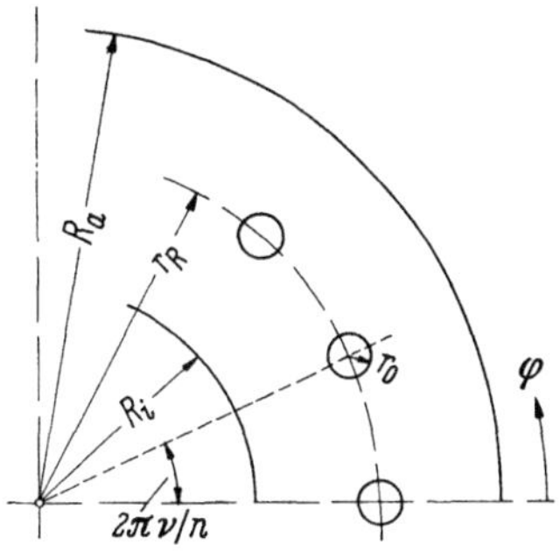

Abb. 144. Bezeichnungen zur Bestimmung der mittleren Rohrkreistemperatur.

wie aus Abb. 144 leicht abzulesen ist. Dabei sind n Kühlrohre vorhanden, die an den Stellen $\varphi = \dfrac{2\pi\nu}{n}$ mit $\nu = 0,1,2 \ldots n-1$ liegen. Damit wird die Temperaturverteilung längs des Rohrkreises

$$t(R_a, R_i, \varphi) = \frac{\ln \prod\limits_{\nu=0}^{n-1} \left[1 - \dfrac{\sin^2\left(\dfrac{\pi}{\ln \frac{R_a}{R_i}} \ln \dfrac{r_R}{R_i}\right)}{\sin^2\left(\dfrac{\pi}{\ln \frac{R_a}{R_i}} \ln \dfrac{r_R}{R_i}\right) + \sinh^2\left\{\dfrac{\pi}{2 \ln \frac{R_a}{R_i}} \left[f\left(\varphi - \dfrac{2\pi\nu}{n}\right)\right]\right\}} \right]}{\ln \prod\limits_{\nu=0}^{n-1} \left[1 - \dfrac{\sin^2\left(\dfrac{\pi}{\ln \frac{R_a}{R_i}} \ln \dfrac{r_R}{R_i}\right)}{\sin^2\left(\dfrac{\pi}{\ln \frac{R_a}{R_i}} \ln \dfrac{r_R}{R_i}\right) + \sinh^2\left\{\dfrac{\pi}{\ln \frac{R_a}{R_i}} \left[f\left(\dfrac{\pi\nu}{n} - \arcsin \dfrac{r_0}{2 r_R}\right)\right]\right\}} \right]} \tag{48}$$

Die Funktion $f\left(\varphi - \dfrac{2\pi\nu}{n}\right)$ ist wie folgt definiert:

$$f\left(\varphi - \frac{2\pi\nu}{n}\right) = \begin{cases} \left|\varphi - \dfrac{2\pi\nu}{n}\right| \text{ für } \left|\varphi - \dfrac{2\pi\nu}{n}\right| \le \pi \\ 2\pi - \left|\varphi - \dfrac{2\pi\nu}{n}\right| \text{ für } \left|\varphi - \dfrac{2\pi\nu}{n}\right| > \pi. \end{cases} \tag{49}$$

Die dimensionslose Mitteltemperatur auf dem Rohrkreis erhält man durch Integration der Temperatur $t = t(R_a, R_i, \varphi)$ zwischen zwei Rohren:

$$E = \frac{t_K}{t_I} = \frac{n}{\pi} \int\limits_{\varphi=0}^{\frac{\pi}{n}} t(R_a, R_i, \varphi)\, d\varphi. \tag{50}$$

Gl. (50) ist in Abb. 145 mit $r_0/r_R = 0{,}01$ als Parameter ausgewertet. Die Abszissenachse trägt zwei Teilungen für den auf den Rohrkreisradius bezogenen Achsabstand der inneren und äußeren Frostgrenze. Demnach sind innere und äußere Frostgrenze einander fest zugeordnet, was nur dann wirklich zutrifft, wenn die

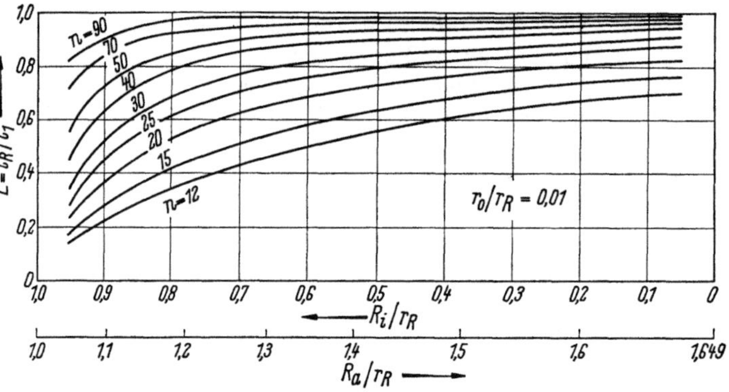

Abb. 145. Verhältnis E der mittleren Temperatur auf dem Rohrkreis zur Gefriertemperatur in Abhängigkeit vom Frostradius. n = Anzahl der Rohre.

Abkühlungswärme des Ungeforenen vernachlässigt werden kann, d. h. für $t_{II} = 0$. Für diesen Fall besteht zwischen R_i und R_a die zeitunabhängige Beziehung[1]:

$$2 R_a^2 \ln \frac{R_a}{r_R} - R_a^2 = 2 R_i^2 \ln \frac{R_i}{r_R} - R_i^2 . \tag{51}$$

Sie ist in Abb. 146 dargestellt.

Um einen Eindruck davon zu geben, wie die oben getroffenen Annahmen mit der Wirklichkeit übereinstimmen, sind in Abb. 147 die Meßergebnisse eines Analogieversuchs an einem elektrischen Modell wiedergegeben[1]. Hier ist ersichtlich, daß die Isothermen besonders in den Randzonen des Frostkörpers so verlaufen, als herrsche auf dem Rohrkreis eine gleichmäßige Temperaturverteilung.

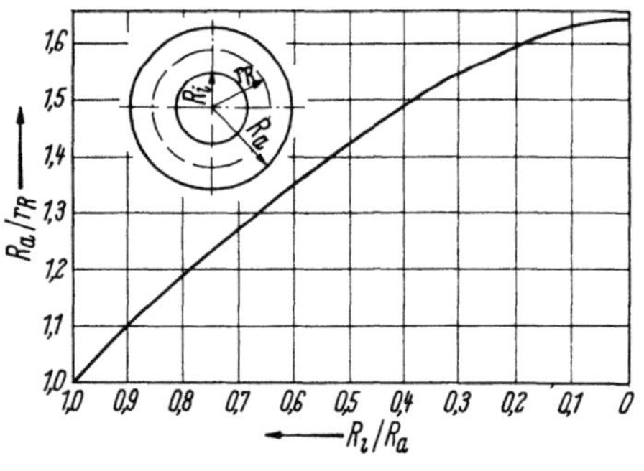

Abb. 146. Auf den Rohrkreisradius r_R bezogene Abhängigkeit des äußeren Frostkreisradius R_a vom inneren Frostkreisradius R_i.

Nachdem die mittlere Temperatur t_K auf dem Rohrkreis bekannt ist, kann der Frostfortschritt für den Innen- und Außenraum des Rohrkreises berechnet werden. Eine exakte Lösung für diese Aufgabe ist nicht bekannt. Man geht deshalb so vor, daß man zunächst nur die Erstarrungswärme berücksichtigt und hierfür die Beziehung $R = f(\tau)$ getrennt für den Innen- und Außenraum ermittelt. Der Einfluß der Abkühlungswärmen des gefrorenen und ungefrorenen Gebiets wird in erster Näherung durch Vergleich mit dem ebenen Fall berücksichtigt. Bezeichnet man den Proportionalitätsfaktor p in Gl. (29) bei ausschließlicher Berücksichtigung der Kristallisationswärme mit p_k, so ist der Quotient $(p_k/p_v)^2$ ein Maß für die Verlängerung der Gefrierzeit durch die Abkühlungswärmen im ebenen Fall. Allerdings bringt die zylindrische Form des Frostmantels einen im Vergleich zum ebenen Problem ver-

[1] STÄNDER, W.: Vgl. Fußnote 1 S. 192.

größerten Wärmefluß aus dem äußeren, ungefrorenen Gebiet und einen verkleinerten Wärmefluß aus dem Innenraum. Dieser Umstand wird durch eine zweite Korrektur berücksichtigt.

Zunächst sind die zum Schließzeitpunkt wellenförmigen Frostgrenzen durch konzentrische Kreise in den Abständen R_{si} und R_{sa} vom Rohrkreismittelpunkt zu

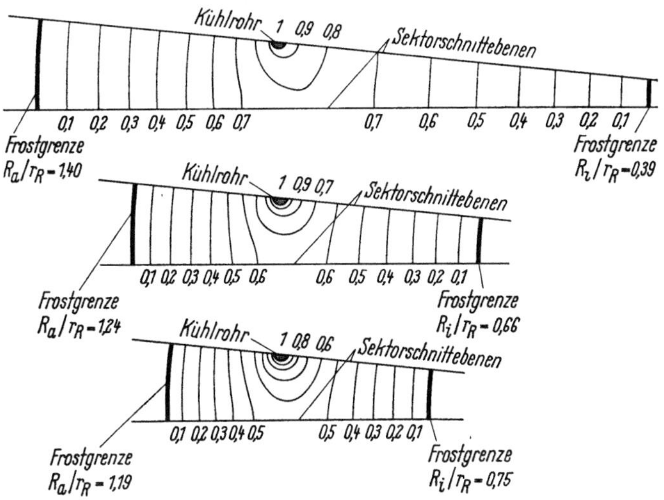

Abb. 147. Temperaturverteilung innerhalb des Frostkörpers für verschiedene Frostmantelstärken, bezogen auf die Rohrwandtemperatur.

ersetzen. Der beim ebenen Problem erläuterte Gedankengang des Flächenausgleichs ergibt hier für den Außenraum, d. h. die äußere Frostgrenze

$$R_{sa} = \left[\left(\sqrt{1 + \frac{\pi^2}{2n}} - 1\right)\frac{p_e}{p_i} + 1\right] r_R \tag{52}$$

und für die innere Frostgrenze

$$R_{si} = \left[1 - \left(1 - \sqrt{1 - \frac{\pi^2}{2n}}\right)\frac{p_e}{p_i}\right] r_R\,. \tag{53}$$

Für die Gefrierdauer τ_k nach dem Schließen bei ausschließlicher Berücksichtigung der Kristallisationswärme gilt

$$\tau_k = -\frac{\varrho\, q_s}{\lambda_1 t_{\mathrm{I}}} \int\limits_{R_{sa},\, R_{si}}^{R_a,\, R_i} \frac{r \ln \frac{r}{r_R}}{E}\, dr\,. \tag{54}$$

Das Integral in Gl. (54) muß graphisch ermittelt werden, indem der Integrand für verschiedene Radien r mit dem durch Gl. (50) gegebenen Wert E berechnet wird. Bei veränderlicher Rohrwandtemperatur t_{I} wird deren zeitlicher Mittelwert in Gl. (54) eingeführt.

Der Einfluß der Zylindergeometrie auf den Frostfortschritt im Vergleich zum ebenen Fall läßt sich näherungsweise berechnen[1].

Die äußere Abkühlungswärme beim Gefrieren eines zylindrischen Frostkörpers ist gegenüber dem ebenen Fall um die zeitunabhängige Wärmemenge

$$Q = \frac{\lambda_2 t_{\mathrm{II}}}{R_a + r_R} \tag{55}$$

[1] Ständer, W.: Vgl. Fußnote 1 S. 185.

größer. Diese Wärme verzögert den Frostfortschritt in den Außenraum des Rohrkreises. Sie wird in Gl. (29) nach deren Differentiation eingeführt:

$$\frac{dR}{d\tau} = \frac{p_v}{2\sqrt{\tau}} - \frac{\lambda_2 t_{II}}{(R_a + r_R)\,\varrho\, q_s} = \frac{p_v}{2\sqrt{\tau}} - C\,. \tag{56}$$

Die Integration der Gl. (56) liefert die Gefrierzeit τ_v unter Berücksichtigung aller Wärmeanteile und des Einflusses der Zylinderform für den Frostfortschritt vom Rohrkreis nach außen, wenn gleichzeitig der bereits erwähnte Verlängerungsfaktor $(p_k/p_v)^2$ eingesetzt wird.

$$\tau_{va} = \left\{\frac{p_k}{p_v}\left[1 + \frac{C\,(R_a - r_R)}{p_v^2} + \frac{2C^2\,(R_a - r_R)^2}{p_v^4} + \ldots\right]\right\}^2 \tau_k\,. \tag{57}$$

Das entsprechende Vorgehen für den Innenraum des Rohrkreises liefert die Beziehung

$$\tau_{vi} = \left\{\frac{p_k}{p_v}\left[1 - \frac{C\,(r_R - R_i)}{p_v^2} + \frac{2C^2\,(r_R - R_i)^2}{p_v^4} - + \ldots\right]\right\}^2 \tau_k\,. \tag{58}$$

Der Wert des Korrekturfaktors in der eckigen Klammer ist in Gl. (57) größer und in Gl. (58) kleiner als eins. Die Zylinderform der Kühlfläche und der Frostgrenzen bewirkt also im Vergleich zum ebenen Fall eine Verzögerung der Frostausbreitung nach außen und eine Beschleunigung der Frostausbreitung nach innen. Die Reihen in Gl.(57) und (58) konvergieren so rasch, daß sie nach dem dritten Glied abgebrochen werden dürfen.

Zusammengefaßt ergibt sich damit folgender Rechengang für die Ermittlung der Gefrierzeit nach dem Schließen, wenn alle Stoffgrößen und Temperaturen sowie die Abmessungen der Rohranordnung bekannt sind:

Gesucht werde die Zeit bis zum Erreichen der Frostgrenze R_a. Dazu ist zunächst aus Gl. (50) mit Hilfe der Gl. (48) die normierte Temperatur E zu bestimmen. Einfacher ist die Benutzung des Diagramms Abb. 145, sofern der Quotient r_0/r_R nicht zu sehr von dem dort geltenden Wert $r_0/r_R = 0{,}01$ abweicht. Zwecks Berechnung der Mitteltemperatur t_K auf dem Rohrkreis muß die gesuchte Zeit vorläufig geschätzt werden. Dann ergibt sich aus der als bekannt vorausgesetzten Funktion $t_I = f(\tau)$ eine zeitlich mittlere Rohrwandtemperatur, mit der vorerst gerechnet wird. Wie im ebenen Fall ist aus der E-Kurve ein zeitlicher Mittelwert E_m zu bilden, in erster Näherung durch den Integralmittelwert der Kurve $E = f(R_a)$ ersetzt werden darf. Mit ihm ist die mittlere Rohrkreistemperatur t_K zu berechnen. Es ist zweckmäßig, die Funktion $E_m = f(R_a)$ aufzuzeichnen, um für beliebige Frostgrenzradien R_a den Wert E_m ablesen zu können. Damit wird die graphische Integration der Gl. (54) erleichtert. Die untere Grenze des Integrals liefert Gl. (52), deren Faktoren p_v und p_i aus Gl. (34) oder dem Nomogramm Abb. 140 mit t_K an Stelle von t_E berechnet werden. Werden nun der Korrekturfaktor C aus Gl. (56) und der Proportionalitätsfaktor p_k entsprechend p_i, jedoch zusätzlich mit $c_1 = 0$, ermittelt, so sind in Gl. (57) alle Größen zur Bestimmung der Gefrierdauer τ_{va} bekannt. Zu diesem Ergebnis τ_{va} ist die Schließzeit τ_s zu addieren, um die gesamte Gefrierzeit τ_g zu erhalten. Die Gefrierzeit τ_g ist mit dem eingangs geschätzten Wert zu vergleichen. War der Schätzwert zu groß, so wird das Rechenergebnis kleiner als der wahre Wert sein und umgekehrt, sofern die Gefriertemperatur t_I mit der Zeit tiefer sinkt, was praktisch immer der Fall ist. Das Iterationsverfahren konvergiert ziemlich rasch. Die Schätzung des Anfangswertes τ_g wird durch Zuhilfenahme des bekannten Wertepaares (R_{sa}, τ_s) erleichtert.

c) Die rechnerische Behandlung sonstiger Rohranordnungen. Die in der Praxis üblichen Rohranordnungen lassen sich auf die behandelten Fälle der Ebene und des Zylinders zurückführen, wobei jedoch die für die Berechnung notwendigen idealisierenden Vereinfachungen im allgemeinen einen größeren Fehler verursachen als bei den beschriebenen Grundtypen.

Die angegebenen Rechenverfahren wurden an Modellversuchen überprüft, wobei die Gefrierzeitbestimmung mit maximalen Fehlern bis zu 5% behaftet war. Stets war die gemessene Gefrierzeit kleiner als die berechnete, d. h. bezüglich der praktischen Erfordernisse lagen die Abweichungen auf der sicheren Seite. Der Gesamtfehler enthält allerdings auch die Fehler, die bei der Bestimmung der Stoffgrößen auftreten und in die Rechnung zwangsläufig eingehen. Auf Grund der sorgfältigen mehrfachen Messung dieser Größen spielen diese Ungenauigkeiten hier eine untergeordnete Rolle.

Bei Baugrubenumschließungen in rechteckiger oder quadratischer Form geschieht die Berechnung der Gefrierdauer nach dem Verfahren für den ebenen Fall. Da die Frostwanddicke hier durchweg im Vergleich zum Baugrubendurchmesser klein ist, brauchen die unterschiedlichen thermischen Verhältnisse auf beiden Seiten der vier Rohrreihen, nämlich einerseits die unbegrenzte Umgebung, andererseits der begrenzte Innenraum der Baugrube nicht berücksichtigt zu werden. Das Berechnungsverfahren für den ebenen Frostfortschritt wird man auch dort anwenden, wo die Gefrierrohre an leicht gekrümmten Linien aufgereiht sind, d. h. immer dann, wenn die Frostwanddicke klein gegenüber dem Krümmungsradius der Grundrißlinie der Rohranordnung ist.

Liegen die Rohrachsen auf einem Kegelmantel, so müssen mehrere Grundrisse, d. h. mehrere Rohrkreise mit verschiedenen Durchmessern untersucht werden. Die Wärmestromlinien liegen hier nicht mehr genau in der Grundrißebene, jedoch kann diese Abweichung gegenüber den Berechnungsannahmen vernachlässigt werden, da die üblichen Kegelwinkel sehr spitz sind und die Rohranordnung sich damit nur wenig von der Zylinderform unterscheidet.

6. Sonderfälle in der Anwendung des Gefrierverfahrens.

a) Frostausbreitung in strömendem Grundwasser[1]. Die Frostausbreitung in strömendem Grundwasser ist wesentlich schwieriger zu erfassen als in ruhendem Grundwasser. Zunächst stellt die Strömungsgeschwindigkeit des Wassers einen zusätzlichen Parameter des Problems dar. Darüber hinaus wird die Symmetrie des Frostfortschritts gestört, so daß der Wärmefluß nicht mehr als eindimensional betrachtet werden darf. Schließlich ändern sich die Wärmeübergangsverhältnisse an der Frostgrenze während der ersten Phase des Gefrierens bis zum Schließen, da die Strömungsgeschwindigkeit zwischen benachbarten Gefrierrohren entsprechend der stetigen Verengung des Strömungsquerschnitts zunimmt. Die Wärmeleitfähigkeit des durchströmten Bodens senkrecht zur Strömungsrichtung ändert sich in Abhängigkeit von der Strömungsgeschwindigkeit[2].

Es ist bisher nicht gelungen, alle diese Faktoren rechnerisch zu berücksichtigen. Deshalb ist man hier auf Modellversuche angewiesen, deren Ergebnisse mit Hilfe geeigneter Modellgesetze auf die Praxis übertragen werden müssen.

Bezeichnet man mit $\overline{w}$ die Strömungsgeschwindigkeit, bezogen auf den gesamten Bodenquerschnitt und mit l allgemein eine Länge, z. B. Rohrdurchmesser oder Rohrabstand, so gelten folgende Gesetzmäßigkeiten, wenn die Modellgrößen

---

[1] Ständer, W.: Die physikalischen Grundlagen des Gefrierverfahrens. Rationalisierung im Bergbau, Schriftenreihe der Arbeitsgemeinschaft für Rationalisierung des Landes Nordrhein-Westfalen, Heft 60 (1962) S. 57–80. Verkehrs- und Wirtschaftsverlag Dr. Borgmann, Dortmund.

[2] Klocke, H. J.: Wärmeleitfähigkeit flüssigkeitsdurchströmter körniger Schüttungen. Diss. TH Karlsruhe 1965.

durch einen Strich unterschieden werden:

$$\frac{\overline{w}\, l}{a_2} = \frac{\overline{w}'\, l'}{a_2'}, \tag{59}$$

$$\frac{\varrho\, q_s\, l^2}{\lambda_1\, t_{\mathrm{I}}\, \tau} = \frac{(\varrho\, q_s)'\, l'^2}{\lambda_1'\, t_{\mathrm{I}}'\, \tau'}, \tag{60}$$

$$\frac{\lambda_1\, t_{\mathrm{I}}}{\lambda_2\, t_{\mathrm{II}}} = \frac{\lambda_1'\, t_{\mathrm{I}}'}{\lambda_2'\, t_{\mathrm{II}}'}, \tag{61}$$

$$\frac{a_1\, \tau}{l^2} = \frac{a_1'\, \tau'}{l'^2}. \tag{62}$$

In dem Modellgesetz Gl. (61) erscheint das Verhältnis $t_{\mathrm{I}}/t_{\mathrm{II}}$, d. h. die Frostausbreitungsvorgänge im strömenden Grundwasser sind, abgesehen vom zeitlichen Verlauf gemäß Gl. (60), unabhängig vom Absolutwert der Temperatur t_{II} des strömenden Grundwassers und der Gefriertemperatur t_{I}. Dies gilt zwar für hohe Strömungsgeschwindigkeiten des Wassers, kann jedoch bei niedrigen Geschwindigkeiten zu unrichtigen Ergebnissen führen, weil das Temperaturfeld dann stärker von einem stationären Feld abweicht. Damit spielen auch die Absolutwerte von t_{I} und t_{II} eine Rolle, d. h. man hat im Modellversuch die gleichen Temperaturen wie in der Praxis zu wählen. Verwendet man für die Versuche die gleiche Bodenart, die in der Praxis vorliegt, so läßt sich Gl. (62) auf Gl. (60) zurückführen und es verbleiben drei Gleichungen, die sich in Form eines Diagramms darstellen lassen (Abb. 148). Gibt man beispielsweise $\frac{w\, l}{a_2}$ und $\frac{\lambda_1 t_{\mathrm{I}}}{\lambda_2 t_{\mathrm{II}}}$ vor, so liefern die Versuchsergebnisse die Teilung der Abszissenachse $\frac{\varrho\, q_s l^2}{\lambda_1 t_{\mathrm{I}} \tau}$, womit die Aufgabe für den Fall gelöst ist, daß in Modell und Praxis das gleiche Medium gefriert, und zwar sowohl hinsichtlich der Stoffgrößen des Kornmaterials als auch der strömenden Flüssigkeit. Zur Übertragung von Versuchsergebnissen auf Gefrierverfahren in anderen Medien reichen die Modellbedingungen Gl. (59) bis (62) nicht aus.

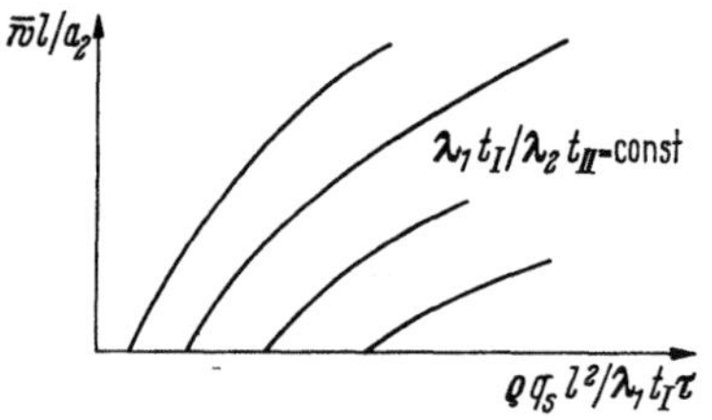

Abb. 148. Schema für die Auswertung von Modellversuchen in strömendem Grundwasser.

Das Gefrieren in strömendem Grundwasser ist wesentlich aufwendiger als in ruhendem Grundwasser. Je nach Strömungsgeschwindigkeit und Grundwassertemperatur werden beträchtliche Wärmemengen aus größerer Entfernung an die Gefrierrohre herangeführt, die unter Umständen das Schließen der Frostwand verhindern. Mehr als in ruhendem Grundwasser hängt der Erfolg des Gefrierverfahrens von einer sorgfältigen Planung und der genauen Kenntnis der Boden- und Grundwasserströmungsverhältnisse ab.

b) Das Gefrieren frostschiebender Formationen. Feinkörnige Bodenarten, vor allem Tone, gefrieren nicht bei einheitlicher Temperatur. Vielmehr wird die Erstarrung des Porenwassers unter der Einwirkung molekularer Oberflächenkräfte und mitunter auch chemischer Bindungen verzögert. Diese Kräfte treten bei grobkörnigen Böden, bei denen das Verhältnis der Kornoberflächen zum gesamten Kornvolum wesentlich kleiner als bei bindigen Böden ist, nicht in Erscheinung.

Im feinkörnigen Boden erstarrt das Wasser in Porenmitte zuerst und verstopft die Poren. Die Wassermoleküle im Bereich der Oberflächen gefrieren entsprechend den auf sie wirkenden Kräften erst bei tieferer Temperatur. Die hierdurch eintretende Volumvergrößerung kann nicht durch Verdrängung noch vorhandenen Wassers ausgeglichen werden, weil einmal die Durchlässigkeit bindiger Böden wesentlich kleiner als die grobkörniger Böden ist und zum anderen die zuerst gebildeten Eispfropfen die Durchlässigkeit weiter herabsetzen. Das entstehende Eis muß also die benachbarten Körner seinem Platzbedarf entsprechend auseinandertreiben. Dies äußert sich in einer Volumvergrößerung des gefrierenden Bodens, die mit großer Gewalt vor sich geht und als Frostschiebung bezeichnet wird. Die Ausdehnung kommt im Verlauf der Temperatursenkung zum Stillstand, wenn die thermische Zusammenziehung der Feststoffe (Eis und Körner) die Volumzunahme durch weiteres Erstarren von Porenwasser gerade ausgleicht. Der Umkehrpunkt der Volumänderung liegt für jede Bodenart bei einer anderen Temperatur.

Dieses besondere Verhalten bindiger, d. h. feinkörniger Böden ist für die Anwendung des Gefrierverfahrens ungünstig. Da der Gefrierprozeß so lange betrieben werden muß, bis die verfestigten Böden durch Bauwerke, z. B. Schachtauskleidungen, abgestützt sind, ist damit zu rechnen, daß die Temperatur des Frostkörpers nach Einbringen des Ausbaus noch tiefer sinkt. War während des Einbringens der Umkehrpunkt der Volumänderung noch nicht erreicht, so gerät der Ausbau nun unter Frostdruck und kann zerstört werden. Der Gefrierschachtbau ist reich an Beispielen für Schäden, die durch Frostschiebungen verursacht wurden.

Das Frostverhalten eines Bodens entzieht sich der rechnerischen Erfassung und kann nur experimentell ermittelt werden. Infolge der Überlagerung verschiedener Effekte und gewisser Nebenerscheinungen ist man dabei zu verhältnismäßig großem Aufwand gezwungen. Beispielsweise enthält Grundwasser stets gelöste Gase, die beim Gefrieren teilweise frei werden oder je nach Druck und Temperatur feste Hydrate bilden. Dadurch wird die Volumänderung erheblich beeinflußt. Besonders beim Auftreten von Gasen spielt der Druck, unter dem der Boden steht, eine große Rolle.

Die Berechnung der Frostausbreitung stößt auf ähnliche Schwierigkeiten. Das Gebiet zwischen Wärmesenke und Frostgrenze ist nicht mehr vollständig gefroren; vielmehr nimmt der Anteil des Eises in Richtung fallender Temperatur mehr oder weniger kontinuierlich zu. Entsprechend ändern sich auch Wärmeleitzahl und Temperaturleitzahl noch innerhalb des gefrorenen Gebiets erheblich. Der Versuch einer Berechnung hätte also nur dann Sinn, wenn diese Stoffgrößen für jeden Eisgehalt bekannt wären. Eine Messung dieser Daten an Bodenproben kann mit so großen Fehlern behaftet sein, daß sie nicht mehr als Grundlage einer Berechnung geeignet ist. Erst der Einsatz besonderer Meßverfahren im ungestörten Boden verspricht Erfolg.

II. Die Bestimmung der thermischen Stoffgrößen von Erdstoffen.

1. Wärmeleitzahlen für den gefrorenen und ungefrorenen Zustand.

Beim Gefrieren von Erdstoffen hat man es in der Regel mit einem Mehrstoffgemisch von Kornmaterial, Flüssigkeit und Gas zu tun. Sind die Wärmeleitzahlen der Gemischkomponenten und ihre Raumanteile bekannt, so bieten sich verschiedene Theorien an, nach denen die Wärmeleitzahl des Gemischs berechnet werden kann. Diese Theorien sind aber noch so unvollkommen, daß die Rechenergebnisse sehr unzuverlässig werden. Aus diesem Grund ist die experimentelle Bestimmung der Wärmeleitzahlen vorzuziehen.

Hier gibt es nun zwei grundsätzlich verschiedene Meßverfahren, nämlich die allgemein bekannten Messungen bei stationärem Wärmefluß und die weniger gebräuchliche Messung im instationären Temperaturfeld. Bei der stationären Messung sitzt die Bodenprobe zwischen zwei ebenen oder zylindrischen Wänden von verschiedener, aber konstanter Temperatur.

Die Theorie der instationären Messung geht von einer unendlich langen Wärmequelle mit dem Durchmesser $d = 0$, einer sog. fadenförmigen Wärmequelle aus. Diese Wärmequelle bewirkt in einem homogenen, unbegrenzten Medium einen radial gerichteten Wärmefluß, welcher der Fourierschen Differentialgleichung in Form der Gl. (1) gehorchen muß.

Für die Messung der Wärmeleitzahlen werden Sonden in Form langer, runder Stäbe verwendet, die in der Achse einen Heizstab und in der Oberfläche Thermoelemente zur Temperaturmessung tragen. Die Abweichungen einer solchen Sonde von der Theorie der fadenförmigen Wärmequelle sind durch Korrekturen zu berücksichtigen.

Eine Messung nach dem instationären Verfahren dauert nur rund 15 Minuten, während die stationäre Messung, da nach Einstellen der Versuchsbedingungen der stationäre Zustand abgewartet werden muß, stets mehrere Stunden in Anspruch nimmt. Bezüglich der Genauigkeit ist die Sondenmessung nur wenig unterlegen; sie bietet aber den wesentlichen Vorteil, daß Messungen der gesuchten Wärmeleitzahlen an Ort und Stelle, d. h. im ungestörten Boden möglich sind. Deshalb ist der Sondenmessung für die Praxis der Vorzug zu geben.

Die Messung der Wärmeleitzahlen an Bodenproben im Labor birgt die Gefahr außerordentlich großer Meßfehler, weil durch Veränderung der Umgebungsbedingungen auch die Probe beeinflußt wird und nicht mehr dem natürlichen Lagerungszustand des Bodens entspricht. Vor allem sind Fehlmessungen dann zu erwarten, wenn das Porenwasser einer wassergesättigten, tiefliegenden Bodenschicht gelöste Gase enthält[1]. Wird mit Hilfe einer Kernbohrung eine Bodenprobe aus dieser Schicht gezogen, so wird sie auf Atmosphärendruck entspannt, wodurch das Lösungsgleichgewicht der Gase gestört wird. Da die Löslichkeit der Gase im Wasser mit sinkendem Druck abnimmt, wird je nach dem ursprünglichen Sättigungsgrad des Porenwassers mehr oder weniger Gas frei, das teils entweicht, teils in der Probe verbleibt und diese aufbläht. Dadurch wird die Wärmeleitfähigkeit der Probe gegenüber dem natürlichen Zustand stark herabgesetzt. In gleicher Weise wirkt ein Temperaturanstieg; allerdings sind die Unterschiede zwischen der natürlichen Schichttemperatur und der Arbeitstemperatur im Labor im allgemeinen nicht groß.

2. Rechnerisch zu bestimmende Größen.

Bodenmechanische Untersuchungen, deren Beschreibung hier zu weit führen würde, liefern den Wassergehalt und den Kornanteil der zu gefrierenden Böden. Darüber hinaus werden Kornart, Korngrößenverteilung und gegebenenfalls Salzgehalt des Wassers ermittelt. Aus diesen Meßwerten lassen sich die für die Berechnung des Frostfortschritts benötigten Stoffgrößen berechnen. Die spezifische Wärme im gefrorenen und ungefrorenen Zustand ergibt sich nach der Mischungsregel

$$\begin{aligned} c_1 \varrho_1 &= n\, c_E\, \varrho_E + (1-n)\, c_K\, \varrho_K\,, \\ c_2 \varrho_2 &= n\, c_W\, \varrho_W + (1-n)\, c_K\, \varrho_K\,. \end{aligned} \tag{63}$$

Hierin kennzeichnet n den Volumanteil des Wassers (Index W) bzw. Eises (Index E), während der Index K das Kornmaterial bezeichnet.

Die auf das Volum bezogene Erstarrungswärme ϱq_s ist mit dem Faktor n ebenfalls bekannt:

$$\varrho\, q_s = n\, \varrho_W\, q_s\,. \tag{64}$$

[1] STÄNDER, W.: Zur Bestimmung des Porenvolumens von Bodenproben aus großen Teufen. Glückauf Bd. 100 (1964) Heft 19.

Die Erstarrungstemperatur t_g des Grundwassers, die als Bezugstemperatur sämtlicher Berechnungen zum Gefrierproblem gewählt wurde, läßt sich nach einem Vorschlag von BOJKO ebenfalls berechnen[1]. Die Messung dieses Wertes ist jedoch sehr einfach und deshalb in jedem Fall vorzuziehen.

III. Besonderheiten bei der technischen Durchführung von Gefrierverfahren.

1. Wahl der günstigsten Rohrabmessungen[2].

Der finanzielle Aufwand für ein Gefrierverfahren wird von den Energiekosten erheblich beeinflußt. Nach den Kältekompressoren haben die Umwälzpumpen für die Kühlsole den höchsten Energiebedarf, besonders im Schachtbau, wo mit verhältnismäßig langen Rohren gearbeitet wird. Es sollte deshalb darauf geachtet werden, daß die Soleumwälzung mit einem Minimum an Energieaufwand geschieht, d. h. der Druckverlust in den Gefrierrohren soll so klein wie möglich sein. Darüber hinaus soll zwecks verbesserten Wärmeübergangs zwischen Gebirge und Kühlsole die Strömung im Ringraum des Gefrierrohrs turbulent sein. Nun läßt sich nachweisen, daß die Reynoldszahl Re_i im inneren Rohr stets höher ist als die Reynoldszahl Re_a im Ringraum. Vernachlässigt man nämlich die geringfügige Änderung der Viskosität infolge des Temperaturanstiegs in Strömungsrichtung und beachtet, daß der Volumstrom in beiden Rohrsträngen gleich sein muß, so ist

$$\frac{Re_i}{Re_a} = \frac{D_i + d_m}{d_m} > 1\,. \tag{65}$$

Darin bedeuten D_i den Innendurchmesser des äußeren Rohrs und d_m den mittleren Durchmesser des Fallrohrs, dessen Wandstärke vernachlässigt wurde. Wird im Ringraum Turbulenz angestrebt, so muß zwangsläufig in beiden Rohrsträngen Turbulenz herrschen. Für diesen Fall lassen sich die Druckverluste Δp mit Hilfe des Blasiusschen Gesetzes für den Reibungsbeiwert angeben. Rechnet man wiederum mit einem mittleren Durchmesser d_m des Innenrohrs, so liefert die Bedingung $\frac{d\,\Delta p}{d\,d_m} = 0$ den Wert d_m, für welchen die Druckverluste ihren Kleinstwert erreichen. Man erhält

$$d_m = 0{,}646\,D_i\,. \tag{66}$$

Eine entsprechende Betrachtung für laminare Strömung in beiden Rohrsträngen ergibt

$$d_m = 0{,}584\,D_i\,. \tag{67}$$

Der dritte mögliche Fall, Turbulenz im Innenrohr und laminare Strömung im Ringraum ist in wärmetechnischer Hinsicht ungünstig, da der unerwünschte Wärmeübergang zwischen Innenrohr und Ringraum besser als der angestrebte Wärmeübergang von außen ist.

In den Ableitungen der Gln. (66) und (67) sind nur die Reibungsverluste berücksichtigt, nicht aber die Druckverluste an Rohrverbindungsmuffen, die Verengungen des Strömungsquerschnitts darstellen. Diese Verluste lassen sich mit Hilfe des Impulssatzes abschätzen. Sie spielen nur eine untergeordnete Rolle.

Die Bedeutung der Wahl optimaler Gefrierrohrquerschnitte sei an einem Beispiel aus dem Schachtbau gezeigt. Bis vor wenigen Jahren kam man infolge zu

[1] BOJKO, I. W.: Die Eigenschaften gefrorener] lockerer Gesteine. Šachtnoe Stroitel'stvo (1957) Nr. 10, S. 8–13. Moskau.

[2] STÄNDER, W.: Vgl. Fußnote 1 S. 192.

enger Innenrohre und damit verbundener hoher Druckverluste über laminare Strömung im Ringraum nicht hinaus. Bei einem Durchfluß von 4,2 m³/h je Rohr und den Querschnitten $F_i = 13{,}2$ cm² innen und $F_a = 102{,}5$ cm² außen betrugen die Druckverluste pro Meter Rohr rund 0,005 kp/cm². Wählt man das für laminare Strömung optimale Durchmesserverhältnis bei gleichem Innendurchmesser des Außenrohres von $D_i = 124$ mm, so erhält man die Querschnitte $F_i = 35{,}3$ cm² und $F_a = 73$ cm². Der Druckverlust beträgt hierbei je Meter Rohr 0,00062 kp/cm², d. h. rund ein Achtel des früheren Wertes.

2. Überwachung des Verfahrensablaufs.

Neben der Betriebskontrolle der Kälteanlage ist eine ständige Überwachung des Kälteträgerkreislaufs und der Frostausbreitung erforderlich. Unter ungünstigen Umständen kann es vorkommen, daß ein Gefrierrohr an einer Muffenverbindung undicht wird oder infolge von thermischen Spannungen oder Gebirgsbewegungen reißt. Dann gelangt Kühlsole an den Frostkörper, wodurch dieser teilweise auftauen kann. Festigkeit und Dichtigkeit der Frostwand sind also, wie schon erwähnt, gefährdet. Es ist deshalb dafür zu sorgen, daß Undichtigkeiten im Gefrierrohrsystem frühzeitig erkannt werden. Durch Verwendung geeigneter kaltzäher Rohrwerkstoffe kann aber der Entstehung von Solerohrbrüchen entgegengewirkt werden.

Die Bildung des Frostkörpers wird durch Temperaturmessung überwacht. Hierzu werden in Meßrohren, die parallel zu den Gefrierrohren im Bereich des zu bildenden Frostkörpers niedergebracht werden, mehrere Meßhorizonte festgelegt, und zwar möglichst so, daß sie in Gebirgsschichten mit verschiedenen thermischen Eigenschaften liegen. Vor allem muß die Schicht, in der der langsamste Frostfortschritt zu erwarten ist, mit Temperaturmeßstellen versehen werden.

Ferner muß die Soletemperatur in den Gefrierrohren gemessen werden, um die gleichmäßige Wärmeaufnahme aller Rohre überwachen zu können und eine Grundlage zur Ermittlung der Rohrwandtemperatur zu erhalten. Die in den Berechnungen zur Frostausbreitung vorausgesetzte Kenntnis der Rohrwandtemperaturen entspricht meist nicht der Wirklichkeit. Vielmehr ist die Soletemperatur bei voller Leistung der Kältemaschine von der Wärmeaufnahme der Gefrierrohre abhängig und regelt sich selbsttätig. Der Wärmestrom an die Gefrierrohre nimmt im Verlauf des Gefrierens ab, weil der Hauptteil der abzuführenden Wärme, die Erstarrungswärme des Grundwassers, entsprechend dem Frostfortschritt einen immer größeren Weg bis zu den Gefrierrohren zurückzulegen hat. Dadurch nimmt das mittlere Temperaturgefälle im Frostkörper ab, und zwar trotz der durch den verringerten Wärmestrom bedingten Absenkung der Soletemperatur. Dieser Tatsache liegen die beschriebenen Iterationsverfahren zur Berechnung des Frostfortschritts nach dem Schließen zugrunde. Die für die Rechnung benötigten Rohrwandtemperaturen müssen also zunächst nach den gegebenen Umständen, d. h. dem Leistungsverhalten der Kälteanlage und der Bodenanfangstemperatur, überschlägig bestimmt werden. Die Temperaturmessung in der ersten Phase des Gefrierens liefert Kontrollwerte, mit deren Hilfe die Überschlagsrechnung gegebenenfalls korrigiert werden kann.

Die Meßstellen zur Überwachung des Frostkörpers sollen nicht zu dicht an der durch die Gefrierrohrachsen gekennzeichneten Gefrierfläche liegen, sondern in einem Bereich, in dem die Isothermenflächen schon nahezu parallel zur Gefrierfläche verlaufen (Abb. 149). Dadurch erlaubt die Temperaturmessung Rückschlüsse auf die jeweilige Lage der Frostgrenzen, sofern man vereinfachend stationäre Temperaturverteilung und konstante Temperatur $t_{E,K} = Et_{\mathrm{I}}$ in der Gefrierfläche annimmt. Beiderseits der Gefrierfläche ist mindestens je ein Meßrohr anzuordnen.

Im strömenden Grundwasser ist die Möglichkeit rechnerischer Kontrolle des Gefrierverfahrens auf Grund weniger Meßdaten sehr beschränkt. Hier muß eine größere Anzahl von Meßrohren in verschiedenen Abständen von der Gefrierfläche angeordnet werden.

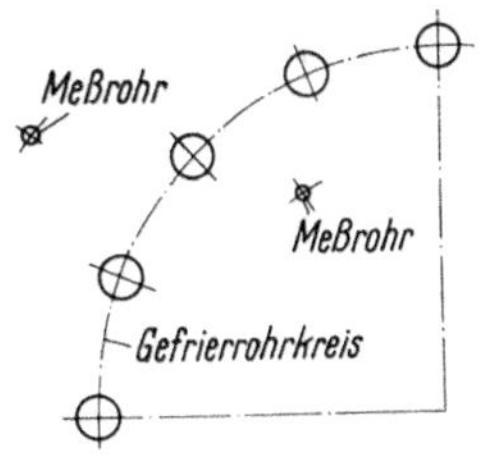

Abb. 149. Schema der Anordnung der Meßstellen.

Im Schachtbau gefriert infolge der langen Abteufzeit der auszuhebende Querschnitt in größerer Teufe vollständig. Das Abteufen ist dann nur noch mit Hilfe von Sprengarbeiten wirtschaftlich möglich. Hierdurch entsteht eine Gefahr für die stoßempfindlichen Gefrierrohre. Eine Verzögerung des Frostfortschritts durch Drosselung der Kälteleistung ist nur begrenzt möglich, da ein Temperaturanstieg im Frostkörper dessen Festigkeit herabsetzt.

Mittels eines neuen Verfahrens können diese Schwierigkeiten beseitigt werden[1]. Führt man nämlich während der Kälteabgabe der peripheren Gefrierrohre dem auszuhebenden Kern vom Zentrum aus Wärme bei konstanter Temperatur zu, so erhält man tatsächlich einen Frostmantel, der auf der Innenseite nur unbedeutende Aus- und Einbuchtungen aufweist[2]. Wäre das Verhältnis der Wärmeleitzahlen für den gefrorenen und ungefrorenen Zustand für alle Schichten dasselbe, so würde sich zwischen Heizrohr und Gefrierkreis infolge des konstanten Temperaturgefälles überall das gleiche Temperaturfeld einstellen. In Wirklichkeit schwankt das Verhältnis der Wärmeleitzahlen, so daß auch die Temperaturfelder nicht ganz identisch sind, d. h. die Frostgrenze liegt in jeder Schicht auf einem anderen Radius. Die Unterschiede sind jedoch unerheblich, wie das folgende Beispiel zeigt:

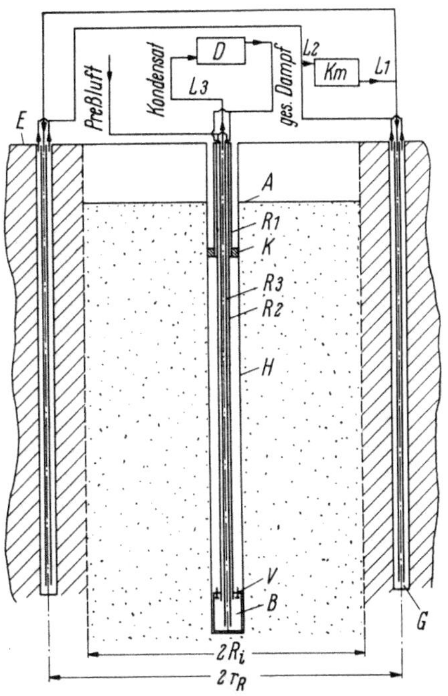

Abb. 150. Schematische Darstellung des Aufheizverfahrens.

A aufgeheizter Boden; *E* Frostkörper; *D* Dampferzeuger; *Km* Kältemaschine; L_1 Zuleitung der Kühlsole; L_2 Rückleitung der Sole; L_3 Kondensatrückleitung; *K* Kolben; *H* Heizrohr; R_1 Führungsrohr des Kolbens (Dampfzuleitung); R_2 Preßluftzuführungsrohr; R_3 Kondensatrohr; *G* Gefrierrohr; *V* Rückschlagventil; *B* Kondensatbehälter; R_i Innenradius des Frostzylinders; r_R Radius des Gefrierrohrkreises.

Bei den Erdstoffen, deren Wärmeleitzahlen bisher gemessen wurden, zeigten sich Schwankungen des Verhältnisses der Wärmeleitzahlen im gefrorenen und ungefrorenen Zustand von maximal 19%. Die zugehörige Verschiebung der inneren Frostgrenze beträgt nur 2,7%. Die zentrale Wärmequelle des Schachts wird durch ein sattdampfbeheiztes Rohr dargestellt. Technisch leichter durchzuführen, wäre zwar eine elektrische Beheizung, aber sie wäre nicht nur kostspieliger, sondern würde wegen der unterschiedlichen Wärmeleitzahl der umgebenden Schichten die Forderung nach überall gleicher Temperatur nicht erfüllen, da sie auf ihrer gan-

[1] DBP Nr. 1156732 vom 2. 3. 64.

[2] Ständer, W.: Ein Verfahren zur Regulierung des Standes der inneren Frostgrenze von Gefrierschächten. Glückauf Forschungshefte Bd. 26 (1965) Heft 4, S. 225–231.

zen Länge einen konstanten Wärmefluß abgibt. Die gesamte Dampfheizanlage besteht aus drei konzentrischen Rohren, zu denen als viertes die hohle Führungsstange des Kolbens, der das Heizrohr nach oben abschließt, hinzukommt (Abb. 150). Der Sattdampf wird durch das Führungsrohr des Kolbens in das Heizrohr eingeleitet und kondensiert nun an der Heizrohrwand. Das Kondensat fließt in einen Auffangbehälter, der mit Rückschlagventilen versehen ist. Dieser Behälter ist mit dem mittleren Rohr fest verbunden, durch das dem Auffangbehälter Preßluft zugeführt wird, welche das Kondensat durch das innen liegende Rohr in den Dampferzeuger hochdrückt. Der Verschlußkolben durchläuft das Heizrohr mit der Abteufgeschwindigkeit des Schachts. Der beheizte Teil des Rohrs darf erst einige Meter unter der Schachtsohle beginnen, damit Nebelbildung an der Arbeitsstelle vermieden wird. Der Abstand zwischen Arbeitssohle und Verschlußkolben läßt sich aus dieser Bedingung berechnen.

3. Hinweise zur Planung des Gefrierverfahrens.

Liegen die Abmessungen der Baugrube fest, so ist zunächst die erforderliche Frostwanddicke zu bestimmen. Diese richtet sich nach der Aufgabe der vorgesehenen Frostwand. Soll in einem standfesten Gebirge lediglich ein Wasserabschluß hergestellt werden, so ist der größte auftretende hydrostatische Druck für die Planung maßgebend. In nicht standfestem Gebirge muß die Frostwand zusätzlich den Gebirgsdruck aufnehmen und ist dementsprechend stärker auszuführen, was hauptsächlich durch Vergrößerung der Dicke zu geschehen hat, aber auch durch Absenkung der Temperatur bis zu einem gewissen Grade möglich ist. Damit kann der Abstand der Gefrierrohre vom Rand der Baugrube festgelegt werden. Der gegenseitige Abstand der Rohre richtet sich nach den Bodenverhältnissen und nach der Zeit, die für die Herstellung der Frostwand zur Verfügung steht. Normalerweise ist in ruhendem Grundwasser ein Rohrabstand von etwa 1,5 m günstig. Kleinere Abstände, die bisher allgemein üblich waren, bringen zwar einen Zeitgewinn, der aber die höheren Bohr- und Gefrierrohrkosten meist nicht aufwiegt. Bei strömendem Grundwasser ist der Rohrabstand um einen Faktor zu kürzen, der von der Strömungsgeschwindigkeit abhängt. Die Abmessungen der Gefrierrohre und Innenrohre richten sich nach der Forderung minimaler Druckverluste bei turbulenter Strömung.

Unter Umständen ist es zweckmäßig, mit verschiedenen Rohrlängen zu arbeiten. Hat man beispielsweise an einem Gefrierschacht in der Oberflächenschicht besonders hohen Wassergehalt, so kann man zur Beschleunigung des Gefrierens zusätzliche Rohre in diese Schicht einbringen, indem man den Rohrabstand halbiert. Sofern es möglich ist, diese kürzeren Zusatzrohre in eine wasserundurchlässige Schicht einzubinden, kann mit dem Abteufen schon begonnen werden bevor in größerer Teufe ein ausreichender Frostmantel gebildet ist. Damit läßt sich ein beträchtlicher Zeitgewinn erzielen.

Das gleiche Verfahren ist angebracht, wenn das Grundwasser in Oberflächennähe strömt, in tieferen Schichten aber in Ruhe ist. Hier würde bei überall gleicher Rohranzahl der Frostkörper im Bereich der Strömung mitunter wesentlich langsamer wachsen als in ruhendem Grundwasser, auch wenn hier wegen der größeren Tiefe höhere Umgebungstemperaturen herrschen sollten. Schließlich ist beim Gefrieren in strömendem Grundwasser auch zu erwägen, die Gefrierrohre in ungleichen Abständen niederzubringen, um einen möglichst gleichmäßigen Frostfortschritt an allen Rohren zu erzielen. Bei sehr tiefen Gefrierschächten kann es angebracht sein, die übliche Soledurchflußrichtung, nämlich Rücklauf durch das äußere Rohr, aufzugeben und die Sole durch das innere Rohr aufsteigen zu lassen.

Hierdurch hat man die tiefste Soletemperatur am oberen Ende der Rohre und erzielt hier den stärksten Wärmeentzug. Für kurze Gefrierrohre bringt die Umkehrung der Soledurchflußrichtung keinen Vorteil, weil die Erwärmung der Sole, sofern man turbulente Strömung und damit hohe Durchflußmenge hat, nur gering ist[1].

Die erforderliche Kälteleistung der Gefrieranlage ergibt sich aus den Wärme- und Festigkeitseigenschaften der zu gefrierenden Schichten und aus dem Zeitplan der Bauarbeiten. Bei Baubeginn wird in der Regel ein ganz bestimmter Froststand gefordert. Auf Grund der bis dahin verstrichenen Gefrierzeit kann die zur Abfuhr der Kristallisationswärme des Frostkörpers benötigte Kälteleistung ermittelt werden. Dazu kommen die innere und äußere Abkühlungswärme, womit bei den üblichen Bodentemperaturen um 10 bis 12 °C insgesamt etwa das Zwei- bis Dreifache der Kristallisationswärme abzuführen ist. Dazu kommen noch die Verluste in den Verteil- und Sammelleitungen der Sole. Eine genauere Berechnung der benötigten Kälteleistung ist durch Auswertung des Temperaturfeldes unter Zugrundelegung der angestrebten Frostwanddicke möglich, aber überflüssig, da die Gefrieranlage nicht für ein einziges Bauvorhaben nach Maß beschafft wird. Es geht also nur darum zu prüfen, ob eine vorhandene Anlage ausreicht oder nicht.

Eine Gefrieranlage mit zu großer Kälteleistung kann ohne weiteres verwendet werden, denn sie regelt sich im Betrieb selbsttätig so ein, daß Wärmezufuhr und Kälteleistung im Gleichgewicht stehen. Die Leistung einer Kältemaschine ist nämlich um so größer, je höher die Verdampfungstemperatur und damit auch die Soletemperatur liegt. Eine Anpassung der Kältemaschinen an die erforderliche Leistung ist also nicht notwendig. Als Anhaltswert kann gelten, daß je Meter Gefrierschacht eine Kälteleistung von 4000 kcal/h bei —25 °C Verdampfungstemperatur eingesetzt werden muß. Entsprechend beträgt die Leistung je Meter Gefrierrohr etwa 100 bis 160 kcal/h.

Der nächste Schritt der Planung ist die Vorausbestimmung der Soletemperatur in Abhängigkeit von der Gefrierdauer. Da der Rohrabstand noch nicht endgültig festliegt, begnügt man sich mit der Schätzung von zwei Grenztemperaturen, zwischen denen der wahre Wert erwartungsgemäß verlaufen wird. Die Vorausberechnung des Gefrierverlaufs muß für beide Grenztemperaturen durchgeführt werden. Sind Schichten mit verschiedenen thermischen Eigenschaften zu gefrieren, so müssen in der Berechnung insbesondere die Gebiete mit besonders raschem und besonders langsamem Frostfortschritt berücksichtigt werden. Zunächst werden für die genannten Grenztemperaturen die Schließzeiten in Abhängigkeit vom Rohrabstand ermittelt. Dies ist die Grundlage für die Wahl der Rohrabstände bzw. Schließzeiten, wobei auch auf mögliche Bohrlochabweichungen Rücksicht zu nehmen ist. Nun kann der Frostfortschritt nach dem Schließen berechnet werden. Sollte sich dabei zeigen, daß die Gesamtgefrierdauer zu lang oder unnötig kurz ist, so lassen sich die Rohrabstände nochmals ändern und endgültig festlegen.

Nachdem die Zahl der Gefrierrohre bekannt ist, wird der notwendige Förderstrom der Solepumpen berechnet, wobei für den Ringraum der Gefrierrohre die Reynoldszahl größer als 3000 zu sein hat. Sofern bereits Solepumpen vorhanden sind, ist anhand ihrer Betriebskennlinie zu prüfen, ob sie das Erreichen turbulenter Strömung sichern und ob ihr Wirkungsgrad in der Nähe des Maximums liegt. Falls die Pumpen keine Turbulenz erzeugen können, sind unbedingt neue zu beschaffen. Bei ungünstigem Wirkungsgrad ist nachzurechnen, ob der Mehrverbrauch an Energie für die gesamte Betriebszeit teurer oder billiger als die Anschaffung neuer Solepumpen ist.

[1] Ständer, W.: Vgl. Fußnote 1 S. 192.

Diese kurzen Angaben zeigen, daß die Variationsmöglichkeiten des Gefrierverfahrens sehr vielfältig sind. Bei sorgfältiger Planung läßt sich also für jeden Anwendungsfall ein Höchstmaß an Sicherheit und Wirtschaftlichkeit erreichen.

C. Festigkeitsberechnungen und Festigkeitsverhalten.

I. Festigkeitsberechnung von Frostkörpern.

1. Schächte.

Für eine wirtschaftliche Anwendung des Gefrierverfahrens ist die Kenntnis über die erforderliche Frostwanddicke notwendig. Einerseits muß aus statischen Gründen eine Frostwand mit einer Mindestdicke hergestellt werden, andererseits soll die innere Frostgrenze möglichst nicht im auszuhebenden Kern liegen, da die Abteufarbeiten dadurch wesentlich erschwert werden und das Verfahren verteuern. Zusätzlich bedingt jeder zuviel gefrorene Kubikmeter Gebirge unnötige Energiekosten.

Der Frostzylinder muß der in den verschiedenen Schichten auftretenden horizontalen Belastung, bestehend aus Erd- und Wasserdruck, entsprechenden Widerstand leisten. Der Wasserdruck (p) nimmt linear mit der Wassertiefe (H) bis zur ersten wasserundurchlässigen Bodenschicht zu: $p = \gamma H$, wobei γ das spezifische Gewicht des Wassers bedeutet. Außerdem kann zwischen wasserundurchlässigen Schichten Wasser von hohem Druck auftreten. Man nimmt oft an[1, 2], daß der horizontale Erddruck ebenfalls mit der Tiefe linear ansteigt. In diesem Fall wird der Erddruck mit einem Zuschlag auf den Wasserdruck berücksichtigt.

Für begrenzte Teufen gibt STEINFELD eine spezielle Ableitung der Erddruckbelastung auf lotrechte Schachtwandungen an[3]. Unter der Annahme monolithischer Gleitkörper hat er die Coulombschen Erddruckberechnungen für die ebene Wand auf das räumliche Problem erweitert. Für einen kohäsionslosen Erdstoff ergab die Ermittlung der Druckkraft E auf zylindrische Schächte unter Berücksichtigung der entlastend wirkenden Ring- oder Tangentialverspannung folgende Gleichung:

$$E = \gamma h^2 \frac{1}{\tan\alpha}\left[\left(\frac{1}{6}\frac{h}{r} + \frac{1}{2}\tan\alpha\right)\frac{\tan(\alpha-\varrho)}{\tan\alpha} - \lambda_s \frac{1}{6}\frac{h}{r}\right]\left[\frac{\mathrm{t}}{\mathrm{m\ Umfang}}\right]. \qquad (68)$$

Der Beiwert λ_s stellt in dieser Formel das Verhältnis zwischen der waagrechten Tangentialspannung und der lotrechten Auflastspannung dar. Seine Größe hängt u. a. von der Lagerungsdichte und der Zusammendrückbarkeit des Erdstoffs ab, außerdem von Richtung und Größe der Bewegung des Gleitkörpers und somit auch von der Verformbarkeit der Schachtwand. Den Neigungswinkel α zwischen Gleitfläche (Mantellinie des Kegelstumpfs) und der Horizontalen erhält man durch eine Extremwertbetrachtung, wobei $dE/d\alpha$ gleich null gesetzt wird; hieraus ist der gesuchte Winkel α für den zu wählenden Beiwert λ_s, die Schachtabmessungen (h = Schachttiefe, r = äußerer Frostradius) und die Erdstoffwerte (γ = Raumgewicht, ϱ = Winkel der inneren Reibung) zu ermitteln.

Führt man diesen Rechenschritt für mehrere Schachttiefen aus, dann zeigt sich, daß der Gleitflächenwinkel mit der Tiefe zunimmt. Der Erddruck e[t/m²] erreicht in einer bestimmten, von der Geometrie des Schachts und dem Beiwert λ_s abhängigen Tiefe seinen Maximalwert, für den nach STEINFELD die Schachtwandung zu berechnen ist. Für zunehmende Tiefen nimmt STEINFELD an, daß konkav gekrümmte oder gebrochene Gleitflächen auftreten.

---

[1] FRITZSCHE, C. H.: Bergbaukunde, Bd. 2, Berlin/Göttingen/Heidelberg: Springer 1962, S. 110.

[2] SICHARDT, W., u. P. CHARDABELLAS: Bautechn. Arch., Heft 9, Berlin 1953, S. 56.

[3] STEINFELD, K.: Vorträge der Baugrundtagung 1958, Hamburg 1959, S. 111.

Zum Vergleich sei erwähnt, daß SCHOKLITSCH[1] auf Grund praktischer Erfahrungen aus dem Grundbau den Erddruck auf Schachtwandungen bis in 10 bis 14 m Tiefe nach der klassischen Erddrucktheorie als ebenes Problem berechnet und ihn dann für größere Tiefen als konstant annimmt.

Wegen Inhomogenität und Anisotropie des Gebirges muß allerdings die Belastung von Schicht zu Schicht unterschieden werden. Wenn nun die auf die Schachtwand wirkenden Belastungen unter Berücksichtigung aller Umstände und über die gesamte Tiefe ermittelt sind, kann man zur Berechnung der statisch erforderlichen Frostwanddicke schreiten. Die folgenden Berechnungsverfahren beziehen sich auf Kreisquerschnitte. Es hat sich in der Praxis gezeigt, daß immer mit Gefrierlochabweichungen zu rechnen ist. Diese Abweichungen können so groß sein, daß die Berechnung für den kreisförmigen Querschnitt nur noch eine sehr grobe Näherung darstellt.

Für die Ermittlung der benötigten Frostmantelstärke verwendete man in der ersten Zeit ausschließlich die für das dickwandige Rohr geltenden Formeln nach LAMÉ-CLAPEYRON[2].

Unter den Voraussetzungen, daß

a) das Hookesche Gesetz gilt
b) ein homogener Körper vorliegt
c) die Außenbelastung gleichmäßig radial verteilt ist

erhält man für die Spannungen:

$$\sigma_t = \frac{a^2}{(a^2 - b^2)}\left(1 + \frac{b^2}{r^2}\right)p\,, \tag{69}$$

$$\sigma_r = \frac{a^2}{(a^2 - b^2)}\left(1 - \frac{b^2}{r^2}\right)p\,. \tag{70}$$

Hierin bedeuten: p: Radialbelastung, a: Außenradius des Gefrierschachts, b: Innenradius des Gefrierschachts r: Variable (Radius zwischen a und b), σ_t: tangentiale Spannung, σ_r: radiale Spannung.

Nach den Formeln ergibt sich qualitativ der in Abb. 151 dargestellte Spannungsverlauf über den Querschnitt.

Die Radial- und Tangentialspannungen sind Hauptspannungen, genau so wie die Vertikalspannung σ_z infolge Auflast.

Nach SICHARDT/CHARDABELLAS[3] gilt:

$$\sigma_t > \sigma_z > \sigma_r\,.$$

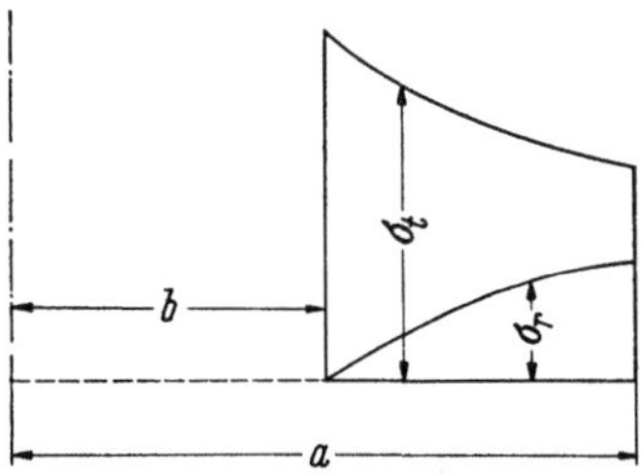

Abb. 151. Spannungsverlauf in einem dickwandigen Rohr (nach LAMÉ-CLAPEYRON).

Für $r = b$ erreicht die Tangentialspannung ihren größten Wert:

$$\sigma_{t_{\max}} = \frac{2a^2}{(a^2 - b^2)}\,p\,. \tag{71}$$

σ_t soll die zulässige Spannung nicht überschreiten. Ist der Ausbruchdurchmesser des Schachts bekannt, so erhält man den notwendigen Außendurchmesser des Frostzylinders:

$$a_n = \frac{b}{\sqrt{1 - \frac{2p}{K}}}\,. \tag{72}$$

Darin ist K die Festigkeit an der Fließgrenze.

---

[1] SCHOKLITSCH, A.: Der Grundbau. Wien 1932, S. 380. – [2] Siehe Fußnote 2 S. 210.
[3] Vgl. Fußnote 2 S. 210.

Wie aus der Formel zu ersehen ist, wird a_n schon für $p = K/2$ unendlich groß. Nimmt man eine verhältnismäßig große „Druckfestigkeit" von 100 kp/cm² an, so würde die Anwendung des Gefrierverfahrens schon in etwa 400 Metern Tiefe seine Grenze finden. Der tiefste Gefrierschacht, der bis heute abgeteuft wurde, war 915 m tief[1], ohne daß die Frostwanddicken unendlich groß gewesen wären.

Schon aus dieser Tatsache ergeben sich Zweifel an der Anwendbarkeit der Formel von LAMÉ-CLAPEYRON für Frostkörper. Zweifel ergeben sich auch daraus, daß der Frostkörper kein rein elastisches Verhalten aufweist und durch die inneren Temperaturunterschiede nicht homogen ist (s. Abschn. B). Wahrscheinlich bewegt man sich bei richtiger Anwendung der Formel auf der sicheren Seite; sie ist für Abschätzungen durchaus dienlich. Um jedoch wirtschaftlich bauen zu können, sind Formeln nötig, die das besondere mechanische Verhalten des Frostkörpers entsprechend berücksichtigen.

Die Widersprüche, die sich bei Anwendung der Lamé-Clapeyronschen Formel im Vergleich mit der Praxis des Gefrierschachtbaus ergaben, versuchte DOMKE[2] durch eine neue Formel zu beheben. Er nahm an, daß es sich beim gefrorenen Erdstoff um einen ideal elastisch-plastischen Stoff handelt, und er erhielt so im Bereich der größten Spannungen, also innen, eine plastische Zone, im äußeren Teil der Gefrierwand eine elastische Zone. Der Spannungsverlauf im elastischen Bereich folgt qualitativ den Lamé-Clapeyronschen Formeln.

Das Verhältnis der Spannungen, bei denen die plastische Verformung einsetzt, bestimmt DOMKE nach der Bruchhypothese von O. MOHR in der Form

$$\tau_{\max} = \frac{\sigma_1 - \sigma_3}{2}, \tag{73}$$

wobei $\sigma_1 > \sigma_2 > \sigma_3$ die Hauptspannungen bedeuten. Sie besagt, daß die größte Schubspannung, die ihrerseits nur von der Differenz der größten und kleinsten Hauptspannung abhängt, für den Bruch maßgebend ist. Die Schubfestigkeit kann dann aus einaxialen Druckversuchen gewonnen werden. Mit $\sigma_3 = 0$ wird

$$\tau_{\max} = 1/2\,\sigma_1 = 1/2\,K. \tag{74}$$

Für den plastischen Teil des Frostkörpers mit den Hauptspannungen: σ_t, σ_z, σ_r gilt dann

$$\sigma_t - \sigma_r = K. \tag{75}$$

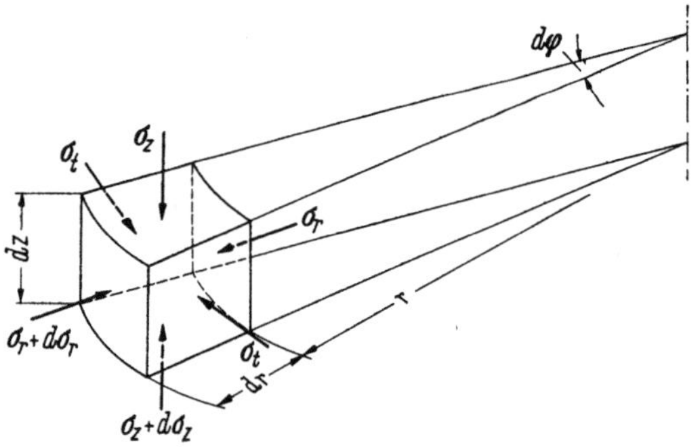

Abb. 152. Spannungen am Volumelement eines zylindrischen Körpers.

Gewöhnlich wird $\sigma_z = \gamma H$ angenommen (γ ist das spezifische Gewicht des gefrorenen Erdstoffs). Ob dies in jedem Falle der Wirklichkeit entspricht muß bezweifelt werden. Denn einerseits können insbesondere bei bindigen Erdstoffen durch die Volumvergrößerung bei der Eisbildung (Frostschiebung) zusätzliche Spannungen entstehen, die γH übersteigen. Andererseits ist es möglich, daß beim Abteufen infolge des Kriechens von Eis geringfügige Setzungen auftreten, wodurch die lotrechte Spannung abnimmt, da der darüberliegende Frostkörper durch seine Verzahnung mit dem ungefrorenen Gebirge teilweise von diesem getragen wird.

Durch eine Gleichgewichtsbetrachtung an einem aus der Frostwand herausgeschnittenen Volumelement (s. Abb. 152) läßt sich eine Differentialgleichung ermitteln.

---

[1] Bergbautechn. Bd. 8 (1958) S. 34. — [2] DOMKE, D.: Glückauf Bd. 51 (1915) S. 1129ff.

Aus

$$\sigma_r\, r\, d\varphi\, d z - \left(\sigma_r + \frac{\partial \sigma_r}{\partial r} d r\right)(r + d r)\, d\varphi\, d z + 2\,\sigma_t\, dr\, dz \sin\left(\frac{d\varphi}{2}\right) = 0\,, \tag{76}$$

wobei $\sin\,(d\varphi/2) \approx d\varphi/2$ und das sich bei der Ausrechnung ergebende Glied $\frac{\partial \sigma_r}{\partial r}\, d r$ vernachlässigt wird, ergibt sich

$$\sigma_t - \sigma_r = \frac{\partial \sigma_r}{\partial r}\, r = \frac{d \sigma_r}{d r}\, r\,. \tag{77}$$

Durch Einsetzen der Bruchbedingung

$$K = \frac{d \sigma_r}{d r}\, r \tag{78}$$

und Integration mit der Randbedingung $r = b$, $\sigma_r = 0$ erhält man die Lösung für die Radialspannung im plastischen Bereich

$$\sigma_r = K \ln \frac{r}{b}\,. \tag{79}$$

Durch einfaches Einsetzen ergibt sich für die Tangentialspannung im plastischen Bereich

$$\sigma_t = K\left(1 + \ln \frac{r}{b}\right). \tag{80}$$

Der Spannungsverlauf im elastischen Bereich nach LAMÉ-CLAPEYRON läßt sich funktionell darstellen:

$$\sigma_r = A - \frac{B}{r^2}\,, \tag{81}$$

$$\sigma_t = A + \frac{B}{r^2}\,, \tag{82}$$

wobei A und B unbekannte, noch zu bestimmende Konstanten sind. Dies wird möglich durch Einführen einer Veränderlichen s, die den Radius darstellt, der den elastischen vom plastischen Bereich im Frostkörper trennt. Bei $r = s$ sind die Tangentialspannungen bzw. Radialspannungen der beiden Bereiche identisch. Mit dieser Übergangsbedingung und der Randbedingung, daß für $r = a$ die Radialspannung $\sigma_r = p$ ist, lassen sich die Größen A, B, s bestimmen:

Für $r = s$ wird also gleichgesetzt:

$$A - \frac{B}{s^2} = K \ln \frac{s}{b}\,, \tag{83}$$

$$A + \frac{B}{s^2} = K\left(1 + \ln \frac{s}{b}\right). \tag{84}$$

Außerdem ist

$$p = A - \frac{B}{a^2}\,. \tag{85}$$

Daraus läßt sich die Beziehung zwischen K, p, s, b und a ermitteln.

$$\frac{p}{K} = \ln \frac{s}{b} + \frac{1}{2}\left(1 - \frac{s^2}{a^2}\right), \tag{86}$$

und die Spannungen im elastischen Bereich ergeben sich zu

$$\sigma_r = p + \frac{1}{2} K\, s^2 \left(\frac{1}{a^2} - \frac{1}{r^2}\right), \tag{87}$$

$$\sigma_t = p + \frac{1}{2} K\, s^2 \left(\frac{1}{a^2} + \frac{1}{r^2}\right). \tag{88}$$

Die Größen p, K, b werden im allgemeinen bekannt sein. Wird a festgelegt so läßt sich s ermitteln und weiterhin die vorhandenen Spannungen. Oder man legt den plastischen Bereich fest und erhält den Außenradius a.

DOMKE ermittelte unter der Annahme, daß die Grenzfläche beim geometrischen Mittel von a und b liegen soll $\left(s = \sqrt{a\,b}\right)$ folgende Näherungsformel:

$$\frac{d}{b} = 0{,}29\left(\frac{p}{K}\right) + 2{,}30\left(\frac{p}{K}\right)^2. \tag{89}$$

Hierbei bedeutet d die Frostwanddicke ($d = a - b$).

DOMKE hat jene Form der Mohrschen Bruchhypothese zugrunde gelegt, die nur die Köhäsion berücksichtigt, da er den gefrorenen Boden als ideal elastisch-plastischen Stoff betrachtet.

TJUTJUNNIK[1] stellte auf Grund von Laboruntersuchungen fest, daß die Festigkeit von gefrorenen Erdstoffen nicht nur von Kohäsions-, sondern auch von Reibungskräften abhängt. Er führt deshalb die in der Bodenmechanik gebrauchte Form der Mohrschen Bruchhypothese in die Berechnung der Standsicherheit von Frostwänden ein:

$$\sigma_1 - \lambda\,\sigma_3 = \bar{\lambda}. \tag{90}$$

Hierbei bedeuten

$$\lambda = \tan^2(45^\circ + \varrho/2)\,, \tag{91}$$

$$\bar{\lambda} = 2k\tan(45^\circ + \varrho/2)\,, \tag{92}$$

$$\sigma_3 = \sigma_r; \quad \sigma_1 = \sigma_t.$$

Führt man diese Bruchhypothese in die über eine Gleichgewichtsbetrachtung ermittelte Differentialgleichung (Gl. 77) ein, so ergibt sich

$$\bar{\lambda} + \sigma_r(\lambda - 1) = \frac{r\,d\sigma_r}{d\,r}. \tag{93}$$

Über die Randbedingung, daß für $r = b$ die Radialspannung $\sigma_r = 0$ sein muß, erhält man die Lösungen für den Spannungsverlauf im plastischen Bereich:

$$\sigma_r = \frac{\bar{\lambda}}{\lambda - 1}\left[\left(\frac{r}{b}\right)^{\lambda - 1} - 1\right], \tag{94}$$

$$\sigma_t = \bar{\lambda} + \frac{\lambda\bar{\lambda}}{\lambda - 1}\left[\left(\frac{r}{b}\right)^{\lambda - 1} - 1\right]. \tag{95}$$

Wie DOMKE nimmt TJUTJUNNIK in der Frostwand einen Grenzradius $r = s$ an, bei dem der elastische (äußere) Bereich in den plastischen (inneren) Bereich übergeht. Wird die Rechnung wie bei DOMKE (Gl. 83—85) durchgeführt, so erhält man:

$$p = \frac{\bar{\lambda}}{2} + \frac{\bar{\lambda}}{2(\lambda - 1)}\left[\left(\frac{s}{b}\right)^{\lambda - 1} - 1\right](\lambda + 1) - \frac{\bar{\lambda}\,s^2}{2a^2}\left(\frac{s}{b}\right)^{\lambda - 1}. \tag{96}$$

λ und $\bar{\lambda}$ sind Parameter, die das Festigkeitsverhalten des gefrorenen Erdstoffes charakterisieren und die durch Laborversuche zu ermitteln sind. Durch sie werden in der Berechnung alle Einflüsse, welche die Festigkeit des gefrorenen Erdstoffes bestimmen, wie Temperatur, Erdstoffart, Wassergehalt und Porenvolum usw., zusammengefaßt berücksichtigt. Sind die Größen p, b, a, bekannt, so läßt sich der Grenzradius s ermitteln oder man kann bei einer Vorgabe von s den erforderlichen Außenradius a berechnen. Die Frostwanddicke ergibt sich dann einfach durch $d = a - b$.

---

[1] TJUTJUNNIK, P. M.: Šachtnoe stroitel'stvo (1962) H. 3, S. 11, H. 4, S. 14.

Während DOMKE durch die Form seiner Gleichung die Größe d einführen konnte und einen Ausdruck erhielt, bei dem d mit den übrigen Größen (außer a) verknüpft ist, so ist dies bei TJUTJUNNIK nicht mehr möglich. TJUTJUNNIK beurteilt den Frostkörper deswegen nach der erforderlichen Standsicherheitshöhe[1]. Er unterteilt den Gefrierschacht (s. Abb. 153) in drei Stufen:

Bis zu einer Grenzteufe H_{el} verhält sich der Frostkörper rein elastisch. Diese Höhe ergibt sich aus der Bedingung $s = b$ und der Annahme, daß der Druck linearmit H ansteigt:

$$p = H \gamma \lambda_H .$$

Setzt man dies in Gl. (96) ein, so erhält man

$$H_{el} = \frac{\bar{\lambda}}{2 \gamma \lambda_H} \left(1 - \frac{b^2}{a^2}\right). \qquad (97)$$

Ab einer gewissen Grenzteufe H_{pl} ist die gesamte Frostwand im plastischen Zustand. Dann ist $s = a$, und ein weiteres Abteufen ist nicht mehr möglich. Dies tritt ein bei

$$H_{pl} = \frac{\bar{\lambda}}{(\lambda - 1) \gamma \lambda_H} \left[\left(\frac{a}{b}\right)^{\lambda - 1} - 1\right]. \qquad (98)$$

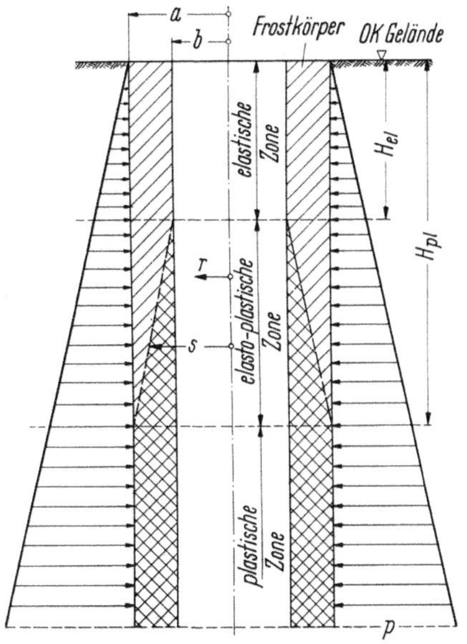

Abb. 153. Vertikaler, radialer Schnitt durch den Frostkörper.

2. Andere Bauten.

Während im Schachtbau vorwiegend Druckspannungen im gefrorenen Erdstoff wirken, wird bei anderen Anwendungen des Gefrierverfahrens der gefrorene Erdstoff auf Zug beansprucht, meist in Verbindung mit Biegung. Dies bringt weitere Schwierigkeiten mit sich, da das Fließverhalten hierbei ungünstiger wird. Verglichen mit der großen Anzahl von Schächten, die mit Hilfe des Gefrierverfahrens abgeteuft worden sind, ist das Gefrierverfahren selten bei anderen Bauten eingesetzt worden. Berechnungen der notwendigen Frostwandstärken sind bislang nicht bekannt geworden. Man hat sich wohl in den einzelnen Fällen auf die Erfahrung verlassen, nachdem man grobe Berechnungen mittels Formeln aus der Elastizitätstheorie aufgestellt hatte.

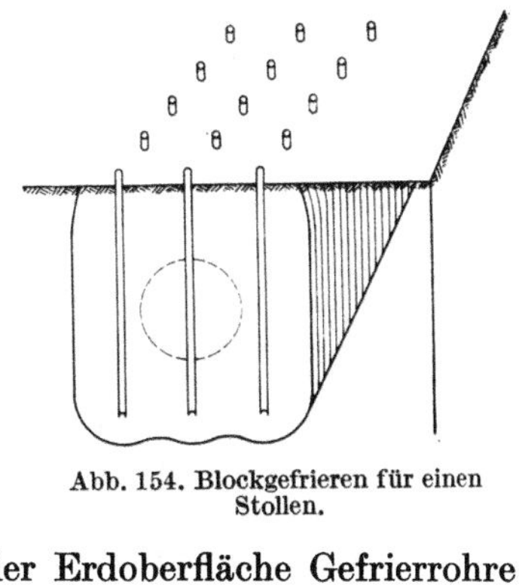
Abb. 154. Blockgefrieren für einen Stollen.

Bei den wenigen anderen Bauten handelte es sich zumeist um Stollen. Hier können zwei Verfahren unterschieden werden: Einmal wurden von der Erdoberfläche Gefrierrohre reihenweise in die Erde geschlagen und ein homogener Eis-Erdstoff-Block gefroren. In diesem Block wird dann der Stollen vorgetrieben (Abb. 154).

Das Verfahren hat die Nachteile, daß sehr viele Bohrlöcher notwendig sind und es nur für geringe Tiefen in Frage kommt. Zudem müssen die in den Stollen hineinragenden Kühlrohre im Verlaufe des Vortriebs gezogen werden, hierbei kann die Dichtheit des Frostkörpers gefährdet werden. Ist die Wandung an den Ulmen

[1] TJUTJUNNIK, P. M.: Šachtnoe stroitel'stvo (1964) H. 1, S. 16.

dünn, so entstehen dort starke Biegemomente, da sich ein seitliches Gewölbe nicht ausbilden kann. Bei dickeren Wandungen wird die Belastung so ähnlich aussehen wie bei Stollen in standfestem Gebirge. Die Verformungen lassen sich grob abschätzen, zieht man die Messungen zu Rate, die HÄFELI[1] an verschiedenen Stollen in Gletschern gemacht hat.

Für alle vorkommenden Fälle befriedigende Berechnungsverfahren zu finden, dürfte schwierig sein, da die Größe der Belastung nur schwer abzuschätzen ist.

Bei größerer Tiefe kommt nur noch jenes Verfahren in Frage, bei dem von einem Schacht aus in horizontaler Richtung kreisförmig angeordnete Ge-

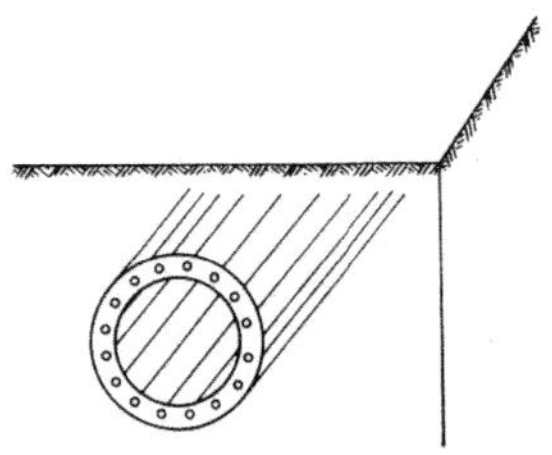

Abb. 155. Horizontale Gefrierrohranordnung für einen Stollen.

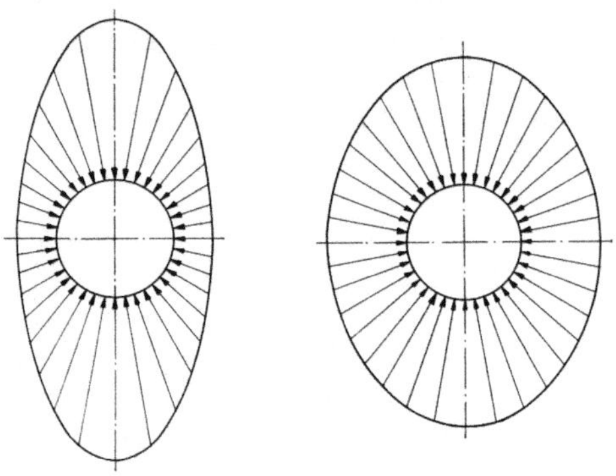

Abb. 156. Veränderung der Belastung eines Stollens mit der Zeit infolge Verformung der Froströhre.

frierrohre vorgetrieben werden. Man gefriert dann eine Röhre innerhalb deren weichem Kern der Vortrieb vonstatten geht (Abb. 155). Die statischen Verhältnisse sind dann etwas einfacher, da die lastaufnehmende Konstruktion — der Kreisring — ein verhältnismäßig einfaches Gebilde ist. Ebenso sind die Belastungen aus dem Grundbau und Bergbau zumindest bei gewissen Böden einigermaßen bekannt. Vorteilhaft wirkt sich die Plastizität des Eis-Erdkörpers aus. Bei weichem Ausbau stellt sich Auflockerungsdruck ein, der für Lockerböden gut zu ermitteln ist. Durch die sich einstellenden Verformungen vermag sich der Gefrierring an den Ulmen gegen das Erdreich abzustützen. Hierdurch werden die Biegemomente abgemindert, die Belastung, die anfänglich ellipsenförmig war, nähert sich der Radialbelastung wie bei Schächten, so daß u. U. Versuchs- und Meßergebnisse von dort übernommen werden können (s. Abb. 156).

Bei Anwendung des Gefrierverfahrens in anderen Bereichen, z. B. Baugrubenumschließungen, wird man erst noch Erfahrungen sammeln müssen. Die Ermittlung der Belastung dürfte in vielen Fällen einfach und eindeutig sein. Die Bemessung wird jedoch nach einem anderen Prinzip als bisher gewohnt vorgenommen werden müssen. Es wird in der Regel die Zeit maßgebend sein, in welcher die Schutzwand aus gefrorenem Erdreich ein gewisses Maß von Verformung überschreitet. Vorschläge, die in diese Richtung gehen, haben sowjetische Forscher schon für Schächte gemacht[2–4].

II. Das mechanische Verhalten von Eis und gefrorenen Erdstoffen.

1. Allgemeines.

Für die Bemessung der Frostwand mittels der im vorangegangenen Abschnitt aufgeführten Gleichungen muß die Druckfestigkeit des Eis-Erdstoff-Gemischs

[1] HÄFELI, R.: J. Glaciol. Bd. 2, S. 94.
[2] KOKŠENEV, B. G.: Gornyj Žurnal (1959) Nr. 2, S. 56.
[3] VJALOV, S. S.: Šachtnoe stroitel'stvo (1963) Nr. 12, S. 6.
[4] TJUTJUNNIK, P. M.: Šachtnoe stroitel'stvo (1964) Nr. 1, S. 16.

bekannt sein. Im folgenden soll nun eine kritische Betrachtung der experimentellen Untersuchungen des Festigkeitsverhaltens von Eis und gefrorenen Erdstoffen vorgenommen werden. Man findet in der Literatur viele Angaben über die sog. Druckfestigkeit dieser Stoffe. Sie hängt von zahlreichen physikalischen Größen ab, deshalb ist ein Vergleich der angegebenen Werte nicht ohne weiteres möglich. Eine wesentliche Einflußgröße bei der Versuchsdurchführung stellt die Geschwindigkeit der Lastaufbringung bzw. bei konstant gehaltener Spannung die Ermittlung der Zeit bis zum Bruch dar. Eis und gefrorene Erdstoffe besitzen in dem hier in Frage kommenden Temperaturbereich von 0° bis −40 °C rheologische Eigenschaften, d. h. sie sind in der Lage, bei langandauernder Belastung langsam zu fließen und ihre Festigkeit zu verringern. Deshalb ist die Anwendung des Begriffs „Druckfestigkeit" hier irreführend. Man kann nur von einer zeitlichen Festigkeit sprechen, um dieses Verhalten physikalisch richtig zu beschreiben. Es ist naheliegend, die für die Werkstoffprüfung der Metallindustrie festgelegten Begriffe zu übernehmen. Beim Bauen mit metallischen Werkstoffen muß berücksichtigt werden, daß im Bereich höherer Temperaturen ähnliche Kriecherscheinungen auftreten. Durch Belastungen unterhalb der Streckgrenze wird ein Kriechen des Werkstoffes hervorgerufen, das bis zum Bruch führt. STÜDEMANN[1] gibt folgende Begriffsbestimmungen an:

Kriechen und Kriechgeschwindigkeit. Unter Kriechen versteht man eine dauernde Dehnungszunahme des Werkstoffs bei konstanter Belastung. Die Kriechgeschwindigkeit ist demnach also die Kriechgröße (Dehnungszunahme) je Zeiteinheit.

Zeitstandfestigkeit. Die Zeitstandfestigkeit ist die konstante Spannung ($\sigma = P/F_0$), die nach einer bestimmten Zeit bei einer festgelegten Temperatur gerade noch zum Bruch des Probekörpers führt.

Dauerstandfestigkeit. Die Dauerstandfestigkeit ist die maximale konstante Spannung ($\sigma = P/F_0$), welcher der Werkstoff bei einer bestimmten Temperatur zeitlich unbegrenzt ausgesetzt werden kann.

Zeitstandkriechgrenze (auch Zeitkriechgrenze). Unter Zeitkriechgrenze versteht man die konstante Spannung ($\sigma = P/F_0$), die bei einer bestimmten Temperatur in einer vom Versuchsbeginn an gemessenen Zeit einen bestimmten Kriechbetrag bewirkt.

Kriechgeschwindigkeitsgrenze. Man versteht unter der Kriechgeschwindigkeitsgrenze die Spannung ($\sigma = P/F_0$), die innerhalb eines Zeitablaufes eine bestimmte Kriechgeschwindigkeit bei einer bestimmten Temperatur hervorruft. Dabei braucht der Zeitablauf nicht von null auszugehen.

Im Hinblick auf Metalle wird von HALLA[2] für die Dauerstandfestigkeit folgende Definition angegeben: „Unter Dauerstandfestigkeit σ_f versteht man die Belastungsgrenze, bei der unterhalb der Rekristallisationstemperatur eine anfänglich vorhandene Dehnung durch Verfestigung zum Stillstand kommt. Bei Stählen definiert man sie als jene Maximalspannung, für welche die Fließgeschwindigkeit $\Delta l/\Delta t = 10^{-4}\%/\text{h}$ in der 25. bis 35. Versuchsstunde wird."

Die Höhe der Rekristallisationstemperatur T_R hängt in erster Linie vom Schmelzpunkt T_S des Metalls ab. Angenähert gilt für Metalle folgende Beziehung:

$$T_R \approx 0{,}42\, T_S \quad (T_R \text{ und } T_S \text{ in } ° \text{ Kelvin})\,.$$

Inwieweit diese Beziehung auch auf Eiskristalle angewendet werden kann, soll im folgenden Abschnitt diskutiert werden.

---

[1] STÜDEMANN, H.: Werkstoffprüfung und Fehlerkontrolle in der Metallindustrie. München 1962, S. 64.

[2] HALLA, F.: Kristallchemie u. Kristallphysik metallischer Werkstoffe. Leipzig 1957, S.337.

2. Eis.

Beim Gefrieren von Wasser entsteht bei Drücken unter 2000 ata auch bei tiefsten Temperaturen Eis mit hexagonalem Gitteraufbau. Der Aufbau eines Eiskristalls wird in einem Ausschnitt in Abb. 157 veranschaulicht.

Jedes Wassermolekül enthält neben dem Sauerstoffatom zwei Wasserstoffatome und zwei einsame Elektronenpaare; deshalb ist die Ausbildung von vier Wasserstoffbrücken möglich. Da jedes tetraedrische Molekül also nur vier nächste Nachbarn hat, ist die Struktur des Eises sehr aufgelockert und die Festigkeit dadurch gering. Ein Teil der Wasserstoffbrücken bleibt beim Schmelzen des Eises erhalten, so daß das spez. Gewicht des Wassers nur langsam zunimmt und bekanntlich erst bei 4 °C sein Maximum erreicht. Erst oberhalb dieser Temperatur überwiegt die thermische Molekularbewegung gegenüber dem Abbau der tetraedrischen Aggregate, so daß das spez. Gewicht des Wassers mit steigender Temperatur abnimmt.

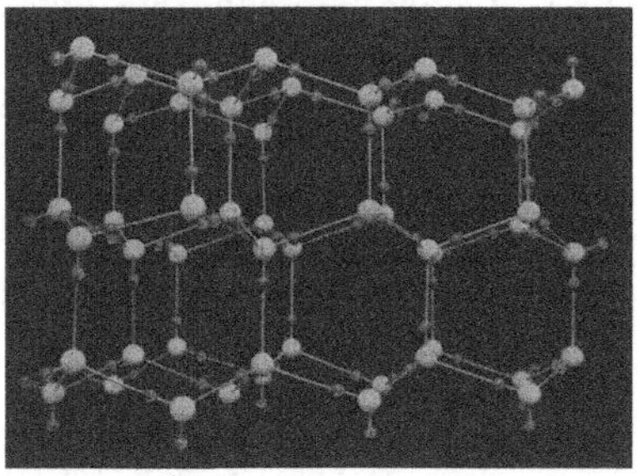

Abb. 157. Strukturmodell von Eis. (Große weiße Kugeln: Sauerstoffatome, kleine dunklere Kugeln: Wasserstoffatome.)

Auf Grund dieser ungewöhnlichen Eigenschaft des Dichteverhaltens kann man Vergleiche bezüglich des Festigkeitsverhaltens mit den Metallkristallen nicht unmittelbar vornehmen.

Wird die Frage nach der Dauerstandfestigkeit gestellt, so ist zu vermuten, daß es diese wahrscheinlich nicht gibt, zumindest nicht im Bereich jener Temperaturen (bis etwa —40 °C), auf die das Eis bei Gefriergründungen abgekühlt wird. Man kann jedoch, ohne einer endgültigen Klärung vorzugreifen, ob es überhaupt eine Dauerstandfestigkeit gibt, sagen, daß sie für Metalle oberhalb der Rekristallisationstemperatur nicht existiert. Bei Eis kommt noch hinzu, daß die Gitterbindungen wegen des strukturartigen Charakters im Vergleich zum Aufbau der Metallkristalle einen Übergang zu amorphen Stoffen darstellen.

Besonders ausführlich hat sich GLEN[1] mit dem Gleitmechanismus unter Berücksichtigung des kristallographischen Aufbaus befaßt, wobei er streng zwischen den Untersuchungen von polykristallinem Eis einerseits und denen von Eis-Einkristallen andererseits unterscheidet.

Hergestellt wurden die polykristallinen Eisproben in zylindrischen Gefäßen, in die, nach Füllen mit Reif und Evakuierung, luftfreies, destilliertes und vorgekühltes Wasser gesaugt wurde. Mit diesen Eisproben, bestehend aus vielen Kristallen ungeordneter Orientierung, wurden Druckversuche durchgeführt. Bei —1,5 °C zeigte sich, daß Eis in Abhängigkeit von der Belastung keine konstante Zähigkeit besitzt. Weiterhin stellte GLEN fest, daß bei einem Druckbereich von 1,5 bis 10 kp/cm² der Zusammenhang zwischen der Spannung σ und der Verformungsgeschwindigkeit $\dot{\varepsilon}$ der empirischen Beziehung

$$\dot{\varepsilon} = k\,\sigma^n \tag{99}$$

gehorcht, wobei der konstante Wert $n = 4$ gemessen wurde.

Zu einem späteren Zeitpunkt hat GLEN die Untersuchungen auf einen größeren Temperaturbereich — zwischen Schmelzpunkt und —13 °C — erweitert. Es zeigte sich, daß Eis unter diesen Bedingungen ein Fließverhalten aufweist, das dem der Metalle bei hohen Temperaturen gleicht. Zunächst tritt ein Übergangskriechen mit

[1] GLEN, J. W.: J. Glaciol. Bd. 2 (1952) S. 111.

abnehmender Kriechgeschwindigkeit auf, das nach relativ kurzer Zeit in ein stationäres Kriechen übergeht. Im Hinblick auf nicht-kristalline Stoffe bezeichnet man dieses Kriechen als quasi-viskos. Bei höheren Spannungen wurde als drittes Kriechstadium ein tertiäres oder Beschleunigungskriechen festgestellt. Diese Beschleunigung führt GLEN auf Grund von Beobachtungen an Teilausschnitten der Eisprobe auf die Rekristallisation zurück. Unter Verwendung des von ANDRADE[1] entwickelten Exponentialgesetzes gibt GLEN die Beziehung zwischen der beobachteten minimalen Fließgeschwindigkeit $\dot{\varepsilon}$, der aufgebrachten Spannung σ und der absoluten Temperatur T wie folgt an

$$\dot{\varepsilon} = B\, e^{-\frac{Q}{RT}}\, \sigma^n, \qquad (100)$$

wobei R die Gaskonstante und B, n, Q Konstanten sind.

Mißt man die Spannung in bar (1 bar $= 1{,}019$ kp/cm²), die Fließrate $\dot{\varepsilon}$ in Jahren^{-1}, dann ergeben sich die Konstanten für polykristallines Eis zu $n = 3{,}2$; $Q \approx 32$ [kcal/Mol]; $B = 7 \cdot 10^{24}$.

Bei starker Verminderung der Belastung wurde ein Kriechen im Sinne einer Entspannung festgestellt. Dieses sogenannte Erholungskriechen wurde auch von

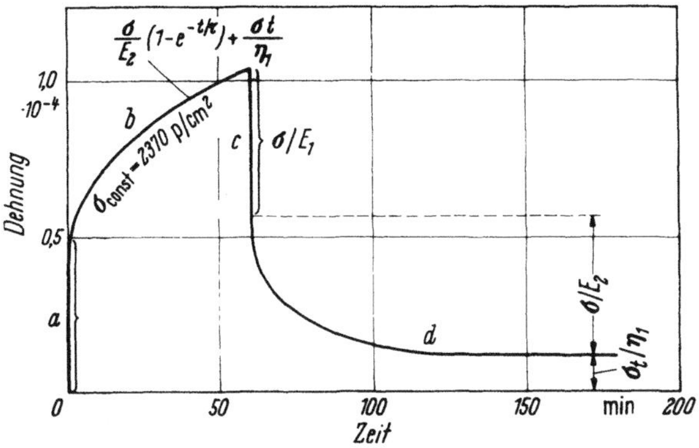

Abb. 158. Verformungs-Erholungskurve für eine Probe aus Schnee-Eis bei —5 °C (nach H. JELLINEK/BRILL).

Kurvenzüge: *a* elastische Dehnung infolge Belastung; *b* zeitliche Dehnung infolge Belastung; *c* elastische Verkürzung infolge Entlastung; *d* zeitliche Verkürzung infolge Entlastung.

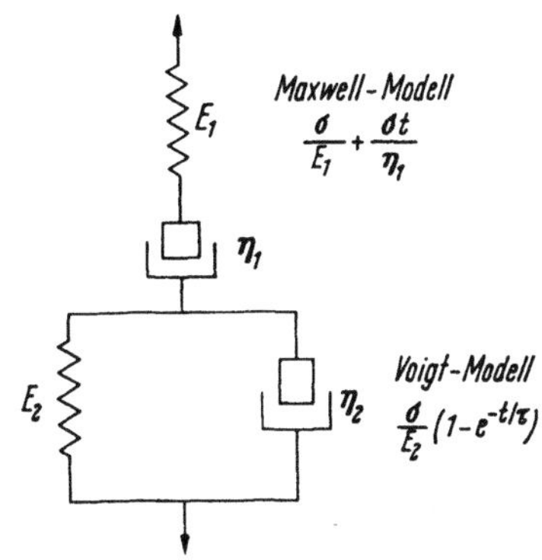

Abb. 159. Voigt- und Maxwellmodell zur Erläuterung des viskoelastischen Verhaltens von polykristallinem Eis (nach H. JELLINEK/BRILL).

JELLINEK/BRILL[2] bei Zugversuchen an polykristallinen Eisproben beobachtet. Eine typische Verformungs-Erholungskurve für polykristallines Eis — auch Schnee-Eis genannt — zeigt Abb. 158.

Diese experimentell ermittelten Ergebnisse können in erster Annäherung, wie Abb. 159 veranschaulicht, durch in Serie geschaltete Maxwell- und Voigtmodelle dargestellt werden. In den Abb. 158, 159 und der folgenden Gl. (101) bedeuten:

σ Spannung (Zug), E_1, E_2 Elastizitätsmoduln, η_1, η_2 Viskositätskoeffizienten, t Zeit, τ Verzögerungszeit $\tau = \frac{\eta_2}{E_2}\,\frac{1}{2(1+\mu)}$, μ Poissonsche Zahl

Somit ergibt sich für die Dehnung in Abhängigkeit von den viskoelastischen Eigenschaften:

$$\varepsilon = \frac{\sigma}{E_1} + \frac{\sigma t}{\eta_1} + \frac{\sigma}{E_2}\left(1 - e^{-\frac{t}{\tau}}\right). \qquad (101)$$

---

[1] Zit. nach GLEN, vgl. Fußnote 1, S. 218.

[2] JELLINEK, H. H. G., u. R. BRILL: Journ. Appl. Phys. Bd. 27 (1956) S. 1198.

Die Veröffentlichung von JELLINEK/BRILL enthält Angaben über die Elastizitätsmoduln, Viskositätskoeffizienten und Verzögerungszeiten in Abhängigkeit von der Temperatur bzw. der Belastung, die in Tab. 2 wiedergegeben sind.

Weitere Untersuchungen für die Ermittlung des Fließverhaltens von polykristallinem Eis sind aus der Glaziologie bekannt. Während man bis 1950 beim Studium des Fließens von Gletschern Eis als Flüssigkeit mit hoher, aber konstanter Newtonscher Viskosität behandelte, ging NYE[1] 1951 dazu über, Eis als einen ideal plastischen Stoff zu betrachten. Demnach verformt sich das Eis, wenn der Druck einen bestimmten Wert überschreitet, unbegrenzt. Diese Annahme wurde 1963 durch Geländebeobachtungen, durch Messungen der Geschwindigkeit und Dehnungsraten z. B. am Athabasca-Gletscher, Kanada, bestätigt.

Grundlegendere Erkenntnisse über den Gleitmechanismus können bei der Verformung von Eis-Einkristallen erlangt werden. Hierzu sei besonders auf die röntgenologischen Untersuchungen von GLEN/PERUTZ[2] hingewiesen Die Züchtung der Einkristalle erfolgte in Glasröhrchen, die in Wasser eingehängt wurden, wobei die Gefrierrichtung senkrecht zur Wasseroberfläche vorgegeben war. Durch Neigen der Glasröhre konnte der Winkel zwischen Probenachse und der C-Achse des Kristalls beliebig variiert werden. Diese Versuchskörper wurden in der von OROWAN[3] entwickelten Einkristallversuchsapparatur mechanisch untersucht. Bei

Tabelle 2. *Parameter für die Verformung von polykristallinem Eis* (nach JELLINEK/BRILL).

Proben-Nr.	σ p/cm²	$E_1 \cdot 10^{-10}$ dyn/cm²	$\eta_1 \cdot 10^{-14}$ poise	$E_2 \cdot 10^{-10}$ dyn/cm²	$\eta_2 \cdot 10^{-13}$ poise	τ min
				−5 °C		
XI	2370	6,1	6,4	4,5	1,5	14,7
XIV	1910	7,7	6,1	7,5	2,5	14,7
XII	1250	7,0	5,5	7,7	2,6	14,7
XXXVIII	1910	5,9	2,1	6,5	0,9	5,9
XX	1860	2,7	2,1	3,1	1,3	18,2
XV	1275	2,0	1,8	8,4	1,7	8,5
XVI	1245	6,1	1,8	5,8	1,3	10,0
XXI	650	3,4	2,4	5,8	2,0	14,7
				−10 °C		
XXXVII	2430	4,5	4,3	7,7	2,6	14,7
XXXV	2390	3,7	4,0	7,6	2,6	14,7
XXXVI	1830	3,8	3,1	9,0	3,0	14,7
				−15 °C		
XXXI	2450	5,6	5,4	12,7	1,7	5,9
XXVIII	2370	5,6	7,0	15,5	5,3	14,7
XXIV	1920	4,2	5,1	15,0	2,0	5,9
XXIX	1830	6,2	7,2	10,6	2,1	8,5
XXX	1240	6,1	6,6	4,3	1,5	14,7
XXIII	1230	4,3	9,3	...	...	...

einer Dehnung, die ein mehrfaches der ursprünglichen Länge der Kristalle betrug, zeigte sich, daß die Abgleitung ausschließlich auf der Basisebene erfolgte. Über die Gleitrichtung konnte keine eindeutige Aussage gemacht werden. Die Vermutung liegt nahe, daß in der Nähe des Schmelzpunktes die Kristalle in jeder Richtung gleiten können. Die Laue-Aufnahmen der undeformierten Kristalle zeigten scharfe Röntgenreflexe, während nach der Verformung Streifen auftraten, die später in einzelne Flecke aufbrachen. Aus diesen Beobachtungen schloß GLEN,

[1] NYE, J. F.: Proc. Roy. Soc., Series A, Bd. 207 (1951) S. 554.
[2] GLEN, J. W., u. M. F. PERUTZ: J. Glaciol. Bd. 2 (1954) Nr. 16, S. 397.
[3] Zit. nach GLEN/PERUTZ, vgl. Fußnote 2.

daß sich die Kristalle zunächst verformten und erst zu einem späteren Zeitpunkt in eine Anzahl kleinerer Kristalle mit verschiedener Orientierung verwandelten.

Weitere Untersuchungen an Eis-Einkristallen wurden von STEINEMANN[1] durchgeführt, der Eisproben in der Bausch-Apparatur einer reinen Scherbeanspruchung aussetzte. Es zeigte sich, daß bei Dauerbeanspruchung folgende Verformungsstadien existieren, die beide durch eine Beziehung für die Schergeschwindigkeit γ dargestellt werden können

$$\dot{\gamma} = K\,\tau^n. \tag{102}$$

Für das erste Fließstadium vom unverformten Kristall bis zu einer Abgleitung von 10 bis 20% wird $n = 2{,}3$ bis 4, während im zweiten Stadium bei einer Abgleitung über 10 bis 20% $n = 1{,}3$ bis 1,8 eingesetzt wird.

STEINEMANN stellte ebenfalls fest, daß die Abgleitung in der Basisebene erfolgt, wobei allerdings eine definierte Gleitrichtung nicht angegeben werden konnte.

RIGSBY[2] verformte Eiskristalle unter hydrostatischen Drücken bis zu 350 atü und fand, daß die Scherverzerrungsgeschwindigkeit bei gleichbleibender Temperatur mit zunehmendem Druck ansteigt. Hält man aber die Differenz zwischen Eis- und Schmelztemperatur konstant, dann ist die Geschwindigkeit praktisch vom Druck unabhängig.

Um einen Überblick über die allgemeinen mechanischen Größen von Eis zu erhalten, seien hier noch folgende Angaben[3] wiedergegeben:

a) Ritzhärte:

Temp. °C	n. d. Mohsschen Skala
0	2
−15	2–3
−30	3–4
−40	4

b) Vickershärte: H_v (kp/mm²); Belastung 1 kp

Temp.	Vickershärte Belastungsdauer	
°C	2 sec	120 sec
−0,25	1,8	0,8
−4	3,6	1,4
−20	6	2,6

c) Elastizitätsmodul: E (dyn/cm²)

Temp. °C	$E \cdot 10^{-10}$
− 9	9,29
−10	9,48
−15	9,8 (polykrist. Eis)
−30	10,2
−35	10,9

d) Torsionsmodul: F (dyn/cm²)

Temp. °C	$F \cdot 10^{-10}$
− 1,8	1,09
− 5,5	1,27
− 41,5	1,48
−106,5	1,61
−185,5	1,68

e) Poissonsche Zahl: $\mu_{\text{Mittel}} = 0{,}33$ für polykristallines Eis bei −15 °C.

f) Zug- und Druckfestigkeit:

Zugfestigkeit bei −8 °C und einer mittleren Belastungsgeschwindigkeit von 0,1 kp/cm²sec: Mittelwert 17 kp/cm², höchst. Wert 24,8 kp/cm², niedrigst. Wert 14,8 kp/cm².

Druckfestigkeit bei −8 °C und einer mittleren Belastungsgeschwindigkeit von 3 kp/cm²sec: Mittelwert 43 kp/cm², höchst. Wert 54,4 kp/cm², niedrigst. Wert 34,0 kp/cm².

---

[1] STEINEMANN, S.: J. Glaciol. Bd. 2, S. 404. – [2] RIGSBY, G. P.: J. Glaciol 1958 S. 273.

[3] Gmelins Handbuch d. anorg. Chemie, Sauerstoff, 1963, S. 1444ff.

g) Scherfestigkeit: je nach Belastungsgeschwindigkeit: 5 bis 8 kp/cm².

h) Viskosität (quasi-viskoses Verhalten): η in cP: $\eta = 1{,}7 \cdot 10^{11}$ (bei $-1{,}0$ °C) bis $2{,}1 \cdot 10^{15}$ (bei -30 °C).

3. Das mechanische Verhalten von gefrorenen Erdstoffen.

Wie schon in Abschn. 1 erwähnt, ist für die praktische Anwendung des Gefrierverfahrens die Kenntnis der Festigkeit und des rheologischen Verhaltens des Eis-Erdstoffs von großer Wichtigkeit. Der gefrorene Erdstoff enthält neben Erdstoff und Eis auch gelöste und ungelöste Gase, flüssiges Wasser und gelöste Mineralstoffe (Salze).

Während das Verhalten von Eis noch von verhältnismäßig wenigen Größen bestimmt wird, kommt beim gefrorenen Erdstoff, als heterogenem Stoff, eine beträchtliche Zahl weiterer Einflußgrößen hinzu, die in ihrer Veränderlichkeit sein Verhalten entscheidend bestimmen. Eine klare Gliederung in der Erklärung dieser Einflüsse ist nicht zu finden, da die einzelnen Größen stark voneinander abhängen. Das erklärt die Schwierigkeiten, die sich einer umfassenden Darstellung des Verhaltens von gefrorenem Erdstoff entgegenstellen. Dies schlägt sich auch in der Literatur nieder. Man findet zwar eine Menge Veröffentlichungen über die Eigenschaften gefrorener Erdstoffe, doch sind die Angaben in vielen Fällen nicht zu gebrauchen. Bei älteren Berichten wird meist die Zeit außer acht gelassen, es wird also eine entscheidende Einflußgröße vergessen. Bei anderen Berichten werden sonstige Einflußgrößen nicht angegeben und zumeist werden nur empirische Formeln aus Versuchsreihen gegeben, bei denen nur ein Parameter verändert wurde. Diese Versuche können allenfalls einen qualitativen Überblick geben, jedoch keinen quantitativen. Die wenigen brauchbaren Veröffentlichungen erschienen zumeist in der UdSSR, wo die Vielschichtigkeit und Komplexheit des Verhaltens des Eis-Erdstoffs am besten begriffen wird. Der Grund mag wohl darin liegen, daß man sich dort mit dem ewig gefrorenen Boden Sibiriens schon seit langer Zeit auseinandersetzen mußte.

Die augenfälligste und wichtigste Einflußgröße ist die Temperatur. Einmal steigt mit fallender Temperatur die Festigkeit des Eises, das als Bindemittel dient und von dem die Festigkeit des gefrorenen Erdstoffs mehr abhängt als von der Druckfestigkeit der einzelnen Erdstoffkörner (wohl aber hängt die Festigkeit von Kornform und Korngröße ab). Hinzu kommt noch ein weiterer Einfluß: Nicht das gesamte Wasser ist im gefrorenen Erdstoff zu Eis erstarrt, ein Teil bleibt flüssig und dieser Teil ist temperaturabhängig. Zwei Gründe sind hierfür maßgebend. Einmal verursacht der Salzgehalt eine Gefrierpunktserniedrigung. In den meisten Fällen wird bei mineralarmem Wasser gearbeitet; hierbei kann der geringe Salzgehalt vernachlässigt werden. Bei stark salzigem Wasser wurden noch wenige Untersuchungen gemacht, obwohl schon eine große Anzahl von Schächten in salzhaltigem Grundwasser abgeteuft wurde. Zum anderen spielen molekulare Kräfte zwischen Wasser und Erdstoff eine Rolle. Bei reinen Sanden und Kiesen, also bei Stoffen mit geringer spezifischer Kornoberfläche ist der Anteil ungefrorenen Wassers gering. Bei bindigen Böden, also Stoffen mit großer spezifischer Oberfläche, ist der Anteil ungefrorenen Wassers wesentlich höher.

Bei CYTOVIČ[1, 2] findet man das folgende Schaubild (Abb. 160), das den Prozentsatz ungefrorenen Wassers in Abhängigkeit von der Temperatur für verschiedene Bodenarten zeigt.

---

[1] CYTOVIČ, N. A.: Izv. AN SSSR. ser. geogr. (1945) Nr. 5.

[2] CYTOVIČ, N. A.: Izv. AN SSSR. ser. geolog. (1947) Nr. 3.

Die Tatsache, daß sich mit fallender Temperatur mehr Eis bildet, daß also der Anteil des „Bindemittels" steigt, zeigt, daß die Versuchsergebnisse von gefrorenen Erdstoffen nicht unmittelbar mit den Ergebnissen von Versuchen an reinem Eis verglichen werden können. Es lassen sich nämlich folgende Überlegungen anstellen: Gegenüber einem vergleichbaren Versuch mit Eis wird die Festigkeit eines gefrorenen Erdstoffs mit fallender Temperatur stärker steigen, da sich mehr Eis an der Spannungsaufnahme beteiligt. Die Kriechgeschwindigkeit wird (bei konstanter Last) schwächer fallen, da die Spannung in den Eisteilchen infolge der wachsenden Eismenge geringer wird.

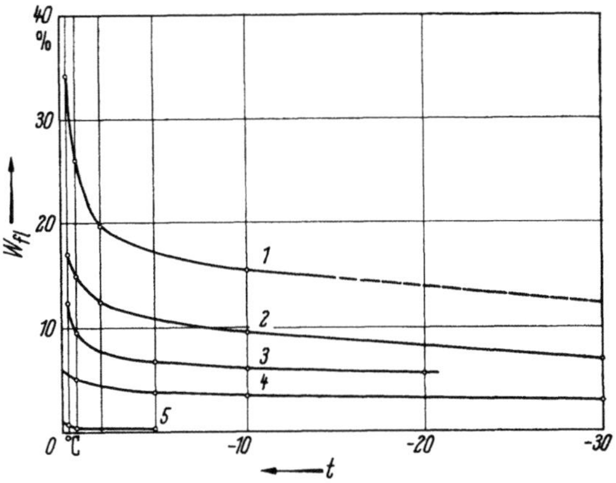

Abb. 160. Anteil ungefrorenen Wassers (%) bei verschiedenen Bodenarten (nach CYTOVIČ).

1 Ton; *2* Oberflächenton; *3* lehmiger Boden; *4* sandiger Ton; *5* Sand.

Abb. 161 zeigt die Festigkeit verschiedener gefrorener Erdstoffe in Abhängigkeit von der Temperatur. Man kann deutlich erkennen, daß Stoffe mit höherem Gehalt an ungefrorenem Wasser wesentlich geringere Festigkeit bei Temperaturen nahe 0 °C aufweisen, jedoch im Vergleich zu Sand eine stärkere Tendenz in der Vergrößerung der Festigkeit zeigen.

Diese Festigkeitsangaben sind jedoch nicht als Festwerte zu betrachten und mit Vorsicht zu gebrauchen, wie Abb. 162 veranschaulicht. Dort sind als Beispiel

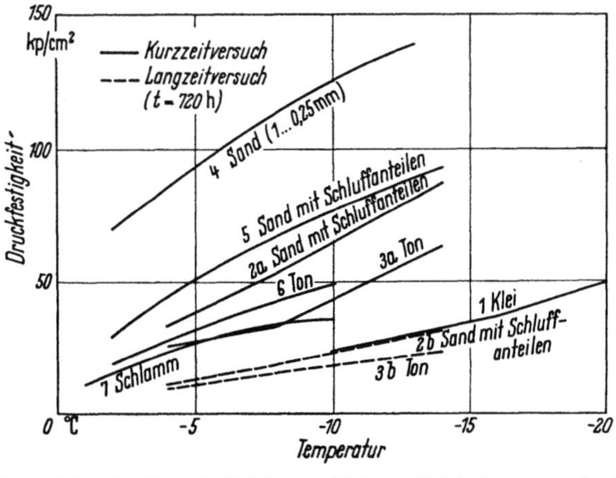

Abb. 161. Abhängigkeit der Druckfestigkeit verschiedener Erdstoffarten von der Temperatur.

1 SICHARDT, W., u. P. CHARDABELLAS: Bautechn.-Arch., H. 9, 1953, S. 37; *2*, *3* TJUTJUNNIK, P. M.: Šachtnoe Stroitel'stvo, H. 4, 1962, S. 14; *4*—*7* CYTOVIČ, N. A., u. M. I. SUMGIN: Osnovanija mechaniki merzlych gruntov 1937.

auf Grund von Angaben verschiedener Autoren Druckfestigkeiten von gefrorenem wassergesättigtem Sand in Abhängigkeit von der Temperatur aufgetragen. Es ist deutlich zu sehen, was zuvor schon erwähnt wurde: zahlreiche Angaben, die so stark voneinander abweichen, daß sie mit zufälliger Streuung der Versuchsergebnisse nicht mehr zu erklären sind. Verschiedene Belastungsdauer kann eine Erklärung sein. (Bei Versuchen, zu denen keine Zeitangabe vorliegt, wurde angenommen, daß es sich um Kurzzeitversuche handelt.) Ein weiterer Grund für die Verschiedenheit der Versuchsergebnisse wird in der Probenkörperherstellung und der

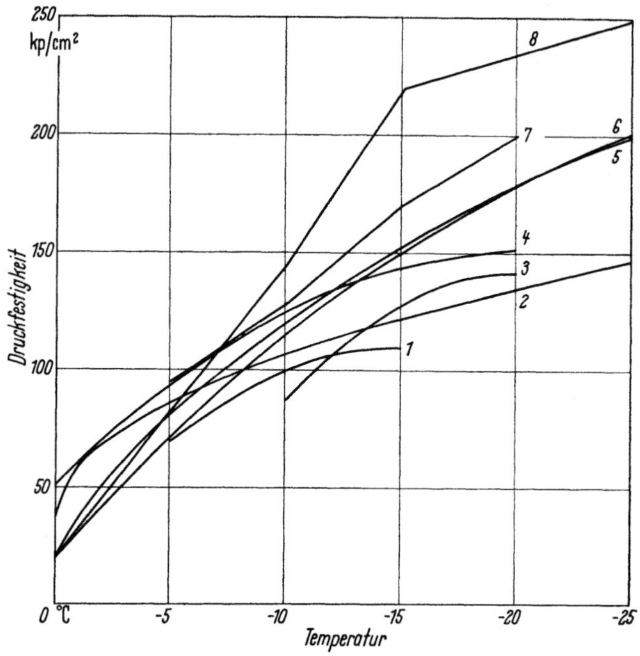

Abb. 162. Abhängigkeit der Druckfestigkeit von der Temperatur für Sand.

1 KOKŠENEV, B. G.: Gornyj Žurnal, Nr. 2, 1959, S. 56; *2* TJUTJUNNIK, P. M.: Šachtnoe Stroitel'stvo, H. 4, 1962, S. 14; *3* SICHARDT, W., u. P. CHARDABELLAS: Bautechn.-Arch. H. 9, 1953, S. 37; *4* CYTOVIČ, N. A., u. M. I. SUMGIN: Osnovanija mechaniki merzlych gruntov 1937; *5* FRITZSCHE, C. H.: Bergbaukunde 1962, S. 109; *6* GALANKA, J., u. J. STERKOVICZ: Przeglad Górniczy, Nr. 7/8, 1958, S. 325; *7* BIQUET, M.: Ann. des Mines de Belgique, Bd. 12, 1953, S. 558; *8* AUSSENDORF, C.: Tunnelbau, 1955, S. 271.

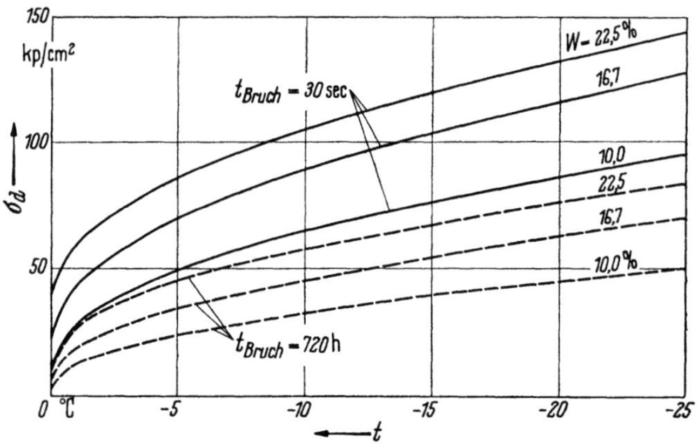

Abb. 163. Vergleich der Druckfestigkeit von Sand für verschiedene Wassergehalte in Abhängigkeit von der Temperatur (nach TJUTJUNNIK).

Probenkörpergröße zu suchen sein, denn neben der Temperatur haben auch Kornform, Lagerungsdichte oder Porenvolum, sowie der Wassergehalt Einfluß auf die Festigkeit. In Abb. 163 ist die Druckfestigkeit eines gefrorenen Mittelsandes nach Versuchen von TJUTJUNNIK[1] in Abhängigkeit von der Temperatur bei verschiedenen Wassergehalten dargestellt. In der gleichen Abbildung werden außerdem Kurven mit unterschiedlicher Belastungsdauer bis zum Bruch (t = 30 sec

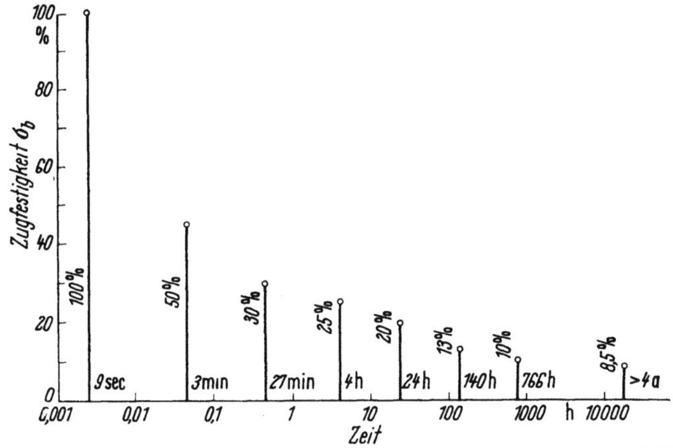

Abb. 164. Abnahme der Zugfestigkeit in Abhängigkeit von der Belastungszeit (nach VJALOV).

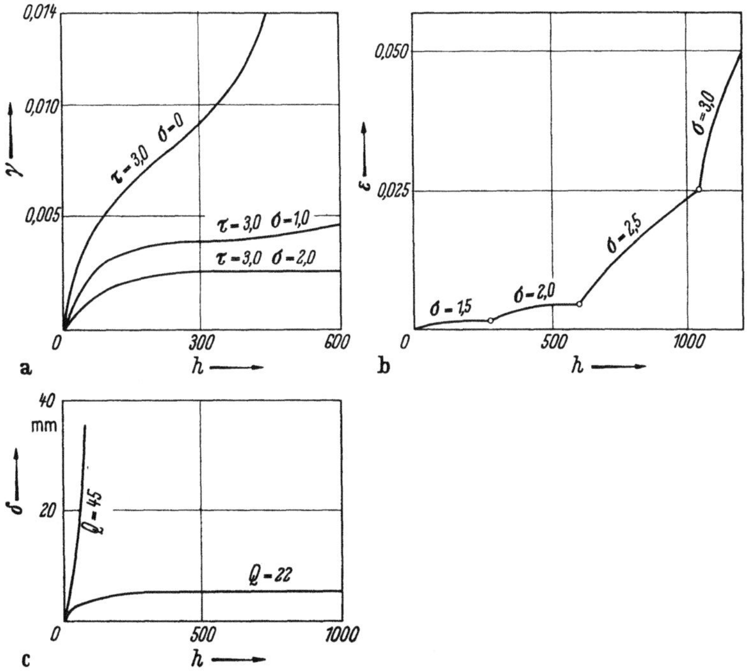

Abb. 165a—c. Kriechkurven von gefrorenem Sand bei verschiedener Beanspruchung: $t = -3{,}5$ °C (nach VOITKOVSKIJ).
a) Schub mit verschiedener Normalkraft; b) Zug bei veränderten Spannungen; c) Biegung von Balken (10 × 10 cm, Spannweite 100 cm).

bzw. 720 h) einander gegenübergestellt. Wie bei Eis nimmt bei langdauernder Belastung die Bruchfestigkeit ab. Sowjetische Forscher berichten von Versuchen, aus denen sie die Existenz einer Dauerstandfestigkeit folgern. VJALOV[2] gibt für

[1] TJUTJUNNIK, P. M.: Vgl. Fußnote 1, S. 214.
[2] VJALOV, S. S.: Dokl. Ak. Nauk SSSR Bd. 104 (1955), S. 850.

Tabelle 3. *Kennwerte k (Kohäsion) und ϱ (Reibungswinkel) gefrorener Böden* (nach TJUTJUNNIK).

Temperatur in °C	Mittelsand: Wassergehalt in %	Feuchtigkeitsgrad K_W	t = 30 sec: k	t = 30 sec: ϱ	t = 720 Std.: k	t = 720 Std.: ϱ	schluffiger Sand: Wassergehalt in %	Feuchtigkeitsgrad K_W	t = 30 sec: k	t = 30 sec: ϱ	t = 720 Std.: k	t = 720 Std.: ϱ	Ton: Wassergehalt in %	Feuchtigkeitsgrad K_W	t = 30 sec: k	t = 30 sec: ϱ	t = 720 Std.: k	t = 720 Std.: ϱ
−4	6,5	0,28	8,2	28° 30′	3,7	28° 17′	6,8	0,25	3,9	25° 12′	1,3	26° 36′	9,3	0,31	4,3	24° 00′	1,4	23° 36′
	13	0,57	17,3	25° 00′	8,5	26° 48′	12,6	0,47	7	26° 12′	2,5	27° 30′	12,6	0,42	6,1	24° 12′	1,8	22° 00′
	17,9	0,78	22	23° 00′	11,1	25° 48′	20,8	0,7	10,8	26° 36′	4	26° 36′	22,2	0,74	10,1	16° 48′	3,1	16° 30′
−8	5,8	0,25	11,2	29° 10′	5	28° 49′	7,2	0,24	6,1	28° 30′	2,5	29° 20′	9,2	0,31	8	15° 12′	2,5	12° 50′
	12	0,52	20	25° 54′	9,7	25° 52′	13,5	0,5	11,5	24° 00′	5	25° 12′	12,8	0,43	11,2	13° 49′	3,9	12° 00′
	23	1	31,2	21° 00′	17,1	21° 38′	20,9	0,78	18	23° 40′	6,5	25° 48′	17,3	0,58	13,8	15° 18′	4,8	14° 12′
−14	6,5	0,28	14,8	27° 00′	7,3	27° 00′	7,5	0,28	10,5	23° 24′	4,5	24° 18′	14,2	0,48	17,8	18° 48′	5,8	18° 54′
	16,7	0,73	32,6	22° 12′	16,4	22° 00′	15,6	0,58	22,7	19° 48′	8,5	20° 42′	20,4	0,68	22,8	12° 48′	8,2	12° 48′
	22,5	0,98	40,5	19° 46′	21,5	20° 30′	21,9	0,81	30,9	16° 12′	11,2	17° 48′	28	0,93	25,8	13° 24′	9,9	13° 24′

Zugversuche eine Dauerstandfestigkeit von 0,085 σ_0 (σ_0 ist die Kurzzeitfestigkeit) an. Bei 0,1 σ_0 erfolgte der Bruch noch nach 766 Stunden, bei 0,085 σ_0 brach der Probekörper selbst nach einer Belastungszeit von 4 Jahren noch nicht (Abb. 164).

TJUTJUNNIK, der reichhaltige und vollständige Versuchsergebnisse veröffentlicht hat[1], beschränkt sich auf die Angabe von Bruchfestigkeiten nach 720 Stunden Belastungsdauer, ohne auf das Problem der Dauerstandfestigkeit näher einzugehen. 720 Stunden wählt er deshalb, da ihm im Hinblick auf den Schachtbau (Zeit bis zum Einbringen des endgültigen Ausbaues) diese Zeit für ausreichend lang erscheint.

Bei VOITKOVSKIJ[2] findet man für die Dehnung bzw. Durchbiegung bei Zug und Biegung in Abhängigkeit von der Dauer der Belastung Q folgende Schaubilder (Abb. 165), wobei es sich um gefrorene Sande handelt.

VOITKOVSKIJ erklärt das Verhalten von gefrorenen Erdstoffen so, daß nach einer gewissen Zeit (Dehnung) sich die Körner berühren. Es findet im gefrorenen Erdstoff eine dauernde Lastumlagerung statt, bis die gesamte Last vom Korngerüst übertragen wird und das Eis weitgehend spannungsfrei ist. Bei geringen Spannungen verformt sich sodann der Körper nicht mehr. Es ist einleuchtend, daß sich bei dieser Erklärung eine Dauerstandfestigkeit einstellt. Bei Zugbeanspruchung versagt

[1] TJUTJUNNIK, P. M.: Vgl. Fußnote 1 S. 214.

[2] VOITKOVSKIJ, K. F.: Dokl. Ak. Nauk SSSR Bd. 135 (1960) No. 5, S. 1079.

diese Erklärung, denn hier wird die gesamte Spannung nur durch Eis aufgenommen. Zwar hat VJALOV auf Grund seiner Versuche auf eine Dauerstandfestigkeit geschlossen; indes wurde eine solche bei Eis noch nicht festgestellt und es ist anzunehmen, daß sich bei den Versuchen derartig geringe Dehnungsgeschwindigkeiten einstellten, die praktisch belanglos sind.

Die von VOITKOVSKIJ gegebene Erklärung des Festigkeitsmechanismus wird bestätigt durch die von TJUTJUNNIK und NEUBER/WOLTERS ausgeführten Versuche.

TJUTJUNNIK[1] ermittelte über Scher- und Druckversuche Kohäsion und Reibungswinkel im Sinne der Mohrschen Bruchtheorie, wobei er die Einhüllende der Spannungskreise durch eine Gerade ersetzt. In Tab. 3 sind für Mittelsand, schluffigen Sand und Lehm die Kennwerte k und ϱ für verschiedene Feuchtigkeitsgrade und Belastungszeiten in Abhängigkeit von der Temperatur wiedergegeben.

NEUBER/WOLTERS untersuchten im Gegensatz zu TJUTJUNNIK (der seine Proben im Labor herstellte) Proben, die ungestört dem Erdreich entnommen worden waren, in einem Dreiaxialgerät. Hierdurch berücksichtigen sie die Lagerstättenbedingungen. Außerdem untersuchten sie die Proben in verschiedener Richtung zur geologischen Bildung. Für einen Mittel- und Grobsand geben sie eine durch eine Gerade angenäherte Hüllkurve der Mohrschen Spannungskreise an[1]:

a) $t = -16$ °C $k = 40{,}3$ kp/cm², $\varrho = 31{,}6°$,
b) $t = -5{,}5$ °C $k = 24$ kp/cm², $\varrho = 30{,}1°$.

Vergleicht man diese Werte mit den Angaben von TJUTJUNNIK bei einer Belastungsdauer von 30 sec:

a) $t = -14$ °C $k = 40{,}5$ kp/cm², $\varrho = 19{,}8°$,
b) $t = -4{,}0$ °C $k = 22$ kp/cm², $\varrho = 23°$,

dann zeigt sich, daß etwa dieselbe Kohäsion ermittelt wurde, die Reibungswinkel jedoch erheblich voneinander abweichen. Der Grund liegt wohl darin, daß durch den dichten Kornaufbau die Last praktisch nur durch das Korngerüst getragen wurde und sich der Reibungswinkel voll auswirken konnte. Der Reibungswinkel für ungefrorene Sande bewegt sich zwischen 30° und 35°.

Zusätzlich stellten NEUBER/WOLTERS fest, daß auch die Richtung der Belastung bei gewachsenem Boden einen großen Einfluß hat. Dies dürfte dadurch zu erklären sein, daß bei der Entstehung der Bodenschichten eine Ausrichtung der Teilchen erfolgte.

---

[1] TJUTJUNNIK, P. M.: Vgl. Fußnote 1, S. 214.
[2] NEUBER, H., u. R. WOLTERS: Zeitschrift d. Dt. Geol. Ges. (1961) Bd. 114/II, S. 303.

Kühlung von Beton bei Staumauern*

Von

Regierungsbaumeister Dr.-Ing. **W. Mandry**, Tapah/Malaysia.

Mit 15 Abbildungen.

A. Einleitung.

Die Entwicklung im Betonbau führte im Talsperrenbau zu kühnen und ob ihrer Größe imponierenden Staumauern, wobei die weiterentwickelte Kenntnis des Betons eine stärkere Ausnutzung des Materials und somit auch sehr schlanke Konstruktionen erlaubt. An diese müssen hohe Forderungen hinsichtlich der Sicherheit gestellt werden, wie das Beispiel des Bruchs der Staumauer von Frejus in Südfrankreich mit seinen katastrophalen Folgen auch dem Laien deutlich vor Augen führt. Das zwingt unter anderem den entwerfenden Ingenieur, auch dem Temperaturproblem besondere Aufmerksamkeit zu schenken.

Bekanntlich wird der Baustoff Beton gebildet durch die Mischung von Sand, Kies, Wasser und Zement, wobei der Zementleim aus Wasser und Zement die Sand- und Kieskörner im Verlauf des Erhärtens miteinander verkittet. Hierdurch erhält der Beton seine die Baustoffeigenschaften charakterisierende hohe Druckfestigkeit, der allerdings nur eine geringe Zugfestigkeit gegenübersteht.

Nun ist die Festigkeitsentwicklung im Beton bedingt durch chemische Prozesse zwischen dem Zement und dem Wasser, wobei Wärme frei wird. Diese führt im Baukörper zu Temperaturerhöhungen und bei der anschließenden Abkühlung durch die Luft zu einer Zusammenziehung des Baukörpers. Bei kleineren Abmessungen kann die Wärme schon während des Baues rasch abfließen und bleibt unbemerkt, die Zusammenziehung ist gewöhnlich nicht bemerkenswert behindert. Bei einer Staumauer hingegen, die z. B. ein Betonvolumen von 1000000 m^3 hat, ergäbe sich bei einer Temperaturerhöhung von nur 10 °C infolge der thermischen Kontraktion eine Volumminderung von 300 m^3. Die Einspannung der Mauer in den Gründungsfelsen, die Steifigkeit der Konstruktion behindert die thermische Kontraktion, es entstehen Zugspannungen im Beton, die wegen seiner geringen Zugfestigkeit zu Rissen führen. Darüber hinaus erstreckt sich die Abkühlung bei dicken Baukörpern über Jahre hinweg, eine Kontrolle der Vorgänge ist nicht mehr während der Bauzeit möglich.

Es müssen daher Maßnahmen ergriffen werden, die den unvermeidlichen Temperaturanstieg im Beton möglichst niedrig halten, die Abkühlung beschleunigen und die thermische Kontraktion schadlos gestalten.

---

* Allgemeine Literatur S. 246.

B. Allgemeine bauliche Maßnahmen.

Das Problem der Wärmeentwicklung in Betonbauwerken ist seit langem bekannt und wurde in vielen Bauwerken beobachtet und mittels Temperaturmessungen untersucht. In der Baupraxis wurden Methoden entwikkelt, die zusammen mit rechnerischen Untersuchungen die Beherrschung des Problems ermöglichen[1].

Abb. 166 zeigt den Querschnitt einer Staumauer in den Schweizer Alpen in über 2000 m Höhe über dem Meeresspiegel. Die Mauer hat eine maximale Höhe von 109 m, eine Kronenbreite von 7 m und eine Fußbreite von 73,80 m. Auf der linken Seite des Querschnittes sind die Höhenknoten[2] angegeben, auf der rechten das Datum, zu dem die jeweilige Höhe im Verlauf des Baues erreicht wurde. Es handelt sich um eine Schwergewichtsmauer mit einem Blockabstand von Dehnfuge zu Dehnfuge von 20 m, wobei die Fugen (s. Schnitt $A-B$) in der Mitte der Mauer zu 5 m breiten Kühlspalten erweitert sind. Der Zementgehalt betrug je m³ Beton 140 kg Portlandzement. Im unteren Teil der Abbildung sind wiedergegeben die Aufzeichnungen über die Lufttemperatur, die Frischbetontemperatur des Betons im Moment des Einbringens in die Schalung, sowie die Temperaturmessungen der Meßstellen Th 50 und Th 61.

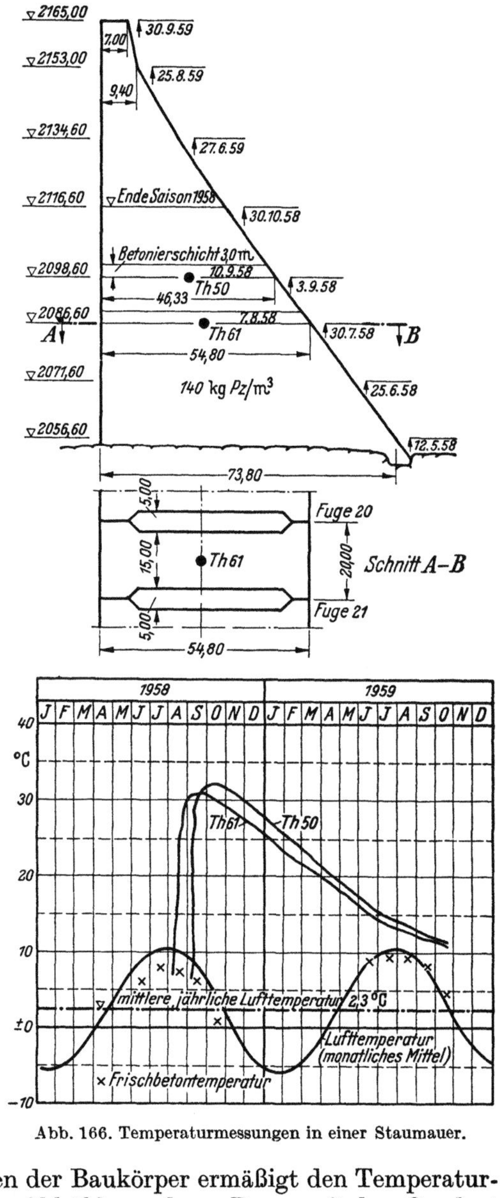

Abb. 166. Temperaturmessungen in einer Staumauer.

Primär wird der Temperaturanstieg im Beton, und somit auch die Temperaturspannungen, durch die Wärmeentwicklung des Zementes hervorgerufen. Diese ist direkt proportional dem Zementgehalt. Die Betontechnologie erlaubt heute, den Zementgehalt ganz erheblich zu senken, und die Zementindustrie bringt Zementsorten auf den Markt, die sich neben Festigkeit, Frostbeständigkeit und Widerstandsfähigkeit gegen aggressive Wässer auch durch eine niedrige spezifische Wärmeentwicklung auszeichnen (Abb. 167).

Die Verringerung der Abmessungen der Baukörper ermäßigt den Temperaturanstieg und beschleunigt die natürliche Abkühlung, deren Dauer mit dem Quadrat der Abmessungen wächst. Ist eine Staumauer mehr als 10 oder gar 20 m dick, so

[1] Mandry: Über das Kühlen von Beton. Berlin/Göttingen/Heidelberg: Springer 1961. Dort weitere Literaturstellen.

[2] Kote ist ein gebräuchlicher Ausdruck des Bauingenieurs für Höhenangabe oder Marke und bezeichnet den lotrechten Abstand eines Punktes über NN.

erstreckt sich jedoch die Abkühlung durch die Luft über Jahre. Das Abfließen der Wärme schon während der Bauzeit wird begünstigt durch die schalungs- und fertigungstechnisch bedingte Beschränkung der Höhe der Betonierschichten, ebenso wie durch die Wartefristen bis zum Aufbringen der nächsten Schicht (Abb. 168).

Große Bauteile müssen durch Dehnfugen unterteilt werden, um die rissefreie Wärmekontraktion zu ermöglichen. Werden nun diese Blöcke so hochbetoniert, daß der einzelne seinem Nachbarblock gegenüber vor- oder nacheilt, so wird die Abkühlung des Baukörpers nicht

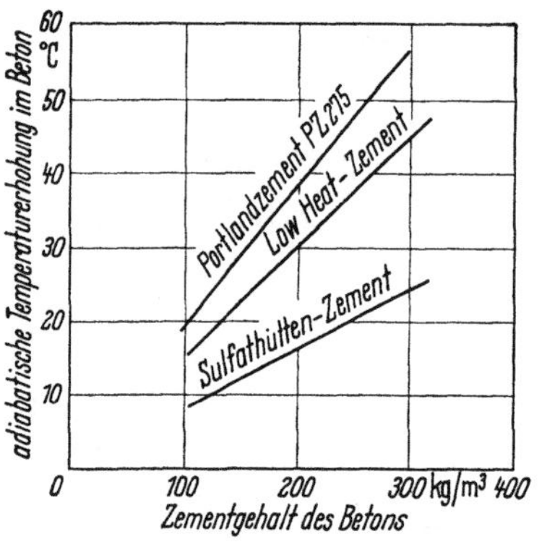

Abb. 167. Beispiel für den adiabaten Temperaturanstieg im Beton bei verschiedenen Zementarten und verschiedenem Zementgehalt.

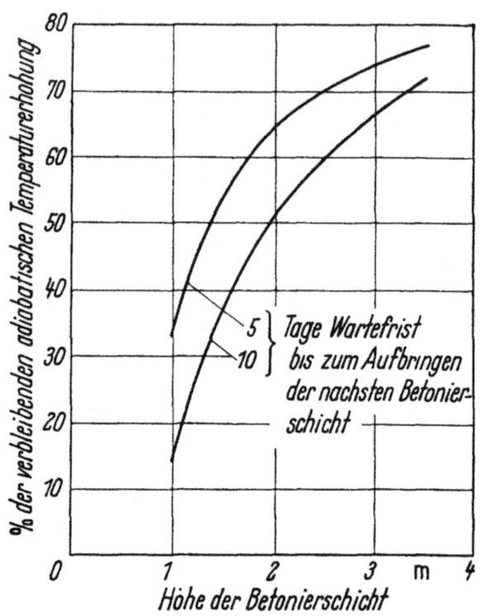

Abb. 168. Beispiel für die im Beton verbleibenden Temperaturerhöhungen in Abhängigkeit von der Höhe der Betonierschicht und der Dauer der Wartefrist bis zum Aufbringen der nächsten Schicht.

nur durch die Oberfläche, sondern auch über die vier Seitenflächen ermöglicht und beschleunigt. Oft werden die Dehnfugen zu Kühlspalten erweitert und zuweilen zusätzlich Schächte in Blockmitte angeordnet, die verbunden mit den horizontalen Kontrollgängen in der Staumauer wie Kamine wirken und auch die Abkühlung befördern. All diese Maßnahmen unterliegen jedoch bautechnischen wie wirtschaftlichen Beschränkungen und sind daher häufig allein nicht ausreichend.

Zementgehalt wie Zementart wird durch die erforderliche Festigkeit weitestgehend festgelegt, die Unterteilung des Bauwerkes durch zahllose Dehnfugen ist den statischen Aufgaben desselben unterzuordnen.

Die Fugen müssen bei Staumauern vor Staubeginn geschlossen werden, und zwar gerade dann, wenn die Temperatur des Bauwerks gleich oder gar noch tiefer als die mittlere Jahreslufttemperatur ist, eine weitere Abkühlung und damit Wärmekontraktion und Rißbildung also nicht mehr zu erwarten ist.

Da man mit diesem Vorgang wegen der Inbetriebnahme der Sperre nicht jahrelang warten kann, kennt man heute fast keine große Baustelle ohne irgendeine Einrichtung zur künstlichen Kühlung des Betons: sei es, daß die Temperatur des Betons schon vor dem Einbringen gesenkt wird, indem die einzelnen Komponenten der Mischung vorgekühlt werden, sei es, daß das Mischwasser teilweise in Form von feinst verteiltem Eis beigegeben wird, oder daß der Beton durch in ihn eingebettete Rohrschlangen, in denen kaltes Wasser fließt, nachträglich gekühlt wird.

Aber auch bei Baukörpern geringerer Abmessungen ist die künstliche Kühlung zuweilen erforderlich, wenn dies die Rissefreiheit aus Gründen der Wasserdichtigkeit des Bauwerkes erfordert: beim Bau des Tunnels Rendsburg, wo im ersten Arbeitsgang die Gründungsplatte, und im zweiten Wände und Decke betoniert

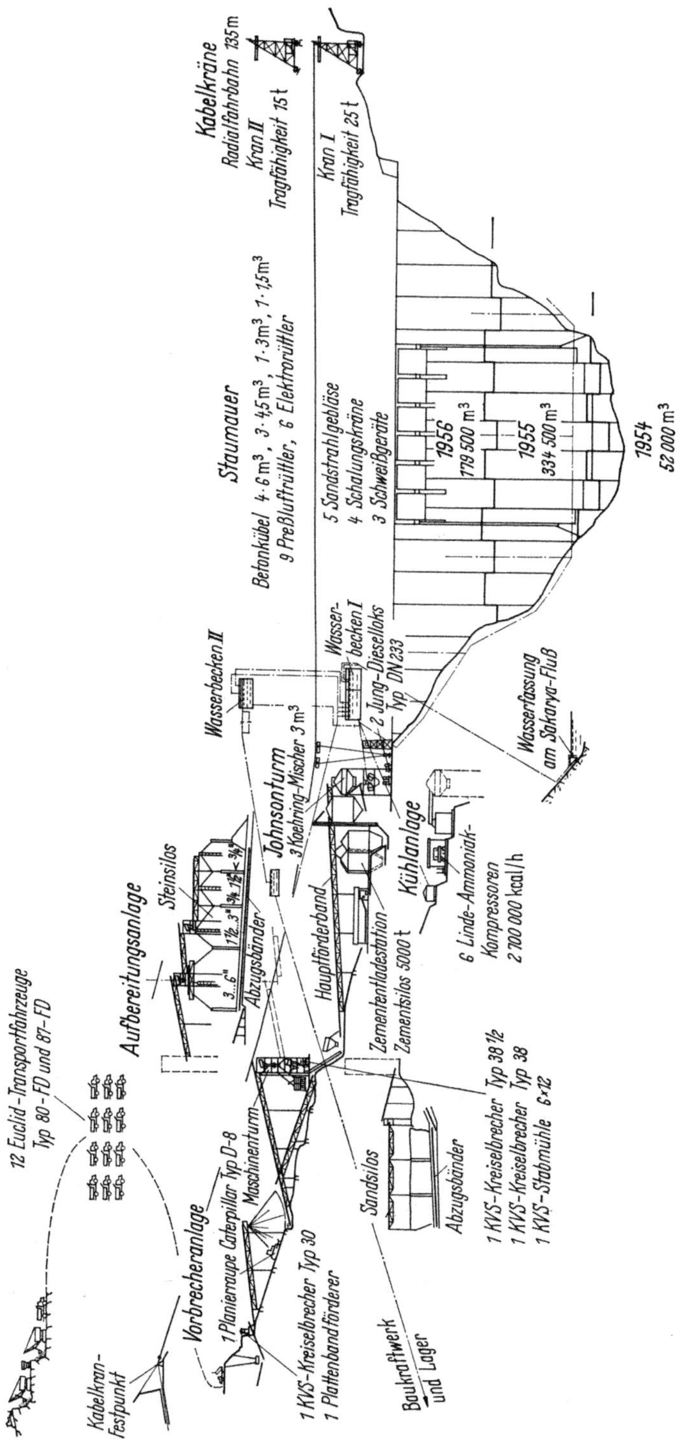

Abb. 169. Baustelleneinrichtung Sariyar, Staumauerbaustelle (nach Ph. Holzmann AG. Frankfurt/Main).

wurden, hatte der Bauherr daher vorgeschrieben, daß bei allen einseitig dem Wasserdruck ausgesetzten Bauteilen die Temperatur des Betons oberhalb der Arbeitsfugen mindestens um 5 °C niedriger sei, als die des Betons unterhalb der Fugen. Die erforderliche Vorkühlung des Betons wurde in drei Stufen erreicht: durch Berieselung der groben Zuschlagstoffe mit aus der Wasserhaltung der Baugrube anfallendem Grundwasser von 10 bis 13 °C, durch Kühlung des Anmachwassers des Betons in einer Kompressionskühlanlage auf rund 1 °C und durch Zugabe eines Teils des Anmachwassers in Form von Eisschnee (Abb. 170).

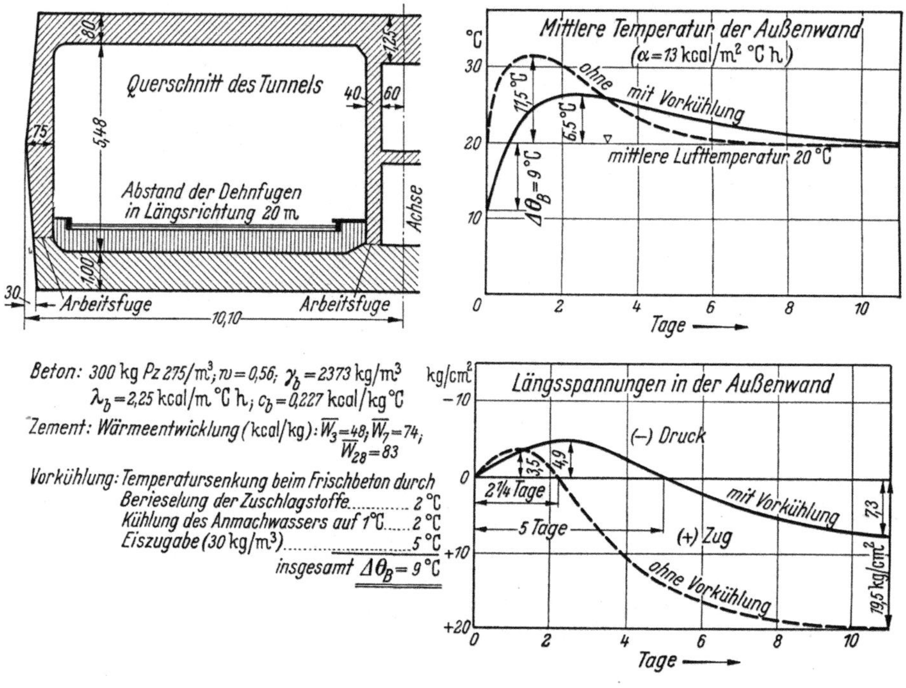

Abb. 170. Veränderung der Temperaturen und Spannungen in einem Baukörper bei Vorkühlung des Betons.

Manchmal steht genügend kaltes Wasser von Natur aus zur Verfügung, wie beispielsweise in den Alpen, wo Gletscherwasser von nur wenigen Graden über Null direkt in die Rohrschlangen der Rohrinnenkühlung gepumpt werden kann. Im allgemeinen muß jedoch die Temperatur des Kühlmittels — Wasser, Luft — zuvor künstlich gesenkt werden. Es bedarf sorgfältigster Planung, Vorbereitung und Koordinierung zwischen den Bau- und Kältetechnikern, um die für die künstliche Kühlung erforderlichen Maßnahmen und Einrichtungen so anzulegen, daß sie gerade das gewünschte Ergebnis zeitigen, und ohne daß die Anlagen unnötig überdimensioniert werden. Die Größe der Anlagen (siehe Tab. 1) kann man sich vorstellen, wenn man sich vergegenwärtigt, daß die abzuführende Wärmemenge z. B. der Staumauer Mauvoisin (Schweiz) rund 38 Mrd. kcal betrug. Dabei erlauben leistungsfähige Baustelleneinrichtungen einen solchen Baufortschritt und damit eine so große Bauzeitverkürzung gegenüber früheren Jahren, daß mit diesem auch die Kühlung der Betonmassen Schritt halten muß.

C. Die Vorkühlung des Betons.

Mit Vorkühlung des Betons bezeichnet man die Senkung der Frischbetontemperatur durch künstliche Kühlung des Betons vor dem Mischen. Indem man die Anfangs- und Einbringungstemperatur soweit senkt, daß die anschließende Temperaturerhöhung beim Abbinden und Erhärten des Betons lediglich eine

Tabelle 1.

Name der Staumauer	Art der Vorkühlung	Temperatursenkung des Frischbetons durch die Vorkühlung	Installierte Kälteleistung kcal/h	Betonierleistung m³/h
Bhakra	Wasser	18 °C	4235000	250
Detroit	Wasser	16 °C	2116800	190
Vaitarna	Wasser, Luft	24 °C	1600000	92
Sariyar	Luft	17 °C	2700000	140
Fort Gibson	Eis	22 °C	1200000	60
Kremer	Eis	12 °C	1160000	125
Hartwell	Vakuum	28 °C	4800000	240

Angleichung der Betontemperatur an die der Luft bringt, werden die Temperaturprobleme in meisterlicher Weise beherrscht. Eine Abkühlung des Bauwerks wird vorweggenommen und ein schädliches Temperaturgefälle kann gar nicht erst entstehen. Die Vorkühlung erlaubt eine Verringerung der Zahl der Dehnfugen, die Höhe der Betonierschichten kann nach arbeitstechnischen Gesichtspunkten festgelegt werden und somit wird der Baufortschritt beschleunigt.

Je nach der Größe der beabsichtigten Temperatursenkung werden einzelne Komponenten der Mischung allein gekühlt, oder wenn alle Möglichkeiten genutzt werden müssen, mehrere oder gar alle Komponenten. Würde man alle Komponenten gleich tief vorkühlen, so wären die Zuschlagstoffe mit rund 70%, das Anmachwasser mit rund 20% und der Zement mit rund 10% an der erzielten Temperatursenkung des Frischbetons beteiligt. Für die Abschätzung der Wirkung der Kühlung der einzelnen Betonkomponenten ebenso wie für die Dimensionierung der Kühlanlage erscheint eine Wärmebilanz recht anschaulich, wie sie in Tab. 2 an einem Beispiel vorgeführt ist.

Die Kühlung des Zementes hat für die beabsichtigte Temperatursenkung die geringste Wirkung und wird noch durch den Taupunkt der Luft begrenzt, soll ein vorzeitiges Abbinden des Zementes vermieden werden. Die Kühlung kann vorgenommen werden mit Hilfe von Kühlschnecken[1], wie sie in der Lebensmittelindustrie bekannt sind.

Maschinentechnisch am einfachsten ist die Kühlung des Anmachwassers in einer Kompressionskältemaschine, weswegen sie auch bei fast allen Vorkühlmethoden angewandt wird. Ihre geringe Wirkung auf die Senkung der Frischbetontemperatur (rd. 3 °C) wird häufig mit gutem Erfolg dadurch vervielfacht, daß ein großer Teil (bis rund 70%) des Anmachwassers in Form von Flocken- oder Splittereis der Betonmischung zugesetzt wird. Begrenzt wird die Zugabe von Eis nur dadurch, daß der Wassergehalt der Betonmischung aus Festigkeitsgründen beschränkt ist und daß ein Teil des Mischwassers bereits durch die Eigenfeuchtigkeit der Zuschlagstoffe vorhanden ist. So ist die hierdurch erzielbare Temperatursenkung maximal rund 10 °C.

Die Korngröße des Splittereises muß so gewählt werden, daß das Eis mit Sicherheit geschmolzen ist bis zum Einbringen des Betons in die Schalung. Wird

[1] Roberts: Cooling Materials for Mass Concrete, Proc. American Concrete Inst. (1951), S. 821 ff.

Tabelle 2. *Beispiel für die Vorkühlung des Betons beim Bau des Detroit Dam/USA.*
Wärmebilanz für 1 m³ Beton bei Kühlung von 23 °C auf $\bar{\Theta}_B = 7$ °C

1	2	3	4	5	6	7	8	9	10	11	12
Rechenvorschr.					(5) − $\bar{\Theta}_B$		(2) · (3) + (4)	(8) [(5) − (7)]	(8) [(7) − $\bar{\Theta}_B$]	(8) [(7) − $\bar{\Theta}_B$]	Σ (10) − Σ (11)
Zusammensetzung des Betons	spez. Wärme kcal/kg	Gewicht kg	Freie Feuchtigkeit kg	Anlieferungstemperatur °C	Diff. zw. Anlief.-Temp. und $\bar{\Theta}_B$ ($\bar{\Theta}_B = 7$ °C)	angestr. Kühltemperatur °C	äquival. Wassermenge kg	abzuführende Wassermenge kcal	Wärmebilanz (+) kcal	Wärmebilanz (−) kcal	Diff. (±) kcal
Zement	0,22	135	—	66	59	16	30	1500	270		
Kies 70/150	0,22	500	5	18	11	3	115	1725		460	
Kies 40/70	0,22	460	5	18	11	3	106	1590		425	
Kies 20/40	0,22	400	4	18	11	3	92	1380		370	
Kies 10/20	0,22	240	2	21	14	3	55	990		220	
Sand 0/10	0,22	590	38	21	14	10	168	3020	505		
Wasser	1,00	60	—	16	9	1,5	60	870		330	— 1805
Erwärmung des Betons beim Mischen um 1 °C →									626		+ 1401
							Σ = 626	11075	+ 1401	− 1805	− 404

Berichtigung: $\frac{-404}{626} = -0{,}65$ °C → theoretische Temperatur des Betons nach dem Mischen: $\bar{\Theta}_B = 7 - 0{,}65 = +6{,}35$ °C.

Betonierleistung: 190 m³ Beton/Stunde → theoretisch erforderliche Kälteleistung: $190 \times 11075 \cong 2110000$ kcal/h.

daher das Eis in einer der häufig in der Kälteindustrie angewandten Zelleneismaschinen hergestellt, so muß es anschließend vor der Zugabe zur Betonmischung zerkleinert werden. Dies wurde beim Bau des Tunnels Rendsburg durch eine einfache Raspel erreicht. Da Splittereis in der Kälteindustrie vielfach gebraucht wird, wurden zahlreiche Eiserzeugungsverfahren entwickelt, bei denen das Eis in dünner Form hergestellt wird, so daß es durch Brechen schnell zerkleinert werden kann. Die Beschreibung solcher Kleineiserzeuger findet man im Band XI dieses Handbuches auf den Seiten 510 bis 525.

Splittereis läßt sich gewöhnlich in Holzsilos mehrere Tage einwandfrei lagern, ohne wesentlich zu schmelzen oder zusammenzubacken. Durch ihre hohlzylindrische Form berühren sich die Eisstücke beim Lagern nur punkt- oder linienförmig und lassen sich deshalb gut schaufeln oder schütteln. Als „zusätzliche" Komponente der Betonmischung wird das Splittereis demnach wie Kies behandelt und mittels Transportbändern, Förderschnecken oder Becherwerken von den Vorratssilos zur Mischanlage gebracht. Ist es als Eisschnee oder Flockeneis vorhanden, so kann es auch mittels Preßluft in Röhren transportiert werden.

Am wirkungsvollsten ist zweifellos die Kühlung der Zuschlagstoffe Sand/Kies, die gewichtsmäßig den bedeutendsten Bestandteil der Betonmischung darstellen. Die Methoden hierzu sind mannigfaltig.

1. Beim Bau der *Detroit-Staumauer* (Abb. 171) bestand die Kälteanlage aus 6 Zwei-

zylinder-Ammoniak-Kältemaschinen mit insgesamt 2116800 kcal/h Leistung zur Kühlung von Flußwasser von 16 °C auf 1,5 °C. Von dieser Kälteanlage wurde sowohl der Betonturm mit Anmachwasser beschickt, als auch 5 Kühltanks von je 90 m³ Inhalt zur Kühlung der kiesigen Zuschlagstoffe. Für die Zement- und Sandkühlung wurden als Wärmeaustauscher Förderschnecken benutzt, durch deren hohle Wellen und Trog-Ummantelung ebenfalls auf 1,5 °C gekühltes Wasser

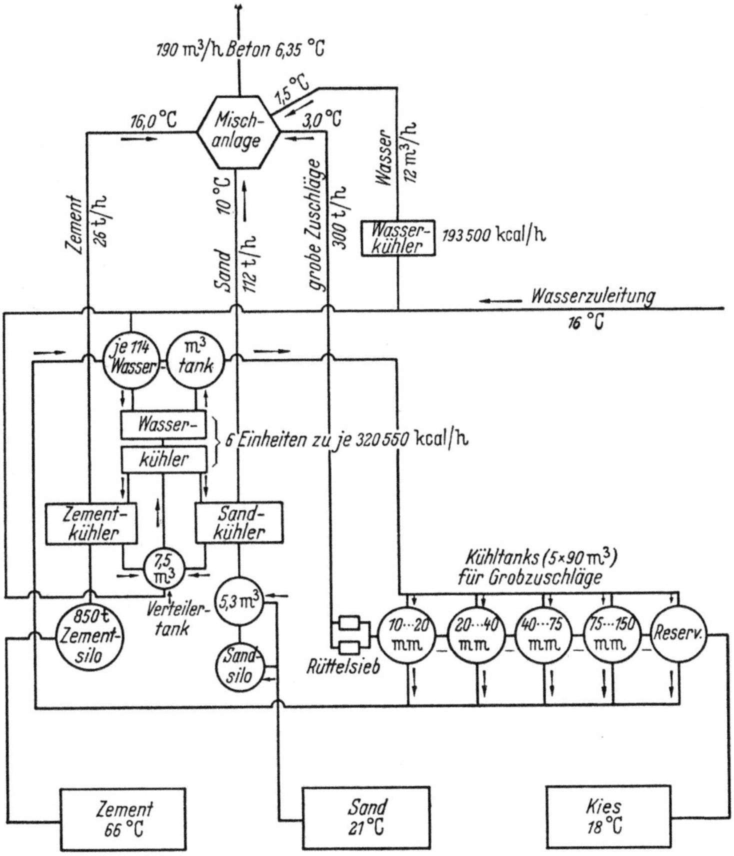

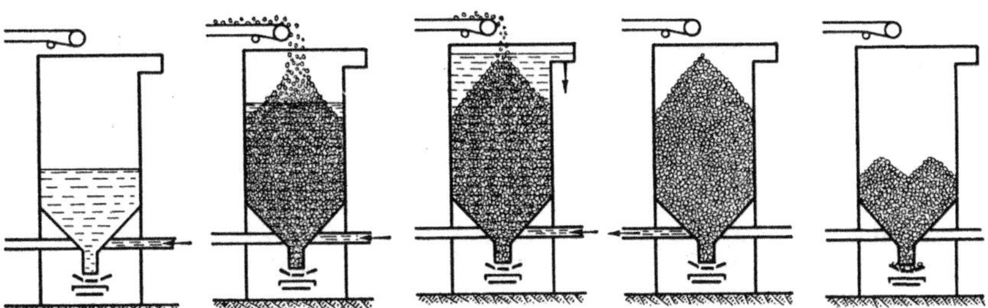

Abb. 171. Arbeitsschema der Betonkühlanlage der Detroit-Staumauer.

Kühlvorgang in den Tanks: *1* Auffüllen mit kaltem Wasser; *2* und *3* Beschicken mit Kies bei weiterem Ausfüllen mit kaltem Wasser; *4* Ablassen des Wassers nach beendeter Kühlung; *5* Abziehen der gekühlten Zuschlagstoffe. Zeitfolge der Arbeitsgänge: *1* 10 Minuten; *2* 15 Minuten; *3* 35 Minuten; *4* 15 Minuten; *5* 15 Minuten.

floß. Zwischen die Kälteanlage und die Kühltanks für die Zuschlagstoffe wurden zwei Vorratstanks eingeschaltet. Bei der Kühlung des Kieses in den Tanks wiederholt sich immer wieder das gleiche Spiel: Füllen der Tanks mit Zuschlagstoffen, Füllen mit kaltem Wasser, laufende Erneuerung des kalten Wassers während der Abkühlung der Zuschlagstoffe, Leeren der Tanks und Neufüllen. In der Kühlpause zur Leerung und zum Neufüllen der Tanks ist also eine Vorratshaltung an kaltem Wasser zweckmäßig, wodurch die Kälteanlage gleichmäßig weiterarbeiten und das periodische Spiel der Vorkühlung der Zuschlagstoffe wesentlich beschleunigt werden kann.

2. Bei der *Sariyar-Staumauer/Türkei* (Abb. 172) diente hingegen als Kälteträger für die Kühlung des Kieses größer als 4 mm auf −6 °C gekühlte Luft, die direkt in die Silotaschen des Betonturmes geblasen wurde. Dies hatte den unbestreitbaren Vorzug, daß das Fließbandprinzip der Betonfabrik nicht im mindesten unterbrochen wurde. Jedoch sind die Luftmengen zur Erzielung desselben Effektes ein Vielfaches der entsprechenden Wassermengen. So erforderte der Einbau der Luftkanäle in den dort verwendeten Johnson-Turm[1] erhebliche und schwierige Umbauten. Hingegen erlaubt die Anwendung der Luft als Kälteträger eine Kühlung desselben noch unter 0 °C, hier auf −6 °C, wodurch der Temperaturunterschied zwischen Kühlgut und Kühlmittel vergrößert und damit die Abkühlung beschleunigt wird. Eine weitere Schwierigkeit entstand durch erheblichen Anfall von Gesteinsmehl durch den Abrieb der Kieskörner beim Transport. Durch nicht befriedigende Funktion der Luftwäsche gelangte dieses von den Silotaschen des Betonturmes in den Luftkühler und führte zu beachtlicher Verschmutzung in der Sole und zum Verstopfen der Poren der zur feinen Verteilung der Sole im Luftkühler vorgesehenen Glaswolle-Einlagen. Eine Reinigung der Kälteanlage wenigstens alle 14 Tage war notwendig und ein hoher Verbrauch an Salz zur Herstellung neuer Sole unvermeidlich. Aber eine gute Reinigung ist auch bei Kühlung mit Wasser unbedingt erforderlich, um in dessen Kreislaufsystem Störungen durch Verschmutzung fernzuhalten.

Abb. 172 verdeutlicht die Arbeitsweise der Anlage mit ihren fünf Kreislaufsystemen für Ammoniak, Sole, Luft, Mischwasser und Kühlwasser: ein Verdampfer dient zur Solekühlung und über einen Naßluftkühler auch zur Luftkühlung, während der andere Verdampfer direkt zur Kühlung des Anmachwassers dient.

3. Eine Lösung der kombinierten Kühlung sowohl mit kaltem Wasser als auch mit gekühlter Luft wurde beim Bau der *Staumauer Vaitarna/Indien* angewandt, wobei sie geschickt in das Fließbandprinzip der Betonaufbereitung eingegliedert worden war (Abb. 173). Um lange Ammoniak-Leitungen zu vermeiden, wurde auch hier darauf verzichtet, den Verdampfer direkt in der Kühlkammer aufzustellen, vielmehr wurde die Luft ebenfalls in einem besonderen Luftkühler gekühlt und dann durch ein Gebläse durch die Kühlräume der Zuschlagstoffe gefördert, die zur Vermeidung von Kälteverlusten durch einen 7,5 cm starken Korkmantel isoliert worden waren. Hätte aus örtlichen Gründen die Kälteanlage sehr weit entfernt von der Verwendungsstelle des Kühlmittels aufgestellt werden müssen, so wäre gegebenenfalls eine Solekühlung zwischenzuschalten gewesen, wobei durch entsprechend tiefe Wahl der Verdampfungstemperatur die Sole so stark unterkühlt werden könnte, daß die Erwärmung derselben auf der langen Zuleitungsstrecke bis zum Verwendungsort aufgefangen worden wäre. Jedoch ist zu prüfen, ob die Isolierung der Zu- und Rückleitungen des Kühlmittels nicht wirtschaftlicher ist.

---

[1] Ein Johnson-Turm ist ein Betonturm (Gerüst) in dem in vertikaler Anordnung Vorsilos für Kies, Sand und Zement, ein Tank für das Anmachwasser, die Wiegeeinrichtung für die Betonkomponenten sowie die Betonmischer installiert sind.

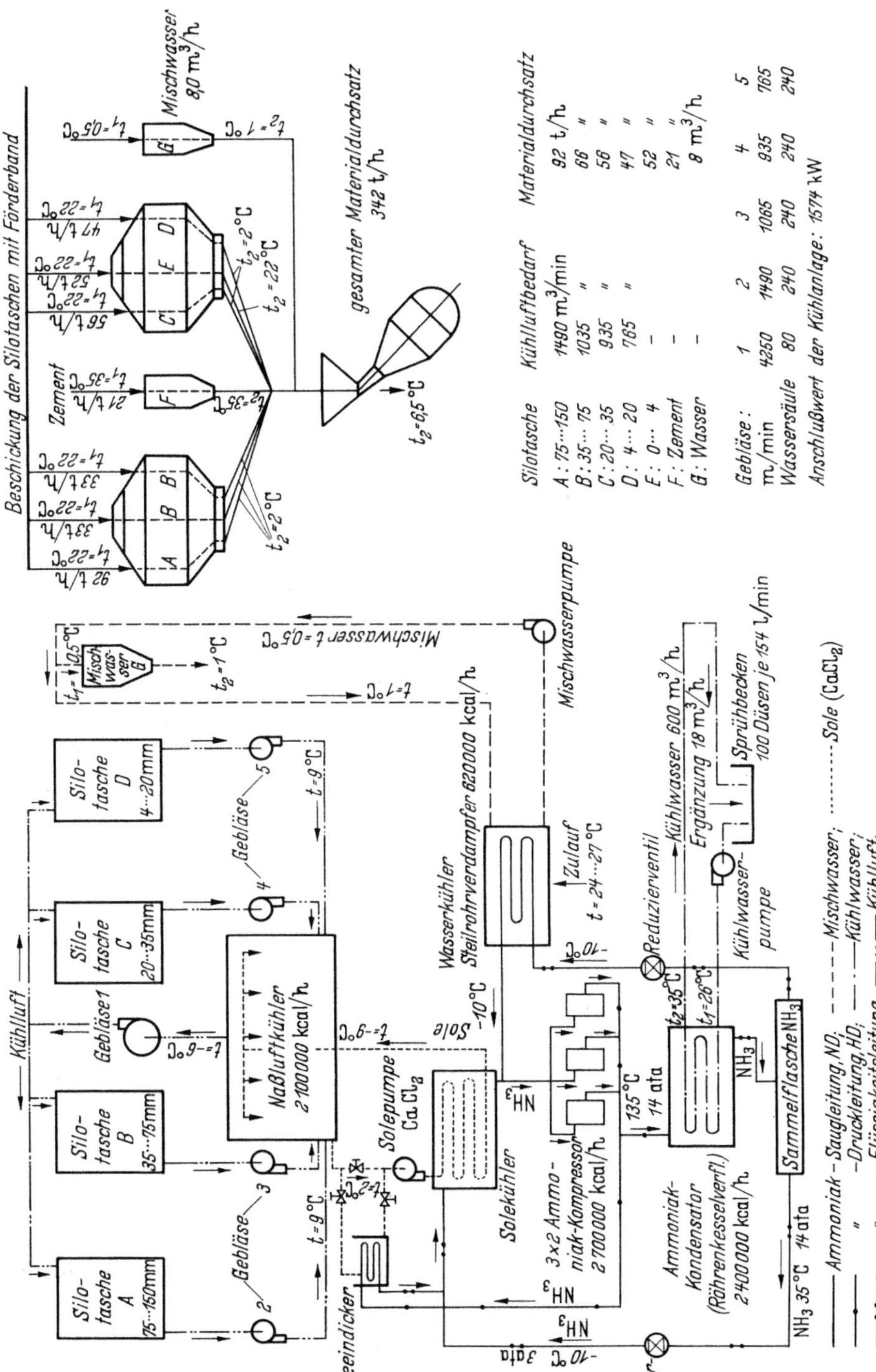

Abb. 172. Stammbaum der Kühlanlage der Staunauer Sariyar.

4. Eine andere Möglichkeit, die Zuschlagstoffe und das Wasser für die Betonmischung vorzukühlen, bietet die neuerdings auch im Staumauerbau angewandte Vakuumkühlung (Abb. 174), bei der die leicht angefeuchteten Zuschlagstoffe in Unterdruckkammern einem je nach der gewünschten Abkühlung mehr oder

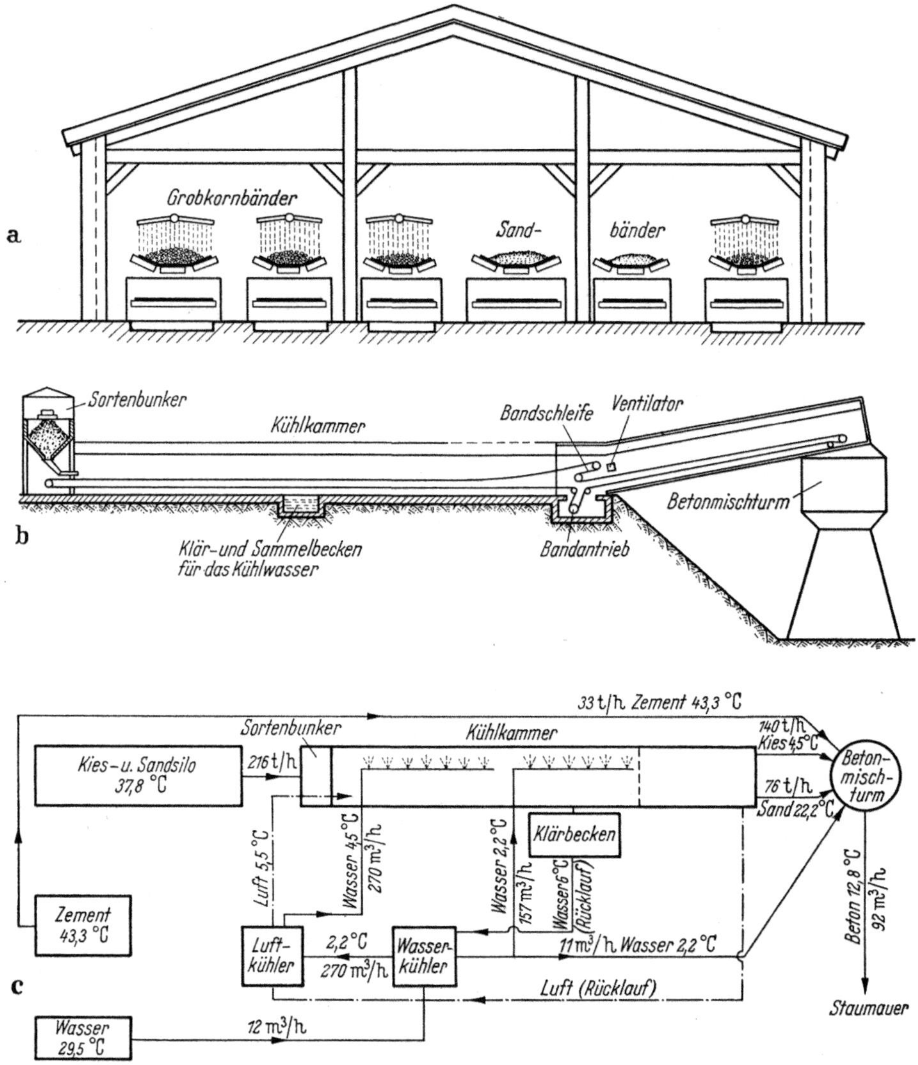

Abb. 173. Kühlanlage der Staumauer Vaitarna/India.

a) Querschnitt durch die Kühlkammer; b) Längsschnitt durch die Grobkornbänder der Kühlkammer; c) Schema der Kühlanlage.

weniger hohen Vakuum ausgesetzt werden, so daß ihre Feuchtigkeit verdampft[1]. Die für die Verdampfung des Haftwassers notwendige Wärme wird dabei den Zuschlagstoffen selbst direkt entzogen und so deren Temperatur gesenkt. So

[1] Es handelt sich hier um Dampfstrahl-Kältemaschinen, deren Wirkungsweise im Band V dieses Handbuches auf den Seiten 393 bis 432 beschrieben ist. Vgl. besonders S. 423, Kühlung durch Selbstverdampfung.

wurden beim Bau des *Hartwell-Dam/USA* der Kies in 3 Kesseln von je 150 m^3 Fassungsvermögen, der Sand in 2 Kesseln von je 80 m^3 Inhalt von maximal 43 °C auf die erforderlichen 4,5 °C gekühlt, wobei zwei gasbefeuerte Dampfkessel je 7700 kg/h Dampf für die Vakuumerzeugung lieferten. Dieses Verfahren erlaubt mit

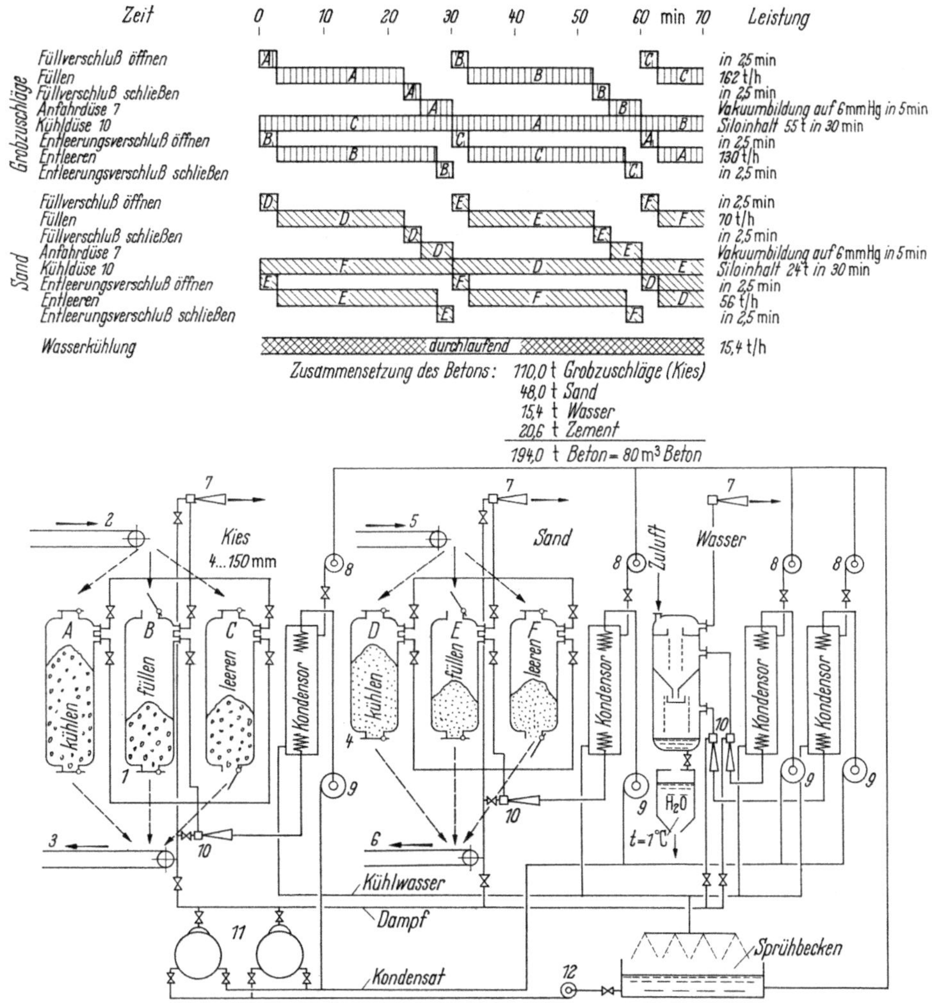

Abb. 174. Betriebsplan und Schema einer Vakuumkühlanlage für 80 m³/h Beton (nach Jurecka).

derselben Methode auch die Kühlung des Feinsandes, während sich dies bei der Kühlung mit Wasser durch die lange Trockenzeit des Sandes nach der Kühlung verbietet, weswegen beim Bau der Staumauer Detroit der Sand mittels Kühlschnecken[1] vorgekühlt wurde. Beim Kühlen mit kalter Luft ist eine Umwälzung des Sandes notwendig. Unterläßt man dieses Umwälzen, so ist der Kühleffekt bescheiden (Vaitarna-Staumauer), so daß meist auf die Kühlung des Sandes überhaupt verzichtet wird (Sariyar-Staumauer).

Schon eine erste Untersuchung der Kühlschemen für Wasserkühlung (Abb. 171) und Vakuumkühlung (Abb. 174) zeigt, daß für das Füllen und das Leeren der

[1] Vgl. Fußnote 1, S. 233.

Kühltanks jeweils 50% der Zeit eines Kühlzyklus jeder Charge gebraucht wird. Es ist offensichtlich, daß daher die Anlagen für den An- und Abtransport ebenso wie die zur Kühlung der Zuschlagstoffe gerade doppelt so groß sein müssen, wie dies für den Fall eines steten Materialflusses erforderlich wäre. Tab. 1 zeigte eine Zusammenstellung mit den kennzeichnenden Daten von verschiedenen Betonkühlanlagen, Kühlmethode, Temperatursenkungen, installierten Kälteleistungen ebenso wie der Leistungen der Betonherstellung. Rückschlüsse auf die Wirtschaftlichkeit der einzelnen Methoden und Anlagen sind hieraus jedoch nicht zulässig: Es dürfte für den Entwurf solcher Anlagen weniger das technische Prinzip der Kühlung und ihre Wirtschaftlichkeit ausschlaggebend sein, als vielmehr die zweckmäßigste Verfahrenstechnik im Rahmen und unter Beachtung der für die Herstellung des Betons gewählten Methoden. Hier also hätte eine Verbesserung des Kühlverfahrens einen wesentlichen Punkt zum Ansatz zu nehmen.

Eine Begrenzung erfährt nun die Methode der Vorkühlung des Betons dadurch, daß die Anfangstemperatur desselben im allgemeinen nicht tiefer als auf 4 bis 5 °C gebracht werden darf, soll sich der Erhärtungsprozeß nicht erheblich verzögern oder gar durch Gefrieren des Betons überhaupt in Frage gestellt werden. So vorteilhaft also die Vorkühlung des Betons im gemäßigten und tropischen Klima ist, so ist ihr der Erfolg versagt bei niedrigen Lufttemperaturen wie bei Baustellen im Hochgebirge. Hier kommt die nachträgliche Kühlung des Betons durch die Rohrinnenkühlung zur Anwendung, bei der kaltes Wasser in eingebauten Kühlschlangen zirkuliert.

D. Rohrinnenkühlung bei Staumauern.

Während bei der Vorkühlung der gesamte Temperaturzustand und dessen Veränderungen nach unten verschoben werden, bewirkt das bei der Rohrinnenkühlung in den im Beton eingebauten Rohrschlangen zirkulierende Kaltwasser eine mehr oder weniger parallel mit der Wärmeentwicklung stattfindende Wärmeabfuhr bis zur Abkühlung auf die erforderliche Temperatur. Wird durch die Vorkühlung ein Temperaturspannungszustand a priori vermieden, so ist dies bei der Rohrinnenkühlung aus wirtschaftlichen Gründen meist nicht möglich. Die Kühlschlangen bestehen gewöhnlich aus Flußstahlrohren von 15 bis 25 mm Durchmesser; sie werden jeweils auf den Betonierschichten verlegt und an die Hauptleitungen des Kühlwasserkreislaufes angeschlossen.

Tabelle 3. *Kennzeichnende Daten der Rohrinnenkühlung.*

Rohrabstand — horizontal	m	1,2 –3,0
Rohrabstand — vertikal	m	1,5 –3,0
Rohrlänge je m³-Beton	m	0,2 –0,4
Länge der einzelnen Rohrschlangen	m	150–250
Rohrdurchmesser	mm	15–25
Kühlwasserdurchfluß je m³-Beton	cm³/sec	0,15–0,8
Kühlwasserverbrauch je m³-Beton	m³	1,75–3,5

Es ist einleuchtend, daß die Wärmeabfuhr desto intensiver ist, je enger die Kühlrohre liegen. So ist zwar eine Ermäßigung des Temperaturgefälles vom Kern der Mauer zu ihren Außenzonen möglich und damit auch eine Verminderung der Eigenspannungszustände aus dieser Temperaturverteilung, hingegen baut sich nun ein neues Spannungsfeld auf, entsprechend den durch die Kühlrohre erzeugten inneren Temperaturunterschieden. Kennzeichen der Rohrinnenkühlung ist daher vor allem die kontrolliert beschleunigte, gleichmäßige Abkühlung, sowie ihre große Anpassungsfähigkeit.

Die Besonderheiten der Rohrinnenkühlung mit dem bei Staumauern hunderte von Kilometern langen Rohrnetz sollen an einem Beispiel erläutert werden. Bei dem Beispiel handelt es sich um eine Bogengewichtsstaumauer der Schweizer Alpen mit einer Betonkubatur von 730000 m³. Bei einer größten Höhe von 130 m und einer Kronenlänge von 340 m war die Mauer durch Dehnfugen in rund 20 m Abstand in 16 Blöcke unterteilt. Die Abmessungen des größten Blockes zeigt Abb. 175 zusammen mit dem Betonierprogramm: die Summenlinie des eingebauten und gekühlten Betons sowie den Baufortschritt der einzelnen Blöcke der

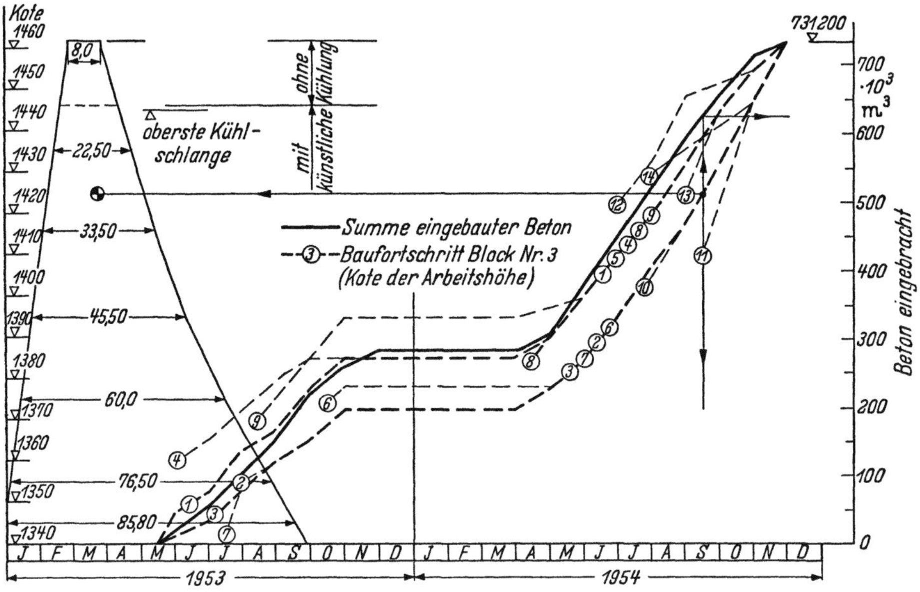

Abb. 175. Baufortschritt bei einer Staumauer (Beispiel).

Staumauer. Bei einer Höhe der einzelnen Betonierschichten von 2,50 m und einer Wartefrist von 5 bis 10 Tagen bis zum Aufbringen der nächsten Schicht wurden die Blöcke abwechselnd hochgezogen mit einem Höhenunterschied zum Nachbarblock von 12 bis 15 m. Trotz Ermäßigung des Zementgehaltes auf 170 kg/m³ und der guten Abkühlung über die Oberfläche der einzelnen Betonierschichten wurden doch Temperaturanstiege von 27 °C ohne künstliche Kühlung gemessen, und die natürliche Abkühlung hätte sich über Jahre hinaus erstreckt. Nur durch künstliche Kühlung des Betons war also eine rasche Abkühlung und so auch ein früher Zeitpunkt für das Auspressen der Fugen und für den Staubeginn zu erreichen. Da abgekühlte Mauern von mehr als 17 m Dicke ihr Temperaturminimum infolge der jahreszeitlichen Temperaturschwankungen der Luft $1^1/_2$ Monate später als letztere durchlaufen, wurde der Zeitpunkt für den Fugenschluß auf das jeder Bausaison folgende Frühjahr Ende März bis Anfang April festgelegt, wobei der Beton zu diesem Zeitpunkt um 1 °C kühler sein sollte als die mittlere Lufttemperatur. Bei relativ niedrigen Frischbetontemperaturen und ausreichend das ganze Jahr zur Verfügung stehenden Gletscherzuflüssen konnte eine künstliche Kühlung des Kühlwassers von vornherein entfallen und dennoch die erforderliche Abkühlung in allen Fällen erreicht werden. Aus der Festlegung des Zeitraumes der Abkühlung, durch die während einer Saison eingebaute Betonmenge und durch die zur Verfügung stehende Wassermenge ergeben sich zwangsläufig alle anderen Werte für die Dimensionierung des Kühlsystems: Rohrabstand auf den Betonierschichten zwischen 1,8 und 2,4 m, Durchmesser der Kühlschlangen 25 mm, Kühlwasserdurchfluß je Kühlschlange 0,9 bis 3,6 m³/h, Kühlwasserverbrauch 2,6 m³/m³ Beton[1] (vgl. Tab. 3).

Die Kühlschlangen waren die üblichen, nahtlos gezogenen Flußstahlrohre mit vorgefertigten Bogenstücken. Diese haben den Vorteil, daß sie auf der Baustelle entsprechend den örtlichen Erfordernissen kalt gebogen werden. Unmittelbar nach Beendigung des Betonierens werden sie auf der Oberfläche einer jeden Betonierschicht verlegt und durch Drahtbügel fixiert. Die einzelnen Rohrschüsse werden mit wenigen Handgriffen durch Rohrmuffen aus Metall oder auch Gummi (Abb 176) miteinander verbunden. Ein Beispiel für die Führung der Rohrschlangen zeigt Abb. 177. Sie wird wesentlich durch die Art der Anordnung der Verteil- und Sammelleitungen beeinflußt, die in erweiterten Blockfugen oder wie hier in den in Mauermitte jeweils für zwei aneinander anschließende Blöcke gelegenen Schächten hochgeführt werden. Von dieser Verteil- und Sammelleitung mit einem Durchmesser von 150 bis 200 mm gehen jeweils für einen Blockabschnitt von 10 bis

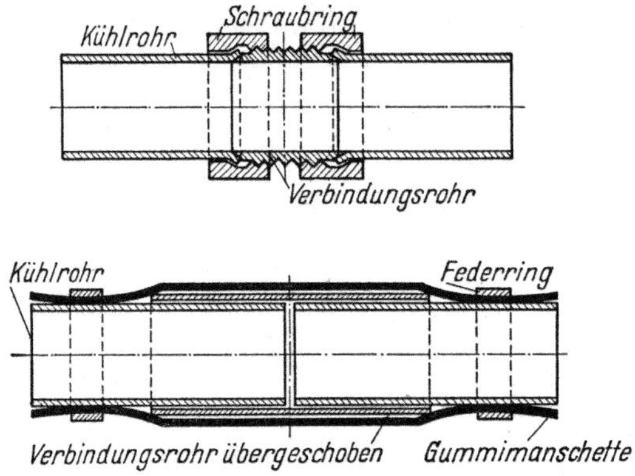

Abb. 176. Rohrverbindungen.

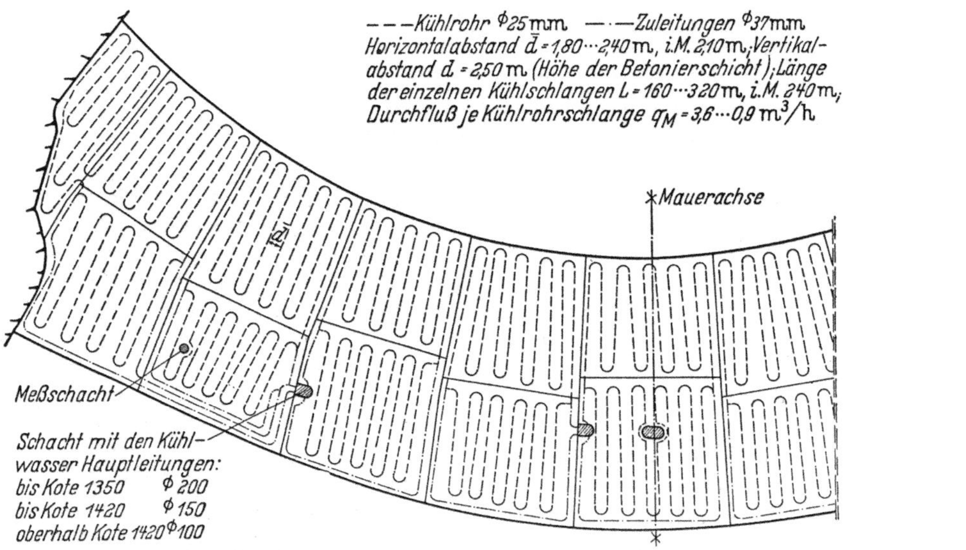

Abb. 177. Kühlrohrnetz einer Staumauer. Beispiel-Kote 1390.

15 m Höhe Zweigleitungen mit einem Durchmesser von 80 mm ab, an welche die einzelnen Rohrschlangen mit Gummi- oder Kunststoffschläuchen flexibel angeschlossen sind. Abb. 178 zeigt eine solche Verzweigung samt dem Durchflußregler an dem Anschluß an die Verteilleitung.

---

[1] Vgl. Fußnote 1 S. 229.

Sofort nach Verlegen der Rohrleitungen müssen sie unter einem etwas über den Betriebsverhältnissen liegenden Druck geprüft werden. Dies gilt insbesondere für die Rohrschlangen im Beton, bei denen Undichtigkeiten nicht mehr erkannt und behoben werden können, sobald sie einmal vom Beton überdeckt sind. Während des Betonierens soll in den Rohrschlangen nur so viel Wasser fließen, daß dieses eventuell eingedrungene Zementmilch mit Sicherheit abführt. Nach dem Abbinden des Betons wird hingegen sofort die Kühlung mit normalem Durchfluß begonnen, um so die Temperaturspannungen möglichst niedrig zu halten.

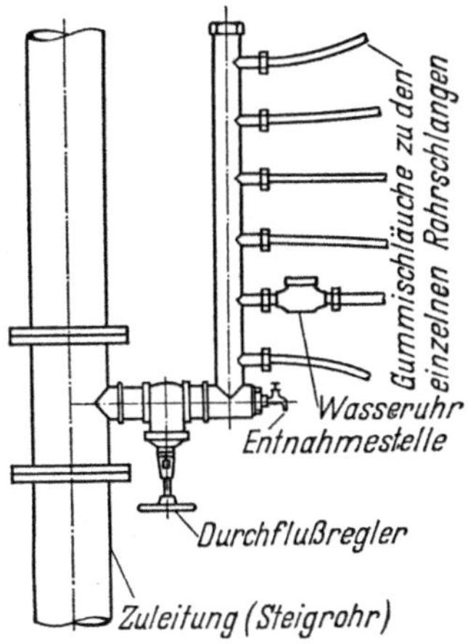

Abb. 178. Wasserzuführung zu den Kühlschlangen.

Bei dem hier vorgeführten Beispiel konnte in ausreichender Höhe oberhalb der Staumauer ein Reservoir angelegt werden, von dem aus durch das natürliche Druckgefälle das Kühlwasser durch die Kühlleitungen gedrückt wurde, und zwar hier sofort mit der gesamten zur Verfügung stehenden Wassermenge. Der Durchfluß durch die einzelnen Rohrschlangen ermäßigte sich mit dem Baufortschritt. Da sich die Regelung des Durchflusses durch den Neuanschluß von Kühlrohren und die sich ständig ändernden Druckverhältnisse im Leitungssystem als sehr schwierig erwies, wurde dieser abschnittsweise gemäß den gemessenen Temperaturen geregelt, womit ständig ein Arbeiter beschäftigt war.

Wird, entsprechend der Darstellung in Abb. 178, hinter dem Durchflußregler in der Zweigleitung ein Wasserhahn angeordnet, so sind die laufenden Temperaturkontrollen einfach auszuführen. Zu- und Abfluß eines Blockabschnittes werden

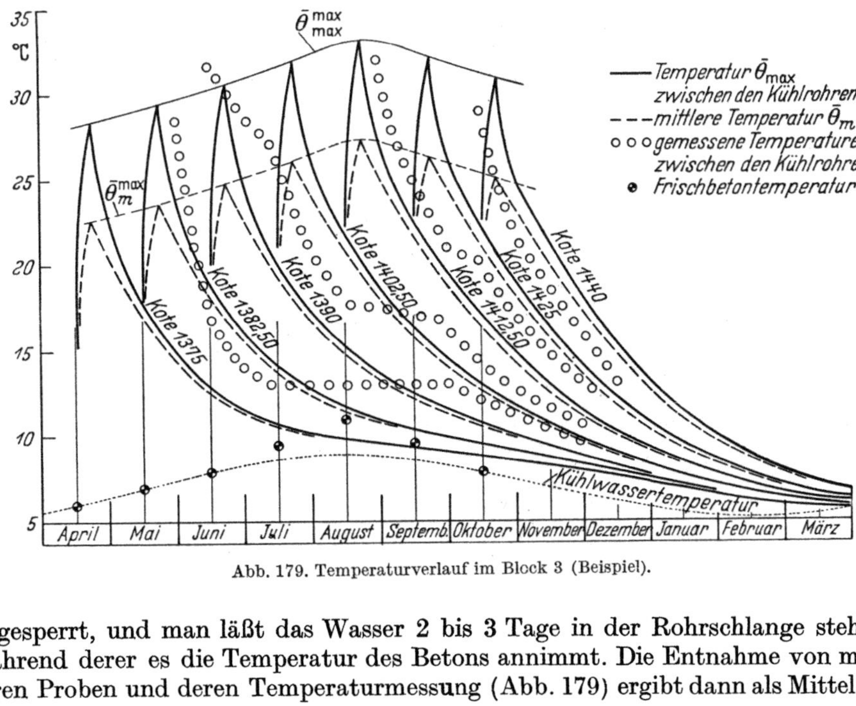

Abb. 179. Temperaturverlauf im Block 3 (Beispiel).

abgesperrt, und man läßt das Wasser 2 bis 3 Tage in der Rohrschlange stehen, während derer es die Temperatur des Betons annimmt. Die Entnahme von mehreren Proben und deren Temperaturmessung (Abb. 179) ergibt dann als Mittel die

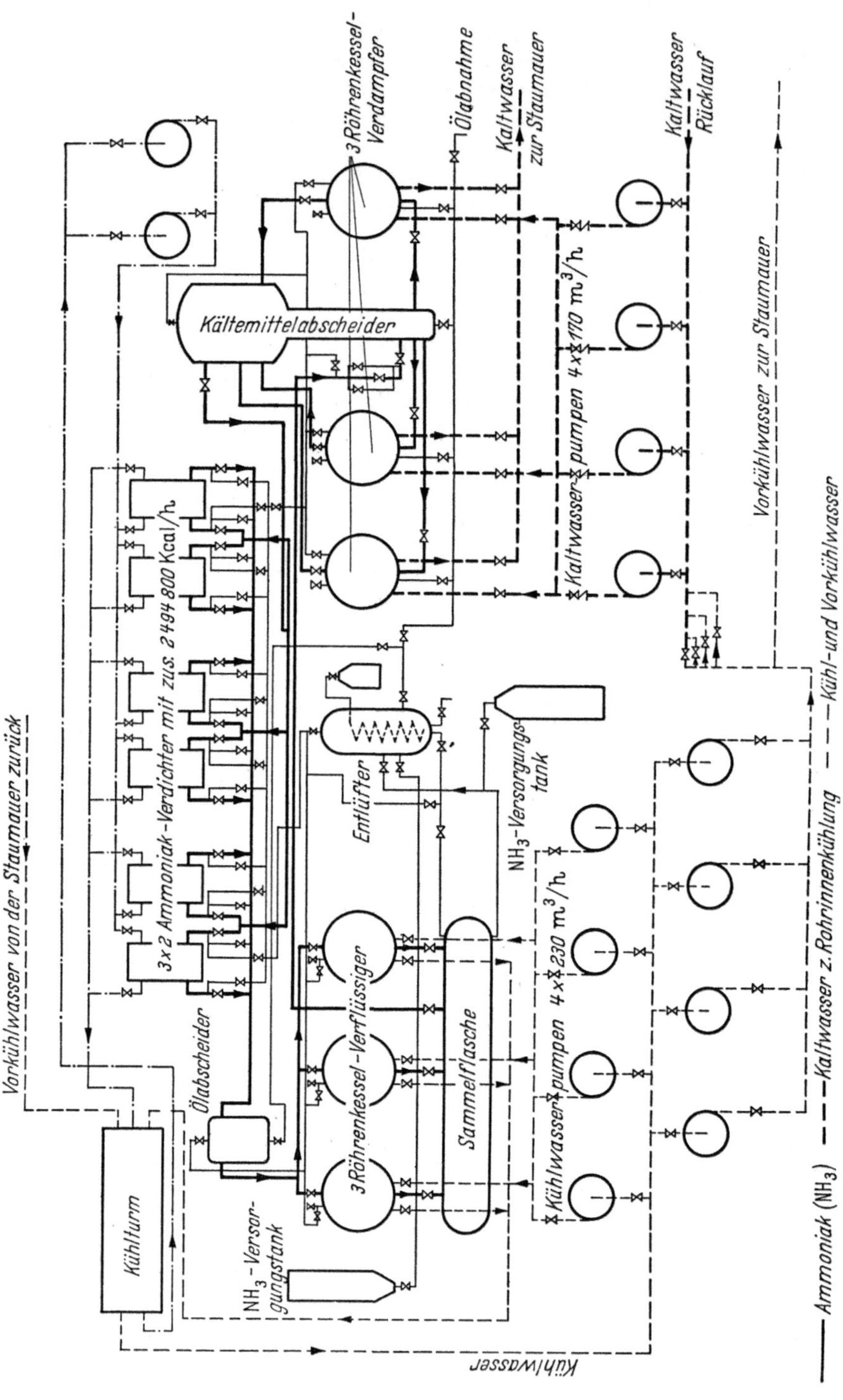

Abb. 180. Schema der Kälteanlage des Boulder Dam.

Temperatur des Blockes längs der abgesperrten Rohrschlange. Muß das Kühlwasser durch das Rohrleitungsnetz gepumpt werden, so empfiehlt sich ein geschlossenes Leitungssystem, womit die Pumpen zur Überwindung des Reibungswiderstandes dienen und der Energieaufwand ein Bruchteil dessen von offenen Systemen beträgt.

Ist eine künstliche Temperatursenkung des Kühlwassers nötig, so ist der genauen Erfassung der klimatischen Gegebenheiten der Baustelle besonders große Aufmerksamkeit zu schenken. So wurde beispielsweise beim Entwurf der Kühlanlage für den berühmten Boulder Dam / USA angenommen, daß die Wassertemperatur im Stausee im Winter auch in größerer Tiefe 4 °C betrage. Tatsächlich wurde aber im Stausee bei der Entnahme von Kühlwasser auch mit zunehmender Wassertiefe ziemlich konstant 12 °C gemessen, wobei im Sommer die Temperatur bis auf 27 °C anstieg. Es dürfte nicht zuletzt dieser fehlerhaften Annahme zuzuschreiben sein, daß beim Betrieb der Anlage und noch während des Baues der Mauer beachtliche Änderungen in der Anlage nötig waren. Das Schema der mit Ammoniak-Kompressions-Kältemaschinen ausgerüsteten Kälteanlage zeigt Abb. 180. Die drei Kompressoren mit je 2 Zylindern waren für eine Kälteleistung von je 831 000 kcal/h, also auf insgesamt 2 493 000 kcal/h bemessen. Diese waren Spezialkonstruktionen und dienten zunächst mit einfachwirkenden Zylindern bei den Felsarbeiten zur Versorgung der Geräte mit Preßluft. Für die Kälteanlage wurden sie dann mit doppelt wirkenden Zylindern ausgestattet. Eine achtstufige Leistungsminderung bis auf 50% herab war möglich. Die Dämpfe wurden in den drei Röhrenkesselkondensatoren bei 36 °C verflüssigt; das Kühlwasser für die Kondensatoren wird dabei im Kreislauf in einem Kühlturm rückgekühlt.

Durch das Regelventil wird der Druck des Ammoniaks von 13,6 ata auf 3,4 ata vermindert, so daß die Ammoniakflüssigkeit in den drei Röhrenkesselverdampfern bei $-6{,}5$ °C verdampft und das Wasser für die Rohrinnenkühlung auf 4 °C abkühlt. Die drei Verdampfer waren mit einer 5 cm dicken Isolierschicht thermisch geschützt und für einen Wasserdruck von 17 kp/cm^2 bemessen, wie er bei der Kühlung der oberen Mauerteile zu erwarten war. Um eine optimale Wirkung für die Verdampfer wie auch für die Kompressoren zu erhalten, war zwischen das Regelventil und die Verdampfer einerseits, und zwischen die Verdampfer und die Kompressoren andererseits ein Kältemittelabscheider eingeschaltet. Passierte nun das flüssige Ammoniak auf dem Weg vom Regelventil zu den Verdampfern den unteren Teil des Kältemittelabscheiders, so werden dampfförmige Teile in diesem ausgeschieden und von den Kompressoren abgesaugt. Durchstreichen die Ammoniakdämpfe nach Verlassen der Verdampfer den oberen, erweiterten Teil des Kältemittelabscheiders, so werden noch in ihnen enthaltene Ammoniaktröpfchen ausgeschieden und über den unteren Teil des Kältemittelabscheiders erneut den Verdampfern zugeführt. An die Sammelflasche ist ein selbsttätiger Entlüfter angeschlossen, der die nicht kondensierenden Fremdgase entfernt, gleichzeitig aber auch die letzten Öltröpfchen aus dem Kreislauf herausnimmt, während gereinigtes Ammoniak wieder in den Kreislauf zurückgeführt wird.

Literatur über Kühlung von Staudämmen[1]

Slocombe, C.: Refrigeration project for Australian dam Construction – Modern Refrig. (Sept. 1952) S. 288.
Pierre, J.: La Réfrigération du barrage de Bort, Rev. gén. Froid (1953) N-9, p. 835.
Brunet, G.: Réfrigération des barrages, Rev. gén. Froid (1954) No. 2, p. 157.
Budge, J. J.: Tube ice chills concrete mix in new Australian dam construction Indust. Refrign. USA (1954) No. 4, p. 15.
Thomson, P.: Precooled concrete in Chief Joseph Dam, Refrign. Eng. USA (1954) No. 10, p. 50.
Bronquet, J. P.: Le froid dans la construction des grands barrages, Rev. prat. Froid (Déc. 1954) p. 32.
Chapelle, J.: Le Froid dans la construction des barrages, Rev. gén. Froid (1957) No. 1, p. 9.
Tkatchev, A. G., u. G. N. Danilova: Untersuchungen über die Wärmeleitfähigkeit von Staumauern, die durch Kühlschlangen gekühlt werden, Ber. des X. Intern. Kältekongresses, Kopenhagen 1959.
Neumann, S. I.: Cooling of concrete walls by water flowing in embedded pipes, Ber. des X. Intern. Kältekongresses, Kopenhagen 1959.
Gneissaz, Ch.: L'utilisation du Froid, dans la construction des barrages, Rev. Gén. Froid (1959) No. 7, p. 531.
Babuska, I., L. Mejzlik u. E. Vitasek: Über einige Probleme der künstlichen Kühlung des Betons massiver Staumauern, Acta Techn. Czech. (1960) No. 1, S. 34 (tschechisch).
Anonym: 4000 to plant cools concrete for Glen Cañyon dam, Industr. Refrign. USA (June 1960) p. 13.
Filatkin V.: Untersuchungen über das Schmelzen von Eis in Betonmischungen Cholodilnaja Technika (russ.) (1960) No. 6 S. 27.
Bo-Fang Zhn: The effect of pipe cooling in mass concrete with internal source of heat Scientia Sinica (China) (1961) p. 483.
Thévenin J., J. Mallet u. Quetif: L'utilisation du Froid, dans les travaux de percement d'un barrage Rev. gén. Froid (1961) No. 10, p. 1017. Eine Übersetzung findet sich in ASHRAE Journ. USA (1961), No. 7, S. 54.
Neumann, S. I.: Refrigeration in dam cooling, Paper presented to the Inst. Refrign. U. K. (Jan. 1962).

---

[1] Entnommen dem Guide Bibliographique du Froid herausgegeben vom Internationalen Kälteinstitut Bd. 1 1953–1960 u. Bd. 2 1961–1964.

Der Seetransport von Flüssiggas.*

Von

Dipl.-Ing. **W. Flechtenmacher,** Reinbek bei Hamburg.

Mit 31 Abbildungen.

A. Geschichtliche Entwicklung und wirtschaftliche Bedeutung.

I. Wirtschaftliche Bedeutung.

1. Flüssiggase (Definition).

Unter *Flüssiggasen* werden Erdgase und Erdölgase verstanden, aber auch aus diesen hergestellte Produkte wie Ammoniak, Azetylen u. a. Stoffe, die durch künstliche Abkühlung zur Verkleinerung des Transportvolums verflüssigt worden sind.

Erdgas ist *Naturgas* (vorwiegend nahezu reines Methan oder Methan unter Beimengung von Äthan, Propan, Butan, Pentan), das in Gasfeldern unabhängig von der Erdölgewinnung auftritt. Hierfür hat sich im englischen Sprachgebrauch die Bezeichnung LNG (Liquefied Natural Gas) eingeführt.

Im Unterschied dazu stellt *Erdölgas* das bei der Erdölgewinnung zwangsläufig anfallende Gas dar, das das Erdöl unter Überdruck aus seinen Lagerstätten treibt (ein Gemisch aus Methan, Äthan, Propan, Butan u. a. Kohlenwasserstoffen). Hierzu gehören auch die in Erdölraffinerien bei der Herstellung von Kraftstoffen mit hohen Oktanzahlen in Benzin-Stabilisierungs- und Crackanlagen in großen Mengen entstehenden Kohlenwasserstoffe der Methanreihe wie Propan, Propylen, Butan und Butylen. Für Erdölgase ist im englischen Sprachgebrauch die Bezeichnung LPG (Liquefied Petroleum Gas) üblich.

Die wirtschaftliche Bedeutung besonders von Erdgas, aber auch von Erdölgasen, liegt in Anbetracht der riesigen Vorkommen in ihrer hervorragenden Eignung als Brennstoffe (vgl. Tab. 1), als Motortreibstoffe und als Grundstoffe für die chemische Industrie, die Petrochemie.

Die gegenwärtig bekannten Erdgasvorräte auf der Welt betragen etwa 40000 Milliarden cbm (umgerechnet mehr als 50 Milliarden t Steinkohle-Einheiten) [7]. Außerdem fallen je Tonne geförderten Erdöls zwischen 35 und 200 cbm Erdölgase an, wovon nur ein Teil zur Aufrechterhaltung des Lagerstättendruckes zurückgepreßt wird [27].

Schließlich entstehen bei der sich ständig ausweitenden Produktion der Erdölraffinerien zunehmende Mengen an Erdölgasen als Nebenprodukte.

Erdgas steht in der Energieversorgung der Erde an 3. Stelle der Energie-Versorgungsquellen. Die enorme Entwicklung in den letzten 20 Jahren von 7 auf 14% des Weltenergieverbrauchs stellt die höchste Zuwachsrate aller Primär-Energieformen dar [27].

---

* Literatur S. 283.

Tabelle 1. *Hauptkennwerte von Flüssiggasen u. a. Energierohstoffen für den Seetransport* (ergänzt anhand [23])

	H_u a) [kcal/Nm³]	H_u b) [kcal/kg]	spez. Gewicht der Flüssigkeit [t/m³]	Verhältnis Gas/Flüssigkeit c)	Stauraum [m³/t] d)	1 m³ Ladung enthält [kcal] e)
Methan	8620	12050	0,420	585	2,38	5060000
Äthan	15440	11500	0,546	406	1,83	6300000
Äthylen ...	14700	11750	0,568	455	1,76	6680000
Propan	22560	11450	0,583	295	1,71	6680000
Propylen ..	21590	11500	0,609	324	1,64	7000000
n-Butan ... } i-Butan ... }	29440	11500	0,601 0,595	232 229	1,68	6850000
Butylen....	28080	11200	0,625	250	1,60	7000000
Pentan	10850	3350	0,626	195	1,60	2120000
Erdgas (Saud. Arabien)	16500	11100	0,542	365	1,85	6000000
Erdgas (Venezuela)	10750	11400	0,465	492	2,15	5300000
Stadtgas ..	4300	6700	—	—	—	—
Leuchtgas I	4860	9700	—	—	—	—
Leuchtgas II	4150	9000	—	—	—	—
Kohle		7000 bis 7600	—	—	1,2 bis 1,6	4350000 bis 6300000
Rohöl		9600 bis 10000	0,90 bis 0,99		1,01 bis 1,11	8900000 bis 9500000

	1 t Ladung enthält [kcal] e)	10 Mio kcal benötigen Laderaum [m³]	10 Mio kcal benötigen Ladefähigkeit [t]	Siedepunkt bei 760 Torr [°C]	Dampfdruck bei + 30 °C (ata)	Verd.-Wärme bei 760 Torr (kcal/kg)
Methan	12050000	1,98	0,83	− 161,7	überkrit.	120,4
Äthan	11500000	1,59	0,87	− 88,6	48	117
Äthylen....	11750000	1,495	0,85	− 103,9	überkrit.	118
Propan	11450000	1,495	0,875	− 42,6	10,8	102
Propylen...	11500000	1,43	0,87	− 47,7	14,5	109
n-Butan ... } i-Butan.... }	11500000	1,46	0,87	− 0,5 − 11,9	3,1 4,2	93 88,2
Butylen ...	11200000	1,43	0,893	− 6,2	4,3	85
Pentan	3350000	4,71	2,97	+ 36	0,8	84,8
Erdgas (Saud. Arabien)	11100000	1,665	0,90			
Erdgas (Venezuela)	11400000	1,89	0,877			
Stadtgas ...	—	—	—			
Leuchtgas I	—	—	—			
Leuchtgas II	—	—	—			
Kohle	7000000 bis 7600000	1,58 bis 2,3	1,32 bis 1,43			
Rohöl	9600000 bis 10000000	1,05 bis 1,12	1,00 bis 1,04			

a) Bez. auf 0 °C, 760 Torr. – *b*) Gase in gasförmigem Zustand. – *c*) m³ Gas auf 1 m³ Flüssigkeit. – *d*) Gase in flüssigem Zustand. – *e*) Bez. auf H_u.

a) Erdgas als **Brennstoff** für die Industrie sowie als Stadtgas nimmt z. B. in den USA etwa 95% des gesamten Gasverbrauchs ein [43]. Das ausgedehnte Erdgas-Pipeline-Netz hat hier beispielsweise bereits eine Länge erreicht, die die Gesamtlänge des Eisenbahnnetzes übertrifft.

Demgegenüber sind in Westeuropa z. Z. nur etwa 15% des Bedarfs durch Erdgas gedeckt, 85% werden durch Gaswerke erzeugt [4]. Dies Verhältnis wird sich jedoch auf Grund der Erdgasvorkommen in Nordafrika und in Holland sowie im Nordseeraum in der nächsten Zukunft verschieben.

Erdgas bietet neben seinem im Vergleich zu Kokerei- und Stadtgas wesentlich höheren Heizwert (vgl. Tab. 1) ohne weiteres die Möglichkeit, in vorhandene Gasnetze eingeleitet zu werden. Lediglich an der Verbrauchsstelle ist ein Austausch der Brenner notwendig. Im übrigen sind gegenüber anderen festen und flüssigen Brennstoffen wie Kohle und Erdöl die lufthygienischen Verhältnisse bei der rückstandlosen Verbrennung von Erdgas von nicht unwesentlicher praktischer Bedeutung.

b) Erdgas bzw. Erdölgase haben als Flüssiggase bei Verwendung als **Motor-Treibstoff** neben einer Oktanzahl von über 100 weitere Vorteile wie niedrige Kraftstoffkosten, erhöhten Wirkungsgrad bei vollkommener, rußfreier Verbrennung und Schonung des Motors. Der Butan-Propan-Antrieb für Kraftfahrzeuge hat in verschiedenen Ländern im Zuge der Verbreitung von Flüssiggas-Energie bereits Anwendung gefunden [44].

c) Erdgas und Erdölgase als **Grundstoffe für die Petrochemie** dienen zur Herstellung von z. B. Kunstfasern, außerdem für Salpetersäure (Sprengstoffe), Alkohol, Kunststoffe, Kunstdünger (Ammoniak), Synthese-Gummi, pharmazeutische Präparate, Reinigungs- und Lösungsmittel u. a. Produkte.

2. Die energiewirtschaftliche Nutzbarmachung

der riesigen Erdgasvorkommen bzw. der anfallenden Erdölgase hängt für die in Frage kommenden Verbrauchsgebiete von der Konkurrenzfähigkeit der Flüssiggase mit dort vorhandenen Energievorkommen ab. Anderenfalls können andere Energierohstoffe wie Erdöl und Kohle je nach Verwendungszweck u. U. im Vorteil sein, da sie — wie eine spätere Gegenüberstellung in Kap. B zeigen wird — im Vergleich mit Flüssiggasen für den Transport günstige Voraussetzungen erfüllen [4, 27].

Die Mehraufwendungen bei Flüssiggas für Verflüssigung, Seetransport und Wiedervergasung können jedoch zum Teil durch niedrigere Feldpreise ausgeglichen werden.

Abb. 181 zeigt für Flüssiggase (LNG und LPG) den langen und nicht unkomplizierten Weg von der Erdgasquelle bis zum Verbraucher in seinen einzelnen Stationen.

3. Gasvorkommen und Transportwege.

Um die auf der Welt vorhandenen Gasvorkommen in den Gebieten des Energiebedarfs nutzen zu können, sind größtenteils weite Seeräume zu überwinden. Abb. 2 zeigt die für den Seetransport von Flüssiggas wichtigen Gasvorkommen und die Seewege zu den Verbrauchsgebieten.

a) Die Gasfelder in der **Sahara** bei Hassi R'Mel wurden 1956 entdeckt und werden auf etwa 2000 Milliarden cbm Vorrat, entsprechend etwa 5% der Weltreserven geschätzt. Rund 1,5 Milliarden cbm Gas werden in Algerien jährlich mittels Pipeline nach Arzew an die Mittelmeerküste befördert und hier zu rund

1 Million t Flüssiggas (LNG) verarbeitet. Der Transport erfolgt mit Hilfe von Flüssiggastankern nach Westeuropa, insbesondere England und Frankreich.

b) Der **Nahe Osten** (Saudi-Arabien, Kuwait und der Irak) besitzt ausgedehnte Erdgas- und Erdölgasvorkommen; etwa 30 Milliarden cbm Erdölgas fallen hier jährlich parallel zur Erdölförderung an. Hiervon wird etwa $^1/_3$ zur Aufrechterhaltung des Lagerstättendruckes zurückgepreßt, während der überwiegende

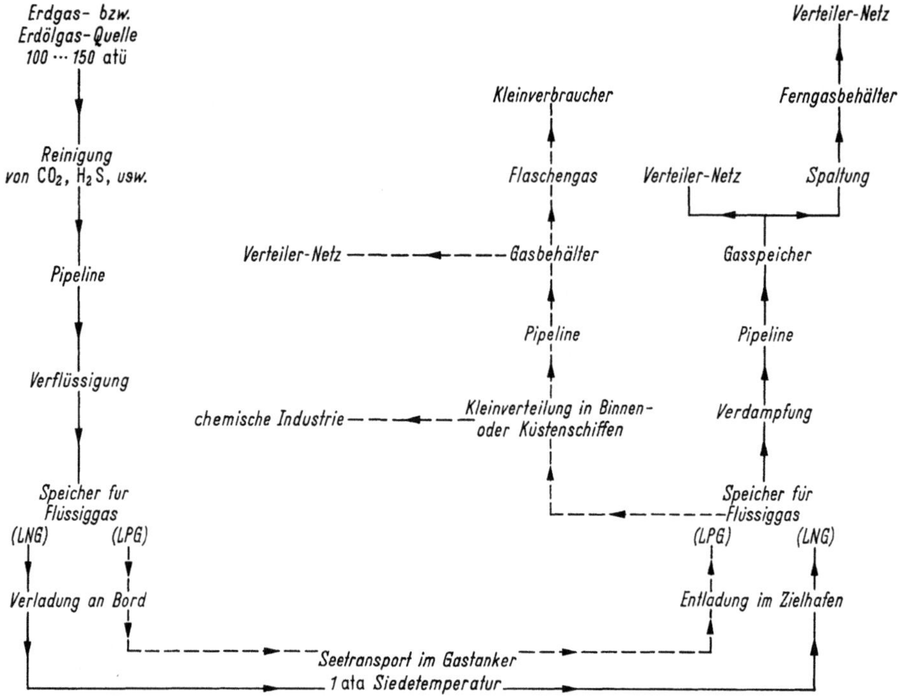

Abb. 181. Der Weg des Erdgases von der Quelle bis zum Verbraucher [27].

Anteil zur Verflüssigung und Verschiffung zur Verfügung steht. Da der Seeweg in die europäischen Industriegebiete mit über 6000 Seemeilen sehr lang ist, und die Entfernungen von Venezuela zur Nordsee (4200 Seemeilen) und besonders von Arzew zur Nordsee (1600 Seemeilen) wesentlich kürzer sind, werden große Mengen Flüssiggas (LPG) aus dem Nahen Osten in andere Bedarfsgebiete transportiert. Der große Energiebedarf von Japan schafft in Ermangelung näher gelegener Energierohstoff-Lagerstätten trotz der großen Entfernung von etwa 6500 Seemeilen die wirtschaftlichen Voraussetzungen für den Flüssiggasimport [27].

c) Amerikanische Gebiete. Weitere bedeutende Erdgas- bzw. Erdölgasvorkommen befinden sich u. a. gemäß Abb. 182 im mittelamerikanischen Raum in Venezuela und im nordamerikanischen Staat Louisiana am Golf von Mexiko (LNG und LPG). Ihre geographische Lage ermöglicht die Flüssiggas-Versorgung des Ostens der USA sowie von Südamerika, sofern die im argentinischen Raum vorhandenen Gasquellen nicht ausreichen bzw. ihre Erzeugung anderweitig abgesetzt wird.

Ausgedehnte Naturgasquellen in Alaska kommen zur Flüssiggas-Versorgung der nordamerikanischen Westküste sowie von Japan, Hawaii und Australien in Betracht [15].

d) Holland und Nordseegebiet. Aus den neu entdeckten Erdgasvorkommen in Holland und auch im Nordseeraum kann das westeuropäische Industriegebiet beliefert werden [64].

In diesem Falle ist wegen der relativ geringen Entfernung der Transport bis zum Verbraucher unter Umgehung der Verflüssigung im gasförmigen Zustand durch Rohrleitungen möglich.

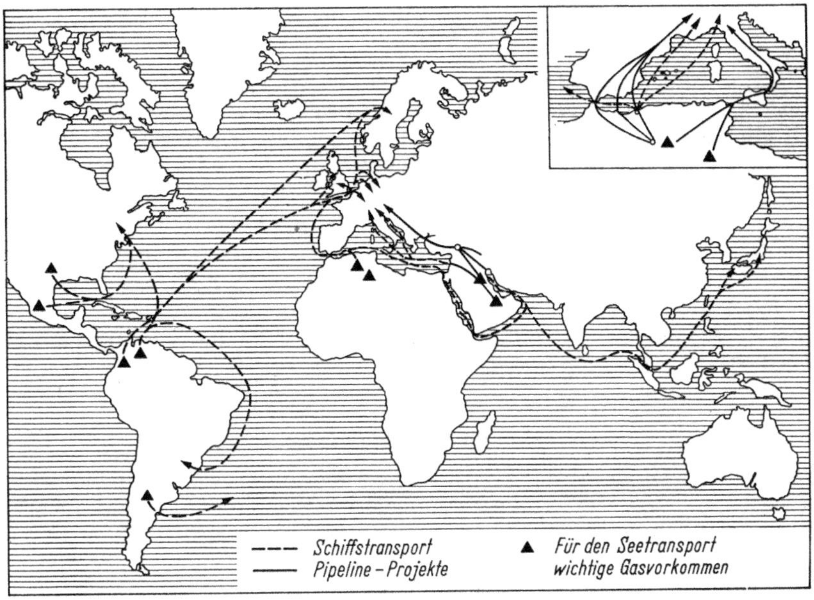

Abb. 182. Seetransport-Routen [27].

II. Entwicklung der technischen Einrichtungen.

Bei der *Entwicklung der technischen Einrichtungen*, die das Gas lt. Abb. 181 auf seinem Wege von der Quelle bis zum Verbrauch in zahlreichen Stationen durchläuft, lagen für den Bau von geeigneten Flüssiggas-Tankschiffen die geringsten Erfahrungen vor. Insbesondere für den Transport von verflüssigtem Methan waren kostspielige, systematische Untersuchungen erforderlich.

1. Flüssiggastanker.

Diese Entwicklung begann im Ursprung bei anfänglich kleinen LPG-Transportmengen über Land in Druckflaschen und Eisenbahnkesselwagen und wurde auf den Erfahrungen aufgebaut, die nach Realisierung des Seetransportes von verflüssigten Erdölgasen (LPG), und zwar schweren Kohlenwasserstoffen wie Propan, Butan u. a. vorlagen. Die Entwicklung hat in den Jahren 1959 und 1960 mit den insgesamt 7 erfolgreichen Versuchsfahrten des Flüssiggastankers „Methane Pioneer“ von Louisiana/USA nach Canvey Island/England zum drucklosen Transport bei rund -162 °C im Siedezustand befindlichen Methans in großen seegehenden Spezial-Tankschiffen geführt. Der Seetransport insbesondere von verflüssigtem Erdgas (LNG) aber auch von verflüssigten Erdölgasen (LPG) ist jedoch noch im Ausbau begriffen [24].

2. Gas-Verflüssigungsanlagen.

Die Entwicklung von *Gas-Verflüssigungsanlagen* im industriellen Maßstab geht auf KARL VON LINDE (Luftverflüssigung, 1895) zurück. Die ersten von mehreren Betriebsanlagen zur Abtrennung von Helium aus Naturgas wurden 1920 in Texas/ USA gebaut. 1940 entstand eine Kaskadenanlage für 41 Millionen cbm Naturgasverflüssigung jährlich in Cleveland, Ohio/USA (die neue Verflüssigungsanlage in Arzew/Algerien leistet vergleichsweise mit rund 1,5 Milliarden cbm jährlich das über 35fache). Ähnliche Anlagen wie die in Texas lieferte die Firma Dresser Industries/USA an die UdSSR in die Nähe von Moskau [17].

Der historische Hergang der Naturgas-Verflüssigung zum Zwecke des Methan-Transportes begann während des ersten Weltkrieges zunächst in wissenschaftlichem Rahmen in Projektform. Konkretes wirtschaftliches Interesse entstand erst 1950 durch Anregung von William Wood Prince in Chicago, dem damaligen Präsidenten der „Union Stock Yard and Transit Company". Prince plante den Flüssigmethan-Transport vom Staate Louisiana über den Mississippi nach Chicago mit dem Ziel der energetischen Nutzung bzw. zur Verwertung der im Flüssiggas gespeicherten Kälteleistung für die Kaltlagerung von Fleisch. Dies Projekt gewann das Interesse des „Gas Council of Great Britain" auf Grund der Überlegung, daß Methan als Brenngas billiger sein müsse als aus eigenen Kohlevorkommen in England erzeugtes Stadtgas [39].

3. Flüssiggaslagerung.

Auch auf dem Gebiet der *Flüssiggaslagerung* wurden entsprechende Entwicklungen vorangetrieben. Die ersten Planungen im Zusammenhang mit vergleichenden Wirtschaftlichkeitsuntersuchungen erfolgten 1950 für die drei Möglichkeiten

1. Oberirdische Lagerung in (isolierten) Tanks,
2. unterirdische Lagerung in geeigneten, natürlichen (aufbereiteten) Höhlungen und
3. Lagerung in ausgefrorenem, feuchtem Erdreich an der Erdoberfläche [41].

Zur Entwicklung der letztgenannten, mit dem geringsten Investitionsaufwand verbundenen Methode wurde in Lake Charles, La./USA unter der Bezeichnung „Operation Mudpie" versuchsweise ein Flüssiggaslagerraum unmittelbar in feuchtem Erdreich errichtet. Durch Ausfrieren der Umfassungswände der in die Erdoberfläche gebaggerten Höhlung entstand mit Hilfe des eingegebenen Flüssiggases und durch zusätzliche Montage eines Deckels eine dichte und isolierende Umhüllung des Lagerraumes [39].

Inzwischen ist diese Technik der Flüssiggaslagerung bei atmosphärischem Druck in ein wirtschaftlich nutzbares Stadium getreten. Die erste Anlage zur Propanlagerung wurde 1963 bei Salt Lake City/USA in Betrieb genommen [41]. Im Unterschied dazu besitzen Flüssiggas-Speicherhöhlen in Salzstöcken und auch bergmännisch gewonnene Hohlräume in Gruben mit ausgefrorenen Wandungen in den USA z. B. eine Kapazität von insgesamt über 15000000 cbm [50].

B. Bauarten von Flüssiggastankern.

Die verschiedenen *Bauarten* von Flüssiggastankern werden durch die unterschiedlichen physikalischen Eigenschaften der zu transportierenden Flüssiggase bestimmt. Die stark voneinander abweichenden Siedepunkte bei z. B. atmosphärischem Druck zwischen etwa 0 °C bei Butan und −162 °C bei Methan bzw. die sehr verschiedenen Dampfdrücke bei Umgebungstemperatur bedingen verschiedenartige konstruktive Lösungen. Außerdem werden Schiffsgröße und

Schiffsform durch das im Vergleich zu anderen Energierohstoffen wie Erdöl und Kohle z. T. sehr niedrige spezifische Gewicht der Flüssiggase erheblich beeinflußt (vgl. Tab. 1).

Unter Hinzurechnung des notwendigen Volums für die Isolierung ergibt sich z. B. für einen Methantanker ein etwa dreimal so großes Schiffsvolum wie für einen gewöhnlichen Erdöltanker, wenn gleiches Transportgewicht zugrunde gelegt wird [8]. Wird auf gleiche Energiemenge bezogen, so ist für einen Methantanker ein etwa 60% größeres Schiffsvolum erforderlich als für einen Erdöltanker. Außer-

Tabelle 2. *Vergleich verschiedener Energierohstoffe für den Transport* [27].
Zum Transport von $17{,}5 \cdot 10^{10}$ kcal über See sind erforderlich:

	in Form von Öl	in Form von Kohle	in Form von LPG (Propan)	in Form von LNG (Methan)
Schiffstyp	Öltanker	Bulkfrachter	LPG-Tanker	LNG-Tanker
Ladefähigkeit [t]	18000	23000	15000	14500
Laderaum-Inhalt 98% [m³]	20000	33000	26000	34500
Länge über alles [m]	170,00	175,00	180,50	192,00
Länge zwischen den Loten [m]	161,50	165,00	167,50	180,00
Breite [m]	21,80	23,50	25,00	27,40
Seitenhöhe [m]	11,60	15,00	16,80	18,50
Tiefgang [m]	9,20	10,30	8,90	7,50
Deplacement [t]	25650	31000	29000	30000
Verhältnis $\frac{\text{Ladefähigkeit}}{\text{Deplacement}}$	0,7	0,74	0,52	0,48
Maschinenleistung für 16 Kn Geschwindigkeit [kW]	6200	7300	6600	7300
Relativer Baupreis pro t Ladung (Öltanker = 100%)	100%	85%	235%	380%
Relativer Baupreis bezogen auf die transportierte Energiemenge (Öltanker = 100%)	100%	110%	195%	305%

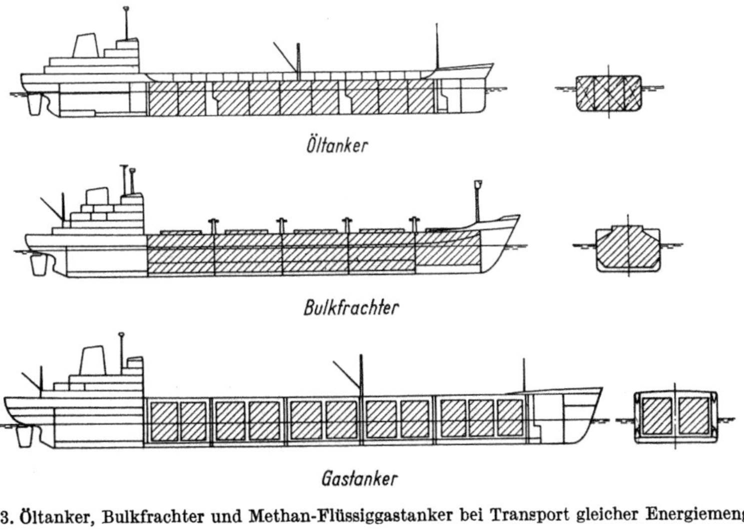

Abb. 183. Öltanker, Bulkfrachter und Methan-Flüssiggastanker bei Transport gleicher Energiemenge [23].

dem beträgt der Baupreis für einen Methantanker wegen seines konstruktiven Aufwandes etwa 380% des Preises eines Erdöltankers bei gleichem Transportgewicht und etwa 300% des Preises eines Erdöltankers bezogen auf gleiche transportierte Energiemenge. Hierüber geben Tab. 2 und Abb. 183 einen anschaulichen Überblick [27, 23].

Je nach Dampfdruck der zu transportierenden Güter kommen für den Flüssiggastransport folgende drei *Arten des Transportzustandes* zur Anwendung:

I. Transport bei Überdruck ohne künstliche Kühlung.

Transport bei Überdruck entsprechend der Umgebungstemperatur, d. h. ohne Rückverflüssigung von durch die Umgebungstemperatur bedingten Verdampfungsanteilen (das Flüssiggas befindet sich ungekühlt bei Umgebungstemperatur, Abb. 184).

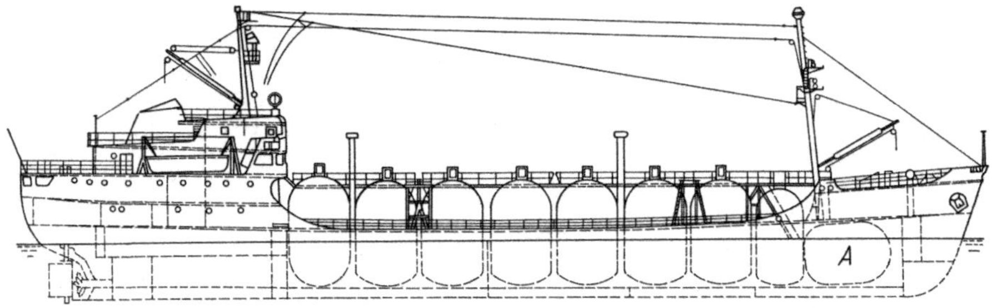

Abb. 184. Flüssiggastanker für Überdrucktransport mit stehenden zylindrischen Behältern [70].

II. Transport bei vermindertem Überdruck mit künstlicher Kühlung.

Transport bei vermindertem Überdruck unter Verwendung einer Rückverflüssigungsanlage (kombinierte Druck-Kühl-Methode, d. h. das Flüssiggas ist auf eine konstant gehaltene Temperatur gekühlt, die zwischen der Umgebungstemperatur und der Siedetemperatur bei atmosphärischem Druck liegt, Abb. 185 und 186).

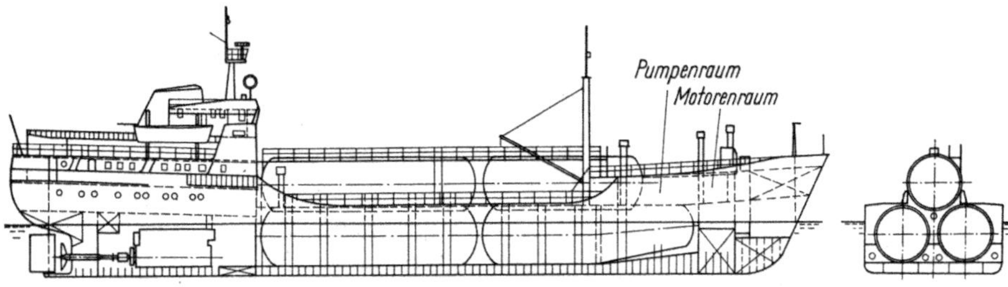

Abb. 185. Flüssiggastanker mit Rückverflüssigungsanlage für verminderten Überdruck (kombinierte Druck-Kühlmethode) mit liegenden zylindrischen Behältern [70].

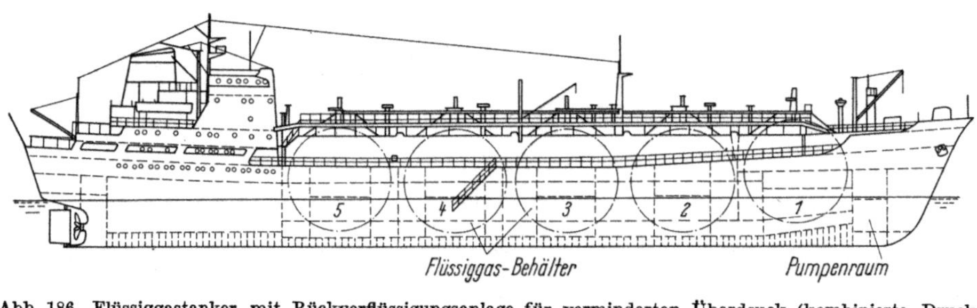

Abb. 186. Flüssiggastanker mit Rückverflüssigungsanlage für verminderten Überdruck (kombinierte Druck-Kühlmethode) mit Kugelbehältern [70].

III. Transport bei atmosphärischem Druck mit oder ohne künstliche Kühlung.

Transport bei atmosphärischem Druck mit oder ohne Rückverflüssigungsanlage (reine Kühlmethode, d. h. das Flüssiggas ist bis auf die Siedetemperatur bei atmosphärischem Druck tiefgekühlt, die hierbei konstant gehalten wird, entweder durch eine zusätzliche Rückverflüssigungsanlage, oder wenn diese aus wirtschaftlichen Gründen nicht in Frage kommt, durch Verdampfung eines bestimmten Flüssiggasanteils infolge Wärmeeinfall aus der Umgebung, Abb. 187).

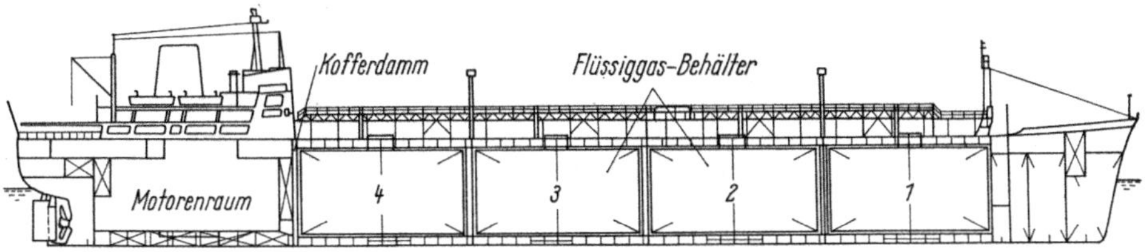

Abb. 187. Flüssiggastanker für drucklosen Transport (reine Kühlmethode) mit rechteckigen selbsttragenden Behältern [70].

Neben der Art des Transportgutes bestimmt auch die zu transportierende Menge, welcher von diesen Transportzuständen am wirtschaftlichsten ist.

Zu I. Der Überdrucktransport in zylindrischen oder kugelförmigen Druckbehältern mit verhältnismäßig großen Wandstärken kommt für Transportvolume bis zu etwa 1000 cbm bei Butan, Butylen, Propan, Propylen und Ammoniak in Frage [33]. Eine Rückverflüssigung des bei steigender Umgebungstemperatur in den unisolierten Transportbehältern verdampfenden Flüssiggases ist nicht vorgesehen, so daß sich Sättigungszustand einstellt. Ein bestimmtes, relativ hohes, totes Transportgewicht muß infolge der Druckbehälter hierbei in Kauf genommen werden.

Der Überdrucktransport hat überwiegende Bedeutung bei der Kleinverteilung von LPG im Binnen- und Küstenschiffsverkehr.

Zu II. Bei Schiffen mit mehr als 1000 cbm Transportvolum können Rückverflüssigungsanlagen, die den Transportdruck und das tote Transportgewicht reduzieren, dadurch wirtschaftlich sein, daß ihre Anlagekosten infolge kleinerer notwendiger Wandstärken der Druckbehälter mehr oder weniger aufgefangen werden. Außerdem ergibt sich eine Reduzierung der Betriebskosten für die Rückverflüssigung durch das höhere spezifische Gewicht des Flüssiggases [33]. Beim Transport mit Rückverflüssigungsanlage befindet sich das Flüssiggas in dauernd gekühltem Zustand.

Zu III. Das durch die Druckbehälter bedingte tote Transportgewicht wächst anteilig mit der Größe des Schiffes, da infolge begrenzter Größe der einzelnen Druckbehälter deren Anzahl mit der Schiffsgröße zunimmt. Aus konstruktiven Gründen kommt somit bei großen Baueinheiten der drucklose Transport als die am meisten Gewicht sparende Bauweise zur Anwendung.

Dieser Transport bei atmosphärischem Druck erfordert zwar hohe Investitionskosten, bietet jedoch die Möglichkeit, die Transportbehälter mit geringsten Wandstärken, bei bester Volumausnutzung des Schiffsrumpfes rechteckig zu bauen. Bei Schiffen mit über 5000 cbm Ladevolum überwiegt durch bessere Raumausnutzung im allgemeinen der drucklose Transport [33]. Die Grenze zwischen der kombinierten Druck-Kühl-Methode und der reinen Kühlmethode kann je nach den Gegebenheiten jedoch auch höher liegen wie Abb. 188 für diese beiden Methoden bei gleichgroßen Tankern beispielsweise zeigt [27]. Der Vorteil der kombinierten Methode liegt hierbei noch in betrieblich günstigeren Lade- und

Löschverhältnissen. Sie kommt für LPG-Schiffe der genannten Größenordnung auch dann in Betracht, wenn die Landanlagen die Erzielung einer Flüssiggastemperatur entsprechend atmosphärischem Druck nicht ermöglichen.

Die kombinierte Methode erlaubt das Laden bei Drücken und Temperaturen entsprechend den Umgebungsbedingungen. Für die Abkühlung des Gutes auf

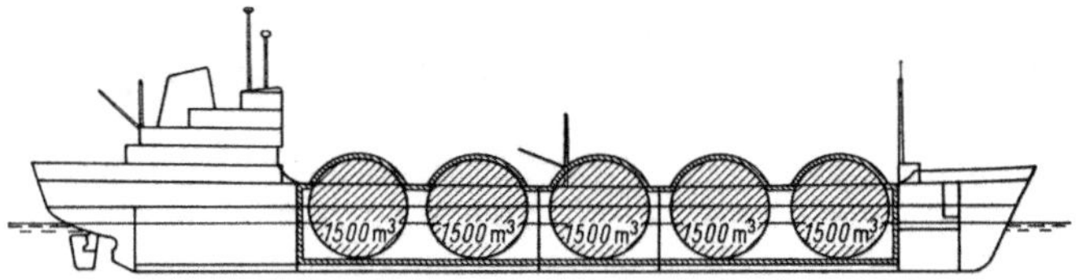

a

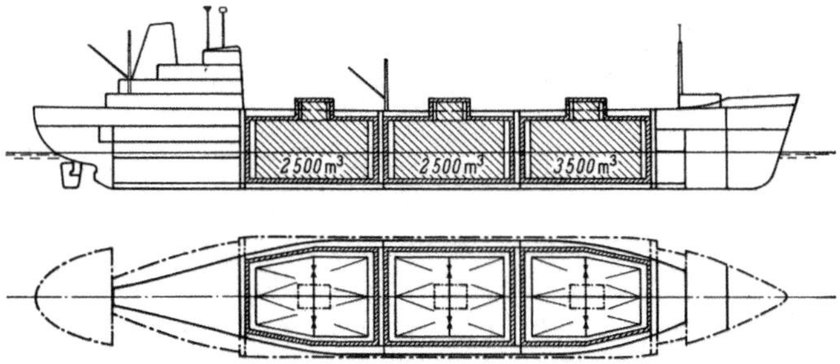

b

Abb. 188a u. b. Vergleich zwischen kombinierter Druck-Kühl-Methode und reiner Kühl-Methode [27].

a) Gastanker der komb. Druck-Kühl-Metnode, Ladefähigkeit 4200 ts Gas, Tankinhalt 7500 m³;
b) Gastanker der reinen Kühl-Methode, Ladefähigkeit 4200 ts Gas, Tankinhalt 7500 m³.

Transporttemperatur können unter Umständen die gleichen Kälteanlagen verwendet werden, die für die Konstanthaltung der Transporttemperatur an Bord installiert sind (vgl. auch Kap. D II).

Anders ist dies bei der reinen Kühlmethode, und zwar beim drucklosen Transport von LNG (Flüssig-Methan), d. h. bei Schiffen ohne Rückverflüssigungseinrichtung.

Hierfür sind an Land ohnehin Verflüssigungsanlagen notwendig, die das Flüssiggas mit der erforderlichen Transporttemperatur von etwa −162 °C an Bord geben können.

Im übrigen kommt der drucklose Transport für Methan wegen der sehr hohen Drücke bei Temperaturen bis zu Umgebungsbedingungen ausschließlich in Frage. Des weiteren werden bei atmosphärischem Druck die Flüssiggase Butan, Isobutan, Ammoniak, Propan, Propylen, Äthan und Äthylen transportiert. Da die normalen Siedetemperaturen dieser Stoffe jedoch zwischen etwa 0 und −162 °C liegen, ist in Anbetracht der in Frage kommenden Konstruktionsmaterialien sowie der energetischen und betriebstechnischen Probleme eine einheitliche Betrachtung dieser Flüssiggastanker nicht möglich. Es wird daher unterschieden zwischen

1. *Propantankern* mit Transporttemperaturen bis −47 °C für Propan, Ammoniak, Butan, Butylen und Propylen,

2. *Äthylentankern* mit Transporttemperaturen bis −104 °C für Äthan und Äthylen und

3. *Methantankern* mit einer Transporttemperatur von −162 °C für ausschließlich Methan.

1. Propantanker.

Diese Transportart kann dann angewendet werden, wenn Landanlagen vorhanden sind, die das zu transportierende Flüssiggas mit der tiefen Temperatur abgeben können. Abkühleinrichtungen werden an Bord nicht eingebaut wegen zu großen Energieaufwandes und wegen zu langer Ladezeiten im Falle der Ladung von Flüssiggas mit höherer als der Transporttemperatur. Zur Vermeidung von Verdampfungsverlusten und zur Konstanthaltung von Temperatur und Druck während der Fahrt ist lediglich eine verhältnismäßig kleine Rückverflüssigungsanlage unumgänglich, die z. B. mit einem sekundären Kältemittel arbeitet (vgl. Kap. D, I, 2).

2. Äthylentanker

beschränken sich trotz der großen Bedeutung von Äthylen als Rohstoff für die chemische Industrie praktisch auf Transportmengen von etwa 2500 cbm Ladevolum. Die verhältnismäßig hohen Energiekosten für die Rückverflüssigung bedingen, daß die Kälteanlage hierfür erst dann automatisch in Betrieb geht, wenn der Transportbehälterdruck dem zulässigen Betriebsdruck in bestimmtem Maße nahegekommen ist. Das heißt, das Transportgut wird zwar bei —89 °C bzw. —104 °C, der Siedetemperatur von Äthan bzw. Äthylen bei atmosphärischem Druck, an Bord genommen, eine bestimmte Erwärmung und somit Drucksteigerung, sowie damit eine erforderliche Festigkeit der Transportbehälter gegen einen begrenzten und relativ niedrigen Überdruck, werden in Kauf genommen.

3. Methantanker.

Die tiefe Transporttemperatur von —162 °C und der unvermeidliche Wärmeeinfall in die Transportbehälter bedingen zwangsläufig eine fortlaufende Verdampfung von Flüssiggas.

Zur Konstanthaltung von Transportdruck und -Temperatur sind theoretisch und zum Teil praktisch folgende Möglichkeiten gegeben:

Abfackeln des verdampften Methan-Anteils z. B. oben am Schiffsmast, d. h. Verbrennung beim Austritt der Gase aus einer Abgasleitung,

Rückverflüssigung durch eine an Bord zu installierende entsprechende Anlage,

Verwendung des Verdampfungsanteils zusammen mit Schweröl für die Kesselfeuerung bzw.

als Kraftstoff für Kolbenmotoren, d. h. in beiden Fällen zum Vortrieb des Schiffes.

Die erste Möglichkeit entfällt praktisch infolge bestehender Einwände der Klassifikationsgesellschaften wegen Beeinträchtigung der Schiffssicherheit. Ebenso kommt eine Rückverflüssigung wegen hohen Investitionsaufwandes und hohen Energieverbrauchs nicht zur Anwendung. Bedingt durch die mit sinkender Verdampfungstemperatur geringer werdende spezifische Kälteleistung in kcal/kWh erfordert die Rückverflüssigung von z. B. 1 kg Methan mit hierfür geeigneten Anlagen einen Aufwand von etwa 0,6 kWh. Für einen Flüssiggastanker mit einem Ladevolum von z. B. 35000 cbm Methan würde der Wärmeeinfall etwa 300000 kcal/h betragen, was einer verdampften Methanmenge von etwa 2600 kg/h entspräche. Die Rückverflüssigung dieser Methangase würde einen Energieanschlußwert von etwa 1500 kW erforderlich machen [33].

Für die praktische Nutzanwendung verbleiben somit nur die letztgenannten Möglichkeiten, wobei das verdampfte Flüssiggas zum Vortrieb des Schiffes genutzt wird. Befindet sich das Schiff in Fahrt, so ist eine verlustlose Verwertung der verdampften Methanmengen durchführbar. Dabei muß die Hauptmaschine für zwei Antriebsenergiearten geeignet sein, da bei Leerfahrt Naturgas nicht vorhanden ist. Außerdem muß auch bei Lastfahrt durch Regelung der Energiezufuhr und Mengenverteilung auf die beiden Energiearten Naturgas und z. B. Heizöl eine laufende Anpassung an die einerseits mit der Außentemperatur wechselnden Verdampfungsmengen sowie die mit der nicht immer konstanten Zusammensetzung des Naturgases schwankenden Verdampfungsmenge erfolgen.

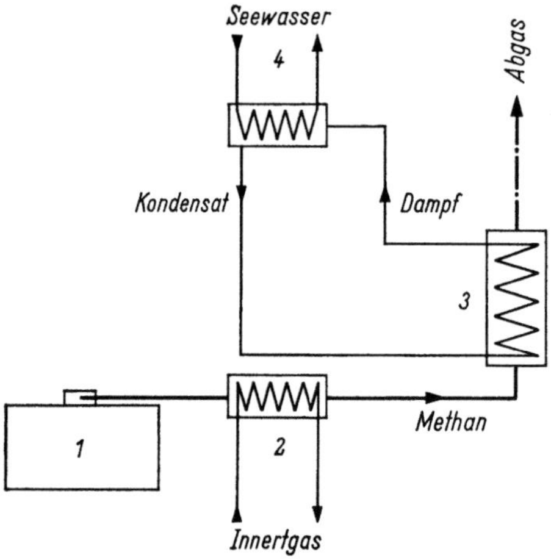

Abb. 189. Einrichtung zur gefahrlosen Ableitung verdampften Methans [33].

1 Transportbehälter; *2* Wärmeaustauscher; *3* Dampfkessel; *4* Kondensator.

Die Möglichkeit der Nutzung als Antriebsenergie ist jedoch während der Liegezeit des Schiffes, wenn die Hauptantriebsmaschine nicht in Betrieb ist, ausgeschlossen. Zur Vermeidung eines unzulässigen Druckanstiegs in den Transportbehältern muß dann gasförmiges Methan abgeführt werden. Abb. 189 zeigt eine Schaltung, durch die der Behälterdruck auf zugelassene etwa 0,4 atü begrenzt werden kann.

Gesättigtes oder leicht überhitztes Methan strömt aus dem Transportbehälter *1* über den Wärmeaustauscher *2* zu einem Dampfkessel *3*, wo es bei zusätzlicher geregelter Heizölzufuhr verbrennt. Der erzeugte Wasserdampf kehrt nach Verflüssigung im Kondensator *4* als Kondensat in den Dampfkessel zurück, und nur verbranntes Methan verläßt den Verbrennungsraum.

C. Kältetechnische und andere Einrichtungen an Land für Gastransport, Gasverflüssigung, für Flüssiggaslagerung und zum Umschlag.

I. Gasleitung (Pipeline).

Wo keine Seewege zwischen Gasquelle und Verbrauch zu überwinden sind, wie dies vorwiegend im nordamerikanischen Raum der Fall ist, wird die Pipeline als das am wenigsten kostspielige Transportmittel angewendet.

Wie für den Wirtschaftlichkeitsvergleich zwischen Flüssiggastankern und z. B. Erdöltankern (vgl. Kap. B) gilt im übrigen ähnlich auch für die Gaspipeline, daß bei gleichem Leitungsdurchmesser z. B. 4mal so viel Energie in Form von Rohöl als von Erdgas befördert werden kann [27]. Für den Transport des Rohgases von Quellen im Landesinneren bis zum Verschiffungshafen, wie z. B. zwischen Hassi R'Mel und Arzew in Nordafrika wird die Pipeline ihre Bedeutung jedoch stets behalten, da die Verflüssigung erst im Verschiffungshafen stattfindet.

II. Gasverflüssigung.

Die Gasverflüssigung stellt von den zahlreichen Bedarfsstellen für künstliche Kühlung während der Behandlung des Gases von der Gewinnung bis zum Verbrauch die technisch schwierigste Aufgabe dar.

Trotz unterschiedlicher Rohgaszusammensetzung ist die Verflüssigung jedoch in gleichen Anlagen durchführbar, wobei lediglich der Energiebedarf je nach Gaszusammensetzung variiert. Er ist um so kleiner, je reiner das Gas, d. h. je größer der Methangehalt, also der Anteil der leichtesten Komponente ist.

1. Energiebedarf.

Der theoretische Mindest-*Energiebedarf* hängt für eine bestimmte Anlage nur vom Gasanfangs- und Flüssigkeitsendzustand ab. Er beträgt z. B. für reines Methan bei einem Anfangszustand von 34 ata und +38 °C und einem Flüssigkeitszustand von 1 ata und −161,5 °C 117 kWh pro 1000 cbm Rohgas. Der effektive Energiebedarf beläuft sich auf 285 bis 632 kWh pro 1000 cbm Rohgas je nach Art der Verflüssigungsanlage. 285 kWh sind dabei als wirtschaftliches Minimum zu betrachten.

2. Verfahren.

Für die Gasverflüssigung werden *Verfahren* angewendet, die auf bekannten kältetechnischen Methoden beruhen [8]:

a) Kaskadenschaltungen mit zwei oder mehr Hilfs-Kältekreisläufen (zur Methanverflüssigung sind z. B. je ein Propan-, Äthan- und Methankreislauf hintereinandergeschaltet) oder

b) verschiedene Drosselschaltungen mit bzw. ohne Expansionsturbine zur Leistung äußerer Arbeit. Für Drosselschaltungen reduziert sich gegenüber der Kaskade der Investitionsaufwand bis auf etwa 75%; sie erfordern jedoch einen um etwa 25% höheren Energiebedarf.

Bei den Drosselschaltungen wird das mit 20 bis 40 atü Überdruck vorliegende Rohgas mehrstufig auf etwa 200 atü verdichtet, sodann im Wärmeaustausch mit Wasser und gegebenenfalls zusätzlich künstlicher Kühlung bei diesem hohen Druck abgekühlt. Mehrstufige Drosselung und Gegenstromwärmeaustausch ergeben schließlich das flüssige Produkt [21].

3. Ausgeführte Verflüssigungsanlagen.

Für die Praxis in industriellem Maßstab *ausgeführte Verflüssigungsanlagen* werden fast ausschließlich für stationäre Aufstellung an Land errichtet.

Verflüssigungsanlagen in *Kompaktbauweise* als *schwimmende*, jedoch nicht seegehende *Einheiten* haben zwar nur einen verhältnismäßig kleinen Platzbedarf, sind jedoch komplizierter im Aufbau und weniger wirtschaftlich als stationäre Landanlagen [17].

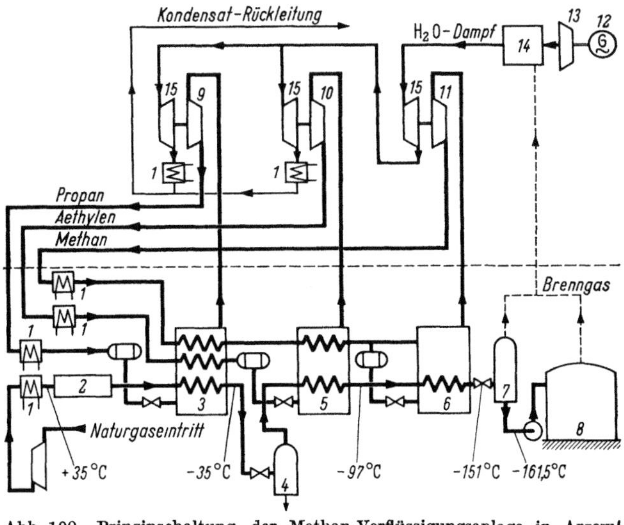

Abb. 190. Prinzipschaltung der Methan-Verflüssigungsanlage in Arzew/Algerien [52].

1 Seewasser-Wärmeaustauscher; *2* Trocknung und Entcarbonisierung; *3* Propan-Verdampfer; *4* Entnahme schwerer Kohlenwasserstoffe (C_5 +); *5* Äthylen-Verdampfer; *6* Methan-Verdampfer; *7* Expansion auf Atmosphärendruck; *8* LNG-Lagertank; *9* Propan-Kompressor; *10* Äthylen-Kompressor; *11* Methan-Kompressor; *12* Stromerzeuger; *13* Gasturbine; *14* Dampfkessel; *15* Dampfturbinen

Die im mittleren Osten, in *Ras Tanura in Saudiarabien* am Persischen Golf, errichtete Anlage zur LPG-Produktion aus Erdölgasen dient der Erzeugung von täglich etwa 300 t Flüssiggas (von Propan, Butan oder einem Gemisch aus beiden) [11].

Die erste Verflüssigungsanlage zum Export von LNG ist im Herbst 1964 in *Algerien* seiner Bestimmung übergeben worden. Abb. 190 zeigt ein vereinfachtes Fließschema dieser Anlage in Kaskadenschaltung. Neben der kältetechnischen Hauptaufgabe, das durch eine Pipeline angelieferte Naturgas zu verflüssigen und auf etwa −162 °C abzukühlen, wird das Rohgas zuvor getrocknet und von CO_2 befreit. Die in den einzelnen Kreisläufen der Kaskade installierten Turbo-Kompressoren werden durch Dampfturbinen angetrieben. Zur Erhöhung des Wirkungsgrades geben für die Stromerzeugung vorgesehene Gasturbinen ihre Abgase zur Beheizung von Dampfkesseln ab, die ihrerseits den Treibdampf für die Turbinen liefern. Die Gesamtantriebsleistung der Verflüssigungsanlage beträgt rund 66000 kW [10, 52].

III. Flüssiggaslagerung.

Für die Flüssiggaslagerung an Land werden je nach Lagergut und örtlichen Verhältnissen unterschiedliche Methoden angewendet:

1. Lagerung in oberirdischen, im allgemeinen isolierten Tanks,
2. Lagerung in feuchtem, ausgefrorenem Erdreich an der Erdoberfläche und
3. unterirdische Lagerung in Speicherhöhlen.

Kälteanlagen werden vorwiegend für die beiden ersten Methoden bei Lagerung unterhalb einem der Außentemperatur entsprechenden Sättigungsdruck benötigt. Ihre Bedeutung steigt mit fallendem Lagerungsdruck. Bei atmosphärischem Druck ist der Investitionsaufwand für die Lagerbehälter infolge relativ kleiner Behälterwandstärken am niedrigsten, wie bereits in Kap. B für die Transportbehälter an Bord von Flüssiggastankern dargelegt wurde. Dieselben Gesichtspunkte gelten sinngemäß auch für die Flüssiggaslagerung an Land. Hinsichtlich der bei den tiefen Temperaturen auftretenden konstruktiven Probleme, insbesondere bei der Wahl geeigneter Materialien für die Behälter und die Isolierung wird auf die in Kapitel E gemachten allgemeinen Angaben verwiesen.

1. Oberirdische Lagertanks.

Oberirdische Lagertanks werden sowohl als kugelförmige wie im allgemeinen als stehende zylindrische Behälter gebaut bzw. in Form einer Kombination beider Arten. Die Behälterkonstruktion ist grundsätzlich doppelwandig ausgeführt, mit einem kalten Innen- und einem warmen Außenbehälter, zwischen denen die Isolierung liegt.

Von entscheidender Bedeutung für eine wirtschaftliche Lagerung ist die Qualität der Isolierung, insbesondere im Hinblick auf die vorgesehene Lagerdauer, die im Vergleich zur Transportdauer auf Schiffen sehr unterschiedlich sein kann.

Die Wandstärke der Isolierung soll so groß sein, daß je nach Lagerdauer und Wert des Lagergutes Garantiedaten von 1 bis 0,1% Produktverlust innerhalb von 24 Stunden infolge Verdampfung nicht überschritten werden, falls nicht eine Kälteanlage zur Rückverflüssigung vorgesehen ist [47].

Abb. 191 zeigt das Schalt- und Rohrleitungsschema einer *Großanlage* zur Lagerung von 19000 cbm flüssigen Propans, die 1961 in Minneapolis/USA in Betrieb genommen wurde. Das Flüssiggas wird in einem oberirdischen Tank gelagert, dessen Inhalt durch eine Kälteanlage auf −46 °C konstant gehalten wird.

Das in Drucktanks durch Lastzüge oder per Bahn (*1*) mit Umgebungstemperatur angelieferte warme Propan gelangt über Trockner (*2*) und nach Expansion über einen Verdampfer-Kondensator (*3*) in den Lagertank (*4*). Die während der Entspannung sich bildenden Drosseldämpfe werden durch Niederdruckkompressoren (*6*) im Kondensator (*3*) niedergeschlagen, der seinerseits durch Verdampfung von reinem Propan mittels Hochdruckkompressoren (*7*) auf etwa −15 °C gehalten wird. Für die Aufrechterhaltung der Lagerungstemperatur von −46 °C dient je

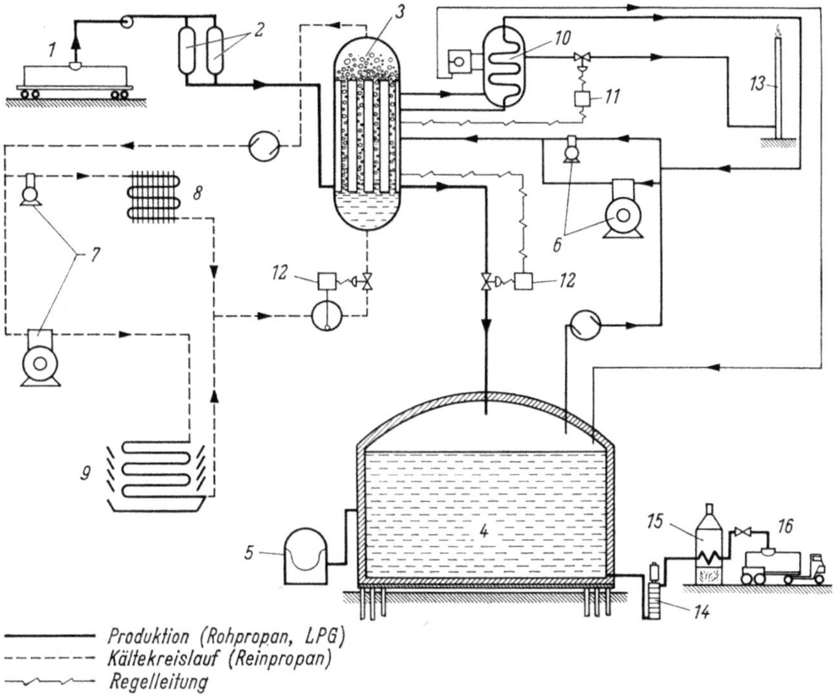

Abb. 191. Schalt- und Rohrleitungsschema einer Propan-Lagerungsanlage [26].

1 Propanzuführung etwa 35 cbm/h mit Außentemperatur; *2* Trockner; *3* Verdampfer-Kondensator; *4* Propan-Lagertank 14300 l; *5* Inertgas-Ausgleichstank; *6* LPG-Niederdruck-Kompressoren; *7* Reinpropan-Hochdruck-Kompressoren; *8* Luftgekühlter Kondensator; *9* Verdunstungskondensator; *10* Fremdgasabscheider; *11* Druckregler; *12* Niveauregler; *13* Fackel; *14* 2 Pumpen; *15* Befeuerter Wärmeaustauscher; *16* Propanentnahme 110 cbm/h bei + 5 °C.

ein kleiner Kompressor im Nieder- und Hochdruckkreis zur Erzeugung einer Kälteleistung von etwa 30000 kcal/h, die zur Deckung des Kältebedarfs auch während der wärmsten Jahreszeit ausreicht.

Bei der Füllung der Lagertanks, d. h. zur Drosseldampf-Kondensation wird noch je ein großer Kompressor parallel hinzugeschaltet. Die Kompressoren werden durch Naturgasmotoren angetrieben, da sie unter den gegebenen Verhältnissen im Vergleich mit dem Elektroantrieb niedrigere Energiekosten ergeben.

Das Propan wird bei Entnahme aus dem Lagertank zur Aufheizung auf etwa −5 °C über einen befeuerten Wärmeaustauscher geleitet, um die Transportdruckbehälter vor zu tiefen Temperaturen zu bewahren.

Die Regelung der Anlage ist vollautomatisch und explosionsgeschützt durch ein pneumatisches System ausgeführt. Wo dies in Einzelfällen nicht vollkommen möglich war, wurden die Einrichtungen in entsprechend sicherer Entfernung installiert.

In *Kuwait* am Persischen Golf wurden im Jahre 1962 bei der Kuwait-Oil-Company zwei doppelwandige zylindrische *Tanks* mit 12000 bzw. 14000 cbm

Fassungsvermögen für die Lagerung von Propan bei —43 °C und zwei Kugeltanks mit je 7750 cbm für Butan bei —6 °C in Betrieb genommen. Sämtliche Tanks sind aus Stahl geschweißt. Die Isolation ist in Form von 2 Massivlagen geklebt und wird durch V2A-Bandagen zusätzlich gehalten.

Die Flüssiggasproduktion von täglich etwa 415 cbm Propan und etwa 560 cbm Butan wird mit Hilfe von *Kompaktkälteanlagen* mit Turbo-Kompressoren auf die jeweilige Lagertemperatur abgekühlt und bei dieser Temperatur konstant gehalten. In der ersten Stufe werden beide Produkte auf —6 °C bei Verwendung von R 11 als Kältemittel und in der zweiten Stufe nur das Propan mittels R 12 weiter abgekühlt.

Der Kältebedarf der gesamten Anlage wird durch insgesamt 4 voneinander getrennte Kompaktanlagen mit folgenden Leistungen und Einsatzbereichen aufgebracht:

Die 1. Anlage mit R 11 kühlt die Produktströme Propan und Butan in zwei getrennten, jedoch in einem Apparat untergebrachten Kühlschlangen auf —6 °C. Die Kälteleistung beträgt etwa 750000 kcal/h mit 335 kW Antriebsleistung.

Die 2. Anlage mit R 12 kühlt das Propan bis auf —43 °C weiter ab bei einer Kälteleistung von etwa 335000 kcal/h mit 485 kW Antriebsleistung und

die 3. Anlage, ebenfalls mit R 12, dient der Aufrechterhaltung der Lagerungstemperatur mit einer Kälteleistung von etwa 340000 kcal/h und 485 kW Antriebsleistung. Das gelagerte Flüssiggas wird dazu unten aus den Lagertanks abgepumpt und über einen Kühler geleitet, um über die gleiche Sprühverteilung wieder zugeführt zu werden, die auch zur Tankfüllung dient. Die Umlaufanlage ist so bemessen, daß je Tank etwa 90 cbm/h mit 3,5 °C Temperaturdifferenz zurückgeführt werden.

Die 4. Anlage mit abermals R 12 als Kältemittel hat die Aufgabe, die rund 2750 m lange Verladeleitung von 16″ Durchmesser sowie die 10″ Dampfrückleitung und 6″ Flüssigkeitsrückleitung für die Schiffsverladung des Flüssiggases kalt zu halten.

Hierfür sind 355000 kcal/h Kälteleistung mit überdimensioniertem 559-kW-Antriebsmotor installiert, so daß auch bei erhöhter Außentemperatur gearbeitet werden kann. Zur Abkühlung der Ladeleitungen werden etwa 48 Stunden benötigt.

Außerdem hat die Kälteanlage noch die Aufgabe, das zu verladende Flüssiggas weitmöglichst zu unterkühlen, um die Menge des Expansionsdampfes in den Schiffsladetanks und somit den Dampfrückstrom zur Landanlage klein zu halten. Zur Förderung der Lademenge von rund 1300 cbm/h Flüssiggas dienen 4 Pumpen mit je 123 kW Antriebsleistung bei 104 m Druckhöhe.

Die mit Seewasser gekühlten Röhrenbündel-Kondensatoren besitzen Kupfer-Nickelrohre mit 70% Kupfer und 30% Nickel. Die Flüssiggaskühler sind im höheren Temperaturbereich mit Stahlrohren und im niedrigeren Bereich mit Rohren aus niedrig gekohltem Stahl mit $3^1/_2$% Nickelgehalt ausgerüstet.

Zum Antrieb der Turbokompressoren dienen drehzahlheraufsetzende Getriebe. Die Maschinenanlage wird durch nur 1 Aufsichtsmann überwacht und ist in einem völlig durchlüfteten Gebäude ohne Seitenwände untergebracht. Trotz der in diesem Gebiet auftretenden Sandstürme hat sich diese aus Gründen der Explosionssicherheit notwendige Anordnung gut bewährt.

2. Lagerung in ausgefrorenem Erdreich an der Erdoberfläche.

Eine interessante Entwicklung, die inzwischen bereits in das Stadium großtechnischer Nutzung getreten ist, stellt die *Flüssiggaslagerung in feuchtem, ausgefrorenem Erdreich an der Erdoberfläche* dar. Sofern die örtlichen geologischen

Verhältnisse diese Methode zulassen, ist sie wegen geringfügigen Materialaufwandes mit niedrigen Investitionskosten verbunden.

Bereits durch die 30tägige Versuchslagerung von Flüssigmethan in Lake Charles, La./USA, der sog. „Operation Mudpie", die auf Planungen vom Jahre 1950 zurückgeht [18, 39], hatte sich die praktische Brauchbarkeit dieser Methode erwiesen.

Die erfolgreichen Versuche in Lake Charles bildeten die Grundlage für die großtechnische Anwendung z. B. zur Propan-Flüssiggaslagerung bei Salt Lake City in den USA und zur Flüssigmethan-Lagerung in Arzew in Algerien.

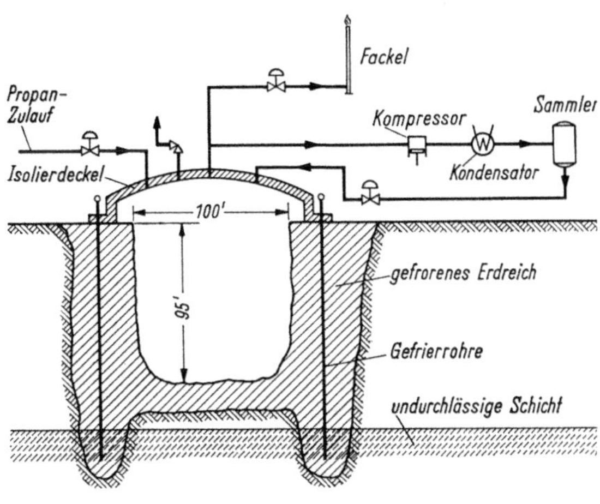

Abb. 192. Querschnitt durch Propan-Flüssiggas-Lager (—49 °C) in ausgefrorenem Erdreich bei Salt Lake City (USA) [41].

Der 1963 bei *Salt Lake City* errichtete Propan-Erdreichbehälter [41] besitzt einen Durchmesser von etwa 30 m und eine Tiefe von 29 m, entsprechend 19000 cbm Flüssigpropan-Inhalt. Dieser Raum an der Erdoberfläche wurde erst nach Vollendung eines ringförmig ausgefrorenen Mantels ausgebaggert, der mit Hilfe von mit Propan als Kältemittel gekühlten und ausreichend eng gesetzten Gefrierrohren gebildet worden war. Die Gefrierrohre wurden in einem Durchmesser von

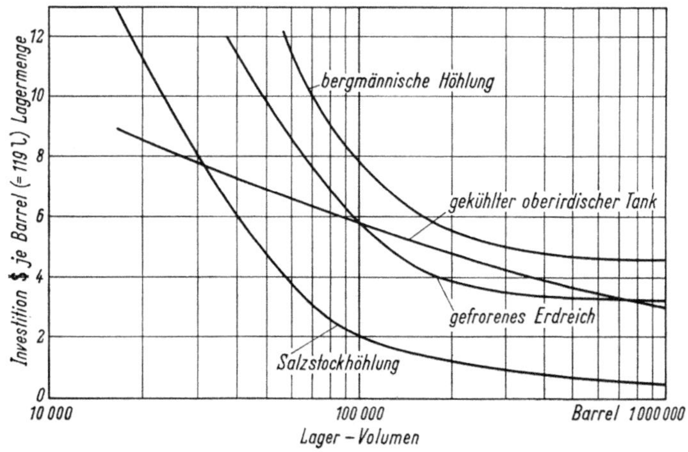

Abb. 193. Investitionskosten für verschiedene Flüssiggas-Lagermethoden [41].

35 m bis zu einer Tiefe von 47 m in die Erde eingelassen. Jedes Gefrierdoppelrohr führte in einem zentralen Innenrohr das flüssig zugeleitete Propan, während es im Mantelraum verdampfte und von der Kälteanlage abgesaugt wurde. Die Abdeckung der ausgebaggerten Erdhöhlung besteht aus einem aufgesetzten und in sich fertig montierten Isolierdeckel mit sämtlichen Rohrleitungsanschlüssen.

Abb. 192 zeigt schematisch einen Querschnitt durch die Anlage. Die Wirtschaftlichkeit dieses Lagerungsverfahrens im Vergleich zu anderen Methoden geht aus Abb. 193 hervor. Zu Beginn der Lagerung ist der Betriebskostenaufwand bei Erdreichlagerung zwar höher als für oberirdische Tanks, da der Verdampfungsanteil in ausgefrorenem Erdreich zunächst noch relativ hoch liegt. Mit zunehmender Lagerdauer wächst jedoch die ausgefrorene Erdmasse, und die Isolierwirkung nimmt zu, bis sich ein Gleichgewichtszustand eingestellt hat. Nach einigen Monaten liegen die Betriebskosten unter denen für oberirdische Lagerung.

Zur Lagerung von Flüssigmethan in *Arzew* in Algerien ist, wie bereits erwähnt, außer den oberirdischen Tanks auch ein Behälter in ausgefrorenem Erdreich mit etwa 16000 t Flüssigmethan entsprechend 38000 cbm Fassungsvermögen installiert worden. Er besitzt etwa 37 m Durchmesser und 42 m Tiefe und ergibt in diesem Falle eine Kosteneinsparung von 30 bis 40% gegenüber oberirdischen geschweißten Tanks [41].

3. Unterirdische Lagerung in Speicherhöhlen.

Als weitere mögliche Lagermethode wurde bereits die in unterirdischen Speicherhöhlen erwähnt und vergleichsweise in Abb. 193 mit dargestellt. Der zunehmende Bedarf an Lagerraum und die relativ hohen Kosten für oberirdische geschweißte Tanks (kugelförmige Flüssiggas-Drucktanks kosten je nach den örtlichen Verhältnissen etwa das 10fache) hat auch zur Nutzung von Höhlungen in Salzstöcken geführt. Kochsalz hat die Eigenschaft der völligen Reaktionslosigkeit mit den in Frage kommenden Lagergütern wie Propan, Butan, Methan u. a. und ist völlig undurchlässig, insbesondere dann, wenn es unter Druck steht.

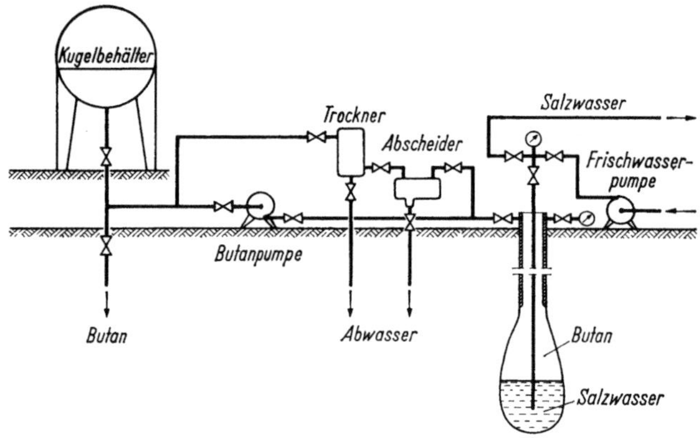

Abb. 194. Vereinfachtes Fließschema der Flüssiggas-Lagerung in Salzstöcken [50].

Abb. 194 zeigt die einzige Einrichtung dieser Art in Deutschland, die in Heide/Holstein errichtet wurde. Durch eine bis in den Salzstock niedergebrachte Bohrung bis 850 m Tiefe wurde Frischwasser eingeführt, das den Salzstock ausspülte und als Salzsole wieder zurückgefördert wurde. Nach mehrmonatigem Spülen entstand ein Hohlraum mit einem größten Durchmesser von etwa 23 m. Das leichtere Butan schwimmt auf der Salzsole. Bei Füllung des Speichers verdrängt Butan durch das Zentralrohr Salzsole, die bei Flüssiggasentnahme wieder aufgefüllt wird.

IV. Wiedervergasung von Flüssiggas.

Als letzte Transportmanipulation des Flüssiggases an Land wird es vor seiner Wiedervergasung für den Verbrauch von der Schiffsanlandestelle durch isolierte Rohrleitungen bis in die möglichst nahe gelegenen Landlagertanks befördert.

Die Rückumwandlung des Flüssiggases in den warmen gasförmigen Zustand besteht darin, daß es im Löschhafen entweder nach Druckerhöhung bis auf einen Restüberdruck entspannt wird, wenn es sich darum handelt, es durch Rohrleitungen über weite Strecken zu führen, oder das man es drucklos verdampft, wenn es über nur kurze Rohrleitungen zu transportieren ist.

Von besonderem Interesse ist im Zusammenhang mit der Rückumwandlung des Flüssiggases in den gasförmigen Zustand die praktische Nutzanwendung der enormen Kälteleistung, die vor allem im verflüssigten Methan gespeichert ist. Seitdem Flüssigmethan nach Großbritannien in großem Maßstab für die Stadtgasversorgung eingeführt wird, werden Untersuchungen angestellt, wie sich die bei der Wiedervergasung des Methans freiwerdende Kälteleistung nutzbar machen läßt. Durch die Kälteleistung, die in der Flüssiggasmenge gespeichert ist, die z. Z. von Algerien nach Großbritannien mit den beiden Flüssiggastankern „Methane Progress“ und „Methane Princess“ eingeführt wird, könnte z. B. etwa das 50fache des in Großbritannien in den Handel kommenden Gefriergemüses eingefroren werden. Die im importierten Flüssiggas gespeicherte Kälteleistung übersteigt im übrigen die Gesamtkälteleistung aller in Großbritannien installierten Kälteanlagen zur Lebensmittelfrischhaltung [65].

Die bei Entspannung nach Druckerhöhung gewinnbare Kälteleistung liegt bei Temperaturen, durch die sie z. B. zur Erzeugung von Trockeneis herangezogen werden könnte.

Die bei druckloser Methanverdampfung erzielbare Kälteleistung tritt bei so tiefen Temperaturen auf, daß dabei z. B. sogar Stickstoff verflüssigt werden kann.

Bis ein wirtschaftliches Verfahren gefunden ist, wird die Wiedervergasung ohne Nutzung der gespeicherten Kälteleistung vorgenommen. Bei den Anlandungen von Flüssigmethan durch den Versuchstanker „Methane Pioneer“ in Canvey Island in den Jahren 1959 und 1960 wurden dampfbeheizte Wärmeaustauscher benutzt. Nach dem Wärmepumpenprinzip kann jedoch auch die im Fluß- oder Seewasser enthaltene Wärmemenge für die Flüssiggasverdampfung herangezogen werden.

D. Kältetechnische Einrichtungen an Bord von Flüssiggastankern.

Die kältetechnische Hauptaufgabe an Bord von Flüssiggastankern besteht in der Aufrechterhaltung der Transporttemperatur und des Druckes, sofern das Flüssiggas bei vermindertem Überdruck (kombinierte Druck-Kühl-Methode) oder bei atmosphärischem Druck (reine Kühlmethode) befördert wird (vgl. Kap. B II und III). Ein weiterer Kältebedarf tritt bei Kühlung bzw. Erzeugung von Inertgas auf, das unter anderem als Schutzgas zur Trockenhaltung der Isolierung benötigt wird. Die kältetechnischen Einrichtungen haben aber außerdem auch beim Lade- und Löschvorgang wichtige Funktionen zu erfüllen.

I. Aufrechterhaltung der Transporttemperatur

Bei allen Transportarten mit Flüssiggastemperaturen unterhalb der Umgebungstemperatur tritt Wärmeeinfall aus der Umgebung in Verbindung mit Flüssiggasverdampfung auf, eine Transportkühlung bzw. Rückverflüssigung der auftretenden Verdampfungsmengen ist daher notwendig.

1. Verdampfungsmenge.

Die *Verdampfungsmenge* ist je nach Transportgut verschieden. Dabei stellt ein Verdampfungsanteil von 0,3% pro Tag im Falle des drucklosen Transportes ohne Rückverflüssigung einen wirtschaftlich vertretbaren Verlust dar.

Nach Bestimmungen z. B. der Klassifikationsgesellschaft US Coast Guard darf die Wärmedurchgangszahl der Behälter-Isolierung für Propantanker $k = 0{,}366$ kcal/qmh°C nicht übersteigen.

Bei der Projektierung wird meist zwischen 0,16 und 0,20 gewählt. So würde für einen 6000-t-Propantanker mit $k = 0{,}18$ bei 30tägiger Reise durch tropische Gewässer einschließlich Hafenaufenthalt ohne Rückverflüssigungsanlage ein Ladungsverlust von etwa 10% durch Verdampfung entstehen. Er betrüge bei Fahrt in nördlichen Breiten entsprechend 7% [6].

Vergleichsweise beträgt für einen Methantanker mit einem k-Wert der Isolierung von 0,1 kcal/qmh°C bei +25 °C Außen- und −161 °C Flüssiggastemperatur der Verdampfungsanteil täglich etwa 0,3% [19].

2. Flüssiggaskühlung bzw. Rückverflüssigung.

Die notwendige und mit Ausnahme von Methantankern übliche ***Flüssiggaskühlung bzw. Rückverflüssigung*** kann wie folgt vorgenommen werden:

a) Eigenkühlung. Transporttemperatur und -Druck werden aufrechterhalten, indem die verdampfte Flüssiggasmenge abgesaugt, komprimiert und verflüssigt wieder in die Lagerbehälter zurückgeführt wird. Das Flüssiggas dient dabei als Kältemittel, wobei die Transportbehälter in den Kältekreislauf einbezogen sind und praktisch den Verdampfer darstellen. Da das Transportgut zugleich Arbeitsmittel ist, sei diese Kühlungsart mit ***Eigenkühlung*** bezeichnet (Abb. 196a).

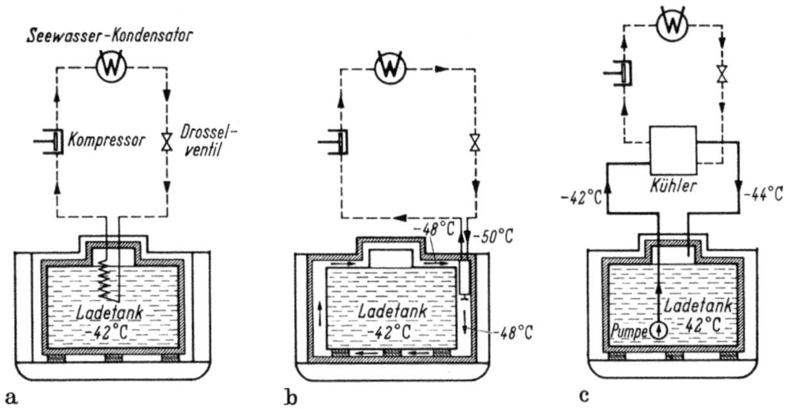

Abb. 195a—c. Kühlsysteme für LPG [27].

b) Fremdkühlung. Transporttemperatur und -Druck werden mit Hilfe einer gesonderten Kälteanlage mit eigenem Kältemittel aufrechterhalten, so daß *Fremdkühlung* vorliegt. Schaltungen mit in sich geschlossenem Kälte- bzw. Rückverflüssigungskreislauf haben besonders für solche Tankschiffe Bedeutung, mit denen unterschiedliche Flüssiggase befördert werden sollen (Abb. 195a—c und 196b u. c).

Bei den auf Abb. 195a—c dargestellten Schaltungen wird die Verdampfung verhindert, indem die Ladung geringfügig unter die entsprechende Siedetemperatur gekühlt wird. Schaltungen gemäß Abb. 196 verflüssigen demgegenüber die bereits verdampften Flüssiggasanteile.

Bemerkenswert bei der Schaltung nach Abb. 196c ist, daß durch Druckerhöhung des Verdampfungsanteils seine Rückverflüssigung bei höherer Temperatur als in den Fällen a) und b) möglich ist. Die Rückverflüssigungsanlage kann somit kleiner als in den übrigen Fällen ausgeführt werden [27].

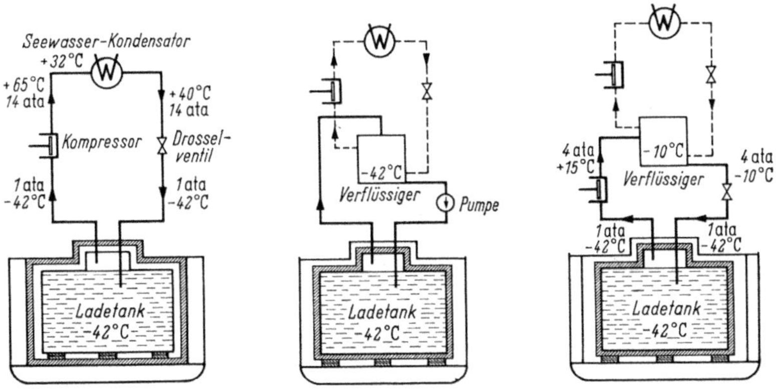

a b c

Abb. 196a—c. Rückverflüssigungs-Systeme für LPG [27].

3. Kälteanlagen.

Die *Kälteanlagen* für Kühlung bzw. Rückverflüssigung werden im allgemeinen als Kaltdampfmaschinen ausgeführt. Da das rückzuverflüssigende Medium in praktisch reiner Form ohne störende Nebenbestandteile vorliegt, kann sich die technische Lösung im wesentlichen darauf beschränken, die erforderliche Kälteleistung zur Verfügung zu stellen. Diese Tieftemperaturanlagen stellen im Vergleich zu der vor dem Seetransport liegenden Verflüssigung des Rohgases die einfacheren Anlagen dar (vgl. Kap. C, II).

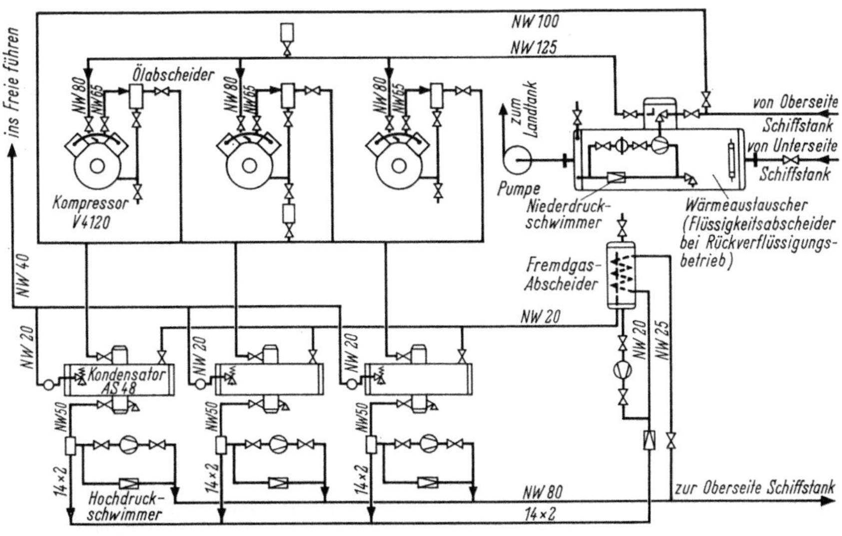

Abb. 197. Rohrleitungsschema einer Rückverflüssigungs-, sowie Lade- und Löscheinrichtung auf einem Propantanker. (Werkfoto Bergedorfer Eisenwerk AG.)

a) Beim Flüssigmethantransport wird in der Praxis von den für die **Rückverflüssigung bei den tiefen Temperaturen** verfügbaren Verfahren [29] kein Gebrauch gemacht (vgl. Kap. B, III, 3).

b) Abb. 197 zeigt das Rohrleitungsschema einer **Propan-Rückverflüssigungsanlage,** die mit Propan als Arbeitsmittel, also nach dem mit „Eigenkühlung“ bezeichneten Prinzip arbeitet. Das verdampfte Propan wird durch die Kompressoren über einen Flüssigkeitsabscheider abgesaugt, in seewassergekühlten Kondensatoren verflüssigt und in die Lagertanks zurückgeführt.

Abb. 198. Propankompressoren der Anlage gemäß Abb. 197 (im Vordergrund Flüssiggaspumpe). (Werkfoto Bergedorfer Eisenwerk AG).

Abb. 198 stellt eine Teilansicht des Maschinenraumes mit den Propan-Kompressoren dieser Anlage dar.

Der gesamte Maschinenraum für Kompressoren und Pumpen ist durch eine gasdichte Trennwand in zwei Teile geteilt, so daß Kompressoren bzw. Pumpen und Antriebsmotoren voneinander getrennt sind. Die Antriebswellen sind mittels gasdichter Stopfbuchsen durch die Schottwände geführt. Der Motorenraum wird bei Betrieb mindestens einer Maschine unter dauerndem Überdruck gehalten, so daß kein Gas eindringen kann und somit Explosionsgefahr ausgeschlossen ist. Gleichzeitig steht der Kompressoren- und Pumpenraum mittels Ventilatoren unter dauerndem Unterdruck.

II. Beladen und Entladen der Schiffstanks.

Beim *Beladen und Entladen der Schiffstanks* haben an Bord installierte Kälteanlagen zusätzliche wichtige Aufgaben zu erfüllen, die jeweils dem Transportgut, der Transportart und der Ausrüstung der Landanlage angepaßt werden müssen.

1. Flüssiggaspumpung.

Die *Flüssiggaspumpung* kann mit mechanischen Tiefbrunnenpumpen erfolgen, die in jeden Schiffstank eingebaut sind und ihre Antriebsmotoren an Deck haben. Gegebenenfalls ist aber auch die Anwendung von Druckdifferenzen möglich, sofern die Behälterkonstruktion dies zuläßt. Abb. 199 zeigt die Schaltung einer Be- und Entladeeinrichtung für Überdrucktransport ohne künstliche Kühlung, wobei durch Druckerhöhung im zu entleerenden Behäl-

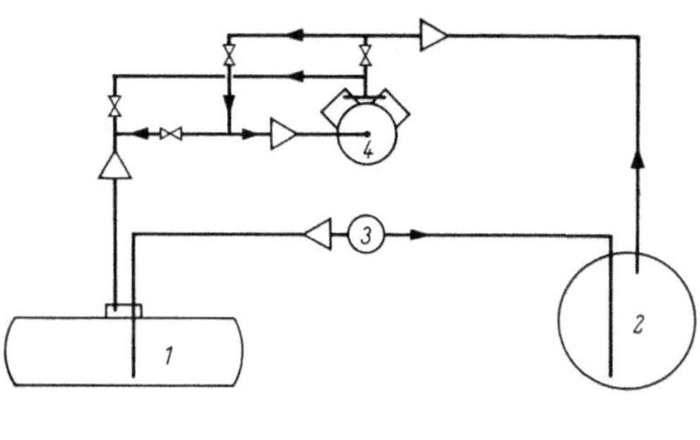

Abb. 199. Be- und Entladeeinrichtung für Flüssiggastanker bei Überdrucktransport ohne künstliche Kühlung [33].

1 Schiffsbehälter; *2* Landbehälter; *3* Flüssiggaspumpe; *4* Gaskompressor.

ter mit Hilfe des Gaskompressors 4 das Flüssiggas unter Umständen ohne Pumpe gefördert werden kann.

Eine besonders elegante Methode des Leerpumpens unter Vermeidung von Tiefbrunnenpumpen besteht in dem sog. Vapor-Lift-System nach Abb. 200. Hierbei wird nach dem Hebersystem durch Unterdruckbildung in einem außerhalb des Schiffstanks befindlichen, mit dessen Flüssiggasfüllung in Verbindung stehenden und als Flüssiggasabscheider fungierenden Hilfsbehälter aus dem Schiffstank Dampfflüssigkeitsgemisch in diesen Hilfsbehälter hochgesaugt.

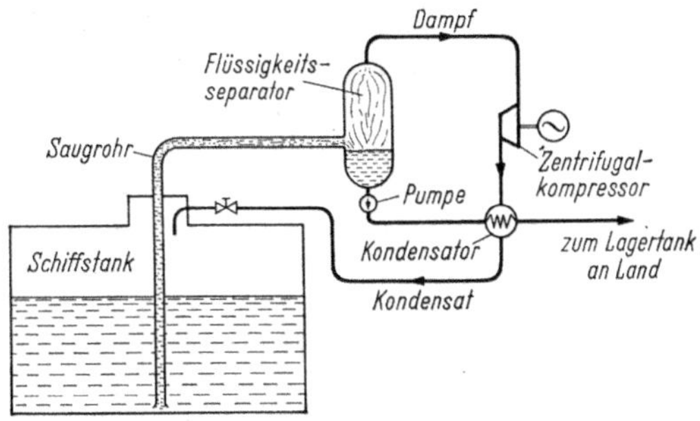

Abb. 200. Vapor-Lift-System (Hebersystem) als Pumpeinrichtung ohne mechanische Pumpen im Schiffstank, geschaltet für drucklosen Transport [27].

Der Flüssiggasanteil läuft aus diesem Behälter mit Gefälle einer Pumpe zu. Durch Niveauregelung wird die Überschreitung eines maximalen Flüssigkeitsstandes im Hilfsbehälter und somit die Gefahr von Flüssigkeitsschlägen in den Kompressoren verhindert. Der in den Hilfsbehälter gelangende Dampfanteil kann wie in Abb. 200 nach Rückkondensation in den Schiffstank zurückgeleitet werden, ohne daß hier Druckerhöhung auftritt; oder er wird wie bei reinem Überdrucktransport nach Abb. 201 in den Schiffsbehälter gefördert. Der große Vorteil dieser Anordnung ist, daß sämtliche Maschinen und Apparate für die Pumpung sich außerhalb der Ladetanks gut zugänglich oben an Deck befinden. Außerdem kann eine einzige derartige Anlage für mehrere Tanks eingesetzt werden [27, 33].

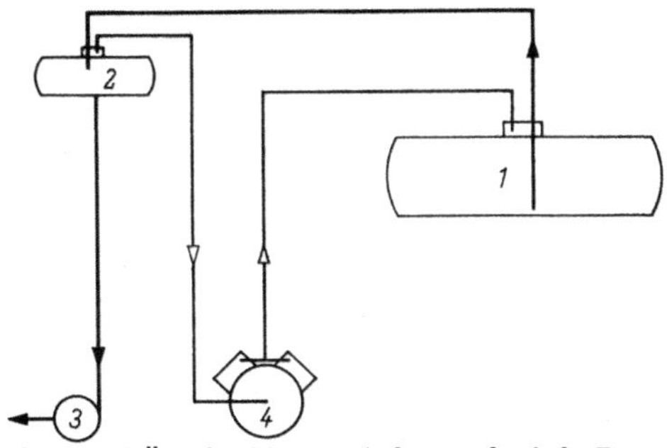

Abb. 201. Pumpeinrichtung bei Überdrucktransport ohne mechanische Pumpe im Schiffstank [33]. *1* Schiffsbehälter; *2* Zwischenbehälter; *3* Entladepumpe; *4* Gaskompressor.

2. Schiffstankfüllung.

Bei der *Schiffstankfüllung* müssen zur Verhinderung der Bildung explosiver Gasgemische besondere Maßnahmen getroffen werden.

Bevor das Flüssiggas eingefüllt werden kann, ist die Luft z. B. durch Inertgas wie Stickstoff oder Kohlendyoxyd zu verdrängen. Sie kann aber auch durch Verdampfung eines Teils der ersten Ladung ins Freie ausgeschoben werden, sofern es sich wie im Falle von Methan um leichtere Gase als Luft handelt. Dabei wird der Luftinhalt der Tanks zwecks Entfeuchtung und Vermeidung explosiver Gemischbildung zuvor zu etwa 75% durch Stickstoff verdrängt [19]. Bei LPG-Gasen, die schwerer als Luft sind, muß die Luftverdrängung aus den zu befüllenden Tanks mit besonderer Sorgfalt vorgenommen werden. Statt der Anwendung von inertem Gas, was zeitraubend und kostspielig ist, können die Schiffsbehälter bei oben offenen Ventilen auch vollständig mit Wasser gefüllt und der Raum über dem Wasserspiegel mit der Kompressordruckseite der Kälte- bzw. Lade- und Löscheinrichtung verbunden werden.

Durch Hineinpressen von z. B. Propangas wird das Wasser hinausgeschoben und durch Propangas ersetzt. Danach kann mit Flüssigpropan aus der ortsfesten Lageranlage aufgefüllt werden. Umgekehrt wird bei Entleerung der Schiffstanks das verbliebene gasförmige Transportgut durch die Kompressoren abgesaugt und in die ortsfesten Lagerbehälter gepreßt. Durch den entstandenen Unterdruck kann mit Wasser gefüllt werden, bis das gesamte Gas verdrängt ist. Danach wird unter Ansaugung von Luft durch die Kompressoren die Wasserfüllung verdrängt [6].

Das Beladen der Schiffstanks mit Flüssiggas wird normalerweise mit an Land installierten Pumpen aus den Vorratstanks der Landanlage durchgeführt. Um die Transportbehälter im Falle der Befüllung mit tiefgekühltem Flüssiggas vor schockartiger Abkühlung und somit vor Wärmespannungen zu bewahren, wird über ein in den Tanks eingebautes Sprühsystem unter Benetzung der Behälterwände zunächst solange langsam eingefüllt, bis die Tanks auf Betriebstemperatur gekommen sind; erst dann beginnt der eigentliche Füllvorgang. Um auch während der Leerfahrt des Schiffes eine Kalthaltung der Tanks und somit Sicherheit gegen Wärmespannungen zu gewährleisten, werden etwa 3% nicht gelöscht und stets mitgeführt [19].

Diese zeitraubende Vorsichtsmaßnahme, die bei Befüllung von *selbsttragenden*, verhältnismäßig dickwandigen Behältern notwendig ist, wird bei den im Zuge der Weiterentwicklung vorgesehenen *nicht selbsttragenden* Behältern mit gesickten Innenwandungen aus nur 1 mm starken Edelstahlmembranen überflüssig[1]. Die Behälterwandungen stützen sich dabei auf der druckfesten und die Belastung auf die Schiffskonstruktion übertragenden Isolierung ab. Sie können infolge Biegsamkeit Längenänderungen in sich ausgleichen, die durch Temperaturwechsel entstehen und bilden praktisch die flüssigkeitsdichte Innenauskleidung der Isolierung.

Wie Versuche mit flüssigem Stickstoff bei etwa -180 °C gezeigt haben, erlaubt die biegsame Nachgiebigkeit solcher Behälter, daß das tiefgekühlte Flüssiggas ohne Vorkühlung sofort eingefüllt werden kann, selbst wenn die Behälter zuvor bis auf Umgebungstemperatur aufgewärmt waren [65, 70, 73].

a) Beim **Überdrucktransport ohne künstliche Kühlung** muß die Be- und Entladeeinrichtung in der Lage sein, unter den ungünstigsten Verhältnissen zu arbeiten, da der Transportdruck durch die wechselnde Umgebungstemperatur unmittelbar beeinflußt wird. Abb. 199 zeigt die Schaltung einer solchen Anlage, wobei der Gaskompressor *4* für die Erzeugung der nötigen Druckdifferenz zwischen den zu be- und entladenden Behältern sorgt. Der in den zu füllenden Tanks entstehende Drosseldampf wird damit gleichzeitig zur Landanlage zurückgeführt. Bei zusätzlichem Einsatz der Pumpe *3* ist infolge überhöhten Druckes im Entleerungsbehälter für ausreichenden Pumpenvorlauf gesorgt.

b) Beim **Transport unter vermindertem Überdruck infolge künstlicher Kühlung** und Abfüllung aus einer Landanlage mit reiner Überdrucklagerung ist der Transportdruck geringer als der Druck in der Landanlage, so daß die Schiffsbeladung infolge Entspannung des Flüssiggases mit Drosseldampfbildung verbunden ist. Das Flüssiggas selbst wird den Schiffstanks zur weitmöglichsten Abkühlung über

---

[1] Da sie mit der Isolierung und dem Schiffsrumpf zu einem Verband integriert sind, werden sie auch als *integrierte Behälter* bezeichnet.

seewassergekühlte Wärmeaustauscher zugeführt. Der in den Tanks entstehende Drosseldampf kann durch die Rückverflüssigungsanlage kondensiert werden, wobei die Größe derselben für die Schnelligkeit des Ladevorganges maßgebend ist. Während des Ladens sind sämtliche an Bord installierten Kompressoren mit Volleistung in Betrieb, um den Druck in den Schiffstanks möglichst niedrig zu halten. Zur Konstanthaltung des Druckes während des Transportes wird die Kompressorleistung entsprechend reduziert. Derartige Schaltungen sind in Abb. 197 und in stark vereinfachter Form in Abb. 202 dargestellt.

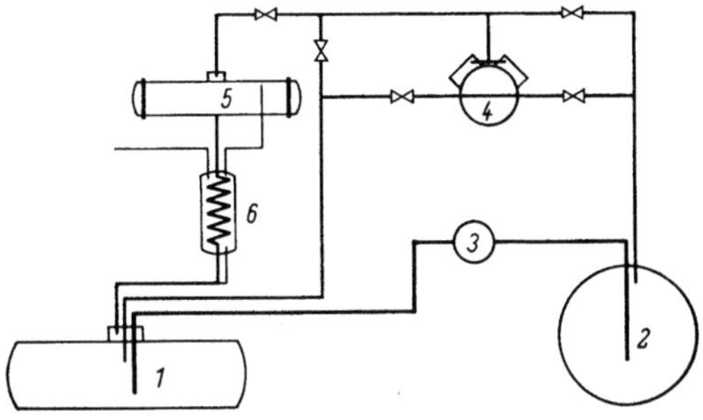

Abb. 202. Be- und Entladung von Flüssiggastankern nach der kombinierten Druck-Kühl-Methode mit Rückverflüssigungsanlage [33].

1 Schiffsbehälter; *2* Landbehälter; *3* Flüssigkeitspumpe; *4* Gaskompressor; *5* Gaskondensator; *6* Fremdgasabscheider.

c) Zur Füllung von Schiffsbehältern für drucklosen Transport muß das Flüssiggas den Transportbehältern mit Transporttemperatur zugeführt werden, da die Rückverflüssigungs-Kälteanlage an Bord — sofern eine solche überhaupt vorhanden ist — nicht ausreicht, um das Flüssiggas bei kurzen Betankungszeiten z. B. von Umgebungstemperatur auf Transporttemperatur abzukühlen.

3. Schiffstankentleerung.

Die *Schiffstankentleerung* geschieht mit bordeigenen Pumpen entweder in Form mechanischer Tiefbrunnenpumpen oder vorzugsweise durch eine Pumpeinrichtung nach dem beschriebenen Hebersystem mit Hilfsbehälter gemäß Abb. 200 und 201.

Als Entladeeinrichtung dient im allgemeinen die gleiche wie zur Schiffsbeladung bei entsprechender Umstellung der Ventile für Flüssiggasfluß von Bord an Land (vgl. Abb. 197, 199 und 202). Besitzt die Landanlage Lagerbehälter für drucklose Lagerung, so benötigt der Tanker zur Löschung seiner Ladung nur seine eigenen Pumpen bzw. die Pumpeinrichtung. Falls die Landanlage mit Druckbehältern ausgerüstet ist, muß bei den Transportarten nach der kombinierten Druck-Kühl-Methode und der reinen Kühlmethode das Flüssiggas vor Eintritt in die ortsfesten Lagerbehälter durch an Bord oder an Land installierte Wärmeaustauscher aufgeheizt und auf entsprechend höheren Druck gebracht werden, um den Baustahl vor zu tiefen Temperaturen zu schützen. Umgekehrt kann gemäß Schaltung nach Abb. 197 bei Überdrucktransport und druckloser Landlagerung durch den vor der Schiffsentladepumpe befindlichen Wärmeaustauscher eine mit dem Transportgut als Kältemittel bewirkte Unterkühlung des abgepumpten Flüssiggases durchgeführt werden.

III. Inertgaskühlung.

Auf Flüssiggastankern wird Stickstoff als Schutzgas für die die kalten Behälter umgebende Isolierung benötigt, die zum Schutz vor Luftfeuchtigkeit unter leichtem Überdruck von trockenem Inertgas gehalten wird. Je nach Flüssiggastemperatur und somit dem in der Isolierschicht auftretenden Temperaturgefälle muß z. B. für drucklosen Propantransport die Stickstoffatmosphäre durch eine gesonderte Kälteanlage auf etwa —10 °C gehalten werden [6]. Hierfür wird der Stickstoff in Vorratsbehältern mitgeführt oder durch eine Erzeugungsanlage (Philips-Gaskältemaschine) an Bord hergestellt.

E. Konstruktion von Flüssiggastankern.

Der Bau von Tankschiffen zum Transport von brennbaren bzw. giftigen Gasen im verflüssigten und tiefgekühlten Zustand ist vor allem sicherheitstechnischen Bedingungen unterworfen. So wird die Konstruktion der Transportbehälter und ihr Einbau im Schiffsrumpf durch die extremen Transporttemperaturen beeinflußt. Die bei Bildung von Gas-Luftgemischen bestehende Explosionsgefahr bestimmt die Ausführung der Hilfseinrichtungen, die für das Laden und Löschen des Transportgutes sowie zur Aufrechterhaltung des Transportdruckes und der Transporttemperatur notwendig sind. Die Klassifikations-Gesellschaften (z. B. American Bureau of Shipping, Bureau Veritas, Det Norske Veritas, Germanischer Lloyd, Lloyd's Register of Shipping, United States Coast Guard) haben in Ergänzung der allgemeinen Bauvorschriften zusätzliche Sondervorschriften aufgestellt. Bereits 1958 wurden Bauvorschriften für die Beförderung von Flüssiggasen unter Druck und bald danach auch für den drucklosen Transport herausgegeben [22, 30, 57—59, 60—63].

I. Sicherung gegen Explosionsgefahr.

Gemessen an den Zündgrenzen und Entzündungstemperaturen von Gas-Luftgemischen ergibt sich für den Flüssiggastransport keine höhere Gefahrenstufe als für den Transport flüchtiger Mineralöldestillate wie z. B. Benzin. Bereits für die Pionierfahrten des ersten LNG-Tankers „Methane Pioneer" wurden durch die Versicherungs-Gesellschaften die gleichen Gefahrenmomente zugrunde gelegt wie beim Transport von Benzin [4, 15, 17, 23]. Bei der Lagerung von z. B. Flüssigmethan treten vergleichsweise zu Benzin geringere Gefahrenmomente auf, da das Methan sich bei atmosphärischem Druck in dauerndem Siedezustand befindet, so daß im Behälter gegenüber der äußeren Atmosphäre ein geringfügiger Überdruck herrscht. Dadurch ist das Eindringen von Luft und somit die Bildung von explosiven Gemischen normalerweise nicht möglich.

Außerdem ist beim Vergleich der Flüssiggase untereinander bei Methan-Schiffen gegenüber LPG-Schiffen die Brandgefahr geringer, weil das leichte Methan aufsteigt und sich verteilt — es besitzt zudem eine relativ kleine Flammgeschwindigkeit —, während die schweren Petroleumgase herabsinken und leichter zur Ausbreitung von Bränden führen können.

Die Sicherung gegen Brand- und Explosionsgefahr wird im allgemeinen durch folgende Maßnahmen getroffen.

1. Zur Überprüfung der Transporttanks auf eventuelle Undichtigkeiten wird die die Tanks unmittelbar umgebende und mit Inertgas aufgefüllte Isolierung dahingehend unter Kontrolle gehalten, ob Flüssiggas in die Inertgasfüllung eingedrungen ist.

2. Auch die Bereiche, die die Tankräume umgeben, werden unter geringfügigem Inertgasüberdruck gehalten, um das Eindringen von Luft und somit Explosionsgefahr auszuschließen. Bei Methan-Ladung wird als Inertgas Stickstoff und bei LPG-Ladung Kohlendyoxyd benutzt [27]. Im Falle einer Ausströmung von Flüssiggas wird zu seiner Neutralisierung im Sinne der Vermeidung von Explosivgemischen sofort Inertgas beigemengt. Ein umfangreiches Kontrollsystem mit Druck- und Temperaturüberwachung sowie Gasmeldeeinrichtungen in allen Nebenräumen der Ladetanks sichert gegen etwaige Gefahren [45].

3. Ins Freie abzuführende Flüssiggas-Verdampfungsanteile werden erst nach Zumischung von Inertgas durch die Abgasleitung abgeführt, um eine Verbindung mit Sauerstoff zu brennbaren Gemischen zu vermeiden.

Tabelle 3. *Werkstoffe für tiefe Temperaturen* [27].

(σ_B = Bruchspannung; σ_s = Spannung an der Streckgrenze; $\sigma_{0,2}$ = Spannung mit bleibender Dehnung 0,2%; δ = Bruchdehnung)

0 °C	Nickel-Stähle (vergütet) US-Typ	Nickel-Stähle (vergütet) Deutscher Typ	Kaltzähe Sonderstähle			AL-Legierungen
−20° −40° −60°	**Ni = 2,1–2,5%** C = 0,17–0,23% Mn = 0,80–0,90% Si = 0,15–0,30% P = 0,035% max S = 0,04% max. σ_B = 46 kp/mm² σ_s = 25 kp/mm² δ = 24%	**Ni = 1,5%** C = 0,14% max. Mn = 0,40% Si = 0,25% P = 0,035% max. S = 0,035% max. σ_B = 45–60 kp/mm² σ_s = 28 kp/mm² δ = 22%	C = 0,10–0,18% Mn = 0,80–1,40% Si = 0,15–0,30% P = 0,03% max. S = 0,035% max. σ_B = 41–55 kp/mm² σ_s = 28 kp/mm² δ = 23% Spezialglühbehand.	C = 0,18% max. Mn = 1,40% Si = 0,50% P = 0,04% max. S = 0,04% max. σ_B = 52–64 kp/mm² σ_s = 36 kp/mm² δ = 23% normalisiert	C = 0,20% max. Mn = 1,00–1,50% Si = 0,35–0,55% P = 0,04% max. S = 0,04% max. σ_B = 50–62 kp/mm² σ_s = 36 kp/mm² δ = 20% normalis. AL-Zusatz	
−80° −100°	**Ni = 3,25–3,75%** C = 0,17–0,20% Mn = 0,80% max. Si = 0,15–0,30% P = 0,035% max. S = 0,04% max. σ_B = 46 kp/mm² σ_s = 25 kp/mm² δ = 24%	**Ni = 3,5%** C = 0,14% max. Mn = 0,40% Si = 0,25% P = 0,035% max. S = 0,035% max. σ_B = 52–65 kp/mm² σ_s = 40 kp/mm² δ = 24%	C = 0,08–0,15% Mn = 0,60% Si = 0,20% P = 0,04% S = 0,04% σ_B = 40–50 kp/mm² σ_s = 26 kp/mm² δ = 24% vergütet		C = 0,12% max. Mn = 0,80% Si = 0,30% P = 0,035% max. S = 0,035% max. σ_B = 40–50 kp/mm² σ_s = 26 kp/mm² δ = 24% vergütet. AL-Zusatz	
−120° −140° −160° −180°	**Ni = 8,5–9,5%** C = 0,13% max. Mn = 0,80% max. Si = 0,15–0,30% P = 0,035% max. S = 0,04% max. σ_B = 63 kp/mm² σ_s = 42 kp/mm² δ = 22%	**Ni = 5%** C = 0,16% max. Mn = 0,40% Si = 0,25% P = 0,035% S = 0,035% σ_B = 60–75 kp/mm² σ_s = 45 kp/mm² δ = 20% **Ni = 9%** C = 0,08% max. Mn = 0,50% Si = 0,20% P = 0,035% max. S = 0,035% max. σ_B = 65–85 kp/mm² σ_s = 50 kp/mm² δ = 18%		Austenitischer **Cr-Mn-Stahl** C = 0,35–0,50% Mn = 21–24% Cr = 3,5–5% Si = 0,30–0,80% P = 0,10% max. S = 0,05% max. σ_B = 70–90 kp/mm² σ_s = 32–45 kp/mm² δ = 35%		**Typ AlMg 5** σ_B = 27 kp/mm² $\sigma_{0,2}$ = 15 kp/mm² δ = 12% **Typ AlMgMn** σ_B = 20 kp/mm² $\sigma_{0,2}$ = 12 kp/mm² δ = 10–12%

4. Sicherheitsventile verhindern übermäßigen Druckanstieg. Bei druckloser Lagerung mit Rückverflüssigung müssen für den Fall eines Versagens der Kälteanlage Vollhub-Sicherheitsventile mit großem Querschnitt (z. B. Nennweite 350 bis 400 mm bei 600 bis 800 mm WS Abblasedruck) für sichere Abführung der entstehenden Gase bzw. Dämpfe sorgen [6]. In umgekehrtem Sinne wird bei Entstehung von unerwünschtem Unterdruck zur Vermeidung von Explosionsgefahr Inertgas angesaugt.

5. Alle elektrischen Antriebsmotoren sowie Schalt- und Regeleinrichtungen müssen in explosionsgeschützter Ausführung bzw. in entsprechender Anordnung installiert werden (vgl. Kap. D, I, 3b).

II. Tieftemperaturbeständiges Material.

Temperaturbeständiges Material zum Bau der Transporttanks und der mit dem Flüssiggas in Berührung kommenden Teile muß extremen Bedingungen genügen und bei tiefen Temperaturen noch dehnbar bleiben, d. h. sicher sein gegen Sprödbruch. Diese Anforderung wird durch normale Stähle nicht erfüllt. Neben guter Schweißbarkeit soll eine Nachbehandlung nicht notwendig sein, da Spannungsfreiglühen wegen der Größe der Behälter nicht immer durchführbar ist.

Die Eigenschaften der Stähle ändern sich mit sinkender Temperatur je nach Zusammensetzung zum Teil erheblich, wobei besonders die Abnahme der Zähigkeit in Erscheinung tritt. Dabei bestehen ausgeprägte Unterschiede zwischen den austenitischen und den ferritischen Stählen. Besonders unlegierte ferritische Stähle zeigen mit sinkender Temperatur von bestimmten Werten an einen steilen Abfall der Bruchdehnung. So können bei mehrachsigem Spannungszustand und durch Kerbwirkung Sprödbrüche auftreten [36]. Der wichtigste Wert als Kennzeichen für die Beanspruchbarkeit des Materials in dieser Hinsicht ist die Kerbschlag-Zähigkeit, für die durch die Klassifikations-Gesellschaften bestimmte Anforderungen vorgeschrieben werden. Die United States Coast Guard verlangt zusätzlich den Nachweis der Übergangstemperatur vom zähen zum spröden Zustand (nil ductility transition temperature) [27].

Tabelle 3 gibt einen Überblick über die Zusammensetzung von Werkstoffen für tiefe Temperaturen [27].

1. Danach genügen **bis etwa — 50 °C** (Propan-Butan-Bereich) noch Stahlsorten, die der Güteklasse C des Schiffbaustahles ähnlich sind und die notwendige Kaltzähigkeit durch Wärmebehandlung und Vergütung erhalten. Hierfür kommen außerdem legierte Stähle mit 1,5 bis 2,5% Nickelgehalt in Frage.

2. Im Bereich **von —60 bis —100 °C** (Äthan, Azetylen und Äthylen-Bereich) werden Nickelstähle mit 3,5 bis 5,0% und auch bereits Leichtmetall-Legierungen eingesetzt.

3. Für die tiefsten Temperaturen um **—160 °C** (Methan-Tanker) haben sich 9%ige Nickellegierungen, Chrom-Mangan-Stähle und ganz besonders Aluminium-Legierungen ausgezeichnet bewährt. Bei den Aluminium-Legierungen nehmen sowohl die Zugfestigkeit wie die Dehnung mit absinkender Temperatur stark zu.

III. Ausführung der Transportbehälter.

Die für die *Ausführung der Transportbehälter* in Anpassung an das Transportgut und die Transportart bestimmenden Gesichtspunkte wurden bereits in Kapitel B dargestellt. Bei der Formgebung (zylindrisch, kugelförmig oder rechteckig) und Unterbringung der Tanks (zylindrische Behälter liegend oder stehend) wird bestmögliche Volumausnutzung des Schiffsrumpfes angestrebt. Rechteckige und den

Schiffsraum optimal ausnutzende Tanks werden aus Festigkeitsgründen nur für den drucklosen Transport angewendet.

LPG-Behälter mit etwa 500 t Gewicht werden während der Bauzeit des Schiffes innerhalb des Schiffskörpers zusammengeschweißt. Transporttanks für LNG erfordern demgegenüber wegen der tiefen Transporttemperatur besondere Kontrollen der Schweißnähte, so daß sie außerhalb des Schiffsrumpfes zusammengebaut und in fertigem Zustand eingebracht werden müssen. Ihr mögliches Gewicht beträgt je nach Krangröße 100 bis 200 t [27].

Durch geeignete Konstruktion und Montage der Transportbehälter im Schiffsrumpf muß nicht nur den Flüssigkeitsbewegungen gegen die Behälterwände sowie den Beanspruchungen durch die Schiffsbewegung ein stabiler Widerstand entgegengesetzt werden, sondern es ist bei selbsttragenden Behältern besonders auch den durch die Temperaturwechsel auftretenden Längenänderungen Rechnung zu tragen.

Aluminiumbehälter solcher Konstruktion mit z. B. Seitenlängen von $10 \times 10 \times 13$ m ergeben bei Methantankern infolge der auftretenden Temperaturdifferenzen besonders große Änderungen der Kantenlängen von 30 bis 40 mm. Daher muß durch entsprechende Lagerung im Schiffsrumpf eine freie Ausdehnungsmöglichkeit sichergestellt sein, und es darf keine wärmeleitende Verbindung zum Schiffskörper bestehen. Für das mit den Tanks in Verbindung stehende Isoliermaterial und dessen Anbringung ergeben sich somit zusätzlich zu lösende Aufgaben. Beispielsweise ist die Schrumpfung von Styroportafeln bei −160 °C etwa 3mal so groß wie diejenige gleichgroßer Aluminiumtafeln [19].

Neue konstruktive Möglichkeiten zum Bau von Transportbehältern zeichnen sich durch die im Zuge der Weiterentwicklung vorgesehenen und nicht selbsttragenden Behältern mit dünnen Innenwandungen aus nur 1 mm starken Edelstahlmembranen ab, die sich auf der umgebenden druckfesten Isolierung abstützen (vgl. Kap. D, II, 2). Ein besonderes Problem stellt die Befestigung solcher integrierten Behälter im Schiffsverband dar sowie ihre nur sehr geringe bzw. praktisch nicht vorhandene Widerstandsfähigkeit gegen inneren Unterdruck. An die Schweißnähte von so dünnen Blechbehältern werden in Anbetracht der notwendigen absoluten Dichtheit besondere Anforderungen gestellt [65, 68, 71].

IV. Isolierung.

Die Aufgabe der *Isolierung* besteht in der weitgehenden Begrenzung der Flüssiggasverdampfung und in dem Schutz des kälteempfindlichen Baustahls des Schiffsrumpfes vor extrem tiefen Temperaturen.

Tab. 4 gibt einen Überblick über die in Betracht kommenden Isolierwerkstoffe.

Polyurethan-Schaumstoffe haben in letzter Zeit in ihrer Anwendung zur Schiffsisolierung stark an Bedeutung gewonnen. Durch Einschäumung in die Isolierräume entsteht eine vollkommen fugenlose Isolieroberfläche, die sich allen Unebenheiten anpaßt. Von den übrigen Werkstoffen hat sich u. a. Balsaholz vor allem für Methantanker bewährt, da es den tiefen Temperaturen gut standhält und durch seine mechanische Festigkeit besonders gut als sekundärer Auffang (siehe weiter unten) geeignet ist. Das im Falle einer Leckage in die Poren des Materials eindringende und hier verdampfende Flüssiggas bildet dadurch für die nachdringende Flüssigkeit ein isolierendes Dampfpolster. Balsaholz wurde bereits bei der „Methane Pioneer" und auch bei neuesten Methantankerbauten [48] verwendet. Aber auch Kunststoffe kommen im großen Umfang zum Einsatz, wobei jedoch zu berücksichtigen ist, daß einige Schaumstoffe bei tiefen Temperaturen zur Umkristallisation neigen, wobei sie zerfallen [5].

Tabelle 4. *Isoliermaterialien* [27].

	Raum-Gewicht	Wärmeleitzahl	Spez. Wärme	Elastizitäts-Modul	Druck-festigkeit	Zellen-volum	Feuchtig-keits-Aufnahme	Dampfdiff.-Wider-stands-Faktor	Temp.-Beständig-keit	Ausdehn.-Koeffizient	Entflamm-barkeit
	kg/m³	kcal/mh °C	kcal/kg °C	kp/cm²	kp/cm²	%	vol. %		°C	cm/m 100 °C	
Expandierte Korkplatten	100–150	0° C 0,032 −50 °C 0,026	0,33	100	0,5	90	6–12	8	+ 100	0,2–0,3	
Steinwolle	60–120	0° C 0,028 −50 °C 0,024	0,2	—	0,015	95	90	1,3	+ 700	0	nicht brennbar
Glaswolle	60–120	0° C 0,028	0,2	—	0,015	95	90	1,3	+ 600	0	nicht brennbar
Iporka-Kunstharz-Schaumstoff	15	0° C 0,027 −50 °C 0,018	0,33	4	0,2–0,5	97	63	1,7	+ 50	0,5	schwer entflammbar
Polystyrol-Hart-Schaumstoff	15–30	0 °C 0,027 −50 °C 0,023	0,33	50	0,7–1,5	98	0,9–1,5	35–100	+ 80	0,7	Sonderausführg. schwer entflammbar (gilt für die drei Zeilen)
Polyurethan-Schaumstoff (geschäumt)	35	0 °C 0,023 −50 °C 0,018	0,3	65	2	98	0,2–0,6	60–100	+ 70–120	0,45	
Polyurethan-Schaumstoff (gespritzt)	35	0 °C 0,02 −50 °C 0,017	0,3	65	1,5	98	0,2–0,6	60–100	+ 120	0,45	
Balsaholz	110–170	0 °C 0,38–0,51	0,65	Längsrichtung ∼30000 Querrichtung ∼500–2000	∼90 ∼10	91			+ 120	0,3	

Neben der Anbringung der Isolierung auf der Behälterinnenseite in direktem Kontakt mit dem Flüssiggas wird vorwiegend die vorteilhaftere Montage auf der Außenseite angewendet.

V. Sekundärer Auffang.

Nach Vorschrift der Klassifikations-Gesellschaften muß im Falle einer Behälterleckage das austretende Flüssiggas in einem um den eigentlichen Transporttank angeordneten *sekundären Auffangbehälter* zurückgehalten werden, so daß die Schiffskonstruktion vor den tiefen Temperaturen geschützt wird. Während der mit dem Flüssiggas in Berührung stehende Innenbehälter grundsätzlich aus Metall und nach den z. Z. gültigen Bauvorschriften selbsttragend sein muß, braucht der äußere sekundäre Auffangbehälter diese Bedingung nicht zu erfüllen. (Durch die in Entwicklung befindlichen nicht selbsttragenden Behälter [71] treten diesbezüglich neue Gesichtspunkte auf.)

Der sekundäre Auffangbehälter kann durch eine geeignet aufgebrachte flüssigkeitsdichte Isolierung wie z. B. Balsaholz gebildet werden. Falls aus einem Transporttank Flüssiggas in den Auffangbehälter eintritt, muß die Möglichkeit bestehen, es von hier in andere Tanks umzupumpen. Bei großem Flüssigkeitsaustritt muß die Ladung ohne Gefahr für den Schiffsrumpf über Bord gepumpt werden können.

VI. Ballasträume.

Je nach spezifischem Gewicht des Transportgutes müssen besonders für den Transport des relativ leichten Flüssigmethans entsprechend große *Ballasträume* vorgesehen werden, die bei Leerfahrt geflutet werden können, um das Schiff auf ausreichenden Tiefgang zu bringen. Die Ballasträume werden bei rechteckigen

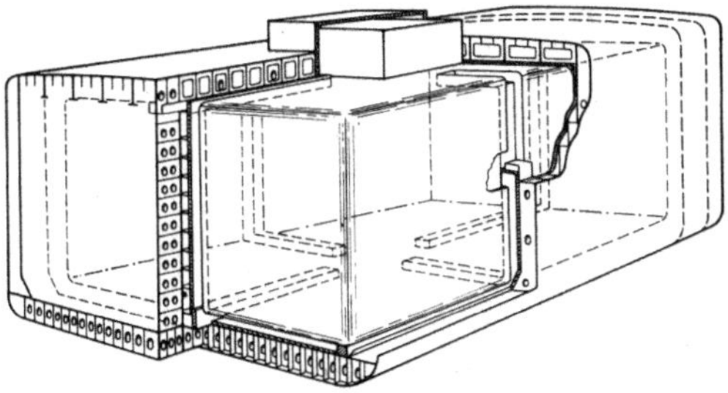

Abb. 203. Ladetank-Anordnung in selbsttragender Ausführung für drucklosen Transport [27].

Tanks durch Doppelböden, Doppelwände und Doppelquerschotten zwischen den einzelnen Tanks gebildet. Abb. 203 zeigt die Anordnung eines Ladetanks im Schnitt. Die umgebenden Fluträume sind sichtbar, in denen die Ballastwasserfüllung untergebracht wird. Im Katastrophenfalle verleiht sie dem Schiffskörper Schutz vor der kalten Flüssiggasladung.

F. Ausgeführte Flüssiggastanker.

Der Seetransport von Flüssiggasen ist seit den erfolgreichen Versuchsfahrten der „Methane Pioneer“ in den Jahren 1959 und 1960 von Louisiana/USA über den Atlantik nach Canvey Island/Großbritannien auch für verflüssigtes Naturgas (LNG) in das Stadium der wirtschaftlichen Nutzanwendung getreten. Die schon vorher bekannte Technik des Transportes von verflüssigten Erdölgasen (LPG) hat seitdem ebenfalls einen starken Aufschwung erfahren. Die Größe der Flüssiggastanker liegt für den gesamten Bereich der weiter vorne dargestellten Transportarten zwischen etwa 1000 und über 20000 t Bruttogewicht. Von den Neubauten und Umbauten, die nach dem Jahre 1959 erstellt wurden, sind nachstehend einige hinsichtlich Ausführung und Größe bemerkenswerte Tanker aufgeführt.

I. LNG-Tanker.

1. „Methane Pioneer".

Der Methan-Versuchstanker „*Methane Pioneer*" besaß mit 103 m Länge über alles und etwa 4050 t Bruttogewicht eine Ladefähigkeit von etwa 2600 t in insgesamt 5 selbsttragenden, rechteckigen Behältern aus Aluminiumlegierung. Die

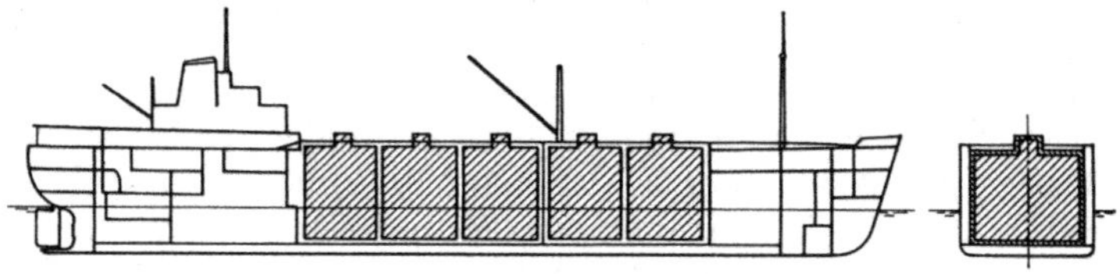

Abb. 204. Flüssiggastanker „Methane Pioneer" [23].

für drucklosen Transport gebauten Tanks mit je 10×10 qm Grundfläche und 13 m Höhe waren mit Balsaholz isoliert und mit eingebauten Tiefbrunnenpumpen ausgerüstet. Abb. 204 zeigt stark vereinfacht den Aufbau des Tankers.

2. „Methane Princess", „Methane Progress", „Jules Verne".

Die Erfahrungen mit der „Methane Pioneer" führten im Jahre 1964 zum Bau der beiden Methantanker „*Methane Princess*" und „*Methane Progress*" mit je etwa 19800 t Bruttogewicht und einer Ladefähigkeit von 12200 t Methan in 9 mit „Fiberglas" isolierten Tanks aus Aluminiumlegierung. Die gekühlte Stickstoff-Füllung der Isolierung dient neben ihrer Trockenhaltung zugleich zur Verminderung der Verdampfungsverluste im Transportgut. Der sekundäre Auffang um die Transportbehälter ist aus 12″ starkem Balsaholz gebildet. Die Schiffe entsprechen in ihren Abmessungen einem Öltanker von 28000 t und sind im Pendelverkehr zwischen Arzew und Canvey Island eingesetzt. Jeder Tanker befördert jährlich rund 700000 t Methan, entsprechend etwa 10% des Stadtgasbedarfs von Großbritannien [39].

Der ähnlich gebaute Flüssiggastanker „*Jules Verne*" dient zur Einfuhr von Flüssigmethan aus Nordafrika nach Le Havre in Frankreich. Dieses Schiff besitzt 7 Tanks aus einer Stahl-Nickel-Legierung mit 9% Nickelgehalt, mit einer Schaumstoff-Isolierung unterhalb der Tanks und einer Isolierung aus pulverisiertem Perlit dazwischen. Außerdem ist der vorgeschriebene sekundäre Auffang vorhanden [65, 68].

Der verhältnismäßig kleine französische Flüssiggastanker „*Pythagore*" dient für Versuche mit nicht selbsttragenden, sog. integrierten Tanks (vgl. Kap. D, II, 2 und E, III), durch die eine Verbilligung im Vergleich zu selbsttragenden Behältern zu erwarten ist. Entsprechende Versuche mit dem gleichen Ziel werden auf dem britischen Flüssiggastanker „*Findon*" mit Transportbehältern nach einer patentierten Konstruktion aus dünnschichtigem Chrom-Nickel-Stahl durchgeführt, die auf der tragfähigen Isolierung aufgelagert sind [65].

Nach Ansicht beteiligter Gesellschaften ist zu erwarten, daß nach Ablauf von etwa 10 Jahren 20 bis 30 Methantanker der Größenordnung, wie die zur Zeit in Dienst befindlichen „Methane Progress", „Methane Princess" und „Jules Verne" in Fahrt sein werden [51].

II. LPG-Tanker.

1. „Mundogas Brasilia".

Der im Jahre 1961 gebaute LPG-Tanker „*Mundogas Brasilia*" (Abb. 205) besitzt bei einer Länge über alles von 130 m und einer Wasserverdrängung von etwa 7800 t eine Ladefähigkeit von etwa 7700 cbm LPG und ist für zusätzlich etwa 1540 cbm Öl-Fassungsvermögen eingerichtet.

Um mit einheitlicher Form der Lagerbehälter eine bestmögliche Ausnutzung des Schiffsrumpfes zu erhalten, wurden kugelförmige Tanks gewählt. Sie besitzen unter anderem bei Längenänderungen des Materials infolge Temperaturwechsel

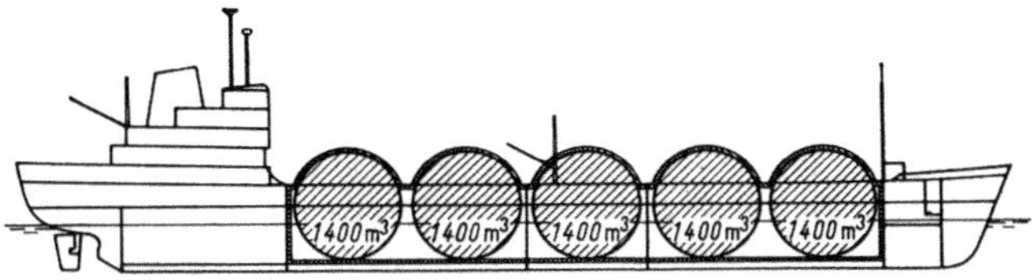

Abb. 205. LPG-Tanker „Mundogas Brasilia" [21].

den Vorteil symmetrischer Beanspruchung in sich selbst und ergeben auch eine symmetrische Verankerungsmöglichkeit im Schiffsrumpf. Als Isolierung dient eingeschäumter Kunststoff mit feuerbeständiger Polyesterabdeckung, die zugleich als Dampfsperre wirkt. Der sekundäre Auffangraum besteht aus expandiertem Polyurethan mit einer dünnen Auflage von verstärktem Polyester. Als Transportart wurde die kombinierte Druckkühlmethode gewählt. Eine in sich geschlossene Rückverflüssigungsanlage mit R 12 als Kältemittel dient zur Aufrechterhaltung der Flüssiggastemperatur bei 3,3 atü Transportdruck. An den Innenwandungen der Kugelbehälter sind sowohl im Dampf- wie im Flüssigkeitsraum Wärmeaustauscher installiert, durch die das Kältemittel mittels Pumpen umgewälzt wird. Außerdem befindet sich eine weitere Hilfskälteanlage an Bord, die dazu dient, während der Beladung mit einem höheren als dem Transportdruck die entstehenden Expansionsdämpfe abzusaugen und zu verflüssigen.

2. „Goshu Maru", „Bridgestone Maru", „Nisseki Maru".

Die in den Jahren 1961 und 1962 gebauten LPG- bzw. kombinierten LPG-Öltanker „*Goshu Maru*" (etwa 27000 t Bruttogewicht für kombinierte LPG-Ölladung), „*Bridgestone Maru*" (etwa 18600 t Bruttogewicht für ausschließlich LPG-Ladung) und „*Nisseki Maru*" (etwa 15000 t Bruttogewicht für kombinierte LPG-Ölladung) verkehren zwischen dem Persischen Golf und Japan. Alle drei Tanker sind für drucklosen LPG-Transport eingerichtet.

3. „Esso Centro America."

Abb. 206 zeigt den vereinfachten Generalplan des 1962 erbauten LPG-Tankers „*Esso Centro America*" für drucklosen Transport von Propan und Ammoniak. Die Rückverflüssigungsanlage wurde gemäß Schaltung b in Abb. 196 ausgeführt. Die Rechtecktanks aus kaltzähem Sonderstahl sind fugenlos mit einer 100 mm dicken Kunststoffisolierung umkleidet. Abb. 207 zeigt rechts einen an Land fertiggestellten Tank und links eine Traglufthalle, unter der die Aufbringung der Isolierung bei einer bestimmten Mindesttemperatur und unter Abschluß gegen Luftfeuchtigkeit durchgeführt wurde. Auf Abb. 208 ist ein Mittschiffs-Querschnitt durch einen Ladetank mit seinen Gleitbahnen und Halterungen dargestellt. Da alle Teile

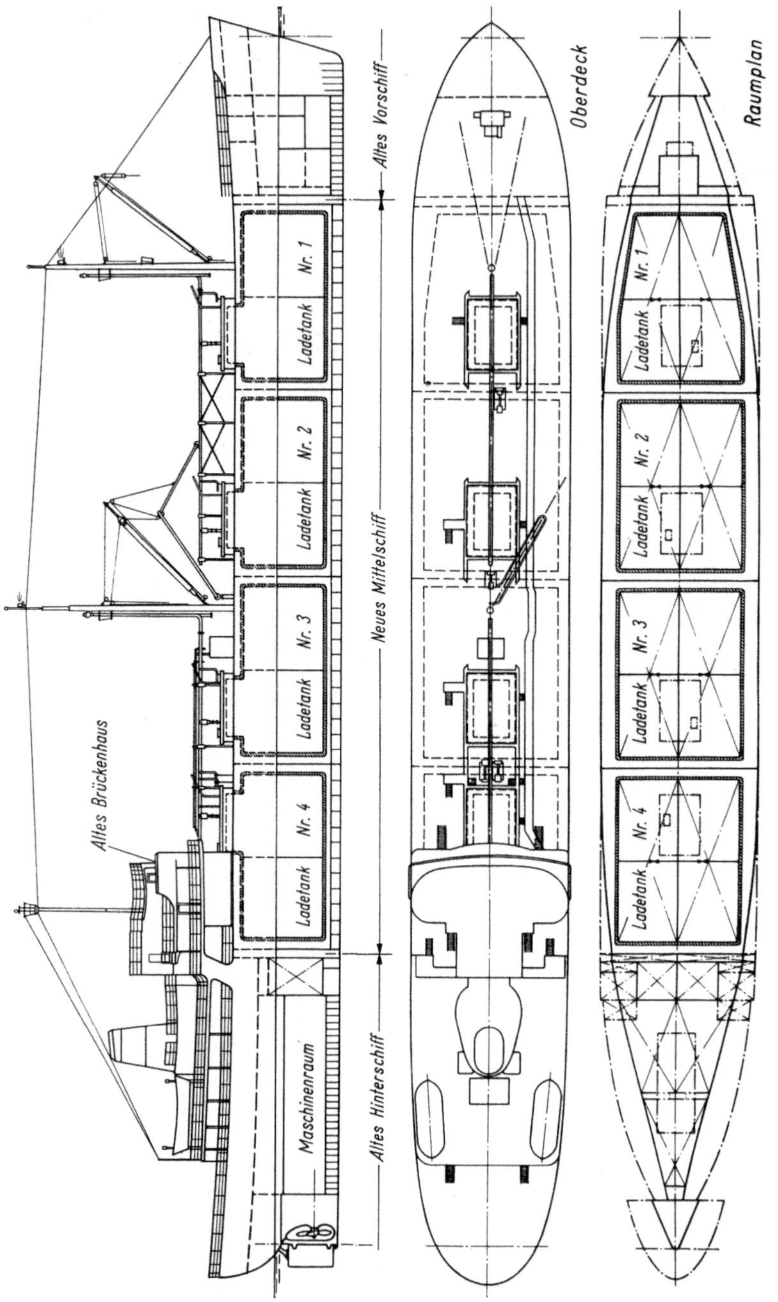

Abb. 206. LPG-Tanker „Esso Centro America" [27].
Länge über alles 116,50 m; Länge zw. d. Loten 111,58 m; Breite auf Spanten 14,69 m; Seitenhöhe 9,99 m; Tiefgang 6,05 m; Tankinhalt (97%) 5580 m³; Ladefähigkeit: Propan 3220 ts; Ammoniak 3740 ts.

des Schiffes, die im Falle einer Tankleckage mit dem Transportgut in Berührung kommen können ebenso wie die Behälter aus kaltzähem Sonderstahl hergestellt sind, konnte in diesem Fall auf einen sekundären Auffangbehälter verzichtet werden.

Abb. 209 stellt eine Draufsicht auf das Oberdeck mit der Rohrleitungsführung und den Anschlüssen an den Tankdomen dar [27].

Abb. 207. Isolierter Behälter (rechts) für LPG-Tanker „Esso Centro America" und Traglufthalle (links). (Werkfoto A. G. Weser, Bremen.)

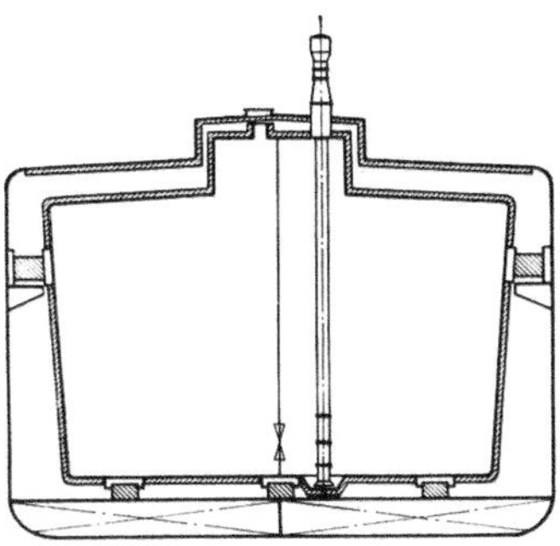

Abb. 208. Mittschiffs-Querschnitt durch einen Ladetank des LPG-Tankers „Esso Centro America" [27].

Abb. 209. Rohrleitungsführung und Tankanschlüsse am Oberdeck des LPG-Tankers „Esso Centro America". (Werkfoto A. G. Weser, Bremen.)

4. Paul Endacott.

Zu den größten LPG-Tankern für Transport bei atmosphärischem Druck gehört die *„Paul Endacott"* mit 183 m Länge über alles. Das Schiff ist universell geeignet zum Transport von Ammoniak, Propan, Butan, Butadien und Äthylen-Oxyd. Die drucklosen Behälter können z. B. etwa 13700 t Propan oder 15800 t Ammoniak fassen. In den außerdem auf dem Oberdeck liegend angeordneten 4 zylindrischen Druckbehältern können Flüssiggase bei Überdruck entsprechend

Umgebungstemperatur befördert werden. Des weiteren befinden sich im Vorschiff zwei ebenfalls unisolierte senkrechte zylindrische Behälter zur Aufnahme von Flüssiggas unter Druck, das zur Vorkühlung der Hauptbehälter auf Transporttemperatur vor deren Beladung dient. Auf Abb. 210 ist der Aufbau des Schiffes vereinfacht dargestellt. 5 drucklose Behälter sind in je einem mit 100 mm Polyurethanschicht isolierten Laderaum untergebracht, die durch Kofferdämme

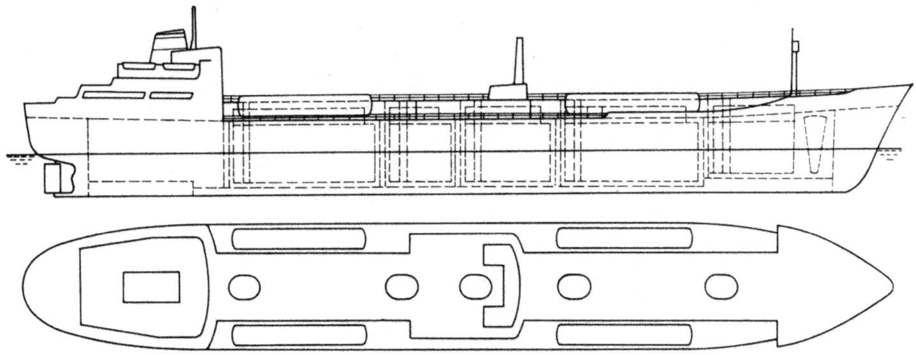

Abb. 210. LPG-Tanker „Paul Endacott" [35].

voneinander getrennt sind. Zur Halterung der Tanks bei freier thermischer Ausdehnungsmöglichkeit wurde afrikanisches Azobé-Hartholz verwendet.

Die Behälter selbst bestehen aus einer Stahl-Nickel-Legierung. Der als Sekundärauffang dienende Raum zwischen den unisolierten Tanks und der auf der Innenseite isolierten Schiffswandung der Laderäume ist mit Stickstoff als Inert-Schutzgas aufgefüllt [35].

5. William R. Grace.

Als letztes Beispiel ausgeführter Flüssiggastanker sei der LPG-Tanker „*William R. Grace*" mit 156 m Länge über alles und 12700 cbm Ladevolum für drucklosen Transport von Ammoniak bzw. Propan aufgeführt. Auch in diesem

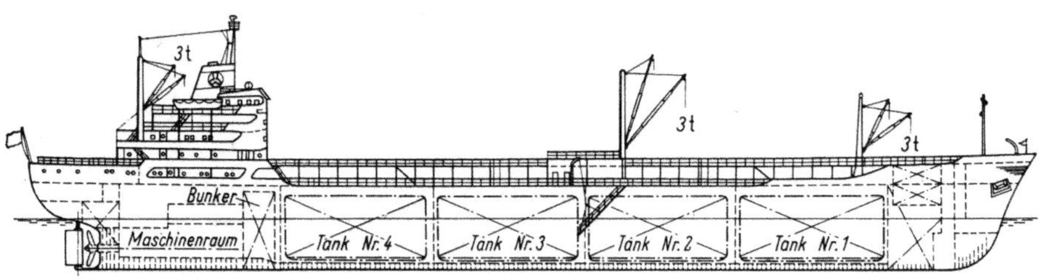

Abb. 211. LPG-Tanker „William R. Grace" [49].

Fall zirkuliert zwischen den Lagertanks und innerhalb des sekundären Sicherheitsauffanges trockenes Inert-Schutzgas. Ein zweites Inertgas-System dient zur restlosen Entleerung der Tanks vor Betankung mit einem anderen Transportgut. Abb. 211 zeigt vereinfacht den Aufbau des Schiffes.

Literatur

[1] HAUSEN, H.: Erzeugung sehr tiefer Temperaturen. Gasverflüssigung und Zerlegung von Gasgemischen. Dieses Handbuch, Bd. VIII.

[2] BEDNE, M.: Quelques considérations sur les cycles de liquéfaction du méthane. Annexe 1960-3, Supplément au Bulletin de l'Institut International du Froid, S. 55–65.

[3] CHARCOSSET, CL.: Cycle frigorifique à méthane avec détente adiabatique et détente isentalpique. Annexe 1960-3, Supplément au Bulletin de l'Institut International du Froid, S. 183–195.

[4] VOLGER, M.: Der Seetransport von flüssigen Erdgasen. Hansa Bd. 97 (1960) Nr. 21/22, S. 1043–1058.

[5] –: Spezialschiffe für den Transport von verflüssigten Gasen. Kältetechn. Bd. 13 (1961) Nr. 8, S. 279.

[6] SALNIKOFF, W.: Schiffstransport von Flüssiggas. Hansa Bd. 97 (1960) Nr. 30/31, S. 1513 bis 1518.

[7] LAUCHT, H.: Schiffstransport und Umschlag von flüssigen Gasen aus der Sicht der Hafenverwaltung. Hansa Bd. 97 (1960) Nr. 50/51, S. 2541–2543.

[8] CORLETT, C. E. B.: Marine transportation of cryogenic liquids. Annexe 1961-3, – Supplément au Bulletin de l'Institut International du Froid, S. 537–555.

[9] HASELDEN, G. G., u. G. Martin: The analysis of the performance of large storage tanks for liquefied gases. Annexe 1961-3, Supplément au Bulletin de l'Institut International du Froid, S. 85–96.

[10] NEUENSCHWANDER, A.: Navires transporteurs de gaz liquéfié. Annexe 1961-3, Supplément au Bulletin de l'Institut International du Froid, S. 515–520.

[11] –: World's First Plant Designed to Provide Refrigerated LP-Gas for Tanker Shipment. Gas Age, Bristol/Conn. Bd. 127 (1961) Nr. 13, S. 23–24.

[12] SCHLUMBERGER, E. M., u. J. W. HUNT: Design Aspects of „Methane Pioneer". Marine Engineering/Log. Bd. 66 (1961) 9, S. 61, 62 u. 70.

[13] SWAIN, P.: Commons Urges Britain to Import Saharan Gas. The Oil and Gas Journal, Bd. 59 (1961) 38, S. 81 u. 93.

[14] LORENTZEN, H. L., O. Ir. LORENTZEN u. B. BENGTSSON: Handling of Refrigerated LPG, Cargoes. Marine Engineering/Log., Bd. 66 (1961) Nr. 9, S. 56–59 u. 70.

[15] FRASER, J. R.: Liquefied Methane as a Source of Future Supply for the West Coast. Gas Age, Bd. 128 (1961) Nr. 8, S. 27–29.

[16] –: Le transport maritime du méthane. Revue pratique du froid, (Okt. 1961) Nr. 187, S. 45–48, 56.

[17] FILSTEAD, C. G.: Development of Techniques for Liquefaction, Storage and Transportation of Natural Gas. Gas Journal, Bd. 308 (1961) S. 124, S. 246–250, 255–258.

[18] –: Operation Mudpie. Gas Age, Bd. 128 (1961) Nr. 10, S. 43–48.

[19] MEESEN, H.: Der Methan-Gastanker der Kieler Howaldtswerke AG, Kiel. Schiff u. Hafen, Bd. 13 (1961), Nr. 11, S. 1061–1068.

[20] KELLEY, C. J.: Sub-surface Storage Systems for Liquid Methane. The Petroleum Times Bd. 65 (1961) 1678, S. 771–773.

[21] DEVAUX, P.: La station expérimentale du méthane liquide de Nantes-Roche-Maurice. Cahiers français Bd. 68 (1961) S. 9–11.

[22] OFTERDINGER, H., u. F. W. SCHRÖDER: Dieses Handbuch, Bd. XI, S. 318–414.

[23] VOLGER, M.: Probleme des Seetransportes von flüssigen Gasen bei atmosphärischem Druck. Erdöl und Kohle, Erdgas, Petrochemie Bd. 15 (1962) Nr. 1, S. 32–37, Nr. 2, S. 118–121.

[24] –: Flüssiggas-Tanker. Hansa Bd. 99 (1962) Nr. 5, S. 470.

[25] SHERWOOD, P. W.: Verflüssigtes Naturgas – ein neues Anwendungsgebiet für die Kältetechnik. Die Kälte Bd. 15 (1962) Nr. 7, S. 383–384.

[26] HAUPTMANN, A.: Plan, Konstruktion und Arbeitsweise einer Lageranlage für verflüssigtes Erdgas. Die Kälte Bd. 15 (1962) Nr. 8, S. 422–425.

[27] VOLGER, M.: Seetransport von flüssigen Gasen bei tiefen Temperaturen. Hansa Bd. 99 (1962) Nr. 22, S. 2317–2328.

[28] –: Liquid Methane Considered for West Coast Use. The Oil and Gas Journal Bd. 59 (1961) Nr. 38, S. 61.

[29] JAKOB, F.: Kältetechnische Fragen beim Überseetransport verflüssigter Gase. Kältetechn. Bd. 15 (1963) Nr. 2, S. 39–44.

[30] –: Vorschriften über die Beförderung von Flüssiggas. Kältetechn. Bd. 15 (1963) Nr. 2, S. 57.

[31] –: Neue Schweißtechnik für dicke Aluminiumplatten. Hansa Bd. 100 (1963) Nr. 10, S. 1032.

[32] ABRAHAMSEN, E.: Les navires spécialement aménagés pour le transport des gaz liquéfiés vus sous l'angle de leur classification. Navires, Ports, Chantiers Bd. 14 (1963) Nr. 157, S. 544–553.
[33] SCHIERACK, H.: Verfahrenstechnische Anlagen auf Flüssiggastankern. Hansa Bd. 100 (1963) Nr. 22, S. 2267–2270.
[34] –: Comparing Costs of Materials for Cryogenic Containers. Chemical Engineering Bd. 70 (1963) Nr. 24, S. 136–138.
[35] –: Launch of Large Swedish LPG Carrier. Shipping World Bd. 149 (1963) 3670, S. 929 bis 930.
[36] –: Eisenwerkstoffe für tiefe Temperaturen. AD-Merkblatt W 10, Entwurf Dezember 1963 Beuth-Vertrieb GmbH, Berlin/Köln.
[37] CHRISOPHE, I. P., u. G. ENGERRAND: Transport par mer des gaz de pétrole liquéfiés, refroidis. La Revue Générale du Froid Bd. 40 (1963) Nr. 12, S. 1211–1219 u. Bd. 41 (1964) Nr. 1, S. 61–69.
[38] VERRET, P.: Les Travaux du Gaz de France dans le domaine du transport et du stockage à l'état liquide du gaz naturel. La Revue Générale du Froid Bd. 40 (1963) Nr. 12, S. 1221 bis 1232.
[39] –: Britain Readies for Frozen Gas Pioneered on U.S. Waterways. World Ports and Marine News Bd. 26 (1964) Nr. 4, S. 40, 42 u. 51–52.
[40] –: Fernbedienung der Schieber auf Tankern. Hansa Bd. 101 (1964) Nr. 4, S. A 61.
[41] MASSEY, P. S.: Frozen-earth propane storage. The Oil and Gas Journal Bd. 62 (1964) No. 11, S. 102–103.
[42] COULTER, J. L.: Kuwait Oil completes 2 successtul years of refrigerated storage. The Oil and Gas Journal Bd. 62 (1964) 11, S. 104–106.
[43] –: Stürmische Entwicklung der Erdgasindustrie. VDI-Nachrichten (1964) 25. März.
[44] –: Kraftfahrzeuge mit Flüssiggasantrieb. VDI-Nachrichten (1964) Nr. 17.
[45] DUELKE, K. H.: Sicherheitstechnische Maßnahmen beim Transport von Flüssiggas auf Tankschiffen. Hansa Bd. 101 (1964) Nr. 12, S. 1203–1204.
[46] TELLE, W.: Seetransport von verflüssigtem Propan. Kältetechn. Bd. 16 (1964) Nr. 6, Arbeitsblatt.
[47] ADAMS, L.: Large cryogenic storage vessels, ASHRAE Journal Bd. 6 (1964) Nr. 7, S. 48–49.
[48] –: Insulation Problems in Transport of Refrigerated Sahara Gas. World Refrigeration Bd. 15 (1964) Nr. 8, S. 39–41.
[49] –: „William R. Grace", the first oceangoing refrigerated ammonia carrier. Shipbuilding and Shipping Record Bd. 104 (1964) Nr. 10, S. 310–311.
[50] –: Speicherhöhlen in Salzstöcken. VDI-Nachr. (1964) Nr. 38.
[51] –: Liquefied Gas for Britain. World Refrigeration Bd. 15 (1964) Nr. 11, S. 33–35.
[52] –: Refrigeration for Sahara Gas. World Refrigeration Bd. 15 (1964) Nr. 12, S. 19.
[53] –: Verflüssigtes Erdgas aus Algerien. Export-Rundschreiben Nr. 4/64 der Arbeitsgemeinschaft Kälteindustrie, Frankfurt/Main.
[54] DÜWEL, G.: Die Gasversorgung Hamburgs, Stand und Ausblick. Vortragsveranstaltung VDI, Hamburg, April 1964.
[55] GRILLIAT, J.: Le navire méthanier „Jules Vernes". Assn. techn. mar. aéron (Session 1964).
[56] ALLEAUME, J.: Le navire méthanier-éthylénier „Pythagore". Assn. techn. mar. aéron (Session 1964).
[57] STROHRMANN, E.: Die neuen Vorschriften des Bureau Veritas über den Seetransport von flüssigen Gasen. Kältetechn. Bd. 17 (1965) Nr. 4, S. 118–122.
[58] –: Bureau Veritas: General Technical Conditions for the Sea Transport of Liquefied Natural Gas Bd. 31, rue Henri-Rochefort, Paris. Selbstverlag.
[59] –: Lloyd's Register of Shipping: Rules and Regulations for the Construction and Classification of Steel Ships, Kapitel D. 70–72, E. 12, J. 25, M. 16 und R (A), Paragraph 1228, Ch. E. 71, Fenchurch Street, London, E. C. 3. Selbstverlag.
[60] –: Germanischer Lloyd: Sondervorschriften für die maschinenbaulichen Einrichtungen auf Schiffen zur Beförderung von flüssigen Ladungen. Hamburg 36, Neuer Wall 36. Selbstverlag.
[61] –: American Bureau of Shipping: Guide for the construction of vessels intended to carry liquefied gases at low temperature. 45 Broad Street, New York, N.Y. 10004. Selbstverlag.
[62] –: United States Coast Guard: Regulations for the transportation of liquefied inflammable gases. Washington, D.C. 20226. Selbstverlag.
[63] –: Det Norske Veritas: Recommendations for the design and construction of ships for transport of liquefied gas. Rathusgaten 25, Oslo. Selbstverlag.
[64] –: Fast 20 Milliarden Kubikmeter Erdgas aus Holland sind schon unter Vertrag. Tageszeitung Die Welt (1965) Nr. 161, S. 11.

[65] KARGER, W.: Transportation of liquefied hydrocarbons on shipboard. Annex 1965-5 on Bulletin de l'Institut International du Froid, S. 319–330.
[66] BAKS, A.: L.P.G. ammonia tankers using refrigeration plant. Annex 1965-5 on Bulletin de l'Institut International du Froid, S. 331–349.
[67] HARDMANN, J. A.: Reliquefaction of liquid cargoes in ships. Annex 1965-5 on Bulletin de l'Institut International du Froid, S. 351–361.
[68] JEAN u. GUILHEM: Isolation des navires méthaniers au moyen d'isolant pulvérulent constitué par de la perlite expansée. Annex 1965-5 on Bulletin de l'Institut International du Froid, S. 363–368.
[69] TACHDJIAN, N.: Application du P.V.C. cellulaire rigide à l'isolation aux très basses températures. Annexe 1965–5 an Bulletin de l'Institut International du Froid, S. 369 bis 379.
[70] SWISS, M.: Methane Storage near New York. Journal of Refrig. Bd. VIII (1965) Nr. 10, S. 309.
[71] CAILLETAU, Y.: Evolution des navires transport d. G.P.L. La revue général du froid Bd. 56 Okt. (1965) S. 1233–1240.
[72] LOGACEV, C. I.: Projects de navires a gaz liquéfié. Navires Ports Chantiers Bd. 16 (1965) Nr. 186, S. 1049–1050.
[73] –: Spezialtanker. Hansa Bd. 103 (1966) Nr. 2, S. 114.
[74] –: A Norwegian-built and -owned L.P.G./Ammania Carrier. The Motor Ship (Febr. 1966) S. 531–533.
[75] –: Erdgas expandiert. VDI-Nachr. (1966) Nr. 36.
[76] –: Gefrorene Untertagespeicher. VDI-Nachr. (1966) Nr. 38.
[77] –: Tanker für Flüssiggas. VDI-Nachr. (1966) Nr. 43.
[78] –: Frozen earth storage. Journal of Refrig. Bd. X (1967) Nr. 1, S. 2.

DIE ANWENDUNG DER KÄLTE IN DER KLIMATECHNIK

Entwurfsgrundlagen von Klimaanlagen*

Von

Dr.-Ing. habil. **W. Häußler**

o. Professor und Direktor des Institutes für angew. Thermodynamik der Technischen Hochschule Karl-Marx-Stadt

Mit 48 Abbildungen.

A. Aufgabenstellung.

Eine Klimaanlage hat die Aufgabe, unabhängig von den Außenbedingungen bestimmte Werte des Luftzustandes (Temperatur und Feuchtigkeit) sowie der Luftreinheit und Luftbewegung in Aufenthalts- und Produktionsräumen selbsttätig einzuhalten. Das erfordert Einrichtungen zum Transportieren, Filtern, wahlweisen Erwärmen oder Abkühlen sowie Befeuchten oder Entfeuchten der Luft und Regelgeräte.

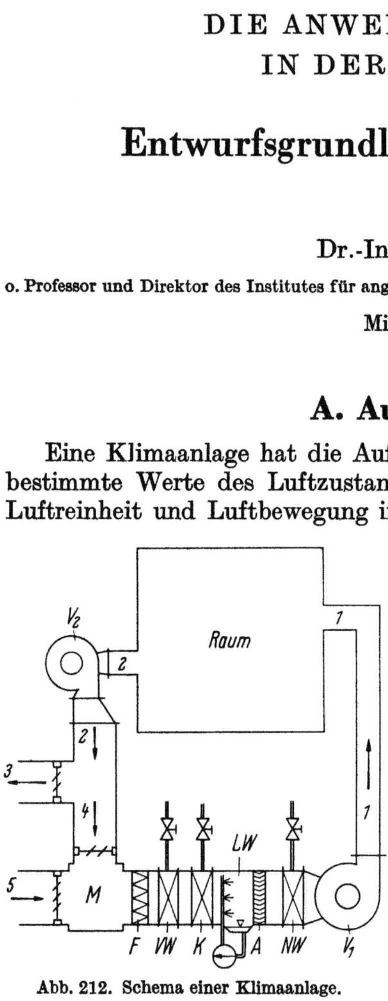

Abb. 212. Schema einer Klimaanlage.

1 Zuluft; 2 Abluft; 3 Fortluft; 4 Umluft; 5 Außenluft. M Mischkammer; F Filter; VW Vorwärmer; K Oberflächenkühler; LW Luftwäscher; A Tropfenabscheider; NW Nachwärmer; V_1 und V_2 Ventilatoren.

Nach der Aufbereitung durchflutet die „Zuluft" nach Abb. 212 den zu klimatisierenden Raum und wird als „Abluft" mit verändertem Zustand abgesaugt. Aus energiewirtschaftlichen Gründen wird meist ein Teil der Abluft (sog. „Umluft") weiter verwendet. Die als „Fortluft" ins Freie abströmende Menge muß durch „Außenluft" ersetzt werden.

Komfortklimaanlagen haben ein behagliches und hygienisch einwandfreies Klima in Aufenthaltsräumen zu schaffen. Sie werden bevorzugt in Theatern, Kinos, Versammlungsräumen, Bürogebäuden, Gaststätten, Krankenhäusern u. ä. eingesetzt, breiten sich aber auch in Wohnräumen und in Verkehrsfahrzeugen aus.

Bei Industrieklimaanlagen steht der Fertigungsprozeß im Vordergrund, für den optimale Bedingungen zu gewährleisten sind. Hygroskopische Stoffe verändern

* Literatur S. 336.

ihre technologischen Eigenschaften teilweise stark mit dem Umgebungszustand. Klimatisierung ist deshalb in der Textilindustrie (besonders bei der Kunststoffverarbeitung), in der polygraphischen Industrie, Nahrungs- und Genußmittelindustrie, chemischen Industrie, in Meß- und Prüflaboratorien, in der Kerntechnik u. a. erforderlich.

Für den Entwurf einer Klimaanlage müssen die als Störgrößen im Raum auftretenden Wärme- und Feuchtigkeitsquellen sowie die Wechselbeziehungen zum Außenzustand, der jahreszeitlich starken Schwankungen unterworfen ist, bekannt sein.

B. Zustandsgrößen feuchter Luft[1].

Die in einer Klimaanlage zu behandelnde feuchte Luft ist eine Mischung aus trockener Luft, auch als Reinluft bezeichnet, und Wasserdampf. Beide Mischungspartner können im Bereich der Klimatechnik als vollkommene Gase angesehen werden. Es ist dann das Daltonsche Gesetz anwendbar, nach dem sich jedes Gas in der Mischung so verhält, als ob es allein im Gesamtvolum vorhanden wäre. Der Teildruck p_i berechnet sich mit der Zustandsgleichung

$$p_i \cdot V = m_i \cdot R_i \cdot T \tag{1}$$

p_i Absolutdruck

V Volum

m_i Masse

R_i Gaskonstante

T absolute Temperatur

Die Summe der Teildrücke ergibt den Gesamtdruck

$$p = \sum p_i\,. \tag{2}$$

Bei der feuchten Luft setzt sich der Gesamtdruck aus dem Teildruck p_L der Luft und dem Teildruck p_W des Wasserdampfes zusammen

$$p = p_L + p_W\,. \tag{3}$$

Unter atmosphärischen Bedingungen entspricht p dem Barometerstand.

Der Teildruck des Wasserdampfes p_W kann maximal gleich dem Sättigungsdruck p_S werden. Dadurch ergibt sich eine Begrenzung für die Feuchtigkeitsmenge, die bei gegebener Temperatur in dem Gemischvolum dampfförmig enthalten sein kann. Hat der Wasserdampf seinen Sättigungszustand erreicht, führt weitere Dampfzufuhr zu Feuchtigkeitsniederschlag. Es hat sich eingebürgert, von „gesättigter Luft“ zu sprechen, wenn der Dampf gerade gesättigt ist.

Für die rechnerische Behandlung von Zustandsänderungen feuchter Luft ist es zweckmäßig, die Mengeneinheit trockener Luft als Bezugsgröße zu wählen. Sie bleibt bei der Klimatisierung unverändert, während die Wasserdampfmenge durch Tauen und Verdunsten in weiten Grenzen schwanken kann. Alle spezifischen Größen sind dann auf 1 kg Reinluft bezogen und nicht etwa auf 1 kg Gemisch (feuchte Luft).

Eine fundamentale Größe für alle weiteren Betrachtungen ist der Feuchtigkeitsgehalt

$$x = \frac{m_f}{m_L} \tag{4}$$

m_f Feuchtigkeitsmenge,
m_L Reinluftmenge.

---

[1] Siehe hierzu auch Bd. II dieses Handbuches: Thermodynamische Grundlagen, Abschn. A XVIII (Gasgemische) und C III (Feuchte Luft).

Die Feuchtigkeitsmenge m_f im Gemisch kann dampfförmig, flüssig oder fest vorliegen. So lange der Wasserdampf überhitzt ist, kann man den Feuchtigkeitsgehalt durch Division der beiden Zustandsgleichungen nach Gl. (1) unter Beachtung von Gl. (3) berechnen:

$$p_W \cdot V = m_W \cdot R_W \cdot T \qquad R_W = 47{,}06 \text{ mkp/kg grd}$$

$$p_L \cdot V = m_L \cdot R_L \cdot T \qquad R_L = 29{,}27 \text{ mkp/kg grd}$$

$$x = \frac{m_W}{m_L} = \frac{p_W}{p_L} \cdot \frac{R_L}{R_W} = 0{,}622 \cdot \frac{p_W}{p - p_W}. \tag{5}$$

Im Sättigungszustand ($p_W = p_S$) gilt dann:

$$x_S = 0{,}622 \cdot \frac{p_W}{p - p_S}. \tag{6}$$

x_S gibt die Höchstmenge an Feuchtigkeit an, die dampfförmig im Gemisch bei einer bestimmten Temperatur, durch die p_S festliegt, und einem bestimmten Gesamtdruck enthalten sein kann. Bei konstantem p ist x_S lediglich eine Funktion der Temperatur. Die Addition der beiden Zustandsgleichungen ergibt das spezifische Volum in m³ pro kg Reinluft.

$$v = \frac{V}{m_L} = (R_L + x \cdot R_W) \cdot \frac{T}{p} = R_W\left(\frac{R_L}{R_W} + x\right) \cdot \frac{T}{p}, \tag{7}$$

$$v = 47{,}06\,(0{,}622 + x) \cdot \frac{T}{p}\ \text{m}^3/\text{kg}. \tag{7a}$$

Gesamtdruck p in kp/m²

v ergibt auch das Volum von $(1 + x)$ kg Gemisch. Auf 1 kg Gemisch bezogen gilt:

$$v' = \frac{v}{(1 + x)}\ \text{m}^3/\text{kg Gemisch} \tag{8}$$

und die Dichte der feuchten Luft ist dann:

$$\varrho' = \frac{1}{v'} = \frac{(1 + x)}{(0{,}622 + x)} \cdot \frac{p}{47{,}06 \cdot T}\ \text{kg/m}^3 \text{ Gemisch}. \tag{9}$$

p in kp/m²

Man kann ϱ' auch als Summe aus den Dichten der beiden Mischungspartner berechnen

$$\varrho' = \varrho_L + \varrho_W = \frac{(p - p_W)}{\mathrm{R}_L \cdot \mathrm{T}} + \frac{p_W}{R_W \cdot T} = \frac{p}{R_L \cdot T} + \frac{p_W}{T}\left(\frac{1}{R_W} - \frac{1}{R_L}\right). \tag{10}$$

Da der Klammerausdruck negativ wird, ist feuchte Luft stets leichter als trockene (siehe hierzu auch dieses Handbuch Bd. II, S. 275).

Durch Umformen von Gl. (5) ergibt sich für den Wasserdampfteildruck:

$$p_W = \frac{p \cdot \mathrm{x}}{(0{,}622 + x)}. \tag{11}$$

Das Verhältnis

$$\varphi = \frac{p_W}{p_S} = \frac{\varrho_W}{\varrho_S} \tag{12}$$

wird als „relative Feuchtigkeit“ bezeichnet und ist ein weiterer wichtiger Begriff in der Klimatechnik. Er ist aus der Wetterkunde übernommen und gibt das Verhältnis der in der Raumeinheit vorhandenen Wasserdampfmenge zur Höchstmenge bei gleichem Druck und gleicher Temperatur an. Der von Mollier [2] vorgeschlagene „Sättigungsgrad“

$$\psi = \frac{x}{x_S} \tag{13}$$

Tabelle 1. *Sättigungsdruck und Zustandsgrößen gesättigter feuchter Luft bei $p = 1$ bar.*

t °C	p_S kp/m²	p_S mbar	x_S kg/kg	i_S kcal/kg	v_S m³/kg	ϱ'_S kg Gem/m³
−20	10,50	1,029	0,000641	−4,427	0,7270	1,3764
−19	11,56	1,134	0,000706	−4,148	0,7299	1,3709
−18	12,71	1,246	0,000776	−3,866	0,7329	1,3655
−17	13,96	1,369	0,000853	−3,580	0,7359	1,3601
−16	15,33	1,503	0,000936	−3,291	0,7388	1,3548
−15	16,82	1,649	0,001028	−2,996	0,7418	1,3494
−14	18,44	1,808	0,001127	−2,696	0,7448	1,3441
−13	20,19	1,980	0,001234	−2,393	0,7478	1,3389
−12	22,12	2,169	0,001352	−2,082	0,7508	1,3337
−11	24,20	2,373	0,001479	−1,766	0,7539	1,3285
−10	26,46	2,595	0,001618	−1,443	0,7569	1,3233
−9	28,89	2,833	0,001767	−1,114	0,7600	1,3182
−8	31,56	3,095	0,001931	−0,776	0,7631	1,3131
−7	34,43	3,376	0,002107	−0,430	0,7662	1,3080
−6	37,54	3,681	0,002298	−0,075	0,7693	1,3029
−5	40,90	4,011	0,002505	+0,289	0,7724	1,2979
−4	44,54	4,368	0,002729	+0,664	0,7756	1,2929
−3	48,48	4,754	0,002971	1,049	0,7787	1,2879
−2	52,74	5,172	0,003233	1,447	0,7820	1,2830
−1	57,32	5,621	0,003516	1,858	0,7852	1,2780
0	62,28	6,107	0,003822	2,282	0,7885	1,2731
1	66,94	6,565	0,004110	2,696	0,7917	1,2683
2	71,93	7,054	0,004419	3,123	0,7950	1,2634
3	77,23	7,574	0,004747	3,561	0,7983	1,2586
4	82,89	8,129	0,005098	4,014	0,8017	1,2538
5	88,90	8,718	0,005470	4,480	0,8050	1,2490
6	95,30	9,346	0,005868	4,960	0,8084	1,2442
7	102,10	10,012	0,006290	5,457	0,8119	1,2395
8	109,32	10,721	0,006741	5,971	0,8154	1,2347
9	116,99	11,473	0,007219	6,501	0,8189	1,2300
10	125,13	12,271	0,007727	7,050	0,8225	1,2253
11	133,76	13,117	0,008267	7,619	0,8261	1,2206
12	142,91	14,015	0,008841	8,209	0,8297	1,2159
13	152,61	14,966	0,009450	8,820	0,8334	1,2112
14	162,89	15,974	0,010097	9,455	0,8372	1,2065
15	173,76	17,04	0,010783	10,114	0,8410	1,2018
16	185,27	18,17	0,011511	10,799	0,8449	1,1972
17	197,45	19,36	0,012280	11,506	0,8489	1,1925
18	210,3	20,62	0,013096	12,248	0,8529	1,1878
19	223,9	21,96	0,013966	13,015	0,8570	1,1831
20	238,3	23,37	0,014884	13,825	0,8612	1,1785
21	253,4	24,85	0,015851	14,658	0,8654	1,1738
22	269,4	26,42	0,016879	15,529	0,8698	1,1691
23	286,3	28,08	0,017970	16,440	0,8742	1,1644
24	304,1	29,82	0,019118	17,386	0,8788	1,1597
25	322,9	31,66	0,020336	18,376	0,8834	1,1550
26	342,6	33,60	0,021626	19,410	0,8881	1,1503
27	363,4	35,64	0,022987	20,489	0,8930	1,1459
28	385,3	37,78	0,024422	21,614	0,8979	1,1408
29	408,3	40,04	0,025944	22,794	0,9031	1,1361
30	432,5	42,37	0,027520	24,008	0,9083	1,1313
31	458,0	44,91	0,029248	25,317	0,9137	1,1265
32	484,7	47,58	0,031073	26,686	0,9193	1,1216
33	512,8	50,29	0,032937	28,080	0,9249	1,1168
34	542,3	53,18	0,034936	29,559	0,9308	1,1119
35	573,3	56,22	0,037052	31,111	0,9368	1,1070
36	605,7	59,40	0,039280	32,734	0,9430	1,1021
37	639,8	62,74	0,041637	34,439	0,9494	1,0971
38	675,5	66,24	0,044124	36,225	0,9561	1,0921

Tabelle 1 (Fortsetzung)

t °C	p_S kp/m²	p_S mbar	x_S kg/kg	i_S kcal/kg	v_S m³/kg	ϱ'_S kg Gem/m³
39	712,9	69,91	0,046752	38,100	0,9629	1,0871
40	752,0	73,74	0,049518	40,062	0,9700	1,0820
41	793,0	77,77	0,052452	42,130	0,9774	1,0768
42	836,0	81,98	0,055545	44,298	0,9850	1,0717
43	880,9	86,39	0,058816	46,580	0,9929	1,0664
44	927,9	90,99	0,062261	48,971	1,0010	1,0612
45	977,1	95,82	0,065916	51,495	1,0096	1,0558
46	1028,4	100,85	0,069764	54,141	1,0184	1,0504
47	1082,1	106,12	0,073843	56,933	1,0276	1,0450
48	1138,2	111,62	0,078151	59,871	1,0372	1,0395
49	1196,7	117,36	0,082704	62,966	1,0472	1,0339
50	1257,8	123,35	0,087519	66,225	1,0576	1,0283

entspricht den Gepflogenheiten der Thermodynamik besser, hat sich aber nicht durchsetzen können.

Zur Auswertung von Wärmebilanzen benötigt man noch die Enthalpie i. Sie ergibt sich für eine Mischung additiv aus den Enthalpiewerten der Komponenten und soll für die feuchte Luft als spezifische Größe wieder auf die Reinluftmenge bezogen werden:

$$i = \frac{\dot{m}_L \cdot i_L + \dot{m}_W \cdot i_W}{\dot{m}_L} = i_L + x \cdot i_W . \tag{14}$$

Die Enthalpie der trockenen Luft wird von $t = 0$ °C aus als willkürlich gewähltem Nullpunkt gerechnet:

$$i_L = c_{pL} \cdot t . \tag{15}$$

Im Bereich der Klimatechnik kann die spezifische Wärme genügend genau als temperaturunabhängig mit $c_{pL} = 0{,}240$ kcal/kg grd eingesetzt werden.

Für die Enthalpie des Wasserdampfes wählt man flüssiges Wasser von 0 °C als Nullpunkt. Dadurch geht die Verdampfungswärme r_0 bei dieser Temperatur in die Berechnungen ein:

$$i_W = c_{pW} \cdot t + r_0 . \tag{16}$$

Die spezifische Wärme kann wieder temperaturunabhängig mit $c_{pW} = 0{,}445$ kcal/kg als geeignetem Mittelwert eingesetzt werden. $r_0 = 597{,}2$ kcal/kg.

Die Enthalpie ungesättigter Luft ist dann:

$$i = 0{,}240 \cdot t + (0{,}445 \cdot t + 597{,}2) \cdot x \text{ kcal/kg}. \tag{17}$$

Im Grenzfall, wenn der Wasserdampf gerade gesättigt ist ($\varphi = 1{,}0$), wäre x_S einzusetzen.

Enthält das Gemisch Feuchtigkeit im Überschuß ($x > x_S$), so ist die Enthalpie der Flüssigkeit bzw. bei Temperaturen unter 0 °C des Eises zu berücksichtigen. Die nicht dampfförmige Feuchtigkeitsmenge ist dann $(x - x_S)$ und die Enthalpie der feuchten Luft wird bei Flüssigkeit im Gemisch

$$i = c_{pL} \cdot t + (c_{pW} \cdot t + r_0) \cdot x_S + c_W \cdot t\,(x - x_S) \tag{18}$$

und bei Eis

$$i = c_{pL} \cdot t + (c_{pW} \cdot t + r_0) \cdot x_S - (s - c_e \cdot t) \cdot (x - x_S) . \tag{19}$$

Es ist einzusetzen: Die spezifische Wärme des Wassers $c_W = 1{,}00$ kcal/kg grd, die Schmelzwärme des Eises $s = 79{,}7$ kcal/kg, die spezifische Wärme des Eises $c_e = 0{,}50$ kcal/kg grd.

Mit den vorstehenden Beziehungen lassen sich Zustandsänderungen feuchter Luft berechnen. In Tab. 1 sind für den Bereich der Klimatechnik die wichtigsten Zustandsgrößen bei Sättigung ($\varphi = 1{,}0$) zusammengestellt. Anschaulicher als die rechnerische Auswertung sind graphische Verfahren, die von MOLLIER angegeben wurden und besonders von BOŠNJAKOVIĆ weiterentwickelt worden sind.

C. Das i,x-Diagramm nach Mollier [3].

In einer graphischen Darstellung für Zustandsänderungen feuchter Luft müssen i, x, t, φ und v (bzw. ϱ) enthalten sein. Am wichtigsten sind dabei die Enthalpie i und der Feuchtigkeitsgehalt x, mit denen sich Wärme- und Stoffumsätze verfolgen lassen. Das wurde von MOLLIER [1] klar erkannt, der das i,x-Diagramm entwickelte und es in einer zweiten Arbeit [2] vervollständigt hat.

Bei der Aufzeichnung ging MOLLIER von Gl. (14) aus, die er wie folgt umformte:

$$i = (c_{pL} + c_{pW} \cdot x) \cdot t + r_0 \cdot x = i' + r_0 \cdot x\,. \tag{20}$$

i' bezieht sich dann auf trockene Luft und Wasserdampf von 0 °C als Enthalpienullpunkt. In einem rechtwinkligen i',x-Diagramm nach Abb. 213 wird die Isothermenneigung gegenüber der Abszissenachse

$$\left(\frac{di'}{dx}\right)_t = c_{pW} \cdot t\,. \tag{21}$$

Die Isotherme $t = 0$ °C fällt mit der x-Achse ($i' = 0$) zusammen, auf der Ordinate ($x = 0$) setzen die Isothermen in gleichmäßigen Abständen $i' = c_{pL} \cdot t$ an und ihre Neigung steigt nach Gl. (21) mit der Temperatur. Die Isothermenschar ist unabhängig vom Gesamtdruck.

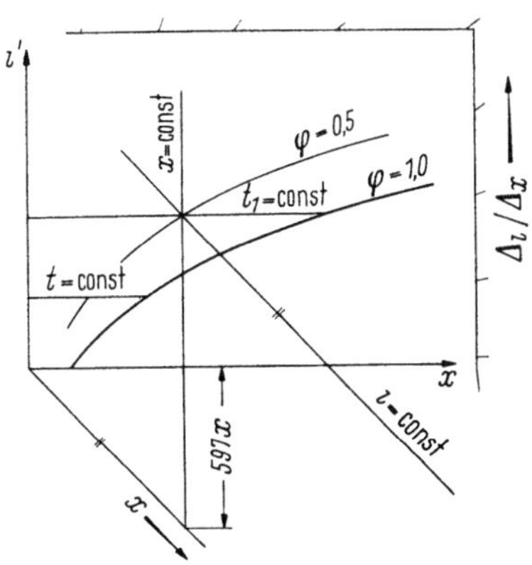

Abb. 213. Entwicklung des schiefwinkligen Mollier i,x-Diagrammes aus einem rechtwinkligen i', x-Diagramm.

Legt man der Aufzeichnung einen bestimmten Gesamtdruck p zugrunde, so können mit Gl. (5) Linien gleichbleibender relativer Feuchtigkeit φ berechnet werden, wenn p_W durch $\varphi \cdot p_S$ ersetzt wird:

$$x = 0{,}622 \cdot \frac{\varphi \cdot p_S}{p - \varphi \cdot p_S}\,. \tag{5a}$$

Da p_S eine Funktion der Temperatur ist, erhält man Schnittpunkte t und x für bestimmte φ-Werte.

Die im i', x-Diagramm eingezeichneten Linienscharen bleiben unverändert beim Übergang auf ein i,x-Diagramm, dessen Abszissenachse durch Abtragen von $r_0 \cdot x$ nach Abb. 213 von der Horizontalen aus gewonnen wird. Die Linienscharen $i =$ konst. ergeben sich in gleichmäßigen Abständen parallel zu dieser neuen Abszissenachse. Das i,x-Diagramm ist schiefwinklig, was den Außenstehenden kaum stören wird, da Ablesungen im Diagrammfeld nichts Ungewöhnliches mit sich bringen.

Nach der Auffassung von KIRSCHBAUM [4], der sich GRUBENMANN [5] angeschlossen hat, entsprechen rechtwinklige Diagramme besser den praktischen Bedürfnissen. Die von KIRSCHBAUM vorgeschlagene Aufzeichnungsweise stimmt mit dem i',x-Diagramm überein und übernimmt dessen Nachteile. Auch andere Vorschläge für Veränderungen oder Erweiterungen des i,x-Diagrammes halten einer kritischen Wertung nicht stand und haben sich nicht durchsetzen können [6].

Im Bereich der Klimatechnik wurde lange Zeit das t,x-Diagramm nach CARRIER [7] bevorzugt, das durch die führende Stellung Amerikas in Klimatisierungsfragen internationale Verbreitung gefunden hat. Heute erkennt man auch in den angelsächsischen Ländern die Vorzüge der Mollierschen Darstellung an und wählt zur Erleichterung des Überganges eine Art der Aufzeichnung, die an das Carrier-Diagramm angelehnt ist.

Gegenüber den Vorschlägen von Mollier sind die neuesten „psychrometric charts“ spiegelbildlich und um 90° gedreht [8—12].

Von den möglichen Vorzügen des *i*,*x*-Diagramms [3]:

1. Randmaßstab $\Delta i/\Delta x$ (Tafel I),
2. folgerichtige Entwicklung des Nebelgebietes,
3. exakte Gültigkeit der Mischungsgeradenregel

schöpfen sie nur den letzteren Punkt im ungesättigten Gebiet aus, sind aber als aussichtsreiche Entwicklung zu werten, auf dem Gebiet der Klimatechnik zu vereinheitlichten Berechnungsgrundlagen zu kommen [13, 14].

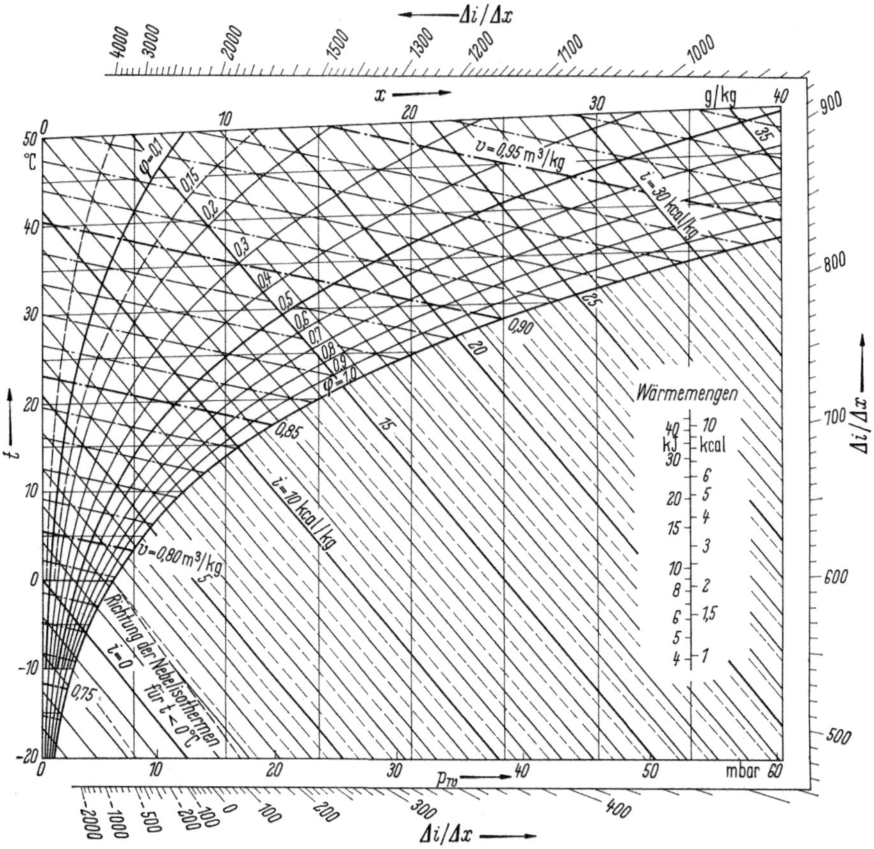

Tafel I.

Der Randmaßstab $\Delta i/\Delta x$ (Tafel I) ist nur in einem *i*,*x*-Diagramm möglich und legt Zustandsänderungen mit gleichbleibendem Verhältnis Wärme- zu Stoffaustausch im Diagrammfeld fest. Die Randmarken in dem Diagramm Tafel I sind dafür geradlinig mit dem Koordinatenursprung ($i = 0$, $x = 0$) zu verbinden und ersetzen das Strahlenbüschel $\Delta i/\Delta x =$ konst., von dessen Einzeichnung das Tafelfeld entlastet werden kann.

Im Nebelgebiet, das unterhalb der Sättigungslinie $\varphi = 1{,}0$ liegt, ist bei Flüssigkeit im Gemisch die Gl. (18) und bei Eis Gl. (19) anzuwenden. Für Flüssigkeit berechnet sich die Neigung der Nebelisothermen, da x_S konstant bleibt:

$$\left(\frac{di}{dx}\right)_t = c_W \cdot t\,. \tag{22}$$

Für $t = 0$ °C fällt die Nebelisotherme mit der Richtung $i =$ konst. zusammen, mit zunehmender Temperatur wachsen die Abweichungen.

Für die Eisnebelisothermen ergibt die Differentiation von Gl. (19)

$$\left(\frac{di}{dx}\right)_t = -\,(s - c_e \cdot t) \tag{23}$$

einen steileren Verlauf als die Linien $i =$ konst. Der Zwickel zwischen den Nebelisothermen für Wasser und Eis von 0 °C stellt eine Mischung von Reinluft, gesättigtem Wasserdampf, flüssigem Wasser und Eis dar. Jedem Mengenverhältnis ist eine bestimmte Neigung zugeordnet. Die Sättigungslinie $\varphi = 1{,}0$ hat bei 0 °C einen leichten Knick. Im Schnitt der Isothermen des ungesättigten Gebietes mit der Sättigungslinie schließen die gleich bezifferten Nebelisothermen an.

In Tafel I sind die Nebelisothermen gestrichelt so eingezeichnet, daß Schnitte mit den Enthalpielinien vermieden sind. Zur Festlegung einer bestimmten Nebelisotherme ist mit befriedigender Genauigkeit eine Parallele zur nächstgelegenen gestrichelten Linie zu ziehen. Außerdem wurde der Zusammenhang zwischen dem Feuchtigkeitsgehalt x und dem Wasserdampfteildruck p_W nach Gl. (11), der häufig als Netztafel im unteren Diagrammfeld aufgezeichnet ist (dieses Handbuch Bd. II, S. 280), zu einer Funktionsleiter zusammengezogen.

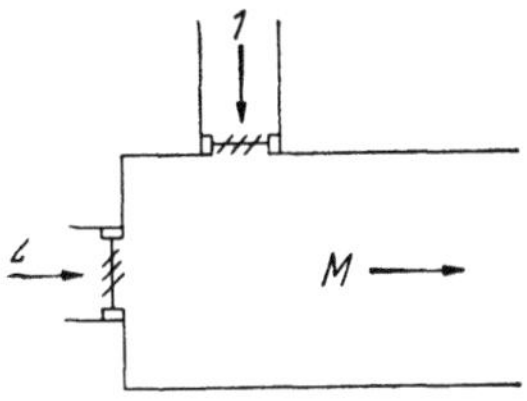

Abb. 214. Mischkammer, *1* und *2* Ausgangszustände vor der Mischung.

Die Linien gleichbleibenden spezifischen Volums v nach Gl. (7) fallen im Nebelgebiet praktisch mit den Isothermen zusammen, da der Volumanteil der Flüssigkeit unbedenklich vernachlässigt werden kann. Die v-Werte sind entlang einer Nebelisothermen im Schnitt mit der Sättigungslinie abzulesen.

Besonders deutlich werden die Vorzüge des i,x-Diagrammes bei der Verfolgung von Mischungsvorgängen, die in der Klimatechnik verbreitet angewendet werden. Strömen einer Mischkammer nach Abb. 214 Umluft vom Zustand 1 mit einer Reinluftmenge m_{L_1} und Außenluft vom Zustand 2 mit m_{L_2} zu, so müssen sich diese Mengen in der Mischluft vom Zustand M wiederfinden:

$$m_{L_1} + m_{L_2} = m_M\,. \tag{24}$$

Wir wollen noch die Mengenanteile

$$l_1 = \frac{m_{L1}}{m_M} \text{ und } l_2 = \frac{m_{L2}}{m_M} \tag{25}$$

definieren. Auch von den Feuchtigkeitsmengen kann nichts verlorengehen:

$$m_{L_1} \cdot x_1 + m_{L_2} \cdot x_2 = m_M \cdot x_M\,. \tag{26}$$

Unter der Voraussetzung, daß keine Wärme zu- oder abgeführt wird, der Vorgang also adiabat verläuft, gilt die Wärmebilanz

$$m_{L_1} \cdot i_1 + m_{L_2} \cdot i_2 = m_M \cdot i_M\,. \tag{27}$$

Mit Gl. (24) läßt sich Gl. (26) auch schreiben

$$m_{L_1} \cdot x_1 + m_{L_2} \cdot x_2 = (m_{L_1} + m_{L_2}) \cdot x_M\,,$$

$$\frac{m_{L1}}{m_{L2}} = \frac{x_M - x_2}{x_1 - x_M} = \frac{l_1}{l_2}\,. \tag{28}$$

In gleicher Weise ergibt sich aus Gl. (27)

$$\frac{m_{L1}}{m_{L2}} = \frac{i_M - i_2}{i_1 - i_M} = \frac{l_1}{l_2}. \tag{29}$$

Durch Gleichsetzen beider Beziehungen folgt die „Mischungsgeradenregel"

$$\frac{i_1 - i_M}{x_1 - x_M} = \frac{i_M - i_2}{x_M - x_2} = \frac{\Delta i}{\Delta x}. \tag{30}$$

Der Mischpunkt M findet sich folglich auf der Verbindungslinie zwischen den Ausgangszuständen 1 und 2, indem man die Strecke $\overline{12}$ im Verhältnis $l_2 : l_1$ teilt, Abb. 215. M rückt an den überwiegenden Zustand heran. i_M, x_M, t_M, φ_M und v_M können sofort aus Tafel I abgelesen werden.

Da bei Ableitung der Mischungsgeradenregel keinerlei Einschränkungen getroffen wurden, gilt sie auch im Nebelgebiet. Mischungen gesättigter Luftmengen 1′ und 2′ ergeben immer Nebelbildung, Abb. 215, aber auch die ungesättigten Zustände 1″ und 2″ führen bei bestimmten Mischungsverhältnissen ins Nebelgebiet. Zufuhr kalter Außenluft erzeugt in Produktionsräumen mit hoher relativer Feuchtigkeit Nebel, der sich durch Wärmezufuhr auflösen läßt. Es ist dabei gleichgültig, ob man die Wärme auf einen Mischungspartner oder das fertige Gemisch überträgt.

Für die Zufuhr reinen Wassers oder Wasserdampfes versagt die Mischungsgeradenregel, da sich der Zustand der Feuchtigkeit ($m_L = 0$, $x = \infty$) im i,x-Dia-

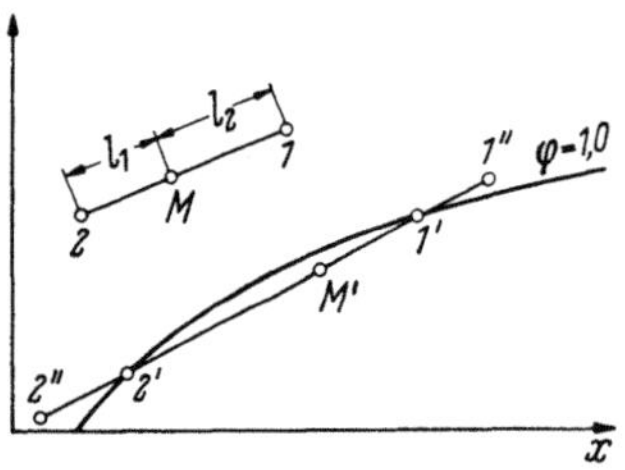

Abb. 215. Konstruktion des Mischpunktes M im i,x-Diagramm nach der „Mischungsgeradenregel", *1* und *2* Ausgangszustände.

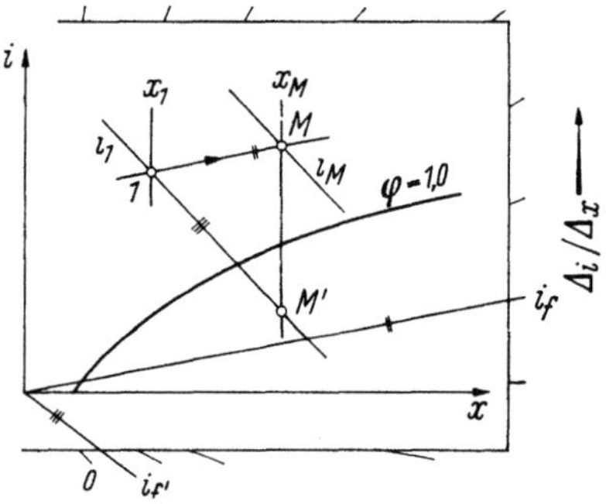

Abb. 216. Zufuhr von flüssigem Wasser (M') oder Dampf (M) im i,x-Diagramm.

gramm nicht mehr festlegen läßt. Mit m_f für die Feuchtigkeitszufuhr gilt aber die Mengenbilanz

$$x_1 + \frac{m_f}{m_{L1}} = x_M \tag{31}$$

und die Enthalpiebilanz

$$i_1 + \frac{m_f}{m_{L1}} \cdot i_f = i_M \tag{32}$$

(i_f Enthalpie der zugesetzten Feuchtigkeit). Daraus folgt die Richtung der Zustandsänderung:

$$\frac{i_M - i_1}{x_M - x_1} = \frac{\Delta i}{\Delta x} = i_f. \tag{33}$$

Als anzuwendende Konstruktion ist durch den gegebenen Luftzustand 1 nach Abb. 216 eine Parallele zu der Verbindungsgeraden zwischen der i_f entsprechenden Randmarke und dem Koordinatenursprung anzulegen. Im Schnittpunkt mit der

Vertikalen für den nach Gl. (31) berechneten x_M-Wert findet sich der gesuchte Endzustand (M bzw. M').

Beim Einspritzen von flüssigem Wasser tritt Abkühlung mit Erniedrigung des spezifischen Volums ein. Man kann dadurch bei Kompressoren eine wirksame Innenkühlung erzielen. Bei Verbrennungsmotoren ermöglicht die vergrößerte Reinluftmenge der Zylinderfüllung Leistungssteigerungen. Aus dem i,x-Diagramm läßt sich sofort übersehen, wann das Nebelgebiet erreicht wird, was rechnerisch nur durch Probieren gelingt.

Das i,x-Diagramm liefert auch eine gute Anschauung über das Zusammenwirken von Wärme- und Stoffaustausch zwischen feuchter Oberfläche und überströmender Luft bei den in der Klimatechnik wichtigen Verdunstungsprozessen. Antriebsgröße für die Wärmeübertragung sind Temperaturunterschiede, während der Stoffübergang durch Partialdruckdifferenzen bewirkt wird, die sich nach Gl. (11) durch den Feuchtigkeitsgehalt x charakterisieren lassen. Zur besseren

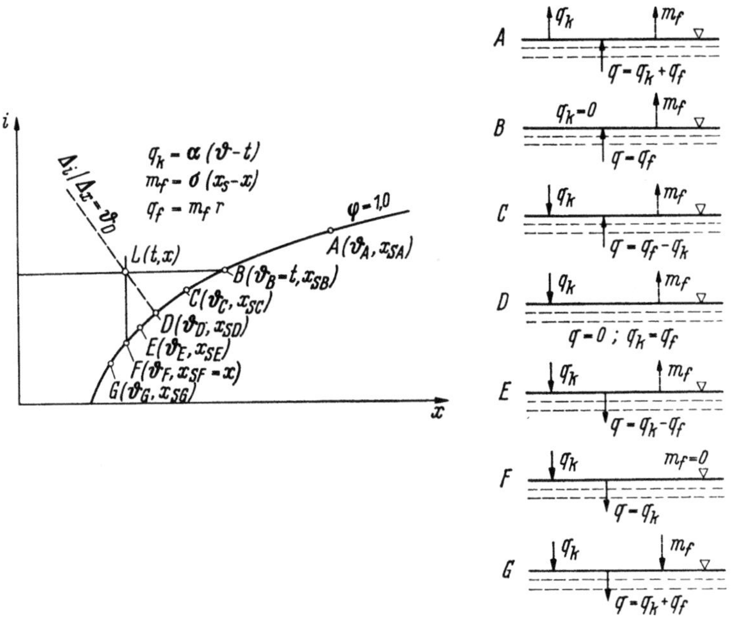

Abb. 217. Verdunstungsvorgang im i,x-Diagramm, schematisch.

L gleichbleibender Luftzustand; A bis G Zustand an der Wasseroberfläche. Rechts Richtung der Wärme- und Stoffströme, q Wärmeabgabe bzw. -aufnahme der Flüssigkeit.

Übersicht sollen beide Austauschströme zunächst getrennt betrachtet werden. Außerdem soll die strömende Luftmenge so groß sein, daß ihr Zustand von dem Verdunstungsprozeß nicht merklich beeinflußt wird. In dem schematischen i,x-Diagramm, Abb. 217, ist der konstante Luftzustand (t und x) mit L bezeichnet. Über der feuchten Oberfläche bildet sich eine gesättigte Schicht (ϑ und x_s), deren Zustand auf der Sättigungslinie $\varphi = 1{,}0$ liegt und durch Einflußnahme auf den Flüssigkeitsvorrat von A bis G verändert werden soll.

Solange die Grenzflächentemperatur ϑ über der Lufttemperatur t bleibt, wird Wärme vom Wasser in die Luft strömen, Zustand A. Nach Abkühlung bis B sind die beiden Temperaturen ausgeglichen ($\vartheta = t$) und es wird keine Wärme mehr übergehen. Unterhalb von B kehrt der Wärmestrom seine Richtung um, nunmehr ist die Luft wärmer als das Wasser und gibt Wärme zur Grenzfläche ab. In C, D,

E, *F* und *G* steigt die Temperaturdifferenz und damit die Wärmeabgabe der Luft zunehmend an.

Für den Stoffaustausch ist die Antriebsgröße $(x_S - x)$ im Zustand *A* am größten, verringert sich zunehmend über *B*, *C* und *D*, um im Zustand *F* $(x_S = x)$ zu null zu werden. *F* bezeichnet man als „Taupunkt" der Luft vom Zustand *L*. Es ist die Temperatur, bei der durch Abkühlung bei $x =$ konst. gerade der Sättigungszustand erreicht wird. Unterhalb *F* kehrt die Feuchtigkeitsgehaltsdifferenz ihr Vorzeichen um, nunmehr verdunstet kein Wasser mehr, sondern aus der Luft taut Feuchtigkeit aus, Zustand *G*.

Beim Zusammenwirken beider Vorgänge ist intensive Wärmeabgabe des Wassers im Zustand *A* zu erwarten, das nicht nur Wärme an die kältere Luft abgibt, sondern gleichzeitig den Energiebedarf für den Stoffaustausch zu bestreiten hat. Äußere Wärmequellen sollen nicht vorhanden sein, d. h. die Verdunstung soll adiabat verlaufen. Auch in *B* ist die Wärmeabgabe des Wassers nicht beendet, das noch immer voll die Verdampfungswärme zu liefern hat. Unterhalb von *B* beginnt die nun wärmere Luft einen Beitrag zur Verdunstung zu leisten, entsprechend kann der Anteil des Wassers an der Wärmeabgabe zurückgehen, wobei gleichzeitig $(x_S - x)$ kleiner geworden ist, Zustand *C*. Schließlich wird sich ein Grenzzustand einstellen, bei dem der Wärmestrom aus der Luft gerade ausreicht, die Verdampfungswärme zu kompensieren. Man spricht dann vom „adiabaten Beharrungszustand" *D*, der auch als *Kühlgrenze* bezeichnet wird, da die niedrigste Temperatur erreicht ist, auf die man einen Wasservorrat mit Luft von vorgegebenem Zustand abkühlen kann.

Unterhalb *D* liefert die Luft Wärme im Überschuß, das Wasser wird sich folglich erwärmen. In *F* wird keine Verdampfungswärme mehr gebraucht, da der Stoffaustausch zum Stillstand kommt, während im Zustand *G* Wärme und Stoff gleichgerichtet von der Luft zur Wasserfläche strömen. Die frei werdende Verflüssigungswärme trägt zur Temperaturerhöhung des Wasservorrates zusätzlich bei. Unabhängig vom Ausgangszustand wird sich unter der Voraussetzung adiabaten Prozeßablaufes der Wasservorrat immer auf den Beharrungszustand *D* einstellen. Das erläuterte Zusammenwirken von Wärme- und Stoffaustausch bedingt bestimmte Temperaturprofile [15], die sich experimentell nachweisen lassen [16].

Im Zustand adiabater Beharrung tauscht die Luft Wärme gegen Feuchtigkeit aus. Man kann den Vorgang auch als Zufuhr flüssigen Wassers nach Gl. (33) betrachten. Die Enthalpie wächst dabei um $\Delta i = \Delta x \cdot i_f = \Delta x \cdot c_W \cdot \vartheta_D$ an und die Zustandsänderung verläuft entlang der Nebelisothermen ϑ_D durch den Luftzustand *L*.

Der beschriebene Verdunstungsprozeß spielt sich auch am feuchten Thermometer eines Psychrometers ab. Das Psychrometer ist das bei sorgfältiger Handhabung genaueste Meßgerät zur Bestimmung des Luftzustandes. An einem gebräuchlichen Quecksilberthermometer, das man als „trockenes Thermometer" bezeichnet, und einem zweiten „feuchten Thermometer" mit einem saugfähigen Gewebe um den Temperaturfühler, dem sog. „Strumpf", wird Luft vorbeigesaugt. Nach Eintauchen in einen Wasservorrat kühlt sich das der Luft ausgesetzte feuchte Thermometer dann durch Verdunstung bis zur Beharrungstemperatur ab. Aus der eintretenden Temperaturdifferenz zum trockenen Thermometer läßt sich über den Wasserdampfteildruck die relative Feuchtigkeit berechnen [17].

Anschaulicher ist die Auswertung im i,x-Diagramm nach Abb. 218. Durch den Schnittpunkt der gemessenen Temperatur t_f am feuchten Thermometer mit der Sättigungslinie ist eine Nebelisotherme bis zur Temperatur des trockenen Thermometers t zu ziehen. *L* ist der gesuchte Luftzustand. Neben der relativen Feuchtigkeit φ können i, x und v direkt aus dem Diagramm Tafel I abgelesen werden.

Diese von MOLLIER [2] angegebene Konstruktion ergibt gute Übereinstimmung mit dem reichen Erfahrungsmaterial der Meteorologen [17] und konnte bei neuen Messungen im Temperaturbereich bis 200 °C bestätigt werden [18, 14].

Die Ablesung am Psychrometer erfordert nach den Ausführungen zu Abb. 217 eine gewisse Einstellzeit. Man darf aber nicht zu lange warten, da sich dann der Feuchtigkeitsvorrat verbraucht und das feuchte Thermometer trocken wird. Bei Raumtemperatur liegt der günstigste Ablesezeitpunkt zwischen 4 und 10 Minuten nach Befeuchten des Strumpfes.

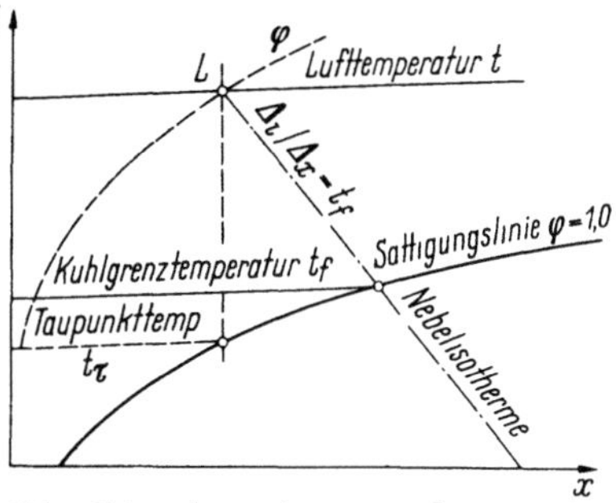

Abb. 218. Auswertung psychrometrischer Messungen im i,x-Diagramm.

t_f Anzeige des feuchten Thermometers; t Anzeige des trockenen Thermometers; L gesuchter Luftzustand.

Das feuchte Thermometer stellt sich auf die Kühlgrenze ein, die man in der amerikanischen Literatur [19] als „adiabate Sättigungstemperatur“ bezeichnet. Der „Feuchtkugeltemperatur“ (wet bulb temperature) mißt man große Bedeutung bei, obwohl sie keine Zustandsgröße ist und von einem Meßverfahren abhängt. Nachdem man längere Zeit die Enthalpielinien und die Feuchtkugelisothermen gleichgesetzt hat, beachtet man in neuerer Zeit die Unterschiede, gibt aber im i,x-Diagramm nach Abb. 219 den Feuchtkugelisothermen den Vorzug [10—12]. Die Enthalpie (total heat) wird nur skelettartig angegeben und ist im Tafelfeld durch geradlinige Verbindung gleichbezifferter Marken zahlenmäßig festzulegen. Offensichtlich scheut man die gleichzeitige Einzeichnung beider Linienscharen[1].

Nach einem Vorschlag von CARRIER wird teilweise auch eine Σ-Funktion verwendet, die der Enthalpie der trockenen Luft ($x = 0$) bei Feuchtkugeltemperatur entspricht. Entlang einer Feuchtkugelisothermen ist dann der Enthalpieanteil der zugeführten Flüssigkeit hinzuzuzählen, wofür graphische Hilfsmittel entwickelt wurden [20]. Andere amerikanische Autoren ordnen den Feuchtkugelisothermen Enthalpiewerte an der Sättigungslinie zu, im Diagrammfeld ist dann die Flüssigkeitsenthalpie abzuziehen. Kurven gleicher Enthalpieabweichung oder Zusatzdiagramme sollen die Korrekturen erleichtern [10, 21].

Die Nebelisothermen ergeben eine einfache Lösung der aufgezeigten Schwierigkeiten. Sie stimmen mit den Feuchtkugellinien überein und brauchen für Ablesungen nur verlängert zu werden. Als echte Teile des i,x-Diagrammes entlasten sie das ungesättigte Gebiet von weiteren Linienscharen.

Die Feuchtkugelisothermen verlieren ihre Bedeutung, wenn der Luftzustand nicht über eine psychrometrische Messung ermittelt wird. In Taupunktmeßgeräten wird die Luft bis zur Sättigung abgekühlt und der beginnende Tauniederschlag beobachtet. Zur Auswertung im i,x-Diagramm ist nach Abb. 218 von der Sättigungslinie senkrecht nach oben zu gehen, um den Luftzustand festzulegen. Für betriebliche Dauermessungen wurde die Taupunktbestimmung automatisiert. Der Tauniederschlag wird über eine Photozelle oder als Leitfähigkeitsbrücke zwischen Platinelektroden beobachtet. Eine systematische Übersicht über Aufbau und Einsatzmöglichkeiten von Feuchtigkeitsmeßgeräten gibt LÜCK [22]. Die neueste amerikanische Entwicklung ist in [23] zusammengestellt.

Alle Klimadiagramme gelten exakt nur für einen bestimmten Barometerstand. Bei der Grubenbewetterung und in großen Höhen treten größere Druckabwei-

[1] Vom i,x-Diagramm wird auch bei der Klimatisierung von Bergwerken Gebrauch gemacht. Vgl. in diesem Band den Beitrag von E. LINSEL u. P. WEUTHEN, Abb. 343, 344, 356, 357.

chungen ein. Läßt man i und x im Diagrammfeld unverändert, so sind lediglich die φ- und v-Werte beim Übergang auf andere Drücke umzurechnen. Bezeichnet p' den Gesamtdruck, der dem Diagramm zugrunde liegt, und p den neuen Druck, so gelten die einfachen Relationen:

$$\varphi = \frac{p}{p'} \cdot \varphi' \text{ und } v = \frac{p'}{p} \cdot v', \tag{34}$$

φ' und v' sind die Ablesewerte aus dem Diagramm, φ und v die tatsächlichen Werte beim neuen Druck. Die φ'- und v'-Linien behalten für alle Drücke ihre Lage im

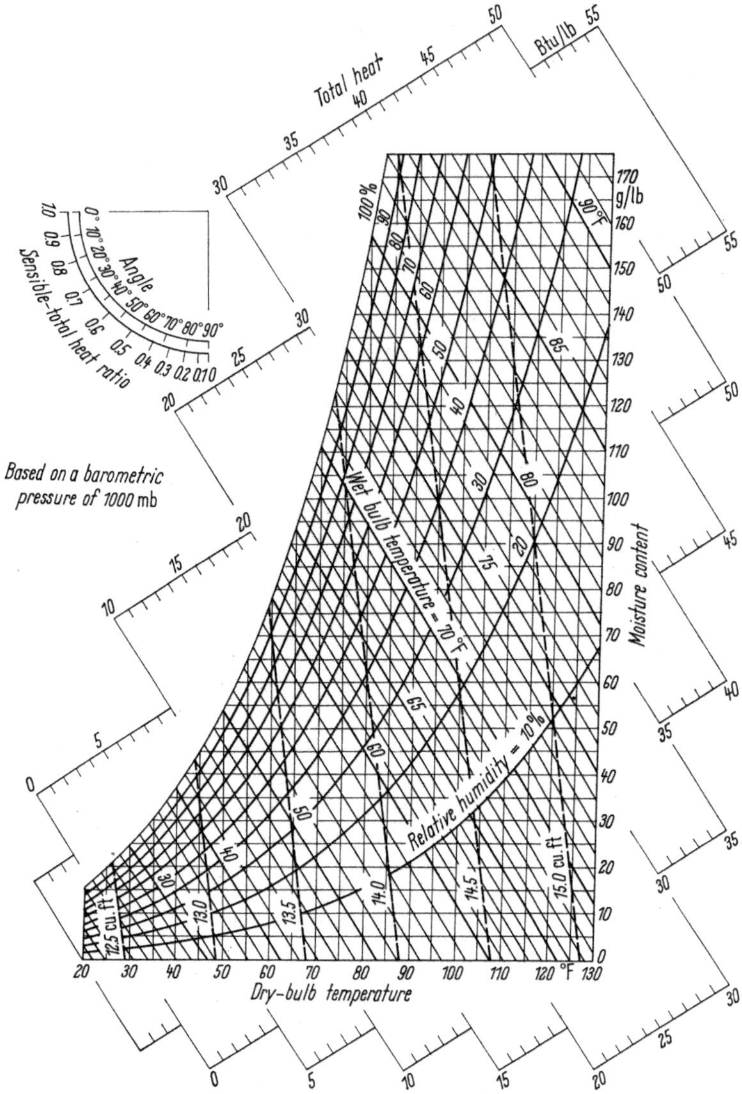

Abb. 219. Neue englische „psychrometric chart“ [12].

Diagrammfeld, es ändert sich aber druckabhängig ihre Bezifferung. Die Umwertung erleichtern Nomogramme [3].

Die Isothermenschar wird im ungesättigten Gebiet von Druckänderungen nicht beeinflußt, ebenso bleibt die Richtung der Nebelisothermen erhalten. Da die Sättigungslinie mit ansteigendem Druck im i,x-Diagramm nach oben wandert und umgekehrt, ist die Verschiebung der Nebelisothermen-Ansatzpunkte zu beachten.

Kontinuierliche Druckänderungen bei Verdichtung und Entspannung feuchter Luft lassen sich mit dem Polytropennomogramm nach [3] leicht verfolgen, solange nicht das Nebelgebiet erreicht wird. Nach Überschreiten der Sättigungslinie tritt eine starke Veränderung der einzuführenden Exponenten ein. Graphische Hilfsmittel, die FLÜGEL [24] ausgearbeitet hat, ermöglichen zusammen mit dem i,x-Diagramm eine ingenieurmäßige Behandlung der verwickelten Zustandsänderungen.

Das i,x-Diagramm Tafel I ist wie Tab. 1 für $p = 1$ bar berechnet. Die Funktionsleiter rechts in Tafel I soll den Übergang auf das internationale Einheitensystem vorberichten.

D. Der Wärmehaushalt des Menschen. Behaglichkeitswerte.

Behagliche Bedingungen in Aufenthaltsräumen erfordern, daß der Wärmehaushalt der versammelten Personen ausgeglichen bleibt, d. h., daß die durch Lebensfunktionen im Körperinneren entstehenden Wärmemengen abgegeben werden können. Das Behaglichkeitsempfinden wird neben dem Außenklima und der Jahreszeit individuell von der Betätigung, der Kleidung, dem Gesundheitszustand, dem Alter und dem Geschlecht beeinflußt. Die Erforschung der komplizierten Zusammenhänge steht noch am Anfang.

Alle menschlichen Arbeitsleistungen sind mit Wärmebildung verbunden. Auf der Zufuhrseite des Energiehaushaltes steht weiter die Oxydation von Nahrungsmitteln mit Hilfe des Luftsauerstoffes, der über die Atmung aufgenommen wird. Diese durch Muskelarbeit und Verbrennungsvorgänge erzeugten Wärmemengen werden auf das Blut übertragen, zur Körperoberfläche transportiert und über die Haut an die Umgebung abgegeben.

Für die Entwärmung gilt folgende Bilanz [25]:

Wärmeproduktion im Körper (Stoffwechsel)	= ± konvektiver Wärmeaustausch	± Strahlungswärmeaustausch
	+ Verdunstungswärme	± Veränderungen der gespeicherten Wärme

Behaglichkeit ist dann erreicht, wenn die Bilanz ohne Frösteln, Schwitzen und Bewegungsaktivität und ohne Veränderung der gespeicherten Wärme ausgeglichen ist. Die Verdunstungswärme ist immer positiv, während die anderen Glieder auf der rechten Seite ihr Vorzeichen wechseln können. Bei einem sitzenden Menschen in behaglicher Atmosphäre macht die Verdunstung etwa 24% der Wärmeabgabe aus, davon 14 bis 16% durch Hautdiffusion und 8 bis 10% über die Atmung. Bei leichter Arbeit erhöht sich der Wert auf 40%, bei mäßig schwerer Arbeit (auch beim Tanzen) auf 60%.

Bei ausgeglichenem Wärmehaushalt stellt sich der gesunde Körper auf eine Innentemperatur (Kerntemperatur) von 36,7 bis 37,2 °C ein. Die Hauttemperatur ist niedriger, im behaglichen Klima etwa 32 °C. Durch Steigerung oder Verminderung der Hautdurchblutung, der Schweißverdunstung und der Atemluftmenge wird die Wärmeabgabe reguliert. Mit steigender Raumtemperatur vergrößert sich nach Abb. 220 der Anteil der „feuchten" Wärmeabgabe Q_f, wenn man die Wärmeabgabe durch Konvektion und Strahlung als „trockene" Wärme Q_{tr} bezeichnet.

Zwischen 18 und 30 °C ist die Gesamtwärmeabgabe ohne körperliche Betätigung nahezu gleichbleibend 100 kcal/h. Bei höchsten Anstrengungen kann der Wert bis auf 600 kcal/h ansteigen. Die VDI-Lüftungsregeln DIN 1946 (Ausgabe 1960) sehen folgende Werte vor:

Tabelle 2. *Wärme- und Wasserdampfabgabe des Menschen nach DIN 1946*

Raumtemperatur	22	23	25	26 °C
Wärmeabgabe durch Konvektion u. Strahlung....	75	70	65	60 kcal/h
Gesamtwärmeabgabe	100	100	100	100 kcal/h
Wasserdampfabgabe	40	50	60	65 g/h

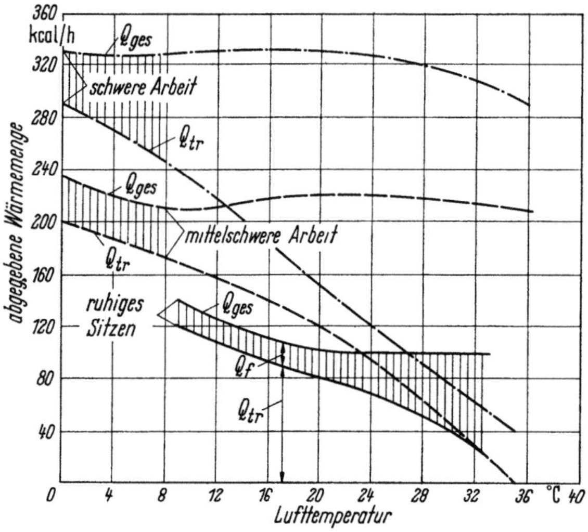

Abb. 220. Wärmeabgabe des Menschen bei ruhigem Sitzen, mittelschwerer und schwerer Arbeit [66].

Q_{tr} trockene Wärmeabgabe; Q_f feuchte Wärmeabgabe; $Q_{ges} = Q_{tr} + Q_f$ Gesamtwärmeabgabe.

Starke Schweißverdunstung belastet den Wasser- und Mineralsalzhaushalt des Körpers. Die Verdunstungsmenge läßt sich als Funktion des Partialdruckgefälles zwischen Haut und Umgebungsluft, der Körperoberfläche und der Luftbewegung berechnen [25]. Geringe relative Feuchtigkeiten begünstigen die Verdunstung und umgekehrt. Hohe Feuchtigkeitswerte in Verbindung mit hohen Temperaturen werden als besonders unbehaglich empfunden. Die Regelung der relativen Feuchtigkeit hat deshalb große Bedeutung in der Klimatechnik.

Noch wichtiger ist aber

Tabelle 3. *Durchschnittliche Optimalwerte der „effektiven Temperatur" in den USA* [19].

Jahreszeit	Geschlecht, Alter		Temperatur °F Norden	Temperatur °F Mitte	Temperatur °F Süden
Winter	allgemeiner Durchschnittswert		68	69	70
	Männer	unter 40	67	68	69
		über 40	68	69	70
	Frauen	unter 40	68	69	70
		über 40	69	70	71
Sommer	allgemeiner Durchschnittswert		70	71	72
	Männer	unter 40	69	70	71
		über 40	70	71	72
	Frauen	unter 40	70	71	72
		über 40	71	72	73

das Einhalten bestimmter Raumtemperaturen, die die trockene Wärmeabgabe bestimmen. Tab. 3 zeigt in den USA empfohlene Mittelwerte der „effektiven Temperatur“ [19], die nach Alter und Geschlecht etwas differenziert sind.

Die VDI-Lüftungsregeln sehen folgendeWerte vor:

Tabelle 4. *Empfohlene Raumzustände nach DIN 1946*

Außentemperatur	Winter	Sommer			
	unter 20 °C	20	25	30	32 °C
Innentemperatur	22	22	23	25	26 °C
Relative Feuchtigkeit					
Minimum	35%	—	—	—	—
Maximum	65%	65	65	60	55%

Die effektive Temperatur ist in den USA als kennzeichnender Behaglichkeitswert eingeführt und stellt eine fiktive Temperatur dar, die sich nicht direkt messen läßt und der Kombinationen von Lufttemperatur, Feuchtigkeitsgehalt und Luftbewegung mit gleichem Behaglichkeitsempfinden entsprechen. Die Werte sind durch statistische Auswertung von Massenversuchen gewonnen und werden in Kurvenblättern, die jeweils für einen bestimmten Bereich der Luftgeschwindigkeit gelten, in Abhängigkeit vom Raumluftzustand dargestellt. Abb. 221 zeigt die Übertragung in das i,x-Diagramm für ruhende Luft und normal gekleidete Personen ohne körperliche Betätigung nach [26].

Luftbewegungen begünstigen die Wärmeabgabe des menschlichen Körpers und lassen sowohl die Wärmeübergangs- als auch die Verdunstungszahl ansteigen. Als geeig-

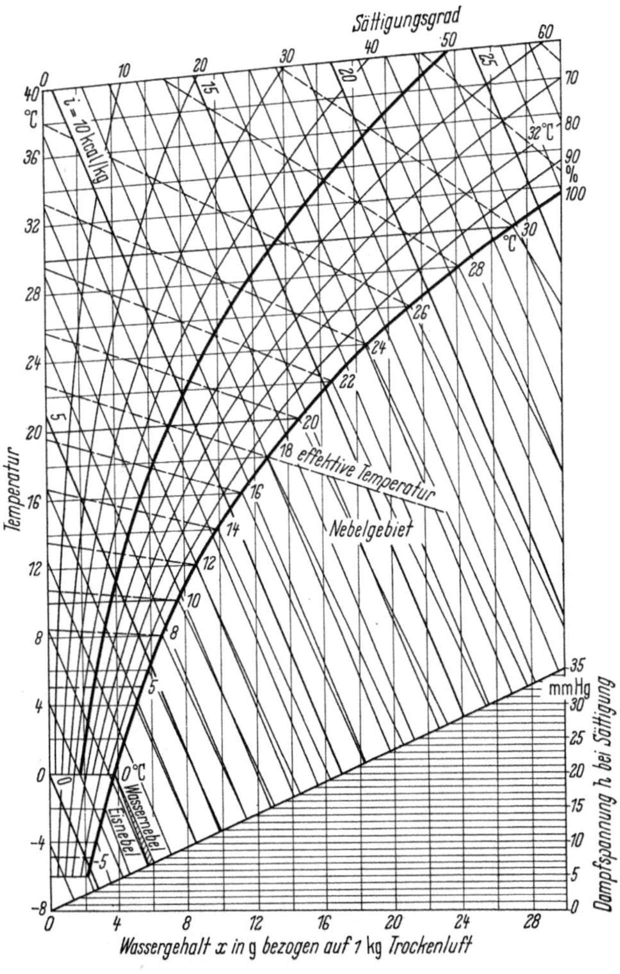

Abb. 221. Linien „effektiver Temperatur“ im i,x-Diagramm [26].

neter Meßwert für den Temperaturzustand hat sich die Stirntemperatur erwiesen, die sich bei ruhender Luft und 19 °C Raumtemperatur auf einen Durchschnittswert von 31,5 °C einstellt. Abb. 222 zeigt Meßwerte nach [27] bei unterschiedlicher Luftgeschwindigkeit mit der Lufttemperatur als Parameterwert. Der stärkeren *Entwärmung* bei ansteigenden Luftgeschwindigkeiten wirkt der Körper durch Absenken der Hauttemperatur entgegen. Die Luftbewegung verschiebt die Behaglichkeitsgrenze und den Beginn der Schweißverdunstung zu höheren Temperaturen. Zugerscheinungen begrenzen die anwendbaren Luftgeschwindigkeiten.

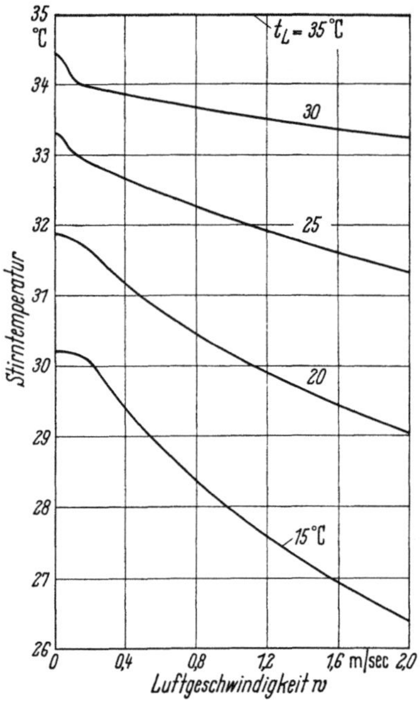

Abb. 222. Abhängigkeit der Stirntemperatur von der Luftgeschwindigkeit bei verschiedenen Lufttemperaturen [27]

Als Meßgerät zur Überprüfung der Behaglichkeitsbedingungen hat sich in Europa das *Katathermometer* des englischen Hygienikers HILL bewährt, das den Einfluß der Luftgeschwindigkeit, Lufttemperatur und der Wandtemperatur (Strahlungsaustausch) auf die *Entwärmung* eines physikalischen Körpers zu erfassen gestattet.

Ein Flüssigkeitsthermometer mit vergrößertem Temperaturfühler (4 cm lang bei 1,8 cm Außendurchmesser) ist im Bereich zwischen 35 und 38 °C skaliert. Vor dem Versuch wird das Katathermometer über 38 °C erwärmt, wobei die ansteigende Flüssigkeit in einem oberen Gefäß aufgefangen wird. Nach Entfernen der Heizquelle wird die Zeit bestimmt, in der sich das Katathermometer im zu untersuchenden Raum von 38 auf 35 °C abkühlt. Zusätzlich sind die Raumtemperatur t_L und die relative Feuchtigkeit zu messen, die mit dem Katathermometer nicht erfaßt werden können. Aus der Wärmeübergangsgleichung

$$q = \alpha \cdot \Delta t \cdot z \quad \text{(Temperaturdifferenz } \Delta t = 36{,}5 - t_L\text{; } z \text{ Zeit in sec)}$$

ergibt sich der „Katawert", auch als „Abkühlungsgröße" bezeichnet:

$$A = \frac{q}{z} = \alpha\,(36{,}5 - t_L)\,. \tag{35}$$

Die gleichbleibende Wärmeabgabe q während der Abkühlungsperiode wird durch Eichung bestimmt und auf den Thermometerschaft eingeätzt (mgcal/cm²).

BRADTKE [27] hat den Wert $B = \frac{t_L}{A}$ als Behaglichkeitsmaßstab vorgeschlagen, der sich weniger ändert als der Katawert A. Als günstigste Werte gibt er $B = 3$ bis 3,7 an mit einer oberen Grenze der Behaglichkeit von $B = 5$ bis 6 und einer unteren von B = 2 bis 2,5. Mit der Auswertungshilfe Abb. 223 können aus den Meßwerten t_L und A sofort die Behaglichkeitsziffer B und die Luftgeschwindigkeit bestimmt werden.

Die Wärmeübergangszahl

$$\alpha = \frac{A}{\Delta t}$$

wurde schon von HILL als Funktion der Luftgeschwindigkeit w experimentell bestimmt. Man kann damit aus der Beziehung $\alpha = f(w)$ über A und Δt die Luftgeschwindigkeit ermitteln. Zur Messung kleiner Luftgeschwindigkeiten, für die

Staurohre und Anemometer nicht mehr empfindlich genug sind, hat sich das Katathermometer ebenfalls bewährt.

Die als Behaglichkeit gekennzeichnete Wechselwirkung zwischen Mensch und Raum ergibt sich aus dem Zusammenwirken der 4 Komponenten Lufttemperatur, Luftbewegung, relative Feuchtigkeit und Temperatur der Raumbegrenzungsflächen. Hohe Lufttemperaturen lassen sich durch Steigern der Luftgeschwindigkeit in gewissem Umfang kompensieren und werden gepaart mit ruhender Luft als besonders unbehaglich empfunden. Bei niedrigen Lufttemperaturen ergeben schon geringe Luftbewegungen den Eindruck von Zugerscheinungen.

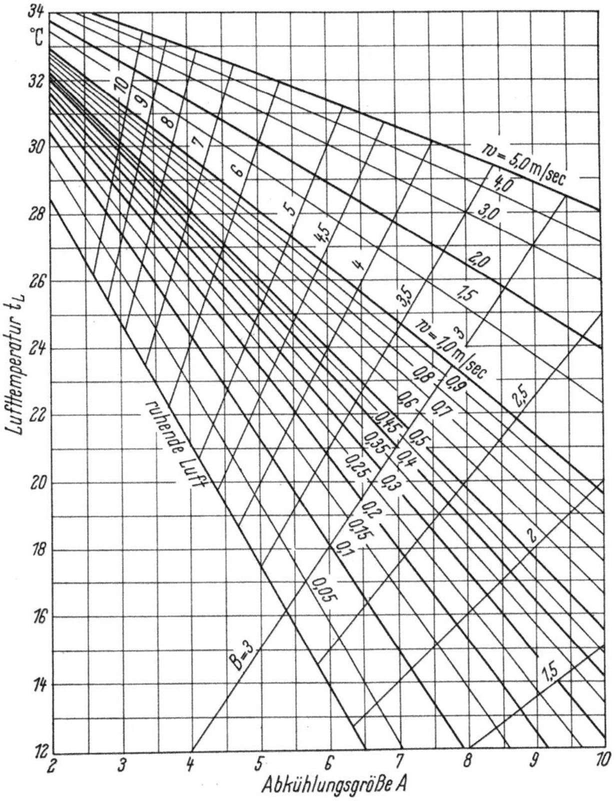

Abb. 223. Auswertungshilfe für raumklimatische Untersuchungen [27].

Hohe Lufttemperaturen führen bei gleichzeitiger hoher relativer Feuchtigkeit zu Schwüleempfinden. Der Einfluß kalter Wände läßt sich durch Anheben der Lufttemperatur in gewissem Umfange ausgleichen und umgekehrt. Es ist aber immer das Zusammenwirken aller 4 Klimakomponenten zu berücksichtigen, einseitige Betrachtung eines Wertes führt zu Fehlschlüssen.

Als hygienische Forderung für Versammlungsräume legt DIN 1946 Mindestaußenluftraten von 20 m³/h Person in Räumen mit Rauchverbot und 30 m³/h Person in Räumen mit Raucherlaubnis fest. Die Werte sollen möglichst um 10 m³/h Person überschritten werden. Eine Herabsetzung wird bei Außenlufttemperaturen über 26 °C und unter 0 °C zugelassen, um die Lufterhitzer und Kühler nicht unwirtschaftlich groß werden zu lassen. Tab. 5 zeigt gestaffelte Werte der Außenluftrate, Zuluftraten von 20 bzw. 30 m³/h Person sind durch Beimischen gefilterter Umluft zu gewährleisten. Verunreinigte Außenluft rechtfertigt das Herabgehen bis auf 10 m³/h Person, der Rest der Zuluft ist dann ebenfalls gefilterte Umluft. Als obere Grenze werden 0,5 mg Staub pro m³ Zuluft empfohlen, da höhere Werte das Kanalnetz schnell verstauben lassen.

Die Außenluftraten nach DIN 1946 gelten für konventionelle Niederdruckklimaanlagen. Für Hochdruckklimaanlagen werden 50 bis 60 m³/h Person erforderlich.

Tabelle 5. *Außenluftraten nach DIN 1946.*

Außenluft-temperatur °C	Mindestaußenluftrate bei Räumen mit Rauchverbot (m³/h je Person)	mit Raucherlaubnis (m³/h je Person)
−20	8	12
−15	10	15
−10	13	20
− 5	16	24
0 bis 26	20	30
über 26	15	23

E. Berechnung der Heiz- und Kühllast klimatisierter Räume.

Als äußere Störgrößen wirken auf klimatisierte Räume meteorologische Elemente (Luftdruck, Temperatur, Feuchtigkeitsgehalt, Luftbewegung, Sonnenstrahlung, Niederschläge) ein, die jahreszeitlich starken Schwankungen unterworfen sind. Wärme- und Feuchtigkeitsquellen im Raum stellen die inneren Störgrößen dar. Bei Berechnung der Heizlast im Winter hat die Sonnenstrahlung nur untergeordnete Bedeutung, hingegen beeinflußt sie maßgeblich die Kühllast im Sommer.

Die Außenlufttemperatur folgt den von der Sonne der Erdoberfläche zugestrahlten Wärmemengen. Im Tagesgang ergibt sich bei Sonnenaufgang das Temperaturminimum. Bewölkung vermindert die Zu- und Abstrahlung von Wärme und verflacht dadurch die Temperaturkurven. Ausgleichend wirkt ebenfalls die Nähe des Meeres. Für 100 m Höhenzunahme sinkt die Temperatur etwa um 0,5 °C ab.

Aus dem beobachteten Tagesgang der Lufttemperatur läßt sich die mittlere Tagestemperatur und aus diesen Werten die mittlere Monatstemperatur berechnen. Die mittlere Jahrestemperatur gibt bereits einen ersten Überblick über die am Ort vorherrschenden klimatischen Bedingungen.

In der Heizungstechnik [28] ist die „Gradtagezahl“

$$Gt = (t_i - t_{am}) \cdot Z \tag{36}$$

eine eingeführte Größe, um den Wärmeverbrauch in der Heizperiode abschätzen zu können. Z ist dabei die Anzahl der Heiztage, wobei $t_a = 12$ °C als Grenztemperatur für Beginn und Ende des Heizens angenommen wird. t_{am} ist die mittlere Außentemperatur während der Heizperiode und t_i die Raumtemperatur, für die 19 °C als Mittelwert gebräuchlich ist. Aus der Auftragung der mittleren Monatstemperaturen nach Abb. 224 kann Gt als Summe der beiden Flächen $(F_1 + F_2)$ ermittelt werden.

Bezeichnet man mit q den von den Abmessungen und der Bauart eines Gebäudes abhängigen Wärmeverbrauch je Tag und grd Temperaturunterschied innen

— außen, so ergibt sich der Wärmebedarf pro Heizperiode:

$$Q = q \cdot Gt. \tag{37}$$

In Tab. 6 sind heiztechnische Daten einiger deutscher Städte zusammengestellt. Werte für andere Länder und Kontinente finden sich ausführlich in Bd. I dieses Handbuches, Abschnitt „Meteorologische Daten", S. 257 bis 309.

Die relative Feuchtigkeit φ der Außenluft ändert sich im Tagesgang gegenläufig zur Temperatur, da der Wasserdampfteildruck p_w wenig veränderlich ist und dadurch φ mit ansteigender Temperatur abnimmt, siehe i,x-Diagramm Tafel I. Im Jahresgang erreicht die relative Feuchtigkeit in Deutschland ihre Höchstwerte im Dezember, die Mindestwerte im Mai, Tab. 7. Der Wasserdampfteildruck ist im Winter am niedrigsten und im Sommer am höchsten. Hohe Temperaturen mit gleichzeitig hohen relativen Feuchtigkeiten treten nur in den Tropen auf, während in Mitteleuropa bei Temperaturen über 30 °C die relative Feuchtigkeit unter 50% absinkt [28].

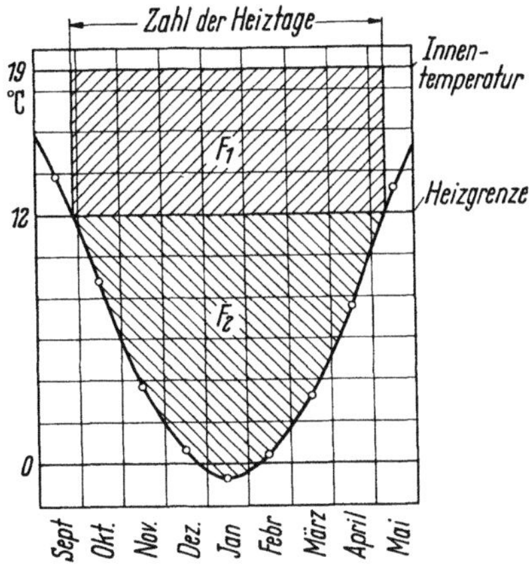

Abb. 224. Berechnung der Heizgradtage [28].

Örtliche Luftdruckunterschiede bewirken Luftbewegungen (Winde), die durch Undichtheiten in die Gebäude eindringen und zu einem unkontrollierten Luftwechsel führen. An der Küste sind die Windgeschwindigkeiten höher als im Binnenland (Jahresmittel für Kiel 5,2 m/s; Nürnberg 2,7; München 1,8) und im Jahres-

Tabelle 6. *Klimadaten deutscher Städte* [28].

Ort	Zahl der Gradtage *Gt*	Zahl der Heiztage *Z*	Mittlere Wintertemperatur *tam*	Tiefste Außentemperatur nach DIN 4701 *tamin*
Aachen	3070	225	5,4	−12
Berlin-Dahlem	3410	226	3,9	−15
Bremen-Flughafen	3150	225	5,0	−15W
Dresden	3330	222	4,0	−15
Erfurt	3600	231	3,4	−18
Frankfurt a. M.	3010	213	4,9	−12
Garmisch-Partenkirchen	3960	251	3,2	−18
Halle	3310	221	4,0	−15
Hamburg	3380	231	4,4	−15W
Karlsruhe	2950	212	5,1	−12
Kiel-Holtenau	3660	248	4,3	−15W
Köln	2820	209	5,5	−12
Leipzig	3370	223	3,9	−15
München	3630	234	3,5	−18

Städte in windstarker Gegend sind mit „W" hinter der tiefsten Außentemperatur gekennzeichnet.

gang im Winter höher als im Sommer. Mit zunehmendem Abstand von der Erdoberfläche nimmt die Windgeschwindigkeit besonders bis 100 m Höhe stark zu und ist dann doppelt so groß wie in 10 m Höhe. Beim Bau von Hochhäusern ist dieser Umstand zu beachten [29].

Tabelle 7. *Monatliche und jährliche Mittelwerte des Dampfdruckes und der relativen Feuchtigkeit* [26]. *Erste Zeile: Dampfdruck in Torr, zweite Zeile: % relative Feuchtigkeit.*

Ort	Jan.	Febr.	März	April	Mai	Juni	Juli	Aug.	Sept.	Okt.	Nov.	Dez.	Jahr
Berlin	4,0 85	4,0 81	4,5 76	5,5 70	7,5 64	9,2 67	11,1 69	11,1 74	8,9 77	7,0 82	5,2 86	4,4 88	6,9 77
Bremen	4,5 88	4,6 85	5,1 81	6,0 76	8,0 73	9,8 74	11,3 77	11,0 79	9,5 81	7,6 86	5,8 88	5,0 89	7,4 81
Dresden	3,9 80	4,1 78	4,7 74	5,8 68	8,1 66	9,7 66	11,1 69	10,8 71	9,2 75	7,2 78	5,2 81	4,3 81	7,0 74
Essen-Mülheim	4,8 88	5,0 85	5,6 82	6,2 77	8,7 73	9,8 76	11,1 77	11,1 80	9,5 81	7,7 85	5,8 88	5,4 89	7,6 82
Frankfurt/M...	4,3 85	4,5 80	5,0 74	5,9 67	7,9 66	9,7 66	10,9 69	10,7 72	9,5 77	7,4 82	5,6 84	4,7 86	7,2 76
Halle	4,1 84	4,2 82	4,8 77	5,7 69	7,9 67	9,7 68	11,1 71	10,6 72	9,1 76	7,1 81	5,3 84	4,5 85	7,0 76
Hamburg	4,4 89	4,5 86	5,0 81	5,8 72	7,8 68	9,6 70	11,1 73	10,9 77	9,5 79	7,5 84	5,7 88	4,8 90	7,2 80
Hannover	4,5 88	4,7 85	5,4 81	6,0 75	8,2 73	9,9 74	11,1 76	10,9 78	9,3 81	7,5 85	5,7 87	4,8 87	7,3 81
Karlsruhe	4,3 84	4,5 80	5,2 75	6,2 70	8,6 70	10,5 71	11,8 72	11,5 75	10,0 81	7,7 84	5,7 85	4,8 86	7,6 78
Kiel-Holtenau .	4,4 91	4,4 89	4,9 86	5,9 81	8,0 77	9,9 77	11,6 80	11,3 83	9,7 86	7,6 88	5,7 90	4,8 92	7,4 85
Köln-Leverk. .	4,8 85	5,1 82	5,4 78	6,3 75	8,6 73	10,2 75	11,4 77	11,0 78	9,8 80	7,8 84	6,1 85	5,4 86	7,7 80

In Deutschland überwiegen Winde aus westlichen Richtungen (SW bis NW) und erreichen auch die größten Geschwindigkeiten. Bei schlechter Bauausführung kann sich die Heizlast durch Selbstbelüftung bis zu $^1/_3$ erhöhen.

Für den Betrieb einer Klimaanlage von besonderer Bedeutung ist die Sonnenstrahlung, die einen wesentlichen Teil der Kühllast ausmacht. Die an der Grenze der Atmosphäre durchschnittlich ankommende Strahlungswärme von 1160 kcal/m²h (sog. Solarkonstante) wird in den erdnahen Luftschichten durch Absorption und Reflexion abgeschwächt, so daß nur ein von den Wetterbedingungen abhängiger Teilbetrag die Erdoberfläche erreicht.

Im Jahresgang haben im Frühjahr, Herbst und Winter Südwände die größte Wärmeaufnahme durch Sonnenstrahlung, im Sommer Ost- und Westwände. Abb. 225 zeigt Werte für den 1. Juli und 50° nördliche Breite (Frankfurt a. M. — Prag) und den Jahresgang nach [28]. Neue Messungen an einem Hochhaus [30] haben ein Maximum von 850 kcal/m²h an einer Südwand im Februar 1961 ergeben.

Die Berechnung des Wärmebedarfs von Gebäuden während der Heizperiode ist nach DIN 4701 genormt. Im Beharrungszustand muß die Heizeinrichtung gerade in der Lage sein, die Wärmeverluste durch die Raumumfassungen entsprechend dem Temperaturgefälle innen — außen („Transmissionswärmeverluste") und die durch Undichtheiten entstehenden „Lüftungswärmeverluste" auszugleichen.

Der Transmissionswärmeverlust q_0 eines Raumteiles wird mit der Wärmedurchgangsgleichung

$$q_0 = k \cdot F \cdot (t_i - t_a) \qquad (38)$$

bestimmt, worin t_i die Innentemperatur, t_a die Außentemperatur, F die Fläche und

k die Wärmedurchgangszahl bedeuten. Die Berechnung der Wärmedurchgangszahl

$$\frac{1}{k} = \frac{1}{\alpha_i} + \sum \frac{s}{\lambda} + \frac{1}{\alpha_a} \text{ kcal/m}^2\text{h grd} \tag{39}$$

α_i	innere Wärmeübergangszahl	kcal/m²h grd
α_a	äußere Wärmeübergangszahl	kcal/m²h grd
s	Stärke der Baustoffschicht	m
λ	Wärmeleitzahl des Baustoffes	kcal/mh grd

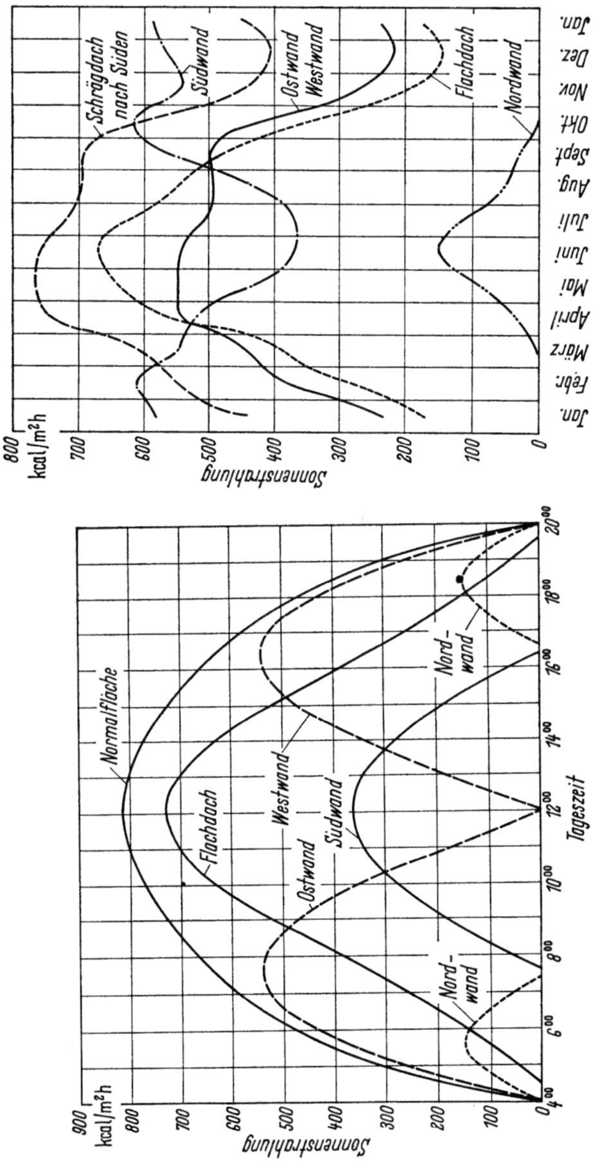

Abb. 225. Tagesgang und Jahresgang der Sonnenstrahlung [28].

kann durch Arbeitsblätter erleichtert werden [31]. Nach [28] ist $\alpha_i = 7$ und $\alpha_a = 20$ einzusetzen.

Die Einflüsse von kalten Außenwänden und Unterbrechungen des Heizbetriebes werden durch prozentuale Zuschläge z_A und z_U berücksichtigt, die auf den sog. D-Wert bezogen sind:

$$D = \frac{Q_0}{F_{ges}(t_i - t_a)} . \tag{40}$$

F_{ges} ist dabei die Gesamtfläche aller Raumbegrenzungen, also einschließlich Fußboden und Decke. Der D-Wert gibt die mittlere Wärmedurchlässigkeit an, hoher D-Wert bedeutet schlechten Wärmeschutz und umgekehrt.

Zusammengefaßt ergibt der Zuschlag $z_D = z_A + z_U$ den in Abb. 226 dargestellten Zusammenhang. Bei Betriebsweise I (eingeschränkte Wärmelieferung in der Nacht) kann z_D unabhängig vom D-Wert angesehen werden, dessen Bestimmung sich dann erübrigt. Diese Betriebsweise gilt für Räume mit ständiger Benutzung (Wohnhäuser, Krankenhäuser, Pflegeanstalten). Betriebsweise II bedeutet 8- bis 12stündige Unterbrechung der Wärmelieferung (Büro- und Geschäftshäuser) und Betriebsweise III 12- bis 16stündige Unterbrechung (Schulen mit Vormittagsunterricht, Fabriken mit Einschichtbetrieb).

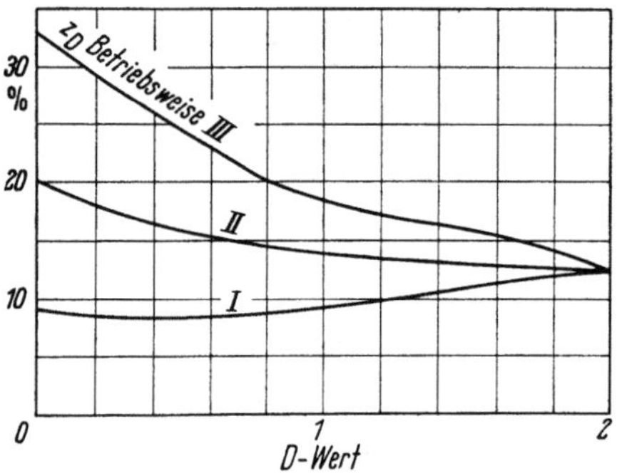

Abb. 226. Zusammengesetzte Zuschläge $z_D = z_U + z_A$ nach DIN 4701.

Der Zuschlag z_H für die Himmelsrichtung nach DIN 4701 berücksichtigt für Heizungsanlagen die Sonnenstrahlung. In der Klimatechnik muß der wichtige Einfluß der Sonnenstrahlung gesondert berechnet werden. Das gleiche gilt für den Lüftungswärmebedarf, der bei Heizungsanlagen die Erwärmung der ungewollt durch Undichtheiten in den Raum eindringenden Außenluftmengen gewährleisten soll.

Zur Durchführung der Wärmebedarfsberechnung sind die bautechnischen Unterlagen des Gebäudes mit Zweckbestimmung der Räume erforderlich. Die einzuführenden Außen- und Innentemperaturen können Tabellen in DIN 4701 entnommen werden. Für den größten Teil Gesamtdeutschlands gilt -15 °C als tiefste Außentemperatur, Tab. 6, in Bayern -18 °C, im Rheinland -12 °C. Für Aufenthaltsräume liegen die Innentemperaturen im Winter zwischen $+20$ und 24 °C je nach Zweckbestimmung. In der Norm finden sich auch ausführliche Tabellen über Wärmedurchgangszahlen von Bauteilen und Wärmeleitzahlen von Baustoffen sowie Hinweise für die Berechnung von Sonderfällen (selten beheizte Gebäude, sehr schwere [Bunker] und sehr leichte Bauart, Wärmebedarf von Hallen, Windeinfluß bei Hochhäusern). Einzelheiten können einem Berechnungsbeispiel in DIN 4701 entnommen werden.

Die *Heizlast Q_H eines klimatisierten Raumes im Winter* berechnet sich aus dem Transmissionswärmebedarf

$$Q_T = \sum q_0 \cdot z_D$$

nach DIN 4701 abzüglich innerer Wärmequellen Q_I:

$$Q_H = Q_T - Q_I .$$

Q_I ist dabei die Summe der Wärmeabgabe von Rauminsassen und Einrichtungsgegenständen (Lampen, Geräte, Motoren, eingebrachte Materialien). Sind innere Wärmequellen nur zeitweilig vorhanden, läßt man ihre Wärmeleistung bei der Berechnung von Q_H zur Sicherheit unberücksichtigt.

Das gilt auch für Versammlungsräume, in denen bei dichter Besetzung die Wärmeabgabe des Publikums größer werden kann als der Transmissionswärmebedarf. Für das Anheizen auf die Innentemperatur sind aber ausreichende Wärmequellen erforderlich.

Die als Ersatz der Fortluft einzubringenden Außenluftmengen müssen auf die Innentemperatur erwärmt werden. Der Lüftungswärmebedarf wird dann:

$$Q_L = m_{La} \cdot c_p \, (t_a - t_i) \tag{41}$$

m_{La} kg/h Außenluftmenge
t_a °C Außentemperatur

Mindestluftraten für Aufenthaltsräume sind in DIN 1946, Bl. 1, festgelegt. Bei extremen Witterungsbedingungen wird eine Herabsetzung der Mindestluftmengen empfohlen, Tab. 5, um den Lüftungswärmebedarf nicht zu stark ansteigen zu lassen.

Im Winter hat die Außenluft selbst bei voller Sättigung $\varphi = 1{,}0$ nur einen geringen Feuchtigkeitsgehalt x_a, wie das i,x-Diagramm Tafel I zeigt. Es ist dann notwendig, zu befeuchten. Die Befeuchtungsmenge m_W berechnet sich als Differenz zwischen notwendiger Änderung des Feuchtigkeitsgehaltes der Außenluft $m_{La}(x_i - x_a)$ und Feuchtigkeitsquellen im Raum m_{WI}:

$$m_W = m_{La} \, (x_i - x_a) - m_{WI} \,. \tag{42}$$

Innere Feuchtigkeitsquellen sind Rauminsassen und Einrichtungsgegenstände. Wasserdampfabgabe von Menschen siehe Tab. 2.

Bei *Berechnung der Kühllast* Q_K *eines Raumes im Sommer* sind die inneren Wärmequellen Q_I den von außen eindringenden Wärmemengen Q_A hinzuzuzählen:

$$Q_K = Q_A + Q_I \,.$$

Einen wesentlichen Teil von Q_A macht die Sonnenstrahlung aus, die meist größere Wärmemengen in den Raum liefert als die Transmissionswärme. Fensterglas läßt die kurzwelligen Sonnenstrahlen durch, hingegen nicht die von erwärmten Wänden und Einrichtungsgegenständen ausgehende langwellige Wärmestrahlung. Die Strahlungswärme der Sonne bleibt deshalb weitgehend im Raum gefangen und muß von der Klimaanlage weggekühlt werden. Der Wärmedurchgang in den zu klimatisierenden Raum ist nach Gl. (38) der Lufttemperaturdifferenz außen — innen $(t_a - t_i)$ proportional. Die Schwankungen der Außentemperatur t_a im Tagesgang dringen durch die Speicherwirkung der Baukonstruktion zeitlich verzögert nach innen. Gleichzeitig ist die Sonnenstrahlung einem täglichen Zyklus unterworfen. Beide Wärmeströme sind phasenverschoben und haben unterschiedliche Amplituden. Im Zusammenwirken ergeben sich periodische Veränderungen der Kühllast.

Zur vereinfachten Berechnung der komplexen Beziehungen wurde in den USA der Begriff der „Sonnenlufttemperatur“ (sol-air temperature) entwickelt [32, 33]. Darunter ist eine hypothetische Außentemperatur zu verstehen, die ohne Strahlung den gleichen Wärmeeinfall ergibt wie die örtliche Außentemperatur einschließlich Sonnenstrahlung. Durch Messung der Oberflächentemperaturen von Wänden und Dächern lassen sich analytisch berechnete Sonnenlufttemperaturen nachprüfen.

Bei stationärer Sonnenstrahlung wäre der Wärmeeinfall

$$q_{\text{ges}} = A \cdot q_{\text{str}} + \alpha_a \cdot (t_a - t_0) \,. \tag{43}$$

Die Strahlungswärme q_{str} kcal/m²h ergibt sich als Summe aus direkter Sonnen- und diffuser Himmelsstrahlung. Die Absorptionszahl A liegt für Außenflächen zwischen 0,9 (dunkle Flächen) und 0,5 (helle, weiße Flächen) mit $A = 0{,}7$ als Mittelwert (graue, grüne und rote Flächen). In dem zweiten Summanden für den konvektiven Wärmeübergang bedeuten α_a kcal/m²h grd die äußere Wärmeübergangszahl, t_a die Außentemperatur und t_0 die Oberflächentemperatur des Bauteiles. Unter Verwendung der Sonnenlufttemperatur

$$t_s = t_a + \frac{A \cdot q_{str}}{\alpha_a} \tag{44}$$

läßt sich auch schreiben

$$q_{\text{ges}} = \alpha_a (t_s - t_0) .$$

Tabelle 8. *Mittlere Außenlufttemperatur und Sonnenlufttemperatur an heißen Tagen mit maximaler Lufttemperatur $t_{max} = 32\,°C$ in Berlin* [26].

Zeit h	Mittlere Außenlufttemperatur t_{am} °C	Sonnenlufttemperatur in °C				
		Flachdach	N	S	O	W
0	21	21	21	21	21	21
2	16	21	16	16	16	16
4	15	21	15	15	15	15
6	16	23	23	19	38	16
8	21	40	21	24	42	21
10	27	58	27	41	44	27
12	31	67	31	49	31	31
14	32	63	32	46	32	49
16	31	50	31	34	31	57
18	29	36	36	29	29	51
20	26	26	26	26	26	26
22	23	23	23	23	23	23
Mittelwert	24	38	25	29	30	30

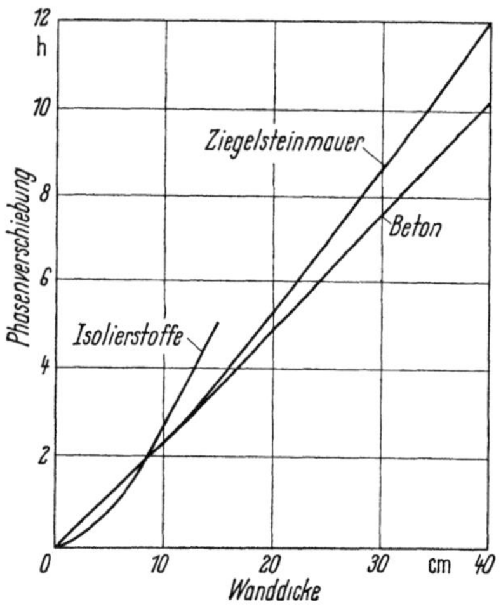

Abb. 227. Phasenverschiebung des Temperaturmaximums außen-innen bei periodischem Wärmedurchgang durch eine Wand [26].

Periodische Änderungen der Oberflächentemperatur pflanzen sich phasenverschoben und mit verringerter Amplitude in das Rauminnere fort. Der Wärmedurchgang zu einer beliebigen Zeit pro m² Außenfläche berechnet sich nach

$$q = k\,(t_{sm} - t_i) + k \cdot f\,(t_s - t_{sm}) , \tag{45}$$

t_{sm} ist dabei die mittlere Sonnenlufttemperatur des Tages, t_s die Sonnenlufttemperatur zu einer um die Phasenverschiebung früheren Zeit und f der Verkleinerungsfaktor der Amplitude der Temperaturschwankung beim Durchdringen des Bauteiles. Abb. 227 zeigt die Phasenverschiebung in Abhängigkeit von der Wandstärke und vom Baumaterial nach [26]. Die Sonnenlufttemperaturen Tab. 8 sind der gleichen Quelle entnommen.

Definiert man noch eine „äquivalente Temperaturdifferenz“

$$\Delta t_{äq} = (t_{sm} - t_i) + f\,(t_s - t_{sm}) , \tag{46}$$

so läßt sich der Wärmedurchgang nach der gewohnten Beziehung

$$Q = k \cdot F \cdot \Delta t_{äq}$$

besonders bequem berechnen. In [32] und [26] finden sich Tabellen für äquivalente Temperaturdifferenzen und Anwendungsbeispiele.

Beim Auftreffen der Sonnenstrahlen auf Fensterglas wird in Abhängigkeit von der Wellenlänge ein Teil absorbiert, ein Teil reflektiert und der größte Teil (bis nahe 90% bei Einfallswinkeln unter 50°) hindurchgelassen. In der amerikanischen Literatur [32] sind ausführliche Tabellen für den Wärmestrom durch Strahlung und Konvektion für verschiedene Glassorten enthalten.

Spezialgläser (sog. „Absorptionsglas") setzen die Durchlässigkeit für Wärmestrahlung herab. Wirksamere Einsparungen an Kühllast werden durch Sonnenschutzeinrichtungen erreicht, die den direkten Strahlendurchgang verhindern. Außenjalousien fangen bis zu 80% der Sonnenwärme ab, gewisse Verringerungen des Wärmeeinfalles ergibt bereits die Beschattung der Fenster durch Mauervorsprünge. Messungen mit einem speziellen Strahlungskalorimeter [34] haben rechnerische Ansätze für die Wirkung von Sonnenschutzeinrichtungen befriedigend bestätigt.

F. Ausrüstungsteile der Klimazentrale.

Nach der Berechnung der Heiz- und Kühllast liegen die Störgrößen fest, die den zu fordernden Raumzustand beeinflussen, der gleichzeitig dem Zustand der Abluft 2 in Abb. 212 entspricht. Die klimatisierte Zuluft 1 muß die Wärmezu- bzw. -abfuhr im Raum sowie Änderungen des Feuchtigkeitsgehaltes kompensieren können, wenn der Raumzustand erhalten bleiben soll. Der Zuluftzustand ist folglich im i,x-Diagramm auf einer Linie $\Delta i/\Delta x$ durch den Raumzustand festzulegen, die durch das Verhältnis der Wärmemengenänderungen zu den Änderungen der Feuchtigkeitsmengen gegeben ist. Zu- oder Abfuhr ist durch das Vorzeichen zu berücksichtigen. Durch geeignete Dosierung der Zuluftmengen wird dann der Raumzustand gewährleistet. Aus wirtschaftlichen Gründen ist ein Zuluftzustand anzustreben, für den die Anlage- und Betriebskosten ein Minimum werden.

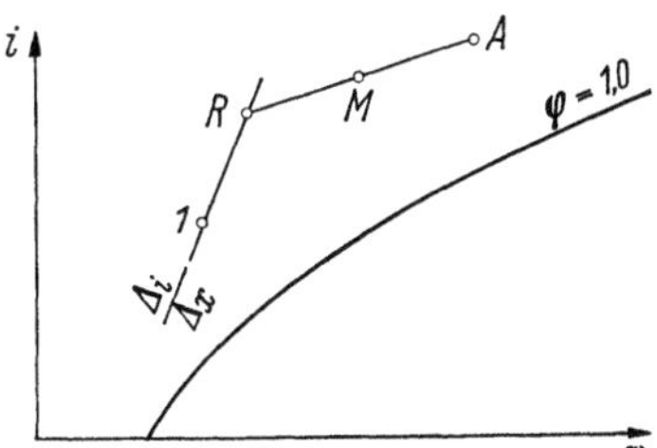

Abb. 228. Ermittlung des erforderlichen Zuluftzustandes *1* im i,x-Diagramm. *A* Außenluftzustand; *R* Raumzustand; *M* Mischpunkt.

In Abb. 228 sei R der geforderte Raumzustand und $\Delta i/\Delta x$ die Richtungslinie entsprechend den inneren Enthalpie- und Feuchtigkeitsgehaltsänderungen. Dann läßt sich im Sommerbetrieb (Kühlung) mit allen Zuluftzuständen unterhalb von R auf der $\Delta i/\Delta x$-Linie der Raumzustand einhalten. Im Winterbetrieb (Heizung) sind Zuluftzustände oberhalb von R erforderlich. Die notwendigen Luftmengen sind stark unterschiedlich und dem Abstand des Zuluftzustandes 1 von R umgekehrt proportional. Liegt im Sommer der Außenluftzustand ausnahmsweise bereits auf der Δi-$/\Delta x$-Linie unterhalb von R, ist überhaupt keine Luftbehandlung in der Klimazentrale erforderlich und der Raumzustand kann allein durch entsprechende Außenluftraten eingehalten werden.

Die notwendigen Zuluftmengen m_L kg/h lassen sich aus der Wärme- oder Feuchtigkeitsbilanz berechnen. Mit Q_z kcal/h für die Wärmezufuhr im Raum, W kg/h für die Feuchtigkeitszufuhr und i_0 kcal/kg für die Feuchtigkeitsenthalpie gilt:

$$\text{Feuchtigkeitsbilanz: } m_L \cdot x_1 + W = m_L \cdot x_R ,$$

$$m_L = \frac{W}{(x_R - x_1)} \cdot \qquad (47)$$

$$\text{Wärmebilanz:}\; m_L \cdot i_1 + Q_z + W \cdot i_0 = m_L \cdot i_R\,,$$

$$Q_z = m_L\,(i_R - i_1) - W \cdot i_0\,,$$

$$m_L = \frac{Q_z + W \cdot i_0}{(i_R - i_1)}\,. \tag{48}$$

Damit findet sich die Richtungslinie, auf der der Zuluftzustand liegen muß:

$$\frac{\Delta i}{\Delta x} = \frac{i_R - i_1}{x_R - x_1} = \frac{Q_z}{W} + i_0\,. \tag{49}$$

Die Zuluftmenge m_L kann mit Hilfe des i,x-Diagrammes Tafel I in einen Volumstrom zur Dimensionierung von Ventilatoren und Luftführungskanälen umgerechnet werden.

Im Regelfalle hat die Außenluft A nicht einen Zustand auf der $\Delta i/\Delta x$-Lnie und muß in der Klimazentrale entsprechend behandelt werden. Durch Mischung mit Umluft kann man bereits ihren Zustand näher an die $\Delta i/\Delta x$-Linie heranbringen, M in Abb. 215 und Abb. 228. Gewisse Mindestfrischluftraten nach Tab. 5 sind zur Gewährleistung hygienischer Forderungen einzuhalten. Für den Klimatisierungsprozeß ergibt der Luftwäscher die vielgestaltigsten Einsatzmöglichkeiten.

I. Wärme- und Stoffaustausch im Luftwäscher.

Bei der Luftbehandlung in einer Sprühkammer (Luftwäscher) läßt sich durch direkten, innigen Kontakt zwischen zerstäubtem Wasser und strömender Luft in Abhängigkeit von den Eintrittszuständen und Mengenverhältnissen beider Medien Abkühlung oder Erwärmung und Befeuchtung oder Entfeuchtung erreichen. Eine rein theoretische Behandlung der verwickelten Wärme- und Stoffaustauschprozesse gelingt nicht, da Unsicherheiten besonders für die einzuführenden Austauschflächen bestehen und sich in den Wassertropfen Temperaturgradienten ausbilden, die nur schwer zu erfassen sind. Die experimentelle Forschung steht deshalb im Vordergrund und konnte Fortschritte erzielen, nachdem Bradtke [35] in einer Übersicht über die Projektierungsgrundlagen von Klimaanlagen noch vor 25 Jahren feststellen mußte, daß der planende Ingenieur völlig auf eigene Erfahrungen angewiesen ist.

Eine klare Übersicht über die im Luftwäscher möglichen Zustandsänderungen liefert das schematische i,x-Diagramm Abb. 217 zur Erläuterung des Verdun-

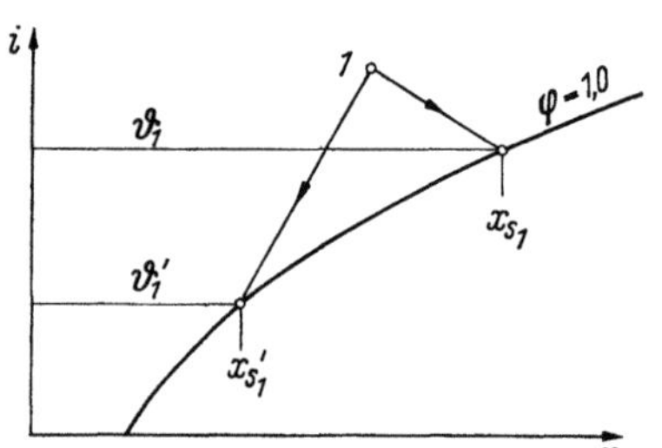

Abb. 229. Klimatisierung mit unendlich großen Wassermengen (ϑ und x_s konstant; 1 Luftzustand).

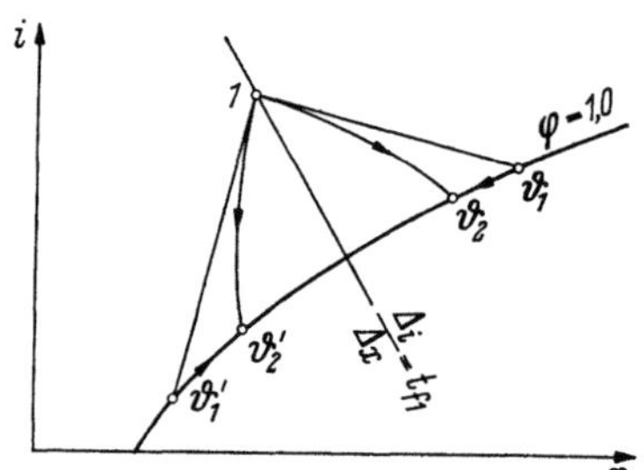

Abb. 230. Klimatisierungskurven bei endlichen Luft- und Wassermengen im Gleichstrom, schematisch.

stungsvorganges. Je nach Einregeln der Sprühwassertemperatur in den Bereichen zwischen A und G tritt Erwärmung, Abkühlung, Befeuchtung oder Entfeuchtung der strömenden Luft ein. Die Richtung der Wärme- und Stoffströme je nach Lage der Wasseroberflächentemperatur war rechts angedeutet.

Abb. 217 setzt vereinfachend unendliche Luftmengen voraus, so daß der Luftzustand L konstant bleibt. Bei unendlichen Wassermengen bliebe nach Abb. 229 der Grenzflächenzustand ϑ, x_s unveränderlich und der Luftzustand würde darauf hingezogen. Eine geradlinige Zustandsänderung erfordert eine Lewis-Zahl $Le = \frac{a}{D} = 1{,}0$ (a Temperaturleitzahl, D Diffusionszahl), was bei feuchter Luft befriedigend erfüllt ist ($0{,}88 < Le < 0{,}94$). Im Luftwäscher ändern sich sowohl der Luftzustand als auch der des Sprühwassers stetig und es ergeben sich Klimatisierungskurven, wie sie Abb. 230 schematisch zeigt. ϑ und x_s bewegen sich auf der Sättigungslinie zur Kühlgrenze und der Luftzustand wird auf den veränderlichen Grenzflächenzustand hingezogen.

Eine näherungsweise Berechnung der Zustandsänderungen gelingt über Wärme und Stoffbilanzen mit Hilfe von Stufenverfahren zur Integration der nicht lösbaren Differentialgleichungen. Die grundsätzlichen Zusammenhänge lassen sich eleganter im i,x-Diagramm unter Verwendung eines Verdunstungspoles übersehen, der von Bošnjaković [36] vorgeschlagen wurde.

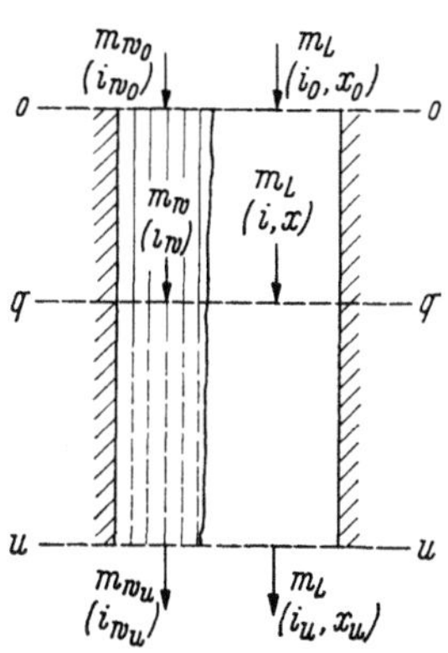

Abb. 231. Adiabater Verdunstungskanal im Gleichstrom [36]. m_w Wassermenge; m_L Reinluftmenge.

In einem adiabaten, senkrecht durchströmten Verdunstungskanal nach Abb. 231 soll oben die Wassermenge m_{W_o} eintreten, die sich nach unten durch Verdunstung auf m_{W_u} veringert. Die Enthalpien des Wassers seien i_{W_o} bzw. i_{W_u} und i_W im beliebigen Querschnitt q. Der Luftzustand soll sich im Gleichstrom von i_o, x_o über i, x auf i_u, x_u verändern.

Es gelten dann folgende Bilanzen:

$$\text{Wärmebilanz: } i_0 + \frac{m_{W_o}}{m_L} \cdot i_{W_o} = i + \frac{m_W}{m_L} \cdot i_W = i_u + \frac{m_{W_u}}{m_L} \cdot i_{W_u} = i_{gl} = \text{konst.} \quad (50)$$

$$\text{Stoffbilanz: } x_o + \frac{m_{W_o}}{m_L} = x + \frac{m_W}{m_L} = x_u + \frac{m_{W_u}}{m_L} = x_{gl} = \text{konst.} \quad (51)$$

Die Enthalpien i und i_W sind Mittelwerte über dem Querschnitt. Da Wärme und Stoff von einem Medium auf das andere überströmen, nicht aber verlorengehen können, ergeben sich für beliebige Querschnitte gleichbleibende Werte von i_{gl} und x_{gl}, die einem bestimmten Punkt im i,x-Diagramm entsprechen, dem Verdunstungspol Π_{gl} in Abb. 232.

Mit

$$\frac{m_W}{m_L} = x_{gl} - x \quad (51)$$

nach Gl. (51) folgt aus Gl. (50):

$$(i_{gl} - i) = \frac{m_W}{m_L} \cdot i_W = (x_{gl} - x) \cdot i_W$$

und

$$\frac{i_{gl} - i}{x_{gl} - x} = \frac{\Delta i}{\Delta x} = i_W \,. \quad (52)$$

Gl. (52) ergibt die Neigung der Verbindungsgeraden zwischen dem jeweiligen Luftzustand L und dem Verdunstungspol Π_{gl}. Sie verläuft parallel zur Nebelisothermen t_W durch den zugeordneten Granzflächenzustand G und wird von Bošnjaković als „Querschnittsgerade" bezeichnet.

x_{gl} ist nach Abb. 232 im i,x-Diagramm die Senkrechte im Abstand $\frac{m_{W_o}}{m_L}$ von x_0. Wird im Schnittpunkt dieser Senkrechten mit i_0 die Strecke $\frac{m_{W_o}}{m_L} \cdot i_0$ nach oben abgetragen, ist der Verdunstungspol Π_{gl} festgelegt. Bei Vernachlässigung von Temperaturgradienten im Wasserfilm und Annahme eines Lewis-Faktors $\frac{\alpha}{\sigma \cdot c_p'} = 1{,}0$ wird der Grenzflächenzustand G_0 bis G_u jeweils zum ziehenden Punkt für die Veränderung des Luftzustandes von L_0 bis L_u. Da sich mit der Veränderung von L auch die Kühlgrenze ändert, kann die Kühlgrenze t_K des Ausgangszu-

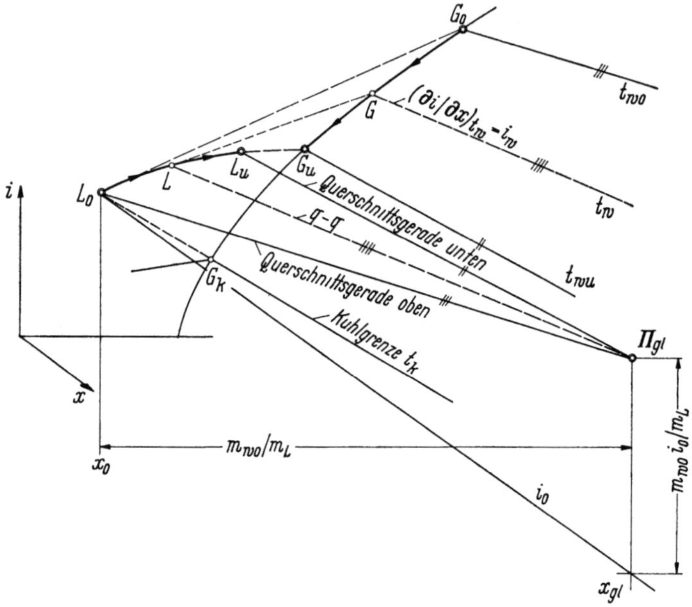

Abb. 232. Adiabate Verdunstung im Gleichstrom [36] mit Verdunstungspol Π_{gl} und einigen „Querschnittsgeraden".

standes L_0 nur erhalten bleiben, wenn die Wassermenge m_{W_0} mit $t_{W_0} = t_K$ zugeführt wurde (Zustandsänderung adiabater Beharrung D nach Abb. 217). In allen anderen Fällen stellt sich das Wasser auf eine Temperatur t_{Ku} ein, die sich merklich von t_K unterscheidet. Die Nebelisotherme durch den Verdunstungspol bezeichnet BOŠNJAKOVIĆ als „wahre Kühlgrenze". Sie wird in einem unendlich langen Verdunstungskanal erreicht, G_u und L_u fallen dann auf der Sättigungslinie zusammen.

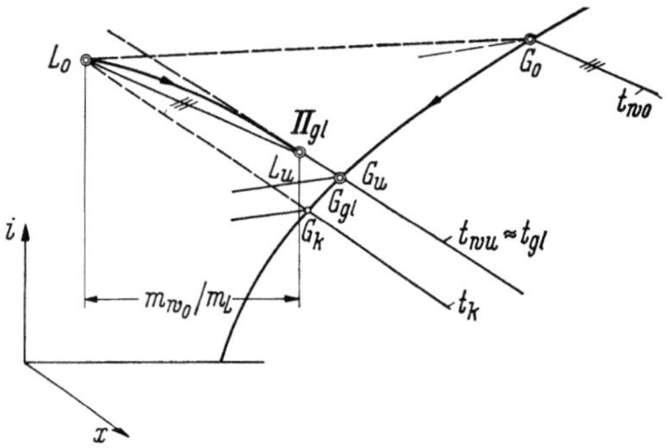

Abb. 233. Restlose adiabate Verdunstung im Gleichstrom [36]. Verdunstungspol Π_{gl} und Endzustand der Luft L_u fallen zusammen. Für unendlich langen Kanal fällt Π_{gl}, L_u und G_u zusammen.

Bei restloser adiabater Verdunstung des Wassers wird:

$$\frac{m_{W_0}}{m_L} = x_u - x_0 \tag{53}$$

und der Verdunstungspol Π_{gl} fällt dann nach Abb. 233 mit dem Endzustand der Luft L_u zusammen. Die Nebelisotherme t_{gl} durch Π_{gl} ergibt wieder die wahre Kühlgrenze, auf die sich das Wasser einstellt. Offensichtlich ist das Mengenverhältnis Wasser-Luft $\varepsilon = \frac{m_{W_0}}{m_L}$ von maßgeblichem Einfluß für den bei der Klimatisierung erreichbaren Endzustand und natürlich auch die Ausgangszustände beider Medien. Für ε ist die Bezeichnung „Wasser-Luftzahl" eingeführt.

In einer horizontalen Sprühkammer fallen durch Schwerkraftwirkung Tropfen aus, was die Berechnungen zusätzlich kompliziert. Abb. 234 zeigt Messungen von SCHREIBER [37] mit unterschiedlichen ε-Werten und verändertem Düsendurchmesser d_o, die eine näherungsweise lineare Abnahme der schwebenden Wassermenge mit der Sprühkammerlänge l zeigen. Bei den im Maschinenlaboratorium der TH Karl-Marx-Stadt durchgeführten experimentellen Forschungen hat sich die Theorie von BOŠNJAKOVIĆ bestätigt, wobei auch die Zustandsänderungen von Wasser und Luft auf dem Austauschwege erfaßt wurden.

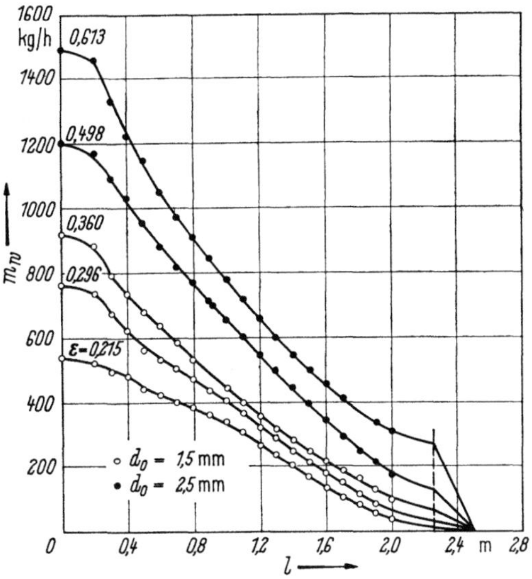

Abb. 234. Schwebende Wassermengen m_w in einer horizontalen Sprühkammer nach Messungen von SCHREIBER [37].

l Sprühkammerlänge; $\varepsilon = \frac{m_w}{m_L}$ Wasserluftzahl im Eintrittsquerschnitt; d_0 Düsendurchmesser.

Abb. 235 zeigt Meßreihen mit Abkühlung und Befeuchtung, die zwischen C und D nach Abb. 217 einzuordnen sind. Zu den beiden oberen Klimatisierungskurven gehört eine Wassereintrittstemperatur in die Sprühdüsen $\vartheta_1 = 32$ °C. Der Eintrittszustand 1 der Luft war auf $t_1 = 50$ °C und $x_1 = 10{,}1$ g/kg eingeregelt. Bei der kleineren Wasser-Luft-

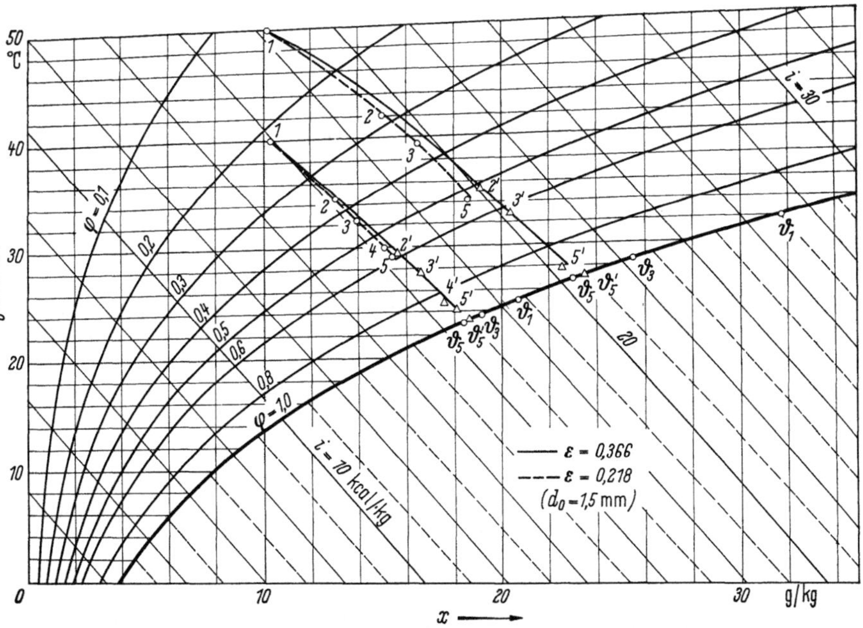

Abb. 235. Gemessene Klimatisierungskurven bei Gleichstrom [37, 38]

1 bis 5 Luftzustand; ϑ_1 bis ϑ_5 zugeordnete Sprühwassertemperaturen. Eintrittszustand ϑ_1 oberhalb der Kühlgrenze der Eintrittsluft.

zahl $\varepsilon = 0{,}218$ (gestrichelter Kurvenzug) bleibt ein deutlicher Abstand im Endzustand 5 der Luft von der Sättigungslinie, während mit $\varepsilon = 0{,}366$ (ausgezogene Kurve) bereits ein hoher Sättigungsgrad erreicht wird (Endzustand der Luft 5'). Der Endzustand des Sprühwassers ϑ_5' liegt über ϑ_5 für $\varepsilon = 0{,}218$

Bei der unteren Versuchsreihe wurde t_1 auf 40 °C und ϑ_1 auf 25 °C abgesenkt. Dadurch ergibt sich eine Zustandsänderung der Luft bei nahezu adiabater Sättigung mit ϑ_5 bzw. ϑ'_5 für die Endzustände des Wassers. Die Zustände 2 entsprechen rund 10% der Sprühkammerlänge, 3 etwa 20% und 4 etwa 50%. Besonders bei dem höheren ε-Wert ist bemerkenswert, daß wesentliche Teile der Zustandsänderung schon nach einer kurzen Anlaufstrecke erreicht sind.

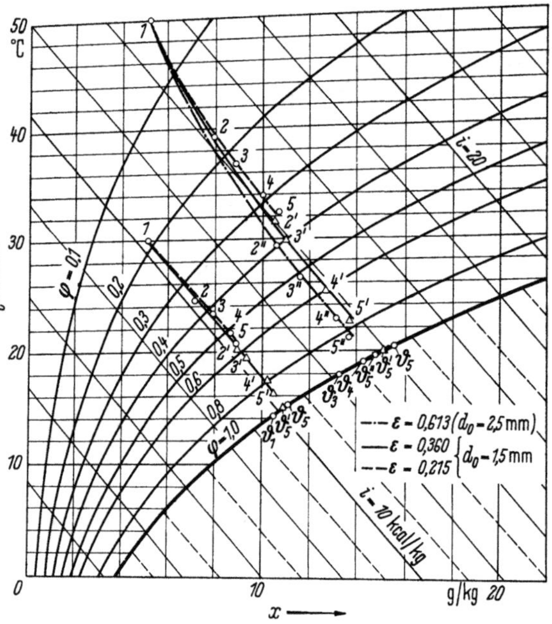

Abb. 236. Gemessene Klimatisierungskurven mit Sprühwassertemperaturen unterhalb der Kühlgrenze [37, 38].

Abb. 236 zeigt ähnliche Zusammenhänge für Meßreihen im Bereich zwischen D und E und nahe bei D nach Abb. 217. Die Eintrittstemperatur des Sprühwassers wurde gleichbleibend auf $\vartheta_1 = 14{,}2$ °C gehalten, der Eintrittszustand der Luft war $t_1 = 50$ °C und 30 °C bei $x_1 = 5{,}2$ g/kg. Zum Vergleich wurde eine Versuchsreihe mit einem größeren Düsendurchmesser d_0 mit aufgenommen. Trotz beträchtlicher Steigerung der Wassermenge ($\varepsilon = 0{,}613$ strichpunktiert) konnte die Aufsättigung der Luft nur wenig vergrößert werden, was mit der schlechteren Zerstäubungswirkung der größeren Düsen zu erklären ist.

Einige orientierende Messungen der Zustandsänderungen über der Sprühkammerlänge aufgetragen zeigen die Abb. 237 bis 239. Es bedeuten t und x wie in Abb. 217 Temperatur und Feuchtigkeitsgehalt der Luft, ϑ und x_s die Zustandsgrößen der Wasseroberfläche. Den Wärmeübergang bewirken Temperaturdifferenzen $\Delta t = (t - \vartheta)$, während die Verdunstungsmenge durch den Unterschied im Feuchtigkeitsgehalt $\Delta x = (x_s - x)$ charakterisiert werden kann.

Abb. 237 zeigt auf dem Austauschweg l Erwärmung und Befeuchtung der Luft bei Abkühlung des Wassers, das neben der durch Konvektion an die kältere Luft übergehenden Wärmemenge q_K auch noch den gesamten Wärmebedarf für den Stoffaustausch: $q_f = m_f \cdot r$ (m_f Verdunstungsmenge) zu bestreiten hat. Wärme und Stoff strömen gleichgerichtet vom Wasser zur Luft, die Zustandsänderung ist in den Bereich zwischen A und B nach Abb. 217 einzuordnen.

In Abb. 238 sind keine Temperaturveränderungen im Wasser eingetreten (ϑ und x_s konstant), die Luft wird abgekühlt und befeuchtet. Wärme- und Stoffstrom sind entgegengerichtet und so aufeinander abgestimmt, daß der konvektive Wärmeübergang von der Luft zur Grenzfläche den Wärmebedarf q_f für die Dampfbildung gerade kompensiert. Die Flüssigkeit ist energiemäßig an dem Austauschprozeß nicht mehr beteiligt ($q = 0$), es liegt adiabater Beharrungszustand D nach Abb. 217 vor.

Schließlich zeigt Abb. 239 Abkühlung und Entfeuchtung. Wärme und Stoff strömen gleichgerichtet zur Grenzfläche, das Wasser erwärmt sich und nimmt neben der konvektiv übergehenden Wärmemenge q_K auch noch die mit der austauenden Feuchtigkeit frei werdende Kondensationswärme auf. Durch Ein-

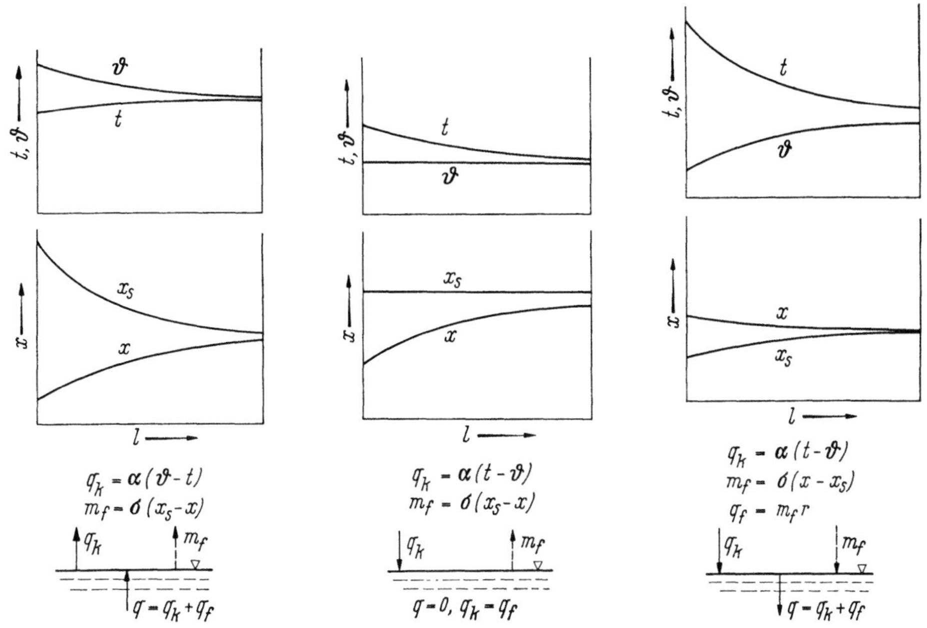

Abb. 237. Abb. 238. Abb. 239.

Abb. 237. Sprühkammerversuche mit Erwärmung und Befeuchtung der Luft.
t, x Luftzustand; ϑ, x_s Grenzflächenzustand; q_k ausgetauschte Wärmemenge, m_f Stoffmenge; $q_f = m_f \cdot r$ Wärmebedarf für die Verdunstung; l Sprühkammerlänge. Wärme und Stoffstrom gleichgerichtet vom Wasser in die Luft.

Abb. 238. Adiabate Befeuchtung und Abkühlung, Grenzflächenzustand (ϑ, x_s) konstant. Wärme und Stoffstrom entgegengerichtet. Bezeichnungen wie Abb. 237.

Abb. 239. Entfeuchtung und Abkühlung. Wärme- und Stoffstrom gleichgerichtet von der Luft zum Wasser.

sprühen von Wasser geeigneter Temperatur kann man der Luft Feuchtigkeit entziehen, der Klimatisierungsprozeß ist zwischen F und G im schematischen i,x-Diagramm Abb. 217 einzuordnen.

Die meisten bisherigen Untersuchungen an Luftwäschern beziehen sich auf adiabate Befeuchtung mit Umlaufwasser. Wird das Sprühwasser kontinuierlich umgepumpt, dann stellt es sich nach einiger Zeit etwa auf adiabate Beharrung ein und der Luftzustand wandert auf einer Nebelisothermen zur Sättigungslinie, wie es die unteren Klimatisierungskurven in den Abb. 235 und 236 zeigen. In der amerikanischen Literatur [32] wird als „Befeuchtungswirksamkeit" (humidifying effectiveness) oder „Sättigungswirksamkeit" (saturating effectiveness) als Prozentwert das Verhältnis

$$e_a = \left(\frac{t_1 - t_2}{t_1 - t_{f1}}\right) \cdot 100 \tag{54}$$

verwendet, das als Quotient aus den Temperaturdifferenzen der Luft im Eintritt (t_1) und Austritt (t_2) sowie t_1 und der Kühlgrenztemperatur der Eintrittsluft t_{f1} berechnet wird. Man setzt also die tatsächlich erreichte Aufsättigung zu der optimalen bei $\varphi = 1{,}0$ ins Verhältnis. Erfahrungswerte sind in Tab. 9 angegeben.

Tabelle 9. *Aufsättigung bei adiabater Befeuchtung in Sprühkammern unterschiedlicher Konstruktion* [32].

Anordnung	Sprühkammerlänge	e_a
1 Düsenreihe Gleichstrom	1,20 m	50 bis 60%
1 Düsenreihe Gleichstrom	1,80 m	60 bis 75%
1 Düsenreihe Gegenstrom	1,80 m	65 bis 80%
2 Düsenreihen Gleichstrom	2,40 bis 3,00 m	80 bis 90%
2 Düsenreihen gegenüberstehend	2,40 bis 3,00 m	85 bis 96%
2 Düsenreihen Gegenstrom	2,40 bis 3,00 m	90 bis 98%

Ausführliche Messungen sind seit 1957 besonders in der Sowjetunion durchgeführt worden. Zur Auswertung schlägt KARPIS [39] weitere Koeffizienten vor, die in Abb. 240 zusammengestellt sind. Ergänzend ist der Befeuchtungsgrad μ mit aufgenommen, den ungarische Forscher verwenden [40].

Neben den Strömungsbedingungen in der Sprühkammer und der Feinheit der Wasserzerstäubung beeinflussen auch die Anfangsbedingungen von Luft und

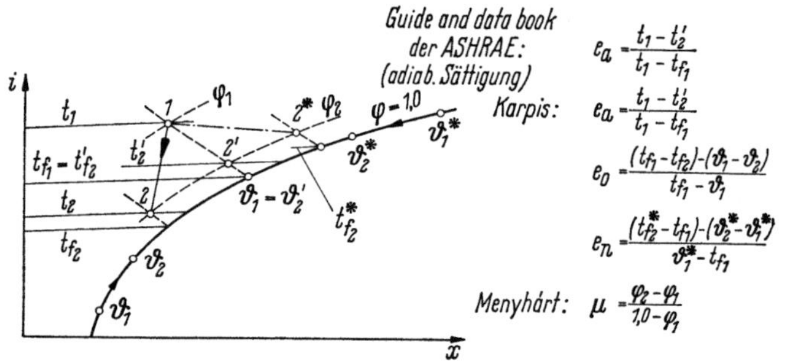

Abb. 240. Wirkungskoeffizienten zur Auswertung von Luftwäscheruntersuchungen nach [32], [39] und [40]. e_a adiabate Befeuchtung mit Umlaufwasser von Kühlgrenztemperatur; e_0 Sprühwassertemperatur unterhalb der Kühlgrenze; e_n Sprühwassertemperatur oberhalb der Kühlgrenze.

Wasser die erreichbaren Endzustände. In der Literatur mitgeteilte Erfahrungswerte können deshalb nur als repräsentative Mittelwerte gelten, von denen im Einzelfall mehr oder weniger große Abweichungen möglich sind.

Die Wärme- und Stoffbilanz der Sprühkammer ergibt nach Abb. 241 folgende Ausgangsbeziehungen:

$$m_L \cdot i_1 + m_W \cdot i_{W\,1} = m_L \cdot i_2 + (m_W - m_{W\,0}) \cdot i_{W\,2} \pm Q_R\,,$$

$$m_L\,(i_2 - i_1) = m_W\,(i_{W\,1} - i_{W\,2}) + m_{W\,0} \cdot i_{W\,2} \pm Q_R\,, \tag{55}$$

$$m_L\,(x_2 - x_1) = m_{W\,0}\,. \tag{56}$$

m_{W_0} ist dabei die verdunstende Wassermenge und $\pm Q_R$ der Wärmeaustausch mit der Umgebung. Unter Vernachlässigung dieser beiden Glieder lautet die vereinfachte Wärmebilanz:

$$(i_2 - i_1) = \frac{m_W}{m_L}\,(i_{W\,1} - i_{W\,2}) = \varepsilon\,(i_{W\,1} = i_{W\,2})\,. \tag{57}$$

Diese Beziehung wurde zuerst von BRADTKE [35] zur näherungsweisen graphischen Abschätzung der im Luftwäscher eintretenden Zustandsänderungen benutzt und liegt offensichtlich auch den in der amerikanischen Literatur verwendeten „enthalpy balance charts“ [41] zugrunde.

Auch SPRENGER [26] arbeitet mit der vereinfachten Wärmebilanz und entwickelt in Verbindung mit der Merkelschen Hauptgleichung der Verdunstungskühlung

$$m_W \cdot d_{iW} = \sigma\,(i_L - i_{L\vartheta}) \cdot dF \tag{58}$$

ein Näherungsverfahren für die Berechnung von Sprühkammern.

In Gl. (58) bedeutet σ kg/m²h die Verdunstungszahl und $i_{L\vartheta}$ die Enthalpie gesättigter Luft von Wassertemperatur. Eine experimentelle Bestätigung des Lewisschen Gesetzes [42]: $\alpha/\sigma = c_{pf}$ (c_{pf} spez. Wärme der feuchten Luft), das seiner Hauptgleichung zugrunde liegt, ist MERKEL nicht gelungen [43]. Auch bei anderen Messungen haben sich deutliche Abweichungen ergeben, so daß die Gültigkeit des Lewisschen Gesetzes für Luftwäscher angezweifelt wird [44].

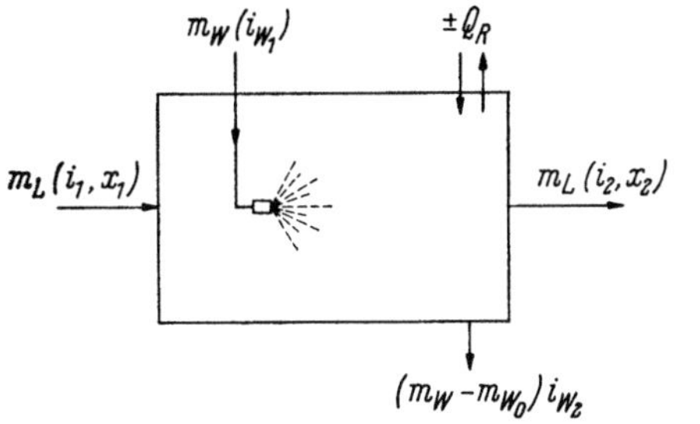

Abb. 241. Sprühkammer, schematisch.

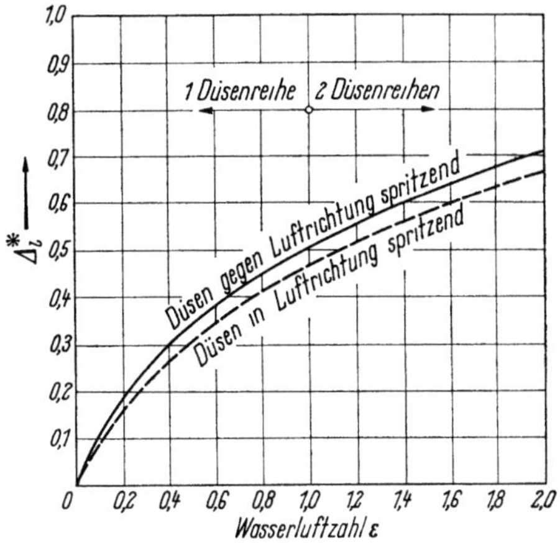

Abb. 242. Relative Enthalpieänderungen Δi^* [26]. Kammerlänge $l = 1{,}8$ bzw. $2{,}5$ m; Wasserdruck $p_{Wü} = 1{,}5$ at; Luftgeschwindigkeit $w = 2{,}5$ m/s.

SPRENGER [26, S. 705] gibt für mittlere Bedingungen Abb. 242, der für veränderliche Wasser-Luftzahlen relative Enthalpieänderungen

$$\Delta i^* = \frac{i_1 - i_2}{i_1 - i_{W1}} \tag{59}$$

entnommen werden können. Mit diesem Verfahren arbeitet auch PREUSSKER [45].

Meßwerte von SCHREIBER [37] zeigt Abb. 243, die an einer Versuchsanlage mit $F_q = 0{,}42$ m² Sprühkammerquerschnitt, $l = 2{,}25$ m Sprühkammerlänge und einer Düsenwand mit 12 Düsen im Gleichstrom unter Anwendung der vollständigen Wärmebilanz Gl. (55) gewonnen wurden.

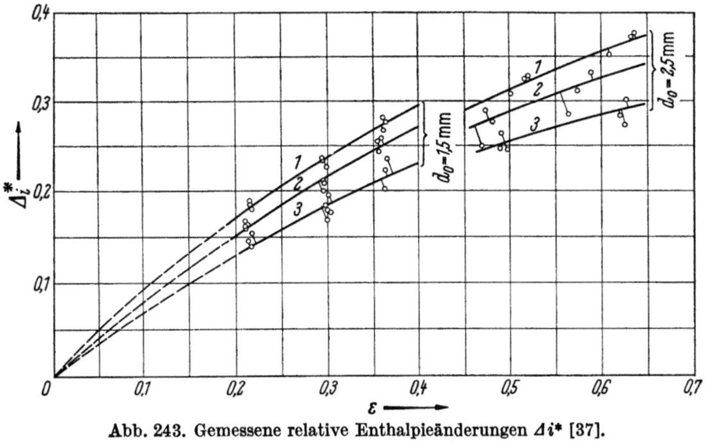

Abb. 243. Gemessene relative Enthalpieänderungen Δi^* [37]. Kammerquerschnitt $F_q = 0{,}42$ m²; Kammerlänge $l = 2{,}25$ m; eine Düsenwand im Gleichstrom *1* $\vartheta_1 = 14{,}3$; $x_1 = 8{,}5$. *2* $\vartheta_1 = 14{,}3$; $x_1 = 5{,}2$, *3* $\vartheta_1 = 18{,}3$; $x_1 = 8{,}5$.

Die Düsenbohrung betrug $d_0 = 1{,}5$ bzw. 2,5 mm und die Massengeschwindigkeit der Luft $w \cdot \varrho \approx 1{,}65$ kg/m²s. Die Untersuchungen lagen im Bereich der Klimatisierungskurven Abb. 236. Die größere Düsenbohrung ergibt niedrigere Δi^*-Werte; einen gewissen Einfluß haben auch die Eintrittszustände von Luft und Wasser.

Über Δi^* kann die Austrittsenthalpie der Luft i_2 ermittelt werden. Zur Festlegung des Endzustandes des Klimatisierungsprozesses ist noch eine der Größen t_2, x_2 oder φ_2 erforderlich. Für adiabate Beharrung ist das Verfahren nicht mehr anwendbar.

Auf umfangreichen experimentellen Untersuchungen basieren Berechnungsverfahren von KARPIS [39]. In einer wärmeisolierten Sprühkammer mit $F_q = 0{,}31\ \text{m}^2$ Querschnitt und $l = 1650$ mm Länge wurden Zentrifugaldüsen mit $d_0 = 3{,}5$ bis 5,0 mm verwendet. Die Massengeschwindigkeit der Luft betrug $w \cdot \varrho = 1{,}6$ bis 3,0 kg/m²s und der Überdruck des Sprühwassers $p_{W\ddot{U}} = 0{,}5$ bis 2,5 at. Mit den entwickelten Beziehungen können für gegebene Luftmengen sowie Anfangs- und Endzustände der Luft die Sprühwassermengen und ihre erforderlichen Temperaturen oder für bekannte Anfangszustände und Mengen von Luft und Wasser die Endzustände beider Medien ermittelt werden.

In Anlehnung an das amerikanische Vorgehen definiert KARPIS Wirkungskoeffizienten, die das Verhältnis des wirklichen Wärme- und Stoffaustausches in der Sprühkammer zu Optimalwerten bei voller Sättigung der Luft darstellen und bereits im schematischen i,x-Diagramm Abb. 240 erläutert waren. Für adiabate Beharrung gilt in Übereinstimmung mit Gl. (54):

$$e_a = \frac{t_1 - t_2'}{t_1 - t_{f1}} = 1 - \frac{(t_2' - t_{f1})}{(t_1 - t_{f1})}.$$

Für Prozesse unterhalb der Kühlgrenze:

$$e_0 = \frac{(t_{f1} - t_{f2}) - (\vartheta_1 - \vartheta_2)}{t_{f1} - \vartheta_1} = 1 - \frac{(t_{f2} - \vartheta_2)}{(t_{f1} - \vartheta_1)} \tag{60}$$

und für Prozesse oberhalb der Kühlgrenze:

$$e_n = \frac{(t_{f2}^* - t_{f1}) - (\vartheta_2^* - \vartheta_1^*)}{\vartheta_1^* - t_{f1}} = 1 \frac{(\vartheta_2^* - t_{f2})}{(\vartheta_1^* - t_{f1})}. \tag{61}$$

Folgende Einflüsse bestimmen die Wirkungskoeffizienten:

1. Die Massengeschwindigkeit der Luft $w \cdot \varrho$.
2. Die Wasser-Luftzahl $\varepsilon = m_W/m_L$.
3. Der Typ der verwendeten Düse.
4. Die Düsenbohrung d_0 und der Wasserdruck $p_{W\ddot{U}}$.
5. Die Anzahl der Düsenreihen und die Anordnung der Düsen.
6. Die Sprührichtung des Wassers.
7. Die Kammerlänge.

Hingegen haben die Untersuchungen nur einen geringen Einfluß der Anfangsparameter von Wasser und Luft gezeigt ($\pm 5\%$). Setzt man den Endzustand am Kammeraustritt dem erforderlichen Zuluftzustand gleich, erhält man neben dem Wirkungskoeffizient e einen zweiten Wert.

Liegen Düsenform und -anordnung und die Kammerabmessungen konstruktiv fest, so läßt sich allgemein ansetzen:

$$e = f[(w \cdot \varrho), \varepsilon]$$

und die Auswertung von Versuchsergebnissen kann in der Form

$$e = C \cdot (w \cdot \varrho)^x \cdot \varepsilon^y \tag{63}$$

erfolgen.

Die Wasser-Luftzahl berechnet sich nach:

$$\varepsilon = \frac{m_W}{m_L} = \frac{m_{WD} \cdot n \cdot z \cdot F_q}{F_q \cdot (w \cdot \varrho)} = \frac{m_{WD} \cdot n \cdot z}{w \cdot \varrho}$$

m_{WD} Sprühwassermenge pro Düse,
n Zahl der Düsen pro m² Sprühkammer-Querschnitt und Reihe,
z Zahl der Düsenreihen

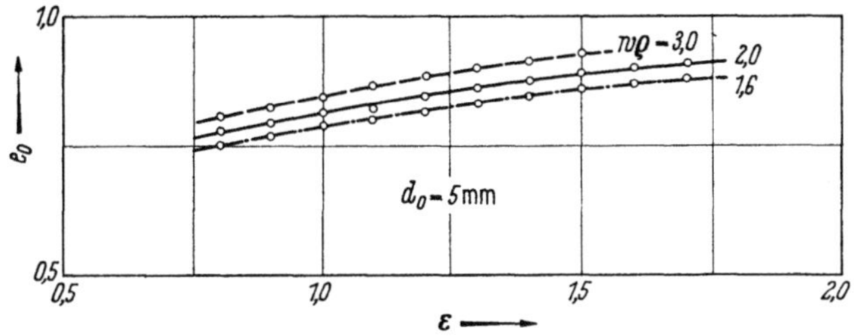

Abb. 244. Wirkungskoeffizienten e_0 bei Prozessen unterhalb der Kühlgrenze mit Erwärmung des Wassers in zweireihigen Kammern (1. Reihe Gleichstrom, 2. Reihe Gegenstrom) nach [39]. d_0 Düsendurchmesser.

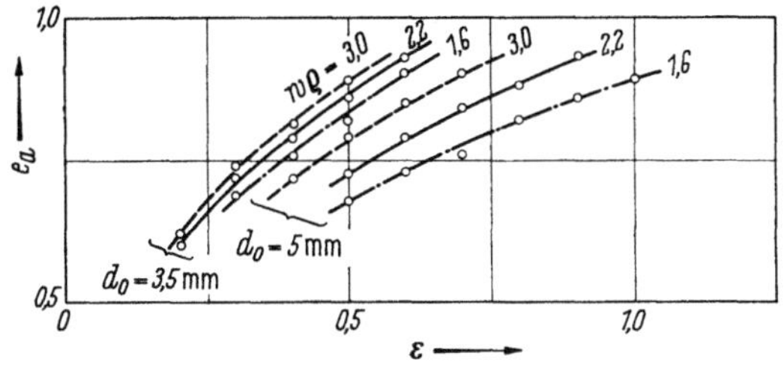

Abb. 245. Wirkungskoeffizienten e_a bei adiabater Befeuchtung in einreihigen Kammern im Gegenstrom [39].

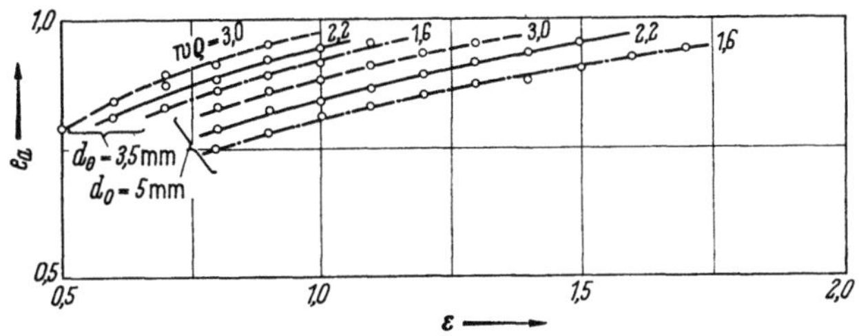

Abb. 246. Wirkungskoeffizienten e_a bei adiabater Befeuchtung in zweireihigen Kammern (1. Reihe Gleichstrom, 2. Reihe Gegenstrom).

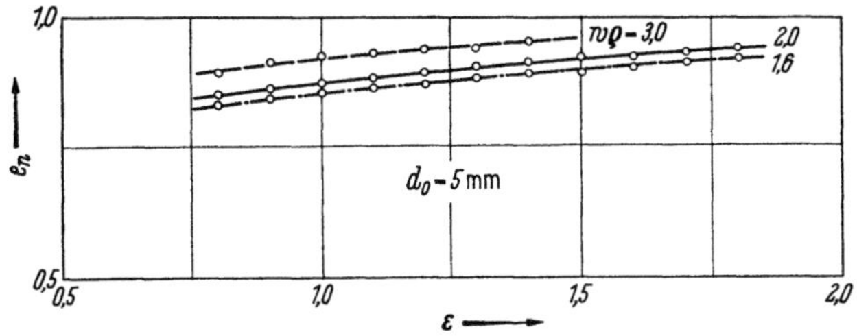

Abb. 247. Wirkungskoeffizienten e_n bei Prozessen oberhalb der Kühlgrenze mit Abkühlung des Wassers in zweireihigen Kammern (1. Reihe Gleichstrom, 2. Reihe Gegenstrom) [39].

Die Abb. 244 bis 247 zeigen die von Karpis gemessenen Wirkungskoeffizienten in Abhängigkeit von der Wasser-Luftzahl mit der Massengeschwindigkeit $w \cdot \varrho$ als

Parameterwert. In den Abb. 245 und 246 wird der Einfluß veränderter Düsenbohrungen d_0 erkennbar.

Die Versuche wurden von KARPIS auch über Ähnlichkeitskriterien ausgewertet, deren Anwendung wegen der Schwierigkeiten bei der Definition der Austauschflächen erschwert ist. Die dimensionslosen Kennziffern für den Wärmeübergang:

$$N_u = \frac{\alpha \cdot d_{gl}}{\lambda} = C_1 \cdot R_e^m \cdot \varepsilon^y \cdot (t)^v \tag{64}$$

und für den Stoffaustausch:

$$N_u' = \frac{\beta \cdot d_{gl}}{D} = C_2 \cdot R_e^n \cdot \varepsilon^y \cdot (t)^z \tag{65}$$

werden mit dem gleichwertigen Durchmesser d_{gl} der durchströmten Sprühkammer gebildet. Die Prandtl-Zahl kann für den interessierenden Bereich als unveränderlich angenommen werden und ist in den Konstanten enthalten.

Für das praktische Rechnen wird umgeformt:

$$\alpha = C_1' \cdot (w \cdot \varrho)^m \cdot \varepsilon^y \cdot (t)^v , \tag{64 a}$$

$$\sigma = C_2' \cdot (w \cdot \varrho)^n \cdot \varepsilon^y \cdot (t)^z .$$

ε ist wie bisher die Wasser-Luftzahl. Die Ausdrücke (t) sind Kenngrößen, die wie folgt definiert sind:

Für adiabate Beharrung (Wassertemperatur ϑ konstant):

$$(t)_a = \frac{t_1 - t_{f1}}{t_1} .$$

Für Prozesse unterhalb der Kühlgrenze:

$$(t)_0 = \frac{t_1 - t_{f1}}{t_1 - \vartheta_1}$$

und für Prozesse oberhalb der Kühlgrenze:

$$(t)_n = \frac{t_1 - t_{f1}}{\vartheta_1 - t_1}$$

Aus Meßwerten ergeben sich die Wärme- und Stoffübergangszahlen wie folgt

$$\alpha = \frac{Q_\alpha}{F \cdot \Delta t_{m\,\log}} = \frac{m_L \cdot c_{pf} \cdot (t_1 - t_2)}{F \cdot \Delta t_{m\,\log}} \tag{66}$$

$$\sigma = \frac{Q_{ges}}{F \cdot \Delta i_{m\,\log}} = \frac{m_L \cdot (i_1 - i_2)}{F \cdot \Delta i_{m\,\log}} \tag{67}$$

Q_{ges} ist dabei die insgesamt bei dem Verdunstungsprozeß übergehende Wärmemenge, Q_α der konvektive Anteil. Für adiabate Beharrung gilt die Beziehung für σ nicht mehr, außerdem läßt sich mit σ allein nur i_2 bestimmen. Zur Ermittlung des Endpunktes der Klimatisierung ist auch α erforderlich. Die Messung von α und σ ergibt eine Möglichkeit zur Überprüfung des Lewisschen Gesetzes [43, 44, 37].

Für das praktische Rechnen mit α und σ führen Näherungen zu wesentlichen Vereinfachungen. Die mittlere logarithmische Temperaturdifferenz

$$\Delta t_{m\,\log} = \frac{\Delta ta - \Delta te}{\ln \frac{\Delta ta}{\Delta te}} \tag{68}$$

(Δta Temperaturdifferenz Luft – Wasser am Anfang, Δte am Ende entsprechend Abb. 237) kann mit einem maximalen Fehler von $\pm$ 6,5% im Bereich

$$1{,}0 \leqq \frac{\Delta ta}{\Delta te} \leqq 10{,}0$$

geschrieben werden:

$$\Delta t_{m\log} = 0{,}35 \cdot \Delta ta + 0{,}65 \cdot \Delta te. \tag{68a}$$

Eine analoge Beziehung läßt sich für $\Delta i_{m\log}$ entwickeln.

Zwischen 10 und 25 °C gilt befriedigend genau für die Enthalpieänderung der Luft:

$$\Delta \mathrm{i} \approx 0{,}7 \cdot \Delta \mathrm{t}_f$$

(t_f Anzeige des feuchten Thermometers).

Mit diesen Vereinfachungen wurden von Karpis [39] weitere Beziehungen zur Berechnung des Endzustandes der Klimatisierung bei Kenntnis von α und σ entwickelt, die für die zahlenmäßige Auswertung zurechtgeschnitten sind.

Für den Bereich der Abkühlung und Entfeuchtung wurden die Arbeiten von Susmanowitsch weitergeführt [46], der auch einen „universellen Wirkungskoeffizienten" definiert hat. Die zweireihige Kammer ergab für diese Bedingungen um 4% günstigere Werte als die vierreihige Kammer. Nur wenn mit 2 Düsenreihen ausreichende Sprühwassermengen nicht erreicht werden können, sollte man auf 3 und 4 Reihen übergehen. Weitere sowjetische Untersuchungen bei Kühlung und Entfeuchtung hat Kamenew [47] bekanntgegeben.

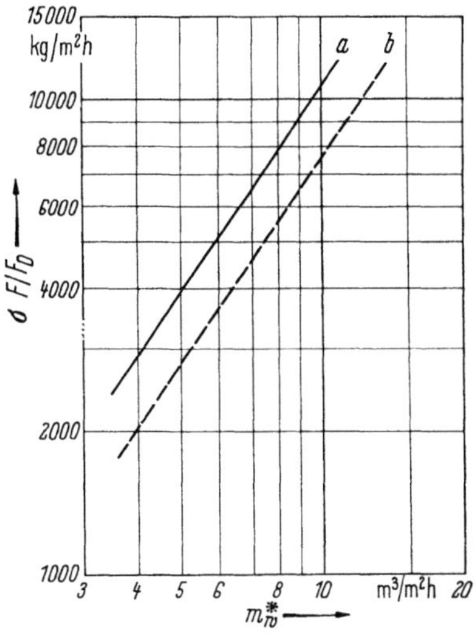

Abb. 248. Übertragungswert einer horizontalen Sprühkammer nach [48]. Mittelwerte der Luftgeschwindigkeit: a) $w = 5{,}35$ m/s, b) $w = 2{,}55$ m/s.

Versuche an einer horizontalen Sprühkammer mit $F_q = 0{,}42$ m² wurden von Sorg und Häszler [48] durchgeführt. Die Auswertung erfolgte mit dem Ansatz:

$$Q_{\text{ges}} = \sigma \cdot F \cdot \Delta i_{m\log} \tag{69}$$

Q_{ges}	übertragene Wärmemenge	kcal/h
σ	Stoffübergangszahl	kg/m²h
F	Gesamtoberfläche der Wassertropfen	m²
$\Delta i_{m\log}$	logarithm. Enthalpiegefälle Luft — Wasser.	kcal/kg

Den Ausdruck

$$\sigma \cdot \frac{F}{F_D} = K \cdot (m_w^*)^m \cdot w^n \tag{70}$$

bezeichnen Sorg und Häszler als „Übertragungswert" ($F_D = F_q\, x$; x Anzahl der Düsenwände) und ordnen ihn nach Abb. 248 der Ordinate bei der Darstellung ihrer Versuchsergebnisse zu. Die auf die Fläche der Düsenwände F_D bezogene Wassermenge $m_w^* = m_v/F_D$ geht mit einer Potenz $m = 1{,}4$ in Gl. (70) ein, da die Wassermenge durch Erhöhen des Wasserdruckes gesteigert wurde, was eine feinere Zerstäubung mit sich brachte. Der Einfluß der Luftgeschwindigkeit w war mit $n = 0{,}4$ nur gering, da für den Wärme- und Stoffaustausch die Relativgeschwindigkeiten (Wasser — Luft) maßgeblich sind, die sich weniger ändern als die absolute Luftgeschwindigkeit.

Schreiber [37] hat bei seinen Messungen ebenfalls Wärme- und Stoffübergangszahlen bestimmt, die zusammengefaßt mit der nicht meßbaren Austauschfläche ausgewertet wurden. Abb. 249 zeigt als Beispiel für Versuche im Bereich der Abb. 236 das Produkt $\alpha \cdot F$ in Abhängigkeit von der Wasser-Luftzahl ε mit der Lufttemperatur t_1 im Eintritt als Parameterwert für zwei verschiedene Düsenbohrungen d_0 im doppeltlogarithmischen Maßstab aufgetragen.

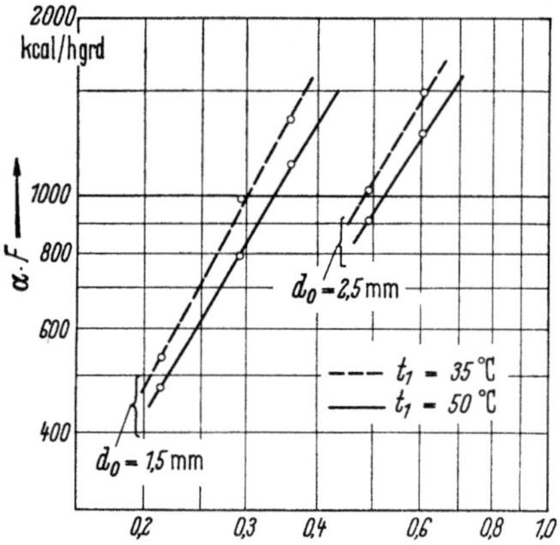

Abb. 249. Mit der Austauschfläche F zusammengefaßte Wärmeübergangszahlen $\alpha \cdot F$ bei Klimatisierung mit Abkühlung und Befeuchtung im Bereich der Abb. 236 nach [37]. t_1 Eintrittstemperatur der Luft, d_0 Düsenbohrung. Abmessungen der Versuchsanlage wie Abb. 243.

Der Befeuchtungsgrad

$$\mu = \frac{\varphi_2 - \varphi_1}{1 - \varphi_1} \tag{71}$$

nach [40] ergibt eine ähnliche Abhängigkeit von ε und d_0 und ist in Abb. 250 doppeltlogarithmisch über der freien Wäscherlänge l aufgetragen, wobei sich, wie schon in den Abb. 235 und 236, die Bedeutung der Vorgänge in der Anlaufstrecke bestätigt. Mit $d_0 = 1{,}5$ mm läßt sich bei Steigerung der Wasser-Luftzahl von 0,30 auf 0,36 die gleiche Befeuchtungswirkung mit der halben Wäscherlänge erreichen. Abb. 251 läßt den Einfluß des Abstandes zwischen Kühlgrenze der Eintrittsluft t_{f_1} und der Wassereintrittstemperatur ϑ_1 erkennen.

In der Praxis sind für gegebene Anfangsparameter und Konstruktionsabmessungen der Sprühkammer der Endzustand der Klimatisierung und die benötigten Wassermengen oder für einen geforderten Endzustand die konstruktiven Daten und die Sprühwassermenge festzulegen. Der Endzustand der Klimatisierung läßt sich ermitteln, wenn Δi^* und μ aus der Erfahrung bekannt sind. Die Rechnung über Wirkungskoeffizienten erfordert die Vorgabe des Endzustandes oder das Abschätzen der einen von den zwei Unbekannten t_{f_2} und ϑ_2. Wie die Abb. 235 und 236 zeigen, nimmt die

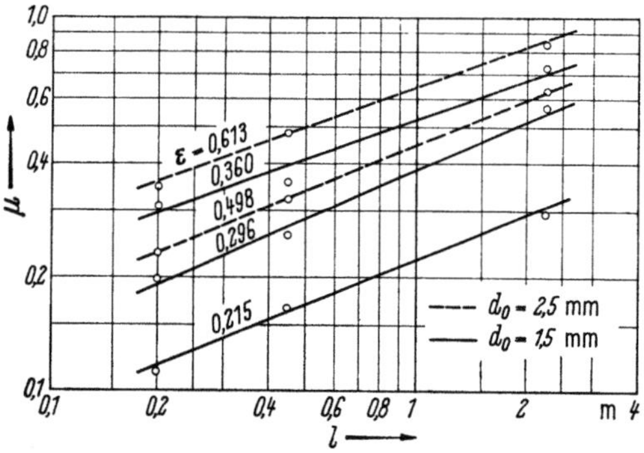

Abb. 250. Einfluß der Wäscherlänge l auf den Befeuchtungsgrad μ nach Versuchen von SCHREIBER [37]. $t_1 = 50$ °C; $x_1 = 5{,}2$ g/kg; $\vartheta_1 = 14{,}3$ °C.

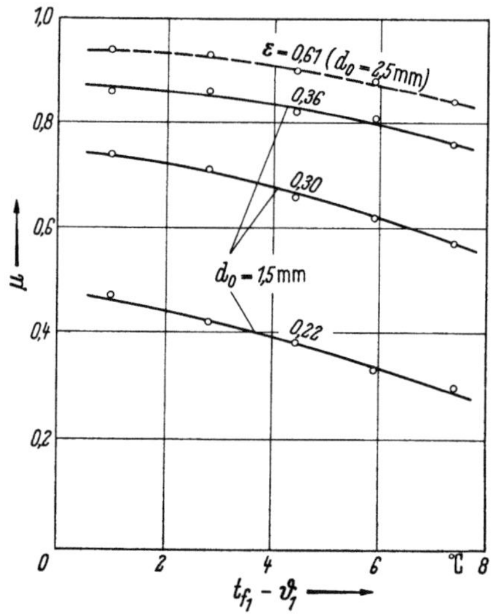

Abb. 251. Befeuchtungsgrad μ in Abhängigkeit vom Kühlgrenzabstand des Sprühwassers im Bereich der Abb. 236 [37].

Zustandsänderung der Luft nach einer kurzen Anlaufstrecke eine Richtung an, die der „wahren Kühlgrenze" nach BOSNJAKOVIC [36] nahekommt. Die Differenz $t_{f_2} - \vartheta_2$ ändert sich dann nur noch wenig mit zunehmender Wäscherlänge, und die verstärkte Befeuchtung und Abkühlung verändert die Wirkungskoeffizienten entsprechend gering. Auch der Einfluß der Wasser-Luftzahl wird weniger erkennbar.

Zusammenfassend läßt sich sagen, daß die starke Abhängigkeit der für den Wärme- und Stoffaustausch maßgeblichen Grenzfläche von der Düsenform, der konstruktiven Anordnung der Düsen und dem Wasserdruck die Entwicklung allgemeingültiger Beziehungen sehr erschwert. Kleine Düsenbohrungen gepaart mit gesteigertem Wasserdruck und dichter Bestückung in der Düsenwand verbessern die Austauschbedingungen und kommen Bestrebungen zur Verringerung der Kammerabmessungen entgegen.

Eine theoretische Untersuchung, wie sich Sprühkammerabmessungen und Tropfengröße auf die Tropfenbewegung und die Austauschprozesse bei adiabater Befeuchtung mit vorgegebenem Endzustand auswirken, liegt von GRASSMANN und Mitarbeitern vor [49]. Die Bedingungen für den Wärme- und Stoffaustausch werden durch feine Zerstäubung des Sprühwassers mit entsprechender Vergrößerung der Gesamttropfenoberfläche (die Oberfläche pro kg Sprühwasser ist dem Tropfendurchmesser d_T umgekehrt proportional) wesentlich verbessert, obwohl die verkleinerte Einzeltropfenmasse ein rascheres Absinken der Relativgeschwindigkeit zwischen Luft und Wasser mit sich bringt. Die Verweilzeit der Tropfen im Sprühraum wird natürlich auch von der konstruktiven Anordnung der Düsen und Abscheider beeinflußt.

Die mathematischen Ansätze lassen sich mit gewissen Vereinfachungen lösen (Durchmesseränderungen der Tropfen werden vernachlässigt, was zulässig ist, solange weniger als 10% des Sprühwassers verdunsten; die vertikale Geschwindigkeitskomponente wird der Sinkgeschwindigkeit von Wassertropfen in ruhender Luft gleichgesetzt; Vereinfachungen bei Berechnung der Relativgeschwindigkeit).

Das Ergebnis der Berechnungen bestätigt den starken Einfluß des Tropfendurchmessers auf die Befeuchtungswirkung. In einem Zahlenbeispiel vergrößert sich der notwendige Sprühwasserumlauf auf die mehr als 30fache Menge, wenn der Tropfendurchmesser von 0,2 auf 1,0 mm ansteigt. Bei Tropfen von $d_T = 0{,}2$ mm, die rasch die Geschwindigkeit des Luftstromes annehmen, wirken sich Einspritzrichtung und Einspritzgeschwindigkeit kaum noch aus.

Die Vorgänge in der Anlaufstrecke sind mit den vereinfachten mathematischen Ansätzen nicht zu erfassen, die deshalb um so besser gelten werden, je länger die Kammer ist. Eine besondere Schwierigkeit für die Rechnung ist die Abschätzung des mittleren Tropfendurchmessers, der von der Düsenkonstruktion und dem Sprühwasserdruck stark beeinflußt wird.

In Luftwäschern werden Zentrifugaldüsen bevorzugt, die bei hoher Sprühleistung einfach in der Herstellung sind und weniger als andere Formen zur Verstopfung neigen. Die versprühte Wassermenge m_{WD} bestimmt sich nach der Beziehung:

$$m_{WD} = f_0 \cdot \psi \sqrt{2 \cdot p_{W\ddot{u}} \cdot \varrho} \qquad (72)$$

f_0 ist dabei der Querschnitt der Austrittsbohrung, $p_{W\ddot{u}}$ der Überdruck des Wassers und ψ ein Ausströmkoeffizient, der experimentell zu bestimmen ist, da er rechnerisch nur angenähert abgeschätzt werden kann.

Abb. 252 zeigt eine Zentrifugaldüse, die von KARPIS [50] näher untersucht wurde. Die Durchmesser d des Zuführungskanales und d_0 der Austrittsbohrung sowie die Exzentrizität R wurden bei den Messungen variiert. In Abb. 253 sind Versuchsergebnisse enthalten.

Die Zerstäubung des Wassers beim Durchströmen der Düse wird durch Überlagerung einer rotierenden Bewegung erreicht. Austrittsbohrungen führt man zwischen 1,5 und 6 mm aus, für den Zuführungskanal wird 7 mm empfohlen. Als Werkstoffe sind Kupferlegierungen, Kunststoffe und keramische Materialien in Anwendung. Herstellungsungenauigkeiten verringern die Versprühleistung.

Düsen mit zweifachem Austritt liefern bei gleichen geometrischen Abmessungen und gleichem Wasserdruck 20 bis 30% höhere Wassermengen als einfache Düsen. Bei gleichem Grundkörper fällt der Ausströmkoeffizient ψ mit dem Durchmesser d_0 der Austrittsbohrung ab. Empfehlungen für die Auswahl von Düsen, die in der Sowjetunion hergestellt werden, finden sich auch bei NESTERENKO [51].

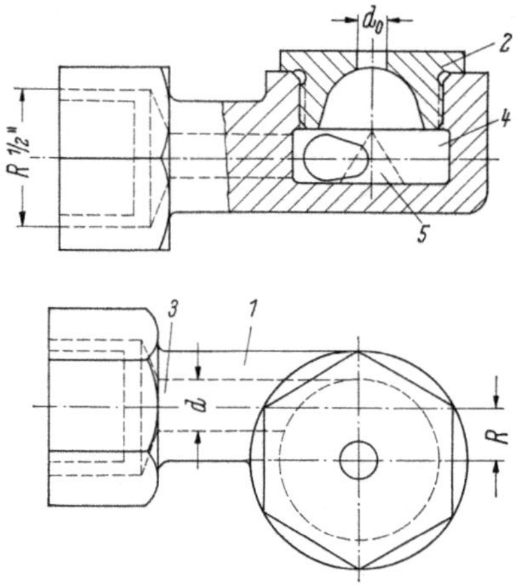

Abb. 252. Zentrifugaldüse sowjetischer Konstruktion [50]. *1* Grundkörper; *2* Düsenkörper; *3* Zuführungskanal; *4* Zentrifugalkammer; *5* Kegel.

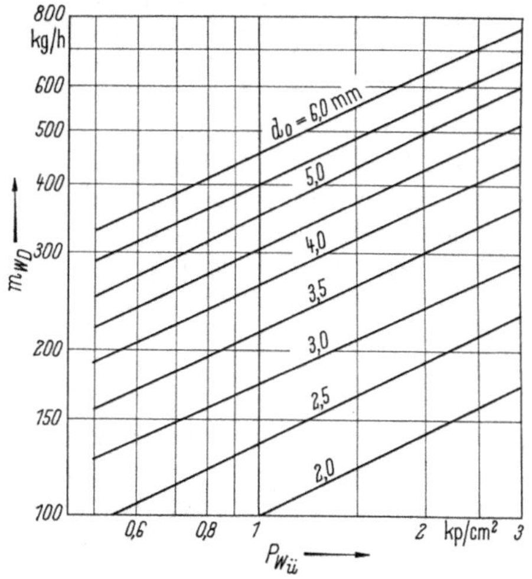

Abb. 253. Meßwerte an der Zentrifugaldüse nach Abb. 252 [50].

II. Oberflächenkühler.

In den Oberflächenkühlern, Teil K in Abb. 212, ist zwischen strömender Luft und Kühlmedium eine feste Trennwand vorhanden, so daß keine Befeuchtung stattfinden kann. Bei Oberflächentemperaturen $t'_{Kü}$ nach Abb. 254 über dem Taupunkt findet Abkühlung bei gleichbleibendem Feuchtigkeitsgehalt x_1 statt und der „trockene Wärmeübergang" läßt sich technisch mit bekannten Beziehungen erfassen (siehe dieses Handbuch, Band III, Abschn. „Wärme- und Stoffübergang").

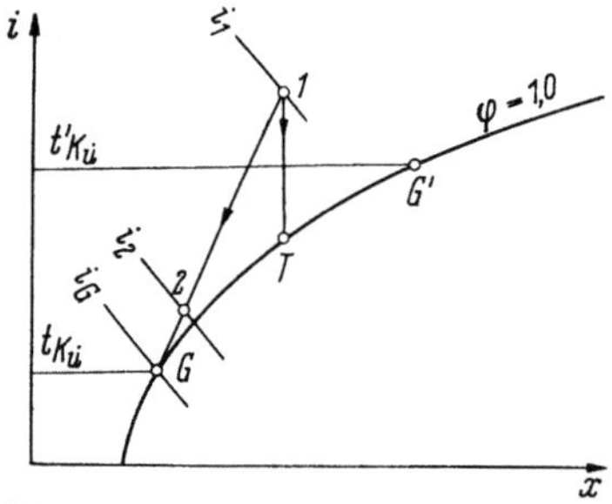

Abb. 254. Zustandsänderungen der Luft in einem Oberflächenkühler.

1 Eintrittszustand; *2* Endzustand; *T* Taupunkt; $t'_{Kü}$ und $t_{Kü}$ Kühleroberflächentemperatur.

Bei Temperaturen $t_{Kü}$ der Kühleroberfläche unter dem Taupunkt ist dem Wärmeübergang durch Austauen von Feuchtigkeit ein Stoffübergang überlagert, die Luft wird abgekühlt und entfeuchtet. Die frei werdende Kondensationswärme und die auftretenden Tauwassermengen komplizieren die Berechnungen. Der Zustandspunkt G nach Abb. 254 auf der Sättigungslinie im Schnitt mit der Kühlflächentemperatur $t_{Kü}$ wird zum ziehenden Punkt für den Luftzustand, der sich genügend genau geradlinig auf G zubewegt. Die frühere Annahme, daß Tauniederschlag erst nach Abkühlung der gesamten Luftmenge unter den Taupunkt eintreten kann, ist nicht zutreffend. Die unmittelbar mit der Kühlfläche in

Kontakt kommenden Teilchen geben Feuchtigkeit ab und ziehen nach Vermischung mit dem restlichen Luftstrom den Luftzustand auf G.

Eine Methode zur Vorausberechnung der Kühlerabmessungen hat CARRIER angegeben [52, 19], der in seiner „Kontakt-Mischungs-Analogie" die Zustandsänderung der Luft als Mischungsvorgang zwischen den Zuständen 1 und G nach Abb. 254 betrachtet. Der mit der Kühlerfläche in Berührung kommende Teil des Luftstromes wird bei Oberflächentemperatur gesättigt, der Rest behält unverändert den Zustand 1. Die Teilmengen hängen von der Konstruktion und den Betriebsbedingungen des Kühlers ab und lassen sich experimentell bestimmen. Als charakteristische Größen ergeben sich die *mittlere logarithmische Temperaturdifferenz* Δt_m zwischen Wandoberfläche und Kühlmittel (siehe dieses Handbuch Band III, S. 201) und der *Bypaß-Faktor* By. Δt_m hängt von der Kühlerkonstruktion, den Eigenschaften des Kühlmediums, der Strömungsrichtung des Kühlmediums und der Kühlflächenbelastung ab. Mit Rippen auf der Luftseite wird $\Delta t_m = 3$ bis 6 °C, ohne Rippen 0,3 bis 1,0 °C.

Für den Wärmedurchgang von der Kühleroberfläche F_L zum Kühlmedium gilt:

$$Q_{Kü} = k \cdot F_L \cdot \Delta t_m \,. \tag{73}$$

Bestimmung der Wärmedurchgangszahl k für berippte Flächen siehe Bd. III dieses Handbuches, S. 118.

Der Bypaß-Faktor By ergibt sich aus der Gleichung

$$i_1 - i_2 = (1 - By)\,(i_1 - i_G)$$

und stellt den Teil des Luftstromes 1 dar, der gewissermaßen in einem Bypaß am Kühler vorbeigeleitet wird.

$$By = \frac{i_2 - i_G}{i_1 - i_G} \tag{74}$$

By hängt von der Form der luftseitigen Oberfläche, der Luftgeschwindigkeit, dem freien Strömungsquerschnitt und der Anzahl n der in Strömungsrichtung hintereinandergeschalteten Kühleinheiten ab.

Für Projektierungszwecke wird in Tabellenform oder als graphische Darstellung $Q_{Kü}$ als Funktion von Δt_m mit n als Parameterwert und By in Abhängigkeit von der Luftgeschwindigkeit w_L zur Verfügung gestellt. Der Einfluß der Tauwasserschicht auf den Temperaturverlauf bleibt unberücksichtigt. Tab. 10 zeigt typische Werte des Bypaß-Faktors nach [19].

Tabelle 10. *Typische Bypaßfaktoren By von Flächenkühlern* [19].

Anzahl der Rohrreihen	Luftgeschwindigkeit im Anströmquerschnitt			
	1,5	2,0	2,5	3,0 m/s
1	$By =$ 0,61	0,63	0,65	0,67
2	0,38	0,40	0,42	0,43
3	0,23	0,25	0,27	0,29
4	0,14	0,16	0,18	0,20
5	0,09	0,10	0,11	0,12
6	0,05	0,06	0,07	0,08
7	0,03	0,04	0,04	0,06
8	0,02	0,02	0,03	0,04

Das in Band III dieses Handbuches wiedergegebene Verfahren von HOFMANN [53] teilt den Gesamtvorgang in einen ersten Abschnitt vom Luftstrom bis zur Tauwasserschicht und einen zweiten vom Tauwasser bis zum Kühlmedium. Die von der Luft abgegebene Wärme wird in einen trockenen Anteil Q_{tr} und einen

Anteil Q_K durch Kondensation aufgeteilt. Im ersten Schritt der Berechnung wird die Kühleroberfläche mit Q_{tr} ermittelt, während für den zweiten Schritt zur Bestimmung der Temperaturdifferenz Tauwasseroberfläche — Kühlmedium die Gesamtwärme

$$Q_g = Q_{tr} + Q_K$$

maßgeblich ist.

Die Wärmemengen lassen sich anschaulich nach Abb. 254 aus dem i,x-Diagramm abgreifen:

$$Q_g = m_L\,(i_1 - i_2) = k \cdot F \cdot \Delta t_2\,,$$

$$Q_K = m_L\,(x_1 - x_2) \cdot r\,,$$

$$Q_{tr} = Q_g - Q_K = \alpha \cdot F \cdot \Delta t_1\,.$$

$\Delta t_m = \Delta t_1 + \Delta t_2$ mittlere Temperaturdifferenz für den Gesamtvorgang,

Δt_1 Temperaturdifferenz Luft — Tauwasser,

Δt_2 Temperaturdifferenz Tauwasser — Kühlmedium,

m_L ist in den Beziehungen wie bisher die Reinluftmenge.

Mit den Ansätzen von HOFMANN kann die Zustandsänderung der Luft im Kühler und damit auch der Bypaß-Faktor *By* nach CARRIER vorausberechnet werden. Das ist wesentlich für Neukonstruktionen und Projektierungen, die sich nicht auf experimentelle Erfahrungen abstützen können.

In einer weiteren Arbeit hat sich HUFSCHMIDT [54] mit Rippenrohrluftkühlern für Klimaanlagen beschäftigt. Die Wärmeübergangszahl α_{tr} auf der Luftseite des trockenen Kühlers berechnet er aus der experimentell leichter zu bestimmenden Wärmedurchgangszahl k_{tr}. Einer Anregung von BOŠNJAKOVIĆ und Mitarbeitern [55] folgend, definiert HUFSCHMIDT „Betriebscharakteristiken", die als Quotienten von Enthalpiedifferenzen gebildet sind:

$$\Phi_i = \frac{i_1 - i_2}{i_1 - i_G^*}\,, \tag{75}$$

i_G^* ist die Enthalpie gesättigter feuchter Luft von der Temperatur des Kühlmittels bei Eintritt in den Kühler. Die Kühlleistung berechnet sich nach:

$$Q = m_L \cdot \Phi_i\,(i_1 - i_G^*)\,. \tag{76}$$

Für einen idealen Kühler gilt

$$\Phi_{i_d} = \frac{i_1 - i_2}{i_1 - i_G} = 1 - By \tag{77}$$

mit dem Bypaß-Faktor *By* nach Gl. (74).

Φ_i und Φ_{id} sind Funktionen von Kennwerten des Kühlers. Sie setzen gleichmäßigen Eintrittszustand, gleichmäßige Durchströmung, konstante Wärmeübergangszahl auf der Luftseite, Vernachlässigung von Wärmeleitung in Richtung des Luftstromes und Vernachlässigung von Wärmestrahlung an die Umgebung voraus. Verhältnismäßig einfach wird die Berechnung bei vollkommen trockener oder nasser Kühleroberfläche. Betriebsdiagramme des Kühlers ermöglichen eine übersichtliche Berechnung auf graphischem Wege.

An einer Versuchsanlage hat HUFSCHMIDT die Voraussetzungen seiner Überlegungen überprüft und dabei auch Druckverluste gemessen. Bei Tauwasserniederschlag können die Druckverluste beträchtlich ansteigen. In der Arbeit enthaltene Anwendungsbeispiele erleichtern dem Praktiker den Zugang zu dem Berechnungsverfahren, das die Messung von Wärmedurchgangszahlen für den einfacheren Fall ohne Tauwasserbildung erfordert.

Auch BOŠNJAKOVIĆ [56, 15] teilt den Wärmedurchgang im Luftkühler in zwei Abschnitte mit der Tauwasseroberfläche als Grenze ein und entwickelt Beziehungen, die sich anschaulich im Mollier-i,x-Diagramm deuten lassen und auch für von 1,0 abweichende Lewiszahlen Gültigkeit haben. Die versuchsmäßige Überprüfung des Verfahrens ergab gute Übereinstimmung, wenn die Wärmeübergangszahl auf der Luftseite sorgfältig vorausberechnet war.

III. Vor- und Nachwärmer.

Die Apparate zur Erwärmung der Luft sind wie die Kühler aus Rippenrohren aufgebaut, die in Verteiler- bzw. Sammelrohre an beiden Enden eingeschweißt sind. Im Rohrinneren strömt das Heizmittel (Warmwasser oder Dampf), quer dazu die zu behandelnde Luft. Je nach Wärmebedarf baut man mehrere Rohrreihen hintereinander. Die Herstellerfirmen geben in Form von Betriebskennfeldern oder Tabellen Leistungsdaten für unterschiedliche Heizmittelparameter, Lufteintrittszustände, Luftgeschwindigkeiten und Konstruktionsabmessungen an. Beispiele finden sich in [26].

IV. Filter.

In den Filtern der Klimazentrale werden Stäube und andere Verunreinigungen der Luft zurückgehalten. Durch Prüfstandsversuche läßt sich ermitteln, welche Korngrößen noch abgeschieden werden. Entsprechend erfolgt die Einteilung in Grob-, Fein- und Feinstfilter.

Ölbenetzte Filter enthalten in Zellen Metallgewebe, Stahlwolle, Glaswolle und ähnliche Füllstoffe, die in Öl getaucht werden. Durch vielfachen Richtungswechsel der Luft beim Durchströmen scheiden sich die Staubpartikel ab und haften an der Ölhaut. Der Entstaubungsgrad liegt über 90%, den Vorteilen großer Lebensdauer und geringen Platzbedarfes stehen die notwendigen Reinigungsarbeiten nach Aufnahme bestimmter Staubmengen gegenüber. Bei Umlauffiltern aus einem endlosen Band erfolgt Reinigung und Neubenetzung vollautomatisch.

Trockenfilter mit Füllungen aus Papier, Glasgespinst, Textilien und Kunststoffen werden nach Erreichung der zulässigen Verschmutzung, die den Luftwiderstand stark ansteigen läßt, ausgewechselt (Wechsel- oder Wegwerffilter). Kunststoffilter lassen sich mit Wasser auf einfache Weise reinigen. Hochwertige Faserstoffilter erreichen Entstaubungsgrade von über 99%. Der gröbere Staub wird dabei in einem Vorfilter abgefangen.

Elektrostatische Filter enthalten in der Füllmasse von Trockenfiltern ein Drahtnetz, an dem eine Hochspannung liegt. Die Staubpartikel werden dadurch elektrostatisch aufgeladen, was die Entstaubungswirkung stark verbessert.

Bei Elektrofiltern werden die aufgeladenen Staubpartikel an Plattenkondensatoren abgeschieden. Dadurch werden auch Teilchen unter 0,1 μm erfaßt. Den weiteren Vorteilen geringen Luftwiderstandes und einfacher Bedienung steht der höhere Preis gegenüber.

Zur Aufnahme von unerwünschten Gerüchen werden Aktivkohlefilter in den Luftstrom eingeschaltet. Die zwischen Lochblechen in Zellen eingefüllte Aktivkohle läßt sich nach Erschöpfung erneuern. Für besondere Ansprüche kommt auch eine Kombination mehrerer Filterarten in Frage, um die Reinheit der Luft zu gewährleisten.

Im Luftwäscher tritt ebenfalls eine gewisse Entstaubungswirkung ein (Entstaubungsgrad unter 70%). Die eigentliche Aufgabe dieses Teiles der Klimazentrale ist aber die Veränderung des Luftzustandes in bezug auf Temperatur und Feuchtigkeit, so daß die Wortbildung, die international in Anwendung ist, zu Mißverständnissen führen kann.

V. Tropfenabscheider.

Hinter dem Luftwäscher muß ein Tropfenabscheider vorgesehen werden, damit keine Wassertröpfchen in das Kanalnetz mitgerissen werden können. Durch schroffe Richtungsänderungen in den Einbauten des Abscheiders fallen die Wassertröpfchen aus und fließen in den Wäschersumpf. Eine zusätzliche Berieselung des Tropfenabscheiders verbessert die in seinem Bereich auftretende Staubabscheidung und bewirkt eine gewisse Nachbefeuchtung.

G. Der Einsatz von Kältemaschinen in Klimaanlagen.

Die Abkühlung und Entfeuchtung der Luft im Sommerbetrieb der Klimaanlage erfordert ein geeignetes Kühlmittel und kann in Luftwäschern oder Flächenkühlern erfolgen. Der Zuluftzustand muß entsprechend früheren Ausführungen im i,x-Diagramm auf eine $\Delta i/\Delta x$-Linie unterhalb des geforderten Raumzustandes R gebracht werden, die dem Verhältnis Wärmezufuhr zu Feuchtigkeitszufuhr entspricht. Durch geeignete Dosierung der Zuluftmengen läßt sich dann der Raumzustand gewährleisten.

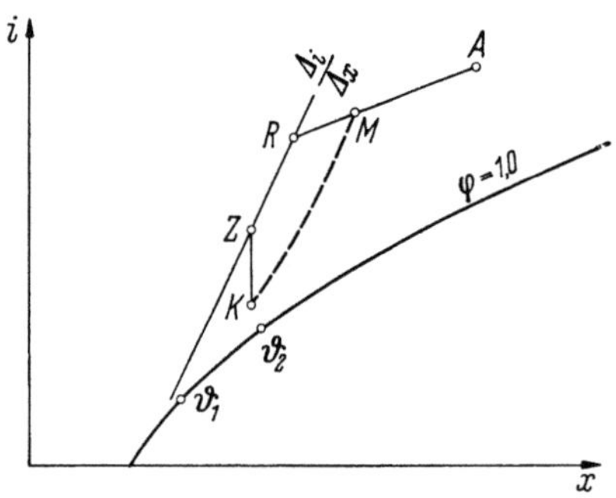

Abb. 255. Abkühlung und Entfeuchtung mit Nachwärmen.

A Außenluft; *R* Raumluft; *M* Mischluft; *K* Endpunkt der Klimatisierungskurve; *Z* Zuluft; ϑ_1 und ϑ_2 Wassertemperaturen.

Erreicht die Klimatisierungskurve die erforderliche $\Delta i/\Delta x$-Linie nicht, macht sich nach Abb. 255 Nachwärmen erforderlich. Da der Zuluftbedarf der Enthalpiedifferenz $(i_R - i_Z)$ bzw. der Feuchtigkeitsgehaltsdifferenz $(x_R - x_Z)$ umgekehrt proportional ist, bedeutet Nachwärmen immer vergrößerte Zuluftraten.

Direkte Schnittpunkte der Klimatisierungskurven mit der $\Delta i/\Delta x$-Linie werden um so schwieriger, je flacher diese im Diagrammfeld liegt (große Feuchtigkeitsquellen bei normaler oder geringer Wärmezufuhr). Nachwärmen läßt sich dann nicht umgehen. Mit ausreichender Genauigkeit findet sich der geringste Wärmeaufwand für das Nachwärmen, wenn vom Raumzustand aus die Tangente an die Sättigungslinie $\varphi = 1{,}0$ gezogen wird [3].

Für das Sprühwasser im Luftwäscher bzw. das Kühlwasser des Flächenkühlers ergibt sich eine obere Grenztemperatur, mit der der Klimatisierungsbedarf noch befriedigt werden kann (die Endzustände K in Abb. 255 müssen links von R liegen). Frischwasserkühlung aus örtlichen Versorgungsnetzen scheidet im Regelfalle aus wirtschaftlichen Gründen, wegen zu hoher Temperaturen im Sommer und zunehmender Wasserverknappung aus. Brunnenwasser bleibt auch im Sommer kälter, so daß sich häufig eine ausreichende Kühlleistung erreichen läßt, wenn Brunnen vorhanden sind. Zunehmend finden aber Kältemaschinen in Klimaanlagen Anwendung, in denen die Luft direkt beim Durchströmen des Verdampfers oder indirekt durch Zwischenschalten eines Kaltwassersatzes gekühlt und entfeuchtet wird. Kaltwassertemperaturen von 5 bis 7 °C ergeben wirtschaftliche Betriebsbedingungen [57].

Als Kühlsysteme für die bei der Klimatisierung höher als in der konventionellen Kältetechnik liegenden Verdampfungstemperaturen kommen Kompressionskältemaschinen, Absorptionskältemaschinen und Dampfstrahlkältemaschinen in Frage. Sie müssen beträchtlichen Belastungsschwankungen entsprechend den im Jahresgang stark wechselnden Außenbedingungen gewachsen sein. Tab. 11

zeigt die Häufigkeitsverteilung von Teillasten nach [57]. Die Zahlenwerte stützen sich vornehmlich auf amerikanische Untersuchungen. Die Summe der äquivalenten Vollaststunden ergibt einen „Ausnutzungsgrad"

$$\alpha = \frac{668}{8760} \cdot 100 = 7{,}6\,\%$$

(8760 Jahresstunden bei ständigem Vollastbetrieb). Für mitteleuropäische Verhältnisse hat REINKE [58] einen Ausnutzungsgrad des Kälteteiles der Klimaanlage von 4,4% errechnet. Beide Zahlenwerte weisen mit Nachdruck auf das Überwiegen von Teillasten hin, was eine gute Regelbarkeit der Kältemaschine in vollautomatischem Betrieb erfordert. Weiterhin steht in der Klimatechnik der schwingungsfreie und geräuscharme Lauf unter Verwendung gefahrloser Kältemittel im Vordergrund.

Tabelle 11. *Häufigkeitsverteilung der Teillasten von Klimaanlagen im Jahresdurchschnitt* [57].

% Last	Häufigkeit in Stunden								Summe	Äquivalente Vollaststd.
	März	April	Mai	Juni	Juli	Aug.	Sept.	Okt.		
100				10	12				22	22
90			4	27	22	10			63	57
80			12	44	40	22	8		126	101
70			21	52	56	34	17		180	126
60		10	24	65	64	52	23		238	143
50		19	27	54	59	40	22		221	111
40	6	23	24	20	20	22	21	9	145	58
30	6	19	18	6	8	19	21	10	107	32
20	12	15	11	0	5	14	15	18	90	18
Summe	24	86	141	278	286	213	127	37	1192	668

Am verbreitetsten im Einsatz sind Kompressionskältemaschinen in stehender Bauweise. Durch Anordnung der Zylinder in Reihe, V- oder W-Form und Drehzahlen bis 1800 U/min lassen sich gedrungene Ausführungen mit niedrigem Platzbedarf erreichen. Hermetisch gekapselte Maschinen mit Antriebsmotor und Kompressor in einem geschlossenen Gehäuse vermeiden Schwierigkeiten der Wellenabdichtung zwischen beiden Teilaggregaten bei verringerten Laufgeräuschen und erleichterter Schmierung.

Das wichtige Teillastverhalten wird durch Aufteilung der Gesamtleistung auf mehrere Kompressoren, die stufenweise zugeschaltet werden können, verbessert. Dadurch werden auch die Einschaltstromspitzen niedriger. Der einzelne Kompressor kann durch teilweises Offenhalten des Saugventiles im Verdichtungshub geregelt werden. Der spezifische Energiebedarf nimmt bei dieser Regelungsart mit abnehmender Teillast zu, da die Reibungsverluste gleich bleiben.

Das Schema einer direkten Verdampfung zeigt Abb. 256. Der Verdampfer der Kälteanlage ist als Kühler in die Klimazentrale eingebaut und es findet eine direkte Wärmeübertragung von der strömenden Luft auf das verdampfende Kältemittel statt. Die Verdampfungstemperatur t_0 ist etwas niedriger als die Kühleroberflächentemperatur $t_{Kü}$ einzuregeln, um ein ausreichendes Temperaturgefälle für den Wärmeübergang zu sichern. Die Mischluft vom Zustand M wird bis K abgekühlt, durch Nachwärmen wird der Zuluftzustand Z auf der geforderten $\Delta i/\Delta x$-Linie erreicht.

Wegen der Gefahr des Überganges von Kältemittel auf die Zuluft bei Undichtheiten erfordert die direkte Kühlung Sicherheitskältemittel der Gruppe 1 nach DIN 8975, die für die Rauminsassen nicht gefährlich werden können. Die Kühler-

Verdampfer sind üblicherweise als Rippenrohrsysteme mit thermostatischem Regelventil ausgebildet. Bei Vorkühlung des vom Regelventil zuströmenden Kältemittels mit dem vom Kompressor abgesaugten Dampf läßt sich die Wirtschaftlichkeit verbessern. Dem gleichen Ziel dient die Betriebsweise der Kältemaschine als Wärmepumpe, indem der Kondensator als Nachwärmer geschaltet und ein Teil der Kondensationswärme der gekühlten und entfeuchteten Luft wieder zugeführt wird. Eine genaue Abstimmung des Nachwärmebedarfes auf die Wärmeabgabe des Kälteprozesses macht betriebliche Schwierigkeiten und erfordert einen Nachkondensator, der aber mit verringerten Kühlwassermengen auskommt.

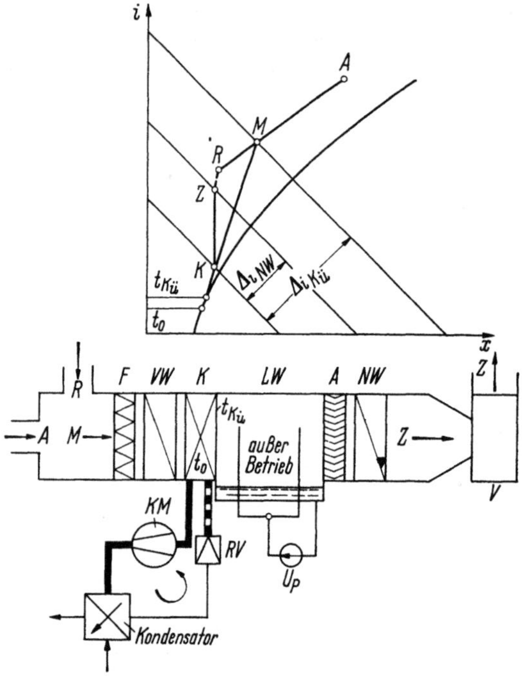

Abb. 256. Abkühlung und Entfeuchtung in einem Oberflächenkühler mit direkter Verdampfung [59]. Bezeichnung der Luftzustände im i,x-Diagramm wie Abb. 255, $\Delta i_{Kü}$ Wärmeabgabe im Kühler; Δi_{NW} Wärmeaufnahme im Nachwärmer. Klimazentrale: *F* Filter; *VW* Vorwärmer; *K* Kühler — Verdampfer; *LW* Luftwäscher; *A* Tropfenabscheider; *NW* Nachwärmer; *V* Ventilator. Kältemaschine: *KM* Kompressor; *RV* Regelventil; t_0 Verdampfungstemperatur; $t_{Kü}$ Kühleroberflächentemperatur.

In den USA hat man sich nach 1945 mit beträchtlichen Forschungsmitteln der Wärmepumpe¹ als Möglichkeit zur ganzjährigen Raumklimatisierung zugewandt, wobei Elektrizitätsgesellschaften den Anstoß gegeben haben. Sie erstreben einen Ausgleich der durch Klimaanlagen stark angestiegenen Sommerspitze über die elektrische Beheizung im Winter und erwarten vom vollelektrifizierten Haushalt eine wesentlich bessere Auslastung der Verteilnetze in Wohngegenden. Die für die Massenfertigung durchgebildeten Aggregate können wahlweise auf Heizung oder Kühlung geschaltet werden und beginnen, sich den Markt zu erobern.

Der Übergang vom Heiz- auf den Kühlbetrieb und umgekehrt wird bei festem Kältemittelkreislauf durch Veränderung des Strömungsweges der Luft in den Wärmetauschern der Kälteanlage oder bei gleichbleibender Strömungsrichtung der Luft durch Umstellen von Ventilen im Kältemittelweg erreicht, wodurch Verdampfer und Kondensator ihren Platz im Kreisprozeß wechseln. Man muß dann beide Wärmetauscher für den doppelten Zweck auslegen, was zu Kompromissen zwingt [19].

Die Anwendung eines Verdampfer-Kondensators im umschaltbaren Wärmepumpenkreislauf zeigt Abb. 257. Bei Heizbedarf wird in VK Wärme bei niederer Temperatur von einer äußeren Wärmequelle (Luft, Wasser, Erdboden) auf den Kältemittelkreislauf übertragen, wobei der Arbeitsstoff verdampft. Die Ventile *a* und *c* sind geöffnet, *b* ist geschlossen. Nach Verdichtung im Kompressor wird durch Wärmeabgabe im Nachwärmer-Kondensator der Arbeitsstoff bei höherer Temperatur verflüssigt und strömt über das Regelventil RV_1 in den Verdampfer zurück. Im Kühlbetrieb (gestrichelter Kreislauf) ist *b* offen, *a* und *c* geschlossen.

[1] Vgl. den Abschnitt „Wärmepumpe“ in Bd. VI dieses Handbuches.

Nunmehr drückt der Kompressor über den als Kondensator wirkenden Wärmetauscher *VK* in den Sammler *S*. In *VK* wird Wärme an die Umgebung abgegeben. Nach der Drosselentspannung im Regelventil RV_2 wird im Kühler-Verdampfer *K* Wärme von der abzukühlenden Luft an das Kältemittel abgegeben, das in den Kompressor zurückgesaugt wird.

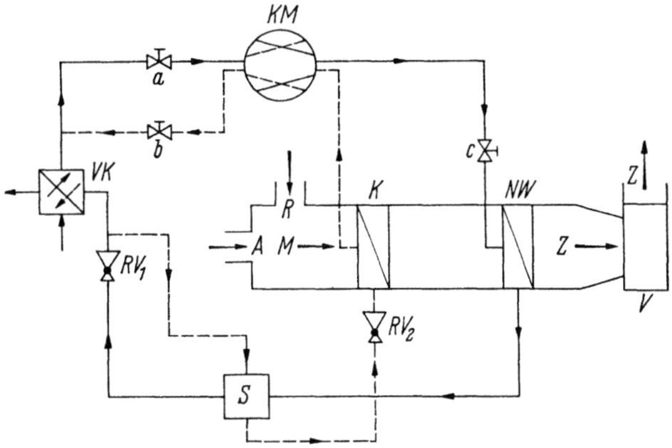

Abb. 257. Klimazentrale mit umschaltbarer Wärmepumpe.

K Kühler-Verdampfer; *NW* Nachwärmer — Kondensator. Wärmepumpe: *KM* Kompressor; *VK* Verdampfer — Kondensator; RV_1 und RV_2 Regelventile; *S* Sammler, Absperrventile *a, b, c*.

Eine zuerst in der Schweiz [60] angewandte Form der Wärmepumpe für Klimazwecke besteht noch darin, die Abluft durch Entspannung bis in das Nebelgebiet abzukühlen und die austauende Feuchtigkeit abzuscheiden. Die so entfeuchtete Luft wird durch Wiederverdichtung auf den erforderlichen Zuluftzustand gebracht. Durch Vereinigung von Kompressor und Expansionsmaschine in einem „Zellenrad" ließ sich der Gesamtwirkungsgrad verbessern. Eine ausführliche Literaturzusammenstellung über die Wärmepumpe findet sich in [61].

Bei indirekter Verdampfung des Kältemittels ist zwischen Verdampfer und Kühler ein Kaltwasserkreislauf eingeschaltet. Die zweifachen festen Trennflächen lassen auch Kältemittel der Gruppe 2 nach DIN 8975 zu. In Kombination mit einem Luftwäscher kommt nur indirekte Verdampfung in Frage, Abb. 258, und erfordert Kältemittel der Gruppe 1. In Anwendung sind Steilrohr- und Röhrenkesselverdampfer im überfluteten Betrieb mit Hochdruck- oder Niederdruckschwimmerventilen (evtl. thermostatischen Regelventilen) und trokkene Rohrschlangenverdampfer mit thermostatischen Regelventilen. Die niedrigeren Verdampfungstemperaturen erhöhen gegenüber direkter Kühlung die Antriebsleistung des Kompressors um etwa 10%.

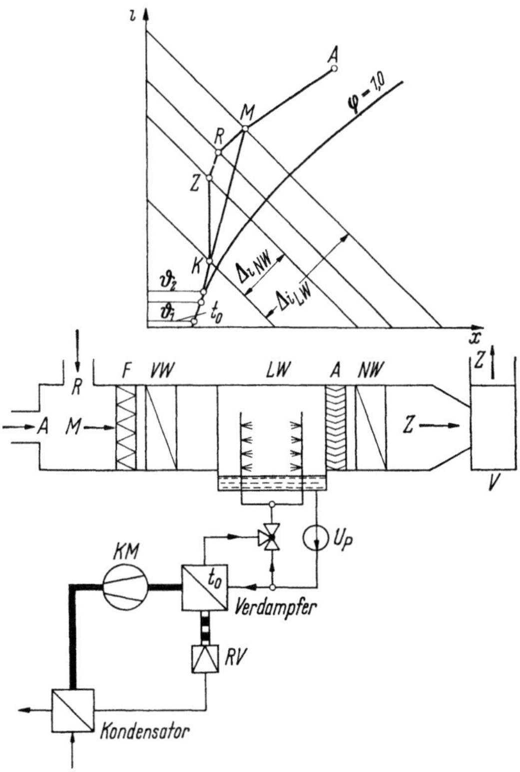

Abb. 258. Abkühlung und Entfeuchtung mit Luftwäscher und indirekter Verdampfung [59]

U_P Sprühwasserumwälzpumpe; ϑ_1 und ϑ_2 Sprühwassertemperaturen; Δi_{LW} Wärmeabgabe im Luftwäscher. Übrige Bezeichnungen wie Abb. 256.

In „Wasserkühlern“ oder „Kaltwassersätzen“ sind Verdampfer, Kondensator, Kompressor und Antriebsmotor mit allen erforderlichen Schalt- und Regeleinrichtungen zu einem Aggregat anschlußfertig zusammengebaut. Die Möglichkeit der Standardisierung hat die Fertigung rationalisiert; wesentliche Kostensenkungen sind weiterhin durch den Fortfall der Montagearbeiten auf der Baustelle möglich geworden.

Bei Kälteleistungen von $0{,}3 \cdot 10^6$ kcal/h beginnt der Einsatzbereich der Turbokompressoren, die einen Mindestkältemitteldurchsatz erfordern und als Vorteile gegenüber Kolbenkompressoren geringeren Platzbedarf, geringere Leistungsmasse, erschütterungsfreien Lauf, geringere Geräusche und geringere Störanfälligkeit durch Wegfall der Ventile ergeben. Während bei Kolbenkompressoren der Ölabscheidung besondere Aufmerksamkeit zu schenken ist, da mitgerissenes Öl die Bedingungen für den Wärmeübergang im Verdampfer und Kondensator verschlechtert, ermöglicht die Ölfreiheit des Kältemittelkreislaufes bei Turbokompressoren den Einsatz kleinerer Wärmetauscher. Für den direkten Antrieb dieser mit Drehzahlen zwischen 3000 und 18000 U/min laufenden Kompressoren eignen sich gut Dampfturbinen, während Elektromotoren Zwischengetriebe erfordern. Bei Dampfturbinenantrieb ermöglicht die Betriebscharakteristik der Turbomaschine gute Anpassung an Teillasten durch Drehzahlveränderungen. Bei elektromotorischem Antrieb mit konstanter Drehzahl wird Dralldrosselung über verstellbare Einlaßschaufeln angewandt. Die Veränderung des Anströmwinkels paßt die Kompressorcharakteristik stufenlos und mit gutem Wirkungsgrad in einem weiten Bereich dem Leistungsbedarf an (vgl. Bd. V dieses Handbuches, Seite 333ff.)

Turbokompressor-Kältesätze werden ebenfalls platzsparend zusammengebaut und der Kompressor kann mit dem Antriebsmotor hermetisch gekapselt werden. Das günstige Teillastverhalten ergibt niedrigere jährliche Betriebskosten gegenüber Kolbenkompressoren und auch die Gesamtkosten unter Einbeziehung des Kapitaldienstes lassen wirtschaftliche Vorteile erkennen [57, Berechnungen dort für $1{,}0 \cdot 10^6$ kcal/h Kälteleistung].

Die Anwendung von Absorptionskältemaschinen in Klimaanlagen ist vor allem dann gegeben, wenn billige Abwärme zur Verfügung steht. Das völlige Fehlen bewegter Teile außer einigen kleinen Lösungspumpen zeichnet die Anlagen durch besondere Laufruhe aus. Sie werden ebenfalls als fertig montierte Kaltwassersätze mit Leistungen zwischen 0,15 und $3{,}0 \cdot 10^6$ kcal/h geliefert. Als Arbeitsstoffpaar kommt in der Klimatechnik bevorzugt Lithium-Bromid und Wasser zur Anwendung [62]. (Vgl. Bd. VII dieses Handbuch, Seite 513ff.)

Bei Regelung der Anlage durch Drosselung des Heizdampfes steigt der spezifische Dampfverbrauch mit abnehmender Kälteleistung stark an. Von der Fa. Carrier [63] wurde eine Bypaß-Regelung in der Weise durchgebildet, daß nur eine der geforderten Kälteleistung entsprechende Menge reicher Lösung, die von der Kaltwassertemperatur gesteuert wird, vom Absorber in den Kocher zum Austreiben des Lösungsmittels gepumpt wird. Der Rest strömt in den Absorber zurück, ohne zur Kälteleistung im Verdampfer beitragen zu können. Mit verringerter Kälteleistung geht der spezifische Dampfverbrauch etwas zurück, so daß diese stufenlose Regelung besonders günstige Verhältnisse ergibt.

Wesentlich bei Wasser als Kältemittel ist für Verdampfungstemperaturen nahe 0 °C das hohe Vakuum. Undichtheiten können zum Ausfall der Anlage führen. Gegenüber Kompressionskältemaschinen, bei denen die im Kondensator abzuführende Wärme ungefähr 125% der Nutzkälteleistung ausmacht, haben Absorptionsmaschinen einen wesentlich höheren Kühlwasserbedarf (Wärmeabfuhr etwa 250% der Nutzkälteleistung).

Ebenfalls Wasser verwenden Dampfstrahlkältemaschinen als Arbeitsstoff. Der

Druckunterschied zwischen Verdampfer und Kondensator wird durch Strömungsvorgänge aufrechterhalten. Der Treibdampf strömt mit Überdrücken zwischen 0,5 und 10 at in eine oder mehrere Lavaldüsen ein, in denen Druckenergie in Geschwindigkeitsenergie umgesetzt wird. Aus wirtschaftlichen Gründen wird nach Möglichkeit Abdampf verwendet. Der auf Verdampferdruck entspannte Treibdampf bringt das Kaltwasser im Verdampfer zum Sieden und reißt den Kaltdampf mit. In einem anschließenden Diffusor wird das Dampfgemisch auf Kondensatordruck verdichtet und im Kondensator durch Kühlwasser niedergeschlagen. Das Kondensat wird teils dem Dampferzeuger für den Treibdampf, teils dem Verdampfer wieder zugeführt.

An den Verdampfer ist ein Kaltwasserkreislauf angeschlossen, der die Klimaanlage bedient. Das Rücklaufkaltwasser wird im Verdampferraum versprüht, um die Bedingungen für die Abkühlung durch Verdunstung zu verbessern. Bei relativ günstigen Anlagekosten (nach [64] weniger als die Hälfte von Absorptionsanlagen), geringer Wartung und langer Lebensdauer erfordern Dampfstrahlkälteanlagen höhere Betriebskosten als andere Verfahren der Kälteerzeugung. Ihr Kühlwasserverbrauch ist besonders hoch, da sowohl Kaltdampf als auch Treibdampf verflüssigt werden müssen.

Die Kühlwasserbeschaffung ist eine wichtige Frage für den Betrieb von Kältemaschinen in Klimaanlagen und beeinflußt die Anlage- und Betriebskosten und den Platzbedarf. Luftgekühlte Kondensatoren dominieren für kleine Kälteleistungen. Wasserknappheit bringt sie zunehmend auch in größeren Anlagen zur Anwendung. Möglichkeiten der Frischwasserkühlung sind seltene Ausnahme, so daß in der Klimatechnik die Rückkühlung des erwärmten Kühlwassers durch Verdunstung vorherrscht. Der Prozeß entspricht den im schematischen i,x-Diagramm Abb. 217 erläuterten Zusammenhängen, ohne die Kühlgrenze zu erreichen, da sich der Luftzustand verändert und der Wärme- und Stoffaustausch auf einem endlichen Strömungsweg nicht adiabat erfolgt. Praktisch kann das Kühlwasser wenig unter die Außenlufttemperatur, Zustand B in Abb. 217, rückgekühlt werden. Die erreichbaren Kondensationstemperaturen vergrößern den Energieverbrauch gegenüber Frischwasserkühlung, siehe i,lgp-Diagramm.

Im Gegensatz zu den wesentlich größeren Einheiten in der Energiewirtschaft bezeichnet man die Rückkühleinrichtungen für Klimaanlagen als „Kleinkühltürme“. Sie benötigen als Ersatz für den verdunstenden Anteil und zur Abschlämmung 8 bis 10% der Wassermenge bei Frischwasserbetrieb.

Bei der Entscheidung für das anzuwendende Kälteverfahren sind energiewirtschaftliche und wirtschaftliche Gesamtzusammenhänge zu berücksichtigen. Eine Winter-Fernwärmeversorgung mit Heiz-Kraft-Koppelung im Gegendruckbetrieb hat im Sommer keine Abwärmeabnehmer und muß dann mit schlechterer Brennstoffausnutzung auf Kondensationsbetrieb übergehen. Die Einschaltung einer mit Gegendruckdampf betriebenen Absorptionsanlage verbessert die Benutzungsdauer und führt zu einem ganzjährigen Heiz-Kühl-Verbundsystem. Der naheliegende Gedanke, neben dem Fernheiznetz eine Fern-Kaltwasserversorgung mit zentraler Kälteanlage aufzubauen, wurde zuerst in den USA verwirklicht.

Als Vorteile der Fernkälteversorgung sind zu nennen [65]:

1. Verringerte zu installierende Gesamtleistung, da Belastungsspitzen der angeschlossenen Gebäude durch Unterschiede in der Baukonstruktion, in der Nutzungsart und der geographischen Lage zeitlich nicht zusammenfallen.

2. Verringerte Anlagekosten durch die verringerte Gesamtleistung und die mit der Maschinengröße abfallenden spezifischen Kosten. Verringerte Reservehaltung. Verringerte Baukosten der Zentrale gegenüber den Maschinenräumen der Einzelanlagen in den Gebäuden.

3. Verbesserte Wirkungsgrade der größeren Anlagen, verbessertes Teillastverhalten, verbesserte Regelmöglichkeiten.

4. Einsparung an Betriebskosten und Bedienungspersonal.

Als Nachteil steht das notwendige Kaltwassernetz gegenüber. Kurze Entfernungen und eine konzentrierte „Kältedichte" begünstigen die Zentralisierung. Im Zusammenwirken mit Gegendruck- oder Gasturbinen bietet sich eine Kombination Turbokältesatz — Absorptionsanlage an. Die in der Kraftmaschine gewonnene Arbeit dient zum Antrieb des Turbokompressors, während dessen Abwärme in der Absorptionsanlage ausgenutzt wird.

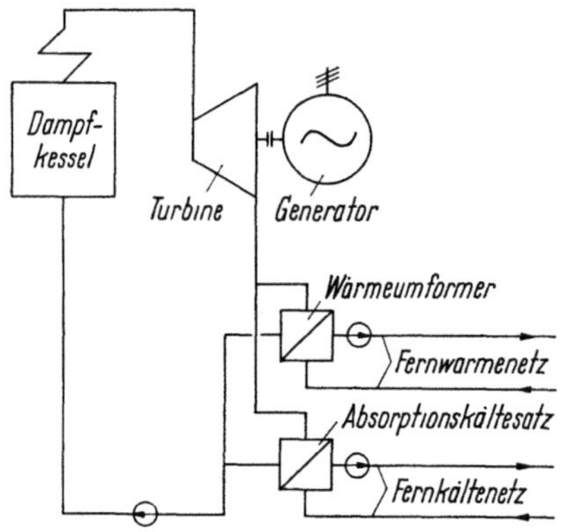

Abb. 259. Schaltbild einer Heiz-Kraft-Kältekoppelung [65].

Das Schaltschema einer Heiz-Kraft-Kälteversorgung ist in Abb. 259 wiedergegeben. Der Abdampf der Turbine wird je nach Bedarf im Fernwärmenetz oder Fernkältenetz ausgenutzt. Voll ausgeglichener Betrieb läßt sich durch Einschalten eines elektrisch angetriebenen Kältesatzes in Reihe zur Absorptionsanlage erreichen [65]. Auch in Europa gewinnt die Fernkälteversorgung an Interesse.

Literatur.

[1] MOLLIER, R.: Ein neues Diagramm für Dampf-Luft-Gemische. Z. VDI Bd. 67 (1923) S. 869–872.

[2] –: Das i,x-Diagramm für Dampf-Luft-Gemische. Z. VDI Bd. 73 (1929) S. 1009–1013.

[3] HÄUSSLER, W.: Das MOLLIER-i,x-Diagramm für feuchte Luft und seine technischen Anwendungen. Dresden und Leipzig: Th. Steinkopff 1960.

[4] KIRSCHBAUM, E.: Der Verdunstungsvorgang in mathematischer und graphischer Darstellung. Z. VDI Bd. 97 (1953) S. 927–932.

[5] GRUBENMANN, M.: Ix-Diagramm feuchter Luft. 4. Aufl. Berlin/Göttingen/Heidelberg: Springer 1958.

[6] HÄUSSLER, W.: Untersuchungen zum MOLLIER-i,x-Diagramm. Wiss. Z. TH Dresden Bd. 5 (1955/56) H. 1, S. 83–111 und (gekürzt) Energietechn. Bd. 8 (1958) S. 260–267 u. 349–353.

[7] CARRIER, W. H.: Rational Psychrometric Formulae. ASME-Transactions Bd. 33 (1911) S. 1005–1053.

[8] –: Heating, Ventilating, Air Conditioning Guide Bd. 35 (1957) S. 53 und Anlage.

[9] VERON, M.: Diagramme de l'air humide. Société Babcock u. Wilcox. Anlage zu: Journées Internationales des gaz et matériaux humides. Paris: Institut Français des Combustibles et de l'Energie, 1959.

[10] –: New Psychrometric chart announced at joint ASHRAE-ASME Meeting. ASHRAE-J. Bd. 4 (1962), H. 1, S. 29–31, 102.

[11] PALMATIER, E. P.: Construction of the Normal Temperature ASHRAE Psychrometric Chart. ASHRAE-J. Bd. 5 (1963) H. 5, S. 55–60.

[12] –: Psychrometric Chart. The Institution of Heat. Vent. Engin. Bd. 31 (1963) H. 1, S. 375.

[13] HÄUSSLER, W.: Vorschläge zur Vereinheitlichung der Klimadiagramme (Psychrometertafeln). Heiz.-Lüft.-Haustechn. Bd. 14 (1963) S. 114–118.

[14] HÄUSSLER, W.: Die Auswertung von Feuchtigkeitsmessungen in einem vereinheitlichten MOLLIER-i,x-Diagramm. Kältetechn. Bd. 17 (1965) S. 52–62.

[15] BOŠNJAKOVIĆ, F.: Technische Thermodynamik, 3. Aufl., Teil II, S. 34. Dresden und Leipzig: Th. Steinkopff 1960.

[16] HÄUSSLER, W.: Über die Temperaturprofile beiderseits einer verdunstenden Wasseroberfläche. Die Technik Bd. 12 (1957) S. 3–6 u. 66–74.

[17] –: Aspirations-Psychrometer-Tafeln. 3. Aufl. Herausgeg. vom Dt. Wetterdienst. Braunschweig: Vieweg 1955.

[18] REINBOTHE, H. J.: Beitrag zur Bestimmung der Luftfeuchtigkeit bei höheren Temperaturen durch psychrometrische Messungen. Dissertation TH Karl-Marx-Stadt 1964.
[19] CARRIER, W. H., R. E. CHERNE, W. A. GRANT u. W. H. ROBERTS: Modern Air Conditioning, Heating and Ventilating. 3. Aufl. New York/Toronto/London: Pitman Publishing Corp. 1959.
[20] SHARPE, N.: Heat and Vapour Transfer of Cooling Coils at High Elevations. Refr. Engin. Bd. 60 (1952) S. 1055–1060.
[21] JESSING, B. H., u. A. TORIONI: Psychrometric Charts for Use at Altitudes above Sea Level. Refriger. Engin. Bd. 62 (1954) H. 6, S. 71–76.
[22] LÜCK, W.: Feuchtigkeit. Grundlagen – Messen – Regeln. München u. Wien: Oldenbourg 1964.
[23] WEXLER, A. (Hauptherausgeber): Humidity and Moisture. Vol.I: Principles and Methods of Measuring Humidity in Gases. Herausgegeben von R. E. RUSKIN. New York u. London: Reinhold Publishing Corp. und Chapman u. Hall Ltd. 1965. (Nach Berichten zum Internationalen Symposium „Humidity and Moisture", Washington 1963.)
[24] FLÜGEL, E.: Zur Verdichtung und Entspannung nebelhaltiger Luft. Dissertation TH Karl-Marx-Stadt 1966.
[25] NEVINS, R. G., u. J. D. HARDY: Humidity Effects on the Comfort and Wellbeing of People. Humidity and Moisture, Vol. II (Applications), S. 3–11. New York u. London: Reinhold Publishing Corp. u. Chapman u. Hall Ltd. 1965.
[26] RECKNAGEL-SPRENGER: Taschenbuch für Heizung, Lüftung und Klimatechnik. Herausgegeben von E. SPRENGER. München: Oldenburg 1962, 52. Jahrg.
[27] BRADTKE, F.: Hilfsbuch für raum- und außenklimatische Messungen. 2. Aufl. Berlin/Göttingen/Heidelberg: Springer 1952.
[28] RAISS, W.: H. Rietschels Lehrbuch der Heizungs- und Lüftungstechnik, 14. Aufl. Berlin/Göttingen/Heidelberg: Springer 1960 (2. Neudruck 1963).
[29] ROEDLER, F.: Raumklimatische Problematik des Hochhauses aus der Sicht des Hygienikers. Bericht XVII. Kongreß für Heizung, Lüftung, Klimatechnik. Hamburg 1961, S. 66–78.
[30] LAAKSO, H.: Bauliche und technische Erfahrungen sowie Planungsgrundlagen bei Niederdruck- und Hochdrucklüftungen in Deutschland. Bericht XVII. Kongreß für Heizung, Lüftung, Klimatechnik. Hamburg 1961, S. 79–101.
[31] HÄUSSLER, W.: Einige neue graphische Hilfsmittel für Wärmeübergangsberechnungen. BWK Bd. 16 (1964) Nr. 2, S. 77–78 und BWK Arbeitsblätter 76a, b, c.
[32] Heating – Ventilating – Air Conditioning Guide. Amer. Soc. Heat. Air Cond. Engin. Vol. 35, New York 1957.
[33] SPRENGER, E.: Heizungs- und Klimatechnik in USA. München: Oldenbourg 1958.
[34] MAHLER, K.: Sonnenschutzvorrichtungen an Gebäudefassaden. Kältetechn. Bd. 12 (1965) Nr. 1, S. 2–7.
[35] BRADTKE, F.: Grundlagen für Planung und Entwurf von Klimaanlagen. VDI-Sonderheft Klimatechnik. Berlin: VDI-Verlag 1939.
[36] BOŠNJAKOVIĆ, F.: Verdunstungspol im Mollierschen i,x-Diagramm feuchter Luft. Kältetechn. Bd. 13 (1961) Nr. 1, S. 2–8.
[37] SCHREIBER, R.: Beitrag zur experimentellen Untersuchung des gemeinsamen Wärme- und Stoffaustausches in einer Sprühdüsenkammer. Dissertation TH Karl-Marx-Stadt 1964.
[38] HÄUSSLER, W.: Zustandsänderungen in der Sprühkammer einer Klimaanlage. Kältetechn. Bd. 18 (1966), Nr. 3, S. 116–121.
[39] KARPIS, E. E.: Untersuchung und Berechnung von Prozessen des Wärme- und Stoffaustausches bei der Behandlung von Luft mit Wasser in Sprühdüsenkammern. Klimatisierung von Luft – eine Arbeitensammlung. Moskau: Staatlicher Verlag für Bauwesen der SU 1960, S. 5.
[40] MENYHART, J.: Verbesserung der Wirtschaftlichkeit des Wärmeaustausches bei Klimaanlagen. Die Technik Bd. 18 (1963) S. 418–421.
[41] FURSE, F. G.: How to select Air Washers. Heat. Pip. Air Condit. Bd. 37 (1965) Nr. 10, S. 142–150.
[42] LEWIS, W. K.: The Evaporation of a Liquid into a Gas. Mechan. Engin. Bd. 44 (1922) S. 445.
[43] MERKEL, F.: Verdunstungskühlung, Forschungsarbeit Ingenieurwesen 1925, Heft 275.
[44] GOGOLIN, A. A.: The reason for the Invalidity of the Lewis Ratio in the Case of Air Washers. Bericht 2–19 zum Internationalen Kältekongreß Kopenhagen 1959.
[45] PREUSSKER, A.: Sättigung, Kühlung und Trocknung feuchter Luft mit Hilfe von Sprühdüsen. Heizung – Lüftung – Haustechn. Bd. 14 (1963) Nr. 9, S. 319–321.
[46] SUSMANOWITSCH, L. M.: Erforschung von Prozessen mit Abkühlung und Entfeuchtung in Sprühdüsenkammern. Klimatisierung von Luft – eine Arbeitensammlung. Moskau: Staatlicher Verlag für Bauwesen der SU 1960, S. 107.

[47] Kamenew, P. W.: Heizung und Lüftung, Teil 2: Lüftung. Moskau: Staatlicher Verlag für Literatur über Bauwesen, Architektur und Baumaterialien 1959.
[48] Sorg, K. W., u. A. Hässler: Versuche an einem horizontalen Sprühdüsenluftkühler. Kältetechn. Bd. 6 (1954) Nr. 2, S. 41–43.
[49] Grassmann, P., F. Widmer u. K. Ritsonis: Günstige Tropfengröße bei Luftbefeuchtung. Schweizer Blätter Heizung u. Lüftung Bd. 12 (1965) Nr. 4, S. 113-118.
[50] Karpis, E. E.: Experimentelle Untersuchung von Zentrifugaldüsen zur Wasserzerstäubung. Kholodilnaja Tekhnika (1958) Nr. 2, S. 31.
[51] Nesterenko, A. W.: Grundlagen der thermodynamischen Berechnung bei Lüftung und Klimatisierung. Moskau: Staatlicher Verlag „Die Hochschule", Moskau 1962.
[52] Carrier, W. H.: The Contact – Mixture Analogy applied to Heat Transfer with Mixtures of Air and Water Vapor. Trans. Amer. Soc. Mechan. Engin. Bd. 59 (1937) S. 49–53.
[53] Hofmann, E.: Wärmeübertragung und Kondensation bei der Kühlung von Gas-Dampf-Gemischen. Handbuch der Kältetechnik. Hrsg. R. Plank, Bd. III, S. 334–350. Berlin/Göttingen/Heidelberg: Springer 1959.
[54] Hufschmidt, W.: Die Eigenschaften von Rippenrohrkühlern im Arbeitsbereich der Klimaanlagen. Forschungsber. Nordrhein-Westfalen Nr. 889. Köln und Opladen: Westdeutscher Verlag 1960.
[55] Bošnjaković, F., M. Villičić u. B. Slipčević: Einheitliche Berechnung von Rekuperatoren. VDI-Forschungsheft 432 u. VDI-Wärmeatlas, Arbeitsblätter N 1 bis N 12.
[56] Bošnjaković, F.: Wärme und Stoffaustausch bei feuchten Gasen. Kältetechn. Bd. 9 (1957) S. 266–270 u. 309–313.
[57] Jerusalem, H.: Kolben-, Turbo- und Absorptionskältemaschinen in Klimaanlagen. Bericht XVIII. Kongreß Heizung, Lüftung, Klimatechnik München 1964, S. 239–261. Düsseldorf: Klepzig 1964.
[58] Reinke, W.: Planung von Klimaanlagen für Büro- und Gesellschaftliche Bauten beim Aufbau der Stadt- und Industriezentren. Luft u. Kältetechn. Bd. 1 (1965) Nr. 2, S. 37–46.
[59] Zwicker, A.: Kältetechnische Ausrüstungen in Klimaanlagen. Wissenschaftliche Zeitschrift TH Karl-Marx-Stadt Bd. 3 (1961) Heft 1, S. 49–59.
[60] Bauer, B., u. B. W. Bolomey: Die elektrische Erzeugung von Wärme und Kälte in Klimaanlagen vermittels der Wärmepumpe. Elektrizitätsverwertung 1939/40, Nr. 9/10, S. 160.
[61] Häussler, W.: Anwendungsformen der Wärmepumpe. Klimatechn. Bd. 7 (1965) Nr. 1, S. 3–6 u. Nr. 2, S. 14, 20–26.
[62] Niebergall, W.: Absorptionskälteanlagen für Klimatisierung und Kaltwasserbereitung. Heizung–Lüftung–Haustechnik Bd. 16 (1965) Nr. 3, S. 93–97 und Nr. 6, S. 223–227.
[63] Ohne Verfasserangabe: CARRIER – Absorptionskältemaschinen mit neuartiger Bypaß-Regelung. Die Kälte Bd. 13 (1960) H. 8, S. 455.
[64] Niebergall, W.: Die Kältemaschine in lüftungstechnischen Anlagen. VDI-Ber. Bd. 38 (1959) S. 87–108.
[65] Jerusalem, H.: Die Fernkälteversorgung. Heizung–Lüftung–Haustechn. Bd. 16 (1965), Nr. 6, S. 215–223.
[66] Roedler, F.: Hygienische und wärmephysiologische Forderungen an die Lüftung und Klimatisierung von Aufenthalts- und Sonderräumen. Klimatechn. Bd. 7 (1965) Nr. 9, S. 28–31.

Klimatisierung von Kühlräumen.*

Von

Dr.-Ing. **W. Tamm**, München.

Mit 7 Abbildungen.

A. Einleitung.

In der Kältetechnik versteht man unter „Klimatisierung" die geregelte Beeinflussung der relativen Feuchtigkeit der Kühlraumluft durch zusätzliche *Zufuhr* von Wärme oder Feuchtigkeit, wenn der durch die Kühlung allein herstellbare Luftzustand nicht den Bedingungen genügt, welche für die Konservierung des Lagergutes an diesen gestellt werden. Dieser Begriff hat also in der Kältetechnik eine engere Bedeutung als in der eigentlichen Klimatechnik, wo er auch deren *Abführung* umfaßt, die hier in der Regel zusammen mit der Zuführung in aufeinander folgenden und ineinander greifenden Prozessen in einem einzigen Apparat vorgenommen wird. Im Gegensatz dazu erfolgt in der Technik der Raumkühlung die Abführung von Wärme und Feuchtigkeit durch die Luftkühler der Kälteanlage, während deren Zufuhr durch von dieser unabhängige besondere Einrichtungen geschieht. Ein wesentlicher Unterschied besteht ferner darin, daß bei der Klimatisierung von Kühlräumen die Klimaeinrichtungen nur im Bedarfsfalle zum Einsatz gelangen, während die eigentlichen Klimaanlagen ständig in Betrieb sind, solange überhaupt auf eine Regelung des Luftzustandes in den an diese angeschlossenen Räumen Wert gelegt wird.

Bei der Raumkühlung stellen die Klimageräte also zusätzliche Einrichtungen dar, die man nur vorsieht, wenn sie erforderlich sind und der gewünschte Luftzustand auf andere Weise nicht hergestellt werden kann. Sie sind niemals erforderlich, wenn es sich um die Lagerung von nicht feuchtigkeitsempfindlichen Gütern und wenn es sich um kurzfristige Lagerung handelt, bei welcher der Luftzustand, wie immer er auch sein möge, auf das Kühlgut noch nicht schädigend einwirken kann. Sie sind auch bei langfristiger Lagerung entbehrlich, wenn es als ausreichend angesehen werden kann, die rel. Feuchtigkeit der Luft innerhalb weiterer Grenzen auf einem bestimmten, höheren oder tieferen Niveau zu halten.

Dies ist in gewissem Umfange durch bauliche Maßnahmen zu erreichen. So stellt sich in einem Kühlraum eine um so höhere rel. Feuchtigkeit ein, je stärker oder wirksamer er isoliert ist, und umgekehrt. Aus diesem Grunde wählt man beispielsweise für Gefrierräume, in denen fast immer eine hohe rel. Feuchtigkeit erwünscht ist, oft eine stärkere Isolierung, als sie aus rein wirtschaftlichen Gründen erforderlich sein würde, während Kaltlagerräume für Frischfleisch, in denen eine rel. Feuchtigkeit von etwa 90% nicht überschritten werden darf, möglichst schwach isoliert werden sollten. Eine besonders hohe rel. Feuchtigkeit ist durch Ummantelung der Kühlräume zu erreichen. Auch durch eine entsprechende Be-

* Literatur S. 359.

messung der Luftkühlerflächen läßt sich die rel. Feuchtigkeit der Kühlraumluft beeinflussen. Je größer die Flächen bzw. je wirksamer deren Wärmeübertragung gemacht wird, um so kleiner wird unter sonst gleichen Umständen die Differenz zwischen Raum- und Kühlflächentemperatur; je kleiner wiederum diese ist, um so höher wird die sich einstellende rel. Feuchtigkeit im Kühlraum, und umgekehrt. Man nutzt dieses Verhalten sogar zu einer Regelung der rel. Feuchtigkrit aus, was praktisch allerdings nur in bescheidenem Umfange möglich ist. So bewirkt die heute gerade bei der Raumkühlung vielfach angewandte Leistungsregelung, durch welche die Kältemaschinenleistung dem sich ändernden Kältebedarf angepaßt wird, bei der Abkühlung von feuchtem Kühlgut, wenn dessen Verdunstung gegen Ende der Kühlperiode sich fühlbar vermindert und die rel. Feuchtigkeit der Kühlraumluft infolgedessen absinkt, einen sehr willkommenen Wiederanstieg derselben. Bei gleichzeitig sinkendem Kältebedarf wird dann mit verminderter Kältemaschinenleistung auf die gleichbleibende Luftkühlerfläche gearbeitet, wodurch sich eine kleinere Differenz zwischen Raum- und Lufttemperatur einstellt.

Reichen die durch bauliche Maßnahmen erzielbaren Einwirkungen auf den Zustand der Kühlraumluft nicht aus, so kann man nachhelfen: Zur Trocknung der Luft werden zuweilen flache Pfannen mit Trockenmitteln, wie Silikagel oder Chlorkalzium, aufgestellt, die von Zeit zu Zeit erneuert werden müssen. Um eine möglichst hohe Feuchtigkeit zu erhalten, wird nicht selten, z. B. in Käsekühlräumen, der Fußboden benetzt.

Alle diese Maßnahmen ermöglichen jedoch nur eine grobe Beeinflussung des Luftzustandes in nur einer Richtung. Sie reichen selten aus, bei starken Veränderungen z. B. der Außentemperatur oder der Kühlraumbelegung, selbst innerhalb weiter Grenzen, ein bestimmtes Niveau der rel. Feuchtigkeit zu halten; sie sind ganz unzulänglich, wenn die Konservierung des Kühlgutes unter allen vorkommenden äußeren Verhältnissen die Einhaltung einer vorgeschriebenen rel. Feuchtigkeit innerhalb enger Grenzen erfordert, bei deren Überschreitung nach unten oder oben entweder eine zu starke Austrocknung oder ein Verderben zu befürchten ist. In solchen Fällen gibt es kein anderes Mittel als die zusätzliche Anordnung von Klimaeinrichtungen.

Bezeichnungen.

Die in den nachstehenden Untersuchungen verwendeten Bezeichnungen haben folgende Bedeutung:

Wärmemengen

Q_0 Am Luftkühler abgeführte Wärmemengen [kcal/h] bzw. [kcal/Tg].
Q_R Gesamte im Kühlraum zugeführte Wärmemenge [kcal/h] bzw. [kcal/Tg].
Q_W Durch die Kühlraumwandungen zugeführte Wärmemenge [kcal/h] bzw. [kcal/Tg].
Q_L Durch Lüfter der Kühlraumluft zugeführte Wärmemenge [kcal/h] bzw. [kcal/Tg].
N_L Energiebedarf der Lüfter [kW].
z_L Laufzeit der Lüfter [h/Tg].
Q_G Durch das abkühlende Kühlgut zugeführte Wärmemenge [kcal/h] bzw. [kcal/Tg].
Q_B Durch Begehen, Türenöffnen und Beleuchtung zugeführte Wärmemenge [kcal/h] bzw. [kcal/Tg].
Q_H Durch Klimaheizung zugeführte Wärmemenge [kcal/h].

Feuchtigkeitsmengen

W_0 Am Luftkühler abgeführte Wassermenge [kg/h] bzw. [kg/Tg].
W_R Gesamte im Kühlraum zugeführte Wassermenge [kg/h] bzw. [kg/Tg].
W_G Durch Verdunstung des Kühlgutes zugeführte Wassermenge [kg/h] bzw. [kg/Tg].
W_F Durch Klimabefeuchtung zugeführte Wassermenge [kg/h] bzw. [kg/Tg].

Bezeichnungen für Kühlraumabmessungen und -belegung

F_R Grundfläche des Kühlraumes [m²].
F_W Fläche einer Kühlraumwand [m²].

H_R Höhe des Kühlraumes [m].
V_R Rauminhalt des Kühlraumes [m³].
G Im Kühlraum lagernde Kühlgutmenge [kg].
c_G Spez. Wärme des Kühlgutes [kcal/kg °C].
g Gewichtsverlust des Kühlgutes [%].
F_G Verdunstungswirksame Oberfläche des Kühlgutes [m²].
φ_G Hygroskopizität der Kühlgutoberfläche.
t_G Temperatur der Kühlgutoberfläche [°C].
B Belegungsdichte des Kühlraumes [kg/m²].
k_W Wärmedurchgangszahl einer isolierten Kühlraumwand [kcal/m² h °C].

Bezeichnungen für den Zustand der Kühlraum- und Außenluft

γ_R Spez. Gewicht der Kühlraumluft [kp/m³].
c_{pR} Spez. Wärme der Kühlraumluft [kcal/kg °C].
G_R Gewicht der Kühlraumluft [kp].
t_a Temperatur der Außenluft [°C].
t_m Mittlere Lufttemperatur im Kühlraum [°C].
t_1 Lufttemperatur am Eintritt in den Luftkühler bzw. am Austritt aus dem Kühlraum [°C].
t_2 Lufttemperatur am Austritt aus dem Luftkühler bzw. am Eintritt in den Kühlraum [°C].
t_{T1} Am Temperaturregler eingestellte obere Grenze der mittleren Kühlraumtemperatur [°C].
t_{T2} Am Temperaturregler eingestellte untere Grenze der mittleren Kühlraumtemperatur [°C].
t_f Temperatur der Kühlraumluft am feuchten Thermometer [°C].
t_0 Temperatur der Kühlraumluft an der Luftkühleroberfläche [°C].
φ_m Mittlere rel. Feuchtigkeit der Kühlraumluft.
φ_1 Rel. Feuchtigkeit der Kühlraumluft am Eintritt in den Luftkühler bzw. am Austritt aus dem Kühlraum.
φ_2 Rel. Feuchtigkeit der Kühlraumluft am Austritt aus dem Luftkühler bzw. am Eintritt in den Kühlraum.
φ_{He} Mittlere rel. Feuchtigkeit der Kühlraumluft, bei welcher der Feuchteregler die Klimaheizung einschaltet.
φ_{Fe} Mittlere rel. Feuchtigkeit der Kühlraumluft, bei welcher der Feuchteregler die Klimabefeuchtung einschaltet.
φ_{Ha} Mittlere rel. Feuchtigkeit der Kühlraumluft, bei welcher der Feuchteregler die Klimaheizung ausschaltet.
φ_{Fa} Mittlere rel. Feuchtigkeit der Kühlraumluft, bei welcher der Feuchteregler die Klimabefeuchtung ausschaltet.
x_m Mittlerer Feuchtigkeitsgehalt der Kühlraumluft [kg/kg].
x_1 Feuchtigkeitsgehalt der Kühlraumluft am Eintritt in den Luftkühler bzw. am Austritt aus dem Kühlraum [kg/kg].
x_2 Feuchtigkeitsgehalt der Kühlraumluft am Austritt aus dem Luftkühler bzw. am Eintritt in den Kühlraum [kg/kg].
x_G Feuchtigkeitsgehalt der Kühlraumluft an der Kühlgutoberfläche [kg/kg].
x_0 Feuchtigkeitsgehalt der Kühlraumluft an der Luftkühleroberfläche [kg/kg].
Δx_G Änderung des Feuchtigkeitsgehaltes der Kühlraumluft infolge Verdunstung an der Kühlgutoberfläche in $\Delta\tau$ h [kg/kg].
Δx_k Änderung des Feuchtigkeitsgehaltes der Kühlraumluft infolge Feuchtigkeitsausscheidung an der Luftkühleroberfläche in $\Delta\tau$ h [kg/kg].
Δx_F Änderung des Feuchtigkeitsgehaltes der Kühlraumluft infolge Feuchtigkeitszufuhr durch Klimaeinrichtungen in $\Delta\tau$ h [kg/kg].
i_m Mittelwert der Enthalpie der Kühlraumluft [kcal/kg].
i_1 Enthalpie der Luft am Austritt aus dem Luftkühler bzw. am Eintritt in den Kühlraum [kcal/kg].
i_2 Enthalpie der Luft am Austritt aus dem Kühlraum bzw. am Eintritt in den Luftkühler [kcal/kg].
i_0 Enthalpie der Luft an der Luftkühleroberfläche [kcal/kg].
Δi_W Änderung der Enthalpie der Kühlraumluft infolge Wärmezufuhr durch die Kühlraumwandungen in $\Delta\tau$ h [kcal/kg].
Δi_L Änderung der Enthalpie der Kühlraumluft infolge Wärmezufuhr durch Lüfter in $\Delta\tau$ h [kcal/kg].
Δi_G Änderung der Enthalpie der Kühlraumluft infolge Wärmezufuhr durch das Kühlgut in $\Delta\tau$ h [kcal/kg].

Δi_k Änderung der Enthalpie der Kühlraumluft infolge Wärmeabführung am Luftkühler in $\Delta\tau$ h [kcal/kg].

Δi_H Änderung der Enthalpie der Kühlraumluft infolge Wärmezufuhr durch Klimaeinrichtungen in $\Delta\tau$ h [kcal/kg].

Δi_F Änderung der Enthalpie der Kühlraumluft infolge Feuchtigkeitszufuhr durch Klimaeinrichtungen in $\Delta\tau$ h [kcal/kg].

Sonstige Bezeichnungen

y Verhältnis der im Kühlraum zu- oder abgeführten Wärmemengen zu den zu- oder abgeführten Wassermengen [kcal/kg].

Index v, zusätzlich angehängt an obige Bezeichnungen, bedeutet, daß sich diese auf einen Versuch beziehen, dessen Ergebnisse der Berechnung zugrunde gelegt werden.

z Dauer dieses Versuches [h].

α_G Wärmeübergangszahl an der Kühlgutoberfläche [kcal/m² h °C].

σ_G Stoffübergangszahl an der Kühlgutoberfläche [kg/m² h].

m_i Maßstab der Enthalpie i des i,x-Diagramms [mm/kcal].

m_x Maßstab des Feuchtigkeitsgehaltes x des i,x-Diagramms [mm/kg].

α Neigungswinkel einer Zustandsänderung gegenüber der Waagerechten eines im Maßstab m_i, m_x gezeichneten i,x-Diagramms.

B. Abhängigkeit des sich in einem Kühlraum einstellenden Luftzustandes vom Wärme- und Feuchtigkeitsaustausch.

I. Allgemeine Bedingungen des Beharrungszustandes.

In einem Kühlraum werde ein mittlerer Luftzustand, gekennzeichnet durch t_m, φ_m, x_m, i_m, gefordert. Er werde durch einen Luftkühler mit der Oberflächentemperatur t_0 entsprechend φ_0, x_0, i_0 gekühlt.

Verbindet man im i,x-Diagramm (Abb. 260) die Punkte i_m, x_m und i_0, x_0 miteinander durch eine Gerade, so stellt diese bekanntlich bei turbulenter Strömung an

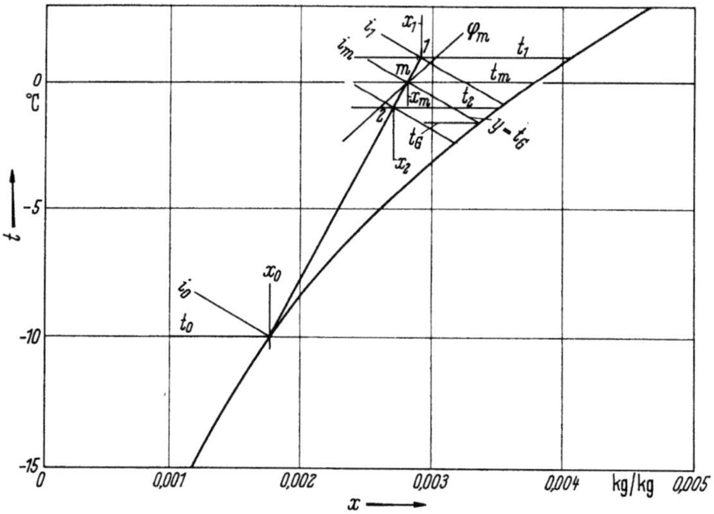

Abb. 260. Zustandsänderung der Luft bei ihrem Kreislauf zwischen Kühlraum und Luftkühler, dargestellt im i,x-Diagramm.

der Luftkühleroberfläche genau, bei laminarer Strömung angenähert den geometrischen Ort aller Punkte dar, auf welchem die Zustandsänderung der Luft beim Durchströmen des Luftkühlers vor sich geht. Sie tritt in ihn ein im Zustand $i_1 > i_m$, $x_1 > x_m$ und tritt aus ihm aus im Zustand $i_2 < i_m$, $x_2 < x_m$. Die Neigung dieser Geraden gegenüber der Abszissenachse stellt zugleich das Verhältnis dar der an der Luftkühleroberfläche abgeführten Wärmemenge zu der an ihr ausgeschiedenen Wassermenge:

$$\frac{i_m - i_0}{x_m - x_0} = \frac{Q_0}{W_0}. \tag{1}$$

Das Verhältnis der im Kühlraum zugeführten Wärme- und Wassermengen

$$\frac{Q_R}{W_R} = y \tag{2}$$

wird im i,x-Diagramm ebenfalls durch eine Gerade wiedergegeben. Im Beharrungszustand müssen die zu- und abgeführten Wärme- und Wassermengen einander gleich sein und beide Geraden zusammenfallen. Die Bedingung dafür, daß die vom Punkt i_0, x_0 ausgehende Luftkühlergerade durch den Punkt i_m, x_m geht, ist also

$$\frac{Q_0}{W_0} = \frac{Q_R}{W_R} = y. \tag{3}$$

Ist $\frac{Q_0}{W_0} \neq \frac{Q_R}{W_R}$, so dreht sich gleichsam die Luftkühlergerade um den Punkt i_0, x_0, bis sie die Temperaturlinie t_m in einem anderen Punkte i'_m, x'_m schneidet, für welchen die Gl. (3) erfüllt ist. Es stellt sich dann eine andere rel. Feuchtigkeit ein, als gefordert wurde. Um die geforderte rel. Feuchtigkeit herzustellen, muß entweder $\frac{Q_0}{W_0}$ oder $\frac{Q_R}{W_R}$ geändert werden. Das erstere ist in nur beschränktem Umfange möglich durch Änderung der Kühlflächentemperatur t_0, das zweite durch künstliche Zufuhr von Wärme oder Feuchtigkeit zur Kühlraumluft mit Hilfe von Klimaeinrichtungen.

II. Die ausgetauschten Wärme- und Wassermengen.

Die durch die Kühlraumwandungen der Kühlraumluft zugeführte Wärmemenge ist

$$Q_W = \sum k_W \cdot F_W \cdot (t_a - t_m) \cdot 24 \quad [\text{kcal/Tg}], \tag{4}$$

worin in bekannter Weise für jede Wandfläche die zugehörigen Werte von k_W und t_a einzusetzen sind.

Ist N_L die Leistung sämtlicher eine künstliche Luftbewegung im Kühlraum erzeugender Lüfter und beträgt deren tägliche Laufzeit z_L Stunden, so ist die durch diese der Kühlraumluft zugeführte Wärmemenge

$$Q_L = 860 \cdot N_L \cdot z_L \quad [\text{kcal/Tg}]. \tag{5}$$

Kühlt sich das mit höherer als der Raumtemperatur eingebrachte Kühlgut innerhalb 24 h um Δt °C ab, so wird dadurch der Kühlraumluft die Wärmemenge

$$Q_G = G \cdot c_G \cdot \Delta t \quad [\text{kcal/Tg}]$$

zugeführt.

Die Wärmezufuhr durch Türenöffnen, Begehen und Beleuchtung betrage Q_B. Dann erhält man für die gesamte, der Kühlraumluft zugeführte Wärmemenge

$$Q_R = Q_W + Q_L + Q_G + Q_B \quad [\text{kcal/Tg}]. \tag{7}$$

Von den der Kühlraumluft zugeführten Feuchtigkeitsmengen braucht die geringfügige, durch die Kühlraumwandungen hindurch diffundierende Dampfmenge nicht berücksichtigt zu werden. Die mit der Frischluft in den Kühlraum eindringende Feuchtigkeit wird an der Luftkühleroberfläche abgeschieden, bevor sich die Frischluft mit der Raumluft mischt. Sie beeinflußt also den Luftzustand im Kühlraum nicht. Ausschlaggebend ist allein die an der Kühlgutoberfläche verdunstende Wassermenge

$$W_G = \sigma_G \cdot F_G \cdot (x_G - x_m) \cdot 24 = \sigma_G \cdot \frac{F_G}{G} \cdot G\,(x_G - x_m) \cdot 24 \quad [\mathrm{kg/Tg}]\,, \tag{8}$$

worin $\sigma_G = \frac{\alpha_G}{0{,}24}$ bei turbulenter,

und $\sigma_G = \frac{\alpha_G}{0{,}24 \cdot 0{,}94}$ bei laminarer Luftbewegung an der Kühlgutoberfläche zu setzen ist.

Nur bei wenigen Kühlgütern ist die Oberfläche F_G bzw. das Verhältnis $\frac{F_G}{G}$ bekannt oder leicht auszumessen. So beträgt z. B. für Rinder- und Schweinehälften $\frac{F_G}{G}$ etwa 0,02 bis 0,03 m²/kg. Im allgemeinen ist jedoch die verdunstungswirksame Kühlgutoberfläche, die in Gl. (8) einzusetzen wäre, nicht unmittelbar feststellbar, insbesondere, wenn es sich, wie z. B. bei der Lagerung von Obst, um gestapelte oder verpackte Güter handelt, deren von der Kühlraumluft berührte Oberfläche kleiner ist als die Summe der Oberflächen der einzelnen Stücke und deren Verdunstung außerdem noch durch die Verpackung gehemmt ist.

F_G/G läßt sich jedoch für beliebig gelagerte oder verpackte Kühlgüter jeder Art durch einen verhältnismäßig einfach durchzuführenden Versuch ermitteln, der zugleich die Feuchtigkeitszu- oder -abführung der Verpackung in ihrem Einfluß auf den Luftzustand im Kühlraum mitumfaßt. Ein solcher Versuch wird am besten im gleichen Kühlraum, mit gleichem Kühlgut, bei gleicher Stapelungs- und Verpackungsart und bei gleicher Luftbewegung durchgeführt, welcher der Berechnung nach Gl. (8) zugrunde gelegt werden soll. Es genügt dabei die Feststellung des prozentualen Gewichtsverlustes g_v an einem Teil des Lagergutes G_v in einem Zeitraum von z_v Stunden unter gleichzeitiger Messung der mittleren Temperatur t_{mv} und rel. Feuchtigkeit φ_{mv} der Kühlraumluft mit Hilfe eines Temperatur-Feuchtigkeitsschreibers, dessen Aufzeichnungen zwecks Ermittlung der Durchschnittswerte zu planimetrieren sind. Aus den gewonnenen Daten wird in bekannter Weise x_{mv} berechnet. Der stündliche Gewichtsverlust muß gleich sein der stündlich an der verdunstungswirksamen Kühlgutoberfläche F_G verdunstenden Wassermenge, so daß sich ergibt:

$$\frac{g_v \cdot G_v}{100 \cdot z_v} = \sigma_{Gv} \cdot \frac{F_{Gx}}{G_v} \cdot G_v \cdot (x_{Gv} - x_{mv})\,.$$

Daraus folgt

$$\frac{F_{Gv}}{G_v} = \frac{G_v}{100 \cdot z_v \cdot \sigma_{Gv} \cdot (x_{Gv} - x_{mv})}\,.$$

Voraussetzungsgemäß entspricht Art, Stapelung und Verpackung des dem Versuch unterworfenen Kühlgutes derjenigen, die der Berechnung des Luftzustandes unter vorgeschriebenen Bedingungen nach Gl. (8) zugrunde gelegt werden soll, so daß $\frac{F_{Gv}}{G_v} = \frac{F_G}{G}$ ist.

Bei gleicher Luftbewegung in beiden Fällen ist ferner $\sigma_{Gv} = \sigma_G$.

Damit ergibt sich

$$\frac{F_G}{G} = \frac{G_v}{100 \cdot z_v \cdot \sigma_G\,(x_{Gv} - x_{mv})} \quad \left[\frac{\mathrm{m}^2}{\mathrm{kg}}\right] \tag{9}$$

und, mit Gl. (8)

$$W_G = \frac{0{,}24 \cdot g_v \cdot G}{z_v} \cdot \frac{x_G - x_m}{x_{Gv} - x_{mv}} \quad [\mathrm{kg/Tg}]\,. \qquad [10]$$

Für den Versuch ist z_v so zu wählen, daß der prozentuale Gewichtsverlust g_v mit hinreichender Genauigkeit festgestellt werden kann. Um einen guten Durchschnittswert zu erhalten, wird G_v am besten aus dem in verschiedenen Teilen des Kühlraumes lagernden Kühlgut entnommen.

x_G bzw. x_{Gv} sind abhängig von Temperatur und rel. Feuchtigkeit der Luft an der Kühlgutoberfläche sowie von deren Hygroskopizität.

Für durchgekühltes Gut, das an die Kühlraumluft keine Wärme mehr abgibt, liegt x_G im i,x-Diagramm auf einer vom Punkt t_m, φ_m ausgehenden Geraden mit der Richtung t_f, die im ganzen kältetechnisch wichtigen Gebiet genau genug mit der Richtung einer Geraden $i =$ const übereinstimmt, und zwar bei feuchtem Gut ($\varphi_G = 1,0$) in deren Schnittpunkt mit der Sättigungslinie, bei hygroskopischem Gut ($\varphi_G < 1,0$) auf einer dieser rel. Feuchtigkeit entsprechenden Linie.

Lebendes Kühlgut (Obst, Gemüse) gibt auch nach vollständiger Durchkühlung noch die Atmungswärme an die Kühlraumluft ab. Seine Oberflächentemperatur muß also immer oberhalb der Raumtemperatur liegen. Es handelt sich dabei stets nur um einige Zehntel °C, so daß es für die obigen Berechnungen genügt, x_G der mittleren Raumtemperatur zuzuordnen.

Für abkühlendes Gut ist x_G entsprechend der in dem betrachteten Zeitraum vorhandenen mittleren Oberflächentemperatur einzusetzen, die geschätzt oder experimentell bestimmt werden muß.

Für Versuch und Berechnung darf mit der gleichen Hygroskopizität gerechnet werden, wenn sich die Berechnung auf einen unmittelbar anschließenden Zeitraum bezieht. Ist mit einer längeren Lagerzeit zu rechnen und zu erwarten, daß sich die Hygroskopizität in deren Verlauf ändert, so müssen in angemessenen Zeitabständen weitere Versuche vorgenommen werden. Werden bei diesen Temperatur und rel. Feuchtigkeit durch Klimatisierung auf dem gleichen Wert gehalten wie beim Ausgangsversuch, so läßt sich aus der Veränderung des prozentualen Gewichtsverlustes in den aufeinander folgenden Versuchen die Veränderung der Hygroskopizität während der Lagerung ermitteln. Man erhält aus Gl. (9) zunächst

$$x_G = x_m + \frac{G_v}{100 \cdot z_v \cdot \sigma_G \cdot F_G/G}.$$

φ_G läßt sich dann im i,x-Diagramm im Schnittpunkt von x_G mit der Temperaturgeraden t_G ablesen. Über die Veränderung der Hygroskopizität von Kühlgütern im Verlaufe einer längeren Kaltlagerung liegen bis heute (1962) noch keine Untersuchungen vor.

Für den Ausgangsversuch muß freilich die Hygroskopizität der Kühlgutoberfläche als bekannt angenommen werden. Für Kühlgut mit ersichtlich wässeriger Oberfläche wie auch für frisch geschlachtetes Fleisch darf $\varphi_G = 1,0$ gesetzt werden. Aber auch für die meisten anderen Lebensmittel in frischem Zustand (Obst, Gemüse, Käse) liegt φ_G nur um etwa 1 bis 2% unterhalb 1,0, so daß man in Ermangelung genauer Kenntnisse auch hier mit $\varphi_G = 1,0$ rechnen darf, ohne einen allzu großen Fehler zu begehen.

III. Ermittlung der in einem nicht klimatisierten Kühlraum sich einstellenden relativen Feuchtigkeit.

In jedem nicht klimatisierten Kühlraum stellt sich die rel. Feuchtigkeit der Luft so ein, daß die Gleichung

$$\frac{Q_R}{W_G} = \frac{i_m - i_0}{x_m - x_0} = y \quad \left[\frac{\text{kcal}}{\text{kg}}\right] \tag{12}$$

erfüllt ist.

Die Kühlflächentemperatur t_0 und damit i_0 und x_0, wie auch die mittlere Raumtemperatur t_m sind als gegeben anzusehen. Q_R kann mit Hilfe der Gln. (4) bis (7) berechnet werden. Unbekannt dagegen sind i_m, x_m und $W_R = W_G$, die alle Funktionen der gesuchten rel. Feuchtigkeit φ_m sind, so daß die obige Beziehung als eine Gleichung mit φ_m als alleiniger Unbekannten dargestellt werden könnte. Diese Darstellung würde jedoch auf einen sehr komplizierten Ausdruck führen. Durch eine graphische Lösung kommt man rascher zum Ziele: Man berechnet für einige φ-Werte mit Hilfe der Gln. (4) bis (10) sowohl die linke als auch die rechte Seite der Gl. (12), trägt sie in ein Diagramm ein mit φ als Abszisse und y als Ordinate und verbindet die Punkte durch Kurven. Im Schnittpunkt beider Kurven liegt das gesuchte φ_m, das sich im Kühlraum einstellt.

1. Berechnungsbeispiel.

Kühlraumabmessungen 10×10×4 m, $F_w = 360$ m².

$k_w = 0{,}3$ kcal/m²h °C.
$t_m = 0$ °C, $t_0 = -10$ °C.
$N_L = 1{,}0$ kW, $z_L = 24$ h.
$G = 90000$ kg Äpfel, auf die Raumtemperatur gekühlt.

Atmungswärme 200 kcal/1000 kg in 24 h, $\alpha_G = 3{,}0$ kcal/m²h °C.

Die Verluste durch Türöffnen, Beleuchtung und Begehung sollen nicht berücksichtigt werden.
Durch einen Versuch wurde bei einer durchschnittlichen Raumtemperatur von $t_{mv} = 0$ °C und einer durchschnittlichen rel. F. $\varphi_{mv} = 0{,}93$ nach einer 30tägigen Lagerung ein Gewichtsverlust $g_v = 0{,}75\%$ festgestellt.
Welche rel. F. φ_m stellt sich im Kühlraum ein

a) bei $t_a = +25$ °C,
b) bei $t_a = 0$ °C,
c) bei $t_a = +25$ °C und G/2,
d) bei $t_a = +25$ °C und G/4?

Zu a)

$Q_w = 0{,}3 \cdot 360 \cdot (25-0) \cdot 24$	$= 64800$ kcal/Tg.	(Gl. 4)
$Q_L = 860 \cdot 1{,}0 \cdot 24.$	$= 20640$ kcal/Tg	(Gl. 5)
$Q_G = 0.$	0 kcal/Tg	
$Q_R =$	103440 kcal/Tg	(Gl. 7)

$t_G = t_{Gv} = 0$ °C, hier unabhängig von φ_m
$\varphi_G = \varphi_{Gv} = 1{,}0$
$x_G = x_{Gv} = 0{,}0037708$ kg/kg, hier unabhängig von φ_m
$x_{mv} = 0{,}0035068$ kg/kg für $t_{mv} = 0$ °C, $\varphi_{mv} = 0{,}93$
$x_{Gv} - x_{mv} = 0{,}000264$ kg/kg

$$\sigma_G = \sigma_{GV} = \frac{3{,}0}{0{,}24 \cdot 0{,}94} = 13{,}3 \quad \text{kg/m}^2\text{h}$$

$$\frac{F_G}{G} = \frac{0{,}75}{100 \cdot 30 \cdot 24 \cdot 13{,}3 \cdot 0{,}000264} = 0{,}00297 \quad \frac{\text{m}^2}{\text{kg}} \qquad \text{(Gl. 9)}$$

Für $t_m = 0$ °C, $\varphi_m = 0{,}95$, $x_m = 0{,}0035823$ erhält man nach Gl. 8
$W_G = 24 \cdot 13{,}3 \cdot 0{,}00297 \cdot 90000 \cdot (0{,}0037708 - 0{,}0035823) = 16{,}08$ kg/Tg

$$\frac{Q_R}{W_G} = \frac{103440}{16{,}08} = 6433 \text{ kcal/kg}.$$

Für $t_0 = -10$ °C, $\varphi_0 = 1{,}0$ ist $i_0 = -1{,}354$ kcal/kg, $x_0 = 0{,}0017648$ kg/kg
Für $t_m = 0$ °C, $\varphi_m = 0{,}95$ ist $i_m = +2{,}139$ kcal/kg, $x_m = 0{,}0035823$ kg/kg

$$\frac{i_m - i_0}{x_m - x_0} = \frac{2{,}139 + 1{,}354}{0{,}0035823 - 0{,}0017648} = 1921 \text{ kcal/kg}.$$

Man erhält auf diese Weise für

$\varphi_m = 0{,}95$: $W_G = 16{,}08$ kg/Tg, $Q_R/W_G = 6433$ kcal/kg, $\dfrac{i_m - i_0}{x_m - x_0} = 1921$ kcal/kg

$\varphi_m = 0{,}90$: $W_G = 32{,}17$ kg/Tg, $Q_R/W_G = 3215$ kcal/kg, $\dfrac{i_m - i_0}{x_m - x_0} = 2075$ kcal/kg

$\varphi_m = 0{,}85$: $W_G = 48{,}26$ kg/Tg, $Q_R/W_G = 2143$ kcal/kg, $\dfrac{i_m - i_0}{x_m - x_0} = 2263$ kcal/kg

$\varphi_m = 0{,}80$: $W_G = 65{,}33$ kg/Tg, $Q_R/W_G = 1583$ kcal/kg, $\dfrac{i_m - i_0}{x_m - x_0} = 2520$ kcal/kg

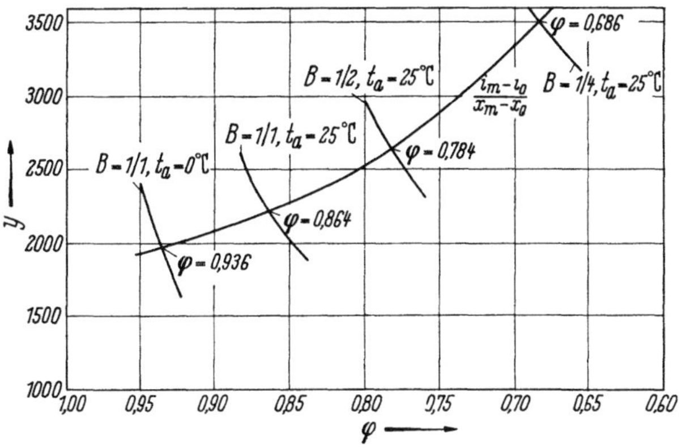

Abb. 261. Graphische Ermittlung der rel. Feuchtigkeit in einem nichtklimatisierten Kühlraum.

Trägt man die errechneten Werte in einem Diagramm auf mit φ_m als Abszisse und y als Ordinate (Abb. 261) auf und verbindet sie durch Kurven, so schneiden sich diese bei $\varphi_m = 0{,}864$, der mittleren rel. Feuchtigkeit, die sich unter den gegebenen Voraussetzungen im Kühlraum einstellt.

Auf ähnliche Weise erhält man

b) für $t_a = 0$ °C und $G = 90000$ kg $\varphi_m = 0{,}936$,
c) für $t_a = +25$ °C und $G = 45000$ kg $\varphi_m = 0{,}784$,
d) für $t_a = +25$ °C und $G = 22500$ kg $\varphi_m = 0{,}686$.

Die errechneten Werte geben größenordnungsmäßig sehr gut die in nichtklimatisierten Obstkühlräumen zu beobachtenden rel. Feuchtigkeiten wieder. Ist der Kühlraum gefüllt, die Außentemperatur jedoch noch hoch, so pflegt die sich einstellende rel. Feuchtigkeit an der unteren Grenze des Sollbereiches ($\varphi_m \sim 0{,}90$ bis $0{,}95$) zu liegen. In den Wintermonaten steigt sie an und entspricht dann in der Regel den Anforderungen. War der Herbst naß und kalt, so kommt es nicht selten vor, daß der obere Grenzwert überschritten wird. Dann besteht die Gefahr der Schimmelbildung. Wenn im Frühjahr das Kühlhaus nach und nach geräumt wird, sinkt die rel. Feuchtigkeit meistens weit unter den Sollbereich. Die Folge ist eine übermäßig starke Austrocknung des Obstes.

C. Berechnung der bei der Klimatisierung zuzuführenden Wärme- und Wassermengen auf Grund der Wärme- und Stoffbilanzen.

Für eine vorgeschriebene rel. Feuchtigkeit der Kühlraumluft ist im allgemeinen

$$\frac{Q_0}{W_0} \neq \frac{Q_R}{W_R}.$$

Im Beharrungszustand müssen jedoch die zu- und abgeführten Wärme- und Stoffmengen einander gleich sein. Nimmt man eine Kühlflächentemperatur t_0 als gegeben an, so ist für ein gefordertes t_m, φ_m die Richtung $y = \frac{Q_0}{W_0} = \frac{i_m - i_0}{x_m - x_0}$ festgelegt. Um die obige Ungleichung in eine Gleichung zu überführen, muß also der Quotient Q_R/W_R geändert werden. Das kann entweder durch Zuführung der Heizwärme Q_H oder der Wassermenge W_F mit Hilfe von Klimaeinrichtungen geschehen. Bei künstlicher Wärmezufuhr wird also

$$Q_R = Q_W + Q_L + Q_G + Q_B + Q_H \quad \text{kcal/Tg} \tag{13}$$

und bei künstlicher Wasserzufuhr

$$W_R = W_G + W_F \quad \text{kg/Tg.} \tag{14}$$

Damit ergibt sich bei der Klimaheizung

$$\frac{Q_W + Q_L + Q_G + Q_B + Q_H}{W_G} = y\,,$$

und für die erforderliche Heizleistung

$$Q_H = y \cdot W_G - (Q_W + Q_L + Q_G + Q_B) \quad [\text{kcal/Tg}]\,, \tag{15}$$

und bei der Klimabefeuchtung

$$\frac{Q_W + Q_L + Q_G + Q_B}{W_G + W_F} = y\,,$$

und für die erforderliche Wasserzufuhr

$$W_F = \frac{Q_W + Q_L + Q_G + Q_B}{y} - W_G \quad [\text{kg/Tg}]\,. \tag{16}$$

2. Berechnungsbeispiel.

a) Für den im 1. Berechnungsbeispiel angeführten Obstkühlraum und die dort vorausgesetzten Verhältnisse soll auf Grund der Wärme- und Stoffbilanzen die erforderliche Heizleistung berechnet werden, wenn bei einer Außentemperatur $t_a = -10\,°\text{C}$ und einer Raumbelegung $G = 90000$ kg die rel. Feuchtigkeit 95% nicht überschreiten soll.

Es ist in diesem Falle

$$\begin{aligned}
Q_W &= -0{,}3 \cdot 360 \cdot 10 \cdot 24 = -25920 \text{ kcal/Tg}\\
Q_L &= 860 \cdot 1{,}0 \cdot 24 = +20640 \text{ kcal/Tg}\\
Q_G &= 200 \cdot 90 = +18000 \text{ kcal/Tg}\\
Q_B &= 0\\
y &= 1921 \text{ kcal/kg}\\
W_G &= 16{,}08 \text{ kg/Tg}
\end{aligned}$$

Hieraus folgt mit Gl. (15)

$Q_H = 1921 \cdot 16{,}08 - (-25920 + 20640 + 18000) = 18700$ kcal/Tg.

b) Wie groß ist die zuzuführende Wassermenge, wenn bei $t_a = +25\,°\text{C}$ und einer Raumbelegung $G = 22500$ kg die rel. Feuchtigkeit 90% nicht unterschreiten soll?

Es ist in diesem Falle

$$\begin{aligned}
Q_W &= 64800 \text{ kcal/Tg}\\
Q_L &= 20640 \text{ kcal/Tg}\\
Q_G &= 4500 \text{ kcal/Tg}\\
Q_B &= 0\\
W_G &= 8{,}04 \text{ kg/Tg}\\
y &= 2075 \text{ kcal/kg.}
\end{aligned}$$

Mit Gl. 16 ergibt sich

$$W_F = \frac{64800 + 20640 + 4500}{2075} - 8{,}04 = 35{,}30 \text{ kg/Tg}\,.$$

D. Zeitlicher Verlauf der Temperatur und der relativen Feuchtigkeit der Kühlraumluft bei intermittierender Arbeitsweise.

Die auf Grund der Wärme- und Stoffbilanzen entwickelten Beziehungen geben noch kein vollständiges Bild der wirklichen Vorgänge. Die damit durchgeführten Berechnungen führen zu richtigen Ergebnissen nur unter der bei ihrer Ableitung gemachten Voraussetzung, daß alle den Luftzustand beeinflussenden Faktoren gleichzeitig und bei unveränderlich feststehenden Werten der Temperatur oder der rel. Feuchtigkeit darauf einwirken, was genau nur für einen unendlich kleinen Zeitraum zutrifft. Die Berechnungsergebnisse können jedoch für einen endlichen Zeitraum als Durchschnittswerte angesehen werden, wenn in die Rechnung ebenfalls auf diesen bezogene Durchschnittswerte eingeführt werden. Unter dieser Voraussetzung können sie als Grundlage für die Bemessung der Klimaeinrichtungen dienen.

Die Aufrechterhaltung unveränderlicher Werte für die Temperatur und die rel. Feuchtigkeit der Kühlraumluft über eine beliebige Zeitdauer ist praktisch jedoch nicht möglich. Zu erreichen ist lediglich deren Einhaltung innerhalb eines Bereiches zwischen mehr oder weniger weit auseinanderliegenden Grenzwerten, bei deren Überschreitung nach oben oder unten den Regelorganen ein Impuls gegeben wird für die Ein- oder Ausschaltung von Kühlung, Heizung oder Befeuchtung. Es kommt dabei notwendig zu miteinander abwechselnden Betriebs- und Stillstandsperioden für Kühlung und Klimatisierung, die jedoch nur zufällig zusammenfallen, da beide durch verschiedene, voneinander unabhängig arbeitende Regler gesteuert werden. Da mit der Kühlung stets eine Entfeuchtung verbunden ist, so wirkt es sich auf die sich ausbildende rel. Feuchtigkeit verschieden aus, ob die Wärme- oder Feuchtigkeitszufuhr durch die Klimaeinrichtungen in einer Betriebsperiode oder einer Stillstandsperiode erfolgt. Aus dem gleichen Grunde ist von weiterem Einfluß darauf das Verhältnis von Betriebs- und Stillstandsperioden bei Kühlung und Klimatisierung, das seinerseits wieder von der Größe der Schaltdifferenzen an den Regelorganen und der Leistung der Kühl- und Klimaeinrichtungen abhängt.

In der Praxis haben wir es stets mit intermittierend arbeitenden Anlagen zu tun. Die Berechnung der sich einstellenden rel. Feuchtigkeit oder der bei der Klimatisierung ins Spiel kommenden Wärme- und Feuchtigkeitsmengen mit Hilfe von Bilanzen allein kann aus den angeführten Gründen unter Umständen zu beträchtlichen Fehlern führen und bedarf zum mindesten einer Nachprüfung und gegebenenfalls einer Korrektur. Diese sind offenbar nur auf Grund der Kenntnis des zeitlichen Verlaufes von Temperatur und rel. Feuchtigkeit möglich, wie er von Temperatur-Feuchteschreibern aufgezeichnet wird. Solche Aufzeichnungen könnten jedoch nur nach Fertigstellung der Anlage vorgenommen werden und kämen unter Umständen zu spät, ganz abgesehen davon, daß eine sichere Deutung des Temperatur- und Feuchtigkeitsverlaufes bei der Vielzahl der darauf einwirkenden Faktoren immer schwierig ist. Es ist jedoch möglich, ihn im Voraus zu berechnen und aufzuzeichnen, wie im folgenden gezeigt werden soll.

E. Berechnung und Aufzeichnung von Temperatur-Feuchtigkeitsdiagrammen.

In einem Kühlraum vom Rauminhalt V_R, dem spezifischen Gewicht der darin enthaltenen Luft γ_R und dem Luftgewicht G_R werde die Temperatur innerhalb der Grenzen t_{T_1} und t_{T_2} und die rel. Feuchtigkeit innerhalb der Grenzen φ_{He} und φ_{Fe} automatisch geregelt. Der Thermostat schaltet die Kühlung bei der oberen Temperatur t_{T_1} ein und bei der unteren Temperatur t_{T_2} aus. Es seien zwei Feuchteregler vorhanden, von denen der eine bei Erreichung des oberen Grenzwertes φ_{He} die Heizung, der andere bei Erreichung des unteren Grenzwertes φ_{Fe} die Befeuchtung einschaltet. Die Ausschaltung der Heizung erfolge bei $\varphi_{Ha} < \varphi_{He}$, die Ausschaltung der Befeuchtung bei $\varphi_{Fa} > \varphi_{Fe}$, wobei φ_{Ha} und φ_{Fa} sich überschneiden können. Bewegt sich der Luftzustand natürlicherweise zwischen φ_{He} und φ_{Fe}, so findet weder Heizung noch Befeuchtung statt.

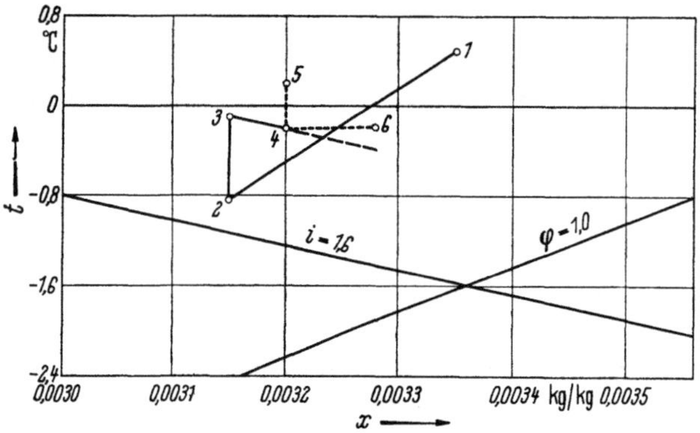

Abb. 262. Veränderungen des Luftzustandes in einem Kühlraum, dargestellt im i,x-Diagramm.

Man führt die Berechnungen mit Hilfe des i,x-Diagramms durch, von dem man jedoch nur das Temperaturgebiet zwischen t_{T_1} und t_{T_2} in großem Maßstab herauszeichnet, um genügend genaue Resultate zu erhalten. Die Temperaturlinien dürfen dabei im gesamten kältetechnisch wichtigen Gebiet mit genügender Genauigkeit als Horizontale angesehen werden. Am besten arbeitet man auf Millimeterpapier. Hierbei genügt es, eine einzige, passend gewählte Linie $i = \text{const}$ und die Sättigungslinie mit Hilfe der Dampftabelle einzuzeichnen.

Die zu- und abgeführten Wärme- und Feuchtigkeitsmengen werden auf das Luftgewicht des Kühlraumes bezogen. Zur Ermittlung eines neuen Zustandspunktes werden die Kurvenzüge der gleichzeitig sich abspielenden Vorgänge in beliebiger Reihenfolge aneinander gereiht (Abb. 262). Es kommen dabei folgende charakteristischen Zustandsänderungen vor:

1. Der Luftzustand i,x, von dem ausgegangen wird, liege zwischen den Grenzwerten (Punkt 2); Kühlung und Klimaeinrichtungen sind ausgeschaltet. Es findet dann nur eine Wärmezufuhr durch die Kühlraumwandungen und eine Feuchtigkeitszufuhr durch Verdunstung des Kühlgutes statt. Wir betrachten die Zustandsänderung in der Zeit $\Delta\tau$. Die Enthalpie je kg Raumluft erhöht sich infolge der Wärmezufuhr durch die Kühlraumwandungen um

$$\Delta\, i_W = \frac{\Sigma\, k_W \cdot F_W \cdot (t_a - t_m)}{G_R} \cdot \Delta\,\tau \quad [\text{kcal/kg}]. \tag{17}$$

Im i,x-Diagramm erfolgt die Wärmezufuhr auf einer Geraden $x = \text{const}$. Beträgt der Maßstab der Enthalpie m_i mm/kg, so liegt der Endpunkt dieser Zustandsänderung auf der durch den Ausgangspunkt gezogenen Senkrechten, um $m_i \cdot i_W$ mm von diesem entfernt (Punkt 3).

Findet noch eine Wärmezufuhr durch das sich abkühlende Kühlgut statt, die durch die Beziehung

$$\Delta\, i_G = \frac{G \cdot c_G \cdot (t_G - t_m)}{G_R} \cdot \Delta\,\tau \quad [\text{kcal/kg}] \tag{18}$$

gegeben ist, so verlängert sich die obige Zustandslinie um $m_i \cdot \Delta\, i_G$.

Die Zustandsänderung bei Feuchtigkeitszufuhr durch „feuchtes“, durchgekühltes Gut ($\varphi_G = 1{,}0$) liegt auf einem Richtungsstrahl $y = t_G$, worin t_G die Temperatur der Kühlgutoberfläche bedeutet, die um so tiefer unterhalb der Lufttemperatur liegt, je niedriger die rel. Feuchtigkeit ist. $y = t_G$ fällt jedoch, wie bereits ausgeführt, mit genügender zeichnerischer Genauigkeit mit einer Linie $i = \text{const}$ zusammen, so daß man durch den Ausgangspunkt lediglich eine Parallele zur Geraden $i = \text{const}$ zu ziehen braucht.

Durch die Verdunstung des Kühlgutes wird einem kg Kühlraumluft im Zeitraum $\varDelta\tau$ die Feuchtigkeitsmenge

$$\varDelta x_G = \frac{\sigma_G \cdot F_G \cdot (x_G - x_m)}{G_R} \cdot \varDelta \tau \quad [\text{kg/kg}] \tag{19}$$

zugeführt; x_G wird dabei als dem Luftzustand des Ausgangspunktes (2) entsprechend angenommen, was um so genauer zutrifft, je kleiner $\varDelta\tau$ gewählt wird. Im i,x-Diagramm läßt sich x_G im Schnittpunkt der durch diesen gezogenen Linie $i = \text{const}$ mit der Sättigungslinie, bei hygroskopischem Gut mit der entsprechenden φ_G-Linie unmittelbar ablesen. Der neue Zustandspunkt liegt also bei $x + \varDelta x$ auf der durch den Punkt 3 gezogenen Geraden $i = \text{const}$ (Punkt 4).

Liegt die Oberflächentemperatur des Kühlgutes oberhalb der Kühlraumtemperatur, so gelten ebenfalls die obigen Ausführungen, nur daß dann der Richtungsstrahl $y = t_G$ dieser Temperatur entsprechend gezogen werden muß und nicht durch eine Linie $i = \text{const}$ ersetzt werden kann.

2. Wird die Temperatur t_{T_1} erreicht, so setzt die Kühlung ein (Punkt 1). Die Wärme- und Feuchtigkeitsabgabe der Kühlraumluft an der Luftkühleroberfläche erfolgt dabei auf einem Richtungsstrahl

$$y = \frac{i_m - i_0}{x_m - x_0}.$$

i_0 und x_0 müssen aus Dampftabellen entnommen werden, da sie in dem betrachteten kleinen Ausschnitt des i,x-Diagramms nicht enthalten sind. Er enthält im allgemeinen auch keinen Nullpunkt, so daß sich die Richtungsstrahlen y nicht mit Hilfe eines Randmaßstabes ziehen lassen. Der Winkel α, den diese mit der Waagerechten bilden, ist durch die Beziehung

$$t_g\,\alpha = \frac{m_i}{m_x}(y - 597) \tag{20}$$

bestimmt, worin m_x den Maßstab des Feuchtigkeitsgehaltes x in mm/kg bedeutet. Die durch die Kühlung in der Zeit $\varDelta\tau$ bewirkte Änderung der Enthalpie, auf 1 kg Raumluft bezogen, beträgt

$$\varDelta i_K = -\frac{Q_0}{G_R} \cdot \varDelta \tau \tag{21}$$

und die des Feuchtigkeitsgehaltes

$$\varDelta x_K = \frac{\varDelta i_K}{y}. \tag{22}$$

Der Punkt 2 liegt also auf dem durch den Punkt 1 gezogenen Richtungsstrahl y, um $m_i \cdot \varDelta i_k$ von diesem auf der Senkrechten bzw. um $m_x \cdot \varDelta x_k$ auf der Waagerechten entfernt.

Während der Kühlperiode wird die Wärmezufuhr durch die Kühlraumwandungen und gegebenenfalls durch das Kühlgut fortgesetzt, wozu jetzt noch die der Luftkühlerventilatoren

$$\varDelta i_L = \frac{860 \cdot N_L}{G_R} \cdot \varDelta \tau. \tag{23}$$

hinzu kommt. An die Kühlgerade im Punkt 2 reiht sich also eine Senkrechte, wie unter 1. beschrieben. Der Punkt 3 liegt auf dieser im Abstand von $m_i(\varDelta i_W + \varDelta i_G + \varDelta i_L)$ von Punkt 2.

Aber auch die Verdunstung geht weiter. An die Senkrechte reiht sich also, wie unter 1., eine Gerade $i = \text{const}$, wobei zur Ermittlung von x_G der Punkt 1, nicht der Punkt 3 als Bezugspunkt zu wählen ist.

3. Wird zu irgendeiner Zeit der obere Grenzwert φ_{He} der rel. Feuchtigkeit erreicht, so schaltet der Feuchteregler die Klimaheizung ein. Das kann sowohl während einer Stillstandsperiode als auch während einer Kühlperiode geschehen. In jedem Fall reiht sich dann im Punkt 4 noch eine Senkrechte an. Die Erhöhung der Enthalpie der Kühlraumluft durch die Heizung ist

$$\Delta i_H = \frac{Q_H}{G_R} \cdot \Delta \tau . \tag{24}$$

Punkt 5 liegt demnach auf der Senkrechten durch Punkt 4 im Abstand $m_i \cdot \Delta i_H$.

4. Wird der untere Grenzwert der rel. Feuchtigkeit φ_{Fe} erreicht, so schaltet der Feuchteregler die Befeuchtung ein. Man kann der Kühlraumluft Feuchtigkeit in Form von fein zerstäubtem Wasser oder in Form von Dampf zuführen. Im ersten Falle erfolgt die Zustandsänderung auf einem Richtstrahl $y = t_F$, der Temperatur des Wassers, der wieder durch eine durch den Punkt 4 gezogene Linie $i = \text{const}$ ersetzt werden kann. Bei Zuführung von Dampf ist $y = 640$, der Enthalpie des Wasserdampfes bei atmosphärischem Druck, eine Gerade, die geringfügig gegenüber der Waagerechten ansteigt und mit Hilfe von Gl. (20) eingezeichnet werden kann.

Ist W_F die stündlich durch die Befeuchtungseinrichtung zuführbare Wassermenge, so wird

$$\Delta x_F = \frac{W_F}{G_R} \cdot \Delta \tau \quad [\text{kg/kg}] . \tag{25}$$

Der Punkt 6 liegt dann auf einer der beiden Richtstrahlen durch Punkt 4, von diesem um $m_x . x_F$ auf der Waagerechten entfernt.

Die rel. Feuchtigkeit φ in einem Zustandspunkt darf mit genügender Genauigkeit dem Feuchtigkeitsverhältnis $\psi = \frac{x}{x_s}$ gleichgesetzt werden, worin x_s den Feuchtigkeitsgehalt auf der Sättigungslinie für die durch i,x bestimmte Temperatur t bedeutet, die aus dem Diagramm abgelesen wird.

Man wählt nun passende Zeitintervalle, bestimmt nacheinander für eine Reihe von Zustandspunkten Temperatur und rel. Feuchtigkeit auf die angegebene Weise und trägt sie in übereinander liegenden Diagrammen in Abhängigkeit von der Zeit auf. Beharrung liegt vor, wenn nach einer aus Laufzeit und Stillstandszeit bestehenden Periode die Ausgangszustände wieder erreicht werden. Das gelingt selten beim ersten Versuch. Liegen Anfangs- und Endpunkt einer Periode nicht allzu weit auseinander, so genügt im allgemeinen eine Neuaufzeichnung der Kühlperiode unter Einsetzung des sich im ersten Rechnungsgang ergebenden Endzustandes als neuen Ausgangspunkt. Es braucht nur eine Periode berechnet zu werden.

Aus den so ermittelten Laufzeiten für Kühlung, Heizung und Befeuchtung lassen sich die stündlich oder täglich zu- und abzuführenden Wärmemengen und die zuzuführenden Feuchtigkeitsmengen berechnen. Durch Planimetrieren der durch die Abszisse und die Kurven begrenzten Flächen läßt sich ferner die mittlere Lufttemperatur und rel. Feuchtigkeit während einer Periode ermitteln. Hieraus kann wieder der zu erwartende Gewichtsverlust des Kühlgutes berechnet werden.

Wiederholt man solche Berechnungen unter Annahme verschiedener Werte für die Leistungen der Kühl- und Klimaeinrichtungen sowie von verschiedenen Einstellungen der Grenzwerte an den Reglern, so kann man auf diese Weise zu Erkenntnissen über die in betriebstechnischer und wirtschaftlicher Hinsicht günstigsten Anordnungen gelangen, die auf andere Weise nicht zu gewinnen sind.

Dies ist auch ein Weg zur Deutung von durch Schreibgeräte aufgezeichneten Temperatur-Feuchtigkeitsdiagrammen.

3. Berechnungsbeispiel.

Kühlraumabmessungen 10×10×3,5 m,
k_W = 0,294 kcal/m²h °C,
t_m = 0 °C, $t_0 = -10$ °C,
N_{L1} = 0,5 kW der Luftkühlerventilatoren,
N_{L2} = 0,1 kW des Ventilators am Klimagerät,
Q_0 = 7500 kcal/h,
Q_H = 4000 kcal/h,
W_F = 3 kg/h in Dampfform,
$t_{T1} = +1{,}0$ °C, $t_{T2} = -1{,}0$ °C,
$\varphi_{H1} = 0{,}9$, $\varphi_{H2} = 0{,}86$,
$\varphi_{F1} = 0{,}85$, $\varphi_{F2} = 0{,}89$.
Kühlgut: Durchgekühltes Frischfleisch mit $F_G/G = 0{,}02$ m²/kg.
α_G = 3,1 kcal/m²h °C.
a) Der Kühlraum sei stark mit $B = 250$ kg/m² Grundfläche belegt; die Außentemperatur sei $t_a = +5$ °C,
b) Der Kühlraum sei schwach mit $B = 50$ kg/m² Grundfläche belegt, die Außentemperatur sei $t_a = +25$ °C,
Welchen Verlauf nehmen Temperatur und rel. Feuchtigkeit der Kühlraumluft während einer aus Lauf- und Stillstandszeit bestehenden Periode im klimatisierten und nichtklimatisierten Kühlraum?

In Abb. 263 und 264 sind die übereinander angeordneten Temperatur- und Feuchtigkeitsdiagramme unter den Bedingungen a) und b) dargestellt. Die Kurven sind Verbindungslinien zwischen einer Anzahl von Punkten, die auf die oben angegebene Weise berechnet wurden.

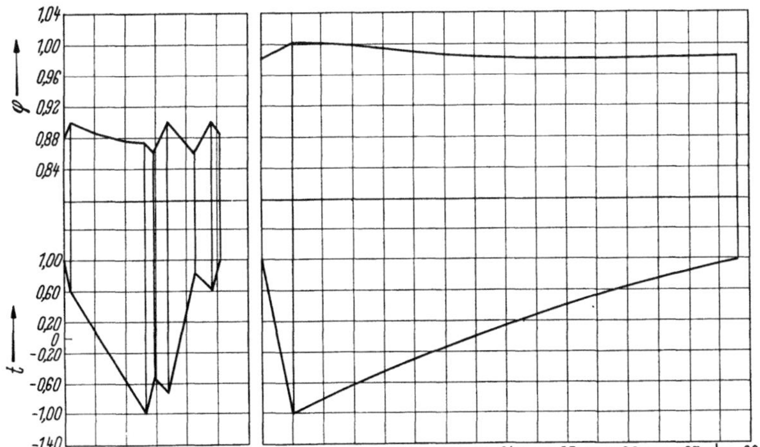

Abb. 263. Zeitlicher Verlauf von Temperatur und rel. Feuchtigkeit der Luft in einem stark belegten Kaltlagerraum für Fleisch bei niedriger Außentemperatur während einer aus Kühlzeit und Stillstandszeit bestehenden Periode; links für einen klimatisierten, rechts für einen nichtklimatisierten Raum.

Abb. 263 stellt den Temperatur- und Feuchtigkeitsverlauf der Luft des stark belegten Kühlraumes bei niedriger Außentemperatur dar, und zwar links für den klimatisierten und rechts für den nichtklimatisierten Raum.

Während der Abkühlung steigt im klimatisierten Raum die rel. Feuchtigkeit zunächst an. Bei $\varphi_{H1} = 0{,}9$ schaltet der Feuchteregler die Klimaheizung ein.

Ist deren Leistung, wie im vorliegenden Fall, groß genug, so sinkt die rel. Feuchtigkeit im Laufe der Abkühlung wieder. Bei Erreichung der unteren Temperaturgrenze, bei welcher der Thermostat die Kühlung ausschaltet, ist der Ausschaltpunkt der Klimaheizung noch nicht erreicht. Zu Beginn der Stillstandsperiode erfolgt also zunächst eine weitere Trocknung der Luft. Nach Ausschaltung der Heizung steigt infolge starker Feuchtigkeitsabgabe des Kühlgutes die rel. Feuchtigkeit rasch an, wobei auch die Raumtemperatur vorübergehend etwas fällt. Bei Erreichung einer rel. Feuchtigkeit von 90% setzt die Klimaheizung wieder ein, welche, da die Kühlung jetzt ausgeschaltet ist, einen steilen Anstieg der Raumtemperatur und ein entsprechendes Absinken der rel. Feuchtigkeit zur Folge hat. Bei einer rel. Feuchtigkeit von 86% schaltet die Heizung aus und die rel. Feuchtigkeit steigt wieder an, bis schließlich kurz vor Beendigung der Stillstandsperiode die Heizung noch einmal für kurze Zeit in Betrieb kommt.

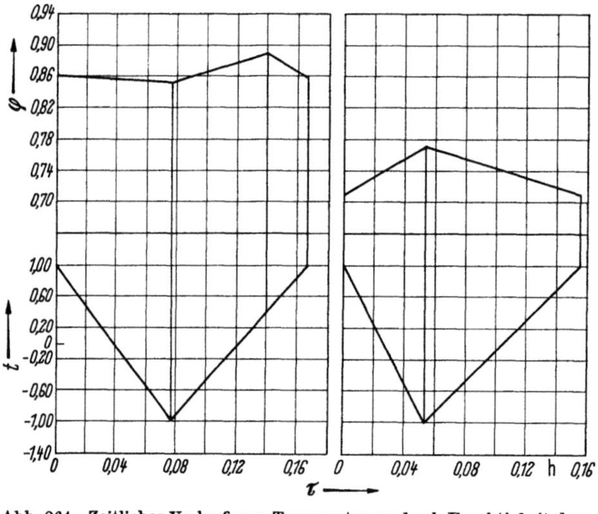

Abb. 264. Zeitlicher Verlauf von Temperatur und rel. Feuchtigkeit der Luft in einem schwach belegten Kaltlagerraum für Fleisch bei hoher Außentemperatur während einer aus Kühlzeit und Stillstandszeit bestehenden Periode; links für einen klimatisierten, rechts für einen nichtklimatisierten Raum.

Ein ganz anderer Kurvenverlauf ergibt sich für einen nichtklimatisierten Raum. Auch hier steigt zu Beginn der Kühlperiode die rel. Feuchtigkeit an und erreicht sogar über 100%, d. h., es bildet sich Nebel. Während der Stillstandsperiode fällt sie mit langsam ansteigender Raumtemperatur ebenso langsam ab, um gegen Ende derselben wieder leicht anzusteigen. Würde man die Raumtemperatur weiter ansteigen lassen, so würde die rel. Feuchtigkeit ebenfalls zunehmen und bei Temperaturgleichheit zwischen Außen- und Innentemperatur 100% betragen.

In Abb. 264 sind der Temperatur- und der Feuchtigkeitsverlauf bei schwacher Raumbelegung und hoher Außentemperatur für den klimatisierten und den nichtklimatisierten Raum einander gegenübergestellt. In der Kühlperiode nimmt die rel. Feuchtigkeit in beiden Fällen einen entgegengesetzten Verlauf: im klimatisierten ein leichtes Absinken, im nichtklimatisierten ein stärkerer Anstieg. Die Ursache liegt im unterschiedlichen Niveau der rel. Feuchtigkeit, einem sehr niedrigen, auf das sich der Luftzustand beim nichtklimatisierten von selbst einstellt, einem höheren, auf dem er bei der Klimatisierung durch Befeuchtung gehalten wird. Im Bereich höherer rel. Feuchtigkeit verläuft die Luftkühlergerade verhältnismäßig flach und ist die Feuchtigkeitsausscheidung am Luftkühler entsprechend groß, während die Verdunstungsmenge an der kleinen Kühlgutoberfläche relativ gering ist. Der an sich mit der Kühlung verbundene Anstieg der rel. Feuchtigkeit wird dadurch ins Gegenteil verkehrt. Mit Erreichung der unteren Grenztemperatur wird bei der klimatisierten Anlage zufällig auch der untere Grenzwert der rel. Feuchtigkeit erreicht, so daß von diesem Zeitpunkt an der Kühlraumluft Feuchtigkeit zugeführt wird. Noch vor Beendigung der Stillstandsperiode wird jedoch der Ausschaltpunkt für die Feuchtigkeitszufuhr erreicht, und die rel. Feuchtigkeit sinkt wieder bis zur Beendigung der Periode. Beim nichtklimatisierten Raum sinkt die rel. Feuchtigkeit während der ganzen Stillstandsperiode stetig.

Eine Gegenüberstellung der aus den Diagrammen zu entnehmenden Dauer der Betriebsperioden und der daraus zu errechnenden Wärme- und Feuchtigkeitsmengen zeigt die nachstehende Tabelle.

	$t_a = 5$, $B = 200$		$t_a = 25$, $B = 50$	
	klim.	n. klim.	klim.	n. klim.
Periodendauer (h)	0,254	0,770	0,166	0,155
Perioden je Std.	3,94	1,30	6,03	6,45
Kühlperiode (h)	0,125	0,049	0,077	0,043
Kühlzeit/Std. (h)	0,492	0,0635	0,465	0,278
Kühlzeit/Tg (h)	11,8	1,52	10,70	6,67
Heizperiode (h)	0,198			
Heizzeit/Std. (h)	0,78			
Heizzeit/Tg (h)	18,7			
Befeuchtungsperiode (h)			0,063	
Befeuchtungszeit/Std. (h)			0,038	
Befeuchtungszeit/Tg (h)			9,12	
Kältebedarf (kcal/Tg)	88500	11400	80200	50000
Heizungsbedarf (kcal/Tg)	75000			
Feuchtigkeitsbedarf (kg/Tg)			27,4	
Mittlere rel. F.	0,879	0,984	0,863	0,736
Gewichtsverlust (%/Tg)			0,0417	0,0775

F. Schlußfolgerungen.

Auf Grund der obigen Berechnungsbeispiele lassen sich nur in beschränktem Umfange allgemeine Aussagen über die Auswirkungen der Klimatisierung bei der Raumkühlung machen. Dazu bedürfte es systematischer Untersuchungen, die bislang nicht vorliegen. Immerhin läßt sich daraus folgendes erkennen:

Während der Kühlperiode tritt im allgemeinen eine Zunahme der rel. Feuchtigkeit ein als Folge der Temperaturabsenkung, obgleich sich der absolute Feuchtigkeitsgehalt der Kühlraumluft dabei vermindert. Bei künstlicher Anhebung der rel. Feuchtigkeit durch Feuchtigkeitszufuhr und geringer Verdunstung des Kühlgutes kann jedoch auch das Gegenteil eintreten.

Während der Stillstandsperiode tritt im allgemeinen eine Abnahme der rel. Feuchtigkeit ein als Folge des Temperaturanstiegs, obgleich sich der absolute Feuchtigkeitsgehalt der Kühlraumluft erhöht. Bei sehr langen Stillstandsperioden kann jedoch gegen deren Ende ein Wiederanstieg derselben erfolgen, wenn die Raumtemperatur dabei nahe an die Außentemperatur herankommt und die Wärmezufuhr durch die Kühlraumwandungen infolgedessen fühlbar abnimmt. Die weitverbreitete Meinung, daß in Stillstandsperioden die rel. Feuchtigkeit stets ansteige und dabei nahe an den Sättigungszustand herankomme, ist vermutlich auf Beobachtungen zurückzuführen, die bei tiefen Außentemperaturen am Ende sehr langer Stillstandsperioden, z. B. bei alten, von Hand gesteuerten Anlagen während der Nachtzeit, gemacht wurden. Bei automatischer Arbeitsweise ist im allgemeinen das Gegenteil der Fall.

Bei starker Raumbelegung und tiefer Außentemperatur kann in einem klimatisierten Kühlraum der Kältebedarf unter Umständen höher ausfallen als bei schwacher Raumbelegung und hoher Außentemperatur. Bei der Berechnung des Kältebedarfs eines klimatisierten Kühlraumes sollte daher nicht, wie üblich, von der maximalen Außentemperatur, sondern von der maximalen Kühlraumbelegung ausgegangen werden, insbesondere, wenn eine verhältnismäßig niedrige rel.

Feuchtigkeit eingehalten werden muß, wie z. B. bei der Kaltlagerung von Frischfleisch.

Bei starker Raumbelegung und niedriger Außentemperatur kann es vorkommen, daß annähernd die gesamte zur Verdunstung an der Kühlgutoberfläche erforderliche Wärmemenge der Kühlraumluft durch die Klimaheizung zugeführt werden muß, deren Heizbedarf dann sehr groß wird. Aus diesem Grunde scheidet bei größeren Anlagen eine elektrische Beheizung der Klimageräte aus; sie wäre aus wirtschaftlichen Gründen nicht mehr vertretbar.

Der Kältebedarf eines vollklimatisierten Kühlraumes ist immer höher als der eines nichtklimatisierten. Die Aufrechterhaltung einer bestimmten für das Kühlgut geforderten rel. Feuchtigkeit ist daher stets mit zusätzlichen Kosten verbunden. Um diese nach Möglichkeit herabzusetzen, sollte man die Schaltgrenzen für Heizung und Befeuchtung nicht zu eng wählen. So z. B. genügt es bei der Kaltlagerung von Frischfleisch, die Heizung bei etwa 90%, die Befeuchtung bei etwa 85% rel. Feuchtigkeit einzuschalten. In dem dazwischen liegenden Gebiet bleiben die Klimaeinrichtungen außer Betrieb. Es sollte durch bauliche Maßnahmen dafür gesorgt werden, daß sich die rel. Feuchtigkeit während des größten Teils des Jahres in diesem Zwischenbereich einstellt. Die Klimaeinrichtungen dienen dann nur dazu, sich in Extremfällen einzuschalten und während eines relativ kurzen Zeitraumes das Kühlgut vor zu großer Austrocknung oder vor dem Verderben infolge zu hoher Feuchtigkeit zu bewahren. Andererseits steigen die Betriebskosten in dem Maße, wie auf die Einhaltung einer rel. Feuchtigkeit innerhalb enger Grenzen Wert gelegt wird.

G. Klimaeinrichtungen.

Die Zuführung von Wärme zur Kühlraumluft kann auf verschiedene Weise geschehen. Bei Anlagen mit Außenluftkühlern hat man früher am Luftkühleraustritt häufig ein Heizregister aus Rippenrohren angeordnet, das durch Dampf, Heißwasser, ablaufendes Kondensatorkühlwasser oder auch durch heiße Kältemittelgase geheizt wurde. Eine Regelung der rel. Feuchtigkeit erfolgte meistens überhaupt nicht oder in sehr grober Weise von Hand. Hauptnachteil dieses Verfahrens ist, daß die Heizung nicht unabhängig von der Kühlung in Betrieb genommen werden kann, wie es erforderlich ist.

Bei den meisten neueren Raumkühlanlagen sind die Luftkühler in Form von an Wänden oder Decken angeordneten Lamellenapparaten in den Kühlräumen selbst angeordnet worden. Die Klimaheizung wurde dabei meistens in Form von elektrischen Heizstäben vor den Luftkühlern am Luftaustritt angebracht. Diese Anordnung ist einfach und in der Anschaffung billig. Nachteilig ist dabei, daß bei Anforderung von Heizung allein die an den Heizkörpern vorbeiströmende Luft vorher die Luftkühler passieren muß, die, auch bei ausgeschalteter Kühlung, infolge ihrer Speicherwirkung noch eine erhebliche Kühlwirkung ausüben. Die Heizperioden dauern infolgedessen länger, und der Energieverbrauch der Heizung wird höher. Bei größeren Anlagen hat sich jedoch die elektrische Klimaheizung als zu unwirtschaftlich erwiesen. Man ist deshalb vereinzelt schon dazu übergegangen, besondere Heizapparate mit eigenen Ventilatoren unabhängig von den Luftkühlern im Kühlraum aufzustellen und sie mit einer billigeren Wärmequelle zu betreiben.

Die Zufuhr von Feuchtigkeit muß bei Raumkühlanlagen stets im Kühlraum selbst erfolgen. Die den Luftkühler verlassende Luft hat unter den bei der Raumkühlung vorherrschenden Verhältnissen bereits eine hohe rel. Feuchtigkeit nahe der Sättigung und könnte daher nur noch eine sehr kleine Wassermenge aufnehmen. Überschüssige Flüssigkeit würde sich bei Anordnung der Befeuchtungseinrichtungen außerhalb der Kühlräume in den Luftkanälen absetzen und nicht von der Kühlraumluft aufgenommen werden.

Die einfachste und billigste Art der Feuchtigkeitszufuhr geschieht in Form von zerstäubtem Wasser durch Zerstäuberdüsen, die so über den Kühlraum zu verteilen sind, daß es in alle Raumpartien gelangt. Je feiner die Zerstäubung gelingt, um so rascher verdampfen die Wassertröpfchen in der Kühlraumluft. Dabei findet eine, wenn auch geringfügige, Abkühlung derselben statt. Die Nachteile dieses Verfahrens sind vorwiegend praktischer Natur. Fein zerstäubtes Wasser schwebt zwar in der Luft und setzt sich infolge der Schwerkraftwirkung nicht auf dem Kühlgut ab. Wenn jedoch die Wassertröpfchen nach dem Austritt aus der Düse noch eine gewisse Geschwindigkeit besitzen, so bleiben sie an jedem Gegenstand haften, auf den sie auftreffen. Es ist deshalb erforderlich, in der Nähe der Düsen einen freien Luftraum zu schaffen, in dem sich weder Kühlgut noch andere Einrichtungsgegenstände befinden. Das ist praktisch meistens nur mit Schwierigkeiten und unter Preisgabe nutzbaren Kühlraumes zu verwirklichen. Es hat sich ferner gezeigt, daß sich bei geringer Luftbewegung infolge langsamer Ausbreitung der Wassertröpfchen in der Luft in der Nähe der Düsen eine zu hohe, in weiterer Entfernung von ihnen eine zu niedrige rel. Feuchtigkeit einstellt. Schließlich verstopfen sich die Düsen um so leichter, je feiner die Zerstäubung gemacht wird; sie bedürfen also einer ständigen Wartung.

Man hat ferner, besonders in Obstkühlräumen, die Befeuchtung mit Hilfe eines im Kühlraum aufgestellten Apparates vorgenommen, dessen Füllkörperinhalt mit Wasser berieselt und von der Luft durchströmt wird. Die damit gemachten Erfahrungen scheinen jedoch nicht immer eindeutig positiv zu sein; insbesondere scheint sich die Ausbildung einer zu hohen Luftfeuchtigkeit nicht mit Sicherheit verhindern zu lassen, was wahrscheinlich auf die Trägheit der Feuchteregler zurückzuführen ist.

Im Gegensatz zum zerstäubten Wasser verteilt sich Wasserdampf fast augenblicklich über den ganzen Kühlraum. Es gibt dabei keine Verteilungsschwierigkeiten, und ein Feuchtigkeitsniederschlag auf dem Kühlgut ist ausgeschlossen, solange die rel. Feuchtigkeit unterhalb der Sättigungsgrenze bleibt.

Wasserdampf steht jedoch nur selten zur Verfügung. Ist das der Fall, so bedarf es einer besonderen Einrichtung, um den vom Kessel kommenden, stets nassen Dampf zu trocknen. Andernfalls würde, wie bei der Wasserzerstäubung, das Kühlgut in der Nähe der Düsen benetzt werden.

Steht kein Dampf zur Verfügung, so kann er bei den relativ kleinen Mengen, die für die Feuchtigkeitszufuhr in Kühlräumen in Frage kommen, auf wirtschaftliche Weise in seit kurzem auf dem Markt erschienenen Luftbefeuchtern erzeugt werden, in denen zugleich eine Ausscheidung der im Wasser vorhandenen Beimengungen und eine Trocknung des Dampfes vorgenommen wird. Die Dampferzeugung und die Zufuhr des Dampfes zum Kühlraum kann dabei leicht automatisch gesteuert werden. Apparate dieser Art, sind in erster Linie für die Luftbefeuchtung in Wohn- und Lagerräumen entwickelt, aber auch schon für Obstkühlräume eingesetzt worden.

Ein in den letzten Jahren bekannt gewordenes Verfahren beruht darauf, den an einer erwärmten Wasseroberfläche infolge Verdunstung aufsteigenden Dampf der Kühlraumluft zuzuführen. Dieser Dampf ist trocken und hat denselben Druck wie die Kühlraumluft, so daß er im Kühlraum erzeugt werden kann. Diese Klimaapparate (Abb. 265 und 266) bestehen aus einem Blechgehäuse mit eingebautem Heizregister, dem die Wärme elektrisch oder durch irgendein zur Verfügung stehendes Heizmittel zugeführt wird. Das Heizregister wird durch nicht allzu feine

Zerstäuberdüsen mit kaltem Wasser besprüht und der sich dabei entwickelnde Dampf durch einen Ventilator in den Kühlraum ausgeblasen. Ein Feuchteregler schaltet bei Anforderung von Befeuchtung das Heizregister ein, öffnet ein Magnetventil für die Wasserzuführung und schaltet den Ventilator ein. Bei Anforderung von Wärme wird nur das Heizregister und der Ventilator eingeschaltet. Das Klimagerät ermöglicht also sowohl die Zufuhr trockener Wärme, wenn die Kühlraumluft zu feucht ist, als auch die Zufuhr von Feuchtigkeit, wenn sie zu trocken ist.

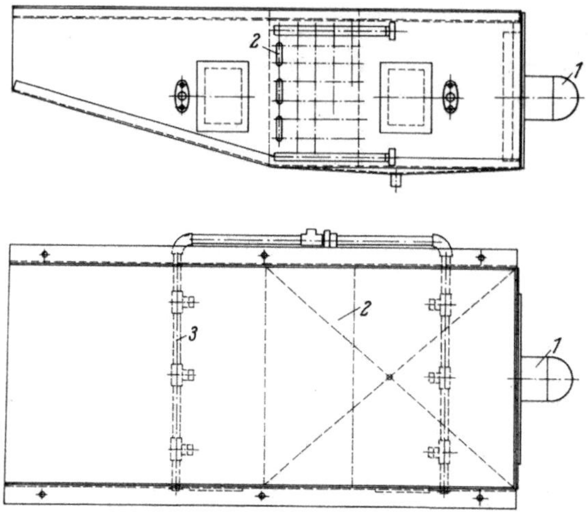

Abb. 265. Schnitt durch einen Klimaapparat für Deckenanordnung. (Bergedorfer Eisenwerk A.G., Hamburg.)

1 Ventilator; *2* Heizregister; *3* Sprüheinrichtung.

Die Hauptschwierigkeit bei der Zufuhr von Feuchtigkeit in Räumen mit tiefer Temperatur besteht bei allen Befeuchtungsverfahren darin, die zugeführte Wassermenge in richtiger Weise zu dosieren, da die Kühlraumluft nur sehr kleine Mengen davon aufnehmen kann. Gelingt das nicht, so ergeben sich große Schwankungen der rel. Feuchtigkeit, die ständig zwischen Sättigung oder Übersättigung und einem zu niedrigen Wert hin- und herpendelt. Bei dem zuletzt beschriebenen Klimagerät wird dieses Problem in der Weise gelöst, daß die Steuerung von Heizung, Wasserventil und Ventilator durch eine Reihe hintereinandergeschalteter und nacheinander ansprechender Zeitrelais erfolgt. Die Besprühung erfolgt dabei nur während einiger Sekunden, gerade so lang, daß sich auf der Oberfläche des Heizregisters ein dünner Wasserfilm bilden kann, der sehr rasch verdampft. Auch für den Ventilator genügt eine ganz kurzzeitige Inbetriebsetzung. Das Spiel Heizung, Besprühung und Ausstoßen des Dampfes wiederholt sich so oft, bis der Feuchteregler ausschaltet.

Abb. 266. In einem Schlachthofkühlraum aufgestellter Klimaapparat. (Bergedorfer Eisenwerk A. G. Hamburg)

Literatur.

HIRSCH, M.: Die Kühlung feuchten Gutes unter besonderer Berücksichtigung des Gewichtsverlustes. Z. f. d. ges. Kälteindustrie Bd. 34 (1927) S. 97.

LINGE, K.: Die Beherrschung des Luftzustandes in gekühlten Räumen. Beih. Z. f. d. ges. Kälteindustrie, Reihe 2, H. 7 (1933).

TAMM, W.: Die Grundlagen der Raumkühlung. Berlin: Springer 1938.

GOODMAN, W.: Air Conditioning Analysis. New York: The Mac-Millan Company 1943.

Bäckstrom – Emblik: Kältetechnik. Karlsruhe: G. Braun 1965.

SCHMIDT, TH. E.: Die Abhängigkeit des Luftzustandes in Kühlräumen von baulichen und betrieblichen Bedingungen. Kältetechn. Bd. 6 (1954).

BRÜSCHWEILER, K.: Regelung von Temperatur und Feuchtigkeit in Fleischkühlräumen. Kältetechn. Bd. 7 (1955) S. 331.

TAMM, W.: Zur Klimatisierung von Kühlräumen. Kältetechn. Bd. 8 (1956) S. 83–89.

–: Condizionamento dell'aria nelle celle frigorifere. Atti des X. Congresso Nazionale del Freddo (1961).

Klimatisierung von Hochhäusern.*

Von

Dr. **H. Laakso.**

Farbenfabriken Bayer, Leverkusen.

Mit 40 Abbildungen.

Ab 1950 wurden in Europa eine Vielzahl von Hochhäusern gebaut, die für den Klimaingenieur neue Arbeitsprobleme mit sich brachten. Als Hochhaus bezeichnet man nach der Musterbauordnung ein Gebäude, dessen letzter Geschoßfußboden 22 m über Erdreich liegt.

Der Unterschied zu einem Gebäude normaler Bauweise liegt in der besonderen Leichtbauweise aus Aluminium, Stahl, Glas, Dämmstoff und Beton. Der Fensterflächenanteil beträgt 50% und mehr der Außenfassadenfläche. Die extrem leichte Bauausführung wird durch vorgehängte Außenfassaden erreicht.

Ein Maß für die Speicherfähigkeit des Baukörpers ist die Wärmeeindringzeit. Sie besagt, nach welcher Zeit sich äußere plötzliche Temperaturstörungen im Innern eines Raumes bemerkbar machen. Die Werte betragen bei schweren Bauausführungen rund 55 h, bei mittelschweren um 10 h und bei Leichtbauten, um die es sich in diesem Fall handelt, zwischen 10 min und 4 h.

A. Warum Hochhausklimatisierung?

Da Bürohochhäuser häufig in Stadtzentren oder in der Nähe großer Industrieanlagen zu finden sind, ist ein Schutz der Arbeitsräume gegen Geruch, Geräusch, Staub der Außenatmosphäre erforderlich. Die Windgeschwindigkeiten steigen mit zunehmender Höhe über dem Erdboden (Abb. 267) stark an und machen eine Lufterneuerung durch Fensterlüftung wegen der Zugbelästigung unmöglich. Die Raumbelüftung muß daher zwangsweise unter Berücksichtigung einer angemessenen Frischluftrate pro Person vorgenommen werden.

Die durch Fensterflächen einfallende Sonnenenergie sowie die Personen- und Beleuchtungswärme würden im Sommer unerträglich hohe Raumtemperaturen herbeiführen und müssen deshalb abgeführt werden.

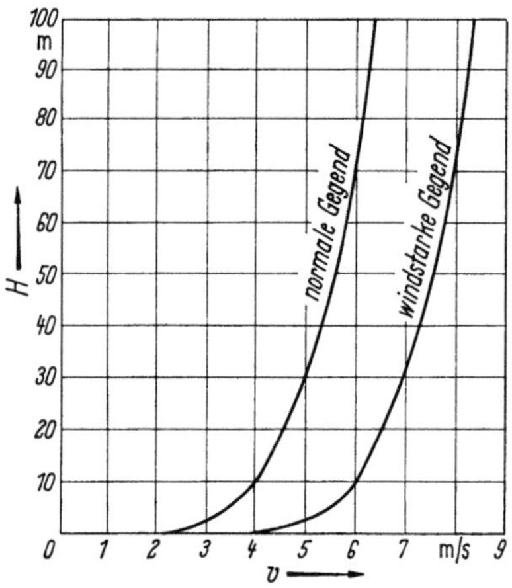

Abb. 267. Mittlere Windgeschwindigkeit *v* in Abhängigkeit der Gebäudehöhe *H*.

* Literatur S. 384.

Um den Menschen ein größtmögliches physisches Wohlbefinden zu garantieren, ist es ratsam, die in Tab. 1 enthaltenen Behaglichkeitswerte einzuhalten.

Tabelle 1. *Behaglichkeitswerte nach VDI-Lüftungsregeln DIN 1946.*

Außenluft	Raumluft		
Temperatur °C	Temperatur °C	Relative Luftfeuchtigkeit %	
		untere Grenze	obere Grenze
unter 20	22	35	65
20	22	35	65
25	23	35	65
30	25	35	60
32	26	35	55

Vorgenannte Gründe rechtfertigen die Vollklimatisierung eines Bürohochhauses.

B. Gebäudefassaden und Sonnenschutz.

Ein wichtiger Faktor für die Klimatisierung eines Gebäudes ist die geographische Lage und die Himmelsrichtungsorientierung des Gebäudegrundrisses. Um Betriebskosten und Kältemaschinenleistung möglichst niedrig zu halten, sollte man bei Neuplanungen versuchen, die Hauptachse des Grundrisses so zu legen, daß sich der größere Anteil der Fenster auf der sonnengeschützten Nordseite des Gebäudes befindet.

Bei Hochhäusern wird die Fassade fast ausschließlich als Leichtbaufassade mit starren Fenstern ausgebildet. Sie hat den Vorteil eines geringen Gewichtes und kann leicht montiert werden.

Abb. 268a zeigt den grundsätzlichen Aufbau eines Fassadenelementes. Rahmen, Pfeiler und Traversen können aus Edelstahl- oder Aluminiumprofilen bestehen. Meistens verwendet man Brüstungs- und Sturzpaneels, bei denen eine etwa 50 mm dicke Wärmedämmschicht von Stahlblechen, Kunststoffen oder Glas eingefaßt wird. Als Oberflächenschutz erhält das Stahlpaneel oft eine Emailschicht gegen äußere Korrosion. Ferner ist die Anbringung einer Dampfsperrfolie auf der warmen Seite des Elementes vorteilhaft, damit die Isolierschicht nicht durchfeuchtet wird. Andernfalls wird die Isolierschicht fast wirkungslos. Ferner soll das Element außen eine große Reflexionsziffer (Farbton!) aufweisen.

Die Ermittlung der Wärmedurchgangszahl eines aus mehreren Bauteilen bestehenden Fassadenelementes ist problematisch, und es hat den Anschein, daß man den wahren Wert nur experimentell ermitteln kann. Das in Abb. 268a dargestellte Aluminium-Leichtbaufassadenelement wurde z. B. im Institut für Thermodynamik in Lüttich untersucht; es hatte eine Ansichtsfläche von etwa 5,7 m^2 und einen Thermopaneglasflächenanteil von 50%.

Abb. 268b sagt aus, daß bei einer Außentemperatur von -9 °C und einer Windgeschwindigkeit von 4 m/s eine mittlere Wärmedurchgangszahl von 4 kcal/m^2 h °C auftritt (die Rechnung ergab einen Wert von 2,6 kcal/m^2 h °C).

Die Abb. 268c gibt einen Aufschluß über die Schwitzwasserbildung an den einzelnen Bauelementen. Hier ist über die Außentemperatur bzw. Temperaturdifferenz (zugrunde liegende Raumtemperatur $+20$ °C) zwischen Raum- und Außenluft die innere Oberflächentemperatur der einzelnen Bauelemente aufgetragen. Gleichzeitig sind die Taupunkttemperaturen für verschiedene Raumluftfeuchtigkeiten eingezeichnet. Man erkennt, daß die aus Aluminium bestehenden Teile die niedrigste Oberflächentemperatur haben und daher zur Kondensation des in der Raumluft enthaltenen Wasserdampfes neigen. Bei einer Windgeschwindigkeit von 4 m/sec, einer Raumluftfeuchtigkeit von 38% und 0 °C Außentemperatur sind Rahmen und Traverse schon so kalt, daß sich Schwitzwasser

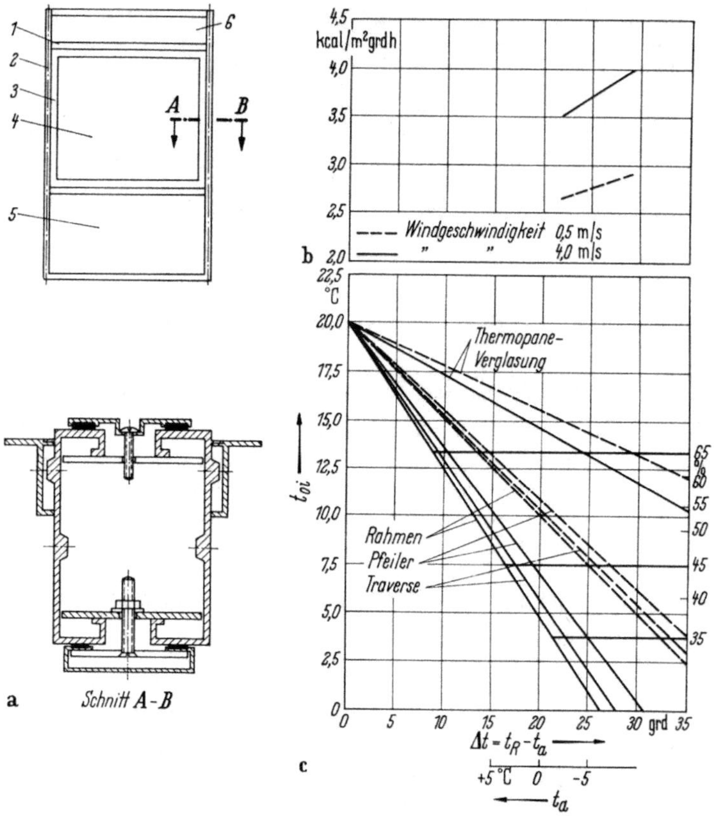

Abb. 268a—c. Versuchsergebnisse an einer Aluminium-Leichtbaufassadeneinheit.

a) Ansicht und Schnitt: *1* Traverse; *2* Pfeiler; *3* Rahmen; *4* Thermopaneverglasungen; *5* Brüstungspaneel; *6* Sturzpaneel. b) Mittlere Wärmedurchgangszahl der Fassadeneinheit. c) Schwitzwasserbildung an den einzelnen Bauteilen der Fassadeneinheit.

Abb. 269. Schwitzwasser- und Eisbildung an einem Al-Leichtbaufassadenelement im Rauminnern.

bildet. Die Neigung der Geraden, die den Beginn der Schwitzwasserbildung angeben, hängt von der Windgeschwindigkeit ab. Je größer letztere ist, um so eher beginnt die Kondensation.

Daß es nicht nur bei der Schwitzwasserbildung bleibt, sondern sogar zum Eisansatz im Inneren des Raumes kommen kann, beweist die aus der Praxis entnommene Abb. 269. Die Aufnahme zeigt einen Al-Pfeiler mit Thermopanescheiben im Inneren eines klimatisierten Raumes bei einer Raumtemperatur von +22 °C, Raumluftfeuchtigkeit 40%, Außentemperatur −8 °C. Deutlich ist auch die Wärmebrücke zu erkennen, wo sich die Thermopanescheiben mit der Rahmenkonstruktion berühren. Abhilfe kann in diesem Fall geschaffen werden, indem man den Luftwäscher der Klimaanlage abschaltet.

Die Wahl eines geeigneten Sonnenschutzes bereitet bei Bürohochhäusern mit geschlossener Fassade erhebliche Schwierigkeiten. Durch den Einbau eines Sonnenschutzes wird erreicht, daß die Kühllast in erträglichen Grenzen gehalten werden kann.

Aus wärmetechnischen Gründen wäre es zweckmäßig, den Sonnenschutz außen vor der Verglasung anzubringen, wobei dann die einfallende Sonnenenergie um

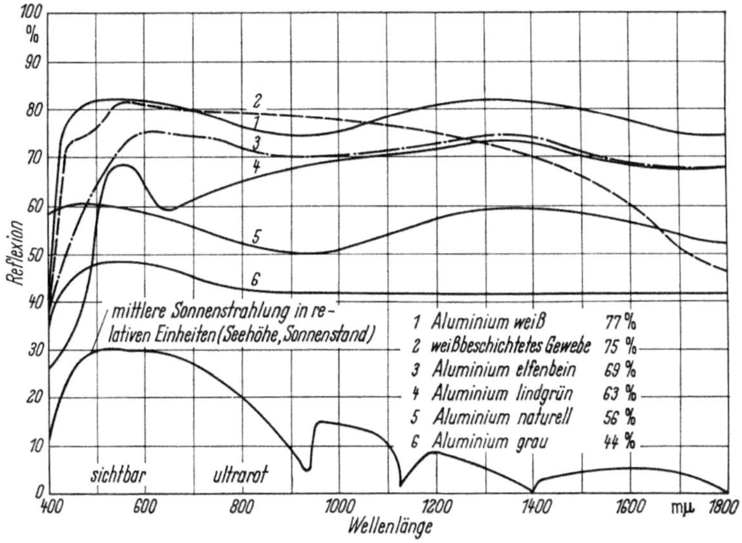

Abb. 270. Reflexionsuntersuchungen an Lamellen-Store.

80% vermindert werden könnte. Zur Zeit sprechen aber Betriebssicherheit, Korrosionsbeständigkeit, Lichtdurchlässigkeit, Geräuschlosigkeit, bequeme Wartung und Reinigung gegen den Einbau einer derartigen Sonnenschutzvorrichtung. Bei außen angebrachten senkrechten oder horizontalen Sonnenschutzplatten ist zwar die Betriebssicherheit und Geräuschlosigkeit gegeben, jedoch ist die Dimensionierung feststehender äußerer Beschattungsschirme problematisch, da der Sonneneinfallswinkel (Frühjahrs- und Herbstsonne), Abfuhr der absorbierten Strahlungswärme sowie die natürliche Raumausleuchtung berücksichtigt werden müssen.

Abb. 271. Innenjalousie mit senkrechten Lamellen.

Man ist daher z. Z. noch auf die Verwendung von Innenjalousien angewiesen.

In Abb. 270 sind Untersuchungsergebnisse über Reflexionseigenschaften verschiedenfarbiger Lamellen und beschichteter Gewebe aufgezeigt. Die Werte sind durch Multiplikation der Meßgrößen mit der relativen Spektralverteilung der Sonneneinstrahlung und Aufsummierung entstanden. Man erkennt deutlich, daß die weißen Lamellen die größte Reflexionsziffer aufweisen. Graufarbige Lamellen sind ungünstig. Blanke Aluminium-Lamellen haben eine unvorteilhaft hohe Wärmeabsorption.

Die vertikale Anordnung der Innenjalousie nach Abb. 271, deren Lamellen z. B. aus weißem, kunststoffbeschichtetem Dralongewebe bestehen, ist günstig.

Diese Anordnung ist der horizontalen Lamellenjalousie deswegen vorzuziehen, weil letztgenannte schneller verschmutzen, was dann eine Abnahme der Reflexionsfähigkeit zur Folge hat. Ferner können waagerechte Lamellen eine Ablösung des aus den Induktionsgeräten ausströmenden Luftstromes herbeiführen.

I. Kombination von innerem Sonnenschutz und Fensterabsaugung.

Für nach Osten, Süden und Westen orientierte Fenster ist es ratsam, die Abluftgitter oberhalb der Fenster anzubringen. Die Kosten für die zusätzlichen Stichkanäle werden dadurch aufgewogen, daß bei Kühlbetrieb ein Teil der durch Sonneneinwirkung in den Raum eindringenden Wärme unmittelbar abtransportiert wird. Abb. 272 zeigt einen Versuchsraum, in dem bei hoher Sonneneinstrahlung an drei Stellen die Lufttemperaturen gemessen wurden. Während des Versuches dienten eine Jalousie und eine Gardine als Sonnenschutz. Bei Absaugung oberhalb des Fensters wurden 150 kcal/h je Fenstereinheit abgeführt. Bei Absaugung auf der Flurseite würde relativ kalte Luft abströmen.

Allgemein kann man diesen Vorgang wie folgt erklären: Ein Teil der einfallenden Sonnenstrahlungs-Energie wird von der Jalousie und Gardine absorbiert und erwärmt daher diese Bauteile. Die hieran und an der Innenscheibe vorbeiströmende Luft nimmt anderseits einen Teil dieser Wärmemenge wieder auf (Konvektion) und strömt unmittelbar durch den Auftriebseffekt in die Abluftöffnung ein.

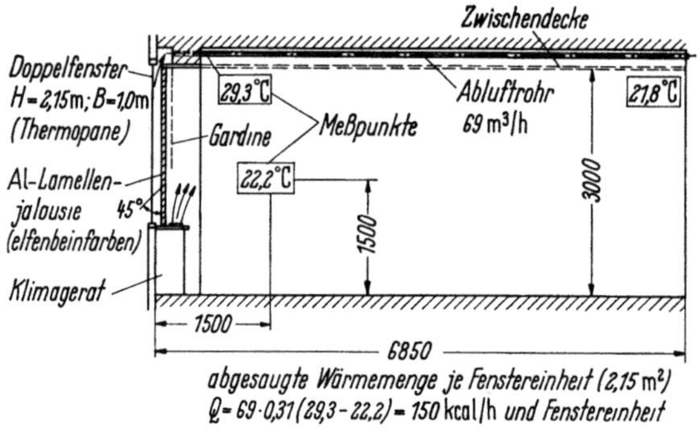

Abb. 272. Wirkung der oberen Fensterabsaugung bei Sonneneinstrahlung.

Erwartungsgemäß ergeben die bei zurückgezogener Gardine vorgenommenen Messungen kleinere Abluft-Übertemperaturen (rund 4,2 °C) gegenüber der Prüfanordnung mit Jalousie und zusammengezogener Gardine. Für die in Abb. 272 dargestellte Prüfanordnung, jedoch ohne Gardine, beträgt demnach die durch die obere Fensterabsaugung abgeführte Wärmemenge nur noch rund 85 kcal/h je Fenstereinheit. Dies ist wohl darauf zurückzuführen, daß die sich an der Scheibe und Jalousie erwärmende Luft teilweise durch die Jalousiespalte in das Rauminnere abströmt. Die Gardine stellt gewissermaßen die Wand eines Auftriebsschachtes dar und erhöht somit die abgeführte Wärmeleistung.

Bei Ansaugung der Abluft oberhalb des Fensters könnte man annehmen, daß dadurch eine Teilmenge der zugeführten aufbereiteten Zuluft, ohne daß sie an dem Wärmeaustausch im Raum teilnimmt, abgeführt wird. Ferner beurteilt man häufig diese Luftführungsart als unzureichend, da man annimmt, daß die korridorseitigen Raumteile nur unzureichend mit Luft durchspült werden.

Abb. 273 zeigt das Ergebnis einer Untersuchung, bei der die Frischluft eines HD-Gerätes mit einer bestimmten Menge Spürgas (radioaktives Argon) geimpft wurde. Nach der Impfung trat die höchste Spürgas-Konzentration an der Meßstelle 1 in Nähe des Hochdruckgerätes auf. Der maximale Konzentrations-Unterschied an den Meßstellen 2 und 3 ist unbedeutend. Aus den Konzentrations-Kurven erkennt man, daß auch der korridorseitige Raumteil ausreichend mit Frischluft versorgt wird. Die geringe Spürgas-Konzentration im Abluftkanal beweist, daß über dem Fenster nicht unmittelbar aus dem HD-Gerät ausströmende Primärluft, sondern überwiegend Raumluft angesaugt wird. Im übrigen handelt es sich um den gleichen Versuchsraum wie er für die Sonnenstrahlungsschutz-Messungen nach Abb. 272 benutzt wurde.

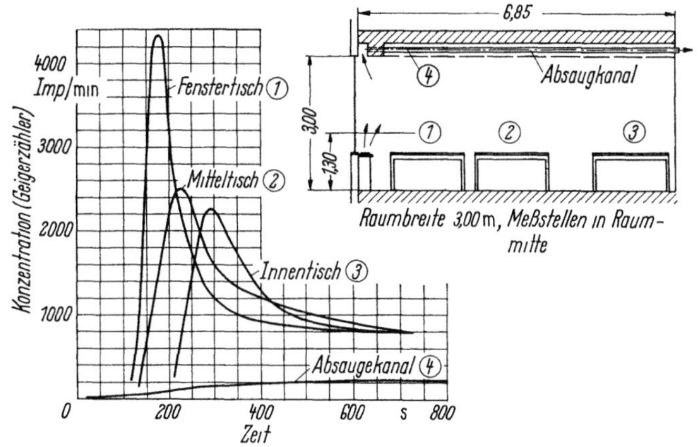

Abb. 273. Luftverteilung im Versuchsraum bei Raumluftabsaugung über dem Fenster.

II. Studie über den Einfluß der Gebäudemasse, Fensterkonstruktion sowie der Gebäudeorientierung auf den Heiz- und Kühlbedarf eines Bürohochhauses.

Folgende Voraussetzungen und Annahmen liegen der Untersuchung zugrunde:

Ort:	Prag
Anzahl der Fassaden	2
Anzahl der Achsen pro Fassade	500
Orientierung der Fassaden	NO und SW
Betriebszeit der Anlage an Werktagen	von 7 bis 18 Uhr
Arbeitszeit des Personals	von 8 bis 17 Uhr
Anzahl der Arbeitstage pro Monat	25
Normale Raumtemperatur	21 °C
Anhebung der Raumtemperatur bei Außentemperatur über 21 °C	0,5 °C pro °C
Personenwärme pro Achse	75 kcal/h
Beleuchtungswärme pro Achse	130 kcal/h
Außenwandfläche pro Achse	2,8 m²
Fensterfläche einschl. Holzrahmen pro Achse	2,0 m²
Fassadenfläche pro Achse	4,8 m²
k-Wert Außenwand	1,2 kcal/m²·°C·h
k-Wert Fenster und Holzrahmen	4,0 kcal/m²·°C·h
Sonnenschutzanordnung	helle Gardine (0,49)
Netto-Glasfläche des Fensters pro Achse	1,68 m²
Primärluftmenge pro Achse	60 m³/h
Gesamtfläche von Boden, Decke und Innenwänden pro Achse	35 m²
Gesamtgewicht des Gebäudes pro m² Fußbodenfläche	1450 kg/m²

Aus der Studie ist folgendes zu entnehmen, wobei die Basis mit einem ○ gekennzeichnet ist.

Der jährliche Wärme- und Kühlbedarf des Gebäudes ist nach Abb. 274 nur gering von der Gebäudemasse abhängig. Der Verbrauch an Wärmeenergie ist bei schwerer Gebäudekonstruktion mit 1450 kg/m² Bodenfläche gegenüber leichter Bauweise (575 kg/m² Fußbodenfläche) nur wenig größer, da durch die unterbrochene Betriebsweise ständig Speicherwärme verlorengeht und neu aufgebracht werden muß. Der Verlauf des Kühlbedarfes zeigt eine umgekehrte Tendenz, weil sich ein leichter Baukörper bei Sonneneinstrahlung schnell aufheizt. Dies äußert sich auch in den max. Leistungen der Kälteanlage und Klimakonvektoren.

Der jährliche Wärmebedarf wird für eine SO/NW-Orientierung der Gebäudefassaden am geringsten, wie aus Abb. 275 hervorgeht. Der jährliche Wärmebedarf ändert sich nur wenig mit der Gebäudefassadenorientierung. Bei Betrachtung der jährlichen Kältelast liegt der günstigste Fall bei einer NO/SW-Orientierung, wo

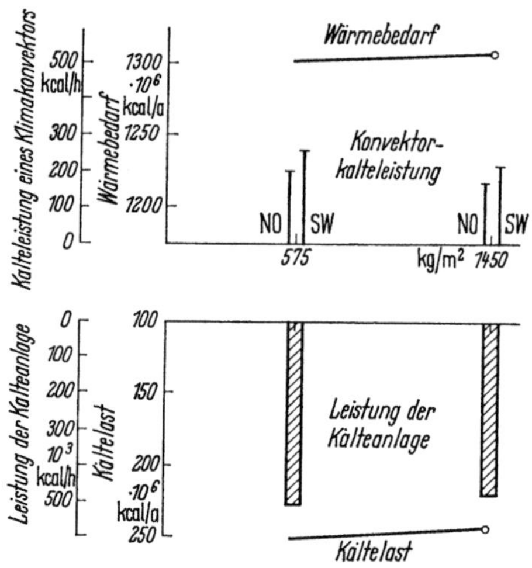

Abb. 274. Einfluß der Gebäudemasse.

auch die Leistung der Klimakonvektoren zwischen der NO- und SW-Seite die kleinsten Unterschiede aufweisen. Die Leistung der Kälteanlage ändert sich mit der Fassadenorientierung nur unwesentlich.

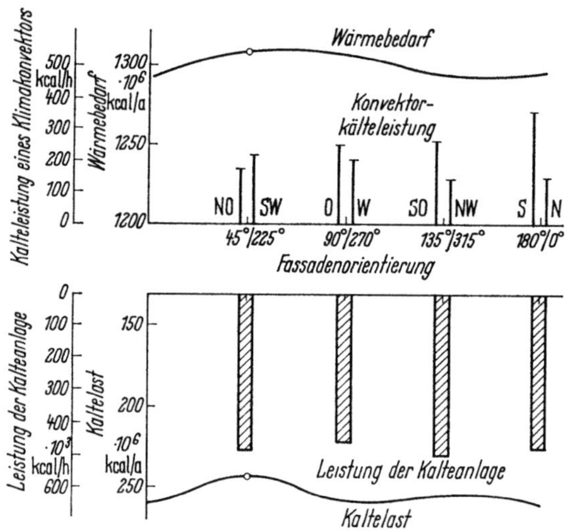

Abb. 275. Einfluß der Gebäudefassadenorientierung.

In Abb. 276 ist der jährliche Wärmebedarf in Abhängigkeit vom Anteil der Glasfläche (einfach verglaste Fenster) an der Gesamtfassade aufgetragen. Das Maximum liegt bei einem Fensterflächenanteil von 35% und fällt mit größer werdender Glasfläche stark ab. Das ist bedingt durch die Sonneneinstrahlung im Winter. Die aufzubringende jährliche Kühllast steigt mit Zunahme des Fensterflächenanteils stark an und beträgt bei 60% das Doppelte gegenüber einem Glasflächenanteil von 35%. Zwischen 20 und 60% Glasflächenanteil steigt die Leistung der Kälteanlage etwa linear an.

Abb. 277 gibt den Einfluß von Mehrscheibenfenstern und der Brüstungsisolation auf den jährlichen Energieverbrauch wieder. Dem Schaubild liegt ein Fenster-

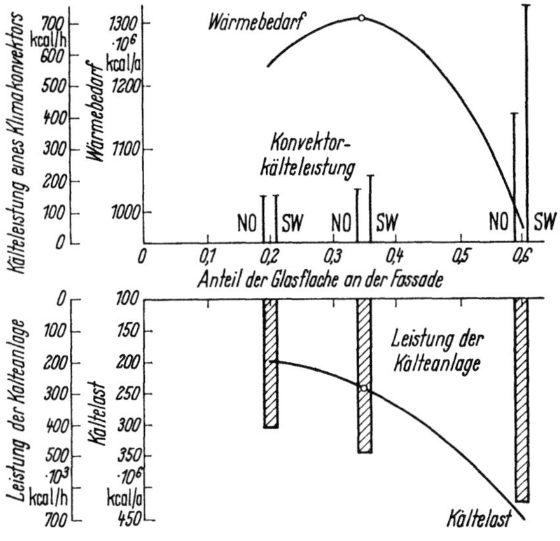

Abb. 276. Einfluß der Fenstergröße bei einfacher Verglasung.

flächenanteil von 35% und eine Orientierung der Fassaden nach NO und SW zugrunde. Die Einsparung des Wärme- und Kühlbedarfs beim 3fach gegenüber dem 2fach verglasten Fenster ist gegenüber dem Aufwand nicht nennenswert. Dem Zweischeibenfenster ist in wärmetechnischer Hinsicht gegenüber der einfachen Verglasung der Vorzug zu geben.

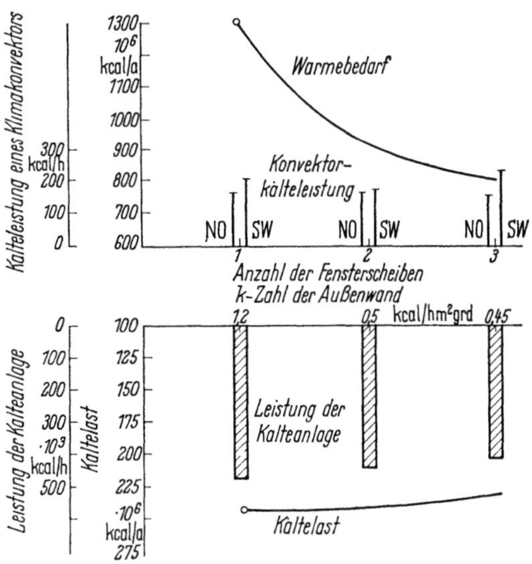

Abb. 277. Einfluß der Fenster- und Brüstungsisolation.

III. Sonneneinstrahlung.

Eine Hauptstörgröße für die Klimatisierung eines Hochhauses ist die Sonneneinstrahlung. Zahlreiche Messungen, welche in den letzten Jahren an verschiedenen in Deutschland erstellten Hochhäusern durchgeführt wurden, werden z. Z. noch ausgewertet und in Arbeitsunterlagen niedergelegt. In Abb. 278 sind die in etwa 100 m Höhe gemessenen Werte am Hochhaus der Farbenfabriken Bayer, Leverkusen festgehalten. Es handelt sich hierbei um Maximalwerte.

In Abb. 279 sind die maximal gemessenen Werte für die Monate Juni und November des Jahres 1963 gegenübergestellt. Die Meßstellen befanden sich ebenfalls 100 m über dem Erdboden. Das Juni-Diagramm läßt erkennen, daß morgens zwischen 5 und 7 Uhr auf die Nordwand des Gebäudes, deren Fenster ohne Sonnenschutz ausgerüstet sind, über 200 kcal/m²h Globalstrahlung auftreffen.

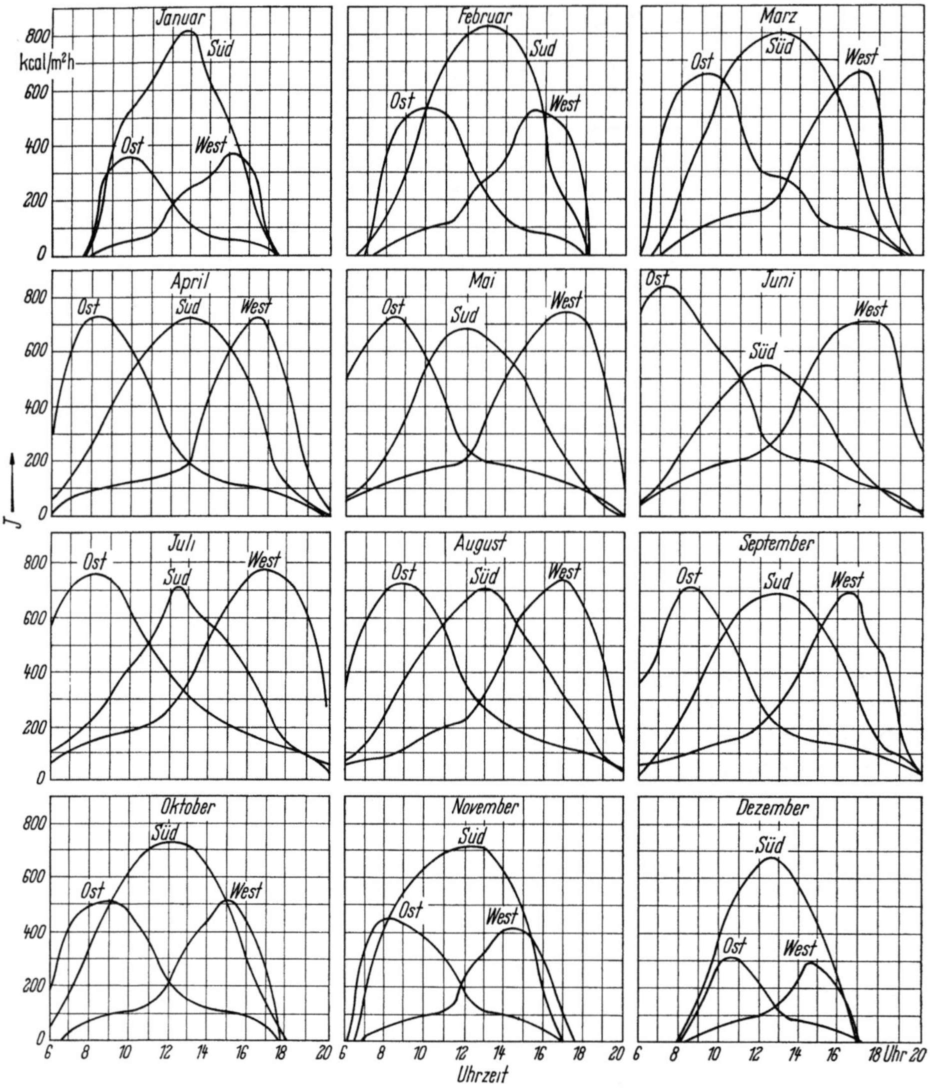

Abb. 278. Maximale Strahlungsintensität gemessen am Hochhaus der Farbenfabriken Bayer, Leverkusen in den Jahren 1961 bis 1965. Die an senkrechten Außenflächen gemessenen Strahlungswerte erfassen Sonnen- und diffuse Strahlung. Es sind die von 1961 bis 1965 gemessenen Höchstwerte eingetragen.

Während des ganzen Tages kann dann auch mit einer diffusen Strahlungsenergie von etwa 150 kcal/m²h für die Nordflächen gerechnet werden. Das November-Diagramm läßt klar erkennen, daß nach Süden orientierte Flächen wegen der tiefstehenden Sonne im Herbst viel mehr Strahlungsenergie empfangen als im Sommer. Bemerkenswert ist die im November auftreffende diffuse Strahlungsenergie von etwa 100 kcal/m²h auf Nordwände, die man in der Wärmebilanzrechnung nicht vernachlässigen darf.

Zum Vergleich befinden sich in den Diagrammen die Meßwerte aus dem Jahre 1961 (punktierte Kurve). Man erkennt hieraus, daß die Monatswerte von Jahr zu Jahr verschieden sein können. Solche Messungen werden seit 5 Jahren durchgeführt und sollen noch weitere 5 Jahre durchgeführt werden. Erst danach kann etwas endgültiges über die mittlere Sonneneinstrahlungsintensität in Abhängigkeit von der Jahreszeit ausgesagt werden.

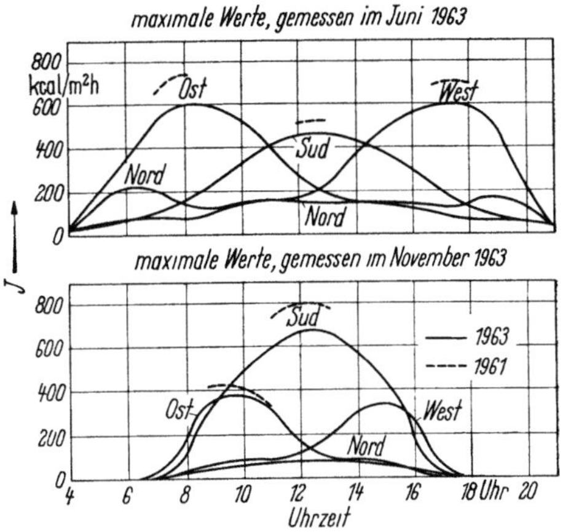

Abb. 279. Intensität der Sonneneinstrahlung im Juni und November 1963, nach Messungen am Hochhaus der FFB, max. Werte (punktiert) gelten für die Monate Juni und November 1961.

IV. Zoneneinteilung.

Zunächst muß dem Klimaingenieur für seine Untersuchungen und Planungen über die Zoneneinteilung folgendes bekannt sein:

a) Dimensionen, Ausführung und Orientierung des Baukörpers,

b) Raumnutzungsprogramm,

c) gewünschte Raumklimazustände der Arbeitsräume bei zugrunde gelegten Außenluftzuständen,

d) Personenbelegung, sonstige Raumwärmequellen, z. B. durch Büromaschinen, Beleuchtungsstärke.

Für ein Bürohochhaus können die Normalgeschosse für den Entwurf der Klimaanlage meist als gleichartig angesehen werden. Abweichungen im Energiebedarf treten in Eckräumen, im Dach-, Erd- und Kellergeschoß auf.

Unterschiedliche Beleuchtung, veränderliche Personenzahlen (Konferenzräume), zeitweiser Wärmeanfall durch Büromaschinen führen meist zu Sonderlösungen (unabhängiges Klimagerät).

Gebäude mit großer Grundfläche werden in äußere und innere Zonen unterteilt. In der 6—7 m tiefen Außenzone wird der Transmissionsverlust und die Sonneneinstrahlung durch Fensterklimageräte kompensiert. In der inneren Zone muß meist während des ganzen Jahres Beleuchtungs-, Personen- und Büromaschinenwärme durch eine Sonderanlage abgeführt werden.

Wichtig ist eine Unterteilung der Außenzonen nach der Himmelsorientierung der Fassaden.

Ferner spielen Schlagschatten, unterschiedliche Fenstergrößen usw. für die Zoneneinteilung eine Rolle.

C. Klimaanlagen.

I. Niederdruckanlagen.

Die Temperaturdifferenz zwischen Raum und Zuluft beträgt in der Regel maximal 6—8 °C, weshalb die Zuluftmenge relativ groß und der Raumluftwechsel 10—15fach wird.

Nachteilig wirkt sich die Unterbringung der relativ großen Kanalquerschnitte aus.

Die Zuluft wird durch Lochdecken oder durch Gitter oberhalb der Fenster in die Räume eingeblasen. Unterhalb der Fenster können Radiatoren oder Konvektoren angebracht werden, die als Grundheizung bis zu 50% des maximalen Wärmebedarfs bereitstellen. Dadurch können Klimazentrale und Luftkanäle kleiner dimensioniert werden.

Die individuelle Klimatisierung und Regelung der einzelnen Zonen oder Stockwerke mit nur einer Zentrale ist kaum möglich. Eine günstigere Lösung bietet die Aufteilung der Hauptzentrale in mehrere Unterzentralen, die jeweils ein Geschoß oder eine Zone klimatisieren.

Als Beispiel für dieses System sei die Luftführung des Mannesmann-Hochhauses in Düsseldorf aufgeführt, wo mit dezentralisierten Klimaanlagen gearbeitet wird (Abb. 280). In jedem Geschoß befindet sich eine Unterzentrale, deren Luft-

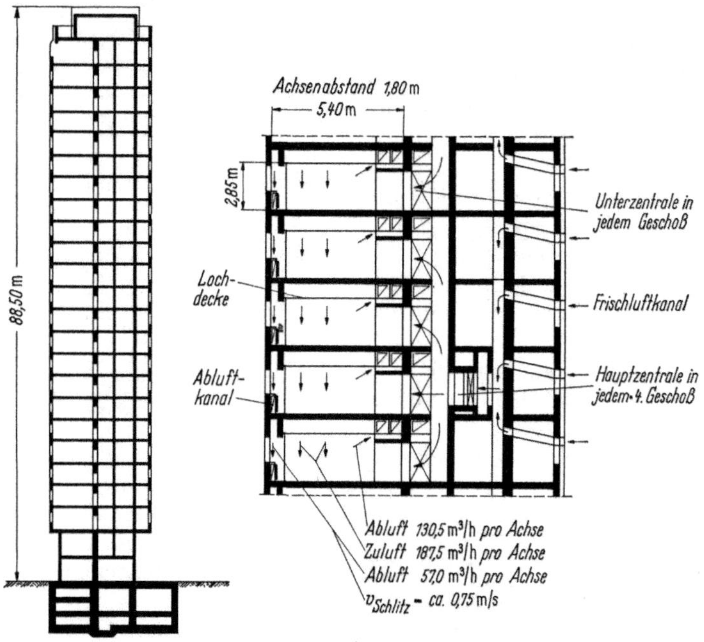

Abb. 280. Schnittbild des Mannesmann-Hochhauses in Düsseldorf, klimatisiert mit einer ND-Anlage.

bedarf von einer Hauptzentrale geliefert wird. In jedem vierten Stockwerk befindet sich eine Hauptzentrale. An der Nordseite eines jeden Normalgeschosses wird die Außenluft entnommen, in der Hauptzentrale vorbereitet und den Stockwerks-Unterzentralen zugeführt. Die Unterzentralen haben Luftfilter und Wärmeaustauscher, wobei letztere dem Kanalsystem für die Nord-, Süd- und Ostseite zugeordnet sind und die Zuluft nochmals nachbehandeln. Diese Aufteilung ermöglicht es, daß der Kälte- und Wärmebedarf der nach verschiedenen Himmelsrichtungen orientierten Raumgruppen den Witterungseinflüssen angepaßt werden kann. Die aufbereitete Zuluft wird über abgehängte Decken geführt und durch Lochdeckenfelder den einzelnen Räumen zugeführt. Zur Deckung der Wärmegrundlast sind Plattenheizkörper in den Fensternischen angebracht. Die Abluft wird an den Fensternischen in einen Ringkanal hinter den Heizkörpern und durch Schlitze über den Türen in einen Deckenhohlraum abgesaugt und teils als Umluft den Hauptzentralen wieder zugeführt oder als Fortluft abgeführt. Der Anordnung des Abluftkanals unter dem Fenster lag der Gedanke zugrunde, den während der Heizperiode an den Fensterflächen anfallenden Kaltluftstrom abzusaugen.

II. Zweikanalsystem.

Das Zweikanalsystem kann als Niederdruckanlage oder als Hochdruckanlage ausgeführt werden. Es hat in Deutschland bisher wenig Anwendung gefunden. Der

Aufbau der Klimazentrale entspricht im Prinzip der einer normalen Niederdruckanlage. Die Zuluft wird über die Zentrale durch zwei Kanäle den Räumen zugeführt. In dem einen Kanal wird die Zuluft durch ein Heizregister erwärmt und im anderen durch ein Kühlregister gekühlt.

Abb. 281 zeigt das Betriebsschema einer Zweikanalanlage. Das Doppelkanalnetz führt die Luft den in den zu klimatisierenden Räumen angebrachten Mischkästen zu, in denen die Kalt- und Warmluft nach den Erfordernissen des jeweiligen Raumluftzustandes gemischt und mit niedriger Geschwindigkeit eingeblasen wird.

Bei den Mischkästen neuerer Konstruktion, Abb. 282, werden Mischungstemperatur und Luftmenge getrennt geregelt. Über einen Raumthermostat wird

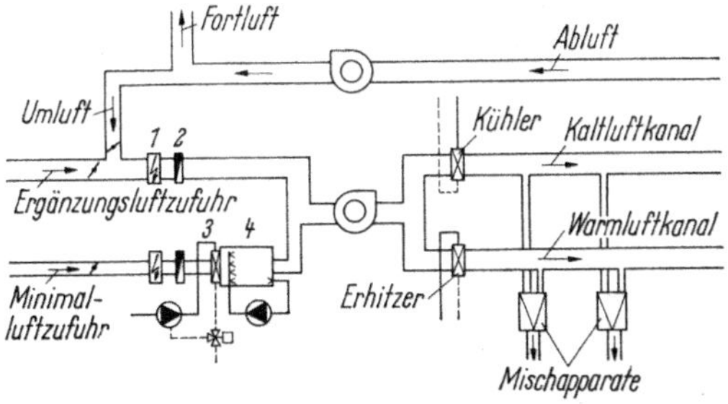

Abb. 281. Prinzipschema einer Zweikanal-Klimaanlage. *1* Filter; *2* Wärmeaustauscher; *3* Luftkühler; *4* Luftwäscher.

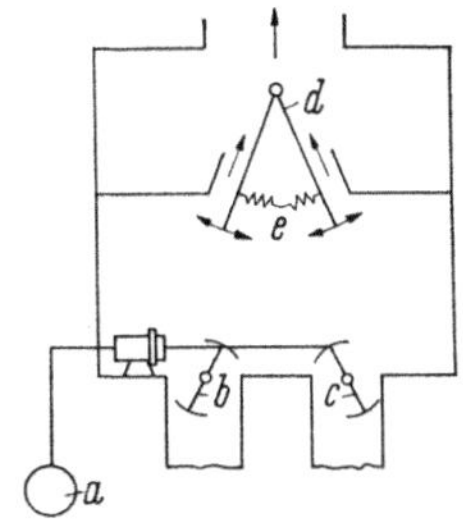

Abb. 282. Mischkasten mit getrennter Misch- und Volumstromregelung. (Nach HLH Bd. 16 (1966) Nr. 1).

a Raumthermostat mit Stellmotor; *b* und *c* Stellorgane für Kalt- und Warmluft; *d* und *e* Luftmengenregler.

der Regler angesprochen, der einen Stellimpuls auf den elektrisch oder druckluftgesteuerten Stellmotor abgibt und die beiden Zuluftklappen des Warmluft- und des Kaltluftkanals nach der gewünschten Temperatur einstellt. Da infolge der verschiedenen Klappenstellungen die Luftdrücke variieren, müssen in den Misch-

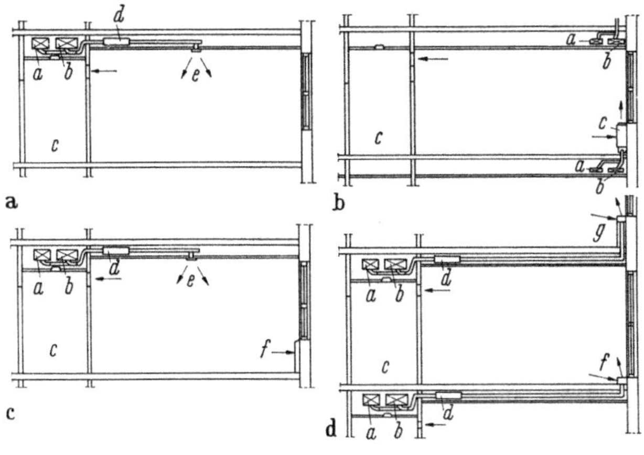

Abb. 283. Grundsätzliche Installationsmöglichkeiten einer Zweikanalanlage.

a Warmluft; *b* Kaltluft; *c* Flur; *d* Mischkasten; *e* Deckenauslaß; *f* base-board; *g* Brüstungselement. **a** 100%ige Luftzuführung von der Decke; **b** wie **a** mit zus. Fensterradiatoren; **c** 100%ige Luftzuführung aus der Zwischendecke mit Mischgeräten an den Fenstern; **d** Luftzuführung aus Zwischendecken mit base-board- bzw. Brüstungselementen (Nach HLH Bd. 16 (1951) Nr. 1).

kästen diese Druckänderungen ausgeglichen werden. Dies geschieht durch einen Druckregler, der eine Doppelklappe, die mit Federn gehalten wird, betätigt. Der Mischkasten dient gleichzeitig als Schalldämpfer und verhindert so störende Geräuschbildung.

Da die Geräte individuell regelbar sind, ist eine Unterteilung der Anlage in Zonen, Stockwerke und eine Aufteilung in Unterzentralen nicht notwendig. Bei plötzlich auftretenden Wetteränderungen oder bei Schlagschatten paßt sich die Anlage wegen der geringen Regelzeiten sehr schnell den neuen Klimabedingungen an. Die Raumtemperatur kann konstant gehalten werden, während die relative Raumfeuchtigkeit variiert und noch im Bereich des Behaglichkeitszustandes liegt.

Die Mischkästen können über der abgehängten Decke liegen oder als Fenstergeräte ausgebildet sein. Die grundsätzlichen Installationsmöglichkeiten einer Zweikanalanlage zeigt Abb. 283. Der Luftwechsel in den einzelnen Räumen ist 6—8fach. Die Temperaturdifferenz zwischen der Raumluft und der Zuluft im Warm- und Kaltkanal kann bis zu 15 °C betragen.

Das Abluftsystem wird als Niederdruckanlage üblicher Bauweise ausgeführt. Die Nachteile der Zweikanalanlagen sind der Platzbedarf für die Doppelkanäle, die auftretenden Mischverluste und die relativ hohen Anlagekosten.

III. Hochdruckklimaanlagen mit Induktionsapparaten.

Hochdruckklimaanlagen mit Induktionsapparaten wurden in den USA entwickelt und erprobt. Sie waren zuerst zum nachträglichen Einbau von Klimaanlagen in vorhandenen Gebäuden gedacht. Bald jedoch stellten sich die besonderen Vorteile dieses Systems heraus und man begann auch Neubauten und insbesondere Hochhäuser mit Induktionsapparaten auszustatten.

Die Hauptmerkmale dieses Hochdrucksystems sind:

1. Geringe Frischluftmengen.
2. Hohe Temperaturdifferenz zwischen Primär- und Zuluft.
3. Hohe Strömungsgeschwindigkeiten in den Kanälen.
4. Große Einblasgeschwindigkeiten der Primärluft.
5. Einblasen der Zuluft in Fensternähe.

Die Hochdruckanlage besteht aus 3 Teilen:

Klimazentrale, Kanalnetz und Induktionsapparaten.

In der Klimazentrale, die im Keller oder in einem technischen Geschoß untergebracht ist, wird die Frischluft, auch als Primärluft bezeichnet, aufbereitet. Sie muß aus hygienischen Gründen und um Staubablagerungen an Düsen und Konvektoren zu vermeiden, besonders sorgfältig gereinigt werden. Der Aufbau der Klimazentrale entspricht einer normalen ND-Anlage, nämlich Vorfilter, Feinfilter, Vorheizregister, Kühler, Wäscher, Nachheizregister, Ventilator und Schalldämpfer. Die Hochleistungsventilatoren arbeiten mit einem Drucksprung von mehr als 150 mm WS.

Auf Grund der geringen Zuluftmenge, der hohen Temperaturdifferenz und der hohen Strömungsgeschwindigkeit beträgt der Querschnitt der Zuluftkanäle nur $^1/_3$ gegenüber den Kanälen einer ND-Anlage gleicher Leistung. Die Luftgeschwindigkeit in den Kanälen liegt bei 12—20 m/sec, weshalb auf eine gute Schalldämpfung Wert gelegt werden muß. Primärluftkanäle bestehen meist aus genormten, spiralgefalzten Wickelrohren und Formstücken.

Durch das Kanalnetz wird die aufbereitete Primärluft auf die einzelnen Induktionsgeräte verteilt.

Heute gibt es eine Vielzahl verschiedener Induktionsapparate, die aber in ihrer Funktion im wesentlichen übereinstimmen. Abb. 284 zeigt eine Reihe von Induktionsgeräten. Jedes Gerät besteht aus Düsenreihen für die Primärluft Eintrittsöffnungen für das Ansaugen der induzierten Raumluft, einer Mischsektion, einem Wärmeaustauscher und einem Ausblasgitter.

Die Ansaugschlitze für die Sekundärluft befinden sich normalerweise auf der Raumseite des Gerätes, und zwar so weit vom Fußboden entfernt, daß möglichst wenig Staub mitgerissen wird. Unterhalb der Wärmeaustauscher ist eine Wanne zur Aufnahme des eventuell während der Kühlperiode anfallenden Kondensats angebracht. In Abb. 285 werden Teilergebnisse von Messungen der Heiz- und

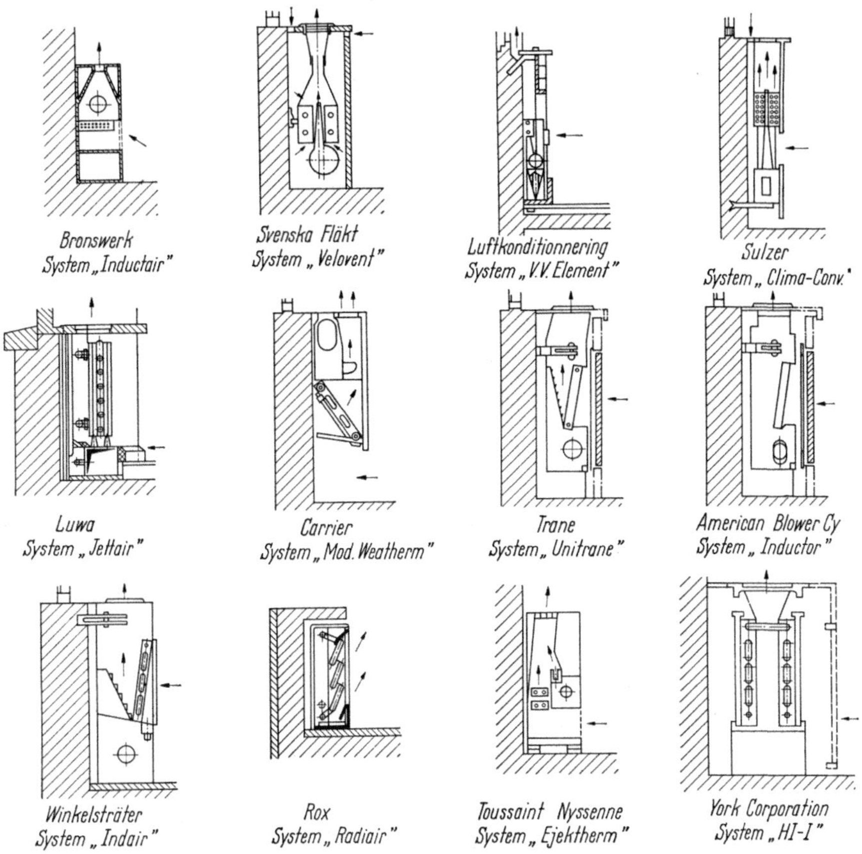

Abb. 284. Verschiedene Ausführungen von Induktionsgeräten für Hochdruck-Klimaanlagen.

Kühlleistungen von Klimakonvektoren verschiedener Bauart und Hersteller wiedergegeben.

Die Wirkungsweise eines Induktionsapparates kann aus Abb. 286 wie folgt entnommen werden:

Die Primärluft strömt durch die Düsen aus dem Luftstaukasten mit hoher Geschwindigkeit aus und saugt durch Injektionswirkung Raumluft an, die als Sekundärluft bezeichnet wird. Die Sekundärluft kann nun nach den jeweiligen Erfordernissen durch einen Wärmetauscher in Konvektorform entweder gekühlt oder geheizt werden. Der Wärmetauscher ist an ein Wassersystem angeschlossen, das im Sommer mit Kalt- und im Winter mit Warmwasser beschickt wird. Der statische Druck der Primärluft an den Düsen beträgt 15—25 mm WS je nach Gerätetype. Die Primärluftmenge richtet sich nach der gewünschten Frischluftrate. Man rechnet heute pro Person mit 30—60 m^3/h Außenluft. Über eine Klappe oder durch Verwendung verschiedener Düsensätze kann bei Inbetriebnahme der Anlage die Primärluftmenge einreguliert werden. Nach dem einmaligen Einregulieren wird das Gerät mit konstanter Luftmenge betrieben. Die Sekundärluftmenge beträgt, je nach Ausführung und Düsendruck des Gerätes das 2—8fache der Primärluftmenge.

Durch Filter, die in manchen Geräten eingebaut werden, deren Widerstand aber nur sehr gering sein darf und an die keine großen Ansprüche gestellt werden können, kann die Sekundärluft von groben Staubteilchen gesäubert werden. Düsen und Konvektoren müssen regelmäßig gereinigt werden, damit die Leistung nicht absinkt. Um Schwitzwasser zu vermeiden, wird das Gerät im Normfall nicht mit einer Wassertemperatur unter dem Taupunkt der Raumluft betrieben. Die Ausblastemperatur kann individuell an den einzelnen Geräten durch verstellen der

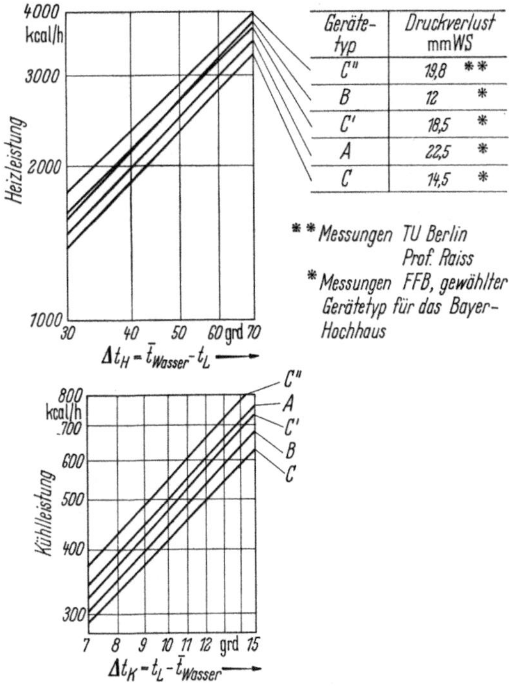

Abb. 285. Leistungsmessung an Klimakonvektoren (Geräte mit der Bezeichnung C sind gleichen Fabrikats, jedoch mit unterschiedlicher Lamellenteilung, anderen Materialien und Düsen).

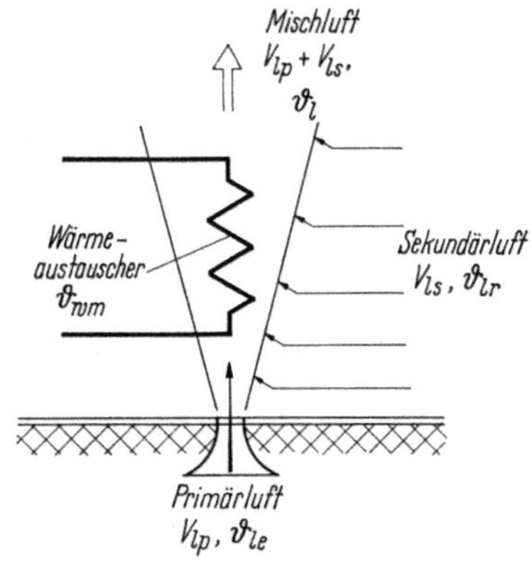

Abb. 286. Prinzipbild über die Wirkungsweise und Wärmeübertragung eines HD-Klimagerätes. (Nach GI Bd. 82 (1971) H. 5)

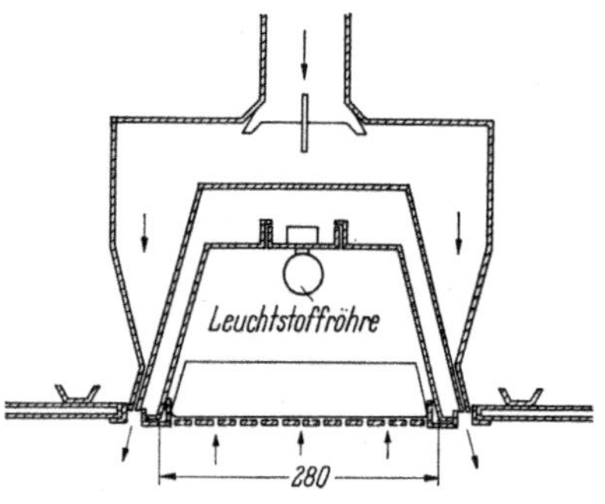

Abb. 287. Schnittbild einer Leuchte kombiniert mit Zu- und Abluftschlitzen.

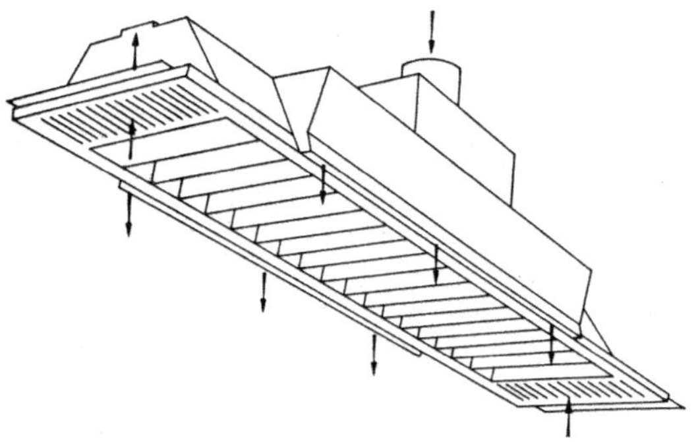

Abb. 288. Perspektivische Ansicht der kombinierten Leuchte.

Klappen oder Wasserventile in gewissen Grenzen verändert werden. Die Stellklappen bewirken ein Umlenken oder Durchströmen der Luft an den Konvektoren.

Die Eindringtiefe der Zuluft im Raum beträgt etwa 6—7 m. Tiefere Räume können nicht mehr wirkungsvoll klimatisiert werden. Die Eindringtiefe wird durch eine strömungstechnisch ungünstige Deckenkonstruktion wie z. B. untergehängte Lampenkästen verringert.

Die Abluft kann direkt durch Türschlitze in den Flur abgesaugt und dort abgeführt werden, wobei der gesamte Flur als Abluftkanal dient. In Räumen, die auf der Südseite und Westseite liegen, bringt man die Abluftöffnung oberhalb des

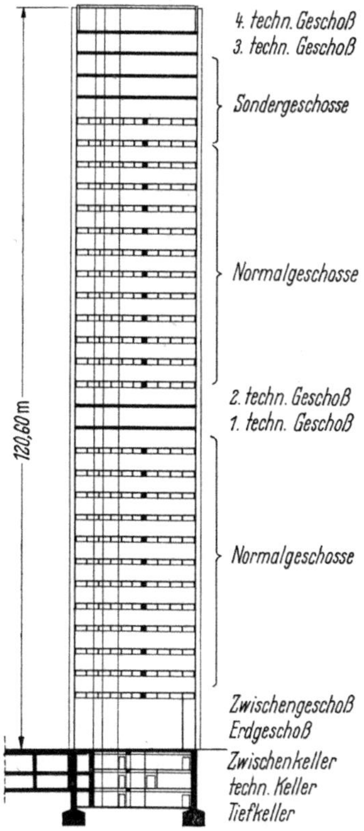

Abb. 289. Schnittbild des Bayer-Hochhauses.

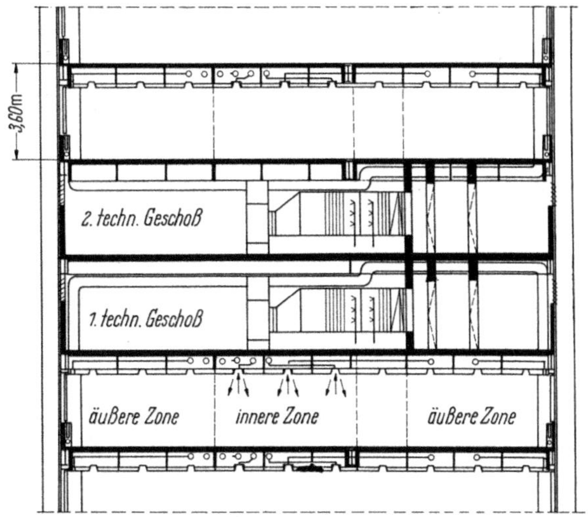

Abb. 290. Querschnitt durch die technischen Geschosse des Bayer-Hochhauses.

Fensters an, um die dort entstehende Wärme sofort absaugen zu können. Eine neue Methode ist die Kombination von Lampenkästen mit Luftabsaugevorrichtungen. Auf diese Weise wird ein Teil der von den Leuchtröhren abgegebenen Wärmeenergie abgeführt, ehe sie in den Raum eindringt (Abb. 287, 288).

Als Beispiel einer Hochdruckklimaanlage mit Induktionsapparaten sei hier das Bayer-Hochhaus in Leverkusen aufgeführt. Der Querschnitt dieses Hochhauses ist aus Abb. 289 zu ersehen. Das Gebäude hat 3 Keller, Erd-, Zwischen- und 31 Obergeschosse. Die Zentralen sind im Keller und in den technischen Geschossen untergebracht. In dem obersten Stockwerk befinden sich die Abluftventilatoren. Die äußere Zone wird durch Induktionsgeräte und die innere Zone durch eine Niederdruck-Anlage klimatisiert (Abb. 290).

Die Aufstellung der Injektorgeräte unter den Fensterbrüstungen und die Abluftansaugung oberhalb des Fenstersturzes, die senkrechtstehenden verstellbaren Sonnenschutzlamellen sowie das Brüstungselement sind aus Abb. 291 zu ersehen. Die großen Büroräume können nachträglich durch Trennwände in kleinere Raumeinheiten aufgeteilt werden.

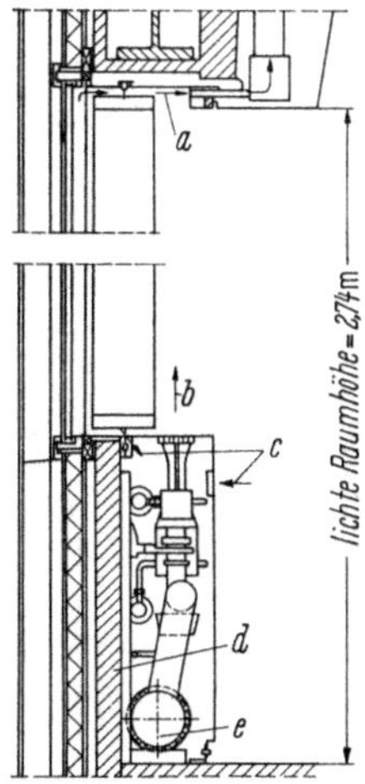

Abb. 291. Anordnung der Klimageräte am Fenster.

a Fensterabsaugung; *b* Zuluft; *c* Sekundärluft; *d* Dampfsperre; *e* Primärluft

Die Versorgung der Konvektoren in den Induktionsanlagen mit Kalt- bzw. Warmwasser kann mit verschiedenen Systemen erreicht werden. Die verschiedenen Systeme werden nach der Anzahl der Wasserrohre an den Induktionsgeräten in Zwei-, Drei- und Vierrohrsysteme unterschieden.

IV. Zweirohrsystem.

Das Installations- und Regelschema einer Zweirohr-Hochdruckklimaanlage zeigt Abb. 292. Die Induktionsgeräte werden im Sommer mit Kalt- und im Winter mit Warmwasser beschickt. Das Umschalten von Heizen auf Kühlen und umgekehrt geschieht automatisch in Abhängigkeit von Außenwitterung und Raumluftzustand. Dieses System arbeitet mit konstanter Primärluft- und gleitender Wassertemperatur oder umgekehrt. Für die Kompensierung plötzlich schwankender Kühllasten empfiehlt sich der Einbau eines zentralen Nachwärmers auf der Primärluftseite.

Bedingung für den Einsatz von Zweileiteranlagen sind u. a. Großbüroräume mit gleichmäßiger Personenbelegung u. Raumausleuchtung. Wichtig ist ferner, daß die Sonnenschutzeinrichtungen rechtzeitig einheitlich (vielleicht automatisch) bedient werden. Diese Zweirohranlagen sind in den Anschaffungs- und Unterhaltungskosten sehr günstig und sind technisch am einfachsten. Wegen ihrer Regelträgheit können sie nur bei Gebäuden mit klaren Grundrissen (quadratisch oder rechteckig), bei denen keine Schlag- oder Wanderschatten auftreten, technisch befriedigend angewendet werden.

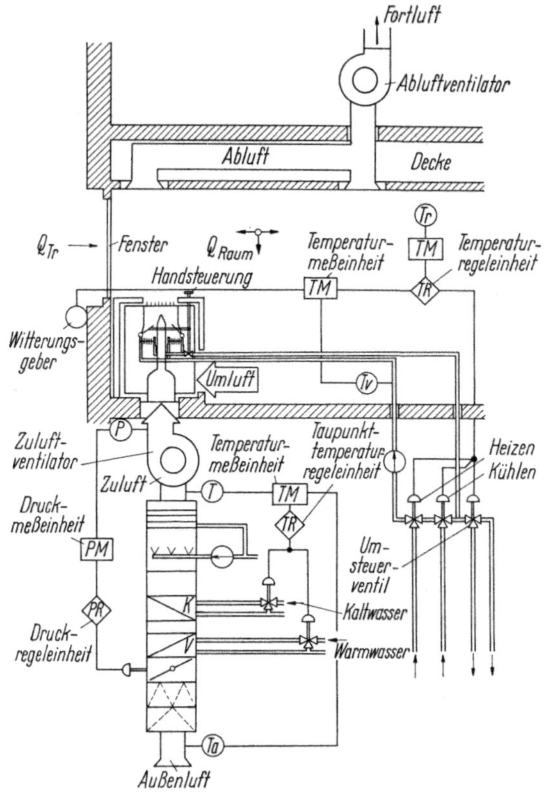

Abb. 292. Schalt- und Regelschema einer Zweileiter-HD-Klimaanlage.

Das ursprünglich für südliche Breiten entwickelte Zweirohrsystem mit konstanter Wassertemperatur während des ganzen Jahres und variabler Primärlufttemperatur, auch Non-Change-over-System genannt, wird seit geraumer Zeit von verschiedenen Herstellern in Deutschland propagiert. Es sei vermerkt, daß hierfür die Betriebskosten gegenüber anderen Systemen höher liegen.

V. Dreirohrsystem.

Das Dreirohrsystem nach Abb. 293 ist im Aufbau komplizierter, kann aber bei wandernden Schatten und wechselnder Raumbelegung angewendet werden. Die Primärluft dient nur zur Belüftung und Feuchtigkeitskontrolle. Die Kühlung oder Beheizung der Räume geschieht lediglich durch den Wasserkreislauf in den Induktionsgeräten, die an zwei Vorlaufleitungen, Kalt- und Warmwasser und einer

Rücklaufleitung angeschlossen sind. Die Wassertemperatur in den Konvektoren wird nach den klimatischen Erfordernissen der Räume durch ein Sequenzventil (Abb. 294), das Warm- und Kaltwasser für die gewünschte Temperatur mischt, geregelt. Die Einstellung des Sequenzventils erfolgt meist pneumatisch über einen Raumthermostat.

Der Hauptnachteil dieses Systems sind die auftretenden Mischverluste. Um diese Verluste zu vermindern, kann eine Zoneneinteilung vorgenommen werden,

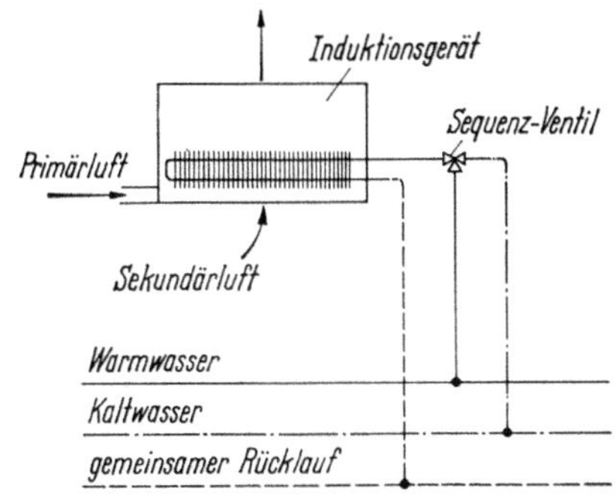

Abb. 293. Wasserversorgung eines Klimagerätes nach dem Dreileiterprinzip.

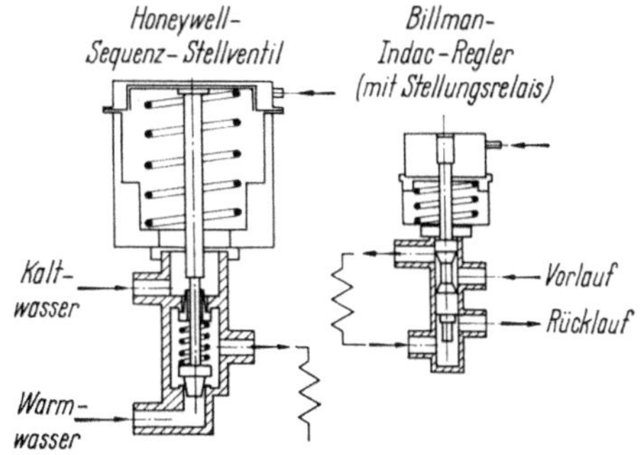

Abb. 294. Regelventile für Drei- und Vierrohrsysteme. (Nach HLH Bd. 16 (1965) Nr. 1)

was aber die Anlagekosten wiederum erhöhen würde. Bei der Projektierung der Wasserrohre muß auf eine genaue Dimensionierung Wert gelegt werden.

VI. Vierrohrsystem.[1]

Die neuesten Entwicklungen gehen zum Vier-Leiter-System, das die Mischverluste völlig vermeidet, klima- und regeltechnisch alle auftretenden Möglichkeiten beherrscht, ohne daß eine Zoneneinteilung notwendig wäre. Die Konvektoren der Induktionsgeräte werden durch zwei getrennte Wassersysteme beschickt, wovon das eine Warmwasser und das andere Kaltwasser führt. Ein Gerät hat also jeweils zwei Vorlauf- und zwei Rücklaufleitungen (Abb. 295). Ein Umschaltventilschaltet entweder den Warmwasser- oder den Kaltwasserkreislauf ein. Ebenso ist im Rücklauf ein Umschaltventil eingebaut, das bei Kühlung den Kaltwasserrücklauf und bei Heizung den Warmwasserrücklauf einstellt. Ein fünftes Rohr ist für evtl. anfallendes Schwitzwasser gedacht. Die Anlagekosten sind wegen der Verrohrung hoch, während die Betriebskosten trotz individueller Regelung niedrig sind.

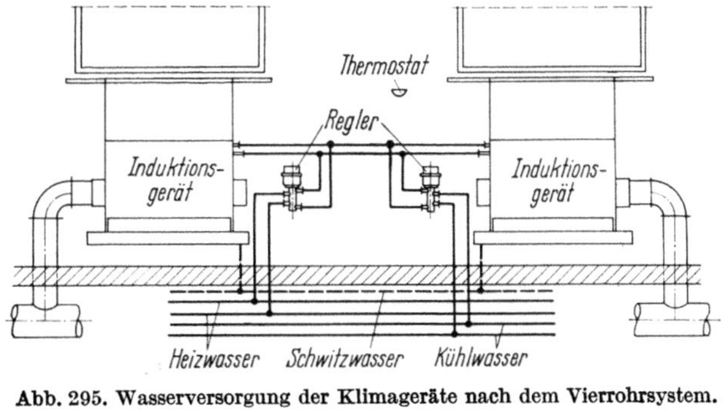

Abb. 295. Wasserversorgung der Klimageräte nach dem Vierrohrsystem.

[1] Zur Zeit der Drucklegung dieses Beitrages waren die Entwicklungsarbeiten für das Induktionsgerät mit zwei getrennten Wärmeaustauschern für Kühlung und Heizung sowie Sekundärluftklappensteuerung noch nicht abgeschlossen. Beim Einsatz solcher Geräte entfallen die Regelventile. Es hat den Anschein, daß dieses sekundärluftseitig gesteuerte Vierrohrsystem allen Ansprüchen genügen wird. Näheres hierüber siehe Zimmermann, F.: Heizung, Lüftung, Haustechnik Bd. 18 (1967), H. 5, S. 165–171.

D. Kälteanlagen.

I. Deckung des Kältebedarfs.

Der Kühlbedarf eines Hochhauses ist ganz erheblich und kann einige Millionen kcal/h erreichen. Die Deckung des Kältebedarfs durch Brunnen-, Fluß- oder Stadtwasser ist in fast allen Fällen nicht möglich, da die entsprechenden Wassermengen nicht zur Verfügung stehen oder die Temperaturen des Wassers, besonders in den Sommermonaten, zu hoch sind oder ein zu hoher Wasserpreis den Kühlbetrieb unwirtschaftlich macht. Deshalb werden Kältemaschinen eingesetzt. An die Kältemaschinen werden folgende Forderungen gestellt: Verwendung geeigneter Kältemittel, die keine schädlichen Eigenschaften bei Einwirkung auf den Menschen haben, geräuscharmer Lauf und schwingungsfreie Aufstellung sowie geringes Gewicht und kompakte Bauweise, automatische und selbsttätige Regelung und optimale Wirtschaftlichkeit. Die Luft wird in diesen großen Anlagen nicht durch Direktverdampfer, die in den Klimakammern eingebaut sind, sondern mittels Kaltwasser gekühlt. Der Kältebedarf der Klimaanlagen ist abhängig von Außentemperatur und Sonneneinstrahlung und unterliegt erheblichen Schwankungen. Die Kälteanlage wird deshalb meistens mit wechselnder Teillast und nur selten mit Vollast betrieben. In der Tab. 2 ist das relative Teillastverhalten der in Frage kommenden Kälteaggregate angegeben. Aus dieser Aufstellung geht hervor, daß Turbo- und Absorptionsmaschine einen geringeren Energiebedarf bei Teillast haben als Kolbenmaschinen. Wegen dieses ungünstigen Teillastverhaltens ist der Einsatz von Kolbenkompressoren bei Leistungen über 800000 kcal/h nicht mehr wirtschaftlich. Außerdem kann ein Kolbenkompressor im allgemeinen nur bis zu 30% seiner Vollast heruntergeregelt werden, während die Turbokompressoren von 100–10% und die Absorptionsmaschinen von 100–0% stufenlos geregelt werden können. Die beste Teillastcharakteristik hat die Absorptionsmaschine. In Tab. 3 wird das absolute Teillastverhalten der verschiedenen Kälteaggregate in kW/1000 kcal/h verglichen. Es ist zu erkennen, daß der Kolbenkompressor auch absolut in den Energiekosten bei Voll- und Teillast gegenüber dem Turbokompressor ungünstiger liegt. Noch ungünstiger liegt in dieser Tabelle zwar die Absorptionskältemaschine, doch muß man beachten, daß diese mit billiger Wärmeenergie arbeitet.

Tabelle 2. *Vergleich der relativen Teillastdaten von verschiedenen Kältemaschinen; Angaben in % der Antriebsleitung.*

Kälteleistung in %	100	90	80	70	60	50	40	30	20	10
Lithiumbromid-Absorption mit Beipaßregelung	100	87	75	65	55	45	35	27	18	9
Hermetischer Turbokompressor mit verstellbaren Leitschaufeln	100	87,5	76	65	55,5	47,5	39	31,5	25	20
6-Zylinder-Kolbenkompressor	100	100	86	86	74	60	60	45	—	—

Tabelle 3. *Vergleich der absoluten Teillastdaten von verschiedenen Kältemaschinen; Angaben in kW/1000 kcal/h.*

Kälteleistung in %	100	90	80	70	60	50	40	30	20	10
Lithiumbromid-Absorption mit Beipaßregelung	1,72	1,67	1,61	1,60	1,58	1,55	1,55	1,55	1,55	1,55
Hermetischer Turbokompressor mit verstellbaren Leitschaufeln	0,203	0,197	0,193	0,188	0,188	0,193	0,193	0,213	0,254	0,406
6-Zylinder-Kolbenkompressor	0,216	0,216	0,224	0,224	0,239	0,259	0,259	0,292	—	—

II. Turbokompressor.

Als Kältemittel von Turbokompressoren für Klimaanlagen werden vorwiegend Sicherheitskältemittel, also chlorierte und fluorierte Kohlenwasserstoffe verwendet. In Abb.296 ist der thermodynamische Kreisprozeß einer Kompressionsanlage im i,s-Diagramm dargestellt. *1—2*: Das von einem Elektromotor oder einer Dampfturbine angetriebene Laufrad verdichtet das aus dem unteren Behälter, dem Verdampfer, angesaugte gasförmige Kältemittel und fördert es in den oberen Behälter, den Verflüssiger.

2—4 Abkühlung des Kältemittels im Verflüssiger an dem Kühlwasserrohrbündel. Bei Punkt *3* beginnt die Kondensation des Kältemittels, das über Schwimmerventile *4—5* in den Verdampfer zurückfließt und dabei entspannt wird. *5—1* Verdampfung des Kältemittels durch Wärme, die dem Kühlwasser entzogen wird. Abb. 297 zeigt eine Turbokompressionsmaschine im Prinzip. Sie kann angetrieben werden von einem hermetisch gekapselten Elektromotor, einem offenen Motor oder einer Dampfturbine. Im ersteren Fall wird der Motor durch Kältemittelgas gekühlt. Die Leistung der Turbomaschinen wird dem Kühlbedarf angepaßt, indem der Kaltwasserthermostat die vor dem Kompressor eingebauten Vorleitschaufeln automatisch verstellt. Diese Leitschaufeln ändern bei abnehmendem Kühlbedarf den Anströmwinkel des Kältemittelgases und vermindern damit die Verdichterleistung. Gleichzeitig wird die Pumpgrenze des Kompressors verschoben, so daß der stabile Bereich des Kennfeldes erweitert wird. Durch die Leitschaufelregelung kann die Leistungsabgabe zwischen 100 und 10% stufenlos geregelt werden. Beim Antrieb des Turbokompressors durch eine Dampfturbine ist darauf zu achten, daß die bei intermittierendem Betrieb bestehende Gefahr der Laufradkorrosion vermieden wird.

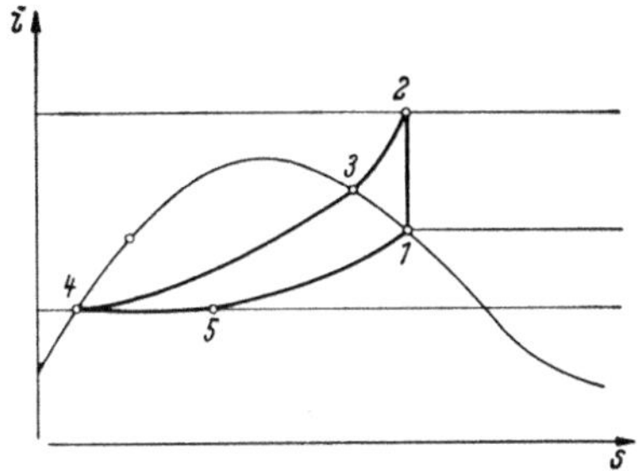

Abb. 296. Kreisprozeß einer Kompressionskältemaschine.

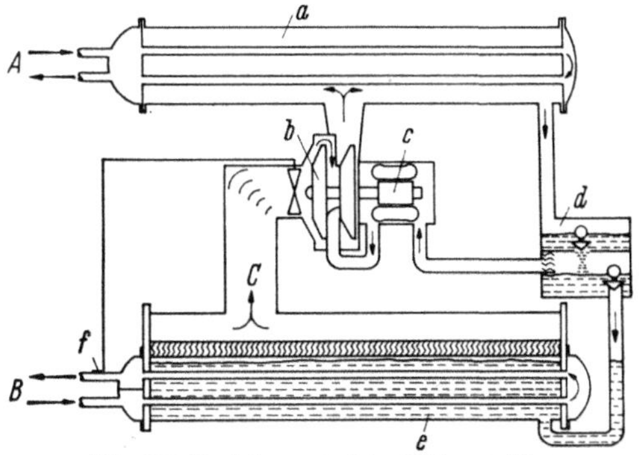

Abb. 297. Turbokompressions-Kältemaschine.

a Verflüssiger; *b* Turbokompressor; *c* Elektromotor; *d* Speicherbehälter mit Schwimmerventilen; *e* Verdampfer; *f* Kaltwasserthermostat. *A* vom Wasserwerk bzw. vom Rückkühlwerk; *B* Kaltwasser zur Klimaanlage; *C* Kältemittel.

III. Absorptionsmaschine.[1]

Beim Kreislauf der Absorptionsmaschine wird ein Zweistoffgemisch verwendet. Speziell für die Klimatechnik eignen sich besonders gut Lithiumbromid und Wasser. Das Betriebsschema einer Absorptionsmaschine ist in Abb. 298 dargestellt. Der Verdampfer mit Absorber bildet den unteren Behälter, der Kondensator mit Generator den oberen. Im Rohrbündel des Verdampfers wird das Kaltwasser auf eine Temperatur von etwa 5 bis 10 °C gekühlt. In Abb. 299 sind die Zustandsänderungen des Lithiumbromid-Lösungskreislaufes dargestellt:

[1] Vgl. in diesem Band, S. 513ff.

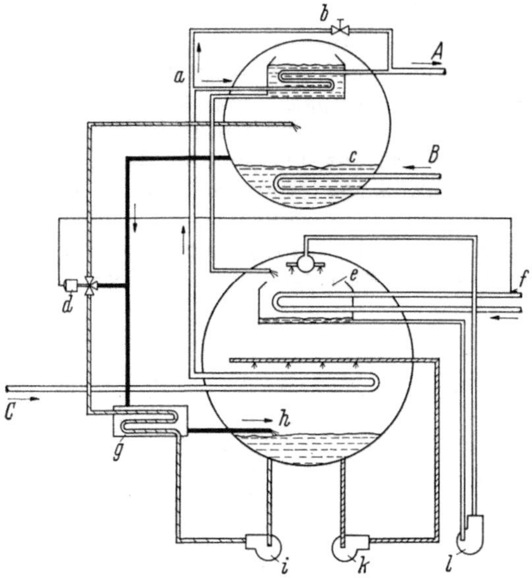

Abb. 298. Absorptions-Kältemaschine.

a Verflüssiger; *b* Beipaßventil; *c* Generator; *d* Beipaßregelventil; *e* Verdampfer; *f* Kaltwasserthermostat; *g* Wärmeaustauscher; *h* Absorber; *i* Generatorpumpe; *k* Absorberpumpe; *l* Verdampferpumpe. *A* Kühlwasser; *B* Dampf oder Heißwasser; *C* vom Wasserwerk bzw. vom Rückkühlwerk.

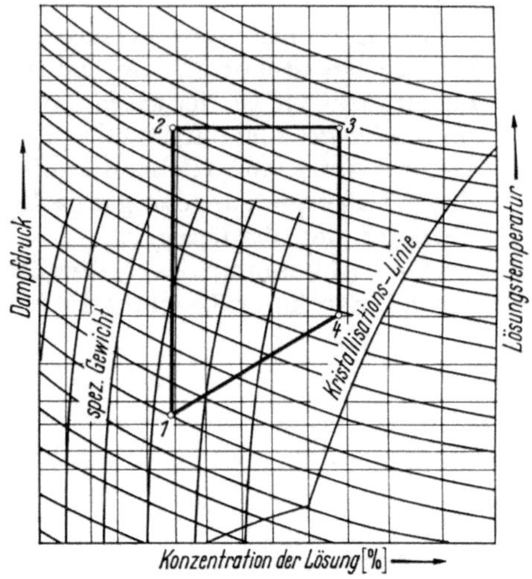

Abb. 299. Lösungskreislauf der Absorptionskältemaschine.

1—2 Erwärmung im Wärmeaustauscher und Generator bis zum Sieden. *2—3* Verdampfung im Generator. *3—4* Abkühlung im Wärmeaustauscher. *4—1* Absorption von Wasserdampf.

Ein in der Druckleitung zwischen Absorber und Generator befindliches Dreiwege-Ventil steuert die Anlage. Das Ventil läßt nur so viel Lösung in den Generator fließen, wie für den jeweiligen Kältebedarf erforderlich ist. Die Leistungsabgabe ist zwischen 0 und 100% regelbar.

IV. Kombination von Turbokompressor mit Absorptionsmaschine.

Eine interessante Lösung stellt die Kombination einer Turbokompressions- mit einer Absorptionsmaschine dar (Abb. 301). Der Turbokompressor wird von einer Dampfturbine angetrieben, deren Abdampf den Generator der Absorptionsmaschine beheizt, der also den Kondensator der Dampfturbine darstellt (Abb. 300).

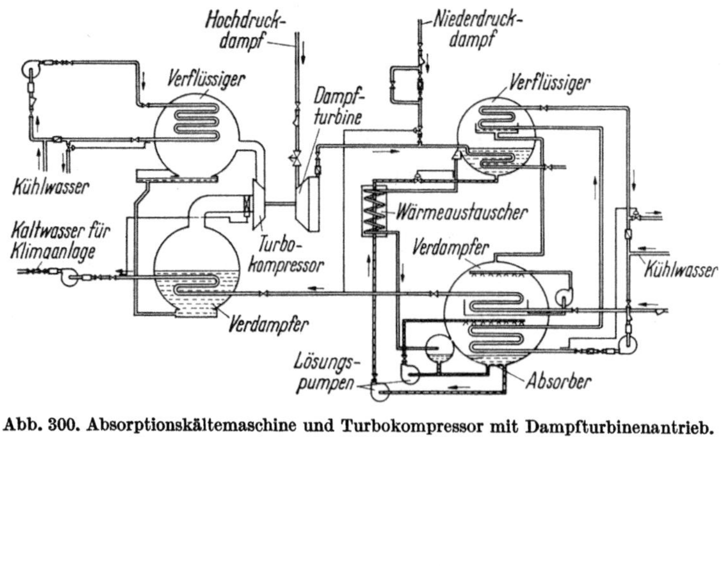

Abb. 300. Absorptionskältemaschine und Turbokompressor mit Dampfturbinenantrieb.

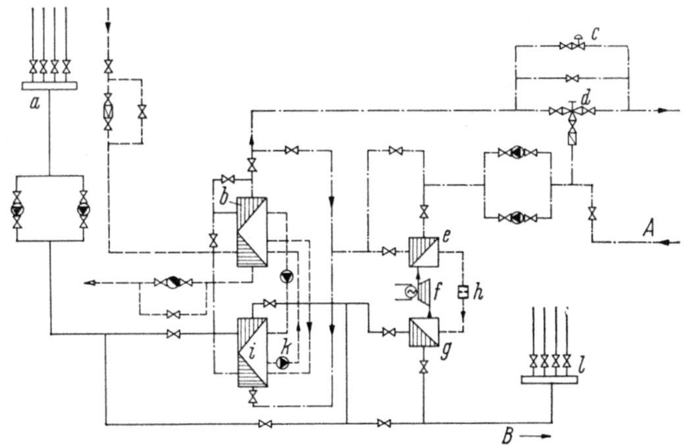

Abb. 301. Wirkschema des Kaltwasserkreislaufes für kombinierten Betrieb einer Turbo- mit Abs.-Kältemaschine. *a* Rücklaufsammler; *b* Generator und Verflüssiger; *c* Durchgangsregelventil; *d* Dreiwegeregelventil; *e* Verflüssiger; *f* Kompressor; *g* Verdampfer; *h* Schwimmerventil; *i* Absorber; *k* Lösungspumpe; *l* Vorlaufsammler; *A* vom Wasserwerk bzw. Rückkühlwerk; *B* Kaltwasserkreislauf.

Solche und ähnliche Kombinationen sind im Band VII dieses Handbuches auf den Seiten 477–479 beschrieben.

In Abb. 301 ist das Fließschema einer Kälteanlage bestehend aus einer Absorptionsmaschine und Turbokompressor mit elektrischem Motorantrieb aufgezeichnet.

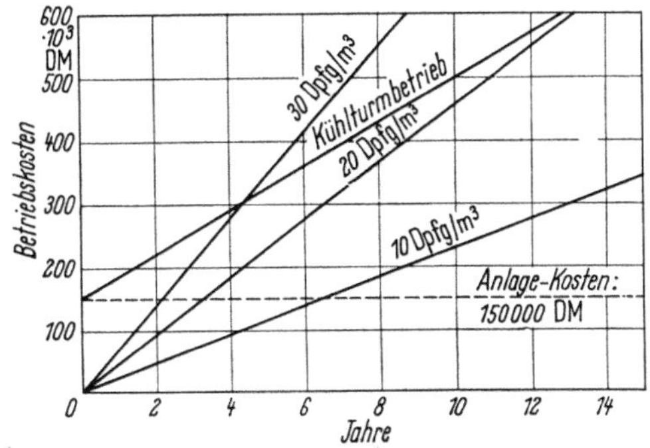

Abb. 302. Betriebskosten bei Frischwasser und Kühlturmbetrieb.

V. Beispiel für die Betriebskosten und Betriebszeit einer Kälteanlage.

In Abb. 302 sind die Betriebskosten und Anlagekosten einer Klimakälteanlage mit und ohne Kühlturmbetrieb für verschiedene Wasserpreise aufgezeigt. Zugrunde gelegt wurden 670 Vollaststunden, die aus dem Jahr 1963 für die Kältemaschinen ($3{,}3 \cdot 10^6$ kcal/h) im Bayer-Hochhaus ermittelt wurden (Abb. 303). Bereits nach $4^1/_2$ Jahren würde der Kühlturm bei einem Wasserpreis von 30 Dpfn./m³ rentabel arbeiten.

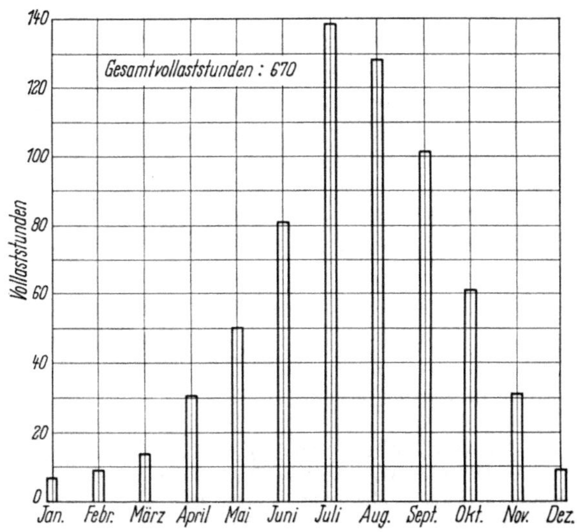

Abb. 303. Vollaststunden für die Kälteanlage im Jahr 1963 für das Bayer-Hochhaus.

E. Betriebs- und Anlage-Kostenberechnung verschiedenartiger Klimaanlagen.

Seit Anfang 1966 ist es möglich, die jährlichen Betriebs- und Investitionskosten einer Klimaanlage mit Elektronen-Rechnern zu ermitteln. Über die Programmierung solcher Berechnungen sei auf den Vortrag von Dipl.-Ing. Boeke und des Verfassers verwiesen[1].

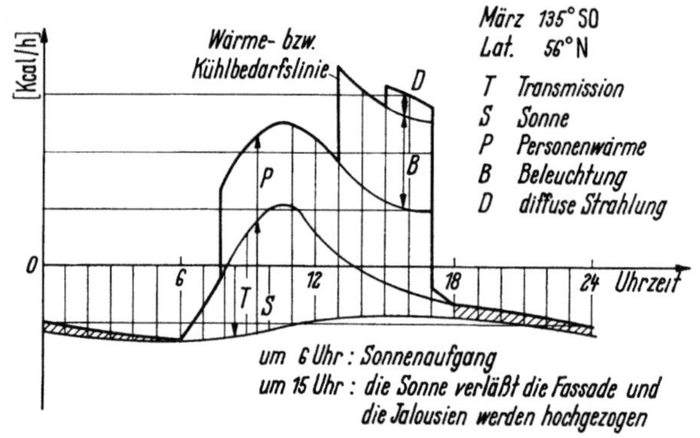

Abb. 304. Verlauf des Wärmeüber- bzw. -unterschusses für ein nach Süden und Osten gelegenes Büro.

Für die Betriebskostenberechnung ist es wichtig, den jährlichen Heiz- und Kühlbedarf möglichst genau zu erfassen. Wie verwickelt die Kühl- und Heizlastberechnung in Wirklichkeit ist, soll Abb. 304 zeigen. Es gibt z. B. für ein nach Südosten gelegenes Büro den Wärme- und Kühlbedarf während eines klaren Märztages an. Die Heizleistung ist als negative und die Kühlleistung als positive Wärmemenge aufgetragen.

Sonneneinstrahlung, Personenbelegung, Bedienung des Sonnenschutzes sowie die Beleuchtung sind für den Bürowärmehaushalt maßgebend. Die Sonnenschutzjalousien sind bei Arbeitsbeginn bereits heruntergelassen. Die Beleuchtung wird zentral ein- und ausgeschaltet.

Der schraffierte Teil in Abb. 304 deutet die Gebäudespeicherwirkung an. Für die Berechnung der jährlichen Heiz- und Kühllast begnügt man sich damit, daß man obige Betrachtungen monatlich mit Mittelwerten durchführt.

I. Studie über den Einfluß der Wahl des Klimasystems für ein Bürogebäude.

Zweck der Untersuchung war, verschiedene Klimasysteme bei jeweils denselben baulichen Voraussetzungen und Belastungen untereinander zu vergleichen.

Als Studienobjekt wurde ein modernes, bestehendes Bürogebäude in Köln gewählt (linkes Gebäude Abb. 305). Das südlich angebaute Gebäude ist in Wirklichkeit nicht vorhanden. Es wurde bei der Studie hinzugefügt, um den Einfluß eines auf das untersuchte Gebäude wandernden Schlagschattens in der Berechnung zu erfassen. Die angenommenen technischen und finanziellen Voraussetzungen sind in nachstehender Tab. 4 festgehalten.

Die Ergebnisse und Untersuchungen sind in Abb. 306 aufgezeichnet. Die Betriebs- und Kapitaldienstkosten für die verschiedenen Induktionssysteme weichen nur gering voneinander ab, während diese Kosten für eine Zweikanalanlage in diesem Falle um etwa 20% höher liegen. Die Energiekosten für die 4 verschiedenen Induktionssysteme betragen etwa nur $^1/_4$ der jährlichen Gesamtsumme, d. h. 75% der jährlichen Kosten fallen für den Kapitaldienst an. Bei der Zweikanalanlage beträgt dieses Verhältnis auf Grund der höheren Energiekosten

[1] Die Abb. 304, 305, 306 sowie Tab. 4 sind aus dem Beitrag „Projektierung und vergleichende Betriebskostenberechnung verschiedenartiger Klimaanlagen in Hochhäusern mit Hilfe von Digital-Rechnern“, von Dr. H. Laakso u. W. Boeke, Wärme-, Lüftungs- und Gesundheits-Technik, Heft 5, 1966, S. 113–128 entnommen.

etwa 40 : 60. Überraschend ist es, daß der Gesamtenergieverbrauch beim Drei- und Vierleiter-System praktisch gleich ist.

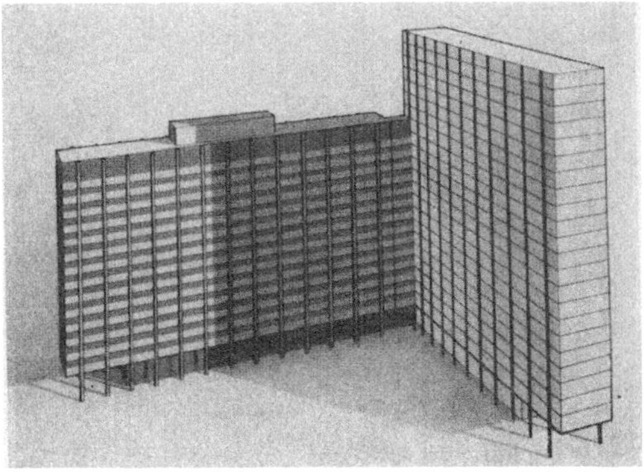

Abb. 305. Ansicht des untersuchten Gebäudes.

Tabelle 4. *Voraussetzungen und Annahmen für die Klimasystem-Studie.*

Bauort	Köln, Lat 51° N
Anzahl der Fassaden	2
Anzahl Achsen pro Fassade	855
Orientierung der Fassaden	ONO und WSW
Betriebszeit der Anlage an Werktagen	von 6 bis 18 Uhr
Arbeitszeit des Personals	von 8 bis 17 Uhr
Anzahl der Arbeitstage pro Monat	21
Normale Raumtemperatur	22 °C
Steigerung der Raumtemperatur bei Außentemperaturen über 22 °C	0,4 °C pro °C
Personen- und Maschinenwärme pro Achse	80 kcal/h
Beleuchtungswärme pro Achse	360 kcal/h
Außenwandfläche pro Achse	2,7 m²
Fensterfläche einschl. Rahmen pro Achse	3,7 m²
k-Wert Außenwand	0,9 kcal/m²·°C·h
k-Wert Fenster mit Rahmen	3,0 kcal/m²·°C·h
Sonnenschutzanordnung	helle Innen-Jalousien (0,56)
Netto-Glasfläche des Fensters pro Achse	3,37 m²
Außenluftmenge (min) pro Achse	60 m³/h
Luftzufuhr bei Induktionsanlagen	Durch je ein Induktionsgerät pro Achse mit einer autom. Regelung pro Doppelachse
Luftzufuhr bei 2-Kanalanlage	Durch je einen Mischkasten mit autom. Regelung pro Doppelachse
Verhältnis Baugewicht pro Achse/Gesamtinnenfläche von Wänden, Decke und Boden	250 kg/m²
Helligkeitswert durch Beleuchtung, ebenfalls Grenzwert für Einschaltung derselben	750 Lux
Wirkungsgrad von Ventilatoren einschl. Antriebsmotoren und ev. Keilriemen	68%
Preis der Wärme, einschl. Kapitalkosten	22 DM/Gcal
Preis der Kälte, einschl. Hilfsmotoren jedoch ausschl. Kapitalkosten	36 DM/Gcal
Elektr. Energiepreis	0,10 DM/kWh
Annuität der Investierung (Zinsen 10%, Abschreibung in 15 Jahren)	13%
Baukosten des Bauvolums für die Hauptluftkanäle	250 DM/m³

Für ein zu Studienzwecken gewähltes Gebäude wird sich immer ein System als das teuerste im Betrieb oder in der Anschaffung herausstellen. Es ist möglich, die Voraussetzungen so zu variieren, daß sich jedes System in irgendeiner Weise als

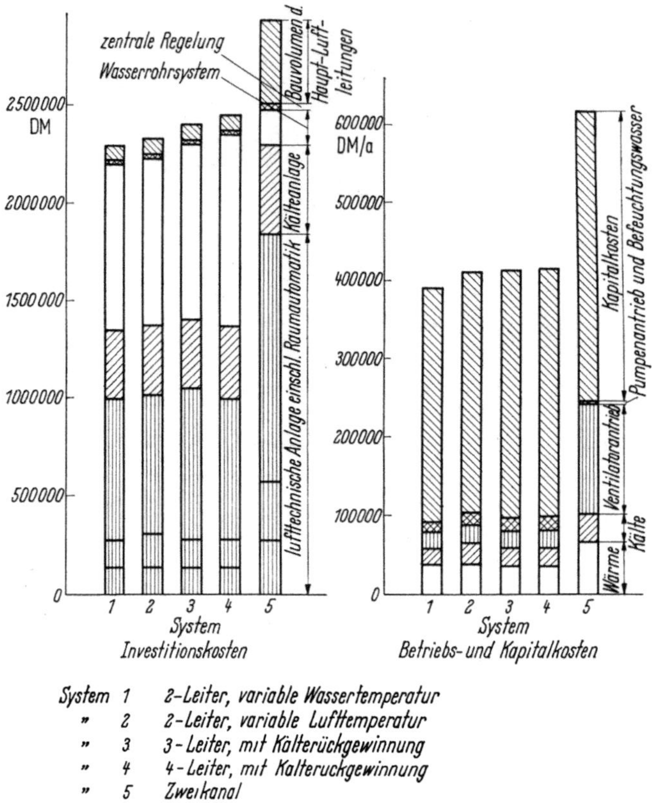

Abb. 306. Kostenvergleich verschiedener Klimaanlagen für das nach Abb. 305 untersuchte Gebäude.

vorteilhaft zeigt. Ein Universal-System, das in allen Fällen die niedrigsten Kosten verursacht, mit einer Kombination aller Komfort- und Betriebskostenvorteile gibt es anscheinend nicht.

Literatur.

Das Hochhaus der BASF. Stuttgart: Hoffmann 1958.

Bayer-Hochhaus. FFB AG Leverkusen. Detmold: Deutscher Bauzentrum-Verlag 1963.

Thyssenhaus. Phönix-Rheinrohr-AG Düsseldorf. Essen, Detmold: Bauzentrum-Verlag 1962.

LAAKSO, H.: Bauliche und technische Erfahrungen sowie Planungsgrundlagen bei Niederdruck- und Hochdrucklüftungen in Deutschland. Kongreßbericht XVII. Kongreß für Heizung, Lüftung, Klimatechnik Bd. 1961 in Hamburg. Düsseldorf: Klepzig.

—: Klimaanlagen der drei Bayer-Bürohochhäuser und ihre Kälteversorgung. „Der Kälte-Klima-Praktiker" Bd. 5 (1965), H. 1, S. 2–7.

—: Planungs- und Betriebserfahrungen an Induktionsklimaanlagen für Hochhäuser. Heizung, Lüftung, Haustechnik Bd. 16 (1965) Nr. 1, S. 13–16. Ferner in diesem Heft weitere Vorträge derVDI-Fachtagung „Die Klimaanlage im Hochhaus" am 25. Nov. 1964 in Hamburg u. a.

DORN, R.: Klimaanlagen mit Hochdruck-Induktionsgeräten.

ZEDDIES, F.: Heiz- und Kühlwasserverteilungsnetze für Induktionsklimaanlagen.

COSTATINO, M.: Klimaanlagen mit Zweikanalsystem und ihre Verwendung in Hochhäusern.

Carski, D.: Die Klimaanlage im Hochhaus aus der Sicht des Architekten.
Laakso, H., u. W. Mänz: Kälteversorgung für Klimaanlagen in Hochhäusern. Heizung, Lüftung, Haustechnik Bd. 14 (1963) Nr. 8, S. 266–269.
Laakso, H., D. Würstlin u. M. Halm: Lüftungs- und Klimaanlagen im Hochhaus der Farbenfabriken Bayer AG, Leverkusen. Gesundheits-Ingenieur Bd. 85 (1964), H. 4, S. 97 bis 107.
Laakso, H.: Klimatisierung und Lüftungstechnische Ausstattung von Bürohochhäusern. Industrie-Anzeiger 1962, Nr. 33.
Arnold, J.: Hochdruckanlagen, insbesondere Anlagen mit Klimakonvektoren. Gesundheits-Ingenieur Bd. 82 (1961) H. 5, S. 133–144.
–: Induktionsgeräte in Hochdruck-Klimaanlagen. Gesundheits-Ingenieur Bd. 80 (1959) H. 6, S. 161–166.
Jerusalem, H.: Kolben-, Turbo- und Absorptions-Kältemaschinen in Klimaanlagen. Kongreßbericht 1964. XVIII. Kongreß für Heizung, Lüftung, Klimatechnik. Düsseldorf: Klepzig.
Zimmermann, F.: Das luftseitig geregelte Vierleitersystem und die Gründe für dessen Entwicklung. Heizung, Lüftung, Haustechnik, Bd. 18 (1967), H. 5, S. 165–171.
Laakso, H., u. W. Boeke: Projektierung und vergleichende Betriebskostenrechnung verschiedener Klimaanlagen in Hochhäusern mit Hilfe von Digital-Rechnern. Wärme-, Lüftungs- und Gesundheitstechnik, Mai 1966, S. 113–128, Düsseldorf: Klepzig

Klimaanlagen in Eisenbahn-Personenwagen*

Von

Bundesbahndirektor Dipl.-Ing. **H. Baur**, München.

Mit 32 Abbildungen

A. Klima, Reisekomfort und Fahrzeugklimaanlagen.

Komfortklimaanlagen in Versammlungsräumen, in Theater- und Konzertsälen, Hotels und Gaststätten, Geschäfts- und Wohnräumen sind für das Wohlbefinden der Insassen in tropischen und subtropischen Ländern dringend erwünscht. Für Personenfahrzeuge, in denen sich die Sonneneinstrahlung noch stärker auswirkt als in Gebäuden, trifft dies erst recht zu, weil die ausgleichende Wirkung der Wärmespeicherung in der Gebäudemasse fehlt und weil der spezifische Luftraum in m^3/Person so viel kleiner ist als in Gebäuden: Während für Gebäude ein spezifischer Luftraum von mindestens 3 m^3/Person vorgeschrieben wird [1], ergibt sich für das Abteil 2. Klasse eines neuzeitlichen D-Zugwagens ein spezifischer Luftraum von nur rd. 1,3 m^3/Person, also nur wenig mehr als 40% des für Gebäuderäume vorgeschriebenen Mindestwertes. Neben der ständigen Versorgung der Fahrgasträume mit einer ausreichenden Außenluftrate (m^3/h je Person), der Filterung und zugfreien Zufuhr der Luft von passender Temperatur und Feuchtigkeit über den ganzen Jahreszeitbereich, sind die Sauberkeit im Wagen und die Geräuschisolierung der immer geschlossenen Fenster als bedeutende Vorteile der Klimaanlagen[1] zu nennen. Bei der allgemeinen Neigung, den Komfort des täglichen Lebens zu erhöhen, mußten die Eisenbahnen sich der Klimatisierung ihrer Personenwagen zuwenden, wollten sie nicht ihre Konkurrenzfähigkeit zu anderen Verkehrsmitteln schwächen.

Auch in gemäßigten Klimaten ist die Klimaanlage zu einer wünschenswerten Einrichtung für Eisenbahn-Personenwagen erhöhten Reisekomforts geworden. Denn eine klimatische Untersuchung für den Raum Karlsruhe [2] zeigt, daß an 23% aller Tage des Jahres die Außenlufttemperatur über 22 °C liegt, daß also die Fahrzeugklimaanlagen an diesen Tagen schon bei geringer Fahrgastbesetzung im Kühlbetrieb arbeiten würden. Bei Sonnenschein und stärkerer Fahrgastbesetzung kann dies sogar an 46% aller Tage im Jahr eintreten. In Südeuropa können diese

---

* Literatur S. 430.

[1] Der inzwischen eingeführte Begriff „Klimaanlage“ soll hier beibehalten werden. Nach neuzeitlicher technischer Definition handelt es sich indessen bei dem Eisenbahnreisewagen streng genommen nicht um Klimaanlagen, die selbsttätig geregelte Lufterwärmung, -kühlung, -befeuchtung, -entfeuchtung sowie Luftfilterung umfassen, sondern um „Lüftungsanlagen mit zusätzlicher Luftaufbereitung“, in unserem Fall „mit Luftkühlung“; auf Luftbefeuchtung wird verzichtet.

Zeitspannen größer, in Nordeuropa werden sie kleiner sein. Eine weitere Studie [3] berücksichtigt den Einfluß der Luftfeuchtigkeit bei bestimmten sommerlichen Außenlufttemperaturen auf die Bemessung des Kälteteils der Klimaanlagen.

Welche raumklimatischen Bedingungen in den Fahrgasträumen von Eisenbahn-Personenwagen verwirklicht werden sollen, stellt eine dritte Arbeit [4] dar. Ihr ist die Forderung zu entnehmen, daß im Heizbetrieb die Raumlufttemperatur 22 °C betragen soll, im Kühlbetrieb bei Außenlufttemperaturen über 23 °C ist der Sollwert der Raumlufttemperatur etwa

$$t_i = 20 + 0{,}5 \cdot (t_a - 20)\ °\mathrm{C}, \tag{1}$$

wobei t_a die Außenlufttemperatur in °C bedeutet.

Diese Angaben haben jedoch keine Gültigkeit für Schlafwagen im Nachteinsatz. Hier müssen vielmehr die unterschiedlichen Schlafgewohnheiten der Fahrgäste berücksichtigt werden: In Nord- und Mitteleuropa bevorzugt man Raumlufttemperaturen zwischen 16 und 20 °C, in Südeuropa hingegen zwischen 20 und 24 °C.

Die Ausbreitung der Fahrzeugklimaanlagen ist einmal eine Funktion des Sommerklimas. Tab. 1 vergleicht es für die USA und Deutschland.

Tabelle 1. *Meteorologische Sommerdaten für die USA und Deutschland.*

Land	Staat	Mittlere Jahres-höchst-temperatur °C	Mittlere Temperatur im Monat Juli °C	Sommerdaten, die der Bemessung von Klimaanlagen zugrunde zu legen sind: Trocken-kugel-Temperatur °C	Feucht-kugel-Temperatur °C	Betriebszeitraum mit Luftkühlung
1	2	3	4	5	6	7
USA	New York	30	23	35	24	Klimaanlagen auf Kühlung betrieben im Osten: Mai bis Sept. = 5 Mon. Ost-West-Verkehr: März bis Dez. = 10 Mon.
	Illinois (Chicago)	35	23	35	24	
	Kalifornien	35	20 bis 27	32	21	
	Florida	35	27	33	26	
	Texas	35	28	35	25,5	
Deutschland	Mittelwerte	30	18	33	21	Juni bis Aug., im Mai u. Sept. zeitweise, = 4 bis 5 Mon.; in Südeuropa bis 7 Mon.

Zum anderen spielt für die Zahl der klimatisierten Personenwagen die Höhe des Lebensstandards eine maßgebende Rolle. Aus Klima und Lebensstandard erklärt sich der im Vergleich zu Europa weit überwiegende Umfang der amerikanischen Fahrzeugklimatisierung. Doch zeigen die klimatischen Betrachtungen, daß auch in Europa ein viel weiteres Feld für die Fahrzeugklimatisierung gegeben ist, als man es gemeinhin vermutet. Der steigende europäische Lebensstandard wird mit großer Wahrscheinlichkeit auch in den europäischen Ländern zu einer steigenden Zahl von Fahrzeugen mit Klimaanlagen führen. Wie sehr sich dieser Fortschritt bereits abzeichnet, ist aus der Tatsache zu entnehmen, daß nordeuropäische Länder wie Schweden und auch England der Klimatisierung von Eisenbahn-Personenwagen ihr Interesse zugewandt haben und Wagen mit Klimaanlagen betreiben; in Schweden geschieht dies bereits seit fast einem Jahrzehnt.

B. Entwicklung der Klimaanlagen für Eisenbahn-Personenwagen.

In den USA setzte die Klimatisierung von Eisenbahn-Personenwagen um das Jahr 1930 ein. Zuerst waren die Anordnung der Hauptteile, die Luftführung, die Kälteerzeugung und andere Merkmale der Klimaanlagen naturgemäß noch unterschiedlich. Aber schon nach wenigen Jahren, um die Mitte des 4. Jahrzehnts, waren Ansätze zu einer Standardanordnung zu bemerken: Die Teile der Kälteanlage, mit Ausnahme des Luftkühlers, hängen unter dem Wagen. Luftkühler und -erhitzer mit Zuluftventilator und Luftfiltern befinden sich im Dachraum an einem Wagenende, der Zuluftkanal liegt ebenfalls im Dachraum. Die Zuluft setzt sich zu etwa einem Drittel aus Außenluft, zwei Dritteln aus Umluft zusammen. Der Zuluftventilator saugt die Umluft durch die Fahrgasträume oder Gänge zurück, ein besonderer Umluftkanal entfällt also. Die Fortluft wird über Toiletten- und Küchenräume abgeführt. Den Heizwärmebedarf bestreiten zu etwa einem Drittel die Zuluft, zu zwei Dritteln eine Konvektionsheizung an den Fensterwänden, auch als „Fußbodenheizung" oder „Grundheizung" bezeichnet. Die Anlage arbeitet also im Heizbetrieb nicht als reine Luftheizung, sondern stellt eine kombinierte Luft- und Konvektionsheizung dar.

Die Kälteleistung für die Luftkühlung im Sommer wurde zunächst durch Wassereis gedeckt, das in großen, wärmeisolierten und am Wagenuntergestell aufgehängten Kästen Platz fand [5, 6]. Eine Umlaufpumpe förderte das Schmelzwasser zum Luftkühler im Dachraum. Eiskästen mittlerer Größe hatten ein Fassungsvermögen von 2000 bis 2500 kg Wassereis. Eine Eiskastenfüllung von 2500 kg reichte etwa 8 Stunden.

Zwar hatte diese Klimaanlagen-Bauform den Vorteil großer Einfachheit, machte aber einen so großen Aufwand an Fördermitteln und Personal zum Beeisen der Wagen auf den Abstellbahnhöfen notwendig, war auch so eng an die richtige Vorhersage des Wetters gebunden, daß die Wassereis-Klimaanlage schon bald in den Hintergrund trat. Im umgekehrten Verhältnis gewannen Kältemaschinenanlagen an Bedeutung, und zwar sowohl mit Wasser betriebene Dampfstrahl-Kältemaschinen als auch Kompressions-Kältemaschinen mit dem in jeder Hinsicht gefahrlosen Kältemittel R 12 (Difluordichlormethan CF_2Cl_2).

Die Dampfstrahl-Kältemaschine [5, 6] bezieht, gleich der Dampfheizung der Wagen im Winter, ihren Betriebsdampf über die Hauptdampfleitung des Wagens vom Heizdampfkessel der Diesellokomotive. Ein Dampfejektor setzt einen mit Wasser gefüllten, wärmeisolierten, am Wagenuntergestell aufgehängten Behälter unter Vakuum, so daß das Wasser verdampft. Es entnimmt seine Verdampfungswärme aus dem Wasservorrat des Behälters selbst, so daß das Wasser im Behälter sich schnell abkühlt. Eine Umlaufpumpe fördert das gekühlte Wasser zum Luftkühler im Dachraum des Wagens. Ein Verdunstungs-Kondensator mit Kühlluftventilator, ebenfalls unter dem Wagen aufgehängt, schlägt den Arbeitsdampf des Ejektors nieder. Aus einem Wassertank wird der verdunstete Wasseranteil über ein Schwimmerventil ersetzt. Das Betriebsgewicht einer solchen Kältemaschine beträgt mit einem Zuschlag von 400 kg für den nur wenig vergrößerten, von einem Wagenradsatz angetriebenen elektrischen Generator mit Batterie rd. 2600 kg.

Die Dampfstrahlkältemaschinen sind zu hoher Vollkommenheit und Betriebssicherheit entwickelt worden. Ihr Vorteil liegt in dem kleinen elektrischen Leistungsbedarf von nur 2,5 bis 3,0 kW. Die Maschine ist ziemlich vielteilig. Der Dampfverbrauch beträgt für eine Kälteleistung von rd. 21000 kcal/h 110 bis 130 kg/h. Auf den Abstellbahnhöfen muß auch im Sommer zum Vorkühlen der Wagen ein leistungsfähiges Kesselhaus und ein umfangreiches Dampfrohrnetz betrieben werden. Näheres über diese Maschinen findet man in Bd. V dieses Handbuches auf den Seiten 393 bis 432.

Schon seit Mitte der dreißiger Jahre werden in weit überwiegendem Maß Kompressions-Kältemaschinen verwendet [7]. Ihr Platzbedarf unter dem Wagen ist kleiner, und zum Vorkühlen brauchen die Fahrzeuge nur an das elektrische Ortsnetz angeschlossen zu werden.

Die Kompressoren werden teils durch Elektromotor angetrieben, teils über Keilriementrieb, Kegelradgetriebe, Kardanwelle und elektromagnetische Kupplung unmittelbar von einem Drehgestellradsatz oder auch über Keilriementrieb durch Brennkraftmotor; als Kraftstoff dienen Dieselkraftstoff, Benzin oder Propangas, das in einer Flaschenbatterie unter dem Wagen mitgeführt wird.

Bei Antrieb des Kompressors von einem Radsatz des Wagens aus wird die Drehzahl durch Schwächung des Feldes einer elektromagnetischen Kupplung konstant gehalten; die Drehzahl ist damit unabhängig von der Fahrgeschwindigkeit des Wagens, die Höchstdrehzahl wird nicht überschritten. Der Kälteversorgung während des Stillstandes des Wagens dient ein Kältespeicher in der Form eines Soletanks mit Rohrschlangen, durch die das Kältemittel fließt. Während der Fahrt des Wagens lädt die Kältemaschine den Kältespeicher auf; im Stand des Wagens wird die gekühlte Sole durch einen zusätzlichen Luftkühler im Dachraum des Wagens gepumpt.

Dieses System mit unmittelbar von einem Wagenradsatz angetriebenem Kompressor und mit Kältespeicher stellte indessen nur eine Zwischenbauform dar. Sie wurde zugunsten des Kompressorantriebs durch Elektromotor verlassen; bei dem elektromotorischen Antrieb finden sich sowohl Mehrfachkeilriementriebe als auch elastische Kupplungen zwischen Motor und Kompressor.

Die selbsttätige Temperaturregelung der Klimaanlagen wurde schon früh eingeführt. Man verwendet sowohl Thermostate mit Bimetallstreifen-Temperaturfühler als auch solche mit Ausdehnungs-Membrandosen, gefüllt mit niedrig siedenden Flüssigkeiten, und in besonders großer Zahl Quecksilber-Kontaktthermometer. Auch elektrische Widerstandsdraht-Thermostaten in Brückenschaltung mit Röhrenverstärkern werden benützt.

Aus der großen Zahl verschiedenartiger Luftfilter — Pappe, Glasfasern, Textilien, Metallwolle und Metallgeflecht sowie Metallringe, teils trocken, teils ölgetaucht — gab man den ölgetauchten, mehrlagigen Drahtgeflecht- und Streckmetallfiltern weitgehend den Vorzug.

Längst hat sich als Fensterbauart klimatisierter Wagen das festeingebaute, nicht zu öffnende Doppelscheibenfenster durchgesetzt; der Zwischenraum zwischen den beiden, mit dem Rahmen fest versiegelten Glasscheiben ist mit entfeuchteter Luft gefüllt, um das Beschlagen der Innenseiten der Glasscheiben auszuschließen. Alle Wagen der Klimaanlagen erhielten von jeher in den Wänden, im Fußboden und im Dach eine gute Wärmeisolierung, um an Kälteleistung zu sparen; als Isolierstoff werden leichte, geschichtete Glaswollematten mit niedriger Wärmeleitzahl bevorzugt.

Seit etwa $1^1/_2$ Jahrzehnten läuft in den USA kein Eisenbahn-Personenwagen mehr ohne Klimaanlage, die Klimatisierung der Eisenbahn-Personenwagen ist vollkommen.

In Europa setzte die Klimatisierung von Eisenbahn-Personenwagen in der zweiten Hälfte der dreißiger Jahre ein, jedoch in sehr bescheidenem Umfang, vorwiegend beschränkt auf Sonderwagen. Aus bekannten Gründen wurde sie erst 1950 wieder aufgenommen [8, 9] und lehnte sich zunächst weitgehend an die inzwischen zur „klassischen Bauform" gewordenen amerikanischen Klimaanlage an, gekennzeichnet durch [10—23] R 12-Kältemaschine, mit Elektromotorantrieb des Kompressors und des Kondensator-Lüfters, mit Luftzufuhr durch Deckenkanal, Anordnung des Kompressors und des Kondensators unter dem Wagen, der Luftaufbereitungs- oder Klimaeinheit (Verdampfer [Luftkühler], Lufterhitzer, Zuluftventilator und Luftfilter) im Dachraum, mit elektrischer Energieversorgung durch leistungsstarke Generatoren, angetrieben von einem Drehgestellradsatz, und durch eine Batterie großer Kapazität für den Betrieb der Klimaanlage während der Stillstandzeiten des Wagens.

Inzwischen ging die europäische Entwicklung jedoch auch eigene, von der klassischen Bauform ganz abweichende Wege [54, 55]. Sie führte in Anlehnung an die Gebäudeklimatisierung [24] zur Hochdruckklimaanlage mit zweistufiger Luftbehandlung und individueller Lufttemperaturregelung in den einzelnen Räumen, kurz als Hochdruckklimaanlage mit Einzelraumregelung bezeichnet. Die Hochdruckklimaanlagen-Bauart nach dem „Jettair"-Prinzip fand beachtliche Anwendung [25—28]. Es ist dadurch gekennzeichnet, daß die Zuluft in zwei Stufen aufbereitet wird, wobei die zweite Stufe aus regelbaren Wärmeübertragern in den Fahrgasträumen besteht; diese Übertrager wärmen oder kühlen die Zuluft nach. Den Fahrgasträumen wird nur die in der ersten Aufbereitungsstufe behandelte Außenluft zugeführt, und zwar über Düsensätze, die Raumluft ansaugen. Die Mischluft durchströmt dann die vorgenannten Wärmeübertrager, aus denen sie senkrecht nach oben entlang den Fensterflächen austritt. Diese Art von Klimaanlagen arbeitet ausschließlich mit der Zuluft als Energieträger, sowohl für Heizen als auch für Kühlen, und besitzt keinen Konvektionsheizungsteil. Inzwischen brachte die technische Entwicklung der Jettair-Klimaanlage die Zusammenfassung der Primär- und Sekundärstufe in den entsprechend gestalteten Wärmeübertragern der Fahrgasträume. Gegenwärtig dürften in Westeuropa gegen 1000 Eisenbahn-Personenwagen mit Klimaanlagen vorhanden sein.

Während in den USA die Klimatisierung von Tagesreisewagen, Schlafwagen und Speisewagen in gleichem Maß voranschritt, wurden in Europa im vergangenen Jahrzehnt zunächst Tagesreisewagen und Triebzüge für erhöhten Komfort mit Klimaanlagen ausgerüstet. Es folgten Schlafwagen und Speisewagen. Die Dringlichkeit für die Klimatisierung der Wagenarten kann indessen fast umgekehrt angenommen werden.

C. Technik der Klimaanlagen für Eisenbahn-Personenwagen.

I. Gesamtanordnung.

Die Klimaanlage der „klassischen" amerikanischen Standardbauart (Abb. 307) besteht im wesentlichen aus einem Kompressor, einem Kondensator und einer Luftaufbereitungseinheit (auch als Klimaeinheit bezeichnet), enthaltend den Zuluftventilator mit elektrischem Antriebsmotor, den Lufterhitzer, den Luftkühler (Kältemittelverdampfer) und die Luftfilter.

Der Kompressor mit elektrischem Antriebsmotor und der Kondensator nebst Ventilator und Antriebsmotor, Kältemittel-Sammelbehälter und Armaturen sind, je zu einer Einheit in Winkelrahmen zusammengefaßt, in Schwingmetall am Wagenuntergestell aufgehängt. Im Dachraum an einem Wagenende ist die Luftaufbereitungseinheit angeordnet. Sie ist mit dem Luftverteilkanal im Dachraum durch Segeltuch- oder Gummibalgen verbunden; aus diesem Kanal tritt die Zuluft unter niedrigem Druck über Luftverteiler in die Fahrgasträume ein.

Die Außenluft wird durch eine Deckenöffnung des Einstiegraumes oder durch seitliche Dachöffnungen angesaugt, hinter denen die Luftfilter sitzen. Die Umluft wird am Ende des Wagens durch eine Öffnung in der Decke, hinter der sich das Umluftfilter befindet, angesaugt; sie gelangt zu dieser Ansaugestelle durch die

Fahrgasträume, Gänge und Vorräume der Wagen; Umluftkanäle fehlen. Die Fortluft strömt größtenteils durch die Toilettenräume ab, in Speisewagen durch die Küche, um den Übertritt unangenehmer Gerüche von diesen Räumen in die Fahrgasträume auszuschließen. Zur Fortluftabfuhr dienen sowohl statische Luftsauger als auch elektromotorisch angetriebene Absaugeventilatoren.

Im Heizbetrieb werden mit der Zuluft nur 30 bis 50% der für den Wagen erforderlichen Heizleistung zugeführt, den übrigen Leistungsanteil liefert eine Konvektionsdampfheizung. Ihre Rippenrohre liegen längs den Fensterwänden über

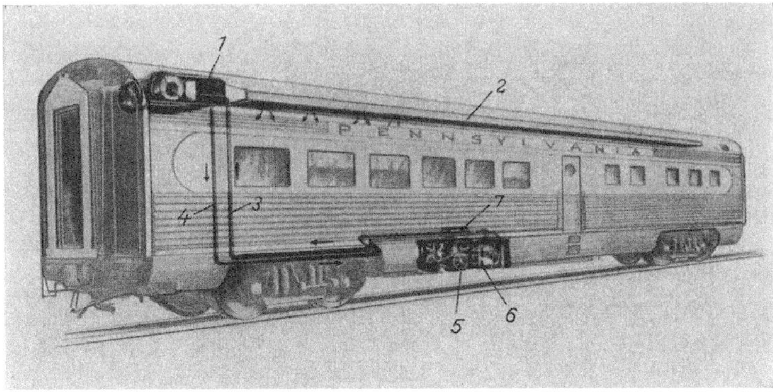

Abb. 307. Gesamtanordnung der Klimaanlage in einem amerikanischen Tagesreisewagen (Day Coach), „Klassische Klimaanlage" (Pintsch Bamag, Dinslaken).

1 Dach-Klimaeinheit; 2 Luftkanal; 3 Kältemittel-Druckleitung; 4 Kältemittel-Saugleitung; 5 Kältemittelkompressor-Einheit; 6 Kältemittelkondensator-Einheit.

dem Fußboden. Die Dampfheizung besitzt elektromagnetische Ventile für die thermostatische Regelung der Dampfzufuhr zu den einzelnen Rohrsträngen im Wagen und Dampfeinlaßregler mit Druckminderventil unter dem Wagen. Wie die Konvektionsheizung so wird auch der Lufterhitzer der Luftaufbereitungseinheit mit Dampf oder elektrischer Energie gespeist.

Alle elektrischen Einrichtungen, wie Schalter, Schütze, Relais, Sicherungen, Klemmleisten usw., sind auf einer Schalttafel vereinigt, die in einem Wandschrank an einem Wagenende untergebracht ist. Die Thermostate für die Konvektionsheizung sind an geeigneten Stellen in den Fahrgasträumen, für die zentrale Regelung des Kühlbetriebes der Klimaanlage im Umluftansaugstutzen der Klimaeinheit, die Thermostate für die Zulufterwärmung bei Heizbetrieb im Deckenkanal angebracht.

Zum Vorkühlen der Wagen auf den Abstellbahnhöfen liefern die Fahrzeug-Gleichstromgeneratoren elektrische Energie auch im Stand des Wagens; bei Fahrt werden sie von einem Wagenradsatz über eine Fliehkraftkupplung angetrieben, die jedoch erst bei einer bestimmten Fahrgeschwindigkeit kuppelt. Für ihre „stationäre" Aufgabe sind die Generatoren mit Drehstrommotoren zusammengebaut, die an das elektrische Ortsnetz angeschlossen werden.

Schon im vergangenen Jahrzehnt führte das Bestreben, den Preis der Klimaanlagen zu senken, dazu, daß nach dem Prinzip der Vorfertigung alle Maschinen der Klimaanlage nebst ihren elektrischen Antriebsmotoren, also Zuluftventilator, Kompressor, Kondensator mit Lüfter, Kältemittelsammelbehälter, Armaturen und auch die Schalttafel in einem „Klimaschrank" zusammengefaßt wurden. Dieser Schrank findet an einem Wagenende im Wagenkasten Platz, und zwar so, daß der Schrankinhalt nach Abnahme der Verkleidungsbleche von allen Seiten zugänglich ist. In der Waggonfabrik brauchen also außer dem Schrank nur der

Luftkanal und die Luftverteiler in den Wagen eingebaut zu werden. Der Klimaschrank nimmt zwar Wagennutzraum in Anspruch, bietet jedoch außer der vorgenannten Verbilligung der Klimaanlage den Vorteil, daß ihre Teile vor Witterungsunbilden und Verschmutzung geschützt sind und die Möglichkeit einer sorgfältigen Unterhaltung verbessert wird.

Abb. 308 zeigt die Anordnung einer Klimaanlage mit Klimaschrank in einem Wagen mit Fahrgastgroßraum, Abb. 309a und 309b zeigen den Klimaschrank

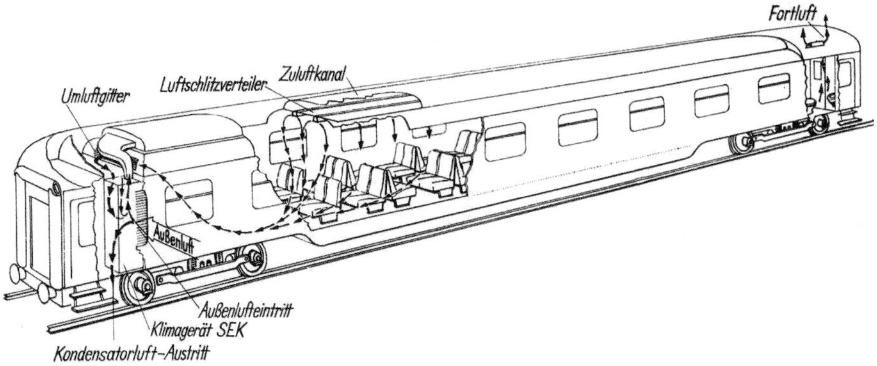

Abb. 308. Gesamtanordnung einer Klimaanlage mit Klimaschrank (Luwa, Frankfurt/M.).

Abb. 309a u. b. Klimaschrank, Verkleidungsbleche abgenommen (Luwa, Frankfurt/M., BBC, Mannheim).

a) Bauart Luwa; *1* Luftfilter; *2* Verdampfer; *3* elektr. Lufterhitzer; *4* Zuluftventilator; *5* Einstellung Regler Zulufttemperatur; *6* elektr. Antriebsmotor Kompressor; *7* Kältemittelkompressor; *8* Kondensator.

b) Bauart BBC. *oben:* elektr. Lufterhitzer; *Mitte:* Luftfilter und Verdampfer; *unten:* Kompressor und Kondensator.

selbst, und zwar ohne Verkleidungsbleche. Die Außenluft wird durch Gitter in der Wagenaußenwand angesaugt, die Umluft durch ein Gitter an der Stirnwand des Fahrgastraumes; die Kondensator-Kühlluft strömt durch den Wagenfußboden nach unten ab. Aus dem Klimaschrank tritt die aufbereitete Zuluft in einen Deckenkanal, der sich über die ganze Länge des Fahrgastraumes erstreckt und an seiner Unterseite die Zuluftverteiler trägt.

Bei dem heutigen Stand der technischen Entwicklung ist es gerechtfertigt, nur *einen* Kompressor und *einen* Kondensator je Wagen zu verwenden, um an Raum, Gewicht und Beschaffungspreis zu sparen; der Gesichtspunkt, zur Erhöhung der Betriebssicherheit zwei Maschinen zu verwenden, dürfte keine Gültigkeit mehr haben. Doppelanlagen sind nur noch für die Fälle gerechtfertigt, in denen die räumlichen Verhältnisse oder die Größe der Kälteleistung Doppelanlagen erforderlich machen.

Die wesentlichen Teile einer Klimaanlage der „Jettair"-Bauart (Abb. 310) sind:

Ein Kompressor,
ein Kondensator,
eine Luftaufbereitungseinheit (Klimaeinheit) für die erste Stufe der Luftaufbereitung, und zwar nur für den Außenluftanteil (Primärkreis), umfassend Luftfilter, Zuluftventilator mit elektrischem Antriebsmotor, Lufterhitzer und Luftkühler, zum Vorwärmen oder Vorkühlen des Außenluftanteils auf konstante Temperatur,
ein Warmwasserbereiter für das Wasser zum Erwärmen der Außenluft im Primärkreis und der Zuluft (Mischluft aus Außenluft- und Raumluft) in der zweiten Luftaufbereitungsstufe (Sekundärkreis),
ein Wasserkühler für das Wasser zum Kühlen der Außenluft (Primärkreis) und der Zuluft (Sekundärkreis).
Wärmeübertrager (Jettair-Körper) in den Fahrgasträumen, durchflossen von Warmwasser oder Kaltwasser, zum Nachwärmen oder Nachkühlen der Zuluft (Sekundärkreis).

Kompressor, Kondensator und Luftaufbereitungseinheit (Primärkreis) sind im Wagenuntergestell aufgehängt. Die Jettair-Körper (Sekundärkreis) hängen in den verschiedenen Fahrgasträumen unterhalb der Fensterbrüstung; sie besitzen handbetätigte Regelventile, mit denen der Warmwasser- oder Kaltwasserdurchfluß eingestellt werden kann; auf diese Weise wird das die Jettair-Körper durchströmende Zuluftgemisch aus Außenluft und Raumluft mehr oder weniger nachgewärmt oder nachgekühlt. Es ist also möglich, die Raumlufttemperatur jedes Fahrgastraums nach dem Belieben der Insassen zu regeln. Die Außenluft wird den Fahrgasträumen unter höherem Druck und mit höherer Geschwindigkeit als bei der klassischen Klimaanlage über Luftverteilkanäle und Düsenplatten zugeführt; der an ihnen entstehende Unterdruck saugt Raumluft an, die Mischluft = Außenluft + Raumluft = Zuluft wird in den Jettair-Körpern nachbehandelt, tritt nach oben längs den Fenstern aus und wird zum Teil durch den Düsenunterdruck wieder angesaugt, so daß sich im Raum eine „Luftwalze" ausbildet; ein Teil der Zuluft wird als Fortluft in derselben Weise abgeführt wie bei der klassischen Anlage.

Die Bauform mit Wasser als Zwischenträger für die Wärme- und Kälteenergie ist die Grundform der Jettair-Anlage. Es gibt auch die wasserlose Variante. Bei ihr wird die Luft sowohl im Primärkreis als auch im Sekundärkreis durch elektrische Widerstandsheizkörper erwärmt und durch Direktverdampfer gekühlt.

Was die Aufteilung der Kälteleistung auf zwei Kompressoren und zwei Kondensatoren betrifft, so gelten dieselben Gesichtspunkte wie bei der klassischen Klimaanlage.

Die beiden vorbeschriebenen Bauformen der Klimaanlagen überwiegen zahlenmäßig bei weitem. Abweichende Bauformen haben vorerst keine wesentliche Verbreitung gefunden.

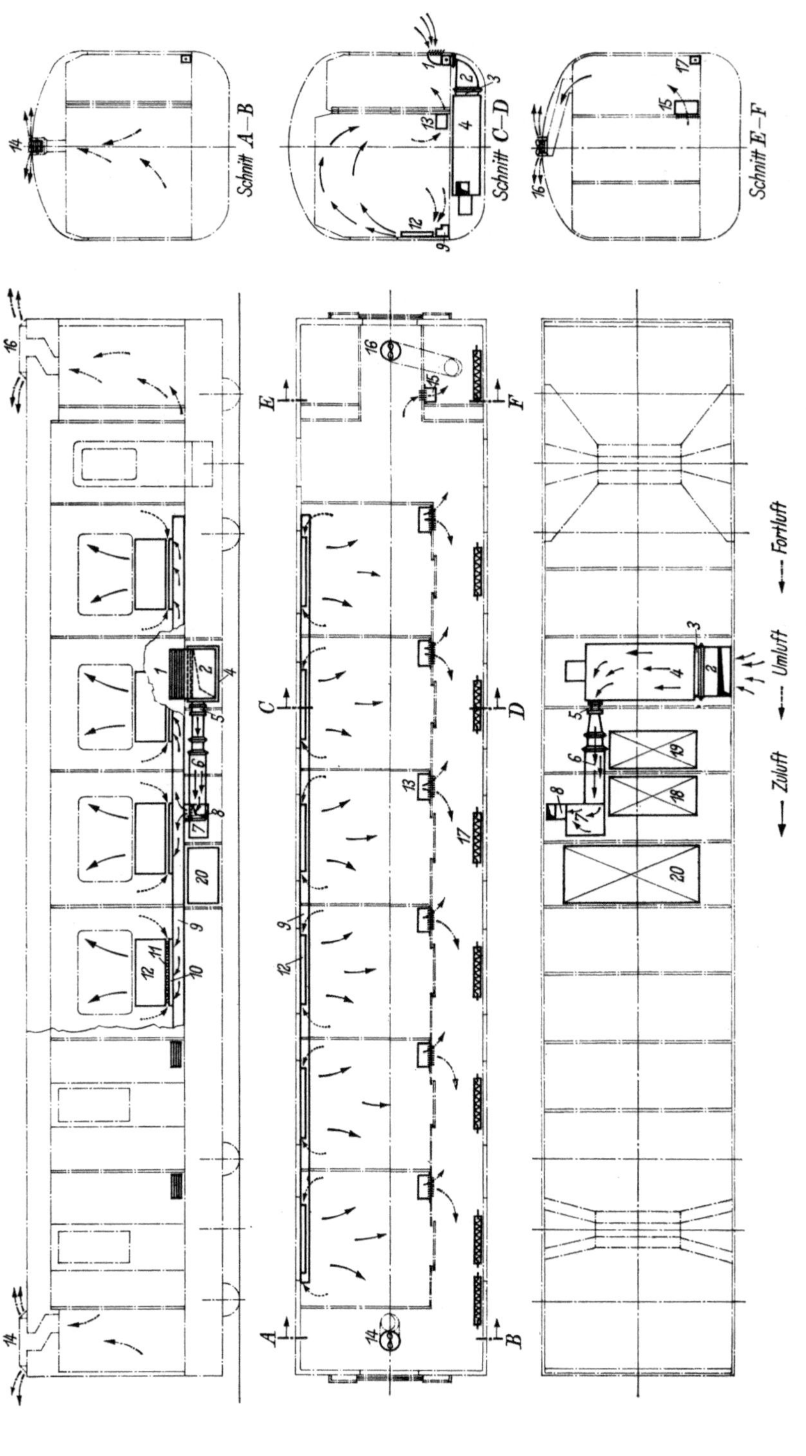

Abb. 310. Gesamtanordnung einer Jettair-Klimaanlage (Luwa, Frankfurt/M.).

1 Ansauggitter; *2* Filterkasten; *3* Lederpaßstutzen (Saugseite); *4* Klimaeinheit; *5* Lederpaßstutzen (Druckseite); *6* Schallisolierkasten; *7* Schallisolierkasten; *8* Verbindungsstück für Kanäle unter dem Wagen und im Wagen; *9* Luftverteilkanal im Wagen; *10* Düsenplatte; *11* Düsen; *12* Jettair-Körper; *13* Schallisolierkasten im Abteil; *14* Dachluftsauger mit Fortluftventilator; *15* Schallisolierkasten im Abort; *16* Dachluftsauger mit Fortluftventilator; *17* Elektrische Konvektionsheizkörper; *18* Kompressor Primärkreislauf; *19* Kompressor Sekundärkreislauf; *20* Kondensator.

Vergleicht man die klassische und die Jettair-Klimaanlage, so ist dazu folgendes zu sagen:

Die klassische Anlage ist einfacher, da sie im allgemeinen für den Kühlbetrieb auf die individuelle Regelung der Raumlufttemperatur einzelner Fahrgasträume verzichtet. Sie genügt deshalb für Fahrgastgroßräume. Die Möglichkeit der Jettair-Anlage zur individuellen Temperaturregelung in den einzelnen Fahrgasträumen weist auf ihre Verwendung in Abteilwagen hin. Ein weiterer Vorteil ist darin zu sehen, daß jedes Abteil seinen eigenen Luftkreislauf hat. Denn die Umluft wird hier nicht, wie bei der klassischen Klimaanlage, aus allen Fahrgasträumen zur Luftaufbereitungseinheit zurückgesaugt, so daß Gerüche aus einem Abteil auf die anderen Abteile nicht übertragen werden. Die Art der Luftzufuhr zu den Abteilen macht die Jettair-Anlage für Schlafwagen mit 2 und 3 übereinander angeordneten Betten besonders geeignet.

II. Luftkreislauf.

Die Außenluft wird im Bereich vom Dach des Wagens bis zur Seitenwandschürze unterhalb des Untergestell-Langträgers über Gitter oder Kiemeneinsätze und Luftfilter vom Zuluftgebläse angesaugt. Je höher die Ansaugstelle liegt, um so staubfreier ist zwar die Luft, jedoch besteht bei hoher Lage der Außenluftansaugöffnung die Gefahr, daß Abgase von Dampf- und Diesellokomotiven angesaugt werden. Um die Ansaugluftkanäle kurz zu halten, wird man mit der Anordnung der Luftansaugöffnung Rücksicht auf die Lage des Zuluftgebläses nehmen.

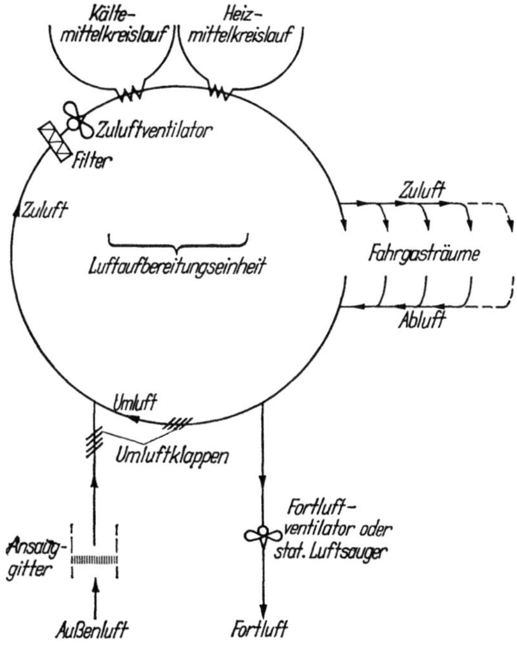

Abb. 311. Luftkreislauf der klassischen Klimaanlage (ORE [44]).

Lufterhitzer und Luftkühler finden sich sowohl auf der Druckseite wie auf der Saugseite des Zuluftgebläses. Bei Anordnung auf der Saugseite ist mit einer gleichmäßigeren Durchströmung der Lufterhitzer- und Luftkühlerflächen zu rechnen.

Die Zuluft ist nicht nur Wärme- und Kälteträger, sondern hat auch die Aufgabe, aus den Fahrgasträumen Geruchstoffe und Wasserdampf abzuführen. Hierfür ist zwar eine möglichst große Luftmenge mit einem für den Frischezustand der Raumluft wertvollen, möglichst großen Außenluftanteil erwünscht. Menge und Temperatur der Zuluft können aber, insbesondere im Kühlbetrieb, nicht beliebig hoch gewählt werden, weil ja Zugerscheinungen in den Fahrgasträumen unbedingt vermieden werden müssen [29]. Die Kleinheit der Fahrgasträume in Eisenbahn-Personenwagen macht die zugfreie Luftverteilung viel schwieriger als in Gebäuden [4].

Bei der *klassischen Klimaanlage* (Abb. 311) werden Außenluft- und Umluftanteil vor dem Zuluftgebläse gemischt und von ihm durch die Luftaufbereitungseinheit gefördert, dabei erwärmt oder gekühlt und entfeuchtet. Aus dem Luft-

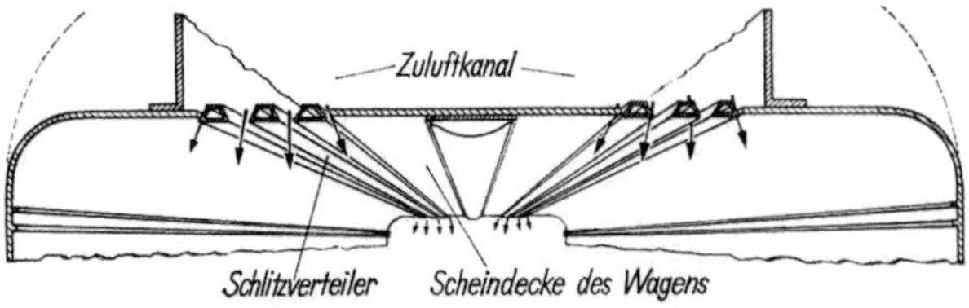

Abb. 312. Decken-Schlitzverteiler für die Zuluft (Pintsch Bamag, Dinslaken).

Abb. 313. Multivent-Zuluftverteiler, Viellochplatte nach unten abgeklappt (Pintsch Bamag, Dinslaken).

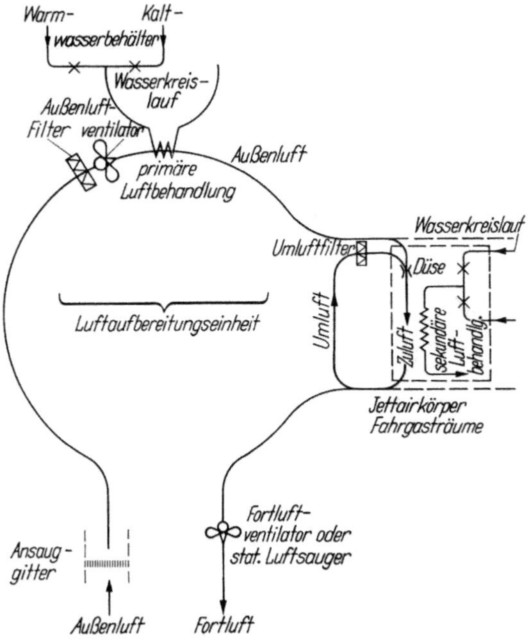

Abb. 314. Luftkreislauf der Jettair-Klimaanlage mit Wasserkreislauf, (ORE).

verteilkanal im Dachraum des Wagens strömt die Luft über Luftverteiler den Fahrgasträumen zu. Als Luftverteiler werden Schlitzverteiler (Abb. 312), Anemostaten und Viellochplatten (Multivent, Abb. 313) verwendet. Die aus den Luftverteilern austretende Zuluft drückt die Raumluft von oben nach unten aus den Räumen hinaus („Verdrängungslüftung"), und zwar durch Gitteröffnungen in den Fahrgastraumtüren. Die abströmende Abluft teilt sich in den nach außen abzuführenden Fortluftanteil und den vom Zuluftgebläse wieder angesaugten Umluftanteil.

Es ist möglich, den lufttechnischen Teil der klassischen Klimaanlage für den Heizbetrieb nicht mit einer Konvektionsheizung zu kuppeln, sondern ausschließlich Luftheizung [8, 9, 30] vorzusehen. Dann muß aber die Warmluft im unteren Bereich der Fahrgasträume eingeblasen werden, weil nur so die wünschenswerte Temperaturverteilung im Raum — Raumlufttemperatur von unten nach oben abnehmend — ohne zusätzlichen Aufwand erreicht werden kann. Bei Zufuhr der gesamten Heizleistung durch die Zuluft und Lufteinblasung von oben nach unten sind Absaugekanäle im unteren Raumbereich unentbehrlich. Dieser Forderung überlagert sich besonders erschwerend die Aufgabe, die Zuluft, die als alleiniger Träger der gesamten Heizleistung entsprechend hoch temperiert sein muß, so zu führen, daß sie die Köpfe der Fahrgäste nicht trifft. Alle diese Erschwernisse werden durch Einblasen der Zuluft im unteren Raumbereich vermieden.

Bei der *Jettair-Klimaanlage* (Abb. 314) durchströmt die Außenluft zunächst das Luftfilter und die Luftaufbereitungseinheit der Primärstufe des Luftbehandlungssystems, um in ihr auf etwa + 12 °C vorgewärmt oder vorgekühlt und entfeuchtet zu werden. Wärmeisolierte Verbindungskanäle unter dem Wagen führen die vorbehandelte Außenluft den Luftverteilkanälen zu, die ebenfalls unter dem Wagenfußboden oder auf dem Wagenfußboden angeordnet sind. Die Verteilkanäle liegen längs der Fensterwände und haben kleinere Querschnitte als die Luftkanäle der klassischen Klimaanlage. Denn während bei dieser die Luftgeschwindigkeit zu 5 bis 7 m/sec gewählt wird, läßt man bei der Jettair-Hochdruck- (und damit „Hochgeschwindigkeits"-) Anlage in Fahrzeugen rd. 10 m/sec zu. Über den Luftverteilkanälen sind an den Seitenwänden unterhalb der Fensterbrüstungen die Jettair-Körper aufgehängt (Abb. 315 und 316), und zwar mit Abstand von der Kanaloberkante. Aus den Kanälen strömt die Luft — Außenluft — durch Düsenplatten in die Jettair-Körper. Sie sind aus Aluminiumprofilen aufgebaut, die durch waagerechte Ankerschrauben zusammengehalten werden und senkrechte Kanäle für den Luftdurchtritt bilden. Der Unterdruck, der an den Luftdüsen entsteht, saugt Raumluft an. Die Raumluftmenge (lüftungstechnisch „Umluft") ist in Fahrzeugen das zwei- bis dreifache der Außenluftmenge. Die Raumluft mischt sich im Jettair-Körper mit der Außenluft („Mischlüftung"). Die Luftverteilerkanäle sind durch Verkleidungen, meistens aus eloxiertem Aluminiumblech, geschützt, deren senkrechte Wand im Bereich der Jettair-Körper gelocht ist, damit die Raumluft Zutritt zu den Düsenplatten hat. In die Jettair-Körper sind waagerechte Wasserrohrschlangen eingebaut — bei der wasserlosen Bauart der Jettair-Anlage elektrische Widerstandsheizstäbe und Kältemittel-Verdampferschlangen — so daß die die Jettair-Körper durchströmende Mischluft (Zuluft = Außenluft + Umluft) nachgewärmt oder nachgekühlt wird. Die Jettair-Körper sind also Wärmeübertrager und stellen die Sekundärstufe des Luftaufbereitungssystems dar. Durch handbetätigte Regelventile oder einstellbare Thermostate können die Fahrgäste in den Abteilen die ihnen zusagende Raumlufttemperatur einstellen. Aus dem Jettair-Körper tritt die Zuluft durch einen Abdeckrost auf der Oberseite aus, strömt am Fenster entlang nach oben, an der Raumdecke entlang und durch die Unterdruckwirkung der Jettair-Düsen wieder nach unten (Abb. 317).

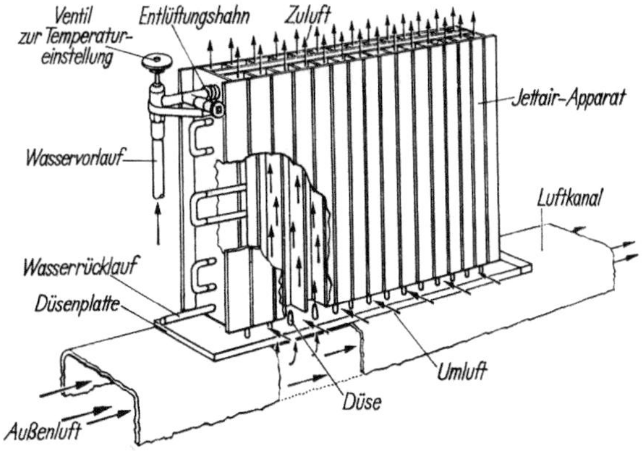

Abb. 315. Jettair-Körper (Luwa, Frankfurt/M.).

Abb. 316. Jettair-Körper eingebaut, ohne Verkleidung (Luwa, Frankfurt/M.).

Es bildet sich eine „Luftwalze“ aus. In Fahrgastgroßraumwagen, an deren *beiden* Fensterwänden Jettair-Körper angebracht sind, bilden sich zwei solche Luftwalzen mit entgegengesetztem Drehsinn. Entgegen der *klassischen* Fahrzeug-Klimaanlage mit Luftzufuhr durch Deckenkanal, bei der die Zuluft (Außenluft/Umluft-Gemisch) die Raumluft nach dem Prinzip der „Verdrängungslüftung“

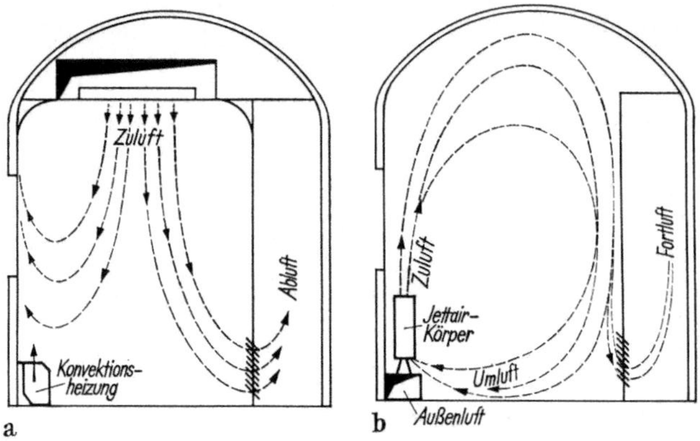

Abb. 317a u b. Luftkreislauf im Eisenbahnwagen-Abteil.
a) klassische Klimaanlage; b) Jettair-Klimaanlage.

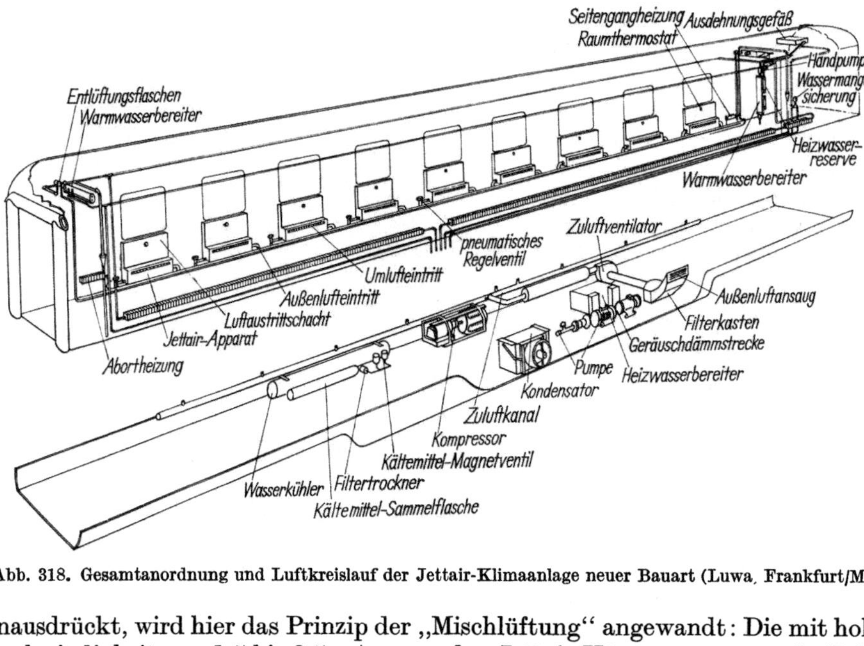

Abb. 318. Gesamtanordnung und Luftkreislauf der Jettair-Klimaanlage neuer Bauart (Luwa, Frankfurt/M.).

hinausdrückt, wird hier das Prinzip der „Mischlüftung“ angewandt: Die mit hoher Geschwindigkeit von 1,5 bis 2,5 m/sec aus den Jettair-Körpern austretende Zuluft mischt sich mit der Raumluft. Außer der Annehmlichkeit, daß die Rauminsassen nicht unmittelbar von der Zuluft getroffen werden, bietet diese Art der Lufteinblasung den Vorteil, daß der entlang den Fenstern geführte gekühlte oder erwärmte Luftstrom den großen Wärmedurchgang durch die Fensterflächen unmittelbar abriegelt.

Das Ergebnis der technischen Weiterentwicklung der Jettair-Klimaanlange stellt Abb. 318 dar [31, 32, 33, 34, 35]. Im Interesse einer Zusammenfassung der

Anlagenteile ist die räumliche Trennung der Primär- und Sekundärstufe der Luftaufbereitung entfallen. Beide Stufen wurden nunmehr in einer neuen Bauform des mit Warm- und Kaltwasser arbeitenden Jettair-Körpers vereinigt. Der rohrförmige Außenluftkanal liegt unter dem Fußboden; die Luftgeschwindigkeit im Kanal beträgt 14 bis 15 m/sec und mehr. Über Zweigleitungen strömt die Luft den ein-

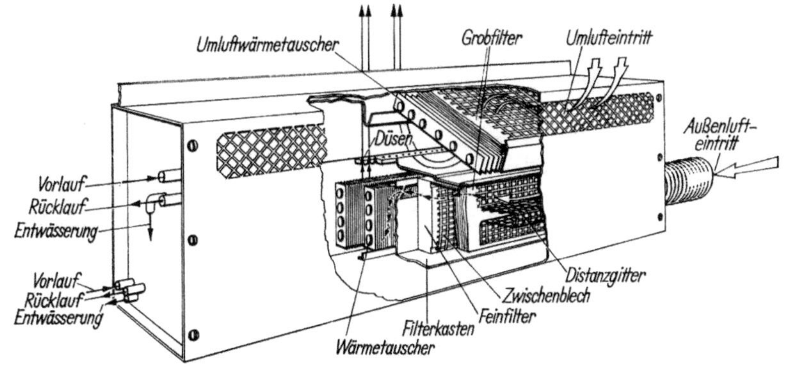

Abb. 319. Jettair-Apparat neuer Bauart (Luwa, Frankfurt/M.).

zelnen Jettair-Apparaten zu. Der kastenförmige Unterteil des Jettair-Apparates (Abb. 319) enthält je einen Wärmetauscher (Wärmeübertrager) für Warmwasser und Kaltwasser, ihnen vorgeschaltet ein Grobfilter (Vorfilter, Abscheidegrad 75% bei 5 Mikron) und ein Feinfilter (Feinstfilter, Abscheidgrad 70 bis 90% bei 0,4 Mikron) für die Außenluft, die hinter den Wärmetauschern die Injektionsdüsen durchströmt. Die Umluft wird vom Unterdruck an den Düsen aus dem Fahrgastraum durch ein Gitterband an der Oberkante des Blechkastens angesaugt und über ein Umluft-Grobfilter und den Umluftwärmetauscher geführt. Der Oberteil des Jettair-Apparates ist hier ein einfacher Luftführungsschacht (Luftaustrittsschacht). Die neue Anlagenbauform wird elektropneumatisch geregelt.

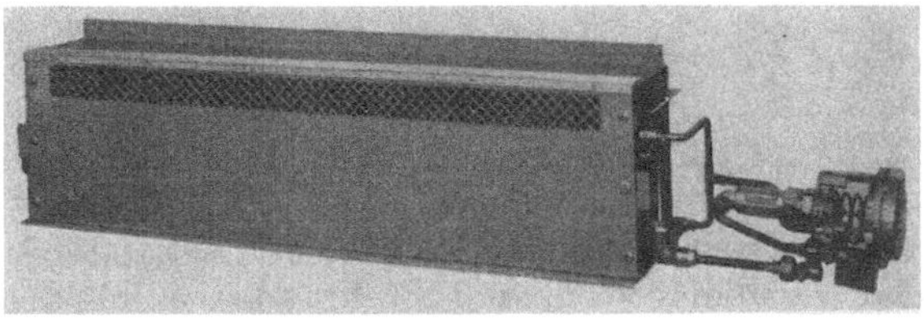

Abb. 320. Jettair-Apparat neuer Bauart mit angebautem elektropneumatischen Stellglied für die Regelung des Warmwasser- und Kaltwasserflusses zu den Wärmetauschern; oben Umluft-Ansauggitter (Luwa, Frankfurt/M.).

Abb. 321. Jettair-Apparat neuer Bauart, Frontplatte abgenommen; unten Außenluft-Grobfilter, oben Umluft Wärmetauscher (Luwa, Frankfurt/M.).

Abb. 320 zeigt das neue Gerät mit dem angebauten elektropneumatischen Stellglied für die Regelung des Warmwasser- und Kaltwasserflusses zu den Wärmetauschern, Abb. 321 das Gerät ohne die schnell abnehmbare Frontplatte.

Eine dritte Grundform des Luftkreislaufes bildet das Zweikanalsystem, für welches das folgende Beispiel dargestellt sei (Abb. 322). Diese Klimaanlagen-Bauart [36] gehört ebenfalls zur Gruppe der „Hochdruck-Klimaanlagen mit Einzelraumregelung“. Die gesamte Maschinenanlage hängt unter dem Wagen. Auch hier ist im Wageninneren nur Luft der Träger für Wärme und Kälte. Die Luft wird ebenfalls in zwei Stufen aufbereitet, und zwar nur der Außenluftanteil der Zuluft. Die gefilterte Außenluft durchströmt auf der Saugseite des Ventilators zunächst den Luftkühler der Primär-Aufbereitungsstufe und auf der Druckseite des Ventilators den Lufterhitzer der Primärstufe, dann teilt sich der Außenluftstrom in den

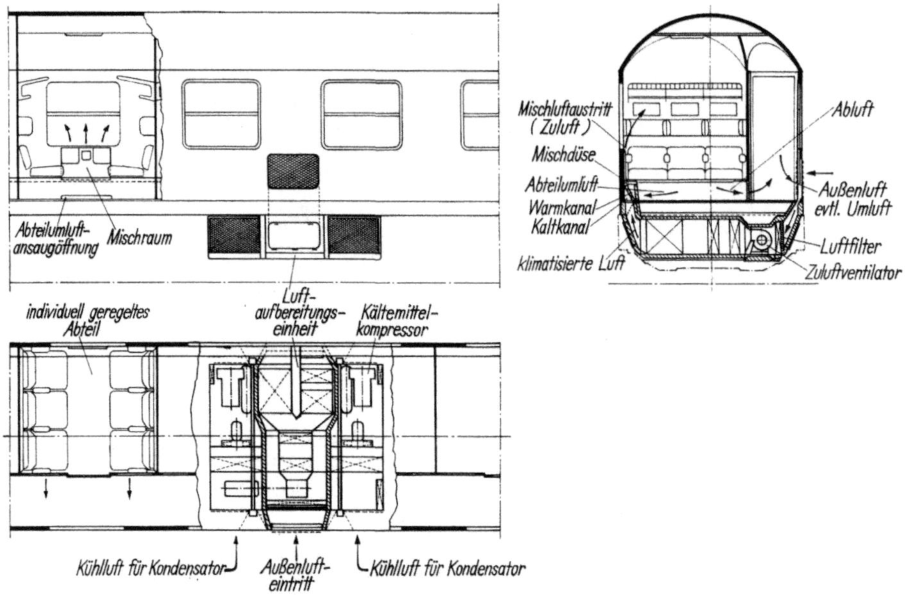

Abb. 322. Gesamtanordnung und Luftkreislauf einer Zweikanalklimaanlage (BBC, Mannheim).

Warmluftteil einerseits, der über den Sekundär-Lufterhitzer und anschließend in den Warmluftverteilkanal geführt wird, und in den Kaltluftteil anderseits, der den Sekundär-Luftkühler durchströmt und in den Kaltluftverteilkanal eintritt.

Die vorbeschriebene, in Wagenquerrichtung angeordnete Luftaufbereitungsanlage wird von zwei gleichartigen Kältemaschinenanlagen eingerahmt, deren jede Kompressor, Kondensator und Kältemittelsammelbehälter nebst Kondensatorventilator, die elektrischen Antriebsmotoren und die Kältemittelarmaturen enthält. Die drei Anlagenteile bilden je ein geschlossenes Ganzes und können nach dem Baukastensystem eingebaut werden. Dies ermöglicht es, Wagen verschiedener Komfortklassen unter Verwendung der gleichen Grundausrüstung nur mit Luftheizungs- und Lüftungsanlage oder unter Beifügung der beiden Kältemaschinensätze mit Klimaanlage auszustatten. Auch erlaubt dieses Baukastensystem, die Kapitalinvestition über einen gewissen Zeitraum zu strecken und in die Wagen zunächst nur die Luftheizung (Grundausrüstung) einzubauen und diese später zur Klimaanlage zu ergänzen.

Die beiden Luftverteilkanäle liegen, einen Doppelkanal bildend, längs der Abteilfensterwand des Wagens auf dem Fußboden; der Kanalluftdruck ist höher als der Luftdruck der klassischen Klimaanlage.

Mischventile, deren Stellung von Hand beeinflußt oder durch die Raumlufttemperatur thermostatisch geregelt werden, mischen für jedes Abteil Warmluft und Kaltluft so, daß — individuell für jeden Raum geregelt — die gewünschte Lufttemperatur herrscht, und zwar sowohl im Heizbetrieb wie im Kühlbetrieb, also zu allen Jahreszeiten. Die Außenluft tritt durch Düsen in einem unter der

Fensterbrüstung jedes Abteils angebrachten Schacht ein. Der von den Düsen erzeugte Unterdruck saugt — wie bei der Jettair-Anlage — Raumluft an, und zwar im Verhältnis Außenluft : Raumluft = 1 : 1. Die aus Außen- und Raumluft gebildete Mischluft strömt als Zuluft aus dem Schacht nach oben an der Fensterfläche entlang und bildet unter dem Einfluß des Düsenunterdrucks die bekannte Luftwalze (Abb. 317b).

Eine der zugeführten Außenluftmenge entsprechende Raumluftmenge strömt als Fortluft durch Gitter der Abteiltüren in den Seitengang und weiter in die Einstiegräume an den Wagenenden ab, hierbei den Seitengang beheizend oder kühlend. Die Nebenräume erhalten angemessene Luftmengen aus dem Warmluftkanal.

Primär- und Sekundärstufe für das Erwärmen und Kühlen des Außenluftanteils der Zuluft sind bei diesem System ausschließlich unter dem Wagen untergebracht. Die Temperatur in den Wagenabteilen wird lediglich durch Mischen verschieden temperierter Luftanteile geregelt, nicht jedoch durch Zufuhr von Wärme oder Kälte an die Zuluft in den Wagenabteilen.

Bei einem anderen Zweikanalsystem [37, 38] liegen Luftkanäle einerseits längs den Fensterwänden auf dem Fußboden der Fahrgasträume, anderseits oberhalb ihrer Scheindecke. Die unten liegenden Kanäle dienen vorwiegend der Luftzufuhr bei Heizbetrieb, die oben liegenden Kanäle vorwiegend der Luftzufuhr bei Kühlbetrieb der Klimaanlage.

Es ist keine in Serien gebaute Klimaanlage bekannt geworden, bei der im Heizbetrieb die Zuluft befeuchtet wird. Man scheut den Raum- und Gewichtsaufwand, der im Fahrzeug kaum tragbar ist, vor allem aber den Wartungs- und Unterhaltungsaufwand. Im übrigen hat sich Luftbefeuchtung bei der dichten Besetzung der Fahrgasträume in Eisenbahn-Reisewagen als praktisch entbehrlich erwiesen.

Luftfilter werden sowohl zur Filterung der Außenluft als auch der Umluft vorgesehen. Während die Außenluftfilter die Aufgabe haben, die in der Atmosphäre schwebenden, sehr verschiedenartigen Stäube wie den durch den fahrenden Zug aus dem Gleisoberbau aufgewirbelten Staub, Kohlenstaub, Metallstaub der Bremsklötze u. a. abzuscheiden, obliegt den Umluftfiltern die Abscheidung von Staub feinerer Fraktur aus dem Wageninneren. Für beide Aufgaben werden sowohl trockene als auch ölbenetzte Filter verwendet.

Als Außenluftfilter werden benutzt:

Ringfilter (z. B. Bauart Raschig), gebildet aus Messingringen, die in einem Rahmen zusammengefaßt sind. Um das Zusammensacken des Filtermaterials zu verhindern, wird waagerechte Anordnung dieser Filter bevorzugt. Die Filter sind ölbenetzt.

Filter aus Stahlspänen oder Metallgewebe, verzinkt; trocken oder ölbenetzt.

Filter aus Streckmetall, mit Stahlwollefüllung, ölbenetzt (z. B. Bauart Bartel).

Blattfilter aus Vinylchlorid, gewellt und gelocht, mit übereinandergelegten Blättern, deren Wellenachsen kreuzförmig angeordnet sind. Die Luft wird dadurch vielen Richtungsänderungen ausgesetzt. Im allgemeinen sind diese Filter ölbenetzt.

Tuchfilter, in denen das Filtermaterial aus Metallgewebe und Tuch besteht, zieharmonikaähnlich gefaltet. Die Filter sind trocken (z. B. Bauart Vokes).

Filter aus mehreren, gegeneinander versetzten Streckmetallagen, ölbenetzt (z. B. Bauart Delbag).

Als Umluftfilter dienen:

Filter aus feinen Messingspänen, die schwammartig zusammengepreßt sind und trocken oder ölbenetzt verwendet werden.

Blattfilter aus Vinylchlorid mit unterschiedlicher Wellung. Im allgemeinen trocken, um den elektrostatischen Effekt zur Staubabscheidung auszunutzen.

Filter aus mehreren, gegeneinander versetzten Streckmetallagen, ölbenetzt (z. B. Bauart Delbag).

Für die Wahl der Filter sind ihr Abscheidegrad, der zulässige Druckverlust, die Gebläseleistung und die Häufigkeit sowie die Kosten der Filterreinigung maßgeblich.

Statt getrennter Außenluft- und Umluftfilter werden auch gemeinsame Zuluftfilter verwendet. Abb. 323 läßt den Druckverlust verschiedener Filterbauarten Abb. 324, den Abscheidegrad und die Entwicklung des Druckverlustes im Filterbetrieb für eine als Beispiel ausgewählte Filterbauart erkennen.

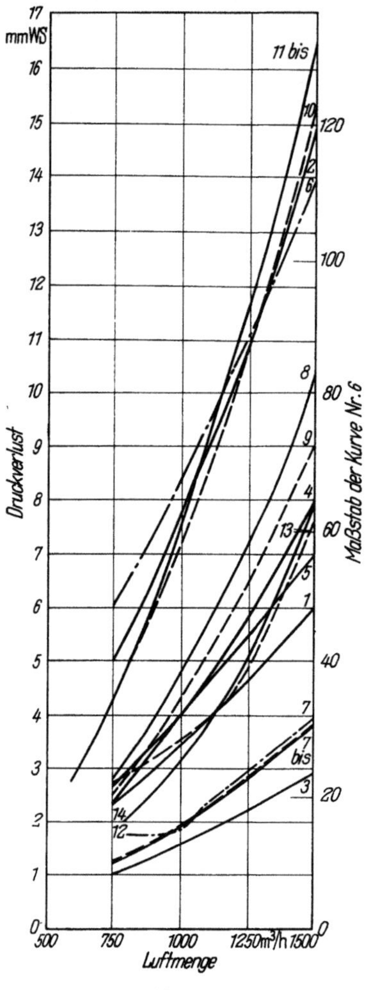

Abb. 323.

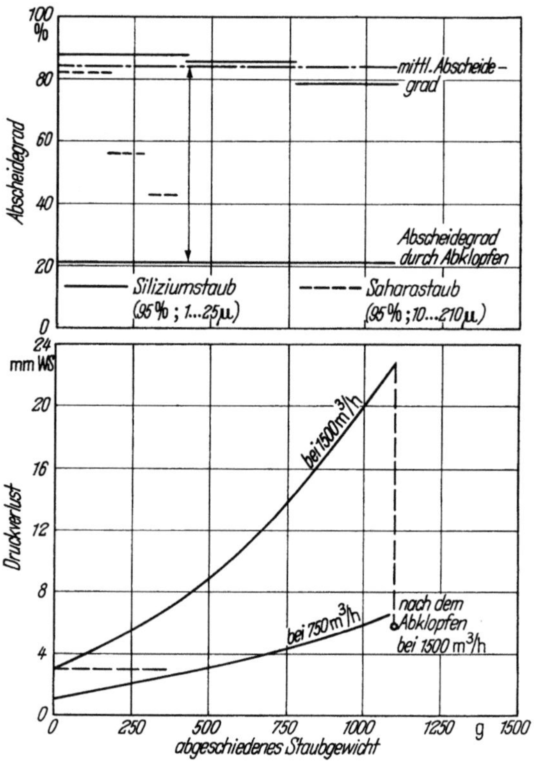

Abb. 324.

Abb. 323. Druckverlust unbenutzter Luftfilter verschiedener Bauart, abhängig von der Luftmenge (ORE).

Filter Nr. 1 Normalausführung rund, ölbenetzt (Stahlspäne); Filter Nr. 2 rund, trocken (Messingschwamm); Filter Nr. 3 Normalausführung rechteckig, ölbenetzt (Metallgewebe Roswag); Filter Nr. 4 rechteckig, trocken (Messingschwamm); Filter Nr. 5 rechteckig, trocken (Elemente Superfilter Mats Viédon); Filter Nr. 6 rechteckig, trocken (Jost Nylon); Filter Nr. 7 rechteckig, trocken (Metallgewebe Roswag); Filter Nr. 8 rechteckig, ölbenetzt (Delbag Viscin Labyrith); Filter Nr. 9 rechteckig, ölbenetzt (Mion 10 Platte GO); Filter Nr. 10 rechteckig, ölbenetzt (Mion 20 Platte GO); Filter Nr. 11 (2×) rechteckig, ölbenetzt (Mion 5 Zellen GO-PO); Filter Nr. 12 rechteckig, trocken (Vokes Metall-Textil-Gewebe); Filter Nr. 13 rechteckig, ölbenetzt (Vokes Gewebe Bauart Roswag); Filter Nr. 14 rechteckig, trocken (Raschig-Ringe).

Abb. 324. Abscheidegrad und Druckverlust eines Luftfilters in Normalausführung, rechteckig und ölbenetzt (Metallgewebe Roswag), in Abhängigkeit vom abgeschiedenen Staubgewicht (ORE).

Den Außenluftfiltern sind Gitter oder Kiemen am Eingang des Luftansaugkanals vorgeschaltet. Hierfür werden Gitter mit senkrechten Stäben vorgeschlagen, die so geformt sind, daß sie, wenn das Fahrzeug fährt, einen Teil des Staubes,

Regens oder Schnees aus der angesaugten Luft abscheiden und somit das Filter entlasten [5].

Gitter ähnlicher Art werden mit gutem Erfolg auch für andere Verwendungszwecke, z. B. für die Kühlluft-Ansaugöffnungen elektrischer Lokomotiven (auch für die Verbrennungsluft von Diesellokmotoren) benutzt und wurden hierfür systematisch untersucht [39, 40].

III. Kältemittelkreislauf.

Aus Sicherheitsgründen werden in Fahrzeugen ausschließlich fluorierte Kohlenwasserstoffe als Kältemittel verwendet, und zwar für Klimaanlagen in Eisen-

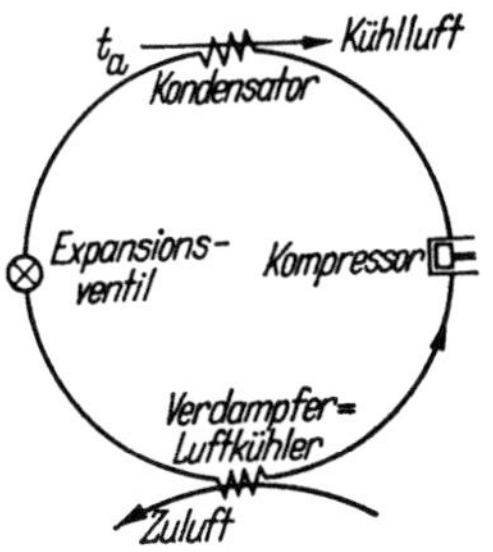

Abb. 325. Kältemittelkreislauf der klassischen Klimaanlage (ORE).

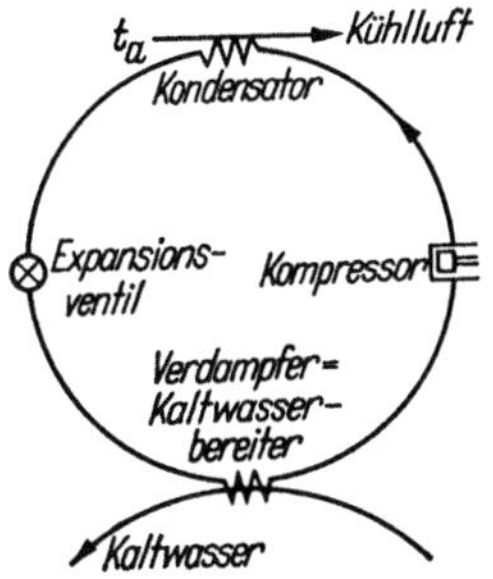

Abb. 326. Kältemittelkreislauf der Jettair-Klimaanlage mit Wasserkreislauf (ORE).

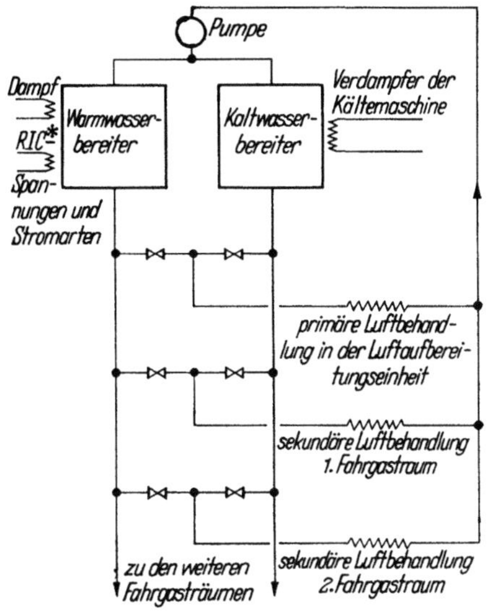

Abb. 327. Wasserkreislauf der Jettair-Klimaanlage (ORE).

bahn-Personenwagen R 12. Den Kältemittelkreislauf einer klassischen Klimaanlage zeigt Abb. 325, einer Jettair-Anlage Abb. 326. Diese Abbildung wird durch Abb. 327 ergänzt, die den Kaltwasserkreislauf der Jettair-Anlage in ihrer Grundform darstellt.

1. Kompressor.

Aus Kompressoren mit niedriger bis mittlerer Drehzahl, die zum Teil aus den Serien für ortsfeste Zwecke entnommen wurden, entwickelten sich schnellaufende Maschinen mit einer Drehzahl von etwa 1400 U/min. Vom Mehrfachkeilriementrieb zwischen dem elektrischen Antriebsmotor und dem Kompressor (Abb. 328) ging man zum direkten Antrieb mit Kupplung der Wellen beider Maschinen durch elastische Kupplungen über (Abb. 329).

Die heute bevorzugte Gegenstrombauart der Kompressoren gestattet besonders bei Zylindern in V-Anordnung große Saugkammern, in denen nicht nur eine gute Pufferung, sondern auch durch Geschwindigkeitsänderung der angesaugten Kaltdämpfe eine fast vollständige Abscheidung von mitgerissenem Schmieröl und Kältemitteltröpfchen möglich ist. Auch bietet sich genügend Platz für den Einbau eines großen, engmaschigen Saugsiebes und eines Ölsiebes. Das Gehäuse besteht aus feinporigem, dichtem Grauguß, auch aus Siluminguß im Interesse des Leichtbaus. Die Zylinder aus Sonderstahl sind als Büchsen in das Gehäuse eingesetzt, in

Abb. 328. Kältemittelkompressor-Einheit Bauart Frigidaire, Mehrfachkeilriementrieb (Frigidaire).

1 Motor-Riemenscheibe; *2* Riemenspanner; *3* Bürsten-Abdeckplatte; *4* Motor; *5* Sicherheitskette; *6* Motor-Aufhängezapfen; *7* Saugventil; *8* Druckventil; *9* Kompressor; *10* Schwungrad; *11* Vielfach-Keilriemenscheibe.

Abb. 329. Kältemittelkompressor-Einheit Bauart Safety, Antrieb über elastische Kupplung (Safety Industries).

1 Motor; *2* Druckventil; *3* Saugventil; *4* Ölstand; *5* Hand-Prüfschalter; *6* Armaturenkasten; *7* Doppel-Druckschalter; *8* Hochdruck-Manometer; *9* Niederdruck-Manometer; *10* Manometer-Absperrventile; *11* Kompressor; *12* Schmierölstutzen; *13* elastische Kupplung.

einzelnen Fällen sind sie tief verchromt. Die Kolben besitzen zwei bis drei Dicht- und zwei Ölabstreifringe. Große Ringplattenventile für Saug- und Druckseite sind in einer gemeinsamen, leicht auswechselbaren Ventilplatte eingebaut, die zwischen Gehäuse und Zylinderkopf sitzt. Die Kurbelwelle läuft auf Bronze-Gleitlagern, die Pleuelstangenlager sind geteilt. Am geschlossenen Ende des Kompressors sitzt die Ölpumpe. Im Kurbelgehäuse sind große Ölfilter und Dauermagnete zur Entfernung von Abriebteilen eingebaut. Die Stopfbüchsen sind, wie üblich, Schleifringstopfbüchsen mit Metallfaltenbalgen oder Neoprene-Dichtringen. Für die Leistungsregelung besitzen die neuzeitlichen Kompressoren die bekannte, ölhydraulisch gesteuerte Einrichtung, mit der ein oder mehrere Saugventile offen gehalten

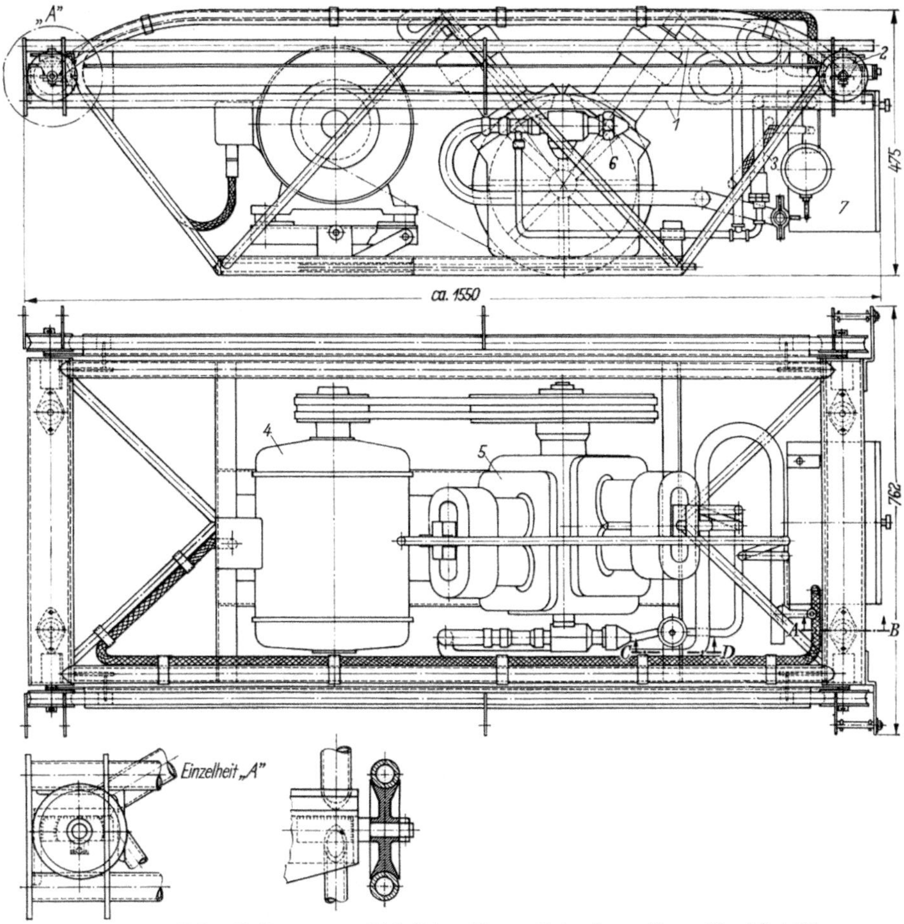

Abb. 330. Kältemittelkompressor-Einheit in rollbarem Rohrrahmen (Luwa, Frankfurt/M.).
1 Laufschienen zum Ausfahren der Kompressoreinheit; *2* Schwingmetalle; *3* Rohrtragrahmen; *4* Elektromotor; *5* Kompressor; *6* Absperrventil; *7* Schaltkasten.

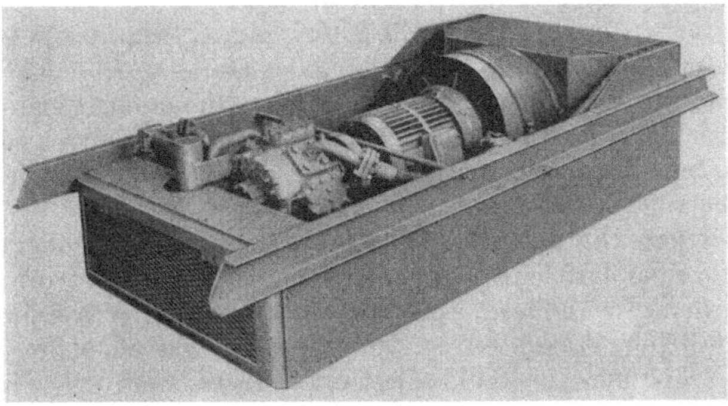

Abb. 331. Kältemittelkompressor und -kondensator, zu einem Aggregat zusammengefaßt (TEE-Züge der Schweizerischen Bundesbahnen) (BBC, Mannheim).

werden. Die Kälteleistung des Vierzylinder-Kompressors kann zwischen 100 und 25% geregelt werden. Soweit die Kompressoren von Gleichstrommotoren angetrieben werden, kommt auch Regelung durch Feldschwächung des Motors in Betracht.

Der Kompressor ist mit seinem Antriebsmotor und der Armaturentafel in einem leichten Stahlrahmen zusammengebaut. Bei neuzeitlichen Fahrzeugen ruht dieser Rahmen mit Rollen auf Laufschienen, so daß die ganze Einheit zur Wartung oder zum Tausch einfach und schnell seitlich unter dem Wagen ausgefahren werden kann (Abb. 330).

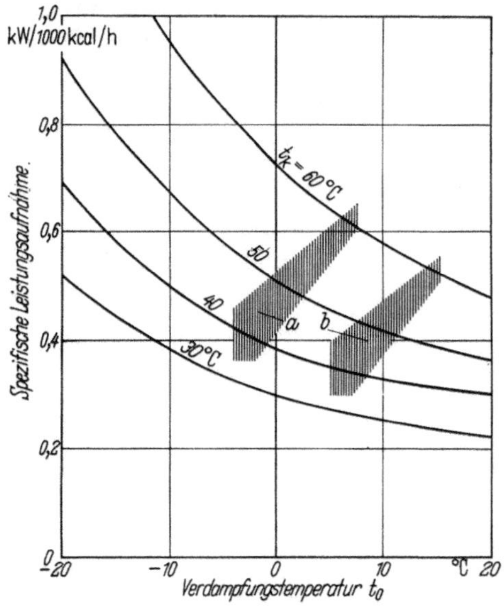

Abb. 332. Spezifische Leistungsaufnahme von Kältemittelkompressor-Motoren (ORE).

Man hat auch den Kompressor und Kondensator nebst seinem Lüfter in einem gemeinsamen Tragrahmen zusammengefaßt [13]. *Ein* Elektromotor treibt sowohl den Kompressor als auch den Kondensator-Lüfter an und ist zwischen Kompressor und Kondensator angeordnet (Abb. 331).

Besitzen die Wagen zur elektrischen Energieversorgung eine Drehstromanlage, so ist es sehr vorteilhaft, halbgeschlossene Motor-Kompressor-Einheiten („Semihermetics") zu verwenden.

Die Leistung des Antriebsmotors hängt von der geforderten Kälteleistung, der Verflüssigungstemperatur t_k und der Verdampfungstemperatur t_o ab. Die spezifische Leistungsaufnahme in der für Fahrzeuge in Betracht kommenden Größenordnung kann der Abb. 332 entnommen werden.

2. Kondensator.

In Fahrzeug-Klimaanlagen beherrscht der luftgekühlte Kondensator das Feld. Das Rohrregister, der Ventilator nebst elektrischem Antriebsmotor, der Kältemittelsammelbehälter und die zugehörigen Armaturen sind in einem Blechgehäuse, das zugleich der Kühlluftführung dient, zur Kondensator-Einheit zusammengefaßt. Das Rohrregister besteht aus parallel angeordneten, verzinnten Kupferrohren, die durch angelötete Rohrbogen verbunden sind und gut wärmeleitend aufgezogene Aluminium-Lamellen tragen. Die Kältemittel-Sammelbehälter haben Schaugläser oder Standgläser zur Kontrolle des Flüssigkeitsstandes. Abb. 333 zeigt als Ausführungsbeispiel die Kondensator-Einheit einer Klimaanlage klassischer Bauart; das Rohrregister ist in zwei Hälften unterteilt, zwischen denen zwei Achsialventilatoren mit ihrem gemeinsamen elektrischen Antriebsmotor und dem Kältemittelsammelbehälter angeordnet sind.

Nur in geringem Umfang sind für Einsatzbereiche mit hoher Außenlufttemperatur und geringer Luftfeuchtigkeit Kondensatoren mit Verdunstungskühlung verwendet worden. Sprühdüsen, eine Wasserpumpe, ein Wasserfilter, Armaturen und ein zusätzlicher Wasservorrat umfassen das Zubehör des Verdunstungskühlers. Die Erhöhung der Kühlerleistung erkauft man allerdings mit einem dieser Zusatzausrüstung entsprechenden Aufwand an Geld, Gewicht und Raumbedarf sowie der Staubverkrustung der Kondensatoraußenfläche.

Die luftgekühlten Fahrzeugkondensatoren sind so bemessen, daß die Verflüssigungstemperatur etwa 15 grd über der Außenlufttemperatur liegt, in welche Temperaturspanne etwa 5 grd Unterkühlung des flüssigen Kältemittels eingeschlossen sind. Demnach liegt in Mitteleuropa mit sommerlichen Höchsttemperaturen von 35 °C die Verflüssigungstemperatur bei etwa 50 °C, in Südeuropa bei 55 bis 60 °C.

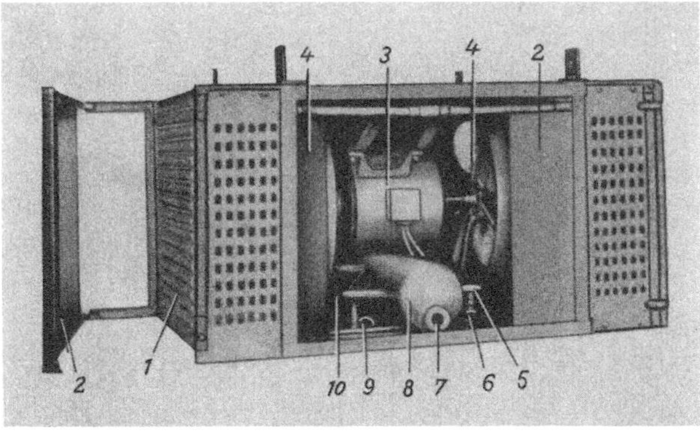

Abb. 333. Kältemittelkondensator-Einheit Bauart Safety (Safety Industries).

1 Kondensator-Rohrregister; *2* Gehäuseklappe; *3* Motor; *4* Ventilator; *5* Absperrventil für flüssiges Kältemittel, Leitung zum Expansionsventil; *6* Füllventil für Kältemittel; *7* Kältemittel-Schauglas; *8* Kältemittel-Sammelbehälter; *9* Absperrventil für flüssiges Kältemittel, Leitung vom Kondensator; *10* Ablaßventil.

Bei extremer Außenlufttemperatur und starker Wärmeeinstrahlung durch die Sonne und das von ihr aufgewärmte Gleisbett ist es schon vorgekommen, daß der Kältemitteldruck auf die Höhe ansteigt, bei der der Hochdrucksicherheitsschalter die Kältemaschine abschaltet.

3. Verdampfer.

Der Kältemittel-Verdampfer (= Luftkühler) ist ein Teil der Luftaufbereitungseinheit, in der Verdampfer, Lufterhitzer, Zuluftventilator mit Antriebsmotor und oft auch Luftfilter zusammengefaßt sind. Die Luftaufbereitungseinheit einer Klimaanlage klassischer Bauart zeigt Abb. 334. Der Verdampfer ist ähnlich wie der Kondensator aus parallel angeordneten, durch Rohrbogen verbundenen, ver-

Abb. 334. Luftaufbereitungseinheit Bauart Safety (Safety Industries).

1 Verdampfer-Rohrregister; *2* Dampfeinlaßstutzen des Lufterhitzers; *3* Zuluftventilator; *4* Motor; *5* Dampfauslaßstutzen des Lufterhitzers; *6* Schwitzwasser-Fangblech.

zinnten Kupferrohren mit aufgezogenen Aluminium- oder Kupfer-Lamellen aufgebaut. Zur Leistungsregelung sind die Verdampfer oft in zwei Teile unterteilt, denen das flüssige Kältemittel über zwei thermostatische Expansionsventile und dahinterliegende Flüssigkeitsverteiler zugeführt wird. Vor einem der beiden Expansionsventile sitzt ein Magnetventil, das durch Einwirkung eines Thermostaten bei sinkender Kühllast, also bei fallender Wagenraumtemperatur, schließt und

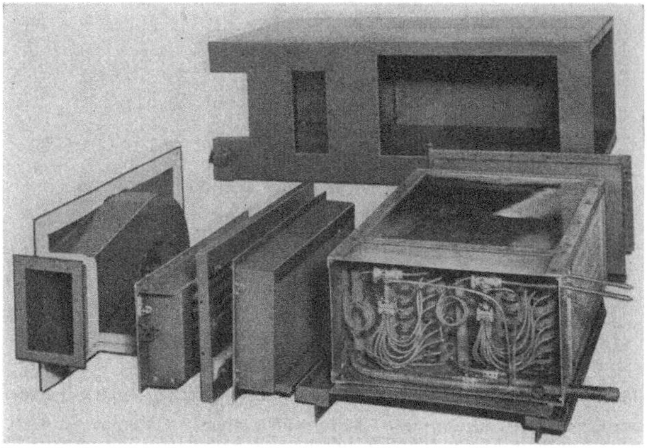

Abb. 335. Luftaufbereitungseinheit Bauart Jettair (Luwa, Frankfurt/M.).
Von rechts nach links: Verdampfer (Luftkühler), Tropfenfänger, elektrischer Lufterhitzer, Zuluftgebläse. Im Hintergrund: Gehäuse.

den halben Verdampfer vom Kältekreislauf abschaltet. Dieser Leistungsregelung des Verdampfers hat eine Leistungsregelung des Kompressors zu entsprechen, wie oben beschrieben; sie steht in Abhängigkeit vom Saugdruck. Um eine geringe Bauhöhe der Luftaufbereitungs-Einheit zu erreichen, ist die Zuluftförderleistung auf zwei Zuluftventilatoren mit zwischen ihnen sitzendem, gemeinsamen elektrischen Antriebsmotor aufgeteilt. Abb. 335 stellt die Luftaufbereitungseinheit der Primärstufe einer Jettair-Klimaanlage dar.

Die Verdampfungstemperatur wird, um mit Sicherheit das Vereisen des Verdampfers zu vermeiden, mit etwa +5 °C als unterer Grenze festgelegt. Bei den üblichen Fahrzeug-Verdampfern beträgt der Temperaturunterschied zwischen Kältemittel und Zuluft etwa 7 grd; auf dem Weg bis zu den Luftverteilern in den Fahrgasträumen erwärmt sich die Zuluft um etwa 3 grd auf 15 grd. Somit ergibt sich bei z. B. 25 °C Raumlufttemperatur die wünschenswerte Temperaturdifferenz von max 10 grd zwischen Raumlufttemperatur und Zulufteinblastemperatur; sie soll nicht überschritten werden, um Zugerscheinungen auszuschließen.

IV. Heizung.

Als Heizenergie, sowohl für die Zulufterwärmung als auch für die bei der klassischen Klimaanlage vorhandene Konvektionsheizung stehen, von den Dampf-, Diesel- oder elektrischen Lokomotiven geliefert, Dampf oder elektrische Energie in der bei den verschiedenen Bahnen in ihren elektrischen Netzen gegebenen Stromart und Heizspannung zur Verfügung [41, 42]. Stromart und Heizspannung sind in Europa international festgelegt (Regolamento Internazionale Carrozze, RIC), s. a. Tab. 4, Fußnote 4. Bei geschlossenen Zugeinheiten mit zentraler elektrischer Energieversorgungsanlage, wie z. B. bei Diesel-Triebzügen, bietet sich die von der

Versorgungsanlage gelieferte elektrische Energie außer für andere Zwecke, wie die Versorgung der Maschinen der Klimaanlagen, der elektrischen Küche u. a. auch für die Heizung an; meistens liefern diese Energieversorgungsanlagen Drehstrom von der für ortsfeste Anlagen üblichen Frequenz und Spannung. Schließlich können auch Ölfeuerungen die Heizenergie liefern und auf die Zuluft entweder unter Zwischenschaltung von Wasser übertragen, das den Lufterhitzer durchfließt, oder unmittelbar übertragen, wobei die Feuerungsgase den Lufterhitzer durchströmen („Feuerlufterhitzer"). Ölfeuerungen werden für Fahrzeuge bevorzugt, die im Stillstand unabhängig von anderen Energiequellen sein sollen, z. B. Schlafwagen und Speisewagen.

Der Lufterhitzer ist ein Bestandteil der schon mehrfach erwähnten Luftaufbereitungseinheit. Für Dampf besteht er gewöhnlich aus Kupferrohren, die Lamellen aus Kupfer oder Aluminium tragen, für elektrische Energie aus Widerstandsheizscheiden oder Widerstandsheizstäben von strömungsgünstigem Querschnitt, auch aus Widerstandsdrähten, die über Rahmen mit Isolatoren gespannt sind. Die Heizleistung sowohl der Lufterhitzer als auch der Konvektionsheizung wird selbsttätig thermostatisch geregelt, bei Dampfheizung über Magnetventile, bei elektrischer Heizung über Schütze.

V. Regelung.

Regelgröße ist fast ausschließlich die Temperatur des klimatisierten Raumes. Aber auch die Zulufttemperatur wird zur Regelgröße gemacht, wobei sie in Abhängigkeit von der Außenlufttemperatur und bei verfeinerten Regelsystemen zusätzlich von der Fahrgeschwindigkeit, Sonneneinstrahlung u. a. verändert wird; meistens handelt es sich dann um eine Vorregelung, der ein Regelkreis mit der Raumlufttemperatur als Regelgröße nachgeschaltet ist. Vorregelung empfiehlt sich, weil der weite Bereich der Außenlufttemperatur, dem der Heizleistungsbedarf entspricht, bei Verzicht auf Vorregelung zu großen Regelabweichungen der Raumtemperaturregler führt. Nur vereinzelt ist außer der Lufttemperatur die relative Luftfeuchtigkeit des klimatisierten Raumes zusätzliche Regelgröße bei Kühlbetrieb der Klimaanlage.

Aufgabe des Regelkreises mit der Raumlufttemperatur als Regelgröße ist es, dem Einfluß der Störgrößen Außenlufttemperatur, Sonneneinstrahlung, Besetzungsstärke des Fahrgastraumes und Fahrgeschwindigkeit zu begegnen.

Mit der Vorregelung der Zulufttemperatur als Regelgröße wird bereits in wesentlichem Maß der Einfluß der Störgröße „Außenlufttemperatur" und je nach Art und Lage des Reglers auch der Störgrößen „Fahrgeschwindigkeit" und „Sonneneinstrahlung" berücksichtigt.

Als Regler, hier Temperaturfühler, werden im wesentlichen Kontaktthermometer, Bimetall-Thermostate, Thermostate mit Wellrohr- oder Membrandose, die mit einer niedrigsiedenden Flüssigkeit oder einer Ausdehnungsflüssigkeit gefüllt sind, sowie elektrische Widerstandsthermometer mit Verstärker (Röhren- oder Transduktorverstärker) verwendet. Die Regler arbeiten teils als Zweipunkt-Regler, teils als stetige Regler. Zum Teil ist der Sollwert fest eingestellt, zum Teil können Zugpersonal oder Fahrgäste den Sollwert in einem Bereich verstellen, der von den Komfortforderungen bestimmt ist. Luftfeuchtigkeitsregler arbeiten mit Trocken- und Feuchtthermometern.

Stellgröße der Temperaturregler ist die Zuflußmenge des Energieträgers, nämlich Dampf, Warm- oder Kaltwasser, Kältemittel, elektrischer Strom. Als Stellglieder dienen elektromagnetische Ventile, die den Strom des Energieträgers Dampf, Warm- oder Kaltwasser, Kältemittel zu- und abschalten. Wird mit elektrischer Energie gearbeitet, so sind die Stellglieder Schütze, die vom Regler betätigt werden. Falls notwendig, werden die Schütze indirekt über Relais betätigt.

Regler, bei denen Siedeflüssigkeiten oder Ausdehnungsflüssigkeiten als Arbeitsmedium dienen, haben Stellglieder, die unmittelbar durch den Dampf- oder Flüssigkeitsdruck des Reglers betätigt werden. Diese Regler arbeiten also ohne Hilfsenergie. Dasselbe trifft für Bimetall-Regler zu, die unmittelbar den elektrischen Heizstrom schalten.

Soweit im Kühlbetrieb die Luftfeuchtigkeit geregelt wird, ist Stellgröße ein Umluftteilstrom, der über einen Beipaß die Luftaufbereitungseinheit umgeht und hinter ihr der Zuluft beigemischt wird; auf diese Weise wird die relative Luftfeuchtigkeit der Zuluft beeinflußt. Stellglied ist eine von einem Stellmotor betätigte Klappe, die die Größe des Umluftteilstroms bestimmt.

Die automatische Regelung wird in Band VI dieses Handbuches ausführlich behandelt.

Die raumklimatischen Vorschriften enthalten Bestwerte für die Raumlufttemperatur [4]. Die Reisenden sollen indessen die Möglichkeit haben, in einem gewissen Rahmen die Raumlufttemperatur nach ihrem Belieben einzustellen. Zu diesem Zweck muß der Temperaturregler die Möglichkeit zum Ändern des Temperaturbestwertes in einer angemessenen Spanne, dem Sollwertbereich, bieten. Dieser Sollwertbereich soll, bezogen auf den Bestwert, wenigstens ± 2 grd betragen. Bei Schlafwagen ist angesichts der recht unterschiedlichen Schlaftemperaturbedürfnisse der Menschen ein größerer Sollwertbereich notwendig, nämlich $+2$ bis -6 grd. Bei Außenlufttemperaturen bis hinauf zu 22 °C müßte sich demnach die Raumlufttemperatur zwischen etwa 16 und 24 °C einstellen lassen.

Als zulässige *Regelabweichung* der Temperaturregler, d. i. die Abweichung des Istwertes vom Sollwert, wird ein Höchstwert von ± 1 grd gefordert. Je kleiner die thermische Trägheit des Temperaturfühlers (-Reglers) ist, desto besser läßt sich die Regelabweichung in den vorgenannten Grenzen halten. Deshalb eignen sich als Temperaturregler besonders elektrische Widerstandsthermometer. Die nur kleine Masse ihrer Widerstandsdrähte befähigt die Temperaturfühler, sich schnell an die durch die Störgrößen geänderte Lufttemperatur anzupassen; dadurch wird eine geringe Regelabweichung erreicht. Die Wärmeträgheit von Temperaturfühlern größerer Masse kann durch thermische Rückführung, z. B. mit Hilfe elektrischer Heizspulen, ausgeglichen werden.

VI. Zur Leistungsberechnung des Kälteteils.

Der Berechnung des Heizungsteils der Klimaanlage pflegt man in Mitteleuropa eine Raumlufttemperatur von $+22$ °C und eine Außenlufttemperatur von -18 °C zugrunde zu legen [4]. Die Wärmedurchgangszahl des Wagenkastens und die Außenluftmenge werden in derselben Höhe wie zur Berechnung des Kälteteils angesetzt. Kann die Heizleistung für ausschließlichen Außenluftbetrieb nicht beigebracht werden, so wird von etwa ± 0 °C abwärts mit Mischluft von je 50% Außenluft und Umluft gefahren; diesen Betriebszustand stellt ein Außenlufttemperatur-Grenzthermostat mit Hilfe einer Luftklappe ein. Da die Heizungsberechnung [43] keine Besonderheiten bietet, soll auf sie nicht eingegangen werden. Hingegen ist es erforderlich, die Rechung für den Kälteteil der Klimaanlage darzustellen [44].

Die Kälteleistung der Klimaanlage soll ausreichen, um bei Außenlufttemperaturen t_a über 23 °C eine Raumlufttemperatur zu erzeugen, die der schon in Abschn. A genannten Beziehung $t_i = 20 + 0{,}5 \cdot (t_a - 20)$ °C genügt [44]. Damit errechnet sich z. B. für $t_a = 30$ °C eine Raumlufttemperatur $t_i = 25$ °C, wobei die Temperaturdifferenz zwischen Außenlufttemperatur und Raumlufttemperatur 5 grd beträgt. Für $t_a = 40$ °C ergibt die Rechnung $t_i = 30$ °C und eine Temperaturdifferenz Außenluft/Raumluft von 10 grd.

Um dieser Aufgabe nachzukommen, muß die Kälteleistung so bemessen sein, daß sie die Wärmebelastung der Fahrgasträume durch Transmission, Sonneneinstrahlung und Wärmeabgabe der Menschen ausgleicht und die dem Fahrzeug zugeführte Außenluft auf die gewünschte Raumtemperatur kühlt und entfeuchtet. Die genannten vier, für die Kälteleistung der Klimaanlage maßgeblichen Komponenten werden nunmehr im einzelnen betrachtet, und zwar — im Rahmen eines Rechenbeispiels — bei Außenlufttemperaturen von 23 °C, 26 °C, 29 °C, 32 °C, 36 °C und 40 °C.

Die *Transmissionswärme*, die von außen in den Wagen eindringt, errechnet sich zu

$$Q_{tr} = k \cdot F \cdot (t_a - t_i) \text{ kcal/h}. \tag{2}$$

Die resultierende Wärmedurchgangszahl eines mit einer Fahrgeschwindigkeit von rd 100 km/h fahrenden D-Zugwagens kann hinreichend genau mit $k = 1{,}6$ kcal/m² h grd nach Rechnung und Messung angenommen werden; dieser Wert gilt für Wagen mit fest eingebauten Fenstern. Die Fläche des klimatisierten Teils eines neuzeitlichen Eisenbahn-Reisewagens von etwa 25 m Länge beträgt rd. 230 m². Ordnet man den vorgenannten sechs Außenlufttemperaturen die Raumlufttemperaturen 22 °C, 23 °C, 24,5 °C, 26 °C, 28 °C und 30 °C zu, so lassen sich die Transmissionswärmebeträge für die sechs angenommenen Fälle berechnen.

Die *Sonneneinstrahlung* führt nach früheren Berechnungen [2] bei rd 10 m² Fensterfläche sowie 100 m² gesamter besonnter Oberfläche des Wagens eine Wärme zu von

$$Q_S = 6{,}2 \text{ kW} = 5300 \text{ kcal/h}.$$

Für die *Wärmeabgabe der Reisenden* wird mit 100 kcal/h je Person gerechnet. Bei einer Besetzung des Wagens mit n Reisenden führen diese dem Wagen eine Wärmemenge zu von

$$Q_P = 100 \cdot n \text{ kcal/h}. \tag{3}$$

Das Rechenbeispiel wird weitergeführt mit der Berechnung der Wärmeabgabe von 20, 30, 40 und 50 Reisenden.

Hinzu kommt noch das Wärmeäquivalent der Leistung des Zuluftventilators, die aber nur mit etwa 0,5 kW anzusetzen ist.

Die *Wärmebelastung der Fahrgasträume* ergibt sich aus der Summierung der im vorstehenden behandelten Größen, gekuppelt mit den Varianten der genannten 6 Außenlufttemperaturen und zugeordneten Raumlufttemperaturen sowie der vier verschiedenen Besetzungsstärken des Wagens.

Zur Berechnung der Zuluftmenge = Außenluftmenge + Umluftmenge, der Luftmenge also, die zum Transport der entsprechenden Kälteleistung notwendig ist, wird, wie schon oben angegeben, eine Temperaturdifferenz zwischen Raumlufttemperatur und Zulufteinblastemperatur von 10 grd angenommen. Für diese überschlägliche Berechnung ist die Kälteleistung

$$Q = L \cdot c \cdot (t_i - t_e), \tag{4}$$

L m³/h Zuluftmenge,
$c = 0{,}31$ kcal/m³ grd spezifische Wärme der Luft,
t_i °C Raumlufttemperatur,
t_e °C Zulufteinblastemperatur,

$$L = \frac{Q}{c \cdot (t_i - t_e)} = \frac{Q}{3{,}1} \text{ m}^3\text{/h}.$$

Setzt man in diese Beziehung die Kälteleistungswerte ein, die sich mit den vorgenannten, verschiedenen Außenlufttemperaturen, Raumlufttemperaturen und Fahrgastzahlen ergeben, so errechnen sich Zuluftmengen zwischen 2650 und 4900 m³/h. Die Zuluftmenge von 4900 m³/h liegt indessen so hoch, daß sie wohl verringert werden müßte, um der Gefahr von Zugerscheinungen für die Fahrgäste zu entgehen.

Der Umluftanteil führt der Klimaanlage außer der Wärmelast der Fahrgasträume auch die von den n Reisenden abgegebene Wasserdampfmenge von $n \cdot 50$ g/h zu; für die Behandlung der Aufgabe im i, x-Diagramm ist dies zu beachten.

Nunmehr ist die zur Kühlung und Entfeuchtung der *Außenluftmenge* erforderliche Kälteleistung zu ermitteln. Sie beträgt

$$Q_a = L_a \cdot \Delta i \text{ kcal/h,} \tag{5}$$

L_a m³/h Außenluftmenge,
Δi kcal/m³ Enthalpiedifferenz zwischen dem Luftzustand vor und hinter dem Kältemittelverdampfer.

Nach den klimatologischen Studien [2] werden in Europa zwei typische Klimate unterschieden, nämlich das in nahezu ganz Europa vorkommende „Klima episodischer Schwüle“ und das an den Mittelmeerküsten herrschende „Klima periodischer Schwüle“. Als klimatisch repräsentative Orte für diese beiden Klimate wurden für unsere Studie Bonn und Barcelona gewählt.

Die notwendige Außenluftmenge ist eine Funktion der Fahrgastzahl, hängt aber auch über die Außenluftrate, die von den raumklimatischen Vorschriften [4] gefordert wird, von der Außenlufttemperatur ab. Die Außenluftrate soll mindestens betragen
bei Außenlufttemperaturen bis 26 °C 30 m³/h je Person,
bei Außenlufttemperaturen über 26 °C 23 m³/h je Person,
bezogen auf Räume mit Raucherlaubnis. Im allgemeinen scheut man für Eisenbahn-Reisewagen den apparativen Aufwand, der mit einer Verringerung der Außenluftmenge in Abhängigkeit von der Außenlufttemperatur verbunden ist, behält vielmehr eine konstante Außenluftmenge bei, möglichst auf der Basis der Außenluftrate von 30 m³/h je Person.

Die klimatologischen Erhebungen ergaben nach der Statistik die bei den für unsere Untersuchung gewählten Außenlufttemperaturen gleichzeitig herrschenden

Tabelle 2. *Wertepaare außen/Raum für Lufttemperatur und relative Luftfeuchtigkeit.*

Lufttemperatur außen/Raum °C	23/22	26/23	29/24,5	32/26	36/28	40/30
Relative Luftfeuchtigkeit außen/Raum %						
Bonn	85/70	73/65	60/61	43/60	29/53	—
Barcelona	99/70	95/65	83/61	54/60	31/53	28/49

(Aus ORE B 30/11, siehe Literatur lfd. Nr. [44].

Werte der relativen Außenluftfeuchtigkeit. Sie sind in der folgenden Tab. 2 mit den komfortbedingten Raumlufttemperaturen und Raumluftfeuchtigkeitswerten vereinigt.

Mit diesen Lufttemperatur- und Feuchtigkeitswerten wurden in einer früheren Arbeit [3] die Enthalpiedifferenzen Δi je m³ Außenluft ermittelt. Nunmehr läßt sich die Kälteleistung zum Kühlen und Entfeuchten der bei einer Besetzung des Wagens mit n Fahrgästen erforderlichen Außenluftmenge berechnen, und zwar für die beiden typischen Klimate in Bonn und Barcelona.

Werden die einzelnen Kühllastkomponenten addiert, so erhält man die *insgesamt erforderliche Kälteleistung*, wie in Tab. 3 für die angenommenen Außen- und

Tabelle 3. *Zusammenstellung der erforderlichen Gesamtkälteleistung in kcal/h für Reisezugwagen neuzeitlicher Bauart bei Fahrt mit rund 100 km/h Geschwindigkeit und einer Außenluftrate von 30 m/h je Sitzplatz im Klimagebiet der „episodischen Schwüle" (repräsentativer Ort: Bonn) und der „periodischen Schwüle (repräsentativer Ort: Barcelona).*

n (Sitzplätze)	Lufttemperatur °C außen/Raum	23/22	26/23	29/24,5	32/26	36/28	40/30
	Relative Luftfeuchtigkeit % außen/Raum Bonn	85/70	73/65	60/61	43/60	29/53	—
	Barcelona	99/70	95/65	83/61	54/60	31/53	28/49
20	Wärmebelastung der Fahrgasträume	7250	7950	8475	9000	9700	10400
	Entfeuchtung der Umluft	265	265	265	265	265	265
	Kühlung + Entfeuchtung der Außenluft in Bonn	3240	3480	3560	2100	1260	—
	In Barcelona	4320	5520	5880	3720	1260	1620
	Gesamtleistung in Bonn	10755	11695	12300	11365	11225	—
	in Barcelona	11835	13735	14620	12985	11225	12285
30	Wärmebelastung der Fahrgasträume	8050	8750	9275	9800	10500	11200
	Entfeuchtung der Umluft	400	400	400	400	400	400
	Kühlung + Entfeuchtung der Außenluft in Bonn	4860	5220	5340	3150	1890	—
	In Barcelona	6480	8280	8820	5580	1890	2430
	Gesamtleistung in Bonn	13310	14370	15015	13350	12790	—
	in Barcelona	14930	17430	18495	15780	12790	14030
40	Wärmebelastung der Fahrgasträume	8850	9550	10075	10600	11300	12000
	Entfeuchtung der Umluft	530	530	530	530	530	530
	Kühlung + Entfeuchtung der Außenluft in Bonn	6480	6930	7120	4200	2520	—
	in Barcelona	8640	11040	11760	7440	2520	3240
	Gesamtleistung in Bonn	15860	17040	17725	15330	14350	—
	in Barcelona	18020	21120	22365	18570	14350	15770
50	Wärmebelastung der Fahrgasträume	9650	10350	10875	11400	12100	12800
	Entfeuchtung der Umluft	665	665	665	665	665	665
	Kühlung + Entfeuchtung der Außenluft in Bonn	8100	8700	8900	5250	3150	—
	in Barcelona	10800	13800	14700	9300	3150	4050
	Gesamtkälteleistung in Bonn	18415	19715	20440	17315	15915	—
	in Barcelona	21115	24815	26240	21365	15915	17515

(Aus ORE B 30/11, siehe Literatur [44].)

Raumlufttemperaturen, die zugehörigen Luftfeuchtewerte sowie die angenommenen Fahrgastzahlen zusammengestellt. Abb. 336 zeigt das Ergebnis graphisch.

Aus der Tabelle, der Abbildung und den Stufen des Rechenganges sind die folgenden Erkenntnisse zu entnehmen:

1. Die größte, den Fahrgasträumen zuzuführende Kälteleistung (entsprechend der Wärmebelastung der Fahrgasträume) liegt bei den hohen Außenlufttemperaturen, die Größtleistung der Kältemaschine (Gesamtkälteleistung) hingegen bei

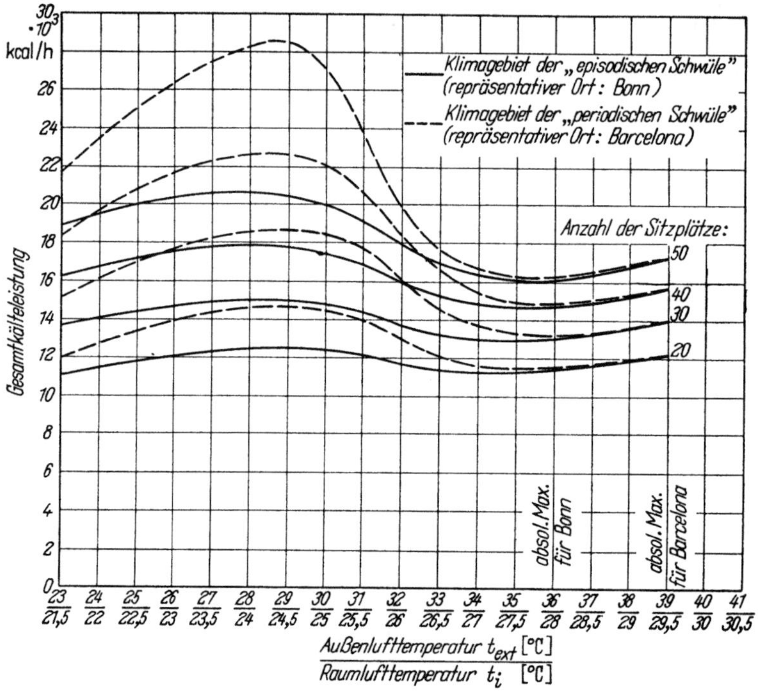

Abb. 336. Erforderliche Gesamtkälteleistung für Reisezugwagen neuzeitlicher Bauart, abhängig von der Außenlufttemperatur und der Zahl der Sitzplätze, bei Fahrt mit rd. 100 km/h Geschwindigkeit und einer Außenluftrate von 30 m³/h je Sitzplatz.

den Außenlufttemperaturen zwischen etwa 26 bis 30 °C, und zwar wegen der dieser Temperaturspanne zugeordneten größeren Werte der Außenluftfeuchtigkeit.

2. Die Isolierung des Wagenkastens gewinnt erst bei sehr hohen Außenlufttemperaturen einen wesentlichen Einfluß. Für die Isolierung mehr als üblich aufzuwenden (Dicke der Isolierung in den Wänden des Wagenkastens rd 50 mm, im Fußboden 100 mm, im Dach 50 bis 100 mm) lohnt sich also nicht.

3. Dem beträchtlichen Einfluß der Sonnenstrahlung sollte durch Abschirmeinrichtungen, reflektierende Glasscheiben u. a. soweit als möglich entgegengewirkt werden.

Das Rechenbeispiel führt zu dem Gedanken, für Klimaanlagen in Eisenbahn-Personenwagen eine Typenreihe mit drei bis vier Kälteleistungsbeträgen aufzustellen, um an Entwurfsarbeit zu sparen. Für die Stufung der Kälteleistung werden 15000, 20000, 25000 und 30000 kcal/h vorgeschlagen; der größten Leistungsstufe von 30000 kcal/h wäre auch mit zwei Anlagen je 15000 kcal/h zu entsprechen, wenn die räumlichen Verhältnisse es erfordern.

Ein solches Typenprogramm könnte nicht nur Ersparnisse an Entwurfs- und Entwicklungsarbeit, sondern auch am Beschaffungspreis und an den Ersatzteilpreisen bringen. Wenn man ebenso bei den Energieversorgungsanlagen für klimatisierte Eisenbahn-Personenwagen (s. Abschn. VII) verfährt, so würde dies der Ausbreitung der Fahrzeugklimaanlagen bei den Bahnen nur förderlich sein.

VII. Energieversorgung für den Maschinenantrieb der Klimaanlagen.

Die Klimaanlage eines Eisenbahnreisewagens ist eng gebunden an die Probleme der Energieversorgung für den Antrieb der Klimaanlagen-Maschinen.

Vergleicht man den Leistungsbedarf zum Maschinenantrieb der Heizung eines neuzeitlichen Eisenbahn-Reisewagens, also etwa den Bedarf für eine Luftheizung (3 bis 5 kW), mit dem Leistungsbedarf für den Maschinenantrieb einer Klimaanlage, so zeigt sich, daß die Klimaanlage eine beträchtlich höhere Maschinenantriebsleistung nötig hat [45]. Sie setzt sich aus folgenden Anteilen zusammen:

Antrieb des Kompressors	0,45 bis 0,65 kW/1000 kcal/h
Antrieb des Kondensatorventilators	1,0 bis 1,5 kW
Regelung der Klimaanlage	0,1 bis 1,0 kW
Antrieb der Fortluft-Saugventilatoren	0,0 bis 1,5 kW
Zusätzlicher Leistungsbedarf des Zuluftventilators der Klimaanlage	rd. 0,2 kW

Rechnet man mit einer Kälteleistung zwischen 12000 und 25000 kcal/h, so ergibt sich eine zusätzliche Maschinenantriebsleistung der Klimaanlage, verglichen mit einer Luftheizungsanlage, von 7 bis 20 kW. Unterstellt man, daß die elektrische Energieversorgungsanlage eine Batterie hinreichender Kapazität für den Antrieb der Klimaanlagen-Maschinen während des Wagenstillstandes hat, so sind der vorgenannten Leistung 30 bis 50% für die Batterieladung zuzuschlagen, um auf die Gesamtleistung der Energieversorgungsanlage zu kommen.

In Tab. 4 sind verschiedene Arten von Energieversorgungsanlagen für den Maschinenantrieb der Klimaanlagen nach dem gegenwärtigen Stand der Überlegungen zusammengestellt. Man kann sie in drei Hauptgruppen unterteilen:

Einzelwagenversorgung durch motorischen Antrieb,

Einzelwagenversorgung durch Antrieb von einem Wagenradsatz („Achsgenerator"),

zentrale Versorgung.

Auch noch andere Arten der Energieversorgung mit anderen Kombinationen der Hauptteile sind denkbar. Die Auswahl der Energieversorgungsanlage richtet sich nach den für die einzelne Bahn maßgeblichen Verhältnissen in vielfältiger Hinsicht (Einsatzart des klimatisierten Wagens, nämlich Kurswagen oder geschlossene Zugverbände, vorwiegend elektrische oder Diesel-Zugförderung, Preis des Dieselkraftstoffes, Zahl und Ausbildungsstand des technischen Personals u. a.).

Tab. 5 enthält die wesentlichen Vorteile und Nachteile der verschiedenen Arten von Energieversorgungsanlagen. Daraus ist zu erkennen, daß jede dieser Energieerzeugungsarten unter bestimmten Verhältnissen zweckmäßig sein kann. Je nach den technischen, betrieblichen und wirtschaftlichen Voraussetzungen, die bei den einzelnen Bahnen gegeben sind, werden die Bahnverwaltungen ihre Wahl zu treffen haben.

Zu Tab. 5 seien die folgenden Erläuterungen gegeben, für die Abb. 337 mit den Wirkungsgraden der drei Anlagengruppen eine wichtige Ergänzung bildet.

1. Einzelwagenversorgung durch motorischen Antrieb.

Motorische Antriebe haben einen guten Wirkungsgrad und sind jederzeit betriebsbereit, auch bei längerem Wagenstillstand. Sind die Antriebsmaschinen

Tabelle 4. *Arten der Energieversorgung für den Maschinenantrieb von Klimaanlagen.*

Gruppe	Art lfd. Nr.	Kennzeichen
I Einzelwagen-versorgung durch motorischen Antrieb[1]	1	Direktantrieb des Kompressors und gegebenfalls auch des Kondensatorventilators durch einen Dieselmotor. Alle sonstigen Verbraucher werden von einem Achsgenerator mit Batterie in herkömmlicher Bauart versorgt.
	2	Dieselmotor mit Generator für alle Verbraucher, bei Fortfall des Achsgenerators. Lediglich eine kleine Notbatterie bleibt erhalten.
	3[3]	Elektrische Umformergruppe, sonst wie unter lfd. Nr. 2. Bei RIC-Betrieb[4] sind erforderlich — Zwei Motoren 1500 V in Serien- oder Parallelschaltung — Ein Umformer 1000 bzw. 1500 V sekundär und ein Gleichrichter
II Einzelwagen-versorgung durch Achsantrieb[1]	4	Drehstromachsgenerator für Antrieb des Kompressormotors und des Kondensatorventilatormotors, gegebenenfalls auch des Zuluftventilatormotors („elektr. Welle“). Alle sonstigen Verbraucher werden von einem Achsgenerator mit Batterie in herkömmlicher Bauart versorgt.
	5 { 5a[5]	2 Achsgeneratoren (Antrieb vom Achswellenende) mit Batterie, in Parallelschaltung, ausreichend für etwa dreistündigen Betrieb, für alle Verbraucher.
	5 { 5b[6]	2 Achsgeneratoren mit Batterie, in Parallelschaltung wie unter lfd. Nr. 5a, jedoch mit Umformung auf Drehstrom 220/380 V
III Zentrale Versorgung[2]	6	Speisung durch eine Stromerzeugergruppe mit Dieselantrieb, bei Fortfall der Achsgeneratoren; lediglich eine kleine Notbatterie bleibt erhalten.
		Speisung durch elektr. Umformergruppe wie bei 3[7], bei Fortfall der Achsgeneratoren, lediglich eine kleine Notbatterie bleibt erhalten.

(Nach ORE B 30/11, siehe Literatur [44].)

[1] Es wird angenommen, daß die Heizung entweder mit Dampf oder elektr. Strom (RIC) erfolgt oder durch eine autonome Heizung (z. B. Ölbrenner); bei diesen Systemen wird jedoch gelegentlich die Heizung ganz oder teilweise unmittelbar von den Generatoren gespeist.

[2] Die Heizung wird gewöhnlich von der zentralen Stromerzeugergruppe gespeist; sie kann gegebenenfalls aber auch eine RIC-Heizung sein.

[3] Dieses System ist noch nicht eingeführt worden, könnte jedoch für die Zukunft bei fortschreitender Elektrifizierung eine interessante Lösung darstellen.

[4] Betrieb mit allen in Europa auf elektrischen Strecken zugelassenen Stromarten und Heizspannungen:

Einphasenwechselstrom	1000 V	$16^2/_3$ Hz
Einphasenwechselstrom	1000 V	50 Hz
Einphasenwechselstrom	1500 V	50 Hz
Gleichstrom	1500 V	
Gleichstrom	3000 V	

[5] Als Variante ein einziger Generator, wie er häufig in außereuropäischen Ländern angewendet wird. Hierbei ist jedoch bei höheren Leistungen der konstruktiv aufwendigere Mittelachsantrieb erforderlich.

[6] Dieses System ist noch nicht ausgeführt worden.

[7] Dieses System ist 1960/61 bei TEE-Zügen der Schweizer Bundesbahnen angewandt worden.

Elektromotoren, so müssen auf den Bahnhöfen Anschlüsse an das elektrische Ortsnetz hergestellt werden können.

Der unmittelbare Antrieb des Kompressors durch einen Dieselmotor hat zwar den besten Wirkungsgrad; jedoch ist bei dieser Variante ein von einem Wagenradsatz aus angetriebener Generator mit Batterie unentbehrlich für die Wagenbeleuchtung und die übrigen Maschinen der Klimaanlage. Dies macht die

Tabelle 5. *Vorteile und Nachteile verschiedener Arten der Energieversorgung für den Maschinenantrieb von Klimaanlagen.*

Art der Energieversorgung (wie in Tab. 4)	Geräusche Schwingungen und Auspuffgase	Belastung der Lok durch Energieerzeugung	Freizügigkeit und Betriebsbedingungen des Wagens		Sonstige betriebliche oder technische Eigenschaften	Kapitalintensität der Beschaffung (einschl. Klima-anl. bezogen auf Art 1	Gesamtjahreskosten bezogen auf Art 1 bei Dieselzugförderung, 0,2 Sfr/kg Dieselöl	Gesamtjahreskosten bezogen auf Art 1 bei Dieselzugförderung, 0,3 Sfr/kg Dieselöl
			bei Fahrt	im Stand				
1	ungünstig	keine	unbeschränkt	bei längerer Standzeit Anschluß an das Ortsnetz erforderlich[1]	hochwertiges Unterhaltungs- und Wartungspersonal erford. Schwierigkeiten in lg. u. unbelüfteten Tunnels wg. d. Abgase b. Züg. m. mehreren derart ausgerüsteten Wagen	100	100	100
2	ungünstig	keine	unbeschränkt	bei Kühlung unbeschränkt[1]	,,	106	100	100
3	günstig	keine	bedingt unbeschränkt[2]	unbeschränkt, sofern aus dem Fahrdraht gespeist werden kann	nur bei durchgehend elektr. Zugförderung	106	73	71
4	günstig	bis rund 35 PS je Wagen	unbeschränkt	schon bei kurzer Standzeit Anschluß an das Ortsnetz erforderlich[1]	Ortsfeste Anlage erforderlich. Erst bei höheren Geschwindigkeiten betriebsfähig (40 bis 60 km/h); Antriebsleistung auf etwa 12 bis 15 kW je Achse begrenzt	120	85	87
5 { 5a	günstig	bis rund 50 PS je Wagen	unbeschränkt	bei längerer Standzeit Anschluß an das Ortsnetz erforderlich[1]	Ortsfeste Anlage erforderlich. Antriebsleistung bei Antrieb v. Achsschenkel auf etwa 12 b. 15 kW je Achse begrenzt; unter Umständen schwerere Lok erforderlich (erhöhter Aufwand an Gewicht und Geld)	160	104	106
5 { 5b	günstig	bis rund 60 PS je Wagen	unbeschränkt			187	115	121

Tabelle 5 (Forts.).

	Art der Energieversorgung (wie in Tab. 4)	Geräusche, Schwingungen und Auspuffgase	Belastung der Lok durch Energieerzeugung	Freizügigkeit und Betriebsbedingungen des Wagens: bei Fahrt	Freizügigkeit und Betriebsbedingungen des Wagens: im Stand	Sonstige betriebliche oder technische Eigenschaften	Kapitalintensität der Beschaffung (einschl. Klimaanl.) bezogen auf Art 1	Gesamtjahreskosten bezogen auf Art bei Dieselzugförderung 0,2 Sfr/kg Dieselöl	Gesamtjahreskosten bezogen auf Art 1 bei Dieselzugförderung 0,3 Sfr/kg Dieselöl
6	6a 5 Wagen-Zug	ziemlich günstig[3]	keine	nur in Zügen mit zentraler Stromversorgung verwendbar	unbeschränkt für Fahrzeuge in Zügen mit zentraler Stromversorgung	Ständige Betriebsbereitschaft auch beim Vorheizen und Vorkühlen ohne Notwendigkeit ortsfester Anlagen. Versorgung von Nebenanlagen, z. B. elektr. Küche, möglich. Evtl. Schwierigkeiten in langen, unbelüfteten Tunnels wegen der Abgase; hochwertiges Unterhaltungs- und Wartungspersonal erforderlich	142	127	127
	6b 10 Wagen-Zug						107	100	97
	6c 15 Wagen-Zug						99	88	89
7	7a 5 Wagen-Zug	günstig	keine	nur in Zügen mit zentraler Stromversorgung verwendbar	unbeschränkt für Fahrzeuge in Zügen mit zentraler Stromversorgung, sofern aus dem Fahrdraht gespeist werden kann	Unter der Vorraussetzung, daß Anschluß an Fahrleitung gewährleistet ist, besteht die gleiche Betriebsbereitschaft und Möglichkeit der Versorgung von Nebenanlagen wie bei 6a bis c ohne Notwendigkeit ortsfester Anlagen	142	89	86
	7b 10 Wagen-Zug						107	77	75
	7c 15 Wagen-Zug						99	73	70

(Aus ORE B 30/11, siehe Literatur lfd. Nr. 44.)

[1] Bei Heizung hängt der Betrieb im Stand von dem angewendeten Heizsystem ab.
[2] Nur bei elektrischer Zugförderung.
[3] Geräusche und Auspuffgase der zentralen Stromversorgungsanlage.

Anlage vielteilig, der resultierende Wirkungsgrad dürfte kaum größer sein als bei elektromotorischem Antrieb aller Maschinen der Klimaanlage.

Eine ernste Belastung für den Dieselmotor, der im allgemeinen unter dem Wagen aufgehängt ist, sind Geräusch, Auspuffgase und Schwingungsübertragung auf den Wagenkasten. Die Unterhaltung der Dieselmotoren erfordert hochwertiges Personal, weiteres Personal ist zum Betanken mit Kraftstoff erforderlich.

Der Antrieb mit Elektromotor ist demgegenüber viel anspruchsloser. Er bietet sich auf jeden Fall für elektrifizierte Strecken an. Werden die klimatisierten Wagen

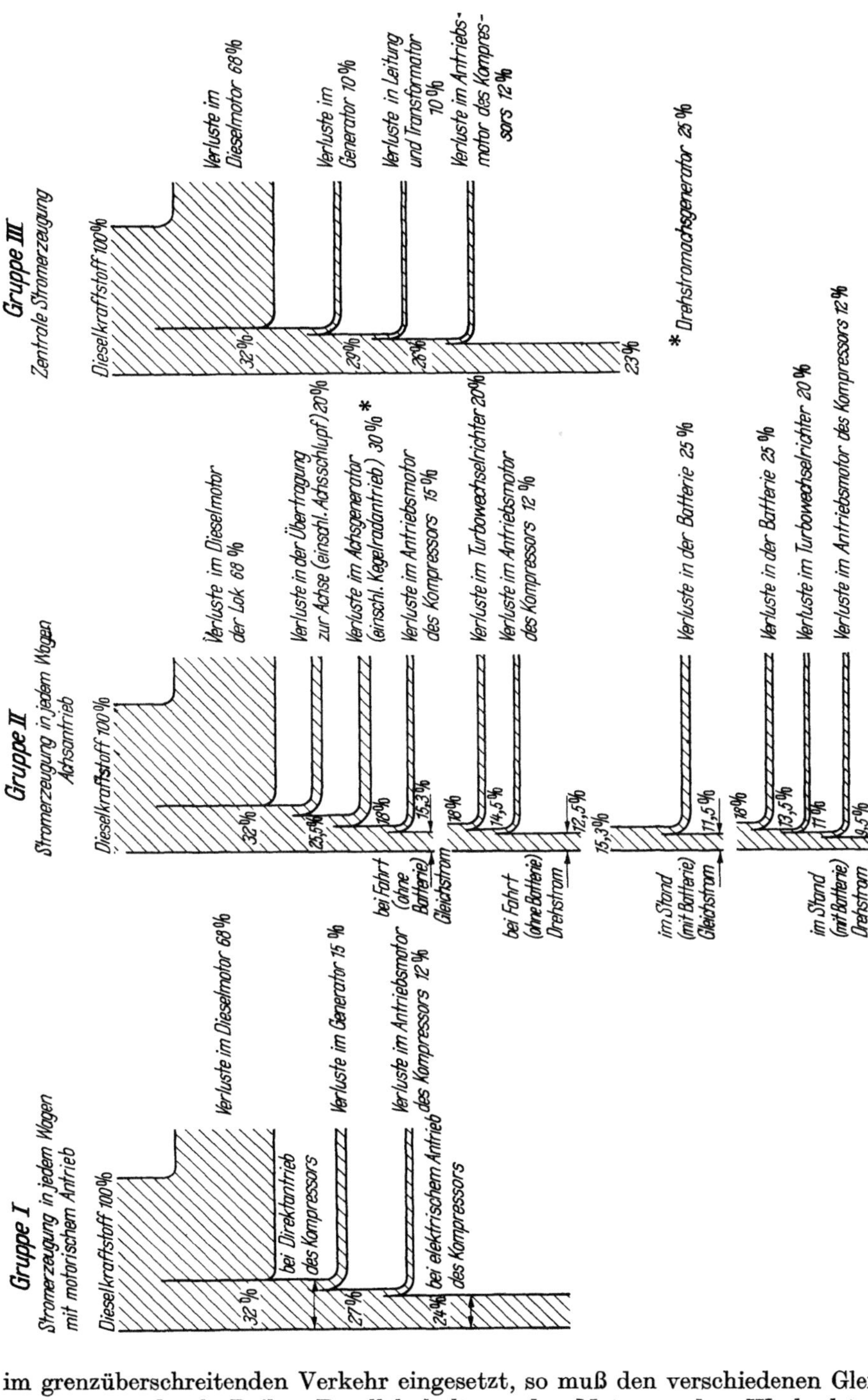

Abb. 337. Wirkungsgrade von Energieerzeugungsanlagen in Eisenbahnfahrzeugen vom Dieselkraftstoff bis zur Antriebswelle des Kältemittelkompressors (ORE).

im grenzüberschreitenden Verkehr eingesetzt, so muß den verschiedenen Gleichspannungen durch Reihen-Parallelschaltung der Motoren, den Wechselstromsystemen durch Gleichrichter und den verschiedenen Wechselspannungen durch entsprechende Umspanner Rechnung getragen werden.

Ein bedeutender Vorteil des motorischen Antriebs ist die Entlastung der Lokomotive von jeglicher Leistungsabgabe für die Energieversorgung der Wagen; die Lokomotivleistung steht voll für die Zugförderung zur Verfügung.

2. Einzelwagenversorgung durch Antrieb von einem Radsatz des Wagens aus.

Diese Variante ist in besonders großer Zahl verwirklicht worden, insbesondere in den USA, daher als bewährt und betriebssicher anzusehen; sie ist geräuschlos und wartungsarm. Hingegen sind Beschaffungspreis und Gewicht höher als bei den Anlagen mit motorischem Antrieb, der Wirkungsgrad infolge der mehrfachen Energieumsetzung von der Lokomotive bis zum Verbraucher niedrig. Ein Teil der Lokomotivleistung wird für die Energieversorgung der Wageneinrichtungen in Anspruch genommen und geht der Zugförderung verloren.

Man kann diese Anlagenart vereinfachen, wenn man sich darauf beschränkt, Energie für den Kälteteil der Klimaanlage nur bei Fahrt zu erzeugen, ohne Energie für den Stillstand des Wagens zu speichern. Solange der Wagen steht, arbeitet die Klimaanlage nicht im Kühlbetrieb, was allenfalls für Wagen in schnellen Zügen mit nur wenigen und kurzen Unterwegsaufenthalten tragbar erscheint. Anlagen dieser Art wurden bereits verwirklicht.

Es ist für die Unterhaltung des Generators und seiner Antriebselemente zweckmäßig, ihn nach Möglichkeit vom Ende eines Radsatzes über Kegeltrieb und Gelenkwelle anzutreiben, wobei der Generator am Drehgestellrahmen befestigt ist. Bei den höheren Leistungen, die hier gegenüber Wagen mit Luftheizung in Betracht kommen, ist eine Betriebsspannung von 110 V den sonst in Europa üblichen Spannungen von 24 und 72 V vorzuziehen.

3. Zentrale Energieversorgung.

Die zentrale Energieversorgung für einen ganzen klimatisierten Zug kommt nur dann in Betracht, wenn es sich um geschlossene Zugverbände ohne Kurswagen handelt oder wenn eine größere Anzahl von klimatisierten Zügen eingesetzt ist und klimatisierte Kurswagen nur innerhalb dieses Zugparks von einem Zug zum anderen übergehen. Unter diesen Voraussetzungen ist, besonders für lange Züge, die zentrale Energieversorgungsanlage recht vorteilhaft. Die Energieversorgungsanlage, aus Dieselmotor und Generator von einer der Wagenzahl des Zuges angepaßten Leistung bestehend, ist im allgemeinen in einem hierzu geeigneten Wagen, z. B. dem Gepäckwagen untergebracht, in dem sie $^1/_3$ bis $^1/_2$ Wagenlänge benötigt. Auch die Unterbringung der Anlage auf der Lokomotive ist denkbar und wurde z. B. in den USA verwirklicht. Bei Triebzügen enthalten die Triebwagen oder Maschinenwagen die zentralen Energieversorgungsanlagen. Schließlich hat man für nicht zu lange Züge zentrale Energieversorgungsanlagen, auch in zwei Anlagen unterteilt, unter ein oder zwei Wagen des Zuges aufgehängt; damit entfällt jegliche Inanspruchnahme von Wagen-Nutzraum.

Die Netze von Zügen mit zentraler elektrischer Energieversorgung arbeiten überwiegend mit Drehstrom 50 Hz 380/220 V. Diese Normstromart und -spannung bietet den großen Vorteil, handelsübliche Motoren, insbesondere kollektorlose Käfigankermotoren, sowie handelsübliche Schalter, Schütze, Relais, Sicherungen und handelsübliches Leitungsmaterial verwenden zu können, sich also vollständig der Ausrüstung von ortsfesten Anlagen anzuschließen. Um bei langen Zügen den Spannungsabfall vom zentralen Dieselgenerator bis zum anderen Zugende zu verringern, empfiehlt sich eine höhere Spannung, z. B. 600 V.

Die zentrale Energieversorgung hat den Vorteil, die Leistung der Lokomotive unangetastet und ausschließlich der Zugförderung verfügbar zu lassen. Die Reisenden in den Fahrgasträumen werden durch Lärm und Abgase nicht belästigt. Züge mit zentraler Energieversorgung sind zwar unabhängig von dem Anschluß an das Ortsnetz im Stillstand, doch sieht man zweckmäßig aus betrieblichen Gründen diese Möglichkeit vor.

Zentrale Energieversorgungsanlagen können auch die Heizenergie für ihre Züge liefern, allerdings muß die Leistung der Anlagen dann etwa verdoppelt werden. Dies schlägt jedoch nicht wesentlich zu Buche, wenn z. B. für den Kälteteil von Klimaanlagen und für eine elektrische Küche ohnehin eine zentrale Energieversorgungsanlage notwendig ist. Durch dieses Verfahren werden alle Erschwernisse ausgeschaltet, die sich aus der Vielfalt der Stromarten und Spannungen auf den elektrifizierten europäischen Bahnstrecken ergeben, und daraus, daß man außer der Heizung mit elektrischer Energie auch noch die Heizung mit Dampf berücksichtigen müßte. Betriebswirtschaftlich könnte ein hoher Dieselkraftstoffpreis der elektrischen Heizung mit Lieferung der Heizenergie von einem Dieselgeneratorsatz im Zuge entgegenstehen.

VIII. Gewicht der Klimaanlagen.

Klimaanlagen erhöhen das Fahrzeuggewicht. Indessen wäre es nicht vertretbar, das absolute Gewicht der Klimaanlagen anzusetzen. Vielmehr kann nur das Mehrgewicht der Klimaanlage im Vergleich zu der bisher ohnehin vorhandenen

Tabelle 6. *Gewichte von Energieversorgungsanlagen für klimatisierte Eisenbahn-Personenwagen, Mehrgewichte dieser Anlagen gegenüber der Vergleichsanlage (Luftheizung) sowie Summe der Mehrgewichte von Klima- und Energieversorgungsanlage.*

Art der Energieversorgung wie in Tabelle 4 und 5	Gewichte der Energieversorgungsanlagen für Wagen mit Klimaanlagen kg	Mehrgewichte der Energieversorgungsanlagen gegenüber der Vergleichsanlage kg	Summe der Mehrgewichte von Klimaanlage und Energieversorgungsanlage kg
1	1400	+ 400	1900
2	600	− 400	1100
3	600	− 400	1100
4	1300	+ 300	1800
5a	3200	+2200	3700
5b	3500	+2500	4000
6a	3800	+2800	4300
6b	2200	+1200	2700
6c	1700	+ 700	2200
7a	3800	+2800	4300
7b	2200	+1200	2700
7c	1700	+ 700	2200

(Aus ORE B 30/11, siehe Literatur [44].)

Dampfheizung und elektrischen Heizung angerechnet werden. Als Basis soll das Gewicht einer neuzeitlichen Luftheizungsanlage von etwa 1,5 t gelten. Nach dem gegenwärtigen Entwicklungsstand wiegt eine Klimaanlage mit einer Kälteleistung von 20000 kcal/h für einen neuzeitlichen Eisenbahn-Reisewagen von 24 bis 26 m Länge 2,5 bis 3,0 t. Als Mehrgewicht gegenüber einer Luftheizung ergibt sich demnach rd. 1,5 t.

Dem durch die Klimaanlage bedingten Mehrgewicht ist das Mehrgewicht der Energieversorgungsanlage des klimatisierten Wagens hinzuzurechnen. Für die Ermittlung dieses Mehrgewichtes soll wiederum die entsprechende Anlage eines Luftheizungswagens als Grundlage gelten. Eine solche Anlage für 24 V Betriebsspannung mit ihrem von einem Radsatz angetriebenen 5 kW-Generator, seinem

Gelenkwellenantrieb und einer Batterie von 360 Ah wiegt rd. 1 t. Das Mehrgewicht der Energieversorgungsanlage hängt bei gewissen Anlagearten von der Wagenzahl des Zuges ab, weshalb in Tab. 6 das auf einen Wagen anteilig entfallende Gewicht der Energieversorgungsanlage für Züge mit 5, 10 und 15 Wagen berechnet wurde.

Die Wagenkonstruktion muß geeignet sein, die durch die Hauptteile der Klimaanlage und der Energieversorgungsanlage gegebenen Mehrgewichte aufzunehmen. Diese, auch durch den zusätzlichen wagenbaulichen Aufwand gegebenen Mehrgewichte können zu einer Verringerung der Wagenzahl des Zuges bei gegebener Lokomotivleistung führen.

Es ist anzustreben, das Gewicht der Anlagen zu senken, sowohl mit Rücksicht auf die Wagenkonstruktion als auch auf die Zugförderungskosten. Werkstoffsparende Bauweise und Werkstoffe geringen spez. Gewichts wie Leichtmetalllegierungen und Kunststoffe, sind anzuraten. Leichtkonstruktionen können einen höheren Beschaffungspreis ergeben. Ihre wirtschaftliche Grenze ist unter dem Gesichtspunkt der Ersparnis an Zugförderungskosten zu sehen, wobei mit einem Betrag von 200 bis 300 Schweizer Franken/Jahr je t gerechnet werden kann.

IX. Klimaanlagen und Wagenbau.

Bereits im vorigen Abschnitt wurde darauf hingewiesen, daß die Wagenkonstruktionen der Aufnahme zusätzlicher, durch die Klimaanlage und die Energieversorgungsanlage bedingten Lasten genügen müssen. Wagenbaulich ist darauf Rücksicht zu nehmen, daß alle Teile der Anlagen im Hinblick auf ihre Funktion einwandfrei angeordnet werden, für Bedienung, Unterhaltung und Reinigung gut zugänglich sind und einfach und schnell ausgetauscht werden können.

Gute Isolierung von Wänden, Fußboden und Dach des Wagenkastens senken den Leistungsbedarf der Klimaanlagen im Kühlbetrieb wie im Heizbetrieb [46]. Für den Heizbetrieb ist dieser Ersparniseffekt wegen des größeren Unterschiedes zwischen Raumlufttemperatur und Außenlufttemperatur beträchtlicher als für den Kühlbetrieb (s. a. Schlußfolgerungen zu Abschn. VI.). Entgegen früherer Auffassung ist es deshalb nicht gerechtfertigt, der Klimaanlage den Aufwand für die Isolierung ganz oder teilweise zur Last zu legen, zumal die Isolierstoffe zugleich die Geräuschwirkung herabsetzen; und auf eine weitgehende Herabsetzung der Geräusche wird bei keinem neuzeitlichen Eisenbahn-Reisewagen mehr verzichtet. Als Isolierstoffe werden Matten aus Glasfaser, Mineralfaser und Schaumkunststoffen verwendet, die Hüllen aus Kunststoff-Folien zum Schutz gegen Wasseraufnahme erhalten. Mittlere Werte der Dicke der Isolierungen s. S. 414.

Für Wagen mit Klimaanlagen sind Fenster mit Doppelscheiben vorzuziehen. Die bekannten Doppelfensterbauarten, welche zwischen den beiden Glasscheiben entfeuchtete Luft enthalten, die es nicht zum Beschlagen der Glasscheiben-Innenseiten kommen läßt, haben sich durchgesetzt. Wärmeabsorbierendes Glas oder besser Außenglasscheiben mit wärmereflektierendem Belag (Goldstaub) empfehlen sich, sowohl wegen der Verringerung der Kühllast als auch wegen der Erhöhung des Wohlbefindens der Reisenden. Sonnenschutzrollos und Gardinen, die allerdings nur im Inneren des Wagens anzubringen sind, werden als zusätzliche Maßnahme kaum entbehrlich sein. Die Fenster klimatisierter Fahrzeuge sollen stets fest eingebaut, also nicht zu öffnen sein. Verglichen mit Fenstern, die von den Reisenden geöffnet werden können, haben feste Fenster folgende Vorteile:

Keine Störung des Lufthaushalts und des Energiehaushalts der Klimaanlage,

keine Störung des vorbestimmten Temperaturfeldes und des Strömungsfeldes der Luft in den Fahrgasträumen,

Staubarmut in den Wagenräumen, denn Fenster, die geöffnet werden können, lassen sich kaum völlig staubdicht ausführen,
bessere Geräuschisolierung,
geringerer Beschaffungspreis und
geringerer Unterhaltungsaufwand.

Diesen bedeutenden Vorteilen gegenüber tritt der Nachteil weit in den Hintergrund, der darin gesehen werden könnte, daß die Reisenden einige, mit dem zu öffnenden Fenster verbundene Gewohnheiten aufgeben müssen.

D. Betrieb und Unterhaltung der Klimaanlagen.

Die einwandfreie Bedienung der Klimaanlagen im Betrieb setzt umfassende, eindeutige Bezeichnungen aller Bedienungselemente, sorgfältige Ausbildung des Personals und ausreichende schriftliche Unterlagen hierfür voraus. Die Anlagen sollen weitgehend automatisiert sein, insbesondere ist zu fordern, daß der Übergang von Kühlbetrieb über Lüftungsbetrieb (ohne Luftkühlung und -erwärmung) zum Heizbetrieb und umgekehrt völlig selbsttätig geschieht, in Abhängigkeit von den raumklimatischen Erfordernissen im Wagen. Das Umschalten auf die einzelnen Betriebszustände von Hand, wie bei älteren Klimaanlagen üblich, dürfte wegen der Abhängigkeit von der Sorgfalt des Zugbegleitpersonals den heutigen raumklimatischen Komfortanforderungen nicht mehr genügen.

Bevor Eisenbahn-Reisewagen mit Klimaanlagen im Betrieb eingesetzt werden, muß das notwendige Unterhaltungspersonal nach Zahl und Befähigung bereitstehen und hinreichend ausgebildet sein, ihm müssen die nötigen Werkstatträume und Werkstatteinrichtungen zur Verfügung stehen. Dies gilt sowohl für die Betriebswerkstätten wie für die Ausbesserungswerke, denen die Großüberholung der Klimaanlagen obliegt. Bei den Bahnen muß Klarheit darüber herrschen, daß schlecht unterhaltene Klimaanlagen den Erfolg, der mit der Fahrzeugklimatisierung angestrebt wird, in sein Gegenteil umkehren.

E. Betriebswirtschaftliche Gesichtspunkte.

Den einleitenden Betrachtungen des Abschnittes A ist zu entnehmen, wie wünschenswert auch in Europa Klimaanlagen für komfortables Reisen in Eisenbahn-Personenwagen sind. Indessen steht neben der Feststellung dieser Tatsache die Frage, was es die Bahnen kostet, Klimaanlagen in ihren Reisewagen zu betreiben, und ob sich mit dem Angebot höheren Reisekomforts, bei dem Klimaanlagen zweifellos eine große Rolle spielen, die Zahl der Reisenden vergrößern und ein Gewinn erzielen läßt. Allgemeingültige Betrachtungen zu diesem Problem sind bei der unterschiedlichen technischen, wirtschaftlichen und sozialen Struktur der verschiedenen Länder unmöglich, doch soll im folgenden eine grundsätzliche Analyse für europäische Verhältnisse versucht werden.

Die Betriebskosten, die für die Eisenbahn-Personenwagen durch Klimaanlagen zusätzlich verursacht werden, setzen sich aus folgenden Teilkosten zusammen:

Kapitalkosten,
Unterhaltungskosten,
Wartungskosten,
Kosten für die Beförderung des zusätzlichen Gewichts der Klimaanlagen und Energieversorgungsanlagen,
Energiekosten.

Geldbeträge, die im Rahmen dieser Untersuchung genannt werden, können nur die Größenordnungen umreißen. Die Geldbeträge werden in Schweizer Franken (Sfr) angegeben. Für die Berechnungen wurde die Preis- und Lohnbasis von 1960 angenommen.

I. Kapitalkosten.

Die Kapitalkosten hängen von Beschaffungspreis, Zinssatz und Abschreibungszeitdauer ab.

Für diese betriebswirtschaftlichen Überlegungen lassen sich in überseeischen und europäischen Ländern keine hinreichend ähnlichen Verhältnisse voraussetzen, um Mittelwerte bilden zu können. Deshalb beschränken wir uns bei unseren Betrachtungen auf die westeuropäischen Industrieländer.

Die Kapitalkosten wurden unter den folgenden Annahmen berechnet:

a) Zinssatz 6%, Abschreibungszeit als Mittelwert zwischen kurzlebigen und langlebigen Teilen 20 Jahre.

b) Als Preise werden sowohl für die Klimaanlage als auch für die Energieversorgungsanlage nur die Mehrpreise eingesetzt, die sich gegenüber einer neuzeitlichen Luftheizungsanlage ergeben, ein Verfahren, dessen Berechtigung bereits bei den Gewichtsbetrachtungen erläutert wurde.

c) Die Minderkosten, die sich aus dem geringeren Preis fest eingebauter Wagenfenster gegenüber Fenstern ergeben, die geöffnet werden können, wurden in der Rechnung der Klimaanlage gut gebracht.

Tabelle 7. *Kapitalmehraufwand für Klimaanlagen gegenüber Luftheizung.*

Art der Klimaanlage	Beschaffungsmehrpreis Sfr	Kapitalmehrkosten je Jahr und Wagen Sfr
Großraumwagen		
klassische Anlage	30000,–	2600,–
Jettair-Anlage	35000,–	3050,–
Abteilwagen		
klassische Anlage	35000,–	3050,–
Jettair-Anlage	35000,–	3050,–

(Aus ORE B 30/11, siehe Literatur [44])

Tabelle 8. *Kapitalmehraufwand für Energieversorgungsanlagen klimatisierter Fahrzeuge gegenüber solchen mit Luftheizung.*

Art der Energieversorgung (wie in Tabelle 4 und 5)	Beschaffungsmehrpreis je Wagen Sfr	Kapitalmehrkosten je Jahr und Wagen Sfr
1	2500,–	220,–
2	5000,–	435,–
3	5000,–	435,–
4	10000,–	870,–
5a	25000,–	2180,–
5b	35000,–	3060,–
6a	18000,–	1570,–
6b	5000,–	435,–
6c	2000,–	175,–
7a	18000,–	1570,–
7b	5000,–	435,–
7c	2000,–	175,–

(Aus ORE B 30/11, siehe Literatur [44].)

d) Wie schon bei den vorhergehenden technischen Betrachtungen bemerkt, erhält jeder neuzeitliche Eisenbahn-Reisewagen eine gute Geräuschisolierung, die zugleich als Wärmeisolierung dient, bevorzugt für den in jedem Fall vorauszusetzenden Heizbetrieb. Die Kapitalkosten der Geräusch- und Wärmeisolierung des Wagenkastens bleiben deshalb außer Ansatz.

e) Bei einem Teil der Energieversorgungsarten klimatisierter Wagen ist Anschluß an das elektrische Ortsnetz notwendig. Der Aufwand für die Ortsnetzanschlüsse hängt so sehr von den örtlichen Verhältnissen ab und ist deshalb so unterschiedlich, daß er hier nicht berücksichtigt werden kann.

f) Als Leistungsgrößen werden für die Heizleistung 40 kW, für die Kälteleistung 20000 kcal/h unterstellt.

Die folgenden Tab. 7 und 8 geben den Kapitalmehraufwand und die Kapitalmehrkosten für Klimaanlagen und Energieerzeugungsanlagen wieder.

II. Unterhaltungskosten.

Die geringe Anzahl klimatisierter Reisewagen bei den europäischen Eisenbahnen und die noch kurze Zeitdauer, während der Klimaanlagen mit einem gewissen Standardcharakter betrieben werden, erschweren es, Unterhaltungsdaten einheitlicher Gültigkeit zu gewinnen. Immerhin zeigten die Erhebungen bei einigen maßgeblichen europäischen Bahnen, daß der Unterhaltungsaufwand für die Klima- und Energieversorgungsanlagen rd. 11% des Beschaffungspreises beträgt. Setzt man den Preis zu rd 45000 Sfr an, so ergibt sich ein jährlicher Unterhaltungsaufwand von rd 5000 Sfr.

Aus amerikanischen Unterlagen wurde bekannt, daß der gesamte jährliche Unterhaltungsaufwand für die Anlagen vorgenannten Umfanges rd. 2000 $ beträgt, das sind rd. 9000 Sfr. Da das westeuropäische Lohnniveau etwa gleich der Hälfte des nordamerikanischen Lohnniveaus ist, würde sich ein entsprechender Betrag von 4500 Sfr für Westeuropa ergeben. Indessen wird mit dieser Geldsumme der *Gesamt*unterhaltungsaufwand für die Wagenanlagen bestritten. Schätzt man den *Mehr*aufwand im Vergleich zu einer Luftheizung zu 3000 Sfr, so wird ersichtlich, daß man mit dem oben ermittelten Betrag von 5000 Sfr für den Jahresunterhaltungsaufwand auf der sicheren Seite liegt.

III. Wartungskosten.

Unter Wartung ist die Summe aller Arbeiten zu verstehen, die während der Fahrt und auf den Endbahnhöfen zum Überwachen und Prüfen der Anlagen sowie zum Prüfen und Ergänzen der Vorräte an Kraftstoff, Schmieröl und Kühlwasser aufgewandt werden. Bereits bei dem gegenwärtigen Entwicklungsstand der Fahrzeugklimaanlagen werden technisch geschulte Begleiter für Züge mit klimatisierten Wagen nicht mehr für notwendig gehalten. In Zügen mit zentralen Energieversorgungsanlagen ist bisher für deren Wartung während der Fahrt ein Maschinenwärter eingesetzt worden, doch verzichtet man neuerdings in den USA auch auf ihn. Für unsere Rechnung wird, auf Werten der praktischen Betriebserfahrungen fußend, mit dem laufenden Einsatz von 1,5 Personalköpfen für eine zentrale Energieversorgungsanlage gerechnet. Für die Energieversorgung einzelner Wagen mit Dieselmotoren zum Antrieb ihrer elektrischen Generatoren oder Kältemittelkompressoren wird der Maschinenwärterdienst auf den Endbahnhöfen mit 0,1 Personalkopf je klimatisierten Wagen berücksichtigt. Wird der elektrische Generator eines klimatisierten Wagens von einem Wagenradsatz aus angetrieben, so ist keine Wartung erforderlich.

In Tab. 9 sind die jährlichen Wartungskosten für die verschiedenen Arten der Energieversorgungsanlagen zusammengestellt.

Auf elektrifizierten Strecken würden für die Energieversorgung klimatisierter Wagen statt Dieselgeneratoren Motorgeneratoren mit Speisung aus dem Fahrdraht — bei Wechselstrom über Umspanner — zu verwenden sein. Für diese Maschinen braucht mit Wartungskosten nicht gerechnet zu werden.

Tabelle 9. *Wartungskosten je Jahr für Energieversorgungsanlagen.*

Art der Energieversorgung	Jahreskosten Sfr
Direktantrieb des Kompressors oder Dieselmotors mit Generator .	3000
Elektrische Umformergruppe	—
Achsgenerator für Drehstrom oder Gleichstrom	—
Zentrale Energieversorgung für 5 Wagen (mit Dieselgenerator)....	4500[1]
Zentrale Energieversorgung für 10 Wagen (mit Dieselgenerator)...	2250[1]
Zentrale Energieversorgung für 15 Wagen (mit Dieselgenerator)...	1500[1]
Zentrale Energieversorgung mit elektrischer Umformergruppe	—

[1] Diese Kosten beziehen sich auf Wagen in Zügen, die mit Lokomotiven bespannt sind, bei Triebzügen kann meistens der Beifahrer die zentrale Energieversorgungsanlage überwachen.

(Aus ORE B 30/11, siehe Literatur lfd. Nr. [44].)

IV. Beförderungskosten.

Die Kosten, die für die Beförderung des zusätzlichen Gewichtes klimatisierter Wagen aufkommen, hängen von der durchschnittlichen jährlichen Laufleistung der Wagen, den Unterhaltungskosten der Bahnstrecken und den Zugförderungskosten ab. Setzt man hier den wesentlichen Kostenanteil, nämlich die Beförderungskosten mit 200 bis 300 Sfr/Jahr je t, im Mittel 250 Sfr/Jahr je t an, so ergeben sich mit den Mehrgewichten aus Tab. 6 die in Tab. 10 dargestellten, zusätzlichen Beförderungskosten der Zusatzgewichte klimatisierter Wagen.

Tabelle 10. *Mehrgewichte und jährliche Beförderungsmehrkosten je Wagen für Klimaanlagen einschließlich Energieversorgungsanlagen gegenüber Luftheizung.*

Art der Energieversorgung (wie in Tab. 4 u. 5)	Mehrgewicht t/Wagen	Beförderungsmehrkosten im Jahr Sfr/Wagen
1	1,9	475
2	1,1	275
3	1,1	275
4	1,8	450
5a	3,7	925
5b	4,0	1000
6a	4,3	1075
6b	2,7	675
6c	2,2	550
7a	4,3 } 1	1075
7b[1]	2,7 } 1	675
7c	2,2 } 1	550

[1] geschätzte Gewichte.

(Aus ORE B 30/11, siehe Literatur [44].)

V. Energiekosten.

Auch bei der Behandlung dieses Kostenanteils setzen wir die Mehrkosten für elektrische Energie oder Kraftstoff an, die der Betrieb des Kälteteils der Klimaanlagen erfordert.

Aus den Unterlagen europäischer Bahnverwaltungen ergab sich für 5 Kühlbetriebsmonate der Klimaanlage ein Arbeitsaufwand von 16500 kWh. Mit einem Dieselkraftstoffpreis von 0,2 Sfr/kg errechnet sich ein jährlicher Geldaufwand von 900 Sfr. Hieraus lassen sich mit den Wirkungsgraden der verschiedenen Energieversorgungsanlagen nach Abb. 337 die Energiekosten für alle diese Varianten berechnen. Soweit für die Energieversorgung der klimatisierten Wagen Dieselmotoren eingesetzt werden, beeinflußt der Dieselkraftstoffpreis die Energiekosten sehr stark. Da der Dieselkraftstoffpreis in den verschiedenen Ländern zum Teil sehr unterschiedlich ist, wurden die Energiekosten für die verschiedenen Arten der Energieversorgungsanlagen in Tab. 11 mit zwei verschiedenen Dieselkraftstoffpreisen berechnet.

Tabelle 11. *Jährliche Mehrkosten der Energieversorgung bei einem Dieselkraftstoffpreis von 0,2 Sfr/kg und 0,3 Sfr/kg für Dieselzugförderung.*

Art der Energieversorgung (wie in Tab. 4 u. 5)	Jahreskosten in Sfr für Kühlung bei einem Dieselkraftstoffpreis von		Jahreskosten in Sfr unter Berücksichtigung der Ersparnis für Beleuchtung usw.[2] bei einem Dieselkraftstoffpreis von	
	0,2 Sfr/kg	0,3 Sfr/kg	0,2 Sfr/kg	0,3 Sfr/kg
1	900	1350	900	1350
2	1100	1650	850	1275
3	1775[1]	1775[1]	1575[1]	1575[1]
4	1300	1950	1300	1950
5a	2000	3000	2000	3000
5b	2500	3750	2500	3750
6a	1100	1650	850	1275
6b	1100	1650	850	1275
6c	1100	1650	850	1275
7a	1775[1]	1775[1]	1575[1]	1575[1]
7b	1775[1]	1775[1]	1575[1]	1575[1]
7c	1775[1]	1775[1]	1575[1]	1575[1]

[1] Bei 0,07 Sfr/kWh ab Fahrdraht.

[2] Ersparnis wegen besseren Wirkungsgrades der Dieselgeneratoren und Motorgeneratoren im Vergleich zum Generatorantrieb von einem Wagenradsatz.

(Aus ORE B 30/11, siehe Literatur [44].)

VI. Gesamtkosten.

In Abb. 338 sind die insgesamt durch die Klimaanlagen und ihre Energieversorgungsanlagen verursachten Mehrkosten für den Betrieb eines Eisenbahn-Reisewagens zusammengestellt. Hierzu folgende Erläuterungen:

a) Die Kapitalkosten der Energieerzeugungsanlage, dargestellt durch die untersten Abschnitte der Kostensäulen, spielen als Anteile der Gesamtkosten nur eine untergeordnete Rolle.

b) Die Kapitalkosten der Klimaanlage, für alle Varianten gleich hoch entsprechend dem gleich hoch angesetzten Preis der verschiedenen Anlagenarten, sind nicht der beherrschende Kostenteil.

c) Einen beträchtlichen Kostenanteil, nämlich etwa $^1/_3$ der Gesamtkosten, stellen die Unterhaltungskosten dar. Es ist also von hoher Bedeutung, die Unterhaltungskosten nicht nur möglichst genau zu erfassen, sondern um ihre Senkung bemüht zu sein.

d) Von erheblichem Einfluß sind ferner die Wartungskosten. Sie belasten wesentlich die Energieversorgungsanlagen mit Dieselgeneratoren für Einzelwagen und die zentralen Versorgungsanlagen mit Dieselgeneratoren, sofern man die Notwendigkeit von Maschinenwärtern unterstellt; dieser Kostenanteil sinkt je Wagen mit der Länge der Züge. Bei der künftigen Entwicklung von Zentralversorgungsanlagen mit Dieselgeneratoren muß angestrebt werden, die Betriebssicherheit so zu steigern, daß auf Maschinenwärter verzichtet werden kann.

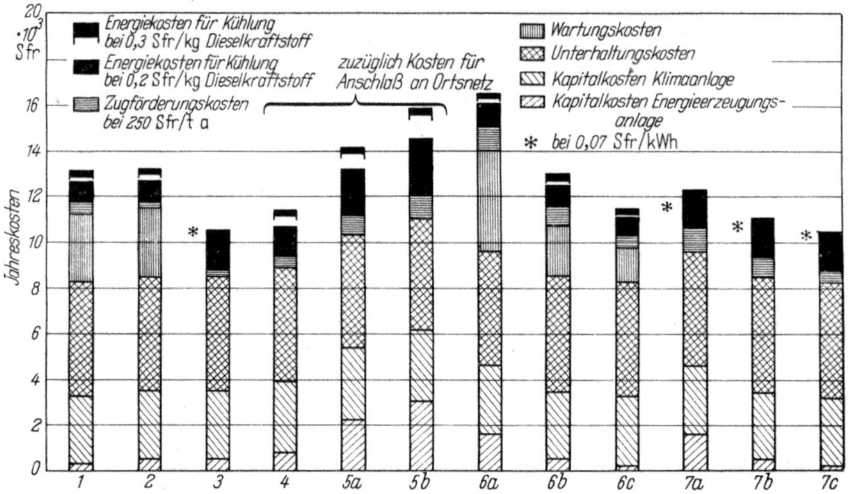

Abb. 338. Jahreskosten einer Klimaanlage in Abteilwagen für verschiedene Arten der Energieerzeugung bei Dieselzugförderung (ORE).

e) Die Beförderungskosten der verschiedenen Varianten unterscheiden sich nicht viel voneinander und spielen in ihrer Größenordnung eine nur untergeordnete Rolle.

f) Die Energiekosten haben bei den hier angenommenen Dieselkraftstoffpreisen von 0,2 und 0,3 Sfr/kg keinen entscheidenden Einfluß auf die Gesamtkosten. Wenn jedoch bedeutend höhere Preise für Dieselkraftstoff bezahlt werden müssen oder das Klima des Einsatzbereichs der Wagen eine beträchtlich längere Kühlbetriebsdauer der Klimaanlagen verursachen sollte, so kann sich das Bild merklich verschieben.

Unsere für europäische Verhältnisse durchgeführte Rechnung ergibt Jahresmehrkosten für die Klimaanlage nebst Energieversorgungsanlage, die zwischen 10000 und 16000 Sfr liegen. Setzt man nach überschläglicher Rechnung die Gesamtjahreskosten einer neuzeitlichen Luftheizung mit etwa 8000 Sfr an, so liegen demnach die Mehrkosten für den Betrieb eines Wagens mit Klimaanlage um 25 bis 100% höher. Diese Mehrkosten können entweder bei gleichbleibender Reisenden-Zahl durch Erhöhung des Fahrpreises gedeckt werden oder durch Mehreinnahmen, wenn man annimmt, daß der durch die Klimaanlagen gebotene, höhere Reisekomfort die Zahl der Reisenden steigen läßt. Betrachtet man einen Schnellzugwagen 1. Klasse mit 50 Sitzplätzen und nimmt eine durchschnittliche Besetzung von 50%, eine jährliche Laufleistung von 250000 km und einen Preis je Personenkilometer von 0,1 Sfr an, so ergibt sich eine Jahreseinnahme von 625000 Sfr. Um die Betriebsmehrkosten für einen Wagen mit Klimaanlage zu decken, müßten die Einnahme und entsprechend die Fahrgastbesetzung um 1,5 bis 2,5% steigen oder es müßte der Fahrpreis um den gleichen Betrag erhöht werden. Dies würde eine Erhöhung der durchschnittlichen Fahrgastzahl um etwa 0,5 Fahrgäste oder im Mittel einen Fahrpreiszuschlag von 0,002 Sfr/Personenkilometer bedeuten.

F. Zusammenfassung und Ausblick.

Nach einleitenden Betrachtungen über den Zusammenhang von Klima, Reisekomfort und Fahrzeugklimatisierung und nach einer Darstellung des Entwicklungsweges der Klimaanlagen für Eisenbahn-Personenwagen wird die Technik dieser Klimaanlagen und ihrer Energieversorgungsanlagen in der Gegenwart behandelt. Das Mehrgewicht klimatisierter Wagen und betriebswirtschaftliche Gesichtspunkte der Klimatisierung werden diskutiert. Die Erfahrungen des vergangenen Jahrzehnts ermutigen zu der Annahme, daß sich mit Wagen erhöhten Reisekomforts die Fahrgastbesetzung steigern läßt; in dem Begriff „erhöhter Reisekomfort" spielen Klimaanlagen eine bedeutende Rolle [47]. Die Wahl der Bauarten von Klimaanlagen und Energieversorgungsanlagen hängt von den bei den verschiedenen Ländern und Bahnen vorliegenden Verhältnissen ab. Einheitlichkeit kann deshalb kaum erwartet werden. Wichtiger ist indessen, klimatisierte Eisenbahn-Reisewagen für den grenzüberschreitenden Verkehr so zu bauen, daß sie auf den Strecken aller beteiligter Bahnen ohne Schwierigkeiten verkehren und gewartet werden können, z. B. durch Ortsnetzanschlüsse gleicher Stromart und Spannung (Drehstrom 50 Hz 220/380 V), Batterieladegeräte für gleiche Primärstromart und Spannung, einheitliche Batteriespannung, Mindestkapazität der Batterien u. a.

Die Arbeit berücksichtigt im Rahmen des Möglichen sowohl die europäische als auch die amerikanische Eisenbahnwagen-Klimatisierung.

Der technischen Weiterentwicklung sind drei Ziele zu setzen, nämlich Verbesserung der Komfortwirkung, Erhöhung der Betriebssicherheit und Senkung des Preises. Die Bedeutung der systematischen Forschung und der hierfür nötigen Versuchsanlagen wurde schon früher erkannt [48]. Unlängst wurde in Wien unter internationaler Beteiligung eine Versuchsanlage [49—53] geschaffen, die für die Entwicklung von Fahrzeugklimaanlagen hohe Bedeutung hat. Das Versuchsinstitut besitzt zwei Kammern, in die ganze Eisenbahnwagen eingefahren werden können. In der einen Kammer (Standversuchskammer) kann bei praktisch ruhender Luft die Lufttemperatur in den Grenzen -45 bis $+50$ °C verändert und die relative Luftfeuchtigkeit bis zur Sättigung gesteigert werden, in der anderen Kammer (Fahrversuchskammer) liegen die Temperaturgrenzen zwischen -20 und $+40$ °C, die relative Luftfeuchtigkeit läßt sich ebenfalls bis zur Sättigung erhöhen und die Luftgeschwindigkeit läßt sich bis zu einer Höhe einstellen, die einer Fahrgeschwindigkeit von 120 km/h entspricht.

Literatur.

[1] Lüftungstechnische Anlagen (VDI-Lüftungsregeln), Lüftung von Versammlungsräumen, DIN 1946 Blatt 2.

[2] Internationaler Eisenbahnverband Union Internationale des Chemins de Fer UIC, Forschungs- und Versuchsamt (Office de Recherches et d'Essais Ore), Utrecht.
Frage B 30, Heizung der Personen- und Triebwagen, Arbeitsergebnis Nr. 4 (Oktober 1959), Bericht über Untersuchungen zwecks Verbesserung der raumklimatischen Verhältnisse in Eisenbahn-Personenwagen, Kap. II.

[3] Desgl. Arbeitsergebnis Nr. 12 (Juli 1962), Einfluß der Luftfeuchtigkeit auf die Bemessung des Kälteteils von Klimaanlagen in Reisezugwagen.

[4] Desgl. Arbeitsergebnis Nr. 4 (Oktober 1959), Bericht über Untersuchungen zwecks Verbesserung der raumklimatischen Verhältnisse in Eisenbahn-Personenwagen, Kap. I.

[5] Klimaanlagen in Verkehrsfahrzeugen, Rationalisierungs-Kuratorium der Deutschen Wirtschaft, Auslandsdienst, Heft 36. München: Hanser 1955. PLANK, R.: Amerikanische Kältetechnik. Zweiter Bericht, S. 81. Berlin: VDI-Verlag 1938.

[6] Reisezugwagen in den USA. Die Bundesbahn, 2. Beiheft, 1956.

[7] BAUR, H.: Klimaanlagen in Reisezugwagen. Die Bundesbahn Bd. 27 (1953) H. 2, S. 98 bis 105.

[8] BÖHM: Klimaanlagen in Fahrzeugen der europäischen Eisenbahnverwaltungen. VDI-Berichte Bd. 34 (1959) Verein Deutscher Ingenieure, Düsseldorf.

[9] –: Klimaanlagen in Fahrzeugen der europäischen Eisenbahnverwaltungen. Kältetechn. Bd. 10 (1958) H. 12, S. 394–400.

[10] ROBERT: Une installation de conditionnement d'air dans le train „MISTRAL". Revue Générale des Chemins de Fer Bd. 73 (1954) H. 12, S. 577–586.

[11] –: La généralisation du conditionnement d'air sur les voitures du train „MISTRAL" 1956. Revue Générale des Chemine de Fer Bd. 75 (1956) H. 12, S. 577–594.

[12] GERBER u. KOSTER: Dieselelektrische Triebwagenzüge der Niederländischen Eisenbahnen und der Schweizerischen Bundesbahnen für den internationalen Reiseverkehr. Eisenbahntechn. Rundschau (ETR) Bd. 6 (1957) H. 5, S. 156–158.

[13] BAUR, H.: Der Henschel-Wegmann-Leichtschnellzug im neuen Gewand. Glasers Ann. Bd. 77 (1953) H. 10, S. 300–309.

[14] –: Die Klimaanlagen der Leichtmetall-Gliedertriebzüge. Glasers Ann. Bd. 77 (1953) H. 6/7, S. 196–206.

[15] –: Leichtmetall-Gliedertriebzüge 1953, Betriebserfahrungen und Verbesserungen. Jahrbuch des Eisenbahnwesens. Darmstadt: Röhrig 1955, S. 125–140.

[16] –: Gesundheitstechnische Einrichtungen neuzeitlicher Eisenbahnreisezüge. Gesundheits-Ing. Bd. 76 (1955) H. 23/24, S. 353–366.

[17] TRENKOWITZ: Klimaanlagen in Schienen- und Straßenfahrzeugen. Kältetechn. Bd. 5 (1953) H. 7, S. 197–200.

[18] SIEMERLING u. TRENKOWITZ: Diesel-Triebwagen-Züge für die Surestebahn in Mexiko. BBC-Nachr. Bd. 36 (1954) H. 4, S. 148–156.

[19] – –: Die elektrische, kälte- und wärmetechnische Ausrüstung des dieselhydraulischen Salon-Triebwagens Reihe VT 33, Glasers Ann. Bd. 83 (1959) H. 6, S. 198–205.

[20] TRENKOWITZ: Klimaanlagen für den internationalen Schienenverkehr. BBC-Nachr. Bd. 42 (1960) H. 1, S. 52–61.

[21] WARE, Air conditioning of railway rolling stock. Modern Refriger. Bd. 61 (1958) H. 279, S. 1193–1196.

[22] British Railways Diesel-Electric Pullman Trains. The Railway Gazette Bd. 112 (1960) H. 26, S. 741–746.
Self-Contained Diesel Pullman Trains. Modern Transport Bd. 83 (1960) 2145 (25. Juni), S. 7–8.
The New Diesel Pullmans. Modern Transport Bd. 83 (1960) 2146 (2. Juli), S. 5–7.

[23] CUTTICA: Condizionamento dell'aria nei treni. Il Freddo Bd. 15 (1961) H. 4, S. 11–15.

[24] HÄUSLER: Luftkonditionierung Vademecum. Zürich: Häusler & Co. 1956.

[25] BAUR, H.: Die Klimaanlagen der deutschen TEE-Züge. Glasers Ann. Bd. 81 (1957) H. 10, S. 343–353.

[26] –: Hochdruck-Klimaanlagen in Gebäuden und Schienen-Fahrzeugen. Berlin: Haenchen & Jäh 1960.

[27] KERNCHEN: Vollklimatisierter Universal-Schlafwagen Typ U-25,1 m für den Fernreiseverkehr. Glasers Ann. Bd. 81 (1957) H. 4, S. 126–131.

[28] LEICHER: Neuere Entwicklung bei dem Bau von Speisewagen und Schlafwagen in Deutschland. Eisenbahntechnische Rundschau Bd. 9 (1960) H. 1, S. 1–18 u. H. 2, S. 78–100.

[29] ROEDLER: Hygienische Grundlagen der Klimatechnik. Gesundheits-Ing. Bd. 78 (1957) H. 1/2, S. 1–8.

[30] BAUR, H.: Über die Luftheizung in Eisenbahn-Reisewagen. Eisenbahntechn. Rundsch. Bd. 11 (1962) H. 4, S. 153–167.
[31] RAAB: Rheingold – einst und jetzt. Die Bundesbahn Bd. 36 (1962) H. 15, S. 635–646.
[32] LEICHER: Die „Rheingold"-Speisewagen der DSG. Die Bundesbahn Bd. 36 (1962) H. 15, S. 647–653.
[33] LEICHER: Die „Rheingold"-Speisewagen der DSG. Eisenbahntechn. Rundsch. Bd. 12 (1963) H. 1, S. 2–7.
[34] BÖHM: Klima-, Stromversorgungs- und Beleuchtungsanlagen in den Reisezugwagen der „Rheingold"- und „Rheinpfeil"-Fernschnellzüge. Eisenbahntechn. Rundsch. Bd. 12 (1963) H. 10, S. 483–513.
[35] HOCHSTRASSER: Dreirohr- und Zweikanal-Klimaanlagen. Heizung-Lüftung-Haustechn. Bd. 13 (1962) H. 12, S. 397–406.
[36] SPRICKMANN-KERKERINCK: Behaglich reisen in klimatisierten Zügen. VDI-Nachr. Bd. 16 (1962) H. 48, S. 2.
[37] GUIGNARD u. VON MEYENBURG: Die elektrischen TEE-Triebwagenzüge der SBB. Monatsschrift der Internationalen Eisenbahn-Kongreß-Vereinigung. Die elektr. Zugförderung bei den Eisenbahnen Bd. 13 (1962) H. 12, S. 579–622.
[38] – –: Die elektrischen Trans Europ-Expreß-Züge der SBB. Schweiz. Bauztg. Bd. 80 (1962) H. 13, S. 205–224.
[39] BAUERMEISTER: Lufteintrittsöffnungen, Lüftungsgitter und eine neue Lüftungsgitterbauart für Fahrzeuge. Glasers Ann. Bd. 84 (1960) H. 9, S. 513–523.
[40] –: Neue Erkenntnisse über Lüftungsgitter und Luftfilter elektrischer Lokomotiven. Elektr. Bahnen Bd. 30 (1959) H. 6, S. 121–132.
[41] BÖHM: Heizung von Reisezugwagen der Deutschen Bundesbahn, I. Teil. Elsners Taschenbuch für den maschinentechnischen Eisenbahndienst 1956.
[42] –: Heizung von Reisezugwagen der Deutschen Bundesbahn, II. Teil. Eleners Taschenbuch für den maschinentechnischen Eisenbahndienst 1958.
[43] BACH: Planung von Klimaanlagen für Eisenbahn-Reisezugwagen. Kältetechn. Bd. 5 (1953) H. 7, S. 189–196.
[44] Internationaler Eisenbahnverband UIC, Forschungs- und Versuchsamt ORE, Utrecht. Frage B. 30, Heizung der Personen- und Triebwagen, Arbeitsergebnis Nr. 11 (Oktober 1961), Stand und weitere Entwicklungsmöglichkeiten der Fahrzeug-Klimaanlagen bei den West-Europäischen Eisenbahnverwaltungen.
[45] SIEMERLING: Die Energieversorgung von Hilfsbetrieben, besonders von Klima-Anlagen in Bahnfahrzeugen. Glasers Ann. Bd. 82 (1958) H. 10, S. 341–345.
[46] SPERLING: Wärmetechnische Berechnungsgrundlagen für die Heizung und Kühlung der Eisenbahnwagen, Archiv für Eisenbahntechnik, Schriftenreihe zur Ergänzung der Zeitschrift „Eisenbahntechn. Rundsch.", Nov. 1953.
[47] MAYR: Komfort im Reiseverkehr. Eisenbahntechn. Rundsch. Bd. 11 (1958) H. 12, S. 461–472.
[48] BAUR: Das englische Versuchs- und Vorführungsmodell eines klimatisierten Eisenbahn-Reisezugwagens. Glasers Ann. Bd. 77 (1953) H. 5, S. 102–107.
[49] BÖHM u. SCHÄFER: Die wärme- und kältetechnische Fahrzeug-Versuchsanlage des ORE in Wien-Arsenal. Die Bundesbahn Bd. 35 (1961) H. 17, S. 798–807.
[50] – –: Die Wärme- und kältetechnische Versuchsanlage in Wien-Arsenal. Glasers Ann. Bd. 86 (1962) H. 1, S. 11–18.
[51] – –: Klimaanlagen in Reisezug- und Triebwagen in Europa. Europa-Verkehr Bd. 9 (1961) H. 4, S. 194–200.
[52] LEDINEGG, PUTZ u. SCHAUSBERGER: Über klimatische Untersuchungen an Fahrzeugen. Allg. Wärmetechn. Bd. 10 (1961) H. 2, S. 25–35.
[53] – – –: Die bisherigen Ergebnisse mit der wärme- und kältetechnischen Versuchsanlage für Eisenbahnfahrzeuge in Wien-Arsenal. Kältetechn. Bd. 14 (1962) H. 7, S. 206–212.
[54] RUPP: Klimaanlagen in modernen Schlafwagen und Speisewagen der DSG. Kältetechn. Bd. 17 (1965) H. 10, S. 308–314 u. 11. S.
[55] VEIL (Mitarbeiter BAUR, WIRBITZKY, BARDONG): Lüften, Heizen und Kühlen in Personenfahrzeugen. Düsseldorf: VDI-Verlag 1965.

Klimatisierung von Bergwerken.*

Von

Professor Dr.-Ing. **E. Linsel** und Ing. **P. Weuthen.**

Bergbau Forschung GmbH, Forschungsstelle für Grubenbewetterung, Essen

Mit 30 Abbildungen.

A. Das Grubenklima.

I. Bergbau.

1. Zweck des Bergbaus.

Der Zweck des Bergbaus ist die Gewinnung von Bodenschätzen auf möglichst wirtschaftliche Art. Eine Vorstufe der Gewinnungsarbeit ist das Auffinden der Lagerstätte und die sichere Ermittlung ihrer räumlichen Grenzen. Dabei ist die genaue Feststellung der Art und der Güte der abzubauenden Mineralien und ihrer Aufteilung auf die einzelnen Teile des Gesamtbaufeldes eine notwendige Voraussetzung für die zweckmäßige Auswahl aller erforderlichen bergtechnischen Verfahren.

Zeitlich unterscheiden wir bei jedem Bergwerksbetrieb folgende Zeiträume:

1. Die Aus- und Vorrichtung der Lagerstätte für den Abbau,
2. den Abbau selbst, d. h. die Hereingewinnung des Minerals, den Ausbau und die anschließende Verfüllung der Abbauhohlräume und
3. das Abwerfen vor und während des Abbaus hergestellter sonstiger unterirdischer Hohlräume, insbesondere der Strecken und Schächte.

Diese Arbeiten waren früher Handarbeit, sie werden heutzutage überwiegend mechanisch durch Maschinen- und Spreng-(Schieß-)arbeit geleistet. Zeitlich greifen die erwähnten drei Perioden bei einer in Betrieb befindlichen Grube insofern ineinander über, als — sobald der Abbau begonnen hat — die Zeiträume der Aus- und Vorrichtung sowie des Abwerfens von Teilen des Grubengebäudes nebeneinander ablaufen.

2. Zuschnitt eines Bergwerkes (des „Grubengebäudes").

Bei der Planung eines Bergwerkes versucht man, die erforderlichen Grubenbaue räumlich und zeitlich so günstig wie möglich herzustellen, d. h. mit einem Minimum von Auffahrungskosten die Lagerstätte herzuschließen und dabei sicherzustellen, daß in allen Bauen die bergtechnischen Einrichtungen zur rechten Zeit untergebracht werden können.

Während die räumlichen Abmessungen der Grubenbaue in alter Zeit sich überwiegend nach den menschlichen Körpermaßen bei geringmächtigen Lagerstätten und bei mächtigen Lagerstätten nach den früher ausbautechnisch zu bewältigen-

---

* Literatur S. 469.

den Maßen richteten, sind heute die Höchstfördermengen in der Zeiteinheit und die sich daraus ergebenden Maschinen- und Ausbauabmessungen ausschlaggebend. Von Bedeutung für die Abmessungen der Grubenbaue sind weiter bei wichtigen Bauen die Standfestigkeit des Gebirges bzw. des Ausbaus und damit die Lebensdauer der Baue. Besonders in jüngster Zeit sind hierzu als entscheidender Faktor die wettertechnischen Erfordernisse getreten, die auf Seite 434ff. näher erläutert sind.

3. Hauptteile des Grubengebäudes[1].

Aus grubensicherheitlichen Erwägungen verfügt jeder Tiefbau — und nur der dürfte im Gegensatz zum Tage- und zum Stollenbau klimatisch interessieren — über zwei Hauptschächte, die seiger, also senkrecht, stehen. Schächte, die nicht bis zu Tage reichen, heißen Blindschächte. Sie können durchaus die gleichen Abmessungen haben wie Tagesschächte.

Vom Schacht aus wird die Lagerstätte angefahren. Bei überwiegend flacher und ungestörter Lagerung ist das unmittelbar vom Schacht aus möglich, und die Hauptsohle liegt dann in der Lagerstätte. Die in den gleichen Schichten söhlig aufgefahrenen Strecken sind „streichende" Strecken, die im Einfallen der Lagerstätte liegenden Strecken sind Überhauen (Auf- oder Abhauen). Diese Bezeichnungen gelten sinngemäß auch für die bei mehr oder minder geneigten oder welligen Lagerstätten im Nebengestein aufgefahrenen Strecken, die dann streichend als Richtstrecken, quer zur Lagerstätte als Querschläge und im Einfallen als Gesteinsberge bezeichnet werden.

Ob und in welchem Umfang die Strecken außerhalb der Lagerstätte aufgefahren werden, hängt von einer Vielzahl bergtechnischer, wirtschaftlicher und sicherheitlicher Überlegungen ab. Die Abbauplanungen werden dabei mit Hilfe neuzeitlicher Rechengeräte vorgenommen, um die besten Betriebsbedingungen für den Bergbau zu ermitteln.

Mit Rücksicht auf Wasserzuflüsse haben alle Strecken leichtes Gefälle zu einem Schacht hin, von dessen Sumpf aus die Wasser zutage gepumpt werden.

Die Zahl der Sohlen hängt von der Lagerstätte und den Gewinnungs- und Förderverfahren ab. Je steiler eine Lagerstätte einfällt, um so mehr Sohlen werden benötigt. In der Waagerechten wird die Lagerstätte meist von der Richtstrecke aus in Abteilungen eingeteilt, die durch Querschläge aufgeschlossen werden.

In der Lagerstätte[2] selbst wird die Fußstrecke (untere Sohle) in einem Überhauen mit der Kopfstrecke (obere Sohle) verbunden, und von diesem Überhauen aus beginnt dann der ein- oder zweiflügelige Abbau, d. h. die Gewinnung der Kohle und die gleichzeitige Zufuhr des Versatzes für die ausgekohlten Räume des Flözes.

Welche Flöze und in welcher Reihenfolge sie gebaut werden, hängt von vielen Faktoren ab. Entscheidend dürften im Gegensatz zu den vergangenen Jahren die Absatzmöglichkeiten und die wettertechnischen Gegebenheiten sein.

II. Bewetterung.

1. Zweck der Bewetterung.

Während früher die Sicherstellung der Atemluft für Bergleute und Arbeitstiere (Pferde oder Maulesel) der Sinn der Bewetterung war, geht dieser Zweck heute völlig in ausgasungstechnischen und klimatischen Forderungen unter, die ein Vielfaches an Wettern verlangen.

---

[1] Auf örtliche Besonderheiten und seltene Zuschnittsarten soll nicht eingegangen werden.
[2] Es soll hier besonders der Steinkohlenbergbau geschildert werden.

Bis vor kurzem standen die schnelle Abfuhr und die notwendige Verdünnung des Grubengases im Vordergrund. Daneben sind die Beseitigung der Schießschwaden der Sprengarbeit und der Abgase von Dieselmaschinen sowie die Herabsetzung des Feinstaubgehaltes wichtig.

Erst in jüngster Zeit — in Deutschland etwa ab 1950 — gewinnt der Kampf gegen Wärme und Feuchtigkeit unter Tage nahezu gleiche Bedeutung und übertrifft in einzelnen Fällen sogar den ausgasungstechnischen Wetterbedarf.

2. Die üblichen „quantitativen" Bewetterungsverfahren.

Das normale Verfahren der quantitativen Bewetterung besteht darin, alle Grubenbaue mit Einziehwettern zu versorgen, die klimatisch günstig und frei von Beimengungen sind. In vielen Gruben sind bei dem derzeitigen Zuschnitt die zulässigen Höchstwettergeschwindigkeiten bereits erreicht.

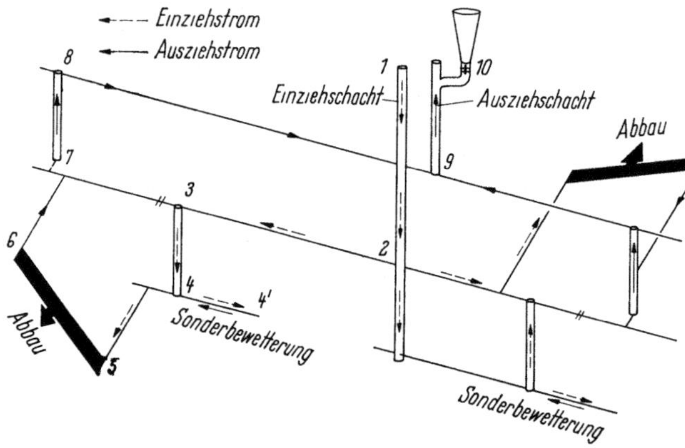

Abb. 339. Beispiel einer rückläufigen Wetterführung. (Zahlenerklärung s. Abb. 344)

Während früher der Leistungsaufwand an den Grubenlüftern bescheiden war und man außerhalb des Steinkohlenbergbaus zeitweise mit den Kräften des natürlichen Auftriebs der Wetter auskam, sind die Lüfterleistungen in den letzten Jahrzehnten erheblich gestiegen.

Bei der Aus- und Vorrichtung und beim Abwerfen der Gruben, d. h. solange man noch keine durchgehende Bewetterung (= Hauptbewetterung) hat oder über keine mehr verfügt, wendet man die nicht durchgehende Bewetterung (= Sonderbewetterung) an, d. h. man führt dem Arbeitsort des Aus- und Vorrichtungsbetriebes durch Lutten (Kunststoff- oder verzinkte Stahlrohre von 400 bis 1000 mm Durchmesser) die Wetter zu, die dann im restlichen großen Querschnitt (6 bis 20 m²) wieder abströmen. In der Sonderbewetterung hat sich diese blasende Bewetterung (mit Überdruck in der Einziehlutte) sowohl ausgasungstechnisch wie grubenklimatisch besser bewährt als die früher übliche saugende Bewetterung (mit Unterdruck in der Abwetterlutte). Durch Überdruck in der Lutte wird auch bei Undichtigkeiten das Eindringen von CH_4 und Wasserdampf vermieden.

Bei der Hauptbewetterung ist die saugende (Unterdruck-) Bewetterung vorherrschend, und zwar aus zwei Gründen:

a) um die Hauptsohle (meist die tiefste und neuzeitlichste Sohle) aus fördertechnischen Gründen schleusenfrei zu haben und

b) um einer aus der Zeit der natürlichen Bewetterung stammenden Vorschrift der Bergbehörde nach im Abbau aufsteigender Bewetterung nachzukommen.

Man verlegt deshalb den Hauptlüfter in den Abwetterweg an den ausziehenden (Wetter-) Schacht, d. h. der Lüfter saugt die Abwetter aus dem abgedeckten Wetterschacht ab, und der Einziehstrom fällt ungehindert durch wettertechnische Einrichtungen im Einziehschacht ein (Abb. 339).

Um die teure Aufschlußzeit fü1 ein Bergwerk abzukürzen und den Schächten bestimmte Aufgaben zuordnen zu können, umfaßt eine neue Schachtanlage meistens einen Ein- und einen Ausziehschacht in nächster Nachbarschaft, d. h. die Bewetterung ist rückläufig. Nur bei Lagerstätten, die sich vornehmlich in einer Richtung erstrecken, ist grenzläufige Bewetterung sofort wirtschaftlicher, da man ohne Außenschächte nicht auskommen wird (Abb. 340).

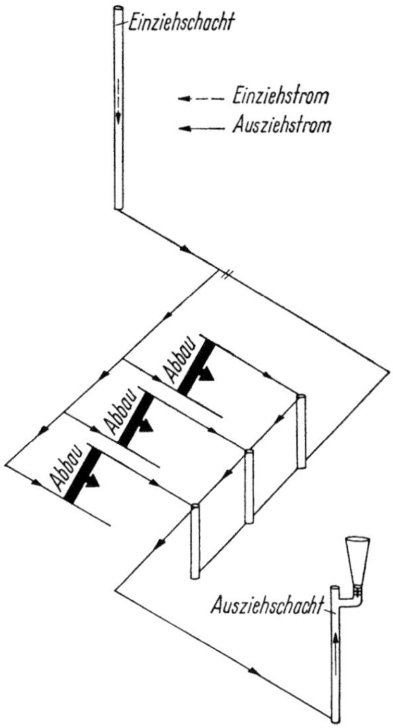

Abb. 340. Beispiel einer grenzläufigen Wetterführung.

Bei Ausdehnung der Lagerstätte nach allen Richtungen wird die grenzläufige Wetterführung dann unerläßlich, wenn das Baufeld der Grube bestimmte Längen überschreitet (Abb. 341). Welche Schächte einer ausgedehnten Grube ein- oder ausziehend eingerichtet und für welche Zeiträume sie vorgesehen werden, hängt vielfach von der geschichtlichen Entwicklung des Bergwerkes ab bzw. bei der heute üblichen, selbstverständlichen abbau- und wettertechnischen Planung für längere Zeitstufen von dem Ergebnis dieser Planungen.

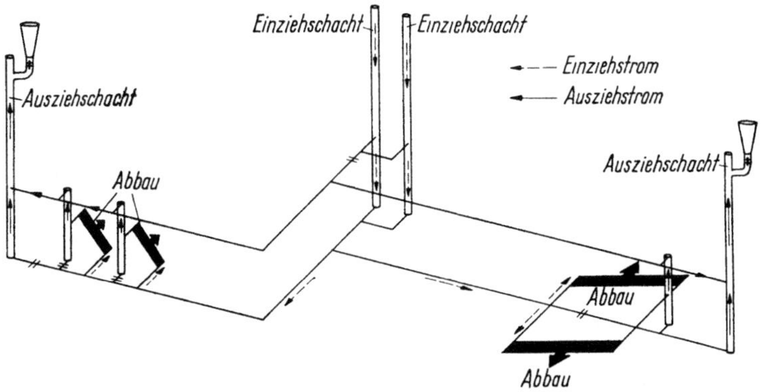

Abb. 341. Grenzläufige Wetterführung, hervorgegangen aus einer ursprünglich rückläufigen Bewetterung

3. Wettertechnischer Zuschnitt der Bergwerke (Kennwerte) und Wetterplanung.

Den Planungen liegen die bekannten wettertechnischen Gesetzmäßigkeiten zugrunde, nach denen die Erhöhung der Wettermenge auf das Doppelte eine Vervierfachung des strömungstechnischen Widerstandes und eine Verachtfachung der Lüfterleistung bedingt, wenn am Durchlaßvermögen der Grube nichts verändert wird.

Die Schächte in Europa haben Teufen bis zu 1500 m ab Rasenhängebank (0 m Teufe) erreicht (im außereuropäischen Ausland bis über 2500 m, abgesetzte

Schächte bis zu 4000 m). Die Schachtdurchmesser liegen bei neuen Schächten zwischen 5 und 10 m. Die Streckenquerschnitte haben 6 bis 30 m^2, Füllorte bis zu 50 m^2. Die freien Wetterquerschnitte im Abbau (Streb) betragen zwischen 2 und 8 m^2 bei Abbaulängen bis zu 400 m. Die Gesamtlänge eines Wetterweges — beginnend an der Rasenhängebank des Einziehschachtes und endend im Wetterkanal des Ausziehschachtes – liegt zwischen 2000 und 25000 m (Mittelwert 6000 m), die Wettermenge am Lüfter im Mittel zwischen 9000 und 15000 m^3/min (Höchstwert bei etwa 35000 m^3/min). Der vom Lüfter erzeugte Druck beträgt im Mittel 200 kp/m^2, der Höchstwert etwa 800 kp/m^2. Je Tagestonne Steinkohle (tato) werden am Lüfter 3 bis 5 m^3/min Wetter bewegt, auf die Wetter in der Bauabteilung bezogen zwischen 1 und 2,6 m^3/min je tato.

Die erforderlichen Wettermengen in den einzelnen Abschnitten der Wetterwege hängen ab

a) von der Höhe der Ausgasung (0 bis 50 m^3 CH_4/t), d. h. von der Notwendigkeit, die bergbehördlich zugelassenen Höchstwerte (je nach der Art des Wetterweges zwischen 0,3 und 1,0% CH_4) nicht zu überschreiten,

b) von den angestrebten Klimawerten.

Im westdeutschen Steinkohlenbergbau bestehen zur Zeit zwei behördlich festgesetzte Klimagrenzen: Bei einer Wettertemperatur $t_t > 28$ °C wird die Arbeitszeit vor Ort auf 6 Stunden begrenzt; bei einem Grubenklimawert von mehr als 32 GK[1] dürfen Personen nicht beschäftigt werden. Als GK-Maßstab gilt zur Zeit die Effektivtemperatur nach YAGLOU [17].

Außerdem gelten die auch in anderen Industriezweigen festgelegten Werte der maximalen Arbeitsplatzkonzentration (MAK-Werte)[2] für CO, CO_2, H_2S, NO_2 u. a. Gase.

Zusätzlich besteht bezüglich der Wettermenge und der Wettergeschwindigkeit zur Zeit eine Vielzahl von Mindest- und Höchstvorschriften, auf die hier nicht im einzelnen eingegangen werden soll.

Die strömungstechnische Wetterplanung wird heute regelmäßig — auf Ausgasungs- und Klimavorausberechnungen aufbauend — mit Hilfe von Analog- und Digitalrechnern für bestimmte Zeitabschnitte durchgeführt und zwischenzeitlich immer wieder nachgeprüft, um grubensicherheitlich und wirtschaftlich die günstigste Bewetterungsform zu erreichen.

Wetterkurzschlüsse und Drosselungen müssen auf ein tragbares Minimum gebracht und bedenkliche Wetterkreisläufe verhindert werden.

Dabei sind folgende wettertechnische Regeln von besonderer Bedeutung und von Einfluß auf spätere klimatische Belange:

a) Abbau ist nur mit durchgehender Bewetterung, d. h. Hauptbewetterung, erlaubt.

b) Die Ein- und Ausziehwetterwege müssen sicher voneinander getrennt sein.

c) Im Abbaubereich selbst ist eine Aufteilung der durchgehenden Wettermenge in Teilströme (Wetterabteilungen) mit zahlenmäßig begrenzter Belegschaft notwendig. Ein Übergreifen unmittelbarer oder mittelbarer Auswirkungen von CH_4- bzw. Kohlenstaubexplosionen muß durch entsprechende besondere Einrichtungen verhindert werden.

d) Die Wetterrichtung soll stabil und die Wettermengen sollen möglichst gleichbleibend sein.

---

[1] GK = Grubenklima nach „Bergverordnung für die Steinkohlenbergwerke im Verwaltungsbezirk des Oberbergamts Dortmund" vom 18. Dezember 1964.

[2] MAK = Maximale Arbeitsplatzkonzentration nach „Richtlinien des Bundesministeriums für Arbeit und Sozialordnung".

4. Grenzen der üblichen quantitativen Bewetterungsverfahren.

Das Fortschreiten des Abbaus in größere Teufen mit meist starker Zunahme der Ausgasung und höheren Gebirgstemperaturen, die Zusammenfassung kleinerer Baufelder zu größeren Einheiten mit längeren Einziehwegen, die die klimatische und CH_4-Vorbelastung erhöht, und die Steigerung der Förderung in immer weniger, aber dafür leistungsfähigeren Betrieben haben dazu geführt, daß trotz erheblicher Erhöhung der Wettermengen in vielen Fällen die Ausgasungs- und Klimaverhältnisse sich in den letzten Jahrzehnten stetig verschlechterten.

Zunächst versuchte man, durch Übergang auf weniger übliche Bewetterungsabarten örtlich Abhilfe zu schaffen. So ging man bei söhliger Lagerung dazu über, das Fördergut und die Wetter im Gleichstrom zu bewegen. Das hatte den Vorteil, daß sowohl das aus dem Fördergut frei werdende (restliche) Grubengas als auch die von ihm abgegebene Wärme nicht vorbelastend an den Einziehstrom abgegeben, sondern dem Abwetterstrom übertragen wurden.

Bei geneigten Lagerstätten bedeutete das den Übergang auf eine im Abbau abfallende Bewetterungsrichtung und die Umwandlung eines tiefen, bis zur Hauptfördersohle reichenden Schachtes in einen ausziehenden Hauptförderschacht. Die Abschleusung über Tage machte bei Gefäßförderung keine Schwierigkeiten. Bei Grubenbränden — die zwar bei dieser Bewetterungsart seltener sind als bei aufsteigender Wetterrichtung im Abbau — muß dagegen eine zeitweise Verseuchung des Ausziehstromes, der in diesem Fall Hauptförderweg ist, mit Brandgasen in Kauf genommen werden. Andererseits konnte nachgewiesen werden, daß bei Bränden der Bänder in Förderstrecken die Belegschaft, die im Steinkohlenbergbau überwiegend noch im Abbau tätig ist, bei Gleichstrombewetterung kaum gefährdet ist. Auch die Gefahr der Staubaufwirbelung ist bei Gleichstrombewetterung insgesamt geringer.

Mit einer völligen Gleichstrombewetterung kann man auch eine Überdruckbewetterung verbinden, d. h. die Wetter werden von einem Lüfter am Einziehschacht in die Grube geblasen. Der Nachteil dieser Bewetterungsart ist die Wettererwärmung im Lüfter, die den Einziehstrom belastet. Bei einem Vergleich mit saugender Bewetterung stellt sich aber oft heraus, daß die Wetter bei entsprechender Lage des Einziehschachtes trotzdem schneller, kühler und trockener über die Obersohle die Abbaue erreichen und wärmer und feuchter über die untere, weniger ausgekühlte Sohle abziehen. Der natürliche Auftrieb in den Schächten wird wegen des erheblichen Dichteunterschiedes im Ein- und Ausziehschacht begünstigt. Nachteilig ist die aufwendigere Abschleusung des unter Überdruck stehenden Einziehschachtes gegen die Tagesoberfläche.

Der schon erwähnte planmäßige Übergang von der rückläufigen Wetterführung zur grenz- oder mittelläufigen Wetterführung ist zwar wegen der befristeteren Ausnutzung mancher Hauptwetterwege teurer und lohnt deshalb nur auf lange Sicht, wenn durch das Anwachsen unvermeidbarer Wetterkurzschlüsse das Verfahren der rückläufigen Wetterführung sich seinen technischen Grenzen nähert.

Die Vorschaltung von Zusatzlüftern zum Hauptlüfter ist eine Möglichkeit, bei Wetterwegen mit sehr unterschiedlichem Strömungswiderstand — also besonders bei rückläufiger Wetterführung — sonst erforderliche Wetterleistungseinbußen durch Drosselungen zu vermeiden. Zusatzlüfter können auch die technischen Grenzen dieser Wetterführungsart etwas erweitern. Das ist besonders dann nützlich, wenn die noch abzubauenden Kohlenvorräte an den Feldesgrenzen das Abteufen eines neuen Schachtes nicht rechtfertigen. Eine Steigerung der Gesamtwettermenge ist mit Zusatzlüftern nur in besonderen Fällen möglich, der Vorteil ist allein die günstigere Wetterverteilung.

5. Übergang zur qualitativen Bewetterung.

Sind alle wettertechnischen Möglichkeiten zur Steigerung der Wettermengen bei der quantitativen Bewetterungsart ausgeschöpft und bestehen weiterhin Ausgasungs- und Klimaschwierigkeiten, so ist Abhilfe nur noch durch teilweisen oder völligen Übergang zur qualitativen Bewetterung möglich.

Bei der CH_4-Bekämpfung geschieht das dadurch, daß man einen bestimmten Anteil der Ausgasung (die Zusatzausgasung) in Bohrlöchern, Gasstrecken und dergleichen ansammelt und das CH_4 durch besondere Absaugeleitungen dem Wetterstrom fernhält und mit Hilfe von Sauggebläsen zutage leitet. Dieses Verfahren ist in den 40er Jahren im Ruhrgebiet entwickelt worden und wird jetzt in allen Steinkohlenbezirken der Welt angewandt[1].

Bei der Klimatisierung wird zusätzlich zur Wärmeableitung mit den Wettern eine Wetterkühlung, d. h. eine Wärmeaufnahme durch Kälteanlagen und Wärmeableitung mit Kühlwasser angestrebt.

III. Klimabedingungen in Gruben.

Hauptursache ungünstiger Klimabedingungen in Gruben ist die Gebirgswärme. Der Teil der Erdrinde, in die der Bergbau vordringt, ist im Vergleich zur Dicke des festen Erdmantels sehr dünn. In ihr ist ein Temperaturgefälle aus der Tiefe zur Erdoberfläche hin festzustellen, das durch unterschiedliche Temperaturgradienten (z. B. im Ruhrgebiet 3 °C je 100 m Teufenunterschied) gekennzeichnet ist. Ein im Bergbau verbreiteter Begriff ist die geothermische Tiefenstufe, der Kehrwert des Gradienten (Richtwert für das Ruhrgebiet 30 m/°C). Abb. 342 liefert einige Beispiele für die unterschiedlichen Gebirgstemperaturen der Erdrinde. Der Ursprung der Wärme ist bisher noch wenig geklärt. Nach den derzeitigen Erkenntnissen kann man annehmen, daß die Wärme nicht mit einer allgemeinen Auskühlung der Erde zusammenhängt, da dieser Vorgang als abgeschlossen gilt. Neben einigen untergeordneten Wärmequellen, zu denen gravitative Kontraktion, chemische Umsetzungswärme, Reibungswärme und Kristallisationswärme gehören, dürfte die Radioaktivität der Gesteine die wesentliche Quelle der Gebirgswärme sein.

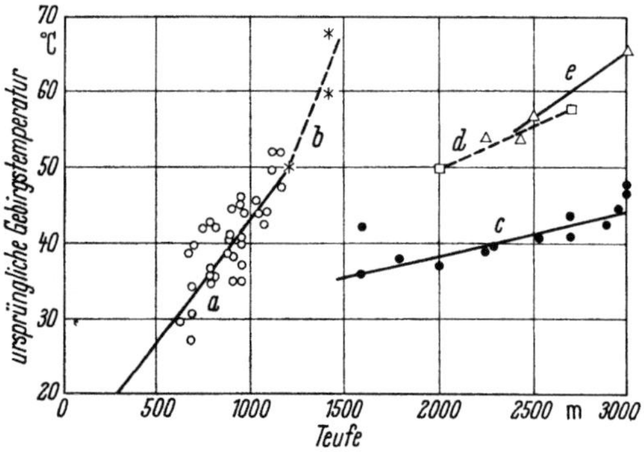

Abb. 342. Gebirgstemperaturen in verschiedenen Bergbaugebieten.
a Ruhrgebiet, *b* nordamerikanischer Kupfererzbergbau, *c* südafrikanischer, *d* brasilianischer und *e* indischer Golderzbergbau

Zweck der Bewetterung bzw. der Klimatisierung der Gruben ist es, mit den Wettertemperaturen möglichst weit unter den Gebirgstemperaturen zu bleiben. Es wird zwar kein „behagliches" Klima angestrebt wie in der allgemeinen Klimatechnik; der Bergbau muß sich vielmehr darauf beschränken, „erträgliche" Bedingungen zu schaffen. Wie groß die Unterschiede zwischen der Behaglichkeitszone und den in Gruben auftretenden Klimabedingungen sind, geht aus Abb. 343 hervor. Die Mehrzahl der Arbeitsplätze liegt zwar im unteren Bereich der Felder; so entfallen z. B. rund 70% der Steinkohlenförderung Westdeutschlands auf Arbeitsplätze, die unterhalb der Trockentemperaturlinie von 28 °C und damit

[1] Da das CH_4-Absaugeverfahren die Klimatisierung nur wenig beeinflußt, soll nicht weiter darauf eingegangen werden.

unterhalb der derzeitigen Grenze für volle Arbeitszeit liegen. Von besonderer Bedeutung für die Klimatisierung sind jedoch Werte oberhalb dieser Grenze. Sie stellen die Ausgangsbedingungen bei der Berechnung und Planung der Anlagen

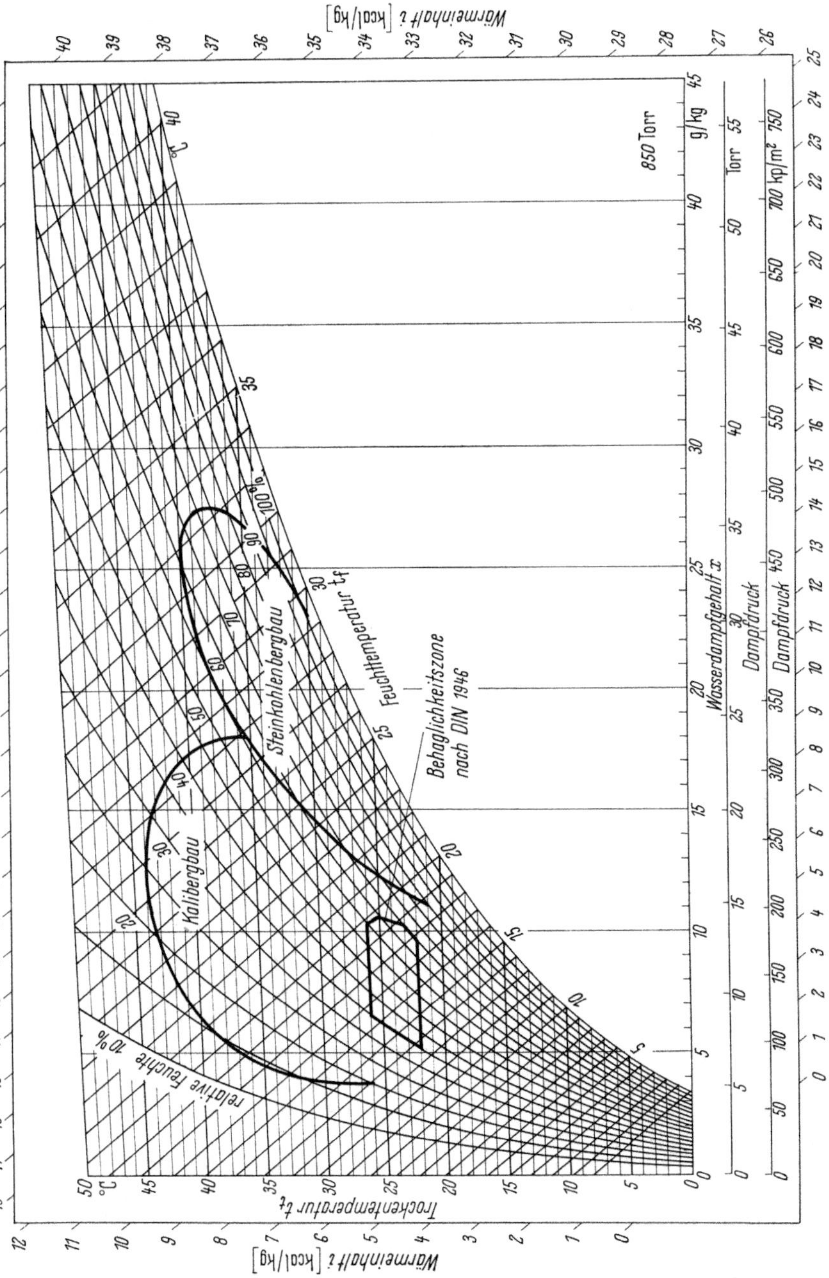

Abb. 343. Grubenklimabedingungen im westdeutschen Bergbau.

für die Grubenwetterkühlung dar. Wollte man die Wetter soweit abkühlen, daß die Behaglichkeitszone erreicht wird, so ist einerseits wegen der notwendigen großen Kälteleistung die Wirtschaftlichkeit der Anlage in Frage gestellt. andererseits der

Gegensatz zwischen gekühlten und ungekühlten Teilen der Grube so groß, daß gesundheitliche Nachteile für die Bergleute zu befürchten sind, deren Tätigkeit ein häufiges Hinüberwechseln von einer Klimazone in die andere erfordert.

Der Einbau von Wetterkühlanlagen wird in den meisten Fällen erst dann geplant, wenn die Klimabedingungen an den Arbeitsplätzen so schlecht geworden sind, daß Abhilfe unerläßlich ist. Durch Messungen werden dann zunächst die Ursachen ungünstiger Klimabedingungen festgestellt, und mit Hilfe einer Wärmebilanz wird der Leistungsbedarf der Kühlanlagen ermittelt. Dabei muß berücksichtigt werden, daß sich der Zustand der Grubenwetter am Eintritt in die Kühler zeitlich stark ändern kann. Die Klimavorausberechnung (vgl. Abschn. A IV 6) ist daher ein notwendiger Beitrag für die wettertechnische Gesamtplanung neuer Schachtanlagen oder neu zu erschließender Feldesteile, bei der die Anwendung von Kühlanlagen grundsätzlich vorgesehen ist.

Hinsichtlich der Leistungsbemessung von Klimaanlagen besteht ein wesentlicher Unterschied zwischen der Klimatechnik über und unter Tage. Bei Planungsarbeiten über Tage sind die äußeren Bedingungen (z. B. die meteorologischen Verhältnisse in den einzelnen Breitengraden, die Isolierwirkung von Baustoffen, die Größe zusätzlicher Wärmequellen usw.) weitgehend bekannt. In Gruben dagegen müssen die Ursachen der Klimaschwierigkeiten von Fall zu Fall durch besondere Messungen ermittelt werden.

Bei einem Vergleich der Verhältnisse über Tage mit denen unter Tage ergeben sich folgende Unterschiede: Die äußeren Bedingungen über Tage sind Räume mit festliegenden Abmessungen, unveränderten Verhältnissen hinsichtlich der meist kurzen Luftzuführungskanäle und vielfach auch hinsichtlich der umgewälzten Luftmengen, wechselnde Belastung durch unterschiedliches Klima im Freien, wechselnde Zahl von Personen in Aufenthaltsräumen oder unterschiedliche Arbeitsvorgänge in Industriebetrieben. Demgegenüber hat das Klima im Freien nur geringen Einfluß auf die Arbeit unter Tage, die Abmessungen der Räume ändern sich zwar langsam, aber stetig und die Luftzuführungskanäle, d. h. die Wetterwege, sind außerordentlich lang.

Die Wetter ziehen im Einziehschacht meist bis zur tiefsten Sohle ein, gelangen im Gegenstrom mit dem Fördergut über die söhligen Einziehstrecken zu den Abbaubetrieben, steigen in diesen auf und gelangen oft noch über Blindschächte auf höher gelegene Wettersohlen und schließlich über den Ausziehschacht zur Tagesoberfläche und über den Lüfter ins Freie. Auf dem Weg durch die Grube nehmen sie Wärme und Wasserdampf auf und fördern beides aus der Grube hinaus. Abb. 344 zeigt an einem Beispiel, wie sich der Zustand der Wetter auf ihrem Weg ändert. Durch Messung der Zustandsänderung und der Wettermenge läßt sich die Wärmemenge bestimmen, die z. B. in der gesamten Grube oder auch in Teilen des Strömungsweges an die Wetter übertragen wird. Die so mit den Wettern aus einer Grube herausgeführte Wärme beträgt in der Regel mehrere Millionen kcal/h und die Wasserdampfaufnahme mehrere 1000 kg/h. Einige Kohlenzechen fördern mehr Wasser mit den Wettern aus der Grube als mit der Wasserhaltung. Diese Zahlen lassen schon erkennen, daß die Klimatisierung eines Grubengebäudes durch Kühlung des gesamten Wetterstromes aussichtslos ist.

Ziel der Klimatisierung ist vielmehr, vor allem in den Abbaubetrieben möglichst günstige Klimabedingungen zu schaffen. Es muß angestrebt werden, die Wärmeaufnahme der Wetter in den Einziehwegen, die oft mehrere km lang sind, gering zu halten. Wegen der gegenseitigen Beeinflussung müssen die Wetterwege und die dahinter liegenden Abbaubetriebe aber als Ganzes betrachtet werden. Die Wärme- und Wasserdampfaufnahme ist in den Einziehwegen, deren Länge mit dem Vorrücken der Abbaue stets zunimmt, oft größer als in den eigentlichen Abbaubetrieben. Selbst an Stellen, an denen die Wetter mit Hilfe von Kältemaschinen gekühlt werden und die Wetterkühler mit dem Abbau vorrücken, bleibt der Einfluß der Einziehwege und der übrigen Grube spürbar. So wird das Kühlwasser

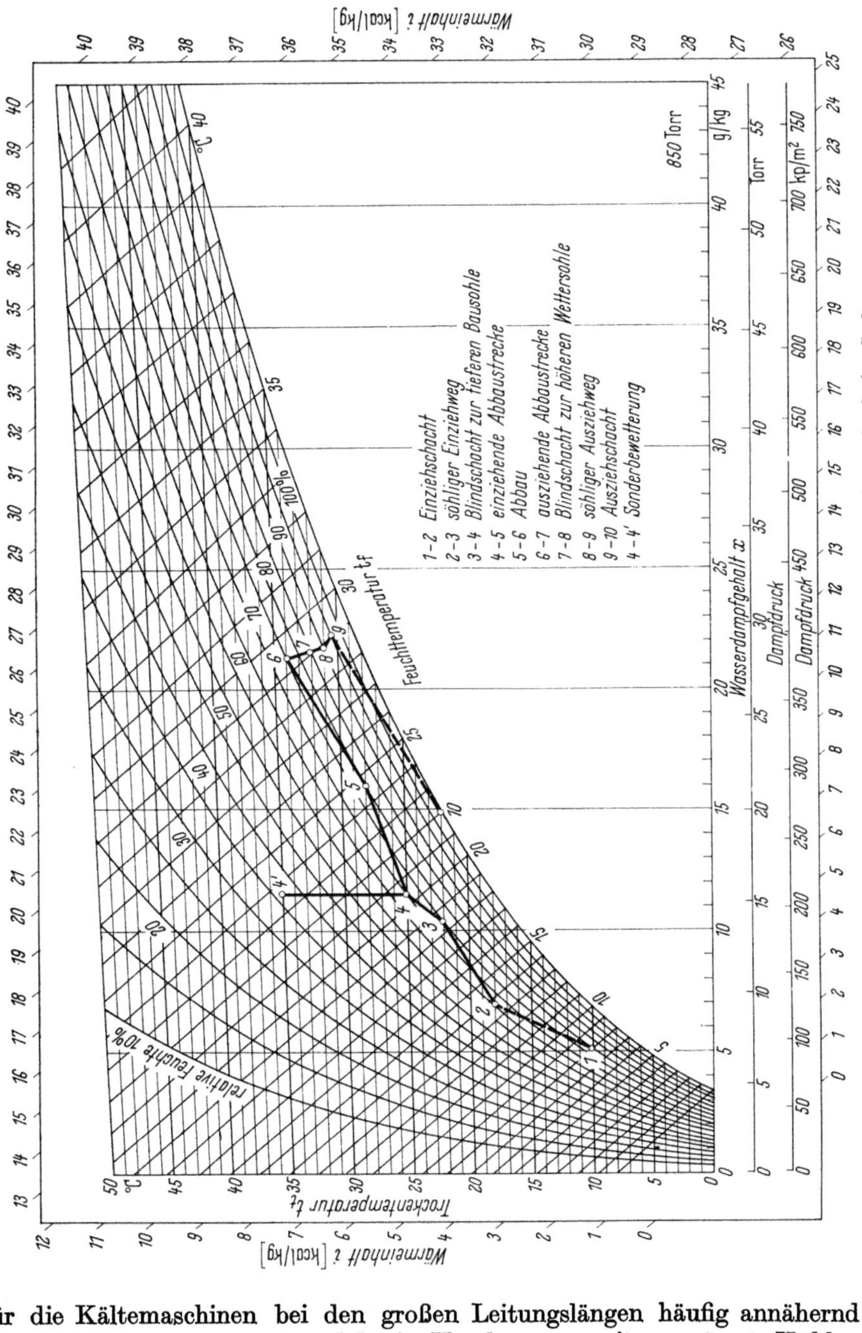

Abb. 344. Zustandsänderung der Grubenwetter beim Durchgang durch eine Grube.

für die Kältemaschinen bei den großen Leitungslängen häufig annähernd auf Wettertemperatur erwärmt, und das im Kondensator weiter erwärmte Kühlwasser gibt auf seinem Weg durch die Strecken zum Schacht zurück seine Wärme teilweise wieder an Einziehwetter ab. Wird also Wärme an einer Stelle entzogen, so tritt sie vielfach an anderen Stellen wieder auf, und zwar vermehrt um das Äquivalent der mechanischen Arbeit, die zum Betrieb einer Kühlanlage aufgewandt worden ist.

Die Klimatisierung von Gruben ist daher vor allem ein Transportproblem, das sich sowohl auf die Förderung der Grubenwetter als auch auf die Übertragung von Wärme an die Wetter und ihre Abfuhr mit den Wettern oder mit dem Kühlwasser erstreckt.

Klimatische Schwerpunkte des Wetterweges, an denen die Wetter vielfach gekühlt werden müssen, sind die durchgehend bewetterten Gewinnungsbetriebe (Abb. 344: Zustandsänderung der Wetter von Punkt 5 nach Punkt 6) bzw. die sonderbewetterten Ausrichtungsbetriebe (Abb. 344: Zustand 4′), ferner in der Auffahrung begriffene, noch nicht durchschlägige Schächte, Strecken und ansteigende oder einfallende Ortsbetriebe (Aufhauen, Abhauen).

IV. Grundlagen der Klimavorausberechnung.

Neben der Gebirgswärme als entscheidender Wärmequelle für das Klima in den Abbaubetrieben bestehen noch weitere Einflüsse auf den Zustand der Grubenwetter, die vor allem für die Ausgangswerte der Klimavorausberechnung besondere Bedeutung haben. Bemerkenswert ist dabei, daß der erste Teil eines Wetterweges meist schon so weit ausgekühlt ist, daß in ihm trotz der tages- und jahreszeitlichen Schwankungen — über längere Zeiträume gesehen — ein stationärer Wärmeaustausch vorherrscht, während im mittleren Teil des Wetterweges gegen den Abbau hin und besonders in ihm instationäre Verhältnisse den Rechnungsgang bestimmen. Der letzte Teil des Wetterweges zwischen Abbau und Austritt aus der Grube ist wiederum meist durch stationäre Verhältnisse gekennzeichnet. Für die Kenntnis der Verhältnisse in diesem Teil besteht im allgemeinen wenig Interesse.

In den meisten Fällen wird „aufsteigend" bewettert, d. h. die Wetter gelangen auf der tieferen Sohle zum Abbau, steigen darin auf und erwärmen sich, bis sie den Abbau verlassen. Hinter dem Abbau setzt auf dem weiteren Weg meist ein Temperaturrückgang ein, der teils durch Mischung mit Kurzschlußwettern, teils durch das Aufsteigen in Zonen geringerer Gesteinstemperatur verursacht wird. Die Wettererwärmung ist daher auf den Weg vor dem Abbau und im Abbau beschränkt.

Anders ist es bei der „abfallenden" Wetterführung, die in besonderen Fällen angewandt wird und die wegen der gleichen Richtung von Wettern und Fördergut im Abbau klimatische Vorteile hat. Der Förderweg liegt in Wetterrichtung hinter dem Abbau. In ihm können die Klimawerte weiter ansteigen. Da ein Teil der Belegschaft in der Förderung arbeitet, ist dieser Teil durch schlechtere Klimaverhältnisse benachteiligt. Bei dieser Art der Wetterführung muß daher ein Teil des Ausziehweges in die Berechnung einbezogen werden.

1. Tages- und jahreszeitlicher Einfluß.

Die meteorologischen Verhältnisse an der Erdoberfläche, ihre tages- und jahreszeitlichen Schwankungen beeinflussen nur im vorderen Teil der Wetterwege die Klimabedingungen einer Grube. Der annähernd sinusförmige Verlauf dieser Schwankungen klingt mit zunehmendem Abstand von der Rasenhängebank des Einziehschachtes mehr und mehr ab. In den Abbaubetrieben ist der Einfluß der Tagesschwankungen in der Regel nicht mehr, der Einfluß der Jahresschwankungen nur noch in geringem Maße spürbar. Neben der Länge und dem Alter des Wetterweges ist die Wettermenge für die Größe der Amplitude entscheidend. Welche Werte die Wettertemperaturen in einem 3500 m langen Einziehweg über den Verlauf eines Jahres annehmen können und welche jahreszeitlichen Unterschiede zwischen den Höchst- und Niedrigstwerten über und unter Tage bestehen, zeigt

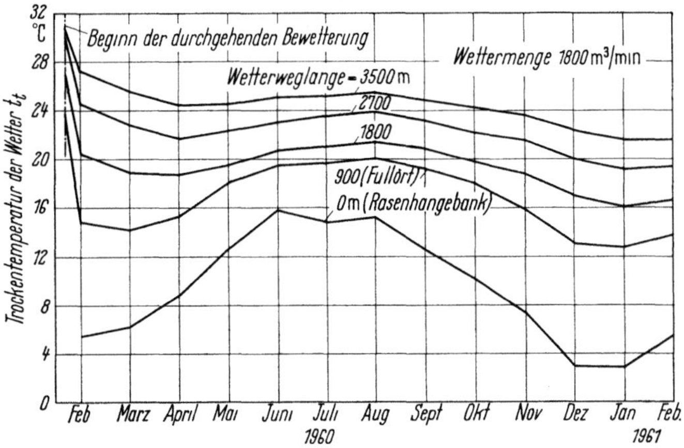

Abb. 345. Temperatur der Wetter im Einziehwetterweg einer Steinkohlengrube; Monatsmittelwerte eines Jahres [14].

Abb. 345 [14]. Die Unterschiede zwischen den höchsten Werten im August (über Tage im Juni) und den niedrigsten Werten im Januar betragen:

über Tage	in 900	1800	2700	3500 m Teufe
13,0	7,4	5,4	4,7	4,0 °C

Beispiele dieser Art, die sich nur auf die Untersuchung der Einflüsse tages- und jahreszeitlicher Schwankungen erstrecken, sind selten, weil der Meßaufwand beträchtlich ist. Als weitere Einflußgröße muß in diesem Beispiel die Auskühlung

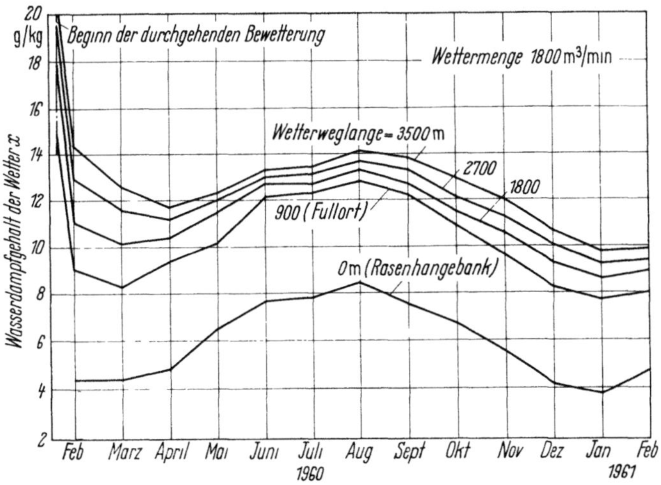

Abb. 346. Wasserdampfgehalt der Wetter im Einziehweg einer Steinkohlengrube; Monatsmittelwerte eines Jahres [14].

nach Beginn der durchgehenden Bewetterung in Kauf genommen werden. Obwohl die Auskühlung nach einem halben Jahr weitgehend abgeschlossen ist, werden die angegebenen Werte für die Amplitude noch weiter zurückgehen, so daß angenommen werden kann, daß bei dieser Wettermenge in 4 bis 5 km Entfernung vom Eintritt der Wetter in die Grube die Wettertemperaturen von den jahreszeitlichen Einflüssen des Übertageklimas praktisch frei bleiben.

Schwankungen des Wasserdampfgehaltes reichen dagegen weiter in die Grube hinein. Abb. 346, der die gleichen Messungen zugrunde liegen, läßt dies an der Amplitudenhöhe deutlich erkennen. Die Amplituden betragen hier:

über Tage	in 900	1800	2700	3500 m Teufe
4,7	5,1	4,7	4,5	4,3 g/kg

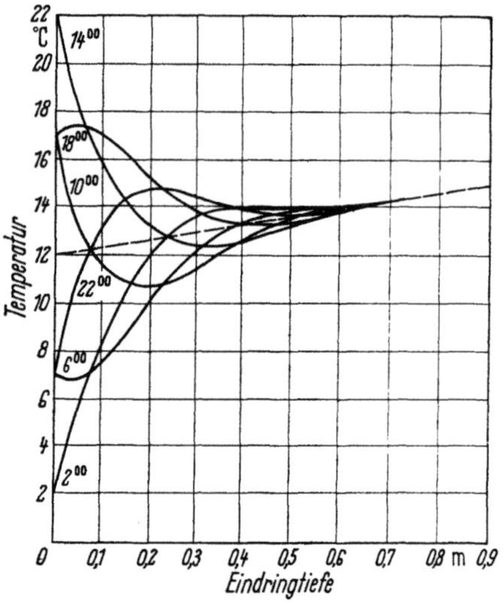

Abb. 347. Das Eindringen der täglichen Temperaturschwankungen in das Gebirge [9].

Die Abbildungen vermitteln gleichzeitig Anhaltswerte für die absoluten Größen von Temperatur und Wasserdampfgehalt über Tage und in Gruben über den Verlauf eines Jahres.

Die rechnerische Erfassung der tages- und jahreszeitlichen Schwankungen ist sehr schwierig, da sich meist mehrere Einflüsse überlagern. Alter, Bewetterungsart und -dauer in den einzelnen Wetterwegabschnitten sind sehr unterschiedlich, und in Schachtnähe wechselt die Richtung des Wärmeflusses im Gebirge häufig. Abb. 347 zeigt ein Rechenbeispiel für das Eindringen der täglichen Temperaturschwankungen in das Gebirge. Bei einer ursprünglichen Gebirgstemperatur von 20 °C und einer Amplitude von ±10 °C dringen die Schwankungen weniger als einen Meter tief in das Gebirge ein. Das Beispiel veranschaulicht die Verhältnisse für einen Gebirgsstoß im Schacht in geringer Teufe. Bei der gleichen Aplitude verschwinden die jährlichen Temperaturschwankungen in einer Tiefe von 15,8 m, wenn ±0,01 °C als die Grenze der Meßbarkeit angesehen wird [9].

Ein praktisches Beispiel mit gemittelten Meßwerten aus einem Bohrloch in 0, 1,5 und 2,75 m Tiefe zeigt Abb. 348 [4]. Man erkennt deutlich, daß die Schwin-

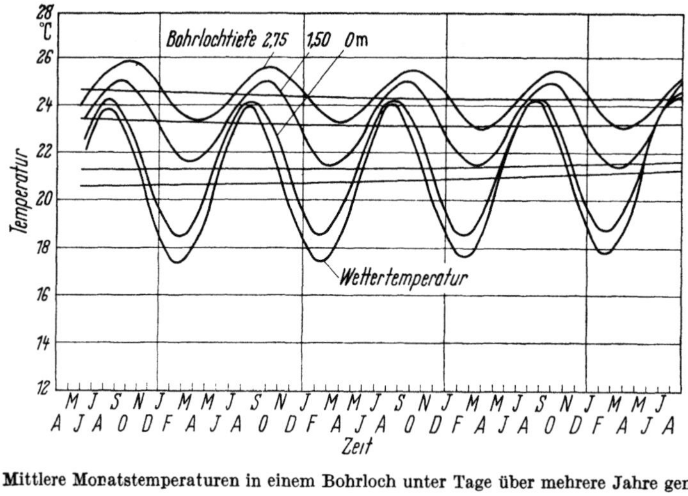

Abb. 348. Mittlere Monatstemperaturen in einem Bohrloch unter Tage über mehrere Jahre gemessen [4].

gungsweite der Lufttemperatur außerhalb des Bohrloches am größten ist. Für die Gesteinstemperatur nimmt sie mit größer werdenden Bohrlochtiefen ab. Außerdem ist eine Phasenverschiebung der Temperaturen in größeren Bohrlochtiefen erkennbar.

2. Verdichtungswärme.

Der Einziehschacht umschließt eine Luftsäule, deren Höhe gleich der Teufe des Schachtes ist. In der Luftsäule herrscht eine gleichförmige Bewegung von oben nach unten. Nach dem Gesetz

$$\Delta\, i = A \cdot H\,(1 + x) \quad \text{kcal/kp} \tag{1}$$

wird die potentielle Energie des Luftwasserdampfgemisches in Wärme umgesetzt (A = mech. Wärmeäquivalent $= \frac{1}{427}$ kcal/mkp). Darin ist berücksichtigt, daß Enthalpie i und Wasserdampfgehalt x auf 1 kg trockene Luft bezogen werden[1]. Bei völlig trockener Luft und unter der Annahme, daß andere Wärmequellen oder Senken nicht vorhanden sind, ergibt sich für einen Teufenunterschied von $H =$ 100 m:

$$\Delta\, i = \frac{100}{427} = 0{,}234 \quad \text{kcal/kp}$$

$$\Delta\, t_t = \frac{\Delta\, i}{c_p} = \frac{0{,}234}{0{,}24} = 0{,}975 \sim 1\,\text{grd.}$$

Diese als adiabate Erwärmung bezeichnete Zustandsänderung läßt sich ferner nach der Gleichung

$$T_1 - T_0 = \frac{\varkappa - 1}{\varkappa} \cdot \frac{1}{R} \cdot H \tag{2}$$

berechnen. Darin sind

T_0	die absolute Temperatur der Wetter über Tage	°K
T_1	die absolute Temperatur der Wetter auf einer tieferen Sohle	°K
$\varkappa$	der Exponent der adiabaten Verdichtung	$\varkappa = \frac{c_p}{c_v} = 1{,}4$
R	die Gaskonstante von Luft	mkp/kg °K

Bei Aufsteigen der Wetter in Ausziehschächten erfolgt nach den gleichen Gesetzen eine Abnahme der Enthalpie und der Wettertemperatur. Die Bedingungen der adiabaten Zustandsänderung sind in praktischen Fällen — jedenfalls was die Augenblickswerte der Temperatur anlangt — nur selten erfüllt. Abweichungen werden teils durch den tages- und jahreszeitlichen Einfluß, teils durch Gebirgswärme (bei jungen Schächten), teils durch besondere Wärmequellen — wie Rohrleitungen, Kabel, Fördergut usw. — verursacht.

Die Gebirgswärme spielt in Haupteinziehschächten keine Rolle mehr, da nach jahrelanger Bewetterung mit großen Wettermengen die Auskühlung der Schachtwand praktisch abgeschlossen ist, so daß aus der Tiefe des Gesteins keine nennenswerten Wärmemengen mehr zufließen. Auch der Einfluß besonderer Wärmequellen ist meist gering, da man anstrebt, warme Rohrleitungen, Kabel u. dgl. in die Ausziehschächte zu legen oder z. B. die Druckluft über Tage — vor dem Eintritt der Rohrleitungen in den Einziehschacht — zu kühlen. Es sind für diese Grubenteile demnach in erster Linie die tages- und jahreszeitlichen Schwankungen von Einfluß, d. h. der durch die Witterungsverhältnisse an der Tagesoberfläche verur-

[1] Die Enthalpiezunahme wird hier in kcal/kp ausgedrückt, weil Energie das Produkt aus Kraft · Weg (Luftgewicht · Teufenunterschied) ist. Da Masse und Gewicht hier den gleichen Zahlenwert haben, ist nach Beendigung des Falles die Masse von 1 kg Luft um den gleichen Betrag erwärmt worden, den die Energieumwandlung für 1 kp verursacht hat.

sachte häufige Wechsel der Temperatur und Feuchtigkeit der einziehenden Wetter und die Speicherung und Entspeicherung der wandnahen Schichten des Schachtes. Dieser Einfluß kann — zumindest für Augenblickswerte — beträchtlich sein. Es kann durchaus vorkommen, daß nach einer starken Lufterwärmung über Tage die Wetter auf der Sohle kühler ankommen als sie an der Rasenhängebank in den Schacht eintreten.

Da jedoch in erster Linie das Klima in den *Abbau*betrieben von Interesse und Gegenstand der meisten Klimauntersuchungen und Berechnungen ist, andererseits die tages- und jahreszeitlichen Schwankungen bis zum Abbau fast völlig abgeklungen sind, genügt die Kenntnis der Jahresmittelwerte, allenfalls noch der Monats- oder Tagesmittelwerte am Füllort des Einziehschachtes. Der Energieumsatz $\Delta i = A \cdot H$ ist in jedem Fall vorhanden, wenn er auch in den Ergebnissen der Augenblicksmessungen nicht immer deutlich wird. Abweichungen durch Speicherung in der Schachtwand und Entspeicherung werden im Laufe eines Jahres ausgeglichen, wenn man unterschiedliche Werte zwischen den einzelnen Jahren vernachlässigt. Einziehschächte, in denen keine besonderen Wärmequellen bestehen, zeichnen sich dadurch aus, daß der Jahresmittelwert der Enthalpiezunahme der adiabaten Erwärmung entspricht. Als Anhaltszahl kann gelten, daß die Hälfte der Wärmezunahme in einer Temperaturerhöhung besteht, d. h. in einer Erhöhung der fühlbaren Wärme, und die andere Hälfte in einer Erhöhung der latenten Wärme.

3. Warme Rohrleitungen in Einziehschächten.

Solange Klimafragen für die Bergwerke nur untergeordnete Bedeutung hatten, war es üblich, Rohrleitungen für die unter Tage benötigte Druckluft und für die Wasserhaltung in den Einziehschächten zu verlegen. Die meist zentrale Lage der der Förderung dienenden Einziehschächte und die im Vergleich zu den Ausziehschächten günstigeren Bedingungen hinsichtlich Wartung und Korrosion waren der Grund dafür. Diese Rohrleitungen, vor allem Druckluftleitungen, die ungekühlte oder mäßig gekühle Druckluft in die Grube leiten, können beträchtliche Wärmemengen an die einziehenden Wetter übertragen. Trotz Zwischenkühlung in den einzelnen Verdichterstufen sind Drucklufttemperaturen am Eintritt in den Schacht von 80 °C keine Seltenheit. Im Schacht kühlt sich die Druckluft ab, während die abgegebene Wärme von den einziehenden Wettern aufgenommen wird. Dieser Wärmebetrag setzt sich aus 3 Anteilen zusammen. Der erste Anteil ergibt sich aus dem Temperaturverlust des Mengenstromes der Druckluft:

$$Q_1 = G_D \cdot \Delta t_D \cdot c_p \quad \text{kcal/h} \tag{3}$$

Der zweite Anteil ist auf die Verdichtung der Druckluft mit zunehmender Teufe zurückzuführen:

$$Q_2 = G_D \cdot \Delta i_{\text{adiabat}} \quad \text{kcal/h} \tag{4}$$

$$\Delta i_{\text{adiabat}} = A \cdot H\,(1 + x) \quad \text{kcal/kg} \quad \text{(vgl. Fußnote 1, S. 445)} \tag{1}$$

Den dritten Anteil liefert die Kondensationswärme des in der Rohrleitung durch Abkühlung und Druckerhöhung kondensierenden Wasserdampfes:

$$Q_3 = G_D \cdot \Delta i_{\text{kond}} \quad \text{kcal/h} \tag{5}$$

$$\Delta i_{\text{kond}} = \Delta x \cdot r \quad \text{kcal/kg}$$

Dabei ist zu bedenken, daß in verdichteter Luft die Sättigung bereits bei höheren Temperaturen auftritt als bei Luft mit Normaldruck. Abgekühlte Druckluft enthält daher je kg nur noch sehr wenig Wasserdampf.

Ein Beispiel einer Druckluftleitung, deren Wärmeabgabe vor und nach dem Einbau einer über Tage aufgestellten Druckluftkühlanlage ermittelt wurde, hat gezeigt, daß die Wärmeaufnahme der Wetter durch Druckluftkühlung um 300000 kcal/h zurückging.

4. Gebirgswärme und Berechnung der Temperaturzunahme in söhligen Wetterwegen.

Da die Verhältnisse von einem bestimmten Punkt des Wetterweges an über längere Zeit als gleichbleibend angesehen werden können, kann die Berechnung des Zustandes der Wetter in den Teilen der Grube, die sich durch instationären Wärmeaustausch auszeichnen, von einem festen Ausgangswert, z. B. einem Wert am Füllort des Einziehschachtes oder am Anfang einer Abbaustrecke, aus beginnen. Dieser Ausgangswert ist als Jahresmittelwert oder auch als Sommer- oder Winterwert unter Berücksichtigung von Meßwerten oder von der Teufe, von davorliegenden Wetterwegabschnitten, besonderen Wärmequellen u. dgl. festzulegen. Als Modell für die instationären Vorgänge der Wärmeübertragung kann ein luftdurchströmter Hohlzylinder vom Innenradius r_0 und dem sehr großen Außenradius R betrachtet werden. Die Wärme gelangt durch Leitung aus der Tiefe des Gesteins in radialer Richtung an die Gesteinsoberfläche und wird hier durch Konvektion an die Wetter übertragen. Die mathematische Beschreibung der Vorgänge (erstmalig von CARLSLAW und JAEGER [5]) wird im Abschnitt Wärmeleitung C, Seite 134, Band III, des Handbuches der Kältetechnik ausführlich wiedergegeben. Das Bergbauschrifttum enthält Beispiele praktischer Anwendungen [1, 3, 9].

Für den Wärmefluß im Gestein gilt die Beziehung

$$q = \lambda \frac{\vartheta_{gu} - \vartheta}{r_0} \cdot K. \tag{6}$$

Darin bedeuten:

q	Wärmefluß	kcal/m²h
λ	Wärmeleitzahl	kcal/mh grd
ϑ_{gu}	ursprüngliche Gesteinstemperatur	°C
ϑ	Wettertemperatur	°C
r_0	Radius des Wetterweges	m
K	Altersbeiwert $= f$ (Fo, Bi)	

Der Altersbeiwert ist ein Faktor, der die Auskühlung des Gebirges berücksichtigt. Er ist abhängig von der Fourierzahl

$$F_0 = \frac{a \cdot \tau}{r_0^2} \tag{7}$$

und der Biotzahl

$$Bi = \frac{\alpha \cdot r_0}{\lambda}. \tag{8}$$

Als weitere Größen erscheinen hier

$a = \frac{\lambda}{c \cdot \varrho}$	Temperaturleitzahl	m²/h
τ	Zeit der Bewetterung	h
α	Wärmeübergangszahl	kcal/m²h grd

Um die genaue Berechnung von K-Werten haben sich vor allem SCERBAN und KREMNEV [13] sowie NOTTROT und SADÉE [11] verdient gemacht. Abb. 349 enthält eine Darstellung von Altersbeiwerten im Bereich $10^{-3} < \text{Fo} < 10^3$ mit Biot-Zahlen von 1, 2, 4, 8, 16 und ∞ als Parameter.

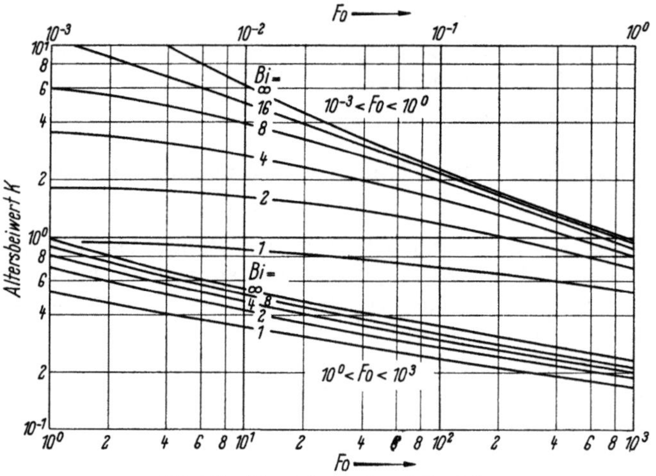

Abb. 349. Altersbeiwert $K = f$ (Fo; Bi).

Da die im Gebirge strömende Wärme q in gleicher Größe von den Wettern aufgenommen wird, ist

$$q \cdot U \cdot dl = G \cdot c_p \cdot d\vartheta\,, \tag{9}$$

wenn

U	Umfang des Wetterweges	m
l	Länge des Wetterweges	m
G	Wettermengenstrom	kg/h
c_p	spezifische Wärme der Wetter	kcal/kg grd

darin bedeuten. Daraus ergibt sich die Beziehung für den Temperaturanstieg in Wetterwegen

$$\frac{\vartheta_{gu} - \vartheta}{\vartheta_{gu} - \vartheta_0} = e^{-\frac{U \cdot l \cdot \lambda \cdot K}{G \cdot c_p \cdot r_0}} \tag{10}$$

mit ϑ_0 als Wettertemperatur am Anfang des Wetterweges.

Wird der Unterschied zwischen ursprünglicher Gebirgstemperatur ϑ_{gu} und der Wettertemperatur am Ende des untersuchten Teiles des Wetterweges ϑ mit $\Delta\vartheta$ und der Unterschied zwischen ϑ_{gu} und der Wettertemperatur am Anfang des Weges ϑ_0 mit $\Delta\vartheta_0$ bezeichnet, so ist

$$\Delta\vartheta = \Delta\vartheta_0 \cdot e^{-\frac{U \cdot l \cdot \lambda \cdot K}{G \cdot c_p \cdot r_0}}\,. \tag{11}$$

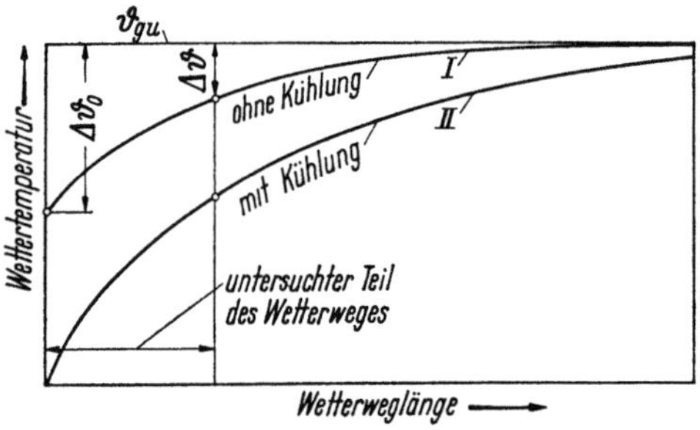

Abb. 350. Anstieg der Temperatur in einem Wetterweg.

Abb. 350 zeigt in der Linie I schematisch den Temperaturanstieg in einem Wetterweg.

5. Stoffwerte und Übertragungskenngrößen.

Neben der Wettertemperatur am Anfang des Weges, der ursprünglichen Gebirgstemperatur, den Abmessungen des Wetterweges und der Wettermenge sind es vor allem die Wärmeleitfähigkeit λ des Gesteins und der Altersbeiwert, die den Anstieg der Wettertemperatur bestimmen. Für die λ-Werte von Naturgesteinen

Tabelle 1. *Wärmeleitzahlen und daraus berechnete Temperaturleitzahlen verschiedener Gesteine.* [8]

Gestein	Herkunft	Wärmeleitzahl kcal/mh grd	Dichte kg/m³	Spez. Wärme kcal/kg grd	Temperaturleitzahl m²/h	Anisotropie $\frac{\lambda_{\perp}}{\lambda_{\parallel}}$
Grauer Mergel	England	0,8—1,2	2380	0,2	$2{,}1 \cdot 10^{-3}$	
Roter Mergel	England	1,9	2480	0,2	$3{,}8 \cdot 10^{-3}$	
Lias, Mergelschicht (bergfeucht)	Ungarn	1,3—3,9	2630	0,2	$2{,}5$—$7{,}4 \cdot 10^{-3}$	
Karbon-Schieferton (naß)	England	1,8	2740	0,208	$3{,}1 \cdot 10^{-3}$	
Karbon-Schieferton	Deutschland	2,3—2,7	2650	0,205	$4{,}6 \cdot 10^{-3}$	0,7
Tonstein	Süd-Afrika	~2,4	2770	0,2	$4{,}3 \cdot 10^{-3}$	
Granit	Süd-Afrika	2,3—2,6	2620	0,2	$4{,}7 \cdot 10^{-3}$	
Lava	Süd-Afrika	2,3—3,1	2840	0,2	$4{,}0$—$5{,}5 \cdot 10^{-3}$	
Harter geschichteter unreiner Kalk	England	2,9	2630	0,2	$5{,}5 \cdot 10^{-3}$	
Karbon-Sandstein (fein, trocken)	England	2,3—2,8	2380	0,202	$4{,}8$—$5{,}8 \cdot 10^{-3}$	0,8
Karbon-Sandstein (fein, naß)	England	2,8—3,4	2500	0,238	$5{,}2 \cdot 10^{-3}$	0,8
Karbon-Sandstein (grob, trocken)	England	2,3—2,5	2070	0,198	$5{,}9 \cdot 10^{-3}$	0,9
Karbon-Sandstein (grob, naß)	England	3,4—3,7	2280	0,270	$5{,}8 \cdot 10^{-3}$	0,9
Karbon-Sandstein	Deutschland	2,7—3,9	2570	0,195	$5{,}4$—$7{,}8 \cdot 10^{-3}$	0,9
Quarz-Feldspat-Porphyr	Süd-Afrika	2,7—3,0	2770	0,2	$5{,}1 \cdot 10^{-3}$	
Witwatersrand Quarzit	Süd-Afrika	3,6—6,8	2700	0,2	$6{,}7$—$12{,}6 \cdot 10^{-3}$	
Dolomit	Süd-Afrika	3,5—4,3	2850	0,2	$6{,}8 \cdot 10^{-3}$	
Sandstein	England	3,6	2340	0,2	$7{,}7 \cdot 10^{-3}$	
Steinsalz	England	6,2	2180			
Steinsalz (Hansa)	Deutschland	3,85				

liegen seit einigen Jahren genaue Werte vor. Sie sind überwiegend durch Laboruntersuchungen an Gesteinsproben ermittelt worden. In vielen Fällen, insbesondere in Wetterwegen, die völlig trocken sind (z. B. im Salzbergbau), können diese λ-Werte unmittelbar eingesetzt werden. Sobald die Wärme jedoch nicht nur trocken, sondern auch durch Wasserverdunstung übertragen wird, lassen sich die Werte nur als Teilbetrag anwenden. Die Vorausberechnung in Wetterwegen mit Wärme- und Wasserdampfaustausch bedarf besonderer Berechnungsverfahren, in denen äquivalente Kenngrößen für den gesamten Wärmefluß benutzt werden.

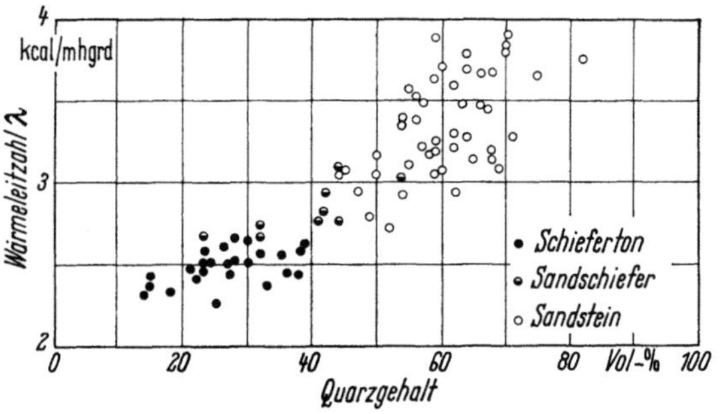

Abb. 351. Wärmeleitzahl abhängig vom Quarzgehalt [10].

Mittelwerte für die Stoffeigenschaften von einigen Gesteinsarten, die in Gruben vorwiegend angetroffen werden, enthält Tab. 1 [8, 10].

Die Eigenschaften von Sandstein und anderen, z. B. im Karbon auftretenden Gesteinsarten, hängen stark von ihrem Quarzgehalt ab (Abb. 351). Die Ermittlung des Quarzgehaltes einer bis dahin unbekannten Gesteinsart liefert daher bereits Anhaltszahlen für deren wärmetechnische Eigenschaften.

Der Altersbeiwert K ist durch die Beziehungen (7) und (8) mit der Temperaturleitzahl a, der Bewetterungszeit τ, dem Radius des Wetterweges r_0 und der Wärmeübergangszahl α verknüpft. Aus der Abb. 349 geht hervor, daß die Wärmeübergangszahl nur in sehr jungen Grubenbauen Bedeutung hat. In längere Zeit bewetterten Wegen ist der durch den Wärmeübergang an der Gesteinsoberfläche hervorgerufene Widerstand klein im Vergleich zum Wärmeleitwiderstand des bereits bis in größere Tiefen ausgekühlten Gebirges. Die genaue Kenntnis von α ist daher nur bei der Betrachtung junger Grubenbaue, d. h. insbesondere von Abbauen, notwendig, in denen immer wieder neues Gestein frei gelegt wird. Leider sind die bisher bekannten Zahlen unsicher, da Modelluntersuchungen an Rohren oder Kanälen mit vergleichbaren Durchmessern kaum vorliegen und Meßwerte aus Gruben wegen der Schwierigkeit der Bestimmung einer mittleren Oberflächentemperatur ungenau sind. Unter Berücksichtigung der stark streuenden Werte bisheriger Untersuchungen kann angenommen werden, daß im Wettergeschwindigkeitsbereich bis 5 m/sec die α-Werte bis zum zweifachen über den Werten für glatte Kreisrohre liegen, d. h. daß z. B. bei 2 m/sec α etwa 10 kcal/m²h grd beträgt.

Als Radius r_0 kann bei Wetterwegen, die wenig von der Kreisform abweichen, der hydraulische Radius eingesetzt werden. Bei Querschnitten mit großem Seitenverhältnis, wie sie z. B. in Abbaubetrieben des Steinkohlenbergbaus auftreten, ist es richtiger, den äquivalenten Radius nach KÖNIG [9] zu verwenden.

6. Berechnung des Anstiegs der Klimawerte in feuchten Wetterwegen.

Das auf Seite 448 angeführte Verfahren läßt sich nur dann anwenden, wenn die Wetterwege völlig trocken sind, d. h. wenn die Wärme nur konvektiv übertragen und ausschließlich in der Erhöhung der Wettertemperatur erkennbar wird. Diese Verhältnisse liegen in Salzbergwerken vor. In Erz- und Kohlengruben ist — von Ausnahmen abgesehen — das Gestein feucht, und die Wärme wird zum überwiegenden Teil durch Wasserverdunstung abgeführt und in einer Erhöhung der latenten Wärme in den Wettern sichtbar. Dies gilt selbst für Wetterwege, die äußerlich völlig trocken, in denen weder Wasser noch durch Verfärbung des Gesteins erkennbare feuchte Stellen sichtbar sind. Hier sind die Eigenschaften des Gesteins durch ihre Wärmeleitzahl und darüber hinaus durch ihre Durchlässigkeit für Wasser und Wasserdampf gekennzeichnet. Da der Diffusionswiderstand des festen Gesteins sehr hoch ist, kann eine Austrocknung nur bis in wenige mm Tiefe vordringen. Die vordersten Schichten können daher nicht solche Feuchtigkeitsmengen liefern, wie sie von den Wettern tatsächlich aufgenommen werden. In der Mehrzahl der Fälle liegt jedoch nicht festes, unverletztes Gestein vor. Es ist vielmehr von feinen Spalten und Rissen durchzogen, die vorwiegend durch Gebirgsbewegungen hervorgerufen worden sind. Diese setzen ein, sobald durch das Auffahren von Strecken und durch den Abbau der Bodenschätze Hohlräume entstehen. Risse entstehen ferner durch die mit Schießarbeiten verbundene Auflockerung des Gesteins. In den Spalten kann sich Wasser bewegen und auf die Gesteinsoberfläche in den Wetterwegen zuwandern. Das setzt voraus, daß Wasser in flüssiger Form an irgendeiner Stelle im Gebirge vorhanden ist. Es kann auch Wasserdampf strömen, der aus der natürlichen, seit der Entstehung verbliebenen Feuchtigkeit des Gesteins geliefert wird. Trotz des hohen Diffusionswiderstandes der Gesteine können bei der sehr großen Oberfläche aller Spalten beträchtliche Dampfmengen austreten. Treibende Kraft für die Bewegung ist das Dampfdruckgefälle, das teils durch das mit der Auskühlung des Gesteinsmantels um einen Wetterweg verbundene Temperaturgefälle, teils durch den ungesättigten Zustand der Grubenwetter entsteht. Die Wärmebewegung im Gestein erfolgt daher auf dreifache Weise:

a) durch Wärmeleitung im festen Stoff, gekennzeichnet durch die Wärmeleitzahl als Stoffwert,

b) durch Wasserdampfbewegung, dadurch, daß Dampf (oder auch das Wasser) Wärme an Stellen hoher Temperatur aufnimmt und an Stellen geringerer Temperatur wieder abgibt,

c) enthält der Wasserdampf selbst Wärme, die er bei seinem Phasenwechsel durch Verdunsten oder durch Desorption dem Gebirge entzogen hat und die er als latente Wärme den Wettern zuführt. Der Ort des Phasenwechsels kann an der Oberfläche des Gesteins liegen, wenn diese naß oder feucht ist, er kann — und das ist überwiegend der Fall — in der Tiefe des Gesteins liegen und auf zahllosen Spalten verteilt sein. In allen Fällen beeinflußt der Wasserdampfaustausch das Temperaturgefälle im Gestein und die Auskühlung des Gebirges.

Die kennzeichnenden Größen für den durch den Wasserdampf hervorgerufenen Wärmeaustausch können an Gesteinsproben im Laboratorium nicht gemessen werden. Ihre Ermittlung ist nur durch Messungen in Gruben möglich, bei denen aus der gemessenen Wärmeaufnahme der Grubenwetter zwischen zwei Punkten des Weges unter Benutzung der Gl. (11) die entsprechenden Werte einer äquivalenten Wärmeleitzahl festgestellt werden, die sowohl den trockenen als auch den feuchten Anteil enthält. Es werden dabei die gleichen Gesetze wie beim trockenen Wärmeaustausch zugrunde gelegt und die gemessene Streuung ausschließlich in der Kenngröße $\lambda_{äq}$ zusammengefaßt. Da Wärme- und Stoffaustausch physikalisch ähnliche Vorgänge sind, dürfte die Anwendung des Verfahrens eine gewisse Berechtigung haben. Der endgültige Nachweis steht jedoch noch aus und ist Gegenstand besonderer Forschungsarbeiten.

Im einzelnen kann das Vorgehen im Schema Abb. 352 verfolgt werden. Der Wärmestrom aus dem Gebirge führt zu einer Enthalpiezunahme Δi des Wetterstromes, die in ihre Anteile — nämlich die Zunahme der fühlbaren Wärme $\Delta\vartheta \cdot c_p$ und der latenten Wärme $\Delta x \cdot r$ — aufgegliedert werden kann. Eine ähnliche Aufgliederung erfährt der Wärmestrom im Gebirge, der nach Gl. (12) in seiner Gesamtheit durch die äquivalente Wärmeleitzahl $\lambda_{äq}$ und in seinen Anteilen λ_{trocken} und λ_{feucht} bestimmt wird

$$q_{\text{ges}} = \lambda_{äq} \cdot \frac{\vartheta_{gu} - \vartheta}{r_0} \cdot K\,, \qquad (12)$$

$$\frac{\lambda_t}{\lambda_{aq}} = \frac{\Delta\,\vartheta \cdot c_p}{\Delta\, i}\,. \qquad (13)$$

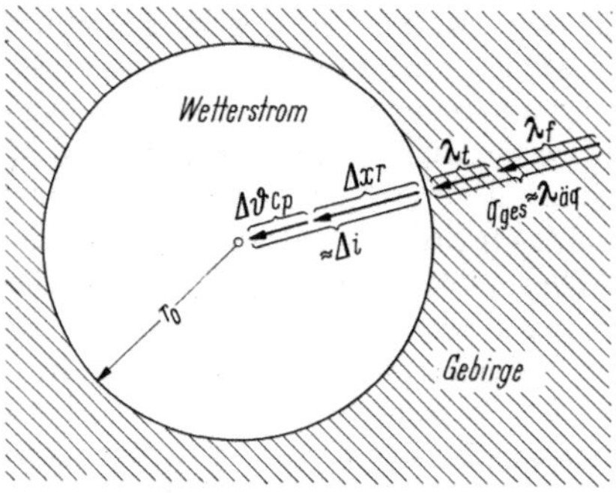

Abb. 352. Schema zur Aufteilung des Wärmeflusses in einen trockenen und einen feuchten Anteil.

Der Anstieg der Temperatur- und Klimawerte in einem Wetterweg kann daher berechnet werden, wenn die Kennzahl $\lambda_{äq}$ und das Verhältnis der Anteile oder das Verhältnis trocken zu gesamt

$$\frac{\Delta\,\vartheta \cdot c_p}{\Delta\, i}$$

bekannt sind

Für Steinkohlengruben sind entsprechende Werte in größerer Anzahl ermittelt worden [15]. Die Streuung dieser Werte ist erheblich. Ihre Zuordnung zu bestimmten Gesteinsarten, Abbaubedingungen und Betriebsvorgängen macht große Schwierigkeiten. Für statistische Auswertungen reicht die Zahl heute bei weitem noch nicht aus. Die Abb. 353 bis 355 zeigen Werte der äquivalenten Leitfähigkeit in Steinkohlengruben, und zwar für Gesteinsstrecken, Abbaustrecken und Streben, aufgetragen über dem Verhältnis

$$\frac{\Delta\,\vartheta \cdot c_p}{\Delta\, i}\,.$$

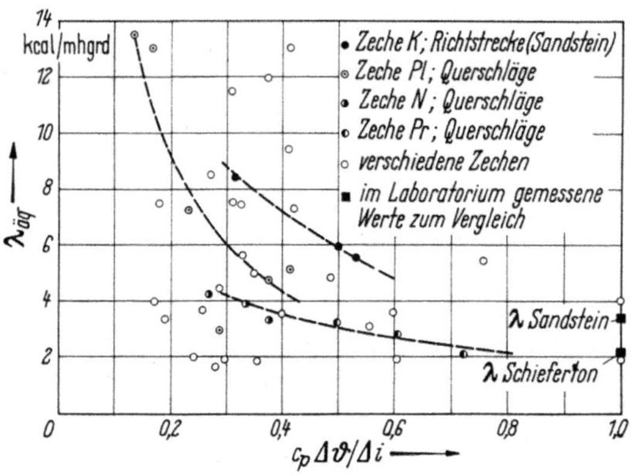

Abb. 353. Äquivalente Wärmeleitfähigkeit in Gesteinsstrecken [15].

Ist das Verhältnis 1, wird die gesamte Wärme trocken, ist es 0,

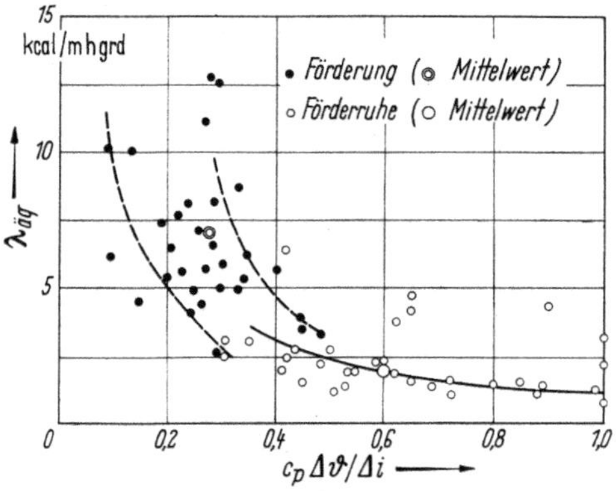

Abb. 354. Äquivalente Wärmeleitfähigkeit in Abbaustrecken [15].

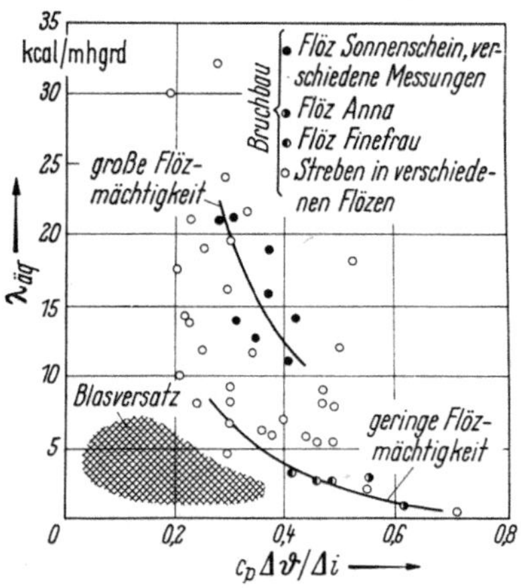

Abb. 355. Äquivalente Wärmeleitfähigkeit in Streben [15].

wird sie ausschließlich feucht übertragen. Man sieht außerdem, daß die unter Tage ermittelten Wärmeleitzahlen teilweise um ein Vielfaches höher sind als die an Gesteinsproben im Laboratorium gemessenen Werte.

B. Die Wetterkühlung.

I. Bemessung der Kälteleistung von Wetterkühlanlagen.

Hinsichtlich Leistung, Aufbau und Betriebsweise muß zwischen zwei Arten von Wetterkühlanlagen unterschieden werden.

Streckenkühlanlagen oder Vorortkühlanlagen sind solche Einrichtungen, die die Wetter am Ende einer Sonderbewetterungsanlage, am Ende einer Luttenleitung, kühlen. Die gleiche Art zu bewettern und zu klimatisieren liegt in Aufhauen vor, z. B. beim Vorrichten von Abbaubetrieben, ferner beim Teufen von Schächten oder Blindschächten. Die Kälteleistung beträgt etwa 50000 kcal/h.

Strebkühlanlagen dienen der Klimatisierung von Abbaubetrieben bei durchgehender Bewetterung. Ihre Leistungen gehen über 100000 kcal/h hinaus.

1. Streckenkühlanlagen.

Für den Leistungsbedarf der Streckenkühlanlagen sind in erster Linie der Zustand der Wetter am Ende der Luttenleitung und die zu kühlende Wettermenge entscheidend. Die Wetter werden meist blasend durch die Lutte gefördert, d. h. der Lüfter steht am Anfang der Luttenleitung und bläst die Wetter durch die Lutte zum Betriebspunkt; die ausziehenden Wetter ziehen durch die Strecke in Gegenrichtung zum Ausgangspunkt zurück. Der Lüfter saugt die Wetter im durchgehenden Wetterstrom an einer Stelle an, an der sie noch kühl und verhältnismäßig trocken sind. Im Lüfter und in der Lutte erwärmen sich die Wetter. Der Wärmeaustausch erfolgt dabei teils durch Leitung und Konvektion über die Luttenwand, teils durch Strahlung. Der Wasserdampfgehalt bleibt unverändert, da wegen des üblichen Überdrucks in der Lutte bei Undichtigkeiten zwar etwas Luft entweichen, aber keine feuchte Luft von außen in die Lutte hineingelangen kann. Am Luttenende sind die Wetter im allgemeinen daher warm, aber verhältnismäßig trocken. Die Zustandsänderung in der Lutte geht im i,x-Diagramm auf einer Senkrechten nach oben vor sich (Abb. 344).

Ein Wetterkühler, der kurz vor dem Luttenende in der Nähe des Ortsbetriebes aufgestellt ist, hat daher in erster Linie den fühlbaren Anteil der in den Wettern enthaltenen Wärme herabzusetzen. Wasserdampf fällt nur verhältnismäßig wenig aus.

In Abb. 356 ist die Zustandsänderung der Wetter in der gesamten Sonderbewetterungsanlage im i,x-Diagramm als Beispiel dargestellt. *1—2* ist der Temperaturanstieg in der Lutte. Darin ist auch die Erwärmung durch den Druckanstieg im Lüfter enthalten. Sie beträgt meist mehrere °C. Da im allgemeinen Axiallüfter mit innen liegendem Motor verwandt werden, wird die gesamte zugeführte elektrische Energie in Wärme umgesetzt. *2—3* ist die Zustandsänderung im Kühler mit Richtung auf *3'*, auf die Temperatur der Kühlfläche. Die Lage des Punktes 3 ergibt sich aus Kälteleistung und Wettermenge. Im eingetragenen Beispiel ist bei einer Kälteleistung $Q_0 = 50000$ kcal/h und einer Wettermenge $V = 150\ \text{m}^3/\text{min}$

$$\Delta i = \frac{Q_0}{V \cdot \varrho \cdot 60} = \frac{50000}{150 \cdot 1{,}25 \cdot 60} = 4{,}4\ \text{kcal/kg}\,.$$

Die Kältemaschine kann nicht unmittelbar bis in Ortsnähe vorgerückt werden, da unter anderem Schieß- und Ladearbeiten das nicht zulassen. In einem kurzen

Luttenstück hinter dem Kühler steigt die Temperatur ohne Wasserdampfaufnahme geringfügig an. Die Höhe des Anstiegs hängt davon ab, welcher Abstand zwischen Kühler und Luttenende zugelassen wird. Im allgemeinen beträgt er

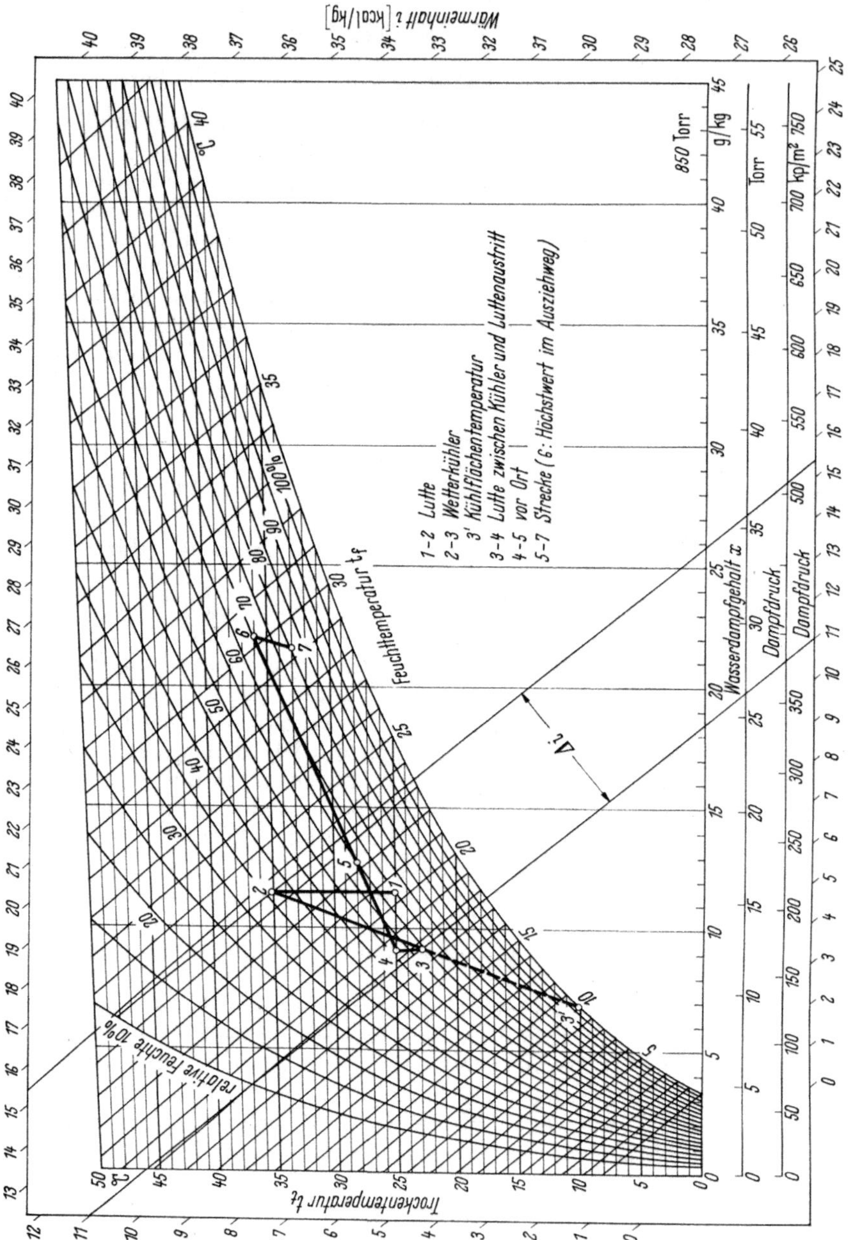

Abb. 356. Zustand der Grubenwetter in einer Sonderbewetterung.

zwischen 30 und 100 m, d. h. bei einem täglichen Abbaufortschritt von 5 m muß die Kühlanlage etwa alle drei Wochen nachgerückt werden. Die Wetter verlassen die Lutte vor Ort mit dem Zustand in Punkt 4. Für die Klimaverhältnisse im Ort gelten im allgemeinen zwei Grenzwerte. Als untere Grenze wird eine Trockentemperatur angestrebt, die nicht oder nicht wesentlich unter 25 °C liegt. Niedrigere Werte sind in Anbetracht der meist starken Wetterbewegung und der starken Temperaturunterschiede gegenüber der rückwärtigen Strecke aus physiologischen Gründen unerwünscht. Die obere Grenztemperatur ist 28 °C, der Wert, bis zu dem z. B. im westdeutschen Steinkohlenbergbau volle Arbeitszeit zugelassen wird. Die Wärmeaufnahme im Ort (*4—5*) ist der Faktor, der an zweiter Stelle für den Bedarf an Kälteleistung entscheidend ist. Größe des Raumes, d. h. Auffahrungsquerschnitt und -geschwindigkeit, Gesteinstemperatur und Feuchtigkeitsverhältnisse beeinflussen diese Wärmeaufnahme. Ein Berechnungsverfahren für ihre genaue Ermittlung gibt es nicht. Form des Raumes und der Luftdurchströmung sind für eine mathematische Beschreibung der Vorgänge zu unregelmäßig. Eine besondere Wärmequelle ist das hereingeschossene Haufwerk, das zu bestimmten Zeiten, während es zur Staubbekämpfung mit Wasser besprüht wird, während des Ladens und Förderns unterschiedliche Wärmemengen liefert.

Die Bemessung der Leistung von Streckenkühlanlagen wird daher heute allgemein nach Erfahrungswerten vorgenommen. Es hat sich gezeigt, daß selbst bei einem sehr großen Ausbruchquerschnitt von 20 m^2 eine Leistung von 70000 kcal/h ausreicht. Lediglich in wenigen Ausnahmefällen, in denen außergewöhnlich große Wasserzuflüsse mit Temperaturen über 50 °C auftraten, war diese Leistung unzureichend, und es mußte die Kälteleistung durch Betrieb zweier Maschinen erhöht werden.

Im allgemeinen dienen Streckenkühlmaschinen nur der Klimatisierung des Streckenortes. Nach der Wärmeaufnahme im Ort steigt die Temperatur in den über die Strecke ausziehenden Wetter weiter an. Im Ort wie auch in der Strecke wird ferner Wasserdampf aufgenommen. Die höchsten Klimawerte treten gewöhnlich in $^1/_3$ bis $^1/_2$ der Streckenlänge vom Ort entfernt auf (Punkt 6). Zum Streckenanfang hin fallen die Werte dann als Folge des Wärmeaustausches an der kalten (schwitzenden) Lutte und der durch Auskühlung stark herabgesetzten Gesteinstemperaturen wieder ab (Punkt 7).

2. Strebkühlanlagen.

Der Leistungsbedarf von Kühlanlagen im Abbau ist einer Berechnung schon eher zugänglich, obwohl auch hier ohne einige Erfahrungswerte nicht auszukommen ist. Da die Leistung von Strebkühlanlagen im allgemeinen wesentlich höher ist und entsprechend höhere Anlage- und Abschreibungskosten sowie Betriebskosten anfallen, liegt eine genaue Ermittlung der notwendigen Kälteleistung im wirtschaftlichen Interesse. Als Anhaltswert gilt zunächst die Wärmeaufnahme der Wetter im ungekühlten Streb. Der Durchschnittswert liegt zwischen 100000 und 200000 kcal/h. Höchstwerte erreichen im Ruhrgebiet 650000 kcal/h. Wollte man den Klimawert am Strebeingang im gesamten Abbau einhalten und gelänge es, die Wärme überall da abzuführen, wo sie entsteht oder frei wird, so brauchte man eine Kälteleistung gleicher Größe. Da hinter den Kühlern jedoch ein verstärktes Temperaturgefälle zwischen dem warmen Gebirge und den gekühlten Wettern auftritt, wird bei einer Klimatisierung mehr Wärme aus dem Gebirge abgeführt, und es wäre eine größere Kälteleistung erforderlich. Andererseits wird selten eine Kühlung bereits schon im vorderen Teil des Strebs notwendig, und es gelingt oft — vor allem bei Aufteilung der Kälteleistung auf eine größere Anzahl von im Streb mitgeführten Teilkühlern — nur einen Teil des Strebquerschnittes zu kühlen, z. B. das sogenannte Fahrfeld, in dem sich bei bestimmten Abbauverfahren die meisten Leute aufhalten (Stromfadenkühlung). Die Kälteleistung kann unter diesen Voraussetzungen geringer sein als die Wärmeaufnahme der Wetter im ungekühlten Streb.

Von wesentlicher Bedeutung ist auch die Höhe der Temperatur oder des Klimawertes der Wetter im Abbau, die erreicht oder nicht überschritten werden soll.

Aus physiologischen Gründen liegt die untere Temperaturgrenze ähnlich wie in sonderbewetterten Betrieben zwischen 20 und 25 °C. Für die obere Grenze müssen vor der Bemessung der Kühlerleistung Überlegungen angestellt werden, ob mit technisch erprobten Einrichtungen Klimawerte erreicht werden können, die eine volle Arbeitszeit gewährleisten, oder ob bei verminderter Arbeitszeit und verminderter Abbauleistung wenigstens unter den Sicherheitsgrenzen geblieben wird, die von den meisten bergbautreibenden Ländern zum Schutz der Gesundheit der Bergleute vorgeschrieben sind. Eine Entscheidung hierüber beeinflußt Anordnung und Größe der Kühlanlage ebenso wie etwa die Höhe der Gesteinstemperatur. So hat sich z. B. herausgestellt, daß im westdeutschen Steinkohlenbergbau bei dem dort üblichen Zuschnitt der Abbaubetriebe ein Streb mit einem Einzelkühler am Eingang nur dann auf seiner gesamten Länge unter 28 °C gehalten werden kann, wenn die ursprüngliche Gesteinstemperatur nicht höher als 35 °C ist. Liegt sie höher, müssen entweder mehrere Kühler im Streb verteilt angeordnet werden oder es muß darauf verzichtet werden, eine Temperatur unter 28 °C mit voller Arbeitszeit im gesamten Streb einzuhalten. Vielfach beschränkt sich die Klimatisierung deshalb darauf, den letzten Teil des Strebs von der ausziehenden Strecke her zu kühlen. Dabei muß allerdings in Kauf genommen werden, daß Kältemaschine und Rohrleitungen im Ausziehwetterstrom liegen und größerer Verschmutzung und größeren Kälteverlusten ausgesetzt sind.

Der Aufstellungsort des Kühlers ist daher für die Leistungsbemessung entscheidend. Die Berechnung der Leistung kann so vorgenommen werden, daß am Aufstellungsort des Kühlers mit dem dort gemessenen oder berechneten Klimawert am Kühlereintritt im Kühler eine Enthalpiesenkung entsprechend einer zunächst angenommenen Kälteleistung herbeigeführt wird und der Anstieg der Klimawerte im daran anschließenden Teil des Strebs errechnet wird (vgl. Abschn. A IV 6). Das Ergebnis zeigt dann, ob am Ende eines festgesetzten Wegabschnittes ein gewünschter Klimawert eingehalten oder überschritten wird. Wird er überschritten, ist die Leistung zu erhöhen und die Rechnung zu wiederholen oder der Wegabschnitt bis zum nächsten Kühler ist zu verkürzen.

Der Temperaturverlauf hinter einem Wetterkühler ist in der Linie II der Abb. 350 schematisch dargestellt. Von besonderer Bedeutung für die Berechnung des Verlaufs ist auch hier die richtige Wahl der wärmetechnischen Kenngrößen und des Verhältnisses $\frac{\Delta\vartheta \cdot c_p}{\Delta i}$. Der einfachste Weg ist der, diese Kenngrößen aus Messungen im ungekühlten Streb zu ermitteln und diese Werte für die Berechnung des Verlaufs mit Wetterkühlung zu übernehmen. Bei einer Klimaplanung für völlig neu zu erschließende Grubenteile können Messungen aus ähnlich gearteten bestehenden Abbauen herangezogen werden. Neben dem Zuschnitt des Abbaus — Querschnitt, Wettermenge und dergleichen — müssen die ursprüngliche Gebirgstemperatur und der Anstieg der Klimawerte im Wetterweg bekannt sein. Die Gl. (11) ist nach den unbekannten Größen $\lambda \cdot K$ hin aufzulösen und mit dem ermittelten Wert die Rechnung für den neuen Anfangswert nach der Kühlung durchzuführen. Der Vorgang soll an einem Beispiel, das im i,x-Diagramm Abb. 357 eingetragen ist, erläutert werden. *1—2* (30 bis 35 °C) ist der gemessene Anstieg der Klimawerte im ungekühlten Streb. Das Verhältnis $\frac{\Delta\vartheta \cdot c_p}{\Delta i}$ liefert im i,x-Diagramm eine bestimmte Neigung dieser Linie 1—2. Bei einer ursprünglichen Gebirgs-

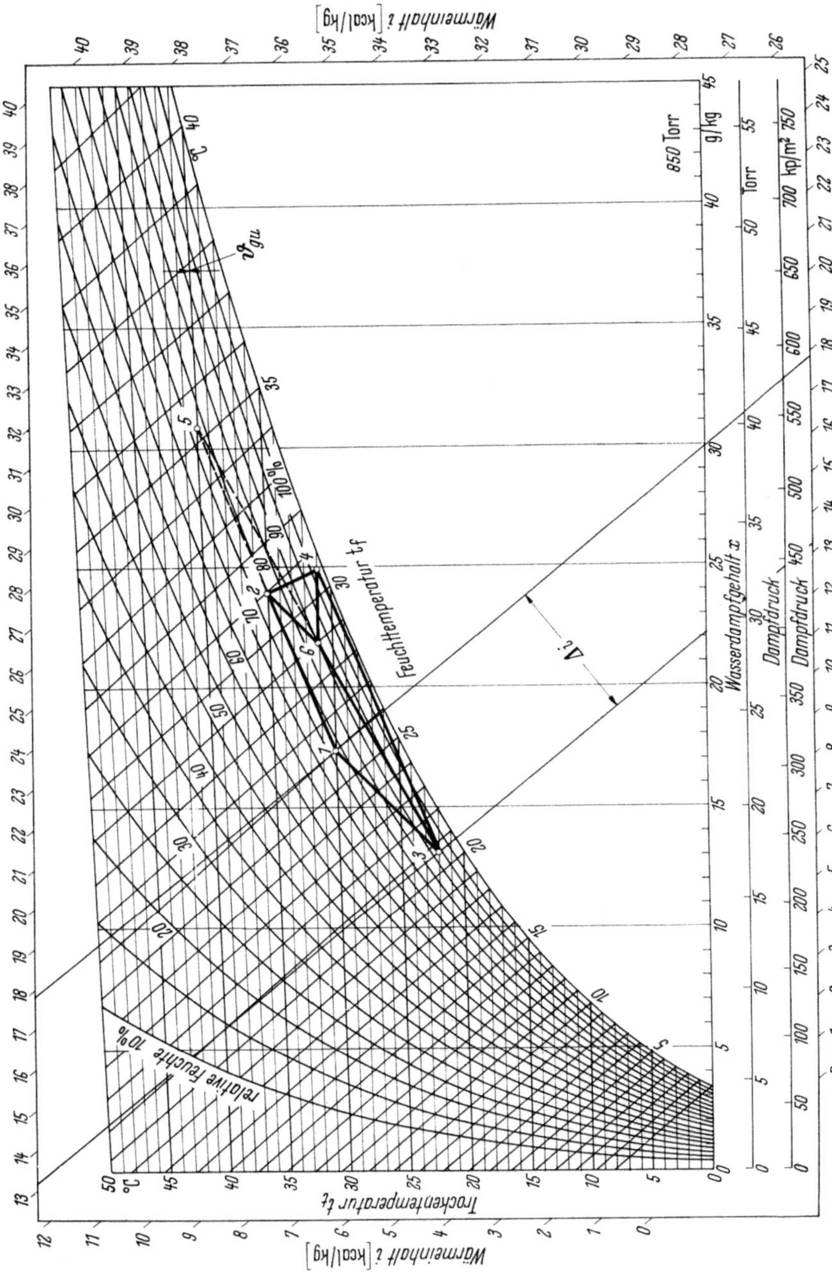

Abb. 357. Zustandsänderung der Wetter in einem ungekühlten (*1 — 2*) und einem gekühlten Streb (*3 — 6*).

temperatur $\vartheta_{gu} = 40$ °C ist

$$\frac{\Delta\,\vartheta}{\Delta\,\vartheta_0} = \frac{5}{10} = \frac{1}{2} = \frac{1}{e^{\frac{U \cdot l \cdot \lambda \cdot K}{G \cdot c_p \cdot r_0}}}. \tag{14}$$

Werden für die Größen im Exponenten folgende Zahlenwerte eingesetzt

Strebumfang	$U =$	11,8 m (Mächtigkeit 1,4 m, Strebbreite 4,5 m)
Streblänge	$l =$	200 m
Wettermengenstrom	$G =$	500 m³/min · 1,3 kg/m³ · 60 min/h
	$=$	39000 kg/h
äquivalenter Radius	$r_0 =$	1,7 m

so ergibt sich für das Produkt $\lambda \cdot K$ ein Zahlenwert von 4,0 kcal/mh grd.

Durch Kühlung der Wetter am Strebeingang wird der Zustand 1 auf 3 herabgesetzt. Δi entspricht dabei der Leistung des Kühlers. Für diesen Zustand 3 mit einer Wettertemperatur 22 °C wird der neue Anstieg im Streb nach Gl. (11) unter Verwendung des vorher festgestellten Wertes $\lambda \cdot K$ berechnet. Als neuer Endwert der Trockentemperatur ergibt sich 31 °C in Punkt 4. Dabei wurde unterstellt, daß sowohl die Wärmeleitzahl λ als auch die äquivalente Wärmeleitzahl $\lambda_{äq}$ unverändert beibehalten werden und daß auch das Verhältnis $\frac{\Delta\,\vartheta \cdot c_p}{\Delta\, i}$ das gleiche ist und damit die Linien *1—2* und *3—4* parallel laufen. Diese Annahme ist nicht ganz gerechtfertigt. Durch ein verstärktes Temperaturgefälle im Gestein ist eine geringe Änderung der wärmetechnischen Eigenschaften, insbesondere der Wasser- und Wasserdampfbewegung, möglich. Ferner wird erfahrungsgemäß eine so hohe relative Feuchtigkeit selten erreicht. Es ist anzunehmen, daß das Verhältnis $\frac{\Delta\,\vartheta \cdot c_p}{\Delta\, i}$ größer ist, daß der Anstieg also steiler verläuft. Er wird andererseits nicht so steil sein, daß er auf den Punkt 2, den gemessenen Endwert im ungekühlten Streb, zuläuft. Vielmehr ist anzunehmen, daß er Richtung auf Punkt 5 nimmt, den Wert mit der ursprünglichen Gesteinstemperatur, den die Wetter bei unendlich langem Streb einnehmen würden (vgl. Abb. 350). Mit dieser Steigung liefert die Rechnung den Endwert Punkt 6. Auch dieser Verlauf ist eine Annahme, deren Richtigkeit exakt nicht nachgewiesen werden kann. Mit Sicherheit liegt der gesuchte Endwert innerhalb des Dreiecks *2—4—6*.

II. Verfahren der Kälteerzeugung und der Wetterkühlung.

Die Verhältnisse bei der Klimatisierung der Gruben sind durch einige Merkmale gekennzeichnet, die eine besondere Auswahl unter den zahlreichen Verfahren der Kälteerzeugung notwendig machen, die im Band III dieses Handbuches zusammengestellt und beschrieben sind. Bevorzugt werden in erster Linie Verfahren, die möglichst wenig zusätzliche Wärme in die Grube hineinbringen und damit den Wärmehaushalt der Grube wenig belasten. Das Schwergewicht liegt deshalb auf Kompressionskaltdampfmaschinen mit ihrem verhältnismäßig geringen Bedarf an hochwertiger elektrischer Energie, während Absorptionsanlagen, d. h. ausschließlich mit Wärme betriebene Verdampfungsprozesse, wegen ihres großen Wärmebedarfs und ihrer geringen Leistungsziffer ungeeignet sind.

Ein weiteres Merkmal sind die Schwierigkeiten einer ausreichenden Versorgung mit Kühlwasser. Im Vergleich zu Kälteanlagen über Tage, bei denen das Kühlwasser auch ein wesentlicher Faktor wirtschaftlicher Betrachtungen ist, wird die Versorgung mit Kühlwasser bei Anlagen unter Tage oft zur entscheidenden Frage, von der das anzuwendende Kälteerzeugungsverfahren oder der Aufstellungsort der

Anlage, die Art der Rückkühlung und dergleichen abhängen. Die Ableitung der in der Kältemaschine anfallenden Wärme aus der Grube, die in einem besonderen Abschnitt behandelt wird, steht damit in engem Zusammenhang. In manchen Fällen, z. B. in Salzbergwerken, ist die Zufuhr von Kühlwasser völlig ausgeschlossen. Wegen der Gefahr der Salzauflösung bei Undichtigkeiten wird das Verlegen von Wasserleitungen unter allen Umständen vermieden.

Andererseits verfügen die Gruben — zumindest im Kohlen- und Erzbergbau — meist über ein weit verzweigtes Druckluftnetz. Das mag neben den Schwierigkeiten der Kühlwasserbeschaffung ein Grund dafür sein, daß in zahlreichen Fällen Kaltluftkältemaschinen zur Wetterkühlung angewandt worden sind. Ihre Leistungsziffer liegt jedoch wesentlich niedriger als bei Kaltdampfmaschinen. Zudem ist die Energie aus Druckluft am Betriebspunkt im allgemeinen sechsmal teurer als elektrische Energie. So interessant die Kaltluftmaschine vom verfahrenstechnischen Standpunkt aus ist und so ideal Luft als Kältemittel in Gruben erscheinen mag, aus wirtschaftlichen Gründen bleibt sie Sonderfällen mit kleinen Leistungen vorbehalten. Eine Reihe von unterschiedlichen Ausführungsformen wird im Schrifttum eingehend beschrieben [16].

Auch Verdunstungskühlanlagen haben vereinzelt Anwendung gefunden. Die geringe relative Feuchtigkeit, die an einigen Punkten einer Grube auftritt, z. B. am Ende einer blasenden Luttenleitung (vgl. Abb. 344, Punkt 4′) oder allgemein im Salzbergbau, bietet einen starken Anreiz, die Wetter durch Befeuchten zu kühlen. Eine einfache Befeuchtung durch Versprühen von Wasser, die im günstigsten Fall einer adiabaten Zustandsänderung entspricht, bringt klimatisch keine Vorteile. Es sind jedoch Verfahren entwickelt worden, bei denen die Verdunstung zu einer echten Kühlung ausgenutzt wird [16]. Hierbei wird der Luftstrom in einem Wärmeaustauscher gekühlt und hinter diesem in zwei Teilströme geteilt. Ein Teilstrom wird zur Klimatisierung eines Betriebspunktes benutzt, während der zweite Teilstrom befeuchtet und damit gekühlt wird und — im Gegenstrom durch den Wärmeaustauscher geführt — die Wärme aufnimmt, die dem Gesamtstrom entzogen wird. Auch Anlagen nach diesem Verfahren sind nur für verhältnismäßig kleine Leistungen geeignet. Ihre Betriebskosten sind niedrig, die Bauabmessungen aber vergleichsweise sehr groß.

Kältemischungen und thermoelektrische Kühlanlagen sind ebenfalls in Sonderfällen vorgeschlagen und versuchsweise eingesetzt worden, und zwar für Grubenwehren. Die Kühlung erstreckt sich hier teils auf die Atemluft, die sich in Filtern, die der Atemmaske vorgesetzt sind, stark erwärmt, teils auf Luft zur Kühlung des Körpers unterhalb von Schutzanzügen. Auch die Kühlung der Stirn unter Schutzhelmen wird angestrebt.

Neben den geschilderten Verfahren der Kälteerzeugung für Sonderfälle herrscht bei der Grubenklimatisierung die Kompressionskaltdampfmaschine vor. Insbesondere wenn die Leistung betrachtet wird, spielen die anderen Verfahren nur eine untergeordnete Rolle. In der Anwendung der Kompressionskaltdampfmaschine bestehen jedoch große Unterschiede, die sich auf die Art der Verdampfung — direkt oder undirekt —, auf die Art der Verflüssigung — wassergekühlt, luftgekühlt —, auf die Verdichterbauweise und auf den Aufstellungsort der Anlage erstrecken.

Die direkte Verdampfung ist auf solche Anlagen beschränkt, bei denen Kältemaschine und Wetterkühler am gleichen Ort stehen. Sie ist damit im wesentlichen den Streckenkühlmaschinen vorbehalten, die sich dadurch auszeichnen, daß Kältemaschine und der als Verdampfer ausgebildete Wetterkühler in einem gemeinsamen, mit Fahrwerk versehenen Gehäuse untergebracht sind. Strebkühlanlagen arbeiten dagegen in der Regel mit einem Kaltwasserkreislauf und einem als Wasserkühler ausgebildeten Verdampfer.

Wassergekühlte Verflüssiger herrschen vor. In einigen Fällen, insbesondere in Salzbergwerken, werden jedoch auch Anlagen mit luftgekühlten Verflüssigern angewandt. Da die Temperaturen der für die Aufnahme der Wärme verfügbaren Luft- oder Wettermengen meist hoch sind, arbeiten die Maschinen mit verhältnismäßig hohen Verflüssigungstemperaturen (~50 °C). Die Leistung dieser Maschinen liegt bei 30000 kcal/h.

Hinsichtlich der Kompressorbauweise bestehen ähnliche Verhältnisse wie in der allgemeinen Klimatechnik. Die Kolbenkompressoren beherrschen das Feld kleiner und mittlerer Leistung. Lediglich im Leistungsbereich oberhalb etwa 500000 kcal/h werden heute vorwiegend Turbokompressoren verwendet. Aus Sicherheitsgründen sind in unter Tage aufgestellten Kältemaschinen nur fluorierte Kältemittel zugelassen. Die Verdampfungstemperaturen liegen meist bei 0 °C.

Der Aufstellungsort der Kälteanlage sowie der Wetterkühler ist für den Erfolg der Klimatisierung und einen wirtschaftlichen Betrieb von besonderer Bedeutung. Seit Einführung der Wetterkühlung mit Hilfe von Kältemaschinen ist immer wieder überlegt worden, ob man den gesamten einziehenden Wetterstrom einer Grube über oder unter Tage kühlen oder ob man die Kühlung nur auf Teilströme der einzelnen Betriebspunkte ausdehnen soll. Der Wärmeanfall in einer Grube beträgt mehrere Millionen kcal/h. Von mindestens gleicher Größe ist die erforderliche Kälteleistung zur Kühlung der gesamten Wettermenge. Wesentlich geringer wäre die Leistung, könnte man die Körperwärme jedes einzelnen Bergmannes mit Hilfe einer Art Kühlkleidung unmittelbar abführen. Bei 1000 Mann Belegschaft und einer Körperwärme von 250 kcal/h bei mittelschwerer Arbeit ergibt sich vergleichsweise ein Betrag von 250000 kcal/h. Die wirtschaftlichste, technisch durchführbare Form der Kühlung liegt zwischen den beiden angegebenen Grenzwerten von mehreren Millionen kcal/h und 250000 kcal/h.

Die Aufstellung der Kühlanlage einschließlich Kühler über Tage hat sowohl Vor- wie Nachteile. Günstigere Raumverhältnisse und Möglichkeiten der Wärmeableitung sowie freie Wahl des Kältemittels über Tage stehen der Notwendigkeit gegenüber, mit dem Gesamtstrom auch solche Anteile des Wetterstroms für weniger tiefe Sohlen kühlen zu müssen, deren Kühlung nicht notwendig, oft nicht einmal erwünscht ist. Bei großer Ausdehnung der Grube geht die Kühlwirkung fast völlig verloren, bevor die Wetter die entfernt liegenden Abbaue erreichen. Allenfalls können Winterbedingungen das ganze Jahr über aufrechterhalten werden. Während die Anlagen in der ersten Zeit nach Einführung der Grubenwetterkühlung, insbesondere im außereuropäischen Bergbau, in der Regel über Tage aufgestellt waren, ist in den letzten Jahren eine Abkehr von diesem Verfahren festzustellen.

Günstigere Ergebnisse erzielen Kühlanlagen, deren Kältemaschinen über Tage stehen, deren Wetterkühler jedoch am Füllort der zu klimatisierenden Sohlen aufgestellt sind. Hierbei beschränkt sich die Kühlung einerseits auf die notwendigen Teilströme, andererseits liegt die Wettererwärmung durch Verdichtungswärme infolge der Teufenzunahme bereits vor dem Kühler. Auch diese Anordnung ist nicht ohne Nachteile. Da das Wasser in der Kaltwasserringleitung hohe Drücke annimmt, ist entweder ein Hochdruckwärmeaustauscher oder eine ein- oder mehrfache Entspannung des Wassers erforderlich. Im einen Fall sind herabgesetzte Wirkungsgrade, im anderen Fall zusätzliche Wasserhebungskosten die Folge.

Eine weitere Lösung ist die Aufstellung der Kühler im Abbau und die Versorgung mit Kaltwasser von über Tage her. Die Schwierigkeiten, die hierbei auftreten, liegen vor allem in den langen Rohrleitungen zwischen Kältemaschine und Kühler und den damit verbundenen Kälteverlusten. Als nächstes kann die Kühlmaschine am Füllort eines Schachtes unter Tage stehen. Damit werden die Kaltwasserleitungen zu den Kühlern kürzer. Auf der anderen Seite wird eine Ableitung der Wärme nach über Tage notwendig, die entweder durch einen Kühlwasserkreislauf oder durch einen „Kühlturm“ im Ausziehwetterstrom unter Tage erzielt wird. Ein Kühlwasserkreislauf kann als Niederdruckkreislauf mit Entspannung des herabfallenden Wassers und hohen Hebungskosten arbeiten, er kann auch als Hochdruckkreislauf mit zwischengeschaltetem Wärmeaustauscher ausgebildet sein. In diesem Fall sind nur Reibungsverluste in den Rohrleitungen zu überwinden. Es sind auch Lösungen bekannt geworden, in denen das herabfallende Wasser in einem Peltonrad zur Energierückgewinnung und Unterstützung der Pumparbeit ausgenutzt wurde. Eine Kühlwasserrückkühlung in einem Kühlturm unter Tage vermeidet die teuren Rohrleitungen im Schacht, ist aber räumlich sehr aufwendig, da wegen der bereits hohen Enthalpiewerte der ausziehenden Wetter große Wettermengen durch den Rückkühler gefördert werden müssen. Eine weitere unangenehme Begleiterscheinung ist der Ausfall von Kondenswasser im oberen Teil des Ausziehschachtes und im Lüfter. Wegen der Temperatur- und Druckverminderung unterschreiten die Wetter auf dem Weg zur Tagesoberfläche den Taupunkt.

Als nächstes kann die Kältemaschine in einem Feldesteil stehen und von dort mit verhältnismäßig kurzen Kaltwasserleitungen einen oder mehrere Abbaue versorgen. Die Kühlwasserleitungen sind dafür länger. Sie kann schließlich im Abbau selbst in unmittelbarer Nähe des Kühlers stehen. Die Schwierigkeiten liegen hier ausschließlich auf der Kühlwasserseite.

Die Beispiele zeigen, daß sowohl die Kältemaschine als auch der Wetterkühler

a) über Tage,
b) in Schachtnähe unter Tage,
c) in einem Feldesteil und
d) im Abbau

stehen können. Fast alle Verfahren und Kombinationen sind zur Anwendung gelangt und erprobt worden [2, 6, 7, 12]. Örtliche Verhältnisse spielen bei der Auswahl naturgemäß eine große Rolle. In südafrikanischen Goldgruben mit ihren großen Teufen wird man Rohrleitungen im Schacht weitgehend zu vermeiden suchen. Im deutschen Steinkohlenbergbau scheut man sich andererseits vor allzu großer Feuchtigkeit in den Ausziehschächten, die z. B. bei der Anwendung von Kühltürmen unter Tage auftreten würden.

In den Abb. 358 und 359 sind Beispiele für die Anordnung von Kältemaschine und Wetterkühler schematisch dargestellt. Abb. 358 zeigt unter *1* die Aufstellung

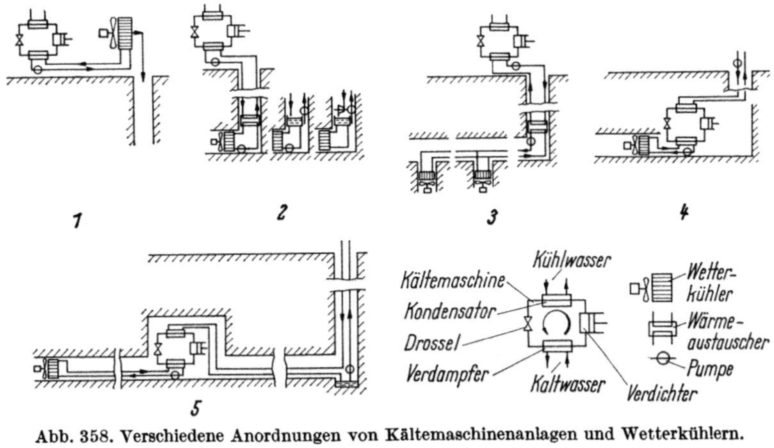

Abb. 358. Verschiedene Anordnungen von Kältemaschinenanlagen und Wetterkühlern.

von Kältemaschine und Kühler über Tage, unter *2* die Kältemaschine über Tage, Wetterkühler am Füllort des Schachtes unter Tage. Dabei sind drei Verfahren der Kaltwasserzufuhr angegeben:

a) unter Zuhilfenahme eines Hochdruckwärmeaustauschers,

b) durch einfache Entspannung des Kaltwassers (hohe Kosten für die Wasserhebung),

c) Entspannung des herabfallenden Wassers über ein Peltonrad und damit teilweise Energierückgewinnung und Einsparung von Pumparbeit.

3 zeigt ein Beispiel, bei dem die Kältemaschine über Tage steht, im Schacht eine Hochdruckringleitung für das Kaltwasser angewandt wird und die Wetterkühler in einem Feldesteil oder auch im Abbau angeordnet sind. Bei *4* steht sowohl die Kältemaschine als auch der Wetterkühler unter Tage am Füllort oder in Schachtnähe. Eingezeichnet ist eine Kältemaschine, die mit einem Hochdruckverflüssiger arbeitet. Die Kühlwasserrückkühlanlage steht über Tage. *5* schließlich zeigt eine Anordnung, die für kleinere Leistungen heute noch am meisten bevorzugt wird: Standort der Kältemaschine im Feldesteil oder im Abbau, Kühler im Abbau, Entnahme des Kühlwassers aus dem allgemeinen Leitungsnetz und Rückführung des warmen Wassers zum Schachtsumpf, aus dem es mit der Wasserhaltung zutage gefördert wird. Abb. 359 enthält das Schema einer Anlage für größere Leistung, bei der mehrere Kältemaschinen mit ihren Kühlern im Abbau von einer eigenen Rückkühlanlage mit Kühlwasser versorgt werden. Die Niederdruckleitungen auf der Sohle sind über einen Wärmeaustauscher am Füllort an eine zentrale Hochdruckringleitung im Schacht angeschlossen, die ihrerseits die Wärme an eine Rückkühlanlage über Tage abführt.

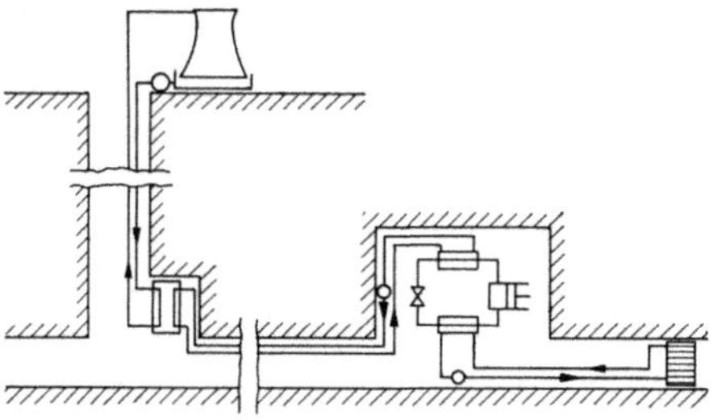

Abb. 359. Schema einer unter Tage aufgestellten Wetterkühlanlage und einer Kühlwasserrückkühlanlage mit Hochdruckkreislauf.

III. Kältemaschinen im Untertagebetrieb.

Die zur Klimatisierung der Gruben eingesetzten Kälteanlagen lassen sich in drei Gruppen einteilen: in ortsbewegliche Anlagen, in zeitweise ortsfeste Anlagen und in ortsfeste Anlagen.

Die *ortsbeweglichen Anlagen* sind vorwiegend Einrichtungen kleiner Leistung, wie sie für das Auffahren von Strecken benötigt werden. Sie zeichnen sich dadurch aus, daß der Kompressor mit seinem Antrieb, der Kondensator und der als Wetterkühler ausgebildete Verdampfer starr miteinander verbunden und in einem gemeinsamen Rahmen oder Gehäuse untergebracht sind (vgl. Abb. 360 und 361). Die äußere Größe wird nach Möglichkeit so bemessen, daß die Maschine ungeteilt im Förderkorb des Schachtes transportiert werden kann. Die Maschine wird im Betrieb einerseits so nah wie möglich an den Betriebspunkt herangesetzt, um die Kälteleistung weitgehend auszunutzen, andererseits muß wegen der Schießarbeit ein Abstand von 30 bis 50 m von der Ortsbrust eingehalten werden. Meist wird die Luttenleitung unmittelbar mit dem Eingang des Wetterkühlers verbunden. Der Luttenlüfter am Anfang der Luttenleitung hat neben dem Strömungswiderstand der Leitung auch den des Kühlers zu überwinden. Am Kühlerausgang wird ein Luttenstück — meist aus flexiblem Kunststoff — vorgesetzt, dessen vorderes Ende beim Schießen um 10 bis 20 m zurückgenommen wird. Dieses Luttenstück hinter dem Kühler wird mit Vorrücken des Betriebes (Auffahrgeschwindigkeit: 5 bis 20 m/Tag) täglich verlängert, bis nach einigen Tagen oder Wochen ein Nachrücken der Kältemaschine erforderlich wird. Das Nachrücken erfolgt auf eigenem Fahrwerk entweder auf dem normalen Fördergleis oder einem besonderen Seitengleis. Oft werden die Maschinen auch ohne Fahrwerk auf einem schlittenähnlichen Untersatz weitergezogen. Lutten- und Kühlwasserleitungen sind bei dieser Gelegenheit nachzuführen. Das Nachrücken wird spätestens bei einem Abstand von 100 m von der Ortsbrust erforderlich. Der Nachrückzeitpunkt kann durch Verwendung isolierter Lutten hinter dem Kühler hinausgezögert werden.

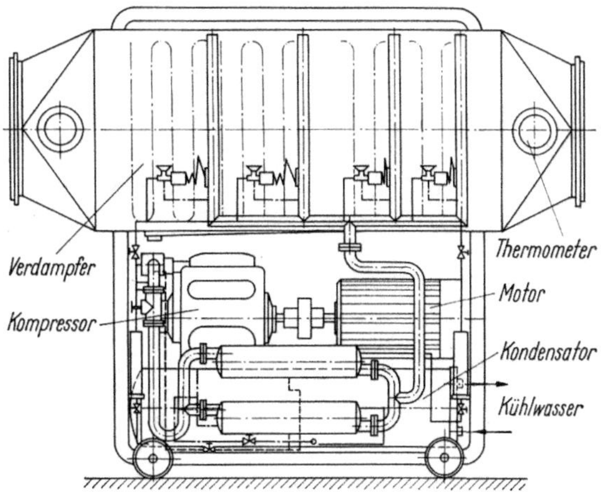

Abb. 360. Schema einer Streckenkühlanlage.

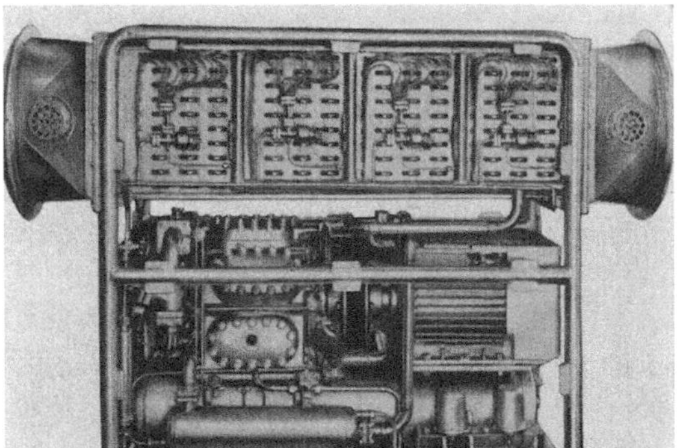
Abb. 361. Streckenkühlanlage.

Streckenkühlanlagen laufen im allgemeinen wartungsfrei. Sie sind durch eine Reihe von Sicherheitseinrichtungen gegen Schäden gesichert. Grenzschalter im Überdruck- wie im Unterdruckteil des Kreislaufes schalten bei Über- bzw. Unterschreiten von Grenzwerten den Antriebsmotor ab. Ein Öldifferenzdruckschalter sichert die Maschine auf ähnliche Weise bei Ausfall des Schmiersystems. Ein mechanisches Überströmventil verhindert eine zu hohe Druckbelastung des Kompressors. Zur weiteren Sicherheit dienen die meist behördlich vorgeschriebenen Sicherheitsventile, die bei Überschreiten der für die einzelnen Kältemittel festgesetzten Höchstdrücke das Kältemittel abblasen. Schließlich verfolgen behördlich angeordnete Nachprüfungen der Druckbehälter die gleichen Zwecke der Sicherheit (BVOSt Dortmund vom 18. 12. 1964, § 115). In Bergwerken, die durch Grubengas gefährdet sind, müssen alle elektrischen Betriebsmittel schlagwettergeschützt sein.

Zu den *zeitweise ortsfesten Anlagen* gehören in erster Linie Strebkühlanlagen mittlerer Leistung, die in der Nähe eines Abbaues stehen, die einen einzigen Streb mit Kälte versorgen und die nach dessen Auslaufen in den nächsten vorgerichteten Streb übernommen werden. Die Kälteerzeugungsanlage steht für die Laufzeit des Strebs (1 bis 2 Jahre) an gleicher Stelle. Bevorzugt wird im allgemeinen eine Aufstellung am Anfang der einziehenden Abbaustrecke. Oft reicht für die Unterbringung eine örtliche Erweiterung des Streckenquerschnittes aus. Auch diese Maschinen sind in Rahmen montiert. Sie kommen ohne festes Fundament aus;

ein Gesichtspunkt, der für den Grubenbetrieb von besonderer Bedeutung ist, denn in Abbaunähe werden feste Fundamente durch Gebirgsbewegungen schnell zerstört. Meist sind diese Kälteanlagen jedoch zweigeteilt. Abb. 362 zeigt eine solche Anlage für eine Leistung von 200000 kcal/h. Im vorderen Teil ist der Kältemittelkompressor mit seinem Antriebsmotor zu erkennen. Ihre Wellen sind über eine elastische Kupplung unmittelbar miteinander verbunden. Darunter befindet sich der wassergekühlte Kondensator. Alle Teile sind in einem Rahmengehäuse untergebracht, das im Betrieb durch Schutzbleche verschlossen ist. Das hintere Gehäuse umschließt den als Wasserkühler ausgebildeten Verdampfer. Am Aufstellungsort werden die beiden Teile der Anlage miteinander verbunden. Zur Verbindung der Kältemittel-Dampf- und Flüssigkeitsleitungen dienen meist Kupferrohre mit elastischen Zwischenstücken. Abb. 363 zeigt als Schema eine Anlage mit zwei Einheiten von je 200000 kcal/h mit den dazugehörigen Pumpen und Rohrverbindungen.

Abb. 362. Kältemaschine einer Strebkühlanlage mit 200000 kcal/h.

Kälteanlagen großer Leistung, die der Klimatisierung mehrerer Abbaubetriebe oder ganzer Feldesteile dienen, erfordern eine *ortsfeste Aufstellung*. Für sie werden besondere Räume in einem Feldesteil außerhalb des Abbaubereiches oder in

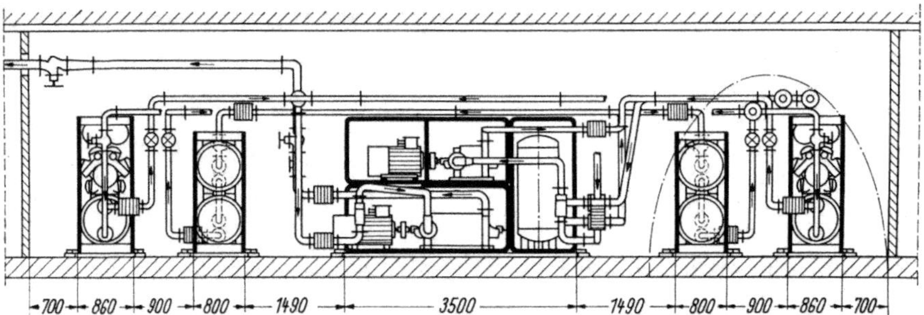

Abb. 363. Schema einer Strebkühlanlage mit 2 Kältemaschineneinheiten.

Schachtnähe hergerichtet. Hier werden die Maschinen mit festen Fundamenten ausgerüstet. Diese Anordnung hat den Vorteil, daß die Kühlwasserleitung mit Isolierung und Zubehör sorgfältiger und dauerhafter verlegt werden kann. Die Wege der Wärmeableitung sind meist kürzer. Auch ist die Wartung einer zentralen Anlage einfacher. Sie hat andererseits den Nachteil, daß mit zunehmender Erschöpfung der Bodenschätze im Bereich der Anlage die Wege zu den Abbauen und zu den Kühlern immer länger werden und damit Kälteverluste in immer größerem Umfang auftreten. Die Isolierung der Rohrleitungen auf der Kaltwasserseite erfordert hier besondere Sorgfalt.

In sicherheitlicher Hinsicht werden bei den Strebkühlanlagen die gleichen Maßnahmen und Einrichtungen angewandt wie bei den Streckenkühlanlagen.

Da bisher eine Leistungsregelung nicht notwendig ist und die Maschinen mit voller Last arbeiten, beschränkt sich die Wartung, abgesehen von der behördlich vorgeschriebenen sicherheitlichen Überwachung, meist nur auf die Pflege der Anlage, auf die Kontrolle der Schmierstellen und dergleichen. Die Entwicklung strebt auch hier einen völlig wartungsfreien Betrieb an.

In absehbarer Zeit wird auch die Leistungsregelung in der Grubenklimatisierung eine Rolle spielen. Die heutigen Verhältnisse zeichnen sich dadurch aus, daß eine möglichst große Wettermenge — im Abbau z. B. möglichst der gesamte durchgehende Wetterstrom — gekühlt wird. Dadurch wird die notwendige Kälteleistung sehr groß, und die Maschinen arbeiten ununterbrochen im Auslegungspunkt und an der oberen Grenze der Leistungsfähigkeit. Der Wärmeanfall ist durch die verschiedenen Arbeitsvorgänge zwar Schwankungen unterworfen, es lohnt sich jedoch nicht, die Leistung diesen Schwankungen anzupassen. Die Speicherfähigkeit des Gebirges gleicht die Änderungen der Klimawerte weitgehend aus. In Zukunft muß jedoch mit einem grundsätzlichen Wandel gerechnet werden. Durch weitere Mechanisierung des Abbaues geht einerseits die Zahl der beschäftigten Leute noch mehr zurück, andererseits werden die verbleibenden Leute zunehmend an festen Plätzen, Steuerpulten und dergleichen beschäftigt sein. Die Klimatisierung wird sich dann auf die einzelnen Arbeitsplätze beschränken lassen. Verhältnismäßig kleine Kühler können von einer zentralen Kälteanlage über eine Ringleitung mit Kaltwasser versorgt werden. Lediglich in Sonderfällen, bei der Vorrichtung der Betriebe, bei der Beseitigung von Störungen und dergleichen sind zeitweise eine größere Anzahl von Leuten und der Einsatz größerer Kühler mit höherer Leistung erforderlich. Die zentrale Kälteanlage muß dann in der Lage sein, sich dem Leistungsbedarf anzupassen.

IV. Wetterkühler.

Wetterkühler lassen sich je nach ihrem Zweck und ihrem Aufstellungsort in verschiedene Arten aufteilen. Bei den Streckenkühlanlagen ist der Wetterkühler der Verdampfer des Kältekreislaufes, über dessen Kühlelemente außen die zu kühlende Luft strömt, während innen das Kältemittel verdampft und die den Wettern entzogene Wärme aufnimmt. Bei den Kühlern im Abbau sind zwei Arten zu unterscheiden, die zwar in ihrem Aufbau übereinstimmen, die aber in der Größe und Anwendung voneinander abweichen. Bei ihnen sind die Kühlelemente innen von Kaltwasser durchflossen, das von der entfernt stehenden Kältemaschine zugeführt wird. Die den Wettern entzogene Wärme geht zunächst an das Kaltwasser über, bevor sie über das Kältemittel schließlich in den Kühlwasserkreislauf gelangt und abgeführt wird. Die erste Kühlerart im Abbau läßt sich als Hauptkühler oder Grundkühler bezeichnen. Bevorzugter Standort ist die einziehende Abbaustrecke in der Nähe des Strebeingangs. Im Haupt- oder Grundkühler wird der gesamte Wetterstrom, der durch den Abbau geht, gekühlt. Oft genügt auch die Kühlung eines Teilstromes und Mischung hinter dem Kühler oder unter Zuhilfenahme eines Luttenstückes erst im Streb.

Eine weitere Kühlart im Abbau wird oft als Teilkühler bezeichnet. Teilkühler werden in großer Anzahl (10 bis 20) im Streb mitgeführt. Sie sind meist am Fördermittel befestigt und werden mit diesem — entsprechend dem Abbaufortschritt — täglich weitergerückt. Sie kühlen jeweils einen Teilstrom der Strebwettermenge. Die Kühlfahne eines Teilkühlers soll gerade bis zum nächsten reichen. In Abb. 364 ist die Anordnung der Kühler in einem Abbau schematisch dargestellt. Jede Kühlerart kann sowohl einzeln für sich wie auch mit der anderen zusammen angewandt werden. Jeder Kühler ist mit einem eigenen Lüfter ausgerüstet, der die Wetter über die Kühlelemente fördert. In Grundkühlern beträgt der Strömungs-

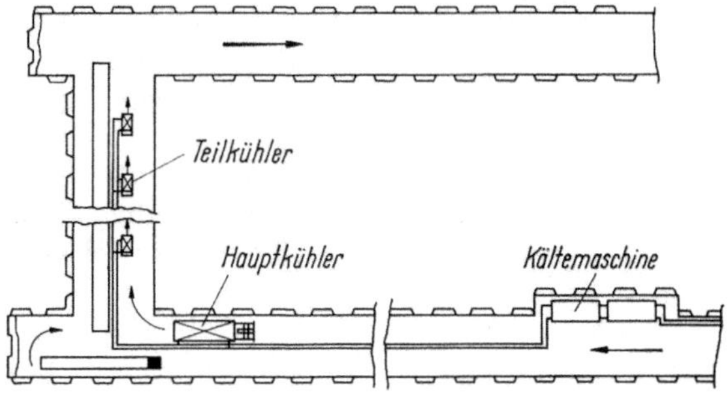

Abb. 364. Schema einer Strebkühlung mit abschnittweiser Kühlung durch Hauptkühler und Teilkühler.

Abb. 365. Hauptkühler.

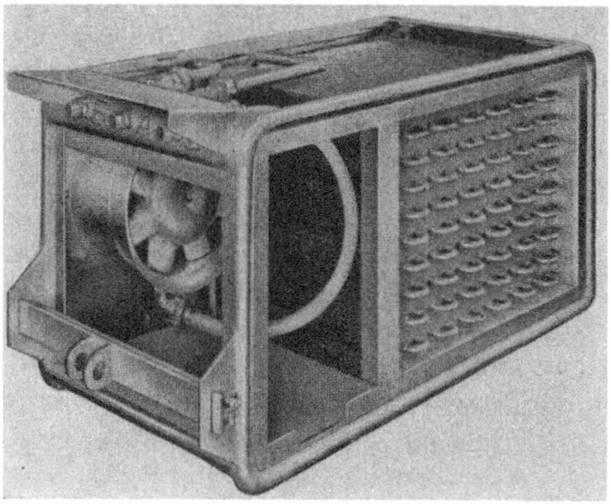

Abb. 366. Teilkühler.

widerstand im allgemeinen 100 bis 200 kp/m^2 bei einer Wettermenge von 200 bis 300 m^3/min. Teilkühler haben als Beispiel einen Luftdurchsatz von 50 m^3/min und einen Strömungswiderstand von etwa 20 kp/m^2. Abb. 365 zeigt einen Hauptkühler für 100000 kcal/h, dessen Schutzbleche entfernt sind. Er wird mit einem Lüfter von 600 mm Durchmesser betrieben. Abb. 366 enthält einen Teilkühler für 10000 bis 15000 kcal/h.

Als weitere Kühlerart können Großkühler gelten, die in einem Feldesteil, am Füllort eines Schachtes oder auch über Tage stehen und große Teilströme oder auch die gesamten Wetter einer Grube in einer Einheit kühlen. Allem Anschein nach entfernt sich die Entwicklung mehr und mehr von den Klimatisierungsverfahren, die auf solchen Kühlern aufgebaut sind.

Hinsichtlich der Kühlelemente haben Bauweisen aus der allgemeinen Klimatechnik als Vorbild gedient. Der Rippenrohrkühler oder Lamellenkühler herrscht im allgemeinen vor. Allerdings ist man wegen des hohen Staubgehaltes der Wetter sehr früh auf große Rippenabstände gegangen. Trotz mancher Fortschritte, die hinsichtlich Leistungsfähigkeit im Laufe der Jahre gemacht wurden, haben die Wetterkühler heute noch nicht den Stand erreicht, der für eine reibungslose, ausreichende und wirtschaftliche Klimatisierung der Gruben wünschenswert wäre.

Die Kühler stellen in der Kette der Bauteile das schwächste Glied dar. Die Verschmutzung — vor allem der Kühler im Abbau — ist so stark, daß selbst eine tägliche Reinigung oft nicht ausreicht, um die notwendige Kälteleistung aufrechtzuerhalten. Zudem werden durch das häufige Reinigen mit Luft- oder Wasserstrahl Rippenrohrkühler vielfach beschädigt oder zerstört. Das Vorsetzen von Filtern hat sich nicht bewährt. Die besonderen Schwierigkeiten treten deswegen auf, weil die Wetter staubig und feucht sind. Die Lamellen oder Rippen zeichnen sich durch ein starkes Temperaturgefälle aus. Niedrige Werte an der Ansatzstelle zwischen Rohr und Rippe stehen hohen an den Außenteilen der Rippe gegenüber. Auf dem inneren Teil wird der Taupunkt unterschritten, auf dem äußeren nicht. Im Grenzbereich, der zeitweise naß, zeitweise trocken ist, bleibt der Staub haften, verkrustet und setzt schließlich den freien Querschnitt zwischen den Rippen zu. Die derzeitige Entwicklung geht dahin, die Lamellenkühler durch Glattrohrkühler oder Flossenkühler zu ersetzen, die zwar kleinere Kühlflächen, aber bei vollständig nasser Oberfläche höhere Wärmeaustauschzahlen aufweisen. Auch die Entscheidung darüber, ob Naßluftkühler, die bei Großkühlern im ausländischen Bergbau vielfach eingesetzt wurden, aber auch hier mehr und mehr verschwinden, gegenüber Oberflächenkühlern ins Gewicht fallende Vorteile haben, ist noch nicht gefallen.

V. Verfahren der Wärmeableitung.

Da Wärme nicht vernichtet, sondern nur an eine andere Stelle gefördert werden kann, ist die Klimatisierung der Gruben zum großen Teil eine Frage des Wärmetransportes. Für die Wärmeableitung ist ein Wärmeträger notwendig, dem die Wärme vorübergehend oder auch endgültig aufgeladen wird. Die Wärmeübertragung an den Wärmeträger geht um so leichter vor sich, je größer das Temperaturgefälle zwischen dem wärmeabgebenden Teil und dem wärmeaufnehmenden Teil ist. Aufgabe der Wetterkühlanlagen ist es daher, die in den Grubenwettern enthaltene Wärme auf einen höheren Temperaturwert zu heben (Wärmepumpe), um sie dann aus dem Abbau abzuführen. Für das Heben der Wärme auf einen höheren Temperaturwert ist Energie notwendig, die um so größer sein muß, je höher der angestrebte Temperaturunterschied ist. Es stehen sich demnach zwei Forderungen entgegen: Auf der einen Seite wird ein hohes Temperaturgefälle angestrebt, um die Wärme leicht auf einen Wärmeträger übertragen und mit diesem ableiten zu können, auf der anderen Seite versucht man, mit einer geringen Temperaturhebung auszukommen, um Energie zu sparen. Große Temperaturunterschiede erfordern viel Energie und damit hohe Betriebskosten, kleine Temperaturunterschiede erfordern große und teuere Wärmeaustauscher und große Wärmeträgermengen. Um größte Wirtschaftlichkeit zu erzielen, muß daher die eine Forderung gegen die andere abgewogen werden.

Die Bewetterung übernimmt mit ihrem Kreislauf den Hauptteil der Klimatisierung einer Grube. Die Wärmeaufnahme der Wetter ist jedoch begrenzt. Vor allem in den Einziehwegen sucht man sie möglichst klein zu halten und Wärmekreisläufe zu vermeiden.

Der Ableitung der in den Klimaanlagen anfallenden Wärme kommt deshalb besondere Bedeutung zu. Als allgemeine Regel kann gelten, daß die Wetterkühler so nah wie möglich an den Abbau herangerückt oder in den Abbau hineingesetzt werden sollen. Die Kältemaschine sollte bei kleinen Leistungen in unmittelbarer Nähe des Kühlers stehen. Die Schwierigkeiten liegen auf der Kühlwasserseite. Sind die Leistungen klein, kann Kühlwasser in ausreichendem Maße der Maschine zugeführt werden. Die Wärmekreisläufe, die dabei u. U. in den Wettern entstehen, belasten den Wärmehaushalt der Grube nicht sehr und gehen meist in der allgemeinen Wärmebilanz unter. Bei großen Kälteleistungen müssen die in den Kältemaschinen anfallenden Wärmemengen unbedingt gesondert aus der Grube herausgefördert werden. Die Kältemaschine muß bei größer werdenden Leistungen mehr und mehr vom Kühler abrücken und kann in einem Feldesteil, am Füllort eines Schachtes oder schließlich sogar über Tage stehen. Die Wege für das Kühlwasser werden kürzer. Die Schwierigkeiten werden auf die Kaltwasserseite verlagert. Die Kaltwasserringleitungen zwischen Kältemaschinen und Kühlern müssen sorgfältig isoliert werden. Wärmekreisläufe in den Wettern können jedoch nicht mehr auftreten.

Die einfachste Ableitung der Wärme geschieht durch das für kleine Leistungen noch geeignete Verfahren, bei dem das Kühlwasser dem Leitungsnetz unter Tage entnommen und nach Erwärmung in die allgemeine Wasserhaltung abgegeben wird. Die Rückführung des Wassers zum Schacht erfolgt entweder über Wasserseigen, in denen z. B. in Streckenvortrieben auch das Bohrwasser und anfallende Grubenwässer abgeführt werden, oder durch Rohrleitungen. Vom Schachtsumpf wird es mit dem übrigen Grubenwasser zutage gefördert. Abgesehen von klimatischen Nachteilen, die durch die Wärmeaufnahme der Wetter an den warmen Rohrleitungen und besonders an offenen Wasserseigen auftreten, sind die Kosten für das Kühlwasser sehr hoch. Sie setzen sich vorwiegend aus den Kosten für die Entnahme aus dem Netz und den Hebungskosten in einem offenen System zusammen. Das Verfahren ist in Abb. 358, Teil 5, dargestellt. Auch bei dem der Grube zugeführten Kühlwasser wäre eine teilweise Energierückgewinnung durch Entspannung in einem Peltonrad — wie es für das Kaltwasser in Abb. 358, Teil 2, gezeigt ist — denkbar.

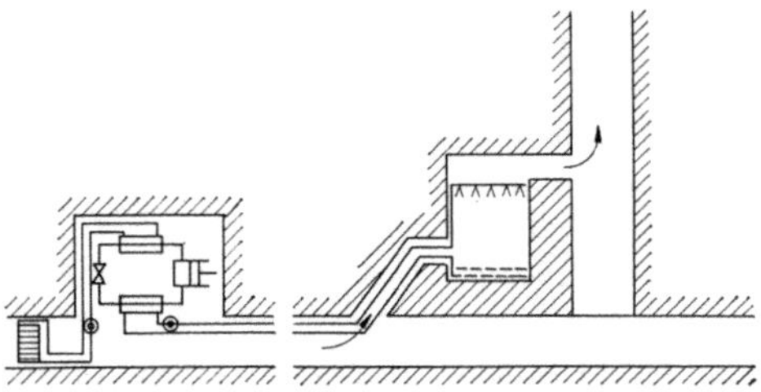

Abb. 367. Kühlwasserrückkühlung mit Hilfe eines im Abwetterstrom unter Tage angeordneten Sprühkühlers.

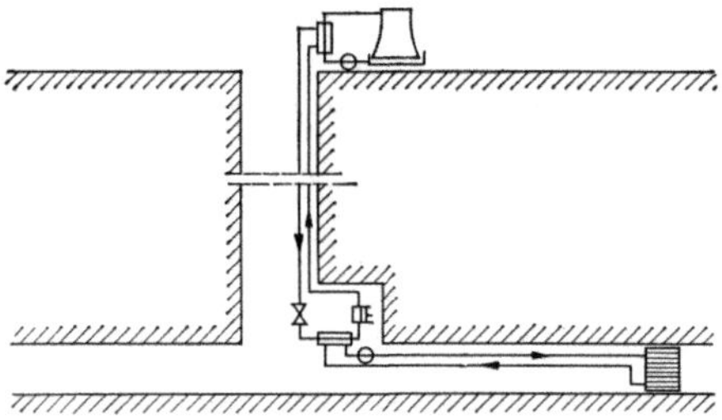

Abb. 368. Ableitung der Wärme mit Kältemitteldampf nach über Tage.

Für große Leistungen besser geeignet ist das Verfahren nach Abb. 359, bei dem das erwärmte Kühlwasser in einem Hochdruckwärmeaustauscher rückgekühlt wird, der seinerseits die Wärme über eine Hochdruckleitung im Schacht an ein Rückkühlwerk über Tage abführt. Hier entfallen Wasserhebungskosten, und Energie ist nur zum Betrieb der Pumpen aufzuwenden, die den Strömungswiderstand in Rohrleitungen und Wärmeaustauschern zu überwinden haben. Bei Aufstellung in 1000 m Teufe ist mit 100 atü Betriebsdruck zu rechnen. Das Verfahren hat daher hinsichtlich der Teufe in seiner Anwendung bestimmte Grenzen und konnte z. B. im südafrikanischen Goldbergbau nicht benutzt werden.

Dort hat ein Verfahren Eingang gefunden, bei dem das Kühlwasser in einer Rückkühlanlage nach Art des Kühlturms am Füllort eines Ausziehschachtes unter Tage gekühlt wird (Abb. 367). Die Wärme wird den ausziehenden Wettern aufgeladen und damit aus der Grube abgeführt. Dem Vorteil, daß Leitungen im Schacht und Hochdruckwärmeaustauscher entfallen, stehen die Nachteile entgegen, daß die Wetter am Eintritt in den „Kühlturm" schon sehr hohe Enthalpiewerte haben und die durchzusetzenden Wettermengen deshalb sehr groß sein müssen und daß die Feuchtigkeit im Schacht sehr hoch ist. Die aufsteigenden

Wetter unterschreiten den Taupunkt, und ein großer Teil des Wassergehaltes regnet aus.

Besonderes Hindernis für die Wärmeableitung nach über Tage ist der Schacht bzw. der Höhenunterschied zwischen der unter Tage aufgestellten Kältemaschine und der Rückkühlanlage über Tage. Es hat daher nicht an Versuchen und Vorschlägen gefehlt, die Wärme auf einfachere und billigere Weise zu „heben" und abzuführen. Nach einem solchen Vorschlag (DBP 882237) wird der Kondensator einer unter Tage stehenden Kältemaschine über Tage aufgestellt. Abb. 368 zeigt das Schema einer solchen Anlage. Die im Verflüssiger anfallende Wärme kann über Tage nach üblichen Verfahren an die Außenluft abgeführt werden. Im Schacht befinden sich eine dünne Falleitung für das flüssige und eine weite Steigeleitung für das dampfförmige Kältemittel. Die Rohrleitungen sind wegen der geringeren Drücke billiger als bei Hochdruckanlagen. Praktische Anwendung haben derartige Verfahren bisher noch nicht gefunden.

Hier wirtschaftliche Lösungen zu finden, die auch praktisch zu verwirklichen sind, dürfte der Grubenklimatisierung von großem Nutzen sein.

Literatur.

[1] Batzel, S.: Die Ermittlung thermischer Werte in Grubenbauen und ihre Verwendung für die mathematische Lösung klimatischer Probleme. Bergbau-Arch. Bd. 13 (1952) H. 3/4, S. 15–34.

[2] –: Planung und Betrieb von Klimaanlagen für Abbaubetriebe. Glückauf Bd. 95 (1959) S. 47–65.

[3] Boldiszar, T.: Ein numerisch-graphisches Verfahren zur Berechnung der Erwärmung von Grubenwettern. Bergbau-Arch. Bd. 21 (1960) H. 2, S. 17–27.

[4] De Braaf, W.: L'échauffement de l'air de ventilation dans les puits et les voies d'entrée d'air. Geol. Mijnb. Bd. 13 (1961) S. 117–154.

[5] Carlslaw, H. S., u. I. C. Jaeger: Some two-dimensional problems in conduction of heat with circular symmetry. Proc. Lond. Math. Soc. Bd. 46 (1940) S. 361.

[6] Hoffmann, W.: Die Verbesserung des Grubenklimas mit Hilfe von Klimaanlagen. Glückauf Bd. 95 (1959) S. 30–46.

[7] Houberechts, A.: La climatisation des mines profondes Kap. X Sondernummer „Aérage". Rev. de l'Industrie Minérale 1962, S. 377–407.

[8] Kappelmeyer, O. K.: Klimabeeinflussende Größen. Kali u. Steinsalz Bd. 3 (1963) S. 350–358.

[9] König, H.: Mathematische Untersuchungen über das Grubenklima. Bergbau-Arch. Bd. 13 (1952) H. 3/4, S. 1–14.

[10] Mücke, G.: Die Wärmeleitfähigkeit von Karbongesteinen und ihr Einfluß auf das Grubenklima. Bergbau-Arch. Bd. 25 (1964) H. 1/2, S. 35–58.

[11] Nottrot, R., u. C. Sadée: Abkühlung homogenen isotropen Gesteins um eine zylindrische Strecke durch Wetter von konstanter Temperatur. Glückauf-Forschungsh. 27 (1966), H. 4, S. 193–200.

[12] Plank, R.: Klimaanlagen in Bergwerken. Z. VDI Bd. 83 (1939) S. 1021–1029.

[13] Scerban, A. N., u. O. A. Kremnev: Die wissenschaftlichen Grundlagen der Berechnung und Regelung der Wärmeverhältnisse in tiefen Gruben. Kiew: Verlag AN Ukrain. SSR 1959, S. 36–70, S. 295–317.

[14] Timmer, K.: Untersuchungen über den Einfluß der Wasserverdunstung auf die Wettererwärmung und die Bildung des Wärmeausgleichsmantels. Diss. TH Aachen 1961.

[15] Voss, J.: Beitrag zur Vorausberechnung der Erwärmung und der Wasserdampfaufnahme der Wetter in Steinkohlenbergwerken. Glückauf-Forschungsh. Bd. 26 (1965) H. 4, S. 187–198.

[16] Weuthen, P.: Verfahren der Grubenwetterkühlung. Glückauf Bd. 98 (1962) S. 731–740.

[17] Yaglou, C. P.: Temperature, humidity and air movement in industries: The effectiv temperature index. Journ. of Industr. hyg. Vol. 31, p. 297. 1927.

Dritter Teil

Die Anwendung der Kälte in der Biologie und Medizin.*

Von

Professor Dr. med. **E. Kolb**

Leiter der Anaesthesieabteilung der Medizinischen Fakultät der Freien Universität Berlin

Mit 11 Abbildungen

A. Einleitung

Eines der Hauptkennzeichen des uns bekannten Lebens ist der *Stoffwechsel*, d. h. die Aufnahme, Transport, Änderung und Ausscheidung molekularer Partikel. Die sich hierbei im einzelnen abspielenden Vorgänge gehorchen bei all ihren spezifisch-biologisch komplexen Eigenschaften den Gesetzen der Physik und der Chemie. Nicht nur ihr Ablauf in der Zeit sondern auch ihr Zusammenspiel zu dem hochgeordneten Gefüge eines lebenden Organismus oder Mikroorganismus ist damit *temperaturabhängig*.

Das Reaktionsmilieu biochemischer Vorgänge ist stets wäßrig. Damit ist es ohne weiteres verständlich, daß das temperaturabhängige Verhalten wäßriger Lösungen für die Lebensvorgänge von ganz entscheidender Bedeutung ist. Oberhalb des *Siedepunktes* des wäßrigen Reaktionsmilieus muß es zu einer Vernichtung der molekularen Feinstrukturen kommen. Ein Fortbestand des Lebens wird unmöglich. Wird der *Gefrierpunkt* unterschritten, führt die Bildung von Eiskristallen im biologischen Reaktionsraum, der Zelle, ebenfalls zu einer Zerstörung der Struktur. Bei sehr rascher Abkühlung in einen Temperaturbereich weit unter dem Gefrierpunkt wird die Erscheinung der *Verglasung* beobachtet, die Struktur bleibt erhalten, ein nennenswerter Stoffwechsel kann jedoch nicht mehr verzeichnet werden. Die physikalischen Eigenschaften des biologischen Reaktionsmilieus (Siedepunkt, Gefrierpunkt) bilden somit die absoluten Grenzen des Temperaturbereichs, in welchem Leben im Sinn der Biologie überhaupt möglich ist. Für die meisten Lebewesen ist jedoch auf Grund hinzutretender Gesetzmäßigkeiten der Existenzbereich innerhalb der Temperaturskala wesentlich schmaler. Die *Proteine*, d. h. die Makromoleküle, die den wesentlichsten Bestandteil des Zellprotoplasmas ausmachen, besitzen die Eigenschaft, bei Temperaturen von 40 bis 50 °C zu *denaturieren*. Lediglich einzelne Arten von Mikroorganismen leben bei höheren Temperaturen (Schwefelbakterien bis 70 °C). Noch enger als der *Resistenzbereich*, d. h. der Temperaturbereich, in welchem ein Organismus zu überleben vermag,

* Literatur S. 510.

ist in der Regel der *Leistungsbereich*, in dem Wachstum und Vermehrung möglich sind.

Die biochemischen Reaktionen, deren Ablauf für Leistung und Strukturerhaltung unabdingbare Voraussetzung ist, gehorchen der Reaktionsgeschwindigkeit — Temperatur-Regel. Senken wir die Körpertemperatur eines Organismus, so wird es in zunehmendem Maß zunächst zu einer Leistungsverminderung kommen. Die zur Erhaltung der Struktur notwendige Energie wird ebenfalls geringer. Kommt es zur Bildung von Eiskristallen in der Zelle, wird die Struktur endgültig zerstört und die Resistenzbreite ist unterschritten. Die oben bereits angeführte Möglichkeit einer Verglasung würde es jedoch grundsätzlich erlauben, die Temperatur ohne Strukturschädigung soweit herabzusetzen, daß ein Energieaufwand zur Strukturerhaltung nicht mehr notwendig ist. Bestimmte Mikroorganismen besitzen die Eigenschaft, einen sehr weitgehenden Entzug ihres intrazellulären Wassers überleben zu können. In diesem Zustand tritt bei Kälteanwendung eine intrazelluläre Eiskristallbildung nicht ein. Es können damit sehr tiefe Temperaturen überlebt werden (s. auch STEINER, Handbuch der Kältetechnik Bd. IX, S. 373ff.).

Während also die obere Temperaturgrenze für Lebensvorgänge recht scharf markiert ist, kann man zwar für die untere Grenze des Leistungsbereichs der einzelnen Arten das gleiche sagen. Hinsichtlich der Resistenz- und des Strukturerhaltungsbereichs läßt sich aber zumindest im Hinblick auf das biologische Experiment keine allgemeingültige Aussage machen. Dadurch ist erklärt, warum sich Biologie und Medizin sehr intensiv um die Erforschung der Einwirkung von Kälte auf einzelne biologische Systeme bemühen. Die große Bedeutung der Temperatur für alle biologischen Vorgänge macht es verständlich, daß diese Bemühungen nicht nur in der Grundlagenforschung bestehen, sondern auch in den Dienst der angewandten Wissenschaft gestellt sind.

Die mannigfaltigen Formen der Kälteanwendung in Biologie und Medizin in ihren Grundzügen aufzuzeigen und zu erklären, ist die Aufgabe, die der folgenden Übersicht gestellt ist. Ausgenommen werden hierbei die Betrachtungen, die im Zusammenhang mit dem Problem der Frischhaltung von Lebensmitteln in Band IX und X des vorliegenden Handbuchs behandelt wurden. Auch hinsichtlich des grundsätzlichen Verhaltens von Mikroorganismen, Pflanzen und tierischen Geweben in der Kälte wird auf die entsprechenden Abschnitte in Band IX und X hingewiesen.

B. Kälteanwendung in der Mikrobiologie.

Die Mikroorganismen sind *poikilotherm*, d. h. ihre Körpertemperatur gleicht sich stets der Umgebungstemperatur an. Die Temperaturoptima der Vermehrung und des Stoffwechsels als Ausdruck der enzymatischen Leistungen der betreffenden Organismen sind von Art zu Art verschieden. Dabei liegt das Stoffwechseloptimum im allgemeinen bei höheren Temperaturen als das der Zellteilung [21]. Werden Mikroorganismen gekühlt, so kommt es zu einer Herabsetzung des Stoffwechsels und der Zellteilung, die schließlich in Stillstand beider Vorgänge übergeht. Dieser Effekt wird bei der Kältekonservierung von Stoffen und Materialien genutzt, die Nährböden für Keime darstellen. Insbesondere bei der Haltbarmachung von Lebensmitteln im Sinn der Verhinderung einer Zersetzung durch Kleinlebewesen hat die Kühlung weite Verbreitung gefunden (Bd. IX u. X).

Während Untersuchungen der angeführten Art ihren Blick auf die Nährmedien von Mikroorganismen und ihre Veränderung durch die Keimbesiedlung richten, befaßt sich die Mikrobiologie außerdem noch mit der Kältewirkung auf Mikroorganismen unter der Blickrichtung auf die Keime selbst. Die Gründe hierfür hat NEI sehr klar dargelegt [70]:

1. Erhaltung der Lebensfähigkeit bei tiefen Temperaturen. — Hierdurch kann das bei der ständigen Haltung von Keimkulturen übliche Verfahren der fortlaufend wiederholten Anlegung von Subkulturen vermieden werden.

2. Aufrechterhaltung der Zellstruktur bei völligem Stillstand der Lebensvorgänge. Ist letzterer reversibel, so stellt hier das Einfrieren von Keimen u. a. auch den ersten Schritt bei der Gefriertrocknung dar.

3. Andere Gefrierverfahren bewirken eine mechanische Zerstörung der Zellstruktur, ohne daß die stofflichen Zellbestandteile selbst und insbesondere die Enzyme wesentlich verändert werden.

Die Kälteanwendung wird je nach dem zu erzielenden Resultat verschieden vorgenommen. Zur Bewahrung der Lebensfähigkeit wird relativ langsam gekühlt. Fixierung der Zellstruktur erfordert ein sehr rasches, die Desintegration der Zellstruktur ein rasches und wiederholtes Einfrieren.

Das Hauptanwendungsgebiet des *Einfrierens* von Mikroorganismen ist die langdauernde Aufbewahrung überlebender Zellen unter Aufrechterhaltung ihrer Lebensfähigkeit und ihres biologischen Potentials. Mikroorganismen vertragen im allgemeinen ein Einfrieren wesentlich besser als andere höher entwickelte tierische oder pflanzliche Zellen. In Kulturen gezüchtete Keimstämme können bei tiefen Temperaturen in ihrem Nährmedium ohne sonstige Zusätze für lange Zeit aufbewahrt werden und stehen jederzeit in lebensfähigem Zustand zur weiteren Verwendung zur Verfügung. Eine relativ niedrige Überlebensquote ist dann ausreichend, wenn es lediglich darauf ankommt, Ausgangsmaterial für die Anlegung von Subkulturen zur Hand zu haben. Bei der Herstellung lebender Vakzine sowie bei bestimmten experimentellen Untersuchungen sind höhere Überlebensraten erforderlich.

Obschon, wie oben ausgeführt, Mikroorganismen im allgemeinen kälteresistent sind, gibt es zwischen den einzelnen Arten deutliche Unterschiede in dieser Eigenschaft. Die Faktoren, welche den Fortbestand der Lebensfähigkeit der Zelle bei Einfrierung und Auftauen bestimmen, sind:

1. spezielle Eigenschaften der betreffenden Art,
2. ihre Wachstumsbedingungen,
3. Alter der Kultur,
4. Zellkonzentration und
5. Art des umgebenden Mediums.

Will man hohe Überlebensquoten erzielen, müssen die genannten 5 Faktoren für die betreffenden Keimarten entsprechend genau aufeinander abgestimmt werden. Von wesentlicher Bedeutung ist die Kühlgeschwindigkeit, je höher sie ist, desto eher besteht die Möglichkeit zur intrazellulären Eisbildung, während es bei relativ langsamer Kälteanwendung zu einem Austritt des freien Wassers aus der Zelle kommt. Dabei bilden sich vorwiegend im extrazellulären Raum, d. h. im Umgebungsmilieu der Mikroorganismen, Eiskristalle. Es wird immer wieder beobachtet, daß rasch eingefrorene Keime gewöhnlich eine relativ niedrige Überlebensquote haben, während langsam eingefrorene mit höherer Wahrscheinlichkeit überleben. Dies ist darauf zurückzuführen, daß die Bildung von intrazellulären Eiskristallen eine der Hauptursachen für die Kälteschädigung von Mikroorganismen ist, ähnlich wie man das auch von Zellen höher entwickelter Lebewesen her kennt, die jedoch auch durch den Wasserverlust in den Extrazellulärraum geschädigt werden. Bei der Langzeitaufbewahrung von lebensfähigen Mikroorganismen im gefrorenen Zustand sollte die Temperatur so niedrig wie möglich gehalten werden, damit physikalische oder chemische Veränderungen des Ansatzes vermieden werden.

Die Aufbewahrung eingefrorener lebensfähiger Mikroorganismen ist grundsätzlich möglich. Es sind aber im Zusammenhang mit diesem Vorgehen eine Reihe von Fragen aufgetaucht, die noch ihrer Lösung harren.

Werden bei lebendem Material alle Lebensvorgänge zum Stillstand gebracht, ohne daß es zu einer Aufhebung der Lebensfähigkeit kommt, so spricht man im angloamerikanischen Schrifttum von „suspended life". Die Möglichkeit zu einer Aufhebung der Lebensprozesse für längere, aber begrenzte Zeit mit anschließender restloser Wiederherstellung der Lebensaktivität ist für die Mikroorganismen zwar erwiesen. Die sich hierbei abspielenden Vorgänge sind im einzelnen jedoch noch sehr unklar. Überlegungen, „suspended life" auch bei höher entwickelten Lebewesen zu erreichen, sind rein spekulativ. Wir werden hierauf noch an anderer Stelle zurückkommen müssen (s. Seite 506).

Von der Einfrierung von Mikroorganismen ist die *Gefriertrocknung*[1] streng zu unterscheiden. Bei der Gefriertrocknung wird biologisches Material zunächst eingefroren, dann werden die gebildeten Eiskristalle im Vakuum zur Sublimation gebracht. Der verbleibende Wassergehalt in den Mikroorganismen ist dann sehr gering und wird ganz überwiegend durch das an die Zellproteine gebundene Wasser gebildet. Das gefriergetrocknete Material kann nunmehr auch bei Temperaturen oberhalb des Gefrierpunktes aufbewahrt werden. Auch unter diesem Verfahren kann die Lebensfähigkeit von bestimmten Arten von Mikroorganismen erhalten bleiben, und es lassen sich auf diese Weise lebende Impfstoffe (Vakzine) herstellen, die dann leicht transportiert und bei Zimmertemperaturen aufbewahrt werden können.

Die Anzahl der *Faktoren*, welche die Bewahrung der Lebensfähigkeit der Zellen bei der Gefriertrocknung bestimmen, ist größer als die bei der alleinigen Einfrierung. Hinsichtlich des *Suspensionsmaterials* sind eingehende Forschungen angestellt worden und noch im Gange. Untersucht worden sind verschiedene Arten von Proteinen, Aminosäuren, Zucker und polymere Substanzen. Natriumglutamat hat sich besonders bewährt, während Glyzerin, das bei der einfachen Einfrierung einen günstigen Effekt ausübt, bei der Gefriertrocknung nicht verwendet werden kann. — Außer dem Suspensionsmedium sind von Bedeutung die *Temperatur*, bei der der Trocknungsprozeß abläuft, das Ausmaß des *Vakuums*, das Ausmaß der *Trocknung* und nach dem Gefriertrocknungsprozeß die *umgebende Atmosphäre*, die *Temperatur* und die *Restfeuchtigkeit* des gewonnenen Materials. Generell kann gesagt werden, daß geringe Restfeuchtigkeit und Aufbewahrung im Vakuum bei möglichst niedriger Temperatur die Haltbarkeit begünstigen.

Auch auf dem Gebiet der Gefriertrocknung müssen zahlreiche Probleme heute noch als ungelöst angesehen werden [11].

Die dritte Anwendungsform der Kälte auf Mikroorganismen verfolgt gänzlich andere Zwecke. Hier kommt es nicht auf die Erhaltung der Lebensfähigkeit an, sondern auf die *Erforschung* der in der Zelle vorkommenden *Stoffe*. Auch nach dem Individualtod spielen sich innerhalb der Zelle Stoffwechselvorgänge ab; es kommt sehr rasch zu einer Veränderung der dort während des Lebens vorhandenen Substanzen. Will man nun die stoffliche Zusammensetzung der lebenden Zelle untersuchen, so kommt es darauf an, daß recht rasch alle biochemischen Reaktionsabläufe zum Stillstand gebracht werden. Nicht nur die Art der vorhandenen Stoffe, ihre Darstellung und die Untersuchung ihrer Eigenschaften, sondern auch ihre topische Zuordnung untereinander sind für die Erforschung der intrazellu-

---

[1] Vgl. dieses Handbuch, Band X, S. 87–100.

lären Lebensvorgänge von großer Bedeutung. Zur Lösung dieser gerade heute auf dem Gebiet der gesamten Biologie und der Medizin wichtigen Fragen stellt die Kältefixation bzw. -desintegration lebender Substanz ein sehr wichtiges und brauchbares Hilfsmittel dar [67].

C. Die Temperatur als biologischer Faktor bei Metazoen und Mensch.

Die Abhängigkeit der meisten Lebensprozesse von der Temperatur macht es erklärlich, daß Temperaturänderungen der Umwelt jeden lebenden Organismus beeinflussen müssen. Die *Klimabiologie*, die sich mit der Auswirkung der klimabedingten Umweltfaktoren auf das Verhalten und die Ausbreitung von Lebewesen befaßt, berücksichtigt selbstverständlich auch die in der Biosphäre wirksam werdenden *Temperaturen*. Sie hat damit die Grundkenntnisse für die Forschungen geliefert, die sich auf die Auswirkung von künstlich erzeugter Kälte auf lebende Organismen oder lebende Gewebe richten.

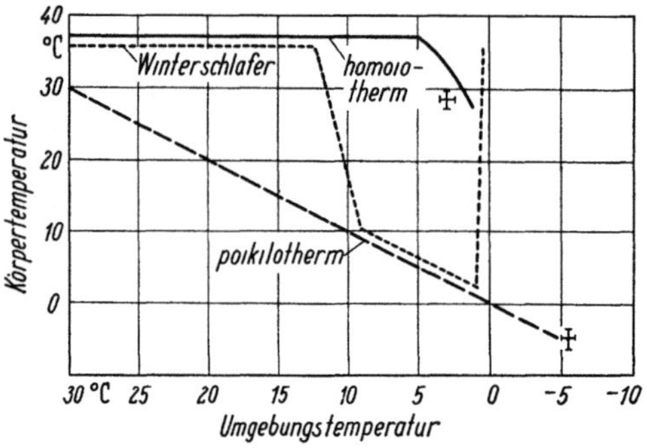

Abb. 369. Körpertemperatur in Abhängigkeit von der Umgebungstemperatur — Schema nach Eisentraut (29).

Läßt man Kälte auf ein Lebewesen einwirken, wird die Körpertemperatur des betreffenden Individuums entweder abfallen oder es kommt zu einer Reaktion, die die Beibehaltung der bisherigen Körpertemperatur gewährleistet oder zumindest zum Ziele hat. Im ersten Fall spricht man von *Poikilothermie* (wechselwarmblütige Tiere), während die Fähigkeit zur aktiven Konstanterhaltung der Körpertemperatur als *Homoiothermie* (warmblütige Tiere) bezeichnet wird. Es sind also grundsätzlich zwei verschiedene Reaktionstypen zu erwarten je nachdem, ob ein poikilothermer oder ein homoithermer Organismus unter Kälteeinwirkung kommt (Abb. 369).

I. Körpertemperatur

Der Stoffwechsel eines Lebewesens ist in seiner Intensität von der Körpertemperatur abhängig. Er ist aber darüber hinaus wiederum mitbestimmend für die Körpertemperatur selbst, da bei den Stoffumsetzungen des Aufbau-, Leistungs- und des Strukturerhaltungsstoffwechsels exotherme chemische Reaktionen ablaufen. Dadurch wird Wärme freigesetzt, die sich dem Körper mitteilt. Würde eine Wärmeabfuhr von der Körperoberfläche an die Umwelt nicht eintreten, würde es sukzessive zu einer Temperaturerhöhung des Körpers kommen, die dann, wenn die verschiedenen Temperaturoptima der einzelnen Fermente und Enzyme überschritten sind, zunächst zu einer Dissoziation der einzelnen Stoffwechselprozesse und schließlich zum Zusammenbruch des Funktionsgefüges des Organismus führen würde. Leben ist somit nur unter der Bedingung möglich, daß die bei den Stoffwechselvorgängen frei werdende Wärme abgeführt wird.

Das Verhalten der Temperatur eines lebenden Körpers ist abhängig von der Differenz aus Wärmeproduktion und Wärmeabgabe:

$$\Delta\,\vartheta_K = \frac{W_p - W_a}{M_k \cdot c_k} \tag{1}$$

$\Delta\vartheta_K$ Änderung der Körpertemperatur
W_p Wärmeproduktion
W_a Wärmeabfuhr
M_k Körpermasse
c_k spezifische Wärme des Körpers

Bei den Poikilothermen ist die Körpertemperatur (ϑ_K) zunächst der Umwelttemperatur gleich, sie ändert sich nach der Gl. (1). Bei den Homoiothermen ist die Körpertemperatur eine biologisch auf einen Sollwert eingeregelte Konstante [39]. $\Delta\vartheta_K$ wird in einem bestimmten Regelbereich durch Änderung von Wärmeproduktion und Wärmeabfuhr gegen Null gebracht.

Eine Analyse von W_p und W_a führt aus der zunächst mehr physikalischen Betrachtung unmittelbar in das Reich der Biologie.

II. Wärmeproduktion

Wie bereits angedeutet, rührt die vom Organismus produzierte Wärme von exotherm verlaufenden biochemischen Umsetzungen des Erhaltungs-, Leistungs- und Baustoffwechsels her.

1. Erhaltungsstoffwechsel: Die Strukturerhaltung und die Erhaltung der Leistungsbereitschaft im biologischen Sinn sind *Vorgänge*, die einer ständigen Energiezufuhr bedürfen. Dabei wird Wärme freigesetzt.

Dazu kommt, daß bei höheren Organismen zum Teil mechanische Leistungen von Organen bzw. Organsystemen im Dienst der Strukturerhaltung stehen: Die ständige Aufnahme von Sauerstoff und die Ausscheidung von CO_2 — zwingende Notwendigkeit zur Aufrechterhaltung der biologischen Oxydation, die der Energiegewinnung bei den meisten vielzelligen Lebewesen dient — erfordert die ständige Tätigkeit besonderer Atmungsorgane (Kiemensystem, Lungen). Hier ist ebenso mechanische Muskelarbeit notwendig wie für die Transportorgane im Inneren des Organismus, die das Heranbringen von Sauerstoff, Nährstoffen an den Ort des Bedarfs — die einzelnen lebenden Zellen — und den Abtransport der Stoffwechselprodukte von da zu bewerkstelligen haben (z. B. Herz-Kreislauf-System). — Neben besonderen Ausscheidungsorganen (z. B. Niere) müssen sich schließlich noch die Systeme, die der Regelung dienen (z. B. Nervensystem, Endokrinium), in ständiger Tätigkeit befinden.

Ein Lebewesen, das keine nach außen gerichtete Leistungen vollbringt, ist niemals in einem Stadium der inneren Leistungsruhe, solange es seine Struktur aufrecht erhält und eben lebt. In der Physiologie bezeichnet man die im Zustand der äußeren Ruhe umgesetzte Energiemenge in der Zeiteinheit als Ruhe- oder Grundumsatz. In der klinischen Medizin versteht man unter dem Grundumsatz die Energie, die in der Zeiteinheit bei genau definierten Bedingungen (Ruhe, Nüchternheit und indifferente Außentemperatur) umgesetzt wird. Der Grundumsatz kann ohne zusätzliche Beeinflussung nicht unterschritten werden. Er ist somit dem Erhaltungsumsatz des *gesamten*, sonst unbeeinflußten Organismus in einem physiologischen Zustand gleich. Seine Messung kann durch Bestimmung der in der Zeiteinheit produzierten Wärmemenge erfolgen. Dies Verfahren ist technisch aufwendig. Bei der in der Klinik üblichen Grundumsatzbestimmung zieht man daher die indirekte Methode vor: Die produzierte Wärmemenge wird aus der Sauerstoffaufnahme in der Zeiteinheit ermittelt und auf das Körpergewicht, die Körperoberfläche oder beides bezogen [34].

2. Leistungsstoffwechsel: Tritt der Organismus in ein Stadium der äußeren Leistung ein, so erhöht sich die Wärmeproduktion in ganz erheblichem Maß. Ort der zusätzlichen Wärmebildung sind in der Regel die Organe, die beim Zustandekommen der äußeren Leistung in Tätigkeit treten. Das sind bei Muskelarbeit die Skelettmuskeln, bei Verdauungsarbeit der Intestinaltrakt und insbesondere die Leber.

Stets ist eine äußere Leistung mit einer Zunahme der inneren Leistung (z. B. Kreislauf, Atmung) verbunden.

Am stärksten kann die Wärmeproduktion bei Muskelarbeit ansteigen. Leistet der Mensch eine mittelschwere Muskelarbeit, die den Gesamtumsatz auf den vierfachen Wert des Ruheumsatzes ansteigen läßt, so steigt der Umsatz der Skelettmuskulatur auf das Fünfzehnfache des Ruhewertes an, Atmungs- und Kreislauforgane vervierfachen ihren Umsatz. Der Umsatz der Bauchorgane und insbesondere der Leber nimmt leicht ab, während das Gehirn seinen Ausgangsumsatz beibehält [1].

3. Baustoffwechsel: Auch beim Aufbau von Körpersubstanz, insbesondere der Proteine, wird Energie umgesetzt und damit Wärme frei. Im Stadium des Wachstums und der Vermehrung ist der Baustoffwechsel in nennenswertem Ausmaß an der Gesamtwärmeproduktion beteiligt. So verwendet z. B. ein 3 Monate alter Säugling mit einem Körpergewicht von 5,2 kg von den ihm in der Nahrung täglich zugeführten 700 Kalorien allein 200 bis 250 Kalorien für Wachstum und Ansatz. Der Ruheumsatz eines in seiner Gesamtheit oder in Teilen wachsenden Organismus ist auch unter Berücksichtigung von Körpermasse und Körperoberfläche höher als bei einem Lebewesen im Stadium der Wachstumsruhe.

III. Wärmeabfuhr

Die Abgabe von Wärme an die Umwelt erfolgt durch *Leitung*, *Konvektion*, *Strahlung* und *Verdunstung*. Der Gesamtwärmestrom Q ist also die Summe von Teilströmen, die auf die genannten Vorgänge entfallen.

$$Q = Q_l + Q_c + Q_s + Q_v. \tag{2}$$

Jeder der 4 Teilströme ist wiederum in seiner Größe abhängig von der *Oberfläche*, an der er wirksam wird. Unter Oberfläche ist hierbei die meßbare geometrische Körperoberfläche nur bedingt zu verstehen, es handelt sich vielmehr um die Summe aller äußeren und inneren Körperoberflächen, an denen die 4 Teilfaktoren einzeln oder gemeinsam wirksam werden können (z. B. innere Oberfläche des Atmungsorgans). Die Teilfaktoren Q_l, Q_c und Q_s können negative Werte annehmen — es findet dann eine Wärmezufuhr von außen statt. Q_v wird nicht negativ.

1. Körperoberfläche: Die Bedeutung der Körperoberfläche für die Wärmeabfuhr bzw. den Wärmeaustausch mit der Umgebung im Wärmehaushalt kann nur unter gleichzeitiger Betrachtung der Wärmeproduktion verdeutlicht werden. Die Gesamtwärmeproduktion steigt mit der *Körpermasse*, d. h. mit dem Anstieg stoffwechselaktiver Gewebe. Je größer aber die Körpermasse wird, desto kleiner wird die auf sie bezogene Körperoberfläche. Kleine poikilotherme Lebewesen werden also in ihrer Körpertemperatur durch die wärmewirksamen Verhältnisse an ihrer Oberfläche leichter beeinflußt als große. Bei kleinen homoiothermen Organismen werden durch die temperaturwirksamen Umweltbedingungen viel höhere Anforderungen an die Temperaturregelung gestellt als dies bei großen homoiothermen der Fall ist.

Die Wärmeproduktion der Homoithermen kann als Potenzfunktion des Körpergewichts dargestellt werden:

$$Q = k \cdot G^n. \tag{3}$$

Dabei ist Q die Gesamtwärmeproduktion pro Zeiteinheit, k eine Konstante, die von der geometrischen Körperform abhängt, G das Körpergewicht und n ein

Exponent, für den ein Wert von 0,75 ermittelt wurde. Die durchschnittliche Ruhewärmeproduktion der Homoithermen beträgt nach HENSEL etwa

$$Q = 3\,G^{0,75}\ [\text{kcal/h}]. \qquad [3\text{a}]$$

2. Wärmeleitung q_l und Konvektion q_c: Die Wärmeableitung von der Körperoberfläche ist abhängig von der Wärmeleitfähigkeit des umgebenden Mediums. Bei terrestrisch lebenden Organismen ist die Körperoberfläche von einer ruhenden Luftschicht umgeben, deren Dicke abhängig ist von der Oberflächenkrümmung, dem Luftdruck und der Windgeschwindigkeit.

Die Größe des konvektiv bedingten Wärmestroms ist einmal abhängig von der Geschwindigkeit, mit der die Teile des umgebenden Mediums wechseln, die mit der Körperoberfläche bzw. mit der sie umgebenden Grenzschicht in wärmewirksamem Kontakt stehen (Windgeschwindigkeit, Strömungsgeschwindigkeit des umgebenden Wassers). Darüber hinaus spielt die spezifische Wärme des umgebenden Mediums eine bedeutende Rolle. Wärmeleitung und Konvektion werden durch Haare, Federkleid oder Bekleidung vermindert, die dazu führen, daß eine relativ dicke ruhende Luftschicht den Körper umgibt. Im Wasser steigt die Wärmeabfuhr durch Leitung und Konvektion auf das 200fache und mehr an.

Die Wärmeabfuhr durch Leitung und Konvektion in der Zeiteinheit pro Einheit der Körperoberfläche gehorcht der Gleichung

$$q_l + q_c = \alpha(\vartheta_o - \vartheta_u). \qquad (4)$$

α Wärmeübergangszahl [kcal cm^{-2} grd^{-1} sec^{-1}]
ϑ_o Temperatur der Körperoberfläche
ϑ_u Umgebungstemperatur

q_l und q_c können nur dann negativ werden, wenn die Umgebungstemperatur höher als die Körpertemperatur ist. Bei im Wasser lebenden Formen wird die starke Erhöhung der Wärmeübergangszahl dadurch ausgeglichen, daß durch unter der Haut liegende wärmeisolierende Schichten die Temperatur der Körperoberfläche niedrig gehalten wird.

3. Strahlung q_s: Die Wärmezufuhr durch Strahlung in der Zeiteinheit pro Einheit der Körperoberfläche kann nach außen oder nach innen gerichtet sein. Es gilt hier das Stefan-Boltzmannsche Gesetz:

$$q_s = \sigma \cdot \varepsilon (T_o^4 - T_u^4). \qquad (5)$$

σ Strahlungskonstante
T_o absolute Temperatur der Körperoberfläche
T_u absolute Temperatur der begrenzenden Fläche
ε Emissions- bzw. Absorptionszahl der Flächen (bei schwarzem Körper = 1)

Gegenüber der Sonnenstrahlung ist die Absorptionszahl von Farbe und Art der Oberfläche abhängig. Bei der langwelligen, weit im Infrarot liegenden Wärmestrahlung der Homoiothermen spielt die sichtbare Farbe keine Rolle. Die menschliche Haut wirkt als nahezu schwarzer Körper [10].

Durch die Bedeckung der Haut (Federn, Haare, Kleidung) wird der größte Teil ihrer Wärmestrahlung absorbiert. Von der Sonnenstrahlung wird je nach Farbe und Art der Bedeckung ein Teil reflektiert, der Rest absorbiert.

4. Verdunstung q_v: Die Verdunstung an der Körperoberfläche ist wegen der hohen Verdampfungswärme des Wassers (rund 600 kcal/kg) ein sehr wirksames Mittel zur Wärmeabfuhr bei auf dem Lande lebenden Formen. Auch hinsichtlich der Verdunstung ist die Haut von einer Grenzschicht umgeben, durch die der

Wasserdampf hindurch diffundiert. Die Wärmeabgabe q_v in der Zeiteinheit pro Flächeneinheit folgt näherungsweise der Gleichung:

$$q_v = \beta \cdot (e_o - e_u)\,. \tag{6}$$

e_o Dampfdruck an der Hautoberfläche
e_u Dampfdruck in der umgebenden Luft
β Verdunstungszahl, abhängig von Oberflächenkrümmung, Luftdruck und Windgeschwindigkeit.

Auch bei feuchtigkeitsgesättigter Luft kann beim Warmblüter noch Wasser verdunsten, wenn $e_o > e_u$ ist. Dies ist bei hoher Hauttemperatur der Fall (s. dieses Handbuch, Bd. III, u. [21, 34, 39, 92]).

IV. Wärmehaushalt der Poikilothermen

Bei Poikilothermen folgt die Körpertemperatur den wärmewirksamen Veränderungen der Umwelt, muß jedoch nicht immer gleich der Umgebungstemperatur sein. Wird aus der Umgebung durch Leitung, Konvektion und Strahlung Wärme zugeführt, so steigt die Körpertemperatur an. Dies wiederum führt zu einer Aktivierung des Stoffwechsels und damit zur Erhöhung der Wärmeproduktion. Erfolgt die Änderung der Körpertemperatur in Richtung zum biologischen Temperaturoptimum der betreffenden Tierart, so kommt es außerdem zu einer Erhöhung der Leistungsbereitschaft und des Antriebs zur Leistung. Dies wiederum führt zu einer weiteren Erhöhung der Wärmeproduktion.

Bei großen poikilothermen Lebewesen kann es nunmehr dazu kommen, daß die Körpertemperatur in gewissen Grenzen über die Umgebungstemperatur ansteigt. Der Anstieg der Temperatur im Körperinneren führt schließlich auch zu einer Erhöhung der Temperatur an der Körperoberfläche. Dies wiederum hat eine Erhöhung der Wärmeabfuhr zur Folge, so daß sich letztlich wieder ein neues Gleichgewicht einstellt. Spezifische Vorrichtungen zur Regelung der Körpertemperatur und des Wärmehaushalts besitzt der Poikilotherme nicht. Bei einzelnen Tierarten liegt lediglich eine Verhaltensregelung (behavioural thermoregulation) vor. Der Poikilotherme ist damit bei der Bedeutung, die Körpertemperatur und Wärmehaushalt für alle Lebensprozesse besitzen, in seiner biologischen Existenz in starkem Maß von den wärmewirksamen Bedingungen seiner Umwelt abhängig [75].

V. Wärmehaushalt der Homoiothermen

1. Regelung der Körpertemperatur.

Auch die Körpertemperatur der Homoiothermen gehorcht dem Gesetz nach Gl. (1). Sie wird jedoch durch die Funktion eines *Regelkreises* in bestimmten Grenzen konstant gehalten. Der homoiotherme Organismus ist in der Lage, über diesen Regelkreis die Wärmeproduktion und die Wärmeabfuhr zu verändern. Dazu kommen Regulationsmechanismen, die den Wärmetransport (Wärmeausgleich) innerhalb des Körpers begünstigen oder erschweren.

Die *Führungsgröße* des Regelkreises ist, wie wir heute wissen, die Temperatur im Körperkern, vielleicht genauer im Hypothalamus. Als *Regelstrecke* wird das Körperinnere angesehen, ohne daß hierbei jedoch eine genaue Abgrenzung vorgenommen werden kann. Als *Fühler* des Regelkreises können mit Sicherheit die Thermorezeptoren der Haut aufgefaßt werden. Die *Störgrößen* — Überwärmung und Unterkühlung — greifen meist an der Körperoberfläche an, werden von den Thermorezeptoren aufgenommen und führen im Sinn einer *Störwertaufschaltung* auf nervalem Weg zu einer Gegenregulation, bevor die Störung die Regelstrecke erreicht. Eine *Erhöhung* der Innentemperatur allein ohne Reizung der Thermorezeptoren löst über das Zentralnervensystem eine Reihe von Vorgängen aus, die eine Herabsetzung der Innentemperatur zur Folge haben. Die Frage, ob eine *Senkung* der Bluttemperatur allein (ohne Reizung der Kälterezeptoren der Haut) eine Gegenregulation auslösen kann, ist umstritten. BRENDEL [91] kommt zu dem Schluß, daß bei Senkung der Bluttemperatur unter ein bestimmtes Niveau zusätzlich Reaktionen ausgelöst werden, die von zentralen, aber wahrscheinlich extrazerebral liegenden Rezeptoren ihren Ausgang nehmen.

Von den einzelnen Gliedern des Regelkreises sind die Wirkungen der *Stellglieder* (Wärmebildung, Wärmewiderstand, Wärmeabsorption) am besten bekannt. Der Wärmestrom vom Körperinneren zur Oberfläche q ist:

$$q = \Phi \cdot k_i\,(\vartheta_i - \vartheta_o). \tag{7}$$

Φ gibt die geometrischen Verhältnisse wieder, k_i ist eine Konstante der Wärmeleitung vom Inneren zur Oberfläche. ϑ_i — Temperatur an einem Punkt im Körperinneren, ϑ_o — Temperatur an einem Punkt der Körperoberfläche. Die Wärmeabfuhr vom gleichen Punkt der Körperoberfläche ist gleich der Wärmezufuhr.

$$q = k_u\,(\vartheta_o - \vartheta_u) + q_v. \tag{8}$$

k_u ist eine Konstante der Wärmeübertragung von der Oberfläche an die Umgebung durch Leitung, Konvektion und Strahlung, ϑ_u ist die Umgebungstemperatur und q_v die Wärmeabsorption durch Verdunstung. Die Proportionalität der Wärmeabfuhr durch Strahlung zur Temperaturdifferenz setzt voraus, daß man die Wärmeübergangszahl der Strahlung durch eine temperaturabhängige Rechengröße ersetzt, die einem Diagramm zu entnehmen ist (s. dieses Handbuch Bd. III, S. 489 und [12]).

Beide Gleichungen ergeben für die Temperatur an einem Punkt des Körperinneren:

$$\vartheta_i = \vartheta_u + \varphi \cdot w_i \cdot q + w_u\,(q - q_v). \tag{9}$$

Dabei ist $1/\Phi = \varphi$, $1/k_i = w_i$, $1/k_u = w_u$.

w_i und w_u bedeuten den inneren bzw. äußeren Wärmewiderstand. Die Größen q, q_v, w_i und φ kann der homoiotherme Organismus aktiv verändern (auch w_u in geringem Maß).

Als Störgrößen treten auf ϑ_u, w_u und q. Es kann somit q als Störgröße und als Stellgröße in Erscheinung treten. Beim Menschen kann q bei extremer Arbeit auf das 20fache des Ruhewertes anwachsen.

Aus Gl. (9) geht hervor, daß bei höherer Umgebungstemperatur ($\vartheta_i \leqq \vartheta_u$) die Wärmeabsorption durch Verdunstung das einzige Mittel ist, mit dem die Körpertemperatur konstant gehalten werden kann, da das zweite Glied der Gleichung immer endlich positiv ist und allein $q - q_v$ einen negativen Wert annehmen kann [39, 1].

2. Störung der Temperaturregelung durch die Einwirkung von Kälte.

Wirkt äußere Kälte als Störgröße auf den homoiothermen Organismus ein, so werden durch den Regelkreis Mechanismen eingesetzt mit dem Ziel, die Körpertemperatur gleichzuhalten. Die bedeutendste Stellgröße ist die Wärmeproduktion, deren Hauptanteil wiederum durch eine einsetzende Muskelarbeit in Form des Muskelzitterns gebildet wird. Dies erfordert eine Erhöhung des oxydativen Stoffwechsels (Abb. 370). Der Sauerstoffverbrauch kann bis auf das Sechsfache, das Herzzeitvolum auf das Zwei- bis Dreifache und die Pulsfrequenz auf etwa das Zweifache des Ausgangswertes ansteigen. Der Organismus gerät in eine Situation, die einer maximalen Leistungsabgabe gleichkommt. Wird der Stellbereich überschritten, sinkt die Körpertemperatur ab. Dadurch kommt es wiederum zu einer Verminderung der Wärmeproduktion, d. h. der Stellvorgang wird schließlich selbst betroffen. Ist die Körpertemperatur auf einen Wert abgesunken, bei dem infolge der homoiothermen Eigenschaften des Organismus die Temperaturregelung völlig unwirksam ist, liegen Verhältnisse vor, die denen beim Poikilothermen hinsichtlich des Wärmehaushalts weitgehend ähneln. Eine spontane Aufwärmung ist nur bei Winterschläfern (s. S. 494) möglich. Dennoch unterscheidet sich der homoiotherme Organismus auch in dieser Situation noch wesentlich vom poikilothermen [91].

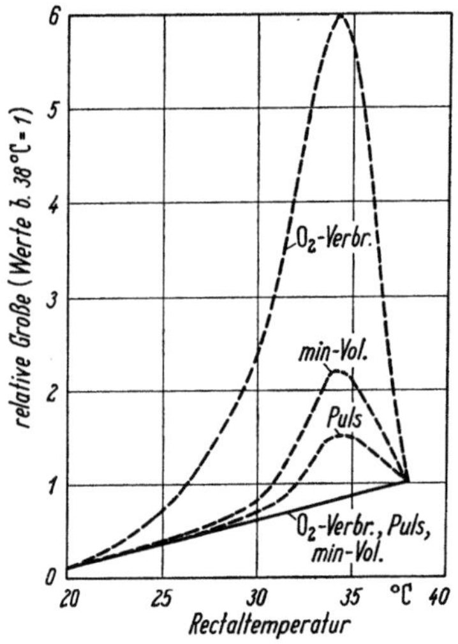

Abb. 370. Sauerstoffverbrauch, Herzminutenvolumen und Pulsfrequenz bei Erniedrigung der Körpertemperatur (PRECHT).

———: Poikilotherme, Homoiotherme ohne Temperaturregelung
- - - - - - - -: Homoiotherme mit Temperaturregelung.

Auf die Veränderungen der übrigen Stellgrößen kann hier nicht näher eingegangen werden, es wird auf die bereits aufgeführte Literatur verwiesen, soweit Änderungen von w_i nicht bei den lokalen Kältewirkungen abgehandelt werden.

WINTERNITZ [95] unterscheidet 3 Phasen der Auskühlung beim sonst unbeeinflußten Warmblüter:

1. Abwehrphase: Erhöhung der Wärmeproduktion durch Kältezittern, Verminderung der Wärmeabgabe durch Verengerung der peripheren Blutgefäße, Stoffwechselsteigerung. Maximum bei etwa 34 °C Körpertemperatur.

2. Erschöpfung der Abwehr: Die unter 1. genannten Vorgänge nehmen in ihrer Quantität zunehmend ab (zwischen 34 und 27 °C Körpertemperatur).

3. Erlöschen aller aktiven Funktionen und damit auch der Temperaturregelung (27 bis 22 °C).

VI. Lokale Kältewirkung bei Homoiothermen.

Wirkt Kälte an umschriebener Stelle auf den Organismus ein, muß es nicht unbedingt zu einer Herabsetzung der Temperatur des Körperinneren kommen. *Lokale Kälteeinwirkung* betrifft in erster Linie die Körperoberfläche und die Extremitäten.

Lokale Abkühlung der *Haut* führt zur Reizung der *Kälterezeptoren*. Durch plötzlich einsetzende starke Kälteeinwirkung werden zunächst Schmerzen ausgelöst, die aber bald nach Abkühlung der sensiblen Nervenfasern einer Gefühllosigkeit weichen, die als *Kälteanästhesie* bezeichnet wird. Außerdem tritt, wie bereits ausgeführt, die Temperaturregelung des Organismus in Tätigkeit. Auswirkungen der Temperaturregelung lassen sich auch am Ort der Kälteeinwirkung feststellen. Folgende Veränderungen treten ein: Die Oberflächentemperatur sinkt rasch ab. Hierdurch kommt es zur Verminderung der Wärmeabfuhr nach Gl. (8). Diese rasche Abkühlung ist die Folge davon, daß die Durchblutung des betreffenden Hautbezirks herabgesetzt wird. Gleichzeitig wird das ihm zuströmende arterielle Blut durch das zurückströmende abgekühlte Venenblut vorgekühlt, so daß es nicht mehr mit der Kerntemperatur an die Oberfläche gelangt. Dadurch kann die Durchblutung des Gewebes auch bei niedrig gehaltener Oberflächentemperatur dem Bedarf angepaßt bleiben. Würde das arterielle Blut mit 37 °C bis zu dem der

Kälte ausgesetzten Hautbezirk gelangen, wäre bei gleichem Durchblutungsgrad der Wärmeverlust höher [46].

Bei längerdauernder lokaler Kälteeinwirkung tritt aber dennoch eine *Gewebsschädigung* als Folge eines Mißverhältnisses zwischen Sauerstoffbedarf und Durchblutung des Gewebes ein, insbesondere dann, wenn zusätzliche Faktoren hinzukommen, die die Durchblutung beeinträchtigen, wie primäre Gefäßveränderungen, vasomotorische Fehlregulation und vor allem Druck von außen (Schuhe, einschnürende Kleidung). Nach Beendigung der Kälteeinwirkung kommt es in dem betreffenden Gebiet zu einer starken Gefäßerweiterung, die wie bei einer Entzündung zur Stase des Blutstroms mit Austritt von Blutflüssigkeit aus dem Kapillarnetz und damit zu einer fortdauernden Mangelversorgung des erwärmten Gewebes mit seinem nunmehr wieder höheren Stoffwechsel führt.

Gewebsschädigungen durch lokale Kälteeinwirkung werden in der Medizin als *Erfrierung* bezeichnet. Wie die Verbrennung, läßt sich auch die Erfrierung in 3 Grade einteilen.

1. Grad: Bei stärkerer und länger anhaltender Kälteeinwirkung kommt es zu einer Minderdurchblutung der Haut, vor allem in der Peripherie der Extremitäten mit Parästhesien. Unter Wärmeeinwirkung wird dann die betreffende Hautpartie rot bis blaurot (Congelatio erythematosa).

2. Grad: Infolge der Kapillarwandschädigung kommt es hier zum Austreten von Flüssigkeit ins Gewebe. Bei sehr starker Ausbildung dieses Ödems werden die obersten Hautschichten abgehoben und es bilden sich an der Stelle der intensivsten Kälteeinwirkung Blasen (Congelatio bullosa). Auch diese Veränderungen treten ganz überwiegend erst nach der Wiedererwärmung ein.

3. Grad: Bei drittgradigen Erfrierungen reicht die Gewebsschädigung über die Haut hinaus auch in die tieferliegenden Gewebe (Congelatio gangraenosa). Ein Blutumlauf in dem geschädigten Gewebe findet nicht mehr statt. Die dort noch liegengebliebenen Erythrozyten lösen sich auf, dies führt zur Schwarzfärbung des Gewebes, dem äußeren Zeichen der Erfrierung dritten Grades.

Bei einer Erfrierung 1., 2. oder 3. Grades muß es in keiner Weise zur intra- oder extrazellulären Eisbildung gekommen sein. Die Erscheinungen bei der Erfrierung sind vielmehr Folge der lokalen Kältewirkung, die wiederum zu einer mehr oder weniger stark ausgeprägten Störung der Blutversorgung des betreffenden Gewebsbezirks führt.

Von der Erfrierung muß daher die *Gefrierung* von Gewebe streng unterschieden werden. Bei der Gefrierung kommt es durch extra- und intrazelluläre Eisbildung zur biologischen und mechanischen Zerstörung des Gewebes. Nach dem Auftauen lassen sich lokale Gefäßspasmen nachweisen, die den geschädigten Bezirk aus der Durchblutung ausschalten. In der Übergangszone kann sich ein „Erfrierungsschaden" ausbilden.

VII. Kältewirkung auf entnommene tierische und menschliche lebende Zellen und Gewebe.

Von einem lebenden biologischen Organismus abgetrennte Teile fallen bei Temperaturen, wie sie in der Biosphäre herrschen, der Autolyse sowie der bakteriellen Zersetzung anheim. Durch Verminderung der Umgebungstemperatur können diese Vorgänge weitgehend aufgehalten werden. Diesen Umstand macht man sich bei der Kältekonservierung von Nahrungsstoffen zunutze, die ja ganz überwiegend pflanzlichen oder tierischen Ursprungs sind.

Entnimmt man tierisches oder menschliches Gewebe *keimfrei*, so bleibt es bei Umgebungstemperaturen, die nicht wesentlich unter der Körpertemperatur des

Spenderorganismus liegen, nicht lebensfrisch: Der Erhaltungsstoffwechsel läuft weiter, die Stoffwechselprodukte werden aber ebensowenig abtransportiert, wie Nahrungsstoffe und Sauerstoff zugeführt werden. Die Fließgleichgewichte der normalen biochemischen Vorgänge brechen zusammen, die Zellmembranen verlieren ihre elektrochemischen Eigenschaften, die molekulare Feinstruktur der Zellkerne und des Protoplasmas wird zerstört, der Zell- und damit der Gewebstod tritt ein. Schließlich wird auch die morphologische Struktur der Zelle durch postmortale Umsetzungen vernichtet. Diese Vorgänge sind in ihrem zeitlichen Ablauf abhängig von der Intensität des zunächst noch kurzfristig vorliegenden normalen Stoffwechsels und damit von der Höhe der Umgebungstemperatur.

Gewebe, die einem lebenden homoiothermen Organismus entnommen sind, besitzen die Eigenschaft der Temperaturregelung nicht mehr. Ihr Temperaturverhalten ist „poikilotherm", wenngleich andere, nicht temperaturwirksame spezifische, den Homoiothermen zuzusprechende Eigenschaften erhalten bleiben. Der Stoffwechsel sinkt mit fallender Temperatur. Der Gedanke, durch Kühlung vital entnommene Zellen bzw. Zellverbände für einige Zeit lebensfrisch zu erhalten, liegt nahe.

In den Jahren 1900 bis 1940 wurde festgestellt, daß die meisten Warmblüterzellen bis kurz vor die intrazelluläre Eiskristallbildung abgekühlt werden können und dabei überleben. Die Überlebenszeit ist hierbei jedoch begrenzt. Rote menschliche Blutkörperchen mit ihrem primär sehr langsamen Stoffwechsel, die bei einer Temperatur von +4 °C aufbewahrt werden, behalten ihre biologischen Eigenschaften für etwa 21 Tage bei. Dieser Effekt wird bei den sogenannten Blutbanken genutzt.

Besondere Aufmerksamkeit wird seit 1940 der Langzeitaufbewahrung lebensfrischer Zellen und Gewebe gewidmet. 1949 konnten Polge, Smith und Parkes [74] zeigen, daß Spermatozoen des Menschen, des Kaninchen und des Huhns dann, wenn man dem Suspensionsmedium Glyzerin zusetzt, Temperaturen von −79 °C überleben. 1950 zeigte Smith [87], daß rote Blutkörpchen in einer Suspension, die 15 bis 30% Glyzerin enthält, bis −79 °C gekühlt und wieder erwärmt werden können, ohne daß sie ihre biologischen Eigenschaften verlieren. Um die protektive Wirkung des Glyzerins zu verstehen, muß kurz auf die Schädigung eingegangen werden, die die lebende Zelle erleidet, wenn sie Temperaturen unterhalb des Gefrierpunktes ausgesetzt wird (s. auch Handbuch der Kältetechnik Bd. IX): Die Kälte setzt den Stoffwechsel der Zelle herab, wirkt aber nicht unmittelbar abtötend. Friert man lebende Zellen langsam ein, so kommt es zur Eisbildung im Raum außerhalb der Zelle. Das weitere Wachstum der Eiskristalle wird gespeist vom intrazellulären Wasser, das aus der Zelle austritt. Dadurch steigen die intrazellulären Lösungskonzentrationen und damit der osmotische Druck. — Es kommt zur Änderung des pH, dem Ausfall von puffernden Salzen und zur Denaturierung von Eiweiß. Hierdurch wird die Zelle irreversibel geschädigt. Zellen, die auf Grund ihrer speziellen Eigenart nur wenig freies, d. h. nicht an Protein gebundenes Wasser enthalten, sind gegenüber Kälte relativ resistent.

Die geschilderten Veränderungen treten in besonderem Maße bei Durchschreiten des Temperaturbereichs von 0 bis −50 °C in beiden Richtungen auf. Unterhalb von −50 °C sind die Auswirkungen der Dehydratation nicht mehr so stark schädigend. — Die Kristallbildung im Extrazellulärraum führt außerdem zur Zerstörung der extrazellulären Strukturen.

Glyzerin setzt den Gefrierpunkt herab, erleichtert zwar den Austritt von freiem Wasser aus der Zelle, führt aber zu einem Anstieg des an die Proteine gebundenen Zellwassers. Dadurch wird die Zelldehydratation in Grenzen gehalten.

Unterhalb von −80 °C bekommt Glyzerin stark wasserstoffbindende Eigenschaften, die wiederum eine Zellschädigung bewirken. Die meisten Zellen der

Homoiothermen sowie Spermatozoen können in glyzerinhaltigen Suspensionsmedien bis in den Bereich von -79 °C gekühlt werden und dabei überleben. Die Kühlgeschwindigkeit sollte jedoch 1 °/min nicht überschreiten, damit das Glyzerin in die Zelle übertreten kann.

Bei sehr rascher Kühlung bilden sich kleine Eiskristalle in und außerhalb der Zelle. Nach Erstarrung des Systems kommt es bei einer Temperatur oberhalb von -130 °C zu einem ständigen Wachstum der Eiskristalle und damit zur Eindickung der Lösungen mit ihren Folgen. Zusätze, wie Alkohol, Glyzerin, Zucker, Harnstoff, Natriumzitrat und Polyvinylpyrolidon verlangsamen das Kristallwachstum. Will man schnell eingefrorenes biologisches Material überlebensfähig erhalten, muß es bei Temperaturen unterhalb von -130 °C unter Beifügung der genannten Zusätze zum Suspensionsmedium aufbewahrt werden.

Auch eine Reihe von Zellkulturen, also Zellverbände, die lebens- und wachstumsfähig sind, überleben die Einfrierung, wenn protektive Substanzen zugesetzt werden, und können bei Temperaturen um -70 °C lange Zeit aufbewahrt werden, ohne daß sie nach Wiederaufwärmung ihre biologischen Eigenschaften verloren haben. Die optimale Abkühlungsgeschwindigkeit und die Art und Konzentration der protektiven Zusätze müssen für jede Zell- bzw. Gewebsart ermittelt werden. Neuerdings hat sich Dimethylsulfoxyd (DMSO) als Zusatz bewährt [63]. Die Gefriertrocknung von Zellkulturen, die das Aufbewahren bei tiefer Temperatur überflüssig machen würde, ist bisher nicht gelungen.

D. Kälteanwendung in Biologie und Medizin

I. Kälte zur Erhaltung der Vitalität von aus dem Organismus entfernten lebenden Zellen und Geweben

1. Sogenannte Blutkonservierung

Seit der epochemachenden Entdeckung der Blutgruppen durch Landsteiner ist bekannt, daß die Übertragung von Blut, einem Organ, bei dem in einem Medium, dem Plasma, lebende Zellen (Erythrozyten, Leukozyten, Lymphozyten, Thrombozyten) suspendiert sind, nicht von jedem Menschen auf jeden Menschen möglich ist. Es ist notwendig, daß Spender- und Empfängerblut in ihren Gruppen und anderen serologischen Eigenschaften übereinstimmen, soll eine *Blutübertragung* (Transfusion) nicht tödlich verlaufen oder zumindest mit schweren Komplikationen einhergehen. Die Indikation zur Transfusion muß häufig bei akuten starken Blutverlusten (Unfall, Operation) gestellt werden. Nicht selten ist die Erhaltung des Lebens bei dem Patienten von der Möglichkeit zu einem raschen Blutersatz abhängig. Gruppengleiches verträgliches Blut rasch in ausreichender Menge zur Verfügung stellen zu können, erfordert die Bereitstellung von bereits entnommenem Blut aller Gruppen. Dieses Blut darf seine Eigenschaften während der Aufbewahrungszeit nicht geändert haben.

Da einem Menschen entnommenes Blut bekanntlich gerinnt, war es zunächst notwendig, Verfahren zu entwickeln, die imstande sind, die Gerinnung reversibel aufzuheben. Als gerinnungshemmende Zusätze haben sich heute vor allem Gemische von Natrium- und Kaliumzitrat mit Glukose- oder Heparinlösungen bewährt (Näheres über Anfertigung von Blutkonserven siehe Dahr [22]).

Wird eine *Blutkonserve* bei Zimmertemperatur aufbewahrt, so verändern sich infolge des Eigenstoffwechsels ihrer Zellen ihre Eigenschaften so schnell, daß sie bereits nach 2 Stunden zur Transfusion nicht mehr brauchbar ist. Insbesondere die hochempfindlichen Membranen der Erythrozyten (rote Blutkörperchen) werden zerstört, es kommt zur sogenannten *Hämolyse*, der rote Blutfarbstoff (Hämoglobin) tritt in das Plasma über. Bei der Gabe von freiem, d. h. nicht mehr in dem Erythrozyten befindlichen Hämoglobin, ist mit schweren Schädigungen des Patienten zu rechnen. Unter erschütterungsfreier Aufbewahrung bei +4 °C ist eine Blutkonserve etwa 21 Tage haltbar. Aus Sicherheitsgründen wird heute bei der indirekten Bluttransfusion (Übertragung von Konservenblut) eine Aufbewahrungsdauer von 14 Tagen nicht überschritten. Die Konserven werden in den sogenannten Blutbanken bei konstanter Temperatur von +4 °C nach Gruppen geordnet in Spezialkühlschränken (Abb. 371) aufbewahrt und stehen im Bedarfsfall jederzeit zur Verfügung.

Abb. 371. Spezialkühlschrank zur Aufbewahrung von Blutkonserven.

Werden Konserven innerhalb von 14 Tagen nicht verwendet, so wird das Blutplasma von den zelligen Bestandteilen abgetrennt und ist dann bei einer Temperatur von +4 °C etwa 6 Monate haltbar. Die Plasmakonserve enthält keine lebenden Zellen mehr. Ihr empfindlichster Bestandteil sind die Eiweißkörper.

2. Tiefkühlung von Blut und seinen Bestandteilen.

Die beschränkte Haltbarkeitsdauer des Blutes bei +4 °C bringt es mit sich, daß es auf dem beschriebenen Weg unmöglich ist, Blutvorräte für Massenkatastrophen, die als Folge der technisch-industriellen Entwicklung auf dem friedlichen und nichtfriedlichen Sektor heute im Bereich des Möglichen liegen, zu schaffen und bereitzuhalten. Großes Interesse verdienen daher die Bemühungen, die zelligen Bestandteile des Blutes für lange Zeit haltbar zu machen.

Bei der *Tiefkühlung* von Blut müssen die biologischen Eigenschaften insbesondere der Erythrozyten erhalten bleiben.

Folgende Einzelprobleme sind hierbei zu lösen:

a) Die Blutzellen müssen nach der Wiedererwärmung ihre Funktionen des Sauerstofftransports, der CO_2-Bindung und ihres Eigenstoffwechsels wiederaufnehmen, so daß sie in ihrer biologischen Wertigkeit mit einer etwa 14 Tage lang bei 4° C aufbewahrten Blutkonserve vergleichbar sind.
b) Die Quote der bei dem Kühlungs- bzw. Erwärmungsprozeß zugrunde gehenden Erythrozyten darf nicht so hoch werden, daß freies Hämoglobin in schädigender Konzentration auftritt. Andernfalls müßten die überlebenden Erythrozyten einem Waschungsprozeß unterworfen werden.
c) Die Überlebenszeit der gefrierkonservierten Erythrozyten im Empfängerorganismus muß etwa den bei der Verwendung herkömmlicher Blutkonserven gefundenen Werten entsprechen.
d) Es dürfen keine zusätzlichen serologischen Unverträglichkeiten induziert werden.
e) Protektive Zusätze müssen nach der Wiedererwärmung des Blutes entfernt werden, sofern sie in der Wärme die biologischen Funktionen der Blutzellen stören und sofern sie selbst zu unerwünschten Nebenwirkungen beim Empfänger führen können.

Zur Lösung dieser Teilprobleme hat sich die Forschung insbesondere in den USA vor allem folgenden 4 Grundfragen gewidmet:

a) Kühlung und Aufwärmung von Blut in zur Transfusion ausreichender Quantität.

Man ist sich heute im wesentlichen einig darüber, daß die Tiefkühlung von Blut in einen Temperaturbereich von −80 °C und darunter geführt werden soll. Man hat hierzu Apparate verwendet, die mit verdampfendem flüssigem Stickstoff arbeiten und mit denen sich Temperaturen bis −196 °C erreichen lassen. Es ist jedoch technisch noch nicht mit tragbarem Aufwand möglich, brauchbar hohe Blutquantitäten mit einer Geschwindigkeit durch den kritischen Temperaturbereich zwischen 0 und −50 °C in beiden Richtungen zu bringen, die es erlauben würde, auf kälteprotektive Zusätze zu verzichten [68, 76]. Eine ausführliche Analyse des Temperaturgangs innerhalb von der Kühlung unterzogenen Blutmengen und die bestehenden technischen Möglichkeiten liefern Cowley u. Mitarb. [19].

Die verschiedenen Gefrierverfahren werden nach der Kühlgeschwindigkeit eingeteilt in

1. die sehr rasche Kühlung: 100 bis 200 °C pro Sekunde,
2. Schnellkühlung: 3 °C pro Sekunde,
   mittelschnelle Kühlung: 1 °C pro Sekunde,
3. langsame Kühlung: 10^{-2} bis 10^{-3} Grad pro Sekunde.

Die sehr schnelle Kühlung von Blutmengen bis 500 ml stößt, wie schon erwähnt, auf technische Schwierigkeiten. Die praktikablen Kühlgeschwindigkeiten nach 2. machen den Zusatz kälteprotektiver Substanzen notwendig [55].

b) Kälteprotektive Zusätze und deren Entfernung nach dem Wiederauftauen.

Auf Grund der Schwierigkeiten, die einem sehr schnellen Einfrieren entgegenstehen, kommt der Frage nach Art, Konzentration und Wirkung von protektiven Zusätzen eine besondere Bedeutung zu. 1949 haben Polge, Smith und Parkes [74, 87] den kälteprotektiven Effekt von Glyzerin auf die Spermatozoen des Rindes und auf menschliche Erythrozyten entdeckt. Trotz der Feststellung weiterer protektiv wirkender Substanzen haben sich die meisten experimentellen Untersucher des Glyzerins bedient.

Über die Wirkungsweise kälteprotektiver Substanzen berichten Doebler und Rinfret [23]. Es hat sich gezeigt, daß der protektive Effekt vom Vorhandensein von wasserstoffbindungsfähigen Gruppen in einer Anordnung abhängt, die den Aufbau von sogenanntem strukturiertem Wasser erlaubt, d. h. polarisierte Zuordnung zahlreicher Wassermoleküle zu den Eiweißsubstanzen [83]. Von besonderer Bedeutung ist der Umstand, daß Polyvinylpyrolidon (PVP) einen starken kälteprotektiven Effekt besitzt. (PVP-Lösungen werden in der Medizin als Blutersatzmittel mit Erfolg verwendet [50].)

Unter dem Zusatz von kälteprotektiven Substanzen ist es gelungen, Blut bei Temperaturen zwischen −100 und −196 °C bis zu 46 Monaten aufzubewahren und — wie in vitro-Untersuchungen gezeigt haben — lebensfrisch zu erhalten [24].

Beim Einfrieren von Erythrozyten unter Glyzerinschutz werden die Zellen in einer 15- bis 30%igen Glyzerinlösung vor dem Einfrieren suspendiert. Das Glyzerin dringt in die Zelle ein und ist auch nach dem Wiederauftauen noch in ihr vorhanden. Obschon Glyzerin eine Substanz ist, die normalerweise im Organismus vorkommt, muß es nach dem Auftauen der Blutzellen zur Wiederherstellung von normalen biologischen Funktionen wieder herausgelöst werden. Das Vorgehen hierbei ist nicht einfach und erfordert Aufwand, soll es nicht zu Zellschädigungen kommen. Bei der Auswaschung des Glyzerins wird gleichzeitig das von zugrunde gegangenen Erythrozyten stammende freie Hämoglobin mitentfernt. — Bei mit PVP protegierten Blutkonserven bleiben die Blutzellen im *Plasma* suspendiert, PVP wird vor der Einfrierung zugesetzt. Nach dem Wiederauftauen ist eine Entfernung des PVP nicht notwendig, es beeinträchtigt die biologischen Funktionen der Blutzellen nicht und kann bei der Transfusion mitgegeben werden. Die umständliche Prozedur der Auswaschung entfällt somit.

c) Untersuchung der biologischen Eigenschaften des wiederaufgetauten Blutes in vitro.

Eingehende Untersuchungen an Blutkonserven, die auf Temperaturen zwischen — 80 und — 196 °C mit verschiedenen protektiven Zusätzen eingefroren waren, haben gezeigt, daß je nach Vorgehen 80 bis 98% der Erythrozyten am Leben bleiben [56, 76]. Die biochemischen Daten der Zellen ändern sich wenig. Die Sauerstofftransportfunktion bleibt ebenso erhalten wie die serologischen Eigenschaften.

d) Untersuchung der biologischen Eigenschaften wiederaufgetauten Blutes in vivo.

PYLE [76] hat über mehr als 3000 Transfusionen bei über 1100 Patienten berichtet. Es war ausschließlich Blut zur Verwendung gekommen, das mit Glyzerin versetzt, dann bis auf — 80 °C abgekühlt, wiederaufgewärmt und dann von Glyzerin befreit worden war. Die 24 Stunden Überlebensrate der Erythrozyten im Empfänger wurde mittels einer radioaktiven Markierung der Zellen durch Chrom 51 ermittelt. Sie betrug zwischen 84,5 und 90% der gegebenen Erythrozyten. Dieser Wert ist durchaus vergleichbar mit der Überlebensrate bei herkömmlichem Konservenblut. Serologische, pyrogene und allergische Reaktionen treten, wie auch HUGGINS [40] berichtet, weniger auf, als dies bei der Transfusion herkömmlicher Blutkonserven der Fall ist. Als Hauptnachteil ist immer noch der hohe Gehalt an freiem Hämoglobin im Suspensionsmedium nach dem Wiederauftauen anzusehen. KNORPP und Mitarb. [50] berichten über Transfusionen mit unter PVP-Schutz gekühltem Blut. Hier betrug der Gehalt an freiem Hämoglobin im Plasma zwischen 513 und 973 mg% und muß damit als hoch und möglicherweise schädigend angesehen werden. Die 24 Stunden Überlebensrate der Erythrozyten im Empfänger lag bei 60% der gegebenen Zellen. Dieser Wert entspricht etwa einer 20 Tage alten Blutkonserve herkömmlichen Typs.

Die Entwicklung auf dem Gebiet der Langzeitkonservierung von menschlichem Blut durch Einfrieren auf tiefe Temperaturen ist in raschem Fortschreiten. Zur Zeit harren jedoch noch einige Probleme der Lösung, zu denen letztlich auch die Kostenfrage gehören dürfte.

3. Konservierung von Knochenmark.

Im Gegensatz zum Blut sind die Zellen des roten Knochenmarks, der Bildungsstätte der meisten Blutzellen, nicht nur lebend sondern auch teilungsfähig. Eine Transplantation von Knochenmark wird in der Medizin aus verschiedenen Gründen vorgenommen: Das rote Knochenmark reagiert sehr empfindlich auf radioaktive Strahlung — es kommt zur Insuffizienz der Blutzellenbildung. Vor einer Bestrahlungsbehandlung würde es sich beispielweise empfehlen, dem Patienten gesundes Knochenmark zu entnehmen, es vital zu erhalten und aufzubewahren, um es dann wieder (autoplastisch) nach der Behandlung zuzuführen. Das eigene Knochenmark ist dabei zweifellos dem Knochenmark eines anderen Individuums überlegen.

Zwei Punkte stehen einem solchen Vorgehen entgegen:

1. Knochenmark läßt sich außerhalb des Körpers nicht fortzüchten.
2. Eine Aufbewahrung bei 4 °C ist nur für relativ kurze Zeit möglich.

Auch die Möglichkeit von radioaktiven Massenkatastrophen läßt heute das Problem der Langzeitaufbewahrung von vitalem Knochenmark als Frage erscheinen, die einer Lösung zugeführt werden sollte [2].

Über erste Versuche der Kältekonservierung von Knochenmark haben BARNES und LOUTIT 1955 berichtet [3]. ASHWOOD-SMITH [2] hebt die Schwierigkeiten bei der Prüfung, ob eine Teilungsfähigkeit nach Einfrieren und Wiederauftauen besteht, hervor. Im Tierversuch hat sich daher weitgehend ein Vitaltest eingebürgert.

Die Untersuchungen über eine Kältekonservierung des Knochenmarks befinden sich im wesentlichen im Stadium des Tierexperiments. Einer Abkühlung auf Temperaturen unterhalb von -120 °C bis zu -196 °C wird der Vorzug gegeben. Pegg [72] gibt eine prinzipielle Darstellung der Methodik. Die Kühlgeschwindigkeit sollte 1 bis 5 °C pro Sekunde nicht überschreiten, die Wiedererwärmung so schnell wie möglich vor sich gehen [60].

Als protektive Zusätze kommen Glyzerin (12%ig) und DMSO (Dimethylsulfoxyd) zur Anwendung. DMSO scheint sich als überlegen zu zeigen, ist aber toxischer als Glyzerin, so daß nach seiner Verwendung eine sehr sorgfältige Waschung der wiederaufgetauten Knochenmarkszellen notwendig ist. PVP entspricht in seiner protektiven Wirksamkeit dem Glyzerin [2].

Eine direkte in vitro-Prüfung tiefgefroren gewesener Knochenmarkszellen auf Überlebens- und Teilungsfähigkeit stößt, wie bereits erwähnt, auf große Schwierigkeiten. Im Tierversuch hat sich vor allem folgender Test bewährt: Die Tiere erhalten eine tödliche Dosis X-Strahlen. Es wird geprüft, ob das Knochenmarkspräparat imstande ist, das Leben zu erhalten. Durch vergleichende Untersuchungen am Knochenmark der überlebenden Tiere sind weitere Kontrollmöglichkeiten gegeben [60]. Es konnte im Tierversuch nachgewiesen werden, daß sich Knochenmark, das nach Zusatz von protektiven Mitteln bis unter -120 °C eingefroren und nach Aufbewahrungszeiten von über 1 Jahr wiederaufgetaut worden war, in seiner Wirksamkeit nicht von frischem Knochenmark unterscheidet [60]. Pegg [72] berichtet über die Gabe von gefrierkonserviertem Knochenmark an 90 Patienten, die Zytostatika erhalten hatten. Die Wiederherstellungszeit des weißen Blutbildes war wesentlich verkürzt. Der sogenannte Acridin-Orange-Test [38] wurde als weitere Kontrolle herangezogen.

Nach den vorliegenden Berichten erscheint das Problem der Einfrierung von Knochenmarkszellen zum Zweck der Langzeitaufbewahrung in lebens- und teilungsfähigem Zustand prinzipiell lösbar. Vor einer klinischen Anwendung dieses Verfahrens auf breiter Basis sind aber ohne Zweifel noch weitere Forschungs- und Entwicklungsarbeiten notwendig.

4. Kältekonservierung von Spermatozoen.

Tierische und menschliche Spermatozoen sind bereits seit langer Zeit Objekte von Untersuchungen über die Kältewirkung auf lebende Zellen. Dies liegt daran, daß sie leicht verfügbar sind, daß sich ihre Bewegung — eines der Kennzeichen ihrer Vitalität — leicht beobachten läßt, und daß schließlich in vivo ihre Befruchtungsfähigkeit überprüft werden kann. Das Interesse an der Kühlung von Spermatozoen ist wiederum durch den konservierenden Effekt tiefer Temperaturen erklärlich. Die Vitalerhaltung des Samens von Nutztieren bringt hinsichtlich der Züchtung und Produktivität offenbar manchen Vorteil. Über die Frage der Konservierung von menschlichem Samen zur künstlichen Insemination auch nach dem Tode des natürlichen Vaters wird immer wieder diskutiert. Bereits 1776 hat Spallanzani [88] über die Vitalerhaltung menschlichen Samens bei „Winterkälte" berichtet. Mantegazza [65] hat 1866 mitgeteilt, daß menschliche Spermatozoen Temperaturen von -15 °C überleben und die Idee von Samenbanken für die Züchtung von Nutztieren und zur künstlichen Insemination bei Menschen konzipiert.

Eine systematische Erforschung des Problems der Kältekonservierung von Spermatozoen ist, wie Sherman [86] in seiner ausführlichen Übersicht über den bisherigen Stand des Wissens auf diesem Gebiet ausführt, erst auf Grund der bereits mehrfach erwähnten Entdeckung der kälteprotektiven Wirkung des Glyzerins durch Polge, Smith und Parkes [74] eingetreten. Sherman führt folgende Faktoren an, die für die Kältekonservierung eingefrorener und wiederaufgetauter Spermatozoen von Bedeutung sind und damit zum Gegenstand der Forschung wurden:

1. Das Suspensionsmedium, das der Samenzelle optimale physiologische Bedingungen während der Vorbehandlung vor der Auskühlung und der Beifügung von kälteprotektiven Zusätzen bieten muß.

2. Die protektive Substanz, die die Funktionsfähigkeit der Zelle nicht beeinflussen darf und deren Wirkung auf die Eiskristallbildung.

3. Vermeidung des Kälteschocks, da manche Samenzellen sehr empfindlich gegenüber rascher Auskühlung sind.

4. Berücksichtigung und Erforschung des spezifischen Verhaltens der Spermatozoen verschiedener Arten gegenüber der Abkühlungsgeschwindigkeit und der protektiven Zusätze.

5. Berücksichtigung und Erforschung der günstigsten tiefsten Temperatur für die verschiedenen Arten von Spermatozoen. Überlebenszeit bei diesen tiefsten Temperaturen. Optimale Erwärmungsgeschwindigkeit.

Die Konservierung von tierischen Spermatozoen hat besonders bei der Rinderhaltung weite Verbreitung gefunden. Über 4 Millionen Kühe werden z. Z. in den USA jährlich mit gefrierkonserviertem Samen künstlich befruchtet.

Eine erfolgreiche künstliche Insemination beim Menschen mit Spermatozoen, die auf Temperaturen zwischen −79 und −196 °C gekühlt und 3 Monate lang aufbewahrt waren, wurde mitgeteilt [84, 85]. — Es ist hier nicht der Ort, auf die ethische Problematik eines solchen Unternehmens näher einzugehen —. Glyzerin als protektiver Zusatz hat sich bisher am besten bewährt und sich dem DMSO überlegen gezeigt [83]. Die Gefriertrocknung von Spermatozoen hat bisher nicht zu verwertbaren Ergebnissen geführt.

5. Kältekonservierung normaler und pathologischer lebensfrischer Zellen, Zellverbände und Gewebe.

Die Möglichkeit zur Kältekonservierung von vital entnommenen Zellen bzw. Geweben hat dazu geführt, daß sich eine Reihe von Forschungsrichtungen dieses Phänomen zunutze gemacht haben.

a) Virologie. Die meisten der bekannten Viren lassen sich nur in lebenden Zellkulturen fortzüchten. Die Fortschritte der Virologie in den letzten 15 Jahren wären ohne eine Fortentwicklung auf dem Gebiet der Anlegung und Erhaltung von Zell- bzw. Gewebskulturen nicht möglich gewesen.

1959 rief Syverton im Auftrag des National Cancer Institute eine Kommission ins Leben, welche die Frage der Schaffung einer zentralen „Zellbank" für gefrierkonservierte Zellen zum Zweck der Virusforschung überprüfen sollte. Die Kommission hat erfolgreich gearbeitet, wie aus dem Bericht über das Syverton-Symposion [89] hervorgeht. Die Zellkulturbank stellt heute lebens- und teilungsfähige kältekonservierte Zellkulturen her, die frei von Infekten und von definiertem tierischen Ursprung sind. Außerdem ist es möglich, für jedes Präparat eine genaue Spezifizierung seiner Kerneigenschaften, Morphologie, Wachstumscharakteristik, Stoffwechselaktivität, Nährlösung sowie genetische und biochemische Merkmale und andere Eigenschaften vorzulegen. Die Vorteile dieser Zellbank liegen auf der Hand: Die Grundtechniken der virologischen Forschung lassen sich besser standardisieren, die Nachteile der ständigen Weiterzüchtung von Zellverbänden, bei denen sich eine Infektion oder Mutationen nie ganz vermeiden lassen, entfallen. Die Aufbewahrung der Zellkulturstämme erfolgt bei —170 bis —190 °C. Als kälteprotektive Zusätze werden Glyzerin und DMSO angewendet. Die Überlebenszeit beträgt bei diesen Temperaturen mehrere Jahre. Die Erforschung des Vorgehens bei den verschiedenen Zellarten ist in ständigem Fluß [18].

b) Tumorforschung. Die Tumorforschung benutzt in vielen ihrer Arbeitsrichtungen maligne, cancerogen oder virogen bei Tieren erzeugte transplantable Tumoren, die z. T. für lange Zeiten lebens- und wachstumsfähig bleiben müssen, um ein konstantes Ausgangsmaterial für bestimmte Untersuchungen zu liefern. Zur Erhaltung dieser Tumoren ist die ständige Forttransplantation von Tier zu Tier notwendig, da sie sich in vitro auf die Dauer in der Regel nicht fortzüchten lassen, ohne ihre Eigenschaften zu verändern.

Durch die *Kältekonservierung* experimentell am Tier erzeugter Tumoren wird nunmehr die Langzeitaufbewahrung von vitalen, in ihren biologischen Eigenschaften konstant bleibenden Zellverbänden außerhalb des Tierorganismus möglich. Dadurch kann den verschiedenen Tumorforschungsinstituten gleichartiges Material jederzeit zur Verfügung gestellt werden. Solches standardisierte Tumormaterial ist auch für die Testung von Chemotherapeutika unbedingt wertvoll.

Die Methoden der Kältekonservierung malignen Tumorgewebes sind im Prinzip den bereits besprochenen Verfahren gleich. Es zeigt sich auch hier, daß Art und Konzentration der kälteprotektiven Zusätze für jede Zellart bestimmt werden müssen, will man optimale Ergebnisse erhalten. Das gleiche gilt für die übrige Zusammensetzung des Suspensionsmediums. Wie KLINE und TRAPANI, sowie WODINSKY und Mitarb. in ihren ausführlichen Berichten über die Tumorbank des Cancer Chemotherapic National Service Center [49, 96, dort auch weitere Literatur] berichten, wird bei der Kältekonservierung maligner Tumoren einer relativ langsamen Kühlung (1 °C pro Minute) unter Zusatz von Glyzerin bzw. DMSO der Vorzug gegeben. Die Aufbewahrung erfolgt bei —190 °C. Die Haltbarkeit und Konstanz der biologischen Eigenschaften sind nach Aufbewahrungszeiten von einem Jahr und mehr sicher erwiesen.

Anhang: Die nach der Entnahme tierischer Zellen und Gewebe weiterlaufenden Stoffwechselvorgänge, die in Quantität und Qualität nicht mehr den Verhältnissen in vivo entsprechen, hat in der Histochemie die Erforschung der topischen Zuordnung biochemischer Reaktionen innerhalb der Zelle und des Gewebes vor eine fast unlösbare Aufgabe gestellt, zumal es außerdem bei den Methoden der Darstellung dieser Vorgänge nicht möglich ist, die lebende Substanz in einem Milieu zu halten, das den physiologischen Bedingungen im Organismus entspricht. Das Interesse der Biochemiker richtet sich daher, wie MELLNIK [67] berichtet, sehr stark auf die Schnellkühlung von vital entnommenen Zellen und Geweben auf —160 °C. Hierdurch werden die biochemischen Vorgänge gestoppt, die topische Zuordnung der Substanzen ist fixiert und die Möglichkeit zur Erforschung der Verhältnisse in vivo gegeben.

Einer weiteren Form der Kälteanwendung auf entnommenes tierisches oder menschliches Gewebe bedient sich seit langer Zeit die Histopathologie: Die Untersuchung entnommenen Materials unter dem Mikroskop setzt die Anfertigung von sehr dünnen, in der Größenordnung von μ liegenden Gewebsschnitten voraus. Dies ist nur möglich nach einer Fixierung, d. h. Härtung des Materials. Chemische Verfahren benötigen Zeit und führen zu Veränderungen am Untersuchungsgut, die bei bestimmten Fragestellungen nicht in Kauf genommen werden können. Beide Nachteile werden vermieden bei der Verwendung des sogenannten Gefriermikrotoms. Das zu untersuchende Gewebe wird auf eine Temperatur zwischen —5 und —9 °C verbracht und ist dann schnittfähig. Gefrierschnitte können in relativ kurzer Zeit hergestellt werden und sind in den Dienst der histopathologischen Schnelldiagnostik gestellt worden, die vor allem während zahlreichen operativen Eingriffen notwendig ist. Einzelheiten über die Entwicklung und Anwendung der Gefrierschnittverfahren finden sich bei FEDER und Mitarb. [32].

c) Transplantation von ortsfesten Geweben und Organen. Unter Transplantation wird die Entfernung von Gewebe aus einem Organismus mit anschließender Einpflanzung in den gleichen oder einen anderen Organismus verstanden. Auf ein anderes Individuum übertragene Teile von höher entwickelten Tieren und vom Menschen können in dem Empfänger nur dann biologisch vollwertig weiterleben, wenn dieser die gleichen genetischen Eigenschaften wie der Spender besitzt. Dies ist nur dann der Fall, wenn beide Individuen aus der gleichen befruchteten Eizelle hervorgegangen sind (eineiige Zwillinge). In allen anderen Fällen bleibt das Transplantat in der Regel nicht biologisch vollwertig erhalten. Dennoch spielt das Transplantationsproblem in der Medizin eine große Rolle, und zwar aus folgenden Gründen:

1. Manche Gewebe können im Empfängerorganismus solange überleben und ihre Funktion beibehalten, bis eigenes neues Gewebe gebildet ist. Die Blutübertragung ist als solche Transplantation anzusehen.

2. Gewebe, die nur noch wenige lebende Zellen mit langsamem Eigenstoffwechsel besitzen und deren Funktion ganz überwiegend von den Eigenschaften von Substanzen abhängt, die im Organismus zwar von der Zelle gebildet werden aber nicht Bestandteil einer lebenden Zelle bleiben, können beim Empfänger „überleben“ und ihre Funktion beibehalten (Cornea, Knorpel).

3. Sind zwischenzellige Substanzen maßgebend für die Aufgabe, die das Gewebe im Organismus zu erfüllen hat (z. B. Knochen, Fascien, Gefäße), ist eine Übertragung zum Ersatz verlorengegangener Gewebsteile auch dann sinnvoll, wenn sie zwar nicht von einem biologisch vollwertigen Weiterleben des Transplantats gefolgt ist, wenn aber die Zwischensubstanz solange als Platzhalter ihre Funktion ausüben kann, bis der Organismus durch sukzessive Neubildung eigener entsprechender Strukturen unter Resorption des Transplantats den Defekt wieder ausgefüllt hat.

4. Es sind sehr ausgedehnte Forschungen im Gange über die Möglichkeiten, die biologische Abwehr gegenüber individualfremden Transplantaten zu überwinden. Anfangserfolge sind durchaus zu verzeichnen.

Wie bei der Bluttransfusion kommt es auch bei der Transplantation ganz allgemein darauf an, daß nach der Entnahme des Transplantats neben einem Freibleiben von Keimen die Stoffwechselvorgänge nicht so stark und so lange weiterlaufen, daß die biologischen Eigenschaften des jeweiligen Materials beeinträchtigt werden. Das bedeutet wiederum, daß in der Regel unmittelbar nach der Entnahme die Implantation in den Empfänger vorgenommen werden muß. Dadurch wird aber eine Vorratshaltung geeigneter Transplantate unmöglich. Nicht immer steht jedoch ein geeigneter Spender zur geeigneten Zeit zur Verfügung.

Neben anderen Konservierungsverfahren hat aus diesen Gründen die *Kältekonservierung* von Transplantaten in Forschung und Klinik zunehmende Bedeutung gewonnen.

Während die alleinige *Tiefkühlung* in erster Linie bei Transplantaten sinnvoll erscheint, bei denen die Zellen vital bleiben müssen, besitzt die *Gefriertrocknung* der Materialien, bei denen mit einem Weiterleben von Zellen im Empfängerorganismus sowieso nicht gerechnet werden kann, deren Übertragung aber dennoch therapeutische Vorteile bietet, eine Bedeutung. GRESHAM [36] berichtet eingehend über den heutigen Stand auf dem Gebiet der Gefriertrocknung von menschlichem Gewebe für den klinischen Gebrauch. Bereits 1950 haben FLOSDORF und HYATT

[33] eine Gewebsbank für gefriergetrocknete Transplantate eingerichtet. Die Konservierung durch Gefriertrocknung hat bei folgenden Geweben bisher eindeutig zum Erfolg geführt: Knochen, Arterien, Haut, Cornea, Fascie, Knorpel, harte Hirnhaut. Die Transplantate werden zunächst auf —76 °C abgekühlt, dann in eine Kammer mit —45 °C verbracht, in der sich ein Kondensor befindet, der mit einer Temperatur um —65 °C arbeitet. Die Kammer wird evakuiert und ihre Innentemperatur stufenweise erhöht. Die Prozedur nimmt etwa 6 Tage in Anspruch. Die so behandelten Transplantate behalten ihre Eigenschaften, die sie für den klinischen Gebrauch geeignet erscheinen lassen, über mehrere Jahre bei. Überlebende Zellen enthalten sie nicht.

Im Gegensatz zur Gefriertrocknung von Geweben, bei denen die Vitalität der Zelle für den gewünschten Effekt der Transplantation nicht erforderlich ist, muß das *Gefrieren* von Zellverbänden mit lebenden und überlebenden Zellen und insbesondere die Einfrierung ganzer Organe als noch im Stadium des Versuchs angesehen werden.

Die Fortschritte, die auf dem Gebiet der Organtransplantation, insbesondere der Nierentransplantation, beim Menschen in der jüngsten Zeit verzeichnet werden können [9], lassen die Frage nach der Vitalerhaltung lebensfrisch entnommener Organe sehr aktuell erscheinen. Bei der direkten Nierentransplantation von einem Menschen auf den anderen muß das Organ unmittelbar nach seiner operativen Ausschaltung aus dem Kreislauf des Spenders mit einer auf etwa 4 °C gekühlten Blutersatzlösung durchströmt werden. Dadurch können die Stoffwechselvorgänge soweit gebremst werden, daß das entnommene Organ die Zeit, die bis zu seinem operativen Anschluß an das Kreislaufsystem des Empfängers vergeht (30 bis 50 Minuten), schadlos übersteht. Die Überlebenszeit bei 0 bis 4 °C kann bis auf 48 Stunden ausgedehnt werden durch die sogenannte hyperbare Oxygenisation, d. h. das Transplantat wird in einer entsprechenden Kammer bei 3 bis 7 atü Sauerstoffdruck aufbewahrt [61].

Der Gedanke, sich Vorräte von transplantationsfähigen Organen wie die Niere zu schaffen, liegt nahe: Eine Nierentransplantation ist bei Patienten indiziert, deren beide Nieren nicht mehr funktionieren. Die Kranken können zwar durch wiederholte Behandlung mit der extrakorporalen Dialyse (künstliche Niere) für einige Zeit am Leben erhalten werden, bis ein Nierenspender zur Verfügung steht, der in Blutgruppe und anderen immunologischen Eigenschaften mit dem Empfänger weitgehend übereinstimmt. Einen solchen Spender rechtzeitig zu finden, ist dennoch meistens sehr schwierig. Die Möglichkeit der Transplantation von Nieren frisch Verstorbener hat das angesprochene Problem selbstverständlich auch nicht lösen können.

Über Versuche, tierische Nieren mit Blutersatzflüssigkeit zu perfundieren, die kälteprotektive Zusätze enthält und sie dann durch Perfusion mit verdampftem flüssigen Stickstoff zu durchströmen und auf Temperaturen bis —170 °C zu bringen, wird mehrfach berichtet [41, 79]. Nach Wiederauftauen und Implantation in ein Empfängertier sind jedoch immer wieder Schädigungen der Organstruktur und der Funktion zu verzeichnen. Den gegenwärtigen Stand der Organkonservierung durch Kühlung und die Wege, die bei der weiteren Forschung auf diesem Sektor wahrscheinlich einzuschlagen sind, schildert Dolan [25]. Dolan zweifelt an der Möglichkeit, in absehbarer Zeit zu einer brauchbaren Kältekonservierung ganzer Organe zu gelangen. Jedes Organ enthält Zellen verschiedener Art. Immer wieder findet sich jedoch der Hinweis, daß jede Zellart einer speziellen Behandlung bei der Einfrierung bedarf. Dieser Forderung kann bei der Einfrierung ganzer Organe nicht entsprochen werden.

II. Lokale Kälteanwendung in der Medizin.

Im Gegensatz zu der noch zu besprechenden allgemeinen Auskühlung des Menschen bei den Verfahren der *künstlichen Hypothermie* soll die *lokale Unterkühlung* am Ort der Kälteapplikation ihre erwünschte Wirkung entfalten. Der Effekt einer örtlichen Unterkühlung wird somit neben Ausdehnung und Grad der Kühlung von den Eigenschaften des betreffenden Gewebes bzw. Organs abhängen. Hierdurch erklären sich die vielfältigen Anwendungsgebiete, die die örtliche Unterkühlung in der Medizin gefunden hat.

1. Kälteanaesthesie.

Die Anwendung von Kälte auf Körperbezirke zum Zweck der Ausschaltung der Schmerzempfindung ist schon lange bekannt. Larrey, der Leibarzt Napoleons I., hat festgestellt, daß er Beinamputationen bei großer Kälte fast schmerzlos durchführen konnte [75]. Rotenstein entwickelte 1867 [48] den sogenannten Chloräthylspray, der heute noch angewendet wird: Chloräthyl (Siedepunkt 12,2 °C) wird aus einem druckdichten Glasbehälter auf den zu anästhesierenden Hautbezirk aufgeträufelt. Durch die Verdampfung des Chloräthyls wird der Haut Wärme entzogen. Die oberflächlichen Hautschichten gefrieren, die Schmerzempfindung an diesen Stellen wird ausgeschaltet.

Über die Anwendung von Kälte (Eispackungen) auf ganze Gliedmaßen hat von Lütttichau berichtet [64]. Vorbedingung zur örtlichen Kälteanästhesie größerer Körperbezirke ist jedoch deren Ausschaltung aus der Blutversorgung, da es anderenfalls zur allgemeinen Unterkühlung und zu einer nur mäßigen Herabsetzung der Temperatur in dem betreffenden Körpergebiet kommt. Das Verfahren ist vorwiegend bei der Amputation von durchblutungsgestörten Gliedmaßen angewandt worden.

2. Kältechirurgie.

Das Skalpell des Chirurgen führt beim Schnitt zu einer lokalen, eng begrenzten, mechanischen Gewebsschädigung. Die Blutung, die als Folge der Durchtrennung von kleinsten und auch größeren Gefäßen eintritt, ist nicht nur wegen ihrer den Allgemeinzustand des Kranken beeinträchtigenden Wirkung eine Gefahr, sondern auch deswegen unerwünscht, weil sie dem Operateur die Sicht nimmt, die er am Ort des Schnittes braucht. Das Bemühen um eine rasche und exakte Blutstillung ist so alt wie die Chirurgie selbst. Bereits im Altertum bediente man sich der *Hitzekoagulation* des Gewebes und der darin enthaltenen Blutgefäße zum Zweck der Blutstillung. Das Brenneisen ist heute noch dem Volksbewußtsein durchaus bekannt. Eine dosierbare und mit definierter Energie arbeitende Hitzekoagulation mit Hilfe von hochfrequenten Wechselströmen hat die alten Verfahren allenthalben abgelöst.

Die Kenntnis von den Gewebsänderungen und -schädigungen durch tiefe Temperaturen hat dazu geführt, daß man versuchte, eine eng umschriebene *Kälteanwendung* zum gleichen Zweck in den Dienst der Chirurgie zu stellen wie die Hitzekoagulation [78]. Cooper [16, 17] hat 1962 über eine vollständige und brauchbare Ausrüstung zur sogenannten Kältechirurgie berichtet: Einer doppellumigen Metallkanüle wird flüssiger Stickstoff zugeführt, der in der Gegend der Spitze verdampft, ohne jedoch auszutreten. Der durch die Verdampfung frei werdende gasförmige Stickstoff wird durch das zweite Lumen zurückgeführt. Die Kanüle ist völlig wärmeisoliert. Lediglich an der Spitze bleibt das Metall frei. Die Temperatur an der Kanülenspitze wird durch einen Temperaturfühler ständig gemessen. Der

Zustrom an flüssigem Stickstoff richtet sich automatisch nach dieser Temperatur, die vorher innerhalb eines Einstellbereichs von +37 °C bis −196 °C festgelegt werden kann. Von de ROISSART liegt ebenfalls die Beschreibung eines kältechirurgischen Instrumentariums vor [77]. Mit Hilfe solcher Einrichtungen lassen sich bei einer örtlichen Abkühlung bis 0 °C die Funktionen von Geweben aufheben oder bei tieferer Kühlung Gewebsläsionen mit einem Durchmesser zwischen 3 mm bis 10 cm setzen. Die Anwendung der Apparatur hat sich nach COOPER, wie er kürzlich berichtet hat [15], in der Neurochirurgie bei mehr als 1500 Operationen bewährt. Es können genau lokalisierte Hirnteile funktionell ausgeschaltet werden. Außerdem ist es möglich, tiefliegende, sonst inoperable Hirntumoren zu devitalisieren. Mehr oberflächlich gelegene Hirntumoren können zu festen Eisblöcken gefroren werden, was ihre Trennung von dem umgebenden Gewebe und damit ihre Exstirpation erleichtert. Als vorteilhaft wird der Umstand angesehen, daß größere Blutgefäße in dem gekühlten Bezirk ihre mechanischen Eigenschaften beibehalten und nach dem Auftauen wieder funktionsfähig werden. Hierdurch ist die Gefahr einer mangelnden Blutversorgung von nicht betroffenen Hirnteilen nach der Auskühlung herabgesetzt. Gegen die sogenannte Kältechirurgie bei Eingriffen am Hirn sind jedoch auch ernste Einwände erhoben worden [13].

Auch auf anderen Gebieten der operativen Medizin ist die Kältechirurgie zur Anwendung gekommen. In der Augenheilkunde ist die Einfrierung der Linse bei der Kataraktexstraktion zum Teil mit Hilfe von Instrumenten, die mit dem Peltier-Effekt arbeiten, vorgenommen worden [44, 45, 54, 69]. Auch bei der Therapie der Netzhautablösung hat man sich kältechirurgischer Verfahren bedient [44].

Auf dem Gebiet der Urologie ist die transurethrale Resektion der Prostata mit Hilfe eines kältechirurgischen Instrumentariums versucht worden [35]. Als weitere Anwendungsmöglichkeiten werden die Tonsillektomie und Entfernung von Larynxpapillomen [66], die Teilentfernung parenchymatöser Organe [14] sowie die Beseitigung maligner Tumoren der Haut [97, 98] angesehen.

Ob sich die Kältechirurgie allgemein und auch im speziellen Fall gegenüber den herkömmlichen Verfahren, insbesondere der Hochfrequenzchirurgie, durchsetzen kann, ist durchaus noch offen.

3. Magenkühlung.

Unter Magenkühlung wird eine lokale Kälteapplikation auf den Magen verstanden.

Bei der *Magenkühlung* handelt es sich um eine lokale Abkühlung eines Hohlorgans. Das Mageninnere kann ohne operativen Eingriff von Mund und Speiseröhre aus mit Sonden (Kathetern) erreicht werden. Die Magenkühlung mit Hilfe eines doppellumigen Ballonkatheters wurde ursprünglich von KHALIL [47] für die noch zu besprechende allgemeine Hypothermie entwickelt. WANGENSTEEN [94] hat 1958 gezeigt, daß eine Unterkühlung des Magens die Durchblutung dieses Organs um 65% herabsetzt. Dabei kommt es außerdem zum Stillstand der Sekretion und der Motilität. Alle diese Faktoren sind sehr bedeutsam für die Stillung einer Magenblutung. Das Wangensteensche Verfahren ist vielfach angewendet worden: Durch eine doppellumige Ballonsonde, deren Form der Konfiguration des Mageninneren angepaßt ist, wird Kühlflüssigkeit mit einer Temperatur von etwa 5 °C geleitet. Nach den bisherigen Erfahrungen können so etwa 70 bis 75% der Magenblutungen zum Stehen gebracht werden [20, 82]. Damit ist dann die Zeit gewonnen, die für eine weitere Diagnostik und zur Vorbereitung auf einen evtl. notwendigen Eingriff benötigt wird. Die Technik der Magenkühlung ist relativ einfach. Die Ballonsonde wird in den Magen eingeführt und dann von einem

Kälteaggregat aus mit der Kühlflüssigkeit durchspült. Da bei dem Verfahren dem Patienten ständig Wärme entnommen wird, muß Vorsorge gegen eine überschießende Kältereaktion bzw. allgemeine Unterkühlung getroffen werden.

Von der Magenkühlung zum Zweck der Blutstillung ist die *Magengefrierung* streng zu unterscheiden, wenngleich beide Verfahren mit der gleichen Technik vorgenommen werden. Bei der Mageneinfrierung wird mit einer Kühlflüssigkeit durchspült, die auf Temperaturen von -10 bis -20 °C gebracht wurde. Hierdurch soll es zu einer starken Abkühlung der Magenschleimhaut und der übrigen Magenwand kommen, die möglicherweise bis zu einer regelrechten Vereisung geht. Das Verfahren wurde ebenfalls von Wangensteen 1962 inauguriert [93]. Nach der Mageneinfrierung sollen dauerhafte Veränderungen der Magensekretion eintreten, die dann das Abheilen von vorher bestehenden Magen- bzw. Zwölffingerdarmgeschwüren zur Folge haben. Das Verfahren ist als Ersatz für die Magenresektion in den USA mit großem Enthusiasmus aufgegriffen worden. Es sind aber bald sehr kritische Stimmen laut geworden [62]. Die Vereisung der Magenwand wurde angezweifelt und dies mit Recht als glücklicher Umstand betrachtet, da es hierbei zweifellos zu einer Nekrose des Organs gekommen wäre. Die Dauerhaftigkeit des Erfolgs hat sich als fragwürdig herausgestellt. Komplikationen, wie Blutung, schwere biologische und mechanische Dauerschäden der Magenwandung und Magendurchbrüche sind nicht auszuschließen. Grözinger, Hochberg und Yolac [37] empfehlen in ihrer Übersicht eine sehr vorsichtige Indikationsstellung, die sich nur auf Fälle erstrecken sollte, bei denen andere konservative Maßnahmen ohne Erfolg bleiben und wo ein operativer Eingriff wegen besonderer zusätzlicher Gefahrenmomente zu risikoreich ist. Insgesamt bezeichnen sie die Magenvereisung als ein „noch im Versuchsstadium befindliches Verfahren".

III. Künstliche Hypothermie

Unter künstlicher Hypothermie ist die Herabsetzung der Körpertemperatur des Menschen unter den Normalwert oder unter den augenblicklichen Sollwert der Temperaturregelung im Rahmen der Behandlung von krankhaften Zuständen zu verstehen. Der Mensch gehört zu den homoiothermen Lebewesen. Damit wird es verständlich, daß die Kenntnis des Verhaltens von homoiothermen Tieren bei Herabsetzung ihrer Körpertemperatur die biologische Grundlage zur künstlichen Hypothermie liefert. Beobachtungen bei Winterschläfern haben mit den Anstoß zu dem Gedanken gegeben, eine Unterkühlung des Menschen in den Dienst der Medizin zu stellen. Die Bezeichnung „künstliche Hibernation" für die Herabsetzung der Körpertemperatur bei höheren Homoiothermen und beim Menschen wird jedoch heute mit Recht abgelehnt [91], da die künstliche Hypothermie, auf welche Weise sie auch immer durchgeführt wird, nicht die Eigenschaften der Hibernation zu vermitteln imstande ist. Dennoch muß zum Verständnis dieses Verfahrens, das um das Jahr 1950 in die klinische Medizin auf Grund der Arbeiten Bigelows [4] sowie Laborit und Huguenard [58] eingeführt wurde, auf das Phänomen des Winterschlafs kurz eingegangen werden, nachdem die Grundlagen des Wärmehaushalts eingangs bereits besprochen worden sind.

1. Der Winterschlaf.

Die meisten warmblütigen Lebewesen bewahren das Prinzip der Homoiothermie bis zum äußersten. Einige Arten jedoch (ein Teil der Nagetiere und Insektenfresser) verfallen periodisch in einen Winterschlaf:

Zu Beginn der kalten Jahreszeit stellt sich ein scheintodähnlicher Zustand ein. Die Körpertemperatur sinkt auf das Niveau der Umgebungstemperatur, so daß man geneigt sein könnte, von einer Poikilothermie zu reden. Die Nahrungsaufnahme ist eingestellt, der Erhaltungsumsatz des Stoffwechsels sinkt auf $^1/_{10}$ bis $^1/_{100}$ des Ausgangswertes ab. Damit nehmen auch die zur Erhaltung des Organismus notwendigen Organfunktionen (Kreislauf, Atmung u. a.) minimale Werte an. Trotz der zu beobachtenden scheinbaren Poikilothermie ist der Winterschlaf als ein durch endogene Faktoren gesteuerter Vorgang anzusehen [39]. Nur in einem Temperaturbereich von etwa +12 bis +1 °C ist die Körpertemperatur der Umgebungstemperatur angeglichen. Wird ein unterer Grenzwert erreicht, so erwachen die Tiere, die Körpertemperatur steigt auf die Höhe an, die vor dem Eintritt des Winterschlafs vorgelegen hat und bleibt dort eingeregelt (Abb. 369, S. 474). Eine Erniedrigung der Umgebungstemperatur ist zur Auslösung zwar erforderlich, sie ist aber für sich allein nicht ausreichend, einen Winterschlaf herbeizuführen. Andere Faktoren, wie Jahreszeit, Abnahme äußerer Reize (Schall, Licht, Berührung) sowie der Funktionszustand des endokrinen Systems spielen eine Rolle. Die Wirkungsmechanismen sind im einzelnen noch nicht bekannt.

Das Erwachen aus dem Winterschlaf erfolgt spontan und rasch. Die Körpertemperatur steigt in einer Zeit zwischen 30 Minuten und 3 bis 4 Stunden von +3 °C auf +37 °C an. Anstieg oder Abfall der Umgebungstemperatur sowie auch mechanische Reize und Luftdruckerniedrigung lösen das Erwachen aus.

Der Winterschläfer kann als Homoiothermer angesehen werden, dessen Temperaturregelung mit zwei verschiedenen Sollwertbereichen arbeitet: Im Bereich von 37 °C wird die Körpertemperatur in engen Grenzen konstant gehalten. Im Bereich von +12 bis +1 °C ist, wie das spontane Erwachen bei Erreichen eines unteren Grenzwertes zeigt, eine Temperaturregelung durchaus noch vorhanden.

2. Überlegungen zur Anwendung der Unterkühlung in der Medizin.

Eine *gewaltsame Abkühlung* unter Durchbrechung der Temperaturregelung zum Zweck einer medizinischen Behandlung bringt keinerlei Vorteile sondern ausschließlich Gefahren mit sich. Der kranke Organismus würde zwangsweise zu einer maximalen Leistung gezwungen, die in kurzer Frist zum Versagen der Leistungsfähigkeit überhaupt führen müßte (Abb. 370).

Wesentlich sinnvoller wäre es, die Erscheinungen des *Winterschlafs* der Medizin nutzbar zu machen. Gelänge es, die Temperaturregelung abzustellen, so würde mit absinkender Körpertemperatur der Stoffwechsel und damit der Bedarf an die Leistung, insbesondere der Kreislauf- und Atmungs-, aber auch der übrigen Organe herabgesetzt. Ist die Leistungsfähigkeit lebenswichtiger Organsysteme aus Krankheitsgründen nicht so hoch, daß der Bedarf unter den Bedingungen bei normaler Körpertemperatur gedeckt werden kann, würde eine Herabsetzung der Körpertemperatur, wenn sie ohne Gegenregelung erfolgen könnte, unter Umständen imstande sein, den Stoffwechsel so weit herabzusetzen, daß wieder eine Angleichung der Leistung an den Bedarf hergestellt wird. Eine künstliche Hypothermie beim nicht winterschlafenden Warmblüter erfordert somit neben dem Wärmeentzug vor allem Maßnahmen zur Dämpfung bzw. Ausschaltung der Temperaturregelung.

3. Ausschaltung der Temperaturregelung.

Daß die Körpertemperatur des Menschen unter Narkose allmählich abfallen kann, ohne daß sich irgendwelche Tätigkeiten der Temperaturregelung nachweisen lassen, ist schon längere Zeit bekannt. THAUER hat 1943 über diese Frage eingehend berichtet [90]. BIGELOW [4] hat 1950 nachgewiesen, daß sich in Äthernarkose beim Hund tatsächlich eine Herabsetzung der Körpertemperatur erreichen läßt, ohne daß es zur Gegenregelung kommt, und daß unter diesen Bedingungen der Sauerstoffverbrauch tatsächlich unter den bei der Normaltemperatur festgestellten Wert absinkt [5]. In der Folgezeit hat es sich gezeigt, daß an sich jedes Narkotikum diesen Effekt besitzt [8, 92].

Die Narkose wird bekanntlich zur Schmerzausschaltung und Herstellung guter Operationsbedingungen eingesetzt. Ihre Verfahren sind abgestimmt auf eine relativ kurzdauernde (in der Größenordnung von Stunden) stets steuerbare Wirkung. BIGELOW hat seinerzeit seine Untersuchungen im Hinblick auf die Anwendbarkeit der künstlichen Hypothermie bei operativen Eingriffen, insbesondere am Herzen, angestellt.

Im Gegensatz hierzu haben LABORIT und HUGUENARD [58] etwa zur gleichen Zeit die Anwendungsmöglichkeit der Hypothermie zur Behandlung von längerdauernden, den Organismus schwer belastenden krankhaften Zuständen untersucht. Die von ihnen vorgeschlagene Dämpfung bzw. Aufhebung der Temperaturregelung bedient sich längerwirkender Substanzen. Hier sind vor allem die Phenothiazinabkömmlinge zu nennen, die sowohl das zentrale wie auch das vegetative Nervensystem dämpfen. Substanzen dieser Reihe werden zusammen mit anderen, gleichsinnig wirkenden Pharmaka, vor allem stark wirkenden Analgetika (Morphinabkömmlinge) kombiniert zu den sogenannten *lytischen Gemischen*, die sich seither vielfach in der künstlichen Hypothermie aber auch für die Langzeitsedierung bei Unruhezuständen bewährt haben.

Die heutige Situation sei kurz umrissen: Eine spezifisch die Temperaturregelung ausschaltende Substanz ist nicht bekannt. Durch Curare und wirkungsähnliche Substanzen läßt sich das Kältezittern durch Lähmung der Muskulatur und damit auch das wirkungsvollste Stellglied der Temperaturregelung ausschalten. Die übrigen Bestandteile des Regelkreises werden durch Curare jedoch nicht beeinflußt und es würde unter alleiniger Curarewirkung zwar nicht zu einer wesentlichen Erhöhung der Wärmeproduktion aber zu anderen Regelvorgängen, insbesondere zu gefährlichen und belastenden Kreislaufstörungen kommen. Dennoch werden Curare oder wirkungsähnliche Substanzen bei der Durchführung von Hypothermien zusammen mit Narkotika oder lytischen Gemischen angewendet.

Substanzen, die das zentrale und das vegetative Nervensystem dämpfen, besitzen auch die gesamte Temperaturregelung hemmende Effekte. Durch geeignete Kombinationen in Zusammensetzung und Dosierung, bei denen Grundkrankheit, Allgemeinzustand, Nebenwirkungen sowie das spezielle therapeutische Ziel beachtet werden müssen, ist eine klinisch brauchbare Dämpfung der Temperaturregelung möglich. Bei relativ kurzfristigen künstlichen Hypothermien, die vor allem während großer operativer Eingriffe vorgenommen werden, sind die Hauptträger der Aufhebung der Temperaturregelung die in ihrer Wirkung steuerbaren Narkotika, wie Lachgas, Äther, Halothan, Thiopental. Ihr narkotischer Effekt ist sowieso erforderlich. Daneben können Muskelrelaxantien (Curare und ähnliche Substanzen) zur Anwendung kommen. Bei längerdauernden Hypothermien werden Gemische aus Phenothiazinen (Tab. 1), stark wirkenden Analgetika und anderen vegetativ dämpfenden Substanzen sowie gegebenenfalls Schlafmittel als hauptsächliche Agenzien zur Ausschaltung der Kälteregelung bevorzugt.

Gleichgültig welche Medikamente im einzelnen gegeben werden, muß die Temperaturregelung bereits vor Beginn des Wärmeentzugs ausgeschaltet werden, da ja gerade bei Normaltemperatur oder nur wenig darunter mit der stärksten Gegenregelung zu rechnen ist. Wird ein Zustand erreicht, der einer mitteltiefen bis tiefen Narkose (Stadium III, 2) entspricht, braucht mit Erscheinungen von seiten der Temperaturregelung nicht mehr gerechnet zu werden. Das vielfach geübte Verfahren, die Dämpfung der nervösen Schaltstellen des Regelkreises gering zu halten, dafür aber hauptsächlich durch Muskelrelaxation (Curare u. ä.) ein Stellglied, näm-

Tabelle 1. *Die in der Anästhesie gebräuchlichsten Phenothiazinderivate und ihre Wirksamkeit.*

	Prometh-azin *Atosil*	Chlorpromazin *Megaphen*	Dimethyl amino-propyl phenothiazin *Verophen*	Triflupromazin *Psyquil*	Mepazin *Pacatal*
lokalanästhetisch	+++	+++	(+)	(+)	+++
histamininhibitorisch	+++	(+)	+	(+)	++
parasympathikolytisch	++	++	++	+	+
sympathikolytisch	+	++++	+++	+++	+++
ganglioplegisch	(+)	++++	+++	+++	++
sedativhypnotisch	+++	++	+	++++	++
antikonvulsiv (extrapyramidal)	++	+++	++	(+)	+
antiemetisch	+	++++	+++	+++	+
temperatursenkend	+	+++	++	+	+
stoffwechselsenkend	+	++	+	+	++
Unterbrechung Stammhirn-Rinde	+	+++	++	+++	++

lich die Wärmeproduktion, auszuschalten, ist dann nicht sinnvoll, wenn man vermeiden will, daß Regelvorgänge am Kreislauf eintreten. Sie führen zu einer Minderdurchblutung peripherer Kreislaufbezirke und beeinträchtigen damit den konvektiven Wärmeausgleich innerhalb des Organismus. Dadurch wird durch Erhöhung des inneren Wärmewiderstands die Wärmeübertragung zur Körperoberfläche erschwert. Die Mangeldurchblutung von Teilen des Organismus führt außerdem zur Änderung des lokalen Stoffwechsels. Es kann durch dessen Produkte zu einer Schädigung kommen, wie dies auch beim Schock der Fall ist. Muskelrelaxan-

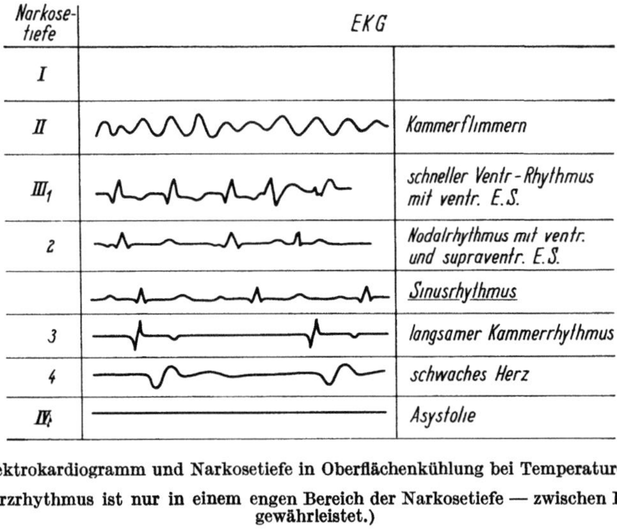

Abb. 372. Elektrokardiogramm und Narkosetiefe in Oberflächenkühlung bei Temperaturen unter 28 °C. (Normaler Herzrhythmus ist nur in einem engen Bereich der Narkosetiefe — zwischen III_2 und III_3 — gewährleistet.)

tien sollten daher nur unter genauester Beachtung des peripheren Kreislaufs und unter ständiger Kontrolle des Säure-Basen-Haushalts angewendet werden. Dabei ist eine künstliche Beatmung stets erforderlich.

Die Frage, ob beim Erreichen von Temperaturen unter 30 °C die Dämpfung der Temperaturregelung vermindert werden kann, die ja hier als Folge der Kältewirkung selbst sowieso allmählich zum Erliegen kommt, ist folgendermaßen zu beantworten: Unter 34 °C sinkt die auf Grund der Regelung erhöhte Wärmeproduktion zwar ab, d. h. aber nur daß die Leistungsfähigkeit des Regelkreises vermindert ist. Er ist dennoch weiter tätig. Der Warmblüter behält auch im tiefen Temperaturbereich Eigenschaften bei, die ihn als Homoiothermen charakterisieren [91]. Es ergibt sich daraus die Konsequenz, die Dämpfung der Temperaturregelung während der gesamten Hypothermie weiter zu betreiben und den Begriff der „Kälteanästhesie", der ab etwa 30 °C eine weitere Ausschaltung der Temperaturregelung unnötig machen würde, aufzugeben [51, 53, 71, 81]. Als leistungsfähiger Gradmesser dafür, ob die Temperaturregelung in genügendem Maße ausgeschaltet ist, kann das Elektrokardiogramm (EKG) dienen (Abb. 372). Es hat

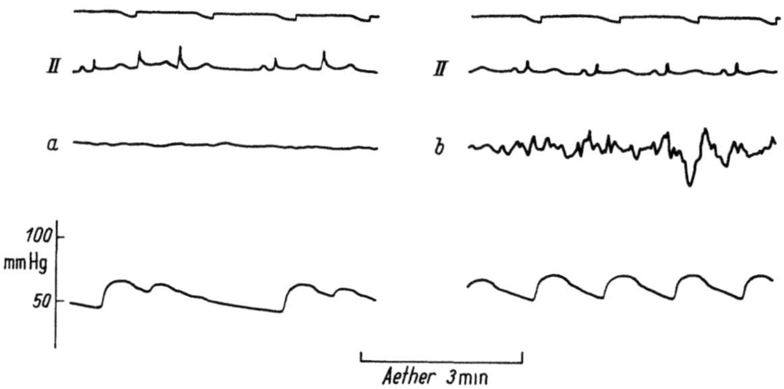

Abb. 373. Auftreten von supraventrikulären, kreislaufwirksamen Extrasystolen beim Menschen (Körpertemperatur 27 °C) — Normalisierung des Herzrhythmus nach zusätzlicher Gabe von Äther.
(Zeitmarkierung, Elektrokardiogramm, Elektroencephalogramm, arterieller Druck. — Mensch, Körpertemperatur 27 °C).

sich gezeigt, daß die früher vielfach in Hypothermie beobachteten schweren EKG-Veränderungen und Rhythmusstörungen dann ausbleiben, wenn die zur Ausschaltung der Temperaturregelung gegebenen Medikamente auch im tiefen Temperaturbereich weiter verabfolgt werden (Abb. 373) [53].

Bei der noch zu besprechenden Blutstromkühlung liegen die Verhältnisse anders, da hier die Reizung der Kälterezeptoren der Haut wegfällt und die Temperaturregelung nicht in dem Maß tätig wird, wie dies beim Wärmeentzug von der Oberfläche her bekannt ist.

4. Wärmeentzug.

Normalerweise strömt die im Organismus gebildete Wärme von der Körperoberfläche ab. Es ist damit verständlich, daß die Verfahren zum verstärkten Wärmeentzug bei der künstlichen Hypothermie zunächst hier angesetzt haben. Die einzelnen Techniken der *Oberflächenkühlung* sind abgestimmt auf das spezielle therapeutische Ziel und auf das Ausmaß und die Geschwindigkeit der beabsichtigten Temperatursenkung. Von großer Bedeutung ist außerdem der Umstand, daß die Wiedererwärmung ebenfalls durch aktive Wärmezufuhr erfolgen muß. Neben der Unterdrückung einer Erhöhung der Wärmeproduktion ist es bei der Oberflächenkühlung sehr notwendig, daß die Wärmeübertragung vom Körperinneren zur Körperoberfläche nicht vermindert wird. *Sie erfolgt ganz überwiegend durch Konvektion* über den Blutkreislauf. Kommt es infolge einer Verengerung der unter der Haut liegenden Blutgefäße zu einer Minderdurchblutung der Körperoberfläche, so wird damit auch die Wärmeabfuhr beeinträchtigt.

Neben der Oberflächenkühlung hat sich auch die *Blutstromkühlung* in der Klinik durchgesetzt: Es wird in ständigem Fluß aus einem ausreichend großen Blutgefäß Blut entnommen, gekühlt und einem anderen Blutgefäß wieder zugeführt.

a) Oberflächenkühlung. Ein Wärmeentzug durch Strahlung fällt bei der Oberflächenkühlung selbstverständlich aus, da sich T_u [s. Gl. (5), S. 477], die absolute Temperatur der umgebenden Flächen, technisch nicht auf entsprechende Werte bringen läßt. Wärmeentzug durch Verdunstung würde ein ständiges Niedrighalten von e_u [s. Gl. (6), S. 478], des Wasserdampfdrucks der Umgebung, und eine ständige Anfeuchtung der Körperoberfläche bedeuten. Abgesehen davon, daß diese Forderungen sich im Rahmen einer klinischen Behandlung schwer erfüllen lassen, würde auch der Teil der Körperfläche, auf der der Patient aufliegt, nicht dem Wärmeentzug nutzbar gemacht werden können.

Die in der Klinik bewährten Verfahren arbeiten daher vor allem mit der Erhöhung des Wärmeentzugs durch Leitung und Konvektion. Dabei ist die Einwirkung von tieferen Temperaturen als 0 °C unerwünscht, da örtliche Gewebsschädigung die Folge sein können. Das gleiche trifft für höhere Temperaturen als 42 °C bei der Wiedererwärmung zu. Es kommt somit zusätzlich noch darauf an, daß die Wärmeleitfähigkeit des umgebenden Mediums erhöht und daß die Geschwindigkeit, mit der es sich bewegt, vergrößert wird. Der Anteil der Körperoberfläche, auf den diese Maßnahmen einwirken, muß möglichst groß gehalten werden. Die Wärmemenge Q, die bei der Hypothermie abgeführt werden muß, beträgt:

$$Q = G \cdot c_p \, (\vartheta_{\text{Anfang}} - \vartheta_{\text{Ende}}) + W_p t \text{ [kcal]}. \quad (10)$$

G Körpergewicht in kg
c_p spezifische Wärme ~0,9 [kcal/kg °C]
ϑ Körpertemperatur
t Abkühlungszeit
W_p Wärmeproduktion in der Zeiteinheit.

Stets muß nach Beendigung der aktiven Oberflächenkühlung mit einem weiteren Abfall der Körpertemperatur zwischen 3 und 5 °C als Folge des Ausgleichs von Temperaturgradienten im Organismus gerechnet werden.

Während es bei der therapeutischen Hypothermie, die in der Regel über längere Zeit fortgeführt wird, meist nicht nötig ist, daß möglichst schnell abgekühlt wird, muß bei der Unterkühlung in Zusammenhang mit einem operativen Eingriff die Körperwärme recht rasch entzogen werden. Eine Reihe von Verfahren ist hierbei in der Klinik zur Anwendung gekommen:

1. Immersionskühlung. Bei der Immersionskühlung wird der Patient in ein Bad mit schmelzendem Eis verbracht (Abb. 374). Die Temperatur des umgebenden Mediums beträgt 0 °C, seine Wärmeleitfähigkeit und spezifische Wärme sind hoch; durch Umwirbeln des Wassers wird die Grenzschicht dünn gehalten. Fast die gesamte Körperoberfläche wird dem Wärmeentzug nutzbar gemacht.

Beim Menschen lassen sich mit der Immersionskühlung Abkühlungsgeschwindigkeiten zwischen 5 bis 9 °C in der Stunde erreichen (Abb. 375).

Die Wiedererwärmung kann im Warmbad erfolgen. Die Wassertemperatur darf dabei 42 °C nicht überschreiten. Das Bad ist das wirksamste Verfahren der Oberflächenkühlung bzw. Wiedererwärmung. Es besitzt jedoch Eigenschaften, die es vielfach in der Klinik als nachteilig erscheinen lassen. Der Patient wird völlig benetzt. Es ist schwer möglich, biologische Aktionspotentiale (Elektrokardiogramm, Elektroencephalogramm) zu messen. Zur Operation muß das Bad unterbrochen werden. Während des Eingriffs kann somit kein aktiver Einfluß auf den Verlauf der Körpertemperatur genommen werden. Die Operationswunden sind bei der Wiedererwärmung im Bad durch in die Verbände eindringendes Wasser hinsichtlich ihrer Keimfreiheit gefährdet. Ein Teil dieser Nachteile kann dadurch verhindert werden, daß man den Patienten nicht unmittelbar in das Wasser verbringt, sondern ihn von einer Plastikfolie umgeben eintauchen läßt. Eine von

OKAMURA angegebene nach diesem Prinzip arbeitende Apparatur (Abb. 376) vereinigt Hypothermiegerät und Operationstisch in einer Einheit [71, 81].

2. Mattenkühlung. Bei der Mattenkühlung wird der Patient von luftmatratzenähnlichen Gummimatten umgeben, die mit Eiswasser bzw. warmem Wasser durchströmt werden (Abb. 377). Das Verfahren ist wesentlich weniger leistungs-

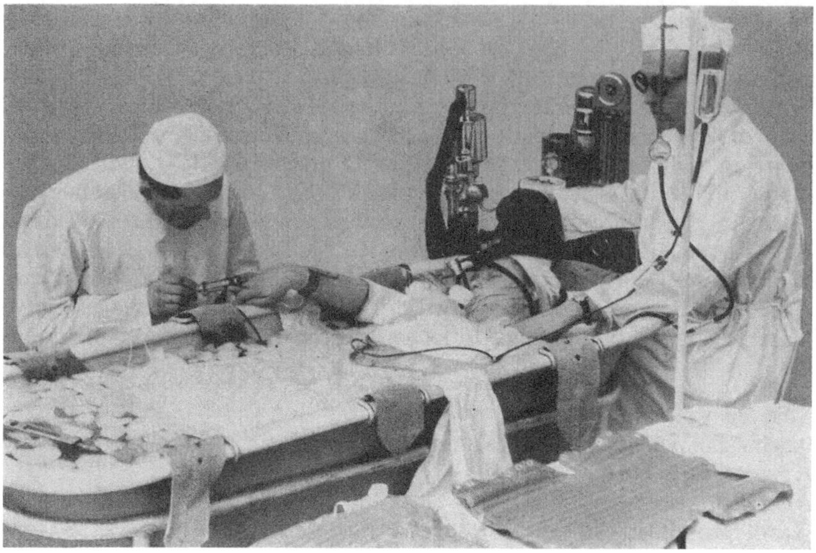

Abb. 374. Immersionskühlung (ZINDLER).

fähig als das Bad (3 bis 4 °C Temperaturabfall pro Stunde), da die Matten der Körperoberfläche nicht überall anliegen und sich somit eine wärmeisolierende Luftschicht bildet. Durch Umwickeln des Patienten mit nassen Tüchern kann

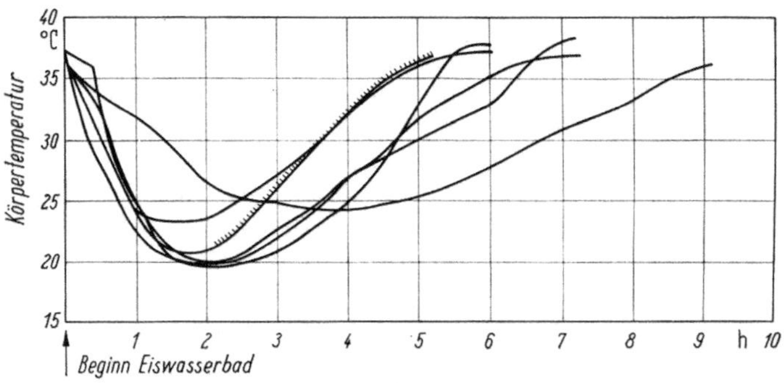

Abb. 375. Das Verhalten der Körpertemperatur bei 5 Patienten unter Immersionskühlung. — Wiedererwärmung mit Matten bzw. durchströmten Wasserkissen.

dieser Nachteil zum Teil verhindert werden. Während der Operation wird ein Teil der Matten entfernt, um das Operationsfeld frei zu bekommen. Da das Gewicht des Patienten auf die aufliegenden Hautbezirke einwirkt, kann hier druckbedingt die Durchblutung und damit der Wärmetransport abnehmen. Dieser Nachteil wird weitgehend ausgeschaltet, wenn man durchströmte Wasserkissen verwendet.

3. Luftstromkühlung. Bei der Luftstromkühlung wird die den Patienten umgebende Luft auf etwa 0 °C gebracht und mit einer Geschwindigkeit von 2 m/s an ihm vorbeibewegt. Es sind kombinierte Operations-Hypothermie-Tische konstruiert worden (Abb. 378), die nach diesem Prinzip arbeiten. Die Geschwindigkeit der Temperaturabnahme ist etwa gleich groß wie bei dem Mattenverfahren.

4. Kombinierte Verfahren. Gut bewährt haben sich kombinierte Verfahren: Abkühlung im Eisbad oder durch ständig mit Wasser benetzte Eispackungen in einer

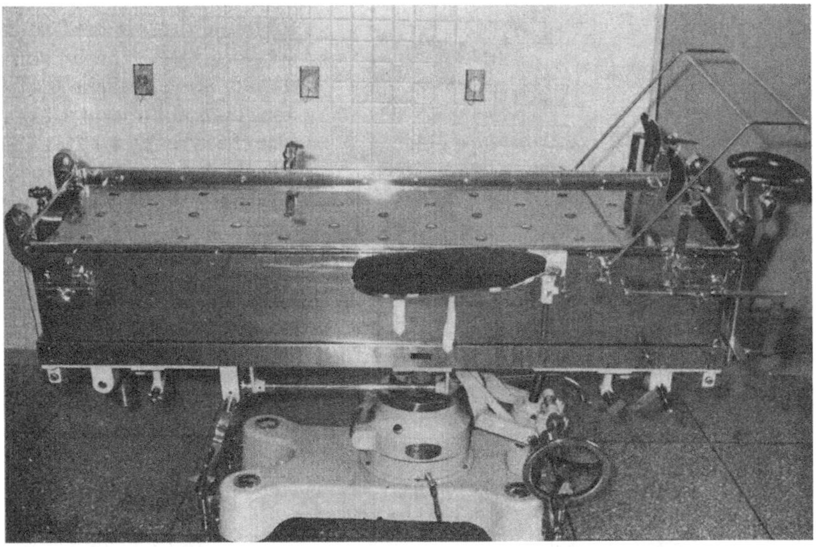

Abb. 376. Kombinierte Anordnung von Wanne zur Immersionskühlung mit Operationstisch (71, 81).

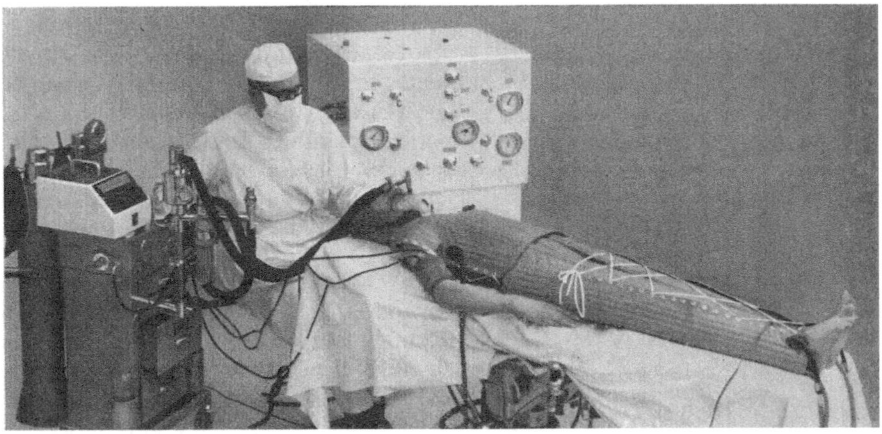

Abb. 377. Mattenkühlung (ZINDLER).

flachen Wanne. Zur Feineinstellung der Körpertemperatur und zur Wiedererwärmung durchströmte Matten.

Der Versuch, die Wiedererwärmung durch hochfrequente elektromagnetische Wellen (Kurzwellendiathermie) zu erreichen, muß als gescheitert angesehen werden. Es können im Inneren des Körpers Bezirke auf unkontrollierbar hohe Temperaturen gebracht werden, was dann zu örtlichen Verbrennungen führt. Dies ist besonders in der Umgebung von Metallteilen eingeführter Meßinstrumente der Fall.

Eine Sonderform der Oberflächenkühlung stellt die von Khalil eingeführte Kühlung des Magens zum Zweck der allgemeinen Hypothermie dar [47]. Wegen seiner geringen Leistungsfähigkeit wird dieses Verfahren jedoch heute zur allgemeinen Hypothermie nicht mehr verwendet.

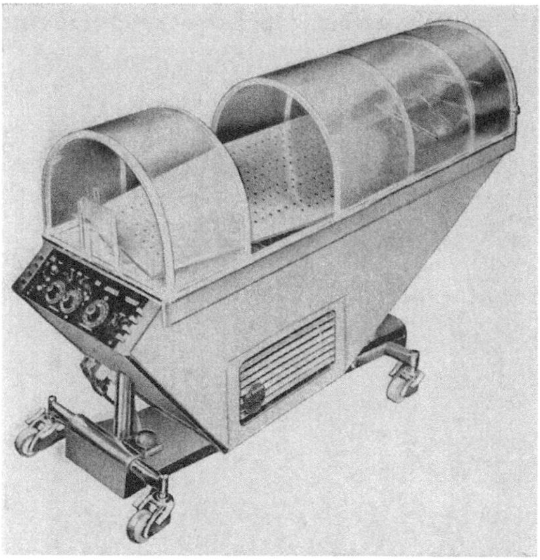

Abb. 378. Gerät zur Luftstromkühlung mit Operationslagerungsfläche (Autohypotherm).

Zur Unterstützung der Maßnahmen zur allgemeinen Herabsetzung der Körpertemperatur dienen noch örtliche Kälteapplikationen auf operativ freigelegte Organe. Hierzu ist zu zählen die Beschickung der großen Körperhöhlen mit kalter physiologischer Kochsalzlösung sowie das Einbringen von sterilen Eispackungen in das Operationsgebiet.

5. Bei der sogenannten therapeutischen Hypothermie werden an die Leistungsfähigkeit des Kühlverfahrens weniger hohe Anforderungen gestellt, da in der Regel keine tieferen Temperaturen als 33 bis 32 °C angestrebt werden und da die Abkühlungsgeschwindigkeit meist relativ niedrig sein kann. Die Kühlverfahren dürfen außerdem die Pflege des Patienten nicht beeinträchtigen. Neben den altbekannten Eisbeuteln, die zur Vermeidung von Hautschäden mit schmelzendem (!) Eis gefüllt sein müssen und feuchten Umschlägen, die durch Ventilatoren angeblasen werden, kommen auf 15 °C Raumtemperatur gekühlte Zimmer und in bestimmten Fällen auch die Mattenkühlung zur Anwendung. Beim „gekühlten Zimmer" ist mit einer Belastung des Überwachungspersonals zu rechnen.

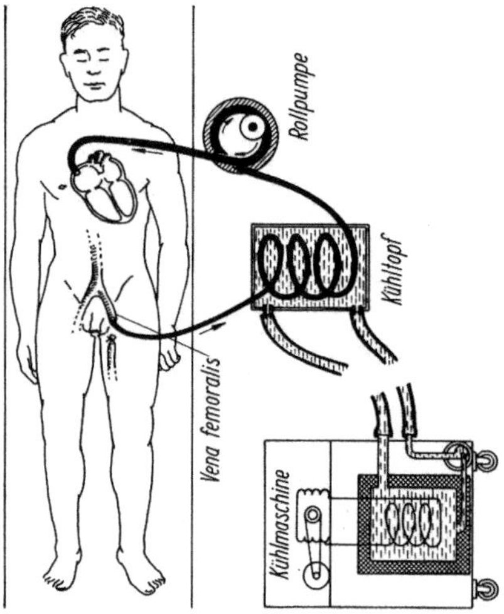

Abb. 379. Blutstromkühlung (venovenöse Form).

b) Blutstromkühlung. Bei der Blutstromkühlung, die ausschließlich bei Operationen eingesetzt wird, entnimmt man einem Blutgefäß des Patienten fortlaufend Blut. Es wird durch einen Wärmeaustauscher geleitet, dort auf eine gewünschte Temperatur gebracht und schließlich einem anderen Blutgefäß des Patienten wieder zugeführt. Die Verbindung zwischen Patient und Wärmeaustauscher erfolgt durch Kunststoffschläuche. Eine Blutgerinnung in der Apparatur muß mit Sicherheit vermieden werden. Es ist daher erforderlich, daß das Blut des Patienten durch Heparin ungerinnbar gemacht wird. Der sich daraus ergebende Nachteil der Verschlechterung der spontanen Blutstillung während des Eingriffs muß in Kauf genommen werden. Der Wärmeentzug erfolgt bei diesem Verfahren konvektiv über das dem Patienten wieder zugeführte gekühlte Blut.

Wesentlicher Bestandteil der Blutstromkühlung bzw. -wiedererwärmung ist der Wärmeaustauscher (Abb. 379). Ein Wärmeaustauscher besteht grundsätzlich aus einem Behälter, der von Wasser mit einer zwischen +2 und +42 °C liegenden Temperatur durchströmt wird. Durch diesen Behälter zieht die Blutleitung, die zur Vergrößerung der Wärmeaustauschfläche spiralförmig gewunden oder in Form eines Hohlgitters modifiziert ist. Die Kühlgeschwindigkeit beim Patienten hängt ab von der Temperatur, die das Blut im Wärmeaustauscher erreicht und der in der Zeiteinheit durch den Wärmeaustauscher strömenden Blutmenge. Folgende Anforderungen sind an einen Wärmeaustauscher zu stellen:

1. Wärmeaustauschleistung von etwa 60 bis 100 kcal pro Minute.
2. Sterilisierfähigkeit der Blutleitungen.
3. Chemische und mechanische Indifferenz der Leitungsinnenflächen gegenüber Blut.
4. Geringes Füllvolum.
5. Möglichkeit der fortlaufenden Messung der Blut- und Wassertemperatur.
6. Möglichkeit der Einstellung der Wassertemperatur im Bereich zwischen +2 und +42 °C.

Diese Forderungen haben sich erfüllen lassen, so daß die Medizin heute über eine Reihe von leistungsfähigen Wärmeaustauschern verfügt [30].

Je nach den Stellen der Blutentnahme und der Blutzuführung werden eine Reihe von Modifikationen der Blutstromkühlung unterschieden:

1. Die venovenöse Kühlung (Abb. 379). Bei der venovenösen Kühlung wird Blut aus einer großen Körpervene oder aus dem zum Körpervenensystem gehörenden rechten Vorhof des Herzens entnommen und einer anderen großen Körpervene wieder zugeführt. Die Kühlvorrichtung liegt somit im *Nebenschluß* zum Kreislauf, die Förderung durch sie erfolgt über eine Pumpe.

2. Arteriovenöse Blutstromkühlung. Hier wird das Blut einer größeren Körperarterie entnommen, durch den Wärmeaustauscher geleitet und einer größeren Körpervene wieder zugeführt. Wegen des arteriovenösen Druckgefälles ist hierbei keine Pumpe notwendig, es kommt jedoch durch den im *Nebenschluß* liegenden extrakorporalen Kurzschlußkreislauf zu einer zusätzlichen Herzbelastung.

3. Venoarterielle Blutstromkühlung. Das Blut wird einer Körpervene entnommen und nach Passage des Wärmeaustauschers einer Körperarterie wieder zugeführt. Das arteriovenöse Druckgefälle muß dabei überwunden werden und es ist somit eine leistungsfähige Pumpe notwendig. Das Herz wird bei diesem ebenfalls im *Nebenschluß* arbeitenden Verfahren zwar entlastet, dem arteriellen Kreislaufsystem wird aber venöses, d. h. sauerstoffverarmtes und CO_2-beladenes Blut zugeführt.

Die genannten Nebenschlußverfahren werden heute trotz relativ guter Steuerbarkeit des Temperaturgangs im Patienten in erster Linie wegen des Nachteils der Notwendigkeit zur Ungerinnbarmachung des Blutes in der allgemeinen Hypothermie nicht mehr verwendet. Bei mitteltiefer Hypothermie von etwa 28 bis 25 °C wird der Oberflächenkühlung der Vorzug gegeben. Die Blutstromkühlung im Nebenschlußverfahren wird lediglich noch zur gezielten tiefen *Regionalunterkühlung* des Gehirns oder tumortragender Extremitäten vorgenommen [57].

Bei tiefen Hypothermien unterhalb von 25 °C kommt der *Perfusionskühlung* eine große Bedeutung zu. Unter der Perfusionskühlung ist eine Blutstromkühlung zu verstehen, die im *Haupt*schluß zum Kreislauf arbeitet: Das gesamte zum Herzen fließende Blut wird dem Wärmeaustauscher zugeführt und durch Pumpen in das arterielle System des Patienten gebracht. Dadurch wird das Herz umgangen und seine Pumpleistung überflüssig. Die nunmehr gewonnene Unabhängigkeit von der Tätigkeit dieses Organs gestattet es, daß Temperaturen bis +5 °C angesteuert werden können. Zwei Modifikationen der Perfusionskühlung finden heute bei der Herzoperation vielfach Anwendung:

1. Verfahren nach Drew [26]. Hier sind zwei extrakorporale Kreisläufe jeweils in den Hauptschluß des Patientenkreislaufs geschaltet. Das gesamte, dem rechten Vorhof zufließende venöse Blut wird abgeleitet und in die Lungenarterien gepumpt. Dadurch wird die Tätigkeit des rechten Herzteils überflüssig. Das Blut wird nunmehr in der Lunge des Patienten auf normalem Weg arterialisiert (Sauerstoffaufnahme, CO_2-Abgabe), gelangt dann in den linken Vorhof und wird von dort wiederum abgeleitet, einem Wärmeaustauscher zugeführt und schließlich in das System der Körperarterien zurückgepumpt. Damit wird auch die Tätigkeit des linken Herzteiles entbehrlich.

Blutstrom im normalen Kreislauf: Körpervenen → rechter Vorhof → rechte Herzkammer → Lungenarterien → Lungen → Lungenvenen → linker Vorhof → linke Kammer → Körperarterien → Körpervenen.

Drew-Verfahren: Körpervenen → *Ableitung* → *Pumpe* → *Zuleitung* → Lungenarterie → Lungen → Lungenvenen → *Ableitung* → *Pumpe* → *Wärmeaustauscher* → *Zuleitung* → Körperarterien → Körpervenen.

2. Verfahren nach Sealy-Dubost [27, 28, 80]. Hier kommt *ein* extrakorporaler Kreislauf zur Anwendung. Das gesamte, dem rechten Herzteil zufließende Blut wird abgeleitet. Es wird anschließend in einem Oxygenator arterialisiert und dann durch einen Wärmeaustauscher geführt und schließlich in das arterielle System des Patienten zurückgepumpt.

Weg des Blutes: Körpervenen → *Ableitung* → *Oxygenator* → *Pumpe* → *Wärmeaustauscher* → *Zuleitung* → Körperarterien → Körpervenen.

Hier wird neben der Pumpleistung des gesamten Herzens auch die Tätigkeit der Lunge durch eine außerhalb des Körpers befindliche Apparatur ersetzt. Dem Nachteil des künstlichen Gasaustausches im Oxygenator steht der Vorteil einer Verminderung der Kanülierung von großen Blutgefäßen gegenüber.

5. Wirkung der künstlichen Hypothermie auf Stoffwechsel und Sauerstoffverbrauch

Um die klinische Anwendung der verschiedenen Hypothermieverfahren verstehen zu können, muß die Wirkung der künstlichen Unterkühlung, d. h. der Herabsetzung der Körpertemperatur unter Ausschaltung der Gegenregelung, kurz besprochen werden. Nach der in der Biologie gültigen RGT-Regel sinkt die Intensität des Stoffwechsels in der Hypothermie ab. Sie kann durch Messung des Sauerstoffverbrauchs in der Zeiteinheit bestimmt werden. Der Sauerstoffverbrauch des Gesamtorganismus vermindert sich exponentiell mit der Körpertemperatur. Der Q10-Wert des Sauerstoffverbrauchs, d. h. der Quotient, durch den der Sauerstoffverbrauch bei der Ausgangstemperatur geteilt werden muß, um den Sauerstoffverbrauch bei einer Körpertemperatur zu erhalten, die 10 °C darunter liegt, beträgt nach den von Thauer und Brendel [91] zusammengestellten Berichten in der Literatur beim Hund und beim Menschen zwischen 2,1 und 2,8.

Die Verminderung des Sauerstoffverbrauchs ist Ausdruck eines verminderten Sauerstoffbedarfs. Da auch bei Erniedrigung der Körpertemperatur der Nutritionsreflex, d. h. die Anpassung der Kreislauftätigkeit an den Bedarf, erhalten ist, resultiert hieraus eine Verringerung der Leistung des Herz-, Kreislauf- und Atmungssystems (Abb. 370), die somit ebenfalls Folge eines verminderten Bedarfs ist.

Auf diese Beobachtung stützt sich die eine Form der klinischen Anwendung der Hypothermie: Bei einer Reihe von krankhaften Geschehnissen gerät der menschliche Organismus in eine Lage, bei der es zu einem Mißverhältnis zwischen dem Ernährungs- und vor allem Sauerstoffbedarf der Gewebe in ihrer Gesamtheit und der Leistungsfähigkeit des Kreislaufs oder der Atmung kommt. Dies kann entweder durch eine primäre Erhöhung des Bedarfs oder durch eine primäre Minderung der Leistungsfähigkeit des Herz-Kreislauf-Atmungssystems oder durch beides verursacht sein. Wird nun der Bedarf als Folge einer künstlichen Hypothermie herabgesetzt, so läßt sich dann das Mißverhältnis ganz oder teilweise beseitigen. Dadurch wird u. a. die Zeit gewonnen, die zur Ausheilung des verursachenden Faktors nötig ist. Diese Form der Hypothermie wird als *therapeutische* bezeichnet. Man ist sich dabei klar, daß es sich nicht um eine kausale Behandlung handelt, die in jedem Fall neben der Hypothermie betrieben werden muß.

Das zweite große Anwendungsgebiet der künstlichen Unterkühlung läßt sich durch folgende Erscheinungen erklären: Schaltet man bei normaler Körpertemperatur ein Warmblütenorgan aus seiner Blutversorgung aus, so behält es seine ursprüngliche Tätigkeit für eine mehr oder weniger lange Zeit noch bei. Diese Zeit wird als *freies Intervall* bezeichnet. Danach machen sich zuerst Zeichen des Sauerstoffmangels bemerkbar. Die Tätigkeit des Organs ist nicht erloschen aber gestört. Verstreicht hierbei wiederum eine bestimmte Zeit, so ist schließlich die *maximale Funktionszeit* überschritten und alle Funktionen kommen zum Erliegen. Danach bleibt bei weiterbestehender Ischämie zunächst die Struktur erhalten und nach Wiederingangkommen der Durchblutung kann sich das Organ vollständig erholen. — Bleibt aber wiederum die Ischämie eine gewisse Zeit weiter bestehen, so ist auch die *Wiederbelebungszeit* oder *Strukturerhaltungszeit* abgelaufen und das Organ ist irreversibel geschädigt. Limitierender Faktor ist stets ein Sauerstoffmangel und eine CO_2-Anhäufung, die sich ständig verstärken, solange der oxydative Stoffwechsel weiterläuft. Die Organe und Gewebe besitzen nicht die Eigenschaft, größere Sauerstoffmengen speichern zu können. Die produzierte, nicht abgeführte CO_2 führt zu einer schädigenden Veränderung in der Azidität des Milieus, in dem sich die Zellen befinden.

Wird bei einem Warmblüterorganismus der *gesamte Kreislauf* zum Stillstand gebracht, so ist die *Wiederbelebungszeit* des betreffenden Individuums abhängig von der Wiederbelebungszeit der Organe, die normalerweise den höchsten Sauerstoffverbrauch in der Zeiteinheit besitzen und deren eigene Wiederbelebungszeit damit kurz ist. Dies gilt insbesondere für das Hirn und das Herz.

Kommt beim Menschen der Kreislauf zum völligen Stillstand, so ist nach 2 bis 4 Minuten die Wiederbelebungszeit des Organismus überschritten, irreversible Schäden an Herz und Hirn sind eingetreten und ein normales Weiterleben wird damit unmöglich.

Es ist das Verdienst von Bigelow [4], gezeigt zu haben, daß die Wiederbelebungszeit des Gesamtorganismus mit Abfall der Körpertemperatur ansteigt. Damit wurde es möglich, bei operativen Eingriffen am Herzen den Kreislauf für eine Zeitlang zum Stillstand zu bringen, dann im Herzinneren zu operieren und anschließend eine völlige Restitution des Organismus zu erreichen. Eine Übersicht über die in der Literatur berichteten Wiederbelebungszeiten bei bestimmten Körpertemperaturen findet sich bei Thauer und Brendel [91].

6. Grenzen der künstlichen Hypothermie.

Die Grenzen der Hypothermie sind abgesteckt durch die Fähigkeit des Homoiothermen, die Herabsetzung der Körpertemperatur zu überleben und nach

Wiedererwärmung wieder voll funktionsfähig zu werden. Im Gegensatz zum Poikilothermen kann der Warmblüter auch nach völliger Ausschaltung der Temperaturregelung, soweit diese sich mit unseren heutigen Mitteln nachweisen läßt, nicht in beliebiger Weise bis gegen 0 °C ausgekühlt und wiedererwärmt werden. In bestimmten Temperaturbereichen treten Erscheinungen auf, die entweder das Leben völlig zum Erliegen bringen oder zumindest zusätzliche Maßnahmen zur Sicherung seines Fortbestehens erforderlich machen. Die Frage des durch tiefe Körpertemperaturen herbeigeführten Todes wird bei Thauer und Brendel [91] eingehend besprochen. Es kann hier nur auf die wichtigsten grundlegenden Gesichtspunkte eingegangen werden.

Setzt man bei einem Warmblüter, dessen Temperaturregelung insoweit ausgeschaltet ist, als daß eine nennenswerte Erhöhung der Wärmeproduktion nicht eintritt, die Körpertemperatur herab, so treten im Bereich von unter 30 °C Herzrhythmusstörungen auf, die schließlich mit hoher Wahrscheinlichkeit zum Kammerflimmern und damit zu einem Herzstillstand führen. Es liegen Hinweise dafür vor, daß diese Erscheinungen Ausdruck von Vorgängen im Rahmen der Temperaturregelung sind, die nicht oder nur in ganz geringem Maß wärmeproduktiv wirken. Durch Vertiefung der Dämpfung bzw. Narkose können Temperaturen bis in den Bereich von 15 °C beim Hund und beim Menschen erreicht werden, ohne daß es zu einer so weitgehenden Beeinträchtigung der Herzaktion kommt, daß die Nutrition der einzelnen Gewebe gefährdet wäre [51, 53, 81]. Die Steuerung des Grades der Dämpfung der Temperaturregelung wird in tiefen Temperaturen immer problematischer und kann sich schließlich nur noch nach der Herzaktion selbst richten.

Aus Gründen der Senkung des Risikos wird heute die Hypothermie unter Oberflächenkühlung in der Regel nur bis 28 °C betrieben. Bei dieser Temperatur stehen 8 Minuten für einen Eingriff am blutleeren, nicht arbeitenden Herzen unter allgemeinem Kreislaufstillstand zur Verfügung.

Tiefe Temperaturen bis 5 °C werden mit dem Perfusionsverfahren angesteuert, das sich dadurch auszeichnet, daß man von der Herzaktion unabhängig ist. Außerdem lassen sich höhere Kühlungs- und Wiedererwärmungsgeschwindigkeiten erzeugen. Die Dämpfung der Temperaturregelung ist bei den Perfusionsverfahren relativ wenig problematisch, da die Kälterezeptoren der Haut nicht gereizt werden. Es kommt jedoch in der Regel zu z. T. erheblichen Temperaturunterschieden zwischen den einzelnen Bezirken des Organismus. Ob die Ansteuerung eines Temperaturbereichs unter 10 °C sinnvoll ist, wird als strittig angesehen. Bis zu 10 °C steigt die Wiederbelebungszeit nach Kreislaufstillstand exponentiell an und beträgt dort beim Menschen etwa 90 Minuten [27, 6]. Es scheint jedoch die Überlebenszeit bei Unterkühlung, d. h. die Zeit, die der homoiotherme Organismus im unterkühlten Zustand überhaupt ohne Schädigung zu überleben vermag, mit sinkender Temperatur exponentiell abzunehmen [91]. Zwischen +10 und +5 °C wird möglicherweise die Überlebenszeit kürzer als die Wiederbelebungszeit nach Kreislaufstillstand, d. h. der Organismus geht zugrunde, bevor die eigentlich zu erwartende Wiederbelebungszeit abgelaufen ist. Es können somit nach dem heutigen Stand des Wissens in tiefer Hypothermie bis etwa 10 °C Kreislaufstillegungen von etwa 80 bis 90 Minuten vorgenommen werden. Ob sich in dieser Hinsicht eine Erweiterung der Möglichkeiten bei der tiefen Unterkühlung erreichen läßt, scheint fraglich. Die Ursachen der Verkürzung der Überlebenszeit liegen sicher nicht im Versagen einzelner Organe oder Gewebe. Sie müssen vielmehr mit aller Wahrscheinlichkeit in einer mit Tiefe und Dauer der Temperatursenkung sich steigernden Koordinationsstörung des Gesamtorganismus zu suchen sein. Damit ist es aber offensichtlich, daß alle Überlegungen, durch Einfrierung des Menschen zu einer für Jahre oder Jahrzehnte „suspendierten Animation" zu gelangen, noch jeglicher wissenschaftlichen Grundlage entbehren. ETTINGERS „Prospect of Immortality" [31] ist reine Unterhaltungsliteratur (scientific fiction).

7. Anwendungsgebiete der künstlichen Hypothermie.

Wie bereits mehrfach erwähnt, wird die Hypothermie auf zwei verschiedenen Gebieten angewendet: Einmal als unterstützende Maßnahme bei operativen Eingriffen, zum anderen in Form der therapeutischen Hypothermie bei einer Reihe von schweren Krankheitszuständen.

a) Hypothermie bei operativen Eingriffen. Die mit einer Hypothermie einhergehende Verlängerung der Wiederbelebungszeit des Gesamtorganismus nach Stilllegung des Kreislaufs hat den Chirurgen den Weg zu operativen Eingriffen im Herzinnern unter Sicht des Auges eröffnet. LEWIS und TAUFIC haben 1953 als erste einen angeborenen Herzfehler vom Typ des Vorhofseptumdefektes unter Stilllegung des Kreislaufs in Hypothermie erfolgreich beseitigt [59]. Seitdem nimmt die Unterkühlung in der *Herzchirurgie* einen festen Platz ein. Sie kommt hier in folgenden Modifikationen zur Anwendung:

1. Mäßige Oberflächenhypothermie bis 28 °C. Aufhebung der Temperaturregelung durch Anästhetika in Kombination mit Neuroplegika (Phenothiazinen) und Muskelrelaxantien. Kühlung durch Eisbad, Matten oder Kaltluft. Erwärmung durch Warmbad, Matten und Warmluft [100].

Kreislaufstillegung bis 8 Minuten. Verlängerung der intrakardialen Operationszeit, notfalls durch wiederholte Kreislaufstillegungen möglich.

Indikationen:

Alle operablen Herzfehler, deren Korrektur mit Sicherheit nicht mehr als 8 Minuten Kreislaufstillstand erfordert, wie z. B. Vorhofseptumdefekt (II), valvuläre Pulmonalstenose, Fallotsche Trilogie, Aortenstenose.

Die für die Kreislaufstillegung zur Verfügung stehende Zeit kann durch zusätzliche Regionalkühlung von Herz und Hirn bis etwa 10 Minuten verlängert werden.

Zu Eingriffen am *geschlossenen* Herzen kann eine Hypothermie dieser Art dann angezeigt sein, wenn die Leistungsfähigkeit des Herzens vor der Operation bereits so eingeschränkt ist, daß damit gerechnet werden muß, daß nicht in allen Phasen des Eingriffs der Bedarf gedeckt werden kann.

2. Mäßige Perfusionshypothermie bis 28 °C. Aufhebung der Temperaturregelung wie bei der mäßigen Oberflächenkühlung. Abkühlung und Wiedererwärmung durch einen in den extrakorporalen Kreislauf eingeschalteten Wärmeaustauscher. Anwendung bei Operationen im Herzinneren, bei denen ein extrakorporaler Kreislauf benötigt wird, der während des intrakardialen Akts weiter bestehen kann. Kreislaufstillstand wird somit nicht vorgenommen. Die Anforderungen an die Herz-Lungen-Maschine werden durch die Hypothermie herabgesetzt, da ein geringeres Kreislaufzeitvolum als bei Normothermie perfundiert werden muß. Dies führt zu einer Schonung der zelligen Blutbestandteile, erlaubt es, die Herz-Lungen-Maschine kleiner zu dimensionieren und macht dadurch deren Füllvolum mit Fremdblut kleiner.

3. Tiefe Perfusionshypothermie bis 10 °C und darunter. Technik wie bei der mäßigen Perfusionshypothermie. Anwendung bei Eingriffen am Herzen, bei denen ein extrakorporaler Kreislauf notwendig ist, der während der intrakardialen Operationsphase jedoch unterbrochen werden muß. Kreislaufstillegungen von 60 bis 90 Minuten möglich [26, 27, 28, 6].

Die tiefe Perfusionshypothermie rührt an die Grenze der Möglichkeiten, die durch eine Herabsetzung der Körpertemperatur gegeben sind. Es wird damit verständlich, daß heute, kaum mehr als 6 Jahre nach ihrer ersten Anwendung, von einem standardisierten Vorgehen ebensowenig gesprochen werden kann, wie von einer einheitlichen Indikationsstellung. Aus den bisher gemachten Erfahrungen läßt sich eine Reihe von Gesichtspunkten ableiten, die heute Berücksichtigung finden: Besonders bei Kleinkindern sind nach Unterkühlungen auf 10 °C Hirnschäden festgestellt worden [7]. Es bleibt aber zweifelhaft, ob sie auf die Kältewirkung selbst zurückgeführt werden müssen.

Auch über die Höhe des Perfusionsvolums in der Zeiteinheit besteht keine Einigkeit. Die Verminderung des Sauerstoffbedarfs bei tiefen Temperaturen erlaubt es, daß nicht unbedingt mit Blut perfundiert werden muß, sondern daß Zucker- oder Dextranlösungen verwendet werden können [43, 99]. Eine große Rolle spielt das Problem des Ausgleichs von Temperaturunterschieden im Organismus. Der eintretende Herzstillstand, das Verhalten der Eiweißkörper, der Blutgerinnung, des Säure-Basen-Haushaltes und der Nierenfunktion sowie die Verhütung von Embolien sind Gegenstände weiterer Forschung [8].

4. Tiefe Oberflächenhypothermie bis 20 °C. Dämpfung der Temperaturregelung durch nach dem EKG gesteuerte Äthernarkose [51, 53]. Kühlung und Erwärmung im Bad (Schwimmen auf Plastikfolie). Kreislaufstillegung bis 125 Minuten. Anwendung nur vereinzelt in Japan [71, 81]. Vorteilhaft bei Kleinkindern, da hier der Kanülenanschluß zum extrakorporalen Kreislauf wegen Kleinheit der Blutgefäße unbefriedigt ist.

Neben der Herzchirurgie stellt die *Chirurgie des Hirns* das zweite große Anwendungsgebiet der künstlichen Hypothermie bei operativen Eingriffen dar. Bei der Entfernung größerer, basal gelegener Hirntumoren, besonders dann, wenn sie blutgefäßreich sind, kann es infolge der Notwendigkeit zur zeitweiligen Abklemmung von größeren Gefäßen oder durch Druck auf das Hirn zu ischämigen Gewebsschädigungen kommen. Durch Hypothermie wird die Resistenz gegenüber einer Ischämie erhöht. Außerdem tritt eine Verminderung des Hirnvolums ein, die den Eingriff ebenso technisch erleichtert wie die verringerte Blutungsgefahr. Es kommt in erster Linie die Oberflächenunterkühlung auf Temperaturen zwischen 30 und 28 °C zur Anwendung. Eine allgemeine oder regionale Perfusionskühlung auf tiefe Temperaturen bis 10 °C [57], die teilweise den zusätzlichen Eingriff einer Brustkorberöffnung zur Kanülierung des Herzens notwendig macht, ist hinsichtlich ihrer Verwendbarkeit bei der Hirnchirurgie umstritten [8].

Bei anderen operativen Eingriffen werden künstliche Hypothermien mitunter dann vorgenommen, wenn ein Mißverhältnis zwischen Leistungsfähigkeit des Kreislauf-Atmungssystems und dem Bedarf des Organismus besteht oder einzutreten droht. Ihre Anwendung dient hier nicht zum Erreichen des Operationsziels sondern zur Herstellung der *Operationsfähigkeit* des Patienten und muß auch in der Regel auf die postoperative Phase ausgedehnt werden. Damit fällt sie streng genommen unter den Begriff der *therapeutischen Hypothermie.*

b) Therapeutische Hypothermie. Die therapeutische Hypothermie ist von Laborit und Huguenard [58] inauguriert worden mit dem Ziel, die Reaktionen des Organismus auf starke Belastung (Stress) zu unterdrücken und damit zu einer Entlastung zu kommen, die durch Senkung des Basalstoffwechsels als Folge einer Erniedrigung der Körpertemperatur noch vermehrt wird. Die Beseitigung der schädigenden Ursachen ist dann allerdings dem Organismus nicht mehr möglich, sie bleibt ganz der von außen kommenden Behandlung überlassen. Im einzelnen ist die therapeutische Hypothermie bei einer großen Reihe von krankhaften Zuständen, die vor allem lebenswichtige Funktionssysteme betreffen, mit Erfolg durchgeführt worden. Die Fülle der durch die verschiedenen Grundkrankheiten und deren Komplikationen bedingten einzelnen und speziellen Gesichtspunkte erlaubt an dieser Stelle lediglich eine Aufzählung der wichtigsten pathologischen Zustände, bei denen die Herabsetzung der Körpertemperatur unter Ausschaltung der Temperaturregelung zum Erfolg führen kann. Die Technik besteht meist in einer Oberflächenkühlung in einem Bereich zwischen 30 und 35 °C unter vegetativer Blockade.

1. Herzkreislaufsystem: Myokardinfarkt, akute Herzinsuffizienz, Herzmuskelentzündung, verschiedene Schockformen. Hier wird dann, wenn die übrigen therapeutischen Maßnahmen nicht rasch zum Ziel führen, die Anforderung soweit gesenkt, daß die verminderte Leistungsfähigkeit ausreicht.

2. Atmungssystem: Schwere asthmoide Zustände, Lungenembolien, Lungenatelektasen, Pneumonien. — Läßt sich eine starke Beeinträchtigung der Lungenfunktion durch künstliche Beatmung nicht kompensieren, so muß durch eine Hypothermie der Bedarf an die Leistungsfähigkeit des Gasaustauschs herabgesetzt werden.

3. Nervensystem: Alle Zustände, die mit Hirnschwellung einhergehen, führen zu einer Minderdurchblutung des Gehirns infolge einer Erhöhung des intrakraniellen Drucks. Damit ist die Deckung des Sauerstoffbedarfs dieses Organs in Frage gestellt. — Schädelhirntraumen, Encephalitis, Thrombose und Embolie, Blutungen, Hirnschwellung nach Kreislaufstillstand. — Durch die Hypothermie wird der Durchblutungsbedarf des Hirns gesenkt, durch Verringerung des Hirnvolums kommt es außerdem noch zu einer Erniedrigung des intrakraniellen Drucks und damit zu einer Durchblutungsverbesserung.

In dieses Gebiet fällt auch die Behandlung von starken Krampfzuständen, wie z. B. Tetanus, Status epilepticus, Eklampsie. Im Rahmen der Behandlung dieser Krankheiten ist die künstliche Hypothermie ebenfalls mit Erfolg zur Anwendung gekommen.

4. Stoffwechsel: Eine Erhöhung des Stoffwechsels, mag sie Folge einer primären Temperatursteigerung sein oder eine Temperatursteigerung zur Folge haben, stellt stets eine hohe Beanspruchung an die Leistungsfähigkeit des Organismus dar. Wird die zur Deckung des Bedarfs notwendige Leistung nicht oder nicht mehr aufgebracht, ist eine künstliche Hypothermie indiziert. Dies trifft z. B. zu bei hochfieberhaften, langdauernden Infekten, bei Hyperthyreose und zentraler Hyperpyrexie.

Eine Sonderform stellt die Behandlung der unfallbedingten allgemeinen Unterkühlung dar. Da es nicht möglich ist, den Patient in kürzester Frist aufzuwärmen, wird die *akzidentelle Hypothermie* durch Ausschaltung der Temperaturregelung in eine künstliche Hypothermie umgewandelt und dann wie eine solche beendet.

Aus den Anwendungsformen der künstlichen Hypothermie geht hervor, daß es sich nicht um ein spezifisches, gezieltes therapeutisches Verfahren handelt, sondern daß sie mit Ausnahme der Behandlung der akzidentellen Hypothermie stets ein unspezifisches, oft unerläßliches Hilfsmittel auf dem Weg zum Erreichen eines Behandlungsziels ist. Man darf nicht vergessen, daß durch die künstliche Hypothermie nicht allein die Temperaturregelung, sondern auch andere Eigenregulationen aufgehoben werden, die vorher, wenn auch erfolglos und allzusehr belastend, im Dienst der körpereigenen Abwehr gegen die schädigenden Noxe gestanden haben. Alle Bemühungen zur gezielten Beseitigung der Schädigung müssen daher unter der künstlichen Hypothermie in verstärktem Maß vom behandelnden Arzt übernommen werden. Es muß in jedem Fall abgewogen werden, ob der Vorteil der Hypothermie den Nachteil der Ausschaltung der körpereigenen Abwehr überwiegt.

Die Körpertemperatur ist eine der biologischen Grundgrößen, deren Konstanthaltung im homoiothermen Organismus durch äußerst leistungsfähige Regelung gewährleistet ist. Eine Unterkühlung muß als schwerwiegender Eingriff in die funktionelle Integrität angesehen werden, und sie zieht Änderungen fast aller lebenswichtigen Funktionen nach sich. Derjenige, der eine Hypothermie vornimmt, muß damit neben persönlicher Kenntnis und Erfahrung über Möglichkeiten zur fortlaufenden Messung und Steuerung aller lebenswichtigen Funktionen verfügen. Vorbedingung zur Entwicklung der künstlichen Hypothermie zu einem für die Klinik brauchbaren Verfahren waren daher Fortschritte auf dem Gebiet der medizinischen Meß- und Überwachungstechnik, dank derer heute eine Vielzahl von Kontrollen an Kreislauf, Atmung und Stoffwechsel ohne Schädigung des Patienten ständig vorgenommen werden kann [52].

Literatur.

[1] ASCHHOFF, J.: Wärmehaushalt, in LANDOIS-ROSEMANN, Lehrbuch der Physiologie des Menschen. Berlin-München: Urban & Schwarzenberg 1960.

[2] ASHWOOD-SMITH, M. J.: The Preservation of Bone Marrow. Cryobiol. Bd. I (1965) S. 61.

[3] BARNES, D. W. H., and J. F. LOUTIT: The Radiation Recovery Factor. J. Nat. Cancer Inst. Bd. 15 (1955) S. 901.

[4] BIGELOW, W. G., W. K. LINDSAY and W. F. GREENWOOD: Hypothermia. Its possible Role in Cardiac Surgery. Ann. Surg. Bd. 132 (1950) S. 849.

[5] BIGELOW, W. G., W. K. LINDSAY, R. C. HARRISON, R. A. GORDON and W. F. GREENWOOD: Oxygen Transport and Utilization in Dogs at Low Body Temperatures. Am. J. Physiol. Bd. 160 (1950) S. 125.

[6] BJÖRK, V. O.: Die tiefe Hypothermie mit extrakorporalem Kreislauf in der offenen Herzchirurgie. Thoraxchir. Bd. 8 (1960) S. 271.

[7] BJÖRK, V. O., and G. HUTQUIST: Contraindications to Profound Hypothermia in open Heart Surgery. J. Thor. Cardiovasc. Surg. Bd. 44 (1962) S. 1.

[8] BLAIR, E.: Clinical Hypothermia. New York, Toronto, London: McGraw-Hill Book Company 1964.

[9] BROSIG, W., u. R. NAGEL: Nierentransplantation. Berlin: Walter de Gruyter 1965.

[10] BÜTTNER, K.: Physikalische Bioklimatologie. Leipzig 1938.

[11] BURNS, M. E.: Cryobiology as Viewed by the Microbiologist. Cryobiol. Bd. I (1965) S. 18.

[12] BURTON, A., and O. G. EDHOLM: Men in a cold environment. London 1955.

[13] COE, J., and A. K. OMMAYA: Evaluation of Focal Lesions of the Central Nervous System produced by Extreme Cold. J. Neurosurg. Bd. 21 (1964) S. 433.

[14] COOPER, I. S., and T. HIROSE: The Application of Cryogenic Surgical Techniques to Resection of Parenchymatous Organs. Cryobiol. Bd. II (1966) S. 13.

[15] COOPER, I. S.: Cryobiology as Viewed by the Surgeon. Cryobiol. Bd. I (1965) S. 44.

[16] COOPER, I. S., F. GRISSMAN and P. JOHNSTON: A Complete System for Cryogenic Surgery. St. Barnabas Med. Bull. Bd. 1 (1962) S. 11.

[17] COOPER, I. S., and G. GIOINO: Temperature Gradients During Cooling and Freezing in the Human Brain. Cryobiol. Bd. I (1965) S. 341.

[18] CORIELL, L. L., A. E. GREENE and R. K. SILVER: Historical Development of Cell and Tissue Culture Freezing. Cryobiol. Bd. I (1965) S. 72.

[19] COWLEY, C. W., J. A. SAWDYE and H. D. ROBBINS: An Analytical Approach to the Determination of Processing Techniques for the Low Temperature Preservation of Human Erythrocytes. Cryobiol. Bd. I (1965) S. 324.

[20] CRAMPTON, R. S. et al.: Experience with Gastric Hypothermia for Active upper Gastrointestinal Tract Hemorrhage. Surgery Bd. 55 (1964) S. 607.

[21] CHRISTOPHERSEN, J.: in PRECHT, H., J. CHRISTOPHERSEN und H. HENSEL: Temperatur und Leben. Berlin/Göttingen/Heidelberg: Springer 1955.

[22] DAHR, P., u. M. KINDLER: Transfusionspraxis. Stuttgart: Schattauer 1963.

[23] DOEBBLER, G. F., and A. P. RINFRET: Rapid Freezing of Human Blood. Physical and Chemical Considerations of Injury and Protection. Cryobiol. Bd. I (1965) S. 205.

[24] DOEBLER, G. F., u. Mitarb.: Preservation of Human and Rabbit Blood at Low Temperatures for Periods of Two to Four Years. Cryobiol. Bd. II (1966) S. 8.

[25] DOLAN, M. F.: The Present Status of Organ Freezing and Possible Future Recourses. Cryobiol. Bd. I (1965) S. 199.

[26] DREW, C. E.: Profound Hypothermia in Cardiac Surgery. Brit. Med. Bull. Bd. 17 (1961) S. 1.
[27] DUBOST, CH., and PH. BLONDEAU: The Association of the Artificial Heart-Lung with Deep Hypothermia in Open Heart Surgery. J. Cardiovasc. Surg. Bd. 1 (1960) S. 85.
[28] DUBOST, CH., P. BLONDEAU, J. PASSELECQ et J. GUERY: L'association du cœur-poumons artificiel et de l'hypothermie profonde dans la chirurgie àcœur ouvert. Actual. Cardiol. Int. Bd. 8 (1959) S. 95.
[29] EISENTRAUT, M.: Der Winterschlaf mit seinen ökologischen und physiologischen Begleiterscheinungen. Jena: Fischer 1956.
[30] ESTANOVE, J. F.: Hypothermie Profonde. Paris: L'expansion scientifique Française 1962.
[31] ETTINGER, R. C. W.: The Prospect of Immortality. Garden City, New York: Doubleday & Comp. 1964.
[32] FEDER, N., and R. L. SIDMAN: Methods and Principles of Fixation by Freeze Substitution. J. Biophys. Biochem. Cytol. Bd. 4 (1958) S. 593.
[33] FLOSDORF, E. W., and G. W. HYATT: The Preservation of Bone Grafts by Freeze Drying. Surgery Bd. 31 (1952) S. 716.
[34] GÖPFERT, H.: Energiebedarf, in Landois-Rosemann, Lehrbuch der Physiologie des Menschen. Bd. I. München-Berlin: Urban & Schwarzenberg 1960.
[35] GONDER, M. J., W. A. SOANES and R. JAGODZINSKI: Prostatic Cryosurgery. Cryobiol. Bd. II (1966) S. 12.
[36] GRESHAM, R. B.: Freeze-Drying of Human Tissue for Clinical Use. Cryobiol. Bd. I (1965) S. 150.
[37] GRÖZINGER, K. H., K. HOCHBERG u. A. YOLAC: Die lokale Magenhypothermie. Chirurg Bd. 35 (1964) S. 347.
[38] HATHAWAY, W. E., L. A. NEWBY and J. H. GITHENS: The Acridine Orange Viability Test Applied to Bone Marrow Cells. Cryobiol. Bd. II (1966) S. 143.
[39] HENSEL, H.: in PRECHT, H., J. CHRISTOPHERSEN und H. HENSEL: Temperatur und Leben. Berlin/Göttingen/Heidelberg: Springer 1955.
[40] HUGGINS, C. E.: Frozen Blood. Ann. Surg. Bd. 160 (1964) S. 643.
[41] JACOB, ST. W.: Studies in Organ Preservation by Actual Freezing and Reduction of the Freezing Point. Cryobiol. Bd. I (1965) S. 176.
[42] KAROW, A. M. jr., and W. R. WEBB: Tissue Freezing. A Theory for Injury and Survival. Cryobiol. Bd. II (1966) S. 99.
[43] KEEN, G., and F. GERBODE: Observations on the Microcirculation During Profound Hypothermia. J. Thor. Cardiovasc. Surg. Bd. 45 (1963) S. 252.
[44] KELMAN, C. D.: Cryosurgery in the Treatment of Cataracts and Retinal Detachment. Cryobiol. Bd. II (1966) S. 13.
[45] KELMAN, C., and I. S. COOPER: Cryogenic Ophthalmic Surgery Amer. J. Ophthal. Bd. 56 (1963).
[46] KERN, E., u. K. WIEMERS: Chirurgische Pathophysiologie und Klinik der Temperaturregulation. Stuttgart: Enke 1961.
[47] KHALIL, H. H., and R. C. MCKEITH: The Simple Method of Raising and Lowering the Body Temperature. Brit. Med. J. Bd. 2 (1954) S. 734.
[48] KILLIAN, H.: Lokalanästhesie und Lokalanästhetika. Stuttgart: Thieme 1959.
[49] KLINE, I., and R. J. TRAPANI: The Freezing and Preservation of Animal Tumors. Cryobiol. Bd. I (1965) S. 130.
[50] KNORPP, C. T., P. W. GIKAS and N. THOMPSON: Experiences in Frozen Blood Preservation Using 25.000 and 40.000 Molecular Weight Polyvinylpyrrolidone as a Protective Agent. Cryobiol. Bd. II (1966) S. 268.
[51] KOLB, E., K. SPOHN, J. HEINZEL u. R. KRATZERT: Anästhesie bei Hypothermie unter 20 °C im Tierversuch. Anästhesist Bd. 8 (1959) S. 5.
[52] KOLB, E.: Anästhesie und Technik. Berliner Medizin Bd. 15 (1964) S. 84.
[53] KOLB, E.: Die Bedeutung der Narkoseführung für die künstliche Hypothermie auf Temperaturen von 20 °C und darunter. Fortschr. Medizin Bd. 83 (1965) S. 3.
[54] KRAWICZ, T.: Intracapsular Extraction of Intumescent Cataract by Application of Low Temperature. Brit. J. Ophthal. Bd. 45 (1961) S. 279.
[55] KRIJNEN, H. W., J. J. DE WITT et A. C. J. KOUIVENHOVEN: Intermediate Rate of Freezing of Human Red Cells. Inst. Int. du Froid. CSSR (1964) S. 579.
[56] KRIJNEN, H. W., J. J. DE WITT, A. C. J.KOUIVENHOVEN. J. A. LOOS and H. K. PRINS: Glycerol Treated Human Red Cells Frozen with Liquid Nitrogen. Vox Sang. Bd. 9 (1964) S. 559.
[57] KRISTIANSEN, K.: In MASPES, P. E., and B. HUGHES: „Hypothermia in Neurosurgery". Wien/New York: Springer 1964.
[58] LABORIT, H., et P. HUGUENARD: Hibernation artificielle par moyens pharmocodynamics et physiques en chirurgie. Press Med. Bd. 59 (1951) S. 1329.

[59] LEWIS, F. J., and M. TAUFIC: Closure of Atrial Septal Defects with Aid of Hypothermia. Surgery Bd. 33 (1953) S. 52.
[60] LEWIS, J. P., M. PASSOVOY and F. E. TROBAUGH jr.: Transplantation Potential of Marrow Frozen at Programmed Cooling Rates. Cryobiol. Bd. II (1966) S. 9.
[61] LILLEHEI, R., W. MANAX, J. BLOCH and Z. EYAL: Prolonged in vitro Preservation of Organs with Hypothermia and Hyperbaric Oxygenation. Cryobiol. Bd. I, Suppl. 1 (1964) S. 15.
[62] LINDNER, H.: Med. Welt (1964/I) S. 1253.
[63] LOVELOK, G. E., and M. W. H. BISHOP: Prevention of Freezing Damage to Living Cells by Dimethylsulphoxide. Nature (London) Bd. 183 (1959) S. 1394.
[64] v. LÜTTICHAU, E.: Erfahrungen mit der Anästhesie durch örtliche Unterkühlung. Anästh. Bd. III (1954) S. 77.
[65] MONTEGAZZA, P.: Fisiologia sullo sperma umano. Rendic. reale Ist. Lomb. Bd. 3 (1866) S. 183.
[66] LE MARIEY, A., and H. MULER: Attempt to Apply Cryotherapy to the Treatment of Infantile Laryngeal Papillomata. Ann. Otolaryngol. (Paris) Bd. 77 (1960) S. 279.
[67] MELNICK, P. J.: Histochemical Identification of Enzyme Activity in Frozen Tissues. Cryobiol. Bd. I (1965) S. 140.
[68] MERYMAN, H. T.: Preservation of Blood by Freezing. Cryobiol. Bd. I (1965) S. 52.
[69] MÜLLER, F.: Klin. Monatsbl. Augenheilk. Bd. 21 (1965) S. 196.
[70] NEI, T.: Freezing and Freeze-Drying of Microorganisms Cryobiol. Bd. I (1964) S. 87.
[71] NIITU, K., K. SETA, H. OKAMURA u. T. YONEZAWA: Ergebnisse von 287 offenen Herzoperationen in einfacher tiefer Hypothermie. Anästhesist Bd. 15 (1966) S. 290.
[72] PEGG, D. E.: Freezing of Bone Marrow for Clinical Use. Cryobiol. Bd. I (1965) S. 64.
[73] PERRIN, M., et L. LALLOM: Traité d'anesthesie chirurgicale. Paris: Chamerot 1863.
[74] POLGE, C., A. U. SMITH and A. S. PARKES: Revival of Spermatozoa after Freezing at −79 °C. Nature (London) Bd. 164 (1949) S. 666
[75] PRECHT, H.: in PRECHT, H., J. CHRISTOPHERSEN u. H. HENSEL: Temperatur und Leben. Berlin/Göttingen/Heidelberg: Springer 1955.
[76] PYLE, H. M.: Glycerol Preservation of Red Blood Cells. Cryobiol. Bd. I (1965) S. 57.
[77] De ROISSART, M. H.: La cryosonde chirurgicale. Science et technique du froid. Bull. Inst. Int. d. Froid. Annexe CSSR 1965.
[78] ROWBOTHAM, G. F., H. C. HAIGH and W. G. LESLIE: Cooling Cannula for Use in the Treatment of Cerebral Neoplasms. Lancet Bd. I (1959) S. 12.
[79] SCHIMMEL, H., G. WAJCNER, C. CHATELAIN and M. LEGRAIN: Freezing of Whole Rat and Dog Kidney by Perfusion of Liquid Nitrogen Through the Renal Artery. Cryobiol. Bd. I (1965) S. 171.
[80] SEALY, W.-C., I. W. BROWN jr. and W. G. YOUNG jr.: A Report on the Use of Both Extracorporal Circulation and Hypothermia for Open Heart Surgery. Ann. Surg. Bd. 147 (1958) S. 603.
[81] SETA, K., K. NIITU, T. YONEZAWA u. H. OKAMURA: Die Anwendung der tiefen Hypothermie in der Thoraxchirurgie. Anästhesist Bd. 13 (1963) S. 107.
[82] SHERLOCK, S. et al.: Gastric Cooling in the Treatment of Bleeding from Oesophageal Varices. Lancet (1964/II) S. 328.
[83] SHERMAN, J. K.: Dimethyl-Sulphoxide as a Protective Agent During Freezing on Thawing of Human Spermatozoa. Proc. Soc. Exp. Biol. Med. Bd. 117 (1964) S. 261.
[84] SHERMAN, J. K.: Improved Methods of Preservation of Human Spermatozoa by Freezing and Freeze-Drying. Fertil. Steril. Bd. 14 (1963) S. 49.
[85] SHERMAN, J. K.: Frozen Human Semen – Past, Present and Future. Fertil. Steril. Bd. 15 (1964) S. 485.
[86] SHERMAN, J. K.: Low Temperature Research on Spermatozoa and Eggs. Cryobiol. Bd. I (1965) S. 103.
[87] SMITH, A. V.: Lancet Bd. II (1950) S. 910.
[88] SPALLANZANI, L.: Opuscoli di fisca, animale e vegetabile. Opascalo II. Osservazioni e sperienze intorno ai permicelli spermatici dell' Uomo e degli animali. Moderne 1776.
[89] STEVENSON, R. E: Syverton Memorial Symposion, Analytical Cell Culture. National Cancer Institute Monograph No. 7. Washington: US Government Printing Office 1962.
[90] THAUER, R.: Der Einfluß der Narkose auf die normale Wärmeregulation und das Fieber. Pflügers Arch. Bd. 246 (1943) S. 372.
[91] THAUER, R., u. W. BRENDEL: Hypothermie. Progr. Surg. Bd. 2 (1962) S. 73.
[92] VÉGHELYI, P.: Die künstliche Hibernation. Akadémiai Kiadó, Budapest 1960.
[93] WANGENSTEEN, O. H.: J.A.M.A. Bd. 180 (1962) S. 439.
[94] WANGENSTEEN, O. H. et al.: Studies of Local Gastric Cooling as Related to Peptic Ulcer. Amer. Surg. Bd. 150 (1959) S. 346.

[95] Winternitz, R.: Vergleichende Untersuchungen über Abkühlung und Firnissung. Arch. exp. Path. u. Pharmakol. Bd. 33 (1894) S. 296.
[96] Wodinsky, I., K. F. Meaney and C. J. Kensler: Viability of Fifty-Five Neoplasms after Storage in Liquid Nitrogen. Cryobiol. Bd. I (1965) S. 217.
[97] Zacarian, S. A.: Cryotherapy of Skin Malignancy. Cryobiol. Bd. II (1966) S. 14.
[98] Zacarian, S. A., and M. I. Adham: Cryotherapy of Cutaneous Malignancy. Cryobiol. Bd. II (1966) S. 212.
[99] Zhudi, N., A. Geer, J. Montray, J. Casey and B. McCullough: Hypothermia Total Body Cardiopulmonary Bypass. J. Oklahoma M.A. Bd. 53 (1960) S. 83.
[100] Zindler, M.: Die Unterkühlungsanästhesie. In Derra, E.: Handbuch der Thoraxchirurgie, Bd. 1. Berlin/Göttingen/Heidelberg: Springer 1957, S. 666ff.

Vierter Teil

SICHERHEITSVORSCHRIFTEN IN DER KÄLTETECHNIK

Sicherheitstechnische Maßnahmen für den Bau, die Aufstellung und den Betrieb maschineller Kälteanlagen.

Von

Oberingenieur **E. Richter**

Fa. Borsig AG. Berlin-Tegel

Die zunehmende Bedeutung maschineller Kälteerzeugung für Industrie und Wirtschaft stellt immer höhere Forderungen an die Größe, die Ausführung und die Automatisierung dieser Anlagen. Von der Verfahrenstechnik wie auch von der Lebensmitteltechnik werden vielfach immer niedrigere Verdampfungstemperaturen verlangt. Andererseits steigen die Verflüssigungstemperaturen auf der Hochdruckseite der Kälteanlage infolge zunehmenden Wassermangels, der zum Übergang auf wassersparende Kondensatoren zwingt.

Im Rahmen der „Ingenieurmäßigen Sorgfaltspflicht" muß der Konstrukteur der Auswahl und der Inanspruchnahme der Werkstoffe besondere Aufmerksamkeit widmen, da diese zum Teil einer wechselnden Temperatur- und Druckbelastung unterliegen. Es müssen auch Maßnahmen ergriffen werden, um eine mögliche Gefährdung von Leib, Leben und Gesundheit von Personen wie auch eine Schädigung von Sachwerten zu verhindern.

Um dieses Ziel zu erreichen, sind in einigen Ländern schon seit längerer Zeit Richtlinien und Konstruktionsvorschriften allgemeiner Art wie auch solche für Kälteanlagen aufgestellt worden, die laufend dem neuesten Stand der Technik angepaßt werden und als anerkannte Regeln der Technik anzuwenden sind.

Die ersten Richtlinien für Kälteanlagen wurden im Jahre 1939 in den USA als ASRE-Standard von der „American Society of Refrigerating Engineers" herausgegeben, die in den folgenden Jahren auf Grund der gesammelten Erfahrungen und in Anpassung an den Fortschritt der Technik neu bearbeitet wurden. Weitere Länder folgten diesem Beispiel unter Anpassung an die jeweiligen nationalen, kulturellen und klimatischen Verhältnisse. Im Rahmen der in den Ländern bereits bestehenden allgemeinen Arbeitsschutzverordnungen haben die Richtlinien vielfach Gesetzeskraft. Wenn auch in allen Ländern die grundsätzliche Forderung eines möglichst hohen Schutzes von Personen und Sachwerten besteht, unterliegt die Durchführung dieser Forderung den jeweils damit beauftragten Körperschaften, die sowohl die technischen Richtlinien auszuarbeiten wie auch die Anwendung derselben zu überwachen haben.

In der Bundesrepublik Deutschland ist jedes gewerbliche Unternehmen auf Grund der Reichsversicherungsordnung verpflichtet, die Mitgliedschaft in der gesetzlichen Unfallversicherung zu erwerben. Träger der sozialen Unfallversicherung sind die Berufsgenossenschaften, die nach Gewerbezweigen fachlich gegliedert sind. Jeder Unternehmer ist verpflichtet, seiner zuständigen Berufsgenossenschaft sofort Meldung zu erstatten, sobald er ein Unternehmen eröffnet oder ein solches übernimmt.

Die Berufsgenossenschaften sind Körperschaften des öffentlichen Rechts und haben nach der Reichsversicherungsordnung für die Verhütung von Unfällen zu sorgen und zu diesem Zweck die erforderlichen Unfallverhütungsvorschriften zu erlassen. Die Unfallverhütungsvorschriften sind autonome Rechtsnormen und bedürfen der Zustimmung des Bundesministers für Arbeit und Sozialordnung. Die Vorschriften werden von den Fachausschüssen bei der Zentralstelle für Unfallverhütung des Hauptverbandes der gewerblichen Berufsgenossenschaften erarbeitet. Sie sind bindend für die Betriebe und Versicherten der sie erfassenden Berufsgenossenschaft. Eine Zusammenfassung aller von den einzelnen Berufsgenossenschaften erlassenen Unfallverhütungsvorschriften ist durch die Zentralstelle für Unfallverhütung des Hauptverbandes der gewerblichen Berufsgenossenschaften e. V., Bonn, als „Sammelwerk" der Einzel-Unfallverhütungsvorschriften der gewerblichen Berufsgenossenschaften herausgegeben worden. Die Anwendung der Unfallverhütungsvorschriften in den Betrieben wird durch die technischen Aufsichtsbeamten der für den Betrieb zuständigen Berufsgenossenschaft überwacht.

Das „Sammelwerk" setzt sich aus einer großen Zahl von Einzelvorschriften für jeden Betriebszweig zusammen, die jeweils getrennt zu beachten sind. Der Unternehmer eines bestimmten Betriebszweiges ist jedoch verpflichtet, auch die berufsgenossenschaftlichen Vorschriften anders gearteter Betriebszweige zu beachten, die mit seinem eigenen Betriebszweig im Zusammenhang stehen. Die grundsätzlichen Forderungen für alle Unternehmer sind in der Unfallverhütungsvorschrift „Allgemeine Vorschriften" (VBG 1) zusammengefaßt. Sie umfassen nach einer Vorbemerkung die Pflichten des Unternehmers, die Pflichten des Versicherten, die Strafbestimmung bei Verstößen gegen die Unfallverhütungsvorschriften sowie Bestimmungen über Betriebsanlage und Betriebsführung.

Die Unfallverhütungsvorschrift „Kälteanlagen" (VBG 20) wurde vom Fachausschuß „Nahrungs- und Genußmittel" bei der Zentralstelle für Unfallverhütung des Hauptverbandes der gewerblichen Berufsgenossenschaften aufgestellt, an deren Ausarbeitung die daran interessierten Berufsgenossenschaften, Vertreter der Betreiber und der Hersteller von Kälteanlagen, der Gewerbeaufsichtsbehörde und der Gewerkschaften mitwirkten. Die Fassung vom 1. Oktober 1956 (Ausgabe April 1965) wird zur Zeit dem neuesten Stand der Technik angepaßt unter Beibehaltung der bisherigen grundsätzlichen Forderungen.

Der Hauptteil der überarbeiteten Fassung, mit deren Ausgabe Ende 1968 zu rechnen ist, umfaßt die grundsätzlichen Bestimmungen, deren Abänderungen einer Zustimmung des Ministeriums für Arbeit und Sozialwesen bedürfen. In einem Anhang werden für die Anwendung der einzelnen Paragraphen Erläuterungen gegeben, die jeweils kurzfristig dem neuesten Stand der Technik angepaßt werden können. Auszugsweise hat die Vorschrift folgenden Umfang:

Der **Geltungsbereich** umfaßt Kälteanlagen jeder Größe, die mit Kältemitteln in geschlossenem Kreislauf nach dem Kompressions- oder Sorptionssystem arbeiten.

Die **Kältemitteleinteilung** erfolgt in 3 Gruppen entsprechend ihren Eigenschaften mit einer Zusammenstellung der gebräuchlichen Kältemittel.

Die **Regeln der Technik,** denen die Anlage entsprechen muß und zu denen insbesondere gehören:
alle einschlägigen DIN-Normen, insbesondere DIN 8975 — Sicherheitstechnische Grundsätze für Bau, Aufstellung und Betrieb von Kälteanlagen —
die von der „Arbeitsgemeinschaft Druckbehälter" aufgestellten Richtlinien für Werkstoffe, Berechnung, Herstellung und Ausrüstung von Druckbehältern — AD-Merkblätter.

Die **Kennzeichnung** der Anlage mit folgenden Angaben:
Name und Wohnort des Herstellers oder Lieferers, Fabriknummer, Baujahr, Art des Kältemittels, höchstzulässiger Betriebsdruck und Kältemittel-Füllgewicht.

Weitere **Hinweise** auf:
Sicherheitseinrichtungen und deren Anwendung.
Manometer und deren Anwendung.
Absperreinrichtungen an Kompressoren.
Abblase- und Entlüftungsleitungen.
Druckprüfung vor der Inbetriebnahme.
Umstellung der Anlage auf andere Kältemittel.
Aufstellung der Anlage und deren Teile in Abhängigkeit von verschiedenen Raumarten.
Maschinenräume und deren Ausrüstung.
Elektrische Einrichtungen.
Schutzalter des Bedienungspersonals.
Unterweisung des Bedienungspersonals.
Verhalten bei Störungen.
Schutzausrüstungen.
Kältemittelvorräte und deren Lagerung.
Kühl- und Gefrierräume mit Hinweisen für Ausrüstung und Schutzmaßnahmen.
Strafbestimmungen.
Übergangs- und Ausführungsbestimmungen.

In der Vorschrift wird darauf hingewiesen, daß Werkstoffe, Bauart und Herstellung aller Teile den anerkannten Regeln der Technik entsprechen müssen.

Der „Fachnormenausschuß Kältetechnik" — FNKä — als Unterausschuß im „Deutschen Normenausschuß" — DNA — hat in Anlehnung an die Unfallverhütungsvorschrift VBG 20 das Normblatt DIN 8975 — „Sicherheitstechnische Grundsätze für Bau, Ausrüstung und Aufstellung von Kälteanlagen" erarbeitet, das als „Regel der Technik" ergänzend zur Unfallverhütungsvorschrift anzuwenden ist. An der Ausarbeitung des Normblattes beteiligen sich namhafte Hersteller und Betreiber von Kälteanlagen wie auch die zuständigen Aufsichtsbehörden.

Das im Januar 1957 herausgegebene und 1967 geänderte Normblatt wird z. Z. überarbeitet. Die aufgestellten Richtlinien sind als Mindestforderungen zu betrachten, denen eine Kälteanlage in allen ihren Teilen entsprechen muß.

Die ausführlich gehaltenen Richtlinien werden in folgendem auszugsweise wiedergegeben:

Zweck der Richtlinien ist die Erzielung eines möglichst hohen Schutzes von Leib, Leben und Gesundheit der Person sowie eine weitgehende Verhütung von Sachschäden. Mögliche Gefährdungen richten sich nach der Eigenschaft des Kältemittels, nach der Höhe des Füllgewichtes, nach der Art des Aufstellungsortes sowie nach der Bauart, der Aufstellung und der Betriebsweise der Anlage.

Der Anwendungsbereich erstreckt sich auf neu zu erstellende Anlagen jeder Größe, auf Änderungen und Erweiterungen bestehender Anlagen, auf gebrauchte

Anlagen bei ihrer Verlegung an einen anderen Betriebsort und bei der Umstellung auf ein anderes Kältemittel.

Die Kältemittel sind entsprechend ihrer Brennbarkeit und einer möglichen Gefährdung durch physische Einwirkungen auf den Menschen in 3 Gruppen unterteilt. In Gruppe 1 sind die nichtbrennbaren Kältemittel mit geringer toxischer Wirkung eingereiht. In Gruppe 2 sind die Kältemittel mit toxischer oder ätzender Wirkung eingereiht und solche, die im Gemisch mit Luft nur in einem engen Konzentrationsbereich von mehr als 3,5 Volum-% brennbar sind.

Zur Gruppe 3 gehören Kältemittel, die im Gemisch mit Luft von weniger als 3,5 Volum-% leicht brennbar und explosiv sind.

In einer Tafel sind die gebräuchlichen Kältemittel übersichtlich zusammengestellt mit Angabe ihrer Eigenschaften, ihrer Einwirkung auf Menschen und ihrer Brennbarkeit. Die Anwendung der Kältemittel richtet sich nicht nur nach deren Eigenschaften, sondern auch nach deren Verträglichkeit mit dem Kühlgut bei auftretenden Undichtheiten und nach der Verschiedenartigkeit der Betriebe.

Die Betriebsdrücke sind abhängig von der höchstmöglichen Sättigungstemperatur des Kältemittels, die in der Anlage während des Betriebes oder im Stillstand auftreten kann. In einer Tafel sind die Drücke für eine Temperatur von 25, 32, 43 und 55 °C aufgeführt. Allgemein gelten für die Niederdruckseite der Kälteanlage die einer Temperatur von 32 °C entsprechenden Drücke und für die Hochdruckseite die einer Temperatur von 43 °C entsprechenden Drücke, für welche die Konstruktionen zu bemessen sind. Für besondere Verhältnisse können niedrigere oder höhere Drücke gewählt werden.

Kennzeichnungspflicht besteht bei Kompressoren durch den Hersteller; bei Druckbehältern ebenfalls durch den Hersteller mit dem Prüfzeichen des anerkannten Sachverständigen.

Druckbehälter sind alle Hohlkörperapparate und Behälter unabhängig von ihrer Form, in deren Innerem während des Betriebes oder im Stillstand ein höherer als der atmosphärische Druck auftreten kann.

Druckprüfungen sind an allen druckführenden Teilen der Anlage sowohl im Herstellerwerk wie auch am Aufstellungsort nach beendeter Montage durchzuführen. Die hydraulische Druckprüfung mit Wasser oder anderen neutralen Flüssigkeiten erfolgt im allgemeinen mit dem 1,3- bis 1,5fachen höchsten Betriebsdruck im Herstellerwerk. Eine pneumatische Druckprüfung in Höhe des höchsten Betriebsdruckes schließt sich an. Nach beendeter Montage ist die gesamte Anlage einer nochmaligen pneumatischen Druckprüfung zu unterziehen.

Werkstoffe müssen den chemischen, thermischen und den mechanischen Beanspruchungen genügen, die in einer Kälteanlage auftreten können. Die Festigkeitseigenschaften sind vom Hersteller zu gewährleisten. In der Aufstellung der gebräuchlichen Werkstoffe ist auf die Unverträglichkeit mit einigen Kältemitteln hingewiesen.

Rohrleitungen und Armaturen sind in der Werkstoffauswahl, der Konstruktion und den Prüfungen den Druckbehälterbestimmungen gleichgestellt. Die Auswahl der Armaturen, Meß- und Anzeigegeräte sowie der Rohrverbindungen hat nach den geltenden DIN-Normen zu erfolgen. Über die Anwendung der Armaturen, der Meß- und Anzeigegeräte, die Montage und die Kennzeichnung der Rohrleitungen nach dem Durchflußstoff werden ausführliche Hinweise gegeben.

Sicherheitseinrichtungen sind als Sicherheitsventile, Bruchsicherungen und Überdruckschalter zugelassen, letztere nur in einem beschränkten Umfang. Außer dem Kompressor und den Kolbenpumpen ist auch jede Druckstufe der Anlage gegen Überschreitung des höchstzulässigen Betriebsdruckes mit einer Sicherheitseinrichtung auszurüsten. Druckbehälter und Apparate, die allseitig betriebsmäßig abgesperrt werden können, sind zusätzlich mit einer Sicherheitseinrichtung zu versehen.

Anlagen, die durch die anschließenden Räume brandgefährdet sind, wie z. B. in Kaufhäusern, Bürogebäuden usw., sind mit einer Entleerungsmöglichkeit zu versehen, damit im Notfall das Kältemittel abgelassen werden kann.

Elektrische Einrichtungen müssen in ihrer Ausführung und Verlegung den VDE-Bestimmungen entsprechen. Die elektrische Verteilung der Kälteanlage ist mit einer Schaltmöglichkeit zu versehen, um die Gesamtanlage sowohl im Aufstellungsraum wie auch von einer Stelle außerhalb dieses Raumes abschalten zu können.

Die elektrischen Schaltgeräte für die Maschinenraumentlüftung müssen so installiert sein, daß das Ein- und Ausschalten derselben auch bei abgeschalteter Kälteanlage jederzeit möglich ist.

Schutzvorrichtungen für alle frei beweglichen Teile, wie Schwungräder, Riementriebe, Kupplungen, freie Wellenenden, Ventilatorflügel usw., sind in ausreichendem Maße vorzusehen.

Bei Einteilung der Kälteanlagen, Maschinen und Kühlsysteme wird unterschieden nach vollautomatischen, halbautomatischen und handbedienten Anlagen, bei derjenigen von Maschinen nach Hermetik-, Halbhermetik- und offenen Kältemaschinen.

Die Kühlsysteme sind eingeteilt in direkte Systeme, in denen das Kältemittel durch Wärmezufuhr verdampft, einfach indirekte offene Systeme, bei denen ein Kälteträger, z. B. Wasser oder Sole, versprüht wird, einfach indirekte geschlossene Systeme, in denen ein Kälteträger umläuft, und zweifach indirekte offene Systeme, bei denen ein im Sekundärkreislauf abgekühlter Kälteträger versprüht wird. Die Anwendung der Systeme richtet sich nach der Art der zu kühlenden Räume und nach der möglichen Gefährdung von Personen durch austretende Kältemittel bei Undichtheiten.

Bei der Einteilung der Räume unterscheidet man:

„Räume zur allgemeinen Benutzung", in denen Personen in ihrer Bewegungsfreiheit eingeschränkt sind (z. B. Krankenanstalten, Haftanstalten), in denen sich Personen in größerer Zahl aufhalten (z. B. Theater, Sporthallen, Schulen, Hörsäle, Büros, Kaufhäuser, Restaurants) und Räume bzw. Gebäude mit Schlafgelegenheiten (z. B. Hotels, Wohngebäude),

Industrielle und gewerbliche Räume", in denen Waren verarbeitet werden und in denen sich Personen nur in einer für den Fabrikationsprozeß erforderlichen Anzahl aufhalten. Hierzu gehören Kühl- und Gefrierhäuser, Molkereien, Schlachthäuser, Laboratorien sowie Verarbeitungsräume in Restaurants und Handelsgeschäften usw.

Eislaufflächen in Sporthallen mit direkter Kältemittelverdampfung in der Bahnberohrung fallen nicht unter die Einschränkungen für Räume zur allgemeinen Benutzung, wenn eine sichere und vollkommene Trennung aller kältemittelführenden Teile von den Publikumsräumen erfolgt.

Maschinenräume zur Aufstellung von Maschinen und Apparaten müssen so bemessen sein, daß alle Teile gut zugänglich sind und eine ordnungsgemäße Bedienung ohne Behinderung möglich ist.

Je nach Lage der Räume unterscheidet man „oberirdische Maschinenräume", bei denen der Fußboden in Höhe des umgebenden Geländes oder höher liegt, „Maschinenräume im Kellergeschoß", bei denen der Fußboden unterhalb des das Gebäude umgebenden Geländes liegt, sowie unterkellerte Höfe, „Maschinenräume in Unterkellern", d. h. unterhalb des Kellergeschosses, und „Unterirdische Maschinenräume" im freien Gelände mit Erdüberdeckung.

Die Lufterneuerung in Maschinenräumen ist im allgemeinen durch ausreichende Fensterflächen, die sich öffnen lassen, gegeben. Erforderlichenfalls ist eine mechanische Lüftung zur Abführung der Maschinenwärme und Zufuhr von Frischluft vorzusehen.

Für den Notfall bei großen Undichtheiten und auftretenden Gefahren sind starke Lüftungsanlagen anzuordnen, deren Einschaltung auch außerhalb des Maschinenraumes möglich sein muß. Die Luftleistung dieser Anlage richtet sich nach der Höhe des Kältemittel-Füllgewichtes.

Für die Aufstellung der Kälteanlage, d. h. der maschinellen Einrichtungen, ist die Gebäudeart von ausschlaggebender Bedeutung. Es ist Vorsorge zu treffen, daß die Aufstellungsräume nicht von betriebsfremden Personen betreten werden können. Größere Anlagen mit gefährlichen Kältemitteln sollen nicht in Gebäuden zur Aufstellung gelangen, die der allgemeinen Benutzung dienen.

Schutzmaßnahmen zur Abwendung von Gefahren für das Personal bei Arbeiten mit Kältemitteln sind durch Bereithaltung von Gasmasken, Atemschutzgeräten und Schutzkleidung zu treffen. Für das Arbeiten in kalten Räumen ist wärmeschützende Kleidung anzulegen. Arzneimittel für die „Erste Hilfe" sowie Handfeuerlöscher müssen in ausreichender Menge vorhanden sein.

Über den Betrieb der Anlage und deren Pflege ist das Personal durch den Hersteller ausreichend zu unterweisen und mit den möglichen Störungen und deren Behebungen vertraut zu machen.

Bedienungsanweisungen in kurzgefaßter Form sowie Hinweise für die Erste Hilfe bei Unfällen sind als Tafeln im Maschinenraum auszuhängen.

Betriebsvorschriften, aus denen Einzelheiten über Maschinen, Apparate, Armaturen und Sicherheitseinrichtungen sowie den Aufbau und die Wirkungsweise der Anlage ersichtlich sind, sollen vom Hersteller zur Verfügung gestellt werden.

Umfangreiches Schrifttum unterrichtet über alle im Zusammenhang mit den Sicherheitstechnischen Richtlinien zu beachtenden Gesetze, Verordnungen und Schriften im Rahmen der anerkannten Regeln der Technik.

Sicherheitstechnisch müssen maschinelle Einrichtungen wie auch Kälteanlagen den Bestimmungen des jeweiligen Aufstellungsortes bzw. Landes entsprechen, was im Export und Import durch die voneinander abweichenden nationalen Vorschriften verschiedentlich zu Schwierigkeiten führt.

Die INTERNATIONAL STANDARDIZATION ORGANIZATION — ISO — hat daraufhin beschlossen, internationale Sicherheitsempfehlungen für Kälteanlagen auszuarbeiten. Das Sekretariat des Unterausschusses ISO/TC86/SC1 ist der Bundesrepublik Deutschland übertragen worden, dessen Führung der Deutsche Normenausschuß — DNA — übernommen hat.

Die Beratungen des vom Sekretariat ausgearbeiteten Entwurfs sind z. Z. (1967) noch nicht abgeschlossen.

Namenverzeichnis

Sachverzeichnis

GPSR Compliance

The European Union's (EU) General Product Safety Regulation (GPSR) is a set of rules that requires consumer products to be safe and our obligations to ensure this.

If you have any concerns about our products, you can contact us on ProductSafety@springernature.com

In case Publisher is established outside the EU, the EU authorized representative is:

Springer Nature Customer Service Center GmbH
Europaplatz 3
69115 Heidelberg, Germany

Batch number: 10683525

Printed by Printforce, the Netherlands